Die Entstehung der Gesteine

Ein Lehrbuch der Petrogenese

Bearbeitet von

Dr. Tom. F. W. Barth
Professor an der Universität Oslo

Dr. Carl W. Correns
Professor an der Universität Göttingen

Dr. Pentti Eskola
Professor an der Universität Helsinki

Herausgegeben von

Dr. Carl W. Correns

Mit 210 Textabbildungen

Berlin

Verlag von Julius Springer

1939

ISBN-13: 978-3-642-86245-8   e-ISBN-13: 978-3-642-86244-1

DOI: 10.1007/978-3-642-86244-1

Softcover reprint of the hardcover 1st edition 1939

Vorwort.

Als der Verlag im Jahre 1936 an mich mit der Bitte herantrat, die Herausgabe dieses Lehrbuches zu übernehmen, da hatte ich das Bedenken, daß ein Lehrbuch möglichst aus einem Guß und deshalb von einem Verfasser geschrieben sein sollte. Bei drei Verfassern aus drei Ländern war von vornherein zu erwarten, daß die einzelnen Teile verschiedenartig ausfallen würden. Nun sind aber die drei Gebiete, die jeder für sich bearbeitet hat, so in sich abgeschlossen und die Methoden, mit denen die Forschung an jedes von ihnen herangegangen ist, so verschieden, daß vielleicht doch der Versuch gerechtfertigt erscheint, sie durch drei verschiedene Persönlichkeiten darstellen zu lassen. Ich habe deshalb von vornherein gar nicht versucht, eine einheitliche Darstellung zustande zu bringen. Wir haben aber alle drei aufeinander Rücksicht genommen, so daß Wiederholungen und Überschneidungen, soweit sie nicht durch Grenzgebiete geboten sind, möglichst vermieden wurden. So ist nun in jedem Teil sowohl die Eigenart des Stoffes wie die des Verfassers deutlich zu spüren und ich kann nur hoffen, daß auch dies einen gewissen Reiz bietet.

Für die Selbstständigkeit der Teile sprechen auch weitere Gründe. Wir wollten nicht eine Einführung für Anfänger geben, sondern eine möglichst exakte Darstellung der Vorgänge der Gesteinsbildung und Umbildung, wie sie derjenige braucht, der selbst auf diesem Gebiet arbeiten will oder der vom Nachbargebiet aus sich in den Stand der Kenntnisse einarbeiten will. Maßgebend war dabei der Gesichtspunkt, daß wir auch die Vorgänge in der Erdrinde, die wir nicht beobachten können, zu verstehen suchen müssen, in dem wir eingehendste Naturbeobachtung und einschlägige Experimente kombinieren mit physikalischen und chemischen Grundgesetzen. Vieles können wir so bereits mit großer Sicherheit deuten, viele Versuche aber haben noch den Charakter der Extrapolation ins Ungewisse. Hier spielt die persönliche Erfahrung des Forschers eine wesentliche Rolle. Gerade jetzt ist auf manchen Gebieten der Gesteinskunde das Ringen um die Probleme besonders intensiv, man kann durchaus nicht behaupten, daß etwa eine Periode der Abklärung eingetreten sei, die eine Zusammenfassung der Erkenntnisse erleichtere. Aber beim Kampf um ein Bergmassiv ist es dem Bergsteiger förderlich, eine Rast einzulegen und die Lage um sich herum zu klären. Und auch den Bergsteigern in den Nachbarmassiven wird es wichtig sein zu wissen, wie weit der andere ist.

So möchte dieses Buch als Bericht von drei Forschern aufgefaßt werden, die Rechenschaft geben von dem, was auf ihrem Gebiet erreicht ist und was nach ihrer Meinung zu tun ist.

Dem Verlag haben wir für die Ausstattung des Buches und Herrn Dr. W. v. ENGELHARDT für die Durchsicht der Manuskripte zu danken.

Göttingen, im April 1939.

CARL W. CORRENS.

Inhaltsverzeichnis.

Erster Teil.

Die Eruptivgesteine.

Von Professor Dr. Tom. F. W. Barth, Oslo.

Inhaltsverzeichnis.   V

Zweiter Teil.

Die Sedimentgesteine.

Von Professor Dr. CARL W. CORRENS, Göttingen.

Dritter Teil.

Die metamorphen Gesteine.

Von Professor Dr. P. ESKOLA, Helsinki.

Erster Teil.

Die Eruptivgesteine.

Von

Professor **Tom. F. W. Barth**, Oslo.

Einleitung.

Lange war man der Meinung, daß die gewaltigen Kräfte der Vulkane und des Inneren der Erde den Gesetzen der physikalischen Chemie, so wie man sie im Laboratorium festgestellt hatte, nicht unterworfen seien. Als einer der Ersten hat Pfaff (1873) erkannt (Allgemeine Geologie als exakte Wissenschaft 1873), daß das physikalisch-chemische Studium geschmolzener Silikatmassen von besonderer Bedeutung für magmatische Probleme sei.

Ihm folgten am Ende des vorigen Jahrhunderts verschiedene Forscher, unter welchen J. H. L. Vogt besonders zu erwähnen ist; wenig später wurde das geophysikalische Laboratorium in Washington eröffnet (1906), in dem unter der Leitung von Dr. A. L. Day seit mehr als 30 Jahren eine großartige, systematische und zielbewußte Experimentalarbeit geleistet wird. Es ist nun möglich, Silikatschmelzlösungen großer chemischer Reinheit im Laboratorium darzustellen und die Bildung künstlicher Minerale oder Mineralgruppen zu beobachten; es ist auch möglich, unter erhöhtem Drucke flüchtige Bestandteile oder Gase in den Schmelzlösungen einzuschließen.

Solche Experimente haben eine quantitative Unterlage der modernen Petrologie geschaffen. Aber erst in den letzten Jahren ist die Fülle unseres Wissens so weit angewachsen, daß eine Synthese der Daten durchgeführt werden konnte.

Die einzigen größeren Werke, die ein vollständigeres und abgerundetes (wohl aber subjektives) Bild der Petrologie der eruptiven Gesteine geben, die also eine Synthese der vorhandenen quantitativen Daten versuchen, sind die folgenden:

Bowen, N. L.: The Evolution of the Igneous Rocks. Princeton 1928.
Daly, R. A.: Igneous Rocks and the Depths of the Earth. New York und London 1933.

Einige allgemeine Hand- und Lehrbücher, in denen die Petrologie der Eruptivgesteine mitberücksichtigt ist, sind im folgenden zusammengestellt:

Boeke, Eitel: Die Grundlagen der physikalisch-chemischen Petrographie. Berlin 1923.
Niggli, P.: Gesteins- und Mineralprovinzen. Berlin 1923.
Erdmannsdörffer, O. H.: Grundlagen der Petrographie. Stuttgart 1924.
Rinne, F.: Gesteinskunde. Leipzig 1928.
Tyrrell, G. W.: Principles of Petrology. London 1926.
Holmes, A.: The Nomenclature of Petrology. London 1928.
Grout, F. F.: Petrography and Petrology. New York 1932.

I. Inhalt und Klassifikation der Eruptivgesteine.

Schrifttum.

Clarke, F. W.: Data of Geochemistry. Washington 1924.
— u. H. S. Washington: The Composition of the Earth's Crust. Prof. Paper 127, U.S. Geol. Survey 1924.

CROSS, IDDINGS, PIRSSON u. WASHINGTON: A Quantitative Chemico-Mineralogical Classification and Nomenclature of Igneous Rocks. J. of Geol. Bd. 10 (1902).

GOLDSCHMIDT, V. M.: Der Stoffwechsel der Erde. Vid. Akad. Skr. Oslo 1922.

— Über die Raumerfüllung der Atome (Ionen) in Kristallen und über das Wesen der Lithosphäre. N. Jb. Min. usw., Beil.-Bd. 57 A (1928).

— The Principles of Distribution of Chemical Elements in Minerals and Rocks. J. Chem. Soc. 1937.

— u. Mitarbeiter: Geochemische Verteilungsgesetze. I bis IX. Oslo 1923—1938.

HARKER, A.: Natural History of Igneous Rocks. London 1909.

HOLMES, A.: Petrographic Methods and Calculations. London 1921.

JOHANNSEN, ALBERT: Descriptive Petrography of the Igneous Rocks. I bis III. Chicago 1931—1937.

NIGGLI, P.: Gesteins- und Mineralprovinzen, Bd. I. Berlin 1923.

RICHARDSON, W. A. u. G. SNEESBY: The Frequency-Distribution of Igneous Rocks. Miner. Mag. 1922.

ROSENBUSCH-OSANN: Elemente der Gesteinslehre. Stuttgart 1922.

SCHEUMANN, K. H.: Ausländische Systematik, Klassifikation und Nomenklatur der Magmagesteine. I und II. Fortschr. Min. usw. Bd. 10 (1925); Bd. 13 (1929).

SHAND, S. J.: Eruptive Rocks; their Genesis, Composition, Classification, and their Relation to Ore Deposits, with a Chapter on Meteorites. London 1927.

TRÖGER, W. E.: Spezielle Petrographie der Eruptivgesteine. Berlin 1935.

WASHINGTON, H. S.: Chemical Analyses of Igneous Rocks, published from 1884 to 1913, inclusive. Prof. Paper 99, U.S. Geol. Survey 1917.

Mineralogische Zusammensetzung der Eruptivgesteine.

Obwohl mehr als tausend verschiedene Minerale bekannt sind, so ist die Zahl derjenigen Minerale, die zusammen mehr als 99% der gewöhnlichen Eruptivgesteine ausmachen, sehr klein. Außer den 7 Hauptmineralgattungen, (Quarz, Feldspat, Feldspatvertreter und Olivin, Pyroxen, Amphibol, Glimmer), finden sich in den meisten Eruptivgesteinen, aber gewöhnlich in sehr kleinen Mengen: Magnetit, Ilmenit, Apatit. Gewisse Arten der Eruptivgesteine führen auch andere Minerale, wie die Silikate: Sodalith, Hauyn, Melilith, Zirkon, Granat, Titanit, Orthit, Katapleit, Eudialit und Turmalin; die Oxyde: Tridymit, Hämatit, Chromit, Spinell, Korund, Rutil; und die Sulfide: Schwefelkies, Kupferkies, Magnetkies und Cuban. Auch Flußspat, Kalkspat und Monazit kommen vor. Schließlich sind auch verschiedene Zeolithe (einschließlich Analzim) als primäre Minerale bekannt. Im Verhältnis der Gesamtmasse der Eruptivgesteine sind aber diese Minerale quantitativ sehr untergeordnet.

Ein statistisches Studium von ungefähr 700 petrographisch beschriebenen Eruptivgesteinen ergab eine mittlere mineralogische Zusammensetzung wie in Tab. 1 angegeben.

Tabelle 1. Mittlere mineralogische Zusammensetzung der Eruptivgesteine. (Nach CLARKE und WASHINGTON.)

Quarz	12,0	Glimmer	3,8
Feldspate	59,5	Akzessorische Minerale	7,9
Pyroxen und Amphibol	16,8		

Atomare Zusammensetzung der Eruptivgesteine.

Aus einem Schmelzfluß entstehen Minerale durch Kristallisation, d. h. die Atome, die in der flüssigen Phase keine permanente Regelung besaßen, versuchen spontan sich im Raum regelmäßig anzuordnen und bilden somit aus eigenem Antrieb ein starres Kristallgebäude. Unter den Atomen der gesteinsbildenden Silikate besitzt das Sauerstoffatom das größte Volumen; die anderen Atome sind viel kleiner. Die Atome sind die Bausteine der Kristalle und in einem Gebäude, das aus verschiedenen Bausteinen besteht, sind natürlich die größten Bausteine die wichtigsten. Daher sind die Sauerstoffionen, die wegen ihres geringfügigen Gewichtes vom Chemiker oft vernachlässigt wurden, für die physikalische Chemie der Kristalle von der allergrößten Bedeutung. Die dominierende Rolle des Sauerstoffatoms in der Erdrinde geht aus der nebenstehenden Tabelle hervor.

Die Eruptivgesteine und auch die ganze Lithosphäre sind somit in physikalischer Beziehung im wesentlichen als eine Sauerstoffpackung aufzufassen. Die Ansammlung dieses ungeheuren Sauerstoffvolumens wird ermöglicht durch die Bindung mittels der zwischengelagerten Kationen, deren Ladungen den Zusammenhalt des ganzen Gebildes bewirken, die jedoch in bezug auf wirkliche Raumbeanspruchung nur eine ganz untergeordnete Rolle spielen. Mit GOLDSCHMIDT können wir die Lithosphäre deshalb mit Recht auch als Oxysphäre bezeichnen.

Tabelle 2. Durchschnittliche Zusammensetzung der Eruptivgesteine und die Atomradien der gewöhnlichsten Elemente.

	Gew.-%	Atom-%	Vol.-%	Atomradien Å
O	46,59	62,46	91,77	1,32
Si	27,72	21,01	0,80	0,39
Al	8,13	6,44	0,76	0,57
Fe	5,01	1,93	0,68	0,82
Mg	2,09	1,84	0,56	0,78
Ca	3,63	1,93	1,48	1,06
Na	2,85	2,66	1,60	0,98
K	2,60	1,43	2,14	1,33
Ti	0,63	0,28	0,22	0,64

Das nächstwichtigste Element ist Silicium. Wenn auch sein Raumbedarf sehr klein ist, so ist es zahlenmäßig wichtiger als die Summe aller anderen Kationen.

Aufgabe der interpretierenden Petrologie ist es, die physikalischen und chemischen Eigenschaften der gesteinsbildenden Minerale kennenzulernen, ihre Kristallisations- und Bildungsverhältnisse und ihr gesetzmäßiges Zusammenvorkommen zu studieren; nur auf Grund solcher Tatsachen ist es möglich, eine genetische Deutung der Eruptivgesteine selbst zu schaffen.

Chemische Zusammensetzung der Eruptivgesteine.

Zu einer Durchschnittsberechnung des stofflichen Bestandes der Erdrinde bedarf es genauer Kenntnis der chemischen Zusammensetzung sowie der geographischen Ausbreitung der verschiedenen Gesteinstypen. Vollständige Daten liegen nicht vor; trotzdem sind mehrere Versuche gemacht worden, eine angenäherte Berechnung durchzuführen. Solchen Berechnungen kommt ja eine gewisse Bedeutung zu, denn es ist nicht unwahrscheinlich, daß die Magmen, oder wenigstens einige Magmen, durch Aufschmelzung beschränkter Teile der Erdkruste entstehen. Die umfassendsten Berechnungen stammen von CLARKE und WASHINGTON. Sie gehen davon aus, daß die feste Kruste fast ausschließlich aus Eruptivgesteinen besteht. Schätzungsweise geben sie an, daß die Lithosphäre bis zu 16 km Tiefe aus den folgenden Komponenten (s. Tab. 3) besteht.

Dabei ist aber zu bemerken, daß Gneise und kristalline Schiefer, die gewöhnlich als metamorphe Gesteine aufgefaßt werden, hier unter die Eruptivgesteine gerechnet sind.

Durchschnittszahlen der chemischen Zusammensetzung der Lithosphäre und verschiedener Eruptivgesteine sind in Tab. 4 aufgeführt.

Tabelle 3. Mittlere chemische Zusammensetzung der Erdkruste
bis zu 16 km Tiefe. (Nach CLARKE und WASHINGTON.)

SiO_2 59,07	CO_2 0,35	V_2O_5 0,03
Al_2O_3 15,22	TiO_2 1,03	MnO 0,11
Fe_2O_3 3,10	ZrO_2 0,04	NiO 0,03
FeO 3,71	P_2O_5 0,30	BaO 0,05
MgO 3,45	Cl 0,05	SrO 0,02
CaO 5,10	F 0,03	Li_2O 0,01
Na_2O 3,71	S 0,06	Cu 0,01
K_2O 3,11	$(Ce, Y)_2O_3$ . . 0,02	C 0,04
H_2O 1,30	Cr_2O_3 0,05	

Tabelle 4. Durchschnittszahlen.

	Litho-sphäre	Eruptiv-gesteine	Opdalit	Granite (546)	Rhyolithe (102)	Alle Gab-bros (41)	Alle Basalte (198)	Plateau-Basalte (43)
SiO_2	59,07	59,12	62,25	70,18	72,77	48,24	49,06	48,80
TiO_2	1,03	1,05	0,94	0,39	0,29	0,97	1,36	2,19
Al_2O_3	15,22	15,34	15,15	14,47	13,33	17,88	15,70	13,98
Fe_2O_3 . . .	3,10	3,08	0,96	1,57	1,40	3,16	5,38	3,59
FeO	3,71	3,80	4,49	1,78	1,02	5,95	6,37	9,78
MnO	0,12	0,12	0,07	0,12	0,07	0,13	0,31	0,17
MgO	3,45	3,49	3,92	0,88	0,38	7,51	6,17	6,70
CaO	5,10	5,08	4,47	1,99	1,22	10,99	8,95	9,38
Na_2O	3,71	3,84	3,30	3,48	3,34	2,55	3,11	2,59
K_2O	3,11	3,13	3,50	4,11	4,58	0,89	1,52	0,69
H_2O	1,30	1,15	0,43	0,84	1,50	1,45	1,62	1,80
P_2O_5	0,30	0,30	0,16	0,19	0,10	0,28	0,45	0,33
CO_2	0,35	0,10	0,12					

Die ,,Lithosphäre" gibt die berechnete Zusammensetzung der Erdkruste bis zu 16 km
Tiefe an. Die Spalte ,,Eruptivgesteine" repräsentiert ein Mittel von 5159 Analysen. (Beide
Kolonnen nach CLARKE und WASHINGTON.) Die Opdalitanalyse ist einer Arbeit von
V. M. GOLDSCHMIDT entnommen. Die letzten 7 Kolonnen geben die von DALY berechneten
Durchschnittswerte wieder. Die Anzahl der für die Berechnung zugrunde liegenden Analysen
ist nach jedem Gesteinsnamen in Klammern angegeben.

Wie aus der Tabelle ersichtlich, gibt es Eruptivgesteine (Opdalite), die fast
genau der mittleren Zusammensetzung der Erdkruste entsprechen. Solche Gesteine sind aber relativ selten. Die verbreitetsten der plutonischen Gesteine
sind Granite, die z. B. viel mehr Kieselsäure führen. Die verbreitetsten der
Vulkanite sind die Plateaubasalte, die viel weniger Kieselsäure führen.

Solche Unterschiede in der chemischen Zusammensetzung der verschiedenen
Gesteine lassen sich nur bei genauerer Kenntnis der Entstehungsweise und der
weiteren Bildungsgeschichte der Gesteine verstehen.

Variationsbreite der chemischen Zusammensetzung.

Die chemische und mineralogische Zusammensetzung der Eruptivgesteine
variiert in gewissen Grenzen, und es ist infolgedessen auch möglich, die Eruptivgesteine der Erde in eine durchaus nicht sehr große Zahl von charakteristischen
Typen einzuteilen. Die mittlere chemische Zusammensetzung verschiedener
Gesteinstypen ist in Tab. 5 zusammengestellt. Über die Variationsbreite der
verschiedenen konstituierenden Oxyde sei folgendes erwähnt.

Tabelle 5. Mittlere chemische Zusammensetzung verschiedener Gesteinstypen.
(Nach DALY.)

In der Tabelle sind die Gesteine paarweise geordnet in der Weise, daß jedes Tiefengestein mit seinem entsprechenden Ergußgestein zusammengestellt ist. Man sieht sofort, daß die Ergußgesteine ein wenig saurer als die entsprechenden Tiefengesteine sind.

	Granit	Rhyolith	Quarzdiorit	Dazit	Diorit	Andesit
SiO_2	70,18	72,80	61,59	65,68	56,77	59,59
TiO_2	0,39	0,33	0,66	0,57	0,84	0,77
Al_2O_3	14,47	13,49	16,21	16,25	16,67	17,31
Fe_2O_3	1,57	1,45	2,54	2,38	3,16	3,33
FeO	1,78	0,88	3,77	1,90	4,40	3,13
MnO	0,12	0,08	0,10	0,06	0,13	0,18
MgO	0,88	0,38	2,80	1,41	4,17	2,75
CaO	1,99	1,20	5,38	3,46	6,74	5,80
Na_2O	3,48	3,38	3,37	3,97	3,39	3,58
K_2O	4,11	4,46	2,10	2,67	2,12	2,04
H_2O	0,84	1,47	1,22	1,50	1,36	1,26
P_2O_5	0,19	0,08	0,26	0,15	0,25	0,26

	Syenit	Trachyt	Nephelin-syenit	Phonolith	Urtit	Nephelinit
SiO_2	60,19	60,68	54,63	57,45	45,61	41,17
TiO_2	0,67	0,38	0,86	0,41	—	1,35
Al_2O_3	16,28	17,74	19,89	20,60	27,76	16,83
Fe_2O_3	2,74	2,64	3,37	2,35	3,67	7,61
FeO	3,28	2,62	2,20	1,03	0,50	6,64
MnO	0,14	0,06	0,35	0,13	0,15	0,16
MgO	2,49	1,12	0,87	0,30	0,19	3,72
CaO	4,30	3,09	2,51	1,50	1,73	10,12
Na_2O	3,98	4,43	8,26	8,84	16,25	6,45
K_2O	4,49	5,74	5,46	5,23	3,72	2,49
H_2O	1,16	1,26	1,35	2,04	0,42	2,42
P_2O_5	0,28	0,24	0,25	0,12	—	1,04

	Quarzgabbro	Quarzbasalt	Gabbro	Basalt	Essexit	Trachydolerit
SiO_2	54,39	55,46	48,24	49,06	48,64	49,20
TiO_2	1,29	0,88	0,97	1,36	1,86	1,68
Al_2O_3	16,72	16,85	17,88	15,70	17,96	16,65
Fe_2O_3	2,49	2,13	3,16	5,38	4,31	4,76
FeO	7,15	4,86	5,95	6,37	5,58	5,36
MnO	0,20	0,22	0,13	0,31	0,19	0,55
MgO	4,15	6,31	7,51	6,17	4,00	4,43
CaO	6,68	7,86	10,99	8,95	8,89	7,74
Na_2O	3,15	3,30	2,55	3,11	4,30	4,54
K_2O	1,58	1,40	0,89	1,52	2,28	3,19
H_2O	1,85	0,58	1,45	1,62	1,34	1,30
P_2O_5	0,35	0,15	0,28	0,45	0,65	0,60

	Theralit	Tephrit	Ijolith	Nephelin-basalt	Shonkinit	Leuzitbasalt
SiO_2	45,61	49,14	42,81	39,87	48,66	46,18
TiO_2	1,96	1,00	1,56	1,50	0,97	2,13
Al_2O_3	14,35	16,57	18,95	13,58	12,36	12,47
Fe_2O_3	6,17	3,65	3,86	6,71	3,08	5,27
FeO	4,03	6,68	4,84	6,43	5,86	5,06
MnO	0,19	0,30	0,19	0,21	0,13	0,19
MgO	6,05	3,98	3,16	10,46	8,09	8,36
CaO	9,49	9,88	10,47	12,36	10,46	8,16
Na_2O	5,12	2,57	9,63	3,85	2,71	2,36
K_2O	3,69	3,39	2,26	1,87	5,15	6,18
H_2O	2,60	2,00	0,85	2,22	1,46	2,60
P_2O_5	0,74	0,84	1,42	0,94	1,07	0,77

Tabelle 5 (Fortsetzung).

	Anorthosit	Dunit	Pikrit	Minette	Kersantit	Alnöit
SiO_2	50,40	40,49	41,30	49,45	50,79	32,31
TiO_2	0,15	0,02	0,81	1,23	1,02	1,41
Al_2O_3	28,30	0,86	9,43	14,41	15,26	9,50
Fe_2O_3	1,06	2,84	5,30	3,39	3,29	5,42
FeO	1,12	5,54	8,86	5,01	5,54	6,34
MnO	0,05	0,16	0,29	0,13	0,07	0,01
MgO	1,25	46,32	19,94	8,26	6,33	17,43
CaO	12,46	0,70	8,01	6,73	5,73	13,58
Na_2O	3,67	0,10	1,20	2,54	3,12	1,42
K_2O.	0,74	0,04	0,39	4,69	2,79	2,70
H_2O.	0,75	2,88	4,27	3,04	5,71	7,50
P_2O_5	0,05	0,05	0,20	1,12	0,35	2,38

Kieselsäure ist den größten Änderungen unterworfen. Gewöhnlich variiert sie in den Grenzen zwischen 35 und 78%. Auch Gesteine mit mehr als 90% SiO_2 sind mitunter als magmatisch angesprochen worden; über die wahre Natur („magmatisch" oder „hydrothermal") solcher Gesteine herrscht aber Zweifel.

Aluminiumoxyd variiert normalerweise in den Grenzen zwischen 10 und 20%. Einige korundführende Gesteine mit viel mehr Al_2O_3 scheinen nicht magmatischer Natur zu sein.

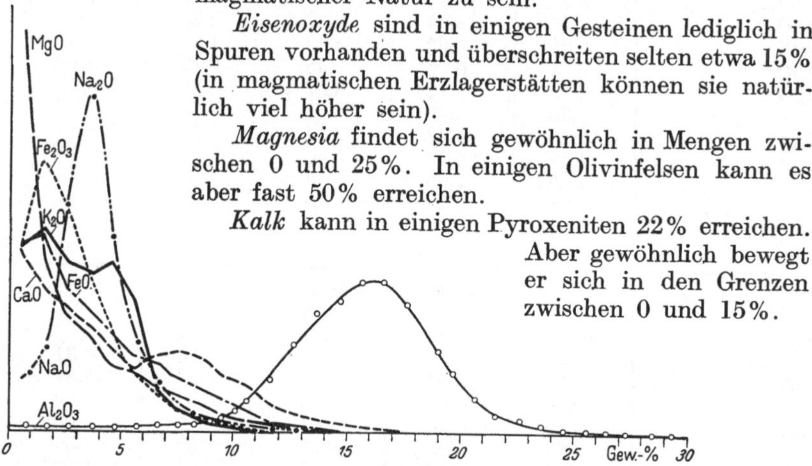

Eisenoxyde sind in einigen Gesteinen lediglich in Spuren vorhanden und überschreiten selten etwa 15% (in magmatischen Erzlagerstätten können sie natürlich viel höher sein).

Magnesia findet sich gewöhnlich in Mengen zwischen 0 und 25%. In einigen Olivinfelsen kann es aber fast 50% erreichen.

Kalk kann in einigen Pyroxeniten 22% erreichen. Aber gewöhnlich bewegt er sich in den Grenzen zwischen 0 und 15%.

Abb. 1. Die relative Häufigkeit der gewöhnlichen gesteinsbildenden Oxyde. (Nach RICHARDSON und SNEESBY.) Ordinatenachse = relative Häufigkeit. Abszissenachse = Gewichtsprozente der Oxyde.

Alkalien. Natron überschreitet sehr selten 15% und Kali selten 10%. Alle beide können aber in Spezialfällen 18% erreichen (in Nephelinit für Na_2O und in Italit für K_2O).

Alle anderen Oxyde sind in kleinen oder sehr kleinen Mengen vorhanden, und ihre Variationsbreite ist auch in den gewöhnlichen Gesteinstypen sehr klein. Seltene Ausnahmen sind etwa Ilmenitnorite mit hohem Titangehalt oder aber Apatitpegmatite mit viel Phosphorsäure. Von RICHARDSON und SNEESBY sind auf Grundlage der 8600 von WASHINGTON gesammelten Analysen die Häufigkeitsverhältnisse der gewöhnlichsten gesteinsbildenden Oxyde dargestellt. Ihrer Arbeit sind Abb. 1 und 2 entnommen. Kieselsäure hat bei weitem die größte Dispersion aller Oxyde. Ihre Verteilung ist aber keine regelmäßige, denn wie es aus Abb. 2 deutlich hervorgeht, gibt es zwei Häufigkeitsmaxima, nämlich bei 52,5 und 73,0%, d. h. daß Gesteine mit 52,5% SiO_2 und mit 73,0% SiO_2 die häufigsten sind, daß aber Gesteine die einen Kieselsäuregehalt zwischen diesen Zahlen aufweisen, seltener sind. (Vergleiche auch S. 66 über die relative Häufigkeit der Hawaiischen Laven.) Auf analoge Weise ersieht man auch, daß die Verteilung einiger anderer Oxyde auch keine regelmäßige ist. So haben sowohl CaO als K_2O zwei Maxima der Häufigkeit und gleichen insofern der Kieselsäure. Na_2O und besonders Al_2O_3 zeigen hingegen eine sehr symmetrische Verteilung.

Es ergibt sich von selbst, daß solche merkwürdigen Beziehungen unter den verschiedenen Oxyden auf besondere Umstände hinweisen, denen jede petrogenetische Theorie große Aufmerksamkeit widmen muß.

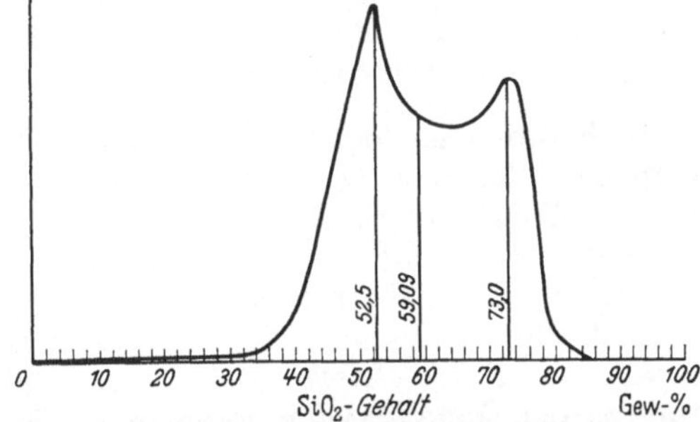

Abb. 2. Die relative Häufigkeit verschiedener Gesteinstypen in ihrer Abhängigkeit vom Kieselsäuregehalt. Ordinate = relative Häufigkeit. Abszissenachse = Gewichtsprozente Kieselsäure. Der häufigste Gesteinstypus führt 52,5% SiO_2, der nächsthäufigste 73,0% SiO_2 und der mittlere Gesteinstypus führt 59,09% SiO_2. (Nach RICHARDSON und SNEESBY.)

Aus diesen Daten kann man die chemische Zusammensetzung der häufigsten Gesteinstypen berechnen. Selbstverständlich muß man zwischen dem häufigsten Gesteinstypus und dem mittleren Gesteinstypus unterscheiden. In Tab. 6 sind die Resultate dieser Berechnung zusammengestellt.

Die Zahl der möglichen Gesteinstypen wird auch durch folgenden Umstand stark begrenzt; das gegenseitige Verhältnis der konstituierenden Oxyde kann kein beliebiges sein, sondern weist mit großer Regelmäßigkeit bestimmte Eigentümlichkeiten auf. Beispielsweise sei erwähnt: Gesteine mit hohem SiO_2-Gehalt sind gewöhnlich reich an Alkalien, führen aber wenig Kalk und Magnesia. Gesteine mit kleinem SiO_2-Gehalt sind hingegen reich an Kalk und Magnesia, arm an Alkalien. Aus diesen und ähnlichen Beziehungen zwischen den einzelnen chemischen Komponenten der Eruptivgesteine entsteht die Möglichkeit, alle Eruptivgesteine in eine verhältnismäßig kleine Zahl von Typen einzuordnen. Da die einzelnen Gesteine aber durch allerlei Übergänge miteinander verknüpft sind, wird die Zahl der aufzustellenden Typen nur davon abhängen, wie klein man die Unterschiede zwischen den Typen machen will. DALY hat etwa 125 verschiedene Typen aufgestellt, die dicht aneinander liegen. Er hat auch die mittlere chemische Zusammensetzung aller dieser Typen berechnet. In der Nomenklatur der Eruptivgesteine

Tabelle 6. Chemische Zusammensetzung der häufigsten Typen der Eruptivgesteine (I und II nach RICHARDSON und SNEESBY) und die durchschnittliche Zusammensetzung aller Eruptivgesteine (III, nach WASHINGTON).

	I	II	III
SiO_2 . . .	52,5	73,0	59,12
Al_2O_3 . . .	16,0	14,0	15,34
Fe_2O_3 } FeO } . .	10,0	1,5	6,88
MgO . . .	6,0	0,2	3,49
CaO . . .	9,0	0,5	5,08
Na_2O . . .	3,0	4,0	3,84
K_2O	1,0	3,5	3,13
Summe	97,5	96,7	96,88

I. Der häufigste Gesteinstypus; ihm entspricht eine basaltische Zusammensetzung (vgl. Tab. 5).

II. Der nächst häufigste Gesteinstypus; ihm entspricht eine granitische Zusammensetzung (vgl. Tab. 5).

III. Der durchschnittliche Gesteinstypus; ihm entspricht eine granodioritische Zusammensetzung. Er kommt aber nicht so häufig vor wie I und II.

sind jetzt ungefähr 800 Namen von den verschiedenen Verfassern benutzt worden. Viele dieser Namen sind aber überflüssig oder sollen lediglich lokale Verhältnisse veranschaulichen. Die 125 Typen DALYs sind mehr als hinreichend, alle Eruptivgesteine zu bezeichnen.

Einteilung der Eruptivgesteine.

Ganz grob kann man die wichtigsten der sog. *pyrogenetischen* Minerale folgendermaßen einteilen:

Helle oder felsische Minerale:	*Dunkle oder mafische Minerale:*
Quarz, Feldspat, Feldspatvertreter	Glimmer, Pyroxen, Amphibol, Olivin

Nach ihrem geologischen Auftreten muß man die Eruptivgesteine in drei Gruppen unterteilen: *1. Plutonite* oder *Tiefengesteine, 2. Ganggesteine, 3. Vulkanite* oder *Ergußgesteine.* In der Struktur eines Gesteines gibt sich seine Herkunft meistens sofort kund, gewöhnlich sind nämlich die Tiefengesteine grobkörnig, die Ergußgesteine feinkörnig, oft sogar glasig.

Nach dem Mineralinhalt zerfallen auch die Gesteine in drei Gruppen: *A. felsische, B. mafelsische* und *C. mafische.* Nach dem Verhältnis der Kieselsäure zu den Metalloxyden kann man die Gesteine in übersättigte, gesättigte (neutrale) und untersättigte Gesteine einteilen. Überschuß von Kieselsäure erzeugt freien Quarz und Mangel an Kieselsäure macht sich durch Vorhandensein von Mineralen niedriger Silifizierungsstufen kund (z. B. Feldspatoide oder Olivin).

A. Die felsischen Gesteine

bieten folgende mögliche Kombinationen der Hauptminerale:

1. Quarz + Feldspat (= übersättigte Gesteine).
2. Feldspat (= gesättigte Gesteine).
3. Feldspat + Feldspatvertreter, und
4. Feldspatvertreter (alle beide untersättigte Gesteine).

Da man außerdem, grob gesagt, zwei Arten von Feldspaten unterscheidet, Kalinatronfeldspat (d. h. Perthite und Sanidine) und Kalknatronfeldspat (d. h. Plagioklase), so können die Gesteine je nachdem sie überwiegend Kalinatronfeldspat oder Kalknatronfeldspat führen, alkalibetont oder kalkbetont genannt werden.

Man erhält somit die folgende Einteilung (Tab. 7 und 8).

Tabelle 7. Felsische Ergußgesteine.

	Alkalibetont	⇌	Kalkbetont
Quarz + Feldspat	Liparite oder Rhyolithe	Dellenite	Dacite
Feldspat	Trachyte	Trachyandesite	Andesite
Feldspat + Feldspatvertreter	Phonolithe	Vicoite	
Feldspatvertreter	Leuzitophyre, Nephelinite, Leuzitite		

Tabelle 8. Felsische Plutonite.

	Alkalibetont	⇌	Kalkbetont
Quarz + Feldspat	Granite	Granodiorite	Quarzdiorite
Feldspat	Syenite	Monzonite	Diorite Anorthosite
Feldspat + Feldspatvertreter	Nephelinsyenite	Nephelinmonzonite	
Feldspatvertreter	Urtite		

Die felsischen Ganggesteine sind in den Zahlentafeln nicht berücksichtigt. Von ihnen gibt es verschiedene Strukturtypen: *Felsite, Aplite, Pegmatite. Porphyre* oder *Porphyrite* können sowohl Gang- als Ergußgesteine genannt werden. Chemisch entspricht dem *Quarzporphyr* bzw. dem *Feldspatporphyr* der Granit bzw. der Syenit.

B. Die mafelsischen Gesteine

führen eine beträchtlichere Menge von dunklen Mineralen, sind infolgedessen dunkler gefärbt und haben auch eine größere Dichte, etwa 3,0.

Tabelle 9. Mafelsische Ergußgesteine.

	Alkalibetont	⇌	Kalkbetont
Quarz + Feldspat	Obsidiane und Pechsteine		Quarzbasalte
Feldspat		Basaltische Gesteine	
Feldspat + Feldspatvertreter	— Phonolithe — Trachydolerite — Tephrite und Basanite		
Feldspatvertreter	Nephelinbasalte (Leuzitbasalte) (Lugarite)		

Tabelle 10. Mafelsische Plutonite.

	Alkalibetont	⇌	Kalkbetont
Quarz + Feldspat			Quarzgabbros
Feldspat		Gabbroide Gesteine	
Feldspat + Feldspatvertreter	— Shonkinite — Essexite — Theralite und Teschenite		
Feldspatvertreter	Ijolithe		

Die gabbroiden Gesteine (s. Tab. 10) werden nach ihrem Gehalt an dunklen Mineralen weiter unterteilt.

Gewöhnlich ist neben dem Kalknatronfeldspat ein monokliner Pyroxen das Hauptmineral, die Gesteine heißen dann *Gabbro*, wenn Olivin hinzukommt, *Olivingabbro*. Bestehen sie nur aus Olivin und Kalknatronfeldspat, heißen sie *Troctolite*. Mit rhombischem Pyroxen werden sie *Norite* genannt.

Bemerkung: Das Verhältnis zwischen Feldspat (Labrador) und den dunklen Mineralen ist ungefähr 1 : 1.

Die basaltischen Gesteine (s. Tab. 9) werden folgendermaßen unterteilt:

Basalte. Plagioklas und monokliner Pyroxen. Wenn Olivin hinzukommt heißen sie *Olivinbasalte*; mit viel Olivin: *Pikrite*.

Dolerite sind grobkristalline Basalte; es gibt aber kaum eine scharfe Trennung zwischen Doleriten und Basalten.

Die mafelsischen Ganggesteine von gabbroider-essexitisch-theralitischer Zusammensetzung heißen *Diabase*[1] oder auch *Dolerite*[1]. Die anderen werden folgendermaßen eingeteilt:

---

[1] Sprachgebrauch unsicher; auch für Ergüsse benutzt.

Tabelle 11. Mafelsisch und Mafische Ganggesteine.

	Biotit	Pyroxen und/oder Hornblende	Alkalipyroxen und/oder Hornblende
Alkalifeldspat	Minette	Vogesit	Natronminette
Plagioklas	Kersantit	Spessartit	Camptonit
Feldspat frei	Alnöit ←——→ Monchiquit		

C. Die mafischen Gesteine

sind feldspatfrei, sehr dunkel gefärbt; die Dichte ist etwa 3,5.

Bestehen sie nur aus Pyroxen, heißen sie *Pyroxenite* oder als Ergußgesteine *Augitite*. Wenn Olivin hinzukommt, heißen sie *Peridotite*, bzw. *Limburgite*. Führen sie ausschließlich Olivin, werden sie *Dunite* genannt.

Magmatische Eisenerz- und *Sulfidgesteine* sind oft mit basischen Tiefengesteinen genetisch verknüpft.

Um auch kleinere mineralogische (und chemische) Variationen in den Gesteinskörpern registrieren zu können, war es nötig, die einfache mineralogische Klassifikation durch Heranziehen chemischer Analysenwerte zu verfeinern. Man muß sich aber dabei bewußt bleiben, daß der Mineralbestand keine einfache Funktion der chemischen Zusammensetzung ist, sondern sich innerhalb gewisser Grenzen variabel entwickelt („Heteromorphie der Gesteine"). Die strukturellen Eigenschaften sind von beiden unabhängig. Es ergibt sich damit vom Standpunkte der beschreibenden Petrographie aus getrennt eine chemische, mineralogische und strukturelle Klassifikation.

Für die Entwicklung der genetischen Petrologie war es notwendig, die Systematik möglichst quantitativ auszubauen. Da die mineralogischen und strukturellen Eigenschaften der Gesteine einer quantitativen Auswertung nicht leicht zugänglich sind[1], hat die chemische Klassifikation für diese Forschung die größte Bedeutung gewonnen.

Zwei gut ausgearbeitete Methoden der chemischen Klassifikation der Gesteine werden allgemein benutzt.

a) Berechnung der Norm der Amerikaner.

b) Berechnung der NIGGLI-Werte.

Berechnung der Norm.

Nach dieser Methode wird ein normativer Mineralbestand (Zusammensetzung nach Standardmineralien) berechnet. D. h. der chemische Bestand eines Gesteins wird nicht in Oxyden (oder Atomen), sondern in wichtigen Mineralmolekülen dargestellt. Durch diese mineralogische Aufteilung wird der Chemismus eines Gesteins zur Veranschaulichung gebracht. Bei der Wahl der Standardminerale der Norm wurde Rücksicht darauf genommen, daß 1. die Berechnungen einfach sein sollten, und daß 2. die Minerale und Mineralassoziationen den natürlichen Verhältnissen entsprechen sollten. Nach Aufstellung des Systems im Jahre 1902 machten sich von Zeit zu Zeit kleine Änderungen in der Berechnungsweise nötig, die von den Verfassern selbst und anderen an verschiedenen Stellen vorgenommen wurden. Hier werden wir die letzte Berechnungsmethode angeben:

---

[1] Die verschiedenen mineralogischen Klassifikationen sind in der systematischen (beschreibenden) Petrographie zu behandeln, auf sie kann hier nicht näher eingegangen werden. Siehe Schrifttum, S. 2.

Die Grundlage der Klassifikation bildet die chemische Gesteinsanalyse. Aus ihr werden zunächst aus den in Oxydform geschriebenen Gewichtsprozenten die sog. Molekularzahlen gewonnen, indem man die Prozentzahlen durch die den Oxyden zukommenden Molekulargewichte dividiert. Der weitere Gang der Berechnung verläuft in der Hauptsache folgendermaßen (indem wir hier von den kleineren Komponenten wie z. B. Cl, Cr_2O_3, ZrO_2 usw., absehen):

1. Eine molekulare Menge von $CaO = 3,33$mal der molekularen Zahl für P_2O_5 wird auf Apatit umgerechnet.

2. TiO_2 wird mit einer äquivalenten molekularen Menge von FeO zur Bildung von Ilmenit benutzt. (Überschüssiges TiO_2 wird in Titanit $= CaO \cdot TiO_2 \cdot SiO_2$ oder aber nach bestimmten Regeln in Rutil, TiO_2, umgerechnet).

Von nun an wird das Verfahren ein verschiedenes, je nachdem ob das im Gestein enthaltende SiO_2 dazu ausreicht, die höchst silifizierten Standard-moleküle zu bilden oder nicht.

a) Genügend SiO_2 vorhanden. 3a. Aus K_2O bildet man $K_2O \cdot Al_2O_3 \cdot 6\ SiO_2$ $=$ Orthoklas (in den sehr seltenen Fällen, daß $K_2O > Al_2O_3$ ist, wird das überschüssige K_2O zur Bildung von $K_2O \cdot SiO_2$ verwendet).

4a. Aus Na_2O bildet man $Na_2O \cdot Al_2O_3 \cdot 6\ SiO_2 =$ Albit. (In den Fällen daß $K_2O + Na_2O > Al_2O_3$ ist, wird das überschüssige Na_2O soweit Fe_2O_3 reicht, zur Bildung von $Na_2O \cdot Fe_2O_3 \cdot 4\ SiO_2 =$ Akmit verwendet. Wenn noch mehr Na_2O vorhanden ist, wird $Na_2O \cdot SiO_2$ gebildet.)

5a. Die noch an Al_2O_3 im Verhältnis 1:1 zu bindende Menge von CaO wird zur Bildung von $CaO \cdot Al_2O_3 \cdot 2\ SiO_2 =$ Anorthit benutzt. Wenn nach dieser Operation noch ein Tonerdeüberschuß übrig bleibt, kommt er in Rechnung als Korund, Al_2O_3. Überschüssiges CaO wird zur Bildung der Pyroxenmoleküle zur Seite gesetzt.

6a. Nachdem dies geschehen ist, wird, sofern nicht alles Fe_2O_3 bereits zur Bildung von Akmit verwendet worden ist, übrig gebliebenes Fe_2O_3 mit FeO zu $Fe_2O_3 \cdot FeO =$ Magnetit verbunden. Ein weiterer Überschuß kommt als $Fe_2O_3 =$ Hämatit in Rechnung.

7a. Die Molekularwerte des zurückgebliebenen CaO, MgO und FeO ($+$ MnO) werden mit je einem SiO_2 verbunden und dadurch die Moleküle $CaO \cdot SiO_2$ $=$ Wollastonit, $MgO \cdot SiO_2 =$ Enstatit und $FeO \cdot SiO_2 =$ Ferrosilit gebildet. Diese 3 Moleküle kann man sich zu Pyroxen verbunden denken. Wenn aber $CaO > MgO + FeO + MnO$ ist, kann man ein $CaO \cdot SiO_2$ mit einem (Mg, Fe) $O \cdot SiO_2$ zu Diopsid vereinigen, das überschüssige CaO bildet dann Wollastonit. — Nach all diesen Bildungen wird SiO_2 übrig bleiben, es kommt als $SiO_2 =$ Quarz in Rechnung.

b) Ungenügend SiO_2 vorhanden. Von Stufe 3 geht man dann am besten so vor: Statt der Feldspatmoleküle Orthoklas und Albit bildet man von Anfang an Leuzit $= K_2O \cdot Al_2O_3 \cdot 4\ SiO_2$ und Nephelin $= Na_2O \cdot Al_2O_3 \cdot 2\ SiO_2$.

In der Pyroxengruppe denke man sich zunächst 1 $CaO \cdot SiO_2$ mit 1 (Mg, Fe) $O \cdot SiO_2$ zu Diopsid verbunden, und aus eventuell überschüssigem Enstatit oder Ferrosilit bildet man die Olivinmoleküle $2\ MgO \cdot SiO_2 =$ Forsterit und $2\ FeO \cdot SiO_2 =$ Fayalit.

Bleibt nach Bildung dieser Moleküle und der übrigen unveränderten noch freies SiO_2, so wird

a) in erster Linie Leuzit in Orthoklas umgewandelt, soweit dies möglich ist; bleibt jetzt noch SiO_2, so wird

b) Nephelin in Albit umgewandelt, soweit das möglich ist. Ist noch freies SiO_2 vorhanden, so werden

c) die Olivinmoleküle in Pyroxenmoleküle umgewandelt, soweit das möglich ist. Dabei beachte man, daß das Verhältnis $MgO : FeO$ im resultierenden Olivinmolekül und im resultierenden Pyroxenmolekül dasselbe wird.

Tabelle 12.
Standardminerale der Normberechnung.

Symbol	Name	Formel
	A. Salische Minerale.	
Q	Quarz	SiO_2
C	Korund	Al_2O_3
or	Orthoklas	$K_2O \cdot Al_2O_3 \cdot 6\,SiO_2$
ab	Albit	$Na_2O \cdot Al_2O_3 \cdot 6\,SiO_2$ — Feldspat
an	Anorthit	$CaO \cdot Al_2O_3 \cdot 2\,SiO_2$
lc	Leuzit	$K_2O \cdot Al_2O_3 \cdot 4\,SiO_2$ — Feldspat-
ne	Nephelin	$Na_2O \cdot Al_2O_3 \cdot 2\,SiO_2$ — vertreter
	B. Femische Minerale.	
ns	—	$Na_2O \cdot SiO_2$
ks	—	$K_2O \cdot SiO_2$
ac	Akmit	$Na_2O \cdot Fe_2O_3 \cdot 4\,SiO_2$
wo	Wollastonit	$CaO \cdot SiO_2$
en	Enstatit	$MgO \cdot SiO_2$ — Pyroxene[1]
fs	Ferrosilit	$FeO \cdot SiO_2$
fo	Forsterit	$2\,MgO \cdot SiO_2$ — Olivine
fa	Fayalit	$2\,FeO \cdot SiO_2$
mt	Magnetit	$FeO \cdot Fe_2O_3$
hm	Hämatit	Fe_2O_3
il	Ilmenit	$FeO \cdot TiO_2$
ti	Titanit	$CaO \cdot TiO_2 \cdot SiO_2$
ru	Rutil	TiO_2
ap	Apatit	$3\,(3\,CaO \cdot P_2O_5) \cdot CaF_2$

Berechnung der Niggli-Werte.

Wieder ist die chemische Gesteinsanalyse die Basis der Klassifikation und die aus ihr in gewöhnlicher Weise gefundenen Molekularzahlen bilden die Grundlage der Berechnung.

Die Molekularzahl für Fe_2O_3 gibt als Ferro-Oxyd $2\,FeO$, sie wird mit zwei multipliziert und dann mit FeO vereinigt. Daraufhin werden die Molekularzahlen von Al_2O_3 (eventuell Cr_2O_3 und seltene Erden), $FeO\,(+\,MnO) + MgO$, $CaO\,(+\,BaO + SrO)$ und $K_2O + Na_2O\,(+\,Li_2O)$ auf die Summe 100 umgerechnet und mit al (entsprechend Al_2O_3), fm (entsprechend Fe, Mn, Mg, O), c (entsprechend Ca, Ba, Sr, O), alk (entsprechend $(Na, K)_2O$) bezeichnet. Eventueller $NiO—CuO-$usw.-Gehalt ist schon vorher zu $(Fe, Mn, Mg)\,O$ gerechnet worden.

$al + fm + c + alk = 100$ bilden die eine Stoffgruppe. Ihr gegenüber stehen die Molekularwerte für SiO_2, TiO_2, ZrO_2, P_2O_5, H_2O, CO_2 eventuell SO_2 oder SO_4, Cl_2, S_2. Sie werden in den Verhältnisgrößen umgerechnet, die den al-, fm-, c-, alk-Werten entsprechen, etwa nach der Gleichung:

Molekularzahl von $SiO_2 :$ Molekularzahl $Al_2O_3 = x : al$.

So entstehen die Werte:

$$si,\ ti,\ zr,\ p,\ h,\ co_2,\ so_3,\ so_4,\ cl_2,\ s_2 \text{ usw.}$$

Dadurch sind die wichtigsten chemischen Größen miteinander in Beziehung gebracht, und es ist durch die Bedingung $al + fm + c + alk = 100$ eine allen Gesteinen gemeinsame Vergleichsbasis geschaffen. Drei für die Unterscheidung wichtige Größen fehlen jedoch, weil sonst die Zahl der gleichwertigen Variabeln zu groß würde. Es sind die Molekularverhältnisse von K_2O zur Summe der Alkalien in alk und von MgO zu $FeO + MnO + MgO$ in fm, sowie eine Zahl, die über den Oxydationsgrad des Fe Auskunft gibt. Es werden nun für sich die durch Berechnung erhaltenen molekularen Verhältnisse $\dfrac{K_2O}{K_2O + Na_2O\,(+\,Li_2O)}$, $\dfrac{MgO}{(FeO + MnO + MgO)}$ als k und mg bezeichnet.

---

[1] Es kommt vor, daß man in der Pyroxengruppe das Silikat $CaO \cdot (Mg, Fe)\,O \cdot 2\,SiO_2 =$ Diopsid mit dem Symbol „di" bilden muß. Weiter hat man $(Mg, Fe)\,O \cdot SiO_2 =$ Hypersthen, hy; und $2\,[(Mg, Fe)\,O] \cdot SiO_2 = ol$.

Ist es wünschenswert anzugeben, der wievielte Teil von fm als $^1/_2\, Fe_2O_3$ vorhanden ist, so bestimmt man das molekulare Verhältnis $\dfrac{2\,Fe_2O_3}{FeO + MnO + MgO}$, wobei Fe_2O_3 über dem Bruchstrich die Molekularzahl des Fe_2O_3, $FeO + MnO + MgO$, unter dem Bruchstrich die Summe der Molekularzahlen des gesamten Eisens als FeO, des MnO und des MgO bedeuten. Die so erhaltene Zahl wird, da sie im Verein mit der Zahl mg über den Oxydationsgrad des Fe Aufschluß gibt, o genannt. Im allgemeinen genügt es für viele Betrachtungen, wenn bei Eruptivgesteinen und metamorphen Silikatgesteinen die Werte si, al, fm, c, alk, ferner k und mg angegeben werden. Durch sie sind in der Hauptsache die Gesteine chemisch charakterisiert.

Aus den gewonnenen Molekularwerten läßt sich leicht eine neue Größe, die Quarzzahl qz ableiten. Die Mineralien der Eruptivgesteine mit dem höchsten SiO_2-Gehalt sind die Feldspäte, Augite und Hornblenden. Nimmt man für sie die einfachsten Formulierungen, so werden zur Kalifeldspatbildung an si verbraucht: 6 alk, zur Natronfeldspatbildung an si verbraucht: 6 alk, zur Kalkfeldspatbildung an si verbraucht: 2 c.

Mit alk und c ist in diesen Fällen immer ein al verbunden. fm und c der Augite und Hornblenden brauchen zur Konstituierung der Verbindungen theoretisch 1 fm und 1 c als si.

Sind al, fm, c, alk die berechneten Molekulargrößen eines Gesteins, das aus diesen höchstsilifizierten Verbindungen besteht, so brauchen diese Werte somit eine gewisse Menge von si, gemäß der Formel:

$$si' = 6\,alk + 2\,(al - alk) + 1\,[c - (al - alk)] + fm.$$

$al - alk$ ist die Menge von c, die an Tonerde zur Kalkfeldspatbildung gebunden sein kann, sofern $alk < al$ ist. $c - (al - alk)$ ist dann die Menge von c, die nur noch mit si zusammentritt. Ist $al > alk + c$, so wird nach dieser Berechnungsweise das überschüssige al mit gleichviel si zu Sillimanit verbunden gedacht.

Berücksichtigt man bei der oben hingeschriebenen Formel, daß $al + fm + c + alk = 100$ ist, so wird sie zu $si' = (100 + 4\,alk)$. Ist $alk > al$, so geht der Überschuß der Alkalien über die Tonerde bei hohem si-Gehalt meist in Aegirin ein, das zugehörige si wird dann zu $si' = (100 + 3\,al + 1\,alk)$.

Hat das Gestein eine höhere si-Zahl, als dem berechneten si' entspricht, so wird im allgemeinen freies SiO_2 als Quarz auftreten, hat es eine kleinere si-Zahl, so darf man niedriger silifizierte Verbindungen als die genannten Mineralien, nämlich Olivin, Biotit, Feldspatvertreter, Erze erwarten. $si - si'$ ist die Quarzzahl qz, die in Größe und Vorzeichen Anhaltspunkte über den mutmaßlichen Mineralbestand gibt.

Tabelle 13. Die wichtigsten Niggli-Werte.

si aus SiO_2	$mg = \dfrac{MgO}{FeO + MnO + MgO}$	
al aus Al_2O_3	$al + fm + c + alk = 100$	
fm aus FeO, Fe_2O_3, MnO und MgO	$si' = 100 + 4\,alk$ (gewöhnlich)	
c aus CaO	$qz = si - si'$	
alk aus $K_2O + Na_2O$		
$k = \dfrac{K_2O}{K_2O + Na_2O}$		

Durch eine Umrechnung der chemischen Gesteinsanalysen nach dem Verfahren von NIGGLI oder von den Amerikanern ist es möglich, kleine Variationen zu erfassen und zu überblicken.

Solche Variationen lassen sich zweckmäßig in einem Variationsdiagramm darstellen.

Es hat sich gezeigt, worauf später näher eingegangen werden wird, daß in einer Gesteinsserie von genetisch zusammengehörenden Gliedern, der Gehalt an Kieselsäure in der Regel in der Weise gesetzmäßigen Änderungen unterworfen ist, daß er vom Anfang bis zum Ende der Serie (von älteren nach jüngeren Gliedern) regelmäßig zunimmt.

Für das Studium solcher Serien hat es sich infolgedessen als zweckmäßig erwiesen, den Kieselsäuregehalt als Abszisse abzutragen, und alle anderen Oxyde als Ordinate in ihrer Abhängigkeit von Kieselsäure darzustellen.

Noch übersichtlicher gestalten sich manchmal solche Variationsdiagramme, wenn man statt der Gewichtsprozentzahlen von SiO_2 etwa die Werte si als Abszisse benutzt und die anderen NIGGLI-Werte als Ordinate einträgt.

Man kennt aber auch Gesteinsserien, in denen keine Zunahme des Kieselsäuregehaltes in den jüngeren Gliedern zu verzeichnen ist. Hier hat man einfach die Zeit (d. h. das relative Alter der verschiedenen Glieder) als Abszisse verwenden müssen. Nach einem Vorschlag von ESKOLA soll man bessere Vergleichswerte durch Benutzen sog. „Differentiationszahlen" erhalten, die aus allen während der Differentiation im Anstieg befindlichen Oxyden berechnet werden.

Geochemie.

Bevor wir die Eruptivgesteine einer spezielleren Behandlung unterwerfen, scheint es angebracht, den stofflichen Inhalt der Gesteine im Verhältnis zum Gesamtinhalt des Erdballes zu betrachten.

Wir finden in der Erde eine Sonderung in Schalen verschiedener Dichte, die nach den spezifischen Gewichten angeordnet sind. Nach V. M. GOLDSCHMIDT gestaltet sich dieser Schalenbau der Erde, wie er auf Abb. 3 schematisch dargestellt ist.

Unsere geochemischen Kenntnisse verdanken wir vor allem den bahnbrechenden Untersuchungen über die geochemischen Verteilungsgesetze der Elemente von V. M. GOLDSCHMIDT. Seinen Arbeiten ist der folgende Abschnitt entnommen:

In geochemischer Beziehung können die chemischen Elemente in *vier Hauptgruppen* eingeteilt werden:

Siderophile Elemente, angereichert in Nikkeleisen,

chalkophile Elemente, angereichert in Sulfidschmelzen,

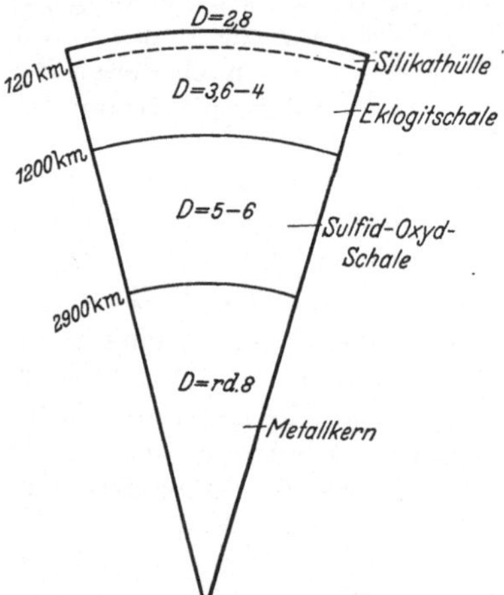

Abb. 3. Schematischer Durchschnitt durch die Erde. (Nach V. M. GOLDSCHMIDT.)

lithophile Elemente, angereichert in Silikatschmelzen,

atmophile Elemente, angereichert in der Dampfhülle.

Die Scheidung in diese vier Hauptgruppen hat in großem Maßstabe bei der ersten Phasenentmischung des Erdballes stattgefunden, entsprechend den Verteilungsquotienten der einzelnen Elemente zwischen den vier Hauptphasen.

Eine weitere Sonderung der Elemente ist an die fortschreitende physikochemische Differentiation der Lithosphäre geknüpft, ein Prozeß, der heute noch mit voller Stärke vor sich geht. In den intra-tellurischen Magmen sammeln sich die Restmengen chalkophiler Elemente in Sulfidphasen und durch die vulkanische Tätigkeit einschließlich der Fumarolenwirksamkeit wandern die in der Silikathülle noch vorhandenen Reste atmophiler Elemente zur Dampfhülle.

In der folgenden Tabelle sind die einzelnen Elemente entsprechend ihrer Verteilungsweise zwischen den vier Phasen des Systems in vier Gruppen geteilt. Elemente, die mit ( ) bezeichnet sind, gehen nur zum geringeren (aber immerhin recht merklichen) Teile in die betreffende Phase ein, die mit (( )) bezeichneten, nur zum sehr geringen Teile.

Tabelle 14. Geochemische Klassifikation der Elemente.

A. Siderophile	B. Chalcophile	C. Lithophile	D. Atmophile
Fe, Ni, Co	((O)), S, Se, Te	O, (S), (P), (H)	H, N, C, (O)
P, (As), C	Fe, Cr, (Ni), (Co)	Si, TI, Zr, Hf, Th	Cl, Br, I
Ru, Rh, Pd	Cu, Zn, Cd, Pb	(Sn)	
Os, Ir, Pt, Au	Sn, Ge, Mo	F, Cl, Br, I	He, Ne, Ar
Ge, Sn	As, Sb, Bi	B, Al, (Ga), Sc, Y	Kr, X
Mo, (W)	Ag, (Au), Hg	La, Ce, Pr, Nd, Sm	
(Nb), Ta	Pd, Ru, (Pt)	Eu, Gd, Tb, Dy	
(Se), (Te)	Ga, In, Tl	Ho, Er, Tu, Yb, Cp	
	(Cr)	Li, Na, K, Rb, Cs	
		Be, Mg, Ca, Sr, Ba	
		(Fe), V, Cr, Mn	
		((Ni)), ((Co)), Nb, Ta	
		W, U, ((C))	

Natürlich haben die lithophilen Elemente für die Petrologie die größte Bedeutung, sie sind die Hauptbestandteile der Magmen sowie der festen Gesteine.

Während der Abkühlung eines Magmas findet eine Reihe von Vorgängen statt, die zu einer weiteren Trennung der chemischen Elemente führen.

1. Durch Entmischung können sich selbständige Sulfidschmelzen, die mit der Silikatschmelzlösung nur beschränkt mischbar sind, ausscheiden. Da sie schwerer sind als die Silikatlösung, sinken sie zu Boden.

2. Die Kristallarten, deren Löslichkeitsgrenze bei der Abkühlung überschritten wird, werden ausgeschieden. Sind sie schwerer als die Restlösung, werden auch sie zusammen mit den Tropfen der entmischten Sulfidschmelzen absinken. Sind sie leichter, können sie aufsteigen.

3. Durch Entlastung des Druckes kann eine magmatische Dampfphase abgespalten werden.

4. Durch Zusammenwirken der drei obengenannten Prozesse kann sich schließlich eine magmatische Restlösung bilden.

Zunächst ist es klar, daß die sehr geringen Reste der unter *B* angeführten rein chalkophilen Elemente, die noch in der Silikatschmelze übrig geblieben sind, bei einer zweiten Abtrennung von Sulfidschmelze überwiegend in diese neue Sulfidschmelze eintreten werden.

Nickel und Kobalt werden der Silikatschmelze größtenteils durch die Abscheidung dieser flüssigen Sulfidschmelze entzogen.

Ebenso ist es klar, daß diejenigen Elemente, welche nicht durch isomorphe Vertretung in die einzelnen Kristallisationen der Silikatschmelze eintreten, in dem Rest der Schmelze relativ angereichert werden müssen. Es ist daher einleuchtend, daß die selteneren Elemente, die unter *C* angeführt sind, eine verschiedene Bahn einschlagen werden, je nachdem sie in den einzelnen Kristallisationsprodukten der Silikatschmelze löslich sind oder nicht.

Sind sie befähigt, in die Hauptkristallisationen der Silikatschmelze unbehindert isomorph einzutreten, so lösen sie sich in den festen Hauptkristallisationsprodukten in ähnlicher Konzentration wie im Schmelzfluß, sie werden *nicht wesentlich angereichert*. Ist aber das Verteilungsverhältnis derart, daß sie vorzugsweise in der flüssigen Lösung verbleiben oder sind sie gar unlöslich in den Kristallisationsprodukten, so werden sie in der Restlauge relativ angereichert und können schließlich selbständige Kristallarten bilden.

Die wichtigsten Kristallarten der normalen magmatischen Kristallisationsbahn, die hierbei in Betracht kommen, sind nun folgende:

Feldspäte und Feldspatoide (Alumosilikate von Natrium, Kalium und Calcium).

Pyroxene und Amphibole (Silikate hauptsächlich von Magnesium, Calcium und Eisen).

Glimmerminerale, speziell Biotit (ein hydroxlyhaltiges Alumosilikat von Kalium, Magnesium und Eisen).

Olivin (Orthosilikat von Magnesium und Eisen).

Oxydische Eisenerze und Apatit.

Als quantitativ untergeordnete Erstkristallisationen kann man Olivin, oxydische Eisenerze und Apatit betrachten. Es bleiben uns als Hauptkristallisationen: Feldspäte (und Feldspatoide), Pyroxene, Amphibole, Biotit. Es handelt sich demnach um die Frage der isomorphen Vertretbarkeit von Natrium, Kalium, Magnesium, Calcium, Aluminium, Silicium durch fremde Elemente.

Mit Silicium ist Germanium isomorph.

Isomorph mit Aluminium sind Gallium, Eisen, Titan, Scandium, auch Chrom und Vanadium.

Isomorph mit Calcium, Natrium, Kalium sind Barium, Strontium, Cäsium, Rubidium; sehr viel schwächer ist die Isomorphie des Lithiums.

Über weitere Einzelheiten, besonders über die Elemente, die *nicht* mit den vorherrschenden, gesteinsbildenden Elementen isomorph sind, s. S. 97 im Kapitel über Pegmatite.

II. Kristallisation in Silikatschmelzlösungen.

Schrifttum.

Die Schmelzerscheinungen bei den verschiedenen Silikatlösungen sind von einer Reihe von Forschern im Geophysikalischen Laboratorium der Carnegie Institution experimentell studiert worden. Über die Einzelheiten berichten die Publikationen der letzten 30 Jahre dieses Laboratoriums. Einige für die Petrologie besonders wichtige Daten sind auch von Bowen in seinem Buch „The Evolution of Igneous Rocks" (Princeton 1928) zusammengestellt und diskutiert.

Andere wichtige zusammenfassende Arbeiten sind:

Eitel, W.: Physikalische Chemie der Silikate. Leipzig 1929.
Goldschmidt, V. M.: Kontaktmetamorphose im Kristianiagebiet. Vid. Selsk. Skr. Oslo 1911.
Niggli, P.: Das Magma und seine Produkte. Leipzig 1937.
Sosman, R. P.: The Properties of Silica. New York 1927.
Über Kugelgesteine s.: Eskola, P.: On the Esboitic Crystallization of Orbicular Rocks. J. Geol. 1938.

Allgemeines.

Wenn die Erforschung der Gesetze der Kristallisation von künstlichen Silikatschmelzen genau bekannter Zusammensetzung für die moderne Petrologie eine außerordentlich große Bedeutung gehabt hat, so beruht dies auf dem *Prinzip der Kontinuität*. Kein natürliches Magma ist so einfach wie die im Laboratorium studierten künstlichen Schmelzen; die Zusammensetzung einer

Schmelze kann aber so gewählt werden, daß durch Hinzufügen *kleiner* Mengen von einigen weniger wichtigen Komponenten die Zusammensetzung eines natürlichen Magmas praktisch erreicht wird. Dem Prinzip der Kontinuität zufolge muß man annehmen, daß solche geringfügigen Änderungen keinen großen Einfluß auf die Kristallisationserscheinungen ausüben.

Obwohl man die experimentell ermittelten Temperaturangaben nicht direkt auf magmatische Vorgänge übertragen darf, so muß man doch annehmen, daß die Gesetze der Kristallisation eines Magmas grundsätzlich wie in einer künstlichen Schmelzlösung verlaufen. Wenn man z. B. die Schmelz- und Kristallisationserscheinungen im künstlichen System $NaAlSi_3O_8$—$CaAl_2Si_2O_8$ kennt, so kann man daraus weitgehende Schlüsse auf das Verhalten der Plagioklase in natürlichen Magmen ziehen, obwohl bekannt ist, daß die natürlichen Plagioklase kleine Mengen von SrO und BaO enthalten. Im folgenden werden wir deshalb zunächst die allgemeinen Gesetze der Kristallisation in künstlichen Silikatschmelzlösungen studieren.

Wichtig für das Verständnis der Kristallisationsvorgänge in Silikatschmelzlösungen ist die Lehre von den *heterogenen Gleichgewichten.*

Schmilzt man eine Mischung von MgO und SiO_2, so entsteht eine Silikatschmelzlösung, aus der durch Abkühlung, je nach Zusammensetzung und Temperatur, die folgenden Verbindungen auskristallisieren können: 1. Periklas (MgO), 2. Olivin (Mg_2SiO_4), 3. Klinoenstatit $(MgSiO_3)$ und Cristobalit (SiO_2). Außerdem gibt es noch drei Minerale, die ihrer Zusammensetzung nach hierher gehören, die aber trotzdem nie als primäre Kristallisationsprodukte in diesem System beobachtet worden sind. Es sind Enstatit, Tridymit und Quarz. Die Lehre der heterogenen Gleichgewichte erklärt nun, unter welchen Bedingungen nur eines der möglichen Kristallisationsprodukte zu erwarten ist, und unter welchen Bedingungen mehrere Kristallisationsprodukte oder Phasen nebeneinander vorkommen werden. Folgende Definitionen sind wichtig:

1. Als *Phasen* eines heterogenen Systems bezeichnet man die physikalisch verschiedenen und mechanisch voneinander trennbaren Teile des Systems, z. B. seine kristallisierten, flüssigen und gasförmigen Teile. Während kristallisierte Phasen in beliebiger Zahl nebeneinander auftreten können, bilden die Flüssigkeiten infolge ihrer gegenseitigen Mischbarkeit gewöhnlich nur eine, ab und zu auch zwei (oder mehrere) Phasen; die Gase bilden stets eine einzige Phase.

2. Unter den *Komponenten* eines Systems versteht man die Mindestzahl der Molekülgattungen, die zum Aufbau aller Phasen erforderlich sind (mitunter können aber Unsicherheiten darüber entstehen, welche Komponenten am praktischsten zu wählen sind).

3. Die *Freiheitsgrade* eines Systems werden durch die Anzahl der *Variabeln* bestimmt. Die Variabeln sind Temperatur *(t)*, und Druck *(p)*. Bei bestimmten Werten von diesen Größen stehen die vorhandenen Phasen eines Systems miteinander im Gleichgewicht; je nachdem man keine, eine oder alle beide dieser Größen verändern kann ohne dadurch den Gleichgewichtszustand zu zerstören, sagt man, daß das System null, eine oder zwei Freiheiten besitzt. Ein Beispiel wird dies erklären:

Im System H_2O können drei Phasen, Eis — Wasser — Dampf, nur bei einem ganz bestimmten Werte vom Druck und von der Temperatur nebeneinander bestehen. Das System ist dann *invariant*, es besitzt keinen Freiheitsgrad, denn keine der zwei Variabeln kann ohne Störung des Gleichgewichtes verändert werden. Wird eine der beiden Variabeln willkürlich gewählt, so ist das System *monovariant* geworden, es besitzt einen Freiheitsgrad; es treten aber nur zwei Phasen nebeneinander auf: Eis — Wasser, Eis — Dampf oder Dampf — Wasser.

Werden beide Variabeln willkürlich gewählt, ist das System *divariant* mit zwei Freiheitsgraden. Die Zahl der Phasen ist aber auf 1 reduziert.

Die Beziehungen zwischen Phasen (P), Komponenten (K) und Freiheiten (F) wird gegeben durch die Gleichung:

$$P + F = K + 2.$$

Diese Gleichung ist die Phasenregel von WILLARD GIBBS.

Für die Petrologie ist auch folgende Überlegung wichtig: Die maximale Phasenzahl kann nur im invarianten System erreicht werden, bei dem also sowohl Temperatur als auch Druck invariant festgelegt sind. Es ist aber äußerst unwahrscheinlich, daß ein solcher singulärer Punkt im p–t-Diagramm bei mineralbildenden Prozessen erreicht wird, denn diese Vorgänge verlaufen in der Regel in einem großen pt-Intervall, d. h. diese Größen bleiben variabel und ergeben so 2 Freiheitsgrade. Danach verändert sich die GIBBSsche Gleichung in:

$$P = K.$$

Das ist die von V. M. GOLDSCHMIDT aufgestellte ,,*Mineralogische Phasenregel*", die besagt:

Bei n Komponenten können bei willkürlichen Drucken und Temperaturen nicht mehr als n Mineralphasen nebeneinander stabil existieren.

Das Studium der Kristallisation von Silikatschmelzlösungen heißt zunächst für jede Zusammensetzung der Schmelze das p–t-Gebiet, in dem Schmelze und Kristalle im Gleichgewicht sind, aufzufinden; danach die Natur der für jede Zusammensetzung primär kristallisierenden festen Phase und deren Stabilitätsgebiet klarzulegen.

Systeme mit nur einer Komponente sind natürlich die einfachsten, und deshalb fangen wir damit an.

Bei den synthetischen Studien können wir, wie schon gesagt, die in kleinen und kleinsten Mengen vorkommenden Komponenten der Minerale nicht mitberücksichtigen, sondern wir müssen uns mit einer vereinfachten Zusammensetzung begnügen. Da die Zahl der gesteinsbildenden Mineralien klein ist (vgl. S. 2), so genügt es, in diesem Abschnitt die folgenden Komponenten zu behandeln:

1. Reine Kieselsäure (SiO_2) bildet die natürlichen Kieselminerale (Quarz, Tridymit usw.).

2. Die Feldspatminerale sind $KAlSi_3O_8$, $NaAlSi_3O_8$ und $CaAl_2Si_2O_8$ (in gekürzter Schreibweise Or, Ab, An).

3. Die Feldspatvertreter Leuzit und Nephelin werden durch die folgenden Moleküle dargestellt: $KAlSi_2O_6$ bzw. $NaAlSiO_4$.

4. Den Olivinen entsprechen Mg_2SiO_4 und Fe_2SiO_4.

5. Die Gruppe der Pyroxene weist eine sehr komplexe Zusammensetzung auf. Für die experimentelle Ermittlung der physikalischen Chemie dieser Mineralgruppe kommen zunächst die folgenden Komponenten in Betracht: $MgSiO_3$, $FeSiO_3$, $CaSiO_3$ (mit den Symbolen *en*, *fs* und *wo*) und die daraus gebildeten Doppelverbindungen: $MgCaSi_2O_6$ (Diopsid) und $FeCaSi_2O_6$ (Hedenbergit).

Die Alkalipyroxene werden repräsentiert durch $NaFeSi_2O_6$ (Akmit). Unberücksichtigt bleiben andere Sesquioxyd enthaltenden Komponenten, sowie Komponenten mit TiO_2, Li_2O usw.

6. Die Hornblende- und Glimmergruppen sind so wenig bekannt, daß ihre physikalische Chemie nur von allgemeinen Gesichtspunkten aus behandelt werden kann.

Kieselsäure, SiO_2.

Es gibt viele verschiedene kristalline Modifikationen der Kieselsäure. Bekanntlich ist die eine dieser Modifikationen mit dem Mineral Quarz identisch und ist bei Temperaturen unterhalb 573° stabil. Dieser Quarz kristallisiert trigonal trapezoedrisch, geht aber durch Erwärmung über diese Temperatur unter diskontinuierlicher Änderung mehrerer meßbarer physikalischer Eigenschaften wie des Volumens, des optischen Drehungsvermögens, der Lichtbrechung u. a. prompt in eine andere Modifikation mit hexogonal-trapezoedrischer Symmetrie über, deren Eigenschaften jedoch nicht sehr verschieden von denen des gewöhnlichen Quarzes sind. Der Name Quarz wird für beide benutzt, und sie können als Hoch- und Tiefquarz (bzw. α-Quarz und β-Quarz) bezeichnet werden. Der Hochquarz geht durch Abkühlung bei 573° glatt in den Tiefquarz über.

In den Grenzen 870—1470° ist der Tridymit, eine wesensverschiedene Form von SiO_2, stabil. Zwischen 1470 und 1713° ist noch eine weitere Form, der kubisch kristallisierende Cristobalit, stabil. Bei 1713° schmilzt der Cristobalit und von dieser Temperatur bis an den Siedepunkt ist die Schmelze die stabile Phase.

Die Umwandlungen Hochquarz → Tridymit → Cristobalit und umgekehrt vollziehen sich nicht so glatt wie die vom Tiefquarz in den Hochquarz. Sie sind im Gegenteil außerordentlich träg, und sowohl Cristobalit als auch Tridymit können ohne weiteres auf gewöhnliche Temperatur gebracht werden, ohne dabei Umwandlung in die stabile Phase (= Tiefquarz) zu erleiden. Zwar durchlaufen Cristobalit und Tridymit beim Abkühlen gewisse andere Umwandlungen (analog Hochquarz — Tiefquarz); diese interessieren uns jedoch hier nicht weiter.

Zwei andere Erscheinungen von sehr großer Bedeutung sollen aber sofort erwähnt werden.

1. Bei niedrigeren Temperaturen, besonders wenn die Kristallisation rasch erfolgt (z. B. bei Gegenwart von Mineralisatoren, vgl. S. 49) können sowohl Cristobalit als auch Tridymit gebildet werden, obschon Quarz bei diesen Temperaturen die stabile Phase ist.

2. Hochquarz und Tiefquarz bilden sich nur innerhalb ihrer Stabilitätsgebiete, nie bei höheren Temperaturen.

Daraus schließt man folgendes:

Quarz in einem Eruptivgestein bedeutet, daß seine Kristallisation aus dem Magma unterhalb 870° erfolgte. Das Vorhandensein von Cristobalit oder Tridymit sagt aber nichts über die Kristallisationstemperaturen aus.

Wie schon erwähnt, ist bei gewöhnlicher Temperatur der Quarz immer als Tiefquarz vorhanden. Es ist aber oft möglich, unter dem Mikroskop festzustellen, ob der Quarz ursprünglich als Hoch- oder Tiefquarz vorlag.

Mikroskopische Untersuchungen verschiedener Eruptivgesteine haben ergeben, daß der Quarz in fast allen Eruptivgesteinen als Hochquarz auskristallisierte. In Mineraladern und einigen Pegmatitgängen dagegen hat sich der Tiefquarz primär gebildet. So schließt man, daß die Hauptkristallisation der Magmen der gewöhnlichsten quarzführenden Eruptivgesteine annähernd in den Grenzen zwischen 573 und 870°, die Restkristallisation aber teilweise bei niedrigeren Temperaturen erfolgte.

Diese Zahlen bedürfen jedoch einer Korrektur, die den Druck berücksichtigt. Genau wie z. B. der Schmelzpunkt eines Stoffes vom Druck abhängig ist, so ist auch der Umwandlungspunkt vom Druck abhängig.

Es gilt:
$$\frac{dT}{dp} = \frac{T}{r}\,(v - v').$$

T = absolute Temperatur, p = Druck, r = latente Umwandlungswärme, v = spezifisches Volumen der Hochtemperaturphase, v' = spezifisches Volumen der Tieftemperaturphase.

2*

Tabelle 15. Spezifische Gewichte verschiedener Modifikationen von SiO_2.

t	Quarz	Tridymit	Cristobalit	Glas
0°	2,651	2,262	2,320	2,203
870°	2,536	2,189	2,200	2,200

Für die Umwandlungstemperatur Quarz $\rightleftharpoons$ Tridymit können wir die Rechnung durchführen (s. Tab. 15): Hier ist
$$T = 1143°,$$
$$v = 0,0004568 \text{ und}$$
$$v' = 0,0003943 \, l$$

zu setzen. Die Umwandlungswärme r beträgt 8,7 cal, ist also einer Arbeit von

$$r = \frac{8,7}{24,19} = 0,36 \text{ Literatmosphären äquivalent, und somit wird } dT/dp = 0,1986 \sim 0,2,$$

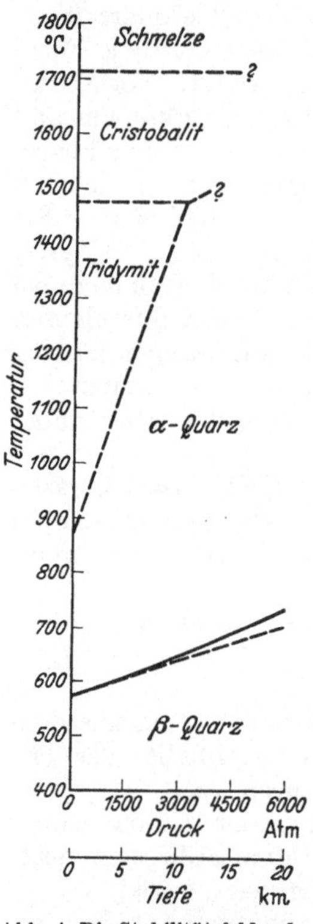

Abb. 4. Die Stabilitätsfelder der Modifikationen des SiO_2 im p—t-Diagramm. Gestrichelte Linien = berechnete Grenzen (s. Text); volle Linie = die von GIBSON experimentell ermittelte Grenze zwischen Hochquarz und Tiefquarz.

d. h. eine Steigerung des Druckes um 1 at entspricht einer Erhöhung des Umwandlungspunktes um 0,2°. Dies ist eine sehr große Erhöhung. Da aber die Abhängigkeit der Umwandlungswärme und der Volumenänderung von der Temperatur unbekannt ist, so ist es auch unmöglich, den weiteren Verlauf der Kurve exakt zu berechnen. Es ist aber wohl möglich, daß Tridymit bei hohen Drucken überhaupt kein Stabilitätsgebiet besitzt, daß also der Quarz in den Cristobalit direkt übergeht (s. Abb. 4).

Für die für die geologische Thermometrie wichtigere Umwandlung Tiefquarz $\rightleftharpoons$ Hochquarz, ergibt die Berechnung $dT/dp = 0,0215$ Grad/at. Die Abhängigkeit dieses Umwandlungspunktes vom Druck ist von E. R. GIBSON experimentell bestimmt worden. Seine Resultate sowie die aus der Berechnung extrapolierte Kurve sind in die Abb. 4 eingetragen.

Das eutektische Schmelzen.

Der Kristallisationspunkt (Schmelzpunkt) eines Stoffes wird durch Beimischung eines zweiten im allgemeinen erniedrigt. Nach der thermodynamischen Begründung dieser altbekannten Tatsache durch J. H. VAN'T HOFF beträgt die Schmelzpunkterniedrigung Δt pro Mol eines beliebigen Stoffes auf 100 g des „Lösungsmittels" rund

$$\Delta t = \frac{T}{50\,Q}$$

(T = absolute Schmelztemperatur des Lösungsmittels, Q = seine Schmelzwärme in cal/g). Die Voraussetzungen des VAN'T HOFFschen Gesetzes enthalten aber die Bedingungen, daß das Lösungsmittel nicht Mischkristalle mit dem gelösten Stoff bildet, und daß die Konzentration der Lösung an dem gelösten Stoff nur eine sehr geringe ist.

In einem binären System ohne Mischkristallbildung wird somit die Schmelzbarkeit irgendeiner der Komponenten durch Beimischung der anderen gesteigert. Ein weiteres Beispiel ist das System Diopsid ($CaMgSi_2O_6$)—Anorthit ($CaAl_2Si_2O_8$), wie in Abb. 21 dargestellt.

Wenn eine binäre Verbindung auftritt, wie beispielsweise im System Nephelin ($NaAlSiO_4$)—Kieselsäure, zerfällt das System in zwei Teilsysteme, s. Abb. 5.

Albit und Kieselsäure.

Albit ($NaAlSi_3O_8$) schmilzt bei 1122° und ist nur in einer kristallinen Modifikation bekannt. Das System Albit — Kieselsäure ist ein Beispiel eines Zweikomponentensystems mit *Eutektikum* (Abb. 5).

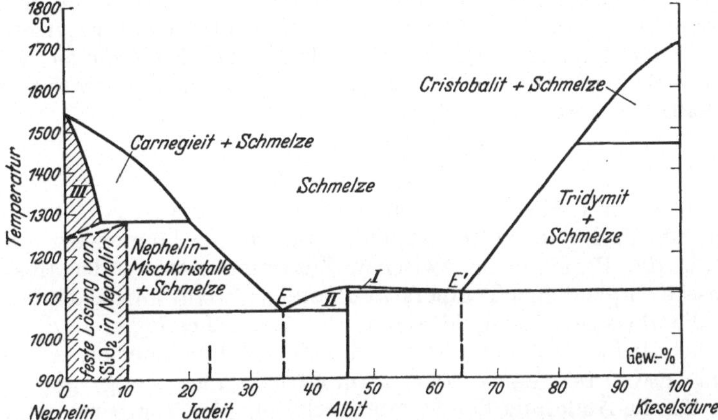

Abb. 5. Das Erstarrungsdiagramm des Systems „Nephelin—Kieselsäure" ($NaAlSiO_4$—SiO_2). Ein Beispiel eines Zweikomponentensystems mit einer binären Verbindung (Albit = $NaAlSi_3O_8$) und mit beschränkter Mischkristallbildung. Das Teilsystem Albit—Kieselsäure ist einfach eutektisch. Durch Ausscheiden entweder von Albit (im Feld *I*) oder von Kieselsäure (als Cristobalit oder Tridymit, s. weiter unten) ändert sich die Zusammensetzung der Schmelze bis zum Punkt *E'*, dem eutektischen Punkt zwischen Albit und Kieselsäure. Kieselsäure selbst ist polymorph: bei höherer Temperatur kristallisiert der Cristobalit, bei niedriger Temperatur der Tridymit (s. S. 19). Im Teilsystem Albit—Nephelin ist *E* der eutektische Punkt. Rechts von *E* kristallisiert Albit aus (im Feld *II* sind Albit und Schmelze im Gleichgewicht). Das $NaAlSiO_4$ ist polymorph: bei höherer Temperatur ist der Carnegieit, bei niedriger Temperatur ist der Nephelin die stabile Phase. Aber sowohl Carnegieit wie Nephelin vermögen eine kleine Menge von SiO_2 in feste Lösung aufzunehmen (beschränkte Mischkristallbildung zwischen $NaAlSiO_4$ und SiO_2; durch die schraffierten Felder im Diagramm dargestellt). Eine Schmelze von einer Zusammensetzung zwischen *E* und $NaAlSiO_4$ wird infolgedessen nie reines $NaAlSiO_4$ ausscheiden können, sondern immer einen Mischkristall mit SiO_2-Überschuß.

Feldspäte.

Das System der gesteinsbildenden Feldspäte besteht aus drei Komponenten: Anorthit ($CaAl_2Si_2O_8$), Albit ($NaAlSi_3O_8$) und Orthoklas ($KAlSi_3O_8$), die fähig sind *Mischkristalle* miteinander zu bilden.

Zunächst sei erwähnt, daß unsere Auffassung der Mischkristalle (= der festen Lösungen) durch die Atomphysik insbesondere durch die von GOLDSCHMIDT und GRIMM aufgestellten Theorien der Isomorphie wesentliche Änderungen erfahren hat. Vor allem hat MACHATSCHKI diese Theorien auf die Isomorphie der Silikate angewendet und dadurch zusammen mit einer großen Reihe von Kristallstrukturforschern ein neues System der chemischen Mineralogie geschaffen.

Drei einfache Typen von festen Lösungen sind möglich:

Typ 1. Feste Lösungen durch interstitielle Addition.

Typ 2. Feste Lösungen durch Austausch.

Typ 3. Feste Lösungen durch Weglassen bestimmter Bausteine[1].

Ganz allgemein müssen die Austauschverhältnisse derart sein, daß die für die Mischbarkeit notwendige Ähnlichkeit der Ionenabstände im Kristallgitter bestehen bleiben. Die ältere Forderung nach der chemischen Ähnlichkeit der sich mischenden Substanzen ist aber *nicht* notwendig.

Typ 1 und 3 sind unter Silikaten nicht selten. Besonders häufig findet man aber Mischkristalle nach dem 2. Typus. Aus dem eben Gesagten geht

---

[1] Die Bausteine sind Atome, Ionen oder Ionengruppen.

hervor, daß in diesem Falle die isomorphe Mischbarkeit zweier Substanzen durch die Ähnlichkeit der Atom(Ionen)radien der sich ersetzenden Elemente bedingt ist. Die in Frage kommenden Ionenradien sind in der Tab. 4 zusammengestellt.

In dem behandelten System Nephelin—Kieselsäure war schon eine begrenzte Mischbarkeit zu verzeichnen (s. Abb. 5). Zweierlei sind hier die Ursachen: Erstens kann im Nephelingitter das Al *teilweise* durch das Si ersetzt werden (Ähnlichkeit der Ionenradien). Zweitens kann das Na *teilweise* weggelassen werden, ohne dadurch das Gitter zu zerstören. Die folgende Schreibweise möge diese Verhältnisse veranschaulichen:

$$NaAlSiO_4 = Nephelin$$
$$SiSiO_4 = Kieselsäure.$$

In Systemen mit Mischkristallbildungen gilt das VAN'T HOFFsche Gesetz nicht. Für den Fall einer vollständigen festen Lösung können wir Gleichungen ableiten, die die Beziehungen zwischen Zusammensetzung der flüssigen und festen Phase bei irgendeiner Temperatur darstellen, wenn sowohl die feste Lösung wie auch die flüssige Lösung ideale physikalische Lösungen sind, d. h. wenn beim Mischen keine Wärmetönung und keine Volumänderung eintreten. Es sind dann RAOULTs Gesetz der Dampfdruckerniedrigung und CLAUSIUS' Gleichung für die Änderung der Dampfdrucke mit der Temperatur anwendbar.

Den allgemeinen Fall werden wir nicht näher behandeln. Es sei aber hier schon erwähnt, daß unter den gesteinsbildenden Mineralen die Plagioklase ein ausgezeichnetes Beispiel eines Zweistoffsystems mit vollständiger Mischbarkeit der Komponenten bilden. Die Schmelzerscheinungen in diesem System sollen weiter unten genauer erörtert werden.

Die Isomorphieverhältnisse in der Feldspatgruppe blieben für den konservativen Chemiker immer ein Rätsel. Wenn man aber die drei Feldspatmoleküle folgendermaßen schreibt:

$$
\begin{array}{llll}
K & Al & Si & Si_2 \ O_8 \\
Na & Al & Si & Si_2 \ O_8 \\
Ca & Al & Al & Si_2 \ O_8
\end{array}
$$

wird es ohne weiteres klar, daß im Anorthit eines der Si-Ionen durch Al ersetzt ist. Nun haben aber Si und Al verschiedene Valenzzahl, und damit keine ungesättigte Valenzen entstehen, muß der Austausch des Si^{+4} durch das Al^{+3} von einem gleichzeitigen Austausch des Na^{+1} (bzw. des K^{+1}) durch das Ca^{+2} begleitet werden (wieder Ähnlichkeit der Ionenradien!), Austauscherscheinungen dieser Art sind in der Mineralogie sehr verbreitet, wir werden ihnen beispielsweise in den Pyroxen-, Hornblende- und Glimmergruppen begegnen.

Plagioklase oder Kalk-Natron-Feldspäte.

Anorthit schmilzt bei 1550° und Albit bei 1122°, zwischen den beiden gibt es eine kontinuierliche Reihe von Mischkristallen, die Plagioklase, die für die Petrographie von sehr großer Bedeutung sind. Alle Plagioklase sowie die beiden Endglieder sind triklin und weisen nur eine kristalline Modifikation auf. Einen monoklinen Albit, dessen Existenz in vielen Hand- und Lehrbüchern leider als eine Tatsache aufgeführt ist, gibt es nicht.

Die Schmelzerscheinungen der Plagioklase sind in Abb. 6 diagrammatisch dargestellt. Dem Diagramm ist beispielsweise zu entnehmen, daß ein Mischkristall der Zusammensetzung 50% Anorthit, 50% Albit bei 1287° zu schmelzen beginnt, daß er aber erst bei 1450° vollständig geschmolzen ist. Durch Abkühlung von einer höheren Temperatur x erhält man dieselben Erscheinungen aber in umgekehrter Reihenfolge: Die Kristallisation setzt bei 1450° ein und ist bei 1287° vollständig. Ferner gibt das Diagramm die Zusammensetzung der Mischkristalle an, die bei jeder Temperatur mit der Schmelze im Gleichgewicht sind; so ist mit der Schmelze *a* ein Mischkristall der Zusammensetzung *b* im Gleichgewicht, mit Schmelze *c* ist Mischkristall *d* im Gleichgewicht usw. Aus der Form des Diagramms geht hervor, daß ein Kristall immer viel kalkreicher als die mit ihm im Gleichgewicht stehende Schmelze ist. Für den Verlauf der Kristallisation einer Plagioklasschmelze können wir zwei Fälle unterscheiden:

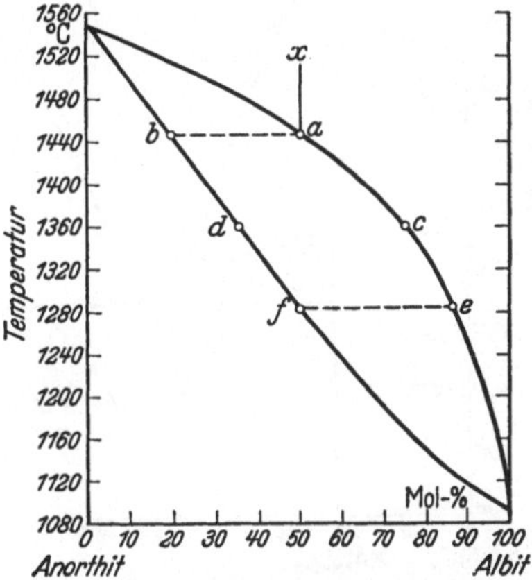

Abb. 6. Die Schmelzerscheinungen der Plagioklasfeldspäte. (Nach BOWEN.)

Fall 1: Werden die Kristalle ständig, sobald sie sich bilden, entfernt, so wird die Schmelze ständig natronreicher und wird zuletzt die Zusammensetzung des reinen Albites erreichen. Nach vollständiger Erstarrung erhält man somit ein Gemisch verschiedener Mischkristalle von *b* bis zu reinem Albit.

Fall 2: Bleiben aber während der Abkühlung die Kristalle in der Schmelze, so reagiert sie mit ihnen, wandelt sie um und zwingt ihnen die bei jeder Temperatur mit ihr im Gleichgewicht stehende Zusammensetzung auf (falls die Abkühlung so langsam erfolgt, daß die Gleichgewichte Zeit haben sich einzustellen). Der Änderung der Zusammensetzung der Schmelze von *a* nach *e* geht also in diesem Falle eine kontinuierliche Änderung der Zusammensetzung der ausgefällten Kristallphase von *b* nach *f* parallel. Die letzte Restlauge der Schmelze hat im Augenblicke des Erstarrens die Zusammensetzung *e* und mit ihr steht nun die kristalline Phase *f*, der auch die Zusammensetzung *f* entspricht, im Gleichgewicht. Das Endresultat ist somit in diesem Falle eine homogene kristalline Phase der Zusammensetzung der ursprünglichen Schmelze.

Kalifeldspat.

Das System der Kalifeldspäte besteht aus folgenden kristallinen Gliedern (Tab. 16):

Tabelle 16. Kalifeldspäte.

	Symmetrie	Winkel der optischen Achsen	Stabilitätsgebiet	Anfang des Schmelzens
Adular	Monoklin (?)	60° ⊥ (010)	Niedrigere Temperatur	(1170°)
Sanidin	Monoklin (?)	30° ∥ (010)	Höhere Temperatur	1170°
Mikroklin	Triklin	80° ⊥ (010)	Alle Temperaturen (?)	etwa 1170°

Das reine Feldspatmolekül, $KAlSi_3O_8$, kann als Orthoklasmolekül, verkürzt Or, bezeichnet werden. Mit einer etwas anderen Bedeutung wird aber der Name Orthoklas für gemeinen monoklinen Kalifeldspat, der sich durch seine Tracht und seine Undurchsichtigkeit vom Adular unterscheidet, benutzt.

Nachweislich existieren scheinbar monokline Feldspäte, die aus submikroskopischen triklinen Zwillingslamellen bestehen. Trotzdem ist es aber möglich, daß auch wahre monokline Glieder vorkommen; hierher gehören eventuell die Adulare und Sanidine.

Vom triklinen Kalifeldspat gibt es nur eine Varietät, den Mikroklin. Durch Erwärmung geht der Adular, nicht aber der Mikroklin, langsam in den Sanidin

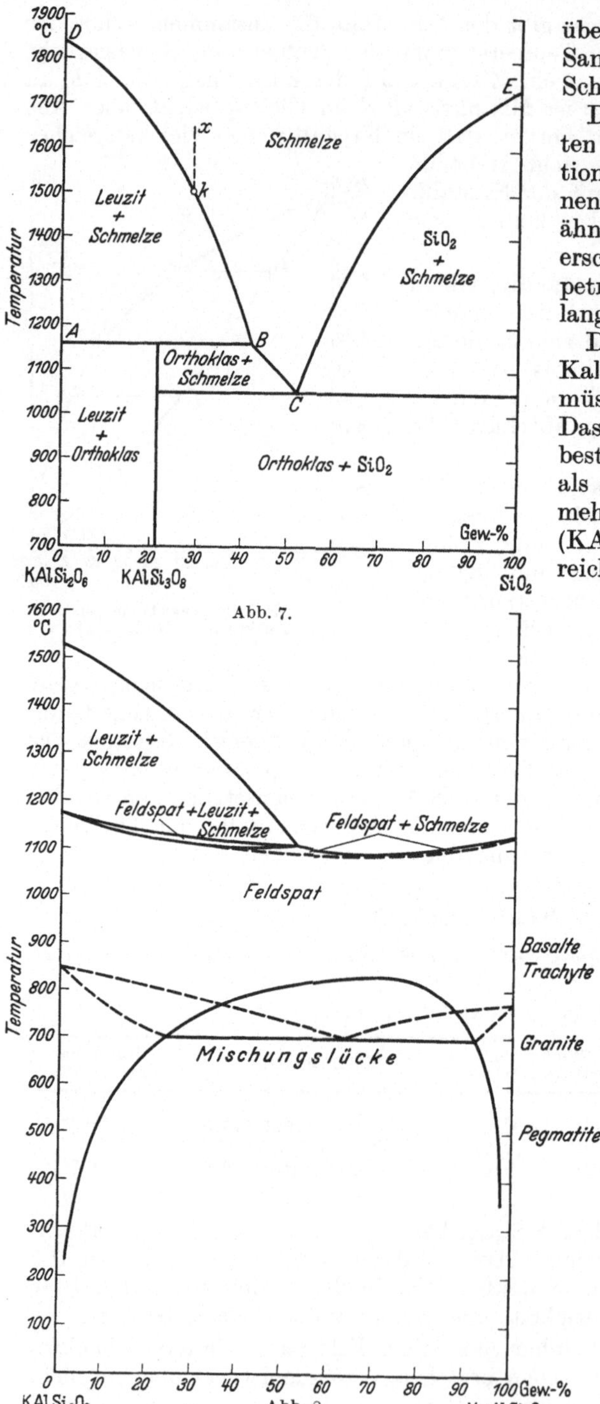

Abb. 7.

über. Sowohl Mikroklin als auch Sanidin sind somit bis an den Schmelzpunkt anscheinend stabil.

Die physikalischen Eigenschaften der verschiedenen Modifikationen, wenn man sie so bezeichnen darf, sind einander jedoch so ähnlich, daß diese Polymorphieerscheinungen für die weiteren petrologischen Überlegungen belanglos sind.

Die Schmelzerscheinungen der Kalifeldspäte sind interessant, und müssen näher beschrieben werden. Das sog. *inkongruente* Schmelzen besteht darin, daß der Kalifeldspat als solcher nicht schmilzt. Vielmehr zerfällt er bei 1170° in Leuzit ($KAlSi_2O_6$) und eine kieselsäurereichere Schmelze, erst bei 1530°

Abb. 7. Das System Leuzit—Kieselsäure. (Nach MOREY, BOWEN und SCHAIRER.) Orthoklas schmilzt inkongruent zu Leuzit und Schmelze bei 1170°, wird aber erst bei 1530° vollständig flüssig. Eine Schmelze der Zusammensetzung *x* beginnt durch Abkühlung Leuzitkristalle auszuscheiden (Punkt *k*). Durch weitere Abkühlung und unter ständigem Ausscheiden von Leuzit, bewegt sich die Schmelze längs *k—B*. Die Temperatur 1170° ist aber die untere Grenze bei der Leuzitkristalle im Gleichgewicht mit der Schmelze sind. Bei dieser Temperatur beginnt nämlich die Schmelze *B* mit den ausgeschiedenen Leuzitkristallen *A* zu reagieren, diese werden von der Schmelze unter isothermen Verhältnissen resorbiert und in Orthoklaskristalle umgewandelt. Nach Beendigung dieser Reaktion scheidet sich bei noch weiterer Abkühlung immer Orthoklas aus, wodurch die Schmelze der Kurve *B—C* folgt. *C* ist der eutektische Punkt zwischen Orthoklas und Kieselsäure.

Abb. 8. Das System der Alkalifeldspäte, Or—Ab. (Schmelzkurven nach SCHAIRER und BOWEN.) Im unteren Teil des Diagramms sind die Entmischungsverhältnisse dargestellt. Genaue Daten liegen jedoch nicht vor, man weiß lediglich, daß sich die bei höherer Temperatur homogenen Feldspäte durch Abkühlung entmischen. Die Mischungslücke ist nach den besten, teilweise noch nicht veröffentlichten Analysen eingezeichnet. Wenn eine Lava bei höherer Temperatur erstarrt, z. B. ein Trachybasalt, so können sich Alkalifeldspäte jeder Zusammensetzung bilden, denn die Mischbarkeit ist eine vollständige. Wenn aber ein Gestein bei niedrigerer Temperatur erstarrt, z. B. ein Granit, so können sich die Alkalifeldspäte intermediärer Zusammensetzung nicht bilden, denn die Mischbarkeit ist bei diesen Temperaturen nur eine beschränkte. Das Kristallisationsschema der Alkalifeldspäte wird deshalb verschieden sein, je nachdem sie aus einer heißeren oder kühleren magmatischen Schmelze kristallisieren.

wird alles flüssig. Um eine Übersicht dieser Verhältnisse zu gewinnen, muß man das Zweikomponentensystem Leuzit—Kieselsäure betrachten (Abb. 7).

Alkalifeldspäte.

Das System Or—Ab, d. h. die Mischkristallreihe zwischen Kali- und Natronfeldspat bildet eine der bedeutungsvollsten Mineralserien. Bei höheren Temperaturen liegt eine kontinuierliche Reihe von Mischkristallen vor. Bei Abkühlung tritt aber eine weitgehende Entmischung ein, d. h. der bei höheren Temperaturen homogene Mischkristall zerfällt in zwei feste Phasen, eine kalireiche und eine natronreiche (als Mineralaggregate unter dem Namen Perthit bekannt). Die kalireiche Phase ist aber nie ganz ohne Natron, und die natronreiche Phase ist nie ohne Kali. Die Mischungslücke ist somit wahrscheinlich nie vollständig; sie wird aber von der Temperatur stark beeinflußt, ungefähr wie es im Diagramm Abb. 8 angedeutet ist.

Das System Or—An

(Kali—Kalkfeldspat) ist weniger bekannt. Die gegenseitige Mischbarkeit der beiden Komponenten ist bei allen Temperaturen sehr gering.

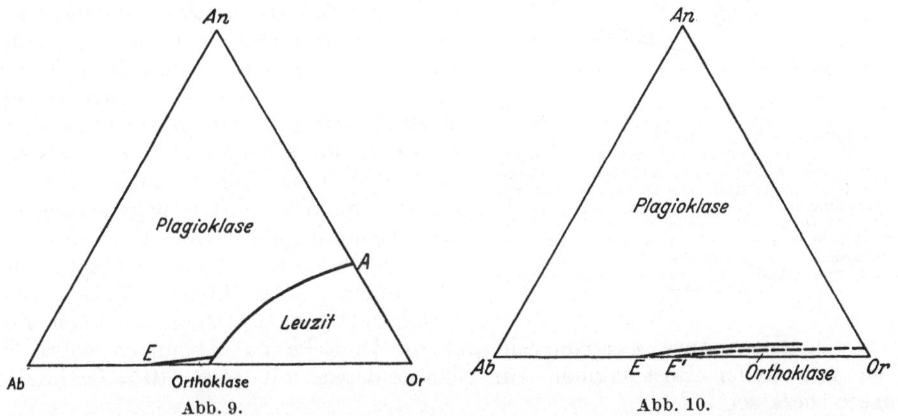

Abb. 9. Die Schmelzerscheinungen bei den gesteinsbildenden Feldspäten unter gewöhnlichem Druck. Das System Or—Ab—An ist aber nicht ternär und die Schmelzen, die Leuzit als primäre Phase geben, gehören einem Vierkomponentensystem an. In der Or-Ecke ist der Leuzit die primäre Phase. Die Temperatur des vollständigen Schmelzens ist hier 1530° und die niedrigste Temperatur auf der Verbindungslinie Or—An ist ungefähr 1375° (*A* in der Abbildung, dieser Punkt ist aber kein Eutektikum, da die Verhältnisse in diesen Teilen des Diagramms durch quaternäre Gleichgewichte bestimmt werden). Der niedrigste Punkt auf der Schmelzfläche ist *E* (= das binäre Eutektikum zwischen Or und Ab) mit einer Temperatur von 1076°. Alle Restschmelzen werden gegen diesen Punkt hinstreben.

Abb. 10. Die Schmelzerscheinungen der gesteinsbildenden Feldspäte unter erhöhtem Druck (über 2000 at). Das System Or—Ab—An ist nun ein wahres Dreikomponentensystem geworden. (Das Leuzitfeld ist verschwunden.) Der niedrigste Punkt auf der Schmelzfläche ist *E* (= das binäre Eutektikum zwischen Or und Ab) mit einer Temperatur von ungefähr 1095°. Die gestrichelte Linie und der Punkt *E'* sind eingezeichnet, um die Verhältnisse unter gewöhnlichem Druck im Vierkomponentensystem Or—Ab—An—SiO_2 mit 30 % SiO_2 anzudeuten (s. Text).

Das System Or—Ab—An.

Das eingangs erwähnte System der gesteinsbildenden Feldspäte, dessen chemische Zusammensetzung verschiedenen Mischungen der drei Mineralmoleküle Or—Ab—An entspricht, kann aber physikalisch-chemisch unter gewöhnlichem Drucke nicht als ein Dreistoffsystem betrachtet werden (inkongruentes Schmelzen vom Orthoklas!).

Trotzdem ist in den Abbildungen eine Dreieckprojektion benutzt worden, um die Gleichgewichtsverhältnisse annähernd darzustellen. Selbstverständlich kann diese Projektion die Verhältnisse nicht genau abbilden, sie dient aber dazu, die grundsätzlichen Tatsachen zu erklären.

In den trockenen Schmelzen unter gewöhnlichem Druck nimmt das Leuzitfeld einen großen Raum ein (Abb. 9). Wenn aber zur Feldspatschmelze 30% Quarz zugesetzt wird, verschwindet das Leuzitfeld (Abb. 10). (Das System wird natürlich doch kein Dreistoffsystem.)

Wenn das reine Feldspatsystem unter hohem Druck kristallisiert, wird es ein wahres Dreistoffsystem. Die Kristallisationsvorgänge in einem solchen System können somit quantitativ durch eine Dreiecksprojektion dargestellt werden. Für die Petrologie sind sie sehr wichtig, da sie uns Auskunft über den Erstarrungsprozeß der Syenite und verwandter Tiefengesteine geben (s. auch Text zu den Abb. 9 und 10).

Je nach der chemischen Zusammensetzung einer Schmelze (bzw. eines Magmas wird entweder Orthoklas oder Plagioklas zuerst auskristallisieren (Abb. 11). Auf jeden Fall wird die Zusammensetzung der Restschmelze sich gegen die Grenzkurve hin bewegen. Wenn diese Kurve erreicht wird, setzt eine gleichzeitige Kristallisation von Orthoklas und Plagioklas ein, die so lange andauert, bis die niedrigste Stelle der Schmelzfläche erreicht wird. Diese Stelle liegt immer auf der Verbindungslinie Or—Ab, und unter gewöhnlichem Druck entspricht ihr die Zusammensetzung 33 Or, 67 Ab; aber sowohl steigender Druck als auch Zusatz von Kieselsäure zwängen sie auf die Or-Ecke zu. Demnach sollte in allen natürlichen Restmagmen ein Alkalifeldspat mit etwa 40% Orthoklas angereichert sein.

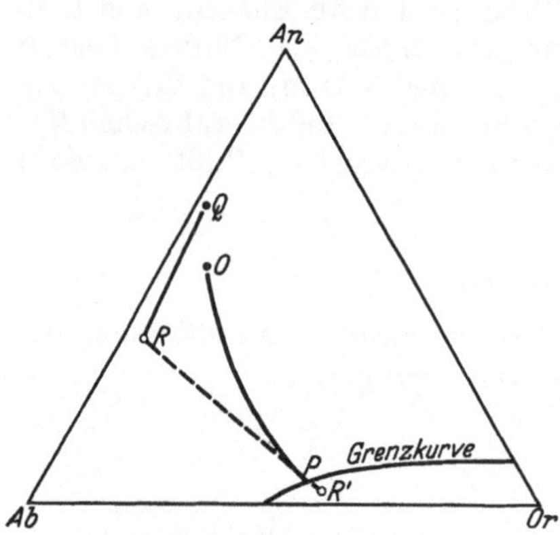

Abb. 11. Schematische Darstellung der Kristallisation von Feldspat aus einem Magma. Aus der ursprünglichen Schmelze der Zusammensetzung O kristallisiert ein Plagioklas der Zusammensetzung Q. Durch weitere Abkühlung ändert sich die Zusammensetzung der Kristalle von Q nach R, während die Zusammensetzung der Restschmelze sich gleichzeitig von O nach P verschiebt. Bei P wird die Grenzkurve erreicht und ein gleichzeitiges Auskristallisieren von Plagioklas der Zusammensetzung R und Alkalifeldspat der Zusammensetzung R' erfolgt.

Feldspatvertreter.

Feldspatvertreter werden diejenigen Mineralien genannt, die an Stelle der Feldspäte entstehen, wenn das Magma zu wenig Kieselsäure enthält. Die wichtigsten sind Nephelin (NaAlSiO$_4$) und Leuzit (KAlSi$_2$O$_6$). Weniger verbreitet findet man Kaliophilit (KAlSiO$_4$), Cancrinit [Na$_6$CaAl$_6$Si$_6$O$_{24}$(HCO$_3$)$_2$] und die folgenden Mineralmoleküle der Sodalithreihe:

Sodalith . . .	Na$_8$	Al$_6$	Si$_6$	O$_{24}$ · Cl$_2$
Nosean . . .	Na$_8$	Al$_6$	Si$_6$	O$_{24}$ · SO$_4$
Hauyn	(Na, Ca)$_8$	Al$_6$	Si$_6$	O$_{24}$ (SO$_4$)$_{1-2}$.

Die Schmelzerscheinungen von Leuzit sind näher studiert worden (Abb. 7). Beim inkongruenten Schmelzen von Orthoklas entsteht Leuzit nach dem Schema

$$\text{Orthoklas} \rightleftharpoons \text{Leuzit} + \text{Quarz.}$$

Leuzit hat ein relativ geringes spezifisches Gewicht (Verschwinden des inkongruenten Schmelzens des Orthoklases unter hohem Druck! Leuzit findet sich auch nur in effusiven Gesteinen) und wird infolgedessen oft in flüssigen Magmen emporsteigen und sich in den oberen Teilen anreichern können. (Im mikroskopischen Dünnschliffbilde hat TROMMSDORFF „Fahrtströmungen" von emporsteigenden Leuzitkristallen nachweisen können.) Diese Erscheinung hat für die Gesteinsdifferentiation große Bedeutung, s. S. 60 u. 107.

Über das System *Nephelin—Quarz* s. Abb. 5.

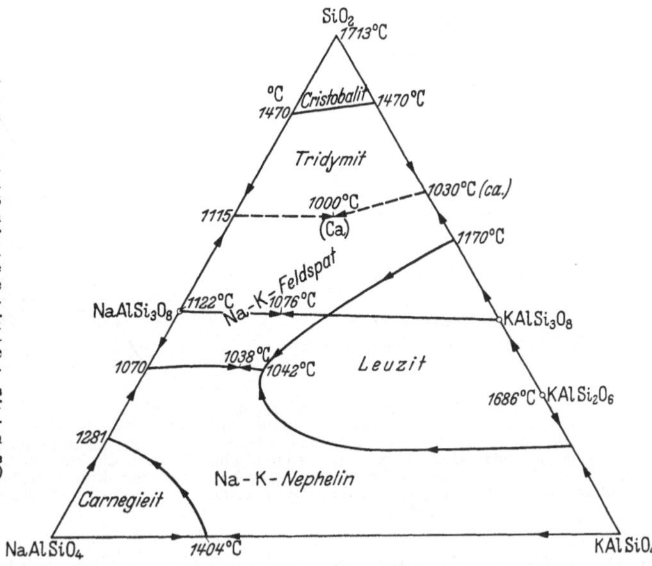

Abb. 12. Das Dreikomponentensystem Nephelin—Kaliophilit—Kieselsäure. (Nach SCHAIRER und BOWEN.) Die Pfeile geben die Richtungen fallender Temperatur an. In dem mit „Carnegieit" bezeichneten Felde sind kubische ternäre feste Lösungen von KAlSiO₄ in NaAlSiO₄ mit einem kleinen Überschuß von SiO₂ im Gleichgewicht mit der Schmelze. In dem mit „Na, K Nephelin" bezeichneten Felde sind hexagonale ternäre feste Lösungen derselben Komponenten im Gleichgewicht mit der Schmelze. In dem mit „Na, K Feldspat" bezeichneten Felde sind binäre Mischkristalle zwischen NaAlSi₃O₈ und KAlSi₃O₈ im Gleichgewicht mit der Schmelze. In den anderen Feldern sind einfache Verbindungen KAlSi₂O₆ (= Leuzit) bzw. SiO₂ (= Tridymit oder Cristobalit) im Gleichgewicht mit der Schmelze.

Der Abbildung ist zu entnehmen, daß in natürlichen Gesteinen Nephelin und Quarz nie zusammen vorkommen sollten. Tatsächlich ist auch in den Gesteinen diese Paragenese nicht bekannt.

Das Dreistoffsystem Nephelin—Kaliophilit—Kieselsäure, in dem sowohl Leuzit als Alkalifeldspäte als Verbindungen auftreten, ist in Abb. 12 dargestellt.

Olivin und Pyroxene.

Die gesteinsbildenden Olivine sind im wesentlichen Mischkristalle zwischen Mg_2SiO_4 und Fe_2SiO_4. Ihre Schmelzerscheinungen sind in Abb. 13 graphisch dargestellt.

Die gesteinsbildenden Pyroxene sind kompliziert zusammengesetzt. Hier werden wir zunächst nur das System $CaSiO_3$—$MgSiO_3$—$FeSiO_3$ betrachten.

Die Pyroxene der Tiefengesteine sind in der Regel von denen der effusiven Gesteine verschieden. Eine grobe Zweiteilung der Pyroxenfamilie läßt sich infolgedessen im Prinzip, etwa wie in Abb. 14 und 15 gezeigt,

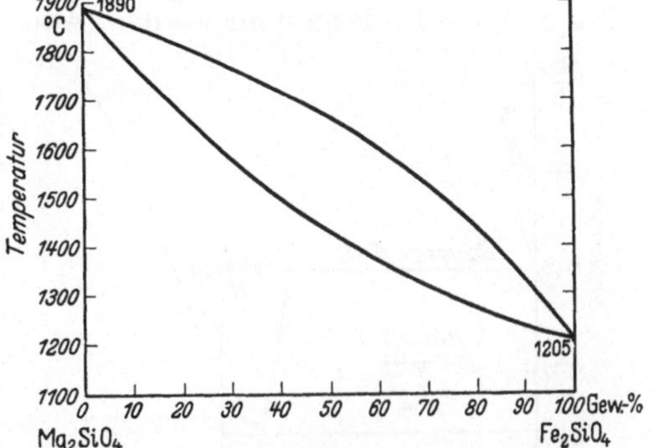

Abb. 13. Die Schmelzerscheinungen bei den gesteinsbildenden Olivinen. (Nach SCHAIRER und BOWEN.) Zwischen Forsterit (Mg_2SiO_4) und Fayalit (Fe_2SiO_8) besteht eine kontinuierliche Reihe von Mischkristallen. Die Schmelzerscheinungen sind ganz analog denen bei den Feldspäten (s. S. 23).

durchführen. Jedoch sei sofort bemerkt, daß dies nur eine Regel und kein Gesetz ist; auch effusive Gesteine können nämlich unter Umständen Ortho-Pyroxen führen (z. B. Hypersthen-Basalte). Außerdem sei wieder betont, daß wir auch hier mit einer so sehr vereinfachten chemischen Zusammensetzung der Pyroxene arbeiten, daß mehrere natürliche Pyroxene in den hier benutzten Diagrammen überhaupt nicht zur Darstellung gelangen können

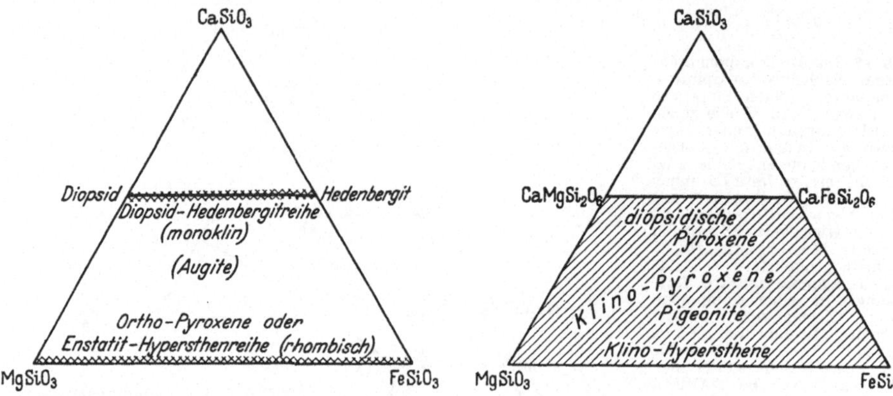

Abb. 14. Schematische Darstellung der (vereinfachten) Zusammensetzung der Pyroxene der (subalkalischen) Tiefengesteine. Monokline Pyroxene gehören der Mischkristallreihe Diopsid—Hedenbergit an; rhombische Pyroxene der Reihe Enstatit—Hypersthen. Zwischen monoklinen und rhombischen Gliedern gibt es keine Mischkristalle.

Abb. 15. Schematische Darstellung der (vereinfachten) Zusammensetzung der Pyroxene der (subalkalischen) Ergußgesteine. Es gibt nur monokline Pyroxene, die als ternäre Mischkristalle der folgenden Moleküle aufzufassen sind: $MgSiO_3$, $FeSiO_3$, $CaMgSi_2O_6$, $CaFeSi_2O_6$.

(z. B. Sesquioxyd- und titanhaltige Augite der Tiefengesteine). Trotzdem haben synthetische Studien in diesem System viele rätselhafte Fragen der natürlichen Pyroxene aufgeklärt.

Enstatit.

Die Verbindung $MgSiO_3$ schmilzt inkongruent nach dem Schema

$$2\,MgSiO_3 \rightleftharpoons Mg_2SiO_4 + SiO_2$$

und ihre Schmelzerscheinungen können infolgedessen nur im binären System Mg_2SiO_4—SiO_2 dargestellt werden (Abb. 16). Wie aus der Abbildung ersichtlich, zersetzt sich der Enstatit bei 1557° in Forsterit und kieselsäurereichere Schmelze. Die Kristallisation einer Schmelze der Zusammensetzung $MgSiO_3$ (bei x in der Abb. 16) geschieht folgendermaßen: Bei a kristallisiert Forsterit und fährt damit fort, bis die Schmelze die Temperatur 1557° (Punkt b) erreicht hat. Nun besteht die Mischung aus Forsterit und Schmelze B. Bei dieser Temperatur sind aber Forsteritkristalle und Schmelze nicht mehr im Gleichgewicht, sie beginnen miteinander unter Bildung von festem Enstatit zu reagieren, und alles erstarrt bei 1557° als Enstatit. Wenn aber die früh gebildeten Forsteritkristalle der Schmelze teilweise entzogen werden, würde die Reaktion zwischen Kristallen und Schmelze B nur teilweise erfolgen können. Nach Beendigung der Reaktion würde in diesem Fall die Restschmelze sich längs der

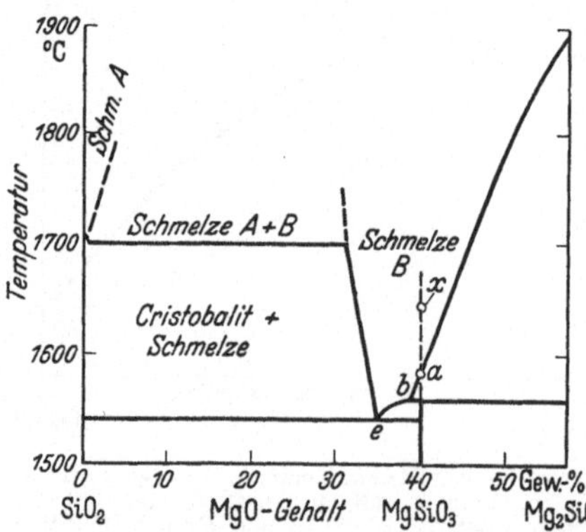

Abb. 16. Das System Forsterit—Kieselsäure. (Nach Bowen, Andersen und Greig). Die Kristallisationserscheinungen sind in dem Text auseinandergesetzt. Über das Entstehen zwei beschränkt mischbarer Schmelzen bei höheren Temperaturen s. S. 39.

Kurve *b—e* unter ständigem Ausscheiden von Enstatit bewegen, bis das Eutektikum *e* zwischen Enstatit und Kieselsäure bei 1543° erreicht würde.

MgSiO₃—FeSiO₃.

Die Verbindungslinie der Metasilikate MgSiO₃—FeSiO₃ stellt nach dem Voranstehenden kein wahres Zweikomponentensystem dar. Die Verhältnisse lassen sich aber gut durch einen Querschnitt längs dieser Linie erklären. Der Abb. 18 kann zunächst das Verhältnis zwischen rhombischem und monoklinem Pyroxen entnommen werden. Wie ersichtlich, stellt der monokline Pyroxen die Hochtemperaturform des rhombischen Pyroxens dar. Enstatit wird somit bei ungefähr 1140° in einen monoklinen Pyroxen (Klinoenstatit) übergehen. Der Umwandlungspunkt sinkt aber stetig mit zunehmendem Eisengehalt (Linie *K—Y* im Diagramm).

Gesteinskörper, die fast ausschließlich aus rhombischem Pyroxen bestehen, können somit nicht aus einem Magma derselben Zusammensetzung herstammen, denn ein solches Magma müßte notwendigerweise bei so hohen Temperaturen erstarrt sein, daß die dem rhombischen Pyroxen entsprechende Hochtemperaturform, d. h. ein monokliner Pyroxen, zur Bildung gelangt wäre. Die Umwandlung rhombischer Pyroxen ⇌ monokliner Pyroxen kann also gewissermaßen als geologisches Thermometer benutzt werden.

CaSiO₃—FeSiO₃.

Die Metasilikatlinie CaSiO₃—FeSiO₃ ist auch nicht binär (Abb. 19). Hedenbergit ist nur unterhalb 965° stabil (*H*). Wenn er höher erhitzt wird, wandelt er sich, ohne seine chemische Zusammensetzung zu ändern,

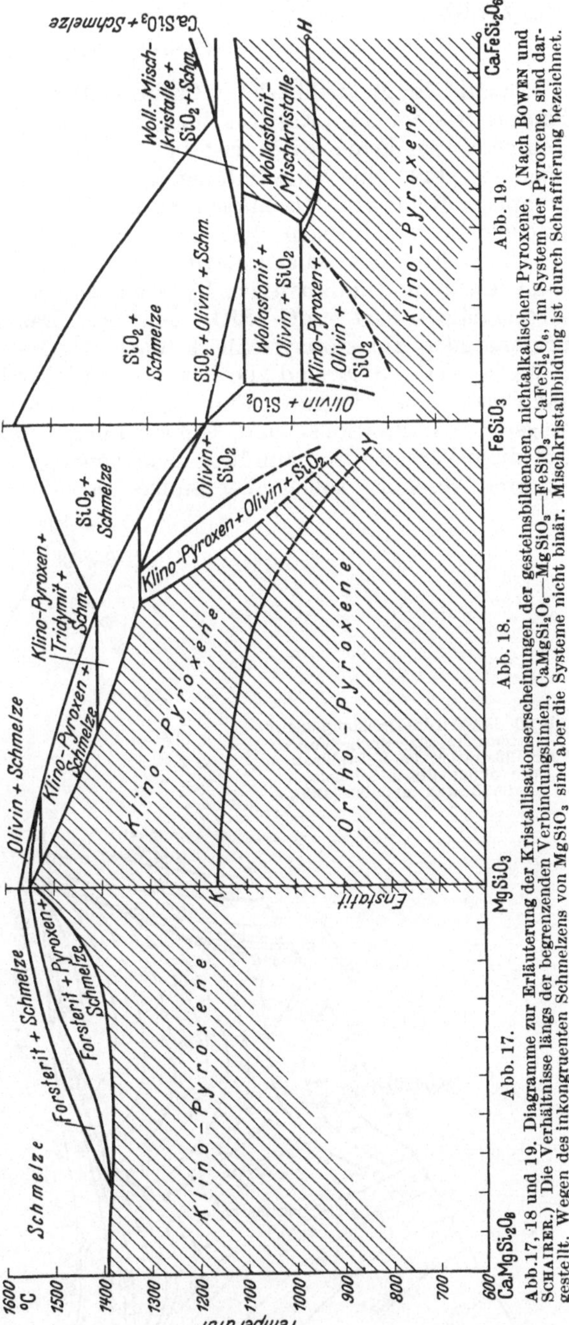

Abb. 17, 18 und 19. Diagramme zur Erläuterung der Kristallisationserscheinungen der gesteinsbildenden, nichtalkalischen Pyroxene. (Nach Bowen und Schairer.) Die Verhältnisse längs der begrenzenden Verbindungslinien, CaMgSi₂O₆—MgSiO₃—FeSiO₃—CaFeSi₂O₆, im System der Pyroxene, sind dargestellt. Wegen des inkongruenten Schmelzens von MgSiO₃ sind aber die Systeme nicht binär. Mischkristallbildung ist durch Schraffierung bezeichnet.

in eine homogene feste Phase um, die aber keine Verbindung ist, sondern lediglich eine der wollastonitartigen festen Lösungen (β—CaSiO_3).

Hedenbergit bildet wahrscheinlich eine kontinuierliche Reihe fester Lösungen mit $FeSiO_3$.

CaSiO_3—MgSiO_3.

Die dritte Metasilikatlinie $CaSiO_3$—$MgSiO_3$ s. Abb. 17, stellt auch kein binäres System dar. Enstatit bildet mit Diopsid ($CaMgSi_2O_6$) bei niedrigeren Temperaturen keine Mischkristalle. Er erfährt aber, wie schon erwähnt, bei ungefähr 1140° eine Umwandlung in eine monokline Form, die fähig ist, eine komplette Reihe von Mischkristallen mit Diopsid zu bilden. Über die Schmelzerscheinungen in diesem Systeme s. S. 33.

Um vollständige Auskunft über die Gleichgewichtsverhältnisse der magnesium-, eisen- und kalkhaltigen Pyroxene zu erhalten, müßte man das Vierstoffsystem MgO—FeO—CaO—SiO_2 kennen. Das ist nicht der Fall, aber die begrenzenden Dreistoffsysteme 1. CaO—MgO—SiO_2, 2. CaO—FeO—SiO_2 und 3. MgO—FeO—SiO_2 sind alle bekannt und durch Studien dieser drei Systeme kann man einen sehr guten Einblick in die manchmal sehr verwickelten Abkühlungs-, Kristallisations- und Umwandlungsvorgänge der Pyroxene erhalten. Auf diese Verhältnisse kann hier nicht genauer eingegangen werden. In einem späteren Abschnitt sollen aber einige besonders wichtige Ergebnisse mitgeteilt werden. Zunächst seien aber einige Beobachtungen über den Akmit mitgeteilt.

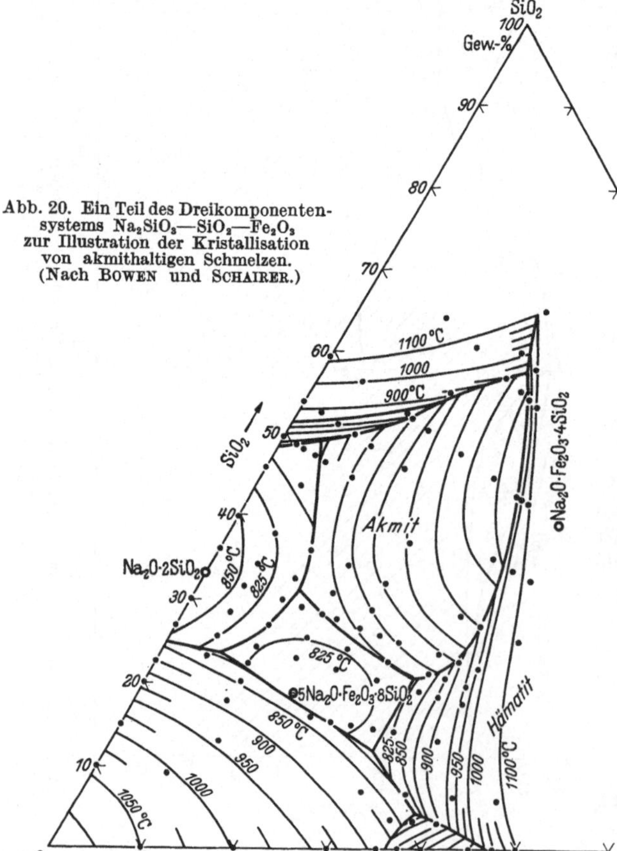

Abb. 20. Ein Teil des Dreikomponentensystems Na_2SiO_3—SiO_2—Fe_2O_3 zur Illustration der Kristallisation von akmithaltigen Schmelzen. (Nach BOWEN und SCHAIRER.)

Akmit und seine Schmelzverhältnisse.

In Abb. 20 ist ein Teil des Systems Na_2SiO_3—Fe_2O_3—SiO_2 dargestellt. Eine ternäre Verbindung dieses Systems ist Akmit ($NaFeSi_2O_6$). Das Feld von Fe_2O_3, Hämatit, ist das größte Feld und erstreckt sich von der rechten Ecke (= dem darstellenden Punkte des Fe_2O_3, der aber in der Abbildung nicht eingetragen ist) weit in das Diagramm hinein. Der darstellende Punkt des Akmits findet sich sogar innerhalb dieses Feldes, und infolgedessen treten in akmitreichen Mischungen einige ganz besonders interessante Kristallisationsreihen auf.

Das Kristallisationsfeld des Akmits liegt links

von dem darstellenden Punkte des Akmits, woraus hervorgeht, daß Akmit selbst einen inkongruenten Schmelzpunkt besitzt: bei 990° wird er in Hämatit und Schmelze zerlegt. Aus dem Diagramm kann man sich nun die Kristallisationsgeschichte jeder beliebigen Schmelze rekonstruieren. Es ist z. B. leicht einzusehen, daß aus einigen Schmelzen der Hämatit zuerst kristallisiert, dann durch Reaktion mit der Schmelze in mittleren Stadien vollkommen resorbiert wird, um schließlich in späteren Stadien wieder auszukristallisieren. Diesem Reaktionsverhältnisse des Hämatits zufolge können mitunter sehr verschiedene Kristallisationsbahnen verwirklicht werden, je nachdem die Kristallisation mehr oder weniger stark fraktioniert verläuft. Es ist leicht einzusehen, daß unter effektiver Kristallisationsfraktionierung das niedrigste Eutektikum (bei dem Akmit und Quarz kristallisieren) erreicht werden wird. Es ist bemerkenswert, daß sowohl hier wie in allen anderen untersuchten Systemen, in denen SiO_2 eine Komponente bildet, das niedrigste Eutektikum, in dem viele Mischungen, besonders wenn fraktionierte Kristallisation auftritt, enden, einen hohen SiO_2-Gehalt aufweist. Quarz kann somit ohne Hilfe von Gasen oder Mineralisatoren bei relativ sehr niedrigen Temperaturen auskristallisieren.

Diopsidische Pyroxene und Plagioklas.

Das System Diopsid—Albit—Anorthit.

Die begrenzenden Zweikomponentensysteme sind einfach: Albit—Anorthit ist schon behandelt (S. 23). Diopsid—Anorthit ist einfach eutektisch (Abb. 21) und Diopsid—Albit ist auch eutektisch. Im Dreistoffsystem lassen sich deshalb die Schmelz- und Kristallisationsvorgänge genau durch das Dreieckdiagramm (Abb. 22) darstellen.

Es gibt hier nur eine Grenzkurve, welche das Diopsidfeld vom Felde der Plagioklase trennt. Längs der Verbindungslinie An—Ab fällt die Temperatur stetig vom Schmelzpunkt des Anorthits bis zu dem des Albits, und längs der Grenzkurve ist ein ähnliches Fallen vom Anorthit—Diopsid—Eutektikum E nach dem Albit—Diopsid—Eutektikum E', das dicht am reinen Albit liegt, zu verzeichnen.

Eine Schmelze O im Plagioklasfeld kristallisiert wie folgt: Die Kristallisation beginnt bei 1375° unter Ausscheidung von Plagioklas Q. Durch weitere Abkühlung ändert sich

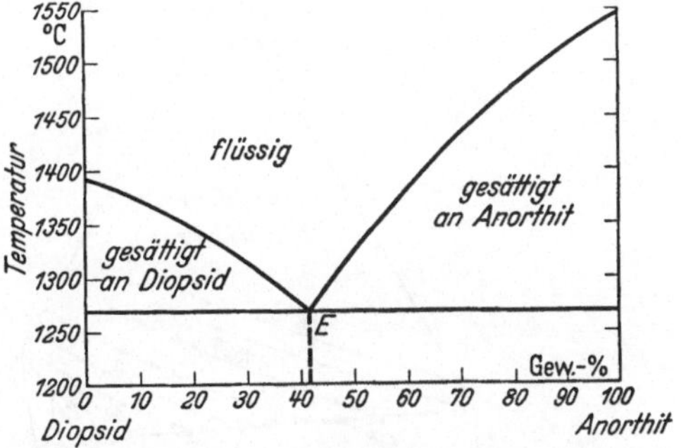

Abb. 21. Das Erstarrungsdiagramm des Systems Diopsid—Anorthit. Ein Beispiel eines einfachen binären Schmelzdiagramms ohne Verbindungen und ohne Mischkristalle. Durch Ausscheiden entweder von Diopsid oder von Anorthit ändert sich die Zusammensetzung der Restschmelze immer nach dem Punkt E, dem eutektischen Punkt, der somit den Endpunkt der Kristallisationsbahnen darstellt. In E erfolgt eine gleichzeitige Kristallisation von sowohl Diopsid als Anorthit.

die Zusammensetzung der Plagioklase von Q nach R, während gleichzeitig die Restschmelze ihre Zusammensetzung von O nach P verändert. Der Punkt P wird bei 1216° erreicht und bei dieser Temperatur beginnt auch der Diopsid zu kristallisieren. Unter gleichzeitigem Ausscheiden von Plagioklas und Diopsid bewegt sich die Restschmelze der Grenzkurve entlang und wird schließlich bei 1200° (Punkt M) vollständig aufgebraucht. Der letzte Schmelzrest M ist bei dieser Temperatur im Gleichgewicht sowohl mit einem Plagioklas N, als auch mit reinem Diopsid.

Wenn die früh ausgeschiedenen Plagioklase (Q—R) nicht Gelegenheit gehabt hätten, mit der Schmelze zu reagieren, würde die fraktionierte Kristallisation noch weitergeführt haben. In diesem Falle würde die Zusammensetzung der Restschmelze die Grenzkurve bei einem Punkt zwischen P und M erreicht haben und durch weiteres Ausscheiden von Diopsid und Plagioklas würde schließlich das Eutektikum zwischen Albit und Diopsid bei 1085° und 97% Ab erreicht worden sein.

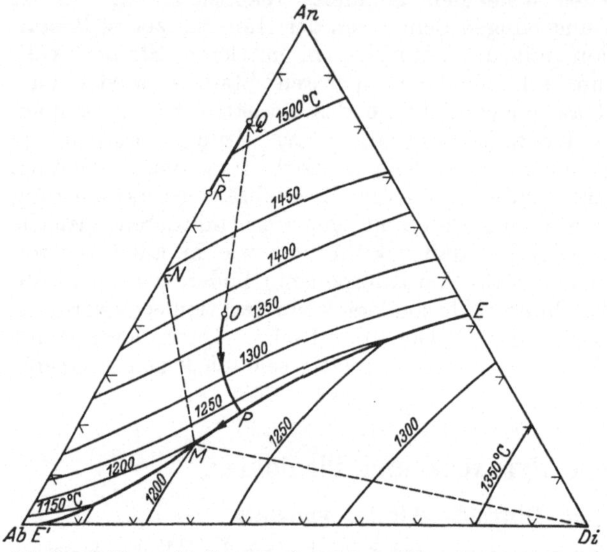

Abb. 22. Gleichgewichtsdiagramm des Systems Albit—Anorthit—Diopsid
($NaAlSi_3O_8$—$CaAl_2Si_2O_8$—$CaMgSi_2O_6$). (Nach BOWEN.)

Das System Anorthit—Forsterit—Kieselsäure

ist, von einem kleinen Felde abgesehen, dem Spinellfelde, ein ternäres System, in dem die Kristallisationsverhältnisse im wesentlichen durch ein Dreiecksdiagramm dargestellt werden können (Abb. 23).

Das Diagramm zerfällt in 5 Felder:

1. Kieselsäurefeld (SiO_2);
2. Klinoenstatitfeld ($MgSiO_3$);
3. Forsteritfeld (Mg_2SiO_4);
4. Anorthitfeld ($CaAl_2Si_2O_8$);
5. Spinellfeld ($MgAl_2O_4$).

Innerhalb dieser Felder ist die entsprechende Kristallart die primäre feste Phase. Eine Schmelze, deren darstellender Punkt im Forsteritfeld liegt, beginnt also im Verlauf eines Abkühlungsprozesses Forsteritkristalle auszu-

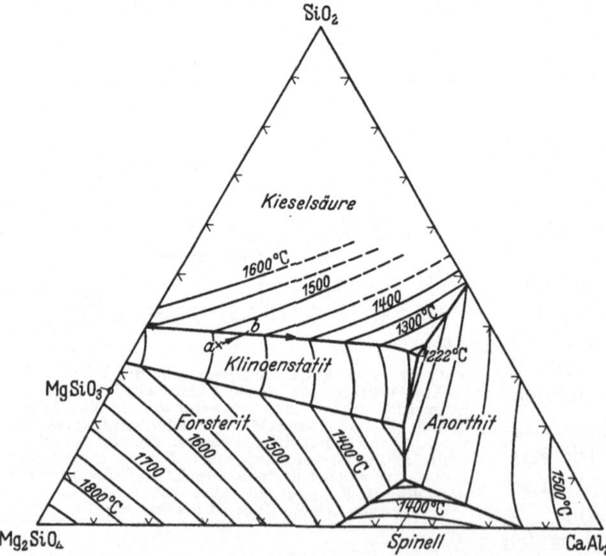

Abb. 23. Das Dreistoffsystem Anorthit—Forsterit—Kieselsäure ($CaAl_2Si_2O_8$—Mg_2SiO_4—SiO_2). (Nach OLAF ANDERSEN.) *Die Temperatur*, bei der eine ternäre Schmelze im Verlauf eines Abkühlungsprozesses Kristalle auszuscheiden beginnt, ist durch die im Diagramm vermerkten Isothermen bestimmt. *Die Art* der ausgeschiedenen Kristalle ist durch Felderteilung angegeben.

scheiden; eine Schmelze im Klinoenstatitfeld scheidet durch Abkühlung Klinoenstatitkristalle aus, usw. Dabei wird sich die Zusammensetzung der Restschmelze (die von den schon ausgeschiedenen Kristallen befreit ist) immer gegen den eutektischen Punkt bei 1222° bewegen. Es sei besonders erwähnt, daß der darstellende Punkt von Klinoenstatit ($MgSiO_3$) ganz außerhalb des Klinoenstatitfeldes liegt; und weiter, daß die Spinellzusammensetzung in diesem Diagramm überhaupt nicht darstellbar ist. Sie gehört nämlich dem ternären System nicht an, und die Schmelzen, die mit Spinell als primärer Phase kristallisieren, können infolgedessen nicht mit den Begriffsbestimmungen eines ternären Systems beschrieben werden.

Als Beispiel sei der Kristallisationsvorgang einer Schmelze der folgenden Zusammensetzung beschrieben: Anorthit 15, Klinoenstatit 70, SiO_2 15 (Punkt a im Diagramm). Dieses Gemisch liegt im Klinoenstatitfeld und infolgedessen scheidet sich Klinoenstatit ($MgSiO_3$) zuerst aus. Die Zusammensetzung der Restschmelze wird sich dadurch gegen b hin verschieben. Die ganze Kristallisationskurve ist $a \rightarrow b \rightarrow 1222$. Zwischen a und b kristallisiert Klinoenstatit allein, zwischen b und 1222 kristallisieren Klinoenstatit und SiO_2 (in Form von Tridymit), in 1222 erstarrt (bei 1222°) ein eutektisches Gemisch von Klinoenstatit, Tridymit und Anorthit. Die folgende Tabelle illustriert die Kristallisation der obenerwähnten Schmelze.

Phasen	Anwesende Menge im Gewichtsprozent der ursprünglichen Mischung			
	1 Wenn die Kristallisation bei b anlangt	2 Wenn die Kristallisation bei 1222 anlangt	3 Nach beendigter Erstarrung in 1222	3—2 zeigt die Mengen der eutektischen Kristallisation in 1222
Schmelze	68	34	0	— 34
Klinoenstatit . . .	32	61	70	+ 9
Tridymit	0	5	15	+ 10
Anorthit	0	0	15	+ 15

Olivin, Pyroxen und Quarz.

Der einfachste Fall ist in Abb. 16 schon dargestellt. Wie gezeigt, wird aus einer Schmelze der Zusammensetzung des $MgSiO_3$ (Enstatit) das Mg_2SiO_4 (Forsterit) als primäre Phase kristallisieren. Beim Abkühlen wird der Forsterit resorbiert und in Enstatit umgewandelt. Ähnlich verhalten sich auch andere Pyroxene (s. Abb. 17—19). So weisen die meisten Glieder der Reihe Diopsid—Klinoenstatit einen inkongruenten Schmelzpunkt auf. Beispielsweise sei die Abkühlungsgeschichte einer Schmelze der folgenden Zusammensetzung $Di_{19}En_{81}$ beschrieben (x in Abb. 24). Bei 1552° beginnt der Forsterit zu kristallisieren und fährt damit fort, bis die Temperatur 1523° erreicht wird. Bei dieser Temperatur be-

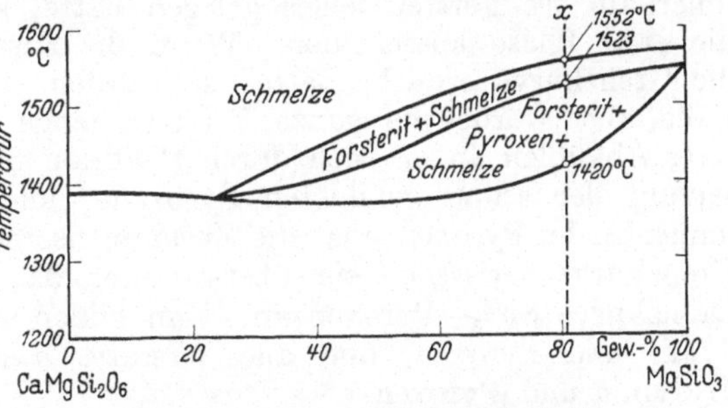

Abb. 24. Das System Diopsid—Forsterit.

ginnt auch Pyroxen zu kristallisieren und in den Grenzen 1523 und 1420° existieren drei Phasen nebeneinander: Forsterit, Pyroxen und Schmelze. Bei 1420° verschwinden sowohl Forsterit als Schmelze und alles erstarrt als Pyroxen. Das Diagramm gibt also bei jeder Temperatur und jeder Totalzusammensetzung die Natur der betreffenden Phasen an, es kann aber nicht die genauere Zusammensetzung der Phasen einer heterogenen Mischung angeben. Dazu braucht man nämlich drei Komponenten.

Das vollständige Dreikomponentensystem ist in Abb. 25 dargestellt. Durch zwei Grenzkurven ist das Diagramm in drei Felder geteilt. Im linken Feld ist Forsterit, im mittleren Pyroxen variierender Zusammensetzung und im rechten Feld SiO_2 (entweder Cristobalit oder Tridymit) die primär auskristallisierende Phase. Wichtig ist, daß die Verbindungslinie $MgSiO_3$—$CaMgSi_2O_6$, d. h. die Verbindungslinie der Pyroxene, sich größtenteils im Forsteritfeld befindet. Dies bedeutet nämlich, daß die betreffenden Pyroxene alle inkongruent schmelzen, nur diopsidreiche Pyroxene liegen außerhalb des Forsteritfeldes und schmelzen somit kongruent (vgl. auch Abb. 17). Durch Abkühlen einer Schmelze innerhalb des Forsteritfeldes und auf der linken Seite der Verbindungslinie $MgSiO_3$—$CaMgSi_2O_6$ scheidet sich zuerst Forsterit aus, dadurch ändert sich die Zusammensetzung der Schmelze, bis sie die Grenzkurve erreicht; durch weiteres Abkühlen bilden sich nun Pyroxene (Mischkristalle der $MgSiO_3$—$CaMgSi_2O_6$-Reihe), indem Forsterit mehr und mehr resorbiert wird. Die ganze Masse erstarrt schließlich als eine Mischung von Forsterit und Pyroxen.

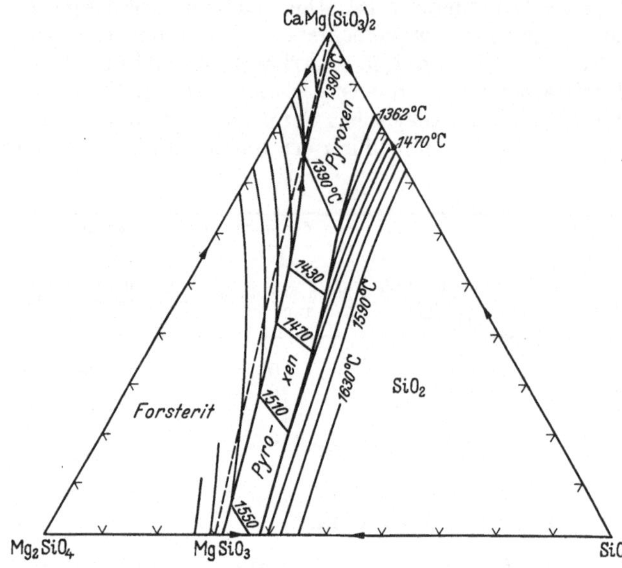

Abb. 25. Das ternäre System Diopsid—Forsterit—Kieselsäure.

Wenn die ursprüngliche Schmelze auf der rechten Seite der Verbindungslinie $MgSiO_3$—$CaMgSi_2O_6$, aber immer noch innerhalb des Forsteritfeldes gelegen hätte, so würde sich der Forsterit als die erste Phase ausscheiden. Wenn die Zusammensetzung der Restschmelze die Grenzkurve erreicht hätte, so würden sich Pyroxene bilden; in diesem Falle aber würde die ganze Forsteritmenge resorbiert werden. Durch weiteres Abkühlen ändert sich durch Reaktion mit der Schmelze die Zusammensetzung der schon gebildeten Pyroxene, und gleichzeitig scheidet sich nun immer mehr Pyroxen aus; die Zusammensetzung der Schmelze muß dann die Grenzkurve verlassen, sie überschreitet das Pyroxenfeld und langt an der Grenzkurve SiO_2—Pyroxen an. Nun bilden sich bei weiterem Abkühlen Tridymit und Pyroxen, und alles erstarrt schließlich als eine Mischung von Tridymit und Pyroxen.

Die obenstehenden Auseinandersetzungen sind unter der Voraussetzung gemacht, daß während der ganzen Kristallisation immer Gleichgewicht zwischen Schmelze und Kristallen vorhanden war. Die Kristallisation einer Schmelze dieses Systems kann aber auch auf eine andere Weise erfolgen. Es ist möglich, daß ein zuerst ausgeschiedener Kristall nicht wieder resorbiert wird oder daß ein Mischkristall im Verlauf der Abkühlung keine Änderung seiner Zusammensetzung erleidet (z. B. wegen fehlender Diffusionsmöglichkeit). Die ausgeschiedenen Kristalle sind immer im Augenblick ihrer Entstehung mit der Schmelze im Gleichgewicht, später aber manchmal nicht.

Wenn die Kristallisation irgendeiner Schmelze innerhalb des Forsteritfeldes in dieser Weise erfolgt, so ergäbe sich folgendes: Forsterit würde als primäre Phase kristallisieren und die Zusammensetzung der Schmelze würde sich dadurch nach der Grenzkurve hin bewegen. Beim Erreichen der Grenzkurve würde die Kristallisation eines Pyroxenmischkristalles einsetzen, und unter Gleichgewichtsbedingungen sollte nun eine Resorption des Forsterites beginnen und die Schmelze sollte sich längs der Grenzkurve bewegen. In unserem Falle reagieren aber Schmelze und Forsterit entweder gar nicht oder nur unvollständig, und die Zusammensetzung der Schmelze überschreitet infolgedessen das Pyroxenfeld· und erreicht die Grenzkurve Pyroxen—Tridymit. Währenddessen ist die Zusammensetzung der kristallisierenden Pyroxenmischkristalle stetig kalkreicher geworden, und es finden sich nun in der Mischung zonargebaute Pyroxenkristalle mit magnesiumreichem Kern und kalkreicherer Hülle. Unter gleichzeitiger Ausscheidung von Tridymit und Pyroxen von stetig zunehmendem Kalkgehalt bewegt sich die Zusammensetzung der Restschmelze die Grenzkurve hinab. Die letzte Kristallisation erfolgt bei der Temperatur des Eutektikums Diopsid—Tridymit; der letzte Rest der Schmelze hat dann die Zusammensetzung des Eutektikums, und die zuletzt kristallisierenden Phasen sind Tridymit und reiner Diopsid.

Tridymit und Forsterit nebeneinander in einem solchen Kristallisationsprodukt zeigen sofort an, daß während der Kristallisation kein Gleichgewicht vorhanden war.

Es sei hier betont, daß obiges Kristallisationsschema für alle Schmelzen im Forsteritfeld dieses Systems seine Gültigkeit bewahrt. Sogar eine sehr magnesiumreiche Mischung würde somit als letztes Kristallisationsprodukt fast reinen Diopsid geben können. Durch diese Beispiele wird die große Bedeutung der fraktionierten Kristallisation für die Differentiation von Schmelzmassen verständlich. Jeder Umstand, der ein Kristallfraktionieren bewirkt, z. B. relative Bewegung zwischen Schmelze und Kristallen u. a. würde denselben Effekt auf die Temperatur der Erstarrungsvorgänge und auf die Natur und Zusammensetzung der Kristallisationsprodukte haben. Mag die ursprüngliche Mischung auch noch so reich an Forsterit gewesen sein, immer könnte sich eine Restschmelze bilden, aus der sich freie Kieselsäure bei einer viel niedrigeren Temperatur als der der ersten Forsteritbildung ausscheiden würde.

Auch in vielen anderen Silikatsystemen hat man gefunden, daß Forsterit und Tridymit bzw. Olivin und Quarz unter Gleichgewichtsbedingungen nicht zusammen vorkommen können. Auch in Gesteinen hat man das Zusammenvorkommen von Olivin und Quarz als Anzeichen fehlenden Gleichgewichtes betrachtet. In den meisten Fällen dürfte dies auch zutreffen. Doch sei erwähnt, daß im System $MgO—FeO—SiO_2$ ein Feld vorhanden ist, in dem Pyroxen vor Olivin kristallisiert, und auch ein Feld, in dem eisenreicher Olivin und Tridymit unter Gleichgewichtsbedingungen zusammen bestehen. Im weitaus größten Teil des Systems kristallisiert aber der Olivin vor dem Pyroxen und ist weder mit Tridymit noch mit Quarz im Gleichgewicht. Auch in anderen Systemen z. B. im ternären System Anorthit—Forsterit—Kieselsäure (Abb. 23) ist experimentell gezeigt worden, daß der primär auskristallisierte Olivin beim Abkühlen unter Bildung von Pyroxen ganz oder teilweise aufgelöst wird.

So können also magmatische Resorption und rekurrente Kristallisation in magmatischen Gesteinen Folgen einer einfachen Abkühlung sein. Der Petrograph kennt ja unzählige Beispiele von Resorptionsphänomenen, die sich in einer eigentümlichen Korrosion ursprünglicher Einsprenglinge im Dünnschliff vieler Gesteine verraten. So sieht man in Basalten und Diabasen sehr häufig charakteristisch resorbierte Olivine und auch Umhüllung der Olivine mit Pyroxensubstanz; solche petrographische Erscheinungen sind den Kristallisations- und Resorptionsverhältnissen im künstlichen System Olivin—Quarz vollkommen wesensgleich. Diese Art der Erklärung der Phänomene durch das Reaktionsprinzip hat eine große Bedeutung für die weiteren Fortschritte der theoretischen Petrologie gehabt.

Petrologische Bedeutung des Reaktionsprinzips.

Die vorstehenden Auseinandersetzungen zeigen, daß die einfach eutektischen Kristallisationsbahnen in den natürlichen Magmen nicht so verbreitet sind wie vielfach früher angenommen wurde. Vielmehr ist zu ersehen, daß den Reaktionsverhältnissen zwischen Restmagma und früh gebildeten Kristallen das größte Interesse zukommt. Zwischen den beiden Kristallisationsarten gibt es einen grundsätzlichen und sehr bedeutungsvollen Unterschied. Die eutektische Erstarrung beginnt mit der Ausscheidung einer festen Phase, die während des ganzen Abkühlungsprozesses in ihrer Kristallisation ständig fortfährt und mit der Restschmelze immer im Gleichgewicht ist. Das Eutektikum wird immer erreicht, und die Kristallisationsbahn bleibt dieselbe unabhängig von der Erstarrungsgeschwindigkeit. Nicht so im anderen Fall. Wenn nämlich die Erstausscheidungen im Laufe der magmatischen Entwicklung wieder mit der Mutterlauge in Reaktion treten und neue Minerale bilden, so können sehr verschiedene Kristallisationsbahnen verwirklicht werden, je nachdem die Kristalle mehr oder weniger vollständig mit der Schmelze reagieren können. Im Gegensatz zum eutektischen Erstarren ist hier auch oft eine regelmäßige Kristallisationsfolge zu verzeichnen. So findet man im System Ab—An (Abb. 6) als früh gebildete Kristalle immer kalkreiche Plagioklase, die durch weitere Abkühlung durch immer natronreichere Plagioklase ersetzt werden. Die Serie der Plagioklase von kalkreichen nach natronreichen Gliedern bildet somit eine kontinuierliche Reaktionsreihe.

Im System Olivin—Quarz (Abb. 16) haben wir gesehen, wie die früh gebildeten Olivine durch Reaktion mit der Mutterlauge in Enstatite umgewandelt werden. Man sagt, daß das Paar Olivin—Enstatit eine diskontinuierliche Reaktionsreihe bildet.

Durch Verallgemeinerung dieses Prinzips ist es gelungen, eine Übersicht über die Kristallisationsmechanik natürlicher Magmen zu erhalten. Grob gesagt können wir die Hauptminerale der Eruptivgesteine in zwei Gruppen teilen: 1. dunkle Minerale und 2. helle Minerale (s. auch S. 8). Nun hat es sich herausgestellt, daß die dunklen Minerale einer (diskontinuierlichen) Reaktionsreihe, die hellen einer im wesentlichen kontinuierlichen Reaktionsreihe angehören.

Die Kristallisationsmechanik eines „gewöhnlichen" sub-alkalischen Magmas kann somit (mit kleinen Änderungen nach BOWEN) folgendermaßen dargestellt werden:

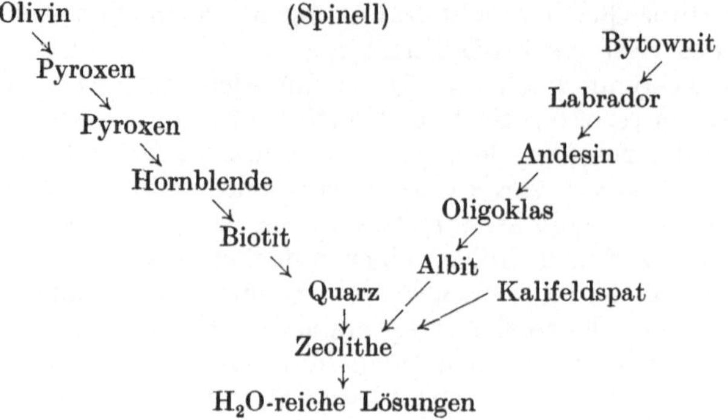

Diesem Schema der sukzessiven Ausscheidungsfolge magmatischer Minerale entsprechen sowohl die erfahrungsgemäß festgestellte Kristallisationsreihenfolge im Einzelgestein als auch der von Brögger aufgestellte Parallelismus zwischen Kristallisationsreihenfolge und Differentiationsreihenfolge.

Das Schema besagt somit: Im Magma bilden sich zuerst Olivin und Bytownit, die durch weitere Abkühlung mehr oder minder vollkommen mit der Restschmelze reagieren, und in Pyroxen bzw. Labrador umgewandelt werden. Durch noch weitere Abkühlung reagieren auch diese Kristalle mit der Schmelze und werden durch Hornblende bzw. noch natronreicheren Plagioklas ersetzt usw. Wieweit dieses Spiel fortgesetzt wird, hängt vor allem von der Fraktionierung ab. Bei starker Fraktionierung wird die ganze Reaktionsreihe durchlaufen, und das letzte Restmagma wird zu einer kieselsäurehaltigen, wässerigen Lösung.

In großen Zügen können wir uns nun die schematische Entwicklung verschiedener Gesteinstypen durch fraktionierte Kristallisation folgendermaßen denken: Wir fangen mit einem basaltischen Magma an; aus ihm scheiden sich u. a. Olivin, basischer Plagioklas und einige andere Minerale in kleineren Mengen aus. Dadurch ändert sich die Zusammensetzung der flüssigen Phase. Das ursprünglich basaltische Magma ist zu dioritischem Magma geworden. Wenn nun die früh gebildeten Kristalle z. B. durch relative Bewegung zwischen flüssig und fest, vom Magma getrennt werden, kann das neugebildete dioritische Magma mit den schon gebildeten Kristallen nicht mehr reagieren, setzt aber unabhängig von den früheren Kristallen sein Leben als dioritisches Magma fort.

Aus diesem Magma scheiden sich wieder neue feste Phasen aus, wodurch wieder die Zusammensetzung des Magmas geändert wird, und so wiederholt sich das Spiel, bis die letzte Restschmelze eine vom ursprünglichen basaltischen Magma sehr verschiedene Zusammensetzung erhalten hat.

Diese Art der Differentiation kann durch folgendes Schema veranschaulicht werden:

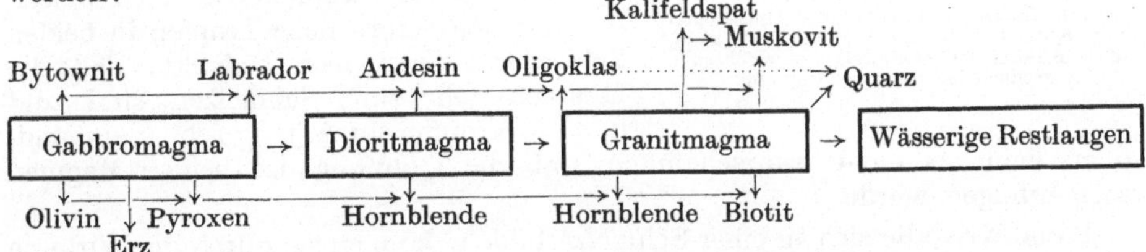

Aus diesem Schema ist auch zu ersehen, wie sich *Einschlüsse* im Magma verhalten müssen. Infolge der Reaktionsprinzipien kommt es nämlich darauf an, ob die Minerale des Einschlusses einer früheren oder späteren Kristallisationsstufe der magmatischen Entwicklung angehören. Ein Magma kann ohne weiteres solche Minerale assimilieren, die späteren Stufen seiner Abkühlungsgeschichte angehören. Minerale höherer Stufen können dagegen nicht assimiliert werden. Ein Magma, mit dem z. B. Hornblende und Andesin im Gleichgewicht stehen, kann nicht Olivin oder Bytownit assimilieren, das Magma wird jedoch mit ihnen reagieren können und wird versuchen, sie in eine derjenigen festen Phasen umzuwandeln, mit der es sich im Gleichgewicht befindet (s. S. 104).

Magmatische Entmischung.

Die gegenseitige Löslichkeit zweier Flüssigkeiten kann eine unbeschränkte oder aber eine beschränkte sein, z. B. Alkohol—Wasser oder Öl—Wasser. Es kann deshalb nicht verwundern, daß diese wohlbekannte physikalisch-chemische Erscheinung von den Petrographen herangezogen worden ist, um magmatische

Differentiation zu erklären. Es ist nämlich an sich denkbar, daß verschiedene
Silikatschmelzlösungen (Magmen) ineinander nicht löslich sind, so daß also eine
Entmischung eintreten müßte, bei der sich zwei Teilmagmen bilden würden.
Wohl haben mehrere Petrographen eine solche Möglichkeit angedeutet, eine
nähere Diskussion des Prozesses fehlt aber in vielen Fällen.

Eine Erklärung der Entstehung monomineralischer Gesteine ist manchmal
auf dieser Grundlage versucht worden. So hat man angenommen, daß z. B.
Olivinfelse dadurch entstanden, daß ein basaltisches Magma durch Abkühlung ein „Olivinmagma", das mit dem basaltischen Magma nicht mischbar
war, abspaltete. Die Temperatur eines solchen Olivinmagmas müßte aber
ungefähr 1800° sein. Denn magnesiumreicher Olivin würde erst bei dieser
Temperatur schmelzen. Wir wissen aber sehr wohl, daß die magmatischen
Temperaturen nie diesen Betrag erreichen.

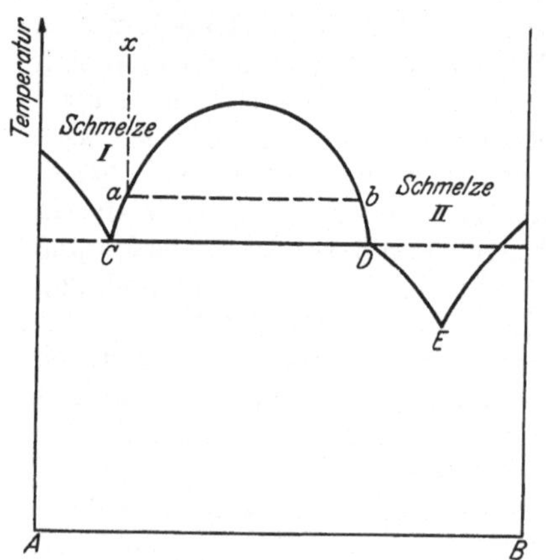

Abb. 26. Binäres Diagramm zur Illustration
einer Entmischung im flüssigen Zustande,
d. h. Bildung zweier Flüssigkeitsschichten
verschiedener Zusammensetzung.

Petrographen haben auch angenommen,
daß scharfe Grenzen zwischen zwei Gesteinsarten auf magmatische Entmischung hindeuten könnten. Die Entmischung geht aber
nicht in der Weise vor sich, daß plötzlich
zwei ineinander unlösliche Schichten entstehen. Sie verläuft vielmehr derart, daß
zuerst eine ganz kleine Menge von winzig
kleinen Tropfen entsteht, die im umgebenden Magma unlöslich sind. Unter ganz
ruhigen und isothermischen Bedingungen
können solche Tropfen langsam steigen oder
sinken und sich dadurch zu einer einheitlichen Flüssigkeitsschicht vereinigen. Erniedrigt sich aber die Temperatur noch weiter,
so entstehen sofort neue Tropfen in beiden
Schichten. Wenn man bedenkt, daß die
Magmen sehr zähe Schmelzen sind und
daß die Tropfen im Anfang sehr klein sind,
so erscheint es nicht wahrscheinlich, daß die Trennung der beiden Magmen
rasch erfolgen würde.

Wenn Kristalle sich in einer Schmelze bilden, können sie durch die Wirkung
der Schwerkraft von der Schmelze getrennt werden. Aber sie können auch durch
relative Bewegung zwischen Schmelze und Kristallaggregaten, durch Reibung,
und durch Ausquetschen der Schmelze von dieser getrennt werden.

Für die Abtrennung der entmischten Flüssigkeitstropfen bleibt aber nur die
Hilfe der Schwerkraft übrig.

Der Prozeß der Entmischung wird durch das Diagramm (Abb. 26) veranschaulicht.

Eine Schmelze x erfährt durch Abkühlung eine Entmischung. Bei a bilden
sich in der Schmelze I kleine Tropfen von der Schmelze II, bei weiterer Abkühlung bilden sich immer neue Tropfen, und bei der Temperatur CD ist eine
Schmelze der Zusammensetzung C im Gleichgewicht mit einer Schmelze der
Zusammensetzung D. Bei dieser Temperatur scheiden sich Kristalle A aus,
bis die Schmelze vollkommen aufgebraucht ist. Die Mischung besteht dann aus
Kristallen A in Schmelze D und bei weiterer Abkühlung folgt die Schmelze
unter ständiger Ausscheidung von Kristallen A der Kurve DE bis E, das Eutektikum, erreicht wird, bei dem Kristalle A und B gleichzeitig niedergeschlagen
werden.

Synthetische Versuche.

Durch die schönen Untersuchungen von GREIG hat sich herausgestellt, daß einige spezielle Silikatschmelzlösungen bei sehr hohen Temperaturen nur begrenzt mischbar ineinander sind. In trockenen Schmelzen, die petrologische Bedeutung besitzen oder aber niedrigere Temperaturen aufweisen, ist diese Erscheinung nicht gefunden worden, obwohl im Laboratorium schon sehr viele petrologisch wichtige Schmelzlösungen studiert worden sind. GREIGs Untersuchungen haben nämlich ergeben, daß Schmelzen von SiO_2 mit Schmelzen von CaO, MgO, FeO, Fe_2O_3 nur beschränkt mischbar sind: bei hohem SiO_2-Gehalt entsteht eine Mischungslücke. Dagegen zeigen Schmelzen von Na_2O, K_2O, Al_2O_3 mit SiO_2 unbeschränkte Mischbarkeit.

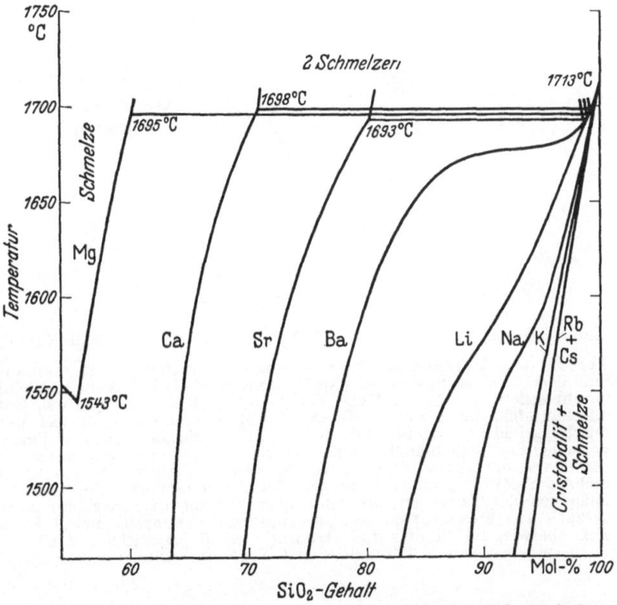

Vom Standpunkt der theoretischen Chemie ist die Wirkung der verschiedenen Oxyde auf die Entmischungserscheinungen der kieselsäurereichen Schmelzlösungen von beträchtlichem Interesse (s. Abb. 27). Die Elemente der Vertikalkolonnen des periodischen Systems Mg, Ca, Sr, Ba zeigen mit zunehmender Basizität regelmäßig abnehmende Wirkung. Nach ihnen kommen die Alkalimetalle in regelmäßiger Reihenfolge: Li, Na, K, Rb, Cs. Interessant ist auch die Form der Schmelzkurven, z. B. bei Ba. Erst bei Rb und Cs ist die normale Form wiederhergestellt.

In der Natur findet man, daß Gesteine mit hohem SiO_2-Gehalt nie viel CaO, MgO oder FeO führen.

Abb. 27. Die Schmelzkurven in den Systemen (1) MgO—SiO_2, (2) CaO—SiO_2, (3) SrO—SiO_2, (4) BaO-SiO_2, (5) Li_2O—SiO_2, (6) Na_2O—SiO_2, (7) K_2O—SiO_2, (8) Rb_2O—SiO_2 und (9) Cs_2O—SiO_2. (Nach KRACEK.) Das Diagramm zeigt, daß zwischen MgO und SiO_2 im flüssigen Zustande eine große Mischungslücke vorhanden ist, daß aber die Mischungslücke regelmäßig abnimmt, wenn man statt des MgO immer alkalischere Metalloxyde verwendet. Im System BaO—SiO_2 gibt es keine Mischungslücke mehr, die Gestalt der Schmelzkurve ist aber sehr anomal; mit steigender Alkalität der Metalloxyde wird aber auch diese Anomalie regelmäßig kleiner und im System Rb_2O—SiO_2 ist die normale Form der Schmelzkurve wiederhergestellt.

Dagegen sind solche Gesteine reich an Na_2O, K_2O, Al_2O_3, und die Versuche haben weiter ergeben, daß auch kleine Mengen von Na_2O, K_2O, Al_2O_3 schon imstande sind, eine Kompensierung des Entmischungseffektes hervorzurufen.

Eine Übersicht der meisten Silikatschmelzen, bei denen Entmischung beobachtet worden ist, gibt Abb. 28, die die Entmischungserscheinungen in drei Zweistoffsystemen und drei Dreistoffsystemen gleichzeitig darstellt. Im Diagramm sind auch die darstellenden Punkte der wichtigsten Eruptivgesteinstypen vermerkt. Wie man sieht, sind alle natürlichen eruptiven Gesteine sehr weit von dem Gebiet der Entmischung entfernt.

Leider stehen die Laboratoriumsversuche an Silikatschmelzen erst in den Anfängen. Schon das Wort „Schmelze" bedeutet, daß wir, umgekehrt wie die Natur, die Gegenstände aus dem festen in den flüssigen Zustand überführen müssen. Außerdem sind die bisher untersuchten Schmelzen im wesentlichen „trocken" — d. h. es fehlen die in jedem Magma vorhandenen leichtflüchtigen Bestandteile vollständig. Hier sind die allerersten synthetischen Versuche soeben angefangen worden (vgl. S. 45). Es ist daher auch nicht bewiesen, daß Silikatschmelzen unter magmatischen Bedingungen in jedem Verhältnis mischbar sein müssen. Auch das Gegenteil ist denkbar, da Mischungen von Silikat- und Sulfidschmelzen nur beschränkt möglich sind.

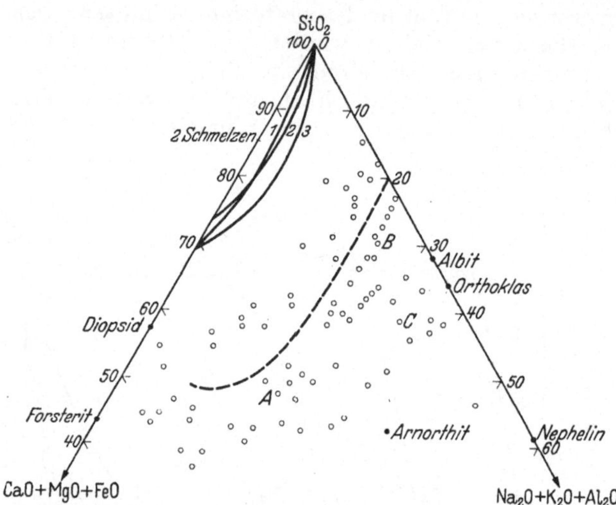

Abb. 28. Das Auftreten von Entmischungserscheinungen in drei ternären und drei binären Systemen. (Nach GREIG.) Kurve 1 zeigt das Entmischungsfeld im System MgO—Na₂O—SiO₂, Kurve 2 zeigt das Entmischungsfeld im System CaO—Al₂O₃—SiO₂, Kurve 3 zeigt das Entmischungsfeld im System MgO—Al₂O₃—SiO₂. Die darstellenden Punkte verschiedener Gesteinsanalysen sind eingetragen: Alle Punkte unten und rechts von der gestrichelten Kurve beziehen sich auf die von DALY berechneten Mittelzusammensetzungen der Gesteinstypen. Den Punkten links von der Kurve entsprechen einige Gesteine extremer Zusammensetzung aus WASHINGTONs Analysenzusammenstellungen. Bei A finden sich überwiegend Basalte und Gabbros, bei B Rhyolithe und Granite, bei C Phonolithe und Nephelinsyenite.

Beobachtungen an natürlichen Gesteinen.

Wie schon erwähnt, muß man sich bewußt bleiben, daß eine Entmischung nicht als eine plötzliche Aufspaltung in zwei örtlich getrennte Teilmagmen aufzufassen ist. Ganz im Gegenteil, auch wenn zwei getrennte Schichten unter speziellen Bedingungen entstehen könnten, so würden sich durch weitere Abkühlung in beiden Schichten immer neue Tropfen bilden. An keinem Gestein, es seien Tiefengesteine, Gänge oder Laven, hat man Beobachtungen gemacht, die auf einen solchen Zustand im Magma zurückzuführen sind; und doch hätte man a priori erwarten können, daß solche Erscheinungen, wenn sie überhaupt existierten, ganz besonders in Laven den Beobachtungen nicht entgehen sollten, denn in den Laven findet man ja alle Stufen der Kristallisation durch die rasche Abkühlung festgefroren. Auch verschiedene Stufen der Entmischung hätte man infolgedessen festgefroren finden sollen, denn eine Entmischung, für die das Auftreten dispergierter Tropfen in einer Magmaschicht kennzeichnend ist, würde sofort durch die Struktur des aus dem Magma durch rasche Abkühlung hervorgegangenen Gesteins verraten werden. Das Gestein bestände nämlich in diesem Falle aus einem Glas, in dem kleine Kugeln eines der Zusammensetzung nach verschiedenen Glases dispergiert wären. Solche Laven sind nicht bekannt.

Es gibt aber eine strukturell merkwürdige Gesteinsart, deren Entstehungsweise noch in Dunkel gehüllt ist. Es scheint der Gedanke naheliegend zu sein, daß sie ihre Entstehung einer magmatischen Entmischung verdanken. Es sind dies die Kugelgesteine, wie Kugelgranite, Kugelnorite usw. Man findet z. B. kleine Kugeln granitischer Zusammensetzung im Norit. Diese Erscheinung hat den Gedanken angeregt, daß ein ursprüngliches Dioritmagma durch Entmischung ein granitisches und ein noritisches Teilmagma liefern könnte. Nun muß man aber bedenken, daß sich in einem in zwei Schmelzen aufgeteilten

Magma, nicht nur die beiden Teilschmelzen, sondern auch die kristallinen Phasen, die sich durch Abkühlung bilden würden, alle in gegenseitigem Gleichgewicht befinden. Mit anderen Worten, wenn sich durch Abkühlung eine Kristallart bildet, z. B. ein Labradorkristall in der gabbroidischen Teilschmelze, so muß der Labradorkristall auch mit der granitischen Teilschmelze im Gleichgewicht sein. Und wir wissen sehr wohl, daß dies nicht der Fall ist.

Zuletzt sei noch folgendes bemerkt: Wenn ein granitisches und ein gabbroidisches Magma nicht mischbar wären, so könnte auch kein gabbroidisches Magma Granite assimilieren. Mehrere Beobachtungen in der Natur deuten aber darauf hin, daß eine solche Assimilation oft stattfindet.

Bevor wir den magmatischen Entmischungsprozessen jede Bedeutung für die Gesteinsdifferentiation absprechen, sei noch erwähnt, daß es möglich wäre, einige Erscheinungen durch die Annahme zu erklären, daß gabbroidische und granitische Magmen bei sehr hohen Temperaturen beschränkte, bei niedrigeren Temperaturen unbeschränkte Mischbarkeit aufweisen. Über eine solche Möglichkeit sagt BOWEN: „Ein solches Verhalten zweier Flüssigkeiten ist nicht unbekannt, und wenn irgendein Petrograph eine solche Annahme für das gegenseitige Verhältnis zwischen Basalt und Rhyolith machen wollte, würde es sehr schwierig sein zu beweisen, daß er unrecht habe. Die Annahme würde aber nichts Übriges für sich haben."

III. Das Magma.

Schrifttum.

BALK, R.: Viscosity Problems in Igneous Rocks. J. of Geol. Bd. 3 (1932). — Structural Behavior of Igneous Rocks. Geol. Soc. Amer., Mem. Bd. 5 (1937).
CLOOS, H.: Einführung in die tektonische Behandlung magmatischer Erscheinungen. Berlin 1925. Plutone und ihre Stellung im Rahmen der Krustenbewegungen. Rep. internat. Geol. Congr. Washington 1933, Bd. 1 (1936) S. 235 (mit vielen Literaturangaben).
FENNER, C. N.: The Katmai Magmatic Province. J. of Geol. Bd. 35 (1926). — Z. Vulkanologie Bd. 13 (1930). — Pneumatolytic Processes in the Formation of Minerals and Ores. Ore Deposits of the Western States 1933. Siehe auch: Bull. Geol. Soc. Amer. 1938.
GILLULY, J.: Water Contents of Magmas. Amer. J. Sci. 1937.
GORANSON, R. W.: Silicate—Water Systems. Trans. Amer. Geophys. Union 1936. — Amer. Mineral. 1937. — Siehe auch: Amer. J. Sci. 1931, 1932 u. 1938.
NIGGLI, P.: Das Magma und seine Produkte. Leipzig 1937.
PERRET, F. A.: Vesuvius Eruption of 1906. Carnegie Inst. Washington 1924.
RIEDEL, W.: Das Aufquellen geologischer Schmelzmassen als plastischer Formveränderungsvorgang. N. Jb. Min. usw., Beil.-Bd. 62 B.
RITTMANN, A.: Vulkane und ihre Tätigkeit. Stuttgart 1936.
Ross, C. S.: Field Evidence about the Viscosity of Lavas. Trans. Amer. Geophys. Union 1934.
SEIFERT: Geologische Thermometer. Fortschr. Min. usw. Bd. 14 (1930).
SHEPERD, E. S.: Analyses of Gases Obtained from Volcanoes and from Rocks. J. of Geol. 1925. Siehe auch: Amer. J. Sci. Bd. 35 A (1938).
ZIES, E. G.: Valley of Ten Thousand Smokes. Nat'l. Geogr. Soc. 1929.

Einleitung.

Verglichen mit den Silikatschmelzlösungen, die man im Laboratorium hat studieren können, sind die natürlichen *Gesteinsmagmen* von außerordentlich komplizierter Zusammensetzung.

Nach NIGGLI ist ein Magma „eine dem Erdinnern angehörende oder von dort stammende glutheiße ‚molekulare' Lösung von größerem, räumlichem Zusammenhang und von geologischer Selbständigkeit. *Magmatische Lösungen,*

Gase und *Dämpfe*, die zur Bildung akzessorischer Minerallagerstätten Veranlassung geben, stehen mit diesen Gesteinsmagmen in Verbindung. Bei der vulkanischen Eruption fließen die Magmen als *Laven* aus, unter oft explosionsartiger, den Paroxysmus in die Wege leitender Abgabe einer gasförmigen Phase. Daraus ist bereits ersichtlich, daß die magmatischen Schmelzflüsse eine komplexe Zusammensetzung besitzen, daß neben schwerflüchtigen auch leichtflüchtige Bestandteile in ihnen gelöst sind".

Das wirkliche Magma ist einer direkten Untersuchung nicht zugänglich. Seine physikalischen Eigenschaften, seine Zusammensetzung und Temperatur können infolgedessen nur indirekt bestimmt werden. Auch die Laven, die an die Erdoberfläche gelangten Teile des Magmas, entziehen sich gewöhnlich einer direkten Erforschung; die aktiven, glühenden Lavaströme sind gefährliche Dinge, mit denen man nur von speziell erbauten und speziell ausgerüsteten Observatorien aus (z. B. am Vesuv und auf Hawaii) anbinden kann. Der Petrograph hat sich im Großen und Ganzen auf das Studium der fertig gebildeten, erstarrten Gesteine beschränken müssen. Tot und leblos ist aber ein Gestein; ihm fehlen die Energiefülle und Reaktionsfähigkeit, die den Magmen die hohe Temperatur und der Inhalt von Gasen verliehen haben.

Es ist aber möglich von dem entseelten Gesteinskörper Rückschlüsse auf das Magma selbst und auf seine Tätigkeit zu ziehen. Wir werden zunächst eine Übersicht über die Eigenschaften des lebendigen Magmas, insbesondere über die der flüchtigen magmatischen Bestandteile bringen; danach werden wir die Tektonik des Magmas besprechen und werden zeigen, daß man im Gefüge des Gesteins ein Mittel hat, die Bewegungen des Magmas zu studieren.

Viskosität.

Der Viskositätsgrad der Magmen beruht vornehmlich auf ihrer Temperatur und chemischen Zusammensetzung.

Es ist eine geologische Erfahrung, daß basische Magmen niedrigere, saure Magmen höhere Viskosität aufweisen ("basisch", "sauer" beziehen sich auf den Gehalt an Kieselsäure, SiO_2). Beispielsweise sind die basaltischen Ergüsse der hawaiischen Vulkane ungefähr so dünnflüssig wie Öl. Hier wurde im Jahre 1840 von BECKER auf einem flachen Berg mit einem Böschungswinkel von nur 2° eine Strömungsgeschwindigkeit von 400 m pro Stunde gemessen. Und der berühmte basaltische „Alika Flow" von Mauna Loa ist sogar nach JAGGAR mit einer Geschwindigkeit von 16 km pro Stunde geflossen.

Eine viel größere Viskosität besitzen aber die sauren Magmen, wie man sie z. B. in mehreren italienischen Vulkanen, im Sakurashima oder im Mt. Pelée in Westindien findet. Solche Laven fließen entweder außerordentlich langsam (Sakurashima) oder sind so viskos, daß sie überhaupt nicht fließen, wie es am Mt. Pelée geschah. Die Lava wurde hier durch verschiedene Öffnungen im Vulkan sehr langsam aufgepreßt, sie war aber so viskos (zäh), daß sie überhaupt nicht fließen konnte. Sie blieb infolgedessen in Form von großen Monolithen als Stopfen in den Öffnungen stecken. Sehr langsam wuchsen die Stopfen in die Höhe, zersplitterten und rollten als feste Lavablöcke den Berg hinab[1].

Viskositätsmessungen an natürlichen Laven sind noch nicht durchführbar gewesen. Die zahlenmäßige Bestimmung war nur an Schmelzen im Laboratorium möglich. In der folgenden Tabelle und in Abb. 29 sind einige Daten zusammengestellt.

---

[1] Auch saure Magmen (Rhyolithe) können unter Umständen sehr dünnflüssig sein (Ross, FENNER). Wahrscheinlich beruht dies darauf, daß sie flüchtige Bestandteile enthalten, die selbst an der Oberfläche sehr langsam abgegeben werden.

Tabelle 17. Angenäherte Viskositätsdaten verschiedener Substanzen.

	Viskosität[1]	Temperatur °C		Viskosität[1]	Temperatur °C
Wasser	1×10^{-2}	20	Basalt	1×10^2	1400
Pyroxen . . .	5×10^0	1450	Albit	4×10^4	1400
Glyzerin . . .	1×10^1	20	Albit	10^8	1150

Die Viskosität von Andesinbasalt in ihrer Abhängigkeit von der Temperatur.

Temperatur	Viskosität[1]	Temperatur	Viskosität[1]	Temperatur	Viskosität[1]
1400	138	1300	259	1200	31 168
1350	182	1250	541	1150	79 470

Die geologische Erfahrung, daß basische Schmelzen dünnflüssiger als die sauren sind, wird durch die Tab. 17 bestätigt.

Natürlich hat der Viskositätsgrad eine große Bedeutung für den Intrusionsmechanismus der Magmen in der Erdkruste. Er ist aber auch sehr wichtig für den Mechanismus der magmatischen Differentiation.

Da Diffusionsgeschwindigkeit, wie auch Kristallisationsgeschwindigkeit von der Viskosität stark abhängig sind, zeigen Magmen mit steigender Viskosität steigende Neigung zur Glasbildung. Saure Gläser wie Obsidiane, Pechsteine u. a. sind daher viel häufiger als basaltische Gläser.

Wichtig für die magmatische Differentiation sind die Reaktionen:

$$\text{Kristall} \rightleftharpoons \text{Schmelze,}$$

die sich während des Kristallisationsprozesses im Magma abspielen, und auch die Leichtigkeit, mit der sich der Kristall in der Schmelze bewegen kann. Die früh gebildeten Kristalle weisen gewöhnlich eine von dem Magma abweichende Dichte auf und werden infolgedessen in dem noch flüssigen Magma entweder sinken oder steigen. Wenn aber die Viskosität groß ist, wird diese Bewegung gehemmt.

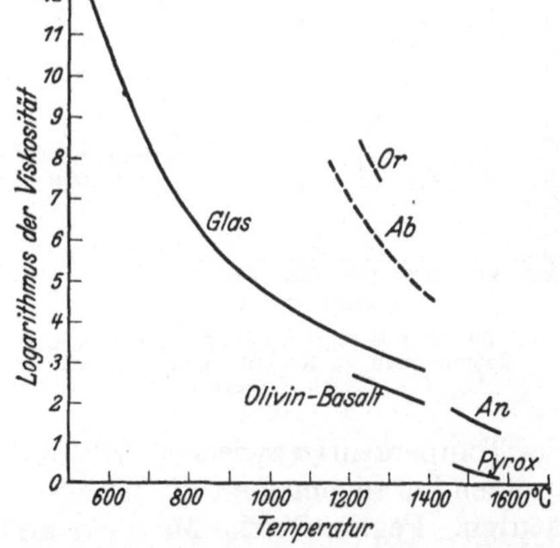

Abb. 29. Die Viskosität verschiedener Silikatschmelzlösungen in ihrer Abhängigkeit von der Temperatur.

Nach dem STOKESschen Gesetz gilt:

$$x = \frac{2}{9.} \frac{g \, r^2 \, (d - d')}{v}$$

x bedeutet hier die konstante Fallgeschwindigkeit (oder Auftrieb) einer Kugel mit Radius r und Dichte d, wenn die Schmelze die Dichte d' und die Viskosität v besitzt.

In einem granitischen Magma mit einer Viskosität von ungefähr 10^{10} würde eine Gneiskugel von 2 m etwa 10 cm pro Tag sinken.

In weniger viskosen Magmen können aber auch kleine Kriställchen mit wahrnehmbarer Geschwindigkeit sinken oder steigen.

---

[1] Absolute Viskosität = Dyn pro cm² pro Einheit des Geschwindigkeitsgradienten.

Die magmatischen Temperaturen

sind einer direkten Messung schwer zugänglich. Während vulkanischer Ausbrüche und in einigen Lavaseen, wie im Halemaumau im Krater Kilauea auf Hawaii, ist es jedoch gelungen, die Temperatur trotz großer Schwierigkeiten zu messen.

Die Beobachter haben sich dabei großer Gefahr ausgesetzt und haben natürlich auch spezielle Apparate benutzen müssen. In der Lava vom Vesuv fand Perret Temperaturen von 1015—1040°. Im Krater des Kilauea fanden Perret, Day und Sheperd Temperaturen bis 1185°. Genauere Untersuchungen dieses Sees haben aber ergeben, daß eine dünne Oberflächenschicht und auch die Lavafontainen, die hier hoch in die Luft spielen, viel wärmer sind als die darunterliegende Lava (s. Abb. 30).

Diese Wärmezunahme beruht teils auf der Entgasungswärme der Lava (s. S. 47), teils darauf, daß die der Lava entströmenden Gase mit Luft unter Wärmeabgabe reagieren.

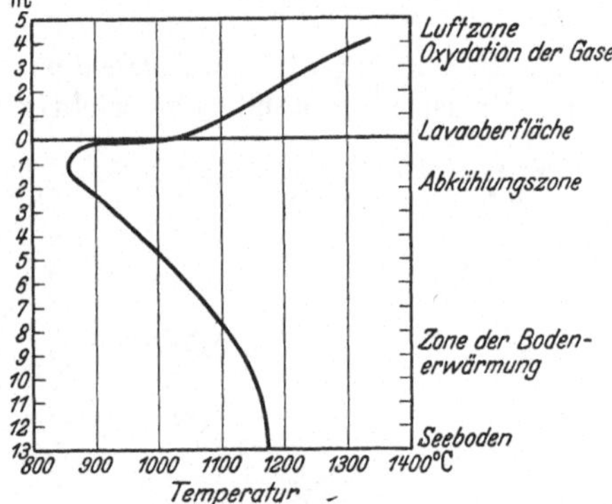

Abb. 30. Temperaturverteilung in dem Lavasee Halemaumau im Krater Kilauea, Hawaii. (Nach Jaggar.)

Die obenerwähnten Laven sind alle basisch und wärmer als die saureren. So fand Washington in der Lava von Santorin Temperaturen zwischen 800 und 900°. Diese Lava führt ungefähr 65% SiO_2.

Die Temperaturen tieferliegender Magmamassen kann man natürlich unmöglich direkt messen. Verschiedene Überlegungen ergeben aber, daß sie gewöhnlich etwas kühler wie die Laven sind. Nur teilweise kommen hier Temperaturen über 870° vor, und zwar nur für früh gebildete Minerale und für basische Magmen. Hauptsächlich sind hier Temperaturen zwischen 870 und 600° zu verzeichnen, und in diesen Grenzen besitzen im allgemeinen die kieselsäurereicheren Magmen die niedrigeren Temperaturen. Pegmatitische Magmen und wässerige Lösungen weisen Temperaturen zwischen 600 und 400° auf.

Indikatoren sind u. a. 1. *Schmelzpunkte* relativ leicht schmelzbarer Minerale wie z. B. Albit, 1122°; Stibnit, 546°. 2. *Inversionspunkte*, z. B. Wollastonit $\rightleftharpoons$ Pseudowollastonit, 1180°; Quarz $\rightleftharpoons$ Tridymit, 870°; α-Quarz $\rightleftharpoons$ β-Quarz, 573° (s. S. 19). 3. *Die Größe der Kontraktion* von Flüssigkeitseinschlüssen in Hohlräumen von Kristallen liefert unter Umständen eine mögliche Grundlage zur schätzungsweisen Berechnung des Temperaturfalles. 4. *Die Lage des sog. rhombischen Schnittes* in Plagioklas-Zwillingen vom Periklintypus kann als besonderes Kennzeichen benutzt werden. Diese Schnittlage ist nämlich von den kristallographischen Konstanten des Minerals abhängig; nun ändern sich aber die kristallographischen Konstanten mit der Temperatur und infolgedessen ändert sich auch die Schnittlage mit der Temperatur. 5. *Die chemische Zusammensetzung* von Mischkristallen kann auch unter Umständen als geologisches Thermometer benutzt werden. Wenn z. B. sowohl Plagioklas- als auch Orthoklas-Mischkristalle gleichzeitig aus dem Magma kristallisieren, wird sich der Natrongehalt mit konstantem Verteilungskoeffizienten zwischen den beiden Typen von Mischkristallen verteilen. (Verteilungssatz von van't Hoff und Nernst.) Die Verteilungskoeffizienten selbst sind aber von der Temperatur abhängig. Wenn der prozentische Gehalt an Natron im Orthoklas-Mischkristall mit c_1, der Gehalt im Plagioklas-Mischkristall mit c_2 bezeichnet ist, so wird das Verhältnis $c_1/c_2 = k$ eine Funktion der Temperatur sein. In Trachyten findet man z. B. $k = 0,6$ in Granitpegmatiten etwa $k = 0,2$. 6. *Die thermischen Änderungen, die Einschlüsse im Magma* erlitten haben (kann mit Punkt 1. und 2. zusammenhängen), geben manchmal Anhaltspunkte. Auf dieser Grundlage geben SOSMAN und MERWIN für die Palisadendiabase in NewJersey als maximale Temperatur $1150°$ an.

In der nebenstehenden Tabelle sind nach DALY einige zuverlässigere Abschätzungen der Maximaltemperatur der Laven einiger bekannterer Eruptionen zusammengestellt (s. auch S. 96).

Tabelle 18.
Die Maximaltemperatur einiger Laven.

Beobachter	Stelle	Maximaltemperatur der Laven
DAY und SHEPHERD	Kilauea, Lavasee	1185
JAGGAR	Kilauea, Lavasee	1200
BRUN	Vesuv 1904, Lava	1100
PERRET	Vesuv 1913, Lava	1200
BRUN	Stromboli 1901, Lava	1150
BARTOLI	Ätna 1892, Lava	1060
H. PHILIPP	Ätna 1892, Lava	1300
KOTO	Sakurashima 1914, Lava	1048

Flüchtige Bestandteile des Magmas.

Die einzelnen Komponenten des flüssigen Magmas im Sinne der Phasenregel kennen wir nicht. Gewohnheitsgemäß wird aber die chemische Zusammensetzung teils in Form von Oxyden durch die Symbole SiO_2, Al_2O_3, FeO, H_2O, CO_2 usw., teils in Form von Elementen durch die Symbole S, F, Cl, usw. geschrieben. Aber natürlich ist dabei nichts über die im Magma wirklich vorhandenen Kombinationen gesagt, die sicherlich sehr mannigfaltig sind und mit Temperatur, Druck und Konzentrationsgrad ständigem Wechsel unterworfen sind. Von diesen Komponenten gibt es einige, für die ein außerordentlich niedriger Schmelzpunkt bezeichnend ist, es sind dies die sog. flüchtigen Bestandteile wie H_2O, CO_2, Cl und viele andere, die eine ganz andere Schmelzbarkeit wie z. B. CaO oder Al_2O_3 aufweisen.

Wesensverschieden von den anderen magmatischen Bestandteilen sind sie aber nicht, denn genau wie andere Elemente nehmen auch sie an den allgemeinen Gleichgewichtsreaktionen teil und gehen in die Kristallgitter der festen Phasen ein. Hat das Magma beispielsweise einen kleinen Gehalt an H_2O und F, die bei gewöhnlicher Temperatur flüssig oder gasförmig sind, so geht beim Erstarren H_2O in das Hornblendemolekül und sowohl H_2O als auch F in das Glimmermolekül hinein. Die ganze Magmamasse kann auf diese Art und Weise schon bei relativ hoher Temperatur vollkommen kristallin werden, z. B. bei etwa $500°$, obschon sowohl H_2O als auch F an sich bei dieser Temperatur fluid oder gasförmig sein würden.

Unter solchen Verhältnissen hat es keinen Sinn, die leichtflüchtigen Bestandteile als wesensverschieden von den anderen Bestandteilen zu betrachten. Es besteht lediglich ein gradueller Unterschied in der mehr oder weniger großen Flüchtigkeit der Komponenten. In hohem Maße bewirken aber die flüchtigen Bestandteile eine Erniedrigung der Kristallisationstemperaturen und geben auch dadurch Anlaß zur Ausbildung neuartiger Mineralphasen.

Auch ein anderer Umstand kann mitunter von Bedeutung sein. Ein Gehalt an flüchtigen Bestandteilen kann nämlich eine Erhöhung der Löslichkeit gewisser Komponenten bewirken. So ist es wahrscheinlich, daß ein Gehalt an CO_2 eine Erhöhung der Löslichkeit des CaO im Magma verursacht. Die gewöhnliche Kristallisationsfolge, wie man sie in trockenen Schmelzen oder normalerweise

auch in Magmen beobachtet, kann somit hierdurch gestört werden (s. S. 85).
Eine weitere Folge ist, daß auch die Assimilationseigenschaften des Magmas
sich ändern, und es kann dem Magma durch die flüchtigen Bestandteile eine
ungewöhnliche Korrosions- oder Assimilationsfähigkeit verliehen werden (s.
S. 105).

Wenn aber schließlich die flüchtigen Bestandteile in die Mineralphasen
eintreten, sind sie ganz analog den anderen Komponenten des Magmas zu
betrachten.

Unter anderen Verhältnissen, wie man sie in Magmen antrifft, die nicht
sehr tief unter der Erdoberfläche liegen, ist es nun aber möglich, daß die Summe
der Partialgasdrucke aller magmatischen Komponenten größer wird als der
äußere Druck. Es wird sich dann eine Gasphase bilden, in die (theoretisch)
alle Komponenten des Magmas je nach der Größe ihrer Partialdrucke eingehen

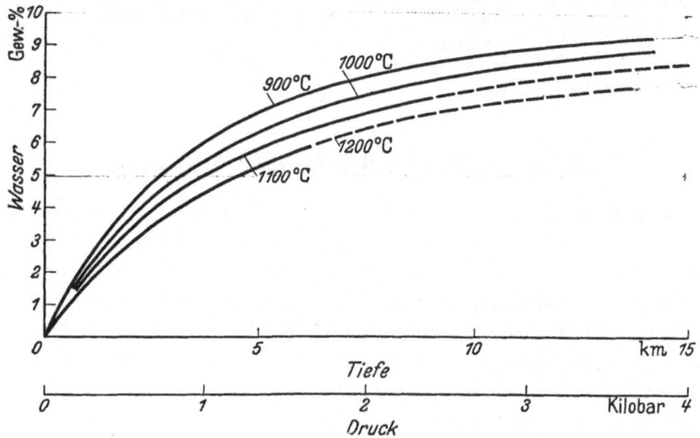

Abb. 31. Löslichkeit von Wasser in Albitschmelzen bei 900°, 1000°, 1100° und 1200° und unter Drucken
von Null bis 4000 Bar. (Nach GORANSON.)

werden. Gewisse Komponenten wie H_2O, F, CO_2, S usw. sind dann in der Gasphase stärker als die anderen vertreten, während Stoffe wie CaO und MgO
in verschwindend kleinen Mengen vorhanden sind. Keineswegs muß man
sich aber vorstellen, daß die sog. leichtflüchtigen Bestandteile allein die Gasphase ausmachen. Wegen ihrer Fähigkeit zur Bildung flüchtiger Halogen-
verbindungen werden auch z. B. Eisen oder Titan in beträchtlichen Mengen in
die Gasphase eingehen. Später werden wir die stoffliche Zusammensetzung der
Gasphase einer genaueren Analyse unterwerfen. Zunächst wollen wir untersuchen, unter welchen Bedingungen es überhaupt wahrscheinlich ist, daß die
Magmen unter Kochen eine selbständige Gasphase abspalten.

Einige für diese Frage wichtige Experimente sind von GORANSON ausgeführt
worden, der die Löslichkeit des Wassers in verschiedenen Silikatschmelzlösungen
bestimmt hat. Im Gegensatz zu den anderen gesteinsbildenden Oxyden, die in
geschmolzenem Zustande eine große gegenseitige Löslichkeit aufweisen, hat
Wasser selbst unter hohen äußeren Drucken in Schmelzen von gesteinsbildenden
Oxyden eine geringe Löslichkeit. Seine Löslichkeit ist nicht nur eine Funktion
von Temperatur und Druck, sondern auch von der Zusammensetzung der
Silikatschmelze. Das bis jetzt am besten untersuchte System ist Albit—Wasser.
In Abb. 31 sind einige Löslichkeitsdaten graphisch dargestellt. Der Abbildung
ist zu entnehmen, daß die Löslichkeit des Wassers mit steigendem Druck und
fallender Temperatur zunimmt.

Weitere Experimente ergaben, daß die Löslichkeit von Wasser in geschmolzenem Granit und geschmolzenem Obsidian bei 900° fast genau den für Albitschmelzen gültigen Kurven folgt. Die Messungen wurden in diesem Falle bis auf Drucke über 4000 Bar ausgeführt. Löslichkeitsbestimmungen für Wasser in synthetischen Schmelzen von 25% Quarz, 75% Orthoklas ergaben Werte, die um 1% niedriger als im System Albit—Wasser waren. Auch in Schmelzen von Albit—Orthoklasmischungen (syenitischen Magmen entsprechend) hat Wasser eine etwas geringere Löslichkeit (1—1,5%).

Diese verschiedenen Silikat-Wasserschmelzen verhalten sich betreffs Temperatur- und Druckänderungen ähnlich. Die Löslichkeit x (Gewichtsprozent von löslichem Wasser in der Schmelze) in ihrer Abhängigkeit von Temperatur, Druck und stofflicher Zusammensetzung der Silikatschmelze, ist durch die folgende allgemeine Gleichung gegeben:

$$x = \frac{p}{a + b\,p},$$

p ist hier Druck in Bar (1 Bar = 0,98697 at = 1,0198 kg/cm²), und a und b sind positive Konstanten für konstante Temperatur und Zusammensetzung der Silikatschmelze. Die Gleichungen für die vier in Abb. 31 eingezeichneten Kurven lauten:

$$T = 900°, \qquad x = p/\ (81{,}84 + 0{,}08458\ p)$$
$$T = 1000°, \qquad x = p/\ (95{,}05 + 0{,}08715\ p)$$
$$T = 1100°, \qquad x = p/(110{,}56 + 0{,}09008\ p)$$
$$T = 1200°, \qquad x = p/(134{,}43 + 0{,}09100\ p).$$

Der Prozeß der Auflösung des Wassers in Gesteinsschmelzen ist exotherm, d. h. Wärme wird dadurch erzeugt. Die positive Wärmetönung nimmt mit steigender Temperatur zu, sinkt aber mit steigendem Druck. Der entgegengesetzte Vorgang, die Entgasung von Gesteinsschmelzen verläuft unter Absorption von Wärme. Im geschmolzenen Granit von 900° unter etwa 1000 at Druck und mit 5,7% Wasser in Lösung, würde die Verdampfung von 1% des Wassers einen Temperaturfall von etwa 3° bewirken.

Sämtliche Überlegungen wurden bis jetzt unter der Voraussetzung angestellt, daß der hydrostatische Druck in der Silikatschmelze und im Wasser gleich groß ist. Wichtig ist aber die Bestimmung der Löslichkeit des Wassers in Silikatschmelzen auch dann, wenn die zwei Phasen unter verschiedenem hydrostatischem Druck stehen.

In der Natur verwirklichen sich solche Verhältnisse z. B. dann, wenn die ein Magma umgebende Gesteinsart nur für Wasser, nicht aber für die Silikatlösung durchlässig ist; in diesem Falle würde ein differentieller hydrostatischer Druck dadurch entstehen, daß die Silikatlösung dem ganzen Gesteinsdruck, das Wasser dagegen nur seinem eigenen Überdruck ausgesetzt wäre. Unter Berücksichtigung der Scherungskoeffizienten der Gesteine und der Friktion, die das abdestillierte Wasser in den Porenräumen erfährt, kommt natürlich den obengenannten Größen eine Korrektur zu — immerhin bleibt es einleuchtend, daß die Wasserphase in diesem Falle unter einem kleineren Druck als das Magma stände. Die Bestimmung der Löslichkeit des Wassers ist unter diesen Verhältnissen mit der Bestimmung des osmotischen Druckes verwandt. Hätte man nämlich bei hoher Temperatur z. B. bei 1000° eine Silikatschmelzlösung durch eine halbdurchlässige Membran von einer (fluiden) Wasserphase derselben Temperatur getrennt, so würde das Wasser in die Silikatlösung hinein diffundieren und dadurch einen osmotischen Druck erzeugen.

Steht nun das Magma unter einem bestimmten Druck, die mit ihm in Kontakt stehende Wasserphase aber unter einem kleineren Druck, so ist natürlich die Löslichkeit des Wassers im Magma eine geringere als im Falle eines gleichmäßigen hydrostatischen Druckes.

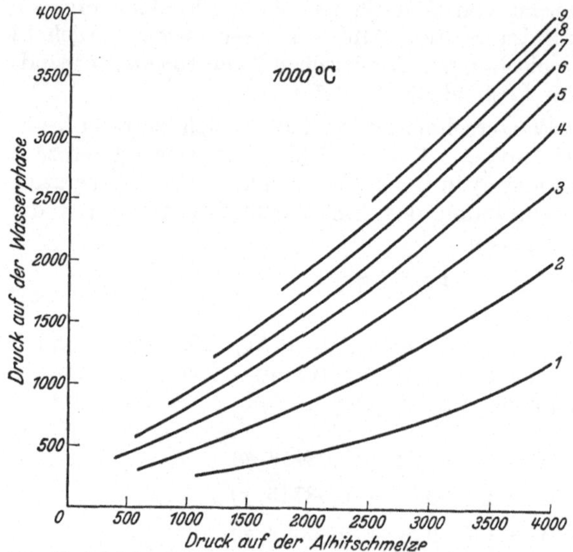

Abb. 32. Löslichkeit von Wasser in Albitschmelzen unter differentiellem hydrostatischem Druck bei 1000°. Die Kurven 1, 2, 3, ..., 9 geben an, unter welchen Bedingungen die Albitschmelze eine Menge von 1, 2, 3, ..., 9 Gewichtsprozente Wasser aufzulösen vermag.

Die Löslichkeitsverhältnisse im System Albit—Wasser sind von GORANSON thermodynamisch berechnet worden. Nach seinen Daten ist Abb. 32 konstruiert. Als Abszisse ist der auf die Albitschmelze wirkende hydrostatische Druck gewählt, als Ordinate der auf die Wasserphase wirkende Druck. Die Kurven geben an, wieviel Wasser in Gewichtsprozenten die Albitschmelze unter den verschiedenen Bedingungen aufzulösen vermag.

Es wird dadurch verständlich, daß trockene Magmen auch dann Wasser assimilieren können, wenn das Kontaktgestein wasserdurchlässig ist und ein Entweichen des Wassers möglich wäre.

Zuletzt wollen wir auch untersuchen, um wieviel der Gehalt an Wasser die Erstarrungstemperatur des Granits erniedrigt. Als Vielstoffsystem erstarrt ein Granit nicht bei einer konstanten Temperatur, sondern innerhalb gewisser Temperaturgrenzen, T_L und T_S.

T_L ist der Liquiduspunkt. Er gibt an, bei welcher Temperatur die letzte kristalline Phase verschwindet. Oberhalb des Liquiduspunktes ist alles flüssig.

T_S ist der Soliduspunkt; bei Abkühlung verschwindet hier der letzte Flüssigkeitsrest, unterhalb des Soliduspunktes ist alles fest.

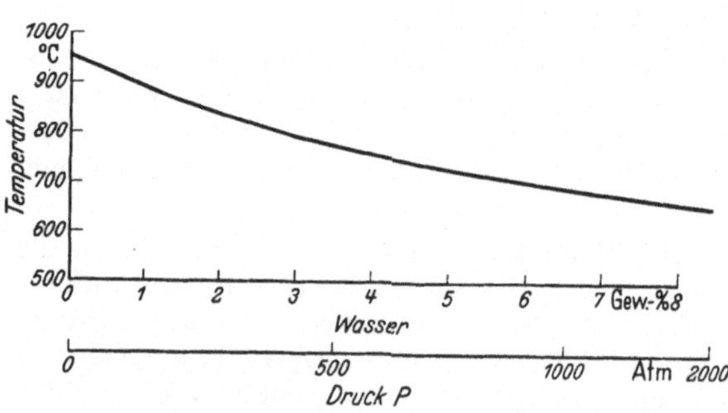

Abb. 33. Obere Grenze der Schmelztemperatur (= Liquidustemperatur) einer granitischen Schmelze als Funktion der in der Schmelze gelösten Wassermenge.

In Granit ist aber die Temperatur, bei der der letzte Flüssigkeitsrest verschwindet, kein wahrer Soliduspunkt; sondern bei dieser Temperatur wird die Restschmelze von der kristallinen Phase getrennt. T_L—T_S ist das Schmelzintervall einer Mischung.

Durch Schmelzversuche hat sich nun gezeigt, daß unter einem Wasserdampfdrucke von 1000 at und bei einer Temperatur von 700 $\pm$ 50° Granite vollkommen flüssig werden. Die resultierende Schmelze enthält dabei 6,5% Wasser in Lösung. Die berechnete Liquidustemperatur (= obere Grenze des Schmelzintervalls) in ihrer Abhängigkeit vom hydrostatischen Wasserdampfdruck ist in Abb. 33 graphisch dargestellt. Längs der Abszisse sind sowohl die gelösten Wassermengen (Gewichtsprozente) als die dazu benötigten hydrostatischen Drucke (Bar) abgetragen. Wie ersichtlich bewirken Wassermengen von etwa 7% eine sehr beträchtliche Erniedrigung der Schmelztemperatur.

An Hand obenstehender Auseinandersetzungen können wir uns schematisch die Kristallisationserscheinungen eines wasserhaltigen Granitmagmas folgendermaßen vorstellen: Wir machen die Voraussetzung, daß das Magma in einer Tiefe von 4 km 3% Wasser enthält. Bei ungefähr 800° würde dann die Kristallisation anfangen und würde sich ruhig fortsetzen, bis eine Temperatur von etwa 700° erreicht würde. Bei dieser Temperatur würde etwa die Hälfte des Systems kristallin sein, und die Schmelze würde ungefähr 6% Wasser gelöst enthalten. Dem hydrostatischen Druck, der notwendig ist, um diese Wassermenge bei 700° in Lösung zu halten, entspricht gerade das hydrostatische Gesteinsgewicht in dieser Tiefe. Weitere Kristallisation würde infolgedessen ein Kochen im Magma unter Bildung von zwei koëxistierenden „Magmen" verursachen. Solange der Dampfdruck höher als der äußere Druck bleibt, würde das Kochen fortdauern, d. h. in den meisten Fällen solange, bis das Magma in verdünnte hydrothermale Lösungen übergegangen wäre.

Die magmatische Gasphase.

Die im letzten Kapitel beschriebenen Experimente beziehen sich alle auf Mischungen von Silikatschmelzlösungen und Wasser. Dadurch ist die experimentelle Grundlage für die prinzipielle Diskussion der Rolle der leichtflüchtigen Bestandteile im Magma geschaffen. Im einzelnen können sich aber diese Vorgänge verschieden gestalten, denn in den wirklichen Magmen gibt es außer Wasser auch viele andere Stoffe, die wegen ihrer Leichtflüchtigkeit in die Dampfphase (oder fluide Phase) eintreten werden. Den allgemeinen chemischen Charakter dieser Phase werden wir im folgenden diskutieren.

Über die absolute Menge der im flüssigen Magma vorhandenen flüchtigen Bestandteile wissen wir sehr wenig. Wenn eine Lava an der Oberfläche der Erde angelangt ist, ist schon der größte Teil der in ihr vorhandenen Gase entwichen. Auch wenn ein intrusives Magma tief in der Erdkruste erstarrt, werden oft die Gase entfernt, genau so wie die in Wasser aufgelöste Luft durch Gefrieren des Wassers ausgetrieben wird. Es ist deshalb nicht wahrscheinlich, daß die Bestimmung des Gasgehaltes in glasiger Lava oder sogar in heißer noch flüssiger Lava als ein Maß für die im ursprünglichen Magma enthaltenen relativen oder absoluten Gasmengen gelten kann.

Gewiß kann die Menge der im flüssigen Magma gelösten Gase sehr verschieden sein. Einen Begriff der Größenordnung der vorhandenen Gase kann man z. B. durch Betrachten der vulkanischen Erscheinungen erhalten. Nach PERRET wurden während der Eruption vom Vesuv im Jahre 1906 kolossale Mengen von Gas abgegeben: mit explosionsartiger Gewalt entströmten dem Krater komprimierte Gase, die eine kontinuierliche 13 000 m hohe Gassäule bildeten. Diese kontinuierliche Explosion dauerte 20 Stunden. Nach ZIES speien die Fumarolen des „Valley of Ten Thousand Smokes" in Alaska jährlich 1 250 000 t Salzsäure und 200 000 t Flußsäure aus, und in früheren Jahren intensiverer Fumarolenaktivität wurden hier sicherlich noch viel größere Mengen abgegeben.

Der Konzentrationsgrad der flüchtigen Bestandteile in den unter hohem Druck stehenden Magmen ist aber unbekannt. Nach GILLULY ist es jedoch wahrscheinlich, daß tieferliegende Basaltmagmen etwa 4%, tieferliegende Granitmagmen etwa 8% Wasser führen. Es unterliegt auch keinem Zweifel, daß diese

Bestandteile für gewisse Prozesse z. B. für die Entstehung vieler Erzlagerstätten von außerordentlich großer Bedeutung sind.

Aus der früheren Diskussion geht hervor, daß viele Stoffe, die gewöhnlich flüssig sind, unter erhöhtem Druck in Silikatschmelzen löslich werden. Druck ist der bestimmende Faktor, und wenn der Druck hoch genug ist, entsteht auch eine homogene Schmelzlösung, in die die flüchtigen Bestandteile eintreten, ohne dadurch den physikalisch-chemischen Charakter der Schmelzlösung wesentlich zu verändern (s. S. 45).

Die verschiedenen chemischen Atome, aus denen ein Magma besteht, vereinigen sich unter geringerem Druck zu Verbindungen, die flüchtig sind. Unter höherem Druck bilden sich aber diese Verbindungen nicht. Für die Verhältnisse in einem tieferliegenden Magmaherd ist infolgedessen die Dampftension oder z. B. die kritische Temperatur von solchen flüchtigen Verbindungen (Wasser existiert z. B. unter diesen Verhältnissen nicht als Flüssigkeit) ohne Bedeutung. Denn die potentielle oder mögliche Dampfspannung einer Verbindung ist ohne Bedeutung für die chemischen Kombinationen und Gleichgewichte, die sich unter höherem Druck einstellen.

Wenn aber der auf dem Magma wirkende äußere Druck auf irgendeine Weise z. B. durch Aufstieg der Magmamasse abnimmt, müssen sich neue Gleichgewichte einstellen. Zwei Arten von Reaktionen werden dadurch in Gang gebracht: 1. Im Magma werden sich neue chemische Kombinationen bilden: flüchtige Verbindungen werden entstehen. Von nun an wird man infolgedessen zwischen flüchtigen und nichtflüchtigen Bestandteilen unterscheiden müssen. 2. Die andere Art von Reaktionen findet in der aus dem flüssigen Magma neugebildeten Gasphase statt: die freigewordenen Gase reagieren miteinander, um die unter den herrschenden thermodynamischen Bedingungen stabilen Verbindungen zu bilden.

Eine Entlastung des Druckes hat also im Magma weitgehende chemische Änderungen zur Folge. Die Beobachtungen in der Natur deuten aber darauf hin, daß die Reaktionen erster Art manchmal sehr träg sind und nicht sofort nach der Entlastung des Druckes vonstatten gehen. Wäre das Magma einer momentanen Anpassung an die neuen Gleichgewichte fähig, so müßte eine explosionsartige Eruption, wenn einmal begonnen, ohne Aufhören bis zum Verbrauch der letzten Spuren von potentiell explosivem Material fortgesetzt werden. Nur durch die Trägheit der genannten Reaktionen kann man die rhythmisch wiederkehrenden Ausbrüche vieler Vulkane erklären.

Auch die bestimmte Reihenfolge im Auftreten der verschiedenen Gase während mancher Vulkanausbrüche dürfte ihren Grund in demselben Umstand finden. Bei Eruptionen vom Vesuv und Ätna ist nach SAINT-CLAIRE DEVILLE die folgende Reihenfolge zu verzeichnen:

1. Wasserfreie Chloride von Alkalien und Mangan mit wenig Fluorid und Alkalisulfat; sie entweichen entweder direkt aus dem Krater oder von der heißesten Lava.

2. Ammoniumchlorid, viel Wasserdampf und Spur von H_2S und S.

3. Salzsäure und Schwefelsäure mit sehr viel Wasserdampf zusammen mit Eisen und Kupferchloriden.

4. Verschiedene Mischungen von HCl, SO_2, H, S und H_2O, dann CO_2 und zuletzt

5. reiner Wasserdampf.

Zur Frage nach der stofflichen Zusammensetzung der magmatischen Gasphasen werden wir bald zurückkehren. Hier sei zunächst nur erwähnt, daß die theoretische Behandlung des allgemeinen Falles, daß mehrere miteinander im chemischen Umsatze befindliche Molekülgattungen gleichzeitig aus einem beliebigen Lösungsmittel verdampfen, vom Standpunkt der physikalischen Chemie am besten derart erfolgt, daß man eine kinetische Betrachtungsweise anwendet. Damit Gleichgewicht vorhanden sei, ist es nämlich notwendig, daß von jeder einzelnen Molekülgattung ebensoviele Moleküle aus der flüssigen in die gasförmige Phase eintreten wie umgekehrt, weil ja anderenfalls das Gleichgewicht fortwährend gestört würde. Wir gelangen dadurch zu dem Verteilungssatz von VAN'T HOFF und NERNST, daß bei gegebener Temperatur für jede Molekülgattung ein konstantes Verteilungsverhältnis zwischen einem Lösungsmittel und dem Dampfraum vorliegt, unabhängig von der Gegenwart anderer Molekülgattungen, gleichgültig ob sie sich mit jenen in chemischem Umsatze befinden oder nicht.

Dadurch wird verständlich, daß nicht nur die sog. flüchtigen Bestandteile, sondern theoretisch alle Stoffe des Magmas in die Dampfphase eintreten werden. Doch ist es klar, daß Stoffe wie H_2O, F u. dgl. in relativ viel größeren Mengen vorhanden sind wie z. B. CaO oder MgO. Ganz allgemein können wir nach FENNER den folgenden Überblick über die verschiedenen magmatischen Phasen erhalten:

1. Durch Entmischung bildet sich in einigen Magmen eine sulfidische Schmelzlösung, die mit der silikatischen Schmelzlösung nur beschränkt mischbar ist. Einige der orthomagmatischen, sulfidischen Erzlagerstätten verdanken solchen Entmischungsprozessen ihre Entstehung.

2. Durch Auskristallisation bildet sich ein Niederschlag von vornehmlich silikatischen und oxydischen Mineralen, die größere Gesteinsmassen aufbauen können.

3. Durch Entlastung des äußeren Druckes bildet sich in der Regel eine Dampfphase (das Magma fängt zu sieden an), die ihrer Zusammensetzung nach sehr verschieden von dem ursprünglichen Magma ist.

4. Durch Zusammenwirkung der drei obengenannten Prozesse bildet sich schließlich eine magmatische Restlauge, in der sich leicht lösliche und leicht flüchtige Bestandteile anreichern werden.

Durch weitere Kristallisation dieser Restlauge kann der „zweite" Siedepunkt erreicht werden (s. weiter unten) und eine Dampfphase auch dadurch entstehen.

5. Eine Möglichkeit besteht noch: das mit flüchtigen Bestandteilen stark beladene Magma könnte sich in zwei beschränkt mischbare Teilschmelzen trennen. Über die Möglichkeit eines solchen Prozesses wissen wir aber nichts (s. S. 39).

Wir werden hier unsere Aufmerksamkeit auf die Gasphase lenken. Sie entsteht also entweder durch Verkleinerung des äußeren Druckes, gewöhnlich in der Weise, daß Spalten aufreißen, in die das Herdmagma eindringen kann. Dadurch wird eine Entgasung (Sieden) des Magmas veranlaßt. Die Entgasung kann aber auch durch Vergrößerung der inneren Dampfspannung hervorgerufen werden. Dies geschieht gewöhnlich nicht durch Wärmezufuhr; wir haben hier den sog. „zweiten Siedepunkt", der nicht durch Temperaturerhöhung, sondern durch *Temperaturerniedrigung* nach dem Prinzip der Dampfdrucksteigerung infolge Auskristallisation erreicht wird. Im Gegensatz dazu steht der gewöhnliche Siedepunkt, der durch eine Dampfdrucksteigerung infolge Temperaturerhöhung bedingt ist. Das Sieden beginnt in der Weise, daß sich im flüssigen Magma kleine Gasblasen bilden, die emporsteigen. Die Hauptkomponente ist wahrscheinlich Wasser, dessen kritische Temperatur bei 374,5° liegt. Oberhalb dieser Temperatur kann es auch durch den größten Druck nicht in eine Flüssigkeit verwandelt werden. Wichtige Nebenbestandteile in der Gasphase sind wahrscheinlich CO_2, H_2S, HCl, N und H. Die kritische Temperatur der drei ersteren sind $31,1°$ bzw. $100,4°$ und $51,4°$. Ihre Anwesenheit erniedrigt somit die kritische Temperatur des Gemisches. Neben diesen Gasen finden sich aber wahrscheinlich auch verschiedene Chloride der gewöhnlichen Metalle, deren kritische Temperaturen zwar unbekannt sind, jedoch viel höher als die des Wassers liegen müssen. Das Vorhandensein dieser Stoffe erhöht also die kritische Temperatur der Mischung. Da aber ihre Menge relativ klein ist, wird die Wirkung wahrscheinlich nicht sehr groß sein.

Wenn Blasen der genannten Zusammensetzung durch ein Magma emporsteigen, werden sie eine Läuterung des Magmas bewirken: andere Gase, die im Magma gelöst sind, werden in die Blasen hinein destillieren, fast als ob ein Vakuum entstanden sei, ganz gleichgültig unter welchem Drucke die Blasen tatsächlich stehen. In dieser Weise wird das Magma sehr vollständig von Verbindungen mit kleinem Dampfdrucke befreit.

Durch Anwendung des Massenwirkungsgesetzes können wir einen besseren Überblick über die Zusammensetzung der Dampfphase erhalten. Dadurch wird z. B. die zunächst überraschende Tatsache erklärt, daß $PbCl_2$ und H_2S zusammen in der Gasphase vorkommen können. Dies beruht darauf, daß HCl anwesend ist und die Ausfällung von PbS verhindert.

Man hat nämlich das Gleichgewicht:

$$PbCl_2 + H_2S \rightleftharpoons PbS + 2\,HCl.$$

Das Gesetz der Massenwirkung sagt aus:

$$\frac{\text{Partialdruck von } PbS \times (\text{Partialdruck von } HCl)^2}{\text{Partialdruck von } PbCl_2 \times \text{Partialdruck von } H_2S} = \text{konstant},$$

d. h. in einem Gasgemisch ist das Verhältnis $PbCl_2 : PbS$ dem Quadrat der Konzentration von HCl direkt proportional und der Konzentration von H_2S umgekehrt proportional.

Für die Reaktion:

$$SiO_2 + 4\,HF \rightleftharpoons SiF_4 + 2\,H_2O$$

gilt (indem wir die Konzentrationen in Klammern einschließen)

$$\frac{[SiF_4] \times [H_2O]^2}{[HF]^4} = K.$$

(Die Konzentration von SiO_2 in der Gasphase kann als konstant betrachtet werden.)

Bei $270°$ ist $K = 540 \times 10^5$. Der Gehalt an HF ist klein, aber doch merkbar; und es ist wichtig zu bemerken, daß unter Gleichgewichtsbedingungen ein bestimmter Prozentsatz des Gasgemisches aus freier Flußsäure besteht.

Auch andere wichtige Untersuchungen können erwähnt werden:

Wenn eine Mischung von $NaCl$ und SiO_2 mit Wasserdampf erhitzt wird, wird immer eine gewisse Menge von HCl gebildet:

$$2\,xNaCl + ySiO_2 + xH_2O = xNa_2O + ySiO_2 + 2\,xHCl.$$

Die HCl-Reaktion wird bei etwa $600°$ eben wahrnehmbar, und nimmt sowohl mit steigender Temperatur als mit der Wasserdampfkonzentration zu.

Es kann somit mit Sicherheit gesagt werden, daß die von den fluorid- und chloridhaltigen Magmen entweichenden Gase immer freie Säuren enthalten. Es besteht eine große Analogie zwischen diesen Reaktionen und anderen Vorgängen, die chemisch genau studiert worden sind, z. B. der Bildung von HCl durch Überleiten von Wasserdampf über Magnesiumchlorid bei $200°$.

Betrachten wir nun auch die Reaktion:

$$2\,AlCl_3 + 3\,H_2O \rightleftharpoons Al_2O_3 + 6\,HCl,$$

so wird ersichtlich, daß die Fähigkeit des HCl, die Reaktion von rechts nach links zu treiben, nach dem Massenwirkungsgesetz mit der sechsten Potenz seiner Konzentration steigt. Dies zeigt, wie wichtig es ist, daß Salzsäure (und in anderen Fällen auch Flußsäure) in der Gasphase anwesend ist.

Die Neutralisation der Säure durch Reaktionen mit dem umgebenden Gestein wird in solchen Fällen sofort zur Ausfällung verschiedener Sulfide oder Oxyde führen.

Die Dampfspannung der gewöhnlichen metallischen Chloride ist in der Tab. 19 zusammengestellt (zitiert nach FENNER). Da die Chloride relativ leichtflüchtig sind und unter den Sublimationsprodukten der Vulkane immer vorhanden sind, nimmt man an, daß die Chloride die wichtigsten Agenzien oder Träger sind, denen die Metalle ihre Gegenwart in der magmatischen Dampfphase verdanken können.

Tabelle 19. Dampfdruck der häufigeren Metallchloride.

Stoff	Temperatur °C	Dampfdruck mm Hg	Stoff	Temperatur °C	Dampfdruck mm Hg
LiCl	1023,4	36,7	$PbCl_2$	993,2	1083,2
NaCl	992,3	15,2	$MnCl_2$	1005,0	168,0
NaCl	1146,9	92,6	$MnCl_2$	1150,2	565,5
Cu_2Cl_2	988,4	132,5	$FeCl_2$	994,9	593,0
Cu_2Cl_2	1114,3	248,0	$NiCl_2$	987,0	743,3
AgCl	1035,6	16,7	$CoCl_2$	983,3	418,9
AgCl	1155,9	70,7	$CuCl_2$	523,6	(849,0)
$NaAgCl_2$	1019,6	61,8			
$NaAgCl_2$	1195,3	134,3	$SnCl_2$	641,0	972,4
$ZnCl_2$	739,5	844,5	$AlCl_3$	181,3	960,1
$CdCl_2$	1012,8	1075,0	$FeCl_3$	318,4	(872,6)
$BaCl_2$	1213,6	8,5			
$CaCl_2$	1137,6	< 4	$AsCl_3$	124,0	785,8
$MgCl_2$	1000,7	24,9	$SbCl_3$	226,4	779,5
$MgCl_2$	1127,4	90,4	$BiCl_3$	468,8	1209,4

Die hohe Dampfspannung der Chloride der häufigen Metalle: Zn, Cd, Pb, Ni, Sn, As, Sb, Bi, ist bemerkenswert. Auch die Dampfspannungen von $FeCl_3$ und $AlCl_3$ gehören zu den höchsten. Diese Tatsache in Verbindung mit ihren für die Massenwirkung günstigen großen Konzentrationen in vielen Magmen macht es wahrscheinlich, daß vor allem Aluminium- und Eisenchlorid in größeren Mengen vorhanden sein werden. Diese Annahme trifft für Eisen wohl auch zu. Ein längerer Transport des Aluminiums in der Gasphase ist hingegen wegen der Tendenz des $AlCl_3$ mit Wasser unter Bildung von Oxyd zu reagieren, wohl nicht möglich, wenn nicht die Salzsäurekonzentration außergewöhnlich groß ist.

Über die vulkanische und magmatische Tätigkeit.

Solfataren- und Fumarolentätigkeit.

Zunächst sei einiges über das weitere Schicksal der magmatischen Gasphase erwähnt. In kälterer Umgebung kondensiert sie sich unter Bildung saurer, wässeriger Lösungen, die durch Reaktion mit dem Nebengestein und Ausfällen kristalliner Phasen allmählich neutral und später alkalisch werden. Unter Umständen mischen sie sich mit meteorischem Wasser und können dann in Form von heißen Quellen an der Erdoberfläche anlangen. Stammen sie aber aus weniger tiefen Schichten, oder können sie durch Spalten oder Ritzen schnell an die Erdoberfläche gelangen, so entstehen saure Quellen, die wohl immer Schwefel absetzen

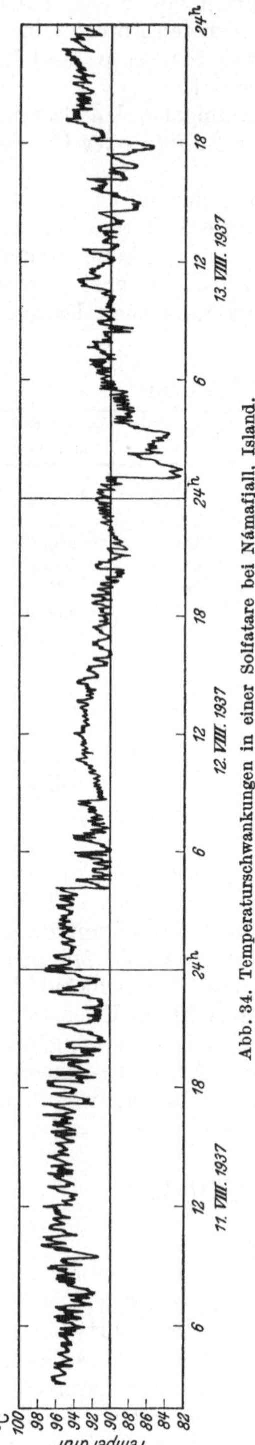

Abb. 34. Temperaturschwankungen in einer Solfatare bei Námafjall, Island.

(Solfataren). Wenn die Gase besonders leicht an die Oberfläche gelangen können und der Wärmeverlust gering ist, können sogar die sauren abdestillierten Gase selbst, zusammen mit etwas verdampftem Grundwasser, als Dampfquellen oder *Fumarolen* zutage treten.

Natürlich ist die Solfataren- und Fumarolentätigkeit in der Nähe von aktiven Vulkanen besonders wirksam. Die Förderung der sauren Dämpfe und Lösungen aus Spalten und Ritzen unterliegt, auch in einer vulkanisch aktiven Gegend während längerer Zeiträume großen Änderungen. Gleich nach einem bedeutenderen Lavaausbruch sind die Quellen oft besonders lebhaft, um im Laufe von wenigen Jahren — oder einigen Jahrhunderten — langsam auszusterben, wenn nicht irgendein neues vulkanisches Ereignis sie wieder zum Leben ruft. Von Tag zu Tag kann man aber gewöhnlich keinen Unterschied der Tätigkeit bemerken, obwohl sie tatsächlich kleine, ganz rasche Schwankungen aufweist (s. Abb. 34). Im Gegensatz dazu steht die oft rhythmische Dampfförderung aus dem offenen Schlote der aktiven Vulkane. Bei starker Wirksamkeit schießen aus der Schlotmündung rasch aufeinanderfolgende Dampfballen, die oft mit solcher Gewalt herausgejagt werden, daß sie sich erst in einiger Höhe über dem Schlot zu Wolken ballen.

Lockerstoffe.

Die rhythmische Dampftätigkeit kann an einigen Vulkanen in eine Schlackenwurftätigkeit übergehen. Das ist dann der Fall, wenn der Glutfluß im Vulkanschlot höher steigt, so daß die hervorbrechenden Dampfballen zerspratzte Fetzen desselben mitreißen und aus der Mündung in die Luft werfen. Solche festen Förderprodukte der Vulkane, auch Lockerstoffe genannt, verfestigen sich unter dem Einfluß von Wasser zu *Tuffiten* (s. S. 182).

Je nach der Art der Vulkantätigkeit und der Herkunft des Materials, können die Lockerstoffe verschiedenartig ausgebildet sein. In besonders großen Mengen treten sie bei den sog. Initialdurchbrüchen auf, bei denen z. B. das Herddach gesprengt werden kann und riesige Bimsstein- und Aschenausbrüche unter Bildung von ländergroßen Lockerdecken erfolgen. RITTMANN hat eine genaue Systematik der Vulkantätigkeit aufgestellt und RECK hat einen detaillierten Klassifikationsversuch der Lockerstoffe unternommen. Es würde aber hier zu weit führen diese Einteilungen näher zu diskutieren. Es sei nur noch erwähnt, daß nach den genannten Verfassern die üblichen Fachausdrücke folgendermaßen definiert werden:

Aschen sind staubartige bis sandige Lockerstoffe, die entweder aus zerspratztem Magma (Glasasche) oder aus zerriebenem Gesteinsmaterial der Schlotwandung, meist aber aus einem Gemisch von beiden bestehen.

Bimssteine nennt man die stark aufgeblähten, hochporösen und glasig erstarrten Magmafetzen von unbestimmter Form, die meist in Massen gefördert werden. Erbsen- bis kopfgroß.

Wurfschlacken sind ebenfalls im Flug erstarrte, aber nur mäßig aufgeblähte und daher schwerere Magmafetzen von derselben Größenordnung wie die Bimssteine.

Schweißschlacken werden die flüssig herabfallenden Lavafetzen genannt, die sich beim Auffallen dem Boden anschmiegen und festschweißen.

Lavablöcke sind ausgeworfene eckige Bruchstücke der Erstarrungskruste von frischer Lava.

Bomben nennt man diejenigen Lavafetzen, die im Flug durch Rotation eine bestimmte Form annehmen und erstarrt zu Boden fallen.

Auswürflinge haben die Form eckiger unregelmäßiger Bruchstücke aller Größen. Sie bestehen entweder aus alten Laven oder aus irgendwelchen anderen Gesteinen, die von der Explosion durchschlagen wurden. Nach der Größe spricht man von Blöcken, Steinen oder Lapilli.

Laven und ihre Gefüge.

Wenn die Lava zutage tritt, ist sie je nach dem Grade der Entgasung mehr oder weniger zähflüssig und wird infolgedessen verschiedenartige Erstarrungsformen aufweisen können. Die zähe, gasarme Schmelze erstarrt zu Fladen-Lava (Pahoëhoë auf Hawaii, Helluhraun auf Island), die fladen-, seil- oder gekröseartige Formen aufweist. Die gasreichere Schmelze erstarrt zu Blocklava (Aa-Lava auf Hawaii, Apalhraun auf Island), die aus großen Anhäufungen von Blöcken, Brocken oder Schollen besteht. Im Innern der Ergüsse erstarrt die Lava aber zu zusammenhängenden Gesteinsmassen.

Beim Studium der Regelung der Minerale oder kurz des Gefüges einer alten erstarrten Lava ist es auch möglich gewesen, Rückschlüsse auf die Entstehungsweise und die Strömungsrichtung der einst glutflüssigen, zähen Schmelze zu ziehen. Beim Festwerden der Lava kommt es aber auch vor, daß die Abkühlung so rasch erfolgte, daß nur eine unvollständige oder (wie beim Obsidian) sogar überhaupt keine Mineralbildung einsetzte. Trotzdem gibt es in der Geschichte fast aller vulkanischen Gesteine ein Stadium, bei dem eine gewisse Menge festen Materials (z. B. Fragmente des Nebengesteins oder aber schon ausgeschiedene Kriställchen) in der Schmelze herumschwimmen. Die Lava selbst ist vielleicht auch inhomogen. Beschränkte Teile könnten relativ reich an Gasbläschen oder an fremden Bruchstücken sein; oder zwei verschieden gefärbte Laven können nebeneinander vorkommen. Dann ist es möglich, nachdem die Lava schon zu einem Gestein erstarrt ist, die Richtung ihrer Bewegung und die Art und Weise ihrer Strömung zu rekonstruieren. Es beruht dies auf den folgenden strukturellen Eigenschaften, die die Lava ihrem Gehalt an festen oder gasförmigen Partikeln verdankt:

1. Fließlinien oder linearer Parallelismus.
2. Fließlagen oder flächenhafter Parallelismus.

Fließlinien. Die Einschlüsse sind nach parallelen Richtungen angeordnet. Besonders deutlich kommt dies oft an verstreuten, prismatisch ausgebildeten Kriställchen, wie Hornblenden oder Augiten, zum Vorschein. Gasblasen sind in solchen Gesteinen ellipsoidisch oder spindelförmig ausgezogen und parallel angeordnet (s. Abb. 35).

Fließlagen. Noch häufiger ist flächenhafter Parallelismus in vulkanischen Gesteinen. Dann sieht man mehrere parallele Lagen, die durch verschiedene Farbe, verschiedene Struktur oder durch verschiedenen Gehalt an Gasblasen oder Fremdkörpern unterscheidbar sind. Beim ersten Anblick können solche Gesteine leicht mit geschichteten Sedimenten verwechselt werden. Nicht immer ist aber diese Erscheinung deutlich zu beobachten. Manchmal sind sowohl die Linien als auch die Lagen so schwach und undeutlich ausgebildet, daß besonderer Fleiß anzuwenden ist, um sie zu entdecken.

Kombinationen von Fließlinien und -lagen. Wenn in demselben Gestein sowohl Fließlagen als -linien vorkommen, so liegen die Linien fast immer in der Ebene der Fließlagen [1]. Verschiedene Faktoren bestimmen nun, ob das lineare oder das flächenhafte Strukturelement am kräftigsten ausgebildet sei.

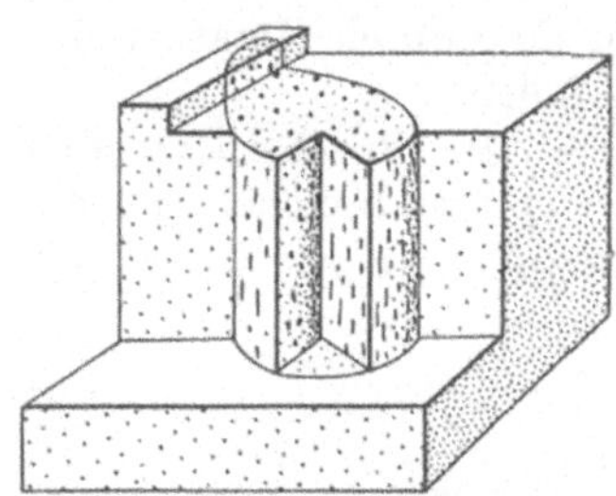

Abb. 35. Diagramm zur Erläuterung des linearen Parallelismus eines vulkanischen Stockes. (Nach R. BALK.) Die Bewegungsrichtung der Lava ist aufwärts gewesen und Einschlüsse (prismatische Kristalle, Gasblasen oder Fragmente der Nebengesteine) orientieren sich mit ihren längsten Achse in dieser Richtung.

Erklärung der Fließstrukturen. Es wird angenommen, daß sowohl die Fließlinien als die Lagen Richtungen darstellen, nach denen die Lava vor ihrer Erstarrung deformiert wurde. In Stöcken oder schlotförmigen Lavagängen kann das gegenseitige Verhältnis zwischen Fließlinien und -lagen einerseits, und zwischen diesen Erscheinungsformen und der Bewegung der Lava andererseits am einfachsten studiert werden. Die Fließlinien in den Stöcken stehen immer ganz oder beinahe vertikal, und die Bewegungsrichtung der Lava war auch unzweifelhaft vertikal. Man hat infolgedessen angenommen, daß die Fließlinien dadurch entstanden sind, daß die prismatischen Einschlüsse sich mit ihrer Längsrichtung parallel der Bewegungsrichtung der Lava einstellten. Die Gasblasen nehmen in solchen Gesteinen die Form von gestreckten Ellipsoiden an, die alle aufwärts zeigen und alle als wahre Modelle des Deformationsellipsoides gelten können.

Vulkanische Gänge sind Spalten in der Erdkruste, die mit Lava gefüllt worden sind. Nach der Erstarrung treten solche Lavakörper als Platten oder Mauern hervor. Im Innern der Platten beobachtet man oft ein System von Lagen parallel den Wänden des Ganges. Steht z. B. ein Gang vertikal und streicht nach Norden, so haben auch die Fließlagen dieselbe Orientierung. Wahrscheinlich beruht infolgedessen die Bildung der Lagen auf dem Umstand, daß die Friktion, die die Wände auf die strömende Lava ausübten, eine Deformation der Lavamasse und eine darausfolgende flächenhafte Anordnung der Einschlüsse verursachte.

Diese Erklärungsweise erhält auch durch die Strukturverhältnisse derjenigen Gesteine, die sowohl flächenhaften wie linearen Parallelismus aufweisen, eine weitere Stütze. Wie schon erwähnt, liegen nämlich hier die Fließlinien immer in der Ebene des flächenhaften Strukturelementes. Demnach können wir annehmen, daß ein kugelförmiges Elementarvolum der flüssigen Lava nach der Richtung der Fließlinien am meisten gedehnt worden ist, etwas weniger nach einer Richtung senkrecht dazu und in der Ebene der Fließlagen, und am wenigsten nach einer Richtung normal zur Ebene der Fließlagen; d. h., die zwei größeren Achsen des Deformationsellipsoides liegen in der Ebene der Fließlagen, die dritte, kleinere Achse senkrecht dazu.

---

[1] Daß Fließlinien und Fließlagen verschiedenes Streichen und Fallen aufweisen können, ist als große Seltenheit bekannt. Bei Strehlen, Deutschland, und im Sierra Nevada Batholithen, USA., liegen nach H. CLOOS bzw. E. CLOOS solche Verhältnisse vor.

Es besteht aber noch eine andere Erklärungsmöglichkeit: Da die Laven oft sehr heiß und reich an Dämpfen und anderen Gasen sind, so können sie natürlich unter Umständen mit dem Nebengestein reagieren; unzweifelhaft wird auch oft eine Assimilation des Nebengesteins stattfinden. Mit den Lavaströmungen können dann die Assimilationsprodukte verfrachtet werden, und wenn ein geschichtetes Gestein in dieser Weise angegriffen würde, kann man sich auch vorstellen, daß die Streifen verschiedener Zusammensetzung auf einer schichtenweisen Wechsellagerung von reiner Lava und injiziertem Sediment beruhen. Die Entstehung einiger geschichteter Lavaströme von kolossalen Mächtigkeiten (von der Größenordnung von 1000 m), die sich in Kalifornien und Wyoming finden, kann vielleicht auf diese Weise ihre Erklärung finden. Auch für die Lavaströme am Mount Katmai in Alaska ist eine ähnliche Erklärungsweise versucht worden (FENNER).

Das Magma der Plutone und seine Bewegung.

Im Unterschied von der Lava der Vulkane, die aus der Erdkruste heraustritt, bleibt das plutonische Magma in der Tiefe und entfaltet sich hier in den höheren und tieferen Teilen der Erdkruste. Ein kleiner Teil des Magmas erstarrt in Form von intrusiven Gängen. Die Strukturelemente dieser Gänge sehen denen der vulkanischen Gänge ähnlich.

Der größte Teil des unterirdischen Magmas bleibt aber in den Plutonen. Wegen des langsamen Wärmeverlustes ist die Erstarrungs- oder Kristallisationsgeschwindigkeit eines Plutons außerordentlich langsam.

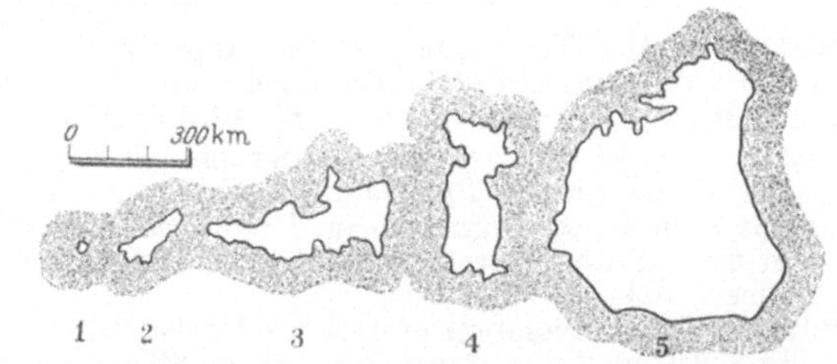

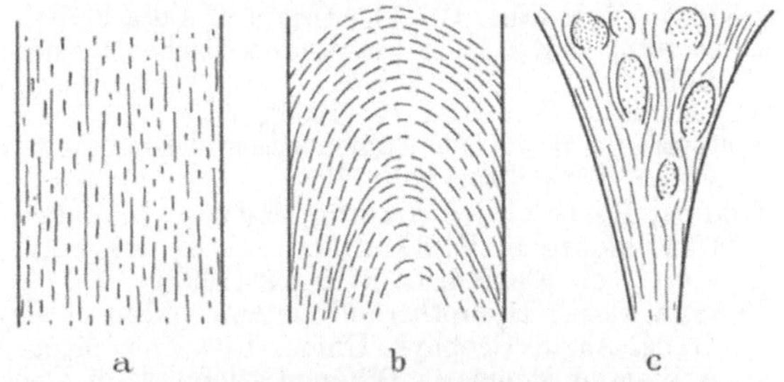

Abb. 36. Umriß und Größe einiger sehr großen Plutone. (Nach H. CLOOS.) 1. Brocken im Harz (zum Vergleich), 2. Mittelböhmen, 3. Bushveld, Transvaal, 4. Idaho, Nordamerika, 5. Ostafrika.

Das flüssige Magma im Pluton kann von Krustenbewegungen aller Art in Bewegung gesetzt werden und es wird nach allen Richtungen fließen können. Es überwiegen aber die aufsteigenden Bewegungen. Die tektonischen Spuren der plutonischen Tätigkeit erkennt man in Form von Fließstrukturen im erstarrten Gestein wieder. Die plutonischen Magmakörper sind außerordentlich viel größer als die gangförmigen Körper und ihre Formen sind mannigfaltiger und unregelmäßiger (s. Abbildung 36). Kennt man aber die Lage und Gestaltung der Wände des Plutons, die den hemmenden Einfluß auf die Bewegung der Schmelze aus-

Abb. 37. Parallelbau (a), Kuppelbau (b), Trichterbau des plutonischen Fließstadiums (c). (Nach H. CLOOS.) (Über Synklinalbau s. Abb. 59 und 60.)

üben, so kann man auch die Fließstrukturen sehr großer Körper bestimmen.

Wiederum kann der Parallelismus im Gefüge ein flächiger oder ein linearer oder ein flächiger plus linearer sein. Solche Parallelstrukturen können im Gesamtpluton zu Parallelbauten höherer Ordnung (a), zu Gewölbebauten (b), zu Synklinal- oder Trichterbauten (c), oder zu wirr durcheinander gelagerten Strukturen zusammentreten (Abb. 37).

Nach H. Cloos[1] ist die Ursache für den verschiedenen Bau, den saure und basische Plutone aufweisen, in dem verschiedenen Viskositätsgrad der Magmen zu suchen. Er hat dies folgendermaßen begründet:

„Nur sehr zähe Massen — und das waren die granitischen, wie ihr weitgespannter Fließbau zeigt — können breite Gewölbe errichten und tragen, und schaffen sich dadurch Bahn nach oben, und sie können es größtenteils nur auf diesem Wege. Nur relativ dünnflüssige Massen — und das waren die basischen, wiederum ausweislich ihres inneren Baues — können in die Fugen und Synklinalen der Kruste von unten einschlüpfen und die gegebenen und entstehenden Zwickel des bewegten Gebirges ausfüllen. Daher oft ihr Trichterbau."

Die chemische Zusammensetzung des plutonischen Magmas kann nicht direkt ermittelt werden. Man ist hier auf Analysen der schon verfestigten Gesteine angewiesen. Ihnen fehlt aber der Gasgehalt des Magmas. Im nächsten Abschnitt werden wir das Magma und seine Differentiation näher besprechen.

IV. Gesteine als Produkte definierter Vorgänge.

Schrifttum.

Backlund, H.: The Problem of the Rapakivi Granites. J. of Geol. 1938.
— Der „Magmaaufstieg" in Faltengebirgen. C. R. Soc. Geol. Finland. 1936.
Balk, R.: Structural Geology of the Adirondacks Anorthosite. Min. Petrogr. Mitt. 1931.
Barth, T. F. W.: Mineralogic Petrography of Pacific Lavas. Amer. J. Sci. 1931.
— The Crystallization Process of Basalt. Amer. J. Sci. 1936.
— Zur Genesis der Pegmatite im Urgebirge. Chem. d. Erde. 1928.
— Structural and Petrologic Studies in Dutchess County, New York. Bull. Geol. Soc. Amer. 1936.
Bowen, N. L.: Evolution of Igneous Rocks 1927.
— Recent High-Temperature Research on Silicates and its Significance in Igneous Geology. Amer. J. Sci. 1937.
— u. J. F. Schairer: The Problem of the Intrusion of Dunite. Internat. Geol. Congr. 1933. Washington 1936.
Brögger, W. C.: Die Eruptivgesteine des Kristianiagebietes (Oslogebietes). I bis VI. Vid. Akad. Skr. Oslo 1894, 95, 96; 1921, 31, 33.
Daly, R. A.: Igneous Rocks and the Depths of the Earth. New York u. London 1933.
Dewey, H. u. J. S. Flett: On some British Pillow-Lavas and the Rocks Associated with Them. Geol. Mag. Bd. 8 (1911).
Doggett Terzaghi, R.: The Origin of Potash-Rich Rocks. Amer. J. Sci. Bd. 29 (1935).
Drescher, F. K.: Über granito-dioritische Mischgesteine etc. N. Jb. Min. usw. Abt. A 1926.
— Chemie d. Erde. Bd. 10 (1936).
Eckermann, H. v.: The Anorthosite and Kenningite of the Nordingrå-Rödö Region. Geol. Fören. Förh. Stockholm 1938.
Eskola, P.: Origin of Granitic Magmas. Min. Petrogr. Mitt. 1932.
— U. Vuoristo u. K. Rankama: An Experimental Illustration of the Spilite Reaction. Soc. Geol. Finland, C. R. Bd. 9 (1935).
Fenner, C. N.: Hydrothermal Metamorphism of Geyser Basins in Yellowstone Park etc. Trans. Amer. Geophys. Union, 15th Ann. Meeting 1934.
— A View of Magmatic Differentiation. J. of Geol. 1937.
— Contact Relation between Rhyolite and Basalt. Bull. Geol. Soc. Amer. 1938.
Gilluly, J.: Replacement Origin of the Albite Granite near Sparta. Prof. Paper 175—C, U.S. Geol. Survey 1933.
— Keratophyres of Eastern Oregon and the Spilite Problem. Amer. J. Sci. Bd. 29 (1935); mit zahlreichen Literaturhinweisen.
Goldschmidt, V. M.: Stammestypen der Eruptivgesteine. Vid. Akad. Skr. Oslo 1922.
Hess, H. H.: A Primary Peridotite Magma. Amer. J. Sci. 1938.

---

[1] Die systematische Untersuchung der plutonischen Bewegungsspuren und die Rekonstruktion der Bewegung selbst hat sich H. Cloos mit seinen Schülern zur Aufgabe gemacht. Viele Arbeiten von anderer Seite haben sich angeschlossen und sind noch im Gange.

HOLMES, A.: The Petrology of Katungite. Geol. Mag. Bd. 74 (1937).
LANDES, K. K.: Origin and Classification of Pegmatites. Amer. Mineral. 1933.
LARSEN, E. S. u. E. S. LARSEN: Petrologic Results from the San Juan Region, Colorado (Orthoclase). Amer. Mineral. Bd. 23 (1938).
LEHMANN, E.: Beziehungen zwischen Kristallisation und Differentiation in basaltischen Magmen. Min. Petrogr. Mitt. Bd. 41 (1931).
LINDGREN, W.: Differentiation and Ore Deposition, Cordilleran Region of the United States. Ore Deposits of the Western States 1933.
NIGGLI, P. mit LOMBAARD, B.: Das Bushveld als petrographische Provinz. Schweiz. Min. Mitt. 1933.
NOCKOLDS, S. R.: Some Theoretical Aspects of Contamination in Acid Magmas. J. of Geol. Bd. 41 (1933).
— The Production of Normal Rock Types by Contamination. Geol. Mag. Bd. 71 (1934).
PEAKOCK, A.: Classification of Igneous Rock Series. J. of Geol. 1931.
REINHARD, M.: Über Gesteinsmetamorphose in den Alpen. Jaarboek Mijnbouw Vereen. Delft 1934/1935.
REYNOLDS, D. L.: Transfusion Phenomena in Lamprophyre Dykes and their bearing on Petrogenesis. Geol. Mag. Bd. 75 (1938).
RITTMANN, A.: Über die Herkunft der vulkanischen Energie und die Entstehung des Sials. Geol. Rdsch. 1938.
— Vulkane und ihre Tätigkeit. Stuttgart 1936.
SCHEUMANN, H. K.: Zur Genese alkalisch-lamprophyrischer Gesteine. Zbl. Min. 1922.
SHAND, S. J.: Limestone and the Origin of Feldspathoidal Rocks. Geol. Mag. 1930.
— Zusammensetzung und Genesis der Alkaligesteine Südafrikas. Min. Petrogr. Mitt. 1933.
SMYTH, JR. C. H.: The Genesis of Alkaline Rocks. Proc. Amer. Philos. Soc. 1927.
SOSMAN, R. B.: Evidence on the Intrusion Temperature of Peridotites. Amer. J. Sci. Bd. 35 A (1938).
SUNDEEN: Comments on Magmatic Stoping. Ann. Rep. Div. of Geol. etc. Nat. Res. Council 1934/35.
TOIT, A. L. DU: Our Wandering Continents. London 1937.
WASHINGTON, H. S.: Petrology of the Hawaiian Islands. I bis VI. Amer. J. Sci. 1923—1928.
WEGMANN, C. E.: Sur la genèse des roches alcalines de Julianehaab. C. R. Acad. Sci. Paris Bd. 204 (1937). Siehe auch Geol. Rdsch. Bd. 26 (1935).
— Geological Investigations in Southern Greenland. Meddel. om Grönland, 113, Nr. 2 (Kopenhagen 1938).

Die magmatische Differentiation.

Es gibt eine große Fülle verschiedenartiger Gesteinstypen; alle sind durch Übergänge miteinander verknüpft. Doch können nichtsdestoweniger manche sowohl mineralogisch als auch chemisch stark spezialisierte Zusammensetzungen aufweisen. Die Gleichheiten sowie die Verschiedenheiten zu erklären, bleibt das Fundamentalproblem der Petrologie. Es ist nämlich einleuchtend, daß dieser Wechsel darauf zurückzuführen ist, daß verschiedene Magmen, oder beschränkte Teile desselben Magmas, sich in bezug auf chemische Zusammensetzung, Temperatur und Abkühlungsgeschwindigkeit verschieden verhalten haben. Sind solche Verschiedenheiten primär oder sekundär? Unzweifelhaft kommen auch primäre Verschiedenheiten vor. Aber mehrere Umstände, vor allem synthetische Versuche, berechtigen zu der Annahme, daß die natürlichen Magmen in ständiger *Differentiation* begriffen sind.

Die magmatische Differentiation kann auf verschiedene Weise erfolgen:

1. Durch Entmischung. Die gegenseitige Löslichkeit von Silikat- und Sulfidschmelzen ist nur eine beschränkte. In einem sehr frühen magmatischen Stadium wird sich somit eine Sulfidschmelze von einer Silikatschmelze trennen und wegen ihrer größeren Dichte zu Boden sinken. Hierdurch können magmatische sulfidische Erzlagerstätten entstehen.

In den *reinen* Silikatschmelzen erfolgt unter magmatischen Bedingungen keine Entmischung. Diese Tatsache ist in Kapitel 2 (S. 37) näher erörtert worden. Wasserhaltige (wohl auch fluorhaltige) Silikatschmelzen sind jedoch nicht in jedem Verhältnis mischbar. Besonders unter niedrigem Druck wird infolgedessen eine Entmischung stattfinden können, die aber mit einem Sieden zu parallelisieren ist. Sie soll gleich unten näher behandelt werden.

2. Durch Gase. Im allgemeinen entstehen Gase im Magma beim Sieden. Ein primäres, homogenes Magma, in dem noch keine Kristallisation stattgefunden hat, hat auch noch nicht gekocht; denn es ist anzunehmen, daß ein primäres Magma nie bis auf seinen Siedepunkt erhitzt wurde. Erst die Dampfdruckerhöhung der Restschmelze infolge der Auskristallisation wird das Magma zum Sieden bringen können (zweiter Siedepunkt!). Über die Entstehung und Zusammensetzung der magmatischen Gasphase haben wir schon in einem früheren Kapitel berichtet. Im Kapitel über die Pegmatite werden wir noch mehr bringen (S. 97).

Unter den Petrologen hat besonders FENNER auf die große Rolle des „Gaseous transfer" für die Gesteinsdifferentiation hingewiesen. Und ohne Zweifel muß man dem Materialtransport durch die Gasphase eine große Bedeutung für die weitere Differentiation vieler Restmagmen zuschreiben. Weniger wahrscheinlich scheint es aber, daß diese Art der Differentiation für die nichtsiedenden Hauptmagmen von Belang wäre.

3. Durch Aufschmelzen des Nebengesteins können lokal beschränkte Teile eines Magmas eine andere Zusammensetzung als das Hauptmagma erhalten und dadurch zur Entstehung verschiedenartiger Gesteinstypen Anlaß geben.

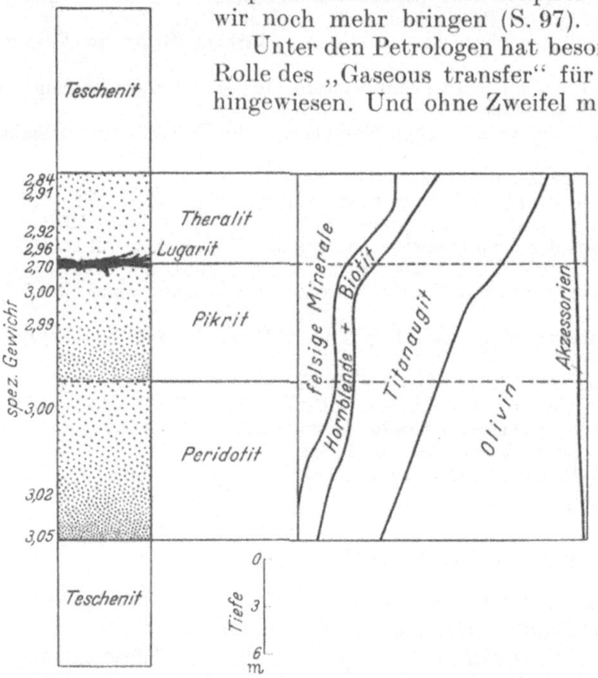

Abb. 38. Vertikalschnitt durch Lugar Sill. Dichtere Punktierung bedeutet zunehmenden Gehalt an Olivinkristallen. Rechts ist die Variation der mineralogischen Zusammensetzung in den differentiierten Teilen des „Sills" graphisch dargestellt. (Nach TYRRELL.)

4. Durch fraktionierte Kristallisation. Es wird hier angenommen, daß der Prozeß der fraktionierten Kristallisation für die magmatische Differentiation die größte Rolle spielt. Wenn das primäre Magma so weit abgekühlt ist, daß kristalline Phasen entstehen, so besteht auch sofort die Möglichkeit, daß die verschiedenen Phasen durch irgendeinen mechanischen Vorgang getrennt werden.

Das Schmelzintervall des Magmas ist sehr groß und die Abkühlungsgeschwindigkeit sehr klein. Während sehr langer Zeiträume finden sich infolgedessen kristalline und flüssige Phasen zusammen im Magmaherde. Die gravitative Sonderung wirkt dann ständig. Kristalle, die leichter als die Schmelze sind, zeigen Tendenz zum Aufsteigen, die, die schwerer sind, sinken. BOWEN hat als Erster experimentell nachgewiesen, daß gewisse aus einer Silikatschmelze kristallisierende Minerale im Schmelztiegel zu Boden sinken, wenn man die Schmelze stehen läßt. TROMMSDORFF hat nachgewiesen, daß Leuzitkristalle in Vesuvlava aufwärts steigen.

Auch von mehreren Gesteinskörpern hat man angenommen, daß in ihnen gravitative Sonderung *in situ* stattgefunden hat (Abb. 38). Im großen und ganzen ist aber Differentiation am Erstarrungsort selten und Differentiation im Herde ist nicht häufig beobaehtet oder beobachtbar. Alles spricht dafür, daß die Differentiation ihre maximale Entfaltung auf dem Wege vom Herde zum Erstarrungsorte erlangt und daß sie also durch den so mannigfaltigen Förderungsvorgang begünstigt und geleitet, vielleicht erst ermöglicht wird. „Daher" schreibt H. Cloos, „die ungleichen Wege, welche Differentiation in Gebirgen ungleichen Baues und Ursprungs zu nehmen pflegt. Daher der intime Parallelismus zwischen orogenetischer, stofflicher und „granittektonischer" Entwicklung. .....Erscheint insofern die Differentiation als Folge der Gesamtbewegung, so weisen ihr andere Beobachtungen möglicherweise die Rolle der Bewegungsursache zu: in vielen Granitplutonen ist die Herausbildung eines differentiierten Gangsystems von der Förderung des Plutons selbst, zeitlich wie stofflich, auffallend scharf getrennt; die Aufwärtsbewegung wurde, scheinbar nicht zufällig, gerade im Augenblick der Neudifferentiation auch ihrerseits neu belebt."

Balks Untersuchungen über die Entstehung und Differentiation der Gesteine der Adirondacks, die (S. 94) besonders beschrieben werden sollen, geben uns ein spezielles Beispiel vom Mechanismus der nach diesen Prinzipien stattfindenden Gesteinsdifferentiation.

Gesteinsgemeinschaften.

Unzählige Feld- und Laboratoriumsbeobachtungen haben gezeigt, daß es möglich ist, die verschiedenen bekannten Eruptivgesteinstypen in einer kleinen Zahl von chemischen Serien oder Gesteinsgemeinschaften unterzubringen.

Man findet, daß die einzelnen Gesteinstypen in den Gemeinschaften oft durch Übergänge miteinander verknüpft sind, in Textur und Struktur sich gleichen und sowohl in der mineralogischen als auch in der chemischen Zusammensetzung besondere gemeinsame neben kontinuierlich sich ändernden Merkmalen aufweisen. Unter den Gesteinen einer Gemeinschaft findet man oft auch eine regelmäßige Altersfolge (Kristallisationsfolge) und Gesteine, die chemisch und mineralogisch einander nahestehen, sind auch mehr oder weniger gleichaltrig.

Die geologische Verknüpfung der Gesteine ist überhaupt oft eine solche, daß man zur Annahme eines gemeinsamen Ursprungs geführt wird. Eine solche Gemeinschaft von Eruptivgesteinen ist von Goldschmidt als ein Stamm bezeichnet worden. Der Stamm umfaßt „comagmatische" oder auch „consanguine", d. h.„ blutsverwandte" Gesteinstypen, die von einem gemeinsamen Stammagma abstammen. Die Altersunterschiede der einzelnen Glieder sind dem Verlauf der magmatischen Entwicklung korrelat.

Eine *Eruptionsprovinz* (Judd 1886) besteht im allgemeinen aus mehreren Gesteinsstämmen und kann sowohl laterale als auch temporale Dispersion aufweisen.

In weit voneinander entfernten Provinzen verschiedenen Alters findet man oft erstaunlich gleichartige Gesteinsstämme: Das Adirondackgebiet im nördlichen New York State beherbergt Gesteine des sog. Charnokit-Anorthosit-Stammes. Denselben Stamm finden wir auch in der Wolhynischen Provinz in Südrußland, an der Elfenbeinküste Westafrikas, im Madrasgebiet im südlichen Indien und in der Egersundprovinz des westlichen Norwegen. Die Gesteine des paläozoischen Opdalit - Trondhjemit - Stammes des zentralen Norwegens zeigen große Analogien mit den tertiären Tonalitgesteinen der Alpen. Man hat also in weit entfernten Gebieten analoge Gesteinsstämme, die auch durch Übergänge miteinander verknüpft sein können. In unserem Versuch, den Typus und die

Erscheinungsweise der Gesteine durch die Beantwortung der Frage nach ihrer Entstehung verständlich zu machen, werden wir dazu gezwungen, anzunehmen, daß analoge Typen von Gesteinsstämmen ähnlichen physikalisch-chemisch und geologischen Vorgängen ihre Entstehung verdanken.

Wie man die verschiedenen Stammestypen der Eruptivgesteine einteilen kann, werden wir zuerst besprechen, danach werden wir ihre Genesis näher diskutieren (s. S. 85).

Klassifikation von Eruptionsprovinzen.

Schon früh wurden Petrographen darauf aufmerksam, daß bestimmte Stammestypen für gewisse Gebiete charakteristisch sind. Die Tatsache, daß die Umrandung des Stillen Ozeans — „der feuerspeiende Gürtel" — aus stark kalkbetonten Ergußgesteinen besteht, während die Küstengebiete und Inseln des Atlantischen Beckens aus Gesteinen bestehen, die oft alkalischen Charakter aufweisen, wurde von HARKER im Jahre 1896 bemerkt, später von BECKE und anderen. Von diesen Forschern wurden die Unterschiede der Gesteinsstämme der beiden Gebiete auf den verschiedenen geologisch-tektonischen Baustil der Küstenstriche der beiden Ozeane zurückgeführt. Die atlantischen Gesteine sind längs Spaltenverwerfungen oder in Explosionsröhren, oft in Verbindungen mit großen Grabenbrüchen aufgedrungen. Die pazifischen Gesteine gehören alle den großen Faltengebirgen an, die den Ozean einrahmen. Für alkalibetonte Stammestypen wurde deshalb der Name „Atlantisch" eingeführt und für kalkbetonte „Pazifisch". Die Wahl dieser Namen war aber nicht glücklich, denn später fand man mehrere Beispiele von pazifischen Gesteinen an den atlantischen Ozean und atlantische Gesteine an den Pazifik geknüpft. Neben den geographischen Namen haben deshalb jetzt die Bezeichnungen „alkalisch" und „subalkalisch", denen etwa die „Alkali- und Alkalikalkreihe" ROSENBUSCHs entsprechen, Verwendung gefunden. In der Namengebung herrscht aber große Verwirrung. In der englischen Sprache gebraucht man auch die Adjektive „calcic" und „alkalic"; auch zusammengesetzte Wörter wie Alkali-calcic u. a. werden benutzt, was wir mit „Gesteine der Alkali-Kalkreihe" übersetzen müssen. Anstatt des geographischen „pazifisch" gebrauchen jetzt verschiedene Verfasser Ausdrücke wie „subalkalisch", „calcic" oder „kalkalkalisch". Folgende Tabelle gibt eine Übersicht der benutzten Bezeichnungen:

Tabelle 20. Verschiedene Bezeichnungen von Gesteinsstämmen.

HARKER BECKE	Verschiedene deutsche und englische Verfasser		TYRRELL	PEACOCK	NIGGLI
Pazifisch	subalkalisch	calc-alkalic	calcic	calcic calc-alkalic	Kalk-Alkalireihe = Pazifisch
Atlantisch	alkalisch	alkalic	alkalic	alkali-calcic alkalic	Natronreihe = Atlantisch Kalireihe = Mediterran

Versucht man einen Überblick über alle Eruptivgesteinsstämme zu gewinnen, so findet man in der Wirklichkeit keinen Grund, eine Zweiteilung vorzunehmen. Sie ist in der Tat nur ein Produkt der dualistischen Tendenz des menschlichen Geistes. Wohl hat man stark kalkbetonte und auch stark alkalibetonte Stammestypen, aber je mehr das Gesteinsreich bekannt geworden ist, desto deutlicher erkennt man, daß die beiden extremen Typen durch unzählige Übergänge miteinander verknüpft sind. Man hat Gesteinsstämme von mild

alkalischem Charakter oder von mild pazifischem Charakter oder aber auch
solche, die weder pazifisch noch atlantisch genannt werden können. Nichts
steht deshalb einer Dreiteilung, wie sie NIGGLI anwendet, entgegen. Auch
eine Vierteilung wie die nach PEACOCK genügt den natürlichen Gesteinen
sehr gut.

Unser Ziel muß ja immer sein, die Klassifikation zu verfeinern und die
Verwandtschaft wenn möglich zahlenmäßig auszudrücken. Die PEACOCKsche
Klassifikation bedeutet insofern einen
Fortschritt, als man vier Gruppen statt
zwei hat. Da aber die Frage nach der
Nomenklatur eine sehr schwierige ist,

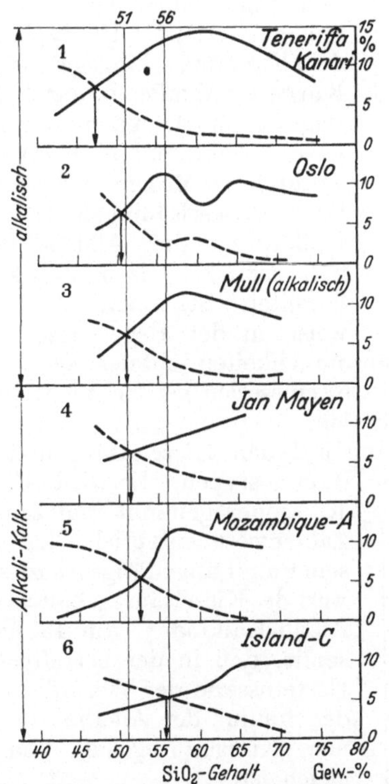

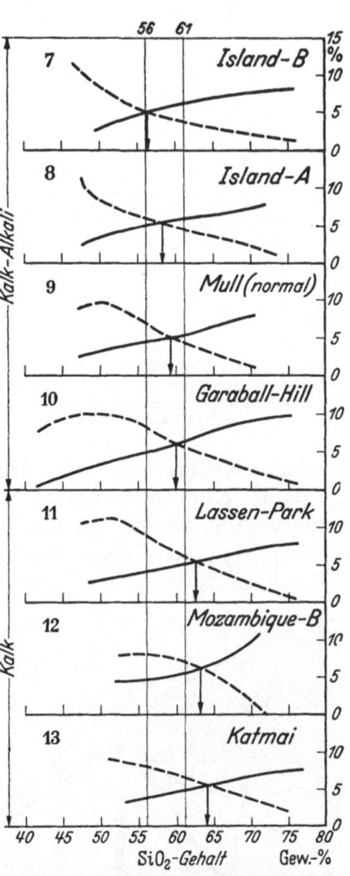

Abb. 39. Variationsdiagramm für $Na_2O + K_2O$ (voll gezogene Linien) und für CaO (gestrichelte Linien) von
13 Gesteinsserien, die nach ihrem „Alkali-Kalkindex" (d. h. dem SiO_2-Wert bei dem $Na_2O + K_2O = CaO$)
in vier Gruppen aufgeteilt sind. Abszisse = Gewichtsprozent von SiO_2, Ordinate = Gewichtsprozent von
CaO und von $K_2O + Na_2O$. (Nach PEACOCK.)

empfehle ich, daß wir PEACOCK noch weiter folgen und den Grad der Kalk-
betonung oder der Alkalibetonung durch eine Zahl, den sog. *Alkali-Kalkindex*, wie ihn PEACOCK aufgestellt hat, bezeichnen, zunächst aber darauf ver-
zichten, jegliche Namen zu benutzen.

Die Eigentümlichkeiten eines Stammes kommen sehr gut durch ein ge-
wöhnliches Variationsdiagramm zum Vorschein (S. 14), in dem die Gewichtsprozente der Oxyde als Ordinate in ihrer Abhängigkeit vom SiO_2-Gehalt als
Abszisse dargestellt werden; in solchen Diagrammen sind, wie schon HARKER
betont hat, die Kurven der Alkalien und des CaO besonders wichtig. Gewöhnlich ändern sich Kali und Natron sympathetisch und steigen mit steigender
Kieselsäure; Kalk dagegen variiert antipathetisch zu den Alkalien und sinkt

mit steigender Kieselsäure. Infolgedessen wird die Kurve der Summe der Alkalien die des Kalkes irgendwo im Diagramm schneiden.

In typisch kalkbetonten Gesteinsstämmen, bei denen der Kieselsäuregehalt in den Grenzen zwischen 50 und 75% variiert, steigt die Kurve der Summe der Alkalien gewöhnlich geradlinig von 3 oder 4% am basischen Ende bis auf 7 oder 8% am sauren Ende. Die Kalkkurve aber fällt von etwa 10% bei den basischen Gesteinen bis zu etwa 1% bei den sauren Gesteinen und zeigt auch einen geradlinigen Verlauf. In typischen Alkalistämmen, hingegen ist die Kurve der Alkalien immer höher, zeigt eine starke, nach oben konvexe Krümmung und erreicht dadurch ein Maximum bei mittlerem Kieselsäuregehalt. Die Kalkkurve der Alkalistämme fällt schneller als in den kalkbetonten Stämmen ab, und weist in der Regel eine nach oben konkave Krümmung auf.

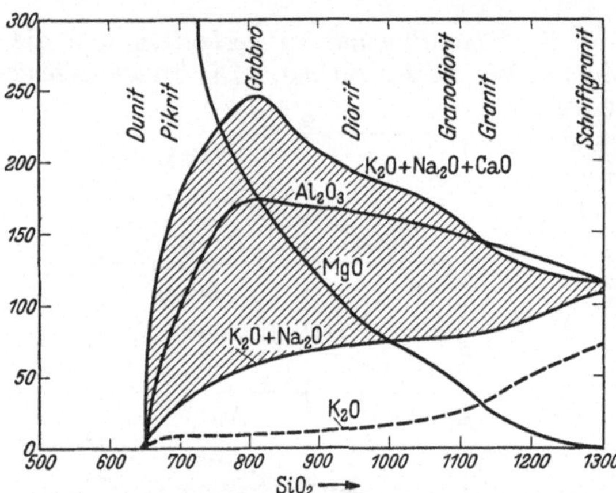

Abb. 40. Aluminiumvergleichskurven der subalkalischen Gesteine. Abszisse = Molekularquotienten von SiO_2, Ordinate = Molekularquotienten der anderen Oxyde. (Nach EVANS-HOLMES.)

Diesen Eigentümlichkeiten zufolge schneiden sich die beiden Kurven in den alkalibetonten Gesteinsserien bei viel niedrigeren Kieselsäurewerten als in den kalkbetonten Serien.

Der Schnittpunkt dieser Kurven in bezug auf den Kieselsäuregehalt ist somit ein charakteristisches Kennzeichen der Stammestypen. Er wird Alkali-Kalkindex genannt und seinem Zahlenwert entspricht der diesem Punkt angehörige Abszissenwert des Kieselsäuregehaltes. Ein Alkali-Kalkindex von 46 heißt somit, daß in der betreffenden Gesteinsserie der Wert des CaO der Summe der Alkalien bei einem Kieselsäuregehalt von 46 gleich ist.

Je kleiner der Alkali-Kalkindex ist, desto alkalischer (atlantischer) ist somit der Gesteinsstamm und je größer der Index ist, desto typischer kalkbetont (pazifisch) ist der Stamm. Es ist

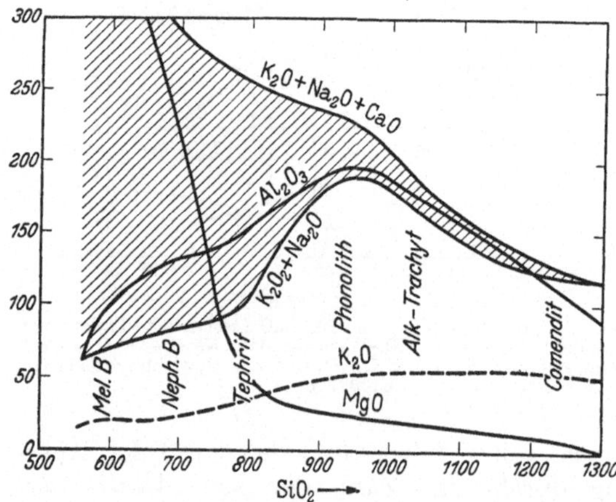

Abb. 41. Aluminiumvergleichskurven der alkalischen Gesteine. Bezeichnungen wie in Abb. 40. (Nach EVANS und HOLMES.)

aber gar nicht nötig diese Adjektive zu benutzen; man kann die Alkali-Kalkaffinität des Stammes viel einfacher und präziser lediglich durch den Index ausdrücken. Wie sich verschiedene charakteristische Gesteinsstämme in dieser Hinsicht verhalten, geht mit großer Deutlichkeit aus der Abb. 39 hervor.

Durch Darstellung der NIGGLI-Werte „c“ und „alk“ in ihrer Abhängigkeit von „si“ erhält die PEACOCKsche Klassifikationsmethode eine andere Form. Dieser hat sich v. ECKERMANN bedient und den Begriff des c-alk-Index eingeführt.

Es sei auch erwähnt, daß NIGGLI eine andere Zahl verwendet hat, um sowohl Gesteins- (Magma-) Typen als Stammestypen zu kennzeichnen. Erinnern wir uns der NIGGLI-Werte wie sie auf S. 12 beschrieben sind, so ist leicht einzusehen, daß man aus ihnen den Wert fm' als den nicht an Na_2O-Überschuß gebundenen Teil von fm bilden kann. Gesteine mit $al - fm' = \pm\, 0$ werden isofal genannt. In einem NIGGLISchen Variationsdiagramm wird bei einem bestimmten si-Wert Isofalie eintreten, und es ist deshalb möglich, einen „Isofalie-Index" analog mit dem obenbeschriebenen Alkali-Kalkindex zu erhalten.

Ebenso wird diese Reihe durch die Linienführung von $MgO : CaO$ charakterisiert; besonders wichtig ist $Al_2O_3 : (K_2O + Na_2O)$ und $(K_2O + Na_2O + CaO)$, vgl. Abb. 40 und 41.

Die Basalte der Ozeane.
Intrapazifische Provinz.

Wir werden nun die Gesteine der intrapazifischen Eruptionsprovinz näher betrachten. Dieser riesengroßen Provinz gehören die Inseln des Stillen Ozeans östlich der Tongatiefe und Neu Seeland an. Die Gesteine dieses Gebietes sind schon gut bekannt und unterscheiden sich scharf von den Gesteinen der zirkumpazifischen Faltengebirge, die stark kalkbetont sind (s. S. 71 und Abb. 39). In der intrapazifischen Provinz finden sich fast nur Ergußgesteine und unter ihnen sind Basalte stark vorherrschend mit kleineren Mengen (etwa 1—2%) von alkalischen Laven, besonders Trachyten und Phonolithen. Obwohl die alkalischen Laven quantitativ eine sehr untergeordnete Rolle spielen, sind sie mit großer Regelmäßigkeit im ganzen Gebiete vorhanden. Die Assoziation Basalt mit kleinen Mengen Trachyt $\pm$ Phonolith ist ein konstantes und charakteristisches Kennzeichen dieser Provinz und gewinnt dadurch theoretisches Interesse. Viele Basalte enthalten beträchtliche Mengen von Olivin in großen Kristallen. Sie sind von den gewöhnlichen Basalten so verschieden, daß ihnen ein besonderer Name — Ozeanit — gegeben worden ist. Auch das Auftreten von Ozeaniten ist für diese Provinz kennzeichnend, da man in anderen Gebieten nichts Entsprechendes findet.

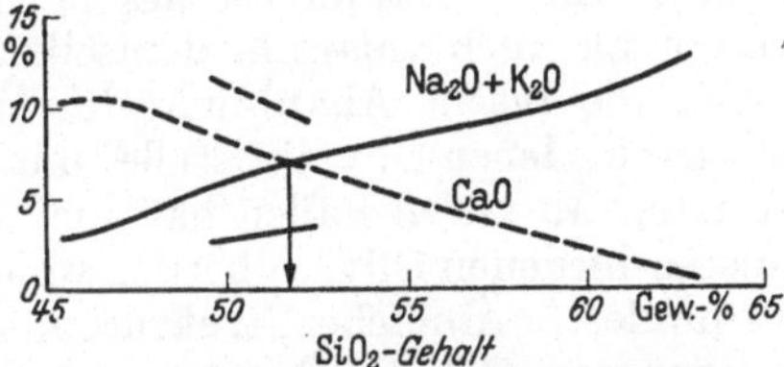

Abb. 42. Variationsdiagramm von pazifischen Gesteinen zur Bestimmung des Alkali-Kalkindexes. (Gewichtsprozente.)

Das Variationsdiagramm der intrapazifischen Gesteine zeigt, daß der Alkali-Kalkindex gleich 51,5, und der Gesteinsstamm von mildem atlantischem Charakter ist (dies ist noch ein Beispiel für die Nachteiligkeit der geographischen Namen).

Es sei aber bemerkt, daß man wahrscheinlich in diesem Gebiete, wie in vielen anderen, mehr als einen Stamm hat. Neben dem obenerwähnten alkalibetonten Hauptstamm, gibt es wohl auch einen kalkbetonten, der aber noch zu wenige Vertreter hat, um das vollständige Variationsdiagramm aufstellen zu können. Eine weitere Eigentümlichkeit dieser Provinz ist, daß Gesteine mit einem Kieselsäuregehalt zwischen 53 und 58% vollständig zu fehlen scheinen (s. Abb. 43). Es ist schwer zu verstehen, wie diese Tatsache zu erklären ist (vgl. hierzu Abb. 1 und 2).

Die Mineralogie dieser Gesteine ist sehr einfach; denn rhombischer Pyroxen ist sehr selten und auch Hornblende und Glimmer fehlen den meisten Laven. Die einzigen Vertreter der dunklen Minerale sind Olivin und verschiedene monokline Pyroxene. Der Olivin ist gewöhnlich magnesiareich (er enthält etwa

$20 \pm 10\%$ des Fayalitmoleküls). Unter den Pyroxenen kommen sowohl die Diopside als auch Pigeonite (= Hypersthenaugite) vor, die auch durch Übergänge miteinander verknüpft sind. Die Kristallisationsfolge ist der mikroskopischen Physiographie dieser Laven ohne weiteres zu entnehmen, da die verschiedensten Kristallisationstypen des Magmas durch rasche Abkühlung fixiert worden sind. Man findet Gesteine, in denen lediglich der erste Ansatz der Kristallisation zu sehen ist, da die Abkühlung einem weiteren Wachstum der Kristalle Halt geboten hat. Andererseits gibt es auch Gesteine, in denen die Temperatur langsamer erniedrigt wurde, so daß die verschiedensten Reaktionen Kristall $\rightleftharpoons$ Schmelze zu Ende verlaufen konnten, und das Gestein selbst bis auf eine sehr kleine intersertale Restschmelze zu einem holokristallinen Produkt erstarren konnte.

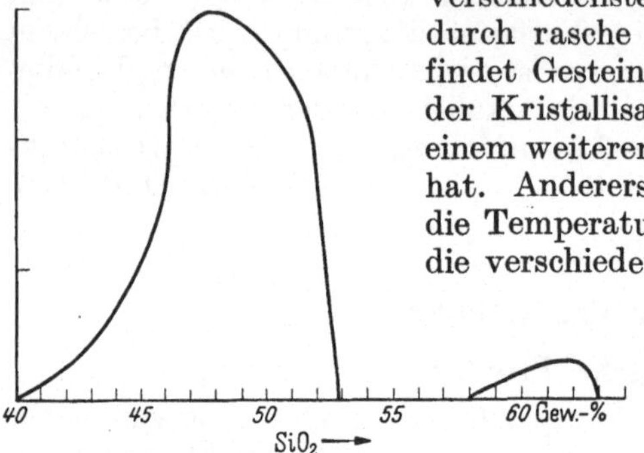

Abb. 43. Relative Häufigkeit verschiedener Lavatypen auf den Hawaiischen Inseln. Ordinate = relative Häufigkeit, Abszisse = Gewichtsprozente SiO_2.

Aus den Dünnschliffbildern geht somit ohne weiteres hervor, daß unter den dunklen Mineralen Olivin zuerst auskristallisierte, dann ganz oder teilweise resorbiert wurde und in einen Pyroxen der Pigeonitreihe umgewandelt wurde (vgl. Auseinandersetzungen S. 35). Ein charakteristisches Merkmal vieler solcher Laven ist, daß sowohl Olivin als auch Quarz in demselben Gestein auftreten. Die Erklärung ist einfach: die rasche Abkühlung des Magmas verhinderte die Reaktion der schon ausgeschiedenen Olivinkristalle mit der saueren Restschmelze, bevor alles erstarrte. In vielen Fällen hat auch die Bildung eines „Panzers" um die schon ausgeschiedenen Olivine herum weitere Reaktionen zwischen Olivin und Magma verhindert. Ähnliche Strukturen hat ESKOLA schon lange unter dem Namen „gepanzerte Relikte" beschrieben. In unseren Gesteinen besteht der Panzer aus

Tabelle 21. Ozeanite verglichen mit Laven aus Hawaii. Chemische Zusammensetzung.

	1	2	3
SiO_2	45,6	46,50	49,73
TiO_2	1,7	1,70	2,84
Al_2O_3	8,3	9,37	13,71
Fe_2O_3 . . .	2,3	2,47	2,92
FeO	10,2	10,79	8,64
MnO	0,1	0,11	0,13
MgO	21,7	21,00	8,27
CaO	7,5	6,25	9,10
Na_2O	1,3	1,52	3,16
K_2O	0,4	0,22	1,02
H_2O	0,6	0,17	—
P_2O_5	0,3	0,10	0,48

1. Mittlere chemische Zusammensetzung der Ozeanite nach TYRRELL (10 Anal).

2. Analyse eines Ozeanites von Kilauea (nach WASHINGTON).

3. Mittlere chemische Zusammensetzung aller Laven aus Hawaii nach WASHINGTON (56 Analysen).

Tabelle 22. Berechnete normative Mineralzusammensetzung und beobachtete Mineralzusammensetzung von Ozeaniten.

	1	2	2'
Glas . . .	—	—	2
Q	—	—	1
or	2,2	1,1	} } 5 = Alkalifeldspat
ab	11,0	13,1	24 = Plagioklas
an	15,6	18,1	
di	17,5	9,8	} 30
hy	12,1	20,6	
ol	34,1	30,4	33
mt	3,2	3,5	} 5
il	3,2	3,2	
ap	0,8	0,3	0,3

1. Mittlere normative Zusammensetzung der Ozeanite nach TYRRELL (10 Analysen).

2. Berechnete normative Zusammensetzung und (2') tatsächlich beobachtete Mineralzusammensetzung des in nebenstehender Tabelle angegebenen Ozeanites von Kilauea, Hawaii.

einer Schale von Klinoenstatit, die einen Kern von Olivin umhüllt. Einige Ozeanite, die sehr basisch sind, können sogar freien Quarz in ihrer Grundmasse führen.

In vorstehender Tabelle ist die mittlere Zusammensetzung der Ozeanite (nach TYRRELL) mit einem Ozeanit von Hawaii verglichen. Des weiteren ist der theoretische oder normative Mineralbestand des hawaiischen Ozeanites mit dem tatsächlich beobachteten Mineralbestand verglichen. Wie man sieht, hat das Gestein, verglichen mit dem theoretisch berechneten Mineralbestand, einen kleinen Überschuß von Olivin (33% anstatt 30,4%), der während des Abkühlungsprozesses keine Gelegenheit fand, mit der Restschmelze zu reagieren. Demzufolge hat schließlich eine ganz kleine Menge Quarz (1%) als letztes Erstarrungsprodukt auskristallisieren können.

In einigen Basalten treten diopsidische Augite als frühzeitige Kristallisationsprodukte auf. Die meisten der pazifischen Pyroxene sind aber pigeonitisch in ihrer Zusammensetzung und sind nach dem Olivin gebildet. Teils sind sie als Reaktionsprodukte zwischen Olivin und Magma aufzufassen, teils sind sie direkt aus dem Magma durch weitere Abkühlung auskristallisiert. Die Pyroxene selbst bilden eine kontinuierliche Reaktionsreihe; sie reagierten während der Abkühlung ständig mit dem Magma und zeigten während dieses Prozesses eine allgemeine Neigung, unter Anreicherung von Eisen an Kalk zu verarmen. In einigen verhältnismäßig seltenen Laven entwickeln sich schließlich die physiko-chemischen Verhältnisse derart, daß überhaupt kein Pyroxen mehr mit dem Magma im Gleichgewicht bestehen konnte, und somit die diskontinuierliche Reaktionsstufe Pyroxen ⇌ Hornblende erreicht wurde. Bei noch weiterer Abkühlung konnte auch Hornblende instabil werden; sie bildete sich dann in Biotit um.

Wir haben nun den geschichtlichen Bildungsgang der dunklen Minerale dieser Gesteine verfolgt. Er ist in allen Gesteinen dieser Eruptionsprovinz grundsätzlich derselbe. Noch einfacher ist sein Verlauf bei den hellen Mineralen, die aus der kontinuierlichen Reaktionsreihe der Plagioklase mit späterem Auftreten von Quarz oder Nephelin im letzten Erstarrungsprodukt bestehen.

Ungefähr gleichzeitig mit Olivin bildete sich Plagioklas von bytownitischer Zusammensetzung, der während der Abkühlung des Magmas kontinuierlich mit ihm unter ständiger Veränderung seiner Zusammensetzung reagierte. Die kontinuierliche Änderung, die durch mikroskopische Studien des weit verbreiteten Zonarbaues klar erkennbar ist, besteht darin, daß die Plagioklase immer albitreicher werden. In einigen Laven ist deutlich die ganze Reihe von Bytownit durch Labrador, Andesin und Oligoklas nach Albit und natronreichem Anorthoklas verwirklicht. Zu den Anorthoklasen gesellen sich oft zuletzt entweder Quarz oder Nephelin.

Wir können nun die Kristallisationsfolge der in diesen Laven vorhandenen Minerale folgendermaßen graphisch darstellen. Die dunklen Komponenten bilden folgende Reaktionsserie:

Diopsid ↘
Olivin → Pigeonit → (Hornblende) → (Biotit)

und die hellen Komponenten bilden die folgende Reaktionsserie:

Alkalifeldspat + Quarz
Bytownit → Labrador → Andesin → Oligoklas
Alkalifeldspat ± Nephelin.

Die Serie der dunklen Minerale ist in allen Gesteinen dieselbe. Die Feldspatserie ist, was die Plagioklase anbelangt, auch immer dieselbe, aber am Ende der Serie treten oft entweder Quarz oder Nephelin auf, wodurch die Serie verzweigt erscheint; der erste Zweig ist für die mit SiO_2 übersättigten Gesteine, der letzte für die untersättigten Gesteine charakteristisch.

Auf zwei verschiedene Weisen treten diese Serien zutage:

1. In der Kristallisationsfolge der Minerale wie schon beschrieben.

2. In der Differentiationsfolge der Gesteine; denn alle pazifischen Laven können in Reihen angeordnet werden, denen die oben beschriebenen Mineralserien entsprechen.

Man muß somit annehmen, daß die besonders von BOWEN vertretene Hypothese der Gesteinsdifferentiation durch fraktionierte Kristallisation grundsätzlich die Entstehungsweise der intrapazifischen Gesteine zu erklären vermag.

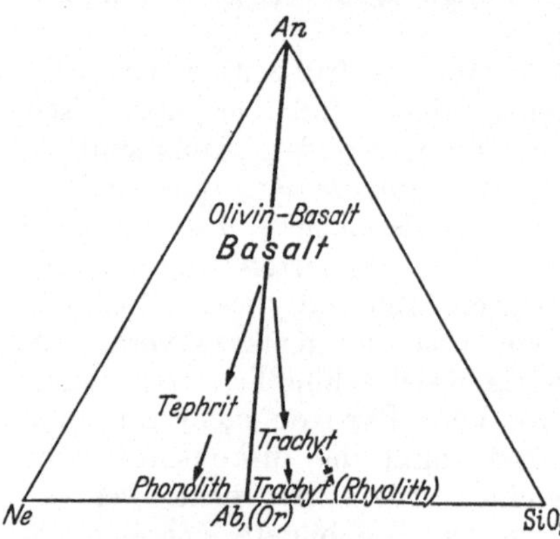

Abb. 44. Diagramm zur Erläuterung der genetischen Verwandtschaft der verschiedenen Lavatypen der intrapazifischen Provinz. Die drei Ecken sind die darstellenden Punkte von An (= Anorthit), Ne (= Nephelin) und SiO_2. Ab (= Albit) ist eine binäre Verbindung zwischen Nephelin und Kieselsäure, die Linie An—Ab ist somit darstellende Linie der Plagioklas-Mischkristalle. Kalifeldspat (Or = Orthoklas) kommt nicht in freiem Zustande vor, sondern nur als isomorphe Beimengung in sauren Plagioklasen.

Ein Beispiel wird diese Verhältnisse noch besser erläutern: Aus einem Magma basaltischer Zusammensetzung werden zunächst kalkreiche Plagioklase und ferromagnesiumreiche Minerale (Olivin, Diopsid) auskristallisieren. Danach wird die Restschmelze, die nun etwa 5—30% des ursprünglichen Magmas ausmacht unter Bildung von Alkalifeldspaten und kleinen Mengen von Erzen und/oder Pyroxen erstarren.

Würde diese Restschmelze auf irgendeine Weise z. B. durch Ausquetschen von dem schon kristallisierten Teil des Gesteins getrennt, so würde sie selbständig als ein normaler Trachyt kristallisieren. Daher ist es möglich, die meisten der pazifischen Gesteinstypen als Differentiate eines gemeinsamen Stammagmas von olivinbasaltischer Zusammensetzung aufzufassen.

Da die Reaktionsserie der dunklen Minerale in allen diesen Gesteinen im wesentlichen dieselbe bleibt, können wir sie vorläufig außer Betracht lassen. Wir wollen eine graphische Darstellung der Reaktionsserie der hellen Minerale versuchen. Aus Abb. 44 ist zu ersehen, daß die Plagioklase durch die Linie An—Ab vertreten sind, längs welcher die Reaktionsserie der hellen Minerale verläuft. Am unteren Ende verästelt sie sich und bildet eine Serie, die gegen den Nephelin hin, eine andere, die gegen den Quarz hin verläuft. Dies ist die beobachtete Kristallisationsfolge der hellen Minerale, und es mag auch erwähnt werden, daß sie in bester Übereinstimmung mit den experimentellen Daten steht (s. S. 23 u. Abb. 5).

Da sämtliche intrapazifischen Gesteine ungefähr dieselben dunklen Minerale enthalten, ist es auch möglich, die Gesteine selbst auf das Diagramm zu projizieren. In erster Annäherung zeigt somit das Diagramm die genetische Verwandtschaft zwischen den verschiedenen intra-pazifischen Gesteinstypen (BARTH und WASHINGTON).

Auf diese Entwicklungsserie werden wir noch später zurückkehren, um sie näher zu begründen. Zunächst werden wir einige weitere Provinzen basaltischer Gesteine kurz erwähnen.

Die atlantische Eruptionsprovinz.

Die Konfiguration des atlantischen Meeresbeckens ist sehr verschieden von der des Stillen Ozeans. Das auffallende Merkmal des atlantischen Beckens ist die mittelatlantische Schwelle, die den Ozean meridional in zwei Teile teilt. Trotz dieser physiographischen Verschiedenheiten weisen die Gesteinstypen große Ähnlichkeiten auf, obwohl man auch bei einer näheren Betrachtung kleine, aber charakteristische Unterschiede findet. Überhaupt ist die Petrographie des atlantischen Beckens verwickelter als die des pazifischen. Drei verschiedene Gebiete sind zu unterscheiden:

1. Die mittelatlantische Schwelle, die sich von der Nähe Islands im Norden bis zu etwa 57° südlicher Breite erstreckt. Längs dieser Schwelle finden sich mehrere Inseln, die Azoren, Ascension, St. Helena, Tristan da-Cunha u. a. Die Gesteine dieser Inseln sind denen des Pazifikums ähnlich; Basalt ist vorherrschend, daneben kommen kleine Mengen von Trachyt und anderen alkalischen Laven vor. Das relative Mengenverhältnis der alkalischen Laven scheint aber hier etwas größer als in dem westlicheren Ozean zu sein. Auch scheinen die an Olivin sehr reichen Ozeanite auf den atlantischen Inseln spärlich zu sein.

2. Auf der kontinentalen Plattform westlich von Afrika finden sich mehrere große vulkanische Inseln (Madeira, Kanarische Inseln, Kap Verde-Inseln). Die Gesteine dieser Provinz sind vorwiegend basaltisch mit alkalischen Laven (z. B. Phonolithen, die gewöhnlich natronreich sind) in verhältnismäßig großen Mengen. Überhaupt sind die Gesteine des eigentlichen atlantischen Beckens mehr alkalibetont und besonders mehr natronbetont als die pazifischen Gesteine.

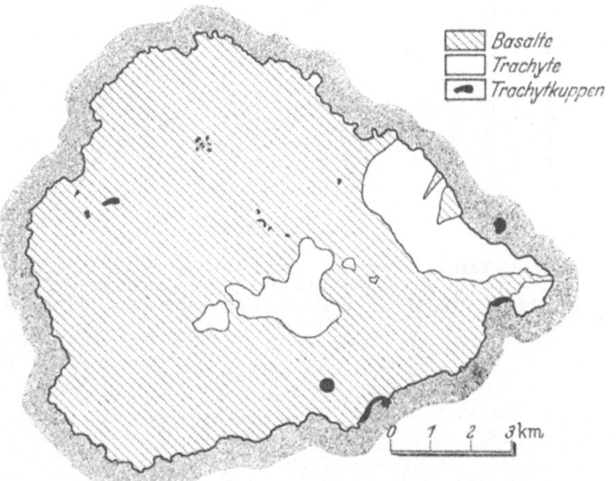

Abb. 45. Geologische Karte der Insel Ascension. (Nach DALY.)

3. Im nordatlantischen Ozean finden sich mehrere vulkanische Inseln (Island, Jan Mayen, Faeröer), die sich von den eben beschriebenen petrographisch verschieden verhalten. Diese arktischen Inseln sind die Überreste eines großen basaltischen Plateaus, das zur Tertiärzeit diese Teile des Ozeans ausfüllte und später unter dem Meeresspiegel versank. Diese Provinz gehört dem eigentlichen atlantischen Becken nicht an. Die Gesteine dieser Provinz (die „Thule"-Provinz britischer Autoren), zu der nicht nur die genannten Inseln, sondern auch angrenzende Teile der britischen Inseln, Spitzbergens und Grönlands gehören, sind von v. WOLFF unter der Bezeichnung „Arktische Sippe" zusammengefaßt worden. Die Gesteine sind fast ausschließlich Laven von plateaubasaltischem Typus und Ozeanite in sehr untergeordneten Mengen. Die auch sehr spärlichen jüngeren Kristallisationsderivate der Basalte sind teils alkalisch, teils subalkalisch.

Nach TYRRELL bilden die Gesteine der Insel Jan Mayen eine sehr schöne Gesteinsserie von mild alkalischem Charakter (Alkali-Kalkindex = 51,5), relativ reich an Kali. Die Serie geht von ultrabasischem Olivinbasalt zu Quarztrachyt. Die vollständige Serie lautet: Ankaramit → basanitischer Trachybasalt → Doleritbasalt → Olivintrachybasalt → Trachyandesit → Quarztrachyt. Das Variationsdiagramm ist hier besonders angegeben (Abb. 46). Für seine Konstruktion

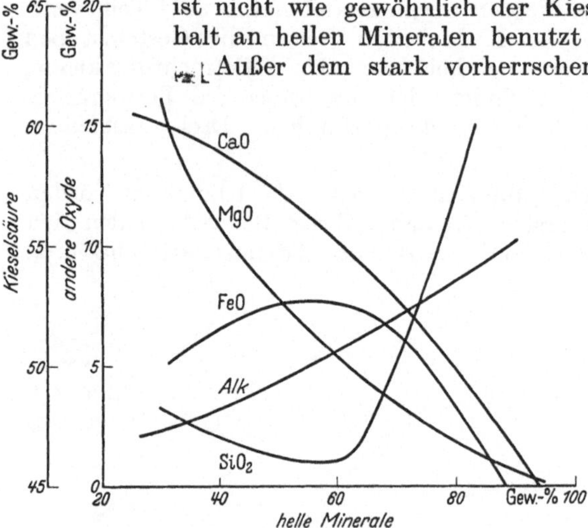

Abb. 46. Variationsdiagramm der Gesteinsserie der Insel Jan Mayen. (Nach TYRRELL.) Abszisse = Gewichtsprozent heller Minerale, Ordinate = Gewichtsprozent der konstituierenden Oxyde.

ist nicht wie gewöhnlich der Kieselsäuregehalt, sondern der Gehalt an hellen Mineralen benutzt worden. Außer dem stark vorherrschenden Basalt finden sich also in dieser Provinz nebeneinander sowohl alkalische als auch subalkalische Gesteine. Außerdem unterscheiden sich diese nördlichen Basalte auch durch größeren Eisengehalt und andere chemische Merkmale von den Basalten der anderen atlantischen Inseln und denen des Stillen Ozeans.

Plateaubasalte.

Die allergrößten Lavaergüsse der Erde bestehen aus den sog. Plateaubasalten. Die Extrusion dieser Laven erfolgte durch große Spalten und gewöhnlich gleichmäßig ohne solche explosionsartigen Vorgänge, die Tuffe oder pyroklastisches Material erzeugen könnten. Das berühmteste historische Beispiel ist das Aufreißen der 90 km langen Laki-Spalte auf Island, durch die 12 320 000 000 m³ Lava gefördert wurden (Lineareruptionen nach v. WOLFF). Die Ergüsse der tertiären und rezenten Lineareruptionen sind flachliegend und wenig deformiert und werden deshalb Plateaulaven genannt; sie sind fast ausschließlich basaltischer Zusammensetzung. Zu den Plateaubasalten rechnet man die Ergußgesteine der schon beschriebenen, mächtigen Thuleprovinz. Andere bekannte Gebiete sind: Deccan (Indien), Südafrika, Brasilien, Pata-

Abb. 47. Verbreitung der indischen Plateaubasalte (der sog. Deccan-Trappgesteine).

gonien, Sibirien und Oregon. Außerordentlich große Areale werden also von den Plateaubasalten eingenommen. Sie sind wenig differentiiert; ihre chemische Zusammensetzung, die sehr gleichmäßig ist, geht aus Tab. 23 hervor.

Tabelle 23. Durchschnittsanalysen von Plateaubasalten.

	1	1a	2	3	3a	4	5	6
SiO_2	50,54	49,74	50,01	47,62	46,13	50,68	47,14	48,80
TiO_2	1,91	2,60	2,87	2,72	2,38	1,30	2,44	2,19
Al_2O_3	13,56	12,97	13,75	13,94	15,13	14,29	14,91	13,98
Fe_2O_3 ...	3,19	3,47	2,37	3,59	4,05	3,41	4,11	3,59
FeO	9,91	10,11	11,61	9,41	9,19	8,59	8,22	9,78
MnO	,16	,20	,24	,22	,27	,12	,25	,17
MgO	5,45	5,69	4,73	6,81	7,87	6,92	6,91	6,70
CaO	9,44	10,10	8,21	9,86	9,36	8,60	10,01	9,38
Na_2O	2,60	2,27	2,92	2,91	2,22	2,92	2,71	2,59
K_2O	,72	,52	1,29	1,01	,59	,72	,84	,69
H_2O	2,13	2,00	1,22	1,48	2,61	2,28	2,13	1,80
P_2O_5 ...	,39	,33	,78	,43	,20	,17	,33	,33

1. Deccan-Basalte, 11 Analysen (nach WASHINGTON).
1a. Deccan-Basalte, 6 Analysen (nach HOLMES).
2. Oregon-Basalte, 6 Analysen (nach WASHINGTON).
3. Arktische Basalte, 33 Analysen (nach WASHINGTON).
3a. Schottische Basalte, 7 Analysen (nach DALY).
4. New Jersey-Basalte, 8 Analysen (nach WASHINGTON).
5. Plateaubasalte der Welt, 37 Analysen (nach TYRRELL).
6. Plateaubasalte der Welt, 43 Analysen (nach DALY).

Es sieht somit aus, als wären diese Basalte primäre Magmen, die in noch undifferentiiertem Zustande aus dem Herde direkt an der Erdoberfläche anlangten und erstarrten, bevor sie sich differentiieren konnten. Studien der Dünnschliffe, genau so wie sie im Abschnitte über intrapazifische Basalte schon beschrieben worden sind (S. 66), zeigen aber, daß auch die Plateaubasalte während der Erstarrung im Differentiieren begriffen waren; frühzeitiger Olivin, diopsidischer Pyroxen und basischer Plagioklas erzeugen eine spätere Grundmasse trachytischer Zusammensetzung. Geringe Mengen trachytischer Erguß gesteine ($\pm$ Quarz) finden sich auch mit den Plateaubasalten vergesellschaftet.

Andere Erguß gesteine als Basalte sind in nicht-orogenen Gebieten selten. In Verbindung mit großen Bruchspalten finden sich an einigen Stellen beträchtliche Mengen stark alkalischer Laven (Trachyte und quarzfreie Porphyre, Orthophyre, z. B. im Oslogebiet S. 89). Diese Typen können aber hier nicht weiter diskutiert werden. Die weitaus größten Teile der heutigen nicht-orogenen Gebiete bestehen aus granitischen Gesteinen der unteren Stockwerke alter Gebirgsketten (S. 107).

Erguß gesteine der Faltengebirge.

Das großartigste Beispiel von Faltengebirgen hat man heute in den mächtigen, weltumfassenden Gebirgsketten der zirkumpazifischen Zone. Durch zahlreiche petrographische Arbeiten ist festgestellt worden, daß sämtliche hier auftretende Laven subalkalischen, kalkbetonten Gesteinsstämmen angehören. (Unterschied von den mehr alkalibetonten ozeanischen Basalten.) Die typischste Lava ist ein hypersthenführender Basalt (Bandait) oder Andesit. Der normale Differentiationsverlauf ist: (Hypersthen-)Basalt $\rightarrow$ Andesit $\rightarrow$ (Dazit) $\rightarrow$ Rhyolith. Alkalibetonte Gesteine fehlen gänzlich.

TSUBOI hat gezeigt, daß es von der Zusammensetzung des Magmas abhängt, ob sich zuerst monokliner oder rhombischer Pyroxen ausscheidet. Die

Restschmelze verändert dabei ihre Zusammensetzung auf die Zweipyroxengrenze zu (s. Abb. 48). Ist dieselbe erreicht, so scheidet sich auch die andere Pyroxenart aus. Dies gilt aber *nur* für das intratellurische Stadium, d. h. die Bildung der Einsprenglinge. In den effusiven Stadien tritt Mischbarkeit der Pyroxenkomponenten unter Pigeonitbildung ein (s. die Auseinandersetzungen S. 27 bis 30). Im übrigen ist die Kristallisationsgeschichte dem unter den intrapazifischen Laven erörterten Vorgang einigermaßen analog.

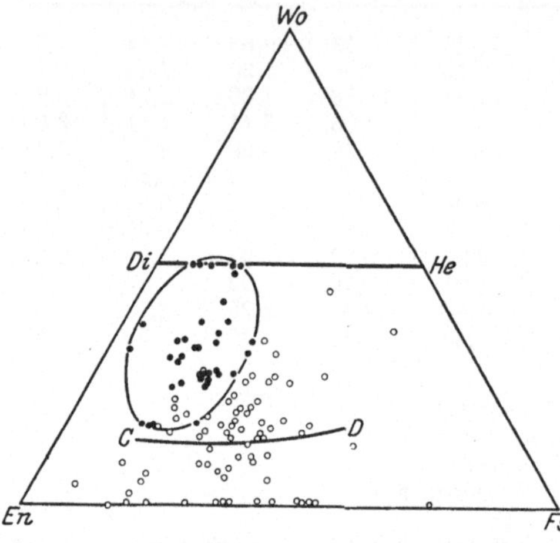

Abb. 48. o = Normativer Pyroxen japanischer Laven. *C—D* ist die Zweipyroxengrenze. (Nach TSUBOI: Jap. J. Geol. Geogr. No 1, 1932). Oberhalb dieser Kurve scheidet sich monokliner Pyroxen, unterhalb derselben rhombischer Pyroxen als primäre Phase aus. ● = Normativer Pyroxen intrapazifischer Laven. Sämtliche Bildpunkte liegen oberhalb der Zweipyroxenkurve, daher keine Hyperstheneinsprenglinge in diesen Laven. Im Effusivstadium verschwindet die Zweipyroxengrenze.

Ganggesteinen, die in das Nebengestein intrudieren[1]. Die undifferentiierten Diabas- und Doleritgänge, die viel häufiger als alle anderen Gänge zusammen sind, treten gewöhnlich selbständiger auf, oft ohne in direktem oder nachweisbarem Zusammenhang mit möglichen Speichern der magmatischen Lösungen zu stehen. So findet man z. B. in den stark peneplanierten, petrographisch oft eintönigen, präkambrischen Gneisgranitgebieten der Erde gewöhnlich scharf durchsetzende Diabasgänge, die in keine Beziehung zum umgebenden Gestein zu setzen sind. Oft weisen diese Gänge eine feinkörnige Randfazies auf, eine typische Erstarrungserscheinung. Wie aber aus dem Chemismus hervorgeht (Tab. 24), hat doch keine eigentliche Assimilation des Nebengesteins stattgefunden, obwohl die Mehrzahl dieser Gänge reich an Wasser (oder vielleicht anderen Mineralisatoren) war, das wohl vom Nebengestein an das Diabasmagma abgegeben

Diabasgänge.

Ganggesteine basaltischer Zusammensetzung sind überall verbreitet. Die ganze sialische Kruste ist von ungeheuer vielen Spalten, Rissen und Klüften zerschnitten, längs denen magmatische Lösungen eingedrungen sind. Alle größeren Eruptivkörper haben ihre Gefolgschaft von mehr oder minder stark differentiierten

Tabelle 24. Durchschnittsanalysen. Vergleich zwischen Plateaubasalten und verschiedenen Diabasgängen.

	1	2	3	4	5
SiO_2	51,6	52,7	51,9	52,3	55,1
TiO_2	2,0	1,1	2,5	2,8	3,7
Al_2O_3	13,9	14,7	14,1	14,7	14,0
Fe_2O_3	3,3	0,9	4,0	4,3	4,7
FeO	10,1	10,0	8,7	8,8	6,2
MnO	0,2	0,4	0,2	0,2	0,1
MgO	5,6	7,0	5,6	4,6	3,4
CaO	9,6	9,8	9,3	9,0	5,7
Na_2O	2,6	2,2	2,5	2,5	4,1
K_2O	0,7	1,0	1,0	1,2	2,4
P_2O_5	0,4	0,2	0,2	0,2	0,6

1. Deccan-Plateaubasalte (Indien).
2. Karroodolerite (Südafrika).
3. Whin Sill (mehr als 130 km lang) und zugehöriger Schwarm von Diabasgängen.
4. Diabasgänge der südnorwegischen Urgebirgstafel.
5. Diabasgänge der Silvretta (Schweiz).

---

[1] Die Petrographie der Ganggesteine ist mannigfaltig. Die Intrusion teilweise kristallisierter Lösungen in enge Öffnungen und Spalten hat eine extreme Kristallfraktionierung unterstützt; in Verbindung mit intrusiven Tiefengesteinen steht deshalb eine reiche Fülle von Ganggesteinen von ultrabasischem bis saurem Charakter. Auf die Petrologie dieser Gesteine kann aber hier nicht näher eingegangen werden.

wurde. In den Gneisgebieten findet man nämlich oft anstatt des gewöhnlichen, augitführenden Diabases den mineralogisch so verschiedenen, aber chemisch fast identischen, Hornblendebiotitdiabas. Der mineralogische Unterschied ist wohl infolgedessen auf verschiedene Kristallisationsbedingungen (viel Wasser, niedrigere Temperatur) zurückzuführen. Durch diese Beobachtungen wird auch das Vorhandensein einer Reaktionsserie Augit → braune Hornblende → grüne Hornblende → Biotit bewiesen.

In Verbindung mit Plateaubasalten treten Diabasgänge oft in Form von hohen Lagergängen („Sills") auf; oder aber sie bilden große Schwärme, wie es besonders schön an der Nordwestküste Schottlands zu sehen ist.

Eine der großartigsten Invasionen der äußeren Erdkruste mit basaltischem Magma findet man in der Karrooformation Südafrikas als intrusiven Dolerit in Form von Lagergängen, durchsetzenden Gängen und flachliegenden Platten („Sheets"). Lokal findet man, daß die Lagergänge sich auf 600—700 m verdicken können und an solchen Stellen sieht man auch, daß eine Differentiation in situ stattgefunden hat. Außerordentlich große Gebiete sind von diesem Magma durchdrungen worden: Natal, die Kapkolonie, Orange Free State, Transvaal, S. Rhodesia, Südwestafrika, sogar das südlichste Nyassaland; alles in allem ein Territorium von 18 Breitegraden × 17 Längengraden im Geviert, oder fast 2 000 000 km².

In einigen Gesteinsprovinzen läßt sich zwischen Intrusion der Diabasgänge und regionaler Tektonik ein Zusammenhang erkennen; eine bevorzugte Richtung in der Anordnung der Gänge ist dann oft im Kartenbilde auffällig (z. B. Nordwestschottland). Für andere Gebiete ist aber gerade Regellosigkeit im Streichen der Gänge charakteristisch (z. B. Silvretta).

Der Tab. 24 ist zu entnehmen, daß der Chemismus der meisten Diabasgänge plateaubasaltisch ist. Es sieht wirklich so aus, als öffneten sich im Sial Spalten und Risse, die von einem unterliegenden, primären Magma gefüllt werden könnten. Denn an weit entfernten Orten ist fast genau dasselbe Magma an die Erdoberfläche gelangt. Von besonderem Interesse in dieser Beziehung ist auch die Tatsache, daß die Diabase der Silvretta, die inmitten einer Faltengebirgszone liegt, etwas abweichende Zusammensetzung aufweisen und in ihrem Chemismus stärker an Trachydolerite bis Andesite erinnern. Demnach sieht es aus, als hätte sich das Magma dieser Diabase mit Magmen von Faltengebirgstypus vermengen können.

Zusammenfassung.

Unter den Laven sind die Basalte so stark vorherrschend, daß der Verbreitungsraum von Basalten und Pyroxenandesiten 50mal größer ist als der sämtlicher anderer Ergußgesteine. [Eine nützliche Übersicht der Verbreitung der verschiedenen Gesteinstypen ist von F. v. WOLFF gegeben worden. (Der Vulkanismus, Stuttgart 1914—1929.) Vgl. auch die chemischen Studien über petrographische Provinzen von C. R. BURRI (Schweizerische Mineral.- und Petr. Mitteilungen 1926 und 1927)].

Die Annahme drängt sich auf, daß der Basalt das Stammagma (Muttermagma) sämtlicher Ergußgesteine darstelle, eine Annahme, die auch dadurch eine weitere Stütze erfährt, daß fast alle anderen Ergußgesteine, die uns sowohl in den orogenen als auch in den nicht-orogenen Gebieten begegnen, einfache Kristallisationsderivate eines Basaltmagmas darzustellen scheinen.

Schon v. COTTA hat in seinen „Geologischen Fragen" (1858) angedeutet, daß die feste Erdkruste auf einer kontinuierlichen Basaltschicht ruhe. Dieselbe

Annahme ist unabhängig davon besonders von W. L. Green und R. A. Daly verfochten worden.

Nach Daly findet sich unmittelbar unter dem Sial der Kontinente eine zusammenhängende kristalline Schicht plateaubasaltischer Zusammensetzung. Diese Schicht ruht auf einer unteren, glasartigen Basaltschicht, die seit präkambrischer Zeit zu heiß ist, um zu kristallisieren. Sie wird „basaltic substratum" genannt. Das Substratum mit der darüberliegenden kristallinischen Basaltschicht zusammen wird „basaltic shell" der Erde genannt.

Was nun noch einer näheren Erklärung bedarf, ist die Tatsache, daß die Differentiationstendenz des Basaltmagmas von dem geologischen Milieu in sehr gesetzmäßiger Weise abhängig ist. Wie mehrmals betont, gibt es drei Haupttypen von Differentiationsreihen.

1. Basalt → Andesit → Rhyolith,
2. Basalt → Trachyandesit → Trachyt,
3. Basalt → Alkalitrachyt → Phonolith.

Zu einer dieser Reihen gehören so gut wie sämtliche Ergußgesteine der Erde.

Die erste Reihe (subalkalisch) ist für orogene Gebiete (Faltengebirge) charakteristisch.

Die zweite Reihe (alkalisch) ist für nicht-orogene Gebiete (Ozeanbecken, Vorländer der Faltengebirge) charakteristisch.

Die dritte Reihe (stärker alkalisch) ist auch für nicht-orogene Gebiete charakteristisch, ist aber relativ selten (s. S. 87).

Mit großer Regelmäßigkeit findet man somit, daß in einer petrographischen Provinz (die Provinz hat sowohl temporale als laterale Begrenzung) entweder nur subalkalische oder nur alkalische Lavastämme zur Entwicklung gekommen sind, und daß die Frage nach der Art des Stammes durch die geologischen Verhältnisse beantwortet wird.

Doch gibt es auch einige Provinzen, die neben typisch alkalischen Laven auch solche subalkalischer Affinität aufweisen. Ein Beispiel bilden die sehr gut erforschten tertiären Ergußgesteine Nordwestschottlands. Als Differentiationsprodukte plateaubasaltischer Laven findet man hier teils alkalische Gesteine (Mugearite, Trachyte, usw.), teils subalkalische (Inninmorite, Leidleite, Granophyre usw.).

Im nächsten Abschnitt werden wir untersuchen, inwieweit diese Tatsachen durch die physikalisch-chemischen Gesetze der fraktionierten Kristallisation einer basaltischen Schmelze ihre Erklärung finden können.

Kristallisationsvorgang eines basaltischen Magmas.

Über die Lage der Grenzfläche, die basaltische Magmen mit primärem Plagioklas von Magmen mit primärem Pyroxen trennt.

In erster Annäherung kann man ein Magma basaltisch nennen, wenn aus ihm durch rasche Abkühlung ein Gestein entsteht, das Plagioklas und Klinopyroxen als Hauptminerale enthält. Wie wir schon gesehen haben, müssen sich während der Kristallisation in diesem Magma hauptsächlich zwei Reaktionsserien verwirklichen: 1. Die Serie der Feldspate von kalkreichem nach natronreichem Plagioklas und 2. die der Klinopyroxene, welche bei geeigneter Zusammensetzung des Magmas mit Ausscheidung frühzeitiger Olivine anfangen kann, die später unter Bildung von Klinopyroxen wieder resorbiert werden. Die Ausscheidung von Pyroxen schreitet dann ständig fort und zwar, wie die petrographische Erfahrung lehrt, scheidet sich zuerst diopsidischer Pyroxen aus, der allmählich klinohypersthenisch wird (s. S. 67).

Die beiden Serien zusammen geben den Hauptkristallisationsprozeß eines basaltischen Magmas wieder. Graphisch kann dieser Prozeß wie in Abb. 49 gezeigt, anschaulich gemacht werden. Diesem Diagramme können aber keine quantitativen Verhältnisse entnommen werden. Qualitativ zeigt es aber an, daß die Kristallisation, je nachdem die Zusammensetzung des ursprünglichen Basaltes rechts oder links von der Grenzkurve $O—P$ liegt, entweder nur mit Pyroxen oder nur mit Plagioklas beginnen wird, bis die Zusammensetzung der Restschmelze die Grenzkurve erreicht hat. In diesem Augenblicke setzt eine gleichzeitige Kristallisation der beiden Phasen ein.

Mit guter Annäherung kann man sagen, daß die Zusammensetzung der Pyroxenphase vom Diopsid nach dem Klinohypersthen variiert (s. auch Abb. 50). In dem allgemeinen Fall enthält wohl das diopsidische Endglied einen gewissen Gehalt an FeO, und außerdem kommen kleine Mengen anderer Oxyde wie Fe_2O_3, Al_2O_3, TiO_2 usw. vor. Trotzdem begeht man aber keinen grundsätzlichen Fehler, wenn man die basaltischen Pyroxene als Glieder der Reihe Diopsid—Klinohypersthen betrachtet (von A nach B in Abb. 49).

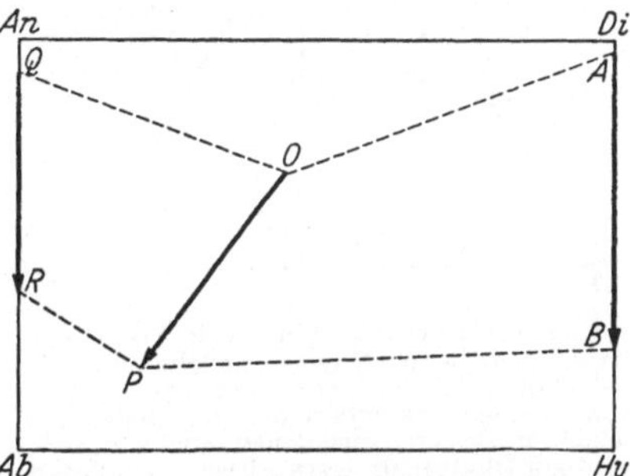

Abb. 49. Vereinfachtes Diagramm zur Darstellung des Kristallisationsprozesses eines basaltischen Magmas.

Mit derselben guten Annäherung kann man die basaltischen Plagioklase als Glieder der Reihe Bytownit—Oligoklas auffassen (von Q nach R in Abb. 49).

Indem wir die in kleineren Mengen vorhandenen Minerale (gewöhnlich weniger als 10% des Basaltes) nicht berücksichtigen, können wir die Mineralzusammensetzung eines typischen Basaltes durch die vier Symbole Ab′, An′, Di′, Hy′ angeben. (Dabei bedeuten Ab′ = Albit, An′ = Anorthit, Di′ = Diopsid und Hy′ = Klinohypersthen.) Die vier Ecken des Diagramms Abb. 49 können als darstellende Punkte dieser vier Komponenten aufgefaßt werden. Ein Diagramm dieser Art entspricht aber nicht einem Vierkomponentensystem. Um die quantitativen Beziehungen des Kristallisationsprozesses graphisch zur Darstellung zu bringen, müssen wir irgendeine Tetraederprojektion wählen.

Abb. 50 zeigt das Konzentrationstetraeder des Systems Ab—An—Di—Hy. Die Zusammensetzung irgendeines gewöhnlichen Basaltes kann somit (angenähert!) als ein Punkt im Innern des Tetraeders dargestellt werden. So können wir beispielsweise die durchschnittliche Zusammensetzung der Deccan-Plateaubasalte durch den Punkt 3 darstellen. Wenn wir TiO_2, H_2O und andere Nebenbestandteile, die zusammen nur 4,7% dieses Basaltes ausmachen, nicht berücksichtigen, so läßt sich nämlich die mineralogische Zusammensetzung des Basaltes folgendermaßen ausdrücken:

Ab′	27
An′	29
Di′	22
Hy′	22

In der Tab. 25 ist die theoretische Zusammensetzung dieses Vierkomponentensystems

Tabelle 25. Die Zusammensetzung einer künstlichen Schmelze des Systems Ab—An—Di—Hy, verglichen mit der eines Basaltes aus Deccan.

	Künstliche Schmelze	Deccan-Basalt
SiO_2	53,4	50,6
Al_2O_3	15,9	13,6
FeO	12,0	12,8
MgO	4,1	5,5
CaO	11,5	9,5
Na_2O K_2O	3,2	3,3

mit der tatsächlichen durch chemische Analysen gefundenen durchschnittlichen Zusammensetzung des Deccan-Basaltes verglichen.

Dieses Beispiel zeigt, daß sich die Zusammensetzung typischer Basalte durch die Komponenten des obenerwähnten Vierstoffsystems sehr gut beschreiben läßt.

Betrachten wir jetzt das Vierkomponentensystem, so ist sofort ersichtlich, daß der Grundfläche des Tetraeders das uns schon gut bekannte Dreistoffsystem Ab—An—Di entspricht (s. Abb. 22). Wenn der Basalt somit kein Eisen hätte, würde sein darstellender Punkt auf die Grundfläche fallen und je nachdem er im Plagioklasfeld oder im Pyroxenfeld liegt, würde die Kristallisation in der Weise erfolgen, daß zunächst nur Plagioklas oder nur Pyroxen auskristallisierte, bis die Grenzkurve *b—b* erreicht würde. Diese Grenzkurve entlang und gegen das Innere des Tetraeders hin, muß sich nun eine Grenzfläche erstrecken, die das Tetraeder in zwei Felder teilt. Im vorderen Feld finden sich diejenigen Basalte, aus denen Pyroxen (oder evtl. Olivin) als erste Phase kristallisiert und im hinteren Feld diejenigen Basalte, aus denen Plagioklas als erste Phase kristallisiert. Die Grenzfläche können wir infolgedessen eine Zweiphasenfläche nennen, und auf dieser Fläche finden sich die darstellenden Punkte derjenigen Basalte, die sowohl Plagioklas als Pyroxen gleichzeitig ausscheiden.

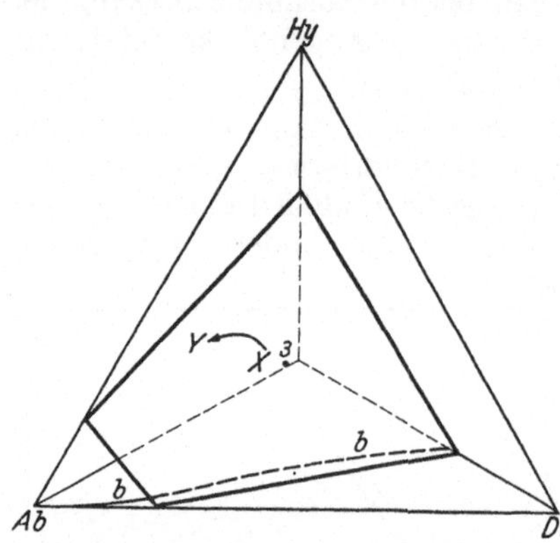

Abb. 50. Tetraederprojektion um die Zusammensetzung basaltischer Magmen annäherungsweise darzustellen. Die im Inneren des Tetraeders liegende Ebene repräsentiert die Grenzfläche, die diejenigen Basalte, aus denen Pyroxen (oder eventuell Olivin) als erste Phase kristallisiert, von denjenigen Basalten, aus denen Plagioklas als erste Phase kristallisiert, trennt. Die in diesem Tetraeder abgebildeten Verhältnisse sind aus Beobachtungen an natürlichen Gesteinen hergeleitet, ihnen entsprechen infolgedessen nicht notwendigerweise genau die Verhältnisse in trockenen, wirklich quaternären Schmelzen. *X—Y* gibt die Richtung der Änderung der Zusammensetzung der Schmelze bei fortschreitender Kristallisation an. (Projektionsmethode nach v. PHILIPSBORN.)

Durch Studium natürlicher Basalte war es mir möglich gewesen, die Lage der Zweiphasenfläche teilweise zu bestimmen, und in Abb. 50 ist ein Versuch gemacht, sie graphisch darzustellen. Die Lage ist aber nur in den zentralen Teilen des Tetraeders bekannt, und da die wirkliche Zweiphasenfläche wahrscheinlich nicht eben ist, so wird der ganzen Ausdehnung der in Abb. 50 eingezeichneten Fläche die wirkliche Zweiphasenfläche nicht genau entsprechen. Die Spuren der Fläche auf den Seiten des Tetraeders sind nur deshalb eingezeichnet, weil dadurch die Lage der Fläche in den zentralen Teilen des Tetraeders graphisch angedeutet wird. Interessant ist jedoch zu bemerken, daß die Spur dieser durch Beobachtungen an natürlichen Gesteinen konstruierten Fläche auf der Grundfläche des Tetraeders fast genau mit der experimentell ermittelten Grenzkurve *b—b* BOWENs zusammenfällt.

Die Zweiphasenfläche (als Ebene betrachtet) ist mathematisch durch drei Koordinaten definiert. In diesem Falle werden wir Ab′, Di′ und Hy′ als Koordinaten nehmen (An′, die vierte Komponente des Systems, ist natürlich dadurch auch bestimmt, denn die Summe aller vier Komponenten muß 100 sein). Die Gleichung für die Zweiphasenfläche lautet dann folgendermaßen:

$$\text{Ab}' + 2\,\text{Di}' + 2{,}3\,\text{Hy}' = 123.$$

Voraussetzung der Benutzung obenstehender Gleichung ist natürlich, daß das Gestein ein typischer Basalt ist, hauptsächlich aus Plagioklas und Klinopyroxen bestehend. Will man untersuchen, wie die Hauptkristallisation im Basalt stattfand, so verfährt man in der Praxis folgendermaßen:

1. Aus der chemischen Analyse wird die Norm auf gewöhnliche Weise berechnet.

2. Die normativen Minerale *ab, an, di, hy* werden auf 100 umgerechnet und die dadurch erhaltenen Werte mit Ab', An', Di', Hy' bezeichnet.

3. Die Summe Ab' + 2 Di' + 2,3 Hy' wird gebildet.

Dem Basalt entspricht dann ein Punkt auf der Zweiphasenfläche, wenn die Gleichung erfüllt ist. Falls aber die Summe kleiner oder größer als 123 ist, wird der Basalt im Plagioklasfeld oder im Pyroxenfeld liegen.

In dem Maße, wie die Hauptminerale kristallisieren, ändert sich die Zusammensetzung der basaltischen Restschmelze. Größere Änderungen in der Schmelze lassen sich aber dem Diagramm nicht entnehmen. So ist es nicht zulässig zu schließen, daß der letzte Kristallisationsrest natürlicher Basalte aus natronreichem Plagioklas und Klinohypersthen bestehe (s. nächsten Abschnitt). Dies hängt damit zusammen, daß ein natürlicher Basalt viel komplizierter ist als die Modellschmelze des Diagramms. Die Darstellung ist nur eine Annäherung, da lediglich etwa $^9/_{10}$ eines natürlichen Basaltes überhaupt im Tetraeder darstellbar sind, d. h. ungefähr 10% des stofflichen Inhalts natürlicher Basalte unberücksichtigt bleiben. Für die Hauptkristallisation spielt dieser Umstand keine Rolle, und er hat auf die Reaktionsserie der Plagioklase und der Pyroxene keinen großen Einfluß.

Die Kristallisationsgeschichte der Restschmelze werden wir dann in einem späteren Abschnitt bringen. Zunächst kehren wir zur Hauptkristallisation der basaltischen Schmelze zurück.

Bedingungen für die Entstehung quarzhaltiger oder nephelinhaltiger Restschmelzen bei fraktionierter Kristallisation basaltischer Magmen.

In dem in Abb. 51 dargestellten Vierkomponentensystem ist die Tetraederspitze als darstellender Punkt der dunklen Mineralphasen (Olivin, Diopsid) genommen. Die drei Ecken der Grundfläche stellen Anorthit, Kieselsäure und Nephelin dar. Da Albit als eine binäre Verbindung zwischen Nephelin und Kieselsäure aufzufassen ist, und da die Verbindungslinie Albit—Anorthit die Plagioklasreihe repräsentiert, so ist das durch die Grundfläche dargestellte Dreikomponentensystem durch diese Verbindungslinie in zwei Teile geteilt, von denen jeder für sich ein kleineres Dreikomponentensystem darstellt: 1. Albit—Anorthit—Kieselsäure, 2. Albit—Anorthit—Nephelin.

Die Kristallisation in jedem dieser Teilsysteme ist grundsätzlich bekannt. Jedes System enthält eine Grenzlinie, die das Feld der Plagioklase von dem der Kieselsäure bzw. von dem des Nephelins trennt.

Gegen das Innere des Tetraeders hin erstrecken sich von diesen Grenzlinien zwei Grenzflächen: die eine trennt diejenigen Schmelzen, aus denen Kieselsäure (Quarz) kristallisiert, von denjenigen, die Plagioklas ausscheiden; die andere trennt das Plagioklasfeld vom Nephelinfeld.

Ganz allgemein muß im Tetraeder noch eine dritte (zusammengesetzte) Grenzfläche vorhanden sein, die den Raum, aus dem primär die dunklen Minerale kristallisieren, von den Räumen des Quarzes, der Plagioklase und des Nephelins trennt.

Diese Fläche, die wir die horizontale Grenzfläche benennen werden, ist aus drei Teilen zusammengesetzt: ein Teil begrenzt den Quarzraum, ein anderer den Plagioklasraum und ein dritter den Nephelinraum. Da aber die Spitze als darstellender Punkt sowohl für Olivin als auch für Diopsid gewählt ist, ist es unmöglich, quantitative Beziehungen zwischen dem oberen Raum der dunklen Minerale und dem unteren Raum der hellen Minerale aufzustellen. Um die Abbildung zu vereinfachen, sind die verschiedenen Grenzflächen als Ebenen dargestellt, die in keine direkte quantitative Beziehung zu den wirklichen Grenzflächen zu setzen sind. Das Diagramm der Abb. 51 gibt somit kein wahres Bild der wirklichen Verhältnisse im betreffenden Vierstoffsystem, sondern ist nur ein schematisches Diagramm, aus dem die Prinzipien der fraktionierten Kristallisation basaltischer Schmelzen abgeleitet werden können.

Die darstellenden Punkte der verschiedenen basaltischen Schmelzen liegen im Tetraeder nicht weit von der horizontalen Grenzfläche und ordnen sich mehr oder minder senkrecht über die Verbindungslinie Albit—Anorthit an.

Eine solche Schmelze sei in der Abb. 51 durch W dargestellt. Kühlt man nun die Schmelze ab, so kristallisiert Plagioklas aus, bis der Punkt X von der Schmelze erreicht wird. In diesem Punkt beginnt Pyroxen zu kristallisieren oder aber, wenn die Temperatur genügend hoch ist, Olivin, der aber durch spätere Reaktion mit der Schmelze theoretisch vollständig in Pyroxen umgewandelt werden wird.

Die Zusammensetzung der Schmelze wird sich aber durch diese gemeinsame Kristallisation von Plagioklas und Pyroxen (oder Olivin) auf alle Fälle längs der Kurve $X—Y$ bewegen, bis die Dreiphasenlinie $Y—Z$ erreicht wird. Bei Y wird sich der Quarz zu den Kristallisationsprodukten gesellen und wird ständig kristallisieren, bis

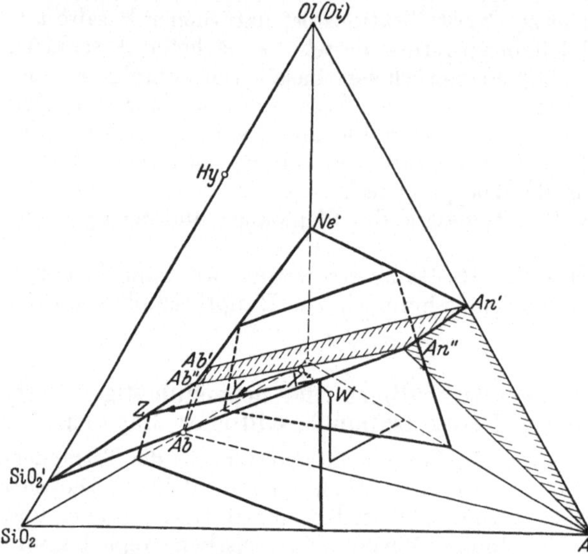

Abb. 51. Die Prinzipien zur Ableitung alkalischer, neutraler und quarzreicher Residua durch fraktionierte Kristallisation basaltischer Magmen. (Projektionsmethode nach v. Philipsborn.)

die flüssige Phase vollständig verbraucht ist. In dieser Weise bildet sich schließlich ein quarzreiches Residuum.

Es liegen jedoch keine Gründe vor anzunehmen, daß die darstellenden Punkte sämtlicher primärer basaltischer Magmen durch den Punkt W vertreten seien. Es scheint aber sehr wohl möglich, daß der Zusammensetzung einiger basaltischer Stammagmen ein Punkt hinten im Tetraeder entspricht. Aus einer solchen Schmelze wird auch zuerst Plagioklas kristallisieren, die Kristallisationsbahn der Schmelze wird aber die horizontale Grenzfläche an einem Punkt hinter der Linie Ab'—An' antreffen. An diesem Punkte werden Olivine (und Diopside) kristallisieren und die Zusammensetzung der Schmelze wird sich infolgedessen gegen die Dreiphasenlinie Plagioklas—Olivin—Nephelin hin bewegen. In dieser Weise entsteht somit ein nephelinreiches Residuum durch fraktionierte Kristallisation eines basaltischen Magmas.

Aus diesen beiden Beispielen geht hervor, daß ganz kleine Unterschiede in der ursprünglichen Schmelze die Natur des durch fraktionierte Kristallisation entstandenen Residuums vollkommen verändern können.

Der Abb. 51 ist zu entnehmen, daß dann, wenn der darstellende Punkt der ursprünglichen Schmelze im Körper An—Ab—Ab'—Ab"—An'—An" gelegen ist, die durch Abkühlung bewirkte Auskristallisation von Plagioklas die

Zusammensetzung der Schmelze derart verändert wird, daß ihre Kristallisationsbahn die horizontale Grenzfläche innerhalb des Bereiches Ab'—Ab''—An'—An'' trifft. Ist der darstellende Punkt der ursprünglichen Schmelze vor oder hinter dem oben erwähnten Körper gelegen, so wird die Kristallisationsbahn der Schmelze die horizontale Grenzfläche vor oder hinter dem obenerwähnten Bereiche treffen. Die verschiedenen Fälle, die in dieser Weise entstehen können, werden wir mit Hilfe von Abb. 52 diskutieren. Die horizontale Grenzfläche ist in dieser Abbildung zu einer Ebene auseinandergefaltet.

Die drei folgenden Fälle sind speziell zu beachten:

1. X in Abb. 52 ist darstellender Punkt der ursprünglichen Schmelze: Quarzreiches Residuum entsteht immer.

2. N in Abb. 52 ist darstellender Punkt der ursprünglichen Schmelze: nephelinreiches Residuum entsteht immer.

3. A in Abb. 52 ist darstellender Punkt der ursprünglichen Schmelze: drei verschiedene Fälle sind möglich:

a₁) Es bildet sich ein Überschuß von Olivin, der später nicht mit der Mutterlauge vollkommen reagiert: Quarzreiches Residuum entsteht. Diesen Fall kann man sehr oft in der Natur beobachten.

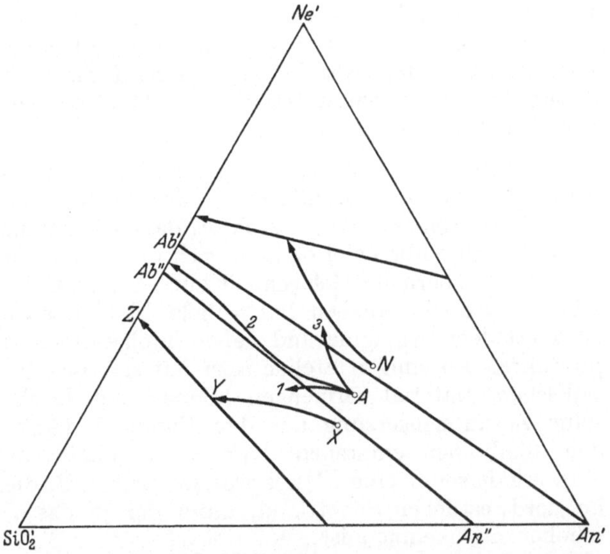

a₂) Die früh gebildeten Olivine reagieren vollständig mit der Mutterlauge: Trachytisches Residuum entsteht. Auch dieser Fall kommt in der Natur sehr oft vor.

a₃) Es bildet sich ein Überschuß von pigeonitischem Pyroxen, der später nicht durch Reaktion mit der Mutterlauge beseitigt wird. Diese Reaktion kann durch folgende Gleichung beschrieben werden:

$$4\,\mathrm{MgSiO_3} + \mathrm{NaAlSiO_4} \rightleftharpoons 2\,\mathrm{Mg_2SiO_4} + \mathrm{NaAlSi_3O_8}$$

$$\text{Pigeonit} + \text{Nephelin} \rightleftharpoons \text{Olivin} + \text{Albit}.$$

Ein Überschuß von Pigeonit erzeugt also ein nephelinreiches Residuum. Die experimentellen Untersuchungen haben aber gezeigt, daß nur diopsidischer Pyroxen zusammen mit Nephelin stabil ist und fast alle Beobachtungen an natürlichen Gesteinen deuten auf dasselbe hin. Die Schlußfolgerung scheint somit berechtigt, daß dieser Fall für die Gesteinsdifferentiation praktisch ohne Bedeutung ist.

Es sei auch erwähnt, daß den Fällen 1 und 2 ein normativer Gehalt des Muttermagmas an Quarz oder Nephelin entspricht; die entsprechenden Derivate sind dann immer subalkalisch oder alkalisch. Dem dritten Fall entspricht ein neutrales Muttermagma, und das Derivat kann je nach den Kristallisationsbedingungen teils quarzreich (rhyolithisch), teils neutral (trachytisch) werden.

Abb. 52. Graphische Darstellung der verschiedenen möglichen Kristallisationsbahnen basaltischer Magmen. Die Bezeichnungen in dieser Abbildung sind dieselben wie in Abb. 51.

Vergleicht man nun die Resultate der synthetischen Studien mit feldgeologischen Erfahrungen und mikroskopischen Befunden, so sieht man ein, daß die mit den großen basaltischen Extrusionen vergesellschafteten Lavatypen von teils alkalischem, teils subalkalischem Charakter ohne Zweifel als Kristallisationsderivate des Basaltes angesehen werden müssen. Und fragt man sich weiter, warum die alkalibetonten Derivate ausschließlich in nichtorogenen Gebieten vorkommen, während die subalkalischen Derivate in orogenen Gebieten zu Hause sind, so scheint die einzige logische Antwort folgende zu sein:

Das wirkliche Urmagma der Ergußgesteine ist ein Olivinbasalt von mildem alkalischem Charakter, einem Punkte zwischen A und N in Abb. 52 entsprechend. In den tieferen Meeresbecken, in denen keine sialische Kruste vorhanden ist (s. S. 83), kann dieses Magma unverändert an die Erdoberfläche gelangen. Hier bildet es die Ozeanböden und baut die ozeanischen Inseln auf. Die in diesen Provinzen charakteristischen Trachyte sind einfache Kristallisationsderivate des Urmagmas.

Ähnliches gilt auch im großen und ganzen für alle nicht-orogenen Lavaprovinzen; durch Aufschließen großer Spalten hat das Magma hier so rasch erumpieren können, daß, obwohl es dabei manchmal Sialschichten bedeutender Dicke hat durchbrechen müssen, sich doch wegen der Art des Eruptionsmechanismus nur spärliche Gelegenheit zur Assimilation oder Vermischung mit sialischem Materiale ergeben hat. Viele Plateaubasalte entsprechen deshalb angenähert dem Urmagma und geben infolgedessen trachytische Differentiationsprodukte. An einigen Stellen aber hat sich das Magma schon in der Tiefe mit sialischem Material vermengen können und durch Assimilation hat sich dann seine Zusammensetzung auf den Punkt X (Abb. 52) hin verändert. Neben den alkalischen entstehen dann auch subalkalische Kristallisationsderivate: Man erhält somit eine „Mischprovinz" wie z. B. die der tertiären Lavaplateaus im nordwestlichen Schottland, unter der ja das Vorhandensein größerer Sialschollen anzunehmen ist.

Ein wesentlich anderes Bild gewähren die Provinzen der Ergußgesteine orogenetisch bewegter Erdzonen. Hier hat das Urmagma keine Möglichkeit gehabt, in unverändertem Zustande extrudiert zu werden. Denn durch Faltung, Stauung und Verknetung geraten die Magmen der Faltengebirge in intimsten Kontakt mit den kieselsäurereicheren, sialischen Sedimenten. Vermischung und Assimilation sind notwendige Konsequenzen, und die Zusammensetzung des Urmagmas wird infolgedessen stark geändert. Es wird subalkalisch (dem Punkte X in Abb. 52 entsprechend), und große Mengen von Andesiten mit späteren Differentiaten von Daziten oder Rhyolithen werden gebildet.

So erklären sich zwanglos die wohl bekannten Gesteinsgesellschaften:

1. Basalt—Trachyt—(Phonolith) der ozeanischen Inseln (Alkalische Gesteinsprovinzen).

2. Basalt—Trachyt und Basalt—Rhyolith in verwickelten Verschränkungsformen, z. B. in Südwestschottland (gemischte Gesteinsprovinzen).

3. Basalt—Andesit—Rhyolith der Faltengebirge (subalkalische Gesteinsprovinzen).

Im nächsten Abschnitt werden wir die Kristallisation der basaltischen Restschmelzen weiter verfolgen und werden zeigen, daß das in diesem Abschnitt auseinandergesetzte petrogenetische Schema dadurch eine weitere Stütze erfährt.

Trachytische und verwandte Magmen als Residualsysteme der Petrogenese.

Wenn wir einen Rückblick auf die Kristallisationssysteme der verschiedenen Silikate werfen, wird es sofort in die Augen fallen, daß die Kristallisationsbahnen sämtlicher Systeme insofern Ähnlichkeiten aufweisen, als durch Fraktionierung eine Restschmelze entsteht, die an Alkali-Aluminiumsilikaten und Kieselsäure angereichert ist.

So finden wir in den Systemen An—Ab und Di—Ab—An albitreiche Restschmelzen; das System Na_2SiO_3—Fe_2O_3—SiO_2 gibt natron- und kieselsäurereiche

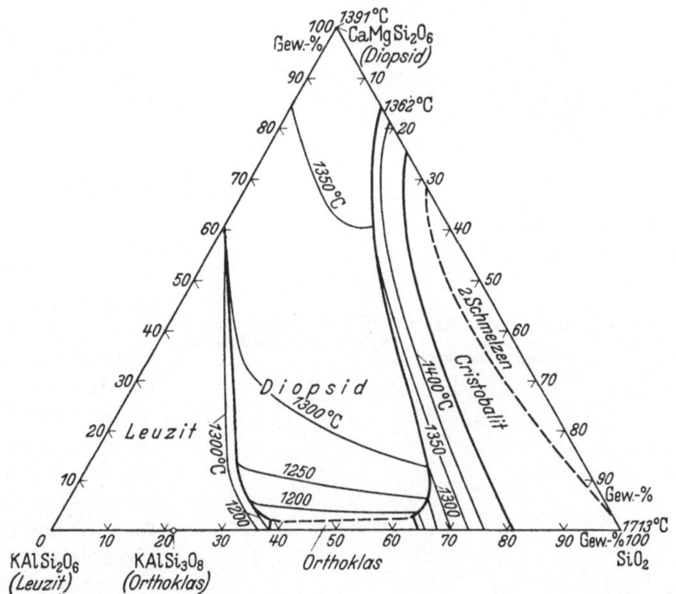

Abb. 53. System Leuzit-Diopsid-Kieselsäure (KAlSi₂O₆—CaMgSi₂O₆—SiO₂). (Nach SCHAIRER und BOWEN.)

Restschmelzen; Systeme mit Olivin als primäre Phase geben immer SiO_2-reiche Residua, usw. Ein sehr interessantes System ist auch Leuzit—Diopsid—Kieselsäure (Abb. 53).

Wie ersichtlich ist das Diopsidfeld sehr groß und erstreckt sich fast bis an das binäre System Leuzit—Kieselsäure. Daraus geht hervor, daß sogar sehr diopsidarme Lösungen den Diopsid als primäre Phase ausscheiden. Augenscheinlich wird die Restschmelze dadurch sehr stark an Orthoklas angereichert. Auch in anderen für diese Überlegungen wichtigen Systemen, die hier aber nicht näher betrachtet werden können, ist dieselbe Tendenz zu verzeichnen, und wir kommen infolgedessen zu folgendem Schluß:

In Mischungen von SiO_2, Al_2O_3, FeO, MgO, CaO, Na_2O, K_2O in gegenseitigen Mischungsverhältnissen, die den gewöhnlichen gesteinsbildenden Mineralen entsprechen, wird fraktionierte Kristallisation eine Anreicherung an Alkali-Aluminiumsilikaten in der Restlauge bewirken. Unter den obenerwähnten Oxyden befinden sich aber alle gewöhnlichen gesteinsbildenden Oxyde, die zusammen etwa 97% der Eruptivgesteine ausmachen. Daraus ist zu schließen, daß auch die fraktionierte Kristallisation natürlicher Magmen alkali-aluminiumsilikatreiche Restschmelzen geben sollte.

Die Gleichgewichtsverhältnisse in solchen Schmelzen, die BOWEN die Residualsysteme der Petrogenese genannt hat, bedürfen einer näheren Besprechung.

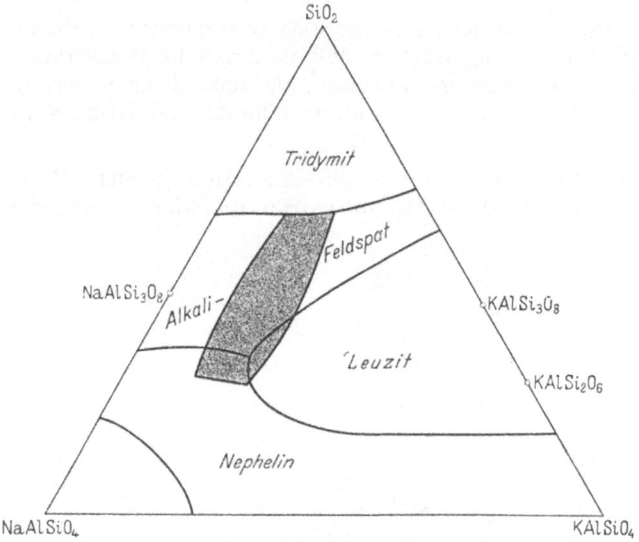

Die Komponenten der Residualsysteme sind: $NaAlSiO_4$, $KAlSiO_4$ und SiO_2. Das Gleichgewichtsdiagramm ist in Abb. 12 mitgeteilt. Ein charakteristisches Kennzeichen dieses Diagramms ist ein Gürtel niedriger Temperaturen, der sich ungefähr mit dem Feld der Natronkalifeldspate deckt. Wenn natürliche Magmen, die reich an Alkali-Aluminium - Silikaten sind, wirklich die Rolle von Residualsystemen spielten, so sollten die Projektionen ihrer darstellenden Punkte alle auf den erwähnten Gürtel im System (Abb. 54) fallen; denn während der fraktionierten Kristallisation eines Magmas mit mehreren Komponenten sollten die Kristallisationsbahnen im polydimensionalen Raum derart verlaufen, daß sie alle gegen den Gürtel niedriger Temperaturen im System $NaAlSiO_4$—$KAlSiO_4$—SiO_2 hinführen. Projiziert man deshalb die Zusammensetzung irgendeines solchen Residualmagmas, bzw. des aus ihm hervorgegangenen Gesteins, auf das Dreieck in Abb. 54, so sollte sein darstellender Punkt auf den erwähnten Gürtel fallen.

Abb. 54. Das System Nephelin—Kaliophilit—Kieselsäure. ($NaAlSiO_4$—$KAlSiO_4$—SiO_2) mit dem Gürtel niedriger Temperaturen in schwarz vermerkt.

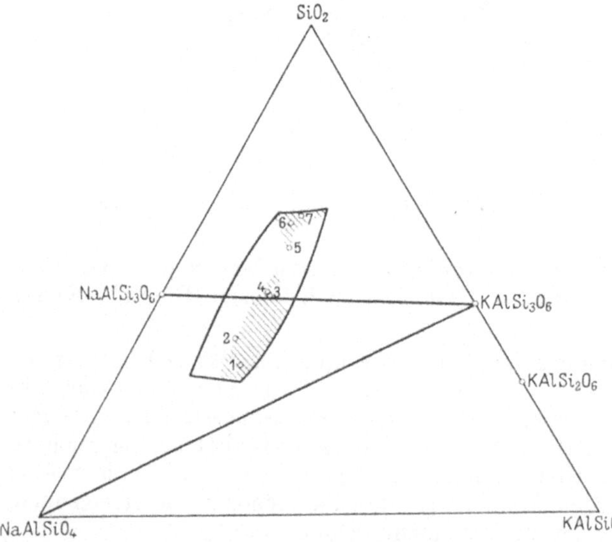

Abb. 55. Das System $NaAlSiO_4$—$KAlSiO_4$—SiO_2 mit den darstellenden Punkten (nach DALYs Mittelwerten) von (1) = 15 Tinguaiten; (2) = 25 Phonolithen; (3) = 32 Alkalisyeniten; (4) = 19 Alkalitrachyten; (5) = 12 Pantelleriten; (6) = 546 Graniten; (7) = 102 Rhyolithen. Die darstellenden Punkte der in dem Text erwähnten ostafrikanischen Laven fallen alle innerhalb des schraffierten Feldes. Die Konturen des erwähnten Gürtels niedriger Temperatur sind eingezeichnet. (Nach BOWEN.)

Unter den Tiefengesteinen, die genügend reich an Alkali-Aluminiumsilikaten sind, sind besonders Granite und Alkalisyenite zu nennen, unter den Laven besonders Phonolithe, Trachyte und Rhyolithe. In Abb. 55 sind die darstellenden Punkte

40 ostafrikanischer Phonolithe, Trachyte und Rhyolithe eingetragen (schraffiertes Feld). Außerdem sind die durchschnittlichen Zusammensetzungen von Tinguaiten, Phonolithen, Alkalisyeniten, Alkalitrachyten, Pantelleriten, Graniten und Rhyolithen (nach DALYs Mittelwerten) eingetragen. Der enge Zusammenhang mit dem Gürtel niedriger Temperaturen im System $NaAlSiO_4$—$KAlSiO_4$—SiO_2 ist unzweifelhaft, und infolgedessen muß man annehmen, daß diese Gesteine wirklich Residualsysteme der Petrogenese darstellen (BOWEN), in denen vor allem die Gleichgewichte Kristall $\rightleftharpoons$ Schmelze einen bestimmenden Einfluß auf die Zusammensetzung ausübten.

Intrusivgesteine des Sials.

In den vorangehenden Kapiteln haben wir die Gesteine der Ozeane beschrieben. Der ebene Boden der tiefen Ozeane außerhalb der kontinentalen Plattform ist petrographisch sehr eintönig; das feste Gestein unterhalb des Globigerinenschlammes und des roten Tiefseetons ist allem Anschein nach fast überall von basaltischem Charakter, und die steilen, aus dem Meere herausragenden Vulkane sind auch so gut wie vollkommen basaltisch. Andere Gesteinsarten, die in sehr kleinen Mengen vorkommen, scheinen einfache Derivate der Basalte zu sein.

Von der Gesamtoberfläche der Erde nehmen die eigentlichen Tiefseebecken etwa die Hälfte ein. Die andere Hälfte besteht aus dem Sial der Kontinentalsockel, der eine sehr verschiedene chemische Zusammensetzung aufweist.

Die Frage nach der Entstehung des Sial ist eine sehr schwierige. Kontinente bestehen, weil die Erde sowohl radial wie lateral inhomogen ist; das leichtere Material hat sich an der Oberfläche des Erdballes und überwiegend auf einer Halbkugel angesammelt. Die radiale Verteilung ist leicht zu erklären; sie beruht auf dem Umstand, daß die Erde ihr eigenes Schwerfeld geschaffen hat, das die Verteilung der Stoffe in den Hauptzügen derart beherrscht, daß die schwersten Bestandteile vorzugsweise im Kern des Systems angereichert werden, die leichteren hingegen in der Hülle. Die Verteilung der Stoffe ist dadurch inhomogen geworden, und noch jetzt beobachten wir einen lebhaften Stoffwechsel, der die Inhomogenität ständig stärker ausprägt, worauf besonders GOLDSCHMIDT aufmerksam gemacht hat. Er hat die Vorgänge, die zu der radialen Inhomogenität des Erdballs geführt haben und die zu Wanderungen der Stoffe noch jetzt Anlaß geben, zu einem großen System des Stoffwechsels der Erde zusammengefaßt.

Eine ganz andere Frage ist aber die laterale Inhomogenität. Hand- und Lehrbücher der Geologie und der Petrographie beschäftigen sich sehr wenig mit diesem Problem; es ist aber nicht möglich, das Problem unberücksichtigt liegen zu lassen, da es mit der Möglichkeit großzügiger magmatischer Bewegungen und mit der Frage nach der Entstehung der Magmen und der Gesteine in enger Verknüpfung steht.

Die Resultate der geologischen Untersuchungen haben gezeigt, daß Ozeane und Kontinente von den ältesten Zeiten an bestanden haben (dies gilt unabhängig davon, ob man an die Permanenz der Kontinente oder aber mit WEGENER und DU TOIT an eine Kontinalverschiebung glaubt), und doch vermögen weder die Planetesimaltheorie von CHAMBERLIN noch die Gezeitentheorie von JEFFREYS eine Erklärung dieser Tatsache zu bringen.

DALY hat das Problem folgendermaßen diskutiert: Es scheint, als ob die sialische Kruste, die zuerst gleichmäßig über der ganzen Erde verteilt war, am Ende des Archäikums große Deformationen erlitten hat. In Übereinstimmung mit der WEGENERschen Theorie der Kontinentalverschiebung scheint es möglich anzunehmen, daß die Deformation so groß war, daß die gefalteten und gebogenen

Sialschollen „bergab" fließen konnten, um sich auf der einen Halbkugel des Erdballs anzusammeln. Auf der anderen Halbkugel bildete sich eine neue schwerere basaltische Kruste, da die langsame Abwanderung der sialischen Kruste ständige Eruptionen der basaltischen Unterlage verursachte. Als schließlich das isostatische Gleichgewicht endgültig wieder hergestellt war, war die eine Hälfte des Erdballes zu einem mit Wasser gefüllten Becken, die andere Hälfte zu einem Kontinentalsockel geworden.

Nach den Untersuchungen von FISHER und PICKERING ist es prinzipiell möglich, daß die Vis a tergo, die die sialische Kruste zum Fließen brachte, durch das Herabstürzen eines Mondes der Erde hervorgerufen wurde.

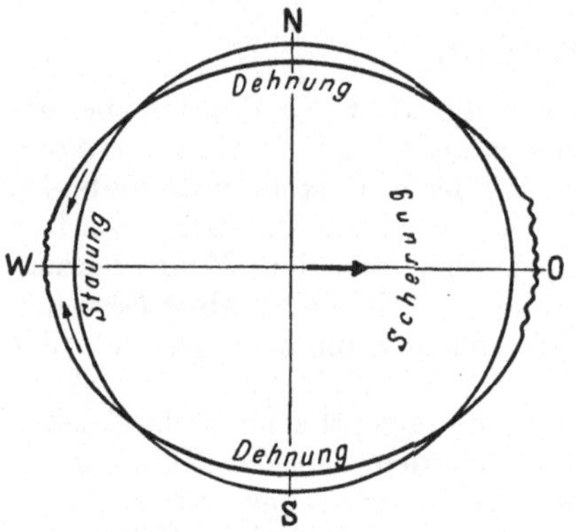

Abb. 56. Die Entstehung lateraler Inhomogenitäten in der Erdkruste durch Variationen in der Rotationsgeschwindigkeit der Erde. (Nach ARNOLD HEIM.)

Nach ARNOLD HEIM könnten auch Änderungen der Rotationsgeschwindigkeit der Erde die Kraftquelle vieler Krustenbewegungen sein (s. Abb. 56).

WASHINGTON hat die laterale Inhomogenität der Erdkruste mit den Sonnenflecken und auch mit dem roten Flecke Jupiters verglichen. Nach ihm wären die Kontinente etwa als „festgefrorene" Sonnenflecke aufzufassen.

Neuerdings haben sich WEGMANN und RITTMANN über diese Fragen in sehr interessanter Weise geäußert.

Wir befinden uns aber hier im Reiche der Spekulationen, und es wird wohl auch noch lange dauern, bis wir befriedigend die hierher gehörigen Fragen beantworten können.

Tatsache ist aber, daß die Erde in erster Annäherung in zwei großzügige petrographische Provinzen eingeteilt werden kann.

1. Die Provinz der Ozeane, die, trotz der kleineren Unterschiede zwischen den verschiedenen Ozeanbecken, im großen und ganzen einen erstaunlich eintönigen petrographischen Charakter besitzt, mit Gesteinen von fast nur basaltischer Zusammensetzung.

2. Die Provinz der Kontinente mit einer mittleren chemischen Zusammensetzung, der ein granit- oder dioritähnliches Gestein entspricht, in der sich aber eine reiche Mannigfaltigkeit von Gesteinsstämmen entwickelt hat.

In der folgenden Tabelle 26 ist die mittlere chemische Zusammensetzung verschiedener Kontinente mit der einiger ozeanischer Eruptionsprovinzen verglichen. Durch Vergleich der normativen Mineralbestände kommen die petrographisch wichtigen Unterschiede besonders gut zum Vorschein.

Die petrographische Zusammensetzung des Sial scheint beim ersten Anblick recht inhomogen zu sein; denn auf der Oberfläche der Erde beobachten wir eine große Mannigfaltigkeit von Gesteinsarten. Betrachten wir aber eine 16 km dicke Schicht, so sind nach WASHINGTON und CLARKE die verschiedenen Gesteinsklassen folgendermaßen verteilt:

$$
\begin{array}{lr}
\text{Eruptive Gesteine} & 95 \\
\text{Schiefer} & 4,0 \\
\text{Sandgesteine} & 0,75 \\
\text{Kalkgesteine} & 0,25 \\
\hline
& 100,00
\end{array}
$$

Dabei ist aber zu bemerken, daß in der Tabelle die Gneise zu den eruptiven Gesteinen gerechnet sind.

Unter den Eruptivgesteinen gibt es viele Varietäten, und wir werden im folgenden mehrere charakteristische Stammestypen der Gesteine des Sials kennen lernen. Die verschiedenen Gesteinsstämme nehmen in der Regel beschränkte Teile des Sials ein, indem sie mehr oder minder gut begrenzten Eruptionsprovinzen angehören.

Über die Extrusionsgesteine des Sials ist schon berichtet worden. Unter den Intrusiven sind Granite stark vorherrschend; zum Problem seiner Entstehung werden wir in einem späteren Abschnitt zurückkehren. Zunächst seien einige besonders charakteristische Stammestypen von Intrusivgesteinen näher erörtert.

Stammestypen der Eruptivgesteine.

Wie schon mehrmals erwähnt, lehrt die geologische Erfahrung, daß bestimmte Stammestypen der Eruptivgesteine an bestimmte geologische Vorgänge geknüpft sind.

Tabelle 26. Durchschnittszusammensetzung der Eruptivgesteine einiger Kontinente verglichen mit denen einiger ozeanischer Inseln.

	1 N.-Amerika	2 Europa	3 Südatlantische Inseln	4 Polynesien
Chemische Zusammensetzung.				
SiO_2	60,19	59,84	50,59	50,03
Al_2O_3	15,76	15,12	15,81	15,51
Fe_2O_3	2,87	3,17	4,44	3,88
FeO	3,67	3,67	5,79	6,23
MgO	3,16	3,61	5,79	6,62
CaO	4,80	4,97	7,36	7,99
Na_2O	3,90	3,73	4,27	4,00
K_2O	3,07	3,40	2,31	2,10
H_2O	1,01	1,24	1,47	1,16
TiO_2	1,01	0,83	1,63	1,96
P_2O_5	0,26	0,23	0,43	0,25
MnO	0,10	0,08	0,04	0,15
Inclusive . . .	0,20	0,11	0,07	0,12
	100,00	100,00	100,00	100,00
Mineralogische Zusammensetzung (Norm).				
Q	11,34	10,50	—	—
Or	18,35	20,02	13,34	12,23
Ab	33,01	31,44	33,80	30,65
An	16,40	14,46	18,35	18,07
Ne	—	—	1,28	1,85
Di	4,45	6,67	12,20	15,76
Hy	8,54	8,71	—	—
Ol	—	—	9,35	10,01
Mt	4,18	4,64	6,50	5,57
Il	1,98	1,52	3,04	3,80
Ap	0,67	0,67	1,39	0,67

Nimmt man an, daß die verschiedenen Glieder eines Stammes durch fraktionierte Kristallisation eines gemeinsamen Magmas entstanden sind, so kann man das folgende Diagramm als den Normalfall betrachten.

Zum Vergleich mit dem Normaldiagramm hat GOLDSCHMIDT ein analoges Diagramm konstruiert, das auf empirischem Material beruht, das an Stämmen vom Glimmerdiorittypus gesammelt wurde.

Es entspricht dem

Normaldiagramm.

typischen Differentiations- und Kristallisationsverlauf eines solchen Stammes, den GOLDSCHMIDT besonders eingehend studiert hat, des Opdalit-Trondhjemit-Stammes im kaledonischen Faltengebirge. Das Diagramm könnte ebensowohl den Sonderungsverlauf des alpinen Klausendiorit-Tonalit-Stammes darstellen oder etwa denjenigen der Andendiorite.

Die Eigentümlichkeiten dieses Stammes und auch die einiger anderer Stämme hat GOLDSCHMIDT folgendermaßen diskutiert:

Der wesentlichste Unterschied des Stammes der Glimmerdiorite gegenüber dem im Normaldiagramm dargestellten Fall besteht in dem schon frühzeitigen und sehr reichlichen Auftreten von Biotit, womit das Fehlen oder wenigstens Zurücktreten von Kalifeldspat offenbar ursächlich verknüpft ist. Die frühzeitige Biotitbildung entzieht dem Magma offenbar so viel Kali, daß Kalifeldspat in den sauren Endgliedern entweder gar nicht zur Kristallisation gelangt oder doch an Menge sehr zurücktritt. Diese Begünstigung des Biotits auf Kosten des Kalifeldspats ist offensichtlich begründet in einem relativ hohen Wassergehalt des Magmas. Woher stammt nun dieser hohe Wassergehalt? Betrachten wir das geologische Auftreten dieser Stämme, so finden wir, daß sie örtlich und zeitlich ausnahmslos an *Faltengebirge* geknüpft sind. Wir finden sie in tief niedergefalteten Geosynklinalen, wie etwa im südnorwegischen Faltungsgraben,

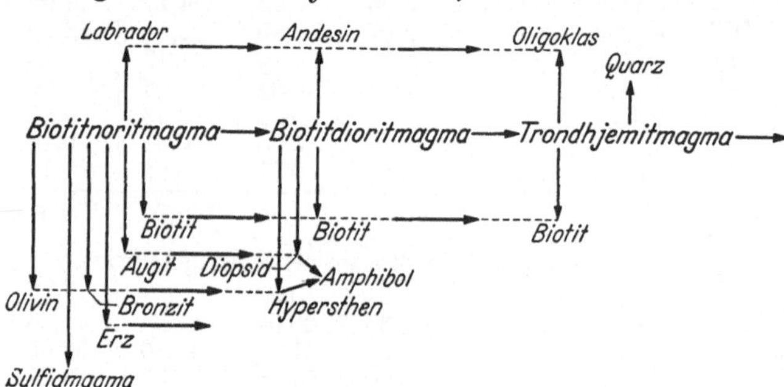

Diagramm II.

Typus eines Glimmerdioritstammes.

in welchen große Mengen toniger Sedimente hineingefaltet sind; die Intrusion dieser Stämme findet während der Gebirgsfaltung statt oder sehr bald danach. Stämme dieser Art folgen ihrem Faltengebirge über ungeheure Distanzen, über Tausende von Kilometern, ohne jemals ins Vorland des Gebirges hinauszutreten.

Es wäre eine sehr gewagte Vermutung anzunehmen, daß zufällig von vornherein unter den Gebirgen solche langgestreckte Magmenreservoire vorhanden waren, die sich durch diese bestimmte wasserreiche Magmenart auszeichneten. Viel wahrscheinlicher ist die Annahme, daß der Wasserreichtum dieser Faltengebirgsmagmen gerade aus den wasserhaltigen Tonsedimenten der Geosynklinale stammt, daß die Tonsedimente einen Teil ihres Wassergehaltes bei lokaler oder regionaler Metamorphose abgeben und daß diese aus den Sedimenten stammende Wassermenge ganz oder teilweise vom flüssigen Silikatmagma aufgelöst wurde.

Wir können solche Stämme zweckmäßig „Glimmerdioritstämme" nennen. Stämme dieser Art, Glimmerdioritstämme, wären demnach durch Differentiation eines besonders „nassen" Magmas gebildet, das durch Wasseraufnahme unter hohem Druck aus wasserärmerem magmatischem Material gebildet ist.

Zum Vergleich wollen wir nun einen ganz anderen Stammestypus untersuchen, nämlich den Typus der Anorthosit-Charnockit-Stämme. Auch dieser Stammestypus ist im kaledonischen Gebirge hervorragend vertreten, nämlich durch jenen Gesteinsstamm, der unter dem Namen „Bergen-Jotun-Stamm" bekannt ist. Eine schematische Darstellung des Kristallisations- und Differentiationsverlaufs in solchen Stämmen ergibt das folgende Diagramm III.

Als besonders charakteristische Kennzeichen dieses Stammes ersehen wir aus dem Diagramm, daß Biotit und ebenso Amphibol gegenüber dem Normaldiagramm ganz zurücktreten. Die Pyroxenminerale Diopsid und Hypersthen reichen bis in die granitischen Endglieder der fraktionierten Kristallisation. Ferner beginnt die Ausscheidung des Kalifeldspats oder kalireicher Mischfeldspäte schon sehr früh. Besonders charakteristisch für diese Stämme sind daher mikroperthitische Verwachsungen zwischen Kalifeldspat und relativ kalkreichen Plagioklasen, wie sie besonders den Gesteinen des Mangerittypus zu eigen sind. Wir können daher diesen Stammestypus den Typus der Mangeritstämme nennen.

Charakteristisch für diesen Stammestypus ist offenbar die Armut an Wasser, die sich im Zurücktreten des Biotits kund tut. Hiermit stimmt die geologische Erfahrung über das Auftreten solcher Stämme überein. Wir finden Intrusionen dieser Stämme inmitten alter Granite oder alter, schon früher stark entwässerter Gneise, also in einer sehr wasserarmen Umgebung. Wo Mangeritstämme in Faltengebirgen mit reichlichem Tonschiefermaterial auftreten, zeigt die geologisch-petrographische Beobachtung, daß die „mise en place" erst in festem oder in bereits differenziertem Zustande stattgefunden hat (Berninagebirge, Jotunheimen). Wir können daher die Mangeritstämme als Produkte eines besonders „trockenen" Magma auffassen.

Ob die so frühzeitige Kristallisation des Kalifeldspates ausschließlich in der relativen „Trockenheit" des Magmas begründet ist, oder ob das Stammagma außerdem relativ reich an Kali gewesen ist, etwa durch Resorption kalireichen Materials aus den umgebenden Graniten und Gneisen, muß vorläufig noch dahingestellt werden, es ist wohl möglich, daß beide Umstände zusammengewirkt haben.

Diese Resultate, die von GOLDSCHMIDT schon 1922 erreicht wurden, können im Lichte der späteren Untersuchungen über Magmatisierungsvorgänge sehr gut verstanden werden. Es ist nicht nur möglich, daß sedimentäres Material, z. B. Wasser, einen modifizierenden Einfluß auf die Magmen der Faltengebirge ausübt, man würde heute sogar annehmen, daß die Sedimente durch differentielle Aufschmelzung wesentliche Beiträge zum Magma lieferten. Hierdurch wird ersichtlich, daß die Unterschiede der einzelnen Stammestypen von der Eigenart der vorhandenen Sedimente und der Möglichkeit zur Assimilation, d. h. von geologischen Faktoren, bedingt werden, und nicht auf einen ursprünglichen Unterschied hypothetischer Stammagmen zurückzuführen sind.

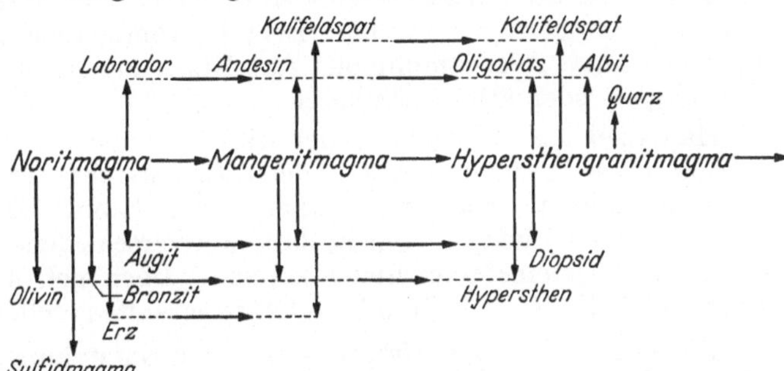

Diagramm III.

Typus eines Mangeritstammes.

Wie auch GOLDSCHMIDT hervorhebt, wird es uns vor allem klar, wie an ein und demselben Orte zu verschiedenen Zeiten, entsprechend den jeweiligen verschiedenen geologischen Verhältnissen, extrem verschiedene Stammestypen auftreten können. Und es wird uns verständlich, daß an den verschiedensten Stellen der Erde die gleichen Stammestypen auftreten können, sobald die gleichen geologischen Bedingungen vorliegen.

Alkaligesteine.

Mit Vorliebe haben Petrographen die verschiedenen Typen der Alkaligesteine, die in großer Mannigfaltigkeit auftreten, beschrieben. Diese Gesteine sind aber relativ sehr selten; nur etwa $^1/_{1000}$ aller Eruptivgesteine kann man nach DALY als Alkaligesteine bezeichnen. In der Regel findet man Alkalistämme in Verbindung mit großen Grabenbrüchen, längs Spaltenverwerfungen oder in Form von Explosionsschlöten.

Durch allerlei Übergänge sind die Alkaligesteine mit den subalkalischen Gesteinen verknüpft und die Abgrenzung und Definition des Begriffes ist auch deshalb unsicher gewesen. Der Ausdruck „Alkaligestein" wird jetzt in der Petrographie verschiedenartig gebraucht, häufig derart, daß man kaum weiß, was man darunter verstehen soll. S. J. SHAND hat versucht, Ordnung zu schaffen, und wir werden hier ungeändert seine Definition bringen.

„In den verbreitetsten Abarten der Eruptivgesteine sind die Alkalioxyde an Tonerde und Kieselsäure gebunden, mit denen sie Feldspat und Glimmer bilden. Im Feldspat besteht zwischen Alkali, Tonerde und Kieselsäure das Verhältnis 1 : 1 : 6; im Glimmer variiert dieses Verhältnis von 1 : 1 : 6 im Phlogopit bis 1 : 3 : 6 im Muskovit. Danach definiere ich ein Alkaligestein als ein Gestein, in dem die Alkalien das Verhältnis 1 : 1 : 6 überschreiten, wobei entweder ein Defizit an Al_2O_3 oder an SiO_2 auftreten kann.

Ist nur die SiO_2 unzureichend, so bilden sich Feldspatoide; das Gestein kann z. B. ein Glimmerfoyait werden. Bei relativem Mangel an Al_2O_3 kommen Alkalipyroxene und Alkaliamphibole zur Erscheinung; es entsteht vielleicht ein Ägirinfoyait oder etwas Ähnliches.

Hauptziel der Erforschung der Alkaligesteine ist, den Grund zu entdecken, warum dieser Mangel an Al_2O_3 oder SiO_2 entsteht. Da ein Mangel an Tonerde einerseits und an Kieselsäure andererseits kaum die gleiche Ursache haben kann, so müssen wir annehmen, daß zwei verschiedene Prozesse an der Bildung eines Alkaligesteins teilnehmen können. Doch gehen erfahrungsgemäß beide Prozesse häufig Hand in Hand, und Ägiringranite gesellen sich gern zu Foyaiten."

Die Frage nach dem Ursprung und der Entstehung der Alkaligesteine kann nicht endgültig beantwortet werden. Die verschiedenen Theorien, die von einer großen Anzahl von Petrographen aufgestellt worden sind, zerfallen in vier Klassen.

1. Die Restmagmatheorien, die die Alkaligesteinsmagmen als Restschmelzen langdauernder Kristallisationsprozesse eines a) subalkalischen Magmas (BOWEN u. a.) oder b) eines (alkali-)basaltischen Magmas ansehen (LEHMANN, WEGMANN, BOWEN, BARTH u. a.).

2. Theorien, nach denen die Differentiation der Alkaligesteine aus subalkalischen Gesteinsmagmen durch die im Magma vorhandenen flüchtigen Bestandteile vermittelt wird (SMYTH, LINDGREN).

3. Die Assimilationstheorie, die die Abspaltungsmöglichkeit der Alkaligesteine aus subalkalischen Magmen auf eine Assimilation von Kalkgestein zurückführen will (DALY, SHAND).

4. Die Verdrängungstheorie, nach der einige Alkaligesteine als Migmatite aufzufassen sind (WEGMANN).

Es ist anzunehmen, daß die meisten Alkaligesteine eine recht komplizierte Bildungsgeschichte aufweisen und daß infolgedessen keine einzige der erwähnten Hypothesen in der Lage ist, ihre Entstehungsweise restlos zu erklären. Die Alkaligesteine sind sicherlich „polyphyl" (um einen Ausdruck aus der Paläontologie zu entlehnen): Sie können von mehreren Seiten stammen. Darüber sind sich wohl jetzt alle Petrographen einig.

Obwohl es somit im allgemeinen unmöglich erscheint, der einen oder der anderen Entstehungshypothese den Vorzug zu geben, so gewinnt man doch durch Betrachten der einzelnen Vorkommen den Eindruck, daß einige verhältnismäßig reine Typen der Alkaligesteine existieren, denen im wesentlichen eine durch fraktionierte Kristallisation eines Stammagmas entstandene Restschmelze entspricht. Es gibt aber auch andere Typen der Alkaligesteine, die im wesentlichen Assimilationsprozessen und metasomatischen Vorgängen ihre Entstehung verdanken; solche Typen werden wir in den letzten Kapiteln näher erörtern. Wir betrachten hier zunächst die unter 1 und 2 aufgeführten Möglichkeiten.

1 a. Man hat eigentlich keinen Prozeß ersinnen können, nachdem es wahrscheinlich erscheint, daß alkalische Restmagmen durch fraktionierte Kristallisation eines subalkalischen Magmas entstehen könnten.

1 b. Die Bildung einer alkalischen Restschmelze durch fraktionierte Kristallisation eines basaltischen Magmas geeigneter Zusammensetzung ist aber durchaus möglich (s. S. 80). In Restmagmen mit Kalivormacht kann sich dann unter solchen Verhältnissen Leuzit bilden, sofern das Magma unter kleinem Drucke steht.

In den Tiefengesteinen, die unter höherem Drucke stehen, kann sich der Leuzit nicht bilden (s. Abb. 10). Ihm entspricht in diesen Gesteinen eine Mischung von Nephelin und Orthoklas oder deren Umwandlungsprodukte (Pseudoleuzit). Die große chemische Ähnlichkeit zwischen nephelinführenden und leuzitführenden Gesteinen ist überhaupt beachtenswert; es ist nämlich nicht so, daß etwa die Leuzitgesteine immer kalireicher wie die Nephelingesteine sind. So findet man unter den Alkaligesteinen von Magnet Cove Leuzitporphyre und Foyaite, die chemisch praktisch identisch sind. Wie aus der folgenden Tabelle hervorgeht, besteht auch ein ähnliches Verhältnis zwischen Leuzitphonolithen und Nephelinsyeniten.

Diese Ähnlichkeit der chemischen Gesteinszusammensetzung hängt damit zusammen, daß die natürlichen Nepheline stets kalihaltig und die natürlichen Leuzite stets natronhaltig sind. Die große chemische Veränderlichkeit der natürlichen Nepheline geht auch aus den Zusammenstellungen in Tab. 27 klar hervor. Hieraus ersieht man, daß die natürlichen Leuzite sehr wohl in Pseudoleuzit übergehen können nach dem Schema

$$\text{Leuzit} \rightleftharpoons \text{Nephelin} + \text{Orthoklas.}$$

Tabelle 27.

Vergleich zwischen leuzit- und nephelinführenden Gesteinen (I und II) und Vergleich zwischen zwei gesteinsbildenden Nephelinen (1 und 2).

	I	II	1	2
SiO_2 . . .	55,87	55,38	46,41	40,74
Al_2O_3 . . .	20,85	23,74	31,07	33,39
Fe_2O_3 . . .	2,34	0,63	} 0,78	0,83
FeO . . .	1,10	1,26		
MgO . . .	0,48	0,81	0,11	0,25
CaO . . .	3,07	0,67	0,87	0,91
Na_2O . . .	4,81	5,29	15,67	12,53
K_2O	10,49	10,05	3,81	11,13
$H_2O +$ . .	0,34	1,12	0,97	0,23

I Leuzitphonolith, Sabatinergebiet, Italien.

II Nephelinsyenit, Itschan, Sibirien.

1 und 2. Zwei verschiedene gesteinsbildende Nepheline, aus Alkalilaven des ostafrikanischen Grabens. (Nach BOWEN.)

Unter den alkalischen Ergußgesteinen könnten wir besonders die oft leuzitführenden Laven des großen ostafrikanischen Grabens erwähnen, von denen man annehmen kann, daß sie durch fraktionierte Kristallisation eines basaltischen Magmas entstanden (s. S. 81 und Abb. 55). Leuzitfreie Ergußgesteine von alkalischem Typus, die als Derivate alkalischer Magmen aufzufassen sind, kommen z. B. in der großen Eruptionsprovinz des südlichen atlantischen Ozeans vor (S. 68).

Alkalische Tiefengesteine verschiedener Art finden sich in mehreren gut begrenzten Eruptionsprovinzen, so z. B. im Oslo-Gebiete, dessen Eruptivgesteine durch die klassischen Arbeiten von BRÖGGER besonders gut bekannt geworden sind. In diesem Gebiete hat BRÖGGER als erster die Parallelität zwischen Kristallisationsfolge der Minerale und Differentiationsfolge der Gesteine nachgewiesen. Besonders als jüngere Glieder der Osloer Eruptionsprovinz finden sich Alkaligesteine, die als Differentiate eines ursprünglich essexitischen oder gabbroiden Magmas aufzufassen sind.

Das Differentiationsdiagramm dieser Gesteine, das aber noch in mehreren Einzelheiten hypothetisch ist, hat SCHETELIG, wie in Abb. 57 gezeigt,

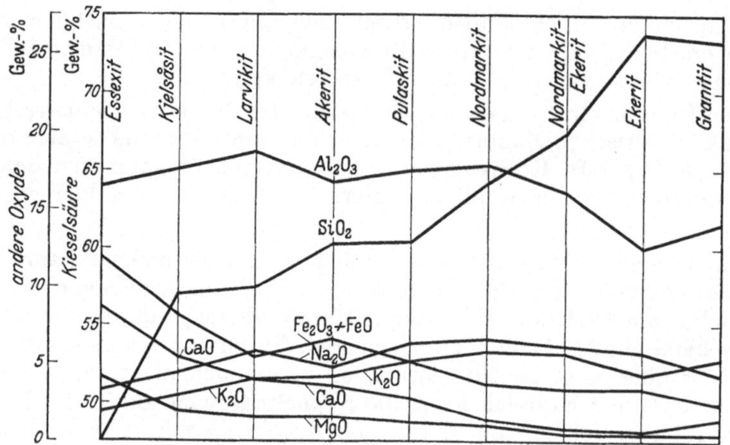

Abb. 57. Differentiationsdiagramm der Eruptivgesteine des Oslo-Gebietes. (Nach SCHETELIG.)

zusammengestellt. Das Differentiationsschema hat GOLDSCHMIDT in seinen Vorlesungen folgendermaßen gegeben:

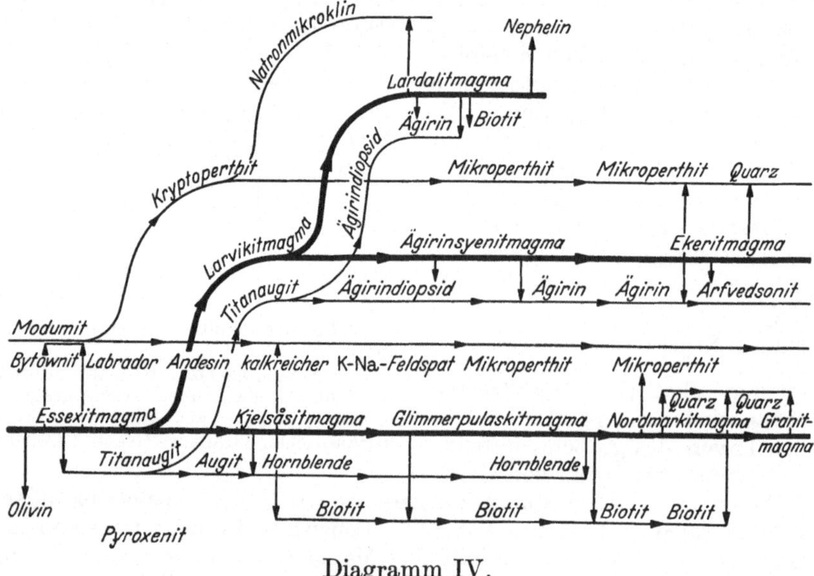

Diagramm IV.

Die Reaktionsserien der aus den alkalischen Magmen kristallisierenden Minerale sind im allgemeinen etwas verschieden von denen der subalkalischen Magmen.

In den subalkalischen Magmen kristallisiert die Hauptmasse der Plagioklase und der dunklen Minerale schon vor dem Anfang der Kristallisation der Alkalifeldspäte. Graphisch wird diese Ausscheidungsfolge durch die auf S. 36 beschriebenen Reaktionsreihen von BOWEN dargestellt.

In den alkalischen Magmen bilden aber auch die Alkalifeldspäte eine (kontinuierliche) Reaktionsserie, die mitunter für die magmatische Entwicklung von großer Bedeutung sein kann. Man hat nämlich feststellen können, daß Kalifeldspat in einigen alkalischen Magmen sehr früh auskristallisiert. Manchmal scheidet er sich gleichzeitig mit basischem Plagioklas und Olivin (evtl. Pyroxen) aus. Während der Abkühlung treten nun die früh gebildeten Kalifeldspate in Reaktion mit der Schmelze und werden dadurch allmählich natronreicher. Die Reaktionsserie der Alkalifeldspäte verläuft somit von kalireichen nach natronreichen Gliedern. Nach BARTH kann die Kristallisationsgeschichte eines solchen alkalischen Magmas folgendermaßen schematisch dargestellt werden:

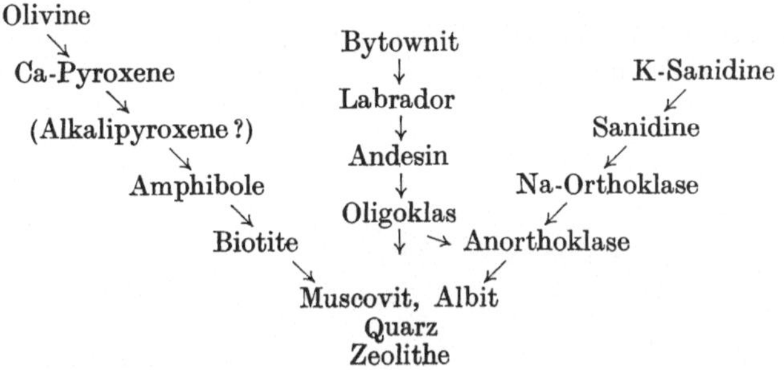

2. Unzweifelhaft können Alkaligesteine direkt aus basaltischen Magmen einfach durch fraktionierte Kristallisation entstehen (S. 80). Es ist aber wahrscheinlich, daß spezielle Vorgänge die Bildung der Alkaligesteine besonders begünstigen. Nach SMYTH wären die im Magma primär vorhandenen Gase besonders wichtig, um eine effektive Abspaltung von Alkaligesteinen aus subalkalischen Magmen zu bewirken. Es ist auch eine unverkennbare Tatsache, daß die Magmen der Alkaligesteine gewöhnlich reicher als die subalkalischen Magmen an flüchtigen Bestandteilen waren. In Übereinstimmung hiermit steht wohl auch die Erfahrung, daß die Alkaligesteine besonders kennzeichnend für geologisch stabile Gebiete sind, in denen die im Magma vorhandenen Gase nicht leicht entweichen konnten. In geologisch bewegten Teilen der Erdkruste, in Faltengebirgen u. dgl. fehlen die Alkaligesteine meistens ganz, und in diesen Gebieten haben auch die Gase gute Gelegenheit gehabt, längs Spalten, Klüften und Bewegungsflächen zu entweichen. (Hier hat aber auch das Magma durch Assimilation Gelegenheit gehabt sub-alkalisch zu werden!)

Es scheint also die Annahme, daß die Gase im Magma auf irgendeine noch nicht geklärte Weise eine Abspaltung alkalischer Gesteine verursachen können, mit den geologischen Beobachtungen in gewisser Übereinstimmung zu stehen. Den Alkaligesteinen entsprechen zwar oft Restschmelzen, doch kann ihre Entstehung nicht immer durch die Theorie der fraktionierten Kristallisation erklärt werden. Man muß vielmehr auch mit einer besonderen Wirkung der flüchtigen Bestandteile rechnen.

Über die Entstehung der Alkaligesteine im westlichen Nordamerika hat LINDGREN sich in außerordentlich interessanter Weise geäußert. Er nimmt an, daß die subalkalischen Magmen selbst die Fähigkeit zur Erzeugung einer alkalischen Schmelze besitzen, daß dieser Vorgang nicht durch spezielle tektonische Vorgänge bedingt wird, daß Assimilation nur von lokaler Bedeutung ist, und daß die Differentiation der Alkaligesteine aus den subalkalischen Magmen besonders durch die flüchtigen Bestandteile vermittelt wird.

LINDGREN hat ferner nachgewiesen, daß sich die Magmen des Westrandes des amerikanischen Erdteiles im Laufe geologischer Zeiträume langsam ostwärts bewegt haben. Die Geschichte dieser langdauernden Wanderung der magmatischen Tätigkeit nach Osten in Nordamerika beginnt schon in Paläozoikum mit kleineren Extrusionen längs der pazifischen Küste. Erst im Jura setzte eine bedeutende Aktivität mit batholitischen Intrusionen, Faltungen und

Gebirgsbildung ein. Langsam zog diese Tätigkeit gegen Osten hin und langte zur
Eozänzeit in dem Kordilleren-Gebiet an. Der Intrusionstätigkeit folgte Erosion,
und später setzte eine lebhafte vulkanische Tätigkeit ein, die stark differentiierte
Lavaergüsse schuf. Diese Laven enthielten auch große Mengen von Mineralisatoren, die sich jetzt in Silber und Gold führenden Adern kund geben. Ihren
Höhepunkt hat diese Tätigkeit im Spättertiär erreicht, sie setzt sich aber noch
heute fort.

LINDGREN betrachtet somit den Vorgang der ganzen Mineral- und Erzbildung,
der schon im Mesozoikum begann und noch heute fortdauert, als einen einzigen
kontinuierlichen Prozeß der Abspaltung flüchtiger Bestandteile aus den ursprünglich subalkalischen Magmen. Im Laufe dieses langen Zeitraums hat sich so die magmatische Tätigkeit langsam ostwärts verschoben, und gleichzeitig haben sich die Magmen langsam differentiiert. Von einem ursprünglich basaltischen Magma ausgehend bildeten sich der Reihe nach Diorit, Granodiorit, Monzonit, Quarzmonzonit und schließlich typische Alkaligesteine, die wir jetzt an der Ostfront der magmatischen Tätigkeit in einer Zone von Kanada nach Mexiko in großer Mannigfaltigkeit antreffen (Highwood Mountains und Grazy Mountains, Montana; Leucite Hills, Wyoming; junge Ergußgesteine im süd-

Abb. 58. Flußspatvorkommen in den westlichen Vereinigten Staaten.
(Nach LINDGREN.)

östlichen Idaho und nordöstlichen New Mexiko; Phonolithe und Basanite in
Texas usw.).

Mit diesen Gesteinen eng verknüpft finden wir auch eine spezielle Mineralbildung von Telluriden, Gold und Flußspat. Man nimmt an, daß Fluor ein für
die alkalischen Gesteine charakteristisches Element ist, und daß Flußspat
deshalb gewissermaßen als Indikator alkalischer Gesteine gelten kann. In allen
alkalischen Magmen reicherte sich nämlich Fluor an, und sobald eine Möglichkeit
zum Entweichen entstand, wurde es nach der Oberfläche oder in das Nebengestein geführt und dort als Flußspat ausgefällt. Im Gegensatz dazu fehlt
Fluor so gut wie ganz in allen Gesteinen der pazifischen Küste (s. Karte, Abb. 58).
Die einzigen hier bekannten Vorkommen (im südlichen Kalifornien) können
dadurch erklärt werden, daß hier die Abzapfung des Fluors zu einem außergewöhnlich frühen Zeitpunkt geschah.

Die regionale Entwicklung der Alkaligesteine in diesem Gebiete beruht den Auseinandersetzungen LINDGRENs zufolge auf der ostwärts gerichteten Bewegung der tieferliegenden Magmamassen. Der Antrieb zu dieser Bewegung ist ohne Zweifel in der Reaktion zwischen dem nordamerikanischen Kontinent mit den tiefliegenden Simaschichten des Stillen Ozeans zu suchen. Es ist in dieser Verbindung von Interesse zu erwähnen, daß die oben beschriebenen Verhältnisse nicht nur für die westlichen Teile der Vereinigten Staaten ihre Gültigkeit zu besitzen scheinen. Wahrscheinlich könnte eine ähnliche Diskussion auch für Alaska, Kanada, Mexiko und Südamerika durchgeführt werden. Entsprechende Alkaligesteine sind schon z. B. auf dem Ostabhang der Anden in Südamerika bekannt.

Über die durch Assimilation oder Verdrängung entstandenen Alkaligesteine s. S. 101.

Monomineralische Gesteine.

Es gibt noch eine Klasse von Gesteinsarten, über deren Entstehung viel debattiert worden ist; es sind die monomineralischen Gesteine. Unter sich zeigen sie markante individuelle Eigentümlichkeiten. Trotzdem ist es möglich, daß sie grundsätzlich in analoger Weise entstanden sind. Hier werden wir die folgenden Arten erwähnen:

Anorthosit, Dunit, Peridotit und Pyroxenit.

Anorthosite.

Unter den Gesteinen des Bergen-Jotun-Stammes (in Südnorwegen) findet sich ein eigentümliches Gestein, der Anorthosit (Labradorfels), der fast nur aus Plagioklas besteht. Es erscheint durchaus möglich, daß kleinere Anorthositkörper durch gravitative Sonderung frühzeitig kristallisierter Plagioklase aus einem Magma des Bergen-Jotun-Stammes entstanden sind. Eine charakteristische Besonderheit der Anorthosite ist aber, daß sie oft in Form von gewaltigen Gesteinskörpern auftreten. Außer dem Granit sind sie die einzigen Gesteinsarten, für die die batholithische Intrusionsweise behauptet worden ist. Die Größe verschiedener Anorthositkörper geht aus der nebenstehenden Tabelle hervor.

Tabelle 28. Fundort, Alter und Ausdehnung der größeren Anorthositkörper (nach DALY).

Fundort	Größe qkm	Alter
Labrador (17 größere Körper)	130000	Präkambrisch
Saguenay, Quebec	15000	,,
St. Urbain, Quebec	350	,,
Morin, Montreal, Quebec .	2500	,,
Chibougamau, Quebec . .	250	,,
Rainy Lake, Ontario . . .	65	,,
Adirondacks, New York State	3000	,,
Sherman quadrangle, Wyoming	125	,,
St. Joe River, Idaho . . .	15	,, (?)
Bergen, Norwegen (3 kleinere Körper)	10—150	,, (?)
Egersund-Sogndal, Norwegen	950	,,
Voß-Sogn, Norwegen . . .	2000	,, (?)

Die Frage nach der Entstehung der Anorthosite ist noch nicht gelöst. Folgende Tatsachen sind wichtig:

1. Obwohl kleinere Körper von Anorthosit jung sein können (Tertiär), so scheinen alle größeren Körper präkambrischen Alters zu sein.

2. Zu den Anorthositen gibt es kein entsprechendes Ergußgestein. Es scheint somit, als ob anorthositische Magmen nicht existieren könnten.

3. Die Anorthosite können mitunter sehr grobkörnig werden (Labradorkristalle von 35 cm und mehr!).

4. Die meisten Körper zeigen ausgeprägte Schiefrigkeit, einige sogar Mylonitisierung. Protoklastische Deformationen sind auch häufig.

5. Die Anorthosite selbst und die mit ihnen in Verbindung stehenden dunklen Gesteinsarten zeigen sehr oft eine gebänderte Struktur: Helle und dunkle Lagen aus Plagioklas, Pyroxen, Eisenerzen, Chromit oder Olivin in den verschiedensten Mengenverhältnissen und Ausbildungsformen sind für einige, wenn nicht alle, Anorthositgebiete außerordentlich charakteristisch.

6. Gänge oder Apophysen von Anorthosit sind mit einigen seltenen Ausnahmen so gut wie unbekannt.

In einer Eruptionsprovinz sind die Anorthosite nie allein da, vielmehr sind sie gewöhnlich mit anderen Gesteinen in einer solchen Weise vergesellschaftet, daß man zur Annahme einer genetischen Verwandtschaft geführt wird.

Unter der Voraussetzung, daß die verschiedenen Gesteinstypen in der Anorthositprovinz des südwestlichen Norwegens (Bronzitgranit—Hornblendemonzonit—Norit—Anorthosit) aus einem gemeinsamen Magma herstammten, ist die mittlere Zusammensetzung des gemeinsamen Magmas berechnet (Tab. 29).

Wie ersichtlich, entspricht dem Stammagma ein Quarzmonzonit, und die Zusammensetzung des Magmas gibt somit eigentlich keine Anhaltspunkte für die Beantwortung der vielen Fragen des Anorthositproblems.

Eine der vollständigsten Untersuchungen eines Anorthositgebietes ist von BALK für die Adirondack-Provinz durchgeführt worden. Nach ihm erscheint es wahrscheinlich, daß die Entstehung des Adirondack-Anorthosits folgendermaßen gedacht werden kann:

Ein ursprünglich dioritisches Magma, in dem große Quantitäten von Labradorkristallen und kleinere Mengen von ferromagnesischen Mineralen suspendiert waren, bewegte sich langsam schräg aufwärts. Während der außerordentlich langen Zeiträume seiner Intrusionsgeschichte schied das Magma drei verschiedene Gesteinstypen aus: Gabbro, Anorthosit und Syenit. Davon werden Gabbro und Anorthosit als Kristalldifferentiate (Akkumulation von festen Mineralkörnern) aufgefaßt, während die Syenite aus einer Mutterlauge entstanden.

Tabelle 29. Durchschnittszusammensetzung von Anorthosit und dessen hypothetischen Stammagma.

	1	2
SiO_2	54,8	62,7
TiO_2	1,3	1,1
Al_2O_3	25,2	19,0
Fe_2O_3	1,1	1,4
FeO	2,1	2,3
MgO	1,0	,8
CaO	8,7	5,4
Na_2O	5,4	4,2
K_2O	,7	2,9
P_2O_5	,1	,2
	100,4	100,0

1. Zusammensetzung des Anorthosits von dem Egersund-Sogndal-Gebiete.

2. Durchschnittliche Zusammensetzung sämtlicher Eruptivgesteine in der petrographischen Provinz des Egersund-Sogndal-Gebietes.

In erster Linie können die Anorthosit- und Gabbrogesteine dem Umstande ihre Entstehung verdanken, daß die im Magma schwimmenden Kristalle mit ihrer größeren Oberfläche durch Reibung gegen Dach und Wände relativ zum Magma eine Verzögerung erfuhren. In dieser Weise haben sich kleinere Klumpen aus festen Kristallen bilden können, die allmählich wuchsen und schließlich zur Bildung von Lagen, Schlieren und unregelmäßigen Gesteinskörpern Anlaß gegeben haben.

Außerordentlich lehrreiche Beispiele bietet das Studium der Bewegung der in dem Anorthosit eingeschlossenen Gabbrokörper (Abb. 59 und 60).

Die Strukturverhältnisse im umgebenden Anorthosit zeigen eindeutig, daß die ganz kleinen Gabbroklumpen mit den Strömungen im Magma herumgeschwommen sind, ohne wahrnehmbare Neigung zum Sinken aufzuweisen. Die Verhältnisse bei den größeren Gabbrokörpern zeigen aber unzweideutig, daß sie schwerer waren als die umgebende Gesteinsart und infolgedessen im Begriff waren zu sinken, als Abkühlung und zunehmende Viskosität ihrer abwärtsgerichteten Bewegung Halt geboten (vgl. STOKES Gesetz S. 43).

Die Gabbrokörper ruhen nämlich, wie es aus Abb. 59 und 60 deutlich hervorgeht, immer in einer synklinal gefalteten Schale von Syeniten oder Anorthositen. Diese Faltungsstruktur ist von den regionalen tektonischen Richtungen vollkommen unabhängig und muß deshalb als Beweis für das durch die Schwere bewirkte Sinken der Körper angesehen werden.

Ohne Zweifel hat das Magma eine viel größere Menge Labradorkristalle als Kristalle dunkler Minerale mit sich geführt. Im Gegensatz zu den Gabbros haben sich aber die Labradorkristalle nicht in Klumpen angesammelt, sondern sowohl große Massen reiner, massiger Anorthosite als auch kleinere Labradoritschlieren, die teilweise auch verschiefert hervortreten, gebildet.

Während des ganzen Differentiationsprozesses hat die Mutterlauge als eine Art Schmiermittel gewirkt. In dem Maße, in welchem die Mutterlauge ausgequetscht wurde, wurden auch die Kristalle kräftiger aneinander gerieben; sie treten dann mit abgebrochenen und zermalmten Kanten und Ecken auf.

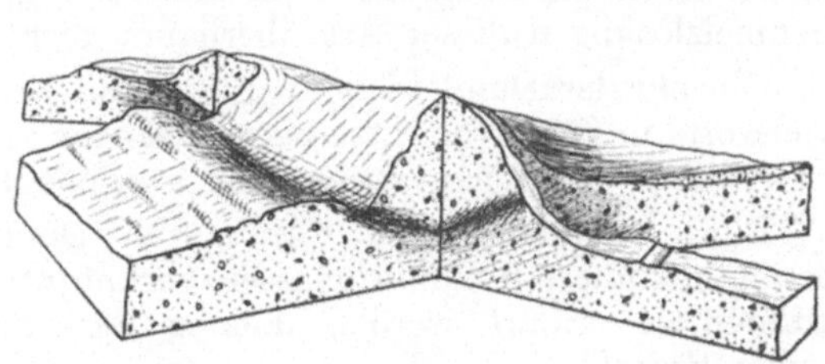

Abb. 59.   Abb. 60.

Abb. 59 und 60. Strukturkarte und Diagramm eines ellipsoidförmigen Gabbrokörpers in dem Adirondak-Anorthosit. Der Gabbro ruht in einer Schale von schiefrigem Anorthosit, der abwärts allmählich in massigen Anorthosit übergeht. (Nach BALK.)

Aus BALKS Untersuchungen geht somit hervor, daß der Adirondack-Anorthosit nicht als ein normales Magma intrudierte, und später aus einer Labradorschmelze kristallisierte. Er ist vielmehr in Übereinstimmung mit der BOWENschen Hypothese durch Akkumulation von Labradorkristallen, die aus einer dioritähnlichen Schmelze kristallisierten, entstanden.

Ganz verschiedenartig sind aber die Verhältnisse im Nordingrå-Gebiet (Schweden).

Wie ein Hut auf einem Gabbrokörper ruht hier eine verhältnismäßig dünne Schicht von Anorthosit, die sich nach den Untersuchungen v. ECKERMANNs durch gravitativen *Aufstieg* der Plagioklaskristalle im Gabbromagma gebildet hat. Der Schicht entspricht somit keine magmatische Schmelzlösung. Einer erstarrten Schmelzlösung entsprechen aber möglicherweise einige kleine Gänge, die v. ECKERMANN etwa als Apophysen von der Anorthositschicht auffaßt. Diese Gänge sind anorthosithisch, zeigen keine Spur von Protoklasstruktur und sind allem Anschein nach wahre Erstarrungsgesteine, die durch ein rasches

Erstarren eines wirklichen Anorthositmagmas entstanden sind. Sie haben den Namen Kenningit erhalten.

Die Bildungsweise erklärt v. ECKERMANN folgendermaßen: In großer Tiefe bildete sich die Plagioklashaut auf dem flüssigen Gabbromagma. Durch Zersplitterung des Daches wurde dann der Druck plötzlich stark erniedrigt, und dadurch mußten die bei höherem Drucke schon verfestigten Plagioklase wieder teilweise in Lösung gehen, denn die Schmelztemperatur fällt mit fallendem Druck (S. 19). Diese durch Wiederaufschmelzung gebildete Lösung wurde dann ausgequetscht und erstarrte so in Form von Kenningitgängen.

Dunite, Pyroxenite, Peridotite.

Außer dem Anorthosit gibt es in der Natur auch manche andere monomineralische Gesteinsarten, unter denen Dunite (= Olivinfelse) und Pyroxenite einige der wichtigsten sind.

Auch für diese Gesteinsarten kennt man kaum entsprechende Laven. Eine Schmelze von dunitischer oder pyroxenitischer Zusammensetzung ist also nie über die Erdoberfläche ausgegossen worden. Aus den experimentellen Untersuchungen ergibt sich, daß eine solche Schmelze eine außerordentlich hohe Temperatur hätte haben müssen (s. S. 29), die so hoch über den gewöhnlichen magmatischen Temperaturen läge, daß man sie nicht ohne weiteres annehmen kann.

Sowohl die Beobachtungen im Felde als auch die Laboratoriumsexperimente lassen somit die Annahme nicht unberechtigt erscheinen, daß in der Erdkruste Schmelzlösungen dieser Art überhaupt nicht existenzfähig sind.

Obwohl der Dunit nicht in Form von Ergüssen bekannt ist, kann man ihn vielerorts in Form von intrudierten Gängen antreffen. Um diese Vorkommnisse zu erklären, muß man somit eine spezielle Intrusionsmechanik ersinnen.

Einige Schlieren und Gänge von Dunit und Pyroxenit, die mit größeren intrudierten Gabbromassen verknüpft sind, können einfach als Kristalldifferentiat erklärt werden (analog dem auf S. 95 für Anorthosit beschriebenen Prozeß).

Außer diesen Vorkommen gibt es aber auch Gänge und Platten aus Dunit und Pyroxenit, die scheinbar ohne jede Verknüpfung mit anderen Eruptivgesteinen auftreten. Auch für diese Vorkommen muß man wohl annehmen, daß sie schon bei der Intrusion im wesentlichen kristallin waren, daß sie aber einer komplexen Lösung, die mit ihnen verknüpft war und gewissermaßen als „Schmiermittel" wirkte, ihre Fähigkeit zur Intrusion verdanken. Die komplexe Lösung (= Mutterlauge) wurde während der Intrusion aus dem Kristallbrei gequetscht und in andere Spalten oder in andere Teile desselben Spaltes gezwängt.

Die Frage nach der Entstehung der Dunite und der verwandten Peridotite ist aber noch lange nicht gelöst. Neuerdings hat sich HESS gegen die obenerwähnte Erklärungsweise, die angeblich mit vielen Beobachtungen im Widerspruch steht, gesträubt. Nach ihm gibt es sowohl peridotitische Laven als auch feinkörnige Randfazies bei Peridotitgängen, daher auch peridotitische Magmen. Die Intrusionstemperatur sei aber wegen eines großen Gehaltes an flüchtigen Bestandteilen, besonders Wasser, relativ sehr niedrig gewesen (magmatische Serpentinbildung). Nach SOSMAN deutet die Natur eines Kokseinschlusses in einem Peridotit darauf hin, daß die Intrusionstemperatur unter 600° gewesen ist.

Pegmatite und Restlösungen.

Im Abschnitt S. 49 haben wir versucht, so gut wie möglich einen Begriff über die Entstehungsweise und die chemische Zusammensetzung der magmatischen Gasphasen zu erhalten. Unter den Gesteinen sind es vor allem die Pegmatite, deren Entwicklung und Kristallisation durch die flüchtigen Bestandteile beeinflußt worden sind.

Besonders in den Restlaugen reichern sich die flüchtigen Bestandteile an. Der normalen magmatischen Entwicklung gemäß, werden die Restlaugen gewöhnlich einer granitischen Zusammensetzung zustreben; und die meisten Pegmatite sind infolgedessen granitischer Zusammensetzung.

Schlägt aber die Entwicklung des Magmas andere Bahnen ein, kann auch eine Restlauge nephelinsyenitischer Zusammensetzung entstehen; dieser Restlösung entsprechen die nephelinsyenitischen Pegmatitgänge. Sogar gabbroähnliche Spezialschmelzen (bzw. Pegmatitgänge) sind bekannt.

Zunächst sei erwähnt, daß die pegmatitischen Restlaugen noch durch ein anderes Merkmal besonders gekennzeichnet sind. Nicht nur die flüchtigen Bestandteile, sondern auch einige seltene Elemente reichern sich manchmal in ihnen an, eine Tatsache, die besonders durch die geochemischen Untersuchungen von V. M. GOLDSCHMIDT verständlich gemacht worden ist (s. S. 14).

Während des Hauptkristallisationsprozesses des Magmas schieden sich die gewöhnlichen gesteinsbildenden Minerale in großen Mengen aus. Sie bestehen aus den gewöhnlichen gesteinsbildenden Elementen, enthalten aber in fester Lösung auch kleine Mengen derjenigen seltenen Elemente, die fähig sind, die gewöhnlichen Elemente isomorph zu vertreten. So vertreten beispielsweise kleine Mengen von Ga das Al, Rb und Cs vertreten das K, usw. Die Vertretungsmöglichkeiten sind durch die Ionenradien der in Frage kommenden Elemente nach den auf S. 21 auseinandergesetzten Regeln bestimmt. In dieser Art und Weise wird dem Magma eine ganze Reihe von den selteneren Elementen entzogen.

Was geschieht aber mit denjenigen seltenen Elementen, die wegen fehlender Isomorphie keine Möglichkeit finden, in die Kristallgitter der gesteinsbildenden Minerale einzugehen?

Diese Elemente werden in den Restlaugen angereichert, wir finden sie deshalb in den Mineralen pegmatitischer Gänge, die aus solchen Mutterlaugen der normalen Kristallisationsbahn kristallisiert sind.

Es sind dies die folgenden Elemente:

Die seltenen Erden
Zr, Hf, Th (und teilweise Ti)
Nb, Ta, W, U, Sn
Li (teilweise), Be, B.

Aus ihnen entstehen Minerale wie Pyrochlor, Euxenit, Gadolinit, Monazit, Thorit, Fergusonit, Columbit, Beryll, Spodumen und viele andere.

Es ist nun eine Tatsache von großem Interesse, daß beispielweise das lithophile Element Rb, das eine sehr starke Isomorphie zu K zeigt, überhaupt keine selbständige Mineralphasen bildet, sondern immer dispers als verdünnte isomorphe Mischung in den verschiedensten K-haltigen Mineralen vorkommt. Ähnlich verhalten sich auch z. B. Cs, Sr und Ba, die in die Feldspatminerale in fester Lösung eingehen können und infolgedessen nur als allergrößte Seltenheiten als reine Verbindungen unter den Produkten typischer magmatischer Restlösungen zu finden sind.

Gabbroide Magmen sind gewöhnlich relativ trocken. Unter besonderen Verhältnissen, vielleicht wenn das Magma Gelegenheit gehabt hat, vom Nebengestein Wasser zu assimilieren, kann sich ein mit flüchtigen Bestandteilen stark angereichertes gabbroides Magma bilden.

Die flüchtigen Bestandteile bewirken, daß die gewöhnlichen Minerale des Gabbros (Pyroxen und basischer Plagioklas) instabil werden: Ein „nasses" Gabbromagma ist mit anderen Mineralphasen im Gleichgewicht.

Die Instabilität der Plagioklase ist charakterisiert dadurch, daß das eine Endglied, Albit, stabil verbleibt, während das andere Endglied, Anorthit, unter Bildung anderer Minerale zersetzt wird. Das Resultat ist eine Albitisation der Plagioklase, die auch (theoretisch) durch eine Neukristallisation von Albit begleitet werden muß. Der Kalkgehalt der Plagioklase wird zusammen mit Pyroxen in das Amphibolmolekül eingehen (Uralitisation). Gleichzeitig wird auch ein wenig Amphibol neu kristallisieren. Unter anderen Verhältnissen wird der Kalkgehalt in das Zoisit- oder Epidotmolekül eingehen; und anstatt Amphibol kann Chlorit auftreten. Eine Hydrierung gabbroider Magmen wird deshalb gewöhnlich zu Albitisierung, Uralitisierung, Saussuritisierung, Chloritisierung oder Epidotisierung führen.

In seltenen Fällen wird vielleicht die *ganze* Kristallisation des Gabbromagmas unter solchen Verhältnissen verlaufen können, daß schon von Anfang an Hornblende die stabile Phase ist. Es können sich dann Hornblendite bilden. Auch Skapolith-Hornblendegesteine sind bekannt. Solche Gesteine stehen vielleicht in einer pegmatitischen Beziehung zum Gabbro. Es erscheint aber auch sehr wohl möglich, daß diese Gesteine durch metasomatische Prozesse gebildet worden sind.

Granitische Magmen sind gewöhnlich relativ naß. Dies hängt damit zusammen, daß sie Restlösungen darstellen, in die sowohl Wasser als andere flüchtigen Bestandteile eintreten (s. S. 81). Im allgemeinen finden wir deshalb in granitischen und verwandten Magmen die größten Konzentrationen von Mineralisatoren. Wie schon dargetan, finden wir in diesen Restmagmen auch eine relativ große Konzentration an gewissen seltenen Elementen, und zusammen mit ihnen finden sich leicht schmelzbare Silikate und Silikatkombination, Alkalifeldspate, Quarz und Muskovit.

Unter den aus einer solchen Lösung durch Abkühlung kristallisierenden Mineralen finden sich auch mehrere hydrierte Phasen, besonders die Glimmerminerale. Auch Sulfide, Kalkspat, Flußspat usw. enthalten flüchtige Bestandteile. Infolgedessen wird die Konzentration der Restlösung an flüchtigen Bestandteilen nicht notwendigerweise mit fortschreitender Kristallisation immer zunehmen, sondern wird bei einem Maximalwerte stehen bleiben können, bei dem sich die flüchtigen Bestandteile mit gleichgroßen Verteilungsquotienten zwischen den festen Phasen und der Lösung verteilen (s. S. 45). Auf diese Art und Weise wird die Kristallisation besonders in tieferliegenden Zonen vorsichgehen können.

In weniger tiefliegenden Zonen wird die Kristallisation gewöhnlich rascher erfolgen. Durch Ausscheiden von wasserfreien Mineralphasen wird manchmal die Konzentration der Restlösung an flüchtigen Bestandteilen rasch so stark ansteigen, daß der äußere Druck dem Dampfdruck der Restlösung nicht mehr die Waage halten kann.

Die Lösung fängt dann zu sieden an. Dies ist der sog. „zweite Siedepunkt", der also nicht durch Temperaturerhöhung, sondern durch *Temperaturerniedrigung* nach dem Prinzip der Dampfdrucksteigerung infolge Auskristallisation erreicht wird.

Über die stoffliche Zusammensetzung der Gasphasen haben wir schon berichtet. Sie haben eine saure Reaktion, durchtränken das Nebengestein, reagieren mit ihm und geben zu verschiedenen pneumatolytischen und hydrothermalen Lagerstätten Anlaß, worüber in der Metamorphosenlehre näher zu berichten ist.

Das Kochen der Restlösung (beim zweiten Siedepunkt) erfolgt bei konstantem Drucke, dem der äußere Druck entspricht. Nur durch ständig fortgesetzte Kristallisation kann das Kochen erhalten werden. Da die Zahl der Komponenten groß und die der Phasen klein ist, so muß das System beim herrschenden Druck bald invariant werden und infolgedessen wird die Temperatur ständig fallen und die Zusammensetzung sich ständig ändern.

Die kochende Lösung enthält Silikate samt relativ großen Mengen von Wasser und anderen Mineralisatoren. Der allgemeine chemische Charakter der Lösung ist vornehmlich durch verschiedene Reaktionen zwischen Wasser und Silikaten bedingt. Bei erhöhter Temperatur werden wahrscheinlich sämtliche Silikate von Wasser unter Ausscheiden von freier Kieselsäure und Bildung einer alkalischen Lösung angegriffen. Man muß infolgedessen annehmen, daß die pegmatitischen Restlösungen im allgemeinen alkalische Reaktion aufweisen. Sie müssen auch gesättigt sein, denn sie sind in den Zwischenräumen zwischen den schon auskristallisierten Pegmatitmineralen (Quarz, Feldspat u. a.) gebildet, müssen infolgedessen in bezug auf diese Minerale gesättigt sein. In bezug auf höhere Glieder der Reaktionsserie (s. S. 36) müssen sie übersättigt sein. Solche Lösungen (im Gegensatz zu den aus ihnen entweichenden Dämpfen) sind daher als Lösungs- oder Korrosionsmittel des Nebengesteins nicht besonders wirksam.

Aus dem Hauptteil der Restlösungen kristallisieren schließlich die granitischen Pegmatite, die hauptsächlich aus Quarz und Mikroklin (selten Orthoklas) mit gewöhnlich kleineren Mengen von Plagioklas, Biotit und Muskovit bestehen.

Charakteristisch ist die außerordentliche Grobkörnigkeit dieser Gesteine. Einkristalle von Quarz und Kalifeldspat von 5 m sind nicht selten und noch viel größere Kristalle kommen gelegentlich vor.

Wir müssen annehmen, daß diese ungewöhnlichen Größen eben durch den Gehalt an flüchtigen Bestandteilen in der Pegmatitlösung bedingt sind. Die kochenden Lösungen müssen nämlich sehr dünnflüssig gewesen sein, so daß Wachstums- und Diffusionsvorgänge unbehindert stattfinden konnten.

Denkt man sich das retrograde Kochen ständig fortgesetzt, bis die Hauptkristallisation des pegmatitischen Magmas stattgefunden hat, so nähert man sich der hydrothermalen Stufe. Während des langen Kochens hat die Lösung ständig Dämpfe abgegeben, in ihr sind deshalb Verbindungen mit relativ niedrigerer Dampfspannung geblieben. Da Kalium (in Form von Oxyd oder Silikat) flüchtiger als Natrium ist, wird sich das letztere in der Lösung anreichern, während Kalifeldspat schließlich in Berührung mit der Lösung instabil und infolgedessen durch Albit ersetzt wird.

Da Lithium noch weniger flüchtig als Natrium ist, kommt in der nächsten Etappe ein Zeitpunkt, zu dem früher gebildete Minerale durch Lithium-Minerale ersetzt werden. Für einige Elemente gilt jedoch, daß sie, obwohl sie in die Gasphase in merkbaren Quantitäten eintreten, auch in den residualen Lösungen merklich angereichert werden: z. B. Mangan und Phosphor.

Es gibt eine sehr große Literatur über die Pegmatite. Eine zusammenfassende Darstellung gibt K. K. Landes, 1933.

Verdrängungsgesteine.

Viele Gesteine, die man früher sozusagen als Prototypen magmatischer Herkunft betrachtete, verdanken wahrscheinlich viel komplizierteren Vorgängen ihre Entstehung. Es sei beispielsweise auf die Auseinandersetzungen über die Entstehung der Granite, S. 107, hingewiesen. Viele, vielleicht die meisten Granite der Erde, sind nicht magmatisch sensu stricto. Sie sind durch Migmatisierung und Granitisierung älterer Sedimente gebildet. Es unterliegt überhaupt keinem Zweifel, daß die metasomatischen Prozesse („Replacement", Verdrängung) auch bei der Entstehung der sog. magmatischen Gesteine eine sehr bedeutende Rolle spielten.

Es ist noch schwer zu sagen, wie verbreitet diejenigen Gesteine sind, die nach ihrer äußeren Tracht zu urteilen, magmatisch sind, aber nichtdestoweniger durch sekundäre Prozesse wesentliche Änderungen der chemischen Zusammensetzung erlitten haben. Alles deutet aber darauf hin, daß ihre Zahl sehr groß ist. Manchmal ist es natürlich ganz unmöglich, solche sekundären Änderungen nachzuweisen; die möglichen Beweise können dann nur indirekter Natur sein.

Der oben angedeutete Gesichtspunkt ist noch relativ neu. Viele Petrographen glauben jetzt noch, daß alle Gesteine, die in Struktur, Textur und Lagerungsformen den Eruptiven gleichen, primären Produkten der magmatischen Tätigkeit entsprechen.

Einige „eruptive" Gesteinstypen, die aber nachweislich durch sekundäre Prozesse chemisch mehr oder weniger stark geändert worden sind, seien im folgenden kurz erwähnt.

Spilite.

Kissenlaven („pillow lavas") sind aus allen geologischen Perioden bekannt. Sie sind basaltähnliche Ergußgesteine, die wohl ihre eigentümlichen „Kissenformen" der Tatsache verdanken, daß sie durch unterseeische Ausbrüche entstanden sind.

Besonderes Interesse gewannen diese Gesteine, als DEWEY und FLETT erklärten, daß die Pillowlaven einer charakteristischen, magmatischen Gesteinssippe angehörten, die sowohl von der atlantischen als auch von der pazifischen verschieden sei. Sie ist die spilitische Sippe genannt worden.

Mineralogisch sind die Spilite durch ihren Albitgehalt gekennzeichnet; chemisch also durch Natronvormacht. Sie werden auch Albitbasalte oder Natronbasalte genannt.

Durch magmatische Differentiation läßt sich die Entstehungsweise dieser Basalte nicht erklären. Man nimmt aber jetzt an, daß sie durch metasomatische Prozesse verändert worden sind. Allem Anschein nach ist der ursprünglich kalkreiche Plagioklas der Spilite durch Einwirkung von hydrothermalen Lösungen, die das Gestein vollkommen durchtränkten, in reinen Albit überführt worden. Die Albite bilden also vollkommene Pseudomorphosen nach Labrador; die anderen (ferromagnesiumhaltigen) Minerale des Gesteins wurden dadurch nicht verändert und das Gefüge wurde auch nicht zerstört. Nach dem Äußeren zu urteilen, hat man deshalb ein unverändertes Ergußgestein; die mineralogische Zusammensetzung zeigt aber an, daß sekundäre Prozesse in ihm stattgefunden haben. Diesen Prozeß hat ESKOLA auch im Laboratorium nachahmen können.

Auch für einige Albitgranite ist eine metasomatische Entstehungsweise behauptet worden (GILLULY).

Nach den letzten weitführenden Untersuchungen von BACKLUND sind sogar die wohlbekannten Rapakiwigranite in Fennoskandien durch „Granitisation jotnischer (jungpräkambrischer) Sandsteine entstanden. Die angenommene Wirkungsweise der granitisierenden „Emanationen" mag aus folgender Gleichung hervorgehen:

$$\underbrace{\text{Emanation} + \text{Sediment}}_{\text{Granit}} + \text{Emanation} = \underbrace{\text{Rapakiwi}}_{\text{Magma}}$$

Betreffs weiterer Einzelheiten sei auf die Originalarbeit BACKLUNDs 1938 hingewiesen.

Kalireiche Gesteine.

Mehrere entglaste Laven haben durch Auslaugung von Natron und Kalk unter Zufuhr von Kali wesentliche Änderungen ihrer Zusammensetzung erfahren. Ähnliches gilt auch für den Diabasporphyrit von Mount Devon, in dem die ursprünglichen Feldspateinsprenglinge eine Zusammensetzung von $Ab_{35}An_{65}$ hatten, jetzt aber 4,52% K_2O führen. Einige Laven aus Yellowstone sind durch heißes Quellenwasser unter Anreicherung des Kalis an Natron und Kalk verarmt.

Überhaupt muß es als wahrscheinlich angesehen werden, daß stark kalireiche Gesteine sekundären Verdrängungsprozessen ihre Entstehung verdanken. Es ist auch möglich, quantitativ zu definieren, was unter „stark kalireich" zu verstehen ist:

Die Kristallisation der Feldspäte aus einer magmatischen Lösung ist durch das Diagramm (Abb. 11) veranschaulicht. Dasselbe Diagramm ist hier als Abb. 61 wiedergegeben.

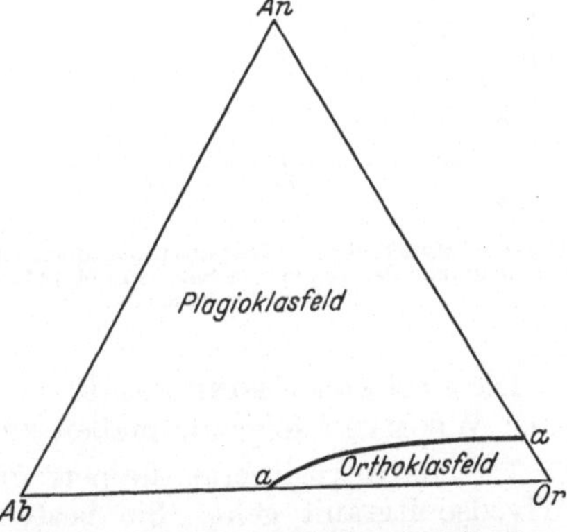

Abb. 61. Schematisches Gleichgewichtsdiagramm des Systems Or—Ab—An unter erhöhtem Druck.

Wenn man den Gehalt des normativen Feldspates eines Gesteins auf 100% umrechnet, $or' + ab' + an' = 100$, so kann man den darstellenden Punkt des normativen Feldspates in Abb. 61 eintragen, und seine Lage im Verhältnis zur Grenzkurve $a — a$ bestimmen. Da die Kurve durch zwei Koordinaten, z. B. ab und an' bestimmt ist, kann die Gleichung der Grenzkurve folgendermaßen geschrieben werden:

$$(an')^2 + 2\,ab' = 120 \text{ (angenähert).} \tag{1}$$

Hieraus wird ersichtlich, daß dann eine gleichzeitige Kristallisation von Plagioklas und Orthoklas im Magma stattgefunden hat, wenn die Zusammensetzung der Feldspate eines Eruptivgesteins der Gleichung genügt. Ist aber die Summe größer als 120, würde das Magma primär nur Plagioklas ausscheiden. Ist sie kleiner als 120, würde das Magma Orthoklas als primäre Phase ausscheiden. Wenn infolgedessen die Zusammensetzung der Feldspate eines Gesteins der untenstehenden Ungleichung genügt:

$$(an')^2 + 2\,ab' < 120, \tag{2}$$

so heißt es, daß dieses Gestein „stark kalireich" ist.

Nun darf es wohl als wahrscheinlich gelten, daß primären Magmen immer ein darstellender Punkt im Plagioklasfeld entspricht. Während des Kristallisationsprozesses kann eine solche Grenzkurve nur dann überschritten werden, wenn ein spezielles Reaktionsverhältnis zwischen den ausgefällten Mineralphasen besteht. Entweder müssen somit sämtliche Gesteine, deren Feldspate der Ungleichung (2) genügen, durch sekundäre Verdrängungsprozesse entstanden sein oder Orthoklas und Plagioklas stehen unter Umständen in einem gegenseitigen Reaktionsverhältnis. Tatsächlich ist auch ein solches Verhältnis von LARSEN postuliert worden. Das in Abb. 62 wiedergegebene Diagramm ist von ihm konstruiert und gibt an, wie eine Albit-Orthoklaslösung durch fraktionierte Kristallisation allmählich kalireicher werden kann. Nach ihm sind die kalireichen Rhyolite der San Juangebirge durch fraktionierte Kristallisation eines kaliärmeren Magmas entstanden. Demnach sieht es aus, als ob stark kalireiche Gesteine auch durch magmatische Differentiation entstehen können.

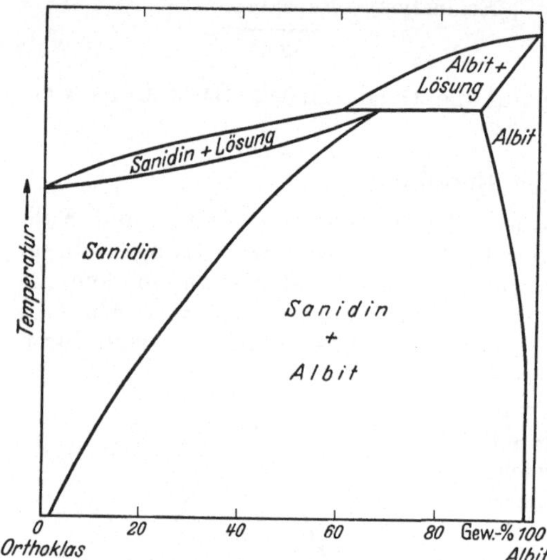

Abb. 62. Hypothetische Kristallisationskurve der Alkalifeldspate der Laven von San Juan Mountains. (Nach LARSEN.)

Alkaligesteine.

Die berühmten Vorkommen von Alkaligesteinen im Julianehaab-Gebiete, Südgrönland sind von WEGMANN als teilweise nichtmagmatisch erklärt worden.

Die zwei von USSING aus diesem Gebiete beschriebenen Gesteinsreihen sind nach WEGMANN folgendermaßen zu charakterisieren:

1. Eine Intrusivserie, die petrographisch von Essexit über Nordmarkit nach Arfvedsonitgranit geht. Sie besteht aus wahren Intrusivgesteinen, die aber große Mengen des Nebengesteins assimiliert haben.

2. Eine stark alkalische Serie, die viele ungewöhnliche Typen, Lujaurit, Naujait, Kakortokit, Foyait und andere Nephelinsyenite beherbergt. Diese Gesteine bestehen aus zwei Komponenten:

a) Ein ursprünglicher Gesteinskomplex aus Sandsteinen mit alternierenden Lagen von vulkanischen Produkten, Agglomeraten u. a. In den alkalischen Gesteinen kann man noch die Spuren der ursprünglichen Ablagerungsstrukturen wiederfinden — Agglomeratstrukturen usw. Diesen Strukturverhältnissen entspricht also kein magmatisches Gestein.

b) Ein durchdringendes System, das in leicht viskosem Zustande sowohl die Sedimente als auch die vulkanischen Gesteine durch Imbibition und Metasomatose chemisch veränderte. Eine Zusammenschmelzung hat aber hier nicht stattgefunden.

Es scheint gerechtfertigt, Mischgesteine, die in dieser Weise entstanden sind, *migmatisch* zu nennen im Gegensatz zu den magmatischen Gesteinen, die aus geschmolzenen Massen entstanden sind.

Wir wissen schon, daß ein großer Teil der granitischen Gesteine migmatischen Ursprungs ist. Es scheint aber durchaus möglich, daß auch ein Teil der alkalischen Gesteine dieselbe Entstehungsweise aufweisen. Mehrere petrochemische und tektonische Probleme könnten hierdurch ihre Lösung finden (s. S. 113).

Assimilationsgesteine.

Bisher standen viele Petrographen auf dem Standpunkt, daß sedimentäres Material von dem Magma überhaupt nicht assimiliert werden könnte. Jetzt wissen wir, daß sehr viele Magmen durch fremdes Material verunreinigt sind. Sehr viele Intrusivgesteine sind wohl gewissermaßen als „Mischgesteine" in dem Sinne aufzufassen, daß sie aus einem Migma und nicht aus einem Magma herstammen. Eine Trennung zwischen migmatischen Gesteinen und Assimilationsgesteinen läßt sich auch deshalb schwer durchführen und wird wahrscheinlich in der Zukunft auch nicht aufrecht erhalten werden. Hier werden

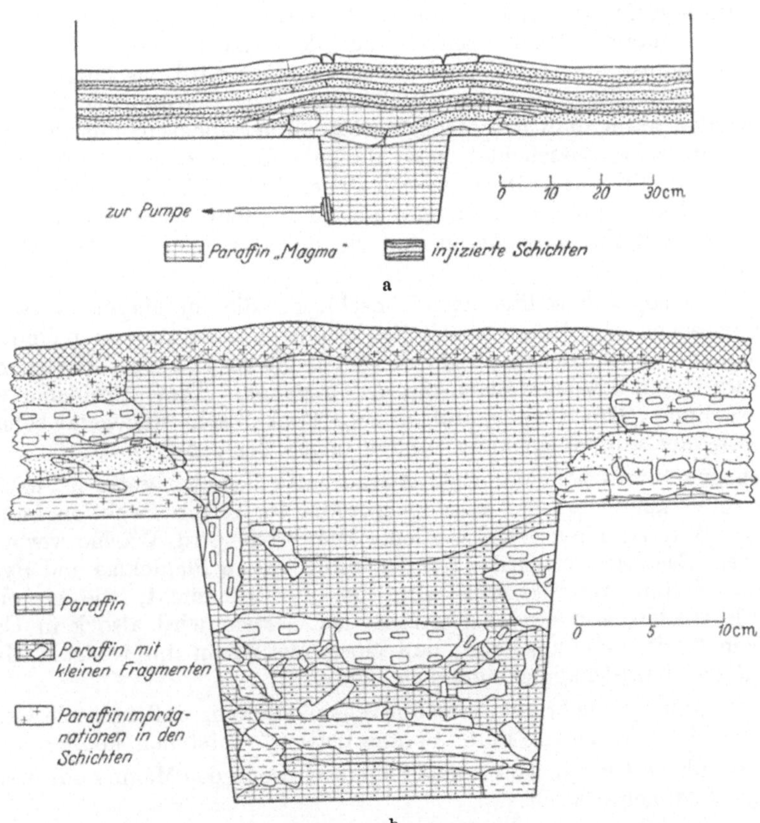

Abb. 63 a u. b. Modellversuche zur magmatischen Assimilation.

wir zunächst lediglich einige solche Gesteine näher betrachten, die ihre Eigenart durch die Aufnahme größerer Mengen von Kalkgesteinen erhalten haben.

In jedem Magma werden Dach und Wände vom Magma angegriffen; Bruchstücke werden losgebrochen und werden im Magma herumschwimmen. Manche Petrographen glauben auch, daß sich das Magma durch den Prozeß des Übersicharbeitens („Overhead Stoping") Platz schafft: Blöcke und Stücke vom Dach werden losgebrochen und sinken durch das Magma; die ganze Magmamasse wird infolgedessen aufwärts steigen. Experimente, um diesen Prozeß zu studieren, sind auch gemacht worden. Die Abb. 63 zeigt die Resultate zweier Experimente von SUNDEEN. Die „Sedimente" waren hier verschiedene Schichten von Sand und Ton und das „Magma" war geschmolzenes Paraffin.

Um die Mechanik des Assimilationsprozesses zu verstehen, muß man sich der Arbeiten erinnern, die die inneren Zusammenhänge zwischen Kristallisationsfolge und Eruptionsfolge aufklären. Besonders beachtenswert ist Bowens Arbeit über das Reaktionsprinzip, in der er das Wesen der Reaktionsserien erfaßt hat (S. 36).

Prinzipielles zur Reaktionsfähigkeit des Magmas ist schon S. 37 angegeben. Einfach liegen die Verhältnisse, wenn es sich um Assimilation eines eruptiven Nebengesteins handelt. Die Relation zwischen Magma und Gestein in bezug auf das normalmagmatische Differentiationsdiagramm (S. 85) ist hier entscheidend. Selbstverständlich kann ein Magma ein Gestein, dem eine spätere Differentiationsstufe entspricht, ohne weiteres assimilieren; d. h. ein solches Gestein ist im Magma löslich. Ein Gestein, dem eine frühere Differentiationsstufe entspricht, ist aber im Magma unlöslich; doch wird das Magma mit ihm reagieren können. Diese Reaktion verbraucht aber Wärme, die nur dadurch erzeugt werden kann, daß das Magma solche Mineralphasen, mit denen es im Gleichgewicht steht, ausscheidet (man denke z. B. an eine Plagioklasschmelzlösung (Abb. 6), in der früh ausgeschiedene, kalkreiche Plagioklase herumschwimmen. Die Schmelze kann sie natürlich nicht wieder auflösen, wohl aber kann sie mit ihnen reagieren, um sie in natronreichere Plagioklase umzuwandeln).

Nun ist es so, daß sedimentäre Einschlüsse, die im Magma schwimmen, denselben Gesetzen wie die magmatischen Bodenkörper unterworfen sind. Doch lassen sich die verschiedenen Möglichkeiten nicht so klar überblicken, da das sedimentäre Material keiner Reaktionsserie angehört. Diese Probleme werden in Bowens Buch „The Evolution of Igneous Rocks" sehr eingehend behandelt. Wir werden hier nur einige kurze Andeutungen bringen.

Verzehrung tonreichen Materials seitens eines Basaltmagmas ist nach dem eben Gesagten kein einfacher Lösungsprozeß. Nur durch Reaktion kann hier das tonige Material einverleibt werden. Hierdurch wird Wärme verbraucht, und aus dem Basaltmagma kristallisieren infolgedessen Plagioklas und Pyroxen. Durch die Zufuhr von Tonerde wird der Pyroxen nicht, wie gewöhnlich, diopsidisch werden, sondern enstatitisch; das Gestein wird also kein Gabbro, sondern ein Norit. Hieraus folgt, daß Norit aus einem mit tonigem Material verunreinigten Basaltmagma entstehen kann.

Nockolds hat in mehreren Arbeiten zeigen können, daß normale Gesteinstypen durch Hybridisierung und „Contamination" entstehen können.

Ungewöhnliche Gesteinstypen entstehen erst, wenn das Magma auf besonders eigenartige Sedimente stößt.

Kalzitführende Gesteine.

Die Assimilation von Kalkstein hat in der petrographischen Literatur eine große Rolle gespielt. Einige Petrographen haben sogar behauptet, daß dieser Prozeß eine notwendige Voraussetzung der Bildung von alkalischen Gesteinen sei.

Mit diesem Problem in engster Verbindung steht die Frage nach dem magmatischen Kalzit. Noch jetzt wird von einigen Seiten seine magmatische Bildungsweise abgelehnt; daß er aber trotzdem unter Umständen direkt aus einem Magma kristallisieren kann, wird aus der folgenden Diskussion hervorgehen:

Die Magmen sind schmelzflüssige Massen, die leichtflüchtige Bestandteile enthalten oder doch mit solchen in Verbindung stehen. Unter den flüchtigen

Bestandteilen machen sich oft Wasser und Kohlendioxyd stark bemerkbar. Man hat wohl keine Lavaprobe untersucht, in der die Kohlensäure nicht vorhanden war, und daß beispielsweise alle granitischen Magmen stark mit Kohlensäure beladen sind, geht aus den häufigen Kohlensäureeinschlüssen hervor, die man stets besonders in den granitischen Quarzen finden kann.

Es ist somit anzunehmen, daß alle Magmen etwas Karbonat führen, doch mit der Einschränkung, daß das Karbonat unter Umständen in dissoziierter Form vorhanden ist.

Die Dissoziation des reinen Kohlendioxyds ist aber auch bei hohen Temperaturen geringfügig. Es handelt sich um die Gleichung:

$$2\,CO_2 \rightleftharpoons 2\,CO + O_2.$$

Die Änderung der Molekularzahl ist also gleich 1. Die Reaktion ist somit auch vom Druck abhängig. Wenn aber Wasserstoff hinzukommt, hat man die folgende Reaktion:

$$CO_2 + H_2 \rightleftharpoons H_2O + CO.$$

Diese Reaktion ist von großem Belange, weil sie sich ohne Änderung der Molekularzahl abspielt. Es läßt sich leicht errechnen, daß bei etwa 840° ein äquimolekulares Gemenge von CO_2 und H_2 zur Hälfte in CO und Wasserdampf zerfällt. Bei höheren Temperaturen nimmt die Menge von Wasserdampf zu.

Obwohl infolgedessen alle gewöhnlichen Magmen Kohlendioxyd enthalten, so enthält doch die feste Phase, die durch Abkühlen im Gleichgewicht mit dem Magma entstand, gewöhnlich kein Kohlendioxyd. Erst wenn die Kohlendioxydkonzentration im Magma ungewöhnlich groß wird, kann sich eine karbonathaltige feste Phase ausscheiden.

Dadurch bilden sich karbonathaltige Gesteine (Silikat-Karbonatite wie Hortit, Ringit, Turjit usw.). Da solche Gesteine ziemlich selten sind, ist anzunehmen, daß irgendein besonderer Vorgang erforderlich ist, um aus normalen Magmen karbonathaltige Magmen zu bilden. Man sieht heute in der Assimilation karbonathaltiger Sedimente eine notwendige Voraussetzung für die Bildung von Magmen, die einen so hohen Karbonatgehalt haben, daß aus ihnen karbonathaltige eruptive Gesteine entstehen können.

Wenn nun ein Magma eine Schicht von Kalkgesteinen durchdringt, dann werden kleinere und größere Kalksteinblöcke von Dach und Wänden losgebrochen werden und im Magma herumschwimmen. Sie werden dann glatt vom Magma verzehrt. Dadurch wird aber Wärme verbraucht und ein stärkeres Ausfällen der mit dem Magma im Gleichgewicht befindlichen Phasen erfolgt. In der Restlauge reichern sich Kalk und Kohlendioxyd an. (CO_2 erhöht die Löslichkeit des CaO im Magma, s. S. 46.) Wenn die magmatische Entwicklung so weiter geht, scheiden sich der Reihe nach die anderen Minerale der Reaktionsserie aus, bis zuletzt die Restlösung so reich an Kalk und Kohlensäure geworden ist, daß der Kalkspat ausgeschieden wird.

Von den kalzitführenden Gesteinen gibt es sehr viele Typen, die aus den verschiedensten Teilen der Welt beschrieben worden sind. Auch für solche Gesteine, die nur aus Kalzit bestehen, also für Marmore, ist eine magmatische Entstehung behauptet worden. Es sind die von BRÖGGER beschriebenen sog. Sövite aus dem Fengebiet. Über die magmatische Entstehungsweise des Sövit hat man sich gestritten und BOWEN nahm an, daß er aus hydrothermalen Lösungen entstanden ist. Denn — wie er richtig sagt — die meisten Geologen sehen eine Gesteinsmasse, die ausschließlich aus Quarz besteht, als eine Bildung an, die sich aus relativ verdünnten wässerigen Lösungen abgesetzt hat, und in

Anbetracht der extremen Bedingungen, die zur Herstellung von Karbonatschmelzlösungen notwendig sind, ist eine analoge Bildungsweise von Gesteinsmassen, die ausschließlich aus Karbonaten bestehen, nicht von der Hand zu weisen.

Für den Schmelzpunkt des $CaCO_3$ wurde von SMYTER und ADAMS eine Temperatur von 1340° und ein Druck über 1000 at bestimmt. Es ist vielleicht nicht möglich zu sagen, daß solche Bedingungen absolut die Möglichkeit eines Kalzitmagmas in der äußeren Erdkruste ausschließen. Man kann nämlich die Voraussetzung machen, daß andere flüchtige Bestandteile zugegen waren, welche die Schmelztemperatur auf einen niedrigeren Wert herabdrückten. BOWEN meint aber, daß man, um die Verfestigungstemperatur des $CaCO_3$ auf einen genügend geringen Wert zu bringen, die Gegenwart einer solchen Menge flüchtiger Bestandteile annehmen müßte, daß man die Lösung nicht mehr als Magma betrachten könnte.

Obwohl es infolgedessen zweifelhaft erscheint, daß reine Kalksteine magmatisch gebildet worden sind, so ist doch der magmatische Kalzit als primärer Gemengteil verschiedener Eruptivgesteine heute allgemein anerkannt.

Magnesitführende Gesteine.

In selteneren Fällen findet sich das Kohlendioxyd in Eruptivgesteinen auch an andere Metalle als Kalzium gebunden. Sog. Raudhaugit und Sagvandit führen nach BRÖGGER und BARTH magmatischen Magnesit.

Alkaligesteine.

Assimilation von Kalkgesteinen wird auch eine starke Desilizierung des Magmas verursachen. Hierdurch ist die Möglichkeit gegeben, daß kieselsäurearme alkalische Gesteine entstehen können. Besonders DALY und SHAND haben überzeugend gezeigt, daß viele feldspatoidführende Gesteine in dieser Art und Weise entstanden sind (Ijolith, Shonkinit, Jacupirangit, Canadit, Foyait, usw.).

BROUWER hat direkt beobachtet, daß Kalksteineinschlüsse in einer ordinären, andesitischen Lava auf Java von einem Kranz aus Leuzitgestein umgeben waren.

Die Gesteine des Vesuv.

Auch für die vulkanische Tätigkeit kann die Assimilation von großem Belang sein. Neue Untersuchungen der Vesuvlaven von RITTMANN zeigen dies besonders deutlich.

Die ältesten Laven des Vesuvs sind Trachyte (Ur-Somma-Periode). Dann folgte eine längere Ruhezeit. Eine zweite Tätigkeitsperiode führte zur Bildung der sog. Orvietite (leukokrate, leuzitführende Trachybasalte). Nach kurzer Ruhe folgten ihnen die Ottajanite (leukokrate bis mesotype basaltoide Leuzittephrite), die den prähistorischen „Jung-Somma-Vulkan" aufbauten. Die vierte, historische Tätigkeitsperiode ist durch Vesuvite, — mesotype, plagioklashaltige Leuzitite — gekennzeichnet.

Der Gang der Differentiation ist also folgender:

$$\text{Trachyt} \rightarrow \text{Trachybasalt} \rightarrow \text{Leuzittephrit} \rightarrow \text{Leuzitit}.$$

Über diese Entwicklungsgeschichte schreibt RITTMANN: „Das eruptionsfähige Magma des Vulkans hat also im Laufe der Zeit eine Entwicklung durchgemacht, die nicht durch Differentiationsvorgänge allein zu erklären ist. Das geht schon daraus hervor, daß in den Zeiten der Ruhe bei verstopftem Schlot echte gravitative und pneumatolytische Differentiationen des Magmas verschiedentlich stattgefunden haben, derart, daß sich die leichten Kristalle (Sanidin, Leuzit) und die Gase unter dem Propfe anreicherten, während die schweren Kristalle (Diopsidaugit, Biotit, basischer Plagioklas) in die Tiefe sanken. Beim nächsten Großausbruch wurden diese Differentiate ausgeworfen und in umgekehrter Reihenfolge auf den Flanken des Vulkans abgelagert. Es zeigt sich, daß die unter sich sehr verschiedenen Produkte eines solchen plinianischen Ausbruches jeweilen eine durchaus normale Differentiationsreihe comagmatischer Vulkanite bilden, daß aber im Laufe der Zeit und parallel zu der Entwicklung des Magmas immer wieder andere Differentiationsreihen entstanden, deren jede stärker mediterran ist als die vorherigen (niedriger Silizierungsgrad bei relativ hohem Kaligehalt).

Schematisch lassen sich diese Zusammenhänge in einer Übersicht zusammenfassen:

abnehmender Silizierungsgrad ⟶

leichte Differentiate	Alkalitrachyte	leuzitführende Alkalitrachyte	leuzitarme Phonolithe	leuzitreiche Phonolithe
↑	↑	↑	↑	↑
undifferenziertes Magma	Trachyt →	Orvietit →	Ottajanit →	Vesuvit
↓	↓	↓	↓	↓
absinkende Kristalle vorwiegend	Diopsid-Augit ± Olivin	Diopsid-Augit	Diopsid-Augit ± Biotit	viel Biotit Diopsid-Augit
Perioden:	Ur-Somma	Alt-Somma	Jung-Somma	Vesuv

Die Magmaentwicklung nimmt einen anderen Weg, als die sie überlagernden, selbständigen Differentiationen. Das zeigt, daß die Steigerung des Sippencharakters nicht auf Differentiation zurückgeführt werden kann.

An dieser Entwicklung ist vielmehr die Assimilation von dolomitischem Kalkstein schuld, der im Untergrund, wie überall in Mittelitalien in 2000 bis 3000 m mächtigen Schichten vorhanden ist. Kalk und Magnesia werden vom Magma aufgenommen, die Kohlensäure wird ausgetrieben und erhöht den Gasgehalt des Magmas. Gleichzeitig scheidet das Magma eine thermisch äquivalente Menge von Kristallen eines diopsidischen Augites aus, die sich zusammenballen und in die Tiefe sinken. Bei starken Ausbrüchen werden solche körnigen Diopsid-Augit-Knollen ausgeworfen und legen Zeugnis ab von den Vorgängen der Tiefe."

Aber nicht nur der petrographische Charakter der Förderprodukte ist von der Assimilation abhängig. Nach RITTMANN verdankt sogar die historische Tätigkeit selbst der Assimilation ihr ganzes Dasein. Der Assimilationsvorgang von Kalkstein bewirkt nämlich eine rasche Erhöhung des für die Aktivität notwendigen Dampfdruckes des Magmas. Die Folge davon ist eine intensive Tätigkeit, die sich durch das Offenhalten des Schlotes und eine ungewöhnlich große Zahl oft heftiger Ausbrüche kundgibt. Auf Grund dieser und ähnlicher Beobachtungen behauptet RITTMANN ferner, daß nach der Periode des Ur-Somma der Vesuv kaum mehr zu neuer Tätigkeit erwacht wäre, wenn nicht sein Herd den Hauptdolomit erreicht und die Assimilation eingesetzt hätte.

Entstehung der Granite.

Granit ist in der Lithosphäre sehr verbreitet. Eine Abschätzung seiner relativen Häufigkeit in Nordamerika ist von DALY durchgeführt worden. Die

Tabelle 30. Häufigkeit der verschiedenen Gesteinstypen Nordamerikas (nach DALY).

	Kor- dilleren- gebiet	Appa- lachen- gürtel	Summe Quadrat- meile
Plutonische Gesteine.			
Granite	2491,0	1345,0	3836,0
Granodiorite	2040,0	—	2040,0
Quarzmonzonite	11,0	—	11,0
Quarzdiorite	45,3	—	45,3
Diorite	103,5	10,0	113,5
Gabbrodiorite	98,5	—	98,5
Gabbro	226,4	47,5	273,9
Anorthosite	52,0	—	52,0
Syenite	24,4	—	24,4
Monzonite	17,5	—	17,5
Nephelinsyenite	3,5	0,3	3,8
Shonkinite	8,7	—	8,7
Fergusite . . . . ,	1,0	—	1,0
Missourite	0,1	—	0,1
Theralite	6,3	—	6,3
Peridotite	73,3	—	73,3
Pyroxenite	2,2	—	2,2
Summe	5204,7	1402,8	6607,5
Ergußgesteine.			
Rhyolithe	2145,7	1,0	2146,7
Dazite	82,1	—	82,1
Glimmerandesite	3,0	—	3,0
Hornblendeandesite	21,6	—	21,6
Pyroxenandesite	3966,0	—	3966,0
Augitporphyrite	255,0	—	255,0
Basalte	3079,0	130,0	3209,0
Trachyte	6,5	—	6,5
Latite	4,6	—	4,6
Phonolithe	5,5	—	5,5
Trachydolerite	0,3	—	0,3
Teschenite	0,2	—	0,2
Nephelinbasalte (Texas) . . .	1,2	—	1,2
Nephelinmelilitbasalte (Texas)	2,8	—	2,8
Limburgite	2,5	—	2,5
Quarzbasalte	8,0	—	8,0
Summe	9584,0	131,0	9715,0
Ganggesteine.			
Granitporphyre	17,9	2,0	19,9
Quarzporphyre und Rhyolithe	26,5	1,0	27,5
Dacitporphyrite	7,8	—	7,8
Quarzhornblendeporphyrite .	2,0	—	2,0
Quarzmonzonitporphyre . .	4,6	—	4,6
Dioritporphyrite	20,1	1,6	21,7
Hornblendeporphyrite . . .	1,0	—	1,0
Quarzdiabase	3,0	—	3,0
Diabase	150,0	118,0	268,0
Syenitporphyre	38,4	2,5	40,9
Monzonitporphyre	9,4	—	9,4
Nephelinsyenitporphyre . . .	< 0,1	—	< 0,1
Phonolithe	2,7	—	2,7
Pseudoleuzitporphyre	0,5	—	0,5
Summe	284,0	125,1	409,1
	15072,7	1658,9	16731,6

eruptiven Gesteine Nordamerikas verteilen sich fast ausschließlich auf die folgenden drei Gebiete:

1. Das Kordillerensystem im Westen,

2. den Appalachengürtel im Osten und

3. den präkambrischen Schild in Kanada.

Das weitaus häufigste plutonische Gestein des jungen Kordillerensystems ist Granit. Er macht 48% sämtlicher plutonischer Gesteine dieses Gebietes aus. Unter den plutonischen Gesteinen der paläozoischen Appalachen ist er noch stärker vertreten, indem er 96% ausmacht (s. Tab. 30).

In dem präkambrischen Schilde Kanadas sind auch Granite sehr stark vorherrschend; genauere Abschätzungen für dieses Gebiet fehlen aber, und wir werden uns deshalb einem anderen Gebiet zuwenden (Fennoskandia), um die Verbreitung der präkambrischen Granite zu studieren.

Zunächst seien aber einige Worte über die Verbreitung des dem Granite entsprechenden Ergußgesteins gesagt. Der Rhyolith (oder Liparit) hat keine große Verbreitung. Nur 22% der Ergußgesteine des Kordillerenssystems bestehen aus Rhyolith und nur 0,8% in den Appalachen.

Obwohl also der Granit in der Erdkruste eine sehr große Verbreitung hat, so kommt das ihm entsprechende Ergußgestein in viel geringeren Mengen vor.

Tabelle 31. Maximale Größe verschiedener Gesteinskörper (nach DALY).

Gesteinstypen	Fundort	km²
Präkambrischer Granit .	Post-Bottnische „central" Granite in Finnland	23 000
Granodiorit	Sierra Nevada, Kalifornien	50 000
Quarzmonzonit	Bitterroot Range, Idaho	8 000
Quarzdiorit	Südalaska	12 000
Diorit.	Little Belt-Gebirge, Montana	65
Gabbro	Duluth, Minnesota	6 100
Anorthosit	Saguenay, Quebec	15 000
Subalkalischer Syenit .	Ceara, Brasilien	1 200
Pulaskit	Coryll Batholith, British Columbia	250
Nordmarkit	Oslo, Norwegen	2 000
Nephelinsyenit	Kola, Rußland	1 800
Larvikit.	Larvik, Norwegen	600
Malignit.	Pooh Bah Lake, Ontario	38
Monzonit	Talluride Quadrangle, Colorado	20
Essexit	Shefford Gebirge, Quebec	4
Shonkinit	Square Butte, Montana	10
Missourit	Shonkin, Montana	< 1,8
Fergusit.	Arnoux, Montana	< 2,5
Theralith	Crazy Gebirge, Montana	10
Ijolith	Kuusamo, Finnland	< 2
Bekinkinit.	Bekinkina Gebirge, Madagaskar	< 2

Dies ist eine wichtige Tatsache von großem theoretischem Interesse. Die relative Menge der Rhyolithe ist derart, daß man der BOWENschen Annahme der Entstehung der Rhyolithe als Kristallisationsderivate von basaltischen Magmen zustimmen kann. Für die ungeheuren Quantitäten von Graniten kann man aber nicht ohne weiteres eine solche Entstehungsweise gelten lassen.

Von petrologischem Interesse ist auch ein Vergleich der absoluten Größe der verschiedenen plutonischen Gesteinskörper. Die Tabelle 31 gibt über die bei den verschiedenen Typen von Gesteinen beobachtete maximale Ausdehnung Auskunft.

Eine der ausgeprägtesten petrographischen Eigentümlichkeiten präkambrischer Gebiete ist das Vorwalten von granitischen Gesteinen und zwar findet man, daß die ältesten präkambrischen Formationen reicher an Granit sind als die jüngeren. In den allerältesten präkambrischen Gebieten, wie man sie z. B. in dem Granit-Gneiskomplexe des östlichsten Fennoskandia findet, sind granitische Gesteine fast allein

Tabelle 32. Chemische Durchschnittswerte von finnländischen Gesteinen verglichen mit anderen Gesteinen.

	1	2	3	4
SiO_2 . . .	67,70	69,42	69,81	59,12
TiO_2 . . .	,41	,39	,54	1,05
Al_2O_3 . . .	14,69	14,70	13,76	15,34
Fe_2O_3 . . .	1,27	1,08	2,17	3,08
FeO . . .	3,14	2,49	1,87	3,08
MnO . . .	,04	,03	,26	,12
MgO . . .	1,69	2,02	,84	3,49
CaO . . .	3,40	1,44	2,20	5,08
Na_2O . . .	3,07	3,24	3,17	3,84
K_2O. . . .	3,56	4,46	4,38	3,13
H_2O. . . .	,79	,66	,74	1,15
P_2O_5 . . .	,11	,07	,26	,30
Rest . . .	,13			,40

1. SEDERHOLMs Durchschnittszahlen für das Gesteinsgerüst Finnlands.

2. SEDERHOLMs Durchschnittszahlen für finnische Granite.

3. Durchschnittszahlen für 114 präkambrische schwedische Granite (nach HOLMQUIST).

4. Durchschnittszahlen aller Eruptivgesteine (nach CLARKE und WASHINGTON).

vorherrschend. Auch in den jüngeren Gebirgsketten findet man eine analoge Verteilung: Die tieferen, durch die Erosion aufgedeckten Schnitte sind in ihrer Gesteinszusammensetzung granitischer als die höheren Schnitte. Es ist somit eine allgemeine geologische Erfahrung, daß granitische Gesteine immer verbreiteter werden, je tiefer die für die Untersuchungen zugänglichen horizontalen Schnitte der Erdkruste gelegen sind.

SEDERHOLM hat die Durchschnittszusammensetzung des Gesteinsgerüstes von Finnland, das fast ausschließlich aus präkambrischen Bildungen besteht, berechnet und ist zu dem folgenden Resultat gekommen (Tab. 33):

Tabelle 33.
Petrographische Zusammensetzung des Felsengerüstes Finnlands.

Granite	52,5
Migmatite	21,8
Granulite	4,0
Schiefer	9,1
Quarzite und Sandsteine	4,3
Kalkgesteine und Dolomite	0,1
Basische Gesteine	8,2
	100,0

Diese Mittelzusammensetzung ist wesentlich granitischer als das Mittel der existierenden Analysen der Erstarrungsgesteine. Ähnliches gilt auch für andere Grundgebirgsgebiete präkambrischen Alters.

Auf Grund der geophysikalischen Erforschung der Erde kann man sich nun den Aufbau unseres Planeten folgendermaßen vorstellen:

1. Die äußere Silikathülle oder Sial mit der Dichte 2,8 vornehmlich granitischer Zusammensetzung, die unteren Partien wohl dioritisch. Diese Hülle fehlt aber den Tiefseebecken.

2. Unter dem Sial in einer Tiefe von ungefähr 40 km, kommt das Sima von im wesentlichen basaltischer Zusammensetzung und mit einer mittleren Dichte von 3,05. Das Sima erstreckt sich von etwa 40 bis zu 60 km Tiefe.

3. Unter ihm hat man wahrscheinlich ein basaltisches Substratum in glasigem (geschmolzenem) Zustande.

Viele Forscher glauben, daß den Plateaubasalten, die verschieden von anderen eruptiven Gesteinen sind und auch verschiedenartig differentiiert sind, intrudierte Teile der unteren Partien des Simas direkt entsprechen.

Normalerweise sollen uns also basaltische Gesteine schon in einer Tiefe von etwa 40 km begegnen, ja einige Beobachtungen deuten sogar darauf hin, daß die Granithülle lokal noch dünner ist, vielleicht nur 18 km. In den alten Gebirgsketten z. B. im Archaikum von Fennoskandia ist der totale Betrag der Erosion in vielen Gebieten zu 50 km oder mehr zu setzen. Wie kann man· nun diese widerstreitenden Behauptungen vereinigen? Auf der einen Seite behaupten die Geophysiker, daß die Erdkruste mit der Tiefe mehr und mehr basisch wird. Andererseits behaupten die Geologen, daß die durch die Erosion bloßgelegten Schnitte der Erdkruste mit der Tiefe mehr und mehr granitisch werden.

ESKOLA hat folgende Erklärung angedeutet:

Denkt man sich die obere Hälfte des Sima in der schon beschriebenen Weise im wesentlichen kristallin, seine untere Hälfte geschmolzen, so muß es zwischen den beiden Schichten eine breite Übergangszone geben, in der eine flüssige (geschmolzene) Phase in Form einer Porenlösung vorhanden ist. Deren Menge muß im Verhältnis zur kristallinen Phase mit der Tiefe ständig zunehmen, bis schließlich bei einer gewissen Tiefe, die bei etwa 60 km liegen dürfte, die kristalline Phase ganz verschwindet. Dort wird alles flüssig oder besser glasig, da die Viskosität der Flüssigkeit unter den herrschenden thermodynamischen Bedingungen wohl sehr groß sein wird.

Die Zusammensetzung der Porenlösung in den oberen Partien des Simas ist aber nicht basaltisch. Wir haben die Kristallisationserscheinungen vieler Systeme gesteinsbildender Oxyde kennen gelernt und wir haben gesehen, daß die zuletzt erstarrenden Schmelzlösungen granitische Zusammensetzung aufweisen. Kühlt man z. B. ein heißes basaltisches Magma ab, so wird die letzte

Mutterlauge granitisch. Geht man nun den umgekehrten Weg und erwärmt ein kühles basaltisches Gestein, so wird die zuerst auftretende geschmolzene Phase natürlich auch granitisch werden.

Wird nun in den tieferen Zonen der Lithosphäre ein Gestein mit einem geringen Gehalt an Porenlösung durch orogenetische Störungen bewegt und ausgewalzt, so muß notwendigerweise die Porenlösung wie etwa Wasser aus einem Schwamm ausgequetscht werden.

Die chemische Zusammensetzung der ausgequetschten Lösung würde u. a. von der Temperatur abhängig sein, aber immer würde sie eine granitähnlichere Zusammensetzung als das feste Material, aus dem sie sich entwickelt, aufweisen. Ihre Menge würde mit der Temperatur steigen, sei es durch den thermischen Gradienten, oder durch lokale mechanische oder chemische Wärmequellen. Die so gebildete granitähnliche Schmelze würde vorhandenen Spalten oder Schwächezonen folgen und könnte auf diese Art und Weise zur Bildung magmatischer Gesteine Anlaß geben oder aber größere Magmaansammlungen bilden.

Diese Schmelze ist auch leichter als ihre Umgebung und zeigt infolgedessen einen Auftrieb, der sich in einer unverkennbaren Neigung kund gibt, sich in den oberen Partien z. B. in Antiklinalen tektonisch bewegter Gebiete anzusammeln. Eine solche Intrusionsmechanik granitischer Gesteine ist aus präkambrischen Gebieten beschrieben worden (WEGMANN).

Nach der oben angedeuteten Hypothese sollte sich die äußere granitische Schale der Erde ständig verdicken. Dem basaltischen Substratum werden somit nach und nach seine granitischen Komponenten entzogen; es wird immer basischer und je basischer es wird, desto schwieriger wird es auch, aus ihm durch differentielle Aufschmelzung hinreichende Mengen granitähnlicher Porenlösung abzuspalten. Daß die Menge granitähnlicher Derivate, die man aus reinen plateaubasaltischen Magmen erhalten kann, tatsächlich sehr klein ist, geht auch z. B. aus der Petrographie der ozenaischen Inseln hervor (S. 65).

Basalte sind in solchen Gebieten, z. B. in den zentralpazifischen Inseln, fast allein vorherrschend; „granitähnliche" Derivate (die in diesen Gebieten gewöhnlich durch trachytische Gesteine vertreten sind), sind nur in einer Menge von etwa 1—2 % vorhanden. Es ist deshalb schwer zu verstehen, wie die enormen Massen granitischer Gesteine der präkambrischen Schilder aus reinen Basaltmagmen entstehen könnten. Diese Annahme ist aber auch nicht notwendig. Es ist nämlich sehr wohl möglich, daß die präkambrischen Gebiete der Erdkruste tiefere Stockwerke älterer Faltengebirgszonen darstellen. Es sind alte Geosynklinalen, die seinerzeit mit gewaltigen Mengen von sedimentärem Material gefüllt wurden, in denen der Boden ständig tiefer in die Erdkruste versank, bis ein Niveau erreicht wurde, in der eine differentielle Aufschmelzung einsetzte. Denn auch sedimentäres Material wird natürlich einer differentiellen Aufschmelzung anheimfallen, wenn die Temperatur über den Soliduspunkt des Systems steigt. Und auch in sedimentärem Material muß die zuerst auftretende flüssige Phase mehr oder weniger granitähnlich sein. Manchmal wird aber auch ein Sediment eine derartige Zusammensetzung aufweisen können, daß nur eine winzig kleine Menge Porenlösung zur Ausbildung gelangen kann. Das ist z. B. mit Sandsteinen und Quarziten der Fall, die auch, wie die geologische Erfahrung lehrt, der differentiellen Aufschmelzung stärkeren Widerstand leisten als andere Sedimente, die gewöhnlich beträchtliche Mengen granitähnlicher Porenlösung abgeben können. Es ist weiter beachtenswert, daß mit den Sedimenten auch Wasser in die tieferen Niveaus gebracht wird (hydrierte Minerale, Kaolin, Glimmer usw.). Wenn eine relativ trockene Porenlösung während ihres

Aufstieges die Sedimentschichten von unten durchtränkt, so wird sie ohne weiteres große Mengen von Wasser sogar unter Wärmeabgabe assimilieren können (vgl. S. 47). Hierdurch wird die Kristallisationstemperatur der Lösung erniedrigt und sie kann infolgedessen ohne zu kristallisieren noch weiter aufsteigen.

Der ganze Prozeß wird also folgendermaßen zu beschreiben sein: In orogenetisch bewegten Partien des Simas, etwa in den Wurzeln größerer Geosynklinalgebiete, wird die überall vorhandene granitähnliche Porenlösung durch die Orogenese mobilisiert. Wegen ihrer geringeren Dichte wird sie eine Neigung zum Aufstieg haben und wird die hangenden Schichten des Sials durchtränken. Hier mischt sie sich mit der im Sial schon vorhandenen Porenlösung, assimiliert Wasser, „Mineralisatoren" und andere leicht schmelzbare Stoffe. Die Schmelze wandelt das dazu geeignete sedimentäre Material um und „verdaut" es bis zur Unkenntlichkeit. Sie steigt dann unter ständiger Mitwirkung von Faltung und Verknetung immer weiter in die Höhe. Dies ist die sog. *Migmatitfront*. Das durchdringende System selbst, d. h. die granitische oder granitähnliche Porenlösung hat SEDERHOLM *Ichor* genannt. ESKOLA hat ihn metaphorisch als Schweiß bezeichnet, der der kreißenden Erde während der Wehen einer Orogenese ausbricht. Er ist nach SEDERHOLM als ein *palingenes* (neugeborenes) Magma (oder Ichor) zu bezeichnen im Gegensatz zu dem *juvenilen* Magma (oder Ichor), das direkt aus dem Sima stammt. So sieht man in diesen Prozessen ein Anzeichen eines großen Kreislaufes im Stoffwechsel der Erde:

Die Eruptivgesteine der Erdkruste werden durch die Verwitterung abgetragen, füllen die Synklinale und versinken in die Tiefe. Hier erfahren sie eine differentielle Aufschmelzung, werden wieder zu Magmen, die ihren Weg aufwärts finden, um schließlich wieder als Eruptiva zu erstarren.

In den tieferen Zonen der Faltengebirge bewirkt nun dieser Ichor eine allgemeine Granitisierung aller Gesteinsarten: sedimentäre und eruptive Gesteine aller Art fallen der Granitisierung zum Opfer. Hier und da kann man noch Überreste ursprünglicher Sedimente finden, besonders gilt dies für die standhaften Quarzite, aber häufiger ist der ganze Gebirgsgrund zu einem „gewöhnlichen" granitischen Gneis umgewandelt.

Solche Gneise sind aber nicht eintönig. Es gibt sicherlich keine anderen Gesteinsarten, die so erstaunlich inhaltsreich sind und in denen Eigenschaften und Anzahl der Komponenten so rasch wechseln. Es müssen aber noch eine große Anzahl neuer petrographischer Untersuchungen durchgeführt werden, um die präkambrischen Granite und Gneise nach der Art ihres Ursprungs und ihrer Entwicklungsvorgänge kennen zu lernen. Bei dem derzeitigen Stand unseres Wissens muß man annehmen, daß sie in der oben schematisch beschriebenen Art und Weise entstanden sind.

Um schließlich der Natur der Erstarrungsgesteine näher zu kommen, müssen wir zunächst über das relative Mengenverhältnis der gewöhnlichen plutonischen und vulkanischen Gesteinstypen ins klare kommen. Die Eruptivgesteine der Erde sind vorwiegend basaltisch oder granitisch. Das dem Basalt entsprechende Intrusivgestein ist Gabbro. Das dem Granit entsprechende Ergußgestein ist Rhyolith. Während aber Basalte einschließlich Pyroxenandesite 98% des Gesamtareales aller Ergußgesteine einnehmen, machen Gabbros weniger als 5% der gesamten Intrusivgesteine aus. Und während Granite, einschließlich Granodiorite mindestens 95% aller Intrusivgesteine ausmachen, nehmen die Rhyolite weniger als 2% des Areals aller Ergußgesteine ein (s. S. 108).

	Gabbroide Zusammensetzung	Granitische Zusammensetzung
Ergußgesteine	etwa 98%	2%
Intrusivgesteine.	5%	etwa 95%

Petrochemisch besteht somit ein radikaler Unterschied zwischen Ergußgesteinen und Intrusivgesteinen, eine Tatsache, die schon von DUROCHER, v. COTTA und BUNSEN bemerkt wurde, der aber die verschiedenen petrologischen Theorien alle zu wenig Beachtung geschenkt haben.

Wir haben schon entschiedene Gründe dafür gegeben, daß eine mild alkalische, olivinbasaltische Schmelze als Stammagma der Ergußgesteine angesehen werden muß. Es liegen aber keine Gründe vor, diese Schmelze gleichzeitig als Stammmagma aller Intrusivgesteine anzusehen. Eine gemeinsame Quelle der beiden Gesteinsklassen muß nämlich nach dem oben Gesagten a priori als unwahrscheinlich betrachtet werden. Vieles deutet ja darauf hin, daß Granite und Granodiorite auf eine ganz andere Weise gebildet worden sind, nämlich durch differentielle Aufschmelzung des Sials. Es steht auch der Annahme, der auch die Feldbeobachtungen gut entsprechen, nichts entgegen, daß nicht nur Granite, sondern Intrusivgesteine der Faltengebirge im allgemeinen gesehen durch *migmatische* Prozesse entstanden sind. Demnach sind weder Granite noch die auf ähnliche Weise entstandenen Intrusiva aus primären Magmen sensu stricto gebildet.

Die obenstehenden petrogenetischen Auseinandersetzungen versprechen eine Versöhnung zwischen den Befürwortern der Entstehung sämtlicher Eruptivgesteine durch Kristallisationsdifferentiation eines Stammagmas (z. B. BOWEN, 1927) und den Zweiflern, die sich gegen eine solche Annahme sträubten und Assimilationsprozessen und der Wirkung der Mineralisatoren wesentliche Bedeutung zuschreiben wollten (z. B. FENNER, 1937).

DALY hat die verschiedenen Gesichtspunkte diskutiert und ist prinzipiell zur folgenden genetischen Klassifikation der Magmen gekommen:

Magma	Entsprechende Gesteine
1. Primär basaltisches	Plateaubasalte, viele Diabase und Gabbros
2. Primär sialisches	Primitive felsische Gesteine
3. Anatektisch-granitisches	Mehrere präkambrische Granite, Pegmatite, Aplite
4. Direktes Differentiat primärer Basalte	Einige Peridotite, Eisenformationen und sulfidische Lagerstätten, Anorthosite
5. Aufgeschmolzene Gesteine der Kruste	Einige Granite, Granodiorite usw.
6. Durch Gase verflüssigte Produkte	Einige Laven der Kratereruptionen
7. Differentiate reiner Schmelzen	Einige Granite, Granodiorite usw.
8. Mischungen von Basaltmagma und:	
A. Sialischen kristallinen Gesteinen	Einige Körper mittlerer Zusammensetzung
B. Sedimenten	Hybride Gesteine
C. Sedimenten und Eruptiven	Hybride Gesteine
9. Differentiate von Hybriden, Klasse A	Einige Granite usw.
10. „ „ „ Klasse B	Einige anomale Granite, einige Gesteine mit Feldspatvertretern usw.
11. „ „ „ Klasse C	Einige Syenite usw.
12. Hybride mit saureren Magmen	Wie unter 8.
13. Differentiate der Klasse 12	Wie unter 9. und 11.
14. Übergangsmagmen von unvollständiger Differentiation	Einige intermediäre Typen

Migmatite.

Der Name bedeutet „Mischgestein" und wurde von SEDERHOLM 1907 aufgestellt. Nach seiner ersten Auffassung waren Migmatite gneisartige Gesteine, aber weder Ortho- noch Paragneise, sondern Gneise, die durch Vermischung von sedimentärem und magmatischem Materiale nach Art der Injektionsmetamorphose entstanden waren. Während der letzten Jahre ist die Definition wesentlich erweitert worden.

Für das Studium der Migmatite können wir von dem im letzten Abschnitt behandelten Prozeß der Granitisation ausgehen. In den Wurzelzonen der Gebirge (d. h. „Unterkruste" nach WEGMANN) muß der Mineralbestand differentiell in Lösung gehen; wie schon erwähnt, bildet sich dadurch eine Porenlösung, die durch orogenetische Bewegungen mobilisiert werden kann. Große Gesteinsmassen können dadurch fast vollständig „umgeschmolzen" werden; es bildet sich *Migma*, das dem Magma der höheren Zonen entspricht. Seinen Platz gewinnt das Migma durch: „1. Stoffwanderungen (Molekularwanderungen); 2. Verfaltung mit anderen Gesteinen; 3. kleinere und größere Verschiebungen am Rande sowie Eindringen in weniger fließbare anstoßende Massen, wodurch Intrusivkontakte entstehen. Endlich können eigentliche Intrusivmassen aus der Zeit vor dem Unterkrustenstadium erhalten und umgebildet sein. Steigt ein Teil der Unterkruste in die Übergangszone und in die Oberkruste auf, so wird sie im eigentlichen Sinne des Wortes intrusiv, da sie in einen starren Rahmen eindringt". Das Migma ist zum Magma geworden.

Die leichtviskosen Teile des Migmas bilden den Ichor; ein durchdringendes System, das eine Auflösung des Nebengesteins verursacht und als ein pegmatitähnliches Magma und dessen Dampfphase angesehen werden kann (wobei die BOWENschen Theorien über das Verhalten der Einschlüsse in den Magmen zur Geltung gelangen, s. S. 37). Die Umwandlungen von normalen Sedimenten lassen sich nach BACKLUND durch folgende nahezu kontinuierliche Entwicklungsreihe charakterisieren, deren einzelne Glieder wenig scharf umrissen sind, aber im ganzen eine von links nach rechts zunehmende Mobilität, gesteigerten Zufluß eines Lösungsmittels (= Ichor), sowie entsprechende Temperatursteigerung, andeuten.

Venite → (Augengneise) → Arterite → Migmatite → Palingenite → Diapirite
  ↘   ↘   ↘
(Grobporphyre)   (Syntektite)   (Anatektite)

Auf diese Weise bildet sich, wie ich 1927 z. B. aus dem südnorwegischen Präkambrium im einzelnen habe nachweisen können, aus Kalkgestein ein Augengneis und schließlich ein Pegmatit. Es besteht hier die Reihe: Marmor → Pyroxenskarn → skapolithisierter Amphibolith → andesinführender Amphibolith → Augengneis → Pegmatit. Pelitische Sedimente werden leicht granitisiert. Daher stellen auch einige Granite sozusagen Pseudomorphosen nach pelitischen Schiefern dar. Auch die Umwandlung von psammitischem Sediment in Granit ist bekannt. Um diese Prozesse und verschiedene Stufen der Prozesse zu beschreiben, sind viele Namen eingeführt worden: Migmatisierung, Metasomatose (Replacement), Imbibition, Syntexe, Anatexe, Palingenese, Hybridisierung (Kontamination), Ultrametamorphose, Injektionsmetamorphose, Hydrothermalmetamorphose. Einige dieser Begriffe sind unklar, einige wohl überflüssig. Wie dem auch sei, auf die in solcher Weise gebildeten Gesteine passen die konservativen petrographischen Bezeichnungen nicht. Diese Gesteine sind weder magmatisch noch metamorph im eigentlichen Sinne. Wie WEGMANN schon mehrmals betont hat, besteht ein wesentlicher Unterschied sowohl in Tektonik als in petrogenetischen Verhältnissen zwischen „Oberkruste" und „Unterkruste". In großen Tiefen gibt es keine scharfe Grenze zwischen magmatisch und nichtmagmatisch. Diese Bezeichnungen wurden für die Oberkruste aufgestellt; für die Unterkruste passen sie nicht. Ich habe deshalb 1936 vorgeschlagen, das Gesteinsreich in vier Klassen einzuteilen:

1. Eruptive Gesteine.
2. Migmatische Gesteine.
3. Metamorphe Gesteine.
4. Sedimentäre Gesteine.

Die Grenzen des Reiches der migmatischen Gesteine sind noch unscharf. Folgende Ausführung stammt aus einer Arbeit von REINHARD: „Das Migma zum Magma geworden, kann am Schlusse orogener Phasen und auch außerhalb des Orogens in höhere Erdrindenteile gelangen und hier unter hydrostatischem Druck erstarren. Differentiationsvorgänge werden nun eine wesentliche Rolle spielen und zur Bildung der verschiedensten Magmentypen Anlaß geben. Aus den Restlösungen entstehen Pegmatite, die oft seltene Mineralien führen und der Differentiationsprozeß kann die Bildung von Erzlagerstätten im Gefolge haben. Die Assimilation von Nebengestein wird den Verlauf der Differentiation oft mächtig beeinflussen. Welche Rolle in einer magmatischen Provinz beim Werdegang der verschiedenen Gesteine Differentiation und Assimilation gespielt haben, ist heute noch stark umstritten."

Es steht jedoch nach den vorangehenden Auseinandersetzungen dem nichts entgegen, daß nicht nur die Granite und Granodiorite der präkambrischen Schilde, sondern auch die meisten Intrusivgesteine der Faltengebirge wahre Migmatite darstellen.

Zweiter Teil.

Die Sedimentgesteine.

Von

Prof. Dr. CARL W. CORRENS, Göttingen.

Einleitung.

Allgemeines Schrifttum.

ANDRÉE, K.: Geologie des Meeresbodens, Bd. II. Leipzig 1920.
BEHREND, F. u. G. BERG: Chemische Geologie. Stuttgart 1927.
BOEKE, H. E. u. W. EITEL: Grundlagen der physikalisch-chemischen Petrographie, 2. Aufl. Berlin 1923.
BOSWELL, P. G. H.: On the mineralogy of sedimentary rocks. London 1933.
CAYEUX, L.: Introduction à l'étude pétrographique des roches sédimentaires. Paris 1916.
— Les roches sédimentaires de France. Les roches siliceuses. Paris 1929.
— Les roches sédimentaires de France, Roches carbonatées. Paris 1935.
CLARKE, F. W.: Data on Geochemistry. U. S. Geol. Survey, Bull. 770. Washington 1924.
CORRENS, C. W.: Die Sedimente des äquatorialen Atlantischen Ozeans. Wissenschaftliche Ergebnisse der Deutschen Atlantischen Expedition auf dem Forschungs- und Vermessungsschiff „Meteor" 1925—1927, Bd. III, Teil 3. 1935—1937.
GRABAU, A. W.: Principles of stratigraphy. New York 1913.
HATCH, F. H., R. H. RASTALL u. M. BLACK: The Petrology of the sedimentary rocks. London 1938.
HOLMES, A.: Petrographic methods and calculations. London 1921.
MILNER, H. B.: Sedimentary Petrography. 2. Aufl. London 1929.
MURRAY, J. u. A. F. RENARD: Deep-sea-deposits. Report on the Scient. Results of H. M. S. „Challenger" during the years 1873—1876. London 1891.
PENCK, A.: Morphologie der Erdoberfläche, Stuttgart 1894.
Report of the Committee on Sedimentation 1928/29. Washington 1930. — 1929/30. Washington 1931. — 1930—1932. Washington 1933. — 1932—1934. Washington 1935. — 1935/36. Washington 1936. — 1936/37. Washington 1937. (National Research Council-Washington.)
RICHTHOFEN, F. v.: Führer für Forschungsreisende. Berlin 1886.
TWENHOFEL, W. H.: Treatise on Sedimentation. Baltimore 1932.
WAGNER, G.: Einführung in die Erd- und Landschaftsgeschichte. Öhringen 1931.
WALTHER, JOH.: Einleitung in die Geologie als historische Wissenschaft. Jena 1893/94.
WETZEL, W.: Sedimentpetrographie. Fortschr. Min. usw., Bd. 8, S. 126. Jena 1923.
ZIRKEL, F.: Lehrbuch der Petrographie, Bd. 3. Leipzig 1894.

Begriff und Umfang der Sedimentpetrologie.

Die Gesteinsschichten, die unseren Erdball in seinen obersten Lagen aufbauen, kann man als Glieder eines gewaltigen Kreislaufes betrachten. Im Innern der Erde bilden sich Schmelzen, die bei Annäherung an die Erdoberfläche erstarren: die magmatischen Gesteine. Die Beschreibung ihrer Entstehungsbedingungen bildet den ersten Teil dieses Buches. Diese Gesteine stehen mit den Bedingungen der Erdoberfläche nicht im Gleichgewicht: durch die an der Erdoberfläche wirkenden Kräfte physikalischer und chemischer Art, durch die Verwitterung, werden sie zerstört. Das bei dieser Gelegenheit entstandene Material wird entweder abtransportiert oder bleibt wenigstens zunächst am Ort der Verwitterung liegen und wird dann als Boden bezeichnet. Aus dem verfrachteten Material können sich die Erzeugnisse der Verwitterung wieder ausscheiden, diese Ablagerungen nennen wir Sedimente. Sie können durch gebirgsbildende Bewegungen wieder auf das Erdinnere zubewegt werden und damit in den Bereich höherer Drucke und höherer Temperaturen geraten. Ein ähnliches Schicksal können auch magmatische Gesteine erleiden. Die Gesteine werden dabei umgebildet, man faßt sie als metamorphe Gesteine zusammen. Diese werden im dritten Teil dieses Buches behandelt.

Unter Sedimenten verstehen wir also nach Transport abgelagerte Erzeugnisse mechanischer und chemischer Verwitterung der Gesteine und des Transportes selbst. Die Transportmittel sind Wasser, Eis und Wind. Organismen sind nur von untergeordneter Bedeutung. Das Ausgangsmaterial können sowohl magmatische wie sedimentäre und metamorphe Gesteine sein. Die Ablagerung erfolgt auf Grund der Schwerkraft, durch Absetzen, Ausflocken, chemische Ausscheidung oder auf dem Umweg über Organismen. Danach gehören also die Salzlagerstätten zu den Sedimenten, denn sie sind umgelagerte Erzeugnisse der chemischen Verwitterung, nicht aber die Tuffe, denn sie sind zwar nach der Schwerkraft sedimentiert, aber sie sind keine Erzeugnisse der Verwitterung. Auch die Böden fallen nicht mit in das Gebiet der Sedimente, denn ihre Bestandteile sind im wesentlichen an Ort und Stelle geblieben. Mit ihnen beschäftigt sich bereits eine eigene ausgedehnte Wissenschaft, die Bodenkunde. Auch rechnen wir hier die Kohle und das Erdöl, die vielfach bei den Sedimenten mit behandelt werden, nicht zu ihnen. Sie sind in ihren wesentlichen Bestandteilen nicht aus den Erzeugnissen der Verwitterung von Gesteinen aufgebaut. Ihre wissenschaftliche Bearbeitung erfordert zudem ganz andere Methoden als die der übrigen Sedimente. Schnee und Eis schließlich sind ebenfalls keine Sedimente in unserem Sinn.

Der Anlage dieses Lehrbuches entsprechend soll im folgenden die Entstehung der Sedimente behandelt werden. Aus dem oben skizzierten kurz angedeuteten großen Kreislaufprozeß ergibt sich zwanglos die Einteilung für eine derartige Behandlung. Zunächst müssen die Vorgänge der Verwitterung besprochen werden, die das Ausgangsmaterial für die Sedimente schaffen, dann werden die klastischen Sedimente mit ihren Transport- und Ablagerungsbedingungen besprochen, ihnen folgt das Kapitel über die chemischen und biogenen Sedimente. Die Fragen, wie aus einem lockeren Sediment ein festes Gestein wird, die Fragen also nach den Neubildungen im Sediment, nach seiner Verfestigung, werden zusammenfassend für beide Gruppen von Sedimenten am Schluß behandelt.

Die Geschichte der Erforschung der Sedimente weist recht verschlungene Pfade auf. Schon die ersten Anwendungen des Mikroskops auf die Gesteinskunde dienten sedimentpetrographischen Untersuchungen, zunächst der Untersuchung lockerer Sedimente und später auch zu Beobachtungen an den ersten Dünnschliffen (SORBY 1850). In der Frühzeit der mikroskopischen Petrographie wurden eine Reihe wertvoller petrographischer Untersuchungen über Sedimente ausgeführt. Dann flaute das Interesse der Mineralogen und Petrographen sehr stark ab, magmatische und metamorphe Gesteine schienen ein viel lohnenderes Feld der Betätigung zu bieten. Nur einzelne Kapitel, wie das der Dolomitbildung und unter reger Mitarbeit physikalischer Chemiker die Deutung der Salzlagerstätten bilden eine Ausnahme. Erst in der neueren Zeit hat wieder eine stärkere Beschäftigung von mineralogischer und petrographischer Seite eingesetzt, aber es fehlt noch vieles. Deshalb hat der Verfasser an vielen Stellen eigene Ansichten aussprechen müssen, die er lieber in einer Spezialuntersuchung eingehend begründet hätte.

In der Zwischenzeit ist vorwiegend von erdgeschichtlicher und paläobiologischer Seite an die Probleme der Sedimentpetrographie herangetreten worden. Das Sediment als Einbettungsmittel der Fossilien ist ja ein wichtiger

Zeuge der paläogeographischen Bedingungen der Bildungszeit. Das Erscheinen von WALTHERs „Einführung in die Geologie als historische Wissenschaft" ist ein Markstein in dieser Entwicklung. Reiche Erkenntnis ist von dieser Seite der Sedimentkunde zugeströmt. Im folgenden soll die mineralogisch-petrographische Richtung der Sedimentpetrographie zu Worte kommen, der ganzen Anlage des Buches gemäß und nicht etwa, weil der Verfasser glaubte, daß sie die allein wahre Richtung sei. Er ist vielmehr der Überzeugung, daß beide Wege ihre Berechtigung haben und hofft, daß die folgenden Ausführungen die Zusammenarbeit der beiden Richtungen erleichtern mögen. Dabei ist es vielleicht nützlich, auf die dem Folgenden zugrunde liegende Auffassung des viel umstrittenen „Aktualitätsprinzips" hinzuweisen. Bei der Anwendung heutiger Erscheinungen auf die Deutung fossiler darf man nicht die Gesamtheiten vergleichen, sondern muß die einzelnen Faktoren untersuchen. Erst wenn diese richtig erkannt sind, kann aus ihnen ein Gesamtbild aufgebaut werden. Die einzelnen Faktoren sind schon regional sowohl in ihrer Stärke wie in ihrem Zusammenspiel verschieden. Ihre Wirkung ist im tropisch humiden Raum anders als im gemäßigt humiden und in diesem wieder anders als im ariden oder glazialen Raum. Die Faktoren selbst sind aber, soweit sie auf Grundgesetzen der Physik und Chemie beruhen, überall dieselben. Wir müssen annehmen, daß sie auch seit den ältesten Zeiten dieselben geblieben sind, sonst würden wir jeden Boden unter den Füßen verlieren. Solche Faktoren herauszustellen, wurde im folgenden versucht. Ihre Erforschung durch Naturbeobachtung und Experiment bietet noch ein weites Arbeitsfeld.

Aber physikalische und chemische Faktoren sind nicht allein wirksam. Vielfach stehen biologische Faktoren gleichberechtigt oder auch ausschlaggebend daneben. Flora und Fauna haben sich im Laufe der geologischen Zeiten geändert, und damit änderte sich auch ihr Einfluß auf die Sedimentbildung. Hier mußte ich mich sehr kurz fassen, denn eine historische Behandlung hätte den Rahmen dieses Buches gesprengt. Weil das fossile Sediment zu seiner vollen Ausdeutung die Berücksichtigung der historischen Gegebenheiten verlangt, wurde von ausführlichen Beispielen abgesehen. Der Zweck des Buches wurde vielmehr darin gesehen, das Handwerkszeug zur Untersuchung der Faktoren der Sedimentbildung zu liefern.

I. Verwitterung.

Schrifttum.

BLANCK, E.: Handbuch der Bodenlehre, Berlin 1929—1931. Hier auch ausführliche Schrifttumsnachweise.

CORRENS, C. W. u. W. v. ENGELHARDT: Neue Untersuchungen über die Verwitterung des Kalifeldspates. Naturwiss. Jg. 26 (1938) Heft 9. — Chemie der Erde 1938, Heft 1.
— (mit W. STEINBORN): Über die Messung der sogenannten Kristallisationskraft. Fortschr. Min. usw. Bd. 23 (1939) Heft 2.

DRYGALSKI, E. VON: Über die Vorexpedition nach Westgrönland. Verh. Ges. Erdkde Berlin Bd. 18 (1891) S. 457.

HIRSCHWALD, J.: Handbuch der technischen Gesteinsprüfung. Berlin 1910.

HULETT, G. A.: Beziehungen zwischen Oberflächenspannung und Löslichkeit. Z. phys. Chem., Bd. 37 (1901) S. 385.

HUMMEL, K.: Die Entstehung eisenreicher Gesteine durch Halmyrolyse. Geol. Rdsch. Bd. 13 (1922).

MEINARDUS, W.: Bodentemperaturen in der Wüste bei Schellal (Oberägypten). Nachr. Ges. Wiss. Göttingen, Math.-phys. Kl. Bd. V, Geogr. Bd. 1 (1935) Nr. 1.

MORTENSEN, H.: Die Bedeutung der Salzsprengung. Peterm. geogr. Mitt. 1933.

NOLL, W.: Über die Bildungsbedingungen von Kaolinit, Montmorillonit, Serizit, Pyrophyllit und Analcim. Min. u. petr. Mitt. Bd. 48 (1936) S. 210—247.

RANGE, P.: Wüsten und Steppen der Gegenwart und Vergangenheit. Rep. XVI. internat. Geol.-Congress, Washington 1933.

SCHARRER, K.: Neuere Forschungen über die Ursachen der schädlichen Wirkung stark saurer Böden auf das Pflanzenwachstum. Forschgsdienst Bd. 1 (1936) Heft 7, S. 505f.
ZUNKER, F.: Das Verhalten des Bodens zum Wasser. BLANCKs Handbuch der Bodenlehre, Bd. 6 (1930) S. 66—220.

Unter Verwitterung verstehen wir die Veränderung der Gesteine an Ort und Stelle (in situ) an der Erdoberfläche und durch von der Erdoberfläche bedingte Einflüsse. In dieser Definition wird eine scharfe Grenze zu den hydrothermalen Zersetzungen und anderen thermalen Beeinflussungen gezogen, so scharf, wie sie in der Natur wahrscheinlich nie vorhanden ist. Die Umgrenzung des Begriffs der Verwitterung verzichtet ferner bewußt auf die Festlegung darauf, daß bei der Verwitterung kolloides Material entstehe; denn z. B. schon bei der Auflösung von reinem Kalkstein, einem Vorgang der unzweifelhaft zur Verwitterung zu rechnen ist, entsteht kein kolloides Material. Um die Einflüsse der Erdoberfläche auf die Gesteine zu betrachten, ist es zweckmäßig, diese Vorgänge in mechanische und chemische zu zerlegen. Man muß sich aber dabei immer vor Augen halten, daß in der Natur nicht ein Vorgang allein Verwitterung zu bewirken pflegt, sondern daß fast immer mehrere zusammenwirken.

Zuweilen wird auch die mechanische und chemische Zerkleinerung beim Transport als Verwitterung behandelt, das widerspricht aber dem Sprachgebrauch.

a) Die mechanische Verwitterung.

Unter der mechanischen Verwitterung, auch physikalische Verwitterung genannt, fassen wir diejenigen Vorgänge zusammen, bei denen einfacher Zerfall der Gesteine ohne Änderung der chemischen Zusammensetzung stattfindet. Solche Vorgänge sind: 1. Die Temperaturverwitterung durch Sonnenbestrahlung; 2. die Frostverwitterung; 3. die Salzsprengung; 4. die Kapillarwirkung des Wassers und 5. die Sprengung durch Pflanzenwurzeln.

1. Die Temperaturverwitterung durch Sonnenbestrahlung (Insolation). Dieser Vorgang wird auch Desquammation (Abschuppung) genannt. Ein Gestein wird an seiner Oberfläche erwärmt, diese dehnt sich stärker aus als die darunterliegenden Teile. Durch die dabei entstehende Spannung zerfällt die Oberfläche. Die Temperaturunterschiede können bereits in unseren Breiten im Sommer und auf kahlen Felsen 40—50° C betragen. Die höchste Bodentemperatur ist wohl in Westafrika mit 84,6° C gemessen worden. Das Wasser eines plötzlich niedergehenden Gewitterregens hatte 21—24°, so daß hier der Temperaturunterschied etwa 60° betrug. RANGE gibt an, daß in dunklen Gesteinen Temperaturen von „fast 100° C" erreicht werden können. Beobachtungen über diese Temperaturverwitterung liegen vor allem aus Wüstengebieten sehr zahlreich vor. Die Erscheinung ist aber nicht auf diese Gebiete beschränkt, sie läßt sich auch im gemäßigten Klima zuweilen beobachten; so wird von v. DRYGALSKI angegeben, daß sie sich auf Grönland fände. Daß sie vorwiegend aus der Wüste beschrieben worden ist, hängt wohl damit zusammen, daß man hier die ähnlichen Erscheinungen des Spaltenfrostes mit Sicherheit ausschließen kann.

Den Unterschied zwischen der Tages- und Nachttemperatur in unseren Breiten bei wolkenlosem Himmel für nackten oder niedrig bewachsenen Boden gibt die schematische Abb. 1 nach ZUNKER. An der Oberfläche sind die Temperaturunterschiede am größten, sie nehmen in den Boden hinein ab. Diese Abnahme der Temperaturunterschiede hängt von der Beschaffenheit des Bodens und den klimatischen Verhältnissen ab. So beobachtete MEINARDUS in der oberägyptischen Wüste bei Schellal, daß die tägliche Temperaturschwankung in $^1/_2$ m Tiefe auf 0,1° absank.

Die Art des Zerfalls der Gesteine kann verschieden sein. Nach dem Vorgang von PASSARGE (zit. nach BLANCK) kann man unterscheiden: schaliges Abplatzen, bei dem sich finger- bis handdicke Platten loslösen; feinplattiges Abschuppen, bei dem sich dünne Plättchen von einer Dicke, die zwischen einigen Millimetern und Bruchteilen eines Millimeters schwanken, ablösen; Kernsprünge, mächtige Spalten, die durch große Blöcke quer hindurchsetzen; Trümmersprünge, bei denen der Block ein Netzwerk von Sprüngen aufweist. Die Stücke können hier noch lange im Zusammenhang bleiben. Schließlich wird auch grusiger Zerfall beschrieben, bei dem das Gestein sich in eine Masse

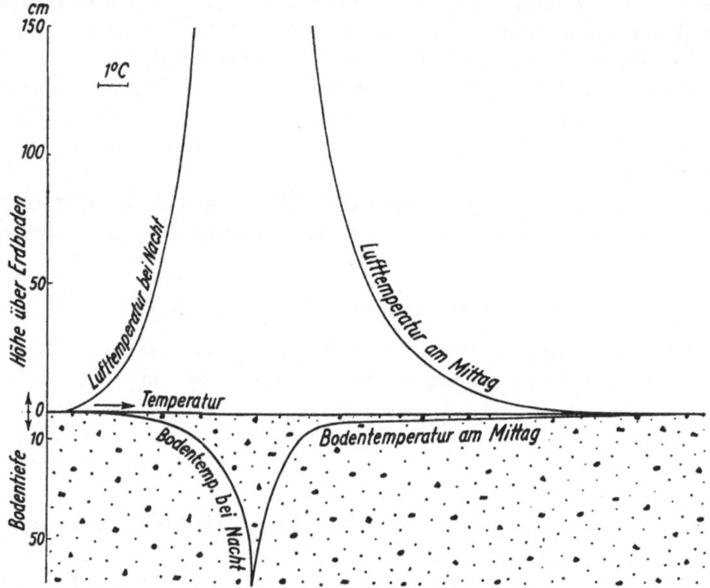

Abb. 1. Gang der Temperatur im Boden und in der bodennahen Luftschicht zur Mittags- und Nachtzeit. (Aus ZUNKER.)

zersprungener Kristalle auflöst (Abgrusung). Ob hierbei nur ein Zerfall in Kristalle stattfindet oder auch diese selbst zerlegt werden können, scheint mir noch nicht geklärt.

Es darf nicht verschwiegen werden, daß gegen die Bedeutung der Temperaturverwitterung gerade von Kennern warmer Trockengebiete Einspruch erhoben worden ist. Sie führen die Erscheinungen auf chemische Verwitterung und Salzsprengung zurück. Ich möchte nicht bestreiten, daß solche Vorgänge mitwirken, glaube aber, daß außerdem die Wirkung der Insolation eine beträchtliche sein kann. Andererseits muß zugegeben werden, daß der Vorgang durchaus nicht restlos geklärt ist. Die Erwärmungsfähigkeit eines Gesteins ist abhängig von der spezifischen Wärme. Diese Größe gibt die Zahl in Grammkalorien an, die notwendig ist, um 1 g Substanz von 14,5° C auf 15,5° C zu erwärmen. Wichtig ist ferner die Farbe, dunkle Gesteine erwärmen sich stärker als helle. Für das Eindringen der Wärme in das Gestein ist die Wärmeleitung wichtig, und schließlich muß man auch noch berücksichtigen, ob etwa in dem Gestein Wärme verbraucht wird durch das Verdunsten von Wasser. Von diesen Faktoren sind die wichtigsten für viele Gesteine bekannt oder wären leicht zu ermitteln.

Es fehlt aber meines Wissens eine Untersuchung über die Wärmeaufnahme von Gesteinsplatten in der Art, wie sie für die Zwecke der Temperaturverwitterung notwendig wäre. Da diese Rechnungen nicht ganz einfach sind, wird hier davon abgesehen, Zahlenmaterial über die spezifische Wärme und die Wärmeleitfähigkeit von Kristallen und Gesteinen anzuführen; denn ohne die obenerwähnten Rechnungen kann man dem Zahlenmaterial nichts Sicheres entnehmen. Ganz allgemein läßt sich über die spezifische Wärme der Gesteine sagen, daß sie etwa $^1/_4$ bis $^1/_5$ derjenigen des Wassers ausmacht. Das Gestein erwärmt sich also leichter als Wasser, nasses Gestein wird später warm werden als trockenes. Von der Wärmeleitfähigkeit hängt die Temperaturverwitterung insofern ab, als bei guter Wärmeleitfähigkeit der Ausgleich rascher erfolgt als bei schlechter.

Über das Maß der Ausdehnung haben wir bei den Kristallen sehr gute Zahlenwerte, bei den Gesteinen aber nur alte Werte, deren Zuverlässigkeit wohl gering ist. Hier muß darauf hingewiesen werden, daß es nicht auf das Maß an Zuwachs, den ein Mineral oder Gestein beim Erwärmen erleidet, ankommt. Um die Frage zu untersuchen, ob dieser Vorgang zur Zerstörung des Gesteins führt, muß man den Druck kennen, der durch die Ausdehnung hervorgerufen wird. Man kann diesen Druck annähernd berechnen, wenn man sich vorstellt, daß die Ausdehnung durch Kompression aufgehoben würde. Dann läßt sich aus den mittleren räumlichen Ausdehnungs- und Kompressibilitätskoeffizienten der Druck berechnen. Wenn V_0 das Volumen vor Beginn der Erwärmung ist, V_t das bei der Erwärmung um $t°$ und a der Ausdehnungskoeffizient, dann ist

$$V_0 = V_t \cdot (1 + a \cdot t).$$

Beim Druck gilt die analoge Formel

$$V_0' = V_p \cdot (1 - \gamma \cdot p)$$

bei Druckzunahme um p Megabar (1 Megabar $= 1,02$ kg/cm²). γ ist der Kompressibilitätskoeffizient. Setzt man $V_0 = V_p$ und $V_t = V_0'$, so ergibt sich:

$$p = \frac{a \cdot t}{\gamma\,(1 + a \cdot t)}.$$

Aus dem mittleren kubischen Ausdehnungskoeffizienten für Quarz $= 3,62 \cdot 10^{-5}$ und dem Kompressibilitätskoeffizienten von $2,7 \cdot 10^{-6}$ ergibt sich so für eine Temperaturerhöhung von 20 auf 60° ein Druck von 535 Megabar $= 545$ kg/cm².

Von einer Berechnung des Druckes bei Gesteinen wurde abgesehen, weil die zur Verfügung stehenden Daten für die Ausdehnung und für die Kompressibilität, abgesehen von ihrer geringen Zuverlässigkeit, auch noch an verschiedenen Gesteinen ermittelt worden sind. Eine Überschlagsrechnung ergibt aber, daß der Druck etwa von derselben Größenordnung sein wird, wie beim Quarz.

2. Die Frostverwitterung. Die Frostverwitterung beruht darauf, daß das Eis ein größeres Volumen hat als das Wasser. Beim Gefrieren findet also eine Volumvermehrung statt. Diese Ausdehnung kann in einem geschlossenen Hohlraum sprengend wirken.

Bei Gesteinsporen ist die Vorbedingung für die Sprengwirkung, daß die Poren vollständig mit Wasser gefüllt sind und daß ihre Form derart ist, daß beim Abkühlen von außen her der Hohlraum verstopft wird; die Poren müssen also eine flaschenähnliche Form besitzen. Durch die schlechte Wärmeleitfähigkeit der Gesteine findet zunächst im Flaschenhals die Bildung eines Eispfropfens statt, bevor das Wasser in dem tiefer gelegenen Hohlraum auskristallisiert. Sind die Hohlräume nicht ganz mit Wasser gefüllt, so hat das Eis Platz zum Wachsen. HIRSCHWALD hat deshalb für die technische Prüfung von Bausteinen auf Frostbeständigkeit den Sättigungskoeffizienten $S = W_2/W_1$ benutzt. Hier bedeutet W_1 die Menge Wasser, die durch vollständige Tränkung im Vakuum in das Gestein hineinzubringen ist, W_2 die Menge des lediglich durch Kapillarwirkung aufgenommenen Wassers bei langsamem Eintauchen der Probe. Theoretisch müßte der Sättigungskoeffizient S bei frostbeständigen Gesteinen unter 0,9 liegen, da beim Gefrieren des Wassers zu Eis eine Volumvermehrung von etwa 0,9 auf 1 eintritt. Praktisch hat sich gezeigt, daß Gesteine frostbeständig sind, wenn S kleiner als 0,8 ist. Je nach der Größe und der Zahl der Poren wird die Frostverwitterung die Gesteine verschieden stark angreifen und verschieden weit zerkleinern. So werden nach mündlicher Mitteilung von HELMUT WINKLER auf Island Basalte mit Fließtextur bis zu Platten von der Größe einiger Quadratdezimeter, dichte Feldspatbasalte bis zu Kies, Tuffe zu Staub abgebaut.

Der Druck, der beim Gefrieren auftritt, kann recht hohe Beträge erreichen. Wir können ihn der Schmelzkurve des Eises im pT-Diagramm entnehmen (Abb. 2), die angibt, bei welchem Druck und welcher Temperatur Eis mit Wasser im Gleichgewicht steht. Hält das Gefäßmaterial bei einer gegebenen Temperatur den der Kurve entsprechenden

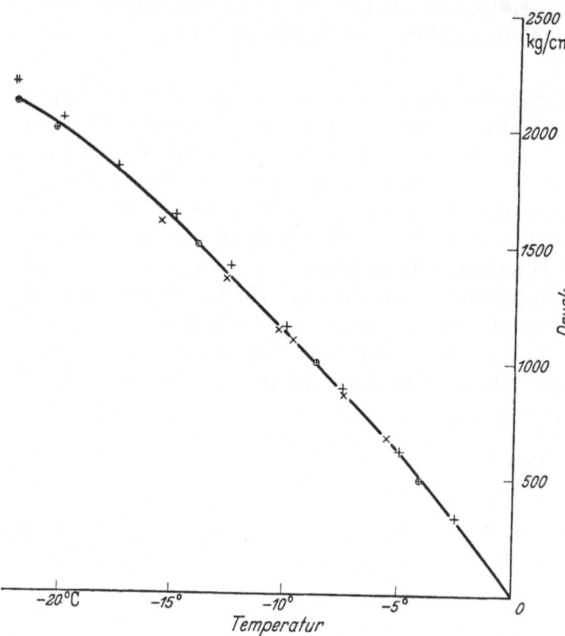

Abb. 2. Schmelzkurve des Eises im pT-Diagramm.

Druck aus, so findet keine Umwandlung von Wasser zu Eis statt. Aus der Kurve geht hervor, daß der höchste Druck bei — 22° C mit etwa 2100 at auftritt. Wird der Druck weiter gesteigert oder die Temperatur weiter gesenkt, so kommen wir in das Gebiet des Eises III, das sich wie die meisten anderen Körper verhält, d. h. es hat ein geringeres Volumen als das Wasser. In diesem Bereich findet also keine Sprengwirkung mehr statt. Dasselbe ist bei den übrigen Eismodifikationen, die sich dann anschließen, II, V und VI der Fall.

3. Die Salzsprengung. Im Gestein auskristallisierende Lösungen können ebenfalls lockernd auf das Gesteinsgefüge wirken. Man hat dies häufig als Kristallisationskraft bezeichnet, und infolge des unglücklichen Namens ist von verschiedenen Seiten auch aus der Praxis heraus das Bestehen dieser Erscheinung bestritten worden. Es müssen hier drei verschiedene Vorgänge unterschieden werden: Die Volumwirkung auskristallisierender Salzlösungen in Hohlräumen, die Wirkung wachsender Kristalle auf Oberseite und Unterlage und die Volumzunahme durch Hydratation.

Theoretisch ist zu erwarten, daß eine *übersättigte Lösung*, deren Volumen kleiner ist als die Summe der Volumina der gesättigten Lösung und der ausgeschiedenen Kristalle, unter denselben Umständen wie Wasser, das zu Eis gefriert, sprengend wirkt, d. h. wenn der Ausgang des Hohlraums nach außen durch ausgeschiedene Kristalle verstopft wird. Alaunlösung, die etwa auf das Doppelte übersättigt ist, gibt beim Auskristallisieren eine Volumausdehnung von etwa 0,58%. Aus der Kompressibilität des Wassers berechnet sich daraus ein Druck von 127 at (CORRENS und STEINBORN). Praktisch bedient man sich der Sprengwirkung des Alauns schon lange in der Paläontologie, um aus Mergeln und tonigen Gesteinen Fossilien herauszupräparieren.

Die andere obenerwähnte Möglichkeit ist die, daß *der wachsende Kristall* einen Druck ausübt. Diesen Fall kann man leicht nachweisen, indem man z. B. einen Alaunkristall allein in einer Kristallisierschale wachsen läßt und einen Glasklotz als Gewicht auflegt. Er hebt dann dieses Gewicht.

Der maximale Druck ist dadurch gegeben, daß der Kristall unter Druck eine erhöhte Löslichkeit besitzt. Je größer die Übersättigung der Mutterlauge ist, von der der Kristall umgeben ist, um so größeren Druck kann er auch aushalten.

Der Kristall kann ferner nur dann das Gewicht heben, wenn die Mutterlauge zwischen Kristall und Unterlage oder Auflage eindringen kann. Das hängt von den Grenzflächenspannungen ab. So hebt z. B. Alaun auf der Oktaederfläche zwischen Glas ein beträchtliches Gewicht (bis zu 40 kg/cm² bei einer Übersättigung auf das 1,75fache, CORRENS und STEINBORN), zwischen Glimmerblättern oder auf der Würfelfläche zwischen Glas kann er nicht in die Höhe wachsen, also auch keinen Druck ausüben.

Auch die *Hydratbildung* wird häufig als Ursache der mechanischen Verwitterung angegeben und mit der Salzsprengung zusammen behandelt. Als Musterbeispiel dient häufig die Wasseraufnahme des Anhydrits. Wie eine einfache Rechnung zeigt, entstehen aus 46 cm³ Anhydrit durch Zufuhr von 36 cm³ Wasser nur 74 cm³ Gips. Eine Sprengwirkung kann also nur in einem solchen System auftreten, in dem das Wasser Zutritt zum Anhydrit hat, aber der neugebildete Gips nicht den Platz des Wassers mit einnehmen kann. Schlangengips, der häufig als Beispiel für die Hydratation von Anhydrit angeführt wird, zeigt ein Verhältnis der Längenausdehnung zur ursprünglichen Ausdehnung, das nicht mit der Volumänderung zu erklären ist.

Auch die Hydratbildung kann also nur unter gewissen räumlichen Bedingungen wirken. Der Hohlraum, in dem die Salze sich ausdehnen, muß entweder poröse Wände haben oder flaschenförmig gebaut sein. MORTENSEN hat berechnet, daß unter den klimatischen Bedingungen der ägyptischen Wüste bei der Hydratation von $Na_2CO_3 \cdot 1\,H_2O \rightarrow Na_2CO_3 \cdot 7\,H_2O$ ein Druck von 150 at auftreten kann. Für die Namib erhielt er folgende Werte:

$$CaSO_4 \rightarrow CaSO_4 \cdot 2\,H_2O \sim 1100 \text{ at}$$
$$Na_2SO_4 \rightarrow Na_2SO_4 \cdot 10\,H_2O \sim 240 \text{ at}$$
$$Na_2CO_3 \cdot H_2O \rightarrow Na_2CO_3 \cdot 10\,H_2O \sim 300 \text{ at.}$$

Alle drei Arten der Salzsprengung werden bei der Abkühlung in Erscheinung treten, da die Löslichkeit der in Frage kommenden Salze mit der Temperaturabnahme sinkt. Übersättigungswirkung wird ferner unterstützt durch Wasserentzug, also Trockenheit, Hydratation durch Feuchtigkeitszunahme, wie sie als Nebel auch in Trockenwüsten vorkommt.

4. Die Kapillarwirkung des Wassers. Von geringer Bedeutung ist die Kapillarwirkung des Wassers. Es ist durch Beobachtung festgestellt, daß trockene Gesteine, die mit Wasser getränkt wurden, sich ausdehnten. Allerdings ist über den dabei auftretenden Druck nichts bekannt.

5. Die Sprengung durch Pflanzenwurzeln. Schließlich ist noch die Sprengung durch Baumwurzeln, wie sie zuweilen an Felsen und Grabsteinen beobachtet werden kann, zu erwähnen. Als Größenordnung des auftretenden Druckes werden hier 10—15 kg/cm² angegeben.

Zusammenfassend läßt sich über die mechanische Verwitterung sagen, daß sie im wesentlichen auf der Temperaturverwitterung und der Frostverwitterung beruht. Die Temperaturverwitterung und die Salzsprengung sind am auffälligsten in heißen Trockengebieten, während die Frostverwitterung natürlich auf die mittleren und hohen Breiten oder auf Hochgebirge beschränkt ist. Wo die mechanische Verwitterung rascher wirkt, darüber gehen die Ansichten auseinander. Es läßt sich deswegen auch noch nicht genauer angeben, wie die Geschwindigkeit der mechanischen Verwitterung vom Klima abhängt.

Die mechanische Verwitterung schafft Material für die klastischen Sedimente und ist von der größten Bedeutung für die chemische Verwitterung, weil sie das Material zerkleinert und damit den chemischen Angriff sehr wesentlich unterstützt. Wo der Angriff der mechanischen Verwitterung durch eine glatt geschliffene Oberfläche verhindert wird, wie dies z. B. bei den von Eis abgehobelten Rundhöckern Skandinaviens der Fall ist, ist die chemische Verwitterung nur äußerst gering, selbst wenn diese Flächen von Moos und Heide besiedelt worden sind.

Das Fehlen der mechanischen Verwitterung ist wohl der Hauptgrund, weshalb die submarine Verwitterung entgegen den Vermutungen mancher Forscher in Wirklichkeit nur ein geringes Ausmaß besitzt.

b) Die chemische Verwitterung.

1. Die wirksamen Stoffe. Von den *aus der Luft stammenden* bei der Verwitterung wirksamen *Stoffen* ist der wichtigste das Wasser. Ohne Wasser findet keine chemische Verwitterung statt. Es genügen relativ geringe Mengen Wasser, so daß auch in der Wüste chemische Verwitterung eintreten kann. Diese fehlt nur in den Gebieten des ewigen Frostes. Das Wasser kommt als Regen oder Schnee auf den Boden. Eine besonders langsame und intensive Durchfeuchtung wird durch Schnee bei Temperaturen über 0° erzielt (Frühlingsschnee).

Neben dem Wasser ist vor allem die Kohlensäure für die Verwitterung wichtig. Nur etwa 1 % der in Wasser gelösten CO_2 ist zu H_2CO_3 hydratisiert. Diese eigentliche Kohlensäure ist eine ziemlich starke Säure. Da man aber allgemein die Dissoziation

Tabelle 1. Zusammensetzung der in Regenwasser gelösten Luft bei verschiedenen Temperaturen in Vol.-%. (Nach BUNSEN aus CLARKE).

	0°	5°	10°	15°	20°
N_2	63,20	63,35	63,49	63,62	63,69
O_2 . . .	33,88	33,97	34,05	34,12	34,17
CO_2 . . .	2,92	2,68	2,46	2,26	2,14
Summe	100,00	100,00	100,00	100,00	100,00

auf die Summe $CO_2 + H_2CO_3$ bezieht, ist die Kohlensäure des Sprachgebrauchs etwa 100mal schwächer. Wichtig ist, daß die im Regenwasser gelöste Luft etwa 100mal reicher an CO_2 ist als die gewöhnliche Luft; diese enthält 0,029 Vol.-%. Über den Gehalt des Regenwassers gibt die vorstehende Tabelle Auskunft.

Der Einfluß der durch atmosphärische Entladungen gebildeten Stickstoffverbindungen Ammoniak und Salpetersäure hat wohl nur eine sehr untergeordnete Bedeutung. Es werden aus den Tropen Mengen von maximal 16,25 mg/l Salpetersäure und 4 mg Ammoniak angegeben (Carracas-Venezuela). Im allgemeinen liegen die Werte unterhalb von 0,0001 normalen Lösungen. Das ist schon sehr wenig und wenn man außerdem noch berücksichtigt, daß Ammoniak und Salpetersäure zusammen vorkommen, so ergeben die bisher mitgeteilten Daten, daß nur in Ausnahmefällen auf diesem Wege salpetersaure Lösungen auftreten können.

Die für die Verwitterung wichtigen Stoffe brauchen nicht aus der Luft zu stammen, sie können auch *aus dem Boden selbst* entstehen. So sind eine Reihe von niederen Pflanzen in der Lage, Gesteine anzugreifen. Besonders wichtig sind hier die Flechten, diese Lebensgemeinschaften von Algen und Pilzen, die erste Besiedler nackter Felsen sein können. Auf ihre wichtige Pionierarbeit hat schon LINNÉ hingewiesen. Sie greifen auch Quarz, Lydit, Glas, ja sogar metallisches Eisen an. Wahrscheinlich beruht der Angriff durch sie nicht nur auf der Kohlensäure, die sie produzieren, sondern auch auf speziellen Säuren, die noch nicht näher untersucht sind. Auch Algen allein können Gesteine angreifen und auch von Bakterien wird berichtet, daß sie nicht nur polierten Marmor, sondern auch Feldspäte anätzen und zwischen Glimmerlamellen dringen. Hier spielt wohl neugebildete CO_2 die Hauptrolle. Auch bei höheren Pflanzen ist die Frage, wie sie die anorganischen Stoffe aus dem Boden entnehmen, noch nicht gelöst. Es wird vermutet, daß Ausscheidung von CO_2 oder auch von organischen Säuren eine Rolle spielt. Vielleicht findet auch nur folgendes statt: Alle Minerale im Boden sind, wenn auch sehr schwach, im Wasser löslich oder zerfallen hydrolytisch. Nimmt die Pflanze Ionen aus der Lösung auf, so stört sie das Gleichgewicht und die Lösung bzw. der hydrolytische Zerfall muß weiter gehen.

Auch durch die Tätigkeit von Bakterien kann im Boden Kohlensäure entstehen, indem tote organische Substanz von ihnen abgebaut wird. Nicht immer geht der Abbau bis zu diesem Endprodukt. Es entstehen auch organische Säuren, wie Ameisen-, Essig-, Propion-, Apfel-, Lävulin- und Oxalsäure, jedoch wohl in so geringer Konzentration, daß sie gegenüber der Kohlensäure keine wesentliche Rolle spielen. Ob es außerdem noch echte Humussäuren gibt, die in der Lage sind, Humate zu bilden, ist eine umstrittene Frage. Sicher ist jedoch, daß von den hierfür wichtigsten Ionen, denen des Kalziums und Eisens bisher keine Humate nachgewiesen werden konnten. Auf die Bedeutung der Humussubstanzen als Schutzkolloide soll im Kapitel „Transport" noch eingegangen werden.

Aus dem Schwefelgehalt des Eiweißes kann im Boden Schwefelsäure gebildet werden. BLANCK gibt aus Moorwassern des Harzes 7,5 mg SO_3 im Liter an. Jedoch konnte ich keine Angaben darüber finden, ob und wieviel freie Schwefelsäure im Boden bei der Humusverwitterung entstehen kann.

Ebenfalls aus dem Eiweiß kann im Boden Salpetersäure durch Bakterientätigkeit entstehen und schließlich kann der Stickstoff zu Ammoniak und zu Aminobasen abgebaut werden. In diesem Fall würden wir unter Umständen alkalische Reaktion vorfinden.

Eine weitere Quelle für Säuren kann in dem verwitternden Gestein selber liegen, wenn das Gestein Sulfide enthält. Die Sulfide können sich mit Sauerstoff und Wasser zu Schwefelsäure umsetzen. Dabei werden je nach dem Sulfidgehalt beträchtliche Mengen an Säuren entstehen. Bekannt sind solche Vorgänge besonders vom Ausgehenden von Erzlagerstätten. Das Eisensulfat wird sehr leicht oxydiert, Eisenhydroxyd fällt als Kolloid aus und ist schwer beweglich, es bildet den eisernen Hut der Erzlagerstätten. Die freie Schwefelsäure kann mit dem Nebengestein reagieren, z. B. mit Kalk Gips bilden, oder sie wird abtransportiert. Ein bekanntes Beispiel bieten die Alaunschiefer, schwefelkiesreiche Tonschiefer, die man an der Luft verwittern läßt. Die neugebildete Schwefelsäure reagiert mit den Mineralen des Tonschiefers zu Kaliumaluminiumsulfat, zu Alaun.

Wegen der Veränderungen, die sonst im Ausgehenden von Erzlagerstätten vor sich gehen, muß auf die lagerstättenkundlichen Werke verwiesen werden, da diese Art von Mineralbildung für den Verwitterungskreislauf im großen und damit für die allgemeine Sedimentbildung nicht von Bedeutung ist.

Wie aus dem Vorstehenden ersichtlich ist, wissen wir über die *Bedeutung der einzelnen Säuren im Boden* direkt nur sehr wenig. Auf indirektem Wege können wir uns aber eine Vorstellung über ihre Bedeutung machen. Die durch die Auflösung gebildeten Anionen werden letzten Endes im Flußwasser abtransportiert. Betrachten wir deshalb die mittlere Zusammensetzung der Flußwässer im Vergleich mit der mittleren Zusammensetzung der Gesteine der Erde, so zeigt sich, daß offensichtlich die Kohlensäure der wichtigste Faktor ist, dann folgt die Schwefelsäure. Hier mag ein Teil auch von der Auflösung von Sulfaten und von den mit dem Regen niederfallenden gelösten Sulfaten herrühren. Die Gesamtmenge an SO_4 ist jedoch wohl zu hoch, als daß sie nur auf diesem Wege erklärt werden könnte. Der Chlorgehalt des Flußwassers dagegen stammt wohl ausschließlich aus der Auflösung von Chloriden und dem Chloridgehalt des Regenwassers, der durch die Spritzwasser der Wellen des Meeres vom Wind weit ins Land verfrachtet wird. Die untergeordnete Bedeutung der Salpetersäure tritt klar hervor.

Tabelle 2. Mittlere Zusammensetzung der Erdrinde und der Flußwässer. (Nach CLARKE.)

	Erdrinde	Flußwässer
SiO_2 ..	59,08	11,67
Al_2O_3 ..	15,23	
Fe_2O_3 ..	3,10	2,75
FeO ...	3,72	
MgO ..	3,45	3,41
CaO ...	5,10	20,39
Na_2O ..	3,71	5,79
K_2O ...	3,11	2,12
Cl	0,045	5,68
SO_3 ...	0,026	$SO_4 \rightarrow$ 12,14
S	0,049	
C	0,040	CO_3 35,15
		NO_3 0,90
		100,00

2. Die Umsetzungen. Eine *einfache Auflösung* findet in der Natur nur bei wenigen, relativ seltenen Gesteinen statt, bei den Chloriden wie NaCl, KCl usw., ferner bei den gesteinsbildenden Sulfaten Anhydrit und Gips. Entsprechend ihrer großen Löslichkeit finden wir die Chloride als Minerale nur in sehr trockenen Gebieten, die Sulfate halten sich auch in feuchteren Klimaten längere Zeit.

Komplizierter ist schon der Verlauf bei der *Auflösung der Karbonate.* Er wird bei der Besprechung der Kalkbildung ausführlich behandelt. Dort wird gezeigt, welche komplizierten Bedingungen in natürlichen Gewässern für die Auflösung und Ausscheidung von Kalk maßgebend sind. Hier soll nur darauf hingewiesen werden, daß der wesentliche Faktor für die Auflösung von Kalk der Gehalt des Wassers an Kohlensäure ist. Dieser hängt im wesentlichen von der Temperatur ab. Bei hoher Temperatur kann wenig Kohlensäure im Wasser gelöst werden und deswegen auch wenig Kalk in Lösung gehen.

Tabelle 3.
Lösungsgeschwindigkeit einiger Minerale im Jahr. (Nach HIRSCHWALD.)

Kalkspat, Spaltlamelle // *R*.	0,990 mm
Kalk von Solnhofen ...	1,210 mm
Dolomitspat // *R*	1,232 mm
Magnesitspat // *R*	1,419 mm
Eisenspat // *R*.	1,507 mm
Gips von Goldberg	34,848 mm

Einen Überblick über die Lösungsgeschwindigkeit ergeben Versuche von HIRSCHWALD in Leitungswasser bei 15—20° C. Die Mineral- und Gesteinsproben waren auf Objektträger aufgekittet und in einem Zylinder 33 Tage aufgehängt. Das Ergebnis ist auf ein Jahr berechnet.

Unter Berücksichtigung einer durchschnittlichen Regenmenge für das norddeutsche Tiefland von 613 mm und deren Verteilung auf 122 Regentage = 5 mm pro Tag berechnete HIRSCHWALD die Ablösungswirkung des Regens für das

Durchschnittsjahr. Dabei hat er angenommen, daß die Flächenablösung durch den Regen halb so groß wie die Ablösungen im Versuch bei der gleichen Zeitdauer sein würde. Er gibt nebenstehende Zahlen.

Es ergibt sich aus diesen Tabellen eine Reihenfolge der Karbonatminerale mit abnehmender Auflösungsgeschwindigkeit: Eisenspat—Magnesitspat—Dolomitspat—Kalkspat. Diese Reihenfolge entspricht in diesem Fall auch der Löslichkeit.

Es mag aber bei dieser Gelegenheit eingeschaltet werden, daß es zweckmäßig ist, zwischen der Löslichkeit, die ausgedrückt wird in Gramm im Liter o. ä. und der Lösungsgeschwindigkeit, die in Zentimeter pro Sekunde gemessen wird, zu unterscheiden. Die Löslichkeit einer chemisch einheitlichen Substanz ist keine konstante Größe. Sie hängt erstens

Tabelle 4.
Berechnete Lösungsgeschwindigkeit einiger Minerale durch Regen im Durchschnittsjahr.
(Nach HIRSCHWALD.)

Kalkspat . . .	0,007 mm
Kalkschiefer .	0,0085 mm
Dolomitspat .	0,0085 mm
Magnesitspat .	0,0098 mm
Eisenspat . . .	0,0105 mm
Gips	0,2410 mm

davon ab, welche Modifikation vorliegt; so ist Aragonit leichter löslich als Kalkspat; zweitens hängt sie auch von der Korngröße ab. Darauf ist wohl der Unterschied der Löslichkeit des Kalkspatkristalls und des Kalkes von Solnhofen in den obigen Tabellen zurückzuführen. Der Unterschied in der Korngröße kann sehr beträchtliche Werte erreichen. So fand HULETT, daß sich bei 25° in einem Liter H_2O von Gips mit einem Korndurchmesser von 0,004 mm 2,085 g lösten, bei einem Korndurchmesser von 0,0006 mm 2,476 g. Beim Bariumsulfat wird eine Steigerung der Löslichkeit bei einer Abnahme der Korngröße von 0,0018 mm auf 0,0001 mm um fast das Doppelte angegeben. Bei den Karbonaten kann der Einfluß der Korngröße den der Mineralart übertreffen, ein Beispiel dafür kann man bei der Verwitterung dolomitischer Gesteine beobachten: grober Dolomitspat bleibt übrig und der feinkörnige Kalkspat der Zwischenmasse wird aufgelöst.

Die oben besprochene Auflösung von Mineralen und Gesteinen hat praktisch für den Kreislauf der Stoffe auf der Erde nur eine sehr geringe Bedeutung. Die Erdkruste ist zu etwa 95% aus Eruptivgesteinen zusammengesetzt und der Mineralgehalt dieser Gesteine wird folgendermaßen geschätzt:

Wir sehen aus dieser Zusammenstellung, daß das Kernproblem der chemischen Verwitterung überhaupt *die Verwitterung der Feldspäte und die der übrigen Silikate* ist.

Betrachten wir zunächst reines Wasser als Lösungsmittel, so ist sicher, daß dieses bereits die Feldspäte, wenn sie fein genug zerteilt sind, angreift. Man kann sich leicht davon überzeugen, Feldspatpulver mit destilliertem Wasser reagiert alkalisch, der p_H-Wert steigt

Tabelle 5. Minerale der Eruptivgesteine. (Nach CLARKE.)

Quarz	12,0%
Feldspäte	59,5%
Hornblende und Augit .	16,8%
Glimmer	3,8%
Übrige Minerale	7,9%
	100,0%

bis auf über 9. Wenn man die Kohlensäure, die das destillierte Wasser immer enthält, gänzlich ausschaltet, so erhält man noch höhere p_H-Werte, bis über 10.

In älteren Verwitterungsversuchen wurde meistens Feldspatpulver mit einer gegebenen Menge Wasser längere Zeit in Berührung gehalten. Wenn aber einmal das Gleichgewicht erreicht ist, wird kein weiterer Zerfall des Feldspatpulvers eintreten. Will man den Feldspat weitergehend zersetzen, so muß man eine Versuchsanordnung wählen, die den Feldspat dauernd mit neuem Wasser in Berührung bringt. Ähnlich geht ja auch die Verwitterung in der Natur vor sich. Bei solchen Versuchen, wie sie zusammen mit VON ENGELHARDT angestellt wurden, zeigte sich, daß der Feldspat sich in Ionen auflöst. Es bilden sich in diesen sehr verdünnten Lösungen keine Kolloide, sondern Ionen oder mindestens so kleine Komplexe, daß sie durch Dialysierschläuche hindurchgehen. Diese Art der Auflösung wurde festgestellt in schwach sauren Lösungen vom p_H 0 und p_H 3, in schwach ammoniakalischen Lösungen vom p_H 11, in kohlensäurehaltigen ($p_H{}^6$), und kohlensäurefreien ($p_H{}^7$) reinen wässerigen Lösungen. Die Geschwindigkeit der Umsetzung ist stark von der Korngröße und auch von der Temperatur abhängig. Je kleiner die Korngröße und je höher die Temperatur, um so schneller geht die Zersetzung. Im Gegensatz zu einer manchmal geäußerten Ansicht über die Verwitterung in den Tropen mag ausdrücklich betont werden, daß der Abbau bei höherer Temperatur mindestens in der Nähe des Neutralpunktes nur schneller aber nicht anders verläuft als bei niedrigerer Temperatur. Das war theoretisch zu erwarten und wurde experimentell bestätigt.

Ähnlich scheint der Vorgang bei Leuzit zu verlaufen. Der Abbau des Biotits ist bisher erst mit starken Säuren untersucht worden. Hierbei bleibt eine Kieselsäurerestschicht übrig. Wie weit die Ursache hierfür die starke Säure ist, läßt sich zur Zeit noch nicht übersehen.

3. Neubildungen bei der Verwitterung. Zweckmäßig unterscheidet man bei der Verwitterung der Silikate drei Gruppen von Elementen nach dem Verhalten ihrer Ionen in der Lösung. Da sind zunächst die Alkalien, die in Lösung absolut beständig sind. Die Erdalkalien und das Eisen werden unter Einwirkung der Kohlensäure in der Art, wie es bei den Karbonaten (S. 186) ausgeführt wird, transportiert. Ca und Mg sind dabei recht stabil, Fe neigt zum Zerfall und zur Bildung von Ferrihydroxyd. Al und Si schließlich sind als Ionen noch weniger stabil. Sie bilden miteinander unlösliche Verbindungen, oder, wenn sie nicht zur Reaktion miteinander kommen, für sich kolloide Lösungen.

Der Boden, in dem die Verwitterung vor sich geht, ist kein System, bei dem die Bedingungen dauernd konstant bleiben. Im Gegenteil: Der Wassergehalt und damit die Konzentration der Lösungen schwankt dauernd, ebenso die Temperatur. Deshalb können in extremen Fällen selbst die Alkalien, deren Verbindungen leicht löslich sind, wieder ausgeschieden werden. Ob sich im Boden auch unter besonderen Bedingungen Alkalisilikate wie Muskovit oder Feldspat neu bilden können, ist noch zweifelhaft. Für Feldspat liegen Beobachtungen vor, die der Nachprüfung bedürfen, für Muskovit ist eine derartige Bildung nach unseren heutigen Kenntnissen nicht wahrscheinlich.

Bei den Kalziumsalzen sind Karbonat und Sulfat relativ schwer löslich, sie finden sich häufig als Neubildungen im Boden, Gips in trockenem Klima, Kalk auch in humideren Gegenden. Magnesiumverbindungen sind seltener. Dieses Element wird entweder als Doppelsalz mit Ca als Dolomit wieder ausgeschieden oder geht vielleicht auch in das Tonerdesilikat Montmorillonit ein.

Besonders leicht wird Wiederausscheidung bei dem Al und dem Si erfolgen. Für die folgenden Ausführungen ist die durch unsere Verwitterungsversuche experimentell begründete Vorstellung maßgebend, daß Si und Al in Ionenform in Lösung sein können. Aus solchen verdünnten Lösungen wird es in Ionenform relativ leicht zur Ausscheidung von kristallinen Tonerdesilikaten kommen, während man bei der Herstellung aus Gelen höhere Temperaturen und Drucke braucht, nach den Versuchen von NOLL mindestens bis 230°. Wenn im Boden die Konzentrationsverhältnisse schwanken, sei es durch Veränderungen der Temperatur oder durch Verdunsten von Lösungen, dann müssen die schwerlöslichen Ionen miteinander reagieren und können, eben weil sie in Ionenform aufeinandertreffen, schon bei niederer Temperatur kristalline Bodenkörper geben. Um wenigstens einen annähernden Überblick über die

Verhältnisse zu bekommen, sind in Abb. 3 die Löslichkeitsverhältnisse für Aluminiumhydroxyd nach der Literatur und für SiO_2-Gel nach eigenen Versuchen zusammengestellt. Wenn auch in dem wichtigen Gebiet zwischen p_H 6 und p_H 11 noch keine Beobachtungen über die Löslichkeit des SiO_2-Gels vorliegen, so läßt sich doch schon einiges aus der Figur ableiten. Im p_H-Bereich unter 4 ist Aluminiumhydroxyd sehr stark löslich, Kieselsäure wesentlich schwächer. Hier würde ein Abtransport von Aluminiumhydroxyd und eine Anreicherung von Kieselsäure stattfinden. Solche Verhältnisse kommen in normalen Sedimenten nicht vor. Von p_H 5—9 ist Kieselsäure relativ leicht löslich und Aluminiumhydroxyd praktisch unlöslich. Hier wird also der Abtransport von Kieselsäure stattfinden, Aluminiumhydroxyd wird zurückbleiben. Das sind Verhältnisse, wie wir sie bei der Lateritisierung beobachten. In dem dazwischenliegenden Bereich wird man vermuten dürfen, daß die Bildung von Aluminiumsilikaten relativ leicht erfolgt.

Kommt es nicht zur Reaktion, so gehen die Lösungen von SiO_2 und Al_2O_3 bei Erhöhung der Konzentration vom molekularen Zustand in den Solzustand über. Auch als Sole verhalten sie sich verschieden. Das Kieselsäuresol hat amorphe Teilchen, es ist hydrophil und flockt deshalb nur schwer, also bei hohen Elektrolytkonzentrationen aus, während das Aluminiumhydroxydsol mindestens sehr rasch in den kristallinen Zustand übergeht, es verhält sich hydrophob und flockt schon bei geringen Elektrolytkonzentrationen aus. Ich möchte glauben, daß diese Verschiedenheit des Solverhaltens auch bei der Lateritbildung mitwirkt. Das beständigere Kieselsäuresol wird weggeführt, das Aluminiumhydroxyd jedoch wandert bei den wechselnden Bedingungen des Bodens nicht weit,

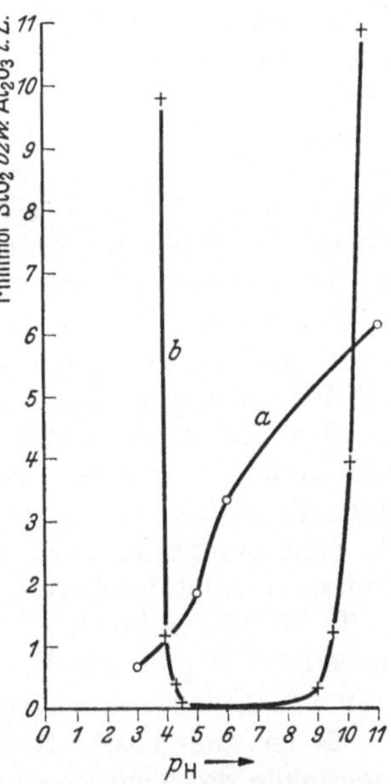

Abb. 3. Löslichkeit von SiO_2 (a) und $Al(OH)_3$ (b) in Abhängigkeit vom p_H. Al_2O_3-Werte nach MAGISTAD aus SCHARRER.

sondern wird rasch ausgeflockt. Ähnlich wie das Aluminiumhydroxydsol verhält sich das Eisenhydroxydsol, auch es bildet rasch kristalline Teilchen von Goethit und verhält sich hydrophob. Deshalb finden wir in lateritischen Böden beide zusammen oder doch in nächster Nachbarschaft.

Auch das weitere Verhalten des Al und Si im großen Kreislauf wird von den besprochenen Gesetzmäßigkeiten im Lösungs- und Solzustand beherrscht: Al bleibt als meist feinkörniges Hydroxyd in der Nähe des Verwitterungsortes, Si kann sowohl in echter Lösung wie in kolloider Form weit wandern und durch Konzentrationsänderung oder durch Reaktion oder über Organismenkörper wieder ausgeschieden werden, als selbstständiges Kieselsediment, als Porenfüllung oder als Verkieselung.

4. Submarine und sublakustre Verwitterung. Bereits JOHN MURRAY, der Geologe der ersten großen Tiefseeforschungsreise, der Challenger-Expedition, hat die Ansicht ausgesprochen, daß auch am Meeresboden Veränderungen der abgelagerten Minerale stattfinden. Später hat dann HUMMEL eingehender auf solche Vorgänge hingewiesen und sie als Halmyrolyse bezeichnet. WETZEL fügte für die sublakustre Verwitterung den Namen Thololyse hinzu.

Theoretisch ist zu erwarten, daß die Minerale, die mit dem Meerwasser nicht im Gleichgewicht sind, sich mit ihm umsetzen. In der Praxis aber geschieht diese Umsetzung nur bei den Karbonaten relativ rasch. Der von tierischen

Organismen an der Meeresoberfläche gebildete Kalk, der zum Meeresboden abgesunken ist, kann in der Tiefsee wieder aufgelöst werden, wenn das Wasser an Kalk untersättigt ist. Die Einzelheiten darüber werden später bei der Bildung der Kalke eingehender besprochen werden.

Von den Silikaten wissen wir auch von der Oberfläche des festen Landes her, daß sie sehr langsam reagieren, insbesondere in den gröberen Korngrößen. Nun fehlt auf dem Meeresboden im Gegensatz zur Oberfläche des festen Landes die mechanische Verwitterung, die ein so wichtiger Schrittmacher der chemischen Verwitterung ist. Ferner enthält das Meerwasser bereits relativ große Mengen der Ionen von Na, K, Ca, Mg, die bei der Verwitterung aus den Silikaten leicht in Lösung gehen. Auch aus diesem Grunde muß man erwarten, daß submarine Verwitterung nur eine recht geringe Rolle spielt. Und drittens sind die großen Mengen der Minerale, die auf dem Meeresboden eingebettet werden, bereits der Verwitterung auf der Oberfläche des festen Landes ausgesetzt gewesen. Sie sind also bereits angepaßt an die Bedingungen ihres Ablagerungsortes. Eine Ausnahme davon machen die vulkanischen Produkte, die direkt durch die Luft ins Meerwasser gelangt sind, ohne vorher verwittert zu sein. Und schließlich spielt auf dem Meeresboden die Umsetzung organischer Substanz anscheinend nicht dieselbe Rolle, wie auf dem Lande. Die meisten Organismenreste dienen im Meer wieder als Nahrung für Tiere. Die Art der Verarbeitung des „Humus" ist also eine etwas andere als auf dem Lande, wo im wesentlichen Bakterien und andere niederste Organismen einen Zerfall bewirken. Nur dort, wo im Meer die Zufuhr organischer Substanz relativ groß ist und Tiere fehlen, die sie als Schlammfresser usw. durch ihren Verdauungstraktus hindurchgehen lassen, finden wir auch reichere bakterielle Tätigkeit, so im Blauschlick schwefelwasserstoffbildende Bakterien. In der Tiefsee pflegt das Wasser so sauerstoffreich zu sein, daß eine rasche Oxydation der organischen Substanz bei sehr langsamer Sedimentation stattfindet.

Es ist aus diesen Gründen nicht verwunderlich, daß die genauen Untersuchungen der Tiefseesedimente auf der Meteor-Expedition nur wenige Anhaltspunkte für submarine Verwitterung ergeben haben. Man findet viele frische Feldspäte, Augite, Olivine in den Sedimenten. Nur vulkanisches Glas scheint zuweilen etwas stärker angegriffen zu werden. Ein Teil des Mangans der Tiefsee und des damit vorkommenden Eisens mag aus ihm stammen.

Es ist auch die Frage aufgeworfen worden, ob diese Vorgänge überhaupt mit zur Verwitterung zu zählen seien, oder ob sie als Veränderungen des Sediments nach der Sedimentation aufgefaßt werden müßten. Beide Auffassungen haben wohl ihre Berechtigung, denn hier findet die Umsetzung mindestens ungefähr gleichzeitig mit dem Absatz statt.

II. Klastische Sedimente.

Schrifttum.

ARCHANGELSKI, A. D. u. N. M. STRACHOV: The geologic history of the Black Sea. Bull. Soc. nat. Moscou Bd. 40 (1932) S. 1—112.

ATTERBERG, A.: Die rationelle Klassifikation der Sande und Kiese. Chem.-Ztg. Bd. 29 (1905) Nr. 15.

— Die rationelle Klassifikation der Sande. Studien auf dem Gebiet der Bodenkunde. Landw. Vers. 1908 S. 93—143.

— Int. Mitt. Bodenkde 1912, S. 317.

BRINKMANN, R.: Über die Schichtung und ihre Bedingungen. Fortschr. Geol. u. Paläont. Bd. 11 (1931) Heft 35, S. 187—219.

— Über Kreuzschichtung im deutschen Buntsandsteinbecken. Nachr. Ges. Wiss. Göttingen, Math.-Phys. Kl. IV, Nr. 32 (1933) S. 1—12.

BUCHER, W. H.: On ripples and related sedimentary forms and their paleogeographic interpretation. Amer. J. Sci. Bd. 47 (1919) S. 149—210, 241—269.

BURRI, C.: Sedimentpetrographische Untersuchungen an alpinen Flußsanden. Schweiz. min. u. petr. Mitt. Bd. IX (1930) Heft 2, S. 205—240.

CISSARZ, A.: Quantitativ-spektralanalytische Untersuchung eines Mansfelder Kupferschieferprofils. Chemie der Erde Bd. 5 (1930) S. 48—75.

CORRENS, C. W.: Grundsätzliches zur Darstellung der Korngrößenverteilung. Zbl. Min. usw., Abt. A (1934) Nr. 11, S. 321—331.

— Petrographie der Tone. Naturwiss. Jg. 24 (1936) Heft 8.

— Die Tone. Geol. Rdsch. 1938.

— u. V. LEINZ: Tuffige Sedimente des Tobasees (Nordsumatra) als Beispiele für die sedimentpetrographische Bedeutung von Struktur und Textur. Cbl. Min. usw., Abt. A, 1933, Nr. 11, S. 382—390.

— u. W. VON ENGELHARDT: Neue Untersuchungen über die Verwitterung des Kalifeldspates. Chemie der Erde Bd. 12 (1938) S. 1—22.

DAUBRÉE, A.: Synthetische Studien zur Experimentalgeologie, deutsch von GURLT. Braunschweig 1880.

EDELMAN, C. H.: Ergebnisse der sedimentpetrologischen Forschung in den Niederlanden und den angrenzenden Gebieten 1932—1937. Geol. Rdsch. Bd. 29 (1938) Heft 3/5.

ENGELHARDT, W. VON: Über die Schwermineralsande der Ostseeküste zwischen Warnemünde und Darßer Ort und ihre Bildung durch die Brandung. Angew. Min. Bd. 1 (1938) Heft 1 S. 30—59.

FISCHER, G.: Gedanken zur Gesteinssystematik. Jb. preuß. geol. Landesanst. Bd. 54 (1933) S. 553—584.

FRASER, H. I.: An experimental study of varve deposition. Trans. roy. Soc. Canada XXIII, Sect. IV (1929) S. 49—60.

GESSNER, H.: Die Schlämmanalyse. Leipzig 1931.

GRAHAM, W. A. P.: A textural and petrographic study of the Cambrian sandstones of Minnesota. J. of Geol. Bd. 38 (1930) S. 696.

GRIGGS, R. F.: Das Tal der zehntausend Dämpfe, 3. Aufl. Leipzig 1928.

GRIM, R. E. u. R. H. BRAY: The mineral constitution of various ceramic clays. J. Amer. Ceram. Soc. Bd. 19 (1936) Nr. 11.

GRIPENBERG, ST.: A study of sediments of the North Baltic and adjoining seas. Fennia Bd. 60 (1934) Nr. 3.

HÄNTZSCHEL, W.: Bau und Bildung von Groß-Rippeln im Wattenmeer. Senckenbergiana Bd. 20, Senckenberg am Meer (1938) S. 104.

HOPFNER, F.: Die Gezeiten der Meere. Handbuch der Experimentalphysik. Geophysik, 2. Teil. Physik des festen Erdkörpers und des Meeres, S. 691. Leipzig 1931.

JENSEN, P. B.: Studies concerning the organic matter of the sea bottom. Rep. Dan. biol. Stat., Kopenhagen Bd. 22 (1915) ** 1, S. 39.

JÜNGST, H.: Paläogeographische Auswertung der Kreuzschichtung. Geol. Meere u. Binnengewäss. Bd. 2 (1938) Heft 2, S. 229.

KOCH, I. P. u. A. WEGENER: Die glaziologischen Beobachtungen der Danmark-Expedition. Medd. om Grönland Bd. 46 (1912).

KREJCI-GRAF, K.: Heutige Meeresablagerungen als Grundlagen der Beurteilung der Ölmuttergesteinsfrage. Kali, verwandte Salze u. Erdöl 1935, Heft 14—21.

KRÜMMEL, O.: Handbuch der Ozeanographie, 2. Aufl. Stuttgart 1907—1911.

KUHL, J.: Beitrag zur Kenntnis der Trembowla-Sandsteine der Umgebung von Mogielnica (östliches Klein-Polen). Bull. Acad. Polon. Sci. Lettr., Ser. A 1930, S. 203.

LAWSON, A. C.: Fanglomerate, a detrital rock at Battle Mountain, Nevada. Bull. geol. Soc. Amer. Bd. 23 (1912) S. 72.

LEINZ, V.: Die Mineralfazies der Sedimente des Guinea-Beckens. Wissenschaftliche Ergebnisse der Deutschen Atlantischen Expedition auf dem Forschungs- und Vermessungsschiff „Meteor" 1925—1927, Bd. 3, Teil 3, 2. Lief., S. 245 ff. 1937.

MACKIE, W.: The sands and sandstones of Eastern Moray. Trans. Edinburgh geol. Soc. Bd. VII (1896) S. 148.

— Feldspars and sedimentary rocks as indicators of climate. Trans. Edinburgh geol. Soc. 1898, S. 443.

MEHMEL, M.: Ab- und Umbau am Biotit. Chemie der Erde Bd. 11 (1937) S. 307—332.

NIGGLI, P.: Die Charakterisierung der klastischen Sedimente nach der Kornzusammensetzung. Schweiz. min.-petr. Mitt. Bd. XV (1935) S. 31—38.

ODÉN, SVEN: Allgemeine Einleitung zur Chemie und physikalischen Chemie der Tone. Bull. geol. Inst. Univ. Upsala Bd. 15 (1916) S. 175—194.

PASSARGE, S.: Die geologische Wirkung des Windes. In: Grundzüge der Geologie, Bd. 1, S. 653. Stuttgart 1924.

PHILIPPI, E.: Die Grundproben der Deutschen Südpolar-Expedition 1901—1903.

PRALOW, W.: Mikroskopische, röntgenographische und chemische Untersuchung einiger Proben des estländischen Tons. Diss. Rostock 1938.
RICHTER, K.: Gefüge und Zusammensetzung des norddeutschen Jungmoränengebiets. Abh. geol.-paläont. Inst. Univ. Greifswald 1933, Heft XI.
SCHLÜNZ, F. K.: Mikroskopische und chemische Untersuchung zweier Tone. Diss. Rostock 1933.
— Eine mikroskopische, röntgenographische und chemische Untersuchung des Liastons von Dobbertin. Chemie der Erde Bd. 10 (1935) S. 116—125.
SCHMIDT, W.: Der Massenaustausch in freier Luft und verwandte Erscheinungen. Hamburg 1925.
SCHOTT, W.: Die Foraminiferen in dem äquatorialen Teil des Atlantischen Ozeans. Wissenschaftliche Ergebnisse der Deutschen Atlantischen Expedition auf dem Forschungs- und Vermessungsschiff „Meteor" 1925—1927, Bd. 3, Teil 3, 1. Lief. 1935.
SCZADECZKY-KARDÓSS, E. VON: Die Bestimmung des Abrollungsgrades. Zbl. Min. usw., Abt. B 1933, Nr. 7, S. 389—401.
— Flußschotteranalyse und Abtragungsgebiet I und II. Mitt. berg- u. hüttenmänn. Abt. kgl. ung. Hochsch. Berg- u. Forstwes. Sopron, Ungarn Bd. IV (1932); Bd. V (1933).
SMELLIE, W. R.: The sandstones of Eastern of Glasgow. Trans. geol. Soc. Glasgow 1912.
SUDRY, L.: Expériences sur la puissance de transport des courants d'eau et des courants d'air et remarques sur le mode de formation des roches sédimentaires détritiques et des dépôts éoliens. Ann. Inst. Océanogr. Bd. IV, S. 4.
THIÉBAUT, J. L.: Contribution à l'étude des sédiments Argilo-calcaires du Bassin de Paris. Bull. Soc. Sci. Nancy, Sér. IV, Bd. 2 V, S. 509—674.
THOMPSON, W. O.: Original structures of beaches, bars, and dunes. Bull. geol. Soc. Amer. Bd. 48 (1937) S. 723—752.
TRASK, P. D.: Origin and environment of source sediments of Petroleum. Houston, Texas 1932.
TROWBRIDGE, A. C. u. F. P. SHEPARD: Sedimentation in Massachusetts Bay. J. of sediment. Petrology Bd. 2 (1932) Nr. 1, S. 3—37.
UDDEN, J. A.: Mechanical composition of clastic sediments. Bull. geol. Soc. Amer. Bd. 25 (1914) S. 655—744.
WENTWORTH, CHESTER K.: A scale of grade and class terms for clastic sediments. J. of Geol. Bd. 30 (1922) S. 377f.
ZEUNER, F.: Die Schotteranalyse. Ein Verfahren zur Untersuchung der Genese von Flußschottern. Geol. Rdsch. Bd. 24 (1933) Heft 1/2, S. 65.
ZIMMERMANN, E.: Aufnahmen auf Sectionen Saalfeld und Ziegenrück. Jb. preuß. geol. Landesanst. f. 1884. Berlin 1885.
ZINGG, TH.: Beitrag zur Schotteranalyse. Diss. Zürich 1935.

a) Transport und Ablagerung.

Häuft sich das Verwitterungsmaterial an Ort und Stelle an und bleibt es dort liegen, so nennen wir es Eluvium. Das wird im strengsten Sinn nur dort der Fall sein, wo der Hang keine nennenswerte Neigung aufweist und ein Zu- oder Abtransport durch Wasser und Wind nicht stattfindet. Sobald der Hang eine gewisse Neigung aufweist, wird sich das Lockermaterial unter dem Einfluß der Schwerkraft bewegen können. Derartige Bewegungen, die nur unter dem Einfluß der Schwerkraft stattfinden und nicht in einem Transportmittel, nennen wir mit A. PENCK Massenbewegungen im Gegensatz zu den Massentransporten, die in einem sich bewegenden Medium stattfinden. Eine scharfe Grenze kann es nicht geben, denn es gibt Übergänge von dem mit Wasser durchtränkten, rutschenden Hang bis zu Schlammströmen.

1. Massenbewegung.

Bei den Massenbewegungen unterscheiden wir je nach der Neigung des Hanges

abstürzen,

abrutschen,

abkriechen.

Ein steiler Hang neigt zu Schutthalden, zu Steinschlag, zu Bergstürzen. Hier können unter Umständen gewaltige Mengen von Material bewegt werden (es werden 10—700 Millionen m³ angegeben). Das Material erhält in den Schutthalden eine gewisse Sortierung; im oberen Teil der Schutthalden finden wir die feinkörnigeren, im tieferen die gröberen Teile wegen ihrer größeren Fallgeschwindigkeit.

Ist die Neigung des Hanges schwächer, so treten Vorgänge auf, die man als Abrutschungen bezeichnet. Hier spielen schon tonige Lagen und ihr Wassergehalt eine Rolle. Die Geschwindigkeit ist geringer als beim Absturz. Sie wird noch kleiner, ja unmerklich langsam beim Gekriech, der langsamen Schuttbewegung an flachen Hängen. Hier spielt sicherlich auch die Durchfeuchtung, Bodenfrost u. ä. eine Rolle mit. Die Abnutzung der Trümmer bei diesen Bewegungen ist gering.

Alle diese Vorgänge haben eine große Bedeutung für die Morphologie der festen Erdoberfläche. Sie führen aber nur in den seltensten Fällen direkt zur Gesteinsbildung. Ihre Bedeutung für diese liegt vielmehr darin, daß das von ihnen bewegte Material weiterhin auf dem Wege des Massentransportes verfrachtet wird.

2. Massentransport.

Während bei den Massenbewegungen die Schwerkraft die treibende Kraft ist, ist dies bei dem Massentransport in einem bewegten Medium nicht immer der Fall. Das Transportmittel kann sein: Wasser, Eis und Luft. Wohl werden die Flüsse von der Schwerkraft getrieben, aber schon bei den Meeresströmungen und bei den Luftströmungen ist diese nicht immer ausschließlich beteiligt. Hier spielt die Rotation der Erde und die von der Sonne der Erde als Wärme zugeführte Energie eine wesentliche Rolle. Beide sind übrigens auch für den Betrieb der Flüsse wichtig. Wir wollen zunächst die Vorgänge behandeln, bei denen eine weitere Beanspruchung und Zerkleinerung des Materials mechanisch und chemisch stattfindet. Diese Vorgänge werden zuweilen mit zu den Vorgängen der Verwitterung gezählt, weil sie ebenfalls Sedimentmaterial schaffen. Der Sinn des Wortes „Verwitterung" und sein allgemeiner Sprachgebrauch stehen dem entgegen. Ich halte es außerdem für zweckmäßig, diese Dinge hier zu behandeln, weil ihr Verständnis eine Erläuterung der Transportvorgänge erfordert.

Werden die bei der Verwitterung geschaffenen Teilchen weiter transportiert, sei es durch Luft, Wasser oder Eis, so können sie in diesem Medium weiter verarbeitet werden, und zwar können sie in allen drei mechanisch weiter zerkleinert, im Wasser allein auch chemisch angegriffen werden.

a) Transport und Ablagerung durch Flüsse und Strömungen. Der *mechanische Angriff*, den transportiertes Material erleidet, ist am besten bekannt von den Geschieben der Flüsse. Die Arbeit, die ein Fluß leistet, ist proportional der Wassermenge und dem Quadrat der Geschwindigkeit; die Geschwindigkeit hängt wieder vom Gefälle ab. Diese Arbeit wird zum großen Teil verwendet zum Transport festen Materials im Flußbett, ferner zur Überwindung der Reibung innerhalb dieses Materials sowie der Reibung zwischen dem Material und dem Bett, deren Resultat die Erweiterung des Flußbettes ist. Wir können bei derartigen Transporten in Wasser unterscheiden zwischen dem Geschiebe, das auf dem Boden rollend oder schiebend bewegt wird, dem Schlamm, der als Suspension im Wasser schwebt und der Substanz, die in Ionenform im Wasser gelöst vorhanden ist. Welche Korngrößen als Geschiebe und welche als Suspension transportiert werden, das hängt von der Geschwindigkeit des Transportmittels ab. Für die mechanische Aufbereitung kommen nur die Körner in Frage, die auf dem Boden gerollt oder geschoben werden. Das Material, das durch Stoß abgesplittert oder durch Mahlvorgänge abgerieben wird, schwebt, wenn seine Korngröße fein genug ist, als Suspension weiter. Dabei spielt insbesondere die Wirbelbildung (Turbulenz) eine Rolle, die eine größere Tragkraft bewirkt, als die aus der Fallgeschwindigkeit berechnete. Suspendiert können also im allgemeinen nur kleine Teilchen werden, deren Stoßenergie und damit deren Abnutzung sehr gering ist. Die Ausnahmen, die bei Wildbächen und Wasserfällen auftreten, sind für die grundsätzliche Betrachtung ohne Belang. Ein Teil der suspendierten Körner wird sich zwischen den gröberen Geschieben befinden und deshalb weiter zermahlen werden können.

Dieses Mahlgut ist für die Sedimentation von großer Bedeutung. Die Untersuchungen der feinstkörnigen Bestandteile von Tonen durch Röntgenstrahlen haben ergeben, daß darin wohl definierte Minerale vorhanden sind, die wie Glimmer, Quarz, Feldspat und Augit mechanisch in die Korngrößenordnung von unter 2 μ, also in die Nähe kolloidaler Korngrößenordnung gebracht sein müssen. Ein Teil dieser feinsten Bestandteile mag bei der mechanischen Verwitterung entstanden sein, jedoch wird man annehmen dürfen, daß dieses nur ein sehr geringer Teil ist. Ein ebenfalls nur geringer Teil kann von der chemischen Verwitterung sehr feinkörniger Gesteine herrühren, wie etwa aus der weißen Rinde von Feuerstein, soweit sie durch das Auflösen der Opal- oder der Kalkzwischenmasse zwischen den feinsten Quarzkriställchen entstanden ist. Der weitaus größte Teil dürfte von Mahlvorgängen herrühren, wie sie sowohl bei der äolischen Abrasion, in der Brandung und beim Eistransport stattfinden können. Für das Verhalten der einzelnen Minerale ist dabei nicht nur ihre Härte, sondern auch ihre Spaltbarkeit sehr wesentlich. DAUBRÉE konnte durch Versuche zeigen, wie der Feldspat des Granits beim Zermahlen in einer Sandsteintrommel sehr rasch zerkleinert wird. Man kann sich leicht vorstellen, daß die Zerkleinerung besonders dann sehr weitgehend sein wird, wenn mehrere Spaltbarkeiten in einem Korn auftreten, wie bei Feldspat, Hornblende usw. Eine Spaltbarkeit allein gibt keine sehr weitgehende Zerkleinerung wie Mahlversuche an Glimmer zeigen. Die außerordentliche Häufigkeit des Glimmers in den feinsten Fraktionen rührt wohl daher, daß der Glimmer, sobald er chemisch angegriffen wird, senkrecht zu der Hauptspaltbarkeit noch zwei aufeinander senkrecht stehende Teilungsflächen zeigt, wie dies MEHMEL experimentell gefunden hat.

Wir wollen im folgenden zunächst die *Bewegung grober Geschiebe* betrachten. Da ein Abrieb nur bei Bewegung am Boden stattfinden kann, werden die Geschiebe sich nach Möglichkeit der für den Transport günstigsten Form anzupassen suchen, und das ist im Falle des Rollens ein Rotationskörper, dessen Achse senkrecht zur Transportrichtung steht. Im Falle reinen Schiebens müßten plattige Körper entstehen, die Unterseite abgeplattet durch das Reiben auf der Unterlage, die Oberseite durch das Reiben der auflagernden Geschiebe. Hierbei wird die Textur des Gesteins eine sehr wesentliche Rolle spielen. Sie ist verantwortlich schon für die primäre Form der Bruchstücke, die dann als Geschiebe weiter behandelt werden, und für die Ausbildung der Form bei der Abnutzung, falls die Abnutzbarkeit in den verschiedenen Richtungen verschieden ist. Besonders wichtig ist außerdem die unregelmäßige springende und hüpfende Bewegung der Geschiebe. Sie kann bei großer Geschwindigkeit zu einer splitternden Formveränderung führen.

Betrachtet man das fertig vorliegende Geschiebe als Produkt des Transportes, so ist es zweckmäßig zu unterscheiden zwischen Form, Abrundungsgrad und Korngröße. Die *Form* wird nach dem Verhältnis der drei hauptsächlichen Durchmesser bezeichnet als kugelig, wenn diese gleich sind, als flach, wenn zwei größer sind als der dritte, als stengelig, wenn einer größer ist als die beiden anderen. Die *Abrundung* wird (nach SCZADECKY-KARDÓSS) dargestellt durch das Verhältnis der konvexen : konkaven : ebenen Flächen. Ich ziehe den Ausdruck „Abrundung" dem sonst gebräuchlichen Worte „Abrollung" vor, weil er keine Voraussetzungen über die Art der Bewegung macht, die — wie oben auseinandergesetzt — nur in seltenen Fällen die des Rollens sein dürfte. Die *Korngröße* wird durch den Äquivalentdurchmesser gekennzeichnet; das ist der Durchmesser, den eine Kugel hat, die dieselbe Fallgeschwindigkeit und das gleiche spezifische Gewicht wie das Korn besitzt. Bei der Betrachtung der Korngrößen muß Vorsicht anempfohlen werden. Es ist durchaus nicht statthaft, die Korngrößenverteilung eines Flußsedimentes als eine Funktion des Mahlvorganges aufzufassen. Durch die flächenhafte Abspülung wird dem Flußsystem Material der verschiedensten Korngrößen, sowohl als Geschiebe, wie als Suspension zugeführt. Hinzu kommt noch das Material, das durch die Erosion in den Fluß neu hineingerät. Die gesamte Veränderung des Geschiebes beim Transport fasse ich unter „Abnutzung" zusammen. Alle drei Größen ändern sich während des Transportes. Die Korngröße nimmt ab, die Abrundung wächst mit der Länge des Transportes; auch die Form verändert sich. Die gegenseitige Abhängigkeit zwischen Korngröße, Abrundung und Form geht am besten aus der beifolgenden schematischen Übersicht hervor:

Tabelle 6. Übersicht über die Abhängigkeiten bei der Abnutzung.

	Länge des Weges	Art des Transports	Mechanische Eigenschaften des Materials[2]	Chemische Eigenschaften (Löslichkeit) des Materials
Änderung der Korngröße	+	+	+	+
Änderung der Abrundung	+	+	+	+
Änderung der Form	+	+	+	$+^1$	+	—

[1] Zertrümmerung bei großer Geschwindigkeit. Schwebe!
[2] Zähigkeit, Härte, Teilbarkeit.

Die Beziehung zwischen Korngröße und Form der Geschiebe ist nach den Untersuchungen von ZINGG in Abb. 4 dargestellt. Mit abnehmender Korngröße wächst die Zahl der kugeligen und nimmt die Zahl der flachen Geschiebe ab, die der stengeligen bleibt unverändert (15 bis 20%). Das ist wohl so zu erklären, daß die Bewegung der Geschiebe, je kleiner sie werden, um so eher in eine rollende übergeht, bei der das kleine flache Korn auf dem Rand laufend sich zur kugeligen Form hin verändert. Die stengeligen Gerölle werden als Walzen rollen, so daß ihre

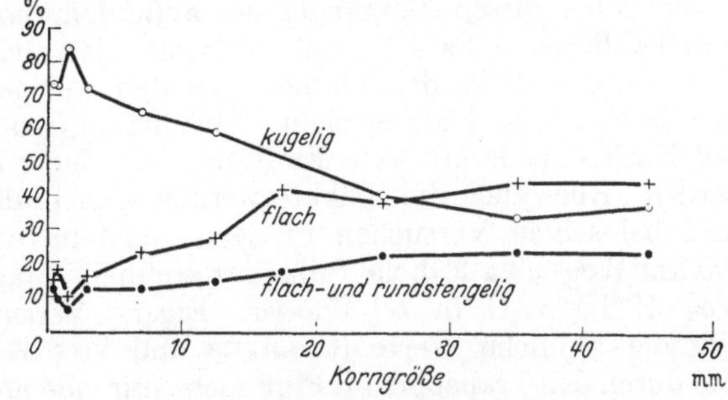

Abb. 4. Beziehung zwischen Korngröße und Form der Geschiebe. (Nach ZINGG.)

Form nicht wesentlich verändert wird. Mit einer Abnahme der Korngröße erfolgt auch gleichzeitig eine Abnahme des Abrundungsgrades.

Für den Abrundungsgrad der Mineralkörner findet man häufig die Formel:

$$r \sim \frac{\text{Größe} \cdot \text{Dichte} \cdot \text{Weg}}{\text{Härte}}$$

angegeben. Bezeichnet man die Kantenlänge eines Würfels mit L, die Dichte
mit s, die Entfernung mit d und die Härte mit H, so bekommt die Formel den
Wert

$$\frac{L^3 \cdot s \cdot \dfrac{d}{4\,L}}{H} = \frac{L^2 \cdot s \cdot d}{4\,H} \,.$$

Gegen diese Formel ist einzuwenden, daß in ihr die Geschwindigkeit der
Strömung nicht berücksichtigt ist. Je nach der Stoßenergie, die von der
Geschwindigkeit abhängt, werden wir ein Zersplittern oder nur ein mahlendes
Abreiben finden. Es ist ferner von Wichtigkeit, ob es sich um reibende oder
rollende Bewegung handelt, die wieder von der Art und Geschwindigkeit des
Mediums, von der ursprünglich vorhandenen Form und von der Korngröße
abhängt. Die Härte darf nicht etwa mit der Ritzhärte gleichgesetzt werden,
sondern müßte durch besondere Versuche ermittelt werden, die bisher noch
nicht in befriedigender Weise ausgeführt worden sind. Es müßte dabei auch
berücksichtigt werden, daß Kristalle in den verschiedenen Richtungen verschiedene Abnutzungshärten zeigen können. Außerdem ist die primär vorhandene Form von Wichtigkeit, die in der Formel ebenfalls nicht berücksichtigt
ist. Sicher ist, daß der Abrundungsgrad mit der Abnahme der Korngröße
ebenfalls abnimmt. Das ist auch leicht verständlich. Je geringer das Gewicht
eines Kornes ist, um so weniger stark wird es auf der Unterlage beim Transport
abgenutzt werden. Sobald die Strömung in der Lage ist, das Korn in Suspension
zu halten, findet nur dann noch eine Abnutzung statt, wenn das Korn in
Suspension zwischen den Geschieben liegt. Je leichter das Korn wird, um so
weiter wird es bei den wirbelnden Bewegungen an der Sohle des Flusses aus
der Zone der Geschiebe herausgeführt und ist dann überhaupt nicht mehr der
mechanischen Abnutzung ausgesetzt. Es kann höchstens noch durch chemische
Einflüsse gerundet werden. Ob ein Korn der Abrundung dadurch entgeht,
daß es in Suspension gebracht wird, hängt von der Transportkraft des Flusses
und damit von der Strömungsgeschwindigkeit ab. Die Angabe, daß Körner
unter $^1/_{10}$ mm bei Wassertransport nicht mehr abgerollt werden, kann sich
deshalb nur auf eine gewisse mittlere Geschwindigkeit beziehen. Wird diese
unterschritten, so muß man damit rechnen, daß noch kleinere Körner abgenutzt werden.

Bei allen diesen Vorgängen ist außerdem noch die *chemische Wirkung* zu
berücksichtigen. Es ist ohne weiteres klar, daß Kalkgerölle in Flußwasser
weiter aufgelöst werden können. In den wenigsten Fällen ist im Flußwasser
eine Sättigung an Kalk erreicht. Aus diesem Grunde ist es nicht wahrscheinlich,
daß Karbonatsole mit dem Flußwasser ins Meer gebracht und dort ausgeflockt
werden. Aber auch die Silikate werden vom Flußwasser angegriffen. DAUBRÉE
fand bei seinen Versuchen in der Sandsteintrommel, daß 3 kg Granit nach
160 km Weg 3,3 g lösliche Substanz ergaben. 3 kg Feldspat gaben nach 460 km
Weg 12,6 g K_2O in 5 l Wasser. Eigene Versuche ergaben in der Größenordnung ähnliche Werte (CORRENS und VON ENGELHARDT). Wir bekommen
also durch den Transport im Fluß nicht nur eine mechanische Weiterverarbeitung
und Zerkleinerung des Verwitterungsmaterials, sondern auch der chemische
Zerfall geht weiter.

Auch bei der Betrachtung der *Ablagerungen* müssen wir unterscheiden
zwischen dem in Schwebe befindlichen Material und dem *Geschiebe*. Läßt die
Transportkraft des Flusses oder der Strömung nach, so bleiben die Geschiebe
liegen. Ein Maß für den Widerstand W, den ein Geschiebe der Strömung bietet,
gibt die Formel

$$W = k \cdot r^2 \cdot v^n \,.$$

Hier ist r^2 der Querschnitt des Geschiebes und v die Strömungsgeschwindigkeit, k eine Konstante. Soll das Geschiebe gerade die Reibung überwinden, so gilt die Bedingung:

$$r^3(D_1 - D_2) \cdot C = k \cdot v^n \cdot r^2$$

$$v = \sqrt[n]{K \cdot (D_1 - D_2) \cdot r}.$$

C und K sind Konstanten, K setzt sich aus mehreren Faktoren zusammen; hier ist der Neigungswinkel der Ebene, auf der der Transport stattfindet, gegen die Horizontale, die Form des Geschiebes und die Reibungskonstante zu berücksichtigen. D_1 ist die Dichte des Geschiebes, D_2 die Dichte des Transportmediums, also im Falle Wasser = 1. Bei mittleren Geschwindigkeiten, wie sie in Flüssen herrschen, nimmt n den Wert 2 an (NEWTONsches Widerstandsgesetz), bei sehr langsamer, laminarer Bewegung wird es gleich 1 und der Widerstand proportional r statt r^2 (Gesetz von STOKES s. S. 138).

Wird die Geschwindigkeit des Flusses kleiner als v, so hört die Bewegung auf und Ablagerung findet statt. Man muß dabei noch unterscheiden zwischen der Geschwindigkeit, die nötig ist, das Geschiebe eben noch in Bewegung zu halten und derjenigen, größeren Geschwindigkeit, die erforderlich ist, um ein ruhendes Geschiebe in Bewegung zu setzen. Einen Anhaltspunkt für diese Geschwindigkeiten geben die Zahlen der folgenden Tabelle nach GRABAU.

Einen Anhaltspunkt dafür, welche Mengen transportiert werden, geben die folgenden Zahlen: Die Reuß führt dem Urner See auf 1 m³ 200 cm³ Geschiebe zu, die Donau hat bei Wien die Mittel: auf 1 m³ 13 cm³ Geschiebe, der Rhein brachte vor der Regulierung im Jahr 47 000 m³ Geschiebe in den Bodensee (aus PENCK).

Tabelle 7.

	In Bewegung zu halten m/s	In Bewegung zu bringen m/s
Haselnußgroß . . .	0,923	1,35
Walnußgroß . . .	1,062	1,39
Taubeneigroß . . .	1,123	1,45

Die Bewegung des Wassers am Boden eines Flusses ist nun aber keine einfache gleitende Bewegung, sie ist nicht laminar, sondern turbulent. Wir finden im Fluß Wirbel, sowohl mit vertikaler Achse, wie sie z. B. von den Vorsprüngen des Ufers hervorgerufen werden und solche mit horizontaler Achse, wie sie an Gefällstufen besonders deutlich in Erscheinung treten. Deshalb wird bei einer Ablagerung nur unter besonders günstigen Verhältnissen nur eine Korngröße liegen bleiben, wie das eigentlich der Formel entspräche. Schon ein einzelnes Geschiebe wird Anlaß zu Wirbeln bilden, in denen ähnliche Vorgänge stattfinden können. Diese wirbelnde Bewegung ist ganz ähnlich der, die der Mensch zur Gewinnung schwerer Minerale und von Erzen benutzt z. B. in dem kegelförmigen Waschtrog (Batea) der Brasilianer. Schwere Körner reichern sich an, es entstehen *Erz- oder Edelsteinseifen*. Der Einfluß des spezifischen Gewichtes der Körner läßt sich aus der obenstehenden Formel wenigstens abschätzen. Die Radien r des Quarzes und r' eines Schwermineralkornes verhalten sich umgekehrt wie die Differenzen der Dichten gegen Wasser ($D = 1$). Es gilt, wenn D' die Dichte des schweren Kornes und D die des leichteren Kornes ist: $r : r' = (D' - 1) : (D - 1)$. Es sei D' für Granat mit 4, für Erz mit 5 angenommen, dann ist $r_{\text{Quarz}} : r_{\text{Granat}} = 1,87$; $r_{\text{Quarz}} : r_{\text{Erz}} = 2,5$. Ein Erzkorn von 1 mm Radius wird sich ebenso verhalten wie ein Quarzkorn von 2,5 mm Radius. Es werden also relativ grobe Quarzkörner und erst recht alle feineren abtransportiert, während die schweren Erzkörner liegen bleiben.

Ganz anders liegen die Verhältnisse bei dem *in Schwebe* befindlichen Material. Die wesentliche Komponente der Fortbewegung des Flusses ist ja nahezu horizontal gerichtet. Ein Teilchen, das sich in Schwebe befindet, ist einerseits

der Schwerkraft unterworfen und fällt, andererseits wird es horizontal weiter-
bewegt. Aus Abb. 5 geht hervor, daß folgende Beziehung besteht:

$$E = \frac{T \cdot S}{v}.$$

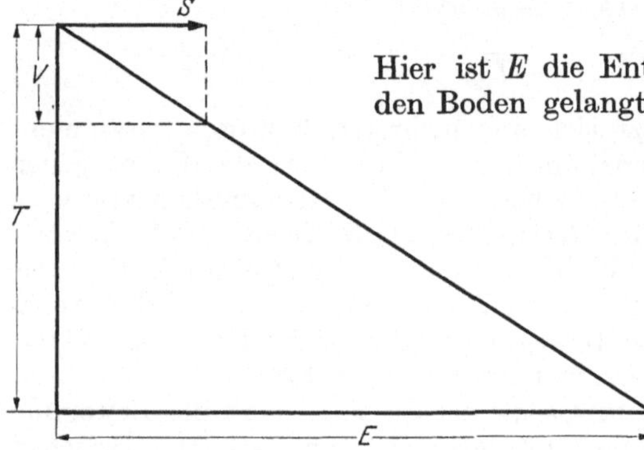

Abb. 5. Ableitung der Formel für die Transportweite.

Hier ist E die Entfernung, in der das Teilchen auf den Boden gelangt, T die Tiefe der Strömung, S ihre Geschwindigkeit und v die Fallgeschwindigkeit des Teilchens. Für die Fallgeschwindigkeit des Teilchens kann man von den feinsten Korngrößen bis etwa zur Größe von 0,05 mm Radius die Fallformel von Stokes anwenden. Sie beruht auf der Annahme, daß der Widerstand, der einer fallenden Kugel entgegengesetzt wird,

$$w = 6\,\pi \cdot r \cdot \eta \cdot v$$

ist. r ist der Kugelradius in cm, η die innere Reibung des Mediums, v die Geschwindigkeit der Kugel in cm/s. Die zunächst beschleunigte Bewegung der fallenden Kugel geht in eine gleichförmige Bewegung über, wenn der Widerstand ebenso groß wird wie die bewegende Kraft, also

$$6\,\pi \cdot r \cdot \eta \cdot v = \tfrac{4}{3}\,\pi\, r^3\,(D_1 - D_2) \cdot g.$$

D_1 ist die Dichte des fallenden Teilchens, D_2 die des Mediums, g die Gravitationskonstante $= 981$. Die Fallgeschwindigkeit v des Teilchens ist dann

$$v = \frac{2}{9}\, r^2\, \frac{(D_1 - D_2) \cdot g}{\eta}.$$

$$r = \sqrt{\frac{9\,\eta\,v}{2\,(D_1 - D_2) \cdot g}}.$$

Oberhalb der Größe von 0,05 mm Radius muß ein Korrektionsfaktor eingefügt werden, da der Widerstand bei großen Geschwindigkeiten nicht mehr der Stokesschen Annahme entspricht. Einen Ansatz hierzu hat Oséen gemacht (zitiert nach Gessner). Für die Praxis geeigneter ist die Formel von Sudry, die auch noch die Formfaktoren berücksichtigt und gute Übereinstimmung mit der Beobachtung ergeben hat. Sie lautet nach r aufgelöst:

$$r = \frac{a \cdot D_2 \cdot v^2 + \sqrt{b \cdot \eta \cdot g\,(D_1 - D_2)\,v}}{2\,g \cdot (D_1 - D_2)}.$$

Die Buchstaben bedeuten dasselbe wie in der Stokesschen Formel. a ist eine Konstante, die bei glatten Kugeln $= 0,3$, bei einigermaßen gerundeten Quarzkörnern $= 0,75$ ist. b ist bei glatten Kugeln $= 18$, bei den Quarzkörnern $= 16$. Diese Formel geht für sehr kleines v in die Stokessche Formel, für sehr großes v in die obenerwähnte Formel $r = k\,(D_1 - D_2)\,v^2$ über, die auf dem Widerstandsgesetz von Newton beruht. Sie gilt auch für auf dem Boden rollende Teilchen mit einem Zusatzglied im Nenner: $k \cdot (\cos \alpha + \sin \alpha)$. k ist eine Konstante, deren Größe von der Rauheit der Rollfläche abhängt, α ist der Neigungswinkel dieser Fläche. Rollen die Teilchen abwärts, ist $\sin \alpha$ negativ.

Je nach der Größe der Teilchen muß man die eine oder andere Formel für v in die Transportformel $E = \dfrac{T \cdot S}{v}$ einsetzen. Für die Formel von Sudry oder Oséen ist es bequemer, die r-Werte auszurechnen und die v-Werte graphisch zu ermitteln (Abb. 6). Diese Kurven zeigen, daß für Wasser die Formeln von Oséen und Sudry nahezu gleiche Werte liefern. Hier wird die Formel von Stokes bei $r = 50\,\mu$ deutlich falsch. In Luft wird die Abweichung schon bei einer Korngröße von $30\,\mu$ deutlich. Die Werte der Formel von Sudry liegen zwischen denen der Formeln von Stokes und Oséen.

Stellt man sich vor, daß in eine Strömung an einer Stelle ein Gemisch der verschiedenen Korngrößen hineingebracht wird, so wird auf Grund der verschiedenen Fallgeschwindigkeiten beim Transport eine Sonderung nach der Korngröße stattfinden in der Art, daß die groben Teilchen rasch zum Boden gelangen, die feineren später. Das entspricht der allgemeinen Beobachtung, daß wir im Oberlauf der Flüsse mehr grobes Material, im Unterlauf mehr feines Material finden. Nun ist aber die Geschwindigkeit der Flüsse nicht konstant und das Material wird in verschiedenen Korngrößen von verschiedenen Stellen hineingebracht, zum Teil entsteht es ja auch erst während des Transportes. Schon aus diesem Grunde ist es nicht möglich, Voraussagen über die Sortierung in Flüssen zu machen. Auch bei Meeresströmungen ist immer zu bedenken, daß die Geschwindigkeit nicht gleich bleibt, daß das Material nicht von einem Punkte stammt und daß stets mehrere verschieden gerichtete Strömungen übereinanderliegen. Auch ein anderer interessanter Ansatz, die Sortierung, die durch eine Strömung stattfindet, zu berechnen, den Gripenberg gemacht hat, ist nicht praktisch anzuwenden. Sie berechnet auf Grund der Stokesschen Formel die Korngrößenverteilung im Sediment:

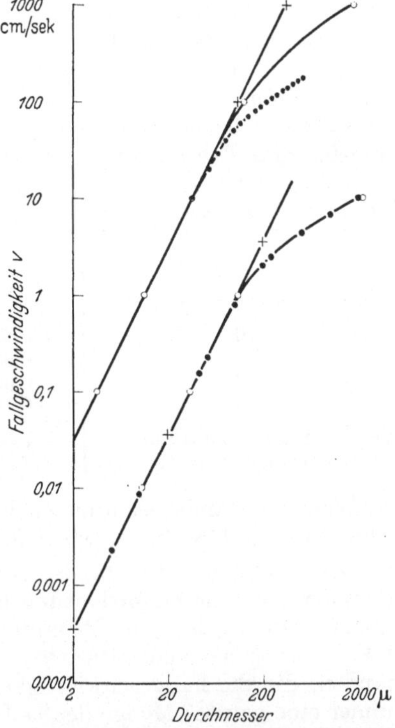

Abb. 6. Abhängigkeit der Fallgeschwindigkeit vom Kornradius für Quarzkugeln $D = 2{,}65$ bei 20° C nach den Formeln von Stokes +++, Sudry •• und Oséen ○○.

$$F(r) = \frac{C}{T} \cdot f(r) \cdot r^2.$$

Hier ist C die Konstante der Stokesschen Formel $= \dfrac{2}{9} \cdot \dfrac{(D_1 - D_2) \cdot g}{\eta}$; T die Tiefe der Strömung, $f(r)$ ist die Verteilung der Korngrößen in der Strömung. Danach müßte die Verteilungskurve eine Parabel sein. Die größte Menge der Teilchen müßte bei der gröbsten Korngröße liegen und nach den feineren hin sehr rasch abnehmen.

Der Ableitung von Gripenberg liegen zwei Annahmen zugrunde, erstens die Tiefenkonstanz, d. h., daß die Verteilung in der Strömung überall gleich sein muß, oben und unten, und zweitens die Verteilungsgleichheit, $f(r) =$ konstans. Außerdem werden sich im allgemeinen die Teilchen nach dem Niedersinken noch auf dem Boden als Geschiebe eine Strecke weiterbewegen können. Bei dieser Bewegung gehorchen sie anderen Gesetzen als beim Fall.

Bei Meeresströmungen ist noch zu beachten, daß sich das spezifische Gewicht des Wassers ändert, und zwar wird es mit zunehmender Tiefe größer. Diese Änderung macht sich aber in der Fallgeschwindigkeit nur in der zweiten Dezimale bemerkbar, die Änderung der Gravitationskonstanten mit der Tiefe macht sich sogar erst in der dritten Dezimale bemerkbar. Dagegen ist die Wirkung der inneren Reibung wegen ihrer starken Temperaturabhängigkeit in den größeren Tiefen erheblich größer. Sie nimmt bei einer Temperaturdifferenz von 30—0° auf das Doppelte zu; entsprechend muß die Fallgeschwindigkeit auf die Hälfte sinken. Bei einer Oberflächenströmung, die zum Äquator gerichtet ist, wird g immer kleiner, die Dichte bleibt etwa konstant, weil die Zunahme, die durch Erhöhung des Salzgehaltes eintritt, durch die Erhöhung der Temperaturen ausgeglichen wird. Durch diese Zunahme der Temperaturen wird aber η sehr viel kleiner und damit v größer. Bei einer Temperaturzunahme von 0—30° kann die Fallgeschwindigkeit auf das Doppelte steigen.

Auch in Süßwasser kann sich die Änderung der inneren Reibung mit der Temperatur sehr deutlich bemerkbar machen. Besonders wichtig ist hier der Umstand, daß sich der Einfluß der inneren Reibung bei den kleinen Korngrößen am stärksten bemerkbar macht, weil ja die Korngröße als Quadrat in die Formel eingeht. Eine Tabelle von R. BRINKMANN zeigt diesen Einfluß besonders deutlich.

Tabelle 8. Abhängigkeit der Fallgeschwindigkeit von der Temperatur (in cm/s).

Temperatur	Teilchendurchmesser in mm			
	1	0,1	0,01	0,001
0° 5° 10° 20°	6,57 6,64 6,69 6,74	4,9 5,7 6,5 8,0 $\Big\} \times 10^{-1}$	5,2 6,1 7,1 9,2 $\Big\} \times 10^{-3}$	5,2 6,1 7,1 9,2 $\Big\} \times 10^{-5}$
Geschwindigkeitszunahme zwischen 0 und 20°	2,5%	63%	77%	77%

Diese Umstände beeinflussen besonders die Sedimente in kalten (s. Warvenschichtung S. 158) Seen, wie wir sie z. B. Gletschern vorgelagert finden.

Der wichtigste Umstand aber, der eine Berechnung erschwert, ist die *Turbulenz*, auf deren Bedeutung bereits bei der Besprechung der Mahlvorgänge hingewiesen wurde. Die Strömungen fließen nicht laminar, sondern turbulent, d. h. es ist stets eine aufwärts gerichtete Komponente in der Strömung vorhanden, die die Fallgeschwindigkeit der Teilchen verringert. Es wird deshalb immer eine gewisse Menge der Teilchen sich in höheren Lagen befinden als ihrer Fallgeschwindigkeit entspricht. WILHELM SCHMIDT hat diese Erscheinung als Austausch bezeichnet und eine ähnliche Formel dafür abgeleitet, wie sie für die Wärmeleitung gilt. Wenn S den sekundlichen Fluß durch die Flächeneinheit darstellt, durch den die Teilchen vertikal entgegen der Schwerkraft verfrachtet werden, und $-s'$ das Gefälle der Teilchenverteilung, so lautet die Formel

$$S = -A \cdot s'.$$

Der Austauschkoeffizient A entspricht dem Koeffizienten der Wärmeleitung. Die folgende Tabelle gibt nach SCHMIDT ein Beispiel, um wieviel man in die Höhe steigen muß, damit der ursprüngliche Wert s_0, die Teilchenverteilung am Boden, auf $^1/_{10}$ sinkt.

Tabelle 9. Austausch und Sinkgeschwindigkeit.

	Sinkgeschwindigkeit c in cm/s					
	0,001	0,01	0,1	1	10	100
$A = 1$	23 m	2,3 m	0,23 m	2,3 cm	0,23 cm	0,023 cm
$A = 100$	2300 m	230 m	23 m	230 cm	23 cm	2,3 cm

Bei einem mittleren Austausch von $A = 100$ werden also Teilchen von 0,1 cm/s Sinkgeschwindigkeit eine dem Gleichgewicht entsprechende Verteilung besitzen, wenn auf je 23 m Höhenunterschied der Gehalt an diesen Teilchen auf $^1/_{10}$ seines Wertes absinkt. In 46 m über Ausgangshöhe wäre nur der hundertste Teil vorhanden, in 69 m nur der tausendste. In der oben angeführten Formel ist allerdings angenommen, daß der Austausch mit der Höhe konstant bleibt. Das ist in Wirklichkeit nicht der Fall. Aus Windbeobachtungen wurde die Formel

$$A_z = A_1 \cdot z^{\frac{6}{7}}$$

abgeleitet. A_z ist der Austausch in der Höhe z, A_1 der in 1 cm Höhe. Schmidt gibt für die verschiedenen Werte des Verhältnisses der Sinkgeschwindigkeit c zum Austausch $A = 1$ und $A = 100$, c/A_1 und c/A_{100}, folgende Tabelle:

Tabelle 10. Austausch in Abhängigkeit von der Höhe.

c/A_1	c/A_{100}	$Z =$				
		1 cm	10 cm	1 m	10 m	100 m
20	0,386	0,058	0,019	0,0040	0,0005	0,0000
10	0,193	0,239	0,137	0,0634	0,0217	0,0094
1	0,019	0,867	0,820	0,759	0,682	0,587
0,1	0,0019	0,986	0,980	0,973	0,962	0,948

Um die Anwendung der Tabelle zu erläutern, nehmen wir an, daß es sich um Staub handelt, dessen einzelne Teilchen eine Sinkgeschwindigkeit von der Größenordnung cm/s besitzen, die gleich dem zehnfachen des Austausches in 1 cm Höhe über dem Boden ist. Dann wird man in einer Höhe von 1 cm in jedem Kubikzentimeter nur noch etwa 24% der Teilchen finden, in 1 m Höhe noch 6,3%. Steine, die 1 m pro Sekunde Fallgeschwindigkeit haben, werden in einem Fluß, dessen Austauschgröße gleich 500 ist, so verteilt sein, daß 6% von ihnen noch in 1 m Höhe vorkommen. Teilchen mit einer Fallgeschwindigkeit von 2 cm/s, also etwa Quarzkörner von 0,2 mm Durchmesser, werden schon bei der wesentlich geringeren Austauschgröße von $A = 100$ so verteilt sein, daß in 10 cm Höhe noch 82%, in 10 m Höhe noch 68% der Ausgangsmenge vorhanden sind. Bei noch feineren Teilchen wird der Unterschied zwischen den verschiedenen Höhen noch geringer. Sie werden über eine noch größere Höhendifferenz fast gleichmäßig verteilt. Diese Daten erweisen die große Bedeutung des Austausches für Transport und Ablagerung und damit auch für die Korngrößenverteilung der Sedimente.

Ein Aufhören oder ein sehr starkes Nachlassen der Strömung wird sich also in zweierlei Weise bemerkbar machen. Die Teilchen werden alle nach unten fallen, weil erstens die horizontale Komponente und zweitens auch die vertikale, von der Turbulenz herstammende Komponente aufhört. Dieses Ereignis kann bei der flächenhaften Ausdehnung eines Hochwassers eintreten, bei der durch die Querschnittsverbreiterung die Strömungsgeschwindigkeit allmählich Null wird und dadurch die feine Trübe im Überschwemmungsgebiet abgesetzt wird. Auch bei der Einmündung eines Flusses ins Meer findet ein ähnlicher Vorgang statt, hier liegen allerdings die Strömungsverhältnisse meist sehr verwickelt, da sich die Wirkung der Gezeiten, die später noch behandelt wird, bemerkbar macht. Ferner tritt hier noch eine weitere Erscheinung auf, die Suspension kann *durch die Salze des Meerwassers ausgeflockt* werden. Der Flockungswert, d. h. die Elektrolytkonzentration, die gerade genügt, um die Suspension zum Ausflocken zu bringen, ist abhängig von der Wertigkeit der Ionen, mehrwertige flocken viel stärker als einwertige. Deswegen kann bereits in Süßwasser, das reich an Kalziumionen ist, Ausflockung eintreten. Die Konzentration an Meerwassersalzen, bei der die Ausflockung deutlich eintritt, liegt nach H. I. FRASER zwischen 0,07 und 0,45%. Gröbere Teilchen fallen bei geringeren Flockungswerten aus als feinere, Aufschlämmungen aus verschiedenen Korngrößen flocken leichter aus als solche mit Teilchen einheitlichen Durchmessers. Solche Korngrößengemische, wie sie in der Natur wohl immer auftreten, flocken in der Art, daß die feinen Partikel sich an die groben anlegen, so daß im Sediment die Korngrößenverteilung ähnlich ist, wie in der Suspension. Die Flockungsgeschwindigkeit ist auch von der Temperatur abhängig. Setzt man die Geschwindigkeit bei $0° = 1$, so ist sie bei $5° = 1,2$, bei $10° = 1,4$ und bei $20° = 1,8$.

Der Gehalt der Flüsse an suspendiertem Material schwankt außerordentlich, sowohl zwischen den einzelnen Flüssen als auch mit der Jahreszeit. Eine Übersicht über die Schlammführung einiger Flüsse zu den verschiedenen Jahreszeiten gibt Tabelle 11.

Tabelle 11. Schlammführung von Flüssen in mg/l. (Aus PENCK.)

	Januar	Februar	März	April	Mai	Juni	Juli	August	September	Oktober	November	Dezember	Jahresmittel
Elbe bei Geesthacht	22,4	5,5	37,6	35,2	30,0	42,3	42,1	39,7	32,8	20,2	14,5	51,8	31,2
Donau bei Pest . .	15	110	301	100	99	236	256	151	50	38	—	21	125
Nil an der Mündung	167	126	53	66	47	69	178	1492	543	378	344	289	—
Mississippi an der Mündung	576	625	681	382	309	975	860	1059	666	241	230	385	629
Amu Darja bei Nukuss	509	192	765	1306	968	2228	3396	2109	1309	895	661	571	1593
Hugli bei Kalkutta	539	699	2217	2732	1972	3086	1126	1272	1136	373	995	778	1234

Den Höchstwert an Schlammführung scheint der Hoangho mit 5000 mg/l zu besitzen.

Bei starker Verdünnung der Trübe und lebhafter Strömung kann die Flockungsgeschwindigkeit kleiner sein als die Transportgeschwindigkeit, so daß die Flocken weit hinaus ins Meer gelangen. Auch die Sinkgeschwindigkeit der feinsten Flocken kann so langsam sein, daß noch weite Verfrachtung möglich ist. Schließlich können Schutzkolloide, z. B. Humusverbindungen, Mineralteilchen vor dem Ausflocken schützen. Auf diesen Wegen kann also feinste Flußtrübe sehr weit ins Meer hinausgetragen werden.

Der Gehalt des Meerwassers in Küstenferne an feiner Trübe spricht ebenfalls dafür, daß auch Teilchen aus dem Flußwasser ins Meer geraten können. Ein Teil dieser feinen Trübe wird allerdings wohl am Meerufer entstanden sein durch die Brandung an der Küste.

b) Transport und Ablagerung durch Wellen. Um die Vorgänge bei der Brandung zu verstehen, muß der Bewegungsvorgang der Meereswellen zunächst kurz erläutert werden. Die Wasserteilchen schwingen in einer Oberflächenwelle des Meeres in einer Bahn, die entweder kreisförmig oder elliptisch ist, und die senkrecht zur Wellenfront liegt. Diese Bewegung heißt Orbitalbewegung. Die Teilchen bewegen sich also nicht mit der fortpflanzenden Welle fort, sondern kehren an den Ausgangspunkt zurück. Die Form einer Welle, aus Kreisbahnen aufgebaut, gibt Abb. 7. Die resultierende Wellenform ist die einer Trochoide, eine Kurve, die sich auch beschreiben läßt als der Weg eines Punktes an einer Radspeiche eines horizontal abrollenden Rades. Nur diese Orbitalbewegungen der Wasserteilchen können der Anlaß zu mechanischer Wirkung sein. Die

Orbitalbewegungen klingen rasch nach unten zu aus, deswegen ist in sehr tiefem Wasser keine Beeinflussung durch die Wellen mehr vorhanden. Als äußerste Grenze werden 200 m angegeben.

Anders ist es, wenn eine solche Wellenbewegung sich einer flach aufsteigenden Küste nähert. Es entsteht eine Wechselwirkung mit dem Untergrund. Dadurch werden die Orbitalschwingungen selbst und die Form und Fortbewegung der Welle beeinflußt. Diese sind dann nicht mehr nur von der erzeugenden Kraft des Windes, sondern von der Wassertiefe abhängig. Die Wellenlänge und die Wellengeschwindigkeit nehmen mit Annäherung an die Küste ab. Unabhängig vom

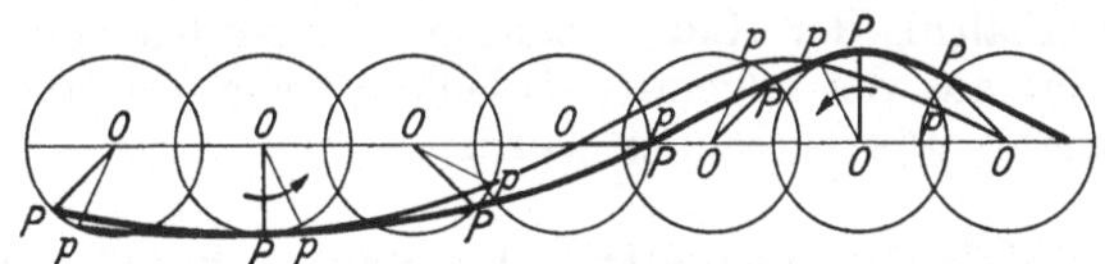

Abb. 7. Schematische Darstellung der Orbitalbewegung. (Aus HOPFNER.)

herrschenden Wind richten sich die Brandungswellen stets etwa parallel zur Strandlinie aus. Sie laufen höchstens in einem kleinen Winkel zu ihr auf die Küste auf. Wir finden also am Strande stets dieselbe Richtung der Kräfte. Die Höhe der Wellen wird mit der Annäherung an den Strand immer größer. Es gilt die Formel

$$c = \sqrt{g \cdot p},$$

in der c die Fortpflanzungsgeschwindigkeit, g die Gravitationskonstante und p die Wassertiefe ist. Die mittlere Orbitalgeschwindigkeit v ist

$$v = \frac{h}{p} \cdot c = h \sqrt{\frac{g}{p}}.$$

Hier ist h die halbe Wellenhöhe. In der Brecherzone hat die Wellenhöhe ihren höchsten Grad erreicht, die Form wird instabil und zerfällt. Das ist dort der Fall, wo $h = p$, also die Wellenhöhe gleich der Wassertiefe ist. Die Wellenform neigt sich nach dem Lande zu über, es wird eine Wassermenge gegen das Land geworfen. Eine wulstartige Welle — Übertragungswelle — pflanzt sich gegen das Land hin fort. Wir bezeichnen diese Wasserflut als Schwall. Dem Schwall entspricht ein Rückfluten des Wassers, der Sog. Der Schwall nähert sich mit ständig abnehmender Geschwindigkeit dem Strande, überflutet einen gewissen Bereich bis seine Geschwindigkeit auf Null herabgesunken ist, dann strömt die Wassermenge mit ständig wachsender Geschwindigkeit wieder dem Meere zu. Schwall und Sog sind nun diejenigen Kräfte, die im Bereich eines flachen Strandes sowohl für die mechanische Wirkung — den Mahlvorgang— als auch für die Korngrößensortierung maßgebend sind. Die mechanische Wirkung besteht in einem Abrollen der Körner und damit wieder in einem Schaffen feinkörnigen Materials. Wie weit eine chemische Wirkung hierbei auftritt, ist noch nicht bekannt. Jedoch ist anzunehmen, daß diese bei den Silikaten relativ gering ist, weil ja das Meerwasser bereits diejenigen Ionen enthält, die bei der Silikatverwitterung leicht in Lösung gehen. Karbonatgesteine können dabei, wenn das Meerwasser an Kalziumionen untersättigt ist, aufgelöst werden.

Die Gestalt der Gerölle scheint nach den bisherigen Untersuchungen am Strande runder zu sein, als die der Flußgerölle. Das ist auch leicht zu verstehen durch die ständige Hin- und Herbewegung, durch Schwall und Sog, die außerdem nicht genau in derselben Richtung angreifen. Primär flache Geschiebe und solche mit ausgesprochen schiefriger Textur werden auch hier flach bleiben, stengelige Gerölle oder solche mit stengeliger Textur als „Roller" ausgebildet werden.

Um die *Sortierung am Strand* zu betrachten, ist es nach dem Vorgang von
v. ENGELHARDT zweckmäßig, verschiedene Teile des Strandes zu unterscheiden.
An der Stelle, bis zu der der Schwall gerade eben mit seinem Transport reicht,
ist die Transportkraft gleich Null. Gerölle, die bis hierhin durch einen besonders
kräftigen Schwall gelangt sind, werden liegen bleiben. Auf dem seewärts
folgenden Stück werden zunächst aus dem Schwall Körner ausfallen, die in
Suspension befindlich sind, und zwar auf Grund der Fallgeschwindigkeit. Das
Verhältnis der Radien solcher Körner bei verschiedenem spezifischen Gewicht
geht aus der folgenden Tabelle hervor, die auf Grund der Formeln auf S. 137
und S. 138 berechnet wurde.

Tabelle 12. Verhältnis der Radien kugeliger Körner von Quarz, Granat
und Erz beim Fall und beim Rollen.

Sinkformel	Berechnet aus der Sinkgeschwindigkeit		Berechnet aus der Rollformel
	nach STOKES	nach OSÉEN	
$r_{Quarz} : r_{Granat}\ (D = 4)$ · · · · · · · · ·	1,37	1,56—1,65	1,87
$r_{Quarz} : r_{Erz}\ (D = 5)$ · · · · · · · · ·	1,58	1,98—2,13	2,50

Bei der Abfuhr bewegt der Sog die Körner rollend. Bei diesem Vorgang
werden also die Quarzkörner, die mit gleicher Fallgeschwindigkeit wie die
Erzkörner aus dem Schwall ausgefallen sind, vom Sog abtransportiert und
auch noch etwas größere Quarzkörner mit weggeführt. So entstehen die so
charakteristischen Schwermineralansammlungen am Strande. Eine dritte Zone
am Strand ist dann diejenige, bei der sich Schwall und Sog begegnen. An dieser
Stelle wird wohl nun die Strömung besonders turbulent und es findet ein
besonders starker Abtransport von Sand statt. Hier ist ferner noch zu berücksichtigen, daß ein wesentlicher Teil des Sogwassers nicht oberflächlich, sondern
im Sande selbst ins Meer zurückfließt. Dabei kann die Sandmasse selbst ins
Gleiten kommen.

Vor der Küste bilden sich Sandriffe, deren Entstehung im einzelnen wohl
noch nicht ganz geklärt ist. Vermutlich hängt sie mit dem Zerfall der Wellen
in der Brecherzone zusammen. Jedoch spielen sicherlich auch der Küstenver-
satz und die durch gleichmäßige Winde hervorgerufene Strömung vor der
Küste eine wesentliche Rolle.

Vor Steilküsten ist die *Wirkung der Brandung* besonders intensiv. Hier
schlägt die Brandungswelle direkt an das Gestein des Ufers und führt zur
Bildung der Brandungshohlkehlen, an denen man die kreisförmig mahlende
Bewegung der Wasserteilchen deutlich erkennen kann. In den Geschiebe-
mergelküsten können so metertiefe horizontale Höhlungen ausgestrudelt werden.
Aber auch in Granitküsten, z. B. auf Bornholm, findet man tiefgehende Aus-
höhlungen. Diese Hohlkehlen und Höhlungen führen den Einsturz der Uferwände
herbei, die Bruchstücke werden von der Brandung als Geschoß benutzt, es findet
eine sehr starke Zerkleinerung statt. Über die Kräfte, die dabei auftreten,
gibt KRÜMMEL an, daß für gewöhnliche Zwecke des Wasserbaus an der Ostsee
mit einer Druckwirkung von 1 kg/cm², an der Nordsee 1,5 kg/cm² und an der
Biscaya 1,8 kg/cm² gerechnet wird. Bei Hafenbauten an der Nordseeküste
Schottlands wurde sogar ein Druck von 3,38 kg/cm² gemessen. Zahlreiche
Beispiele von mehreren Tonnen großen Blöcken, die von der Brandung hoch
über den Meeresspiegel geworfen wurden, sind bekannt. In der Wirkung der
Brandung haben wir also eine sehr wesentliche Quelle für Sedimentmaterial.

Auf den Verlauf der abtragenden Vorgänge der Brandung für die Küsten-
gestaltung, auf die vor allem v. RICHTHOFEN hingewiesen hat, kann hier nicht

weiter eingegangen werden, insbesondere auf die Streitfrage, ob durch die Abrasion allein wirklich ein Fortschreiten des Meeres über das Land hervorgerufen werden kann. In diesem Fall müßte auch der Strandteil seewärts der Hohlkehle so stark abgetragen werden, daß die Brandung immer wieder bis an den Steilabhang heranreichen kann. Ist diese Abtragung des vorgelagerten Stückes nicht so stark, so wird sich allmählich ein Gleichgewichtszustand einstellen. Ich möchte glauben, daß dieses der normale Zustand ist, wenn nicht gleichzeitig eine Küstensenkung vorhanden ist.

c) Transport und Ablagerung durch Gezeiten. Noch auf einen dritten Vorgang der Bewegung im Wasser muß in diesem Zusammenhang hingewiesen werden: das ist die Wirkung der Gezeiten. Sie können aufgefaßt werden als Wellen mit sehr großer Wellenlänge. Praktisch äußert sich das an der Küste im Gezeitenstrom mit Ebbe und Flut. Zum Unterschied von den kurzen Oberflächenwellen macht sich dieser Gezeitenstrom bis in beträchtliche Tiefen hin bemerkbar. Es wird angegeben, daß die Geschwindigkeit des Gezeitenstromes

$$v = 3{,}04 \cdot H/\sqrt{p}$$

ist. v wird in Seemeilen pro Stunden ausgedrückt, H ist der ganze Tidenhub in Metern und p die Wassertiefe ebenfalls in Metern. Die Stärke des Gezeitenstromes ist also direkt proportional der Hubhöhe und umgekehrt proportional der Wassertiefe. Während Oberflächenwellen in tiefem Wasser nach der oben angegebenen Formel bei 1 m Wellenhöhe und 30 cm Tiefe schon verschwindend kleine Orbitalbahnen besitzen, ist die Geschwindigkeit der Tidenströme z. B. im Kanal bei $p = 30$, $H = 1{,}5$ noch 1,66 Seemeilen in der Stunde = 0,85 m/s. Die Strömung geht bei den Gezeiten hin und her. Jedoch ist dabei zu berücksichtigen, daß die Transportkraft schwanken kann. So wird z. B. allein durch die Querschnittsverengung in einem trichterförmigen Meerbusen, wo sowohl Ebbe- wie Flutstrom an der engen Stelle große Geschwindigkeit haben, am Ausgang des Trichters die Geschwindigkeit nachlassen, so daß Material draußen sedimentiert wird. Auch hier gilt, wie bei den Flüssen und Meeresströmungen,

Tabelle 13.
Schlammgehalt im Liter Wasser.

	Oberfläche g	1,9 m über dem Grunde g
Niedrigwasser	149	160
1. Stunde Flut	202	244
2. „ „	202	276
3. „ „	159	255
4. „ „	127	212
5. „ „	117	170
Hochwasser	106	138
1. Stunde Ebbe	106	127
2. „ „	106	127
3. „ „	106	127
4. „ „	127	127
5. „ „	138	138
Mittel	139	176

daß die Strömung turbulent ist. Wir finden die Hauptmengen des Schlammes in der Tiefe, wie eine Tabelle nach HAGEN (aus PENCK) über den Schlammgehalt von Ebbe und Flut im Jadebusen zeigt.

Wie schon aus den Schlammgehalten der Tabelle vermutet werden kann, ist die Geschwindigkeit bei Ebb- und Flutstrom nicht gleichförmig. Dies zeigen klar die beiden mittleren Gezeitenkurven von Norderney und Wangeroog-West (Abb. 8a u. b). Durch die verschiedene Geschwindigkeit von Ebb- und Flutstrom erklärt sich die Beobachtung, daß an manchen Stellen Sediment angelagert, an anderen Boden weggeführt wird.

d) Transport und Ablagerung durch Wind. Im Luftmeer finden wir grundsätzlich ähnliche Verhältnisse wie im Bereich des Wassers, auch hier Strömungen der verschiedensten Geschwindigkeiten. Es bestehen aber auch wichtige Unterschiede. Während die Wasserströmungen nur im Ozean eine größere Breite und Tiefe haben, sind die Windströmungen durchweg breit und tief. Durch die Reibung an der Erdoberfläche nehmen die Windströmungen nach

dem Boden hin sehr rasch ab, wie aus dem Beispiel der folgenden Tabelle 14
(nach PASSARGE) hervorgeht.

Tabelle 14. Abhängigkeit der Windgeschwindigkeit von der Höhe.

| Höhe in m. . . . . | 0 | 3 | 6 | 9 | 12 |
| Wind in m/s . . . . | 3,6 | 8,2 | 8,7 | 9,0 | 9,1 |

LOOMIS hat (nach PASSARGE) folgende Werte der mittleren jährlichen
Windgeschwindigkeit ermittelt:

Tabelle 15. Mittlere jährliche Windgeschwindigkeiten in m/s.

| Union | | Ozean | Europa | |
Binnenland	Ostküste		Westküste	Binnenland
3,64	4,4	13,3	5,5	3,53

Die Windgeschwindigkeiten sind also im Durchschnitt sehr viel größer als
die von Wasserströmungen. Der Wind neigt ferner offenbar noch viel stärker

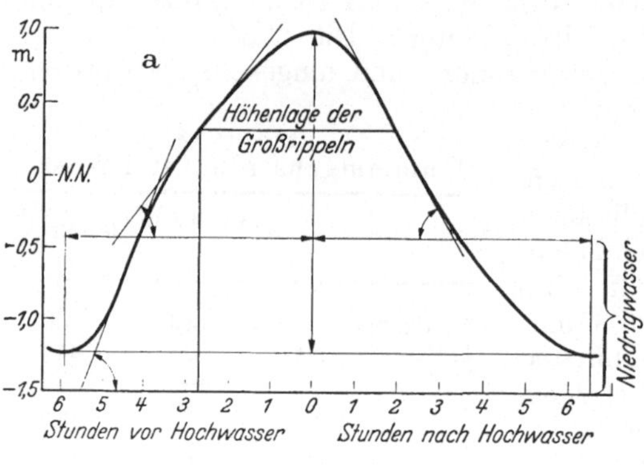

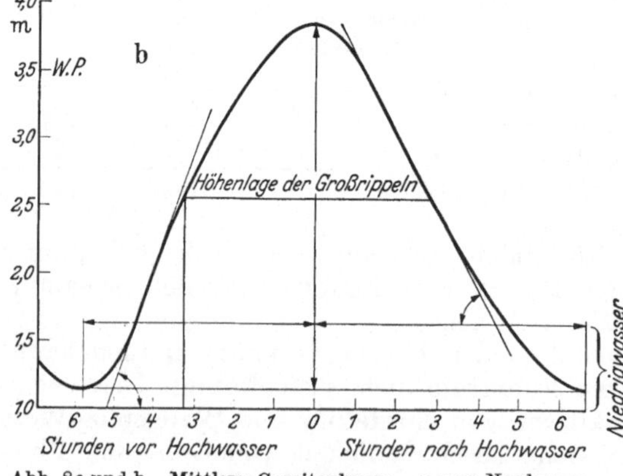

Abb. 8a und b. Mittlere Gezeitenkurve. a von Norderney-
Seeseite, b von Wangeroog-West. (Aus HÄNTZSCHEL.)

als die Wasserströmungen zur
Turbulenz, jeder kennt die
Eigenschaft des Windes, in einzelnen Stößen zu wehen. Die
Bewegung ist nicht wirklich
horizontal, wir finden kalte ab-
steigende und warme aufstei-
gende Säulen und Bänder entwickelt und außerdem können
vor und hinter Hindernissen
Wirbel entstehen. Die Wirbel
können Durchmesser von mehreren Metern bis zu Kilometern
haben. Ihre Entstehungsur-
sache scheint häufig eine örtliche Überhitzung der Bodenluft
unter dem Einfluß der Sonnen-
strahlung bei windstillem Wet-
ter zu sein. Die Geschwindigkeit
der Wirbelbewegung ist meistens viel größer als die der horizontalen Strömungen und kann
in den tropischen Wirbelstür-
men sicher bis über 50 m/s steigen. Die große Energie derartiger Wirbelstürme und ihre
verwüstenden Wirkungen sind
allgemein bekannt.

Andererseits besitzt die Luft
eine viel geringere Dichte als
das Wasser (etwa 0,00129, wenn Wasser = 1 gesetzt wird) und damit eine viel
geringere Tragkraft. Nach THOULET (zitiert nach PASSARGE) bewegt eine

Windstärke von　0,5 m/s Körner von 0,04 mm Durchmesser
　　　,,　　　,,　3　m/s　,,　　,, 0,25 mm　　　,,
　　　,,　　　,,　9　m/s　,,　　,, 0,73 mm　　　,,
　　　,,　　　,, 13　m/s　,,　　,, 1,05 mm　　　,,

Die etwas abweichenden Werte von SOKOLOW (zitiert nach PASSARGE) ergeben für eine

Windstärke von 4,5— 6,7 m/s eine Bewegung von Körnern von 0,25 mm Durchmesser
„   „   8,4— 9,8 m/s „   „   „   „   „   0,75 mm   „
„   „   11,4—13,0 m/s „   „   „   „   „   1,50 mm   „

Da der Einfluß der Kornform, der Unterlage, der Turbulenz u. a. nicht berücksichtigt sind, können derartige Abweichungen leicht verstanden werden. Nach PASSARGE kann man annehmen, daß nußgroße Steine im allgemeinen nicht mehr fortbewegt werden, höchstens findet noch ein Verschieben und Rollen statt. Dabei tritt natürlich eine Abnutzung ein, die wieder feines Material schafft. In Suspension kann vom Wind noch Sand bis zu 0,97 mm transportiert werden, wie dies bei dem Schirokko 1903 in Lesina beobachtet wurde. Auf Ponta Delgada (Azoren) wurden Körner von 0,416 mm in der Luft beobachtet. Doch sind das wohl Ausnahmefälle. Besonders stark ist die Wirkung des suspendierten Sandes auf entgegenstehende Hindernisse. So werden die größeren Steine durch das Sandstrahlgebläse des Windes bearbeitet und abgeschliffen. Härteres Material, wie Gänge und einzelne Minerale, werden herauspräpariert. Wegen seiner geringen Dichte kann der Wind gröberes Material, das für die Schleifwirkung besonders in Frage kommt, im allgemeinen nur dicht über dem Erdboden in Suspension transportieren, die Dichteverteilung hängt hier ebenfalls vom Austausch ab (s. S. 140). Deswegen wird das anstehende Gestein dicht über dem Boden geschliffen; in Ägypten müssen die Telegraphenmasten durch Eisenbekleidung geschützt werden. Wichtig ist, daß sich bei allen diesen Vorgängen der Wind selbst neues suspendiertes Material schafft.

Dabei wird das Material selbst abgerundet. Wegen der geringen Dichte können auch kleinere Korngrößen noch gut abgerollt werden. Man hat diesen Umstand häufig herangezogen, um äolische Bestandteile in Sedimenten wieder zu erkennen. Es ist jedoch hierbei Vorsicht geboten, weil eben die Frage, ob ein Korn noch gerollt wird, sowohl beim Wasser wie beim Wind von der Geschwindigkeit des Mediums und der Dauer des Transportes abhängig ist. Nicht nur Gesteinsmaterial wird verfrachtet, sondern auch organisches Material. So wird von Patagonien angegeben, daß im Gebiet von Sta. Cruz die das ganze Jahr blasenden Westwinde die Humusschicht der Oberfläche zerstören und den Humus ins Meer hinaus wehen. Asche von Grasbränden wird in Westafrika, wie LEINZ zeigen konnte, ins marine Sediment eingebettet. Von der Wellenoberfläche des Meeres nimmt der Wind nicht unbeträchtliche Mengen von Meeressalzen auf, die weithin über das Land verfrachtet werden können. Schließlich ist noch das vulkanische Material zu erwähnen, das durch Eruption in große Höhen der Atmosphäre gelangt und dann durch Winde außerordentlich weit gebracht werden kann.

Auch das vom Boden hochgehobene Material kann mit Hilfe der aufsteigenden Luftströmungen sehr weit transportiert werden. So gelangt Saharastaub mit dem Schirokko bis in die Alpen. Bei dem großen Staubsturm im Jahre 1901 gelangte Staub von derselben Stelle bis nach Dänemark. Dabei handelt es sich um recht beträchtliche Mengen. Damals wurden in Tunis und im Küstengebiet Nordafrikas mindestens 150 Millionen Tonnen an Material abgelagert, in Italien 1,314 Millionen Tonnen, im Bereich des ehemaligen Österreich-Ungarn 0,375 Millionen Tonnen und in Norddeutschland und Dänemark 92700 Tonnen, und das alles innerhalb von wenigen Tagen.

e) Transport und Ablagerung durch Eis. Als drittes Medium für den Transport ist schließlich das Eis zu besprechen. Während bei der Luft die Dichte und die innere Reibung sehr gering sind, Wasser eine sehr viel höhere Dichte, aber noch eine geringe innere Reibung hat, ist beim Eis die Dichte vom Wasser nicht wesentlich verschieden, aber die innere Reibung sehr hoch. Diese ist ja so groß, daß im Eis offene Spalten entstehen. Die Transportkraft des Eises ist infolgedessen sehr hoch und die Fallgeschwindigkeit darin außerordentlich klein. Wir werden also im Eis keine Sortierung nach Korngrößen erwarten dürfen. Schließlich ist die Geschwindigkeit im Eis außerordentlich gering. Größere Alpengletscher erreichen 30—150 m im Jahr, im Himalaya 700—1300 m im Jahr, vom grönländischen Inlandeis werden Geschwindigkeiten bis zu 1000 m im Jahr und bis zu 18 m in 24 Stunden angegeben.

Das Gesteinsmaterial, das der Gletscher transportiert, stammt einmal vom Rande des Gletschers und wird als Oberflächenmoräne von dem Gletscher verfrachtet. Hier erleidet es praktisch keine mechanische Beeinflussung durch den Gletscher. Das Eis nimmt aber auf seinem Weg auch alles Lockermaterial vom Boden als Grundmoräne in sich auf wie eine zähe Flüssigkeit, und es ist gerade wegen seiner großen inneren Reibung auch befähigt, auf den Untergrund einzuwirken. Über den Betrag dieser Einwirkung und seine Bedeutung für die Morphologie gehen die Ansichten etwas auseinander. Für die Sedimentpetrologie ist wichtig, daß überhaupt ein solcher Einfluß stattfindet und der Untergrund bearbeitet werden kann. Denn dabei entsteht wieder neues, mechanisch zerkleinertes Material, das in die Grundmoräne aufgenommen wird. Auch im Gletscher selbst reiben sich die Blöcke aneinander und rufen Schrammen hervor. Gekritzte Geschiebe sind für Glazialablagerungen charakteristisch. Es wird angegeben, daß die Form der Geschiebe durch die Abnutzung vereinheitlicht werde, jedoch konnte ich an diluvialen Grundmoränen keine dahin gehende Beobachtung machen. Sicher ist aber, daß die Geschiebe kantengerundet sind.

f) Zusammenstellung der wichtigsten Eigenschaften der Transportmittel. Wir haben im vorstehenden zwischen zwei Transportarten unterschieden, dem Rollen auf dem Boden und dem Transport in Suspension. Der Transport in Schwebe bedeutet zunächst nur, daß das Korn nach einer bestimmten Entfernung E zu Boden sinkt, die durch die Formel $E = \dfrac{T \cdot S}{v}$ (s. S. 138) dargestellt wird. Wenn das Korn nun am Boden angelangt ist, so kann es durch dieselbe Strömung noch am Boden rollend fortbewegt werden. Über die Größe der Strömung S und über die für die Fallgeschwindigkeit wichtige Dichte D_2 und Viskosität η in den verschiedenen Transportmitteln gibt die folgende Tabelle 16 Auskunft.

Tabelle 16. Durchschnittliche Strömungsgeschwindigkeit, Dichte, innere Reibung und Austauschgröße der Transportmittel.

	S m/s	D_2	η	Austausch
Seen	0,01— 1			0,1—2
Meeresströmung. . .				50—250
Gezeiten	0,1— 5	~ 1	$\sim 1 \cdot 10^{-2}$	
Wellen.	1—10			
Bäche, Flüsse . . .	1—10			bis 500
Wind	1—20 (bis 50!)	$1,3 \cdot 10^{-3}$	$1,7 \cdot 10^{-4}$	0,004—140
Eis	$\sim 1 \cdot 10^{-6}$	0,9	$1,2 \cdot 10^{14}$	?

In Abb. 9 sind als Ordinate die Kornradien und als Abszisse die Strömungsgeschwindigkeiten S des Mediums, links für Wind und rechts für Wasser, eingetragen. Unter der Voraussetzung, daß das Verhältnis $E/T = 100$ ist, d. h. also,

daß das Teilchen in einer Strömung von 1 m Tiefe 100 m weit, in einer solchen
von 100 m Tiefe 10000 m weit transportiert wird, erhält man für die Kornradien
die Grenzkurven a und d, die angeben, bei welcher Strömungsgeschwindigkeit S
die Teilchen vom Radius r unter dem angegebenen Verhältnis E/T den Boden
erreichen. Es ist dann ferner nach der Formel von SUDRY (s. S. 138) berechnet
worden, welche Strömungsgeschwindigkeit die Teilchen noch rollend bewegen
kann, unter der Voraussetzung, daß die Kugeln ziemlich gut gerundet sind und
auf gleichartigen und gleichgroßen
Kugeln ($K = 0{,}5$) auf horizontaler
Gleitebene rollen. Dieselben Kurven sind auch für $E/T = 1000$ gezeichnet. Je größer das Verhältnis
E/T ist, je flacher also die Strömung ist, um so rascher gelangen
die Teilchen bei gleicher Strömungsgeschwindigkeit auf den
Boden, um so kleiner wird die
Korngröße sein. So beginnt das
Rollen in Wasser nach der Kurve b
($E/T = 1000$) für Körner von $10\,\mu$
Radius schon bei einer Strömung
von $0{,}38$ m/s, während bei der
gleichen Strömung und $E/T = 100$
(Kurve a) erst Teilchen von $32\,\mu$
auf den Boden gelangen. Wird
$E/T < 100$, so wird bald die Rollgrenze erreicht, d. h. das Korn
wird sedimentiert, aber es rollt
nicht mehr. Zur Erläuterung mögen noch folgende Beispiele dienen. Die Korngröße von $10\,\mu$ z. B.
kann danach bei einem Verhältnis
$E/T = 100$ sowohl äolisch, in Winden mit $S = 3{,}0$ m/s sedimentiert
und gerollt sein und ebenso in
Wasser, das mit $0{,}035$ m/s oder

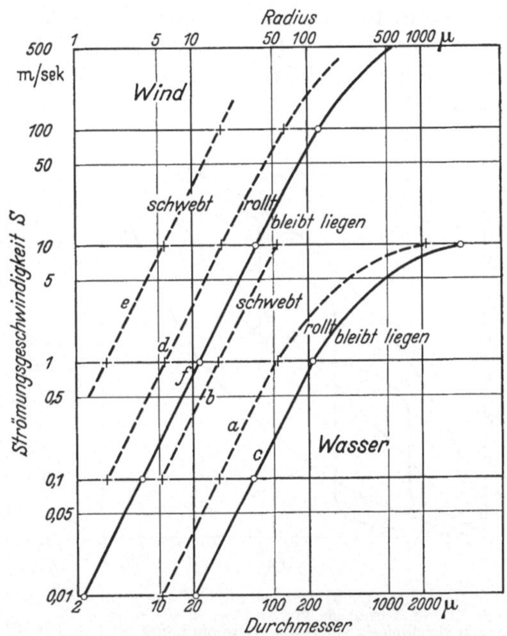

Abb. 9. Transportgrenze für fallende und rollende Teilchen in
Luft und Wasser für verschiedene Strömungsgeschwindigkeiten (S) und Korngrößen (r). a Transportgrenze für fallende
Teilchen in Wasser bei $E/T = 100$; b Transportgrenze für
fallende Teilchen in Wasser bei $E/T = 1000$; c Rollgrenze
in Wasser; d Transportgrenze für fallende Teilchen in Luft
bei $E/T = 100$; e Transportgrenze für fallende Teilchen in
Luft bei $E/T = 1000$; f Rollgrenze in Luft.

weniger floß. Dieselbe Korngröße kann aber auch in einer flachen Strömung bei
$E/T = 1000$ in einer Windgeschwindigkeit $= 32$ m/s oder in Wasserströmungen
von $0{,}38$ m/s auf den Boden gelangen und gerollt werden. Es kommt also
auf den Weg, den das Korn zurücklegt, und auf die Strömungsgeschwindigkeit an.

Diese Darstellung kann nur einen ganz rohen Anhaltspunkt für die Transportverhältnisse in Wasser und Wind geben. Es dürfen keine voreiligen Schlüsse
auf Sedimente gezogen werden, denn es sind unzulässige Verallgemeinerungen
vorgenommen worden. Die Gestalt der sedimentierten Teilchen ist in sehr
vielen Fällen von der Kugelgestalt weit entfernt, hier sind aber kugelige
Teilchen vorausgesetzt worden. Noch viel wichtiger ist die Vernachlässigung
der Turbulenz. Der Transport der Teilchen beruht zu einem sehr wesentlichen
Maße auf der Wirbelbewegung der Strömungen. Deshalb ist die Übereinstimmung
zwischen dem berechneten Diagramm und Naturbeobachtungen, wie sie oben
angeführt wurden, schlecht. Das Diagramm kann uns aber lehren, daß Sedimente mit gleichen Korngrößen von verschiedenen Transportmitteln gebildet
worden sein können.

b) Das Gefüge.

1. Die Korngrößenverteilung. Die Vorgänge des Transportes und der Ablagerung bedingen wichtige Gefügeeigenschaften der klastischen Sedimente. Auf die Ausbildungsform der Gemengteile der klastischen Sedimente, d. h. auf den Grad ihrer Rundung und auf ihre Gestalt ist bereits oben bei der Besprechung des Transportes und der Ablagerung hingewiesen worden. Hier soll zunächst die Korngrößenverteilung im Sediment behandelt werden. Sie ist sowohl für die Deutung der Entstehung des Sediments wie auch für seine technische Verwendung wichtig. Die Ermittlung der Korngrößenverteilung durch Sieben, Schlämmen usw. kann im Rahmen dieses Lehrbuches nicht abgehandelt werden. Ausführliche Anleitung findet man z. B. bei GESSNER. Nur

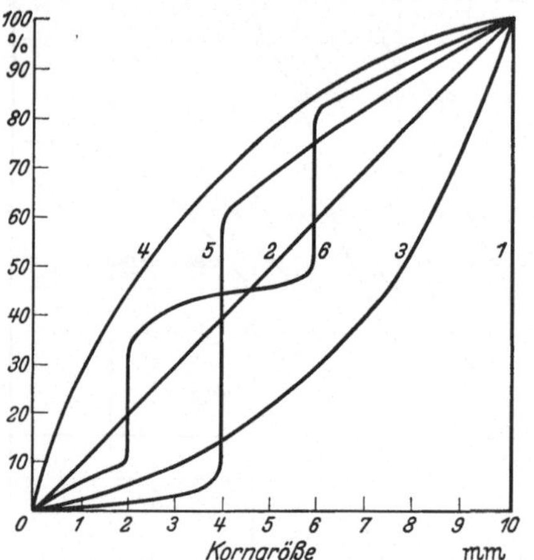

Abb. 10. Schematische Darstellung der Summenlinie. *1* Nur Korngröße von 10 mm; *2* alle Korngrößen gleichmäßig vertreten; *3* wenig feines, viel grobes Material; *4* viel feines, wenig grobes Material; *5* Maximum bei der Korngröße von 4 mm; *6* Maximum bei 2 und 6 mm, Minimum bei 4 mm.

so viel sei hier gesagt, daß Abweichungen von 2%, wie sie bei den üblichen Schlämmverfahren vorkommen, auch durchaus im Bereich der natürlichen Schwankungen der Sedimente liegen.

Einige Worte müssen über die *Darstellungsform der Korngrößenverteilung* gesagt werden, denn ihre richtige Anwendung ist von ausschlaggebender Bedeutung für das Verständnis der Sedimente. Für die graphische Darstellung gibt es grundsätzlich zwei Möglichkeiten: die Summenlinie und die Verteilungskurve.

Will man das Sediment in einer *Summenlinie* darstellen, so trägt man als Abszisse die Korngröße ein und als Ordinate die Summe der Prozentanteile derjenigen Korngrößengruppen, die einen kleineren Radius als die betreffende Korngröße haben. Man kann natürlich auch die Kurven in umgekehrter Richtung zeichnen, mit der gröbsten Korngröße anfangen und die Summe der Prozentanteile der Korngrößengruppen, die kleineren Radius haben, nach oben auftragen. Diese Summenlinie hat den Vorteil, daß man unmittelbar Sedimente miteinander vergleichen kann, die mit verschiedenen Methoden untersucht sind, Sedimente, bei denen die benutzten Korngrößenintervalle nicht übereinstimmen. Man kann ferner ohne weiteres aus der Kurve dazwischenliegende Korngrößenintervalle interpolieren. Die Genauigkeit der Summenlinie und damit der Interpolation hängt natürlich davon ab, wie eng die Korngrößenintervalle bei der Untersuchung des Sedimentes gewählt worden sind. Nur dann, wenn diese Intervalle sehr eng gewählt worden sind, ist eine Interpolation sinnvoll. Aus der Summenlinie kann man auch einen Eindruck der Sortierung des Sediments bekommen (Abb. 10). Ist nur eine Korngröße vorhanden, so resultiert eine Senkrechte auf der Abszisse Kurve *1*; ist von jeder Sorte der Anteil gleich, so erhält man die gerade Verbindungslinie *2*. Ist viel grobes und wenig feines Material vorhanden, so wird dies durch die Kurve *3* dargestellt; das umgekehrte Verhältnis zeigt Kurve *4*. Kurve *5* hat bei der Korngröße $r = 4$ mm ein Maximum; *6* bei den Korngrößen $r = 2$ und 6 mm je ein Maximum, dazwischen bei der Korngröße $r = 4$ mm ein Minimum.

Die zweite Möglichkeit ist die wohl zuerst von ODÉN vorgeschlagene *Verteilungskurve*. Bei ihr trägt man als Abszisse wieder die Korngrößenverteilung, als Ordinate die dazugehörige Menge ein, so daß die Korngrößengruppen, die durch die Untersuchung ermittelt wurden, als Rechtecke aufgestellt werden, deren Flächeninhalt der Menge der betreffenden Gruppe entspricht. Für diese Rechtecke zeichnet man dann die Verteilungskurven. Man kann dann hier ebenfalls für jedes beliebige Korngrößenintervall die darauf entfallende Menge ermitteln. Sie ist gleich der Fläche, die von dem Stück Abszisse zwischen den beiden Korngrößen, den Senkrechten darauf und dem Kurvenstück oben begrenzt wird. In den meisten Darstellungen der Korngrößenverteilung wird die Ausgleichskurve nicht gezogen, es werden nur die Rechtecke nebeneinandergestellt. Dabei ist sehr häufig die Bedingung der Flächentreue nicht eingehalten worden, indem man nicht den Flächeninhalt der Rechtecke gleich der Kornmenge gemacht

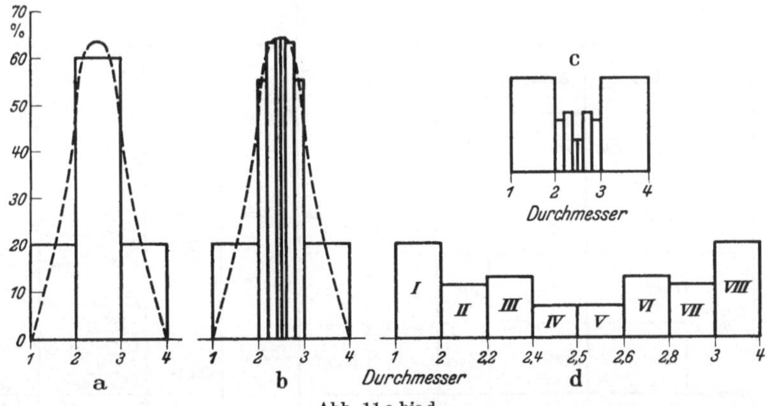

Abb. 11 a bis d.

a Drei gleichwertige Korngrößengruppen:	b Die mittlere Korngrößengruppe aufgeteilt. Die Korngrößengruppen für flächentreue Darstellung umgerechnet:

a Drei gleichwertige Korngrößengruppen:

$$1 — 2 = 20\%$$
$$2 — 3 = 60\%$$
$$3 — 4 = 20\%$$
$$\overline{100\%}$$

c Diagramm mit falscher Höhe und richtiger Basis;

d Diagramm mit falscher Höhe und falscher Basis.

b Die mittlere Korngrößengruppe aufgeteilt. Die Korngrößengruppen für flächentreue Darstellung umgerechnet:

Fraktion	Grundfläche × Höhe = Menge	
I 1 —2	1,0 × 20	20 %
II 2 —2,2	0,2 × 55	11 %
III 2,2—2,4	0,2 × 63	12,6%
IV 2,4—2,5	0,1 × 64	6,4%
V 2,5—2,6	0,1 × 64	6,4%
VI 2,6—2,8	0,2 × 63	12,6%
VII 2,8—3	0,2 × 55	11 %
VIII 3 —4	1,0 × 20	20 %
		100 %

(Fraktionen II–VII zusammen: 60%)

hat, sondern einfach die Höhe gleich der Menge gesetzt hat. Das ist nur dann erlaubt, wenn die Korngrößenintervalle gleich sind. Sind diese verschieden, so muß man die Höhen auf Grund der Verhältnisse der Grundlinien umrechnen. Geschieht dies nicht, so führt die Balkendarstellung zu ganz falschen Vorstellungen über die Korngrößenverteilung. Man kann dann jederzeit aus einem reellen Maximum ein Minimum herstellen, man braucht bloß die betreffende Korngrößengruppe recht klein zu machen und die benachbarten Gruppen groß. Diese Fehler sind in der Abb. 11 dargestellt. Durch solche falschen Verfahren ist die Verteilungskurve etwas in Mißkredit geraten, aber zu Unrecht. Sie hat vor der Summenlinie den Vorteil, anschaulicher zu sein. Sie entschleiert die Unsicherheit, die dadurch entstanden ist, daß bei der Korngrößenermittlung zu große Intervalle genommen worden sind. Sie ist theoretisch genau so empfindlich wie die Summenlinie, d. h. die Genauigkeit hängt eben davon ab, wie eng die Intervalle bei der Untersuchung liegen.

Sobald es sich um Sedimente handelt, die sich aus einem sehr großen Korngrößenbereich zusammensetzen, wie das bei feinkörnigen Ablagerungen häufig der Fall ist, z. B. bei allen marinen Schlammen, kann man als Abszisse nicht den Maßstab der gewöhnlichen Zahlenfolge nehmen, sondern muß einen logarithmischen Maßstab wählen. Bei solchen Sedimenten gibt die Verteilungskurve, weil sie auseinandergezogen ist, ein klareres Bild kleiner Maxima und Minima als die Summenlinie. Der logarithmische Maßstab hat ganz allgemein den Vorteil, daß den kleinen Korngrößen verhältnismäßig ebenso viel Platz eingeräumt wird wie den großen. Bei Teilchen, die im Durchschnitt 10 μ dick sind, ist es wichtig, Abweichungen von 5 μ zu erkennen, bei solchen von 10 cm Dicke sind derartige Abweichungen gänzlich uninteressant. Im Maßstab der normalen Zahlenfolge nehmen sie aber genau so viel Platz ein, wie bei den kleinen Teilchen, im logarithmischen verschwinden sie bei den groben Körnern.

Radius	Durchmesser	hier benutzte Einteilung		Niggli	Fischer	Atterberg 1912	Cayeux	Trask	Holmes	Wentworth	Durchm. [mm]
—0,1 μ—	—0,2 μ—	pelitisch	Kolloid-	Schweb	Schweb	Ton	Poussières et Boues	Colloid	Clay	Clay	— $\frac{1}{2048}$ — $\frac{1}{1024}$
—1 μ—	—2 μ—		Fein- Ton	Fein- Schluff	Sink / Schlämm			—0,001 mm— Clay			— $\frac{1}{512}$ — $\frac{1}{256}$
—0,01 mm—	—0,02 mm—		Grob-	Grob-	Schluff	Schluff		—0,005 mm— Silt	—0,01 mm— fine	Silt	— $\frac{1}{128}$ — $\frac{1}{64}$ — $\frac{1}{32}$
—0,1 mm—	—0,2 mm—	psammitisch	Fein- —Sand	Fein- —Sand	Silt —Sand	Mo	Sables	—0,05 mm— Sand	Silt — 0,05 coarse — 0,1 fine — 0,25 medium — 0,5 coarse Sand	very fine / fine / Sand medium / coarse	— $\frac{1}{16}$ — $\frac{1}{8}$ — $\frac{1}{4}$ — $\frac{1}{2}$
—1 mm—	—2 mm—		Grob-	Grob-	Grieß	Sand		—1 mm—	—1 mm— very coarse	very coarse / Granule	— 1 — 2 — 4
—1 cm—	—2 cm—	psephitisch	Fein- —Kies	Fein- —Kies	Kies / Brock Schotter	Kies	—5 mm— Graviers	Gravel	Gravel	Pebble	— 8 — 16 — 32
—10 cm—	—20 cm—		Grob-	Grob-		Schotter	—5 cm— Galet		—10 cm— Pebble	Cobble	— 64 — 128
—1 m—	—2 m—		Block	Block	Block		Blocs			Boulder	— 256 — 512 — 1024

Abb. 12. Einteilung und Benennung der Korngrößengruppen.

Man hat gegen die Benutzung des logarithmischen Maßstabes eingewendet, daß er keinen Nullpunkt hat, da log 0 $= -\infty$ ist. Diese Schwierigkeit läßt sich leicht überwinden, da es ja auch keine Teilchen vom Radius 0 gibt. Ich habe deshalb vorgeschlagen, als Nullpunkt der logarithmischen Skala die Teilchengröße zu nehmen, die gerade noch von den feinsten Ultrafiltern zurückgehalten wird, 0,02 μ Durchmesser.

Als Maßstab für die Abszisse wird in Nordamerika fast ausschließlich der logarithmische mit der Basis 2 gewählt. Durchmesser: $^1/_{1024}$—$^1/_{512}$—$^1/_{256}$—$^1/_{128}$ bis $^1/_{64}$—$^1/_{32}$—$^1/_{16}$—$^1/_{8}$—$^1/_{4}$—$^1/_{2}$—1—2—4—8—16—32—64—128—256 usw. Die in Deutschland übliche Korngrößeneinteilung, die auf ATTERBERGsche Vorschläge zurückgeht, ist eine dekadisch-logarithmische: Durchmesser 0,002—0,02—0,2 bis 2—20—200 mm usw. Es ist dann auch sinnvoll und zweckmäßig, die feinen Unterabteilungen auch dekadisch-logarithmisch so zu machen, daß gleiche Intervalle entstehen, also 0,0063—0,063—0,63—6,3 usw. Das hat den Vorteil, daß man die Verteilungskurven ohne Umrechnung zeichnen kann.

Hierbei muß noch auf die Frage der *Benennung der* einzelnen *Korngrößengruppen* eingegangen werden, über die sich bisher noch keine Einigung hat erzielen lassen. Einige der neuesten und wichtigsten Vorschläge sind in der nebenstehenden Abb. 12 wiedergegeben.

Es ist mehrfach versucht worden, eine Systematik der Korngrößeneinteilung zu machen, die auf den Eigenschaften der Korngemenge selbst beruht. So hat vor allem ATTERBERG eine Korngrößeneinteilung angegeben, die die wasserhaltende Kraft der Sande zugrunde legt. Oberhalb einer Korngröße von 2 mm sinkt die Kapillarität so weit, daß sie keine praktische Bedeutung mehr hat. Teilchenpackungen mit einem Durchmesser von 0,002 mm haben so verlangsamte Wasserbewegung, daß die Oberfläche ganz austrocknen kann, wenn auch noch dicht darunter Wasser vorhanden ist (Trockenrisse!). Die Korngrößen dazwischen sind das eigentliche Gebiet kapillarer Wasserbewegung. Die Unterteilung zwischen diesen Werten läßt sich meines Erachtens besser in Untergruppen einteilen auf Grund eines dekadisch logarithmischen Maßstabes, als daß man hier die Änderungen der Kapillarität zu Hilfe nimmt. Denn diese Kapillaritätsänderungen sind kontinuierlich, wie natürlich auch die Grenzen von 2 mm und 0,002 mm keine scharfen Grenzen hinsichtlich der Kapillarität sein können.

Ähnlich ist es mit der Beschaffenheit der Körner. In den groben Korngrößen finden wir fast ausschließlich Gesteine, in den mittleren meist überwiegend Quarz und in den feinsten blättchenförmige Minerale, wie Kaolinit, Halloysit usw. Scharfe Grenzen gibt es hier aber auch nicht, der Quarz reicht bis in die feinste Fraktion hinein und auch in Sanden können wir noch Gesteinsreste finden. Immerhin scheint mir für die Zwecke dieses Buches eine Einteilung nach diesen Gesichtspunkten in die drei großen Gruppen der Psephite (Durchmesser über 2 mm), der Psammite (2 mm bis 20 μ) und der Pelite (unter 20 μ) zu genügen. Die Grenze zwischen Peliten und Psammiten ist bei 20 μ gelegt worden, weil hier die blättchenförmigen Minerale Bedeutung erlangen und weil ganz offensichtlich der Sprachgebrauch in Deutschland und anscheinend auch in den anderen Ländern unter Ton, clay, boue usw. Sedimente mit einbegreift, deren Korngrößen im wesentlichen zwischen 2 und 20 μ liegen, so z. B. der Blaue Ton des Kambriums und die glazialen Tone vom Typus von Papendorf, die auch technisch als Ziegeltone verwendet werden (s. Abb. 37 und 34). CAYEUX zieht die Grenze bei noch etwas gröberer Korngröße, HOLMES in der Nähe der unsrigen und auch die amerikanischen Einteilungen ziehen die Grenze bei gröberen Körnern als 2 μ. Durch diese Einteilung wird zugleich ein Name für die zwischen Sand und Ton liegende Fraktion vermieden. Für die Einbürgerung eines solchen Namens, sei es nun Silt oder Schluff, sind doch die Aussichten recht gering.

Wie die Einteilung der Sedimente in Korngrößenklassen, so hat man auch die Verteilung der Korngrößen in einem Sediment mit seiner Entstehung in Zusammenhang zu bringen versucht. Transport- und Ablagerungsbedingungen sind ja auch ohne Zweifel die wesentlichen Ursachen für die Korngrößenverteilung. Im folgenden sollen aus dem umfangreichen Material (371 Nummern), das UDDEN gesammelt hat, *Beispiele für die Korngrößenverteilung unter den verschiedensten Ablagerungsbedingungen* gebracht werden. Die Korngrößenanalysen von UDDEN sind alle nach der amerikanischen Einteilung gemacht, so daß alle Verteilungskurven in gleichem Maßstab und mit gleicher Genauigkeit gezeichnet werden konnten. In den folgenden Abb. 13—19 sind nun von einigen häufigen Typen von UDDEN die Verteilungskurven übereinander gezeichnet worden.

Von allen diesen Typen fallen die Geschiebemergel (Abb. 13) schon auf den ersten Blick auf. Eine so breite Korngrößenverteilung wie bei ihnen finden wir bei keinem anderen Sediment. Betrachten wir als nächstes Strandkies und Flußkies, von denen in Abb. 14 zwei charakteristische Kurven übereinander gezeichnet sind. Wir sehen, daß bei beiden Arten der Ablagerung sehr

gute Sortierung auftreten kann. Bei beiden liegt das Maximum der Korngröße
bei 4—8 mm.

In der folgenden Abb. 15 ist ein äolisches Sediment, ein Dünensand, verglichen mit einem aquatischen, einem Binnenseesand. Beide zeigen gleich gute
Sortierung und das hohe Maximum bei dem Korndurchmesser von $^1/_4$—$^1/_2$ mm.

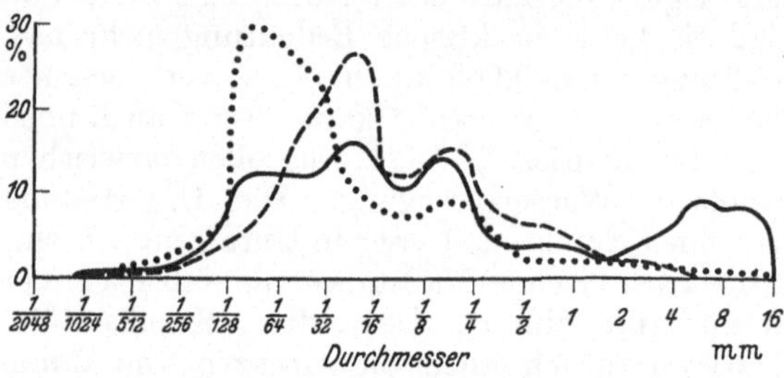

Abb. 13. Korngrößenverteilungen von Geschiebemergeln.

Wir wissen aus anderen Untersuchungen, daß bei solchen
Dünen sich die gröberen Körner auf dem rückwärtigen
Hang finden, der ja steiler
ist, auf dem Vorderhang ist
die Körnung feiner.

Ein anderer Binnenseesand
ist in Abb. 16 mit einem Flußsand verglichen. Auch hier
liegt das Maximum bei derselben Korngröße, in diesem
Fall bei $^1/_8$—$^1/_4$ mm. Die in der Abbildung wiedergegebene Verteilungskurve
des Flußsandes ist ganz symmetrisch gebaut, und wenn man nur wenige Fluß-
sandanalysen vergleichen würde, so könnte man vielleicht glauben, daß diese
symmetrische Verteilungskurve für Flußsande charakteristisch wäre. Das ist
aber nicht der Fall, es gibt auch unsymmetrische in demselben Korngrößenbereich, wie die Abb. 17 zeigt. Hier ist ein Flußsand mit dem Maximum bei

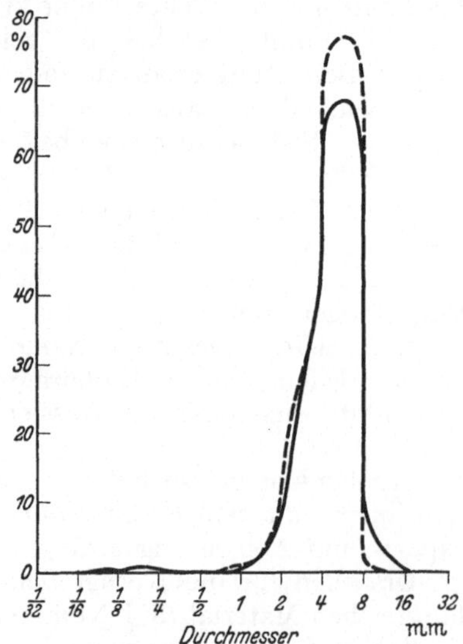

Abb. 14. Korngrößenverteilung eines Strand-
kieses — — — — und eines Flußkieses ———.

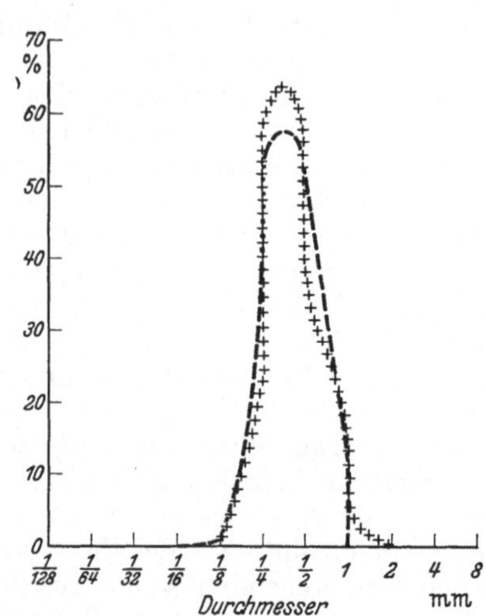

Abb. 15. Korngrößenverteilung eines Dünensandes — — — — und eines Binnenseesandes + + + + + +.

der Korngröße $^1/_8$—$^1/_4$ mm verglichen mit einem Dünensand mit dem gleichen
Maximum und ähnlichem, asymmetrischen Bau.

Auch bei den feineren Korngrößen finden wir solche Übereinstimmung.
Abb. 18 zeigt eine Staubablagerung und einen Flußschlick. Hier liegt bei beiden
das Maximum bei $^1/_{64}$—$^1/_{32}$ mm. Von geringfügigen Unterschieden bei den
gröberen Korngrößen abgesehen, ist auch hier die Übereinstimmung auffallend gut.

Bei marinen, feinkörnigen Sedimenten finden wir ganz ähnliche Verteilungskurven wie bei äolischen Sedimenten. Dies zeigt Abb. 19, bei der die Korngrößenverteilung eines Hafenschlicks und einer Staubablagerung wiedergegeben sind, die beide das Maximum bei $1/128$ bis $1/64$ mm haben.

Aus diesen Abbildungen folgt wohl mit aller Sicherheit, daß es nicht möglich

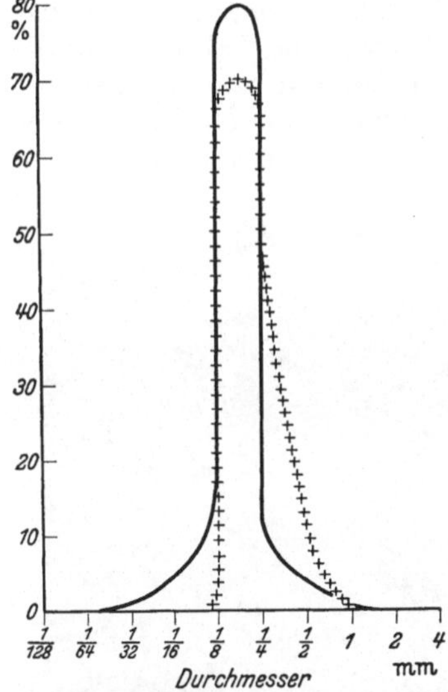

Abb. 16. Korngrößenverteilung eines Flußsandes ———— und eines Binnenseesandes ++++++.

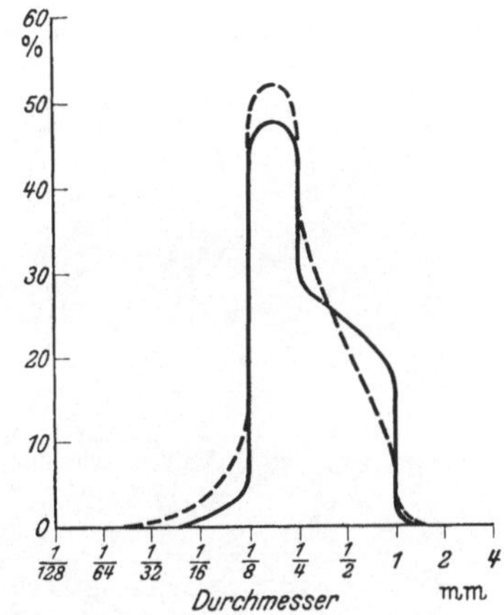

Abb. 17. Korngrößenverteilung eines Flußsandes ———— und eines Dünensandes — — — —.

ist, einfach aus den heutigen Bildungsbedingungen eines Sedimentes die Korngrößenverteilung zu ermitteln und diese Korngrößenverteilung in Beziehung zu setzen zu einem unbekannten Sediment, etwa einem fossilen, um dessen Bildungsumstände damit zu erklären. In dem Abschnitt über Transport und

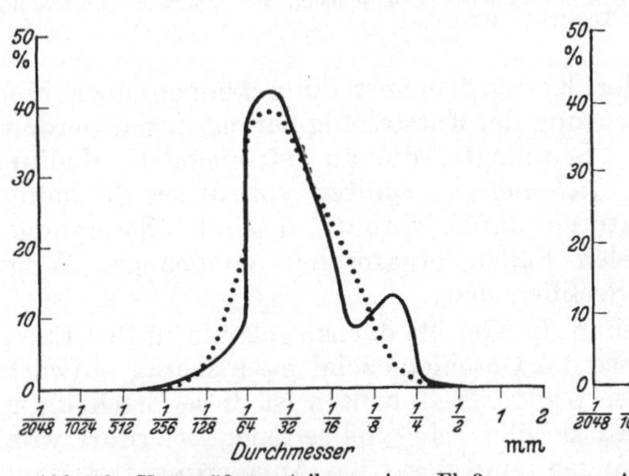

Abb. 18. Korngrößenverteilung eines Flußschlicks ———— und einer Staubablagerung ....

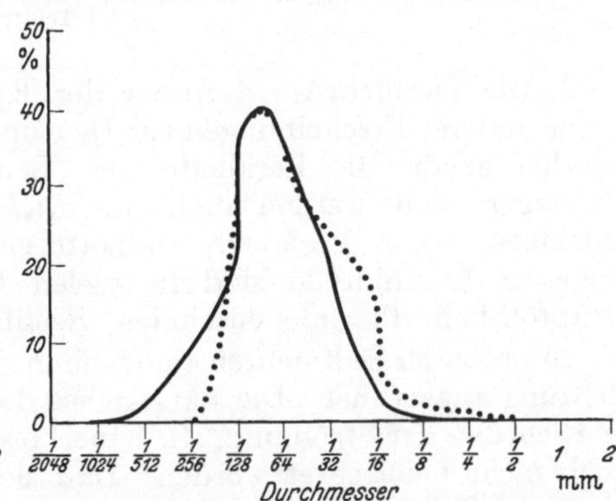

Abb. 19. Korngrößenverteilung eines Hafenschlicks ———— und einer Staubablagerung ....

Ablagerungsverhältnisse wurde bereits auseinandergesetzt, daß die Ablagerungsverhältnisse in Wasser und Luft einander so ähnlich werden können und ähnlich werden müssen, daß von vornherein eine Unterscheidung nach der Korngrößenverteilung nicht zu erwarten ist. Wir haben hier einen der Fälle, bei denen das Aktualitätsprinzip in seiner primitiven Form: pauschale Erforschung der heutigen Umwelt, Anwendung des Ergebnisses auf fossiles Sediment, nicht zum Ziele führt. Wir können auch hier nur einzelne Faktoren ermitteln. Die Verteilungskurve sagt uns z. B. etwas über die Transportverhältnisse; je gröber die Korngröße, um so stärker muß die Strömung gewesen sein. Der Grad der Sortierung kann dann wieder von mehreren Faktoren abhängen, von der Art des Transportes, von der Zufuhr des Materials usw. Die Faktoren, die in der Vergangenheit gewirkt haben, können dieselben gewesen sein wie heute. Wir können aber ihr Zusammenspiel in der Vergangenheit nur enträtseln, wenn es uns gelingt, ihre Wirkungsweise im einzelnen heute zu erkennen.

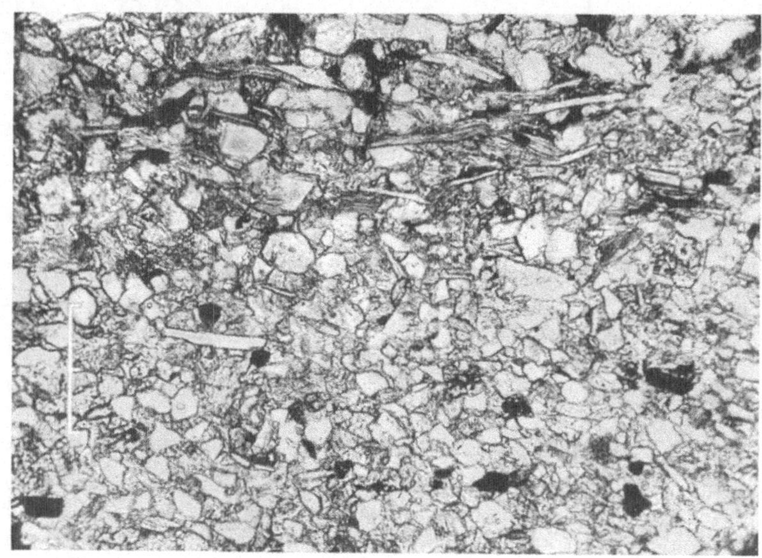

Abb. 20. Glimmerblättchen // zur Schichtung im Oberdevonsandstein, Ochsenberg, Blatt Buchenau. Entfernung zweier Teilstriche 0,1 mm.

2. Die Paralleltextur. Außer der Korngrößenverteilung können noch eine Reihe anderer Erscheinungen zur Deutung der Entstehung herangezogen werden. Hierher gehört die Paralleltextur. Sedimente, die aus strömendem Medium abgelagert sind, werden auch eine *Richtungsabhängigkeit* von dieser Strömung aufzeigen, wenn geeignete Indikatoren dafür vorhanden sind. Strömungszeigende Bestandteile sind in vielen Fällen organischen Ursprungs, Tange Graptolithen, Pteropodenschalen, Seelilien usw.

In gröberen Sedimenten findet man die Gerölle dachziegelartig in der Fließrichtung angeordnet. Die Längsachse der Geschiebe zeigt nach schräg aufwärts in Richtung der Strömung. In feinerkörnigen Sedimenten ist diese Erscheinung noch nicht beobachtet worden. Daß sie hier sehr viel seltener ist, rührt wohl daher, daß hier wirbelnde Bewegungen eine derartige Anlagerung zerstören. Vielleicht läßt sich aber noch einmal bei geeigneten Objekten und orientierten Schliffen eine Strömungsrichtung nachweisen.

Auch beim Eistransport findet eine Ausrichtung der Geschiebe statt. K. RICHTER hat gezeigt, daß man aus der Orientierung der Längsachsen der Geschiebe auf die Richtung des Eisstromes schließen kann. Daraus wird man für den Geschiebemergel annehmen dürfen, daß mindestens an vielen Stellen beim Abschmelzen des Eises keine wesentliche Änderung mehr in der Richtung der Geschiebe in der Grundmoräne eingetreten ist. Die Grundmoräne der

Inlandeisgletscher ist offenbar eine dichte Masse von Geschiebematerial aller Korngrößen mit relativ wenig Eis dazwischen. Dies wird durch Beobachtungen von I. P. Koch und A. Wegener am Saelsögletscher Grönlands bestätigt. Sie fanden eine 20 m hohe Steilwand, an der das Eis auf eine längere Strecke vollständig schwarz erschien. Es handelte sich offenbar um ein Stück Grundmoräne, die durch vertikale Bewegungen an dieser Stelle bis zur Oberfläche des Eises heraufgeführt wurde. Die Beobachtung ist dafür wichtig, daß auch im Gletscher turbulente Bewegungen stattfinden können.

Auch beim Absatz aus unbewegtem oder wenig bewegtem Transportmittel findet eine Einordnung nach der Gestalt statt. Blättchenförmige Minerale,

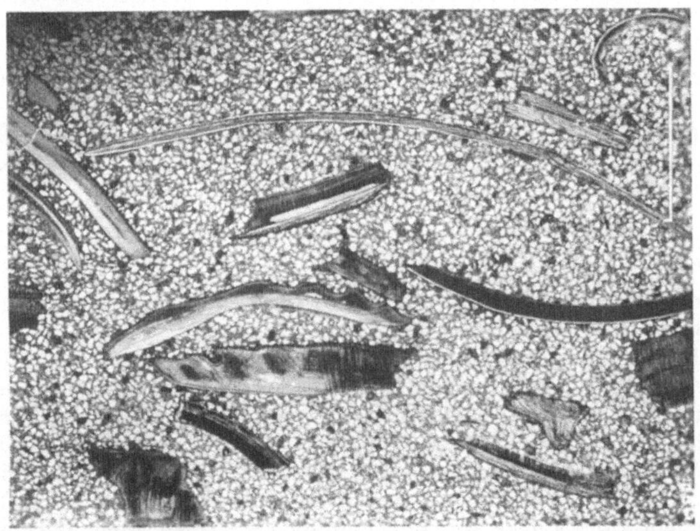

Abb. 21. Sternberger Gestein (Oberoligocän), Pinnow. Parallele Anordnung der Muschelschalen. Entfernung zweier Teilstriche 1 mm.

wie die Glimmer, liegen parallel zur Ablagerungsfläche. Das ist eine Erscheinung, die in vielen Glimmersandsteinen und Glimmertonen beobachtet wird und zu dem ungeeigneten Namen Primärschieferung Veranlassung gegeben hat. Abb. 20 zeigt ein Beispiel der Einlagerung solcher Glimmerblättchen in einem Oberdevonsandstein. Ähnliche Einregelung parallel zur Ablagerungsfläche zeigen alle plattigen Gebilde, z. B. miteingebettete Muschelschalen. Am Strand werden diese solange bewegt, bis sie in die mechanisch günstigste Lage für die Einbettung gekommen sind. Abb. 21 gibt einen Querschnitt durch Sternberger Gestein (Oligocän) mit den typischen annähernd parallel angeordneten Muschelschalenbruchstücken. Wenn nun diese Einlagerungen nicht mehr vereinzelt auftreten, sondern zusammenhängende Schichten bilden, so geht die Paralleltextur in die Schichtung über.

3. Die Schichtung. Die Schichtung ist die wichtigste Textureigenschaft der Sedimente. Sie ist so bezeichnend für sie, daß man als Synonym für Sedimentgesteine auch den Ausdruck Schichtgesteine benutzt hat. Die Schichtung hängt stets von Schwankungen in der Materialzufuhr ab. Diese Schwankungen können herrühren aus *Schwankungen in der Strömungsgeschwindigkeit.* Solche Schwankungen können in Flüssen, Meeresströmungen und auch in Luftströmungen auftreten. In langsamer Strömung wird feines, in starker Strömung gröberes Material abgelagert. Die Dicke der Schichten hängt von der Dauer der Strömung und von ihrer Geschwindigkeit ab. Bei ozeanischen Strömungen konnte beobachtet werden, daß feineres Material dort nicht zum Absatz gelangt, wo durch Querschnittsverengung (Mittelatlantischer Rücken, Schwellen usw.) die Strömungsgeschwindigkeit steigt. Auf diese Weise entstehen hier kalkreichere Sedimente, weil die feine Tontrübe nicht zum Absatz gelangt.

Ebbe und Flut können ebenfalls Schichtung hervorrufen, besonders im Wattengebiet. Wenn der Flutstrom die größere Maximalgeschwindigkeit hat (Abb. 8b), so bringt jede Flut gröberen Sand über das Watt, von dem der langsamere Ebbstrom nur einen Teil des feineren Materials am Boden rollend wieder fortnimmt. Dafür setzt dieser aus dem schwebenden Material eine feine Schlicklage ab. Wenn der Ebbstrom die höhere Geschwindigkeit hat (Abb. 8a), so ist die Absatzfolge umgekehrt. Wir finden dann Schichtblätter aus abwechselnd gröberem und feinerem Material. Solche Gezeitenschichtung ist bis zu 60 m Wassertiefe beobachtet worden.

Auf Grund von *Aschenausbrüchen von Vulkanen* können Tuffschichten zwischen normales Sediment eingelagert werden. Solche Tuffschichten können sehr weite Verbreitung haben. Die Aschenteilchen gelangen schon durch die Eruption in große Höhen und können dann sehr weit verfrachtet werden $\left(T \text{ der Formel } E = \dfrac{T \cdot S}{v} \text{ wird sehr groß} \right)$. Abb. 22 gibt eine Anschauung von der Verbreitung des Aschenfalls des Katmai mit Einzeichnung der Schichtdicken der Tufflagen (nach GRIGGS).

Schichtung kann ferner durch *epirogene Bewegungen* hervorgerufen werden. Sie führen zu Niveauveränderungen, wie sie sich in Veränderungen der Wassertiefe, Verschiebung des Beckenrandes und dadurch in Änderung des Materialtransportes bemerkbar machen. Senkung der Sedimentationsfläche bedingt Aufschüttung. Wird sie gehoben, so kann eine Unterbrechung der Sedimentation eintreten. BRINKMANN konnte zeigen, daß im englischen Oxford das Zeitverhältnis von Sedimentation: Lücke wie 1 : 3 gewesen ist, wobei lange Lücken, die sich rechnerisch nicht erfassen lassen, nicht einmal berücksichtigt sind.

Wetteränderungen von kurzer Dauer, Hochwasser, Sturmfluten usw. können ebenfalls Schichtung erzeugen. Die Sturmflutschichtung kann im Wattenmeer die Gezeitenschichtung stören, in Küstenlagunen, in denen das Wasser verdampft, können durch Sturmfluten bedingte Meereseinbrüche die Konzentration des Wassers verdünnen. Dies wird von Salzseen des Nildeltas, Bittersalzseen bei Suez und Salzpfannen in Erytrea berichtet, wo 3—18 cm dicke Bänke reinen Salzes mit fossilführenden, z. B. gipshaltigen Tonlagen, den Zeugen der Überflutung, wechsellagern.

Die *jahreszeitlichen Schwankungen* des Wetters erzeugen in glazialen Seen die Warvenschichtung. Im Sommer ist der Zufluß an suspendiertem Material groß. Das grobe Material setzt sich wegen der erhöhten Fallgeschwindigkeit rasch ab. Die feinste Trübe fällt erst allmählich aus, zum Teil erst im Laufe des Winters, während die Materialzufuhr stockt. Die innere Reibung des Wassers ist bei niederen Temperaturen größer und deshalb die Fallgeschwindigkeit geringer. Hinzu kommt der Umstand, daß sich im Sommer eine erwärmte Oberflächenschicht mit geringerer Dichte über dem kalten Wasser bildet. Ein erheblicher Teil der feinsten Trübung bleibt in der Oberflächenschicht hängen, wohl weil hier die Strömungen lebhafter, Durchmischung und Austausch größer sind. Auch dieser Teil wird erst im Winter sedimentiert. Auf diese Weise entstehen die glazialen Bändertone mit ihrer deutlichen Schichtung.

Auch in anderen Süßwasserseen sind Jahresschichtungen aufgefunden worden, so in den Schweizer Seen und in einigen kleineren süddeutschen Seen, in Oberbayern und im Lunzer See. Meist ist die Sommerschicht hell, weil sie mehr grobe, mineralische Bestandteile enthält, die mit den Niederschlägen hineingespült werden. Sie enthält auch mehr Kalk, weil dieser durch die Mitwirkung der Organismen vorwiegend im Sommer gebildet wird. Organische

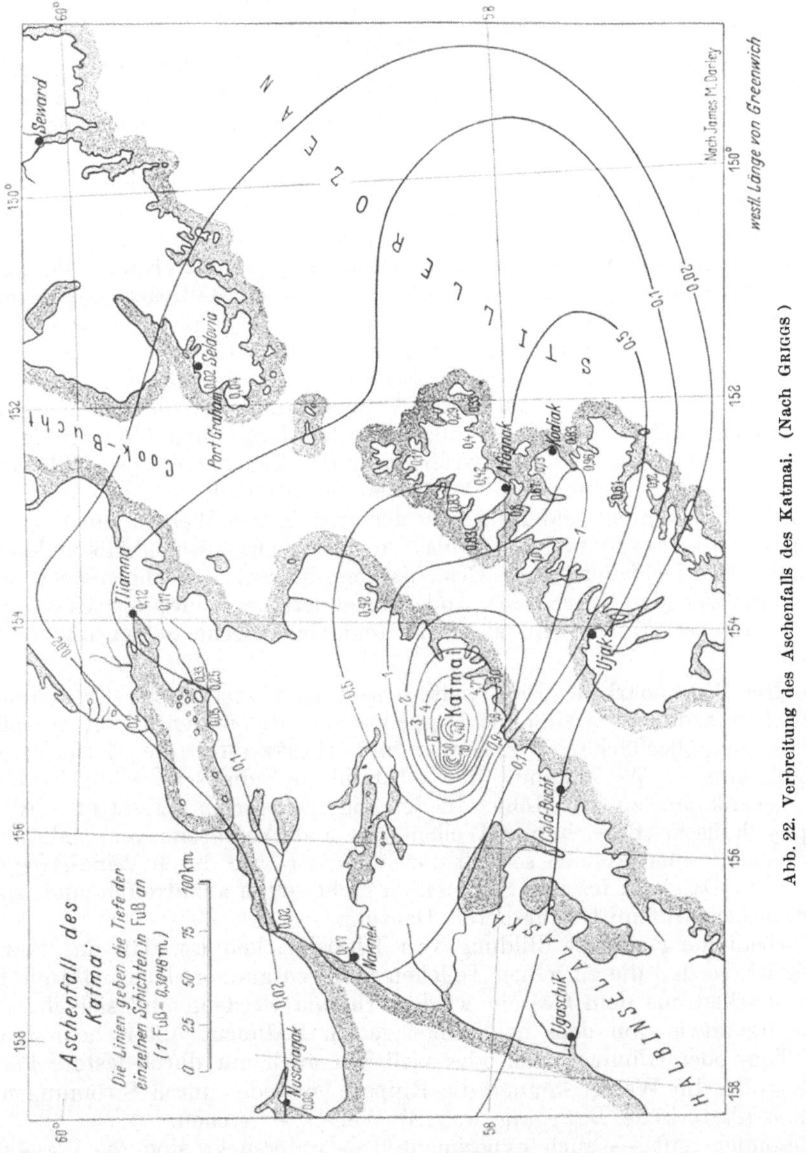

Abb. 22. Verbreitung des Aschenfalls des Katmai. (Nach GRIGGS.)

Reste enthält sie weniger als im Winter, weil diese bei höheren Temperaturen rascher oxydiert werden. Die im Winter abgesetzte Schicht führt deshalb feinste tonige Trübe mit nicht vollständig zersetzten organischen Bestandteilen und ist dunkler gefärbt. Auch in Salzseen der Trockengebiete kann ein solcher Jahreszyklus auftreten, z. B. durch die Frühjahrsüberschwemmungen. Hier kann auch chemischer Absatz mit mechanischem Absatz abwechseln. Aus dem Meer ist Jahresschichtung nur in zwei Fällen bekannt geworden, aus dem Öresund, dessen Schlamm durch die Anhäufung halbzersetzter Pflanzensubstanz im Herbst dunkel gebändert ist und aus dem Mississippidelta, in dem sich die jahreszeitlichen Schwankungen der Wasserführung des Stromes erkennen lassen. Während in den Seen die Schichten meistens eine Mächtigkeit von 1—5 mm haben, kann die Schichtdicke in den Salzseen und auch im Mississippidelta mehrere Zentimeter erreichen.

Auch in Windablagerungen finden sich humose Herbstschichten eingelagert. Außerdem können sich durch solche Einlagerungen klimatische Perioden von längerer Zeitdauer bemerkbar machen. Für letztere sind aber noch keine sicheren Beispiele bekannt.

Schließlich können sich auch *die großen klimatischen Änderungen der Vergangenheit* durch Schichtung der Sedimente auswirken. Bei den ozeanischen Strömungen können sie sich in der Art bemerkbar machen, daß kalte kohlensäurereiche Tiefenströme den von den Organismen gebildeten Kalk auflösen, kalkarme Sedimente hervorrufen, während wärmere kohlensäureärmere Strömungen den Kalk bestehen lassen. So führte schon PHILIPPI den Wechsel zwischen kalkarmen und kalkreichen Lagen am Boden des Atlantischen Ozeans auf die Änderung der Zusammensetzung der Strömungen während der Eiszeit zurück. W. SCHOTT brachte dann durch die Untersuchung der Foraminiferenfaunen den exakten Nachweis. Bei der außerordentlich langsamen Absatzgeschwindigkeit in der Tiefsee, von der Größenordnung Zentimeter pro Jahrtausend, finden wir hier Schichten von 20—30 cm Mächtigkeit.

Schließlich können Änderungen in der organischen Welt zu einer biologisch bedingten Schichtung führen. Einlagerung von Organismenbänken kann zur Entstehung verschiedenartiger Gesteinslagen führen. Im allgemeinen werden hier klimatische und epirogene Änderungen letzten Endes die Ursache sein. Nur in seltenen Fällen wird sich eine reine biologische Schichtung beweisen lassen.

4. Die Rippelmarken. Eine weitere sehr charakteristische Erscheinung in klastischen Sedimenten sind die Rippelmarken, die wellenförmige Ausbildung der Sedimentoberfläche. Wir nennen mit HÄNTZSCHEL die Entfernung von Wellenkamm zu Wellenkamm den Abstand und die senkrechte Entfernung von Wellenkamm zu Tal Höhe. In der angelsächsischen Literatur wird meist die physikalische Bezeichnung Wellenlänge und Amplitude verwendet. Diese Oberflächenformen können sowohl durch Wasser- wie durch Windbewegungen entstehen. Da sie in fossilen Sedimenten nicht selten anzutreffen sind, sind sie ein wichtiges Hilfsmittel für deren Deutung.

Vorbedingung für die Bildung von Rippelmarken ist, daß das Sediment körnig ist, so daß die einzelnen Teilchen nicht zusammenkleben. Damit fossile Rippelmarken aus dem Gestein wieder erhalten werden, muß sich ihre Oberfläche irgendwie von dem neu aufgelagerten Sediment unterscheiden, durch feine Ton- oder Glimmerlagen oder vielleicht auch nur durch festere Packung der Körner. Im Wasser können die Rippeln entweder durch Strömungen oder durch oszillatorische Bewegungen, z. B. Wellen, entstehen.

Besonders gut — auch experimentell — untersucht sind die Vorgänge in *strömendem Wasser.* Zunächst muß die kritische Geschwindigkeit überschritten werden, damit das Sediment überhaupt in Bewegung kommt. Ihre Größe hängt von der Korngröße des zu bewegenden Sedimentes ab. Wird die Geschwindigkeit größer, so wird von einer zweiten kritischen Geschwindigkeit ab die Oberfläche wieder glatt gespült. Die zwischen den beiden Geschwindigkeiten entstehenden Rippeln sind einseitig gebaut, in Luv ein flacher Hang, in Lee ein steiler. Die Kämme liegen quer zur Strömung. Auf die Theorie der Entstehung einzugehen, würde hier zu weit führen. Sicherlich ist Wirbelbildung an irgendwelchen kleinen Unstetigkeiten der Bodenoberfläche die Ursache.

Über den vermutlichen Strömungsverlauf gibt Abb. 23 Auskunft. Diese Strömungsrippeln wandern stromabwärts, die gröberen Körner liegen am Steilhang, die feineren auf dem flachen Vorderhang und dem Kamm. Die Wellenlänge nimmt mit der Geschwindigkeit der Strömung zu. Diese Rippeln haben nach den Zusammenstellungen von BUCHER im allgemeinen einen Abstand von etwa 1—10 cm, seltener sind solche von 15 cm und nur einmal wurde eine solche von 30 cm beobachtet. Das Verhältnis Abstand : Höhe wird meist mit 4—6 angegeben, jedoch finden sich in BUCHERs Zusammenstellung auch Werte von 10—20.

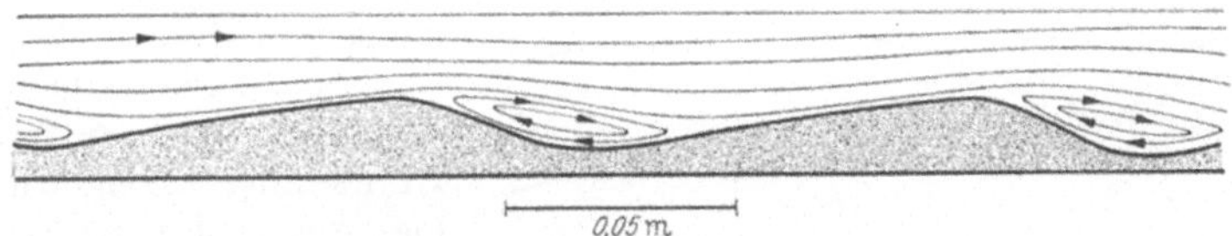

Abb. 23. Form und Strömungsverlauf bei Strömungsrippeln. (Aus TWENHOFEL.)

Wenn die Geschwindigkeit noch größer als die zweite kritische Geschwindigkeit wird, so entsteht zunächst eine glatte Oberfläche, bei einer dritten kritischen Geschwindigkeit bilden sich Sandwellen, die stromaufwärts wandern mit einem symmetrischen Profil, regressive Sandwellen. Man findet sie vor allem in flachen, schlammbeladenen Strömen. Ihre Abstände betragen zwischen 23—600 cm, für die Höhe von Wellen zwischen 40 und 60 cm wird 1,5 cm angegeben.

In den tieferen Teilen großer Ströme und Flüsse finden sich Sandwellen von noch größerem Ausmaß. Sie entstehen nur in Wasser von noch höherer Geschwindigkeit, wenn dieses große Mengen von Sediment in Suspension enthält. Deswegen sind sie auch noch nicht direkt im Entstehen beobachtet worden. Auch hier liegt der Kamm quer zur Strömung, das Profil ist sehr unregelmäßig. Ziemlich gerundete, breite Rücken, die oft nahezu symmetrisch sind, werden als charakteristisch angegeben. Sie wandern stromabwärts. Abstände von 13—120 m werden angegeben. Das Verhältnis Abstand : Höhe schwankt von 13—65.

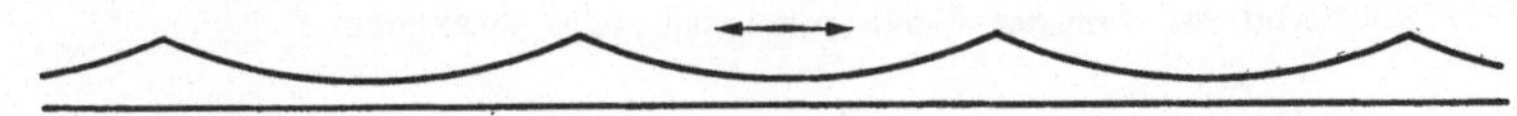

Abb. 24. Form der Oszillationsrippelmarken. (Aus TWENHOFEL.)

Schließlich sind hier auch noch Gezeitenrippeln zu erwähnen. Sie entstehen dort, wo entweder der Flutstrom stärker als der Ebbstrom ist, oder wo die Verhältnisse umgekehrt sind. Die Luvseite ist im allgemeinen ebenso steil wie die Leeseite. Der Abstand schwankt zwischen 61 cm und 11 m, das Verhältnis Abstand zu Höhe von 8—25.

An der Nordsee beobachtete HÄNTZSCHEL Großrippeln, die durch die Gezeitenströme hervorgerufen werden, mit einem Abstand von 0,9—15,5 m und einem Verhältnis Abstand : Höhe zwischen 3,9—32,8.

Die *Oszillationsrippeln* entstehen *durch den Wellengang*. Ihr Profil ist symmetrisch mit scharfen Kämmen und breiten Tälern (Abb. 24). Diese Form hat für die Deutung fossiler Sedimente den Vorteil, daß man Ober- und Unterseite auch in tektonisch gestörtem Gebiet erkennen kann. Auch hier liegen die kleinsten Körner auf den Kämmen und die größten in den Tälern. Ihre Abstände schwanken von 0,8—50 cm. Das Verhältnis Abstand : Höhe ist recht

konstant, zwischen 3 (selten) und 9. Weitaus die meisten Werte liegen um 6
herum. Da die Richtung der Wasserwellenkämme in Strandnähe im allgemeinen
parallel zum Strand ist, liegen auch die Kämme der Rippeln parallel zum
Strand. Durch direkte Beobachtungen am Ontariosee konnte festgestellt werden,
daß noch in 4—10 Fuß Tiefe solche Rippelmarken entstehen. Man wird annehmen dürfen, daß die Oszillationsrippeln bis zu den Tiefen entstehen können,
in denen noch die Wellenbewegung sich bemerkbar macht. In der Nähe von
St. Gilles bei Reunion im Indischen Ozean wurden noch Wellenrippeln in einer
Tiefe von 188 m beobachtet. Sie dürfen also nicht als Kennzeichen für ganz
flaches Wasser angesehen werden. Am Strand selbst werden durch das Auf-
laufen der Wellen die Rippeln Strömungsrippeln sein, auch hier kann z. B. in
flachen Tümpeln die Richtung rasch wechseln.

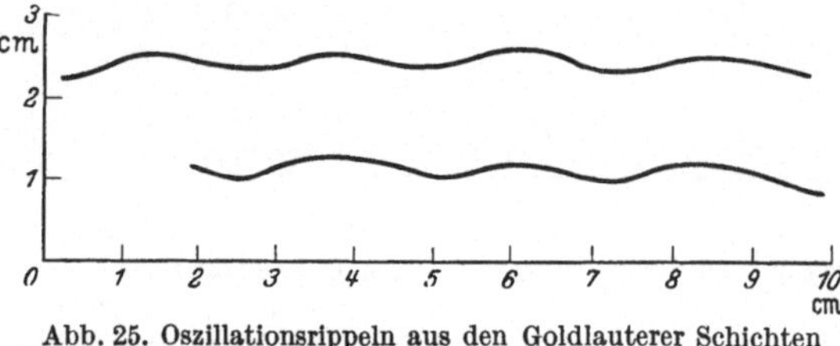

Abb. 25. Oszillationsrippeln aus den Goldlauterer Schichten
vom Gottlob bei Friedrichroda. (Gez. v. v. ENGELHARDT.)

Rippelmarken aus dem Rot-
liegenden und dem unteren
Buntsandstein zeigen nach Aus-
messungen im Rostocker In-
stitut Abstände von 20—47 mm
und ein Verhältnis Abstand:
Höhe von 8,7—9,9 (Abb. 25).
Zieht man Abblätterung und
spätere örtliche Deformationen ab, so sind die untersuchten Rippeln symmetrisch, also subaquatisch durch Wellengang entstanden.

Die *Windrippeln* sind Strömungsrippeln. Man wird annehmen dürfen, daß
sie ähnlichen Gesetzen gehorchen, wie die Rippeln, die durch Wasserströmungen
entstanden sind. Sie bilden sich ebenfalls zwischen einer ersten und zweiten
kritischen Geschwindigkeit und ähneln auch in ihrer Form den Wasserströmungsrippeln. Ihre Abstände liegen zwischen 2 und 100 cm, vereinzelt
werden auch 200 cm angegeben. Auch hier nimmt der Abstand mit der Windgeschwindigkeit zu. Meistens wird angegeben, daß das Verhältnis Abstand: Höhe
größer ist als bei den Wasserströmungsrippeln, nämlich gleich 20—50. Ein
Beispiel bringt Abb. 26.

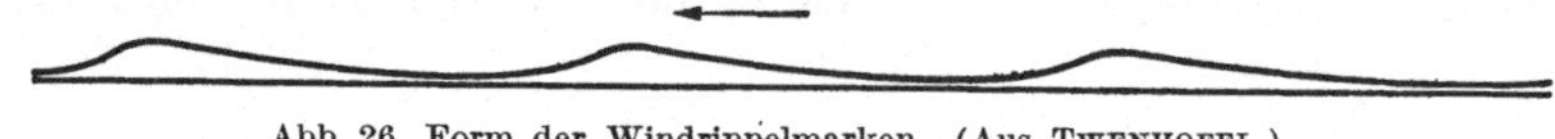

Abb. 26. Form der Windrippelmarken. (Aus TWENHOFEL.)

Abweichende Formen von Rippelmarken können dadurch entstehen, daß
zwei Vorgänge einander überlagern, z. B. daß Strömungsrippeln später durch
Wellenwirkung umgestaltet werden oder Wellenrippeln am Strand später durch
Windwirkung. Durch Wechsel der Strömungsrichtung können rhomboedrische
und auch unregelmäßige Formen entstehen.

5. Die Kreuzschichtung. Werden Rippelmarken mit Sand zugedeckt, so
bildet im Querschnitt die Schichtung innerhalb der Rippeln einen Winkel mit
den Schichten der späteren Ablagerung. Ist diese horizontal, so spricht man von
Schrägschichtung, sind beide Winkel gegen die Horizontale geneigt, so nennt
man die Erscheinung Kreuzschichtung. Wir finden sie nicht etwa nur bei Rippelmarken, sondern auch bei Dünen und Sandbänken, im Aufschüttungsbereich
der Deltas, im Bereich der Gezeitenströme, kurz, überall dort, wo durch Ab-
lagerungsvorgänge geneigte Flächen entstehen. THOMPSON fand an rezenten
Strandsedimenten bei 1200 Messungen, daß in 48% der Fälle der Winkel 0—3°
betrug, in 34% war er 4—7°, in 11% 8—11°, in 4% 12—15° und nur in 3%
erreichte er 16° und mehr.

Man hat versucht, aus dem *Neigungswinkel* auf die Entstehungsbedingungen zu schließen. So wird der Luvseitenwinkel der Dünen mit etwa 10—15°, der Leeseitenwinkel mit etwa 25—30° angegeben. Der Schüttungswinkel von Deltaschlamm soll 25° betragen, aber auch bei gröberem Schutt 35° erreichen usw. Rückschlüsse aus Beobachtungen an heutigen Sedimenten dürfen nicht verallgemeinert werden. Der Schüttungswinkel hängt ab vom Material, vom Medium und von der Art des Transportes. Die große Variabilität dieser drei Faktoren ist stets zu berücksichtigen.

Aus der *Einfallsrichtung* der Schrägschichtung läßt sich die Richtung der Herkunft des Materials bestimmen. Schon 1884 hat E. ZIMMERMANN aus der Schrägschichtung im Buntsandstein bei Saalfeld festgestellt, daß das Material von dem älteren Hochgebiet des Thüringer Schiefergebirges herkommt. Die Richtung der Fallwinkel wechselt, d. h. die Strömungsrichtung pendelt, wie die Untersuchungen von BRINKMANN u. a. für den Buntsandstein gezeigt haben. JÜNGST weist darauf hin, daß bei Windsedimenten derselben Ablagerung der Fallwinkel nach allen Himmelsrichtungen variieren kann, während bei Wassertransport nur bestimmte Sektoren vorkommen. Hier ist in der Tat ein fundamentaler Unterschied zwischen Wind- und Wassersedimenten herausgestellt. Die Richtung von Wasserströmungen vermag zwar recht weitgehend zu pendeln, aber doch um geringere Winkel als dies bei Winden möglich ist, die praktisch die ganze Windrose ausfüllen können. Allerdings sind auch bei ihnen gewisse Richtungen bevorzugt, deshalb wird man auch nur aus einer Streuung der Richtung der Fallwinkel um 360° auf Windtransport schließen können, aber nicht umgekehrt aus geringen Schwankungen auf Wassertransport.

c) Die Bestandteile der klastischen Sedimente.

Für die Betrachtung der Bestandteile der klastischen Sedimente wollen wir sie nach Abb. 12, S. 152, in verschiedene Korngrößengruppen einteilen: psephitisch: Durchmesser > 2 mm, psammitisch: 2—0,02 mm, und pelitisch: < 0,02 mm.

1. Sedimente mit psephitischem Korn. Bei den grobkörnigen Sedimenten hat man seit langem unterschieden zwischen solchen mit gerundeten Bestandteilen und solchen mit eckigen Bestandteilen, weil man mit Recht aus dem Grad der Rundung auf die Entstehung schloß. Lockere Sedimente mit gerundeten Bestandteilen werden als Schotter bezeichnet, solche mit eckigen als Schutt; die verfestigten Gesteine heißen Konglomerate und Brekzien. Der gerundete Einzelbestandteil soll als Geröll, der eckige als Brocken bezeichnet werden.

Betrachten wir zunächst die *Flußschotter*, über die die meisten Untersuchungen vorliegen. Ihre Zusammensetzung hängt erstens vom Abtragungsgebiet ab. Eine bestimmte Gesteinsart wird um so häufiger im Schotter vorkommen, je verbreiteter das Gestein im Abtragungsgebiet ist. Zweitens werden sich die Gesteine beim Transport verschieden verhalten. Ein weiches Gestein wird bei relativ kurzem Transport bereits zerrieben sein können, während ein widerstandsfähiges noch wenig Abnutzung zeigt. Nach einem Vorschlag von SCZADECKI-KARDÓSS kann man zur Kennzeichnung dieser Erscheinung das Produkt aus der absoluten Transportweite mal der relativen Abnutzbarkeit als reduzierte Transportweite benutzen. Es scheint mir zweckmäßig zu sein, nicht nur die Abreibung, wie es v. SCZADEZCKI-KARDÓSS tut, sondern auch die Stoßfestigkeit (Tenazität) eines Gesteins mit in die relative Abnutzbarkeit einzubeziehen. Außer der Transportweite wird sich auch das Gefälle der Wasserläufe des Abtragungsgebietes bei der Abnutzung bemerkbar machen. Je heftiger die Strömung ist, um so stärker wird die Zerkleinerung sein. Der verschiedene Widerstand der Gesteine gegen Abrieb und Zersplitterung macht sich auch dadurch bemerkbar, daß die weicheren Gesteine nach den feineren Korngrößen zu schneller abnehmen, als die gröberen. Ein bezeichnendes Beispiel aus einer Untersuchung von ZEUNER zeigt Abb. 27. Man sieht hier deutlich, wie die weicheren Kulmgrauwacken und Tonschiefer (K) gegenüber den härteren Gneisen

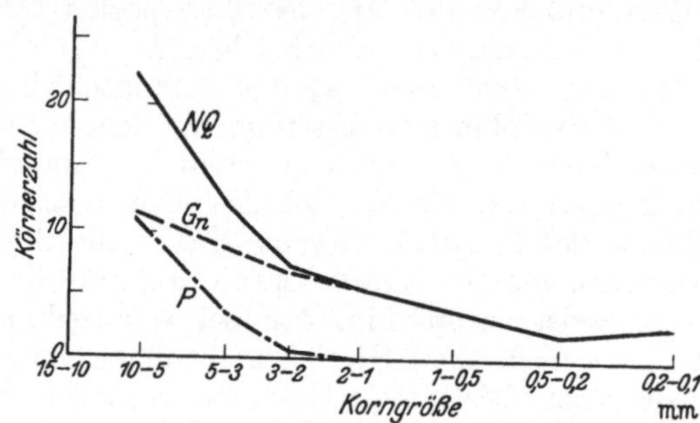

Abb. 28. Humider Tertiärschotter mit geringem Nichtquarzgehalt und schneller Abrollung der chemisch angreifbaren Sorten. Dürrhartha bei Camenz. (Aus ZEUNER.) *NQ* Nichtquarze, *Gn* Gneis, *P* Porphyr.

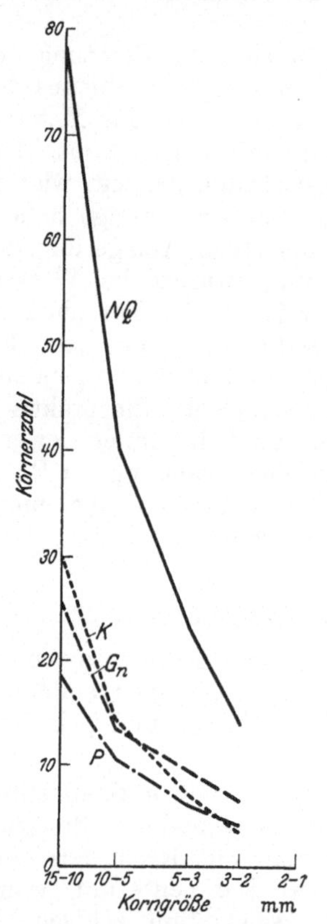

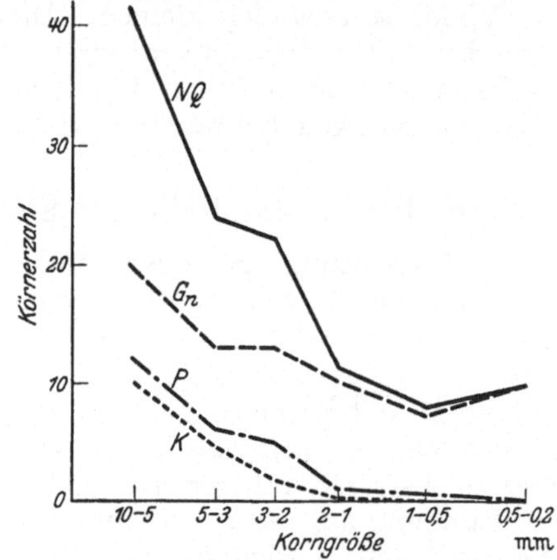

Abb. 27. Schnellere Abrollung des weichen Kulms gegenüber dem härteren Gneis und Porphyr. Älterer Neißeschotter der Hinterwand der Ziegeleigrube Johnsbach bei Wartha. (Aus ZEUNER.) *NQ* Summe aller Nichtquarze, *Gn* Gneis, *P* Porphyr, *K* Kulm.

Abb. 29. Kalt-arider Schotter mit hohem Nichtquarzgehalt und Abrieb gemäß der Härte der Komponenten. Dürrhartha bei Camenz. (Aus ZEUNER.) *NQ* Nichtquarze, *Gn* Gneis, *P* Porphyr, *K* Kulm.

und Porphyren mit abnehmender Korngröße stärker abnehmen. Ganz allgemein nimmt die Zahl der Quarze nach den feineren Korngrößen hin stark zu, in Abb. 27 ist die Zahl der Nichtquarze (nQ) eingetragen. Gerade diese Erscheinung ist für mich ein Grund, die Korngrenze zwischen psephitischen und psammitischen Körnern bei 2 mm zu legen.

ZEUNER hat ferner darauf aufmerksam gemacht, daß man aus der Schotteranalyse unter Umständen auch auf das Klima des Abtragungsgebietes schließen kann. In feucht-gemäßigtem oder feucht-warmem Klima ist eine starke chemische Verwitterung zu erwarten. Durch sie wird der kleinstückige Schutt erzeugt, in dem auch die einzelnen Brocken schon ziemlich weitgehend zersetzt sind. Die Abtragung geht hier unter dem Schutz der Pflanzendecke nur langsam vor sich. Wir werden infolgedessen wenig Nichtquarz erhalten und relativ viel kleine Korngrößen (Abb. 28). In ariden Gebieten dagegen spielt die chemische Verwitterung nicht dieselbe große Rolle. Der Schutt bleibt grobstückiger und wird beim Transport widerstandsfähiger sein (Abb. 29). Derartige Unterschiede wird man nur bei deutlich ausgeprägter Verschiedenheit des Klimas erwarten dürfen oder dort, wo sich relativ lange Transportwege bemerkbar machen. Bei den kurzen Transportwegen diluvialer Schotter konnte ZINGG keine wesentlichen Unterschiede in der Gesteinsführung feststellen.

Über *Strandschotter* ist weniger bekannt als über die Flußschotter. Es ist auch hier zu erwarten, daß eine Auslese der Gesteine nach ihrer Widerstandsfähigkeit stattfindet. Auf den Abrollungsgrad und die Form von Strand- und Flußgeröllen, sowie auf ihre Korngrößenverteilung ist bereits oben hingewiesen worden. Bei den rein glazialen Sedimenten, also den eigentlichen *Moränen*, findet wegen der großen Zähigkeit des Eises wohl kaum eine Ausmerzung einzelner Komponenten durch die verschiedene Widerstandsfähigkeit der Gesteine statt. Wichtig ist aber, daß die Geschiebe sich gegenseitig und den Untergrund schrammen. Die Gletscherschrammen gelten als bezeichnend für glaziale Ablagerungen. Bei der Anwendung dieses Merkmals wird man vorsichtig sein müssen, da ähnliche Erscheinungen auch durch andere Vorgänge, z. B. tektonischer Art entstehen können.

Eckiger *Schutt*, wie er in den Schutthalden der Hochgebirge angehäuft ist und im Mittelgebirge auf den Hängen liegt, spielt für die fossilen Sedimente kaum eine wesentliche Rolle für die Gesteinsbildung. Häufiger dürften wohl Schuttströme arider Gebiete aus der Vergangenheit erhalten sein. LAWSON hat sie als Fanglomerate bezeichnet. Sie entstehen durch das Abkommen von Wüstenbächen oder -flüssen bei den seltenen aber heftigen Regenfällen. Das Wasser fließt dann mit großer Gewalt in den Rinnen und führt allen in der Zwischenzeit entstandenen Schutt mit sich fort. Er wird beim Austritt in die Ebene fächerförmig abgelagert. Hierbei wird man erwarten dürfen, daß nur eine sehr geringe Aufarbeitung der Gerölle stattfindet, also keine Unterdrückung der einzelnen Komponenten.

Man hat früher vielfach versucht (z. B. ZIRKEL) die psephitischen Ablagerungen, insbesondere die Konglomerate, nach ihren Bestandteilen zu klassifizieren. Der Normalfall wird aber wohl immer der sein, daß ein solches Sediment aus verschiedenen Komponenten zusammengesetzt (polymikt) ist. Wenn die Transportweite recht groß ist, können natürlich einzelne Komponenten unterdrückt werden und dadurch ein mehr oder weniger einheitlicher Geröllbestand entstehen. Das Sediment wird monomikt. Im strengen Sinn monomikte Ablagerungen wird man aber im allgemeinen nur dort finden, wo im Abtragungsgebiet nur eine Gesteinssorte ansteht. Solche Ablagerungen können bei der Abtragung eines ausgedehnten einheitlichen Gesteinsmassivs entstehen, in Flüssen mit kurzem Transportweg, besonders wohl auch im ariden Gebiet und durch die Brandung; auch bei glazialen Sedimenten können lokale Anreicherungen in der Nähe anstehender Gesteine auftreten.

Die Untersuchung derartig grober Sedimente ist in vielen Fällen für paläogeographische Fragen von großem Nutzen, nicht nur um Gefällsverhältnisse der Flüsse oder Klima- und Ablagerungsverhältnisse zu erkennen, sie geben uns auch Aufschluß über die Herkunft der Gerölle und unter Umständen über nicht mehr anstehende Gesteine, die heute abgetragen oder unter jüngeren Sedimenten versteckt sind.

2. Psammitische Sedimente. Auch hier sind Verwitterung im Ursprungsgebiet und Transportweg für den Mineralbestand wichtig. Hinzu kommt, daß

Klastische Sedimente.

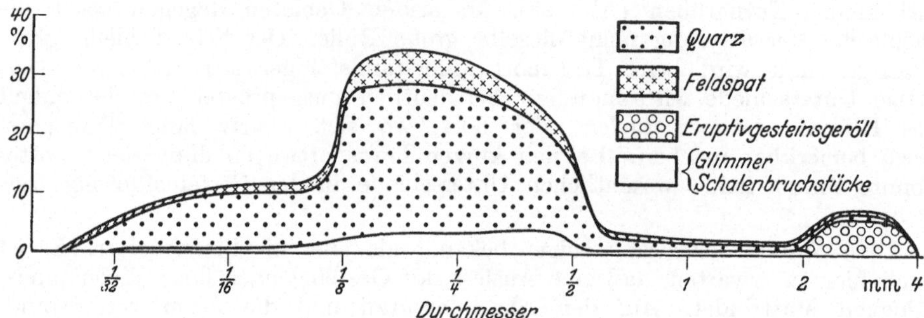

Abb. 30. Korngrößenverteilung und Mineralbestand eines küstennahen Sandes aus der Massachusetts Bay.

Tabelle 17. Korngrößenverteilung und Mineralbestand eines küstennahen Sandes der Massachusetts Bay. (Nach TROWBRIDGE und SHEPARD.)

	Durchmesser in mm						
	$< ^1/_{16}$	$^1/_{16}$—$^1/_8$	$^1/_8$—$^1/_4$	$^1/_4$—$^1/_2$	$^1/_2$—1	1—2	2—4
Korngrößenverteilung in %	8,3	13,8	32,9	27,6	4,9	2,4	6,2
Quarz	85	70	70	66	47	29	1
Feldspäte	6	8	15	21	31	31	3
Glimmer	3	4	3	11	7	12	1
Eruptivgesteinsgerölle . .	—	—	—	—	—	—	88
Schalenbruchstücke . . .	—	—	—	—	6	19	6

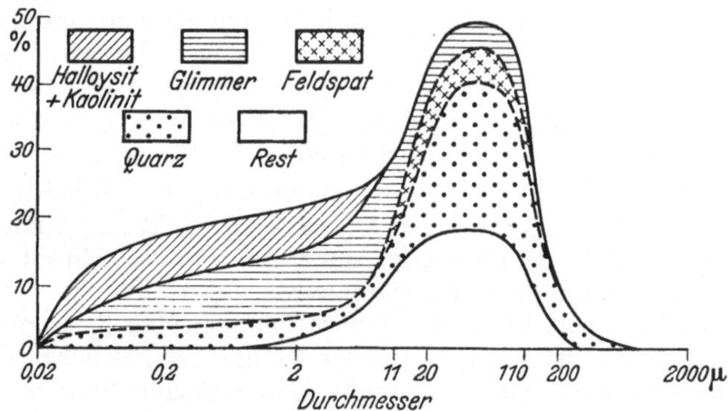

Abb. 31. Korngrößenverteilung und Mineralbestand eines küstennahen Sandes von Meteor-Station 295.

Tabelle 18. Korngrößenverteilung und Mineralbestand eines küstennahen Sandes von Meteorstation 295 bei Pará. (Nach CORRENS.)

	Durchmesser in μ					
	< 2	2—11	11—20	20—110	110—200	> 200
Korngrößenverteilung in %	30,7	18,3	8,4	35,6	5,4	1,6
Quarz	> 10	6,0	24,1	44,6	61,1	—
Feldspäte	—	2,5	12,7	9,9	6,4	—
Glimmer	> 30	51,0	19,2	8,8	3,0	—
Halloysit	> 30	22,0	—	0,5	—	—
Kaolinit						
Rest	< 10	18,5	43,8	36,2	28,8	—

ein großer Teil der Körner auch aus ehemaligen Sedimenten stammen, sich also in zweiter, dritter usw. Lagerstätte befinden kann. Die Ausmerzung beim Transport macht sich z. B. nach den Untersuchungen von BURRI in den Tessiner Sanden dadurch bemerkbar, daß der Gehalt an blaugrüner Hornblende talabwärts immer abnimmt, der Granat nimmt immer mehr zu. Spaltbarkeit und Zähigkeit bestimmen neben der Härte die Widerstandsfähigkeit. Beim Quarz ist es mit diesen mechanischen Eigenschaften besonders günstig bestellt, und da er zugleich ungemein häufig ist, spielt er in den Sanden weitaus die Hauptrolle. Der Begriff Sand ist deshalb praktisch mit dem Begriff Quarzsand identisch geworden. Man hat aber dabei wohl die Häufigkeit des Quarzes vielfach überschätzt. Genauere Untersuchungen haben immer wieder ergeben, daß doch ein nennenswerter Feldspatanteil recht häufig ist. So gibt EDELMAN an, daß im Pliopleistozän von Südlimburg der Feldspatgehalt der Sandfraktion bis auf 25% steigen kann. Feldspatreiche Sande, die zu Sandsteinen verfestigt sind, werden Arkosen genannt. Sandsteine, in denen die Gesteinskomponente, die ja die psephitischen Sedimente aufbaut, noch deutlich vertreten ist, heißen Grauwacke. Neben Feldspat und Gesteinsresten findet man häufig als klastischen Bestandteil Kalk, der von der Aufarbeitung von Organismen herrührt. Solche Kalksande gehen bei der Verfestigung in Kalksandsteine über. Über die mineralische Zusammensetzung zweier Sande geben die nebenstehenden Abbildungen Auskunft.

Abb. 30 und Tab. 17 zeigen einen küstennahen Sand der Massachusetts Bay nach TROWBRIDGE. Hier ist deutlich zu sehen, wie der Geröllanteil in der Nähe der Sandfraktion aufhört. In Abb. 31 und Tab. 18 sehen wir einen Sand aus der Nähe von Pará, den CORRENS untersucht hat, der noch eine tonige Komponente besitzt und damit den Übergang von den Sanden zu den Tonen in der Mineralzusammensetzung aufzeigt.

Über die Zusammensetzung von Sandsteinen hat KUHL quantitative Daten gebracht, die in den folgenden beiden Tabellen wiedergegeben werden.

Tabelle 19. Die mineralischen Bestandteile in den Sandsteinen des Steinbruchs „Sawczuk" in Volumprozenten. (Nach KUHL.)

Schichtenfolge	1	3	5	7	9
Schichtenbeschreibung	Dunkelgrauer, schieferiger Sandstein mit Kalkzement	Hellgrauer, undeutlich schieferiger, quarzitischer Sandstein	Fleckiger, grauroter, quarzitischer Sandstein	Sehr kompakter, grauer quarzitähnlicher Sandstein	Vollkommen schieferiger, roter Sandstein
	%	%	%	%	%
Quarz	38,1	50,0	63,5	64,3	63,3
Kalifeldspat . . .	5,4	7,9	6,2	8,1	3,4
Plagioklas	5,0	6,4	5,9	5,1	4,9
Biotit	3,8	6,2	2,0	2,7	—
Chlorit	7,8	12,2	9,4	4,9	8,3
Kalkspat	33,3	—	—	—	—
Anatas	0,1	0,1	0,2	0,1	0,1
Apatit	0,1	0,1	0,1	0,1	—
Zirkon	0,2	0,4	0,7	0,3	0,3
Ilmenit	—	0,3	—	—	—
Limonit	1,9	0,8	1,3	2,3	4,6
Rutil	0,2	0,2	—	—	0,1
Turmalin	0,2	0,3	0,3	0,2	0,2
Titanit	0,1	0,2	—	—	0,2
Muskovit (Serizit) .	3,8	14,8	10,4	11,8	14,5
Summe Vol.-%	100,0	99,9	100,0	99,9	99,9

Tabelle 20. Die mineralischen Bestandteile in den Sandsteinen des Steinbruchs „Las" in Volumprozenten. (Nach KUHL.)

Schichtenfolge	1	3	5	7	9	11	13
Schichtenbeschreibung	Blaugrauer Sandstein mit Pteraspis %	Roter, quarzitischer Sandstein %	Graufleckiger Sandstein %	Roter Sandstein %	Grauer Quarz-Glimmersandstein %	Rotfleckiger, quarzitischer Sandstein %	Rotfleckiger, quarzitischer Sandstein %
Quarz	62,8	80,0	74,2	82,1	75,8	83,4	76,4
Kalifeldspat . . .	4,5	2,5	4,0	4,1	3,8	1,8	3,6
Plagioklas	3,4	2,5	2,5	4,2	1,5	1,2	1,3
Muskovit (Serizit)	10,3	6,9	13,1	4,9	12,3	8,6	10,3
Chlorit	5,9	5,0	2,2	2,8	2,4	3,1	2,5
Kalkspat	12,4	—	2,3	—	1,4	—	3,9
Anatas	0,1	0,1	—	0,1	0,1	0,2	0,1
Apatit	0,1	—	0,1	0,1	—	0,1	—
Zirkon	0,2	0,2	0,2	0,2	0,3	0,2	0,1
Ilmenit	0,1	0,3	—	—	0,1	0,3	1,2
Limonit	1,8	2,1	0,9	1,3	2,1	1,3	0,1
Rutil	0,1	0,1	0,1	0,1	—	0,1	0,1
Turmalin	0,1	0,1	0,1	0,1	0,1	0,1	0,1
Titanit	0,3	—	0,3	—	0,2	—	—
Summe Vol.-%	100,1	99,8	100,0	100,0	100,1	100,4	99,9

Zahlreicher als die Untersuchungen über den Gesamtaufbau von Sanden aus ihren Bestandteilen sind Untersuchungen über die Bedeutung einzelner Minerale für die Entstehung und Herkunft des Sedimentes.

Bei dem häufigsten Mineral, dem *Quarz,* weist CAYEUX darauf hin, daß es unter Umständen möglich sein kann, aus der Morphologie der Körner Schlüsse auf die Herkunft zu ziehen, z. B. zwischen den meist ganz unregelmäßig geformten Quarzen der Granite und den plattigen der kristallinen Schiefer zu unterscheiden. In den meisten Fällen werden jedoch die ursprünglichen Formen beim Transport zerstört. Aussichtsreicher scheint es, die Einschlüsse im Quarz zu Schlüssen auf die Herkunft zu benutzen. MACKIE unterscheidet:

1. Quarz ohne Einschlüsse, oder mit so kleinen, daß sie der Beobachtung entgehen,

2. Quarz mit „regulären" Einschlüssen, die aus Glimmer, Rutil, Zirkon, Apatit und schwarzen Eisenerzen bestehen.

Die Gruppen 1 und 2 sind charakteristisch für kristalline Schiefer.

3. Irreguläre Einschlüsse, Flüssigkeitseinschlüsse mit oder ohne Libelle,

4. Nadelige Einschlüsse, Rutile oder seltener Sillimanit. Die Gruppen 3 und 4 werden auf Granite und Quarzdiorite und damit verbundene Ganggesteine zurückgeführt. Wenn mehr als eine Art von Einschlüssen in einem

Tabelle 21. Häufigkeitswerte der Quarztypen nach MACKIE in verschiedenen Gesteinen.

Gesteinsart	Zahl der Proben	Typus nach MACKIE			
		1	2	3	4
Granite	6	17	10	27	46
Quarz-Diorite	2	3	2	26	69
Kristalline Schiefer und Gneise . .	8	96		3	1
Unterer Old Red-Sandstein	23	23	65	6	6
Oberer Old Red-Sandstein	31	40	38	9	13
Flußsande	32	21	57	12	10
Seesande	5	36	50	6	8

Quarzkorn vorkommt, so geht Gruppe 4 vor 3 und 2, Gruppe 2 vor 3. Wie aus der vorstehenden Tab. 21, die nach den Untersuchungen von MACKIE zusammengestellt ist, hervorgeht, kann es sich nur um Häufigkeitsunterschiede handeln, da sowohl in den Graniten und Quarzdioriten, wie auch in den kristallinen Schiefern und Gneisen nach seinen eigenen Untersuchungen alle vier Gruppen vorkommen können.

Mehr Aussicht auf Erfolg verspricht die Untersuchung der nächsthäufigen Komponente, der *Feldspäte*. Da diese Minerale weniger widerstandsfähig sind als Quarz, ist bei ihnen auch die Gefahr geringer, daß sie sich auf sekundärer Lagerstätte befinden. Auch für die Feldspäte verdanken wir MACKIE die wesentlichen Untersuchungen. Je länger der Transport dauert, um so mehr werden durch den Transportvorgang selber die Feldspäte zerstört. Ein einleuchtendes Beispiel geben Sande des Spey- und des Findhornflusses.

In der Tab. 22 sind die Entnahmeorte von oben nach unten mit Annäherung an das Meer aufgeführt. Im allgemeinen führen nach diesen Untersuchungen Seesande geringere Feldspatmengen als Flußsande.

Tabelle 22. Feldspatgehalt rezenter Sande nach MACKIE.

		% Feldspat
Spey-Fluß	Cromdale	18
	Ballindalloch	16
	Blacksboat	13
	Craigellachie[1]	15
	Orton	12
Findhorn-Fluß	Dulsie Bridge	42
	Logie Bridge	31
	zwischen Torres und See	21
Durchschnitt für vier Flüsse nahe der Mündung		18
Durchschnitt für Küstensande		10

[1] Zufuhr vom Benrinnes-Granit.

Ein hoher Prozentsatz von frischen Feldspäten spricht dafür, daß im Abtragungsgebiet die chemische Verwitterung nur gering ist. Das deutet also auf arides (oder nivales!) Klima, während zersetzte Feldspäte auf humides Klima schließen lassen. MACKIE gibt auch hierfür einleuchtende Beispiele (Tab. 23).

Aber auch gegen diese Art der Untersuchung sind mancherlei Bedenken geltend zu machen. Die Unterscheidung der zersetzten Feldspäte gegen frische erfolgt auf Grund der Polarisationsfarbe und der Auslöschung. Sie ist in Körnerpräparaten durchaus nicht einfach, mindestens schwieriger als in Dünnschliffen. Plagioklase werden schneller zersetzt als Orthoklase, Mikroklin ist wohl stets das widerstandsfähigste Glied der Feldspatgruppe (SMELLIE). Zersetzte Feldspäte

Tabelle 23. Verhältniswerte der frischen zu den zersetzten Feldspäten nach MACKIE.

	% Feldspat	
	frisch	zersetzt
Geschiebemergel	86	14
Geschiebemergel	83	17
Wüstensand, Ägypten	72	28
Talchir Tillit	78	22
Unterer Old Red Sandstein (orkad. Gebiet)	70—80	30—20
Torridon	90	10
Flußsand, Spey	19	81
Flußsand, Nairn	36	64
Küstensand, Moray	28	72
Unterer Old Red Sandstein (Kaledon-Gebiet)	30—20	70—80
Oberer Old Red Sandstein. (Nairn und Elgin)	40—30	60—70

können auch aus anderen Quellen stammen als aus der primären Verwitterung von Eruptivgesteinen. Hydrothermal oder sonstwie metamorph veränderte Feldspäte können sehr ähnlich sein. Auch können die Feldspäte schon zersetzt aus der Aufarbeitung von fossilen Sedimenten hinzugebracht sein.

Ferner wird auch beim Transport eine gewisse Zersetzung eintreten und schließlich wird es oft sehr schwierig sein, die Möglichkeit auszuschließen, daß der Feldspat erst im Sediment nach der Einbettung zersetzt ist. Eckige Körner, die sehr stark zersetzt sind, sind wohl immer ein Kennzeichen dafür, daß die Feldspäte nach der Einbettung zersetzt wurden, denn es ist schwer vorstellbar, daß z. B. kaolinisierte Feldspäte mit scharfen Ecken überhaupt transportfähig waren. Schließlich muß noch darauf hingewiesen werden, daß auch in den Sedimenten frische Feldspäte neu gebildet werden können.

Quarz und Feldspat und in den feineren Korngrößen Glimmer werden im allgemeinen die Hauptbestandteile der Sande bilden. Unter den Nebenbestandteilen sind ganz besonders wichtig diejenigen, die als Leitminerale für die Herkunft des Sediments dienen können. Man hat sich in der letzten Zeit daran gewöhnt, als solche Leitminerale die Schwerminerale zu untersuchen, d. h. diejenigen Minerale, die ein höheres spezifisches Gewicht als 2,9 haben und deshalb leicht abgetrennt werden können. Es muß aber darauf hingewiesen werden, daß sich auch in der leichten Fraktion Leitminerale finden können, z. B. gewisse Feldspäte.

Die Untersuchung der *Schwerminerale* hat besonders für die lockeren klastischen Sedimente eine große Bedeutung erhalten. Bereits im vorigen Jahrhundert haben CORDIER, THÜRACH und DERBY auf ihre Bedeutung hingewiesen. Bei der Untersuchung von Bohrproben, besonders für Erdölbohrungen, werden sie für stratigraphische Zwecke verwendet. Sie können für paläogeographische Untersuchungen wertvolle Fingerzeige geben. Wichtig ist, daß bei solchen Untersuchungen möglichst quantitativ gearbeitet wird und daß mehrere Korngrößenklassen untersucht werden. Denn bereits im primären Gestein können die Minerale verschiedene Korngrößen besitzen. Dabei muß man wohl unterscheiden zwischen der theoretisch zu fordernden Genauigkeit in der Untersuchung der Korngrößenklassen, in der Auszählung großer Mengen usw. und der praktisch notwendigen Genauigkeit.

Bei der Verwendung zu stratigraphischen Zwecken wird man sich immer vor Augen halten müssen, daß die Schwermineralzusammensetzung mit dem Einzugsgebiet sich ändert. Dort, wo über eine größere Entfernung hin das Material aus dem gleichen Einzugsgebiet stammt, oder wo das Material aus verschiedenen Einzugsgebieten durchgemischt ist, wird man gleiche Zusammensetzung der Schwermineralfraktion erwarten dürfen. Fehlschlüsse können dadurch entstehen, daß ein Einzugsgebiet am Punkte A zur Zeit X Minerale liefert, während zur Zeit Y ein ganz ähnliches Gebiet am Orte B eine ähnliche Mineralkombination entstehen läßt. Die zweite Voraussetzung für stratigraphische Untersuchungen ist, daß sich das Einzugsgebiet mit der Zeit ändert, daß also am Orte A zur Zeit X eine andere Mineralkombination geliefert wird als zur Zeit Y. Bleibt das Einzugsgebiet über lange geologische Zeiträume dasselbe, wie nach den Untersuchungen von GRAHAM in den kambrischen Sandsteinen von Minnesota, so versagt die Schwermineraluntersuchung. Umgekehrt ist bei paläogeographischer Auswertung Voraussetzung, daß man Schichten genau gleichen Alters untersucht, wenn man feststellen will, daß zur Zeit X ein Einzugsgebiet in der Art vorhanden war, daß es eine gewisse Schwermineralkombination geliefert hat.

Solche Schwermineralkombinationen, also „eine bestimmte Assoziation detritischer Minerale in Raum und Zeit", nennt EDELMAN sedimentpetrologische Provinzen. Ein Beispiel von der Anwendung derartiger Untersuchungen gibt die schematische Darstellung der sedimentpetrologischen Provinzen im Jungtertiär des Nordseegebiets (Abb. 32). Die A-Provinz ist durch die Kombination Granat, Epidot, Hornblende, die B-Provinz durch Rutil, Staurolith, Disthen gekennzeichnet. Die Abweichungen von einer Schwermineralkombination bezeichnet EDELMAN als „normale", wenn es sich um den Übergang von einer

Assoziation zur nächstjüngeren handelt, wenn also die Änderung zeitlich bedingt ist. Als „abnorme" Varietäten werden diejenigen bezeichnet, die im Grenzgebiet zweier Provinzen auftreten, also die regional bedingten. Zu den „zufälligen" Abweichungen rechnet er auch die durch Aufbereitungsvorgänge des transportierenden Mediums entstandenen. Wie weit diese Vorgänge für die Feststellung von Herkunftsbeziehungen vernachlässigt werden dürfen, werden weitere Untersuchungen zeigen müssen. Für die Fragen nach der Bildungsweise eines Sediments sind gerade die Aufbereitungserscheinungen beim Transport besonders wichtig.

Bei aller Würdigung der Bedeutung der Schwermineraluntersuchungen und aller Achtung vor den Forschern, die diese Methoden vorwärts getrieben haben, muß doch mit Nachdruck darauf verwiesen werden, daß der Wert derartiger Untersuchungen steht und fällt mit der Sicherheit im Mineralbestimmen unter dem Mikroskop, daß der logische Unterbau der Schlüsse nicht durch schematische Nachahmung fremder Arbeiten vernachlässigt werden darf und schließlich, daß diese Art der Untersuchungen doch nur ein Teil der sedimentpetrographischen Arbeit ist und nicht „die Sedimentpetrographie" schlechthin.

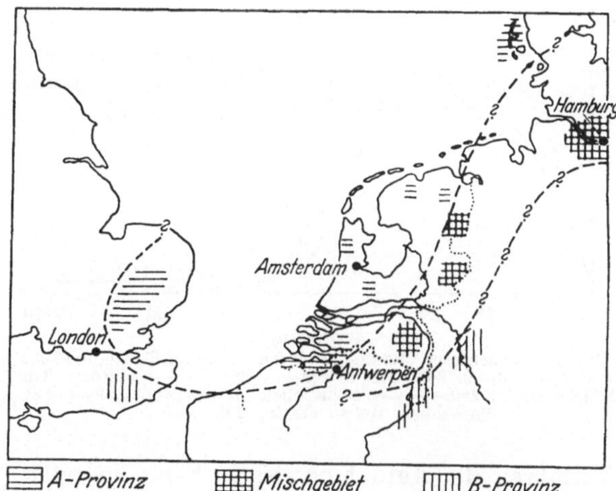

Abb. 32. Schematische Darstellung der sedimentpetrologischen Provinzen im Jungtertiär des Nordseegebietes. (Aus EDELMAN 1938.)

3. Die Tone. Unter Tonen werden diejenigen klastischen Sedimente verstanden, bei denen die Hauptmenge der Bestandteile einen Korndurchmesser von weniger als 0,02 mm hat (s. S. 153). Wie oben bereits dargelegt, stimmt diese Grenze mit der Praxis der tonverarbeitenden Industrie besser als die von ATTERBERG in die Bodenkunde eingeführte von weniger als 0,002 mm. Auch theoretisch läßt sich für die gröbere Grenze vorbringen, daß von ihr an die blättchenförmigen Tonminerale Bedeutung gewinnen. Wie im folgenden noch ausführlich gezeigt wird, bestehen die Tone nicht aus einer Tonsubstanz, sondern sind die feinste Trübe der Gewässer, ein Gemisch von Mineralteilchen verschiedener Entstehung.

Die *Korngrößenverteilung* der Tone scheint oft recht einförmig zu sein, das liegt aber daran, daß selten die Fraktionen unter 0,002 mm noch aufgeteilt werden. Diese Untersuchung der feinsten Fraktionen ist langwierig, ergibt aber dann, daß in diesem Gebiet durchaus noch Unterschiede auftreten können. So zeigen z. B. die beiden Blauschlicke der Meteorstationen 229 und 235 ein ganz anderes Bild als die roten Tone der Stationen 251 und 290 (Abb. 33). Nach den gröberen Korngrößen hin findet ein allmählicher Übergang zu den Feinsanden statt. Die Erörterung der Transportbedingungen hat bereits gezeigt, daß auch von vornherein keine scharfen Grenzen zu erwarten sind.

Ebenso wie die Tone durch eine scharfe Grenze in der Korngrößenverteilung von den sandigen Sedimenten nicht zu trennen sind, ebenso ändert sich die Mineralzusammensetzung allmählich. Werden die Gesteine feinkörnig, so nehmen Quarz und Feldspat ab. Es entsteht so ein allmählicher Übergang von den

Sanden zu den Tonen. Untersucht man den Mineralbestand der Tone mineralogisch, so erleichtert es die Identifizierung der Minerale wesentlich, wenn man die Tone in einzelne Korngrößengruppen zerlegt. Dieses Verfahren hat außerdem den Vorteil, daß es den allmählichen Übergang von der Sandfraktion, die in den Tonen noch eine wesentliche Rolle spielt, zu den feinsten Korngrößen hin anschaulich macht.

Man hat lange Zeit geglaubt, daß die feinste Fraktion aus einer *Tonsubstanz* bestehe. Man machte sich dazu die Arbeitshypothese, daß diese Tonsubstanz in Schwefelsäure löslich sei und die übrigen Bestandteile nicht. Als solche Tonsubstanz hatte man den Kaolinit vor Augen. Später hat man dann auch noch den Muskovit und die in Salzsäure löslichen „Allophane" als mögliche Tonsubstanz hinzugenommen. Das ganze Verfahren dieser rationellen Analyse ist mit einigen grundlegenden Fehlern behaftet. Die Löslichkeit der klastischen Minerale, die sich in den Tonen zusammengefunden haben, hängt von der Korngröße ab. Zweitens stellte sich heraus, daß diejenigen Minerale, die von Salz- und Schwefelsäure nicht angegriffen werden sollten, doch in merklichem Maße angegriffen werden, vor allem in den feinen Korngrößen. Und drittens ist das Verfahren der Aufnahme des in Säure gelösten Anteils mit Natronlauge irreführend, weil in Natronlauge die Silikate ebenfalls löslich sind. Über einige Löslichkeitsverhältnisse geben die folgenden beiden Tabellen Auskunft.

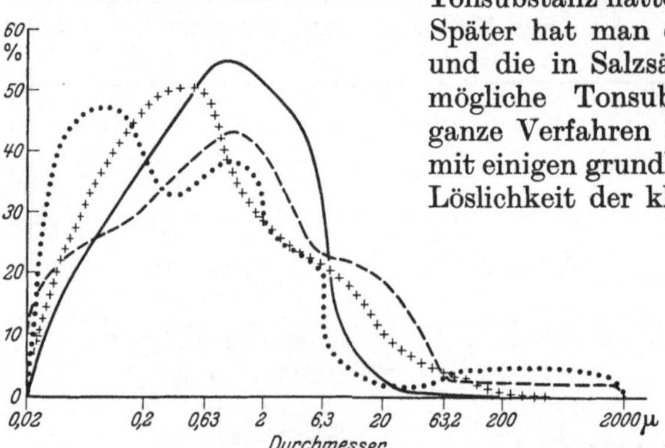

Abb. 33. Flächentreue Verteilungskurven von Roten Tonen und Blauschlicken. Roter Ton, Meteor-Station 251 ‒ ‒ ‒ ‒ ·; Roter Ton, Meteor-Station 290 ————; Blauschlick, Meteorstation 229 ++++++; Blauschlick, Meteor-Station 235 ....

Tabelle 24. Abbau von Tonmineralen (in Prozent des Ausgangsmaterials) nach Thiébaut.

	Quarz		Orthoklas		Adular	Muskovit			Kaolinit	
	a	b	a	b	a	a	b	c	kristallinisch	technisch
NaOH[1] 1 : 10 . .	5,1	0,96	7,31	1,81	1,49	2,15	nicht untersucht			2,70
HCl[2] 18% . . .	—	—	4,54	2,93	8,03	32,56	11,76	5,04	9,44	15,85
H₂SO₄[2] 20% . .	—	—	10,42	3,54	4,54[3]	100	100	100	100	100

a = Durchmesser 0,001 mm; b = Durchmesser 0,001—0,06 mm; c = Durchmesser 0,06—0,15 mm.

Tabelle 25. Abbau von Halloysit, Metahalloysit und Kaolinit in Salzsäure, Natronlauge und H₂O₂ bei 30 min Einwirkung nach M. Mehmel.

	Zimmertemperatur						Wasserbadtemperatur					
	5%ig HCl %	10%ig HCl %	konz. HCl %	1%ig NaOH %	10%ig NaOH %	6%ig H₂O₂ %	5%ig HCl %	10%ig HCl %	konz. HCl %	1%ig NaOH %	10%ig NaOH %	6%ig H₂O₂ %
Halloysit . .	8	13	16	12	19	—	16	33	46	40	77	1
Metahalloysit	2	3	4	4	11	—	10	12	21	12	56	—·
Kaolinit . .	1	1	3	2	5	—	1	2	4	6	20	—·

[1] 30 Minuten auf dem Wasserbad behandelt.
[2] Bis zur Trockenheit (ohne Kochen) eingedampft.
[3] Vorher ½ Stunde mit NaOH behandelt.

Man hat ferner verschiedentlich versucht, aus der Wasserabgabe des Tongesteins auf die Tonminerale Rückschlüsse zu ziehen, weil sie ihr Wasser nicht bei denselben Temperaturen abgeben. Aber dieses Verfahren hat nur Aussicht auf Erfolg, wenn ein Tonmineral allein vorhanden ist. Die Kurven der Wasserabgabe überlagern sich, wenn mehrere wasserabgebende Minerale gleichzeitig vorhanden sind. Schließlich wissen wir von einer ganzen Reihe von Tonmineralen noch sehr wenig über die Wasserabgabe.

Um den *Mineralbestand der Tone* zu erfassen, muß man genau so wie bei den übrigen Gesteinen verfahren, d. h. die Minerale als solche zu identifizieren versuchen. Das ist mit den bei den anderen Gesteinen üblichen Verfahren der mikroskopischen Untersuchung nur bis zu den Korngrößen von 2 μ herab möglich. Bei den feineren Fraktionen hilft nur die röntgenographische Analyse weiter. Auch ihre Anwendung ist durch die Vielheit der in den Tonen vorhandenen Minerale und durch die Ähnlichkeit der Gitter vieler dieser Minerale untereinander durchaus nicht einfach und erfordert eine gewisse Erfahrung. Immerhin kennen wir heute durch die röntgenographische Untersuchung bereits die Grundzüge der Mineralogie der Tone. Neben den Mineralen, die wir in den Sandsteinen als Hauptgemengteile finden, wie Quarz, Feldspat und Glimmer, seltener Augit usw., finden wir die typischen „Tonminerale". Von diesen Mineralen muß man nach dem heutigen Stand der Kenntnisse annehmen, daß sie *im Laufe der Verwitterung* und nicht erst im Sediment *neu gebildet* worden sind.

Der Kaolinit $Al_2O_3 \cdot 2\ SiO_2 \cdot 2\ H_2O$, den man früher zuweilen mit der Tonsubstanz gleichsetzen wollte, ist durchaus nicht das einzige derartige Mineral. Wir finden mit ihm zusammen oder allein den Montmorillonit, der statt $2\ SiO_2$ $4\ SiO_2$ enthält, und dessen Formel man wohl am besten $n(Mg, Ca)O \cdot Al_2O_3 \cdot 4\ SiO_2 \cdot H_2O \cdot m\ H_2O$ schreibt. n scheint meist in der Nähe von 1 zu liegen und Magnesium wesentlich stärker als Kalzium vertreten zu sein. m liegt bei lufttrockenem Material zwischen 4 und 5. Der Montmorillonit hat im Gegensatz zu Kaolinit und Halloysit die Eigenschaft, daß er quellen kann.

Ein dem Kaolinit in der Struktur und chemischen Zusammensetzung sehr ähnliches Mineral ist der Halloysit, der sich vom Kaolinit dadurch unterscheidet, daß er $4\ H_2O$ enthält. Beim Erwärmen gibt er bei 50° C $2\ H_2O$ ab und geht in den Metahalloysit über, der dieselbe Formel wie der Kaolinit, aber ein etwas abweichendes Gitter hat.

In amerikanischen Vorkommen hat man auch noch das Mineral Beidellit gefunden, dessen Zusammensetzung etwa der Formel $n\ (Mg, Ca)O \cdot Al_2O_3 \cdot 3\ SiO_2 \cdot 4\ H_2O$ entspricht. Wie weit es sich hier um ein selbständiges Mineral handelt, ist noch nicht ganz geklärt. Die optischen Eigenschaften und das Röntgendiagramm sind denen des Montmorillonits so ähnlich, daß sie sich nicht unterscheiden lassen. Dem Montmorillonit und Beidellit in seinem Verhalten ähnlich ist der Nontronit, der zwar noch nicht in Tonen, wohl aber als toniger Bestandteil des Ackerbodens gefunden wurde. Man kann seine Formel etwa $(Al, Fe)O_3 \cdot 3\ SiO_2 \cdot m\ H_2O$ schreiben. Fe überwiegt Al und m liegt zwischen 2 und 4.

Auch die Aluminiumhydroxyde Hydrargillit, Diaspor und Boehmit sind in Tonen zu erwarten, allerdings bisher erst selten beschrieben worden, und zwar Hydrargillit und Diaspor aus amerikanischen Tonen, die bis zu 40% Diaspor enthalten können.

Diese Minerale können wir zusammenfassen als Verwitterungsneubildungen in den Tonen und sie den *Verwitterungsresten* Quarz, Feldspat, Glimmer usw. gegenüberstellen. Von diesen Verwitterungsresten geht der Quarz bis in die allerfeinsten Fraktionen, bis unter 0,2 μ Korngröße. In Opalen hat man als

Neubildung Cristobalit angegeben. Darauf ist wohl der Irrtum zurückzuführen, daß in den feinsten Fraktionen der Tone statt Quarz Cristobalit vorkäme. Es ist natürlich nicht ausgeschlossen, daß sich auch einmal Cristobalit in Tonen finden kann; die hunderte von Tonen, die bisher untersucht wurden, zeigen aber Quarz bis in die feinsten Fraktionen. Wieweit dabei Neubildungen von Quarz eine Rolle spielen, läßt sich heute noch nicht entscheiden. Auch bei den Glimmern kann man in Zweifel sein, wieweit sie etwa Neubildungen sind. Ich möchte nicht annehmen, daß sie bei der eigentlichen Verwitterung neu gebildet werden können. Daß hydrothermal Serizit entsteht und dann aus solchen Lagerstätten auch ins Sediment gelangen kann, soll natürlich keineswegs bestritten werden. Ebenso ist sicher, daß die Glimmer sich bei der Metamorphose in den Tonen neu bilden können. Es sind dazu aber höchst wahrscheinlich höhere Temperaturen und Drucke notwendig als sie im normalen Sedimentationsverlauf vorkommen. Das zeigt die Untersuchung der jungen und jüngsten Meteorsedimente. Auf diese Fragen wird im Abschnitt Diagenese noch näher eingegangen. Die Glimmer haben insofern auch noch eine besondere Ähnlichkeit mit den Tonmineralen, als sie ebenso wie diese Schichtgitter besitzen und stets als Blättchen in der Natur vorkommen. Sie verhalten sich also bei den Transportvorgängen so wie die Tonminerale und wir finden sie infolgedessen neben diesen oder an ihrer Stelle in den feinsten Fraktionen angereichert. Die Blättchengestalt dieser Minerale ist auch für die Plastizität der Tone von Bedeutung. Plastizität tritt bei blättchenförmigen Teilchen schon bei wesentlich gröberen Korngrößen auf als bei isometrischen Teilchen.

Zu diesen beiden Gruppen von Tonbestandteilen kommen dann noch *die biogenen Beimengungen*. In den Tonen sind häufig Kalkschalen von Organismen mit eingebettet worden. Durch Zerfall solcher Kalkschalen kann auch in der Tonfraktion selbst Kalk in Mengen von über 50% auftreten, wie das bei rezenten Tiefseesedimenten der Fall sein kann. Auch in dem Tertiärton (Abb. 35) wurde röntgenographisch Kalkspat nachgewiesen.

Auch die organogen gebildeten Schalen der Kieselorganismen können einen beträchtlichen Anteil an der Zusammensetzung toniger Sedimente erreichen. So wurden in einem Blauschlick mit 5,4% $CaCO_3$ etwa 24% Kieselschalen gefunden, in einem Roten Ton mit 20,5% Kalkgehalt 28,3% Kieselschalen.

Sowohl Kalk wie Kieselsäure können unter Umständen auch anorganisch ausgefällt werden. Hier muß auf die betreffende Darstellung bei den Kalk- und Kieselsedimenten verwiesen werden.

Auch *organische Substanz* kann dem Sediment in mehr oder weniger großem Maße beigemengt werden. Unter organischer Substanz verstehen wir organische Kohlenstoffverbindungen und geben ihren Gehalt als „Humus" an. Der Humuswert wird aus dem analytisch ermittelten Wert für Kohlenstoff durch Multiplikation mit dem Faktor 1,7 erhalten (0,471 für den CO_2-Wert).

Gerade in tonigen Sedimenten können solche organischen Reste am leichtesten erhalten bleiben. In Sanden mit ihrem großen Porenvolumen wird sauerstoffreiches Wasser auch schon abgelagerte Stoffe noch zur Verwesung bringen, wie dies z. B. bei den Sanden der Seegrasküsten der Fall ist. In den Tonen mit ihrem kleinen Porenvolumen ist die Wasserzirkulation schon gleich nach der Ablagerung beschränkt, die Organismenreste sind besser vor dem Abbau geschützt. Wie viel organische Substanz in die Tone eingebettet wird, hängt einerseits von der Produktion des betreffenden Wasserbeckens an Organismen ab und andererseits von dem Sauerstoffgehalt des Wassers, besonders des Bodenwassers. Die Geschwindigkeit der Verwesung wird im wesentlichen von dem Verhältnis der Geschwindigkeiten der Zufuhr des Sauerstoffs, d. h. der Wasser-

erneuerung und damit der Strömungsgeschwindigkeit zu der Sedimentationsgeschwindigkeit der Organismenreste abhängen. Man kann so alle Übergänge
erwarten, zwischen sauerstoffreichem Wasser mit langsamer Sedimentation der
organischen Substanz und sauerstofffreiem Bodenwasser, in dem aus den schwefel-
haltigen Eiweißstoffen der Organismen Schwefelwasserstoff produziert wird,
wie es z. B. im Schwarzen Meer der Fall ist.

Ein weiterer Faktor ist die Sedimentationsgeschwindigkeit des anorganischen
Materials. Je geringer diese ist, um so mehr hat die organische Substanz Gelegenheit, sich anzureichern, um so länger ist sie aber auch im sauerstoffreichen Medium
der Zersetzung ausgeliefert. Langsame anorganische Sedimentation wirkt also
im sauerstoffreichen Medium verstärkend auf die Verwesung und damit auf
kleine Gehalte an organischer Substanz hin, im sauerstoffreien Wasser dagegen
begünstigt sie hohen Gehalt an organischer Substanz. Rasche anorganische
Sedimentation verdünnt den Gehalt an organischer Substanz. Sind sowohl die
organische Sedimentation wie die anorganische reichlich, so kann es sich bei
sauerstoffhaltigem Bodenwasser ereignen, daß die Verwesung im Sediment
weiter geht. Dort kann, wie oben erwähnt, der Sauerstoff nur in sehr geringem
Maße eindringen, der vorhandene Sauerstoff wird rasch verbraucht, die organische Substanz wird dann unter anaeroben Bedingungen zersetzt, es entsteht
Schwefelwasserstoff. Der dem Bodenwasser zunächst gelegene Teil des Sediments ist unter Sauerstoffzufuhr zersetzt und hell oder braun gefärbt, die tieferen
Teile sind durch Humus und Sulfide dunkel bis schwarz. Wir nennen mit KREJCI-
GRAF derartige Unterwasserböden Gyttja und unterscheiden sie von den
echten Faulschlammen oder Sapropelen, die im anaeroben Bodenwasser abgelagert wurden. Beispiele für derartige Sedimente sind außer den Sedimenten
von Binnenseen, denen der Name entlehnt ist, die meisten Blauschlicke. Als
Beispiel für Sedimente in sauerstoffreichem Bodenwasser mit sehr langsamer
Sedimentation anorganischer Trübe können die Roten Tone gelten. Nach den
Untersuchungen des Meteorwerkes haben 9 Rote Tone im Mittel 0,58% Humus,
der Humusgehalt schwankt zwischen 0,14 und 2,12%. Die Sedimentationsgeschwindigkeit liegt unter 0,5 cm im Jahrtausend. Als Gegenbeispiel für
schwefelwasserstoffhaltiges Bodenwasser kann die Angabe von ARCHANGELSKI
dienen, daß der Faulschlamm des Schwarzen Meeres 23—35% organische Substanz enthält bei Bildung einer Schicht von 1—2 cm Dicke im Jahrtausend. Das
entspräche einer jährlichen Ablagerung von 3—5 g organischer Substanz je
Quadratmeter. Wieviel in einem solchen Fall an organischer Substanz bis zur
Einbettung im Sediment verloren geht, kann wenigstens größenordnungsmäßig
aus den Angaben von JENSEN gefolgert werden. Er schätzt die jährliche Produktion von Phytoplankton in der Kieler Bucht auf 100 g je Quadratmeter.

Auf die mit der Einbettung organischer Substanz in Zusammenhang
stehenden Fragen der Entstehung des Erdöls kann an dieser Stelle nicht eingegangen werden. Es muß hierfür auf die Arbeiten von KREJCI-GRAF verwiesen
werden.

Die vierte Gruppe von Tonbestandteilen sind schließlich diejenigen, die
sich *im Sediment neu gebildet* haben, wie Eisenmonosulfid, Pyrit, Glaukonit,
Dolomit und Breunnerit. Die Bildungsbedingungen dieser Minerale werden an
anderer Stelle besprochen. Es mag bei dieser Gelegenheit nur darauf hingewiesen
werden, daß außer Eisen auch andere Elemente, die schwerlösliche Sulfide
bilden, im schwefelwasserstoffhaltigen Bodenwasser ausgefällt werden können.
Wir bekommen so die Übergänge von Tonen mit sulfidischem Schwermetall-
gehalt bis zu den sedimentären Sulfiderzlagerstätten. Als ein Beispiel für eine
solche Übergangslagerstätte, die bereits wirtschaftliche Bedeutung hat, mag
der Mansfelder Kupferschiefer genannt sein, über dessen Entstehung ein sehr

umfangreiches Schrifttum vorhanden ist. Die Zusammensetzung des Mansfelder Kupferschiefers beträgt nach WAGENMANN aus CISSARZ:

SiO_2	33%	S	2,6%	V	0,05%
Al_2O_3	14%	Fe	2,5%	Mo	0,03%
CaO	14%	Zn	0,9%	Ag	0,016%
CO_2	13%	SO_3	0,8%	Ni	0,01%
C	5,5%	Pb	0,5%	Co	0,004%
MgO	4,8%	Mn	0,3%	Cr	0,01%
K, Na	4,4%	P_2O_5	0,2%	Se	0,002%
Cu	2,9%	Cl	0,15%	Au	300—600 g/t Ag

In solchen Lagerstätten sind die Schwermetalle wohl sicherlich durch den Schwefelwasserstoff des Bodenwassers ausgefällt. Adsorption kann nicht zu so hohen Werten führen, obwohl die Tone wegen ihrer großen Oberfläche ein hohes Adsorptionsvermögen zeigen.

Außer der eigentlichen Adsorption hat man bei Tonen auch eine Erscheinung beobachtet, deren Wirkung die der Adsorption überlagert, den *Basenaustausch*. Man versteht darunter die Eigenschaft eines Minerals oder Tons oder eines Mineralgemenges, aus einer Lösung, die Kationen enthält, von diesen einen Teil aufzunehmen und eine äquivalente Menge der in dem Substrat bisher enthaltenen Ionen abzugeben. Man mißt häufig den Basenaustausch nur durch die Abnahme der Ammoniumkonzentration, die eine NH_4Cl-Lösung in Berührung mit der zu untersuchenden Substanz erfährt. Auf diese Weise bestimmt man also den Eintausch = Austausch + Adsorption, wenn wir unter Adsorption das Festhalten von Ionen an inneren und äußeren Grenzflächen ohne Austausch verstehen. Diese Gesamtwerte können bei Kaolinit bis 15, bei Glimmer bis 20, bei Montmorillonit und den ihm ähnlichen Mineralen 50—100 mg/Äquivalent betragen. Das würde bedeuten, daß im Montmorillonit bis zu 3,4% K_2O als austauschbares Kali vorkommen kann, bei einem Ton mit 50% Montmorillonit also 1,7% K_2O. Außer diesen Mineralen zeigt auch der Humus ein Austauschvermögen, das mit 150 mg/Äquivalent auf 100 g den Montmorillonit sogar noch übertrifft. Es ist aber durchaus nicht etwa so, daß nun der Kaligehalt von Tonen stets auf derartigen Vorgängen beruhen muß. Die Untersuchung der Mineralbestandteile der Tone hat gerade gelehrt, daß auch Glimmergehalt für den Kaligehalt maßgebend sein kann.

Es ist nun noch die Frage zu besprechen, ob die Zusammensetzung der Tone durch die vier Gruppen von Bestandteilen wirklich vollständig erfaßt ist. Die Bestandteile der Tone gehören ja nach ihrer Größenordnung zu einem beträchtlichen Teil zu den Kolloiden. Man hat lange Zeit die Begriffe kolloid und amorph einander gleichgesetzt und dem Begriff kristalloid gegenübergestellt. Wir wissen heute, daß kolloide Teilchen sowohl kristallin wie amorph sein können. Kristalline Teilchen besitzen einen Gitterbau und sind infolgedessen röntgenographisch zu erkennen. Bei amorphen Teilchen ist das nicht möglich. Früher ist häufig angenommen worden, daß die Tone *amorphe Bestandteile* hätten. Die bisherigen Untersuchungen der verschiedenen Autoren haben aber keinen Anhaltspunkt für derartige amorphe minerogene Beimengungen ergeben. Biogene amorphe Beimengungen sind sowohl in den Kieselskeletten wie in der organischen Substanz mit Sicherheit vorhanden. Das hypothetische, amorphe Mineral Allophan ist wohl zum Teil identisch mit dem Halloysit, der optisch isotrop ist, im übrigen existiert es nicht. Auch der Basenaustausch, für den man eine amorphe Substanz postuliert hatte, ist experimentell an Tonmineralen (s. o.) und an der organischen Substanz nachgewiesen. Man darf deshalb wohl feststellen, daß amorphe Substanz unter den Bestandteilen der Tone keine große Rolle spielen kann.

Wir können also die Bestandteile der Tone nach ihrer Entstehung in vier Gruppen zusammenfassen: in die Verwitterungsreste Quarz, Feldspat, Glimmer, in die Verwitterungsneubildungen, von denen die wesentlichsten Kaolinit, Halloysit, Montmorillonit sind, in die biogenen Beimengungen Kalk, Kiesel, organische Substanz und in die Neubildungen im Sediment wie Schwefelkies und Glaukonit. Nach ihrem Verhalten beim Transport können wir die Mineralbestandteile in blättchenförmige und isometrische einteilen. Die blättchenförmigen werden sich besonders in den feinsten Fraktionen finden; es ist aber bereits oben darauf hingewiesen worden, daß auch isometrische, wie der Quarz, sich noch in der allerfeinsten Fraktion finden. Das biogene Material unterscheidet sich häufig in der Art, wie es ins Sediment gelangt, von den minerogenen Verwitterungsresten und Verwitterungsneubildungen, denn es ist meist im Wasserbecken selbst entstanden. Berücksichtigt man diesen Umstand nicht gebührend, so kann gerade bei marinen Sedimenten das Studium der Korngrößenverteilung zu ganz falschen Auffassungen über die Transportverhältnisse führen. Foraminiferen- und Diatomeenschalen, die von Lebewesen stammen, die im Wasserraum über dem betreffenden Sediment lebten und starben, haben einen ganz anderen Transportweg als die Trübe, die vom Lande her durch Wasser- oder Windströmungen herbeigeführt wurde. Bei den feinen Schälchen der Diatomeen wird man auch damit rechnen müssen, daß sie denselben Weg wie die feine minerogene Trübe vom Lande her nehmen können.

Im folgenden werden nun noch einige *Beispiele für die mineralogische und chemische Zusammensetzung der Tone* gegeben (Abb. 34—39 und Tab. 26 bis 31).

Tabelle 26. Korngrößenverteilung und Mineralbestand des Diluvialtons von Papendorf. (Nach Schlünz.)

	$< 2\,\mu$	$2{-}11\,\mu$	$11{-}24\,\mu$	$24{-}60\,\mu$	$> 60\,\mu$
Korngrößenverteilung in %	34,8	56,3	5,7	2,3	0,9
Quarz	30—50	18,7	23,4	25,6	28,7
Feldspat	—	7,3	11,2	16,1	17,6
Kalzit	—	13,5	12,9	15,0	13,6
Hornblende	—	6,6	7,5	6,7	7,0
Biotit	30—50	2,7	5,4	5,8	7,0
Muskovit		26,6	18,6	15,4	11,5
Chlorit und Serpentin	—	5,1	5,5	3,6	5,7
Montmorillonit	10—30	—	—	—	—
Hochlichtbrechende Minerale	—	5,6	4,7	3,7	2,4
Undurchsichtige Gemengteile	—	3,3	3,1	1,6	1,1
Nicht bestimmbar	—	10,6	7,7	6,5	5,4

Chemische Analyse des Papendorfer Tons (nach Schlünz) in Prozent. Wassergehalt des ungeschlämmten Tons bei 105° C: 23,15%.

	Gesamt	$< 2\,\mu$	$2{-}11\,\mu$	$11{-}24\,\mu$	$24{-}60\,\mu$	$> 60\,\mu$
SiO_2	46,51	45,91	46,35	49,09	50,55	52,37
Al_2O_3	13,26	13,56	13,00	10,79	10,00	10,40
Fe_2O_3	4,43	4,90	3,98	3,98	4,53	3,44
CaO	13,23	11,91	14,20	12,95	13,70	13,65
MgO	3,95	3,56	2,76	3,45	3,93	4,67
K_2O	1,00	0,89	1,18	1,72	1,60	1,75
Na_2O	0,76	0,75	0,83	1,24	1,21	1,55
TiO_2	1,14	1,46	1,31	1,06	1,32	1,57
H_2O	7,30	12,12	8,64	6,77	3,83	1,56
CO_2	8,61	5,01	7,63	8,64	9,13	9,06
	100,19	100,07	99,88	99,69	99,80	100,02

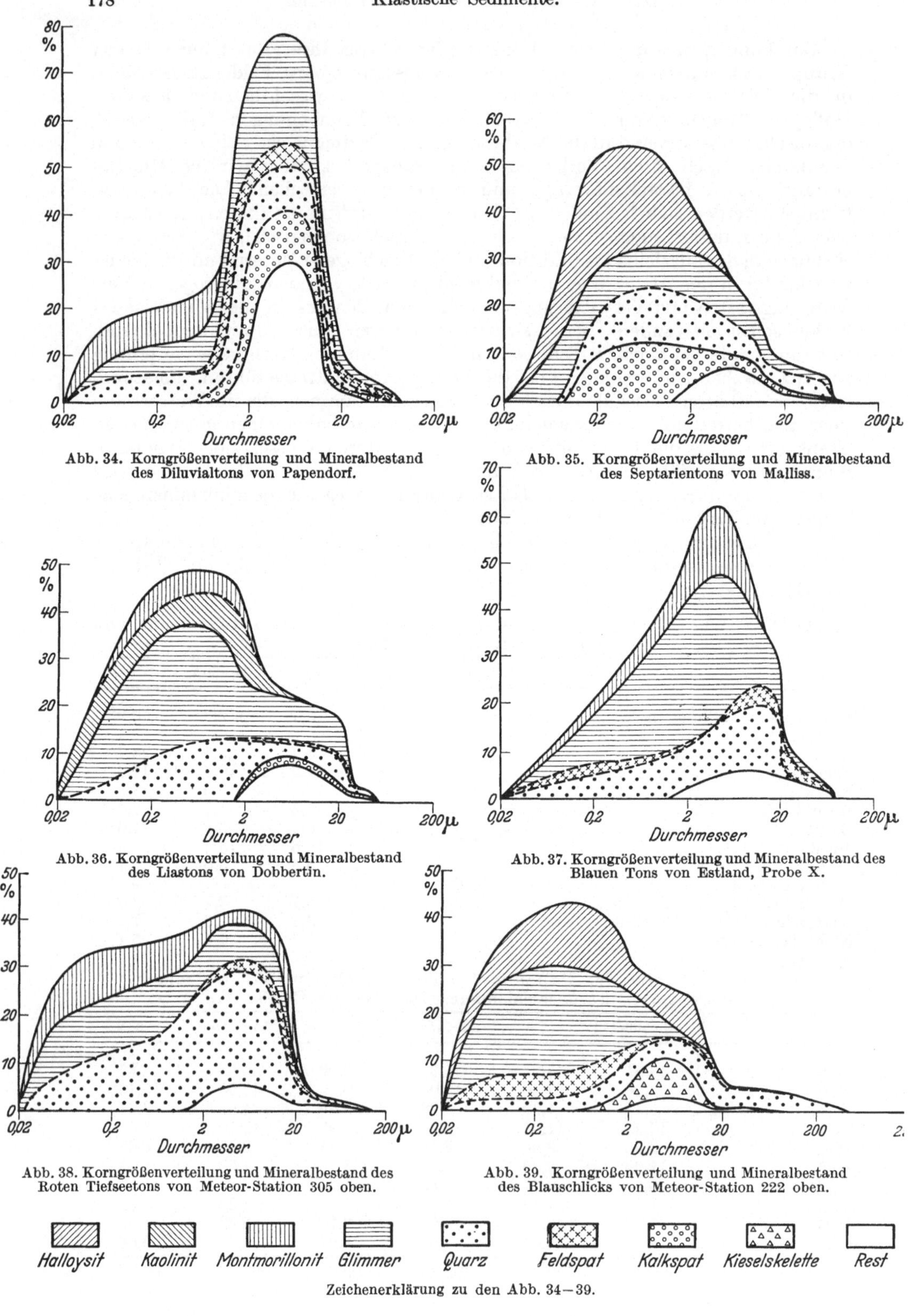

Abb. 34. Korngrößenverteilung und Mineralbestand
des Diluvialtons von Papendorf.

Abb. 35. Korngrößenverteilung und Mineralbestand
des Septarientons von Malliss.

Abb. 36. Korngrößenverteilung und Mineralbestand
des Liastons von Dobbertin.

Abb. 37. Korngrößenverteilung und Mineralbestand des
Blauen Tons von Estland, Probe X.

Abb. 38. Korngrößenverteilung und Mineralbestand des
Roten Tiefseetons von Meteor-Station 305 oben.

Abb. 39. Korngrößenverteilung und Mineralbestand
des Blauschlicks von Meteor-Station 222 oben.

Zeichenerklärung zu den Abb. 34—39.

Die Diagramme und Schaubilder zeigen, wie verschieden die Tone zusammengesetzt sein können. Wir finden alle die vorhin erwähnten Minerale in ganz wechselnden Verhältnissen. Wir sehen auch, daß aus ähnlicher Korngrößenverteilung und ähnlichem Mineralbestand noch nicht etwa auf gleiche Entstehung geschlossen werden kann. Ein besonders schönes Beispiel dafür geben der glaziale Bänderton von Papendorf und der älteste noch plastische Ton, der Blaue Ton des Kambriums aus Estland. Beide führen Glimmer und Montmorillonit als Haupttonminerale. Glücklicherweise führt der Blaue Ton marine

Tabelle 27. Korngrößenverteilung und Mineralbestand des Septarientons von Malliss. (Nach SCHLÜNZ.)

	$< 0,1\,\mu$	$< 2\,\mu$	$2—11\,\mu$	$11—24\,\mu$	$24—60\,\mu$	$> 60\,\mu$
Korngrößenverteilung in %	7,5	66,3	20,1	3,1	2,5	0,5
Quarz	—	10—30	29,0	35,4	42,2	40,5
Feldspat	—	—	0,5	1,2	4,3	7,3
Kalzit	—	10—30	2,5	6,0	5,5	12,2
Kokkolithen	—	—	11,0	8,7	10,0	—
Breunnerit	—	—	2,0	3,1	3,3	8,9
Muskovit	30—50	10—30	36,0	25,3	16,2	9,3
Chlorit	—	—	0,8	1,6	2,3	0,8
Halloysit	30—50	30—50	—	—	—	—
Hochlichtbrechende Minerale	—	—	5,0	5,1	4,2	5,8
Undurchsichtige Gemengteile	—	—	4,5	3,4	5,7	8,5
Nicht bestimmbar	—	—	8,7	10,2	6,3	6,7

Chemische Analyse des Mallisser Tons. (Nach SCHLÜNZ.)
Wassergehalt des ungeschlämmten Tons bei 105° C: 14,96%.

	Gesamt	Zentrifugenfraktion $< 0,1\,\mu$	$0,1—2\,\mu$	$2—11\,\mu$	$11—24\,\mu$	$24—60\,\mu$	$> 60\,\mu$
SiO_2	50,10	49,83	48,04	55,00	58,35	59,45	53,57
Al_2O_3	19,34	24,32	22,25	14,18	11,38	9,91	10,71
Fe_2O_3	4,77	6,54	4,16	5,27	5,91	8,04	9,75
CaO	7,76	2,12	8,42	8,16	8,13	8,13	9,32
MgO	3,21	3,31	2,34	3,26	3,34	2,23	2,73
K_2O	1,77	2,07	1,12	1,74	1,44	1,53	1,26
Na_2O	1,09	1,16	1,09	0,98	0,81	1,01	1,91
TiO_2	0,48	0,42	0,37	1,41	1,21	1,17	0,85
H_2O	6,36	9,16	6,44	4,82	3,06	3,04	3,71
CO_2	5,19	0,94	5,46	4,95	5,76	4,76	6,00
	100,07	99,87	99,69	99,77	99,39	99,27	99,81

Tabelle 28. Korngrößenverteilung und Mineralbestand des Liastons von Dobbertin. (Nach SCHLÜNZ.)

	$< 2\,\mu$	$2—11\,\mu$	$11—24\,\mu$	$24—60\,\mu$	$> 60\,\mu$
Korngrößenverteilung in %	73,62	18,75	6,12	1,02	0,46
Quarz	10—30	20,42	25,16	29,95	32,38
Feldspat	—	2,82	8,22	12,14	12,43
Karbonat	—	5,80	7,09	2,76	3,11
Muskovit	> 50	35,33	28,06	23,81	18,14
Kaolinit	10—30	11,50	4,20	—	—
Biotit	—	2,12	5,48	6,76	6,86
Pyrit	—	7,04	15,48	17,51	19,69
Hochlichtbrechend	—	5,63	3,87	3,53	4,92
Nicht bestimmt	—	9,34	2,44	3,54	2,47

(Fortsetzung der Tabelle 28 siehe nächste Seite.) 12*

Tabelle 28. (Fortsetzung.) Chemische Analyse des Liastons von Dobbertin.
(Nach SCHLÜNZ.) H_2O-Gehalt des ungeschlämmten Tons bei 105° C: 18,51%.

	Gesamt %	< 2 μ %	> 2 μ %
SiO_2	51,98	50,29	56,17
Al_2O_3	21,86	24,73	13,79
Fe_2O_3	5,03	4,90	5,36
FeS_2	3,30	0,73	10,36
TiO_2	1,12	0,94	1,61
CaO	0,97	0,66	1,85
MgO	2,89	3,11	2,32
K_2O	3,31	3,27	3,37
Na_2O	1,14	1,37	0,49
CO_2	0,81	0,53	1,59
H_2O	8,03	9,78	3,12
	100,44	100,31	100,03

Tabelle 29. Korngrößenverteilung und Mineralbestand des Blauen Tons von
Estland, Probe X. (Nach PRALOW.)

	< 2 μ	2—6,3 μ	6,3—20 μ	20—63,2 μ	63,2—200 μ
Korngrößenverteilung in %	47.23	29,98	19,03	3,37	0,12
Quarz	10—30	20,63	36,32	24,48	35,06
Plagioklas	10—30	—	9,01	23,38	16,51
Orthoklas	10—30	—	1,97	3,12	3,15
Biotit	—	1,56	8,72	19,31	—
Muskovit	—	—	—	1,98	—
Glimmer	30—50	48,70[1]	22,00[1]	—	—
Glaukonit	—	—	—	26,27[1]	40,25[1]
Limonit (Erz)	—	3,75	8,30	0,42	3,89
Montmorillonit	10—30	23,34	10,88	—	—
Hochlichtbrechende Minerale . . .	—	2,00	2,77	1,00	1,01
[1] Braune Aggregate	—	3,38	8,52	25,71	36,92
	—	99,98	99,97	99,96	99,87

Chemische Analyse der Probe X des Blauen Tones von Estland. (Nach PRALOW.)
Wassergehalt des ungeschlämmten Tons bei 105° C: 17,76%.

	< 2 μ %	2—20 μ %	20—200 μ ber. %	Gesamtanalyse %
SiO_2	49,23	60,68	62,87	55,19
TiO_2	0,65	0,96	0,93	0,81
Al_2O_3	18,88	16,89	7,57	16,48
Fe_2O_3	13,57	7,31	14,21	11,47
MnO	0,06	0,02	0,05	0,04
MgO	3,45	2,63	4,90	3,09
CaO	—	0,40	0,70	0,22
Na_2O	1,76	1,21	2,45	1,51
K_2O	5,79	5,37	4,96	5,54
H_2O+	6,86	4,68	1,88	5,69
	100,25	100,15	100,52	100,04

Fossilien und Glaukonit und bewahrt so vor voreiligen Schlüssen über gleichartige Entstehung. Die glazialen Tone enthalten natürlich nicht nur Reste
mechanischer Verwitterung von Eruptiven, sondern auch das vom Gletscher
aufgenommene Material älterer, besonders tertiärer Tone. Der tertiäre Septarienton von Malliß in Mecklenburg und der Liaston von Dobbertin haben eine

Tabelle 30. Korngrößenverteilung und Mineralbestand des Roten Tiefseetons
von Meteorstation 305 oben.

	< 2 μ	2—11 μ	11—20 μ	20—110 μ	110—220 μ	> 200 μ
Korngrößenverteilung in %	62,8	29,8	4,9	2,3	0,1	0,1
Quarz	30—50	59,8	65,6	70,2	—	—
Feldspat	—	4,9	16,0	9,2	—	—
Hornblende und Augit . .	—	2,2	1,9	3,9	—	—
Biotit	30—50	3,6	2,8	5,1	—	—
Muskovit	30—50	14,7	0,8	0,9	—	—
Erz	—	3,6	3,1	2,3	—	—
Montmorillonit	30—50	8,0	6,0	5,3	—	—
Glaukonit	—	—	1,5	—	—	—
Dolomit	—	1,1	—	1,1	—	—
Hochlichtbrechende Mine- rale	—	2,2	2,3	1,9	—	—

Chemische Analyse des Roten Tiefseetons von Meteorstation 305 oben.
(Analytiker BRÜNGER.)

	Bauschanalyse	r = < 0,2 μ Zentrifugen-fraktion	r = < 2 μ	r = 2—11 μ	r > 11 μ
SiO_2	52,00	42,74	49,06	60,50	61,97
Al_2O_3	23,17	21,64	23,98	15,78	7,11
Fe_2O_3	2,59 ⎫ als Fe_2O_3	7,84	2,32 ⎫ als Fe_2O_3	4,20 ⎫ als Fe_2O_3	7,84
FeO	3,31 ⎭ 6,03		3,10 ⎭ 5,77	1,96 ⎭ 6,38	7,84
CaO	3,45	1,37	3,57	2,33	6,94
MgO	0,37	0,27	0,24	0,34	0,70
Na_2O	2,22	3,25	2,90	2,64	2,60
K_2O	2,30	2,89	2,50	2,11	2,03
MnO	0,30	0,43	0,27	0,29	0,27
TiO_2	0,96	0,55	0,87	1,02	0,97
P_2O_5	0,02	0,45	0,02	0,18	0,25
CO_2	0,81	0,00	0,66	0,63	0,85
Humus	0,55	0,32	0,57	0,30	0,38
H_2O^+	8,34	18,92	9,11	7,93	8,34

Tabelle 31. Korngrößenverteilung und Mineralbestand des Blauschlicks von
Meteorstation 222 oben.

	< 2 μ	2—11 μ	11—20 μ	20—110 μ	110—200 μ	> 200 μ
Korngrößenverteilung in %	72,7	19,9	2,6	3,4	0,7	0,7
Quarz	—	28,3	57,6	64,3	—	—
Plagioklas.	10—30	—	4,4	7,5	—	—
Orthoklas + Albit	10—30	—	2,9	2,8	—	—
Mikroklin	—	—	—	1,1	—	—
Muskovit	50	25,0	18,1	5,2	—	—
Halloysit	30—50	41,7	—	—	—	—
Zirkon-Turmalin	—	—	—	1,0	—	—
Erz	—	5,0	1,9	5,2	—	—
Hornblende	—	—	2,4	0,6	—	—
Augit.	—	—	2,9	5,2	—	—
Glaukonit.	—	—	9,8	7,1	—	—

ziemlich ähnliche Korngrößenverteilung, aber ganz verschiedene Mineralzusammensetzung. Im Septarienton von Malliß ist Halloysit neben Glimmer
das vorherrschende Tonmineral und Kalkspat geht bis in die feinste Fraktion
hinein. Der Dobbertiner Ton dagegen zeigt Montmorillonit, Kaolinit und
Glimmer als Tonminerale. Auch das dritte Paar, der Rote Ton und der

Blauschlick haben ähnliche Korngrößenverteilung. Aber der Rote Ton enthält in der feinsten Fraktion Quarz, Glimmer und Montmorillonit, während der Blauschlick Halloysit, Glimmer, Quarz und Feldspat in der feinsten Fraktion enthält. Es würde auch ganz falsch sein, wenn man nun behaupten wollte, daß alle Roten Tone oder alle Blauschlicke dieselbe Zusammensetzung wie die hier veröffentlichten haben. Die Untersuchungen des Meteorwerkes haben gezeigt, daß andere Rote Tone auch aus demselben Meeresbecken Kaolinit oder Halloysit an Stelle des Montmorillonit enthalten können und ebenso ist es bei Blauschlicken, bei denen auch Kaolinit und Montmorillonit vorkommen. Auch Feldspatgehalt in der feinsten Fraktion ist nicht etwa auf die küstennahen Blauschlicke beschränkt, sondern kommt auch in Globigerinenschlammen vor.

Aus diesen Beispielen und auch aus den analogen Untersuchungen von GRIM und Mitarbeitern sind wir berechtigt den Schluß zu ziehen, daß die Tone nicht aus einer einheitlichen Tonsubstanz mit einigen Verunreinigungen bestehen, wie es ein starres Schema des Verwitterungskreislaufes zeitweilig haben wollte. Die sedimentären Tone sind ein Gestein, entstanden als Absatz der feinsten Trübe, die aus Resten der mechanischen Verwitterung und aus Verwitterungsneubildungen verschiedener Art in verschiedenem Anteil bestehen können. Beigemengt sind biogener Kalk, Kiesel und organische Substanz. Neubildungen im Sediment treten hinzu.

4. Tuffite. Als Anhang an die klastischen Gesteine sollen im folgenden noch die tuffigen Ablagerungen besprochen werden. Tuffe verdanken ihre Entstehung der vulkanischen Tätigkeit. Sie fallen nicht unter die Definition der Sedimente, wie sie hier gegeben worden ist. Wenn ihre Herkunft sie auch von den Sedimenten unterscheidet, so haben sie doch mit ihnen gemeinsam die Art der Ablagerung. Außerdem gibt es alle Übergänge von Sedimenten mit geringen Tuffbeimengungen bis zu Gesteinen, die ganz aus Aschentuffen aufgebaut sind. Drittens ist es in vielen Fällen nicht leicht zu entscheiden, ob man es mit einem echten Tuff zu tun hat oder mit der Aufarbeitung eines Ergußgesteins, z. B. durch die Brandung.

Aus der mineralogischen Zusammensetzung von Tuffen kann man mit einiger Genauigkeit auf das Ursprungsgestein schließen, insbesondere, wenn man eventuelle Aufbereitungserscheinungen berücksichtigt. Man kann die Tuffe also nach den Ursprungsgesteinen in Trachyttuffe, Phonolithtuffe, Basalttuffe usw. einteilen. Als Palagonittuff bezeichnet man einen Tuff, der honiggelbes bis braunes Glas, den Palagonit, enthält. Dieser Palagonit ist entstanden durch die Wasseraufnahme von schwarzem Basaltglas (Sideromelan). Wahrscheinlich handelt es sich dabei um einen Quellungsvorgang, der wohl besonders intensiv vor sich geht, wenn bei der Eruption das heiße Glas mit Wasser in Berührung kommt. Man kann zwei Arten von Palagoniten unterscheiden, den eigentlichen glasigen Palagonit und Faserpalagonit, bei dem Zeolithe feine Fasern im Glas bilden. In den Palagoniten haben wir also einen klastischen Bestandteil, der mindestens durch verwitterungsähnliche Vorgänge bereits verändert ist.

Aus der Struktur und Textur der Tuffe kann man einige Schlüsse auf die Art der Ablagerung ziehen. Tuffe, die nur durch die Luft transportiert worden sind und auf dem Lande abgelagert wurden, haben häufig eine unregelmäßige Korngrößenverteilung, eine Struktur, die man in Analogie zu der Nomenklatur der Ergußgesteine porphyrisch nennen könnte: in feinen Aschenteilchen sind grobe Kristalleinsprenglinge eingelagert. Solche Tuffe sind im allgemeinen nicht geschichtet. Wenn sie in Binnenseen abgelagert wurden, können sie bei porphyrischer Struktur geschichtet sein durch den jahreszeitlichen Wechsel im See, z. B. durch Diatomeenzwischenlagen usw. Durch den langsamen Absatz im Wasser werden sie auch Paralleltextur aufweisen.

Werden nun solche terrestren Tuffablagerungen von Flüssen abtransportiert und in Becken wieder abgelagert, so hat unterdes eine Sortierung nach der Korngröße stattgefunden, das Sediment ist gleichmäßig körnig geworden. Es wird im See dann wieder mit Paralleltextur und in Schichten abgelagert. Wird ein terrestres Tuffsediment statt durch Flüsse durch Brandung aufgearbeitet und am Strande abgelagert, so wird es ebenfalls nach der Korngröße sortiert werden. Im allgemeinen wird aber keine Schichtung auftreten. Derartige Verhältnisse wurden von CORRENS und LEINZ von den tuffigen Sedimenten des Tobasees beschrieben. Eine Übersicht über die Entstehungsbedingungen dieser Tuffe gibt Tab. 32.

Tabelle 32. Übersicht über die Entstehungsbedingungen der Tuffe vom Tobasee in Sumatra.

Erster Transport	Erster Ablagerungsort	Zweiter Transport	Zweiter Ablagerungsort	Struktur	Textur
vulkanisch explosiv	terrester	—	—	porphyrisch	ungeschichtet
	limnisch	—	—		geschichtet mit Paralleltextur
	terrester	fluviatil	limnisch	gleichmäßig körnig	
		durch Brandung	litoral		ungeschichtet

III. Chemische und biogene Sedimente.

Schrifttum.

ANDRÉE, K.: Über einige Vorkommen von Flußspat in Sedimenten, nebst Bemerkungen über Versteinerungsprozesse und Diagenese. Tschermaks min. u. petrogr. Mitt. Bd. 28 (1909) Heft 6, S. 535—556.

D'ANS, J.: Die Lösungsgleichgewichte der Systeme der Salze ozeanischer Salzablagerungen. Berlin 1933 (herausgeg. v. d. Kali-Forsch.-Anst. G. m. b. H.).

BÄR, O.: Versuch einer Lösung des Dolomitproblems auf phasentheoretischer Grundlage. Diss. Frankfurt a. M. 1925.

BANDEL, W.: Die alluvialen Eisenerze in SW-Mecklenburg und ihre Entstehung. Mitt. mecklenburg. geol. Landesanst., Beil. zu Heft 46, N. F. 11 (1937).

BERG, G.: Die Struktur und Entstehung der Lothringer Minetteerze. Abh. Dtsch. Geol. Ges. 1921, S. 113—136.

— Die Rolle des Phosphors im Mineralreich. Arch. Lagerst.-Forschg., Berlin 1922, Heft 28.

BILTZ, W. u. E. MARCUS: Über das Vorkommen von Ammoniak und Nitrat in den Kalisalzlagerstätten. Z. anorg. Chem. Bd. 62 (1909) S. 183—202.

— Über das Vorkommen von Kupfer in dem Staßfurter Kalisalzlager. Z. anorg. Chem. Bd. 64 (1909) S. 236.

— Über die Verbreitung von borsauren Salzen in den Kalisalzlagerstätten. Z. anorg. Chem. Bd. 72 (1911) S. 302.

BOEKE, H. E.: Über das Krystallisationsschema der Chloride, Bromide, Jodide von Natrium, Kalium und Magnesium, sowie über das Vorkommen des Broms und das Fehlen von Jod in den Kalisalzlagerstätten. Z. Kristallogr. Bd. 45 (1908) S. 346—391.

BOEKE, H. E. S.: Ein Schlüssel zur Beurteilung des Kristallisationsverlaufs der bei der Kalisalzverarbeitung vorkommenden Lösungen. Kali, Halle Jg. 4 (1910) Heft 13/14.

BORCHERT, H.: Die Vertaubungen der Salzlagerstätten und ihre Ursachen, I u. II. Kali, verwandte Salze u. Erdöl, 1933, Heft 8—12; 1934, Heft 23/24; 1935, Heft 1.

— Erscheint demnächst im Arch. Lagerst.-Forsch. Heft 67, 1939.

BRADLEY, W. H.: Cultures of algal oolites. Amer. J. Sci. Bd. 5, Ser. 18 (1929) S. 144.

CLARKE, F. W. u. W. C. WHEELER: The inorganic constituents of marine invertebrates, 2. Aufl. U. S. Geol. Survey, Prof. Pap. 124, Washington 1922.

COOPER, L. H. N.: Iron in the sea and in marine plankton. Proc. Roy. Soc., Lond. Ser. B, Bd. 118 (1935) Nr. 810 S. 419—438.

— Some conditions governing the solubility of iron. Proc. Roy. Soc., Lond. Ser. B Bd. 124 (1937) Nr. 836 S. 299—307.

CORRENS, CARL W.: Adsorptionsversuche mit sehr verdünnten Kupfer- und Bleilösungen und ihre Bedeutung für die Erzlagerstättenkunde. Kolloid-Z. Bd. 34 (1924) Heft 6.
— Beiträge zur Petrographie und Genesis der Lydite (Kieselschiefer). Mitt. Abt. Erz-, Salz- u. Gesteinsmikrosk. preuß. geol. Landesanst. 1924.
CORRENS, C. W. u. G. NAGELSCHMIDT: Über Faserbau und optische Eigenschaften von Chalzedon. Z. Kristallogr. (A) Bd. 85 (1933) Heft 3/4, S. 199—213.
DORFF, P.: Biologie des Eisen- und Mangankreislaufs. Die Eisenorganismen, Bd. II. Berlin 1935.
EKMAN, S.: Tiergeographie des Meeres. Leipzig 1935.
ENGELHARDT, W. VON: Die Geochemie des Barium. Chemie der Erde Bd. 10 (1936) S. 187 bis 246.
ERDMANN, E.: Die Entstehung der Kalisalzlagerstätten. Z. angew. Chem. Jg. 21 (1908) Heft 32.
FREYBERG, B. VON: Zerstörung und Sedimentation an der Mangroveküste Brasiliens. Leopoldina Bd. VI (1930) Walther-Festschr. S. 69—117.
FULDA, E.: Steinsalz und Kalisalze, Bd. 3, Teil 2 aus Die Lagerstätten der nutzbaren Mineralien und Gesteine. Stuttgart 1938.
GALLIHER, E. W.: Glauconite genesis. Bull. geol. Soc. Amer. 1935, S. 1351—1366.
GEVERS, T. W.: Terrestrer Dolomit in der Etoscha-Pfanne, Südwestafrika. Cbl. Min. usw. Abt. B (1930) S. 224—230.
GOLDSCHMIDT, V. M.: Grundlagen der quantitativen Geochemie. Fortschr. Min. usw. Bd. 17 (1933); Bd. 19 (1935).
GOLDSCHMIDT, V. M. u. CL. PETERS: Zur Geochemie des Bors, I. u. II. Nachr. Ges. Wiss. Göttingen, Math.-phys. Kl. 1932, S. 401 u. 528.
HADDING, A.: The pre-quaternary sedimentary rocks of Sweden. IV. Glauconite and glauconitic rocks. Medd. Lunds geol.-min. Inst. 1932, Nr. 51.
HOFF, J. H., VAN'T: Die Bildung ozeanischer Salzablagerungen, I. u. II. Braunschweig 1905 u. 1909.
JÄNECKE, E.: Vollständige Übersicht über die Lösungen ozeanischer Salze, I, II, III, IV. Z. anorg. Chem. Bd. 100 (1917); Bd. 102 (1918); Bd. 103 (1918).
— Die Entstehung der deutschen Kalisalzlager. Die Wissenschaft in Einzeldarstellungen, Bd. 59. Braunschweig 1923.
KALKOWSKY, E.: Die Verkieselung der Gesteine in der nördlichen Kalahari. Sitzgsber. u. Abh. Ges. Isis, Dresden 1902.
KEGEL, W.: Zur Kenntnis der devonischen Eisenerzlager in der südlichen Lahnmulde. Z. prakt. Geol. Bd. 31 (1923) Heft 1/2, 3 u. 4.
KLEMENT, R.: Die anorganische Skelettsubstanz. Ihre Zusammensetzung, natürliche und künstliche Bildung. Naturwiss. Jg. 26 (1938) Heft 10, S. 145—152.
KOELICHEN, K.: Über ein Jodvorkommen im Kalisalzlager. Kali Bd. 7 (1913) S. 457—459.
KREJCI-GRAF, K. u. TH. LEIPERT: Bromgehalte in mineralischen, kohligen und bituminösen Ablagerungen. Z. prakt. Geol. Jg. 44 (1936) Heft 7, S. 117—123.
LEHMANN, E.: Salzlager. Handwörterbuch der Naturwissenschaften, 2. Aufl., S. 675—699.
LEINZ, V.: Die Mineralfazies der Sedimente des Guineabeckens. Wissenschaftliche Ergebnisse der Deutschen Atlantischen Expedition auf dem Forschungs- und Vermessungsschiff „Meteor" 1925—1927, Bd. III, Teil 3, 2. Lief., S. 245—261. 1937.
LINCK, G.: Bildung des Dolomits und Dolomitisierung. Chemie der Erde Bd. 11 (1937) S. 278—286.
LINCK, G. u. W. BECKER: Die weiße Schreibkreide und ihre Feuersteine. Chemie der Erde Bd. 2 (1925) S. 1—14.
LOTZE, F.: Steinsalz und Kalisalze. Geologie. Berlin 1938.
LÜCK, H.: Beitrag zur Kenntnis des älteren Salzgebirges im Berlepsch-Bergwerk bei Staßfurt nebst Bemerkungen über die Pollenführung des Salztones. Diss. Leipzig 1913.
LUFTSCHITZ, H.: Die Systematik der Kalke. Tonind.-Ztg. Jg. 56 (1932) Nr. 77 u. 79.
MATHEWS, A. A. L.: Origin and growth of the great salt lake oolites. J. of Geol. Bd. 38 (1930) S. 631.
MAYER, F. K. u. E. WEINECK: Die Verbreitung des Kalziumkarbonats im Tierreich unter besonderer Berücksichtigung der Wirbellosen. Jena. Z. Naturwiss. Bd. 66 (1932).
MOORE, E. S. u. J. E. MAYNARD: Solution, transportation and precipitation of iron and silica. Econ. Geol. Bd. 24 (1929).
NOLL, W.: Geochemie des Strontiums. Chemie der Erde Bd. 8 (1933/34) S. 507.
OCHSENIUS, K.: Die Bildung der Steinsalzlager und ihrer Mutterlaugensalze. Halle 1877.
OLTMANNS, F.: Morphologie und Biologie der Algen, 2. Aufl., Bd. 1. Jena 1922.
PIA, J. VON: Die rezenten Kalksteine. Min. u. petr. Mitt., N. F., Erg.-Bd. Leipzig 1933.
PRALOW, W.: Mikroskopische, röntgenographische und chemische Untersuchung einiger Proben des estländischen Tons. Diss. Rostock 1938.

RADCZEWSKI, O. E.: Die Mineralfazies der Sedimente des Kapverdenbeckens. Wissenschaftliche Ergebnisse der Deutschen Atlantischen Expedition auf dem Forschungs- und Vermessungsschiff „Meteor" 1925—1927, Bd. III, Teil 3, 2. Lief., S. 262—277. 1937.

REIDEMEISTER, C.: Über Salztone und Plattendolomite im Bereich der norddeutschen Kalisalzlagerstätten. Diss. Kiel 1911.

RIEDEL, O.: Chemisch-mineralogisches Profil des älteren Salzgebirges im Berlepschbergwerk bei Staßfurt. Z. f. Kristallogr. Bd. 50 (1912) S. 139—173.

ROEBER, J.: Der Jodgehalt der deutschen Salzlagerstätten. Jb. Halleschen Verb. Erforschg. mitteldtsch. Bodenschätze u. ihr. Verwert. Bd. 16, N. F. (1938) S. 129—196.

ROSZA, M.: Das Vorkommen und die Entstehung des Hartsalzkainitits. Cbl. Min. usw. 1916, S. 505—511.

SCHNEIDERHÖHN, H.: Aufbereitungsversuche mit oolithischen Eisenerzen der Makrozephalusschichten bei Gutmadingen (Baden) und ihre sedimentpetrogenetische Bedeutung. Fortschr. Geol. u. Paläont. Bd. XI (1931), Deecke-Festschr. H. 34.

SCHOTT, G.: Geographie des Indischen und Stillen Ozeans. Hamburg 1935.

SCHOTT, W.: Die Foraminiferen in dem äquatorialen Teil des Atlantischen Ozeans. Wissenschaftliche Ergebnisse der Deutschen Atlantischen Expedition auf dem Forschungs- und Vermessungsschiff „Meteor" 1925—1927, Bd. III, Teil 3, 1. Lief. 1935.

SCHWARZ, A.: Die Natur des culmischen Kieselschiefers. Diss. Frankfurt a. M. 1928.

SEIFERT, H.: Geochemische Tarnung in anomalen Mischkristallen. Min. u. petr. Mitt. Bd. 45 (1934) S. 191—208.

SPANGENBERG, K.: Die künstliche Darstellung des Dolomits. Z. Kristallogr. Bd. 52 (1913) S. 529—567.

TAKAHASHI u. YAGI: Peculiar mud grains and their relation to the origin of glauconite. Econ. Geol. Bd. 24 (1929) Nr. 8, S. 838.

TARR, W. A.: Origin of the chert in the Burlington Limestone. Amer. J. Sci. Bd. 44.

THOMPSON, TH. G. u. R. J. ROBINSON: Chemistry of the sea. Bull. nat. Res. Council, Washington 1932, Nr. 85.

THORP, E. M.: The Sediments of the Pearl and Hermes Reef. J. sediment. Petrology Bd. 6 (1936) Nr. 2.

UDLUFT, H.: Die Genesis der flächenhaft verbreiteten Dolomite des mitteldevonischen Massenkalkes, insbesondere des Schwelmer Kalkes der Gegend von Elberfeld-Barmen. Jb. preuß. geol. Landesanst. Bd. 50 (1929).

VOGT, J. H. L.: On the average composition of the earth's crust, with particular reference to the contents of phosphoric and titanic acid. Skr. Norske Vidensk.-Akad. Oslo, Math.-nat. Kl. 1931, Nr. 7.

WATTENBERG, H.: Das chemische Beobachtungsmaterial und seine Gewinnung. — Kalziumkarbonat- und Kohlensäuregehalt des Meerwassers. Wissenschaftliche Ergebnisse der Deutschen Atlantischen Expedition auf dem Forschungs- und Vermessungsschiff „Meteor" 1925—1927, Bd. VIII.

— Kohlensäure und Kalziumkarbonat im Meere. Fortschr. Min. usw. Bd. 20, 2 (1936) S. 168—195.

— Die Bedeutung anorganischer Faktoren bei der Ablagerung von Kalziumkarbonat im Meere. Geol. Meere u. Binnengewäss. Bd. 1 (1937a) S. 237—259.

— Die chemischen Arbeiten auf der Meteor-Fahrt Februar bis Mai 1937. Ann. Hydrogr., Berlin. (1937) Meteor Beiheft.

— Zur Chemie des Meerwassers. Über die in Spuren vorkommenden Elemente. Z. anorg. allgem. Chem. Bd. 236 (1938) S. 339—360.

— Chemie des Meerwassers. Abhandlungen aus dem Gebiet der Bäder- und Klimaheilkunde, S. 12. Berlin 1938.

WATTENBERG, H. u. E. TIMMERMANN: Über die Sättigung des Seewassers an $CaCO_3$ und die anorganogene Bildung von Kalksedimenten. Ann. Hydrogr., Berlin Bd. 64 (1936) S. 23—31.

— Die Löslichkeit von Magnesiumkarbonat und Strontiumkarbonat in Seewasser. Kiel. Meeresforschg. Bd. 2 (1937) S. 81—94.

WOLANSKY, D.: Untersuchungen über die Sedimentationsverhältnisse des Schwarzen Meeres und ihre Anwendung auf das nordkaukasische Erdölgebiet. Geol. Rdsch. Bd. 24 (1933) S. 395—410.

ZIMMERMANN, E.: Die ersten Versteinerungen aus Tiefbohrungen in der Kaliregion des norddeutschen Zechsteins. Z. dtsch. geol. Ges. Bd. 56 (1904) S. 47—52.

Der einen großen Gruppe von Sedimenten, die wir bisher besprochen haben, den klastischen Ablagerungen, steht die Gruppe der Sedimente gegenüber, deren Material aus dem Lösungszustand wieder ausgeschieden wurde. Diese

Wiederausscheidung aus der Lösung kann direkt erfolgen durch Änderung der
Lösungsbedingungen oder indirekt mit Hilfe von Organismen. Es scheint mir
nicht zweckmäßig zu sein, diese beiden Vorgänge als etwas gänzlich Verschiedenes zu betrachten. Bei fossilen Sedimenten ist es oft nicht mehr möglich mit
Sicherheit zu sagen, welcher Vorgang zur Ausscheidung führte, und auch bei
den heutigen Sedimenten sind Übergänge vorhanden. Kalkbildung kann durch
Kohlensäureentzug erfolgen, sowohl rein anorganisch durch Temperaturerhöhung,
wie auch unter Mitwirkung von Pflanzen dadurch, daß sie Kohlensäure ver-
brauchen. Schließlich sind die Vorgänge, die zur Ausscheidung von Kalk im
Organismus führen, auch durch Veränderung der Lösungsbedingungen herbeigeführt.

a) Kalke.

1. Chemische Grundlagen. Betrachten wir zunächst die Bildung der Kalke
etwas näher. Für sie ist das *Verhalten der Kohlensäure in wässerigen Lösungen*
von größter Bedeutung. Denn ob Kalk an einer Stelle in Lösung geht und ob
er an einer anderen Stelle wieder ausgeschieden werden kann, das hängt weitgehend von dem Verhalten der Kohlensäure ab; ja auch die biogene Ausscheidung
von Kalk wird davon beeinflußt. Man pflegt die Auflösung des Kalkes meist
auf die Bildung von Kalziumbikarbonat zurückzuführen und das Ausfallen auf
den Zerfall dieses Kalziumbikarbonats. Diese Ausdrucksweise ist wenig schön
und hat bereits manchmal Verwirrung angerichtet. Denn ein Kalziumbikarbonat
im festen Zustand gibt es nicht, in der Lösung befinden sich nur Ionen. Die
Auflösung wird deshalb besser nach dem Beispiel von WATTENBERG folgendermaßen beschrieben:

Das Löslichkeitsprodukt

$$(1) \qquad [Ca^{\cdot\cdot}] \cdot [CO_3''] = K_{CaCO_3} \; (\sim 10^{-8})$$

gibt an, wieviel Kalk in reinem Wasser gelöst wird. Kommt Kohlensäure hinzu,
so ist diese nach der Gleichung

$$(2) \qquad \frac{[H^{\cdot}] \cdot [HCO_3']}{[H_2CO_3]} = K_1 \; (\sim 10^{-6})$$

dissoziiert. Die $H^{\cdot}$ vereinigen sich weitgehend mit den CO_3''-Ionen aus dem
Kalk zu HCO_3'-Ionen, weil die HCO_3' nur äußerst wenig dissoziiert ist nach der
Gleichung

$$(3) \qquad \frac{[H^{\cdot}] \cdot [CO_3'']}{[HCO_3']} = K_2 \; (\sim 10^{-10}) \; .$$

Durch die Reaktion der $H^{\cdot}$ mit den CO_3'' wird das Gleichgewicht der Gleichung (1)
gestört. Es muß solange $CaCO_3$ aufgelöst werden, bis durch Vergrößerung der
Ca-Konzentration das Löslichkeitsprodukt wieder erreicht ist. Und umgekehrt
muß $CaCO_3$ ausfallen, wenn aus der Lösung $H^{\cdot}$-Ionen weggeführt werden. In
der schließlich sich ergebenden Lösung sind die Konzentrationen durch die
drei Gleichungen (1) bis (3) festgelegt.

Der wichtigste Faktor, der die Löslichkeit des Kalkes beherrscht, ist die
Konzentration der gasförmig gelösten, der „freien" Kohlensäure. Bereits in
Gleichung (2) und auch im folgenden bedeutet H_2CO_3 die gesamte freie Kohlensäure, also die Summe $H_2CO_3 + CO_2$. Nur etwa 1% der in Wasser gelösten CO_2
ist zu H_2CO_3 hydratisiert. Diese eigentliche Kohlensäure ist eine ziemlich starke
Säure. Bezieht man aber die Dissoziation auf die Summe $H_2CO_3 + CO_2$, so ist
„Kohlensäure" etwa 100mal schwächer. Die Bestimmung dieser freien Kohlensäure ist in reinem Wasser relativ einfach. Sie kann durch Auskochen oder Durch-
leiten von CO_2-freier Luft daraus entfernt werden. In komplizierteren Systemen,

wie z. B. dem Meerwasser, macht die Bestimmung gewisse Schwierigkeiten. Hier ist der Einfluß der Ionen Na, K, Mg, SO_4 usw. zu berücksichtigen, die durch ihre elektrische Ladung die Ionen der Kohlensäure in ihrer Beteiligung am Dissoziationsgleichgewicht stören. Wegen der überragenden Bedeutung der marinen Kalkbildung muß gerade auf diese Umstände etwas ausführlicher eingegangen werden. Am bequemsten ist es hier, die *Wasserstoffionenkonzentration* der Lösung zur Bestimmung zu benutzen. Ihre Bestimmung durch p_H-Messung ($p_H = -\log [H^{\cdot}]$) kann mit relativ einfachen Methoden und großer Genauigkeit ausgeführt werden. Die Summe der an CO_2 gebundenen Basenmenge kann durch Titration mit Salzsäure gefunden werden. Diese Titrationsalkalinität liefert die Gleichung

$$(4) \qquad 2\,[CO_3''] + [HCO_3'] = A \,.$$

Da man die Dissoziationskonstanten der Kohlensäure in erster und zweiter Stufe, K_1 und K_2, kennt, sind, wenn $H^{\cdot}$ und A gemessen worden sind, noch drei Variable vorhanden: HCO_3', CO_3'' und H_2CO_3, die aus den drei Gleichungen (2) bis (4) ausgerechnet werden können. Außer den Karbonaten sind die bei der Titration erfaßten Basen in geringem Maße auch an Borat gebunden, jedoch kann dieser Wert solange vernachlässigt werden, als man nicht in stark alkalischem Wasser arbeitet. Für die häufiger vorkommenden Salzgehalte, Temperaturen und Wasserstoffionenkonzentrationen hat man den Kohlensäuredruck und die Gesamtkohlensäure berechnet und in Tabellen und Diagrammen der Verwendung zugänglich gemacht. Ein kurzer Auszug nach WATTENBERG für $35^0/_{00}$ Salzgehalt ist in Tab. 33 wiedergegeben.

Tabelle 33. Die Beziehungen zwischen Wasserstoffionenkonzentration, Temperatur und Kohlensäuredruck für $35^0/_{00}$ Salzgehalt.

p_H	P_{CO_2} (in 10^{-4} at)				Gesamt-CO_2 (10^{-3} Mol/l)			
	0°C	10°C	20°C	30°C	0°C	10°C	20°C	30°C
7,6	11,7	13,4	14,8	16,5	2,40	2,36	2,33	2,30
7,8	7,2	8,1	8.8	9,8	2,33	2,29	2,25	2,21
8,0	4,3	4,8	5,2	5,7	2,26	2,20	2,15	2,10
8,2	2,5	2,8	3,0	3,1	2,16	2,10	2,03	1,96
8,4	1,5	1,6	1,6	1,7	2,05	1,96	1,88	1,81

Bei den Messungen des p_H ist noch der hydrostatische Druck zu berücksichtigen, der auf die Dissoziation der Kohlensäure verstärkend wirkt. Eine Wassermasse von der Oberfläche in die Tiefe gebracht, wird saurer, weil Druckzunahme auf die Dissoziation der Kohlensäure verstärkend wirkt. Umgekehrt wird eine Probe aus der Tiefe infolge der Druckentlastung basischer. Über die Größe des Einflusses gibt die Tab. 34 Auskunft.

Betrachten wir zunächst Systeme, bei denen der Gehalt an Gesamtkohlensäure durch Aufnahme aus der Atmosphäre oder durch Abgabe an die Atmosphäre verändert werden kann. Bei ihnen hängt die Löslichkeit des $CaCO_3$ von der Konzentration der freien Kohlensäure ab.

Tabelle 34. Änderung des p_H mit der Tiefe infolge des Druckes bei unverändertem Kohlensäuregehalt. (Nach WATTENBERG.)

Tiefe in m	p_H	p_H	p_H
0	7,80	8,00	8,20
2000	7,75	7,96	8,16
4000	7,70	7,91	8,12
6000	7,65	7,87	8,08
8000	7,60	7,82	8,04
10000	7,55	7,78	8,00

Den wichtigsten Einfluß auf diese Konzentration hat die Temperatur. Die Löslichkeit der Kohlensäure nimmt mit steigender Temperatur sehr stark ab, von 0—20° etwa auf die Hälfte. Durch Temperaturerhöhung wird also der Gehalt an freier Kohlensäure sehr stark vermindert, umgekehrt ist kälteres Wasser in der Lage, mehr Kohlensäure aufzunehmen als warmes und damit stärker lösend zu wirken.

Ebenso erhöht der Druck die Löslichkeit der CO_2 (wie aller Gase) und damit die Lösungsfähigkeit für Kalk. Der Einfluß des Druckes kommt aber wohl nur bei Quellen in Frage, die aus größerer Tiefe aufsteigen. Man könnte auch daran denken, daß er sich dort bemerkbar machen könnte, wo dem Meeresboden etwa durch vulkanische Exhalationen Kohlensäure zugeführt wird. Jedoch haben wir bisher keine einzige Beobachtung, die für solche Exhalationen spricht.

Auch der Salzgehalt vermindert die Löslichkeit der Kohlensäure und damit auch die des Kalziumkarbonats.

Von größerer Bedeutung sind aber nun noch eine Reihe von anderen Faktoren, die unabhängig von der Konzentration an freier Kohlensäure sind, die also auch dann wirken, wenn kein Austausch von Kohlensäure mit der Atmosphäre stattfindet. Das sind zunächst die Ca-Ionen, die nicht aus aufgelöstem Kalziumkarbonat, sondern etwa von $CaCl_2$ oder $CaSO_4$ stammen. Sie drängen die Löslichkeit zurück.

Der Gesamtsalzgehalt erhöht nicht nur die Dissoziation der Kohlensäure, worauf bereits oben hingewiesen wurde, sondern er wirkt auch vergrößernd auf das Löslichkeitsprodukt [Gleichung (1)] (Tab. 35).

Tabelle 35. Löslichkeitsprodukt $Ca^{\cdot\cdot} \cdot CO_3''$ in Seewasser bei 20°. (Nach WATTENBERG.)

Salzgehalt . . .	0	5	10	25	35⁰/₀₀
K'_{CaCO_3}	0,5	8,5	22	48	62 $\cdot 10^{-8}$

Auch die Temperatur ändert die Dissoziation der Kohlensäure, und zwar wird sie in der ersten Stufe weniger [Gleichung (2)] als in der zweiten Stufe verändert. Darum wird bei steigender Temperatur das Gleichgewicht zugunsten von CO_3'' verschoben. Bei gleichem Kohlensäuregehalt wirkt also Temperaturerhöhung erniedrigend auf die Löslichkeit von $CaCO_3$. Auch das Löslichkeitsprodukt von $CaCO_3$ in Seewasser wird mit steigender Temperatur kleiner im Gegensatz zu reinem Wasser (Tab. 36).

Tabelle 36. Abhängigkeit des Löslichkeitsproduktes von $CaCO_3$ von der Temperatur. (Nach WATTENBERG.)

Temperatur.	0°	10°	20°	30° C
K'_{CaCO_3} (35⁰/₀₀ Salz) .	8,3	7,4	6,2	4,4 $\cdot 10^{-7}$

Schließlich wird durch Druck auch die Dissoziation der Kohlensäure und damit die Lösungsfähigkeit des Wassers bei gleichbleibendem Kohlensäuregehalt erhöht. Dies ist von Wichtigkeit für die großen Tiefen der Ozeane. Wie sich das Löslichkeitsprodukt des $CaCO_3$ verhält, ist nicht erforscht, man kann nur aus Analogie schließen, daß wohl der Druck die Löslichkeit erhöhen wird.

Außer diesen Faktoren muß man bei der Betrachtung der Löslichkeitsverhältnisse im Auge behalten, daß Kalzit eine geringere Löslichkeit als Aragonit besitzt, und zwar ist Aragonit je nach der Temperatur um 7—9% leichter löslich als Kalzit.

Auch von der Korngröße hängt die Löslichkeit ab, sobald es sich um sehr kleine Korngrößen handelt (s. S. 127).

Zusammenfassend läßt sich sagen, daß wir eine erhöhte Löslichkeit finden, wenn die CO_2-Konzentration, der Gesamtsalzgehalt und der hydrostatische Druck steigen, wenn die Teilchen sehr klein sind oder aus Aragonit bestehen, eine Erniedrigung der Löslichkeit finden wir, wenn die Temperatur und der Gehalt an Kalziumionen steigen.

In der folgenden Tab. 37 sind die Löslichkeiten von $CaCO_3$ in Seewasser und in reinem Wasser als Funktion des CO_2-Druckes ($\cdot 10^{-4}$) angegeben.

Tabelle 37. Löslichkeit von $CaCO_3$ (mg/l) in Seewasser ($35^0/_{00}$ Salz) und in reinem Wasser als Funktion des CO_2-Druckes. (Nach WATTENBERG.)

Tem-peratur	Seewasser					Reines Wasser				
	P_{CO_2}					P_{CO_2}				
°C	1	2	3	5	$10 \cdot 10^{-4}$	1	2	3	5	$10 \cdot 10^{-4}$
0	60	75	80	100	135	65	82	94	112	142
10	45	60	65	78	105	50	63	73	86	110
20	35	45	50	60	83	40	50	58	69	87
30	25	35	35	45	60	32	41	47	56	71

Man sieht daraus, daß sich die verschiedenen Faktoren nahezu kompensieren, so daß die Löslichkeit im Meerwasser fast dieselbe ist wie in reinem Wasser. Von Interesse ist auch die folgende Tab. 38, aus der hervorgeht, daß der Einfluß der neutralen Salzlösungen durch die $Ca^{\cdot\cdot}$-Ionen kompensiert wird.

Die Ermittlung der Lösungsverhältnisse ist nicht leicht gewesen und erst in den letzten Jahren gelungen. Ein Umstand, der bis in die letzte Zeit besonders viel Schwierigkeiten gemacht·hat, ist, daß die Übersättigung des Kalkes in der Lösung recht lange bestehen kann. Stark übersättigte Meerwasserlösungen haben sich in Flaschen jahrelang gehalten,

Tabelle 38. $CaCO_3$-Löslichkeit bei 25° und $3 \cdot 10^{-4}$ at CO_2-Druck. (Nach WATTENBERG.)

	mg/l
Reines Wasser . . .	52
3,5% NaCl	134
3,5% Na_2SO_4 . . .	200
3,5% Seewasser . .	43

ohne daß der Kalk ausgefallen ist. Nur wenn Keime von Kalziumkarbonatkristallen vorhanden sind, wird die Übersättigung relativ rasch aufgehoben. Diese Erscheinung spielt sicherlich auch bei der natürlichen Kalkbildung eine Rolle und muß immer im Auge behalten werden, wenn die Frage auftaucht, warum an der einen Stelle eine Kalkbildung stattfindet und an der anderen nicht, obwohl die Übersättigung scheinbar an beiden Stellen gleich groß ist.

2. Festländische Kalkbildung. Betrachten wir zunächst die Bedeutung der vorstehend aufgeführten physikalisch-chemischen Gesetzmäßigkeiten für die Ausscheidung von Kalk auf dem Lande. Hier finden wir Kalkausscheidungen, die zu Gesteinsbildungen führen, als Oberflächenkalke in Trockengebieten, als Travertine in Quellen und Bächen und schließlich als Ablagerungen in Binnenseen.

Die *Oberflächenkalke* sind besonders aus Südafrika bekannt geworden. Sie sind nicht nur an aride Gebiete gebunden, aber doch an Gegenden mit einer lang andauernden Trockenzeit. Während dieser Zeit steigt das Wasser der Verwitterungslösungen kapillar im Boden auf und verdunstet an der Oberfläche. Dabei scheiden sich die gelösten Salze aus, und zwar diejenigen zuerst, die am schwersten löslich sind, wie das Kalziumkarbonat. Die Zusammensetzung solcher Kalkkrusten schwankt nach GEVERS von fast reinem $CaCO_3$ bis zu der des Dolomits, wenn von eingeschlossenem Sand und Ton und mitausgeschiedener Kieselsäure abgesehen wird. Bei der Ableitung der Entstehungsbedingungen solcher Kalke wird man sich immer vor Augen halten müssen, daß sie auch ältere Bildungen sein können, die unter anderen klimatischen Bedingungen entstanden sind.

In Gebieten mit reichlicheren Niederschlägen gelangen dieselben Ionen über das Grundwasser in Quellen und Flüsse, aus denen sie unter besonderen Umständen als *Travertine* wieder ausgeschieden werden. Derartige Bildungen werden auch als Kalktuff bezeichnet. Quellen verlieren einen Teil der gelösten Kohlensäure, wenn sie aus dem Innern von Kalkgebieten austreten und in die wärmere Luft der Erdoberfläche kommen. Begünstigt wird dieser Vorgang durch die Zerteilung des Wassers in Wasserfälle oder durch breite flächenhafte Ausdehnung über Moos, Rasen usw. Vielfach mag auch Kohlensäureentzug durch die Assimilation grüner Pflanzen eine Rolle spielen. Jedenfalls wirken alle diese Vorgänge zusammen in dem Sinn, daß CO_2 aus dem Wasser abgegeben und dadurch Kalk ausgeschieden wird. Diese Travertine sind meist aus Kalzit aufgebaut und als Bausteine geschätzt.

Auch bei der dritten Gruppe der festländischen Kalke, den *Ablagerungen in Binnenseen* spielen wohl dieselben Ursachen die Hauptrolle für die Kalkausscheidung: Abnahme der Löslichkeit des Kalziumkarbonats durch Freiwerden von Kohlensäure durch Temperaturerhöhung oder häufiger: Kohlensäureentzug durch die Assimilation grüner Pflanzen. Anorganische Fällung ist an Quellaustritten in Seen und Tümpeln beobachtet. v. PIA möchte den Namen Alm auf solche Ablagerungen beschränken.

Besonders wichtig sind die feinkörnigen Kalkschlamme in den Seen, die als Seekreide bezeichnet werden. Die obersten Schichten sind oft durch organische Substanz dunkel gefärbt. Wieweit bei der Seekreidebildung rein anorganische Faktoren und wieweit der Kohlensäureentzug durch Pflanzen eine Rolle spielen, ist noch nicht geklärt. Es ist wohl so, daß in verschiedenen Seen, vielleicht sogar in verschiedenen Teilen eines Sees, verschiedene Faktoren wirken. Von den anorganischen Faktoren ist nach dem oben über die Löslichkeit des Kalkes Dargelegten die Erwärmung zuströmenden Wassers der wichtigste. Die Tätigkeit der Pflanzen mag ein Beispiel erläutern, das A. VON KERNER (zitiert nach v. PIA) berechnet hat. Ein mit Potamogeton lucens bewachsener Seeboden würde jährlich ungefähr 5 g/cm^2 Kalk aufgelagert bekommen.

Auch freiliegende, durch Spaltalgen gebildete Knollen und krustenförmige Überzüge kommen in Seen vor. Hierher gehören die „Schnegglisteine" des Bodensees; sie sind etwa bohnengroß und unregelmäßig geformt, im Querschnitt konzentrisch geschichtet. Mit den Schnegglisteinen zusammen kommen auch große Kalkalgenkugeln vor, mit einem Durchmesser bis zu 30 cm. Sie finden sich auch in anderen Seen. Feste von Algen gebildete Kalkkrusten sind ebenfalls aus Seen beschrieben worden.

3. Marine Kalkbildung. Von viel größerer Bedeutung als die festländische Kalkbildung ist für die Sedimentkunde die marine. Die weitaus größte Menge der fossilen Kalke ist marin gebildet, in der Jetztzeit finden wir $128 \cdot 10^6$ km^2 von Globigerinenschlamm mit einem mittleren Kalkgehalt von 65% bedeckt; das sind 37,4% des Meeresbodens und 25% der Erdoberfläche (nach den Ergebnissen der Challenger-Expedition).

Zum Verständnis der marinen Kalkbildung müssen wir zunächst den *Kohlensäurestoffwechsel des Meeres* näher betrachten. Die Kohlensäure ist der einzige Stoff, der im Ozean sowohl mit der Luft wie mit dem Meeresboden in einem Austausch steht, der durch reversible Gleichgewichte bestimmt ist. Ob diese Gleichgewichte eintreten, ist eine zweite Frage, das hängt von der Austauschgeschwindigkeit ab. Wird z. B. die Meeresoberfläche erwärmt, so wird es einige Zeit dauern, bis sich das Gleichgewicht zwischen Wasser und Luft eingestellt hat. Merklich ist der Austausch mit der Atmosphäre nur in einer gegenüber der Tiefe des Ozeans dünnen Schicht von 100—1000 m Dicke. Diese Schicht, die ozeanographisch durch lebhaftere Bewegungen gekennzeichnet ist, kann man in Analogie zur Lufthülle als Troposphäre bezeichnen. Darunter liegt die ruhiger sich bewegende Stratosphäre, die von dem direkten Austausch mit der Luft ausgeschlossen ist. Auch der Austausch mit dem Boden, das Gleichgewicht mit dem dort abgelagerten Kalk wird sich nicht augenblicklich einstellen. Immer aber wird das System Luft—Wasser—Meeresboden dem Gleichgewichtszustand, wie er durch die Formeln (1) bis (3) ausgedrückt ist, zustreben.

Betrachten wir zunächst den Kohlensäuregehalt im Meer in der *Tiefengliederung*, so finden wir in etwa 50 m Tiefe eine geringe Abnahme der Kohlensäuretension (Abb. 40), dann steigt diese sehr rasch an bis in 500—1000 m Tiefe, um dann nach den großen Tiefen hin wieder abzunehmen, bis sie fast den Wert der Oberfläche wieder erreicht. Das kleine Minimum entsteht durch den Verbrauch der grünen Planktonpflanzen. Die Ursache des großen Maximums ist nicht so gut geklärt, es entsteht wohl im wesentlichen durch die Zersetzung der abgestorbenen Organismenreste in den oberen Schichten des Ozeans, diese findet in dem relativ warmen Wasser schneller statt als in der kalten Tiefe. In flachen Meeresteilen und in den Binnenseen erreichen die Organismenreste vor der Zersetzung den Boden, die CO_2-Konzentration steigt allmählich bis zum Boden an.

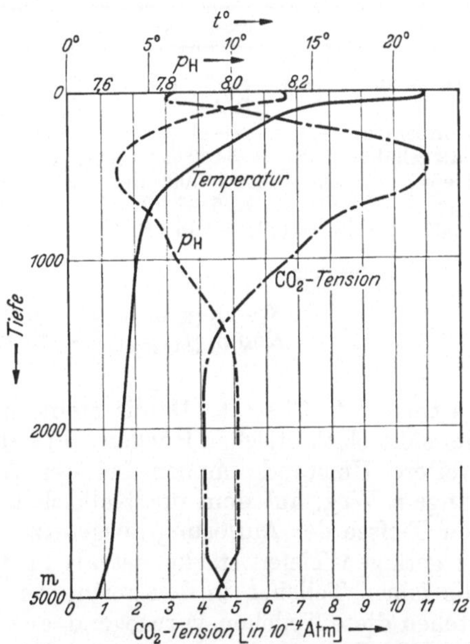

Abb. 40. Beispiel der vertikalen Verteilung der Temperatur, des pH und der CO_2-Tension in den mittleren Breiten des Atlantischen Ozeans. (Aus WATTENBERG 1936.)

Sehr häufig wurde auf der Meteorexpedition in den letzten 100 m über dem Meeresboden eine mehr oder weniger stark ausgeprägte Zunahme des Kohlensäuregehaltes gefunden. WATTENBERG führt dieses darauf zurück, daß infolge der Reibung am Meeresboden die bodennahen Schichten langsamer erneuert werden als die Schichten in größerem Abstand vom Boden. Ist die organische Substanz am Boden gleichmäßig verteilt, so wird der Kohlensäuregehalt im Bodenwasser durch ihre Zersetzung höher ansteigen können als im Tiefenwasser. Im offenen Ozean finden wir stets im Bodenwasser soviel Sauerstoff, daß die organische Substanz oxydiert werden kann.

Sehen wir von diesem Bodenwasser ab, so ist der Kohlensäuregehalt des Tiefenwassers in seiner Gesamtheit durch die Herkunft der Wassermassen bedingt. So hat das Tiefenwasser in der westlichen Hälfte des Südatlantischen Ozeans einen höheren Kohlensäuregehalt als in der östlichen, weil hier das antarktische Tiefenwasser zufließt, das aus einem Gebiet stammt, in dem das Wasser längere Zeit von der Oberfläche abgeschlossen war und dadurch an Kohlensäure angereichert wurde. WATTENBERG ist es gelungen, nachzuweisen, daß tatsächlich am Boden dieser westlichen Hälfte des Atlantischen Ozeans Kalkauflösung stattfinden muß, während in der östlichen Hälfte dies nicht der Fall zu sein braucht. Dies nachzuweisen bestehen zwei Möglichkeiten: Die eine ist die, daß man den Gehalt an Kalziumkarbonat im Meerwasser bestimmt und ihn der Löslichkeit, die unter den betreffenden Bedingungen herrscht, gegenüberstellt. Dieses ist in Tab. 39 geschehen. Wie man sieht, ist in der westlichen Hälfte, im Brasilbecken, das Bodenwasser in der Nähe der Sättigung, in der östlichen, im Angolabecken, dagegen übersättigt. Die andere Möglichkeit ist die, den Kalkgehalt des Bodenwassers mit dem des normalen

Tiefenwassers zu vergleichen. Findet eine Auflösung von Kalk statt, so müßte das Verhältnis Ca : Cl-Ionen geändert werden und dadurch auch das Verhältnis der Summe von Karbonat + Bikarbonationen ($2\,CO_3'' + H_2CO_3'$) zu Cl größer werden. Diese Summe ist der A-Wert unserer Gleichung (4) (S. 187), der durch Titration bestimmt werden kann. Die Untersuchungen WATTENBERGs auf der Meteorexpedition ergaben nun, daß das Verhältnis A : Cl in der Tiefsee mit Annäherung an den Boden steigt, er schließt daraus, daß eine Auflösung am Boden stattfindet. Danach sollte auch im Angolabecken noch eine Auflösung stattfinden, vielleicht werden hier nur die feinsten Korngrößen weggelöst.

In geringeren Tiefen bis etwa 2000 m findet keine Änderung des Verhältnisses A : Cl statt. Damit steht im Einklang, daß in diesen Tiefen z. B. auf dem Mittelatlantischen Rücken sehr kalkreiche Sedimente gefunden wurden. Zwei weitere Umstände mögen bei der Anreicherung des Kalkes mitwirken, der längere Weg, auf dem die Kalkschalen von der Oberfläche bis zum Boden in der Tiefsee der Auflösung ausgesetzt sind und die Wirkung der Strömung, die in geringen Tiefen stärker ist als in den großen, und dadurch verhindert, daß die feinen Teilchen in den geringeren Tiefen zur Sedimentation gelangen. Bestehen diese Teilchen vorwiegend aus Tonmineralen und die gröberen Teilchen aus den Kalkschalen der Foraminiferen, so kann auch auf diesem rein mechanischen Weg eine Anreicherung an Kalk stattfinden.

An der *Oberfläche des Meeres* ist nach den Untersuchungen von WATTENBERG das Wasser stets bei allen Temperaturen an Kalziumkarbonat übersättigt, wie aus der beifolgenden Tab. 40 hervorgeht.

Tabelle 39. Vergleich der Sättigungsverhältnisse für Kalk bei Rotem Ton und Globigerinenschlamm. (Aus WATTENBERG.)

	Brasilbecken	Angolabecken
Sediment . .	etwa 4—20% $CaCO_3$ „Roter Ton"	80—90% $CaCO_3$ „Globigerinenschlamm"
Temperatur .	0—1° C	2,5° C
Salzgehalt .	34,7⁰/₀₀	34,9⁰/₀₀
Tiefe . . .	etwa 5000 m	etwa 5000 m
p_H	7,85—7,90	7,95—8,00
$[Ca''] \cdot [CO_3'']$	0,76—0,96 · 10^{-6}	1,03—1,30 · 10^{-6}

Zum Vergleich:

$$K'_{CaCO_3\ (Kalzit)}\quad 0,8 \cdot 10^{-6}$$
$$K'_{CaCO_3\ (Aragonit)}\ 0,9 \cdot 10^{-6}$$

Tabelle 40. Sättigung des Seewassers an $CaCO_3$ im Atlantischen Ozean. (Nach WATTENBERG 1937.)

	Süd										Nord
Breite	60°	50°	40°	30°	20°	0°	20°	30°	40°	50°	60°
Temperatur . .	0°	4,4°	13,3°	19,5°	22,1°	26,2°	25,3°	22,4°	17,5°	10,9°	6,9°
Salzgehalt . . .	34,5	35,0	35,8	36,8	36,8	35,5	36,6	35,8	34,8	33,7	33,4
$CaCO_3$-Sättigung	144%	165%	214%	262%	280%	300%	298%	272%	235%	190%	168%

Die Übersättigung ist bei den niederen Temperaturen am geringsten und steigt bei tropischen Verhältnissen bis auf das Dreifache. Diese Übersättigung wird nur sehr schwer aufgehoben. Nur dort, wo Keime vorhanden sind, fällt Kalk aus. Im freien Ozean werden diese Kalkpartikeln selbst, wenn Keime vorhanden waren, beim Absinken in die Tiefe in dem Gebiet des großen Kohlensäuremaximums wieder aufgelöst. Aber in Flachmeeren kann nach diesen Untersuchungen sehr wohl eine anorganische Ausfällung von Kalk stattfinden. Wichtig ist, ·daß nach den Feststellungen von WATTENBERG und TIMMERMANN

feinste Quarzkörner (Korngröße etwa 0,1 mm) nicht als Keime wirken konnten.
Dort, wo durch die Wellen Kalkschlamm aufgerührt, oder durch die Brandung
wie in Atollen feiner Kalksand erzeugt wird, kann dieser die Übersättigung an
Kalk aufheben. Von Interesse ist eine Berechnung von WATTENBERG und
TIMMERMANN (1936) auf Grund ihrer Experimente, bei denen aus einem Liter
Seewasser beim Schütteln mit Kalkpulver in zwei Tagen 40 mg $CaCO_3$ ausfielen.
Bei einer durchschnittlichen Wassertiefe von 2 m würde das 8 mg/cm^2 ergeben.
Nimmt man an, daß die See im Jahre 20mal je zwei Tage stürmisch bewegt
war, so daß der Kalkschlamm aufgerührt wurde, so würden 0,12 g/cm^2 entsprechend einer 0,08 cm dicken Schicht anorganogenen Kalkes im Jahr abgelagert
werden. Berücksichtigt man dabei, daß durch die Strömung auch noch ein Teil
des Kalkes in die Tiefsee abtransportiert werden kann, wo er dann wieder aufgelöst wird, so wird man diese Zahl als Höchstwert betrachten dürfen. Sie ist
mit den Beobachtungen an Sedimenten der Vergangenheit wohl in Einklang
zu bringen.

Das Oberflächenwasser der freien Ozeane kann natürlich in seiner Übersättigung nicht über lange Zeiten hin bestehen. Das ist auch nicht nötig, weil
es durch die Zirkulation wieder in Tiefen gebracht wird, in denen die Übersättigung aufgehoben wird. Bei erneutem Aufsteigen kann dann wieder infolge
Druckentlastung, Erwärmung und Kohlensäureentzug Übersättigung eintreten.

In welcher Modifikation das Kalziumkarbonat ausfällt, hängt wohl von den
Umständen und den Keimen ab. Auf den flachen Kalkbänken der Bahamas bildet
sich ein Schlamm aus feinen Nädelchen von Aragonit. Er wurde auch in einem
Flachseesediment der Meteorexpedition vor der brasilianischen Küste reichlich
nachgewiesen. Ob sich im Meer stets zuerst Aragonit bildet oder Vaterit, wie
in LINCKs Versuchen, oder Kalzit, ist durch Naturbeobachtung noch nicht
geklärt.

Auch für die biogene Ausscheidung von Kalk geben diese Untersuchungen
gewisse Anhaltspunkte. Ganz gleich, wie die Ausscheidung erfolgt, immer wird
sie am leichtesten dort erfolgen, wo das Meerwasser gesättigt oder übersättigt
ist. Damit hängt der hohe Kalkreichtum tropischer Meere zusammen. Auch
die Vorliebe der Korallen für wärmeres Wasser dürfte mit auf diesen Umstand
zurückzuführen sein. Kalkalgen, Tiere mit dicken Kalkschalen usw. werden die
günstigsten Bedingungen in warmem, oberflächennahem Wasser finden. Wir
wissen aber, daß Tiere auch in der Lage sind, in an Kalk untersättigten Lösungen
Kalkschalen aufzubauen. Das wird wohl so geschehen, daß im Innern des Tieres
eine Flüssigkeit hergestellt wird, die alkalischer als die Außenlösung ist und dadurch das Gleichgewicht zugunsten der Ausscheidung von Kalk verschoben wird.

Für die *Ausscheidung von Kalk durch die Organismen* können wir folgendes
Schema aufstellen:

I. Einbau von Kalziumkarbonat in der Zelle oder Zellwand
    1. durch Pflanzen;
      a) benthonische Kalkalgen;
      b) planktonische Kalkalgen: Kokkolithen;
    2. durch Tiere
      a) benthonisch: Korallen, Kalkschwämme, Foraminiferen, Bryozoen,
        Brachiopoden, Echinodermen, Mollusken, Würmer;
      b) planktonisch: Foraminiferen, Pteropoden;
      c) Nekton: Krustazeen (Trilobiten, Ostrakoden).
II. Ausfällung von Kalziumkarbonat außerhalb der Zelle.
    1. durch grüne Pflanzen, Entzug der CO_2 durch Assimilation,
    2. durch Bakterien, Erniedrigung des CO_2-Druckes durch NH_3-Produktion.

Hierzu ist zu bemerken, daß in manchen Fällen nicht zu entscheiden ist, ob Fall I. 1. oder II. 1. vorliegt. Über den Fall II. 2., die Ausscheidung durch Bakterien, sind vielerlei Ansichten geäußert worden. Die Tatsache, daß durch Bakterientätigkeit Kalziumkarbonat ausgeschieden wird, ist wohl allseitig anerkannt. Bei der Diskussion der Wege, auf denen diese Ausscheidung erfolgen kann, wird man die neuen Erkenntnisse über den Kalkhaushalt immer mehr berücksichtigen müssen. Das Nächstliegende ist zweifelsohne eine Erhöhung der Alkalinität des Meerwassers und damit eine Herabsetzung der Löslichkeit von Kalziumkarbonat durch NH_3-Produktion. Im folgenden sollen kurz einige

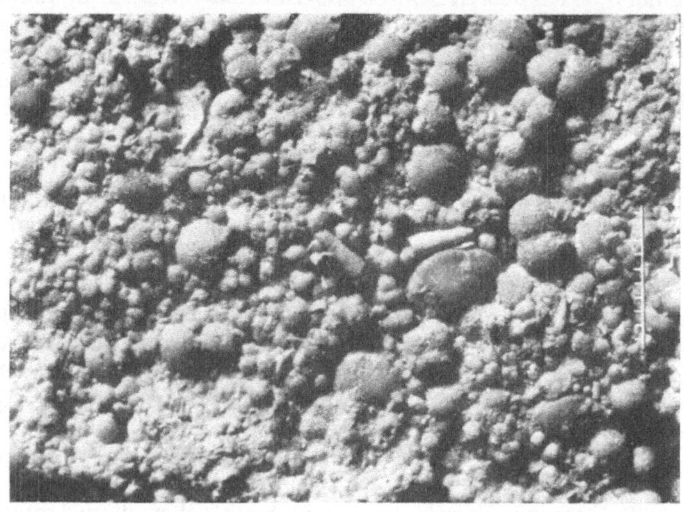

Abb. 41. Globigerinenschlamm, Meteor-Station 286 oben. (Aus Meteorwerk.) Aufsicht auf die Schichtfläche. Entfernung zweier Teilstriche = 0,1 mm.

wichtigere Sedimente, die aus kalkbildenden Organismen aufgebaut sind, besprochen werden.

Die *Kalkbildung durch Plankton* finden wir heute praktisch ausschließlich in den tieferen Teilen des freien Ozeans. In den Küstenbezirken überwiegt die Sedimentation durch das vom Lande stammende minerogene Material und die Sedimentbildung durch benthonische Organismen. Deshalb kann man die rezenten, durch Planktonorganismen gebildeten Kalksedimente praktisch gleichsetzen den eupelagischen Kalkbildungen. Für die Vergangenheit wird man jedoch auch den Fall im Auge behalten müssen, daß in flachem Wasser Planktonorganismenschalen Sediment bilden, weil terrigenes Material aus irgendwelchen Gründen zurücktritt. Weitaus den größten Anteil an den heutigen planktonischen Kalksedimenten haben die einzelligen Protozoen, die *Foraminiferen*. Ihre Schale besteht aus winzigen Kalzitprismen, die radial zur Oberfläche stehen und in eine Hülle von Keratinsubstanz eingebettet sind. Bei den Imperforaten ist der Bau etwas komplizierter. Foraminiferenschalen und Bruchstücke zeigen zwischen gekreuzten Nikols das schwarze Kreuz. Sie bilden den bereits obenerwähnten Globigerinenschlamm. Zuweilen hat man die Bedeutung der Foraminiferen für diese Schlamme bezweifelt, und es muß zugestanden werden, daß eine gewisse Verwirrung dadurch eingetreten ist, daß zuweilen einfach ein Kalkgehalt von über 30% in eupelagischen Sedimenten als hinreichendes Kennzeichen für Globigerinenschlamm angenommen worden ist. Ferner sind stets ausgeschlämmte Proben als Bilder von Globigerinenschlamm veröffentlicht worden. Abb. 41

bringt eine Bruchfläche durch getrockneten Globigerinenschlamm parallel zum Meeresboden in Aufsicht, Abb. 42 dasselbe Sediment im Querschnitt, senkrecht zum Meeresboden. Schon aus diesen Abbildungen geht hervor, daß es echte Globigerinenschlamme gibt. Um zu einer klaren Definition zu kommen, muß man den Gehalt an Foraminiferen zur Bezeichnung des Sedimentes verwenden. Anläßlich der Untersuchung der Sedimente im äquatorialen Teil des Atlantischen Ozeans wurden durch W. SCHOTT die Zahl der Foraminiferen in je 1 g der Korngrößengruppe von 2 bis 0,2 mm Durchmesser der Sedimente bestimmt. Der Höchstwert ist 23 300, wenn diese Gruppe ganz aus Foraminiferen besteht. In Abb. 43 sind die Kalkgehalte und die Foraminiferenzahlen von Sedimenten des äquatorialen Atlantischen Ozeans einander gegenübergestellt. Die Abbildung zeigt, daß es tatsächlich Sedimente gibt, die recht hohe Kalkgehalte und sehr niedrige Foraminiferenzahlen haben. Ich habe deshalb vorgeschlagen, als Globigerinenschlamme nur noch solche Sedimente zu bezeichnen, die über 25 % Foraminiferen in der gröbsten Fraktion führen, d. h. deren Foraminiferenzahl 6000 überschreitet. Das würden an der Bodenoberfläche des äquatorialen Atlantischen Ozeans noch etwa 20 % aller in diesem Meeresteil von der Meteorexpedition geloteten Proben sein, aber nur 54 % der Proben mit mehr als 30 % Kalkgehalt. Das in Abb. 41 und 42 wiedergegebene Sediment hat die Foraminiferenzahl 9930.

Auch die *Pteropoden*, deren Schalen aus Aragonit bestehen, können einen wesentlichen Anteil zu den Kalksedimenten beisteuern. In den Sedimenten des äquatorialen Atlantischen Ozeans wurden sie in drei Stationen, die vor der Brasilianischen Küste liegen, in größerer Menge gefunden. Die Fraktion

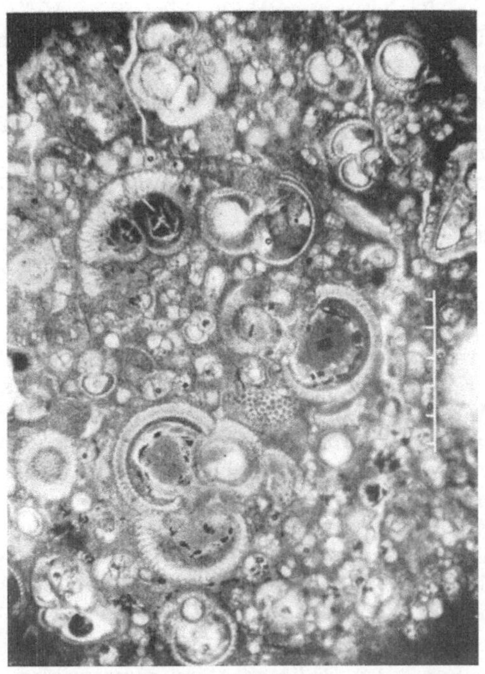

Abb. 42. Foraminiferen-Querschnitte, Meteor-Station 286 oben. (Aus Meteorwerk.) Schichtung ⊥ Maßstab. Entfernung zweier Teilstriche = 0,1 mm.

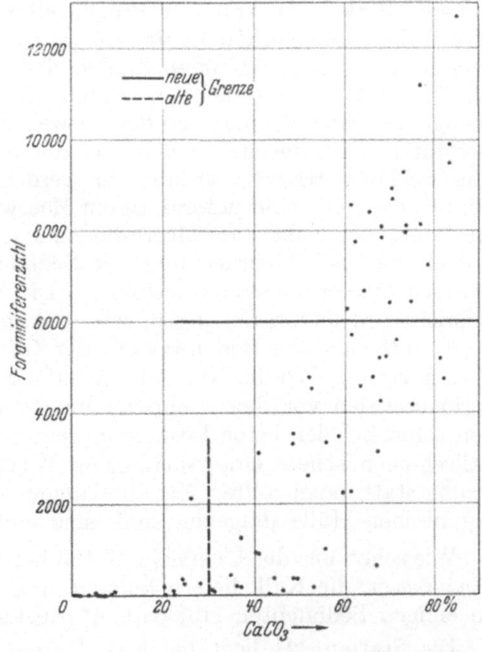

Abb. 43. Die Beziehungen zwischen Foraminiferenzahl und Kalkgehalt bei den Sedimenten der Meeresbodenoberfläche. (Aus Meteorwerk.)

13*

von 2—0,2 mm enthält hier über 10%. In einer Station treten in dieser Korngrößengruppe 35% Pteropodenreste auf. Hier kann man wohl von einem echten Pteropodenschlamm, in Analogie zu der oben angeführten Definition des Globigerinenschlammes, sprechen. Auch ein Schelfsediment aus 954 m Tiefe enthält in derselben Korngrößengruppe 28,6% Pteropoden und Pteropodenbruchstücke neben 35,7% Mineralkörnern. Das Sediment enthält außerdem mindestens noch 10% Foraminiferen. Eine andere Probe enthält 16% Pteropoden und rund 20% Foraminiferen, die dritte 17,5% Pteropoden und etwa 30% Foraminiferen.

Schließlich kommen als planktonische Kalkbildner noch die *Kokkolithophoriden* in Betracht. Die kleinen Plättchen dieser planktonischen Algen, die Kokkolithen, bestehen aus winzigen Kalzitprismen, die ebenso wie die Foraminiferenschalen unter dem Mikroskop zwischen gekreuzten Nikols das schwarze Kreuz geben. Die Kokkolithen finden sich nach den Untersuchungen, die W. SCHOTT an 12 Proben aus dem äquatorialen Atlantischen Ozean ausgeführt hat, im wesentlichen in der Korngrößengruppe von 11—2 μ Durchmesser. Es wurden besonders solche Sedimente untersucht, die einen hohen Kalkgehalt und eine niedrige Foraminiferenzahl aufwiesen. Der Gesamtanteil der Kokkolithen steigt aber auch in diesen Proben nicht über 13,2%. Andere quantitative Angaben über den Anteil der Kokkolithen sind mir nicht bekannt geworden. Es ist jedenfalls nicht ausgeschlossen, daß in der Jetztzeit oder in der Vergangenheit an manchen Stellen ihr Anteil wesentlich höher sein kann.

Außer diesen Resten planktonischer Organismen wurde nun bei der Untersuchung der Sedimente im äquatorialen Atlantischen Ozean noch ein sehr großer *Anteil an feinkörnigem Kalk* gefunden, der sich im wesentlichen in der Tonfraktion, $< 2\,\mu$, fand. Röntgenographisch konnte sehr häufig über 50% Kalk darin nachgewiesen werden. Durch chemische Analyse wurde in den feinsten Fraktionen von vier Proben 49,6—73,6% $CaCO_3$ gefunden. Nach den physikalisch-chemischen Bedingungen, wie sie oben auseinandergesetzt wurden, kommt für die betreffenden Stellen des Meeresbodens eine anorganische Ausscheidung von Kalk nicht in Frage. Ich möchte glauben, daß die Hauptmenge des feinen Kalkes von der Verwesung der Foraminiferenschalen herrührt. Zerfällt das organische Bindemittel der Schalen, oder wird es im Darmkanal von Schlammfressern verdaut, so werden die kleinen Kalkpartikel frei und können ebenfalls vom untersättigten Meerwasser aufgelöst werden. Findet keine Auflösung des Kalkes am Meeresboden statt, oder zerfällt das organische Bindemittel erst nach Überdeckung mit Sediment, so finden wir die kleinen Kalkprismen in den feinsten Fraktionen. Die Menge wohl erhaltener Globigerinenschalen wird davon abhängen, wie weit die Oxydation fortschreitet, also vom Sauerstoffgehalt des Bodenwassers, der Zufuhr leichter verweslichen organischen Materials usw. Wo die Keratinhülle erhalten bleibt, schützt sie wohl die Globigerinenschalen vor dem Angriff untersättigten Meerwassers und läßt auch an den toten Schalen keine Lösungsspuren erscheinen, auch wenn nach den physikalisch-chemischen Untersuchungen WATTENBERGs am Ablagerungsort Auflösung stattfinden sollte. Nur die langen Schwebestacheln, die nicht von dieser organischen Hülle umgeben sind, sind stets weggelöst (Abb. 44).

Wie schon aus der Übersicht S. 193 hervorgeht, ist die Zahl der *benthonischen Organismen*, die Kalk liefern können, außerordentlich groß. Über ihren Anteil an einigen Sedimenten gibt Tab. 41 Auskunft.

Die Station 221 liegt bei Kap Palmas, Station 227 ostwärts im Golf von Guinea, 253 und 254 a an der Nordostecke von Brasilien, 269 a bei Kap Verde und 278 a bei der Kapverdischen Insel Sal.

Tabelle 41. Zusammensetzung kalkreicher Flachseesedimente in den beiden gröbsten Korngrößen (nach dem Meteorwerk).

Fraktion	Station . . . . . Tiefe . . . . . . Kalkgehalt . . .	221 94 m 65%	227 66 m 86%	253 70 m 80%	254 a 81 m 88%	269 a 124 m 92%	278 a 64 m 87%
20—2 mm		vor-wiegend Kalk-algen	Koral-len + Kalk-algen	vorwiegend Kalkalgen			
2—0,2 mm	Foraminiferen . .	41,8%	11,8%	5%	11,3%	7,4%	25%
	Kalkalgen	55,3%	87%	64%	51,3%	92%	75%
	Sonstiges biogenes kalkiges Material				29,6%		
	Mineralkörner . .	2,9%	1,2%	31%	7,8%	0,6%	—

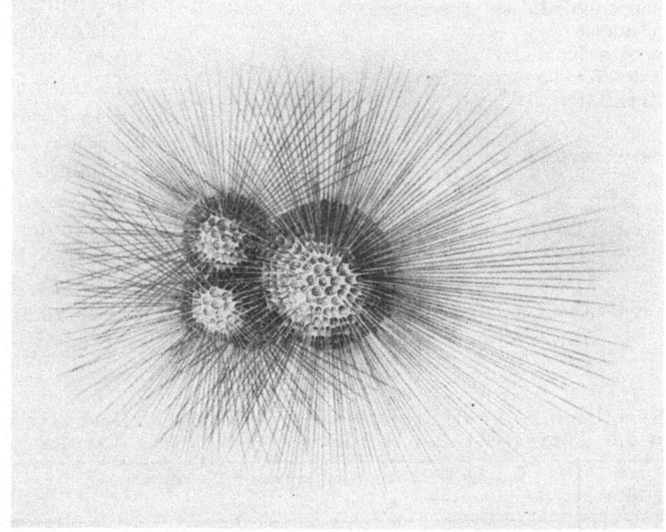

Abb. 44. Globigerina bulloides d'Orbigny. (Nach MURRAY-RENARD.) (Vergrößerung etwa 80fach).

Tabelle 42. Zusammensetzung kalkreicher Riffsedimente von Hawai, Florida und den Bahamasinseln in Prozent. (Nach THORP.)

	Pearl und Hermes Riff				Südost-florida	Bahamas-inseln
	Einzelproben Nr.			Durch-schnitt		
	32	41	59			
Kalkalgen.	44,7	71,0	28,6	48,5	25,1	18,0
Madreporkorallen	29,8	7,3	19,3	16,6	9,3	8,2
Krustazeen	0,3	Sp.	0,1	—	—	—
Echinodermen	1,7	1,0	0,1	—	—	—
Foraminiferen	3,5	6,0	2,5	6,3	9,0	17,3
Mollusken	16,4	10,7	32,7	17,8	17,5	12,2
Schwammnadeln.	1,1	0,2	0,4	—	—	—
Wurmröhren	0,7	0,1	0,3	—	—	—
Übriger Kalk	—	—	3,3	—	—	—
Sand und Ton	1,9	3,8	12,7	—	—	—
Total	100,1	100,1	100,0			

Eine weitere Zusammenstellung gab Thorp von dem Pearl und Hermes Riff bei Hawai. Ich habe aus den Analysen drei Extremwerte herausgezogen und den Durchschnitt, sowie je eine Analyse von Südost-Florida und den Bahamasinseln danebengestellt.

Man sieht daraus, wie stark die Zusammensetzung bei ein und demselben Vorkommen schwanken kann. Die amerikanischen Proben führen weniger Kalkalgen, aber diese bilden wenigstens an den untersuchten Stellen immer den wesentlichen Anteil dieser lockeren, kalkigen Flachseesedimente.

Benthonische Foraminiferen können ebenfalls stellenweise sehr wichtig werden, ebenso Korallen- und Muschelreste. Auch bei den Korallenriffen spielen die Kalkalgen eine wichtige Rolle. So folgen sich in der Zusammensetzung des Riffs von Funafuti in den Fitschi-Inseln mit abnehmender Häufigkeit: Lithothamnium (+ Lithophyllen, Goniolithon) → Halimeda → Foraminiferen → Korallen einschließlich Milleporiden. Eine ähnliche Zusammensetzung zeigt das gehobene Wailupe - Riff östlich Honolulu, Hawaii.

Tabelle 43.
Zusammensetzung des gehobenen Wailupe-Riffes östlich Honolulu, Hawaii. (Nach Pollock, aus Pia.)

Festsitzende ästige Korallenstöcke	22%
Lithothamnienkrusten, die sie überziehen	30%
Lithothamnienknollen	14%
Sand zwischen den Knollen	17%
Umgeschwemmte Korallenbruchstücke	2%
Unbestimmbares Material	15%
	100%
Daraus Gesamtwerte:	
Korallen	24%
Lithothamnien allein	44%
Sand, Korallen- und Lithothamnienbruchstücke usw.	32%
	100%

In den Kalkabsätzen von Murray-Island spielen die Kalkalgen in der Küstennähe die Hauptrolle, während in größerer Entfernung die Riffkorallen überwiegen.

Tabelle 44. **Beteiligung der Organismenreste an dem Kalkabsatz von Murray Island in der Torres-Straße, Nordaustralien. (Nach Vaughan, aus Pia.)**

Entfernung von der Küste	Kalkalgen %	Foraminiferen %	Riffkorallen %	Mollusken %
200 Fuß	42,5	4,1	34,6	15,2
1600 Fuß	32,6	12,4	41,9	10,2

Über die Lebensbedingungen der *Kalkalgen* ist zu sagen, daß die Schlauchalge Halimeda, die Aragonit bildet, nur selten die 40-Fadenlinie (= etwa 73 m) überschreitet. Die äußerste Tiefe ist 60 Faden (etwa 110 m). Die Nulliporen (Lithothamnium, Lithophyllen), die zu den Korallinazeen gehören und die eigentlichen Korallineen bauen ihr Gerüst aus Kalzit, sie gehen nicht unter 200 m herunter. Alle diese Pflanzen brauchen zur Assimilation Licht. Ihr Hauptverbreitungsgebiet sind die warmen Meere, sie dringen aber auch bis in den Polarkreis vor.

Auch die *Korallen* selbst sind im wesentlichen Tiere des warmen Wassers. Hier werden in der Jetztzeit zwei große Gruppen unterschieden: die Alcyonaria oder Oktokorallen und die Steinkorallen oder Hexakorallen. Bei den *Steinkorallen* ist die wichtigste Familie die der Madreporiden, sie sind die eigentlichen riffbildenden Korallen. Sie bauen ihr Skelett aus faserigem Aragonit und leben im warmen Wasser der tropischen Flachsee. Ihr Siedlungsgebiet überschreitet die 20,5° C-Wasserisotherme der kälteren Jahreszeit nicht. Für ihre Lebensbedingungen ist es besonders wichtig, daß das Wasser klar ist. In trübem Wasser werden ihre Poren verstopft, die Tiere gehen ein. So führt man auf den feinen Kalkschlamm im Innern der Atolle den Umstand zurück, daß dort keine Korallen leben können. Ferner ist hoher Salzgehalt für die Riffkorallen notwendig. Man hat ihr Absterben nach starken Regengüssen beobachten können. Da die Korallen mit kleinen grünen Algen (EKMAN) in Symbiose leben, können sie nur im flachen Wasser gedeihen. Im allgemeinen gehen sie nicht unter 50 m Tiefe. Diese Algen leben intrazellulär im Entoderm und geben O_2 ab, sie erhalten CO_2, N_2 und P. Auf die Theorie der Riffbildung kann hier nicht eingegangen werden, es soll nur das hervorgehoben werden, daß die meisten Untersuchungen die alte Theorie von C. H. DARWIN bestätigen, nach der zuerst ein Saum- oder Strandriff entsteht, beim Sinken des Landes Barren- oder Dammriffe und bei weiterem Sinken schließlich Atollriffe. Allgemein gültig ist aber diese Regel wohl sicher nicht, insbesondere gelten für manche Riffe in Westindien andere Bedingungen. Die Wachstumsgeschwindigkeit wird mit 7—200 mm im Jahr angegeben.

Alcyonarienriffe werden von den Tortugas beschrieben, sie sind auch am Aufbau der Bermudariffe stark beteiligt. In dieser Gruppe finden wir Kalzit- und Aragonitskelette, und zwar Kalzit bei Corallium und Tubipora, Aragonit bei Heliopora. Die Alcyonarien gehen viel weiter nach Norden in tieferes, kälteres Wasser als die Riffkorallen. So bildet Lophohelia prolifera in norwegischen Fjorden ausgedehnte und zusammenhängende Riffe in 80 m Tiefe und auch von 150—200 m abwärts. Der niederste Punkt wird im Andfjord bei 69° 14' N erreicht, wo sie bei einer Wassertemperatur von 6,3—6,65° C in 350—500 m Tiefe leben. Auch Amphihelia oculata kommt weit im Norden vor.

In der geologischen Vergangenheit finden wir ferner als Riffbildner *tabulate Korallen* (Tetrakorallen). Ihre Skelette waren höchstwahrscheinlich aus Kalzit aufgebaut, ihre Blütezeit war im Silur und Devon.

An den Riffbildungen ist ferner die *Hydrozoengattung Millepora* beteiligt. Ihre Skelette bestehen aus Aragonit. Sie bildet in Westindien Riffe zusammen mit den zu den Alcyonarien gehörenden Gorgonarien. Auch Millepora geht bis in die norwegischen Fjorde hinaus.

Schließlich ist noch Riffbildung durch *kalkbildende Würmer*, die zur Familie der Anneliden gehören, zu erwähnen. Serpula bildet an verschiedenen Stellen kleine Riffe, so vor der brasilianischen Küste, Serpeln sind auch bei den Riffbildungen Bermudas beteiligt.

Bryozoenriffe sind aus der geologischen Vergangenheit (Zechstein) Mitteldeutschlands bekannt, in der Jetztzeit sind mir keine Beispiele dafür bekannt geworden.

Kalkschwämme treten in der alpinen Trias und im Oberen Jura gesteinsbildend auf. Ihre Nadeln bestehen aus Kalzit.

Bankige Kalke können auch reich an den Schalenresten von *Brachiopoden, Muscheln, Schnecken* und *Kephalopoden* sein. Auch *Echinodermenreste* wie Krinoidenstielglieder oder Seeigelschalen und schließlich *Arthropodenreste* wie Ostrakodenschalen können in solcher Menge angehäuft sein, daß ein Gestein ganz oder doch zu einem beträchtlichen Teil aus ihnen aufgebaut wird. Über den Aufbau und die Zusammensetzung ihrer kalkigen Hartteile gibt Tab. 45 S. 201 Auskunft.

Bei den biogenen Ablagerungen kann erstens die Art der Lagerung der Schalen Auskunft über die Absatzbedingungen geben, zweitens können aus den Lebensgewohnheiten der Organismen Schlüsse auf die Bildungsbedingungen des Sediments gezogen werden. Dabei ist u. a. zu berücksichtigen, daß die vorliegende Totengemeinschaft durchaus keine Lebensgemeinschaft gewesen zu

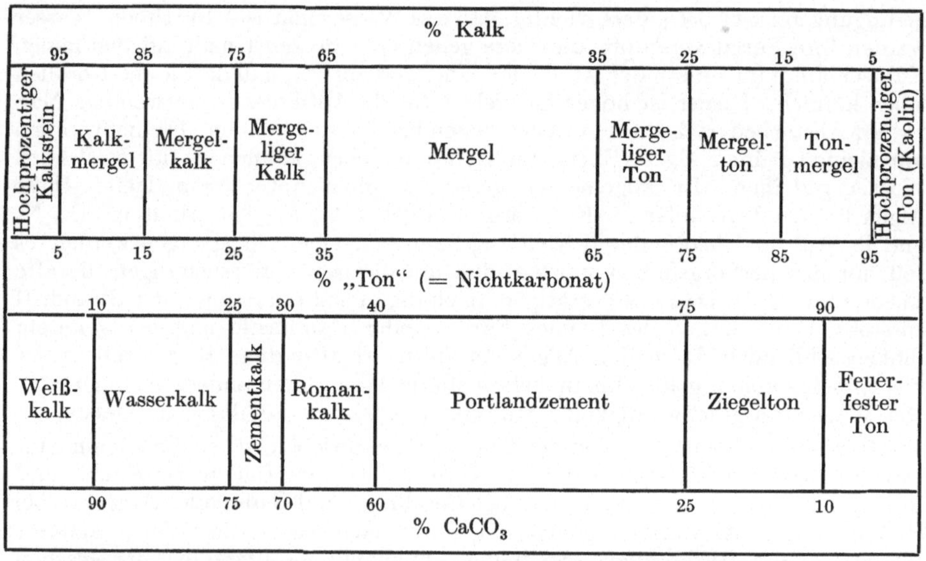

% Kalk

95	85	75	65		35	25	15	5
Hochprozentiger Kalkstein	Kalk-mergel	Mergel-kalk	Merge-liger Kalk	Mergel	Merge-liger Ton	Mergel-ton	Ton-mergel	Hochprozentiger Ton (Kaolin)
5	15	25	35		65	75	85	95

% „Ton" (= Nichtkarbonat)

10		25	30	40		75		90
Weiß-kalk	Wasserkalk		Zementkalk	Roman-kalk	Portlandzement		Ziegelton	Feuer-fester Ton
90		75	70	60		25		10

% CaCO$_3$

sein braucht und daß Schlüsse aus den Lebensbedingungen heutiger Tiere auf die fossiler nur bedingt berechtigt sind. Derartige Betrachtungen liegen außerhalb des Rahmens dieses Buches, so daß hier nur auf ihre Bedeutung hingewiesen werden kann.

4. Mischgesteine. Biogener Kalk ist sehr häufig klastischen Sedimenten beigemengt, Sandstein kann so über Kalksandstein in Kalk übergehen. Tone, die kalkhaltig sind, werden Mergel genannt, und zwar ist hier obenstehendes Schema für die Benennung vorgeschlagen worden, das zugleich auch die technische Verwendung enthält (LUFTSCHITZ).

b) Dolomite.

Ebenso wie klastische Sedimente allmählich in Kalke übergehen können, finden wir durch allmähliche Zunahme des MgCO$_3$-Gehaltes alle Übergänge von Kalken zu Dolomiten. Wir kommen damit zu einem der umstrittensten Kapitel der Sedimentpetrologie, dem der Entstehung der Dolomite. Diese Gesteine verdanken ihren Namen der Anwesenheit des Minerals Dolomit. Der Dolomit ist ein Doppelsalz und hat die Zusammensetzung MgCa(CO$_3$)$_2$. Ein Teil des Mg$^{··}$ kann durch Fe$^{··}$ ersetzt sein. Übersteigt der FeO-Gehalt 5%, so nennt man das Mineral Ankerit.

Die *synthetische Darstellung* von Dolomit ist LINCK und SPANGENBERG geglückt, jedoch sind die Bedingungen nicht ohne weiteres auf primäre Dolomite anzuwenden, weil sowohl die Konzentrationen wie die Temperaturen und Drucke zu hoch waren.

Über die *physikalisch-chemischen Gesetzmäßigkeiten* der Bildung des Dolomits wissen wir noch wenig. Zwar hat BÄR versucht, aus dem Schnittpunkt der Löslichkeitskurven für Magnesiumkarbonat und Kalziumkarbonat die Bildungsbedingungen des Dolomits zu ermitteln und UDLUFT hat die Ergebnisse auf natürliche Dolomite angewendet. Die Untersuchungen von WATTENBERG und TIMMERMANN haben aber gezeigt, daß die experimentelle Grundlage von BÄR zu schmal war. Aber auch aus ihren eigenen Versuchen läßt sich noch keine Erklärung für die Dolomitbildung entnehmen. Hier müssen weitere experimentelle Untersuchungen abgewartet werden. Es würde aber verfehlt sein, aus dem Umstand, daß die Synthese des Dolomits bei niederer Temperatur noch nicht geglückt ist, zu schließen, daß sich Dolomit nicht primär aus Lösungen ausscheiden könne, daß alle Dolomite diagenetischen Vorgängen ihre Entstehung verdanken. Schon das Vorkommen von früh diagenetischen Dolomitkriställchen in Tiefseesedimenten und in Korallenriffen zeigt, daß sie unter Bedingungen gebildet sein müssen, die von denen des Ablagerungsortes zwar etwas, aber doch nicht sehr verschieden sind. Und dann hat GEVERS zeigen können, daß sich in der Etoschapfanne in Deutsch-Südwestafrika Dolomite bilden. Hier ist durch die Verdunstung die Konzentration offenbar hoch genug geworden. Ähnliche Bedingungen können im germanischen Muschelkalk und Zechstein geherrscht haben. Aber gerade dort, wo es zur Bildung von Salzlagerstätten und damit von Mg-haltigen Endlaugen gekommen ist, wird es nur nach sorgfältiger Untersuchung möglich sein, die Entscheidung über primär oder sekundär zu fällen.

Solche sekundäre Bildung durch Umsatz von Kalziumkarbonat mit magnesiumhaltigen Lösungen ist sicher in der Natur sehr häufig, sie wird zusammen mit der Frage, ob Dolomite durch Auslaugung von schwach magnesiumhaltigen Gesteinen gebildet werden können, im Kapitel Diagenese behandelt. Solche schwach magnesiumhaltigen Gesteine können durch die *Tätigkeit von kalkbildenden Organismen* entstehen. Über die Art der Einlagerung des Magnesiums in die Gerüstsubstanz ist noch nichts bekannt. Vermutlich handelt es sich um Dolomit, vielleicht auch um anomale Mischkristalle. Eine Übersicht gibt Tab. 45.

Tabelle 45. Kalkspat und Aragonit als Schalen- und Gerüstbildung und Magnesiumkarbonatgehalt. (Nach CLARKE u. WHEELER und MAYER u. WEINECK.)

	Schalen oder Gerüst aus Kalkspat	$MgCO_3$-Gehalt %	Schalen oder Gerüst aus Aragonit	$MgCO_3$-Gehalt %
Algen	Lithothamnium . . Lithophyllum . . . Corallina	} 11—25	Halimeda . . . . . Galaxaura	} 0,02—1,09
Protozoen	Foraminiferen	1,8—11,2		
ölenteraten	Spongiozoa . . . . . Leucandra aspera . Hydrozoa	4,6— 8,0 6,84	Hydrozoa Distichopora . . . Millepora	} 0,22—1,28
	Alcyonaria Corallium . . . . . Tubipora	} 6,0—15,7	Heliopora	0,35
	Hexakorallen		Madreporaria	0,09—1,1
Anneliden	Hydroides dianthus	9,72	Serpula filograna	0,0
Echinodermen	Rezent . . . . Fossil.	5,4 —14,75 0,80—20,2		
Tentakulata	Bryozoen . . . . . . Brachiopoden	0,17—11,1 0,5 — 8,6		
Mollusken	Muscheln Pekten	0,7—1	Muscheln Astarte crenata . . Schnecken	0,0 0,0—1,78
	Kephalopoden Argonauta argo . .	6,0	Kephalopoden Nautilus pompilius.	0,16
Arthropoden	Balanus. . . . . . . Lepas	0,75—1,65 1,9 —2,5		

Die Tabelle zeigt sehr klar, daß die Aragonitschalen und -skelette nur geringen Magnesiumkarbonatgehalt haben, während die aus Kalkspat bestehenden recht hohe Beträge aufweisen. Das hängt wohl damit zusammen, daß der Kalkspat für das Magnesiumsalz als Kristallisationskeim wirken kann. Vielleicht ermöglicht nur das Kalzitgitter die Bildung anomaler Mischkristalle.

Magnesit tritt gesteinsbildend in Sedimenten nicht auf. REIDEMEISTER fand im Salzton Kalkspat und Magnesit nebeneinander, aber keinen Dolomit. Es erscheint möglich, daß sich unter den extremen Bedingungen der Salztonbildung Magnesit aus der Lösung ausscheidet.

c) Sedimentäre Eisenlagerstätten.

Eisen steht bei der Verwitterung in relativ großen Mengen zur Verfügung und ist auch in den Bodenbildungen und Sedimenten stets vorhanden. In den Eruptivgesteinen finden wir als Fe_2O_3 nach CLARKE 7,3%. Norwegische Lehme enthalten nach GOLDSCHMIDT 7,39%, die Sedimente des mittleren Atlantischen Ozeans 1,9—3,9%, rote Tiefseetone nach CLARKE 9,59%, Flußwässer führen weniger als 1 mg im Liter (einschließlich Al_2O_3).

Das Eisen kann ebenso wie das Kalzium durch Kohlensäure in Lösung gebracht werden. Der wesentliche Unterschied ist der, daß das zweiwertige Eisen zu dreiwertigem oxydiert werden kann, daß also zu den beim Kalzium bestehenden Gleichgewichten auch noch die damit zusammenhängenden *Gleichgewichte* hinzukommen. Dreiwertiges Eisen ist in den an der Oberfläche vorkommenden Lösungen praktisch nur sehr gering löslich. Aus dem Löslichkeitsprodukt des Ferrihydroxyds, für das der bei COOPER (1937) angegebene Wert eingesetzt wurde, läßt sich die Abhängigkeit der Löslichkeit von der p_H-Zahl ($p_H = - \log [H^\cdot]$) berechnen:

$$[Fe^{\cdots}] \cdot [OH]^3 = 10^{-38,6},$$
$$\log [Fe^{\cdots}] = 4,1 - 3\,p_H.$$

Die Werte dieser Gleichung sind in Abb. 45 Kurve a dargestellt. Das dreiwertige Eisen ist außerdem im Gleichgewicht mit dem Wasser nach der folgenden Gleichung:

$$FeOH^{\cdots} + H^\cdot \rightleftharpoons Fe^{\cdots} + H_2O.$$

Die Gleichgewichtskonstante

$$K = \frac{[FeOH^{\cdots}] \cdot [H^\cdot]}{[Fe^{\cdots}]}$$

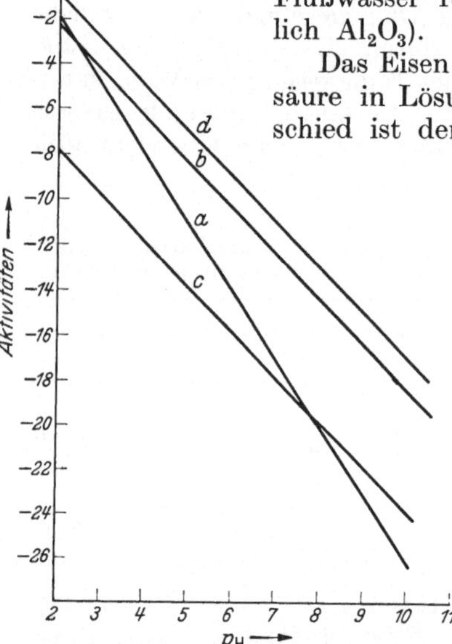

Abb. 45. Löslichkeit von Eisen (log der Aktivitäten), die etwa den Konzentrationen entsprechen in Abhängigkeit vom p_H. *a* Löslichkeit von Fe$^{\cdots}$; *b* Löslichkeit von FeOH$^{\cdots}$; *c* Löslichkeit von Fe$^{\cdot\cdot}$ bei Wasser, das mit dem Sauerstoff der Atmosphäre in Gleichgewicht ist ($p_{O_2} = 0,206$); *d* Löslichkeit von Fe$^{\cdot\cdot}$ bei $p_{O_2} = 1,7 \cdot 10^{-29}$.

beträgt nach BRAY und HERSHEY (zitiert nach COOPER) $3,7 \cdot 10^{-3}$. Setzt man den Wert für $\log [Fe^{\cdots}]$ in die Gleichung ein, so erhält man

$$\log [FeOH^{\cdots}] = 1,7 - 2\,p_H.$$

Die Abhängigkeit der Löslichkeit des FeOH$^{\cdots}$ vom p_H gibt die Kurve b. Wir sehen, daß im ganzen p_H-Bereich bis zu p_H 2,3 herunter diese Kurve den Gehalt einer Lösung an Eisen angibt, oberhalb von p_H 2,3 spielt also die Löslichkeit des Fe$^{\cdots}$ keine Rolle.

Wir haben nun noch die Lösung des zweiwertigen Eisens zu betrachten. Wieviel zweiwertiges Eisen in Lösung ist, hängt vom Oxydations-Reduktionspotential ab. Die Oxydation des $Fe^{..}$ zu $Fe^{...}$ läßt sich folgendermaßen schreiben:

$$4\,Fe^{..} + O_2 + 2\,H_2O \rightleftharpoons 4\,Fe^{...} + 4\,OH'.$$

Das bedeutet, daß bei Zugabe von Alkali die Reaktion nach links verläuft, $Fe^{...}$ also reduziert, bei Zugabe von Säure aber $Fe^{..}$ oxydiert wird. Um die Verhältnisse quantitativ zu erfassen, betrachten wir das Oxydations-Reduktionspotential, d. h. die Spannung einer $Fe^{...}/Fe^{..}$-Elektrode gegen die Normalwasserstoffelektrode:

$$E_{Fe} = 1{,}983 \cdot 10^{-4} \cdot T\,(\log[Fe^{...}] - \log[Fe^{..}]) + 0{,}77.$$

T ist die absolute Temperatur, alle Werte gelten für $18°$ C $= 291°$ absolut. Der Wert von $0{,}77$ ist wieder COOPER (1937) entnommen.

Betrachten wir nun das Oxydations-Reduktionspotential einer Lösung, die O_2 und OH' enthält:

$$E_{O_2} = 1{,}983 \cdot 10^{-4} \cdot T\,(^1/_4\log p_{O_2} - \log[OH']) + 0{,}41.$$

Hier ist p_{O_2} der Partialdruck des O_2 im Gasraum über der Lösung, die mit diesem Gasraum im Gleichgewicht steht. In einer Lösung, die sowohl $Fe^{..}$ und $Fe^{...}$ sowie O_2 und OH' enthält, müssen, wenn Gleichgewicht herrscht, die beiden Potentiale einander gleich sein. Aus der Gleichsetzung folgt, wenn wir außerdem $\log[OH']$ durch die p_H-Zahl und $[Fe^{...}]$ durch den oben erhaltenen Wert ausdrücken:

$$\log[Fe^{..}] = -2\,p_H - ^1/_4\log p_{O_2} - 4{,}00.$$

In Abb. 45 sind die $Fe^{..}$-Werte in Abhängigkeit vom p_H-Wert als Kurve c eingetragen für den Wert $p_{O_2} = 0{,}206$, der Wasser entspricht, das mit der Atmosphäre im Gleichgewicht ist. Unter diesen Umständen spielt die Löslichkeit des zweiwertigen Eisens keine Rolle. Erst wenn der Sauerstoffgehalt der Lösung sehr viel niedriger wird, erhalten wir eine Kurve für das zweiwertige Eisen, die oberhalb der Kurve b liegt. Setzen wir z. B. $p_{O_2} = 1{,}7 \cdot 10^{-29}$, wie es der Dissoziation von Wasserdampf bei $17°$ C über reinem Wasser entspricht, so erhalten wir die Kurve d. Hier ist im ganzen Bereich das zweiwertige Eisen in Vormacht.

Aus dem Schaubild können wir also entnehmen, daß je saurer und sauerstoffärmer die Lösung ist, um so mehr Eisen in Lösung sein kann. Dabei ist aber noch folgendes zu bemerken: Alle Angaben beziehen sich auf Aktivitäten und nicht auf Konzentrationen. Um diese zu erhalten, müßte man die Werte durch die Aktivitätskoeffizienten dividieren. Diese sind jedoch nur unvollkommen bekannt, sind sie $= 1$, wie das bei großen Verdünnungen der Fall ist, so gelten die Werte des Schaubildes. Sie können außerdem nur noch kleiner als 1 sein, die Konzentrationen können also unter Umständen etwas höher sein. Ferner ist bei der Berechnung angenommen worden, daß Ferrihydroxyd als Bodenkörper vorhanden ist. Das wird auch in der Natur fast immer der Fall sein. Ist das Hydroxyd als Bodenkörper nicht vorhanden, die Lösung also nicht gesättigt, so können nur geringere Mengen Eisen in Lösung sein. Ferner ist noch zu bedenken, daß der Fall eintreten kann, daß das Gleichgewicht sich nicht rasch genug einstellt, daß hier, wie auch sonst in der Natur, Ungleichgewichte vorkommen können.

Das aus der Lösung ausfallende Eisen kann auch als Ferrihydroxydsol noch eine beträchtliche Beweglichkeit besitzen. Im *Solzustand* kann Eisen, besonders wenn es etwa noch durch Schutzkolloide geschützt ist, auch unter Umständen verfrachtet werden, bei denen es nach dem Schaubild ausgeschieden werden sollte.

Häufig ist festgestellt worden, daß Humusverbindungen den Transport von Eisen begünstigen. Man hat aus dieser Beobachtung auf leicht lösliche, humussaure Eisenverbindungen geschlossen. Es ist allerdings nie gelungen, diese Verbindungen sicher nachzuweisen. Nach den neuen Humusforschungen müßte man im Gegenteil erwarten, daß die Eisenhumate schwer löslich sind. Humushaltige Wasser sind stets sauerstoffarm, sonst würde der Humus oxydiert, und insofern sind sie geeignet, Fe·· in Lösung zu halten. Es ist deswegen nicht nötig, anzunehmen, daß das Eisen in solchen Wässern im Solzustand vorliege und durch Humuskolloide geschützt sei, es kann in echter Lösung vorhanden sein. Tritt in solchen Wässern durch Austausch mit der Atmosphäre Sauerstoff zu, so wird zunächst der Humus oxydiert und sobald die Löslichkeit überschritten wird, fällt Ferrihydroxyd aus.

Wir wissen heute durch die röntgenographischen Untersuchungen, daß es zwei kristallisierte Eisenhydroxyde gibt, die als solche schon im Solzustand existieren können, α-FeO(OH), das Nadeleisenerz und γ-FeO(OH), den Rubinglimmer. Die weitaus häufigste Modifikation ist das Nadeleisenerz, aus ihm besteht der „Limonit" und das „Brauneisen". Das Brauneisen ist also, wie die röntgenographische Untersuchung ergeben hat, aus kristallinen Teilchen aufgebaut. Das Hydroxyd geht unter Wasserabgabe leicht, im Laboratorium·bei 65° C, in das Oxyd Fe_2O_3 über. Auch im Solzustand können die Eisenhydroxydteilchen bereits kristallin sein. Sie sind dann hydrophob und flocken leicht aus, wenn sie nicht durch ein Schutzkolloid stabilisiert sind.

Aus kolloider wie aus echter Lösung wird das Eisen dann ausfallen, wenn die Lösung verdunstet. Das ist in tropischen Böden mit ausgeprägten Trockenzeiten der Fall. Die Verwitterungslösung steigt kapillar auf und gibt ihr Eisen zunächst als Hydroxyd ab, *Krusteneisensteine* entstehen so.

Unter humideren Bedingungen wandert das Eisen weiter. Enthält die Lösung Kohlensäure, so kann das Eisen als Karbonat ausfallen. Das kann nur in sauerstoffarmen Gewässern wie in Moorwasser der Fall sein, und so finden wir *Eisenkarbonat* als Weißeisenstein in feinverteilter Form unter Mooren. Wird das Erz ausgegraben und an die Luft gebracht, so zerfällt es wegen seiner feinen Verteilung sehr rasch zu Eisenhydroxyd und CO_2. Fossil finden wir solche Eisenkarbonate als Toneisenstein oder Sphärosiderite in Begleitung von Kohlenlagerstätten, z. B. im Karbon, also offensichtlich unter ähnlichen Bedingungen, wie sie unter den heutigen Mooren herrschen. Auch unter marinen Bedingungen kann sich teilweise Eisenkarbonat abscheiden, worauf KEGEL bei der Besprechung der Roteisensteine an der Lahn und Dill hinweist.

Viel häufiger wird aber der Fall sein, daß das Eisen oxydiert wird und als *Hydroxyd* ausfällt oder als Sol weiter verfrachtet wird. Bei der Bildung solcher Brauneisenerze kann, wie in manchen Sumpferzen, auch noch etwas Karbonat mit ausgeschieden werden. Auch das als Hydroxydsol transportierte Eisen kann schon auf dem Festland wieder ausfallen. Wann das Brauneisensol sich absetzt oder wann es als Sol weiter transportiert wird, das hängt von der Konzentration des Sols und der Elektrolyte des Wassers ab und von der Anwesenheit von Schutzkolloiden.

Von besonderer Bedeutung für die Ausscheidung des Eisenhydroxyds sind Bakterien. Unter *Eisenbakterien* im eigentlichen Sinn werden diejenigen Arten zusammengefaßt (DORFF), bei denen die ausgeschiedene Eisenmenge stets ein Mehrfaches des Zellvolumens beträgt. Das Eisen kann in oder auf der die Zellen umhüllenden Scheide oder Gallerte gespeichert (Leptothrix, Siderocystis) oder außerhalb der Zelle abgeschieden werden (Siderococcus, Gallionella).

Die Entstehung von derartigen hydroxydischen Eisenerzlagern kann man vielerorts auf dem Festland beobachten, in Seen und Sümpfen. Nach seiner Entstehungsart wird das Erz *See- oder Sumpferz* genannt. Dabei ist zu berücksichtigen, daß der heutige Fundort andere Verhältnisse zeigen kann, z. B. kann der See verlandet sein. Weniger zu empfehlen ist die Bezeichnung Raseneisenstein, weil sie sich auf den Fundort bezieht und zu der falschen Vorstellung führen kann, als ob unter einer Rasendecke sich Erz bilden könnte, etwa in der Art, wie sich Ortstein bildet. Ortstein aber ist eine Verkittung vorhandener Sandschichten, enthält also im wesentlichen Sand, er braucht nicht eisenhaltig zu sein. Das Sumpf- oder See-Erz dagegen ist ein ziemlich reines Eisenerz, das noch zuweilen zur Verhüttung dient. Es hat sich am Boden flacher Senken in fließendem oder stagnierendem Wasser gebildet. Später sind diese Senken dann verlandet, es ist „Rasen" darüber gewachsen. Abb. 46 zeigt ein typisches Vor-

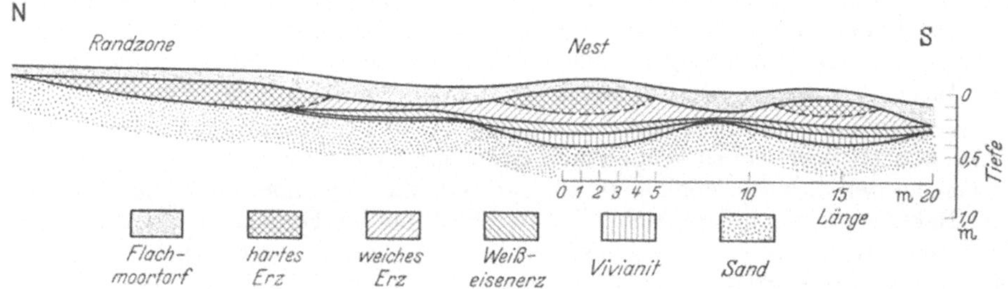

Abb. 46. Querschnitt durch das Erzlager in Sykau. (Aus BANDEL.)

kommen aus Mecklenburg. Über einer Schicht des Eisenphosphates Vivianit liegt zunächst das karbonatische Weißeisenerz, dann folgt das Sumpferz, das linsenförmige härtere Teile aufweist und das ganze wird von Flachmoortorf überlagert. Wie die Ablagerung im einzelnen erfolgt, ob anorganisch oder durch Organismen und durch welche, kann nur die eingehende örtliche Untersuchung erweisen.

Während die Vorgänge auf dem Lande wenigstens in ihren Grundzügen einigermaßen bekannt sind, wissen wir über die *Bedingungen der marinen Eisenausscheidung* sehr wenig. Nach den Untersuchungen von COOPER muß man annehmen, daß das Eisen im Meerwasser in echter Lösung nur in sehr geringen Mengen vorhanden ist, nämlich mit $2\,\gamma$ im Liter und dann als sehr wenig dissoziiertes Ferrifluorid.

Demgegenüber stehen die älteren Analysen mit ihren höheren Eisengehalten. Bei ihnen ist auch das Eisen mitbestimmt worden, das in kolloider Form oder an organische Substanz gebunden vorhanden ist. Dieses nicht wirklich gelöste Eisen erreicht die 10—20fachen Werte des gelösten. Ein lehrreiches Beispiel gibt die Tab. 46, sie zeigt auch, wie stark die jahreszeitlichen Schwankungen sein können.

Tabelle 46. Eisengehalt im Meerwasser, filtriert und unfiltriert, Werte in $\gamma/l = mg/m^3$. (Nach COOPER 1935.)

	Gesamt-eisen	Eisen im Filtrat durch	
		Papierfilter	Membran-filter
Station L 4			
22. Januar . . .	23	8	—
12. Februar . .	22	8,5	—
20. März . . .	10	—	1
Station E 1			
22. Januar . . .	21	9	—
12. Februar . .	etwa 25	0	—
20. März . . .	9	—	1
14. November .	4	—	0

Bei der Sedimentation kann sowohl das echt gelöste wie das kolloidale oder an Organismen gebundene Eisen ausgeschieden werden. Betrachten wir zunächst den Fall, daß das Meerwasser verdunstet, wie es z. B. bei den Zechsteinsalzen der Fall war. Hier finden wir das Eisen in zweierlei Form wieder, in oxydischer und sulfidischer. Die färbende Wirkung oxydischen Eisens ist sehr groß: bereits 0,04% Fe_2O_3 genügen, um den Carnallit rot zu färben.

Im schwarzen Carnallit und in vielen anderen Salzschichten werden Schwefelkieskriställchen gefunden. Offensichtlich ist das Eisen dort als Sulfid ausgeschieden, wo im Meerwasser Sauerstoffmangel herrscht, also in reduzierender Umgebung, in der Schwefelwasserstoff gebildet wurde. Daß organische Substanz in den Salzlagerstätten erhalten bleiben konnte, beweisen die Einschlüsse von flüssigen Kohlenwasserstoffen, z. B. im Steinsalz. Wo dagegen eine gute Durchmischung mit dem Sauerstoff der Atmosphäre stattfand, entweder weil die Meerestiefe nur gering war oder weil sauerstoffreiches Oberflächenwasser absank, finden wir Rotfärbung und Eisenglanz als Eisenmineral. Nur unter ganz besonderen Bedingungen, vielleicht bereits denen der Metamorphose, geht das Eisenion in einen Mischkristall ein, in den sehr seltenen Rinneit.

Wenn wir nun Meerwasser betrachten, das nicht bereits durch Verdunsten stark konzentriert ist, so erhebt sich die Frage, wie Anreicherungen aus einer so verdünnten Lösung möglich sind. Man hat hier vor allem an die Mitwirkung von Bakterien gedacht, die sicher bei der Bildung der Eisenlager auf dem Festlande eine Rolle spielen. Es scheint aber auch durchaus möglich zu sein, daß Meeresteile der Vorzeit eisenreicher gewesen sind und sich das Eisen rein anorganisch als Hydroxyd ausgeschieden hat. Da das oben erwähnte Ferrifluorid sehr wenig dissoziiert ist, kommt es für die Eisenausscheidung unter normalen Bedingungen nicht in Frage. Erst wenn z. B. beim Eindampfen das Fluorion verschwände, würde das Eisen ausfallen. Für die Bildung von Eisenlagerstätten wichtig ist deshalb die Löslichkeit des Ferrihydroxyds und die damit zusammenhängenden Gleichgewichte. Die Gesamtmenge der $Fe^{\cdots}$, $Fe^{\cdot\cdot}$ und $FeOH^{\cdot\cdot}$-Ionen im Gleichgewicht im Meerwasser beträgt nach COOPER (s. auch Abb. 45, S. 202) höchstens:

$$\begin{aligned}
\text{p}_\text{H}\ 8,5 \quad & 3\cdot 10^{-8}\,\gamma/\text{l} \\
\text{p}_\text{H}\ 8 \quad & 4\cdot 10^{-7}\ ,, \\
\text{p}_\text{H}\ 7 \quad & 4\cdot 10^{-5}\ ,, \\
\text{p}_\text{H}\ 6 \quad & 5\cdot 10^{-3}\ ,,\ .
\end{aligned}$$

Daraus geht hervor, daß die Löslichkeit bei p_H 6 etwa 10^5mal größer ist als bei p_H 8,5. Schwachsaure Eisenlösungen, die vom benachbarten Lande einem Meeresbecken zugeflossen sind, müssen in dem schwach alkalischen Meer ausgefällt werden.

Vielleicht mag auch submarine Zersetzung unter besonderen Umständen eine Rolle gespielt haben. Und schließlich wird auch die Möglichkeit nicht immer ganz von der Hand zu weisen sein, daß Exhalationen oder hydrothermale Quellen Eisen gebracht haben. Für alle diese Vorgänge haben wir in der Jetztzeit keine Beispiele.

Zwar finden wir auch in rezenten Sedimenten Eisenhydroxydausscheidungen gar nicht selten (Meteorwerk), aber sie sind nie so reichlich, daß man annehmen dürfte, sie führten heute zur Bildung von Eisengesteinen. Auch die Annahme, daß alle anderen Sedimentationsvorgänge an einer Stelle gefehlt hätten und eben nur die Eisenerzbildung im Tempo der heutigen marinen Bildung stattgefunden hätte, würde sehr lange Bildungszeiten erfordern und auch sonst wohl mit dem geologischen Befund der meisten marinen Eisenerzlager nicht zu vereinen sein. Wir werden z. B. bei den in Mitteleuropa in der mittleren Juraformation so verbreiteten *oolithischen Erzen vom Minettetypus* nicht um die Annahme einer stärkeren Eisenzufuhr zum Meerwasser als heute herumkommen.

Diese Minetteerze setzen sich aus Oolithen zusammen, die im wesentlichen aus Eisenhydroxyd und Kieselsäure bestehen. Zwei Analysen von solchen Erzen nach SCHNEIDERHÖHN sind in Tab. 47 zusammengestellt.

Es handelt sich in beiden Fällen um möglichst rein ausgesuchte *Oolithe*, die im Fall 2 vielleicht etwas sorgfältiger von anhaftenden Tonteilchen befreit waren als in 1. Auffällig ist der außerordentlich hohe Gehalt an Al_2O_3 in der Analyse 1. Aber auch in der Analyse 2 ist mehr Aluminium enthalten als einem Tonsilikat von der Zusammensetzung des Kaolinits entspräche. Formelmäßig wäre hier neben 12,8% Kaolinit noch 17% Böhmit bzw. Diaspor enthalten. Es handelt sich wohl bei diesen Beimengungen nicht um Tonminerale, sondern um freies Aluminiumhydroxyd und SiO_2. BERG hat in den lothringischen Minette-Erzen mikroskopisch dünne Lagen einer Substanz gefunden, die er als Eisensilikat bezeichnet. BEHREND (in BEHREND-BERG) stellt sich die Bildung der Oolithe so vor, daß negativ geladene Mineralteilchen wie Quarzsplitter als Keime dienten. Auf ihnen scheide sich das positiv geladene Eisenhydroxydsol aus. Es erfolge dann der Niederschlag von negativ geladenem Eisensilikatgel, darauf wieder von Eisenhydroxydsol usw. Ich möchte glauben, daß sich zuerst Eisenhydroxyd auf einem Kern niederschlägt. Unmittelbar auf die Bildung der positiv geladenen, kolloiden Eisenhydroxydteilchen folgte die Ausscheidung negativ geladener SiO_2-Teilchen. Dabei ist nicht nötig anzunehmen, daß die kolloiden Teilchen im Solzustand in Lösung waren. Es ist dies aber auch durchaus möglich. Dazu kamen noch Beimengungen von kolloiden Aluminiumhydroxydteilchen, die positiv geladen sind. Die Kügelchen bleiben solange im Wasser in Suspension, als das Wasser sie tragen kann. Dann sinken sie ab. Man wird keine ganz gleichmäßige Korngröße erwarten dürfen, da ja die Korngröße von dem Bewegungszustand des Wassers abhängt und dieser von Zeit zu Zeit gewechselt haben dürfte.

Tabelle 47. Zusammenstellung der Analysen reiner Oolithe aus den Makrozephaluserzen von Gutmadingen.

	Nr. 1	Nr. 2
Fe	46,40	49,70
SiO_2	4,12	6,00
Al_2O_3	13,62	6,80
CaO	2,44	0,85
MgO	nicht bestimmt	1,12
Mn	0,71	0,23
P	nicht bestimmt	0,55
As	„ „	0,032
Vd	„ „	Sp.
Ti	„ „	0,22

Die Ausscheidung des Eisens hat in einiger Entfernung von der Küste stattgefunden, so daß die übrigen sedimentbildenden Einflüsse zurücktreten. Nach dem Meeresinnern zu werden die Erze toniger, nach der Küste zu sandiger.

Bei anderen Lagerstätten ist es möglich, daß an einer Steilküste zutage tretende Eisenerze von der Brandung aufgearbeitet werden und so eine *Eisentrümmerlagerstätte* bilden. Ein Beispiel aus der Jetztzeit hat VON FREYBERG in Nordostbrasilien in der Bucht von São Luiz de Maranhão beobachtet. Vielleicht sind die Trümmererzlagerstätten in der Kreide Norddeutschlands ähnlich entstanden.

Die Eisenoolithe enthalten, wie oben gezeigt, einen nicht unbeträchtlichen Anteil an Kieselsäure. Während bei ihnen die Frage, ob ein *Eisensilikat* vorliegt oder nicht, noch offen gelassen werden muß, sind in den älteren Formationen Eisensilikatoolithe bekannt. Sie werden als Chamosit und Thuringit bezeichnet und haben wechselnde Zusammensetzung. Als Formel wird für den Chamosit angegeben: $H_6Fe_3Al_2Si_2O_{13}$, für den Thuringit $H_{18}(Fe, Mg)_8(Al, Fe)_8Si_6O_{41}$. Sie sollen röntgenographisch sehr ähnliche Gitter besitzen. Ihre Entstehung ist noch unklar, es handelt sich wahrscheinlich um spätere Kristallisation unter dem Einfluß von Epimetamorphose aus Gelen von Eisenhydroxyd, Aluminiumhydroxyd und Kieselsäure.

d) Glaukonit.

Ein Eisensilikat, das sich mit Sicherheit heute noch bildet, ist der Glaukonit. Seine Zusammensetzung ist sehr wechselnd. Nach HADDING ist wohl die beste Formel: $2 (R_2O, RO) \cdot 2 R_2O_3 \cdot 8 SiO_2 \cdot 3 H_2O$. In Tab. 48 I ist auf Grund dieser Formel die Zusammensetzung des Silikats $K_2O \cdot (MgO, FeO) \cdot Fe_2O_3 \cdot Al_2O_3 \cdot 8 SiO_2 \cdot 3 H_2O$ berechnet worden unter der Voraussetzung, daß $MgO : FeO$ sich wie 4 : 1 verhält, und als Analyse II die Analyse eines Glaukonits von Berg, Östergötland gegenübergestellt.

Tabelle 48. Chemische Zusammensetzung von Glaukonit.
(Nach HADDING.)

	I.	II.
SiO_2	51,37	51,49
Al_2O_3	10,88	10,44
Fe_2O_3	17,01	17,48
FeO	1,53	1,35
CaO	—	1,00
MgO	3,43	3,16
K_2O	10,03	9,30
Na_2O	—	0,51
$H_2O + 110° C$ . .	5,75	5,27
	100,00	100,00

Das Problem der Glaukonitbildung hat sehr viele Autoren zu Erklärungsversuchen veranlaßt. Die neueste Theorie, daß der Glaukonit umgewandelter Biotit sei, kann sicherlich nur einen Teil der Glaukonite erklären. In manchen Fällen mögen Übergänge von Biotit in Glaukonit, wie sie GALLIHER beobachtet hat, tatsächlich auf einer Umbildung des Biotits beruhen. Es ist auch möglich, daß sich der Glaukonit an Biotitteilchen als Kristallisationskeim angesetzt hat. Sehr häufig tritt der Glaukonit als Ausfüllung von Schalen von Foraminiferen und Gastropoden auf, diese Glaukonite können nicht umgewandelte Biotite sein. Immer wieder hat man versucht, aus dem Vorkommen des rezenten Glaukonits die Bildungsbedingungen zu rekonstruieren. HADDING formuliert die Bildungsbedingungen auf Grund der bisherigen Literatur folgendermaßen: Glaukonit wird in der Flachsee gebildet, nahe der Küste, gewöhnlich in geringer Tiefe.

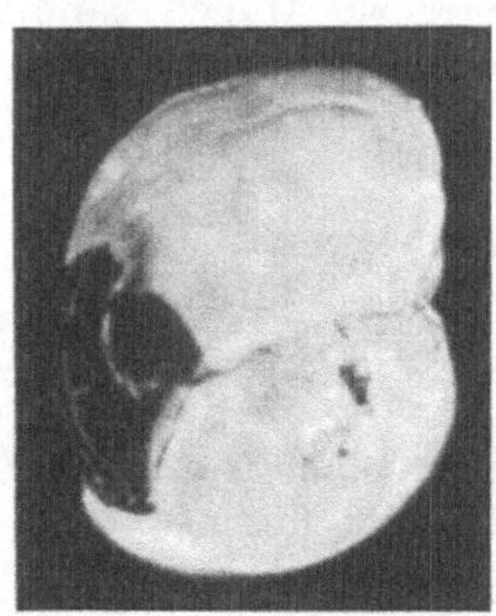

Abb. 47. Mit Glaukonit gefüllte Foraminifere. Meteorstation 276 oben. Längere Achse: 0,28 mm; kürzere Achse: 0,22 mm.

Die rezenten Bildungen liegen meist zwischen 50 und 200 m, von den fossilen läßt sich sagen, daß sie meist unmittelbar außerhalb der litoralen Zone gebildet sind. Häufig ist der Glaukonit in fossilen Sedimenten mit Sedimentationslücken verknüpft. Über den Einfluß der Wasserbewegung sind die Ansichten geteilt, organische Substanz mag anwesend sein, ist aber nicht notwendig. Kalte Strömungen, die an den Kontinentalküsten aufsteigen, scheinen die Bildung zu begünstigen. Dies wird in Verbindung mit dem hohen CO_2-Gehalt kalter Wasser gebracht.

Die neueren Beobachtungen der Meteorstationen haben nur drei glaukonitreichere Sedimente im äquatorialen Atlantischen Ozean ergeben. Im Golf von Guinea wurde er in 94 m Tiefe gefunden (nach LEINZ etwa 50% Glaukonit), an der afrikanischen Küste zwischen Kap Blanco und Kap Verde in 160 m und in 1090 m Tiefe. Der Mineralbestand des glaukonitischen Sediments aus 160 m Tiefe ist nach den Untersuchungen von RADCZEWSKI in Tab. 49 angegeben.

Einzelne Glaukonitkörner wurden auch in größeren Tiefen gefunden, stets aber in Landnähe.

Meist wird angenommen, daß kolloide Ausfällung von gemengten Gelen, die dann adsorptiv Kali aufgenommen hätten, zur Glaukonitbildung führe. Dieser Meinung steht die große Schwierigkeit entgegen, daß der Glaukonit stets nur sehr geringe Mengen von Natrium enthält. Als eine ausschließlich marine

Bildung müßte er adsorptiv sicherlich größere Mengen von Natrium enthalten. Hier hilft vielleicht die Beobachtung von TAKAHASHI und YAGI weiter, daß der Glaukonit auch als Echinodermenkot auftritt. Da im tierischen Organismus Kali ausgeschieden wird, würde auf diese Weise der Kaligehalt des Glaukonits wohl am besten seine Erklärung finden. Auch die mit Glaukonit gefüllten Foraminiferenschalen hätten dann den Magen- und Darmkanal passiert und wären mit Kot gefüllt worden. Bei den mit Glaukonit gefüllten Gastropodenschalen wäre es vielleicht möglich, daß sie in größere Kotballen eingesunken sind und so damit gefüllt wurden. Daß in den Glaukoniten gelegentlich Stickstoff und Phosphorsäure gefunden wurden, spricht für unsere Ansicht. Daneben mag auch eine rein anorganische Umbildung von Biotit zu Glaukonit vorkommen.

Tabelle 49. Hauptsächlicher Mineralbestand eines glaukonitischen Sediments der Meteorstation 276o in Volumprozenten.

Fraktion	200—110 μ	110—20 μ	20—11 μ	11—2 μ
Quarz . . .	> 60	55	< 25	15
Feldspat . .	10	< 20	< 15	10
Glimmer . .	—	< 3	5	> 5
Erz	—	< 3	< 3	< 3
Glaukonit . .	< 20	< 20	> 45	< 50

e) Sulfidische sedimentäre Lagerstätten.

Während die Frage, wieweit bei der Bildung des Glaukonits organische Substanz mitwirkt, noch offen gelassen werden muß, ist es sicher, daß das Sulfid in den Sedimenten letzten Endes durch Umwandlung organischer Substanz entsteht. Auf zwei Wegen kann Schwefelwasserstoff unter Mitwirkung von Organismen entstehen. Einmal aus dem Eiweiß, das 0,3—2,4% S enthält, dann durch bakterielle Reduktion von Sulfaten. Ich möchte glauben, daß im allgemeinen der Schwefelgehalt des Eiweißes ausreicht, um die Bildung sulfidischer, sedimentärer Erze zu erklären. Schwefelwasserstoff kann sich nur dort bilden, wo Sauerstoffmangel herrscht. Steht genügend Sauerstoff zur Verfügung, so wird der Schwefel oxydiert. Sauerstoffarme Bodenabsätze finden wir überall dort, wo Eiweißsubstanz in Wasser zersetzt wird, das nicht durch Strömung immer wieder neuen Sauerstoff mitbringt, oder dessen Strömungssystem in sich abgeschlossen ist. Den ersten Fall finden wir vorwiegend auf dem Lande und in abgeschlossenen Buchten des Meeres verwirklicht, während der zweite Fall vom Schwarzen Meer bekannt ist (ARCHANGELSKY bei WOLANSKY). Im Schwarzen Meer ist eine abgeschlossene Tiefenzirkulation vorhanden, die überdeckt wird von einer Oberflächenzirkulation, die durch den Bosporus mit dem Mittelmeer in Verbindung steht. Das Wasser dieser Oberflächenzirkulation ist reich an Sauerstoff und an Lebewesen, sowohl an Plankton wie an Nekton. Der Sauerstoff kann aber nur durch Austausch langsam der Tiefenzirkulation mitgeteilt werden. Dort wird er rasch verbraucht durch die absinkenden Tier- und Pflanzenleichen, so daß am Boden kein Sauerstoff zur weiteren Verwesung zur Verfügung steht. Der Meeresboden ist unterhalb einer Tiefe von 50 m nur noch spärlich, von 150 m an überhaupt nicht mehr von höheren Organismen bewohnt. In größeren Tiefen herrschen die anaeroben, schwefelwasserstoffproduzierenden Bakterien allein. Der in diesem Bereich sich absetzende Schlick ist ein typischer Sapropel (s. S. 175).

Im freien Ozean stammt das Tiefenwasser aus den kälteren Polarregionen und ist reich genug an Sauerstoff. Hier wird also die Oxydation der organischen Substanz mehr oder weniger vollständig durchgeführt. Nur in Küstennähe, am Schelfrand, kann bei rascher Sedimentation soviel organische eiweißhaltige Substanz zugeführt werden, daß ein Teil von ihr ins Sediment eingebettet wird.

Hier kann die Zersetzung dann unter Ausschluß von Sauerstoff stattfinden und zur Bildung von Sulfiden und dunkel färbender, organischer Substanz führen. Man nennt diese Sedimente wegen ihrer dunklen Farbe Blauschlicke. Die oberste Schicht dieses Blauschlicks ist aber braun gefärbt, weil hier unter dem Einfluß des Bodenwassers noch Oxydation stattfindet. Der Blauschlick gehört zu den Gyttjen (s. auch S. 175).

Ein Teil des Eisens, das durch den Schwefelwasserstoff ausgefällt wird, mag aus der organischen Substanz selbst stammen. Der andere Teil ist das oben erwähnte, im Meerwasser vorkommende Eisen. Wichtig ist hierbei, daß Schwefelwasserstoff mit fein verteiltem Eisenhydroxyd sofort zu reagieren vermag, ein Vorgang, der für die Befreiung des Leuchtgases von Schwefelwasserstoff ausgenutzt wird. Ebenso wird es im Meerwasser sein, auch hier wird das oben S. 205 erwähnte kolloidale Eisenhydroxyd in Sulfid umgewandelt werden können. Bei den Bedingungen des Meerwassers entsteht ein sehr feinkristallines Disulfid, das man Melnikowit genannt hat. Es ist wohl nur sehr feinkörniger Pyrit. Markasit, der sich aus stärker sauren Lösungen bildet, tritt hauptsächlich in der Diagenese auf. Monosulfid ist bisher nicht nachgewiesen. In den Referaten über die Arbeiten von ARCHANGELSKI (WOLANSKY) wird nur von Pyrit gesprochen, auch in den Blauschlicken des mittleren Atlantischen Ozeans konnten wir nur FeS_2 finden. Ob es sich bei dem Disulfid um Pyrit oder Markasit handelt, ist noch nicht mit Sicherheit entschieden, da die Mengen an Disulfid in den Schlicken so gering sind, daß eine röntgenographische Untersuchung noch nicht stattfinden konnte. Die mikroskopischen Untersuchungen von PRALOW am blauen Ton des Unteren Kambrium in Estland sprechen für Pyrit. Der Gehalt an FeS_2 beträgt in den Sedimenten des Schwarzen Meeres etwa 2,5%. In den Blauschlicken des Mittelatlantischen Ozeans fand PRALOW zwischen 0,04 und 0,25% FeS_2. Im Blauen Ton von Estland fand er zwischen 0,05 und 1,53% FeS_2. Hier verteilt sich in zwei pyritreichen Proben, wie Tab. 50 zeigt, der Pyrit auf die einzelnen Korngrößenfraktionen folgendermaßen:

Tabelle 50. FeS_2-Gehalt der einzelnen Fraktionen zweier kambrischer Tone. (Nach PRALOW.)

Probe	Gesamtprobe	$< 2\,\mu$	$2—6,3\,\mu$	$6,3—20\,\mu$	$20—63,2\,\mu$	$63,2—200\,\mu$	Summe
II	1,25	0,18	0,48	0,48	0,08		1,22
III	1,53	0,13	0,48	0,71	0,18	—	1,51

Danach ist der Pyrit in der Fraktion 6,3—20 μ am stärksten vertreten und nimmt nach den feineren Fraktionen hin allmählich ab.

f) Sedimentäre Manganlagerstätten.

Mangan kommt in den Eruptivgesteinen in wesentlich geringerer Menge vor als Eisen, im Mittel nach CLARKE 0,12% MnO; die norwegischen Lehme GOLDSCHMIDTs enthalten etwa dieselbe Menge. Die Sedimente des Mittleren Atlantischen Ozeans schwanken in ihrem Mangangehalt von 0,02—2,28% MnO. Die roten Tiefseetone von CLARKE enthalten dagegen 1,05% MnO. In den Flußwässern wird MnO mit 0,5—5 mg im Liter angegeben. Der Mangangehalt des Meerwassers beträgt nach WATTENBERG (1938) 1—10 γ im Liter.

Mangan ist insofern dem Eisen ähnlich, als es in einer zweiwertigen Stufe und in einer höherwertigen vorkommt. Das höherwertige Mangan ist aber vierwertig. Zweiwertiges Mangan kommt in Sedimenten als Karbonat vor, und zwar als Mischkristallkomponente in ankeritähnlichen Mischkristallen, als

Braunspat. Das Oxyd des vierwertigen Mangans wird in der Technik als Braunstein bezeichnet; er besteht aus mehreren Mineralen, über deren Bau und Namengebung noch keine Einigung erzielt ist. Die chemische Zusammensetzung ist MnO_2 mit wechselndem Wassergehalt. Die zum Teil mehrere Prozent betragenden Beimengungen von LiO_2, K_2O, BaO u. a. hält man meist für adsorptiv. Viel wahrscheinlicher ist es, daß Manganite gebildet wurden. Auch das natürliche Manganhydroxydsol ist wohl hydratisiertes MnO_2, es wird meist $Mn(OH)_4$ geschrieben. Es ist negativ geladen im Gegensatz zum Eisenhydroxydsol. Ein weiterer Unterschied zwischen Eisen und Mangan ist, daß Mangansulfid unter den Bedingungen des sedimentären Kreislaufs nicht beständig ist.

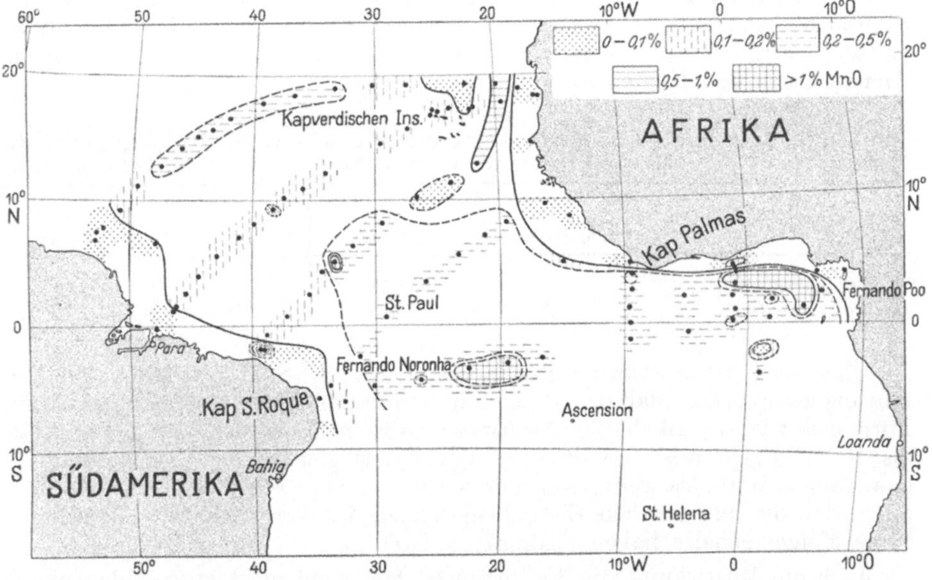

Abb. 48. Regionale Verteilung von MnO im mittleren Atlantischen Ozean. (Aus dem Meteorwerk.)

Die physikalische Chemie der Manganhydroxyde ist nicht so weit erforscht wie beim Eisen, insbesondere fehlen Angaben über die Löslichkeit des MnO_2. Die Gleichung der Oxydation lautet:

$$Mn^{··} + 2\,H_2O \rightleftharpoons MnO_2 + 4\,H^{·}.$$

Daraus folgt, daß bei Zugabe von Alkali die Reaktion nach rechts verläuft, die Oxydation begünstigt wird, umgekehrt ist es bei Zugabe von Säure. Beim Mangan ist es also gerade umgekehrt wie beim Eisen. Man wird vermuten können, daß die Löslichkeit des Mangans im alkalischen Gebiet größer ist als im sauren. Wie beim Eisen müssen wir auch beim Mangan unterscheiden zwischen der allgemeinen Verbreitung des Mangans in den Sedimentgesteinen und Anreicherungsvorgängen, die zur Bildung von sedimentären Manganlagerstätten führen. In geringen Mengen kann Mangan dem Sediment als Hydroxyd beigemengt sein. Es kann auch karbonatisch als Braunspat ausgeschieden werden, und schließlich darf nicht vergessen werden, daß auch die klastischen Gemengteile der Sedimente, Augite usw. Mangan enthalten können. Abb. 48 gibt in einem Kärtchen die Verbreitung des Mangangehaltes im äquatorialen Atlantischen Ozean auf kalkfreies Sediment berechnet. Wir sehen hier im Gebiet der basischen Eruptivgesteine des Golfes von Fernando Poo eine deutliche Anreicherung von Mangan im Sediment, und zwar sieht es so aus, als ob das Mangan

14*

von den vulkanischen Inseln Fernando Poo, Annobom und St. Thomé aus nach Osten durch die Strömung transportiert würde. Das manganreiche Gebiet fällt etwa zusammen mit den vulkanischen Gesteinsgemengteilen, wie sie LEINZ in demselben Gebiet erforscht hat. Auch der Einfluß des Kap Verden-Gebiets scheint sich vor allem westlich der Inselgruppe bemerkbar zu machen. Weniger gut zu erklären ist die Anreicherung im Gebiet der Tiefsee, insbesondere des Roten Tons, die seit der Challenger-Expedition das Interesse der Forschung erregt hat. Zunächst muß darauf hingewiesen werden, daß auch Globigerinenschlamme beträchtlichen Mangangehalt aufweisen können, die beim Entkalken besonders deutlich in Erscheinung treten; so enthält einer bis zu 2,24% MnO in der kalkfreien Probe. Auch im Blauschlick kann der Mangangehalt von Spuren bis zu 2,48% schwanken, im Roten Ton von 0,06—4,1%. Im großen ganzen, statistisch betrachtet, findet man einen höheren Mangangehalt in der Tiefsee als in den Küstensedimenten:

Tabelle 51. MnO- und Fe_2O_3-Mittelwerte der Flach- und Tiefseesedimente der Meteorexpedition, auf kalkfreies Sediment berechnet. (Nach CORRENS 1937.)

	MnO		Fe_2O_3	
	Zahl der Proben	% Gehalt	Zahl der Proben	% Gehalt
Flachseesedimente	17	0,035	20	3,71
Tiefseesedimente	83	0,415	86	7,12

Über die Gründe kann man nach der Gleichung (S. 211) vielleicht die Vermutung aussprechen, daß das Mangan in den sauren Flußwässern in reduzierter Form gelöst ist, im alkalischen Meerwasser wird es allmählich oxydiert und fällt als $MnO_2 \cdot x\,H_2O$ aus. Da dieser Vorgang eine gewisse Zeit beansprucht, ist das Mangan unterdes weitab von der Küste gelangt. Für diese Ansicht spricht auch, daß die küstennahen Eisenablagerungen der Vergangenheit nur sehr geringe Mangangehalte haben (Tab. 47, S. 207).

Auch die Mitwirkung von Bakterien ist hier wohl nicht ausgeschlossen. Es wäre auch an die Möglichkeit zu denken, daß Tiere (Foraminiferen?) Mangan in ihren Skeletten mit einbauen, wofür gewisse Anzeichen bei der Analyse der Globigerinenschlamme gefunden wurden (Meteorwerk). Auch sonst ist ja das Mangan ein regelmäßiger Bestandteil organischer Substanz, wenn auch — soviel mir bisher bekannt wurde — stets nur in sehr geringen Mengen.

Auffallend ist in diesem Zusammenhang, daß die Anreicherung an Mangan meist mit Phosphorsäure-, Kieselsäure- und Glaukonitanreicherungen verknüpft ist. Es sieht so aus, als ob Manganablagerungen an Sedimentationslücken geknüpft wären. Im mittleren Atlantischen Ozean liegen die beiden manganreichsten Gebiete dort, wo die Sedimentation seit dem Diluvium am geringsten war. Die langsame Sedimentation ist hier nicht nur durch die Landferne bedingt, sondern durch die Auflösung der Kalkschalen. Hier reichern sich die im Meerwasser unlöslichen Verbindungen an, Manganhydroxyd ist offensichtlich unter den Bedingungen der Tiefsee weniger löslich als Eisenhydroxyd. Man könnte daran denken, daß Mangan in Organismen angereichert ist und ähnlich wie die Phosphorsäure übrig bleibt oder, daß Vorgänge der submarinen Verwitterung anorganischer Produkte für die Mangananreicherung verantwortlich sind, Vorgänge, die zweifellos außerordentlich langsam verlaufen. Anzeichen für eine direkte Zersetzung von Mineralen konnten bei der Untersuchung der Sedimente des äquatorialen Atlantischen Ozeans nicht aufgefunden werden. Sie können nur indirekt aus Neubildungen erschlossen werden.

Das verschiedene Verhalten von Mangan und Eisen ist bei den *terrestren Manganlagern*, bei den Sumpf- und See-Erzen schon früh aufgefallen. Aus den Beobachtungen an solchen Lagerstätten wird geschlossen, daß aus einer Lösung, die gleichzeitig Eisen und Mangan enthält, zuerst die Hauptmenge Eisen und erst nach einiger Zeit, d. h. wenn die Bedingungen noch etwas andere geworden sind, Mangan ausfällt. Über diese Bedingungen wissen wir nichts. Man hat die verschiedene Ladung der Eisenhydroxyd- und Manganhydroxydsole zur Erklärung heranziehen wollen. Es scheint mir jedoch wahrscheinlicher, daß es sich um echte Lösung handelt, und daß Löslichkeitsbestimmungen wie beim Eisen zur Klärung beitragen würden. Die Bedingungen der Mangan- und Eisenfällung müssen sich bei terrestren Bildungen überlagern, denn wir finden alle Übergänge zwischen Eisen- und Manganlagern. Die Mangangehalte steigen bis zu 80% MnO_2. Neben den anorganischen Ursachen der Ausfällung spielt bei den terrestren Ablagerungen sicher auch bakterielle Wirkung eine Rolle.

g) Sedimentäre Phosphatlagerstätten.

Phosphorsäure kommt nach CLARKE im Durchschnitt der Eruptivgesteine mit 0,30% P_2O_5 vor. Bei dieser Menge geht allerdings die Bilanz Eruptivgesteine—Sedimente nicht auf. I. H. L. VOGT hat vorgeschlagen, einen Durchschnitt von nur 0,17—0,18% zu nehmen. In den norwegischen Lehmen GOLD-SCHMIDTs wurden 0,22% gefunden, in den Sedimenten der Meteor-Expedition 0,13—0,18%. Das weitaus wichtigste primäre Phosphormineral ist der Apatit $Ca_5(F, Cl)[PO_4]_3$, er ist in den magmatischen Gesteinen weit verbreitet. Nach alten Versuchen von MÜLLER (zit. nach BERG 1922) ist er in Wasser zu etwa 1,5—2% löslich. Die bei der Verwitterung in Lösung gegangene Phosphorsäure wird von den Pflanzen aufgenommen, sie ist ein unentbehrlicher Bestandteil der organischen Substanz. So wurden in der Asche des Tangs Fucus 1,09 $Ca(PO_4)_3$ gefunden. In einem Baum von Niederländisch-Indien fanden sich Knollen von Kalziummagnesiumphosphat. Wirbeltierknochen enthalten bis zu 60% Phosphat, Zähne bis 90%. Die Tiere scheiden auch regelmäßig Phosphorsäure aus, der Mensch täglich etwa 6 g P_2O_5. Deshalb sind die Ausscheidungen von Tieren eine der wichtigsten Quellen für die Phosphorsäure. Kotballen (Koprolithen) können in Sedimenten angereichert sein, z. B. auf Schichtlücken. Guano entsteht durch die Einwirkung des flüssigen Vogelkots auf junge Kalke. Aus der Zersetzung der Knochen von Wirbeltieren, besonders von Fischen, die mit eingebettet wurden, dürfte wohl auch im wesentlichen der Phosphorsäuregehalt der sedimentären Eisenlagerstätten stammen.

Auch Wirbellose bauen Phosphorsäure in ihre Schalen und Skelette ein. Besonders reich an ihr sind die hornschaligen Brachiopoden. Wo sie in großer Zahl gelebt haben, können ihre Schalen dem Sediment einen hohen Phosphorsäuregehalt erteilen, wie dies im kambrischen Obolussandstein der Fall ist. Die folgende Tabelle, die auf die Analysen von CLARKE und WHEELER zurückgeht, gibt über die Gehalte an P_2O_5 Auskunft.

Beim Zerfall der Knochen und Schalen wird die Phosphorsäure frei und kann sich in Konkretionen anreichern. Derartige Anreicherungen werden besonders dort auftreten, wo die Sedimentation fehlt oder sehr gering ist, also auf Schichtlücken. Man wird sich den Vorgang der Anreicherung und Konzentrationsbildung sowohl bei den Resten der Wirbeltiere wie bei denen der Wirbellosen so vorstellen müssen, daß sich bei der Verwesung ein lösliches Ammonphosphat bildet, das dann z. B. mit Kalk oder Eisenhydroxyd oder Aluminiumhydroxyd reagiert.

Tabelle 52. P$_2$O$_5$-Gehalt in der Skelettsubstanz Wirbelloser in Prozent.

Foraminiferen	0—Spuren	Bryozoen	Spuren—0,60
Kieselschwämme . . .	0	Brachiopoden	
Kalkschwämme . . .	0,77	mit Kalkschalen . .	Spuren—0,25
Korallen		mit Hornschalen,	
Madreporide	0,0—Spuren	Lingula usw. . . .	74,73 bis
Alcyonarier	Spuren—2,97		91,74% Ca$_3$P$_2$O$_4$
Anneliden		Muscheln	Spuren—0,17
Serpula	Spuren		
Hyalinoecia	20,72	Gastropoden	Spuren—0,38
Onuphis	21,58	Kephalopoden	Spuren
Echinodermen			
Krinoiden	Spuren—0,43	Krustazeen	
Seeigel	Spuren—0,64	Balaniden	0,0 —0,34
Seesterne	Spuren—0,24	Krebse	1,87—7,75
Schlangensterne . .	Spuren—0,32		
Holothurien	Spuren—3,15	Kalkalgen	0,0 —0,18

So finden sich in den Sedimenten die als Phosphorite zusammengefaßten Kalziumphosphate Dahllit 3 Ca$_3$(PO$_4$)$_2$. 2 CaCO$_3$. H$_2$O, Kollophan Ca$_3$P$_2$O$_8$. H$_2$O u. a., das Aluminiumphosphat Wavellit 3 Al$_2$O$_3$. 2 P$_2$O$_5$. 13 H$_2$O, das häufig auf Klüften auftritt und besonders in Mooren das Eisenphosphat Vivianit Fe$_3$P$_2$O$_8$. H$_2$O.

Auch auf rein anorganischem Wege kann die Phosphorsäure wandern. So hat man für die Phosphate der Lahn und Dill angenommen, daß sie durch die submarine Verwitterung basischer Eruptivgesteine entstanden seien. Unter normalen Bedingungen reagieren jedoch die Gesteine mit dem Meerwasser so außerordentlich langsam, daß eine Auslaugung von Phosphorsäure auf diesem Wege wohl kaum anzunehmen ist. Normalerweise beobachtet man jedenfalls keine Reaktion der im Meerwasser vorhandenen Phosphorsäure mit Kalk.

Der Gehalt des Meerwassers an Phosphorsäure schwankt mit der Besiedlung des Meeresteils zwischen 1 und 60 γP im Liter. Im Tiefenwasser der großen Ozeane kann man mit 30—60 γ/Liter rechnen. Die Phosphorsäure scheidet sich beim Eindampfen des Meeres offenbar sehr früh ab, denn in den eigentlichen Salzlagerstätten wird sie nicht mehr angetroffen. Nur das seltene Mineral Lüneburgit enthält sie.

h) Kieselgesteine.

Kieselsäure ist in der Natur sehr weit verbreitet. Mit 59% steht sie an der Spitze der Gemengteile der Eruptivgesteine. Hier kommt sie teils frei als Quarz, teils gebunden als Silikat vor. Bei der Verwitterung bleibt der sehr widerstandsfähige Quarz erhalten, er ist der Hauptbestandteil der klastischen Sedimente mittlerer Korngröße, der Psammite. Die Kieselsäure, die bei der chemischen Verwitterung in Lösung gegangen ist, bildet die biogenen und chemischen Kieselablagerungen, die Kieselgesteine im engeren Sinne. In ihnen liegt die Kieselsäure meist in Form von wasserarmem Gel, Opal oder von feinkörnigem oder feinfaserigem Quarz vor. Feinfaserig ausgebildeter Quarz, bei dem die Faserlängsrichtung senkrecht zur c-Achse in [1$\bar{1}$00] oder [11$\bar{2}$0] steht, nennt man Chalzedon. Derartige Fasern sind sehr häufig. Seltener ist in Sedimenten Quarz, der nach der c-Achse feinfaserig ist, der Quarzin. Bei der Verwitterung der Silikate geht die Kieselsäure zunächst in Ionenform in Lösung. Sie bildet leicht Komplexe und geht in den Solzustand über, in dem sie dann weit transportiert werden kann.

Auf dem Lande können die Verwitterungslösungen die Kieselsäure unter besonderen Bedingungen wieder ausscheiden. Dies geschieht ähnlich wie bei Fe, Ca, Al in warmen Trockengebieten an der Erdoberfläche. Durch Verdunsten des Lösungsmittels fällt Kieselgel aus, das zu Opal und Quarz wird. Fällt das Kieselgel an der Oberfläche aus, so können reine *Kieselkrusten* entstehen, verkittet es vorhandene poröse Gesteine, z. B. Sand, so spricht man von *Ein-kieselungen* (KALKOWSKI). Die mitteldeutschen Tertiärquarzite sind solche Ein-kieselungen auf einer alten Landoberfläche.

Die bei solchen Vorgängen nicht ausgeschiedene Kieselsäure gelangt in die Flüsse und Meere. In den Flußwässern ist sie etwa in der Größenordnung 5 mg im Liter vorhanden. MOORE und MAYNARD geben in den von ihnen untersuchten Wässern Nordamerikas den Gehalt von 2,8—9,8 mg SiO_2 im Liter an. Die Kieselsäure, die ins Meer gebracht wird, wird dort zum Skelettbau verwendet. Wegen des Verbrauchs durch die Lebewelt schwankt der Gehalt des Meerwassers sehr stark. Als Mittelwert des biologisch weniger beeinflußten Tiefenwassers gibt WATTENBERG 1938 2 mg/L.

Die wichtigsten Kieselsäureverbraucher sind sowohl in Landwässern wie im Meere die planktonischen Kieselalgen, die *Diatomeen*. Sie sind als assimilierende Pflanzen vom Licht abhängig. Die Haut der Diatomeen besteht aus Pektin, sie ist durchsetzt mit je nach der Art verschiedenen Mengen einer Silizium-verbindung. Ob diese bereits Opal ist oder ob Opal erst beim Verwesen frei wird, scheint noch nicht geklärt (OLTMANNS). Die kleinen Schälchen ab-gestorbener Diatomeen bilden als Bodensatz in Binnenseen den Kieselgur. Auch in den hohen nördlichen und südlichen Breiten der Ozeane finden wir die Diatomeen als Hauptbestandteile desjenigen Planktons, das erhaltungs-fähige Schalen und Skelette besitzt. Die Kalkbildner treten hier mengenmäßig sehr zurück, infolgedessen sind die Ablagerungen reich an Diatomeen. Bedingung für die Bildung eines reinen Kieselsedimentes ist in beiden Fällen, daß klastische Sedimente dem Sedimentationsraum nicht oder sehr viel langsamer zugeführt werden. Fossile Diatomeengesteine werden Diatomite genannt.

Während die marinen Diatomeen ihr Hauptverbreitungsgebiet in den kalten Meeresteilen haben, sind die *Radiolarien*, die ebenfalls planktonisch, aber nur im Meer, leben, heute in warmen Meeren häufiger. Auch sie können in größeren Mengen nur dort im Sediment gefunden werden, wo die Kalkschalen der gleichzeitig als Plankton lebenden Foraminiferen wegen der großen Tiefen wieder aufgelöst worden sind. Es steht aber nichts im Wege, für fossile Radiolarien-sedimente anzunehmen, daß sie ähnlich wie die heutigen Diatomeenschlicke und der Kieselgur gebildet sind, d. h. daß die Lebensbedingungen für Kiesel-organismen günstig und für Kalkschaler ungünstig waren und daß durch die besonderen Bildungsumstände kein terrigener Detritus in größeren Mengen mit sedimentiert wurde. Solche Bedingungen könnten auch in relativ flachem Wasser verwirklicht sein (CORRENS 1924).

Gesteine, die nachweislich aus Radiolarien aufgebaut sind, heißen Radio-larite. Abb. 49 zeigt einen Kulmradiolarit, der von SCHWARZ angeätzt worden ist.

Ebenfalls planktonisch im Meer leben die *Silikoflagellaten*. Sie können in tertiären Diatomiten so zahlreich sein, daß man das Gestein als „Silikoflagellit" bezeichnen kann. Im übrigen treten sie gegen die Diatomeen und Radiolarien an Häufigkeit in den Sedimenten sehr zurück.

Eine vierte Gruppe von Organismen, die Kieselsäure als Skelettsubstanz ver-wenden, sind die *Schwämme*. Sie leben auf dem Boden festgewachsen, sowohl in See- wie in Meerwasser. Gesteine, die aus ihren Kieselnadeln aufgebaut sind, Spongiolithe, hat CAYEUX beschrieben. Die meisten dieser Gesteine sind marin gebildet, doch gibt es aus dem Karbon auch limnische.

Die *Kieselsäure* der Skelette dieser Lebewesen kann nach ihrem Tode wieder *in Lösung übergeführt* werden. Das tritt besonders deutlich in der Abhängigkeit des SiO_2-Gehaltes von der Tiefe hervor, wie sie WATTENBERG (1937) gefunden

Abb. 49. Kulmradiolarit, angeätzt. (Aus SCHWARZ 1928.) (Natur-Museum Senckenberg, Archiv-Nr. 2033).

hat (Abb. 50). Das erste schwache Maximum dürfte dadurch bedingt sein, daß zunächst die zartesten SiO_2-Bestandteile der Kieselschalen aufgelöst werden, nur die derberen gelangen in die größeren Tiefen. Die Auflösung schreitet fort.

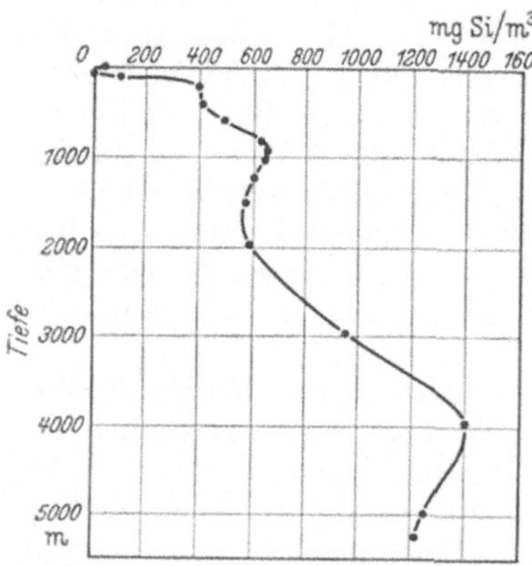

Abb. 50. Vertikale Verteilung von gelöster Kieselsäure (mg Si/m³) im westafrikanischen Auftriebsgebiet. (Aus WATTENBERG 1937.)

In etwa 4000 m Tiefe wird das Maximum an gelöster SiO_2 erreicht. Die darauffolgende Abnahme bis zum Boden ist wohl durch die Aufnahme der Kieselsäure durch Schwämme, deren Nadeln sich häufig in den Tiefseesedimenten finden, zu erklären.

Die Auflösung der Kieselschalen bei der Sedimentation muß ebenso berücksichtigt werden wie die der Kalkschalen. Daß gerade die feinsten Kieselschalen zuerst aufgelöst werden, hat zur Folge, daß grobe Schalen ins Sediment gelangen und überliefert werden. Wenn also auf einer Expedition in großen Meerestiefen dickschalige Radiolarien gefunden werden, so darf daraus nicht geschlossen werden, daß ein Sediment, das dickschalige Radiolarien enthält, auch in großen Tiefen gebildet wurde, sondern nur, daß auch hier die feineren Schalen weggelöst wurden. Das kann übrigens auch bei der Diagenese erfolgt sein. Denn Lösungsvorgänge im Sediment spielen auch bei den Kieselsedimenten eine sehr große Rolle, durch sie entsteht die Grundmasse der organogenen Kieselgesteine, wie dies bei der Besprechung der Diagenese der Kieselgesteine (S. 250) weiter ausgeführt wird.

Immer wieder ist versucht worden, diese Kieselsäure, die zwischen den erhaltenen Organismenresten liegt, als *primär aus dem Meere ausgeflockt* anzusehen. TARR hat auch Experimente in dieser Richtung unternommen, indem er Wasserglas in künstliches Meerwasser tropft, so daß etwa der Kieselsäuregehalt des Meerwassers erreicht wurde. Tab. 53 zeigt, daß nur konzentrierte Natriumsilikatlösungen im Meerwasser ausflocken. Konzentrationen, die noch das Zehnfache der Flußwässer betragen und dem Meerwasser zugesetzt wurden, so daß die

Tabelle 53. Art der Flockungserscheinungen bei verschiedenen Konzentrationen an SiO_2 (aus CORRENS 1924).

Nummer des Versuchs	a SiO_2-Konzentration der zugesetzten Lösung %	b Gesamtkonzentration des Meerwassers an SiO_2 nach dem Zusatz %	c Art der Flockungserscheinungen
1	2,3	0,0046	Dicke Flocken, sofort bei Zusatz eines jeden Tropfens
2	1,84	0,0046	
3	1,38	0,0046	Ziemlich dicke Flocken, sofort bei Zusatz eines jeden Tropfens
4	0,92	0,0046	
5	0,46	0,0046	Dünne Flocken, sofort bei Zusatz eines jeden Tropfens
6	0,34	0,0046	Ganz schwache Abscheidung bei jedem Tropfen
7	0,23	0,0046	Nach 5 Tagen feine Flocken
8	0,23	0,0023	Nach 5 Tagen ganz feine Flocken
9	0,23	0,023	Nach 5 Tagen feine Flocken
10	0,057	0,00057	
11	0,057	0,00114	Flockt nicht aus
12	0,057	0,00228	
13	0,057	0,00456	

Gesamtkonzentration im Meerwasser etwa das 50fache normalen Meerwassers betrug, zeigten keine Ausflockung. Auch reine verdünnte Kieselsäuresole flockten nur dann aus, wenn die Lösung schwach alkalisch war, p_H mindestens 10—11; im Meerwasser, dessen p_H etwa bis 8,5 steigen kann, flockten sie nicht aus. Auch LINCK und BECKER konnten 1925 bei fast natriumfreiem Sol und einem Kieselsäuregehalt von 0,53% nach 10 Tagen eine Ausflockung nicht feststellen. 1929 haben MOORE und MAYNARD gezeigt, daß die dialysierten Kieselsäuresole auch in dem Zeitraum bis 75 Tagen nicht nennenswert ausgeflockt waren, bei einer Konzentration der Ausgangslösung von 30 mg im Liter. Aus diesen Versuchen kann mit Sicherheit geschlossen werden, daß Kieselsäure beim Vermischen von Flußwasser mit Meerwasser nicht nennenswert ausgeflockt wird. Das ist auch nicht weiter verwunderlich. Es handelt sich ja bei dem Kieselsäuresol nicht um ein hydrophobes Sol wie eine Tonsuspension, die durch Zusatz von Elektrolyten rasch ausflockt, sondern um ein hydrophiles Sol, bei dem die Elektrolytwirkung nur sehr gering ist. Da die Löslichkeit der Kieselsäure mit zunehmender Alkalinität der Lösung steigt (Abb. 3a), so ist statt Ausflocken eher ein Auflösen der Kieselsäure zu erwarten, wenn die schwach sauren Flußwässer ins schwach alkalische Meer gelangen. Nur wenn sehr große Mengen an Kieselsol ins Meer gebracht werden, könnte ein Ausflocken stattfinden.

LINCK und BECKER haben gezeigt, daß die Kieselsäure außer durch die Elektrolyte des Meerwassers auch durch feste Kalziumkarbonatteilchen (Vaterit und Kalzit) aus dem Meerwasser herausgenommen werden kann. Sie verwendeten

stets Sole mit mindestens 0,5% SiO_2; ob bei den Konzentrationen der Flußwässer der Effekt noch auftritt, scheint sehr fraglich.

Für zahlreiche Kieselgesteine ist die Herkunft nicht oder nur unsicher zu
ermitteln, sei es daß die Organismenreste durch diagenetische Vorgänge ganz
verschwunden sind, sei es daß sie durch Ausflockung entstanden, oder daß sie
überhaupt Verkieselungen sind, metasomatische Bildungen. Für solche Fälle
empfehle ich den Namen Hornstein für Kieseleinlagerungen bankiger oder knol-
liger Art in Kalken. Eine Unterart der Hornsteine sind die Feuersteine. Der
Name ist für die Kieselsedimente der oberen Kreide so eingebürgert, daß es nicht
zweckmäßig erscheint, ihn zu unterdrücken.

Unter den abnormen Bedingungen des eindampfenden Zechsteinmeeres hat
sich die Kieselsäure anscheinend in kristalliner Form ausgeschieden. Quarzkriställchen bis zu mehreren Millimetern Länge finden sich nicht selten im Anhydrit. Sie scheinen stets mit Anhydrit zusammen vorzukommen, auch wenn
sie in den Kalisalzen auftreten, wohl ein Anzeichen dafür, daß die Kieselsäure
schon in der Anhydritphase ausgeschieden wird.

Zahlreich sind die Übergänge von Kieselgesteinen zu klastischen Sedimenten
und zu den Kalken. Bei den klastischen sind es vor allem die feinklastischen,
die Tone, die an Diatomeenschalen reich sein können. Adsorption von Kieselsäure an Tonteilchen mag auch vorkommen. Auch Tuffsedimente können,
wie die Sedimente des Tobasees und die eozänen Moler Jütlands zeigen, reich
an Diatomeen sein. Kalke können ebenfalls recht reich an fein verteilter
Kieselsäure und auch an noch erkennbaren Kieselresten sein, Kieselkalke.

i) Salzlagerstätten.

1. Festländische Salzablagerungen. Als Salzlagerstätten sind diejenigen
Gesteine zusammengefaßt, deren Bestandteile durch Verdunsten des Lösungsmittels entstanden sind. Streng genommen würden hierher auch diejenigen
Kalke gehören, die durch Übersättigung des Meerwassers an Kalk entstanden sind und schon weiter oben behandelt wurden. Hierher gehören auch
die Krustenbildungen, die bereits beim Kalk, bei der Kieselsäure und dem
Eisenhydroxyd besprochen worden sind. Als Salzlagerstätten im engeren Sinn
werden chemische Ausscheidungen leichtlöslicher Salze, etwa von Gips an, bezeichnet. Solche *Salzkrusten* können im trockenen Klima aus den Verwitterungslösungen auf dieselbe Weise, durch kapillaren Anstieg und Verdunsten, entstehen, wie bei den obenerwähnten schwerlöslichen Verbindungen. So finden wir
Ausblühungen von Gips, von Steinsalz und Soda an der Oberfläche der Böden.

Ein allmählicher Übergang verbindet solche Ausblühungen mit kleinen Salz-
sümpfen, Salzpfannen und diese wiederum gehen ohne scharfe Grenze in Salzseen über. Gemeinsam ist allen diesen Bildungen, daß sie festländischen Lösungen ihre Entstehung verdanken. Während im Weltmeer die Lösungen der
Flüsse der ganzen Erde im Laufe von geologischen Zeiträumen durcheinander-
gerührt sind, zeigen die festländischen Gewässer eine bunte Mannigfaltigkeit,
ihre Zusammensetzung wechselt mit dem Einzugsgebiet.

Wir haben S. 126 gesehen, daß die Kohlensäure bei der chemischen Verwitterung die Hauptrolle spielt, *Alkalikarbonate* sind deshalb unter den festländischen Ausscheidungen besonders häufig. Es sind vor allem drei Minerale

Thermonatrit	$Na_2CO_3 . H_2O$
Soda	$Na_2CO_3 . 10 H_2O$
Trona	$Na_2CO_3 . NaHCO_3 . 2 H_2O.$

Wir finden diese Minerale in den Natronseen Ägyptens, Ostindiens, Nord-
und Südamerikas und in Ausblühungen. Einige Analysen nach CLARKE mögen
die Zusammensetzung veranschaulichen (Tab. 54).

Tabelle 54. Analysen einiger karbonatischer Salzablagerungen.
(Nach CLARKE.)

	1.	2.	3.	4.	5.	6.	7.
Na_2CO_3	45,05	75,95	72,69	62,22	52,10	25,12	25,95
$NaHCO_3$ . . .	34,66	—	—	—	—	14,76	14,35
Na_2SO_4 . . .	1,29	4,67	17,49	—	27,55	17,43	33,31
$NaCl$	1,61	1,46	2,53	10,57	18,47	38,01	24,51
$NaNO_3$	—	12,98	—	—	—	—	—
$Na_2B_4O_7$ . . .	—	—	4,15	—	—	—	—
NaH_2PO_4 . . .	—	4,94	—	—	—	—	—
K_2CO_3	—	—	—	6,59	—	—	—
K_2SO_4	—	—	—	20,62	—	4,68	1,88
KCl	—	—	1,18	—	—	—	—
SiO_2	—	—	1,96	—	—	—	—
H_2O	16,19	—	—	—	—	—	—
Unlöslich . . .	0,80	—	—	—	—	—	—
	99,60	100,00	100,00	100,00	98,12	100,00	100,00

1. Großer Salzsee, Nevada. Anal. O. D. Allen.
2. Vom Boden des Merced, Merced County. Anal. E. W. Hilgard.
3. Von der Oberfläche des Nordarms des Old Walker-Sees, Nevada.
4. Von Westminster, Orange County.
5. Vom westlichen Arm der Black Rock Desert, nahe der sog. „Hardin-City", Nevada. Anal. O. D. Allen.
6. Vom Tal des Deep Creek, Utah. Anal. R. W. Woodward.
7. Vom Antelope Tal, Nevada. Anal. R. W. Woodward.

Schon aus diesen Analysen geht hervor, daß neben Karbonat auch Sulfat, Chlorid und Nitrat eine Rolle spielen können. *Sulfatablagerungen* sind entsprechend der Häufigkeit der Schwefelsäure auch nicht selten. Gipsablagerungen größeren Ausmaßes sind wohl stets marinen Ursprungs. Krusten und Salzausblühungen jedoch gibt es auch auf dem Festland. Häufiger sind hier Natriumsulfatbildungen. So bildet sich im Großen Salzsee in Nordamerika und in sibirischen Seen Glaubersalz (Mirabilit) Na_2SO_4 . 10 H_2O. Da die Löslichkeit des Glaubersalzes in warmem Wasser sehr viel größer ist, scheiden sich mancherorts die Kristalle des Glaubersalzes im Winter aus und können sich, wie dies im Lam Sarat in Rumänien beobachtet wurde, im Sommer wenigstens zum Teil wieder auflösen. Bei 32,38° C geht das Glaubersalz in das wasserfreie Natriumsulfat, den Thenardit, über. Er scheidet

Tabelle 55. Analysen einiger sulfatischer Salzablagerungen. (Nach CLARKE.)

	Sediment vom Boden des Altai-Sees	Sediment vom Sevier See, Utah	
		vom Rand	von der Mitte
CO_2	0,12	—	—
SO_3	54,00	—	—
Na_2O	41,64	—	—
Na_2SO_4 . . .	—	14,3	84,6
Na_2CO_3	—	—	0,4
$NaCl$	0,29	75,8	7,0
K_2SO_4	—	0,7	—
CaO	0,22	—	—
$CaSO_4$	—	—	Spur
MgO	0,11	—	—
$MgSO_4$	—	5,5	Spur
Fe_2O_3	0,11	—	—
H_2O	—	3,6	8,0
Unlöslich . . .	3,46	0,1	Spur
	99,95	100,0	100,0

sich in manchen Salzseen mit höherer Temperatur in Chile, Peru, Arizona, Südrußland aus. Einige Analysen von Sulfatabsätzen gibt Tab. 55.

Die Analysen vom Sevier-See in Utah zeigen, daß sich in der Mitte des Sees Sulfat, am Rand jedoch vorwiegend Chlorid abscheidet.

Auch *Steinsalzbildungen* kommen in Trockengebieten als Ausblühungen vor, z. B. bei Tacna in Chile. In den Ausscheidungen der Salzseen kann der NaCl-Gehalt ziemlich hoch werden, wie in dem eben erwähnten Fall und in dem der Analyse Nr. 6 S. 219. Einige Analysen nach CLARKE gibt Tab. 56.

Auffällig ist an allen diesen festländischen Salzablagerungen, daß sie fast reine Natriumsalze sind, obwohl das Kalium in den Eruptivgesteinen etwa ebenso häufig ist wie das Natrium. Man hat sich daran gewöhnt, die Natronvormacht des Meeres dadurch zu erklären, daß das Kali im Ackerboden und von den Tonen vorzugsweise, selektiv, adsorbiert werde. Daß bereits die Verwitterungslösungen des Festlandes die Natronvormacht so ausgeprägt zeigen, läßt vermuten, daß noch andere Vorgänge eine Rolle spielen. Es scheint, daß die sehr wichtigen Kalilieferanten, die Glimmer, wenigstens zum Teil das Kali nur schwer abgeben. Wir finden sie in den Tonen reichlich vertreten. Eine andere Möglichkeit ist die, daß sich Glimmer oder glimmerähnliche Minerale im Boden neu bilden. Darüber ist bisher nichts Sicheres bekannt.

Tabelle 56. Analysen einiger chloridischer Salzablagerungen. (Nach CLARKE.)

	1.	2.	3.	4.
NaCl	95,67	82,57	85,27	82,71
Na_2SO_4 . . .	—	6,89	1,75	5,32
Na_2CO_3 . . .	—	—	2,59	2,46
K_2SO_4 . . .	—	—	—	8,43
$MgCl_2$. . . .	—	5,88	—	—
$CaSO_4$ . . .	1,63	Spur	—	—
Fe_2O_3. . . .	—	—	—	0,15
H_2O	0,73	4,66	8,57	0,82
Unlöslich . .	1,97	—	1,82	—
	100,00	100,00	100,00	99,89

1. Salzausblühung in der Wüste, südlich Hot Springs-Station, Nevada. Anal. O. D. Allen.
2. Salz vom Salzsee, 7 Meilen östlich von den Zandia-Bergen New Mexico. Anal. O. Loew.
3. Kruste vom Quinn-Fluß, Black Rock Desert, Nevada. Anal. O. D. Allen.
4. Salz des Katwee-Sees, nördlich von Albert Edward Nyanza, Zentralafrika. Anal. H.S.Wellcome.

Über die Borate und Nitrate s. S. 238 und S. 241.

2. Marine Salzablagerungen. Der Mannigfaltigkeit der festländischen Gewässer steht die Einheitlichkeit des großen Sammelbeckens des Weltmeeres gegenüber.

Wir betrachten zunächst die *Konzentration der Salze* des normalen Meerwassers. Der Salzgehalt schwankt im Meere sowohl in der Horizontalen wie in der Vertikalen. Diese Schwankungen des Salzgehaltes sind für den Ozeanographen ein wichtiger Hinweis auf die Strömungsverhältnisse. Der Salzgehalt, der im ozeanographischen Schrifttum erscheint, wird durch Titrieren des ,,Chlorgehaltes‘‘ des Meerwassers gefunden, der definitionsgemäß die Summe der Halogene umfaßt. In der folgenden Tabelle, die die gesteinsbildenden Ionen des Meerwassers aufführt, sind Chlor und Brom getrennt.

Tabelle 57. Zusammensetzung des Meerwassers (bei $19^0/_{00}$ Cl = $34,33^0/_{00}$ Salz). Hauptbestandteile. (Nach WATTENBERG 1938.)

Kationen	g/kg	Millimol/kg	Anionen	g/kg	Millimol/kg
Natrium.	10,47	455,0	Chlor	18,97	535,1
Kalium	0,38	9,7	Brom	0,065	0,81
Magnesium . . .	1,28	52,5	Sulfat	2,65	27,6
Kalzium	0,41	10,2	Bikarbonat. . .	0,14	2,35
Strontium	0,013	0,15	Borsäure . . .	0,027	0,44

Während die Konzentration des Meerwassers in weiten Grenzen schwanken kann, ist das Verhältnis der einzelnen Bestandteile untereinander weitgehend konstant, wie die folgende Tabelle 58 zeigt.

Größere Abweichungen können beim Sulfatgehalt auftreten durch die Bildung von Schwefelwasserstoff in abgeschlossenen Becken. So beträgt das Verhältnis $SO_4 : Cl$ im Schwarzen Meer unterhalb der Oberfläche 0,1353. Auch das Wasser unter dem Eis kann etwas niedrigeren Sulfatgehalt haben, da beim Auskristallisieren des Eises mehr Sulfationen als Chlorionen mit eingeschlossen werden. In der Ostsee steigt das Verhältnis des Sulfatgehaltes zum Chlorgehalt auf 0,141 durch den starken Zustrom vom Lande her. Abweichungen im Kalk- und Kieselsäuregehalt werden durch den Verbrauch der Lebewesen und durch Auflösung der Schalen hervorgerufen.

Tabelle 58. Verhältnis der Ionen im Meerwasser zueinander. (Zusammengestellt aus THOMPSON und ROBINSON.)

Verhältnis	Durch-schnitt	Abweichungen +	Abweichungen −
Ca : Cl	0,02174	0,00092	0,00062
Mg : Cl	0,06694	0,00017	0,00042
Na : Cl	0,5523	0,0050	0,0047
SO_4 : Cl	0,1396	0,0004	0,0003

Sehen wir von diesen geringfügigen Ausnahmen ab, so können wir aus der Konstanz der Verhältnisse der Ionen zueinander wohl schließen, daß der Vorgang der Vermischung im Ozean im allgemeinen so lebhaft ist, daß die Ionen überall nahezu gleichmäßig verteilt werden.

Im folgenden wollen wir als Beispiel einer ozeanischen Salzablagerung diejenige der *deutschen Zechsteinsalze* besprechen, weil diese von allen am genauesten in chemischer, mineralogischer und geologischer Hinsicht erforscht ist. Wir nehmen zunächst einmal an, wie das wohl allgemein heute geschieht, daß das Wasser des Zechsteinmeeres wenigstens bei Beginn der Eindampfung die Zusammensetzung des heutigen Ozeanwassers gehabt hat. Wird nun ein solcher Teil des Ozeans eingedampft, so werden sich zunächst die schwerlöslichen Salze abscheiden. Schon im normalen Seewasser ist, wie oben (S. 192) gezeigt wurde, in der warmen Flachsee die Sättigung für Kalziumkarbonat überschritten. Es wird sich also zunächst Kalziumkarbonat ausscheiden. Daß bei weiterem Eindampfen Dolomit entstehen kann, ist ebenfalls schon weiter oben erwähnt worden. Quantitativ machen die Karbonate nicht sehr viel aus; aus einem Meer von 3500 m Tiefe würde eine Schicht von 0,16 m Kalkspat ausfallen.

Die wichtigsten Salze, die sich beim weiteren Verdunsten bilden können, bringt Tab. 59.

Tabelle 59. Salze, die sich aus dem Meerwasser bilden.

Name	Formel	Name	Formel
Chloride:		**Sulfate:**	
Steinsalz .	NaCl	Glaserit .	$3\ K_2SO_4 \cdot Na_2SO_4$
Sylvin . .	KCl	Langbeinit	$K_2SO_4 \cdot 2\ MgSO_4$
Bischofit .	$MgCl_2 \cdot 6\ H_2O$	Vanthoffit	$3\ Na_2SO_4 \cdot MgSO_4$
Carnallit .	$KCl \cdot MgCl_2 \cdot 6\ H_2O$	Astrakanit	$Na_2SO_4 \cdot MgSO_4 \cdot 4\ H_2O$
Tachhydrit	$CaCl_2 \cdot 2\ MgCl_2 \cdot 12\ H_2O$	Schoenit .	$K_2SO_4 \cdot MgSO_4 \cdot 6\ H_2O$
		Loeweit .	$2\ Na_2SO_4 \cdot 2\ MgSO_4 \cdot 5\ H_2O$
Sulfate:		Leonit . .	$K_3Na(SO_4)_2 \cdot 2\ MgSO_4 \cdot 8\ H_2O$
Thenardit .	Na_2SO_4	Syngenit	$K_2SO_4 \cdot CaSO_4 \cdot H_2O$
Glaubersalz	$Na_2SO_4 \cdot 10\ H_2O$	Glauberit	$Na_2SO_4 \cdot CaSO_4$
Anhydrit .	$CaSO_4$	*Polyhalit* .	$K_2SO_4 \cdot MgSO_4 \cdot 2\ CaSO_4 \cdot 2\ H_2O$
Gips . . .	$CaSO_4 \cdot 2\ H_2O$		
Kieserit .	$MgSO_4 \cdot H_2O$	**Chlorid und**	
Hexahydrat	$MgSO_4 \cdot 6\ H_2O$	**Sulfat:**	
Reichardtit	$MgSO_4 \cdot 7\ H_2O$	*Kainit* . .	$KCl \cdot MgSO_4 \cdot 3\ H_2O$

Zum Verständnis der Vorgänge beim Eindampfen wollen wir zunächst den einfachsten Fall der *Löslichkeit eines Salzes* in Wasser betrachten. Bringt man steigende Mengen eines Salzes mit Wasser zusammen, so beobachtet man, daß sich das Salz von einer bestimmten Menge an nicht mehr vollständig im Wasser auflöst, daß ein Bodenkörper bleibt. Es tritt ein Gleichgewicht zwischen dem Salz als Bodenkörper und der Lösung ein. Die Menge Salz, die sich jetzt in Lösung befindet, wird analytisch festgestellt. Sie ergibt die Löslichkeit für das betreffende Salz. Diese kann in verschiedener Art ausgedrückt werden, z. B. Gramm in 100 ccm Wasser, oder in 100 g Lösung, oder wie im folgenden, wenn nichts anderes angegeben ist, in Molen Salz auf 1000 Mole H_2O. Hierbei ist zu beachten, daß die Löslichkeit nur für einen bestimmten Bodenkörper gilt, z. B. ist die Löslichkeit einer instabilen Modifikation größer als die der stabilen. Die Löslichkeit gilt ferner nur für eine bestimmte Temperatur, sie ändert sich mit dieser. Ein Umstand, der häufig zu Fehlschlüssen geführt hat, ist schließlich der, daß das Lösungsgleichgewicht sich oft nur äußerst langsam einstellt. Dies ist gerade bei Karbonaten und schwerlöslichen Sulfaten der Fall. Man muß bei experimentellen Arbeiten besonders sorgfältig darauf achten, daß das Gleichgewicht erreicht ist. Ebenso wie im Laboratorium ist es in der Natur möglich, daß das Gleichgewicht nicht erreicht wird, denn nicht immer sind die zur Verfügung stehenden Zeiträume lang genug.

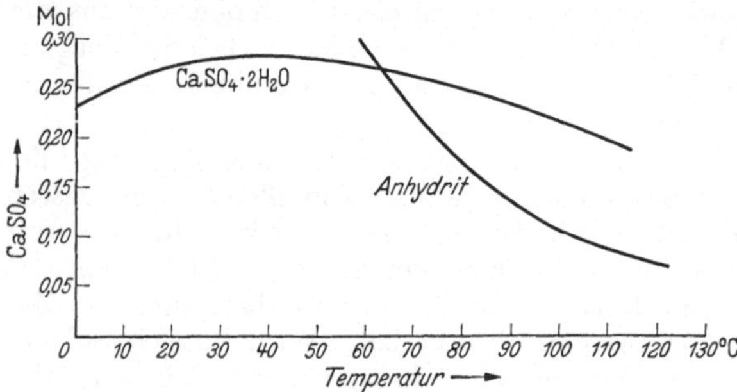

Abb. 51. Löslichkeit von Gips und Anhydrit in Wasser in Abhängigkeit von der Temperatur. (Mole Salz in 1000 Molen H_2O, nach D'ANS.)

Trägt man nun die Angaben über die Löslichkeit in ihrer Abhängigkeit von der Temperatur in ein Diagramm ein, so erhält man die Löslichkeitskurve, wie sie in Abb. 51 für Gips und Anhydrit in Wasser nach D'ANS angegeben ist. Dieses Beispiel wurde gewählt, weil sich aus dem Meerwasser, wenn die Karbonate ausgefallen sind, als nächst Schwerlösliches das Kalziumsulfat bildet. Zwei Kalziumsulfate kommen dafür in Betracht, Gips $CaSO_4 \cdot 2 H_2O$ und Anhydrit $CaSO_4$. Wir sehen, daß unterhalb von 63,5° C vom Gips weniger Mole in Lösung sind als vom Anhydrit, daß Gips schwerer löslich ist. Unterhalb dieser Temperatur scheidet sich also Gips aus. Oberhalb 63,5° C ist der Anhydrit schwerer löslich als der Gips und scheidet sich infolgedessen aus Wasser an Stelle von Gips aus. Übrigens ist dieser Umwandlungspunkt bei 63,5° C nicht durch Löslichkeitsbestimmungen gefunden worden, sondern auf anderem Wege. Man kann nämlich über die Stabilität der Minerale nicht nur durch ihre Löslichkeit, sondern auch durch Dampfdruckbestimmungen Auskunft erhalten. Das instabile System hat den geringeren Dampfdruck, und ein Hydrat ist neben einer Lösung instabil, wenn der Wasserdampfdruck des Hydrats denjenigen der Lösung übersteigt. Auf Grund von Dampfdruckmessungen ist die folgende Abbildung gezeichnet worden (Abb. 52). Die Kurve a gibt den Wasserdampfdruck einer gesättigten $CaSO_4$-Lösung an, b ist die Dampfdruckkurve des Gipses, c der Wasserdampfdruck einer gesättigten NaCl-Lösung und d einer gesättigten $MgCl_2$-Lösung. Wie man sieht, schneidet bei 63,5° die Dampfdruckkurve des Gipses diejenige der gesättigten Lösung in reinem Wasser. Oberhalb 63,5° ist also der Wasserdampfdruck des Hydrats größer als der der Lösung, das Hydrat infolgedessen instabil; das wasserfreie Salz Anhydrit scheidet sich aus. Die Dampfdruckkurve des Gipses wird bei 35° von der Dampfdruckkurve der Kochsalzlösung geschnitten, das bedeutet wieder, daß oberhalb 35° in gesättigter Kochsalzlösung sich Anhydrit bildet. Die Magnesiumchloridkurve schließlich schneidet die Gipskurve überhaupt nicht. In Magnesiumchloridlösungen scheidet sich also bei allen Temperaturen Anhydrit und nicht Gips aus. Beim Eindampfen des Meerwassers finden wir in den Salinen und Salzgärten stets Gips. In den Zechsteinsalzen finden wir aber als erste Ausscheidung Anhydrit. Man könnte annehmen, daß die Ausscheidung der Zechsteinsalze oberhalb von 63,5° C erfolgt ist: Das ist erstens nicht sehr wahrscheinlich und zweitens scheidet sich durch Verzögerungserscheinungen auch oberhalb 63,5° — wie ein einfacher Versuch zeigt — aus einer gesättigten $CaSO_4$-Lösung Gips und nicht Anhydrit aus.

Man könnte ferner annehmen, daß die Eindunstung nur wenig oberhalb 35° stattgefunden hätte, aber die Ausscheidung erst erfolgt wäre, nachdem Sättigung an Kochsalz eingetreten ist. Dies ist mit den Ausscheidungsbedingungen nicht zu vereinbaren, da das

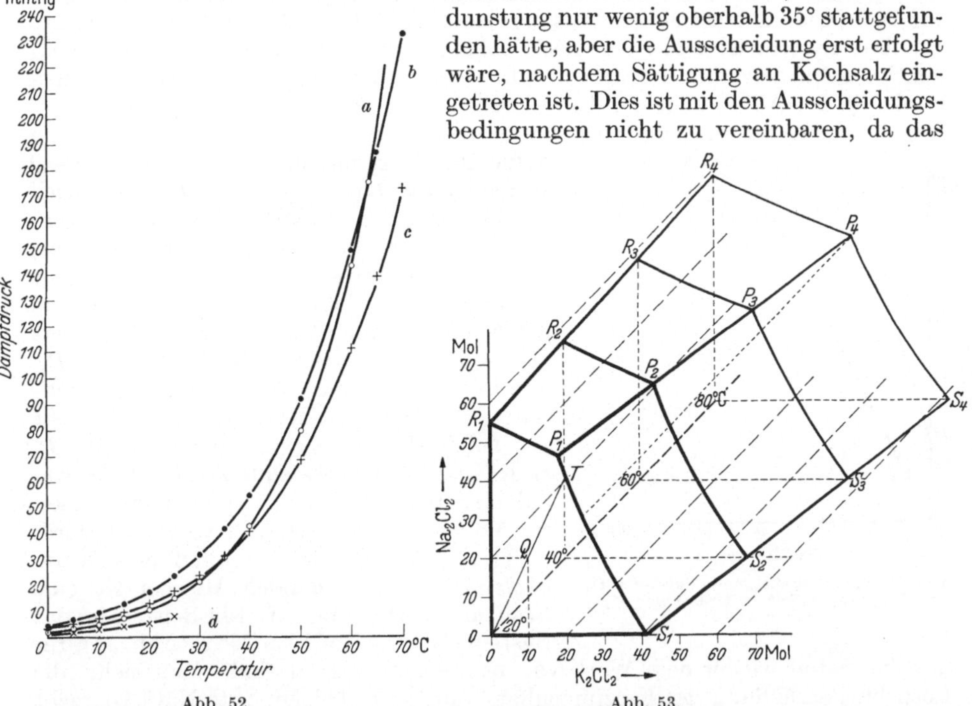

Abb. 52.   Abb. 53.

Abb. 52. Bildung von Gips oder Anhydrit aus Lösungen. (Nach BOEKE-EITEL.) a •—•—•—• wässerige Lösung; b ○—○—○—○ Gips-Anhydrit; c +—+—+—+ NaCl-Lösung; d ×—×—×—× MgCl₂-Lösung.

Abb. 53. Sättigungsdiagramm für KCl—NaCl in Wasser von 20—80 C°. (Mole Salz in 1000 Molen H₂O, nach D'ANS.)

Ca-Sulfat als erstes beim beginnenden Eindampfen ausfällt. Der Rest Ca-Sulfat, der bei fortgeschrittener Konzentration ausgeschieden wird, ist in der Natur und in der Theorie Anhydrit. Eine andere Möglichkeit ist die, daß unter dem Einfluß höherer Temperaturen nach der Überdeckung der Salzlagerstätten mit jüngeren Schichten oder bei einer Durchtränkung mit Kochsalzlösung oder Magnesiumchloridlösung nachträglich eine Umwandlung des Gipses in Anhydrit herbeigeführt wurde. So wird schon gleich beim Beginn der Ausscheidungsfolge unser Blick auf die nachträglichen Umwandlungen, die die Salze erlitten haben, gelenkt. Sie gehören bereits in das Gebiet der Metamorphose.

Aber auch bei der Ausscheidung der Lösung ist, wie wir schon sahen, der *Einfluß von gleichzeitig in Lösung befindlichen Salzen* sehr wichtig. Wir behandeln deshalb zunächst den Fall, daß zwei Salze in Wasser gelöst sind. Dann können 3 Fälle auftreten: Erstens, *die beiden Salze haben ein Ion gemeinsam.* Dann wird die Löslichkeit gegenseitig vermindert, falls nicht irgendwelche Verbindungen oder Komplexsalze auftreten. In Abb. 53 sind nach den Angaben von D'ANS auf der Abszisse die Konzentrationen von K_2Cl_2, auf der Ordinate die von Na_2Cl_2 in Molen in 1000 Molen Wasser aufgetragen. Die dritte nach rückwärts gerichtete Achse ist die Temperaturachse. Die Fläche $S_1P_1 — S_4P_4$ gibt an, wieviel KCl und NaCl mit KCl als Bodenkörper zwischen 20° und 80° C in Lösung sind, die Fläche $R_1P_1—R_4P_4$ dasselbe für NaCl als Bodenkörper. Sowohl mit NaCl wie mit KCl als Bodenkörper sind nur diejenigen Mengen NaCl und KCl im Gleichgewicht, die der Linie $P_1—P_4$ entsprechen. Wie man aus dem Schaubild ohne weiteres sieht, nimmt die Löslichkeit des KCl bei Zusatz von NaCl ab, z. B. bei 20° von 41,5 Molen K_2Cl_2 in 1000 Molen Wasser auf 18,3 Mole in 1000 Molen Wasser, das 46,6 Mole Na_2Cl_2 enthält im Punkte P_1. Das System ist außerdem noch abhängig vom Druck, der hier unberücksichtigt geblieben ist. Betrachten wir einen Punkt im Innenraum, z. B. den Punkt Q der Abbildung, der bei 10 Mol K_2Cl_2, 20 Mol Na_2Cl_2 und bei 20° C liegt, so bedeutet das, daß bei der ihm entsprechenden Konzentration noch keine Ausscheidung stattfindet. Die Linie $O—Q$ schneidet die Linie $P_1—S_1$ in T. Ist durch Verdunstung die Konzentration, die diesem Punkt T entspricht, erreicht, so fällt KCl aus, bis die Konzentration des Punktes P_1 erreicht ist, dann fallen NaCl und KCl aus. Wie aus der Abbildung unmittelbar hervorgeht, steigt die Löslichkeit von reinem NaCl, Linie $R_1—R_4$, mit der Temperatur schwach an, bei gleichzeitiger Sättigung an KCl, Linie $P_1—P_4$, sinkt sie. Infolgedessen scheidet eine bei Punkt P_4 an KCl und NaCl gesättigte Lösung beim Abkühlen zunächst KCl aus (punktierte Linie), ein Vorgang, der technisch verwertet wird.

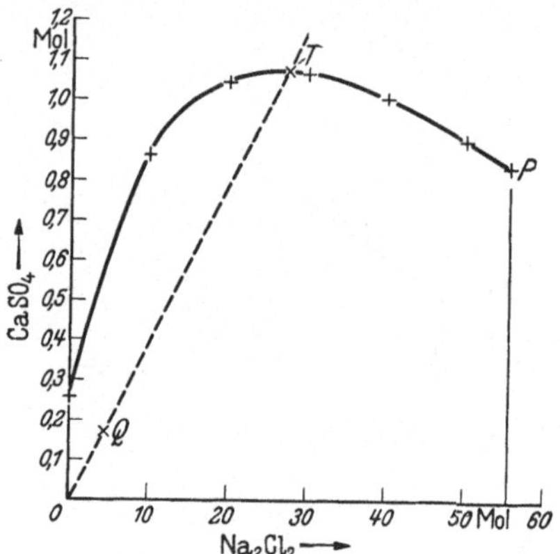

Abb. 54. Sättigungsdiagramm NaCl—$CaSO_4$ für 25° C. (Mole Salz in 1000 Molen H_2O, nach D'ANS.)

Der zweite Fall ist der, daß es sich um *ungleichionige Salze* handelt. Hierbei tritt eine Löslichkeitserhöhung auf. Ein Beispiel ist das System $CaSO_4$—NaCl bei 25° C (Abb. 54), für das die Daten wieder dem Werk von D'ANS entnommen sind. Man sieht, die Löslichkeitserhöhung des Kalziumsulfats durch das beigemengte NaCl ist recht bedeutend, sie erreicht ein Maximum und nimmt dann nach dem Eckpunkt P hin wieder etwas ab. Der Einfluß der $CaSO_4$-Ionen auf die Löslichkeit des NaCl dagegen ist nur sehr gering. In Punkt Q ist die Konzentration des Meerwassers in den beiden Komponenten gegeben. Wie man sieht, scheidet sich zunächst beim isothermen Eindampfen vom Punkt T an Gips aus, erst wenn P erreicht ist, scheiden sich NaCl und Gips aus.

Der dritte Fall ist der, daß *bei gleichionigen Salzen eine Verbindung* gebildet wird, wie das z. B. die Carnallitbildung aus $MgCl_2$ und KCl ist (Abb. 55). Tragen wir hier eine Lösung von der Konzentration Q, die der Zusammensetzung des Carnallits entspricht, ein, so trifft sie beim Punkt T auf die Sättigungslinie des KCl. Es scheidet sich KCl aus bis zum Punkt C, hier fängt das Doppelsalz Carnallit an, sich zu bilden. An diesem Punkt ist Carnallit mit KCl im Gleichgewicht. Da jedoch jetzt mehr $MgCl_2$ als KCl vorhanden ist, muß bei isothermer Verdunstung die Lösung mit KCl unter Carnallitbildung reagieren; das früher ausgeschiedene KCl wird also unter Carnallitbildung aufgezehrt. Das geht so lange fort, bis das Verhältnis KCl : $MgCl_2$ = 1 : 1 erreicht ist. Im Punkt B ist Carnallit mit Bischofit im Gleichgewicht, oberhalb B scheidet sich Bischofit aus. Abb. 56 gibt diese obere Ecke des Schaubildes im richtigen Maßstabe für 25° C nach D'ANS.

Würden wir nun alle Hauptbestandteile des Meerwassers nacheinander in der bisherigen Weise darstellen, so würde die Besprechung der *Ausscheidungsfolge* sehr viel Raum erfordern. Wir wollen deshalb die Verhältnisse möglichst vereinfachen.

Wir nehmen zunächst an, daß sich die Karbonate und die überwiegende Menge des Kalziumsulfats bereits ausgeschieden haben. Dann können wir in der Restlösung zunächst auch das Ca vernachlässigen; denn die verbleibenden Mengen sind gering, und die sich ausscheidenden Kalziumsulfate sind schwer löslich und beeinflussen den Kristallisationsweg der übrigen Stoffe nur wenig. Dann ist immer noch ein System mit sechs Komponenten darzustellen. Eine weitere Vereinfachung kann man dadurch erzielen, daß das Wasser fortgelassen wird, weil die Richtung der Ausscheidung der Salze von der Wassermenge unabhängig ist. Ferner betrachtet man nach dem Vorschlag von VAN'T HOFF das System in gesättigter NaCl-Lösung,

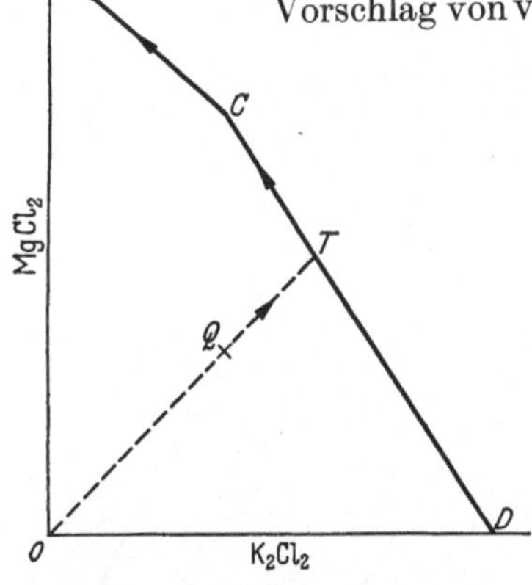

Abb. 55 Sättigungsdiagramm MgCl₂—KCl, schematisch.

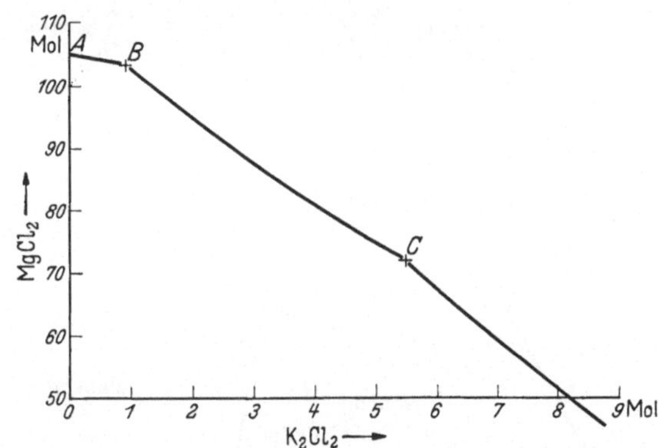

Abb. 56. Oberer Teil des Sättigungsdiagramms MgCl₂—KCl, maßstäblich. (Mole Salz in 1000 Molen H₂O, nach D'ANS.)

d. h. also erst von dem Zeitpunkt ab, in dem die Einengung der Flüssigkeit soweit fortgeschritten ist, daß Steinsalz als Bodenkörper auftritt und bei weiterem Verdunsten dauernd auch Steinsalz mit ausfällt. In der Natur finden wir auch stets Steinsalz mit den Kalisalzen verbunden. Die restlichen vier Komponenten kann man auf drei reduzieren, aus der Überlegung heraus, daß es sich bei den Salzbildungen um neutrale Salze handelt, bei denen zu einer gegebenen Menge K·, Mg·· auch eine bestimmte Menge Cl′ und SO₄″ gehört. Man wählt für die Dreiecksdarstellung K₂, Mg und SO₄ als Eckpunkte und rechnet aus den Angaben, die im Schrifttum, wie z. B. bei D'ANS, in Mol in 1000 Mol Wasser angegeben sind, die Mole derart um, daß die Summe K₂ + Mg + SO₄ = 100 wird. In dasselbe Diagramm kann man auch die Kalziumsalze mit eintragen. Für sie wählt man dieselben Eckpunkte.

In dieser *Dreiecksdarstellung* sind die Felder der verschiedenen Kalisalze eingetragen. Als Beispiel dienen die Verhältnisse bei 25°, umgerechnet von BORCHERT auf Grund der Zahlen von D'ANS (Abb. 57 und Tab. 60). Nächst der Sulfatecke finden wir das Feld für das Natriumsulfat Thenardit, dann folgt nach der Kaliecke hin das Kaliumnatriumsulfat Glaserit und in der Kaliecke der Sylvin. Von der Magnesiumecke folgt auf den Thenardit das Natriummagnesiumsulfat Astrakanit, an das sich der Reihe nach anschließen: das Magnesiumsulfat mit 7 Wasser, das mit 6 Wasser, das wasserfreie (Kieserit) und das Magnesiumchlorid Bischofit. Von der Magnesiumecke liegt nach der Kaliecke hin das Kaliummagnesiumchlorid Carnallit und in der Mitte des Dreiecks liegen die Felder für Kainit, Leonit und Schoenit. Die Punkte, die der chemischen Zusammensetzung dieser Salze entsprechen, die darstellenden Punkte,

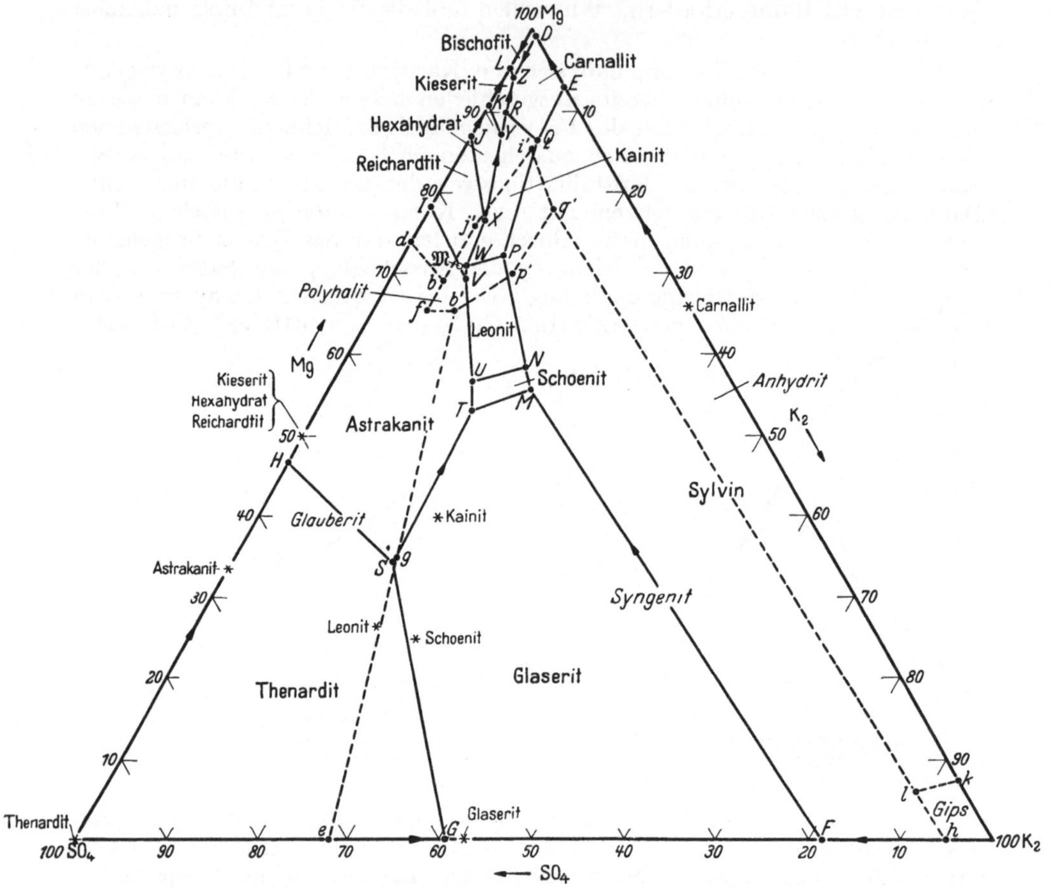

Abb. 57. Sättigungsdiagramm der Meereswassersalze bei 25° C. (Nach D'ANS und BORCHERT.)

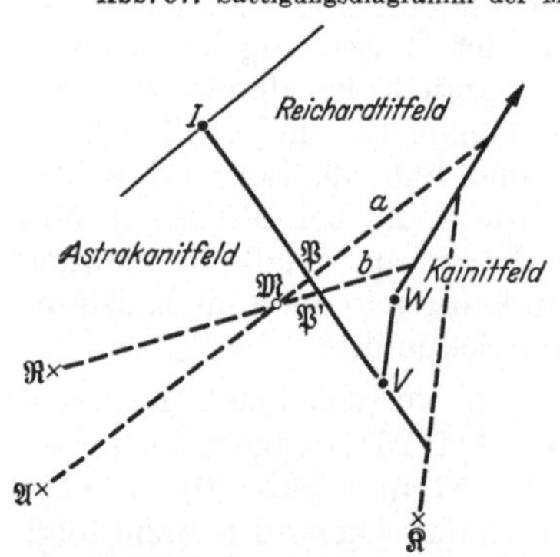

Abb. 58. Schematische Darstellung des Verlaufs der Kristallisationsbahnen und Feldergrenzen der Abb. 57.
— — — — Kristallisationsbahnen;
———— Feldergrenzen.

liegen nicht in den Ausscheidungsfeldern. Sie sind in dem Diagramm durch Kreuze dargestellt. Die Zahlenwerte gibt Tab. 60.

Aus einer solchen Dreiecksdarstellung kann man dann die Kristallisation der Kalisalze quantitativ ablesen. Die Kristallisationsbahnen sind gerade Linien, die vom darstellenden Punkt der ausfallenden Verbindung ausgehen. Wir betrachten zur *Erläuterung* den Fall der Auskristallisation des Meerwassers bei 25°, wie er in Abb. 58 schematisiert gezeichnet ist. Der darstellende Punkt des Meerwassers 𝔐 liegt im Feld des Astrakanits. Wir müssen also zunächst die Verbindungslinie Meerwasser—darstellender Punkt des Astrakanits 𝔄 ziehen.

Die Linie trifft sehr bald, also nach kurzer Ausscheidung von Astrakanit, im Punkte 𝔓 auf die Linie *J—V*, die das Reichardtitfeld vom Astrakanitfeld trennt,

Tabelle 60. Zahlenwerte für die Abb. 57.

Punkte in Abb. 57	Sättigung an Chlornatrium und	$t = 25°$ C		
		K_2	Mg	SO_4
A	$MgCl_2 \cdot 6\,H_2O$	—	100	—
B	KCl	100	—	—
C	Na_2SO_4	—	—	100
D	$MgCl_2 \cdot 6\,H_2O$ + Carnallit	0,9	99,1	—
E	KCl + Carnallit	7,1	92,9	—
F	KCl + Glaserit	82,0	—	18,0
G	Na_2SO_4 + Glaserit	40,6	—	59,4
H	Na_2SO_4 + Astrakanit	—	46,8	53,2
I	$MgSO_4 \cdot 7\,H_2O$ + Astrakanit	—	78,3	21,7
J	$MgSO_4 \cdot 7\,H_2O$ + $MgSO_4$ + 6 H_2O	—	87,0	13,0
K	$MgSO_4 \cdot 6\,H_2O$ + Kieserit	—	90,9	9,1
L	Kieserit + $MgCl_2 \cdot 6\,H_2O$	—	95,5	4,5
M	KCl + Glaserit + Schoenit	22,3	55,7	22,0
N	KCl + Leonit + Schoenit	20,3	58,6	21,2
P	KCl + Leonit + Kainit	10,9	72,2	16,9
Q	KCl + Carnallit + Kainit	7,5	86,4	6,1
R	Carnallit + Kieserit + Kainit	2,4	89,9	7,7
S	Na_2SO_4 + Glaserit + Astrakanit	17,8	34,4	47,8
T	Glaserit + Schoenit + Astrakanit	17,0	53,2	29,8
U	Leonit + Schoenit + Astrakanit	15,2	56,9	27,9
V	Leonit + $MgSO_4 \cdot 7\,H_2O$ + Astrakanit	8,4	69,1	22,5
W	Leonit + $MgSO_4 \cdot 7\,H_2O$ + Kainit	7,6	70,8	21,6
X	$MgSO_4 \cdot 6\,H_2O$ + $MgSO_4 \cdot 7\,H_2O$ + Kainit . . .	6,8	76,6	16,6
Y	$MgSO_4 \cdot 6\,H_2O$ + Kieserit + Kainit	3,1	87,2	9,7
Z	$MgCl_2 \cdot 6\,H_2O$ + Kieserit + Carnallit	0,8	94,4	4,8
b	Glauberit + Polyhalit + Anhydrit + Astrakanit .	6	69	25
d	Glauberit + Anhydrit + Astrakanit	—	74	26
e	Glauberit + Syngenit + Thenardit	28	—	72
f	Glauberit + Anhydrit + Polyhalit + Astrakanit .	6	65,5	28,5
g	Glauberit + Syngenit + Glaserit	18	35	47
h	Syngenit + Gips + KCl	95,5	—	4,5
i'	Polyhalit + Anhydrit + Kainit + KCl	7,5	85,5	7
j'	Polyhalit + Anhydrit + Kainit + $MgSO_4 \cdot 7\,H_2O$.	etwa 6	etwa 76	etwa 18
b'	Glauberit + Syngenit + Polyhalit + Astrakanit .	9	65,5	25,5
p'	Polyhalit + Syngenit + KCl + Leonit	13	70	17
k	Gips + Anhydrit + KCl	etwa 93	etwa 7	etwa 0
l	Gips + Anhydrit + Syngenit + KCl	etwa 89	etwa 6	etwa 5
q'	Polyhalit + Anhydrit + Syngenit + KCl	etwa 13,5	etwa 78	etwa 8,5

das ist also die Linie, auf der Reichardtit und Astrakanit gleichzeitig als Bodenkörper ausfallen können. Trifft eine Kristallisationsbahn auf eine solche Feldergrenze, so ist der weitere Verlauf der Ausscheidung davon abhängig, ob die darstellenden Punkte der beiden Bodenkörper auf verschiedenen Seiten der Feldergrenze oder deren Verlängerung liegen, oder ob sie auf derselben Seite liegen. In unserem Fall liegt der darstellende Punkt des Reichardtit auf derselben Seite. Nun können wieder zwei verschiedene Fälle eintreten: Wird die ausgefallene Menge des Bodenkörpers Astrakanit aus der Lösung entfernt, also abgelagert und überkrustet, wie es in den Salzlagerstätten vorkommt, so daß er nicht mehr mit der Mutterlauge reagieren kann, so wird vom Punkt $\mathfrak{P}$ an nur der Reichardtit ausfallen. Die Kristallisationsbahn tritt in das Reichardtitfeld ein (Linie a). Bleibt dagegen der Astrakanit mit der Lösung in Berührung, so wird er unter Neubildung von Reichardtit aufgezehrt. Die Kristallisationsbahn bleibt auf der Grenzlinie, bis diese Reaktion beendet ist, und tritt dann erst von der Verbindungslinie des darstellenden Punktes des Reichardtits $\mathfrak{R}$—$\mathfrak{P}'$

in das Reichardtitfeld ein (Linie *b*). Dann scheidet sich auch hier Reichardtit
allein aus.

Wir nehmen im folgenden an, daß stets der Bodenkörper der Reaktion entzogen wird, dann trifft die Kristallisationsbahn nach einer kurzen Reichardtit-
ausscheidung auf die Feldergrenze Reichardtit—Kainit. Hier liegt nun der darstellende Punkt des Reichardtits auf der einen, der des Kainits $\Re$ auf der anderen
Seite der Verlängerung der Feldergrenze. Die Kristallisation folgt in diesem
Fall der Feldergrenze als Kristallisationsbahn. Derartige Kristallisationsbahnen
sind im Diagramm (Abb. 57) mit Pfeilen bezeichnet. Die Richtung des Pfeiles
findet man, indem man einen beliebigen Punkt der Kristallisationsbahn mit

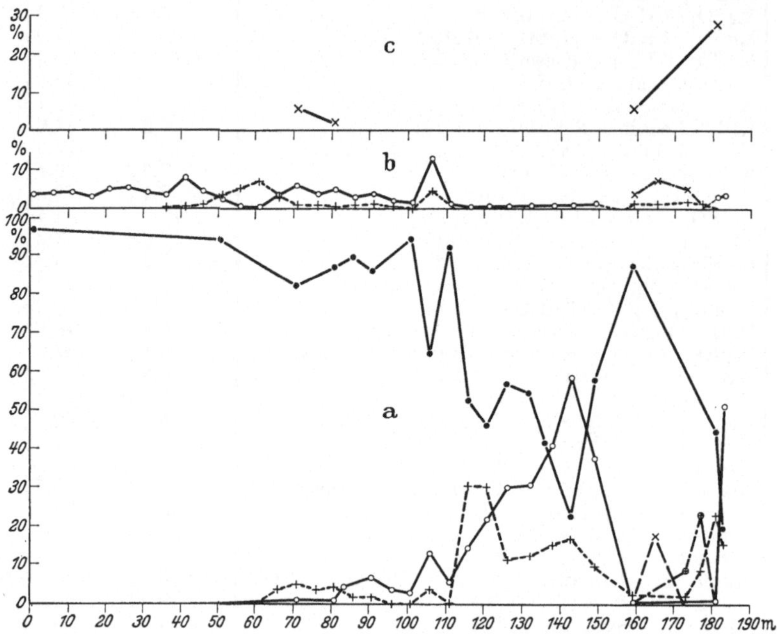

Abb. 59 a—c. Mengenverhältnisse der Salze im älteren Salzgebirge im Berlepschschacht. (Nach RIEDEL.)
a) ●—●—● NaCl; ○—○—○ Carnallit; +— —+ Kieserit; ×——×——× Vanthoffit; ⊕—●—⊕ Langbeinit.
b) ○—○—○ Anhydrit; +—+—+ Polyhalit; ×·——·×·——·×· Loeweit. c) ×—× Sylvin.

den beiden darstellenden Punkten verbindet. Die Verbindungslinien bilden dann
einen Pfeil in der Richtung, in der die Kristallisation verläuft. Es scheidet
sich also jetzt Reichardtit weiter neben Kainit aus, von Punkt *X* an Hexahydrat neben Kainit, von Punkt *Y* an Kieserit neben Hexahydrat, von Punkt *R*
an Carnallit neben Kieserit, hierzu tritt im Punkt *Z* dann noch Bischofit.

Aus Längenmessungen im Dreiecksdiagramm kann man nach dem Schwer-
punktsprinzip auch *quantitativ* die Mengen der ausfallenden Salze ermitteln. Eine
solche Ausrechnung ergibt nach BORCHERT, umgerechnet in Meter Mächtigkeit
in unserem Falle:

0,4 m Astrakanit,	4,8 m Kieserit,
8,4 m Reichardtit,	4,6 m Carnallit,
6,8 m Reichardtit + Hexa-	4,9 m Kieserit,
hydrat + Kieserit,	0,9 m Carnallit,
26,6 m Kainit,	42,6 m Bischofit.

Die Berechnung dieser Schichtfolge ist so geschehen, daß die Summe der
Mächtigkeiten 100 m ergibt. Es fehlen uns nun noch die Kalksalze. Sie sind

mit gestrichelten Linien in das Diagramm eingetragen und die Mineralnamen mit liegender Schrift eingeschrieben. Wir können, ebenso wie bei den Kalisalzen, auch hier die Ausscheidungsfolge feststellen. Von einer quantitativen Berechnung wurde abgesehen, weil die Kalksalze mengenmäßig nur eine sehr geringe Rolle spielen.

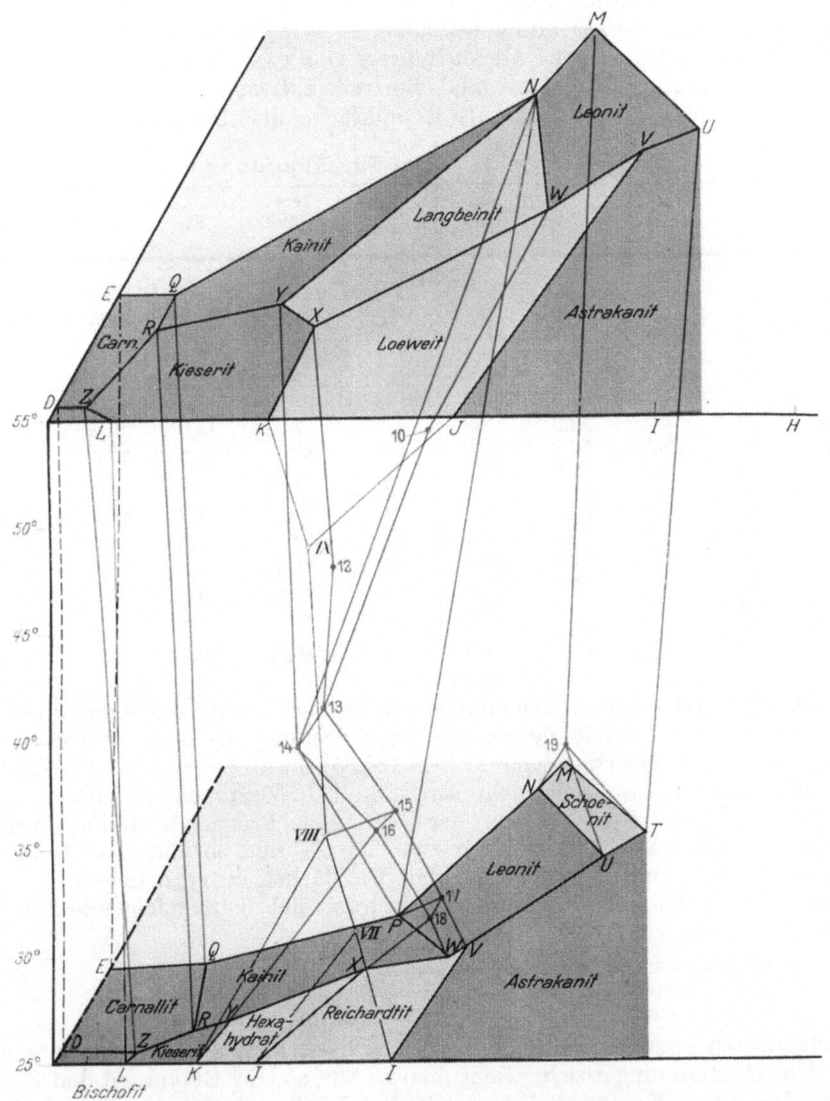

Abb. 60. Prismendarstellung des Ausscheidungsverlaufs der Meerwassersalze zwischen 25 und 55° C.

Vergleichen wir die berechnete Schichtfolge, die sich aus heutigem Meerwasser beim Eindampfen bei 25° ergeben würde, mit den in der Natur vorhandenen Zechsteinsalzen, so stellen wir wieder fest, wie dies schon beim Anhydrit (S. 223) geschah, daß die *Übereinstimmung zwischen Natur und Theorie* sehr schlecht ist. Nehmen wir z. B. die Schichtfolge an, wie sie im älteren Salzgebirge im Berlepschbergwerk bei Staßfurt von RIEDEL (Abb. 59) quantitativ

untersucht wurde. In der Abbildung ist als Abszisse der Entnahmeort im Quer-
schlag in Metern, als Ordinate der Gehalt der betreffenden Stelle in Prozent
angegeben. Wir sehen, daß in der Natur der Astrakanit, der Reichardtit, das
Hexahydrat, der Kainit und der Bischofit fehlen. Statt dessen fand RIEDEL
Langbeinit, Loeweit, Vanthoffit und Sylvin. Diese Verschiedenheit in der
theoretischen Ausscheidungsfolge könnte man nun versuchen, darauf zurückzuführen, daß die Ausscheidung bei höheren Temperaturen erfolgt wäre. In
der Tat kann man aus den Untersuchungen von VAN'T HOFF folgern, daß bei
höherer Temperatur Langbeinit und Loeweit auftreten. In Abb. 60 ist ein
Prisma gezeichnet worden, das als Grundfläche der Dreiecksdarstellung die

Tabelle 61. Zahlenwerte für Abbildung 60.

Bezeich-nung	Temperatur °C	K_2	Mg	SO_4	Bezeich-nung	Temperatur °C	K_2	Mg	SO_4
D	55	1,1	98,9	—	VII	31	—	80,5	19,5
E	55	9,3	90,6	—	VIII	35,5	—	82,5	17,5
H	55	—	51,8	48,2	IX	49	—	83,5	16,5
I	55	—	60,9	39,1					
J	55	—	74,0	26,0					
K	55	—	85,9	14,1					
L	55	—	96,2	3,8	10	47	12,0	69,4	18,6
M	55	29,0	50,0	21,0	12	42	8,3	77,5	14,2
N	55	24,2	56,2	19,6	13	37,5	6,4	79,2	14,4
Q	55	9,4	87,1	3,5	14	37	4,3	81,9	13,8
R	55	6,8	89,6	3,6	15	(32)	7,6	74,0	18,4
U	55	21,5	47,1	31,4	16	(31,5)	6,9	75,6	17,5
V	55	20,0	51,2	28,8	17	(27,5)	8,3	70,7	21,0
W	55	15,5	59,8	24,7	18	27	7,5	71,9	20,6
X	55	7,0	79,3	13,7	19	(25,5)	22,7	55,5	21,8
Y	55	8,7	80,5	10,8					
Z	55	1,1	97,1	1,8					

Werte bei 25° und als Deckfläche die bei 55° hat. Es ist nur die Magnesiumecke
gezeichnet worden, soweit sie für die Ausscheidung aus dem Meerwasser in
Frage kommt. Der Meerwasserpunkt liegt bei 55° C im Loeweitfeld. Die Zahlenwerte gibt Tab. 61, soweit sie nicht bereits in Tab. 60 aufgeführt wurden, nach
BORCHERT, D'ANS und JÄNECKE, der 1918 eine Prismendarstellung bereits
verwendete. Die Ausscheidungen für zwischen 25° und 55° liegende Temperaturen sind aus Schnitten parallel zu den Endflächen zu entnehmen.

Nach der Berechnung von BORCHERT würden sich bei 55° folgende Schicht-
mächtigkeiten bilden:

15,5 m Loeweit,	6,7 m Kainit,	1,8 m Kieserit,
7,9 m Langbeinit,	3,1 m Kieserit,	1,7 m Carnallit,
7,3 m Kieserit,	11,2 m Carnallit,	44,8 m Bischofit.

Jetzt treten zwar Loeweit und Langbeinit auf, aber damit ist noch immer
keine Übereinstimmung erzielt. Geht man zu 83°, so tritt Sylvin auf und Kainit
ist verschwunden. Vanthoffit jedoch tritt bei der Ausscheidung aus Meerwasser
erst bei noch höheren Temperaturen auf, wenn auch seine untere Bildungstemperatur bei 46° liegt.

Die Annahme so hoher Temperaturen ist mit den heute auf der Erde zu beobachtenden Ausscheidungsbedingungen nicht zu vereinbaren. Die höchste Temperatur, die wir von Meeresteilen kennen, ist wohl aus dem persischen Golf
mit 36° C bekannt. Der Durchschnitt liegt im Februar bei 15,2° und steigt
auf 31,8° im August (nach G. SCHOTT). Im Roten Meer bei Massaua sind
die Zahlen für Februar 25,5° und August 31,5°. In ungarischen Salzseen

wurden Temperaturen bis 50° beobachtet, jedoch ist darauf hinzuweisen, daß bei den ungarischen Salzseen die Temperatur an der Oberfläche in einer salzarmen Schicht wesentlich geringer ist. Die hohe Temperatur entsteht dadurch, daß durch Absorption die Sonnenenergie in der darunterliegenden, spezifisch schweren Salzlösung aufgespeichert wird, weil die spezifische Wärme der konzentrierteren Lösungen geringer ist als die des reinen Wassers. Es fehlt der salzreicheren Schicht außerdem die Energieabgabe durch Verdunstung. Solche Verhältnisse können nicht zur Deutung der Salzlagerstätten herangezogen werden, da ja die erste Voraussetzung für die Salzausscheidung die ist, daß die Konzentration zunimmt, daß eine Verdunstung eintritt. Ich möchte glauben, daß die Temperaturen wohl in dem Zwischenraum zwischen 25° und 55° C gelegen haben und habe deshalb auch in der Prismendarstellung diesen Spielraum gewählt.

Die Abweichungen, die die Schichtfolge des Salzes zeigt, müssen also noch andere Ursachen haben. Man könnte daran denken, daß das Meerwasser eine andere Zusammensetzung gehabt hätte. Aber die Untersuchungen von VAN'T HOFF zeigen, daß auch dann mindestens bei normalen Temperaturen die heutigen Salzlagerstätten noch nicht erklärt werden können. Um sich davon zu überzeugen, braucht man nur den Meerwasserpunkt in Abb. 57 zu verschieben und nachzusehen, was sich dann ausscheidet. Die Annahme wechselnder Temperaturen, wie sie vom Persischen Golf vorhin angeführt worden sind, führt ebenfalls zu keinem grundsätzlich anderen Ergebnis. BORCHERT hat dann darauf aufmerksam gemacht, daß die Voraussetzungen VAN'T HOFFs darauf beruhen, daß das Meer, aus dem sich die Salze abscheiden, sich wie ein gut gerührtes Becherglas verhält. BORCHERT nimmt an, daß in dem eindampfenden Meeresbecken Strömungen bestehen, die eine verschiedene Konzentration besitzen. So scheidet sich z. B. aus einer Lösung, die NaCl und KCl enthält, in einer Rinne, die am einen Ende heiß, am anderen kalt gehalten wird, am heißen Ende fast ausschließlich Steinsalz, am kälteren fast ausschließlich Sylvin aus. Eine derartige „dynamische" Betrachtung erweitert zweifellos die Bildungsmöglichkeiten in einem eindampfenden Becken gegenüber der bisherigen rein statischen Betrachtungsweise VAN'T HOFFs. Es wird allerdings wohl von der Konfiguration des Beckens abhängen, insbesondere auch von der Tiefe und von der Verdampfungsgeschwindigkeit, wieweit sich beträchtliche Konzentrations- und Temperaturdifferenzen in den Strömungen ausbilden können. In den heute zu beobachtenden Meeren oder Seen sind die Unterschiede doch recht gering, und unter solchen Umständen kann ein einmal vorhandenes Strömungssystem bei ausreichender Tiefe sehr lange stabil bleiben, wie die heutigen Meere zeigen. Es mag zur Vermeidung von Mißverständnissen betont werden, daß hier immer nur von Konzentrationsunterschieden die Rede ist und nicht von Unterschieden in der elementaren Zusammensetzung der betreffenden Lösung. Die heutigen Meeresströmungen unterscheiden sich im wesentlichen nur durch den Konzentrationsgrad und nicht durch eine verschiedene Zusammensetzung.

Eine weitere Möglichkeit, die Abweichungen zu erklären, ist schließlich noch darin zu erblicken, daß die Ausscheidung der Kristalle durchaus nicht in der Bodenströmung zu erfolgen braucht, sondern daß die Übersättigung in der obersten Schicht eintreten kann, so daß die ausgefallenen Kriställchen in darunterliegenden Strömungen mit Lösungen anderer Konzentration in Berührung kommen. Die Schichtung braucht nicht so zu sein, daß die konzentriertesten Lösungen unten und die verdünnteren oben sind. Zwar sind die konzentrierteren Lösungen schwerer als die weniger konzentrierten, aber je wärmer eine Lösung ist, um so leichter ist sie, so daß auch hier bei hinreichender Tiefe eine Schichtung auftreten kann, bei der an der Oberfläche die Ausscheidung einsetzt.

Durch alle diese Einflüsse können sicherlich die Ablagerungsverhältnisse wesentlich geändert werden. Hinzu kommen alle die Einflüsse, die nach der Ablagerung des Salzes vor sich gegangen sind. Weil die Salze auf Temperaturerhöhungen besonders empfindlich reagieren, haben diese späteren metamorphen Umwandlungen eine große Bedeutung. Sie werden in dem Teil Metamorphose von ESKOLA besprochen werden (s. S. 319ff.).

Wir wollen im folgenden zunächst einmal annehmen, es wäre möglich, durch die Vorgänge, die bei der Ablagerung und nach der Ablagerung stattgefunden haben, die Bildung der Salzminerale zu erklären, so daß also eine qualitative Übereinstimmung zwischen Theorie und Beobachtung vorhanden wäre. Aber dann würde immer noch nicht die quantitative Übereinstimmung vorhanden sein, wie die nebenstehende Tabelle nach den Berechnungen von ERDMANN zeigt.

Tabelle 62. Vergleich der Schichtenmächtigkeit der Zechstein- und der Meerwassersalze. (Nach ERDMANN.)

	Meerwassersalze Mächtigkeit m	Staßfurter Salze · Mächtigkeit m	Salze in % der Meerwassersalze %
Anhydrit . .	3,369	5,71 [20,41]	169 [606]
Steinsalz . .	100,000	100,000	100
Kieserit . . .	7,166	2,25	31
Carnallit . .	13,988	4,68	33
Bischofit . .	23,526	—	—

Bei dieser Berechnung ist die Mächtigkeit des Steinsalzes gleich 100 gesetzt. Das unter dem älteren Steinsalz befindliche Anhydritlager wurde nicht mitgerechnet. Der entsprechende Wert ist in Klammer gesetzt. Daß der Bischofit in der Natur fehlt, läßt sich noch am leichtesten erklären, wenn man annimmt, daß die Eindampfung nicht bis zum vollständigen Ende durchgeführt wurde, sondern die Magnesiumchloridlaugen übrig blieben und, nachdem die Carnallitregion vom Salzton überdeckt war, bei einem neuen Meereseinbruch wieder verdünnt wurden. Die Verhältnisse der restlichen Salze zeigen aber, daß die Ausscheidung nicht durch einfache Verdunstung einer bestimmten Menge Meerwasser erfolgt sein kann. Entweder hat das Meerwasser eine wesentlich andere Zusammensetzung gehabt oder es ist nicht eine einmal vorhandene Menge ein-

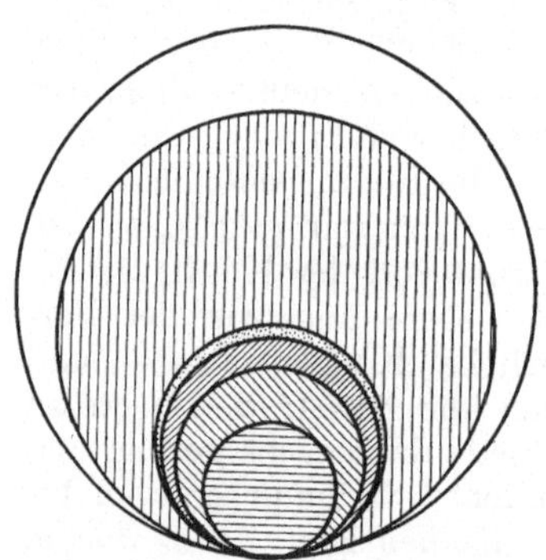

Abb. 61. Verhältnisse bei der Ausscheidung der Salze durch Eindampfen in einem kegelförmigen Meeresbecken. (Nach G. WAGNER.)

Ausscheidung von:	% der Gesamtsalzmenge	Wassermenge	Halbmesser
Kalk, Dolomit, Eisenoxydhydrat	1	1000	10
Gips $CaSO_4 \cdot 2\,H_2O$	3	619	8,52
Steinsalz und Gips	9	82,3	4,35
Steinsalz und Anhydrit	30	74,8	4,21
Steinsalz und Polyhalit	30	44,9	3,55
Magnesium- und Kalisalze mit Steinsalz . .	27	15,7	2,5

gedampft worden, sondern es ist von Zeit zu Zeit frisches Meerwasser zugeflossen. Zu derselben Überlegung führt ein Studium des Raumproblems. In Abb. 61 ist nach WAGNER der Raum dargestellt, den ein Meer einnehmen würde bei kegelförmiger Gestalt des Bodens zu den Zeitpunkten der Ausscheidung des Karbonats, des Gipses usw. Das Meeresbecken, in dem die Kali- und Magnesiasalze ausgeschieden werden, nimmt nur 1,57% des ursprünglichen Meeres ein. Bedenkt man die heutige Verbreitung dieser Salze in Deutschland, so kommt man für das ursprüngliche Meer zu einer viel zu großen Ausdehnung, die mit den Ergebnissen der paläogeographischen Forschung im Widerspruch steht.

Also zwingt uns auch diese Betrachtung zu der Annahme mehrfacher Zuflüsse.

Daß derartige Vorgänge überhaupt möglich sind, zeigt uns die Beobachtung an den Salzlagerstätten selbst. Wir finden verschiedene Salzfolgen übereinander. Hier ist es sicher, daß von neuem Wasser zugeflossen ist. Über diese Salzfolgen gibt die folgende Tab. 63 nach FULDA Aufschluß. Hier sieht man deutlich, wie die Salzbildung immer wieder mit dem Anhydrit einsetzt.

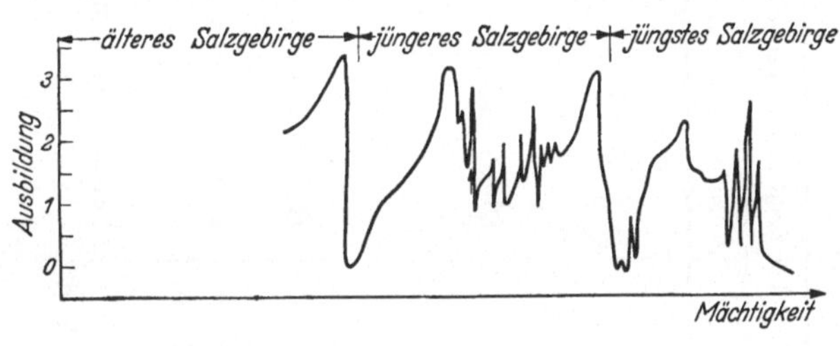

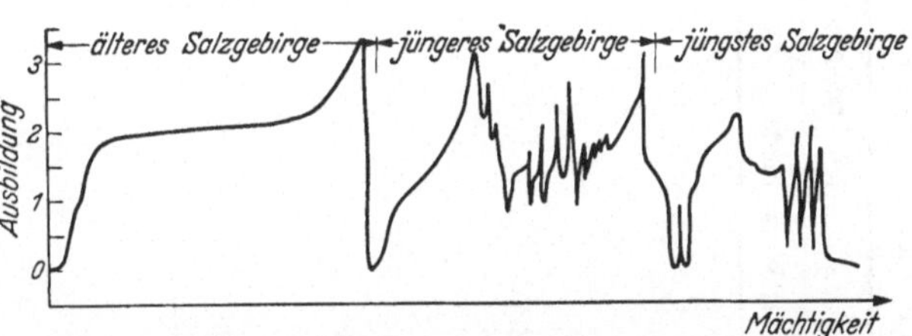

Abb. 62. Schematisches Bild des Ganges der Salzabscheidung in „Hansa-Silberberg" (links) und „Bergmannssegen" (rechts). (Nach LOTZE.) Auf der horizontalen Achse ist die Mächtigkeit, auf der vertikalen die Fazies abgetragen. Hierbei bedeutet: 0 = Bildung nichtsalinarer Sedimente; 1 = Anhydritbildung; 2 = Steinsalzbildung; 3 = Kalisalzbildung.

Sehr schön ist der Rhythmus der Salzabscheidung an zwei Spezialprofilen von LOTZE zu erkennen (Abb. 62). Hier ist als Ordinate die Mächtigkeit der Salzausscheidung, als Abszisse die Art der Ausbildung abgetragen, beginnend bei 0 mit nicht salinären Sedimenten über Anhydrit mit 1 bis zur Kalisalzbildung mit 3.

Die Ausscheidung steigt immer wieder langsam an bis zur Kaliausbildung, fällt dann rasch ab zu nicht salinaren Sedimenten, um zur nächsten Kalisalzbildung wieder anzusteigen. Ich glaube, dieses Bild spricht für sich. Man kann es nicht anders deuten als durch erneute Verdünnung des Meerwassers mit frischem Meerwasser. Die vielen Zacken, die in dem jüngeren und jüngsten Salzgebirge vorkommen, sprechen ebenfalls für erneute Zuflüsse von Meerwasser. Auch im älteren Salzgebirge sind bei genauerer Betrachtung die Verhältnisse sehr viel verwickelter, als es aus der absichtlich schematisierten Abbildung hervorgeht. Das zeigt z. B. die Abbildung 59.

Wie der erneute Zustrom des Meerwassers erfolgte, ob über eine Barre, wie es schon OCHSENIUS 1877 annahm, oder ob es sich um eine Reihe hintereinander und nebeneinander liegender mit „Barren" verbundener Becken handelte, kann im Rahmen dieses Buches nicht erörtert werden. Es sollten hier nur die allgemeinen Gesichtspunkte herausgestellt werden. Es mag nur noch darauf hingewiesen werden, daß die Zufuhr von Wasser auch zum Teil klimatisch bedingt sein kann, daß es sich bei manchen Zufuhren auch um Regenwasser gehandelt haben kann. Die Salztone, die die Salzlager abschließen, können sehr wohl ganz oder zum Teil auf dem Wasserwege transportiert sein, etwa als durch eine humidere Periode feinster Gesteinsschlamm in das Becken gebracht wurde.

Tabelle 63. Die Vollentwicklung der Zechsteinfolge im Hauptbecken und in den Nebenbecken. (Nach FULDA aus LOTZE.)

		„Normaltypus" im Norddeutschen Hauptbecken	„Werratypus" in den randlichen Nebenbecken	
			der Werra-Fulda	des Niederrheins
IV. Haupt-zyklus	Oberer Zechstein	Obere Letten . . . . 5 m Jüngste rückläufige Folge . . . . . . 70 m Jüngstes Steinsalz . . . . 50 m Pegmatitanhydrit . . . . 1 m Roter Salzton . . . . 15 m	Obere Letten . . . . 5 m	Obere Letten . . . . 3 m
III. Hauptzyklus		Jüngere rückläufige Folge . . . . . . 15 m Flöz Riedel . . . . 5—10 m Jüngeres Steinsalz, Hangendgruppe 70—150 m Sylvinitflöz Ronnenberg . . . . . 5—10 m Jüngeres Steinsalz, Liegendgruppe 40—50 m Hauptanhydrit . . . . 35 m Grauer Salzton . . . . etwa 8 m	Plattendolomit . . . . 25 m Untere Letten . . . . 30 m	Gips mit Dolomit . . . . 2 m Plattendolomit . . . . 5 m
II. Haupt-zyklus		Ältere rückläufige Folge . . . . . . 1—3 m Älteres Kalilager . . . . 6—20 m Älteres Steinsalz . . . . . . 40—700 m Basalanhydrit . . . . 2 m	Steinsalz . . . . 5 m Anhydrit . . . . 10 m	Letten mit Anhydrit . . . . . . 12 m Anhydrit, unten mit Letten . . . 7 m
I. Hauptzyklus	Mittlerer Zechstein	Stinkschiefer/Hauptdolomit . . . . . 10 m Oberer Anhydrit. . . . . 20 m Ältestes Steinsalz . . . . 6 m Unterer Anhydrit . . . . 30 m	Braunroter Salzton . . . . . 10 m Steinsalz mit Kalilagern etwa 250 m Anhydritknotenschiefer . . . 8 m	Salzton mit Anhydrit . . . . . . 10 m Steinsalz mit Kalilagern . etwa 250 m Dolomit und Anhydrit . . . . . 16 m
	Unterer Zechstein	„Zechsteinkalk" (Kalke und Dolomite) . . . . . 4 m Kupferschiefer . . . . 0,3 m „Zechsteinkonglomerat" . . . . bis 2 m (Konglomerate, auch Sandsteine und sandige Tone.)		

Die Mächtigkeit der Salztone spricht gegen Staubablagerung und die Pollenführung nicht gegen aquatische Bildung.

Die Hauptgemengteile des Meerwassers werden nach den Gesetzmäßigkeiten der physikalischen Chemie, wie sie im vorstehenden auf Grund der experimentellen Untersuchungen von VAN'T HOFF, D'ANS und Mitarbeitern geschildert worden sind, beim Verdunsten zum Ausscheiden gebracht. Im einzelnen mögen hierbei durch die Verschiedenartigkeit der natürlichen Verhältnisse verschiedenartige Bildungen herauskommen, der Gang der Ausscheidung aber wird immer den physikalisch-chemischen Gesetzen folgen. Auch der Ausscheidung aus verschieden warmen Strömungen müssen solche Gesetzmäßigkeiten zugrunde liegen. Erst wenn man diese Gesetzmäßigkeiten kennt, kann man die Abweichungen beurteilen und den Ursachen dieser Abweichungen auf die Spur kommen. Die wechselvolle Geschichte, die die deutschen Zechsteinsalze wohl schon bei ihrer Ablagerung und sicherlich nachher erlitten haben, hat manchmal den Blick dafür getrübt, daß die Grundlage für eine Beurteilung doch immer die physikalisch-chemischen Gesetzmäßigkeiten bilden müssen. Aber ebenso falsch wie eine Ablehnung dieser Gesetzmäßigkeiten wäre, etwa mit der Begründung, daß die mit vereinfachten Laboratoriumsbedingungen festgestellten Salzfolgen nicht in der Natur vorhanden seien, ebenso falsch wäre der umgekehrte Standpunkt, daß man versucht, der Naturbeobachtung Gewalt anzutun und sie in das Schema der Laboratoriumsversuche zu zwingen. Hier hilft nur Naturbeobachtung, im allgemeinen von geologischer Art und im besonderen von quantitativer mineralogischer Art, weiter.

k) Über einige Elemente, deren Verbindungen im chemisch-biogenen Kreislauf nicht gesteinsbildend auftreten.

In den vorhergehenden Kapiteln ist das geochemische Schicksal der häufigeren Elemente im sedimentären Kreislauf geschildert worden, d. h. derjenigen Elemente, aus deren Verbindungen sich Sedimentgesteine aufbauen. Im folgenden sollen noch einige weitere Elemente auf ihrem Wege verfolgt werden, ohne daß Vollständigkeit erstrebt wird.

Wir betrachten zunächst das große Sammelbecken des sedimentären Kreislaufs, das Weltmeer. Es enthält außer den Elementen, die als Salzgesteine wieder ausgeschieden werden können, auch eine große Reihe von Elementen in geringerer Menge. Tab. 64 gibt die Werte nach WATTENBERG (1938) in $\gamma = 1/1000$ mg im Liter Seewasser an.

Tabelle 64. Gehalt des Meerwassers an selteneren Elementen in γ/l. (Nach WATTENBERG 1938.)

Sr . . .	13 000	U . . .	2	Br . . .	65000
Rb . .	200	Th . .	<1	B . . .	4700
Al . .	125	Mo . . .	0,5	F . . .	1400
Li . . .	110	Ag . . .	0,3	J . . .	50
Ba. . .	50	V . . .	0,3	As . .	15
Cu . .	5	Ni . . .	0,1	Si . . .	10—1500
Zn . .	5	Hg . . .	0,03	Se . . .	4
Mn . .	5	Au . . .	0,04	P . . .	1—60
Fe . . .	2	Ra . . .	1.10^{-7}	NO_3 . .	1—600
Cs . . .	2			NO_2 . .	0,1—50
				NH_3 . .	5—50

1. Brom. Von den Elementen dieser Tabelle ist das Brom das weitaus häufigste. Der Bromgehalt des Meeres wird sogar industriell ausgebeutet. Eine solche schwimmende Fabrik hat eine Leistung von 7000 kg Brom im Tag! Das Verhältnis der 4 Halogene ist in mg/l Meerwasser:

$$F : Cl : Br : J = 1{,}4 : 19000 : 65 : 0{,}05.$$

Dabei scheint das Verhältnis Br : 100 g Cl innerhalb des Spielraumes von 0,24 bis 0,35 regional zu schwanken, soweit aus den bisherigen Analysen zu erkennen ist.

Beim Eindampfen kann das Brom im Sylvin, Carnallit und Bischofit das
Chlor vertreten. Sowohl KCl und KBr wie $MgCl_2 . 6 H_2O$ und $MgBr_2 . 6 H_2O$
bilden bei 25° eine lückenlose Reihe von Mischkristallen. Beim Carnallit sind

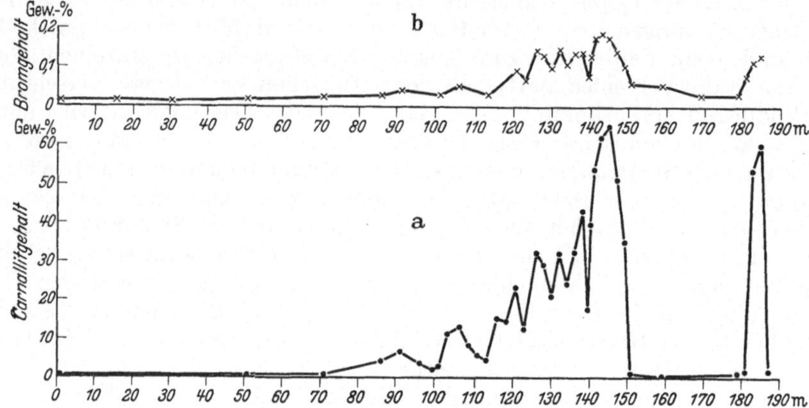

Abb. 63. Abhängigkeit des Bromgehaltes der Salze des Berlepschschachtes vom Carnallitgehalt. (Nach BOEKE.)
a Carnallitgehalt; b Bromgehalt.

die Verhältnisse etwas komplizierter. Der Carnallit ist rhombisch pseudohexa-
gonal, der Bromcarnallit rhombisch pseudotetragonal. Die Mischkristalle zwischen 12,2 und 85 Mol.-% Bromcarnallit sind tetragonal. In den Salzlagerstätten

Tabelle 65. Einige Bromwerte in Sedimenten nach KREJCI-GRAF und LEIPERT.

Formation	Fundort	Gestein	Salinitäts-fazies	Ablagerungstypus	Br mg/kg
Ordoviz	Kohtla, Estland	Kukkersit (Kerogenmergel)	Marin	Algengyttja	132,00
Kretaz oder Tertiär	Marahú, Bahia, Brasilien	Sandiger Kerogenton	Lagunär	Algengyttja	90,60
Interglazial	Helgoland, Töck	Dunkelgraue Tonmudde	Süß	Tongyttja	32,87
Ober-Daz	Valea Fopor bei Sotânga, Distrikt Dâmbovita	Schwarzer koh-liger Ton (Brand-schiefer)	Süß	Chitinführende Tongyttja	29,10
Hauptdolomit Trias	Schröfeln bei Wallgau	Schwarzer Bitumenmergel	Marin	Sapropelit	20,23
Zechstein	Volkenroda, Thüringen	Dolomit mit Algites	Salinar	Mineralische Ab-lagerung unter Sapropelbedin-gungen	16,55
Lutet	Messel bei Darm-stadt	Kohlenölschiefer (Blätterschiefer) etwa 8% Bitumen	Süß	Gyttja	9,60
Obereozän	Valea Pietrosu sec. S. H. 550. Nördlich von Moinesti, Distrikt Bacău	Grauer Flysch-mergel	Marin	Gyttjaton	8,66

finden wir nur Carnallit mit 0,2—0,4% Brom. Abb. 63 gibt den Zusammenhang zwischen Carnallit und Bromgehalt nach den Untersuchungen von BOEKE
(1908). Das Steinsalz enthält im allgemeinen kein Brom, dies findet man nur

dort, wo das Steinsalz sylvinhaltig ist. Daß das Bromion mit seinem Ionenradius von 1,96 das Chlorion mit seinem Radius von 1,81 im Sylvin ersetzen kann und nicht im Steinsalz, kommt wohl daher, daß das Natriumchloridgitter wegen des kleinen Ionenradius des Natriums von 0,98 dichter gepackt ist als das KCl, in dem das K-Ion den Ionenradius von 1,33 hat. Auch in das weitmaschigere Gitter des Bischofit läßt sich das Brom einlagern.

In den übrigen Sedimenten hängt der Bromgehalt nach den Untersuchungen von KREJCI-GRAF und LEIPERT wohl in erster Linie von der Beimengung organischer Substanz, und zwar von ihrer Herkunft und ihrem Schicksal, ab. Algen enthalten bis 1%, Anthozoen bis 4% Br in der Trockensubstanz. Das Brom ist organisch gebunden, in den Anthozoen als 3,5 Dibromhygrosin. Auch der Purpur der Alten ist 6,6 Dibromindigo aus dem Mantel der Purpurschnecke. Der Gehalt der Sedimente an Brom ist sehr gering, einige besonders reiche Sedimente sind unten aufgeführt (Tab. 65).

2. Jod. Das dritte der Halogene, das Jod, ist von vornherein im Meerwasser mit $50\,\gamma/l$ sehr viel spärlicher vertreten, wahrscheinlich ist seine Menge proportional dem Salzgehalt. Es ist allgemein bekannt, daß es hier in Pflanzen angereichert wird, aus denen es auch technisch gewonnen wird. Die Anreicherung kann bei den Laminaria-Algen bis auf einen Gehalt von 0,6% J führen, also 100000fach sein. Ob es im Meerwasser auch in organischer Bindung vorkommt, ist nicht sicher. Nachgewiesen ist es bis jetzt als Jodid und Jodat. Wegen seines großen Ionenradius geht das Jod nicht denselben Weg wie das Brom. In geringen Mengen kommt es allerdings auch in den Salzen vor, besonders im Sylvin. So fand ERDMANN 0,42 mg in 10 kg Sylvin des Hartsalzes von Neustaßfurt, in 100 kg Carnallit waren weniger als 0,1 mg Jod vorhanden. Im Kainit von Kalusz fand er jedoch $8,70\,\gamma/kg$, im Hartsalz von Bleicherode $10\,\gamma$. Im Werrakainit (Wintershall) und im Hauptsalz von Krügershall fand ROSZA $40\,\gamma$. SEIFERT nimmt an, daß Natriumjodat im Steinsalz durch submikroskopischen Einbau des Hydrates oder gar als Doppelsalz vorhanden ist. Es würde sich also hier um anomale Mischkristalle handeln. Auch zwischen KJO_3 und KCl besteht strukturmäßig die Möglichkeit orientierter Verwachsung. Neuere Untersuchungen von ROEBER ergaben keine Anhaltspunkte für diese Annahme. Die höchsten Jodgehalte fand er im Anhydrit ($15,5{-}136,5\,\gamma/kg$), in Anhydritschnüren ($97,5{-}154,0\,\gamma/kg$), Polyhalitschnüren ($117{-}165\,\gamma/kg$), in den dunklen Teilen von Sylvinstreifen ($161\,\gamma/kg$) und vom Liniensalz ($281\,\gamma/kg$), im grauen Salzton ($0{-}70\,\gamma/kg$) und vor allem im Roten Salzton ($84{-}244\,\gamma/kg$). Danach sieht es eher so aus, als ob das Jod an das $CaSO_4$ gebunden sei. Im Ton kommt wohl noch Adsorption hinzu.

Die Angabe, daß das Jod sich in den Urlaugen anreichere, ist mit Vorbehalt zu verstehen, ebenso die Angabe, daß der Jodgehalt des Steinsalzes an Laugeneinschlüsse geknüpft sei. Es werden Gehalte von 1,8, 2,2, 2,7 und sogar 17 mg im Liter angegeben. In einer Urlauge von Lübtheen war nach KOELICHEN das Verhältnis Brom : Jod wie $3960 : 2,7 = 1467$; im Meerwasser ist es von etwa derselben Größenordnung, um 1300.

Der Kreislauf des Jod ist besonders gut erforscht. Wichtig ist, daß dieses Element sich in den obersten Bodenschichten anreichert; in ihnen kann der Gehalt 0,6—8 mg im Kilogramm betragen. Dieses Jod im Boden stammt sowohl aus der Verwitterung wie aus der Atmosphäre, der es durch Verdunstung des Meerwassers zugeführt wird. Regenwasser enthält $0,2{-}5\,\gamma$ J im Kilogramm, Flußwasser etwa ebensoviel. Aus der jährlichen Niederschlagsmenge läßt sich abschätzen, daß mehrere 1000 Jahre erforderlich sind, um dem Boden die hohen Jodmengen zuzuführen. Aus der Atmosphäre gelangt das Jod auch in die Salpeterlagerstätten an der chilenischen Küste. Hier wird es zu Jodat oxydiert, das nicht so leicht verdampft und damit dem atmosphärischen Kreislauf entzogen wird. Das Jodat ist nach SEIFERT auch hier im NaCl getarnt. Etwa 70% der Weltjodförderung stammt aus diesen Lagern, die restlichen 30% aus der obenerwähnten biologischen Anreicherung in Algen.

3. Fluor. Fluor ist im Meerwasser schon lange bekannt, die quantitativen Angaben sind aber unsicher wegen der Mängel der älteren Analysenverfahren. Die nach einem neuen Verfahren bestimmten Fluormengen sind dem Salzgehalt annähernd proportional und betragen 1,4 mg/l. Das Fluorion ist wahrscheinlich dafür verantwortlich, daß Eisen im Meerwasser in gelöster Form vorhanden ist. Obwohl 28mal soviel Fluor im Meerwasser vorhanden ist als Jod, scheint über sein Schicksal in den Salzlagerstätten nichts bekannt zu sein. Im normalen Kreislauf wird es in geringen Mengen in Organismen eingebaut. Wie KLEMENT gezeigt hat (Tab. 66), haben die Meerestiere einen erheblich höheren Gehalt an Fluor als die Landtiere, dabei ist kein Unterschied zwischen Knochen und Zähnen. Der höchste Fluorgehalt wurde mit 1,08% in den Zähnen des Hais Heptanchus cinereus gefunden. Von der Auster werden Fluorgehalte von 0,015—0,02% angegeben (ANDRÉE 1909). Durch die Organismenreste gelangt das Fluor ins Sediment und kann dort diagenetisch wandern und als Flußspat wieder ausgeschieden werden, wie in Bryozoenriffen des Zechsteins (Römerstein bei Bad Sachsa).

Tabelle 66. Mittlerer Fluorgehalt der Knochen und Zähne von Land- und Meerestieren. (Nach KLEMENT.)

	Land %	Meer %
Säugetiere . .	0,05	0,55
Vögel	0,11	0,32
Fische	0,03	0,44

4. Bor. Unter den Anionen des Meerwassers ist Bor das Fünfthäufigste. In den deutschen Salzlagerstätten finden wir das Bor in dem Mineral Borazit, dessen Analysen zwischen den beiden Formeln $Cl_2Mg_6B_{14}O_{26}$ und $Cl_2Mg_7B_{16}O_{30}$ liegen. Es kommt in Kieserit und Carnallitzonen vor, sowohl in wohlausgebildeten Kristallen als auch in dichten Konkretionen, die als Staßfurtit bezeichnet werden. Diese Konkretionen sind wohl sekundär entstanden, gehören also zu den diagenetischen Bildungen. Die Borazitkristalle dürften jedoch wenigstens zum Teil primäre Ausscheidungen sein. Andere Borverbindungen spielen nur eine ganz untergeordnete Rolle. In Lösungsrückständen wurde Sulfoborid $Mg_6B_4O_{10}(SO_4)_2 \cdot 9\,H_2O$ gefunden. In festländischen Ablagerungen findet man auch Kalziumborate, wie den Pandermit $Ca_8B_{20}O_{38} \cdot 15\,H_2O$, den Ulexit $CaNaB_5O_9 \cdot 8\,H_2O$ und den Colemanit $Ca_2B_6O_{11} \cdot 5\,H_2O$.

Über die Bildungsbedingungen des Borazits wissen wir nichts Sicheres. Er ist bei Zimmertemperatur pseudoregulär und besteht aus rhombischen Lamellen, bei 265° geht er in die kubische Modifikation über. Da eine solche Temperatur als Bildungstemperatur weder primär noch bei der Metamorphose anzunehmen ist, wird man die Möglichkeit nicht ausschließen dürfen, daß sich die Borazite als polysynthetische Zwillinge bei niederer Temperatur gebildet haben.

Der Borgehalt der verschiedenen Salze schwankt nach den Analysen von BILTZ und MARCUS erheblich. Sylvinit ist meistens borfrei, ebenso Polyhalit, Kainit und Anhydrit. Von Bischofit werden 0,0011% B_2O_3 angegeben, im Carnallit erreicht der Borgehalt 0,2%. Der Borgehalt wechselt sehr stark, es gibt auch Carnallite, die frei von Bor sind. Aus dem Hartsalz werden bis zu 1,57% angegeben, im Kieserit finden sich 0,0189%. Der Borgehalt in den heutigen Meeressalzen beträgt nach WATTENBERG im Durchschnitt 0,89% B_2O_3. Paläozoische Tonschiefer haben nach GOLDSCHMIDT und PETERS einen Borgehalt von 0,1%. Marine Eisenerze haben etwa halbsoviel, Kalksteine nur $1/_{100}$. Auch in Pflanzen wird Bor angereichert, ihre Asche enthält etwa 0,5—1% B_2O_3.

Bisher hat man die festländischen Borablagerungen stets mit vulkanischen Exhalationen oder Thermalwässern in Verbindung gebracht. Es scheint jedoch auch möglich zu sein, daß dort, wo fossile Meeressedimente wieder abgetragen werden, in abflußlosen Senken und Binnenseen durch Verdunsten Boratlagerstätten gebildet werden.

Die Anionen des Meereswassers können nicht nur aus der Verwitterung der Eruptivgesteine stammen. Das Verhältnis Na/Cl ist im Meer heute 1,05/1,9, also fast 1 : 2, in den Eruptivgesteinen ist es nur 285/4,8 = 59,4 also fast 120 : 2. Ähnlich ist es mit dem Sulfation, und auch für das Bor muß man annehmen, daß Zufuhr durch den Vulkanismus eine wesentliche Rolle spielt. Dasselbe gilt übrigens für die Kohlensäure.

5. Strontium. Von den Kationen der Tab. 64 ist Strontium bei weitem das häufigste. Trotzdem findet man in marinen Ablagerungen seine Verbindungen selten. Das kommt daher, daß es leicht in Kalziumverbindungen eingebaut werden kann. Schon lange ist bekannt, daß im Gitter des Aragonits bis zu 4,69% SrO mit eingebaut werden kann. In die anderen Kalziumminerale geht es nur in sehr viel geringerem Maße. Die Höchstwerte im Kalzit werden mit 0,14% SrO von Noll, der sich ausführlich mit der Geochemie des Strontiums beschäftigt hat, angegeben. Der Kalkspatgittertypus kann das gegenüber dem Kalziumion etwas größere Strontiumion nur in sehr geringen Mengen aufnehmen, wohl aber der Gittertypus des Aragonits. Ähnlich scheint es beim Anhydrit und Gips zu sein. Im Anhydrit findet man bis zu 0,69% SrO, im Gips ist der Gehalt stets merklich niedriger. Deshalb enthält Anhydrit, der aus Gips durch Wasserabgabe sekundär entstanden ist, wenig Sr im Gegensatz zu primärem Anhydrit. Bei dem Strontiumgehalt der Anhydritgesteine ist auch noch die Möglichkeit in Betracht zu ziehen, daß es sich nicht um isomorphen Einbau des Sr-Ions, sondern um Ausscheidung und Beimengung von $SrSO_4$, von Cölestin, handelt. Von verschiedenen Beobachtern werden Cölestinkristalle in Salzgesteinen angegeben, insbesondere auch im Carnallit. Soweit also das Strontium nicht im Anhydrit mit eingebaut ist, scheidet es sich offenbar später als Cölestin aus.

Im Polyhalit wurden bis zu 0,12% SrO gefunden, im Carnallit und Sylvin nur ganz geringe Spuren. Im Gegensatz zum magmatischen Kreislauf wird das Sr-Ion im sedimentären nicht, wie man aus der Ähnlichkeit der Ionenradien von Strontium und Kalium schließen könnte, in den Kalimineralen „abgefangen". Als Besonderheit ist zu erwähnen, daß es eine Radiolarie gibt, Podactinelius, deren Skelett aus $SrSO_4$ besteht. Dieses Tier scheint nur sehr geringe Verbreitung zu besitzen. Über fossile Arten wissen wir nichts.

Nach alledem ist es wahrscheinlich, daß die vereinzelt in kalkigen Sedimenten auftretenden Sr-Minerale Cölestin und Strontianit diagenetischen Wanderungen, vor allem wohl dem Freiwerden des Sr bei der Umwandlung Aragonit—Kalzit, ihre Entstehung verdanken.

6. Barium. Entsprechend dem sehr viel geringeren Gehalt des Meerwassers an Barium finden wir auch in den Salzlagerstätten nur sehr geringe Beimengungen von ihm, und zwar kann man sagen, daß der Gehalt an Barium in den bisher untersuchten Salzmineralen etwa dem des Salzrückstandes des eingedampften Meerwassers entspricht, etwa 0,0001—0,0003% BaO. Das bei der Verwitterung frei werdende Barium wird nach den Untersuchungen von W. von Engelhardt in den tonigen Sedimenten relativ angereichert. Hier fand er Durchschnittswerte von 0,051% Ba. Ähnliche Gehalte wurden im Ackerboden gefunden. Die küstenfernen Roten Tone sind ärmer an Ba als die küstennahen Blauschlicke. In Sandsteinen wurden 0,02% BaO, in Kalken 0,01% gefunden.

Auch hier wird der Bariumgehalt im wesentlichen auf tonige Beimengungen zurückgeführt. Tab. 67 zeigt, wie viel stärker das Barium dem Meerwasser entzogen wird als Sr und Rb.

Tabelle 67. Vergleich der Gehalte an K, Rb, Sr, Ba in Tonschiefern und dem Meerwasser. (Nach von ENGELHARDT.)

	Tonschiefer %	Meerwasser		
K	2,6	0,038	% = 1,5 %	der Prozentzahl im Ton
Rb	0,015	0,00002	% = 0,1 %	„ „ „ „
Sr	0,017	0,00017	% = 1,0 %	„ „ „ „
Ba	0,045	0,0000054 % = 0,01 %		„ „ „ „

Als Grund wird angegeben, daß das Ba-Ion wegen seines großen Ionenradius stärker als das kleinere Sr-Ion adsorbiert wird und wegen seiner höheren Ladung stärker als das gleich große Rb. Es mag jedoch auch die Schwerlöslichkeit des Ba-Sulfats dabei eine Rolle spielen.

7. Rubidium. Rubidium und Cäsium werden aus Kalisalzen technisch gewonnen. In Carnallit findet sich 0,024—0,036% RbCl auf der Lagerstätte Aschersleben, und zwar nimmt hier der Rubidiumgehalt vom Liegenden nach dem Hangenden zu ab. Im Durchschnitt werden 0,02% RbCl angegeben. Rubidiumcarnallit ist schwerer löslich als Kaliumcarnallit, deshalb haben sekundäre Carnallite einen höheren Rb-Gehalt. Nur etwa 0,1% der bei der Verwitterung zum Transport freigemachten Menge Rubidium wird dem Meerwasser zugeführt, der Rest steckt in den tonigen Sedimenten. In ihnen wurden 0,024% bis 0,049% Rb_2O gefunden.

8. Cäsium. Cäsium ist in sehr viel geringerer Menge im Meerwasser vertreten. Dem entspricht auch ein sehr geringer Gehalt des Carnallits von 0,0002% Cs. Auch das Cäsium wird in den Tonen angereichert, nur 0,03% der durch die Verwitterung frei gewordenen Menge gelangt ins Meer. Der Gehalt von Tonen schwankt zwischen 0,0007 und 0,0025%.

9. Aluminium. Aluminium ist zwar eines der häufigsten Elemente der Erdrinde, es gibt jedoch keine chemisch-biogenen Aluminiumlagerstätten, wenn man von den Bauxiten absieht, die in diesem Buch als nicht zu den eigentlichen Sedimenten gehörig nur in dem Abschnitt „Verwitterung" besprochen wurden. Das Aluminiumion bildet sehr rasch mit dem Kieselsäureion Verbindungen, und wo es nicht dazu kommt, wird es als Hydroxyd ausgeschieden und dann nur noch im sedimentär klastischen Kreislauf weiter bewegt. Das Eisen ist wesentlich beweglicher, weil es durch Kohlensäure in Lösung gebracht und gehalten werden kann.

Deshalb ist der Aluminiumgehalt des Weltmeeres nur gering. Der Wert der Tab. 64, 125 γ/l, ist aus 2 Werten für den Atlantischen Ozean und einem für die Nordsee gemittelt. In der Ostsee ist der Al-Gehalt niedriger[1]. In den Salzlagerstätten hat sich nur ein einziges aluminiumhaltiges Mineral, der Koenenit 2 $MgCl_2 \cdot 3\,MgO \cdot Al_2O_3 \cdot 8\,H_2O$ oder 6 H_2O gefunden und dieses anscheinend nur in Klüften des Salztons, so daß es nicht einmal sicher ist, daß das Aluminium aus dem Meerwasser stammt.

10. Schwermetalle. Für die Deutung mancher sedimentären Erzlagerstätten, z. B. die des deutschen Kupferschiefers, ist auch noch der Gehalt an Schwermetallen von Interesse. Das heutige Meerwasser enthält z. B. 5 g Cu im Liter.

---

[1] Die Werte sind noch nicht veröffentlicht, sie sind von Herrn Dr. KALLE, Deutsche Seewarte Hamburg, ermittelt und mir freundlichst zur Verfügung gestellt worden.

In dem fossilen Meeresschlamm des Kupferschiefers finden wir Beträge bis zu 2,9%. Diese Anreicherung kann nicht etwa durch Adsorption der Cu-Ionen an dem Tonschlamm des Kupferschiefermeeres erklärt werden, sondern es muß sich um Ausfällung des Kupfers durch Schwefelwasserstoff handeln unter ähnlichen Bedingungen, wie sie oben (S. 209) bei den sulfidischen Lagerstätten besprochen wurden. Es hat auch nicht an Stimmen gefehlt, die sich gegen eine sedimentäre Zufuhr des Kupfergehaltes aussprachen. Sicher scheint mir zu sein, daß Kupferlösung zugeführt wurde, die Frage ist nur, ob dem fertigen Gestein oder bereits dem Meeresbecken. In den heutigen Sulfidschlammen finden wir Eisendisulfid und keinen nennenswerten Kupfergehalt, im Kupferschiefer ist das Verhältnis Cu : Fe wie 2,9 : 2,5. Das ist mit den Beobachtungen an heutigen Meeren nicht zu vereinbaren. Wir dürfen zum Vergleich mit dem heutigen Meerwasser auch nicht das gelöste Eisen nehmen, sondern müssen bedenken, daß das Eisen aufgespeichert wird durch Zerstörung organischer eisenhaltiger Substanz. Für die Zufuhr von Schwermetallösungen spricht auch, daß im Meerwasser das Verhältnis Cu : Ag = 17, im Kupferschiefer aber wie 2900/16 = 181 ist. Zink ist im heutigen Meerwasser in etwa derselben Menge wie Kupfer vorhanden, der Kupferschiefer enthält aber etwa 10mal soviel Cu wie Zn. Nun kann Kupfer zwar in Organismen angereichert werden, so können grüne Austern bis 3 g/kg Trockengewicht enthalten. Doch reichen derartige Gehalte nicht aus, um ein so Cu-reiches Gestein wie den Kupferschiefer zu erklären. Am wahrscheinlichsten ist mir die Erklärung, daß vom Festland (Harz!) damals etwas höhere Kupfermengen einem Meeresbecken zugeführt wurden, das nur in unzureichender Verbindung mit dem Weltmeer stand, so daß keine rasche Vermischung stattfinden konnte.

Im mittleren Zechstein ist der Kupfergehalt schon wieder nahezu normal, wie die Untersuchungen von BILTZ und MARCUS an den Salzen zeigen. Sie fanden 17 γ im Liter. Das ist ein Wert, der zwar den Mittelwert unserer Tabelle erheblich übersteigt, aber nach WATTENBERG (1938) auch heute vorkommt. Im Salzton ist das Kupfer in Mengen angereichert, die durch Adsorption durchaus erklärt werden können.

11. Stickstoff. Von den übrigen Elementen besitzt der Stickstoff noch ein erhöhtes Interesse. In den Eruptivgesteinen ist er nur in verschwindend geringer Menge vorhanden. Er ist als freier Stickstoff mit 78,08 Vol.-% der Hauptbestandteil der Luft. Durch die Tätigkeit von Bakterien wird er in gebundenen Stickstoff übergeführt. Auch durch elektrische Entladungen in der Luft entstehen Nitrate und Nitrite. Über pflanzliche und tierische Organismen gelangt gebundener Stickstoff ins Sediment.

Im Meer wird der Stickstoff als Nitrat von dem Plankton zum Aufbau der Eiweißstoffe verbraucht. Beim Absterben wird er wieder frei und wird im Laufe der Zeit zu Nitrat umgewandelt. Soweit man den Weg heute kennt, geht er nach folgendem Schema: Protein → Aminosäuren + Harnstoff → Ammoniak → Nitrit → Nitrat. Das Nitrat erreicht im Tiefenwasser Konzentrationen von 300 bis 500 γ N/l. Nitrit in wenigen γ N/l und Ammoniak in 5—50 γ N/l sind nur dort, wo der Abbau erfolgt, nachzuweisen. Gelöste organische Stickstoffverbindungen sind im Oberflächenwasser etwa in derselben Menge vorhanden wie Nitrat im Tiefenwasser. Die in dem gleichen Volumen im Plankton gebundene Stickstoffmenge beträgt nur den zehnten Teil.

BILTZ und MARCUS fanden kein Nitrit und Nitrat in den Salzen des Zechsteins, deshalb muß man annehmen, daß die oxydierenden Vorgänge fehlten, so daß der Abbau der organischen Substanz nur bis zum Ammoniak ging. Das paßt recht gut zu der häufigen Bildung von Schwefelkies (S. 206). Nur in den mittleren Salztonschichten von Staßfurt und im Vienenburger und Schönebecker

Salzton wurde Nitrat festgestellt. In den mittleren Salztonschichten von Staßfurt hatte ZIMMERMANN schon früher marine Versteinerungen entdeckt. Es ist
daraus wohl mit Recht der Schluß gezogen worden, daß die örtlichen Nitrat-
vorkommen auf die Anreicherung organischer Reste zurückzuführen sind.

Während also Nitrit und Nitrat in den eigentlichen Salzen fehlen, ist Ammonium bis zu 16,9 mg NH_4 im Kilogramm gefunden worden. Der Ammoniumgehalt geht dem Carnallitgehalt parallel, wie Abb. 64 zeigt. Das kommt daher,
daß ein Ammoniumcarnallit gebildet wird. KCl jedoch und NH_4Cl sind nur
beschränkt mischbar. Die Mischungslücke erstreckt sich von 20—98 Mol.-%
NH_4Cl. Das ältere Steinsalz ist frei von Ammonium. Steinsalz kann NH_4Cl

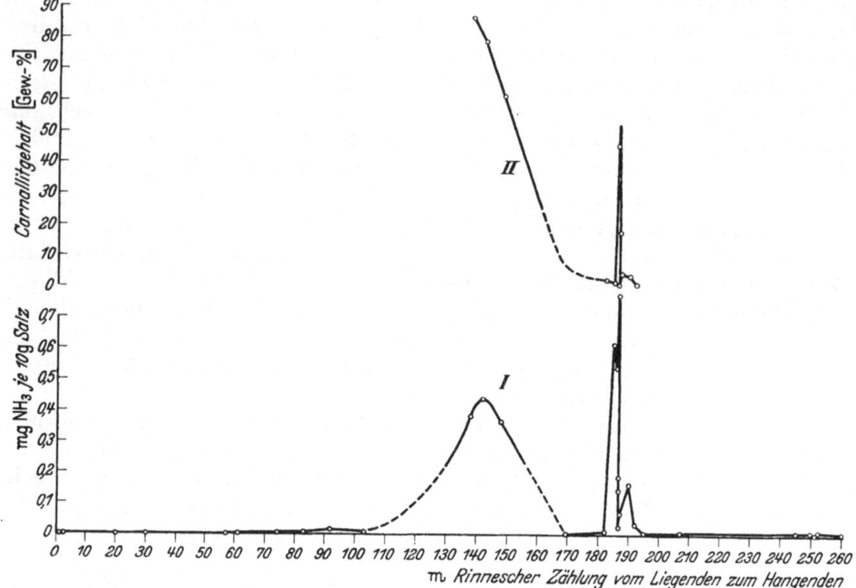

Abb. 64. Abhängigkeit des Ammoniakgehaltes vom Carnallitgehalt. (Nach BILTZ und MARCUS.)
I Ammoniakkurve; *II* Carnallitkurve.

mit seinem großen Ionenradius nicht aufnehmen. BILTZ und MARCUS haben
auch berechnet, wie hoch der Ammoniumgehalt des primären Meerwassers der
Zechsteinzeit gewesen sein würde, wenn man sich die ältere Salzfolge von Staß-
furt aufgelöst denkt, sie kommen zu dem Betrag von 56 γ NH_3 im Liter. Der
Gehalt würde wohl mit den Messungen an heutigem Ozeanwasser durchaus in
Verbindung zu bringen sein.

Festländische Lagerstätten von Nitrat in geringer Menge sind an vielen Orten
vorhanden. Bedeutende Salpeterlagerstätten finden sich in den Trockengebieten
Chiles. Ihre Entstehung ist umstritten. Man hat an besonders reichliche elektrische Entladungen, an vulkanische Exhalationen, an Zufuhr von Meerwasser-
tröpfchen durch Wind und an Zersetzung organischen Materials gedacht. Aus
dem Zerfall stickstoffhaltiger organischer Substanz ist bei den kleineren Vorkommen wohl meistens der Salpeter herzuleiten.

l) Das Gefüge.

1. Die Schichtung. Wie bei den klastischen Ablagerungen wird die Schichtung
hervorgerufen durch einen Wechsel der Sedimentationsbedingungen. Dieser
Wechsel kann z. B. *biologisch bedingt* sein, also auf einer Änderung in den

Wachstumsbedingungen der Organismen beruhen. Wir kennen allerdings kein reines Beispiel aus der Jetztzeit dafür, denn die Wechsellagerung von Globigerinenschlamm und Rotem Ton in der küstenfernen Tiefsee und vom Globigerinenschlamm und Blauschlick in der Küstennähe ist nach den sorgfältigen Untersuchungen von W. Schott sowohl auf einen Wechsel in der Bevölkerung des Oberflächenwassers mit Foraminiferen wie auf Wechsel in der Lösungsfähigkeit des Wassers für Kalkschalen zurückzuführen. Beide Veränderungen sind durch die Eiszeit, also durch eine Klimaänderung hervorgerufen. Es ist also auch bei fossilen Sedimenten stets die Möglichkeit im Auge zu behalten, daß eine Wechsellagerung von biogenen und klastischen Sedimenten nicht nur in einem Wechsel der biologischen Bedingungen, sondern auch in Lösungsvorgängen begründet sein kann. Mit dieser Einschränkung wird man aber in vielen Fällen doch mit einem Wechsel der biologischen Bedingungen rechnen können, z. B. bei der Wechsellagerung von kalkigen und tonigen Sedimenten, von tonigen und kieseligen („Kieselschiefer"), und schließlich von kalkigen und kieseligen Sedimenten.

Tabelle 68. Verbreitung von Anhydritschnüren im Steinsalz des Berlepsch-Bergwerkes bei Staßfurt. (Nach Lück.)

von m	bis m	Anzahl	mittlerer Durchmesser in mm	von m	bis m	Anzahl	mittlerer Durchmesser in mm
— 6	— 2,5	30	} 3	25	27,5	20	} 4
— 2,5	0	17		27,5	30	20	
0	2,5	23	} 4	30	32,5	27	} 4
2,5	5	18		32,5	35	24	
5	7,5	19	} 4	35	37,5	24	} 4
7,5	10	19		37,5	40	22	
10	12,5	24	} 4	40	42,5	24	} 3
12,5	15	24		42,5	45	24	
15	17,5	18	} 3	45	47,5	24	} 3
17,5	20	24		47,5	50	23	
20	22,5	16	} 4				
22,5	25	21					

Summe: 485 Schnüre, mithin durchschnittlich 9 Schnüre auf 1 lfd. Meter.

Die Schichten sind im großen betrachtet nicht parallelflächig, sondern linsenförmig. Die Kalkbank erscheint im Aufschluß mit paralleler Ober- und Unterseite, verfolgen wir sie aber weit genug, so können wir beobachten, daß sie nach allen Richtungen hin auskeilt oder durch anderes Sediment ersetzt wird. Wechseln die Bedingungen nicht nur zeitlich, sondern auch örtlich rasch, so wird die Linse nur einen kleinen Durchmesser haben. Bei sehr rasch wechselnden Bedingungen können auf diese Weise primär kleine linsenförmige, knollige Einlagerungen entstehen, Knollenkalke, vielleicht auch manche Kieselknollen.

Auch bei rein chemischer Sedimentation, wie wir sie in den Salzlagerstätten finden, tritt Schichtung auf. Sehr bekannt sind die *„Jahresringe"*, dünne Anhydritbänkchen im Steinsalz. Über die Verbreitung dieser auch „Schnüre" genannten Bänkchen gibt Tab. 68 ein deutliches Bild. In der Polyhalitregion des Steinsalzes finden wir an Stelle der Anhydritbänkchen Polyhalitbänke. Hier kommen im Berlepsch-Schacht im Durchschnitt 15 Schnüre auf 1 m.

Die Entstehung dieser Schichten hat man auf verschiedene Weise zu deuten versucht. Man hat angenommen, daß Temperaturschwankungen dafür verantwortlich seien, durch die die Löslichkeit des Kalziumsulfats beeinflußt würde. Nun ist aber die Löslichkeit des Kalziumsulfats in den hierfür in Betracht kommenden Meerwasserlösungen noch nicht bestimmt. Aber selbst, wenn eine solche Änderung der Löslichkeit auftreten würde, wie sie in reinem Wasser die Abb. 51 (S. 222) als flaches Maximum zeigt, würde sie allein nicht genügen, um die Anhydritbänkchen quantitativ zu erklären. Das Wahrscheinlichste ist, daß periodisch Zufuhr von Kalziumsulfat erfolgte. Das kann schon einfach durch Zufuhr von neuen Mengen Meerwasser eintreten. Die Lösung ist dann zunächst an Kochsalz nicht mehr gesättigt, und es fällt Kalziumsulfat aus. Das Mengenverhältnis der Kalziumsulfatmenge in der Anhydritschnur zu der dazwischen ausgeschiedenen Kochsalzmenge steht, worauf schon VAN'T HOFF hingewiesen hat, etwa in demselben Verhältnis wie Kalziumsulfat zu Natriumchlorid im normalen Meerwasser. Eine weitere Stütze erhält diese Auffassung dadurch, daß im Werrabecken die Anhydritschnüre durch Tonbänkchen ersetzt sein können. Hier ist eine andere Erklärung als durch periodische Zufuhr gar nicht möglich.

2. Die Paralleltextur. Parallelgefüge kann bei der biogenen und chemischen Ablagerung ähnlich wie bei der klastischen mechanisch erzeugt werden, insbesondere durch Strömungen. Ein gutes Beispiel dafür bieten die oben besprochenen Anhydritschnüre. In ihnen kommt nach LÜCK der Anhydrit in 3 Typen

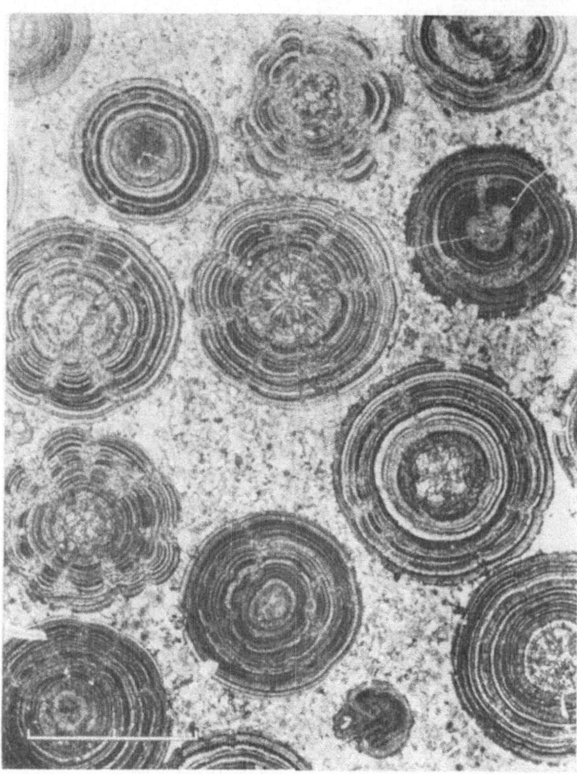

Abb. 65. Rogenstein des Unteren Buntsandstein, Eisleben.
Entfernung zweier Teilstriche 1 mm.

vor: 1. in kristallographisch wohl umgrenzten Formen mit paralleler Lagerung der Einzelindividuen in der Längsrichtung, 2. in winzigen Körnchen und 3. in meist langen, skelettartigen Nadeln. Die erste Art ist die weitaus häufigste und überall anzutreffen. Die Kristalle sind offenbar im Meerwasser schwebend ausgebildet und dann abgesunken in einer Strömung, die sie in der Strömungsrichtung eingeregelt hat. Die skelettartigen Kristalle liegen meist als lockerer Filz auf schon vorhandenen Anhydritlagen auf. Sie sind wohl unter besonders starker Übersättigung rasch ausgeschieden.

Bei biogenen Ablagerungen erhalten wir ebenfalls Parallelgefüge, wenn die abzulagernden Teilchen anisometrisch sind, so daß sie von der Strömung eingeregelt werden können. Hierher gehören Lumachellen, Foraminiferenkalke u. ä. Schließlich kann ein Parallelgefüge auch durch Wachstum von Organismen, z. B. durch Kalkalgen gebildet werden.

3. Die Oolithe. Ein den chemisch-biogenen Sedimenten eigentümliches Gefüge ist die Bildung von konzentrisch schaligen, seltener radial strahligen

Kügelchen, den Ooiden. Gesteine aus Ooiden heißen Oolithe. Die Ooide haben
meist einen mineralischen Kern, z. B. von Quarz oder Feldspat usw., er kann
aber auch eine Gasblase oder organischer Natur sein. So sind nach MATHEWS
die Oolithe des großen Salzsees, für deren Entstehung man früher Algen angenommen hatte, um feste Kerne gebildet worden. Von 574 untersuchten
Oolithen können höchstens 4 als Kern Algen oder Gasblasen gehabt haben,
122 hatten Feldspat, 88 Glimmer, 66 Quarz, 78 opake Minerale, 70 Ruß und
61 Kohle als Kern. Die Oolithe können aus verschiedenem Material bestehen.
Es werden Kalkspat, Aragonit, Dolomit, Siderit, Baryt, Phosphorit, Braun-
eisenerz, Eisensilikat und Chalzedon angegeben. Ein Teil dieser Minerale ist
sicher sekundär durch Verdrängung der primär gebildeten Minerale entstanden.

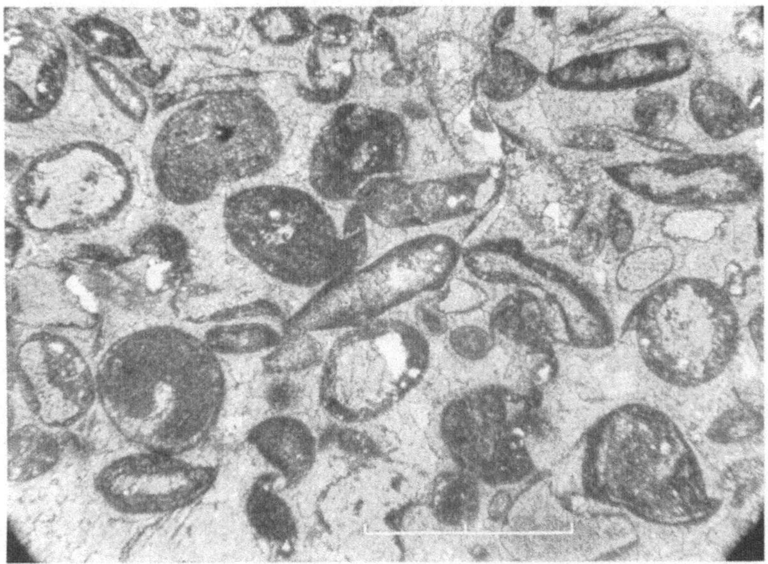

Abb. 66. Pseudoolith. Trochitenkalk, Liebenau. Entfernung zweier Teilstriche $^{1}/_{2}$ mm.

Für eine Deutung muß zunächst dieser Umstand berücksichtigt werden. Die
wahrscheinlichste Deutung der Entstehung der primären Oolithe scheint mir
die folgende zu sein. Geraten irgendwelche Kristallisationskeime in eine übersättigte Lösung, so werden sie die Übersättigung aufheben. Es wird sich auf
ihrer Oberfläche Substanz ausscheiden. Nach den Erfahrungen der Kristallo-
graphen wird man erwarten dürfen, daß bei rascher Aufhebung der Übersättigung sich nicht einzelne große Kristalle bilden, sondern daß viele kleine Keime
den Kern umwachsen. Die kleinen Kügelchen werden solange im Wasser
herumgewirbelt, bis sie so groß werden, daß sie nicht mehr in Schwebe gehalten
werden können. Dann sinken sie ab und bleiben auf dem Boden liegen. Das
gilt sowohl für Substanzen wie $CaCO_3$, die sich aus der Lösung kristallin
ausscheiden, wie für solche, die amorph ausfallen, wie etwa die Kieselsäure
in den Hyalithkügelchen von Tatejama, die übrigens auch schon deutliche
Doppelbrechung zeigen. Je feinkörniger die Substanz sich ausscheidet, um so
mehr Wasser wird mit eingelagert, um so eher kann es dann nach einem Austrocknen zu Schrumpfungserscheinungen kommen (Abb. 65). Das wird besonders der Fall sein, wenn die Korngröße im kolloiden Bereich liegt, wie das
wohl häufig der Fall ist. Gerade bei so feinen Korngrößen kann Umkristallisation eintreten, der radialfaserige Bau ist wohl meist auf diese zurückzuführen

(s. S. 249). Wieweit es möglich ist, daß auch aus einem Sol sich Oolithe ausscheiden, ist experimentell noch nicht erforscht, erscheint mir aber durchaus möglich und könnte für die Bildung der Minetteerze von Bedeutung sein.

Man hat früher angenommen, daß stets Algen die Oolithe bilden. Unregelmäßige, von Spaltalgen gebildete Kalkknollen wie die Schnegglisteine des Bodensees zeigen jahreszeitliche Schichtung, lockere Schichten aus dem Frühjahr und Sommer, dichte im Winter. BRADLEY beschreibt oolithähnliche Kalkkugeln, die von der blaugrünen Alge Nostoc caerulium in Kulturen mit etwas Nährlösung in Kalkwasser gebildet wurden. Das Kalziumkarbonat bildet kryptokristalline, körnige Aggregate. Diese Algenoolithe sind jedoch nicht regelmäßig konzentrisch oder radial gebaut.

Makroskopisch den Oolithen sehr ähnlich und recht häufig sind Gesteine, die aus organogenem Kalksand aufgebaut sind, dessen einzelne Körner von Kalk umkrustet sind (Abb. 66). Hier handelt es sich offenbar um ganz ähnliche Vorgänge wie bei den Oolithen, nur daß die Keime sehr groß sind. Es ist etwa derselbe Unterschied wie zwischen echten Perlen und Zuchtperlen.

Es ist schließlich auch die Möglichkeit nicht auszuschließen, daß solche Gebilde und auch echte Oolithe im Schlamm, also diagenetisch, entstehen.

IV. Diagenese.
(Veränderung der Sedimente nach dem Absatz.)
Schrifttum.

BILTZ, W. u. E. MARCUS: Über die Verbreitung von borsauren Salzen in den Kalisalzlagerstätten. Z. anorg. Chem. Bd. 72 (1911) S. 302—312.

BLUMER, E.: Die Erdöllagerstätten. Grundlagen der Petroleumgeologie. Stuttgart 1922.

CORRENS, CARL W.: Beiträge zur Petrographie und Genesis der Lydite (Kieselschiefer). Mitt. Abt. Erz-, Salz- u. Gesteinsmikrosk. preuß. geol. Landesanst. 1924.

— Über Verkieselung von Sedimentgesteinen. N. Jb. Min. usw., Beil.-Bd. 52, Abt. A (1925) S. 170—181.

DALY, R. A.: First calcareous fossils and the evolution of limestone. Bull. geol. Soc. Amer. Bd. 20 (1909) S. 165.

FLINT, J. M.: A Contribution to the Oceanography of the Pacific. Bull. U.S. nat. Mus., Washington 1905, Nr. 55.

LIESEGANG, R. E.: Geologische Diffusionen. Dresden u. Leipzig 1913.

LINCK, G.: Tutenmergel und Nagelkalk. Chemie der Erde Bd. 6 (1931) S. 227—238.

— Bildung des Dolomits und Dolomitisierung. Chemie der Erde Bd. 11 (1937) S. 278—286.

— u. W. BECKER: Die weiße Schreibkreide und ihre Feuersteine. Chemie der Erde Bd. 2 (1925) S. 1—14.

MÄGEDEFRAU, K.: Über die Ca- und Mg-Ablagerung bei den Corallinaceen des Golfes von Neapel. Flora od. allg. bot. Ztg., Jena, N. F. Bd. 28 (1933) KARSTEN-Festschr., S. 50—57.

MAYER, F. K. u. E. WEINECK: Die Verbreitung des Kalziumkarbonats im Tierreich unter besonderer Berücksichtigung der Wirbellosen. Jena. Z. Naturwiss. Bd. 66 (1932).

NOLL, W.: Hydrothermale Synthese des Muscowits. Nachr. Ges. Wiss. Göttingen, Bd. IV (1932) S. 20.

REULING, H. TH.: Der Sitz der Dolomitisierung. Versuch einer neuen Auswertung der Bohr-Ergebnisse von Funafuti. Abh. senckenberg. naturforsch. Ges., Abh. 428. Frankfurt a. M. 1934.

SCHWARZ, A.: Wachstum, Absterben und Diagenese eines paläozoischen Korallenriffs. Nach Untersuchungen an Lahnmarmor-Platten von Wirbelau. Senckenbergiana Bd. 9 (1927), Heft 2, S. 49—64.

SKEATS, E. W.: The chemical composition of limestones from upraised Coral Islands with notes on their microscopical structures. Gloucester 1902.

SORBY, H. C.: On the origin of cone — in — cone. Brit. Assoc. advanc. Sci. Bd. 29 (1859) S. 124.

TARR, W. A.: Cone — in — cone. TWENHOFELS Treatise on Sedimentation, S. 716.

WAGNER, G.: Stylolithen und Drucksuturen. Geol. u. paläont. Abh. Bd. 11 (1913) Heft 2. S. 101—128.

WETZEL, O.: Die in organischer Substanz erhaltenen Mikrofossilien des baltischen Kreide-
feuersteins. Palaeontographica, Stuttgart Bd. 77 (1933).
— W.: Sedimentpetrographische Studien. N. Jb. Min., Stuttgart Beil.Bd.47 (1922) S. 39
bis 92.
WROOST, V.: Vorgänge der Kieselung am Beispiel des Feuersteins der Kreide. Abh. sencken-
berg. naturforsch. Ges., Frankfurt a. M. 1936, Nr. 432, S. 1—68.
ZUNKER, F.: Das Verhalten des Bodens zum Wasser. BLANCKs Handbuch der Bodenlehre,
Bd. 6, S. 66—220. 1930.

Im vorstehenden sind im wesentlichen nur solche Vorgänge behandelt
worden, die direkt zur Bildung des Sedimentes führen. Ist ein Sediment einmal
am Boden abgelagert, sei es durch mechanischen Transport oder durch Ausfallen
aus der Lösung, so ist damit die Geschichte des Sedimentes nicht abgeschlossen.
Die Veränderungen, die es nach der Ablagerung erfährt, gehören im strengen
Sinn zur Metamorphose. Es ist aber gebräuchlich, diejenigen Vorgänge, die
keine tiefgreifenden Veränderungen im Sediment hervorrufen, als Diagenese
von der Metamorphose abzutrennen. Es kann auch gar keinem Zweifel unter-
liegen, daß nach allgemeinem Sprachgebrauch ein Kalkstein und ein Sandstein
Sedimentgesteine sind und nicht metamorphe Gesteine. Aus diesem Grunde
werden im folgenden eine Reihe von Vorgängen behandelt, die Sedimente erlitten haben, ohne daß sie hohen Temperaturen und großen Drucken ausgesetzt
wurden. Eine scharfe Abgrenzung zur Metamorphose kann es nicht geben,
denn dieselben Temperaturen und Drucke, die bei einem Kalkstein oder gar
bei einem Sandstein keine merklichen Veränderungen hervorrufen, können
bei den empfindlichen Salzmineralen typisch metamorphe Erscheinungen bedingen. Es kann auch keine scharfe Grenze gegen diejenigen Vorgänge gezogen
werden, die bei der Sedimentation selbst stattfinden. Streng genommen würde
z. B. die Bildung der dunklen Färbung im Blauschlick und in den Gyttjen
bereits zur Diagenese gehören. Denn diese Färbung tritt erst ein, nachdem
das Sediment abgelagert ist. Damit nicht die Zusammenhänge zwischen den
Erscheinungen durch die Systematik allzusehr gestört wurden, ist mit Absicht
auch diese Grenze nicht immer scharf eingehalten worden.

Es ist ferner nicht möglich, eine scharfe Grenze zu den Verwitterungsvor-
gängen zu ziehen. Lösungen, die bei der Verwitterung entstanden sind, spielen
ganz zweifellos bei der Verfestigung der Gesteine (Ortstein) und der Konkretions-
bildung (Lößkindl) eine Rolle. Ich möchte die Grenze zwischen Verwitterung
und Diagenese so legen, daß Verwitterung auf die Vorgänge an der Erdoberfläche beschränkt ist und Diagenese die Vorgänge in den tieferliegenden Zonen
umfaßt. Auch eine praktische Erwägung scheint mir für eine solche Trennung
zu sprechen: Wir wissen heute in sehr vielen Fällen noch gar nicht, was für
Lösungen gewisse Veränderungen hervorgebracht haben, oft nicht einmal, ob
es sich um sedimenteigene oder fremde handelt. Deshalb scheint es mir zweckmäßig zu sein, die Frage nach ihrer Herkunft bei der Diagenese offen zu
lassen und überhaupt die Abgrenzung dieses Begriffes nicht zu eng zu fassen.
Wichtiger als eine enge Umgrenzung scheint mir zu sein, die einzelnen Teil-
vorgänge möglichst klar auseinanderzuhalten und zu benennen. Sie sind es,
die für die Kenntnis der Entstehungsbedingungen der Sedimente wichtig sind,
sie erlauben uns, die Vorgänge, die nach der Sedimentation stattfanden, von
den eigentlichen Sedimentationsvorgängen zu trennen.

a) Stofftransport im Sediment.

Alle Gesteine sind porös. Der Porenraum allerdings ist verschieden, bei
den eben gebildeten Sedimenten ist er recht groß, auch dort, wo diese durch

biogenes Aufwachsen bereits verfestigt sind, wie bei Korallenstöcken, Kalkalgenrasen u. ä. In den Poren befinden sich wässerige Lösungen, deren Zusammensetzung von dem umgebenden Gestein abhängt. Die Zusammensetzung dieser Lösungen kann sich unter Umständen schon bald nach der Sedimentation ändern, z. B. durch den Zerfall der im Sediment mit eingebetteten organischen Substanz (z. B. Gyttja). Durch das weitere Schicksal des Sedimentes wird dann auch die Zusammensetzung der Lösungen geändert. Die in dem Gestein in echter Lösung befindlichen Bestandteile wandern durch Diffusion, sobald irgendwie ein Konzentrationsgefälle entsteht. Die Diffusion läßt sich durch die folgende Formel ausdrücken:

$$M = D \cdot A \cdot \frac{(d_2 - d_1) \cdot t}{h}.$$

M ist die Menge Substanz pro Volumeinheit Lösung, A der Querschnitt, durch den die Diffusion erfolgt, d_1 die Konzentration auf der einen Seite, d_2 die auf der anderen Seite der Strecke h, t die Zeit. Setzt man $A = 1$ qcm, $d_2 - d_1 = 1$, $h = 1$ cm, $t = 1$ Tag und drückt man M in Gramm Molekülen pro Liter aus, so liegt der Wert für den Diffusionskoeffizienten D bei den verschiedenen Salzen um den Wert 1 herum. Die Diffusionsgeschwindigkeit ist also für geologische Zeiträume betrachtet eine recht große.

Außer durch Diffusion kann aber die Lösung auch durch Strömungen ihren Platz wechseln. Dabei kann es sich um oberflächennahe Strömungen wie Grundwasserströmungen handeln, es können jedoch auch in größeren Tiefen solche Strömungen auftreten, z. B. durch tektonische Ereignisse, Aufreißen von Spalten usw. Die Geschwindigkeit derartiger Strömungen ist sehr stark vom Porenvolumen abhängig. Ähnlich wie beim Diffusionskoeffizienten wird der Strömungskoeffizient oder die Durchlässigkeitsziffer K definiert als das Wasservolumen in cm³, das in der Sekunde durch 1 cm² bei einem Druckhöhenunterschied entsprechend 1 cm Wassersäule von 4° C auf einer Länge von 1 cm transportiert wird. Einen Anhaltspunkt für die Größe solcher Strömungskoeffizienten gibt die folgende Tabelle nach ZUNKER.

Tabelle 69. Durchlässigkeitsziffer der Bodenarten bei 10° C.

Bodenart	Durchlässigkeitsziffer		
	cm³/Sek.	cm/Tag	cm/Jahr
Kiese	$> 0 \cdot 1$	> 8640	—
Kiessande und Sande	$0{,}1\text{—}5 \cdot 10^{-4}$	$8640\text{—}43$	—
Schlief-, lehmige und eisenschüssige Sande	$5 \cdot 10^{-4}\text{—}2 \cdot 10^{-6}$	$43\text{—}0{,}17$	$15000\text{—}60$
Sandige Lehme und Lehme	$2 \cdot 10^{-6}\text{—}1 \cdot 10^{-8}$	—	$60\text{—}0{,}3$
Schwere Lehme und Tone	$< 1 \cdot 10^{-8}$	—	$< 0{,}3$

Die Werte können also in den dichten, tonigen Gesteinen so niedrig werden, daß hier die Diffusion rascher wirkt als die Strömung.

Kolloide Lösungen zeigen praktisch keine Diffusion. Das war ja einst für GRAHAM der Grund der Unterscheidung zwischen „kristalloiden" und „kolloiden" Lösungen. Wir müssen bei kolloiden Lösungen also stets mit einem Stofftransport durch Strömungen rechnen. Das ist ein Umstand, der zuweilen übersehen wird. In sehr feinporigem Gestein wird kein Transport von Kolloiden stattfinden, in gröber porigen Gesteinen können jedoch nicht nur gelöste und kolloide Teilchen, sondern unter Umständen auch gröbere Suspensionen transportiert werden.

b) Verhärtung der Sedimente.

Lösungen, die im Gestein zirkulieren, sind es, die aus der lockeren Anhäufung ein festes Gestein machen. Dieser Vorgang der Verkittung kann das ganze Gestein gleichmäßig erfassen, dann sprechen wir von Verkittung oder Verfestigung des Gesteins. Die Kittsubstanz kann aber auch nur um einzelne Kerne herum ausgeschieden werden, wie in den Konkretionen und den Tutenkalken.

Die Verkittung des Sedimentes kann als Um- und Auskristallisation des annähernd homogenen Sedimentmaterials erfolgen, wie in den chemisch-biogenen Sedimenten oder dadurch, daß einzelne Bestandteile aufgelöst und wieder ausgeschieden werden, wie in den klastischen Sedimenten.

1. Umkristallisation der chemisch-biogenen Sedimente. Nur selten finden wir *Kalke* der geologischen Vergangenheit noch heute locker vor, wie etwa in der Kreide. Fast immer sind sie im Laufe der Zeit zu festen Gesteinen umgewandelt worden. Diese Umwandlungsvorgänge beruhen auf der relativ großen Löslichkeit des Kalziumkarbonats in dem Wasser, das im Gestein zirkuliert. Es ist deshalb zweckmäßig, hier einige grundsätzliche Bemerkungen über die Lösungsvorgänge einzuschalten.

Unter Löslichkeit verstehen wir die Angabe, welche Menge Substanz von einer Lösung unter bestimmten Bedingungen aufgenommen werden kann (s. auch S. 127 und 221). Die Löslichkeit hängt ab vom Druck und von der Temperatur und auch davon, welche Modifikation der betreffenden Substanz als Bodenkörper vorliegt. So ist z. B. Aragonit etwa 7—9% löslicher als Kalzit. Von großem Einfluß ist auch die Korngröße, wie schon auf S. 127 ausgeführt wurde, dieser Einfluß ist anscheinend beim Kalziumkarbonat größer als der der Modifikation. So sind nach MAYER und WEINECK Ammonitenschalen aus dem Dogger und Lias noch als Aragonit erhalten. Sie fanden auch noch in der alpinen Trias Schalen mit Perlmutterglanz, die aus Aragonit bestanden. Da diese Gesteine längst umkristallisiert sind, wird man zu der Annahme geführt, daß die kleinsten Kalzitteilchen eine größere Löslichkeit besitzen als grobe Aragonitteilchen.

In einem Gemenge von $CaCO_3$-Teilchen verschiedener Löslichkeit wird also folgendes eintreten: Für die leichtlöslichen kleinen Teilchen wird die Lösung untersättigt sein, für die schwerlöslichen gröberen aber übersättigt. Sie wirken gleichzeitig als Keime und wachsen auf Kosten der anderen.

Wenn die leichter löslichen Teilchen verbraucht sind, kann eine weitere Umwandlung nur noch erfolgen, wenn in der Porenlösung Konzentrationsschwankungen eintreten, z. B. durch Temperaturschwankungen oder etwa dadurch, daß noch eingeschlossene organische Substanz zerfällt und so Kohlensäure nachliefert. So stellte JOHANNES WALTHER fest, daß rezente Kalkalgen 5,06% organische Substanz $+ H_2O$, tertiäre nur 0,28% enthalten.

Zu diesem Einfluß der Löslichkeit kommt dann noch der der Lösungsgeschwindigkeit hinzu, die in cm/Sek. oder ähnlich ausgedrückt wird. Sie bewirkt, daß aus einem Gemenge von groben und feinen Teilchen die feinen zuerst verschwinden.

Aus diesen Überlegungen darf man wohl den Schluß ziehen, daß bei der Umkristallisation von Kalken vorwiegend die grobkristallinen Teile unverändert erhalten bleiben. Das ist eine Erfahrung, die jeder Fossilsammler bestätigt. In sonst fossilarmen Kalken findet man noch die Reste dickschaliger Muscheln erhalten. Bei den Echinodermen ist das Gerüst der Platten und Stielglieder aus Kalkspatbalken aufgebaut, die einheitlich orientiert sind. Bei der Umkristallisation lagert sich an die Balken Kalkspat an, das Stielglied oder die Platte wächst sich zu einem einheitlichen Kalkspatkristall aus.

Hinzu kommt noch ein anderer Vorgang. Kalkschalen, die aus einzelnen kleinen Kalkprismen mit organischem Bindemittel aufgebaut sind, wie die der Foraminiferen, können in die feinen Kalkpartikel zerfallen, wenn das organische Bindemittel durch Verwesung oder Verdauung entfernt wird (s. S. 196). Dieses feine Pulver wird einer Umkristallisation besonders leicht zum Opfer fallen. So können aus Foraminiferenkalken unter geeigneten Bedingungen dichte Kalke werden.

Ein Beispiel für solche Umlagerungen gibt Abb. 67, die einer Arbeit von SCHWARZ (1927) entnommen ist. Sie gibt das Anschliffbild eines oberdevonischen, umkristallisierten Riffkalkes, des „Marmors" von Wirbelau (Lahn). Wir sehen noch wohlerhaltene Riffteile, O, dazwischen organogenen Schutt, S, der in den Hohlräumen des Riffs mechanisch sedimentiert wurde und heute verkittet ist. In den nicht ausgefüllten Hohlräumen hat sich Kalkspat neu gebildet, D, am Rand finden wir meist feinkörnige, gebänderte Absätze, die nach der Mitte zu grobkristallin werden.

In diesem Beispiel sind die ursprünglichen Hohlräume später ausgefüllt, dazu muß Lösung zugeführt worden sein, denn durch einfache Umlagerung im Kalk wird das Porenvolumen in seiner Gesamtheit nicht wesentlich geändert werden. Wenn nicht Lösung von außen zugeführt wird, bleibt der Kalkgehalt pro Kubikzentimeter der gleiche. Wir beobachten bei den meisten Kalken, daß sie zu dichten, festen Gesteinen umgewandelt sind. Das Porenvolumen, das bei rezenten Kalkschlammen von der Größenordnung von 50% (Gewichtsprozent der bei 105° C getrockneten Substanz) ist, ist bei den dichten Kalken sehr viel kleiner geworden, wie die folgende Tab. 70 nach BLUMER zeigt.

Man könnte annehmen, daß die Ausfüllung der Poren durch Zufuhr von sedimentfremden Lösungen erfolge, wichtiger ist jedoch sicherlich der Einfluß des Druckes der überlagernden Sedimente. Wird ein solches poröses Gestein zusammengedrückt, so wird es zahlreiche Kristalle geben, die dem Gefüge seinen Halt geben, die unter einseitigem Druck stehen. Andere Kristalle werden allseitig vom Porenwasser umgeben, nur dem hydrostatischen Druck ausgesetzt sein und auf Kosten der einseitig gedrückten Kristalle wachsen. Die Unterschiede in der Löslichkeit bei einseitigem Druck sind bereits auf S. 123 erörtert. Hiermit haben wir uns bereits auf ein Gebiet begeben, das in den Bereich der eigentlichen Metamorphose gehört.

Tabelle 70. Porenvolumen von Kalken.

Gestein	Mittlerer Porenraum in %
Marmor von Carrara	0,11— 0,22
Marmor von Schlanders (Tirol) .	0,59
Kalkstein	0,67— 2,55
Niagarakalk (Wisconsin)	0,8 — 6,4
Dolomit von Grand Manitoulin .	7,4 — 8,8
Dolomit	1,5 —22,2
Dolomit von Pine Creek (Alma) .	12,8
Oolithischer Kalkstein	13,6 —16,9
Schreibkreide	14,4 —43,9

Wesentlich anders sind die Vorgänge bei den *Kieselsedimenten*. Wie oben ausgeführt, sind sie zum sicherlich größten Teil biogen, d. h. aus organischer, amorpher Kieselsäure gebildet als Anhäufungen von Diatomeen-, Radiolarienusw. -Schalen. Das Kieselgel der Schalen, Stacheln usw. ist relativ wenig wasserhaltig. Auch in dieser Masse werden nun Umlagerungen stattfinden. Die Kieselsäure kann zwar auch in echte Lösung gehen, denn nach der Löslichkeitskurve der Kieselsäure (Abb. 3, Kurve a) ist sie bereits in schwachalkalischer Lösung, wie im Meerwasser etwas löslich. Durch Verwesung können Ammoniak und Aminbasen entstehen, die die Alkalität erhöhen. Es kann aber auch sein, daß der Zustand der echten Lösung nicht ganz erreicht wird, es entsteht ein Sol, die Kieselsäure wird peptisiert. Wird auch dieser Zustand nicht erreicht,

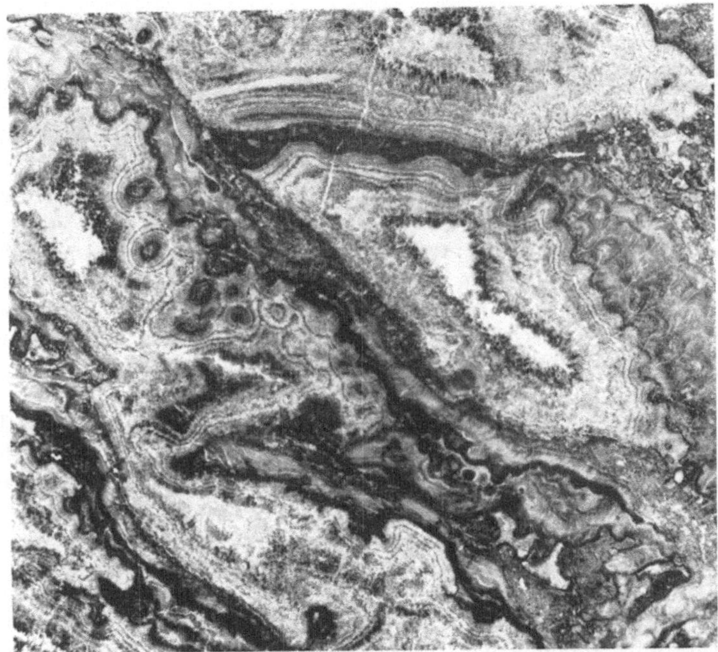

Abb. 67 a.

Abb. 67 b.

Abb. 67 a und b. Umkristallisation in einem fossilen Riff. (Nach SCHWARZ 1927.) *a*) Ansicht des Querschnitts. (Aus Natur-Museum Senckenberg, Archiv Nr. 444.) *b*) Erläuterung: *S* organogener Kalkschutt, *O* erhaltene Riffkorallen, *D* Drusen von anorganischem Kalkspat, *V* Vertikale, *H* Horizontale (etwa $^1/_3$ der natürlichen Größe).

so kann wenigstens eine Art von Quellen der Kieselsäure eintreten, die Teilchen verlieren ihre organische Struktur. Für diese Frage ist es auch ziemlich gleichgültig, ob die Schale der Diatomeen bereits Opal enthält oder eine andere Kieselsäureverbindung, wie dies zuweilen angenommen wird. LINCK und BECKER haben Versuche über die Peptisation von Kieselsäuregel und an Nadeln von Kieselspongien angestellt, die in Tab. 71 wiedergegeben sind.

Bei diesen Vorgängen werden wegen ihrer größeren Lösungsgeschwindigkeit die feineren Teilchen zunächst verschwinden und die gröberen Schalen, Stacheln usw. übrigbleiben. Kommt die Auflösung in diesem Stadium zum Stillstand, so bleiben gröbere Schalen in dichter Grundmasse übrig. Geht die Auflösung weiter, so verschwinden schließlich alle Schalenreste. Dementsprechend finden wir z. B. in den Radiolariten, die reich an organischer Substanz sind, noch relativ viel und zarte Schalenreste, in solchen jedoch, in denen die Verwesung vollständig war und keine organische Substanz übrigblieb, nur wenig oder keine Schalenreste (CORRENS 1924). Das bei der Auflösung gebildete Gel geht allmählich in kristallinen Zustand über. Hier ist die Zahl der Kristallisationskeime offenbar außerordentlich groß, die Wachstumsgeschwindigkeit sehr gering, wir bekommen als Ergebnis ein sehr feinkörniges Gestein, das auch noch Reste von Opal enthalten kann, wie es für die nichtmetamorphen Kieselsedimente charakteristisch ist.

Tabelle 71. Peptisation von Kieselspongien. 0,5 g des Skeletts einer Kieselspongie mit 26% SiO$_2$. 100 ccm der n/1-Lösungen. Schütteldauer: 5 Std.

Lösung	Peptisierte Menge		
	in g der Spongien	in % der Spongien	in % der Kieselsubstanz
NaOH	0,0144	2,9	11
NH$_3$	0,0060	1,2	4,57
Ammoniumsesquikarbonat	0,0160	3,2	12,2

Findet der Vorgang der Peptisation im noch nicht erhärteten Sediment statt, so kann die Kieselsäuregallerte auch ihren Ort verändern, in Mulden abfließen, Schalen ausfüllen und ähnliches mehr. Bei manchen Feuersteinen können wir an solche Vorgänge denken. Bei manchen Radiolariten des Kulms kann man beobachten, daß eine ausgezeichnete Feinschichtung im Kieselsediment erhalten geblieben ist und wird daraus schließen müssen, daß hier die Quellung des kieselgurähnlichen Sediments nicht bis zur Formveränderung geführt hat.

Es mag hier eingeschaltet werden, daß die Feuersteine der oberen Kreide wohl sicher nicht einheitlich entstanden sind. Das gilt ganz besonders für die norddeutschen Feuersteine, die zum großen Teil als diluviale Geschiebe zur Grundlage von Untersuchungen gemacht worden sind. Mit Recht haben W. und O. WETZEL darauf hingewiesen, daß die von ihnen gefundenen zarten organischen Gebilde, die in manchen Feuersteinen enthalten sind, im Widerspruch stehen mit der Annahme einer Verkieselung. Andererseits sind Spaltenfeuersteine, wie sie von CAYEUX aus Nordfrankreich beschrieben worden sind und auch auf Rügen vorkommen, sicher erst abgelagert, als die Kreide eine gewisse Festigkeit erlangt hatte. CAYEUX unterscheidet 2 Typen: kurze Spaltenfeuersteine, mit der Länge von 1,5—2 m, bei denen die weiße Feuersteinrinde ohne Absatz in die Rinde bankiger Feuersteine übergeht. Hier ist wohl anzunehmen, daß der bankige Feuerstein und der Spaltenfeuerstein zu gleicher Zeit entstanden sind. Die bis zu 10 m langen Spaltenfeuersteine der anderen Gruppe sind wohl später gebildet. Die Aufschlüsse zeigen aber, daß sie nach oben hin in der darauf liegenden Kreide aufhören, ohne daß in dieser Verwerfungsspuren zu finden sind. Auch bei diesen Spaltenfeuersteinen muß man also annehmen, daß sie entstanden sind, bevor die überlagernde Kreide abgesetzt wurde. CAYEUX nimmt an, daß Schwammnadeln, die bei dem ersten Auflösen der Schwammnadeln nicht erfaßt worden sind, die Kieselsäure für diese späteren Bildungen geliefert haben.

Es gibt also Feuerstein, der sich am Meeresboden aus Schwammrasen durch Peptisation der Schwammnadeln als Kieselgel bildete und Feuerstein, der sich viel später in offenen Klüften ausschied. Wieweit sich außerdem eine dritte Sorte von Feuersteinen durch Verkieselung gebildet hat, soll weiter unten erörtert werden (s. S. 260). Hier soll nur noch kurz der interessanten Theorie gedacht werden, die die Feuersteinbänderung der Kreide als eine Diffusionsbänderung im Sinne der „LIESEGANGschen Ringe" erklären möchte. Danach sollten etwa im Tertiär, also nach der Heraushebung der Kreide aus dem Meere, kieselsaure Lösungen in die Kreide hineindiffundiert sein. Wenn diese Annahme zuträfe, so dürften in einer Kreide, die zeitlich vor der Diffusion gefaltet ist, die Feuersteinlagen wohl nicht der Faltung folgen, wie dies CAYEUX beobachten konnte. Sie sollten parallel zur Erdoberfläche liegen. CAYEUX hat auch Kreuzschichtung der Kreide beobachtet, bei der die Feuersteinbänke der Schichtung folgen. Noch beweisender sind die auch von CAYEUX beschriebenen Feuersteinbrekzien, die noch in der Kreidezeit gebildet sind, in denen die Feuersteine zum Teil noch ihre Rinde besitzen. Wie schon daraus hervorgeht, braucht die bekannte weiße Rinde der Feuersteine durchaus nicht immer als Verwitterungsrinde durch Auslaugen von Opal entstanden zu sein. Es gibt Rinden, die nur aus Kieselsäure bestehen und solche, die auch noch feine Kalkteilchen enthalten. Jede dieser beiden Hauptgruppen kann wieder Opal führen oder nicht. Beweisend für eine frühe Bildung der Feuersteine ist auch die Beobachtung von CAYEUX, daß dolomitisierte Kreide keine erhaltenen Kalkschalenreste mehr zeigt, in den in ihr liegenden Feuersteinen dagegen die Kalkschalenreste noch wohl erhalten sind. Die Feuersteine waren also zur Zeit der Dolomitisierung bereits gebildet.

Ähnliche Vorgänge, wie sie bei den Kalk- und bei den Kieselsedimenten geschildert worden sind, gelten auch für die anderen chemischen und chemischbiogenen Sedimente in entsprechender Weise. Hierher gehört z. B. auch die Umbildung in den Eisenlagerstätten, die Alterung des Eisenhydroxyds zum Oxyd, die Eisensilikatbildung u. a. m. (s. S. 207).

2. Verkittung der klastischen Gesteine. In klastischen Gesteinen können wir grundsätzlich dieselben Erscheinungen beobachten, wie sie oben bei der Umkristallisation der Kalk- und Kieselgesteine besprochen wurden. Den Lösungen steht z. B. *in Sanden* ein erheblicher Porenraum zur Verfügung. Würde der Sand aus lauter gleich großen Kugeln zusammengesetzt sein, so würde der Porenraum nicht von der Korngröße, sondern nur von der Packungsart abhängen, er würde im Maximum 47,6% betragen. Bei den natürlichen Sanden werden wir immer verschiedene Korngrößen miteinander gemengt finden, die Gestalt der Teilchen wird nicht immer kugelig sein. Dann hängt der Porenraum ab von der Gestalt der Körner, von der Verteilung der Korngrößen, von der Art ihrer Packung und schließlich auch davon, ob schon ein Bindemittel vorhanden ist oder nicht. Tab. 72 gibt einige Angaben über das Porenvolumen von lockeren Sanden und von Sandsteinen.

In einem Sandstein mit kalkigen Resten wird wie im Kalk selbst eine Wanderung des Kalkes und Auskristallisation eintreten, bei der die Poren ausgefüllt werden und damit der Sandstein verfestigt wird. Diese kalkigen Reste können Organismenreste sein, sie können aber auch wie bei glazialen Schottern des alpinen Vorlandes (Nagelfluh) Kalkgerölle sein.

Auch die Kieselsäure kann in solchen Sandsteinen in Lösung gehen und zur Verkittung der Sandkörner führen. Es ist dabei allerdings zu bedenken, daß der Quarz sehr viel weniger löslich ist als amorphe Kieselsäure. Aber 1. stehen

Tabelle 72. Der Porenraum von lockeren Sanden und von Sandsteinen.
(Nach Blumer.)

Gestein	Mittlerer Porenraum in %
Mittelkies, Korn 4—7 mm	36,7
Feinkies, Korn unter 4 mm . . .	36
Grobsand, Korn unter 2 mm . .	36
Mittelsand, Korn unter 1 mm . .	39,6
Feinsand, Korn unter $^1/_3$ mm . .	42
Ölsand von Pechelbronn	6
Ölsande Pennsylvaniens	10
Ölsande der appalachischen Felder	13
Ölsande von Bartlesville (Oklahama)	17
Ölsande Westvirginiens	10—20
Ölsand von Ohio, Berea Grit . .	17
Ölsand von Dardagny	21
Gassand von Petrolia (Texas) . .	23
Ölsande Kaliforniens	25
Sand des Arkansastales (Colorado)	29
Lockerer Sand von Baku	25—50
Westdeutscher Keupersandstein .	0,6—0,8
Westfälischer Kohlensandstein . .	1,4—1,9
Buntsandstein des Werratales . .	3,23
Westdeutscher Jurasandstein . . .	4,2—6,8
Sandsteine des Wienerbeckens . .	4—17,7
Sandstein von Wisconsin.	5,6—28,3
Kompakter Sandstein von Baku .	10—20

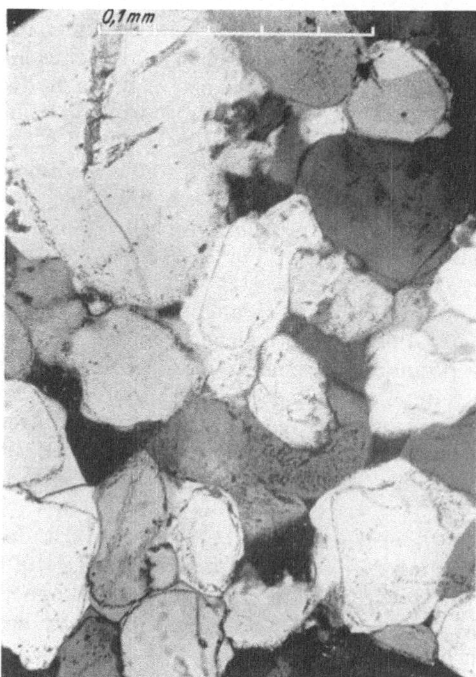

Abb. 68. Scolithussandstein (Geschiebe). Die Quarzkörner
sind orientiert weiter gewachsen.

für diese Vorgänge ja sehr lange Zeiten zur Verfügung und 2. können ja auch in Sandsteinen organische Kieselreste mit eingebettet werden, die dann zu Umlagerungen führen. Führt die Umlagerung so weit, daß die gesamte Zwischenmasse mit neu auskristallisiertem Quarz ausgefüllt ist, so bezeichnen wir solche Sandsteine als Quarzite. Abb. 68 zeigt Quarzkörner in einem Scolithussandstein (Geschiebe), die eine deutliche Umrandung durch neugebildeten Quarz aufweisen. Der neugebildete Quarz zeigt dieselbe Polarisationsfarbe wie das ursprüngliche Korn, hat also dieselbe optische Orientierung.

Auch Eisenverbindungen, die zugleich mit dem Sand eingebettet sind, können umkristallisieren und damit den Sand verkitten. Eisenkarbonat verhält sich hierbei ebenso wie Kalziumkarbonat. Die Verkittung kann aber auch durch Hydroxyde erfolgen und das Hydroxyd sich später in Oxyd umwandeln. Sowohl bei karbonatischem wie bei oxydischem Bindemittel können Übergänge auftreten zwischen einem reinen Eisengestein und einem Sandstein mit eisenhaltigem Bindemittel.

Ob in den Sandsteinen auch Tonminerale als Neubildung auftreten ist eine Frage, die noch nicht gelöst ist. Es wird stets schwierig sein, zu entscheiden, ob es sich um eingeschwemmte Tonminerale handelt oder um neugebildete. Die Möglichkeit einer Neubildung bei der Diagenese ist jedenfalls nicht ausgeschlossen.

Andere Minerale treten nur in seltenen Fällen als Bindemittel auf, so Schwerspat und Flußspat, die in solchen Fällen wohl hydrothermal zugeführt sind.

In den Tonen können ähnliche Vorgänge wie in den Sandsteinen eintreten. Lockere, rezente Tone haben ein sehr beträchtliches Porenvolumen, das herkömmlicherweise aus dem Gehalt an Wasser bestimmt wird, das bei 105° C frei wird. Eine Fehlerquelle hierbei ist, daß Tonminerale entwässert werden. So gibt z. B. der Halloysit schon bei 50° C 2 H_2O ab, und auch der Montmorillonit verliert einen beträchtlichen Teil seines Wassers. Auch diejenigen Sedimente, die aus größeren Tiefen unter dem Meeresboden mit der Lotröhre herausgestanzt wurden, hatten im allgemeinen einen Wassergehalt von 40—50%. Bei einem Roten Ton war der Wassergehalt bei 87 cm Tiefe noch 60%. Die S. 177—181 erwähnten Tone zeigten folgende Wassergehalte:

Kambrium — Blauer Ton von Estland 12—18%
Juraton von Dobbertin 18,51%
Tertiärton von Malliss 14,96%
Glazialer Ton von Papendorf. 23,15%

Im Gegensatz zu den Sanden sind aber die Porenräume bei den Tonen sehr eng, so daß die Tone praktisch für Wasser undurchlässig sind. Strömungen kommen also nicht in Frage, sondern nur Diffusion von Ionen. Diese Diffusion geht zwar sehr langsam vor sich, aber doch hinreichend schnell, um in geologischen Zeiträumen zu wirken. Es ist deshalb kein Grund einzusehen, warum dieselben Vorgänge, die in den Sandsteinen zur Verfestigung führen, nämlich das Ausscheiden von Karbonaten und von Kieselsäure, nicht auch in den Tonen stattfinden sollen.

Über die Neubildung von Tonmineralen bei diesen Vorgängen kann man heute nur das sagen, daß bei den tonigen Sedimenten, die bei der Meteorexpedition gewonnen wurden, und deren Alter im Höchstfall bis zu rund 60 000 Jahren geschätzt werden konnte, sich keine Anhaltspunkte für Neubildungen ergeben haben, weder für die Umwandlung von Halloysit in Kaolinit noch etwa für die Neubildung von Glimmer. Dies zeigt die folgende Tab. 73.

Damit soll selbstverständlich nicht bestritten werden, daß in den Tonen Neubildungen auftreten. Wir nehmen ja solche Neubildungen bei der Verwitterung an (s. S. 128) und es ist zu vermuten, daß die Verwitterungsneubildungen auch in den Tonen entstehen können. Etwas anders scheint mir die Lage beim Glimmer, von dem wir wissen, daß er sich bei

Tabelle 73. Vorkommen von Glimmer, Kaolinit, Halloysit in den feinsten Fraktionen der rezenten und fossilen Teile von Grundproben der Meteorexpedition.

	Zahl der Proben
Glimmer { rezent und fossil etwa gleich viel .	61
Glimmer { rezent mehr	12
Glimmer { fossil mehr	10
Rezent Halloysit, fossil Kaolinit	4
Rezent Kaolinit, fossil Halloysit	7
Rezent und fossil das gleiche Tonmineral . .	47

der Metamorphose neu bildet. Bei welchen Drucken und Temperaturen und bei der Anwesenheit von welchen Lösungsmitteln usw. seine Neubildung einsetzt, darüber wissen wir experimentell nur, daß sie von 225° C ab gelungen ist (NOLL). Allein das Alter kann jedenfalls eine solche Neubildung nicht bewirken, das zeigt der Blaue Ton des Kambriums, der sich in seiner Mineralzusammensetzung durchaus nicht von rezenten Sedimenten unterscheidet. Mit den heutigen Hilfsmitteln sind wir jedenfalls nicht in der Lage, diagenetische Veränderungen an diesem Blauen Ton festzustellen (s. Abb. 37).

c) Ungleichmäßige Ausscheidung der Bindemittel.

1. Konkretionen. Wir haben bisher angenommen, daß die Konzentration der Lösungen, die sich in den Gesteinen befinden, an allen Stellen gleich ist, so daß, im großen gesehen, eine gleichmäßige Ablagerung von Substanz stattfindet.

Häufig aber wird dies nicht der Fall sein. Es wird ein Konzentrationsgefälle vorhanden sein, über dessen Ursache wir in sehr vielen Fällen noch nichts wissen. Wir sehen aber, daß Stoffwanderungen stattgefunden haben, die zur Ausscheidung von Kristallen oder kristallinen Aggregaten geführt haben. Diese letzteren werden unter dem Namen Konkretionen zusammengefaßt, der ausdrücken soll, daß das Wachstum so erfolgt ist, daß der Kern der Knolle zuerst und die äußeren Schichten zuletzt gebildet wurden. Hohlraumausfüllungen, bei denen die Ablagerung einen umgekehrten Verlauf genommen hat, werden Sekretionen oder auch Exkretionen genannt. Für alle diese Ausscheidungen ist es notwendig, daß ein Konzentrationsgefälle besteht, wenn die Ausscheidung aus einer echten Lösung erfolgen soll. Kolloide Lösungen können wohl ausgeflockt werden, z. B. dadurch, daß sie mit Salzlösungen in Berührung kommen. Das Flockungsprodukt kann aber niemals wie ein Kristall gegen seine Umgebung wachsen. Man bezeichnet diese Eigenschaft der Kristalle, sich gegen ihre Umgebung auszudehnen, als Wachstumsdruck. Auf die theoretische Seite ist bereits auf S. 123 eingegangen worden. Hier mag ergänzend darauf hingewiesen werden, daß ein Kristall nur dann ein ihm entgegenstehendes Medium beiseite schieben kann, wenn die Grenzflächenspannungen so sind, daß Mutterlauge zwischen Kristall und Hindernis eingesogen wird. Das scheint z. B. der Fall zu sein zwischen Gips und Tonteilchen, wie die klaren Gipskristalle, die man häufig in Tonen findet, beweisen. Es ist oben auch auseinandergesetzt worden, daß der Kristall nur einen maximalen Druck ausüben kann, der durch die Abhängigkeit der Löslichkeit des Kristalls vom Druck bedingt ist. Bei den bekannten „kristallisierten Sandsteinen", bei denen Gips oder Kalkspat durch Sand hindurchgewachsen ist, bestehen also 2 Möglichkeiten: der äußere Druck ist größer als der Wachstumsdruck gewesen oder die Grenzflächenspannungen sind derart, daß keine Mutterlauge zwischen Sandkörner und Kristall gesogen wird, die Sandkörner werden umwachsen.

Man wird sich die Bildung dieser Kristalle und auch der Konkretionen in der Art vorstellen müssen, daß zunächst vereinzelte Keime im Sediment auftreten. War die Wachstumsgeschwindigkeit größer als die Keimbildungsgeschwindigkeit, so konnten diese Keime zu großen Einzelkristallen auswachsen. Wenn sich von vornherein an einer Stelle viele kleine Keime gebildet haben, d. h. wenn die Keimbildungsgeschwindigkeit größer als die Wachstumsgeschwindigkeit ist, so entstehen die dichten Konkretionen. Man hat z. B. daran gedacht, daß eingebettete Tierleichen und die von ihnen ausgehenden Gase und Lösungen die Ursache solcher Konkretionen sein können; sehr oft finden wir aber kein Anzeichen mehr für einen derartigen Vorgang und man wird wohl in vielen Fällen auch an anorganische Faktoren denken müssen. Diffundiert die

Tabelle 74. Analysen von Borazitknollen und ihrer Umgebung.
(Nach BILTZ und MARCUS.)

	% Rückstand	% B_2O_3 ber. auf	
		Einwaage	Rückstand
1. Verwitterter Borazit im Kainit	85,26	46,6	54,7
Kainit bis 2 cm von der Knolle	0,4600	0,0525	11,4
Kainit bis 4 cm von der Knolle	0,3040	0,0306	10,1
Kainit bis 6 cm von der Knolle	0,2900	0,0298	10,3
Kainit bis 8 cm von der Knolle	0,5295	0,0640	12,1
2. Borazit im Carnallit	81,45	48,9	60,0
Carnallit bis 2 cm von der Knolle	0,4883	0,0012	0,24
Carnallit bis 4 cm von der Knolle	0,3283	0,0009	0,26
Carnallit bis 6 cm von der Knolle	0,4277	0,0012	0,27

Lösung im Gestein nach einem solchen Zentrum, so sollte die Umgebung der Konkretion an der Substanz verarmt sein, an der die Konkretion angereichert ist. Dieses konnten BILTZ und MARCUS an Borazitknollen im Carnallit und Kainit zeigen (Tab. 74).

2. Tutenkalke. Eine besonders auffällige Erscheinung in tonig-kalkigen Sedimenten sind die Tutenmergel, die sich besonders häufig in der Umrandung von größeren Konkretionen finden. Ihren Namen haben sie daher, daß konzentrische, radialfaserige Kalkkegel ineinandergesteckt scheinen. Die Zwischenräume sind mit Ton ausgefüllt. Abb. 69 gibt einen schematischen Querschnitt nach LINCK; der Ton ist punktiert, der Kalk weiß gelassen. Durch Verwitterung entstehen auf der Schichtfläche nagelkopfähnliche Erhebungen, deshalb spricht man auch von Nagelkalk. Eine sichere Erklärung dieser Erscheinung steht noch aus. Man wird mit SORBY und vor allem LINCK u. a. wohl annehmen dürfen, daß Kristallisationserscheinungen dabei eine wesentliche Rolle spielen. Nebenher

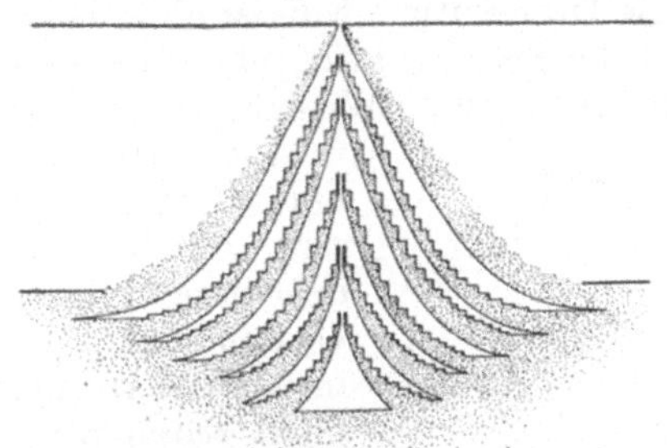

Abb. 69. Tutenkalk, schematische Darstellung der Kegel. Kalk weiß, Ton punktiert. Die Faserung geht überall der Kegelachse annähernd parallel oder ist dem Kegelmantel entsprechend etwas divergentstrahlig. (Aus LINCK 1931.)

scheint aber auch der Druck eine Rolle mitzuspielen, denn es ist sonst nicht einzusehen, warum die radialfaserigen Kalzitkristalle nur in der Kegelrichtung wachsen und nicht kugelig. TARR (in TWENHOFEL) nimmt an, daß es sich um Lösungsformen unter Druck handelt, ähnlich also wie die Drucksuturen.

d) Lösungsvorgänge und metasomatische Bildungen.

1. Drucksuturen. Überall, wo Wasser Zutritt zu den Gesteinen hat, können Lösungsvorgänge eintreten. Solche Möglichkeiten bestehen besonders bei Klüften

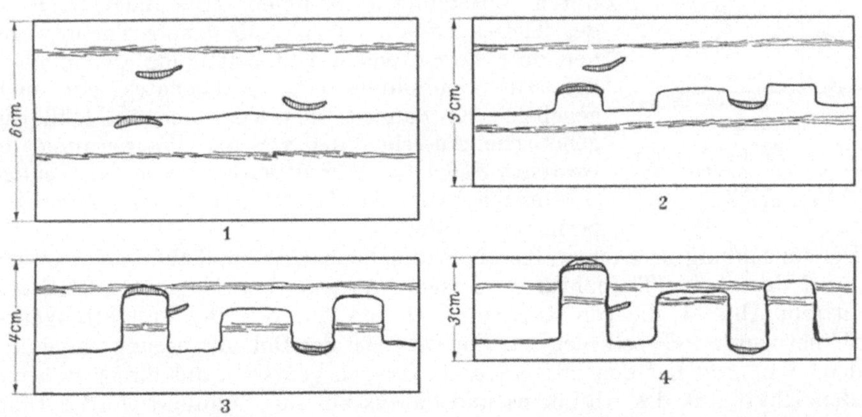

Abb. 70. Entstehung von Stylolithen und dadurch bedingtes Zusammensinken der Schichten (in 4 Stadien) nach G. WAGNER 1931.

und Schichtfugen. Man hat solcher diagenetischen Auslaugung zuweilen große Bedeutung zusprechen wollen in der Art, daß aus tonigen Kalken zwischen reinen Kalken der Kalk weggelöst worden sei, die tonigen Zwischenschichten zwischen den Kalkbänken also durch Auflösung entstanden seien. Solche Erscheinungen sind durchaus nicht unmöglich, man sollte aber mindestens versuchen, sie zu beweisen, bevor man ihnen allgemeinere Bedeutung zuerkennt. Daß solche Lösungserscheinungen auftreten, beweisen die Drucksuturen und Stylolithen, die in den Kalken, besonders des deutschen Muschelkalks, recht häufig sind und von G. Wagner 1913 sorgfältig untersucht wurden. Stehen die Klüfte oder Schichtfugen unter Druck, so werden die beiden Seiten immer wieder aufeinandergepreßt. Durch die Auflösung entsteht ein dünnes Tonhäutchen, die Drucksutur. Nun ist ein solches Sediment im einzelnen nicht an allen Stellen gleich löslich. Infolgedessen wird der Verlauf der Drucksutur kein ganz regelmäßiger sein. Weniger lösliche Teile, z. B. gröber kristalline Muschelschalen u. ä. werden erhalten bleiben. Außerdem wird auf einer solchen unregelmäßigen Fläche der Druck nicht gleichmäßig verteilt sein, das bewirkt wieder eine stärkere Löslichkeit der gedrückten Partien gegenüber den ungedrückten. So kann es vorkommen, daß zapfenförmige Einlagerungen der einen Bank in die andere entstehen, die Stylolithen. Ihre Kappe ist dann nicht selten mit einer Muschelschale o. ä. gekrönt. Abb. 70 gibt den Vorgang der Stylolithenbildung schematisch wieder. Treten die Stylolithen an Schichtfugen auf, so können sie sehr große Ausdehnung besitzen, sie sind schon bis zu $^1/_2$ km Entfernung verfolgt worden.

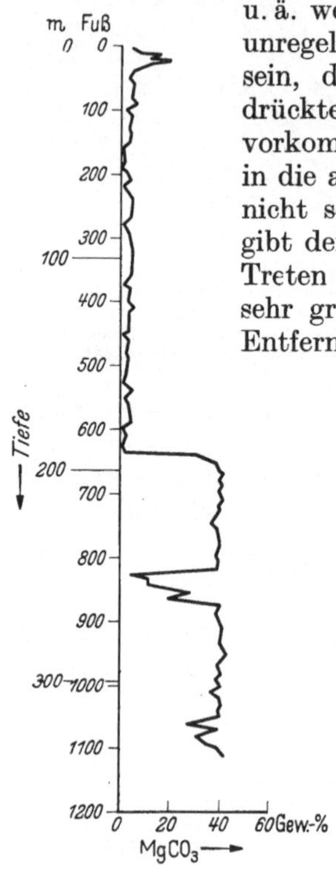

2. Dolomitisierung. Sichere Beobachtungen über *Dolomitisierung unter dem Einfluß des Meerwassers* an rezenten Sedimenten liegen nur in sehr geringer Zahl vor. Auf der Meteorexpedition wurden nicht selten klare Karbonatrhomboeder angetroffen, die sich in verdünnter Salzsäure nicht auflösten und als Dolomit bezeichnet wurden. Es ist sehr unwahrscheinlich, daß diese Rhomboeder an der Meeresbodenoberfläche gebildet worden sind. Nach allem, was wir über die Dolomitbildung wissen, muß man annehmen, daß sie durch Umsetzung im Sediment entstanden sind. In der Tiefsee ist an der Meeresbodenoberfläche wegen der dort herrschenden Untersättigung die Möglichkeit zur Neubildung eines Karbonates gar nicht gegeben. Es handelt sich also hier um früh diagenetische Ausscheidung vor der Festwerdung des Gesteins, vielleicht unter Mitwirkung von Verwesungssubstanzen, wie dies Linck auf Grund seiner Experimente fordert.

Abb. 71. Die MgCO$_3$-Werte des Bohrprofils von Funafuti, abschnittsweise untersucht. (Nach Reuling.)

Dolomitbildung ist auch an Korallenriffen beobachtet und auf dem Atoll von Funafuti durch eine Tiefbohrung erforscht worden. Den Magnesiumkarbonatgehalt gibt Abb. 71, die von Reuling nach den Analysen des Funafuti-Werkes gezeichnet wurde. Es soll hier nur die Tatsache der Dolomitisierung vorgeführt werden. Reuling hat den interessanten Versuch gemacht, aus dieser Bohrung auf den Rhythmus des Absinkens und daraus auf die Bildungstiefe der Dolomite zu schließen. Es erscheint mir jedoch verfrüht, auf Grund einer einzigen Bohrung so weittragende Schlüsse zu ziehen. Mit Sicherheit geht aus den Analysen der Bohrung hervor, daß bereits im Meerwasser Dolomitisierung eintreten kann. Dafür spricht auch die Beobachtung, die von verschiedenen Seiten gemacht wurde, daß tote Kalkskelette und -schalen reicher an Magnesiumkarbonat sind als lebende. So gibt Mägdefrau von Lithophyllum expansum an, daß die oberen Thallusschichten 2,5% MgCO$_3$, die unteren, abgestorbenen jedoch 6,2% MgCO$_3$ enthalten. Über den Chemismus dieser Vorgänge wissen wir noch nichts Sicheres. LINCK vermutet, daß es sich dabei um eine Kettenreaktion durch die Bildung von Ammonkarbonat, das bei der Verwesung entsteht, handelt. Die Struktur eines solchen dolomitisierten Riffteiles zeigt Abb. 72 nach SKEATS. Feiner Schlamm (grau) ist zunächst in die Hohlräume eingedrungen. Dann haben Dolomitkristalle (weiß) den Rest der Hohlräume austapeziert und sie zum Teil gefüllt, die restlichen Hohlräume wurden schließlich von Kalzit (schwarz) gefüllt. Allem Anschein nach ist diese frühdiagenetische Art der Dolomitisierung auch in der geologischen Vergangenheit recht häufig.

Eine zweite Art der Dolomitisierung ist die *Verdrängung durch Lösungen,* die das Gestein verändern, nachdem es aus dem Bereich des Meerwassers herausgekommen ist. Ich möchte hier 2 Arten von Veränderungen unterscheiden: Es kann sich erstens um Lösungen handeln, die Magnesiumionen hinzuführen und dadurch die Dolomitisierung herbeiführen. Diese Lösungen können ganz verschiedene Zusammensetzung je nach ihrer Herkunft haben, z. B. können Magnesiumlaugen, die bei der Bildung oder bei der Metamorphose von Salzlagerstätten frei geworden sind, solche Wirkungen ausüben. Aber auch heiße Quellen können ähnliches bewirken. Die Dolomitisierung kann sowohl von Spalten aus erfolgen wie flächenhaft ganze Schichtpakete umwandeln. Aber auch hier wissen wir über den Chemismus der Veränderungen sehr wenig.

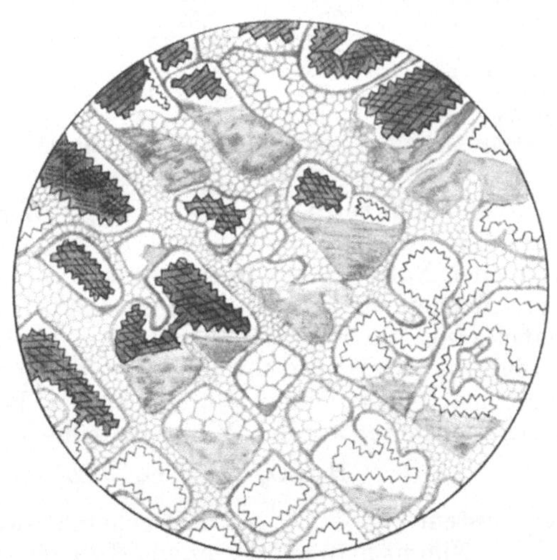

Abb. 72. Längsschnitt durch dolomitisierte Koralle von der Insel Mango (Fidschi) aus 320 Fuß Höhe über d. M. (Aus SKEATS.) Grau = Schlamm, weiß = Dolomit, schwarz = Kalkspat. Vergrößerung 30fach.

Es ist aber andererseits auch denkbar, daß die Lösungen, die auf das Sediment treffen, nicht Magnesiumionen zuführen, sondern *Kalziumionen wegführen.* Wie Tab. 45 auf S. 201 zeigt, werden schon in Kalkschalen und Skeletten nicht unbeträchtliche Mengen an Magnesium eingelagert. Durch Weglösen des Kalziumkarbonats können dann magnesiumreichere Gesteine entstehen. REULING glaubt, daß der erste Anstieg im Funafuti-Profil solcher „subaerischen" Dolomitisierung zuzuschreiben ist. Wir wissen allerdings nichts Genaueres über die Löslichkeit von Dolomit unter den verschiedenen Bedingungen im Vergleich zu Kalkspat. Aus den S. 126 angeführten Versuchen von HIRSCHWALD geht hervor, daß sich Dolomit in Leitungswasser rascher löst als Kalkspat, so daß viel eher eine Auswaschung statt einer Anreicherung von Dolomit zu erwarten wäre. Die Anreicherung an Magnesiumkarbonat geht nach REULING in den Teilen, die den Gezeiten ausgesetzt sind, selten über 6% hinaus, in den noch höher gelegenen Teilen kann sie bis 44% erreichen. Das sind so beträchtliche Mengen gegenüber einem primären Gehalt von 1—2%, daß doch wohl zunächst der Nachweis gebracht werden müßte, daß sich das Volumen des Gesteins so stark vermindert hat.

Zusammenfassend läßt sich über die Dolomitisierung sagen, daß weitaus die meisten Dolomite sekundär, entweder im Meer oder später metasomatisch entstanden sind. Dafür spricht auch, daß nach den Untersuchungen von DALY der Magnesiumgehalt vom Präkambrium bis zur Kreide stetig abnimmt (Tab. 75). Denn die Wahrscheinlichkeit der späteren metasomatischen Verdrängung wird um so größer, je älter das Gestein ist.

Tabelle 75. Verhältnis Ca : Mg in den Karbonatgesteinen der Vergangenheit.

	Zahl der Analysen	$CaCO_3 : MgCO_3$	Ca : Mg
Präkambrium .	49	2,58 : 1	3,61 : 1
Kambrium . .	30	2,96 : 1	4,14 : 1
Ordovicium . .	93	2,72 : 1	3,81 : 1
Silur	208	2,09 : 1	2,93 : 1
Devon	106	4,49 : 1	6,29 : 1
Karbon. . . .	238	8,89 : 1	12,45 : 1
Kreide	77	40,23 : 1	56,32 : 1
Tertiär	26	37,92 : 1	53,09 : 1
Quartär . . .	26	25,00 : 1	35,00 : 1

3. Verkieselung. Bei vielen Kieselsedimenten gehen heute die Ansichten darüber noch auseinander, ob es sich um eine primäre Kieselausscheidung oder um eine Verkieselung handelt. Es sollen deshalb an dieser Stelle noch einige Bemerkungen über den Vorgang der Verkieselung angeschlossen werden.

Kieselsäure ist in Wasser löslich. Wie aus der Kurve a der Abb. 3, S. 129, hervorgeht, können 109 mg/l bei p_H 5, 218 bei p_H 6 und 378 bei p_H 11 gelöst sein. Wir müssen also damit rechnen, daß Lösungen um den Neutralpunkt herum, zwischen dem p_H 5 und p_H 9, wie sie in der Natur in den Gesteinen sehr häufig vorkommen, nicht unbeträchtliche Mengen als Kieselsäure lösen und dann auch wieder absetzen können. Dabei kann die Kieselsäure mit dem Kalk reagieren. Es bleibt Kieselsäure zurück, der Kalk verschwindet. Von irgendwelchen Zwischenstufen, wie sie manchmal angenommen worden sind, z. B. Kalziumsilikat, ist niemals irgend etwas beobachtet worden. Man könnte die Umsetzung schematisch so schreiben:

$$H_2SiO_3 + CaCO_3 \rightleftharpoons Ca^{\cdot\cdot} + CO_3'' + SiO_2 + H_2O.$$

Das System $Ca^{\cdot\cdot} + CO_3'' + H_2O$ gehorcht den S. 186 dargelegten Gesetzmäßigkeiten. Nimmt man auf der linken Seite eine andere „Kieselsäure" an, so ändern sich nur die Werte für Wasser und SiO_2 auf der rechten Seite. Wir wissen aber über die Eigenschaften der Kieselsäure zu wenig, als daß wir genauere Angaben darüber machen könnten, unter welchen Bedingungen die Umsetzung erfolgt.

Größere Beträge als in echter Lösung können in kolloider Lösung transportiert werden. Die Kieselsäure ist als Sol recht beständig und flockt, da sie ein hydrophiles Sol ist, durch Elektrolyte nicht oder nur bei hohen Konzentrationen aus. Das Optimum der Ausflockung von Kieselsäuresolen liegt bei einer sehr geringen Alkalinität der Lösung, bei etwa 0,04 n Kalilauge. Trifft nun ein saures Sol auf Kalk, so wird es auf ihn lösend einwirken. Gerade an der Stelle, wo Kalk in Lösung geht, wird das Sol neutralisiert und, wenn das ganze Sol schwach sauer war, für kurze Zeit sogar schwach alkalisch. Dann flocken die zweiwertigen Kalziumionen die Kieselsäure an dieser Stelle aus. Bei großen Kalkspatkristallen kann es dann leicht dahin kommen, daß rasch eine Kieselsäurehülle den Kristall umgibt, wenn keine Kanäle oder Spalten das Eindringen des Sols erleichtern. Denn das Sol kann ja durch seine eigene Gallerte nicht hindurchdiffundieren. Die feinkörnigen Kriställchen werden darum leichter verkieselt. Reste von großen Kalkspatkristallen bleiben erhalten (Abb. 73).

Verkieselungen können schon auf dem heutigen Meeresboden vorkommen. FLINT hat verkieselte Foraminiferenschalen vom Boden des Pazifischen Ozeans beschrieben. Verkieselung hat man auch für die Entstehung der Feuersteine verantwortlich machen wollen. Es wird auch wohl in einem Gestein, in dem die Kieselsäure vielfache Umlagerungen erlitten hat, zu solchen Vorgängen gekommen sein. CAYEUX fand übrigens auch Nadeln von Kieselspongien in Kalk umgewandelt in der Kreide. Diese kalzifizierten Schwammnadeln beweisen, daß die Reaktion in der Kreide nicht nur in der Richtung Verdrängung des Kalkes

durch Kieselsäure verläuft, sondern auch umgekehrt sein kann. Eine ganz
andere Frage ist es, ob man „die Feuersteine" schlechthin als Verkieselungen
auffassen darf. Die Schlüsse, die hier gezogen wurden, sind mindestens nicht
allgemein gültig. Wenn z. B. Kalzitrhomboederchen im Feuerstein gefunden
werden, die glatte Oberflächen haben, wie dies auch in den kulmischen Radiolariten der Fall ist, so ist viel wahrscheinlicher, daß diese Kriställchen sich im
Kieselgel ausgeschieden haben. Ihre Bildung ist im Experiment in Kieselgel
leicht nachzuahmen (CORRENS 1924). WROOST hat darauf hingewiesen, daß bei
den aus Feuerstein bestehenden Seeigel-Steinkernen die Ambulakralporen auch
mit Kieselsäure gefüllt sein müßten, wenn die Gehäuse mit Gelkieselsäure gefüllt
worden wären. Dies ist aber öfters nicht der Fall, vielmehr findet man, wenigstens
bei Geschiebefeuersteinen, an Stellen der Ambulakralporen Vertiefungen. Daraus

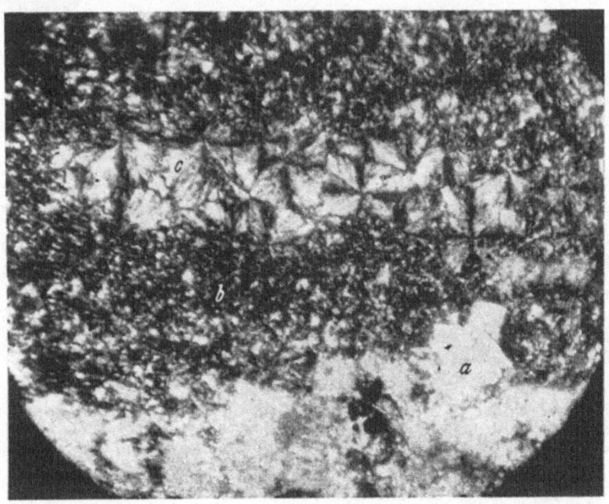

Abb. 73. Hornsteinlage im Kohlenkalk von Sondern. Unten Kalzit (*a*), darüber verkieselter Kalk mit feinkörniger Quarzgrundmasse (*b*) und Chalzedonsphärolithen (*c*), letztere zum Teil deutlich pseudomorph nach
Kalzit. Vergrößerung 150 fach. Nikols gekreuzt.

schließt er, daß zunächst ein Kreidesteinkern gebildet wurde, der an der Stelle
der Ambulakralporen wieder angelöst wurde und dann verkieselte. Der Beweis
ist nicht schlüssig, weil ja auch Kieselsäure aufgelöst werden kann und auch
ihre Lösung gerade von den Öffnungen der Seeigelschale aus vor sich gehen
wird. Gerade alkalische Lösungen, die den Kalk nicht angreifen, können ziemlich große Mengen Kieselsäure aufnehmen. Die Auflösung der Kieselsäure wird
besonders bei umgelagerten Seeigel-Steinkernen zu beobachten sein. Schlägt
man von einem mit Schale erhaltenen Seeigel aus dem Anstehenden der Rügener
Kreide ein Stück der Kalzitschale ab mit dem darunterliegenden Feuerstein
und löst den Kalk mit Säure weg, so kann man erkennen, daß der Feuerstein
sogar in das feine Geäst der ursprünglichen Kalkplatte hineingedrungen ist.
Daß in der Kreide auch mehrfach Ablagerung von Kieselsäure stattgefunden
hat, zeigt ein Seeigel, der in Abb. 74 wiedergegeben ist. Wir sehen hier zuunterst
eine Feuersteinlage, offenbar ist der Hohlraum nicht ausgefüllt worden. Darauf
haben sich Kalzitkristalle (Skalenoeder) auf der Basis der einzelnen Platten
des Skeletts gebildet, die nach innen wuchsen. Später hat sich dann erneut
Kieselsäure abgeschieden, die zum Unterschied von der Feuersteinkieselsäure
grobkristalliner Quarz ist, und noch später ist dann der Kalk weggelöst
worden.

Auch bei den Hornsteinen, die so oft in unregelmäßiger Form in Kalken verschiedenen Alters· eingelagert sind, wird man ein Augenmerk darauf richten müssen, daß auch sekundäre Verkieselungen vorkommen. Nicht nur Kalke, sondern auch tonige Sedimente können verkieseln, aber sie sind, insbesondere für schwachsaure Lösungen, so viel schwächer angreifbar, daß die Verkieselung durch saure Lösungen an Tonbänken Halt macht, wie das auch durch die

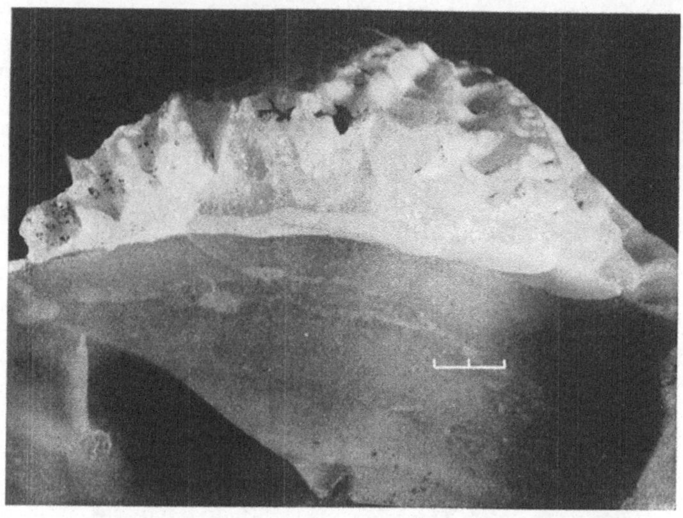

Abb. 74. Seeigel, Geschiebe Mecklenburg. Mit Feuerstein unvollständig gefüllt. Von der Schale aus sind in den Hohlraum skalenoedrische Kalkspatkristalle gewachsen, dann füllt grobkristalliner Quarz den Hohlraum aus. Später wurden die Kalkspatkristalle zum großen Teil aufgelöst.
Entfernung zweier Teilstriche: 2 mm.

Naturbeobachtungen bestätigt werden kann. In alkalischen Lösungen ist eine Verkieselung von Tonen schon sehr viel eher möglich, weil die Silikate der Tone in ihnen löslich sind (CORRENS 1925).

Fassen wir rückblickend noch einmal zusammen, wie Kieselgesteine entstehen können: Anhäufung von Kieselschalen von Organismen, diagenetische Auflösung und Auskristallisation auf der einen Seite, Verkieselung von Kalken und Tonen auf der anderen. Die Schwierigkeit bei der Deutung dieser Gesteine liegt darin, daß sie so stark umgewandelt sein können, daß oft die Spuren der Herkunft vollkommen verwischt erscheinen. So haben uns die Kieselgesteine bis an die äußerste Grenze unseres Gebietes geführt, wo es an das der metamorphen Gesteine grenzt, die im dritten Teil dieses Buches behandelt werden.

Dritter Teil.

Die metamorphen Gesteine.

Von

Prof. Dr. **P. Eskola**, Helsinki.

Einleitung.

Allgemeines Schrifttum über die Gesteinsmetamorphose.

Angel, F. u. R. Scharizer: Grundriß der Mineralparagenese. Wien 1932.

Backlund, H. G.: Der „Magmaaufstieg" in Faltengebirgen. Bull. Comm. géol. Finlande 1936, Nr. 115.

Becke, F.: Über Mineralbestand und Struktur der kristallinen Schiefer. Denkschr. Akad. Wiss. Wien Bd. 75 (1903).

— Über Diaphtorite. T.M.P.M. Bd. 28 (1909).

Brauns, R.: Die kristallinen Schiefer des Laacher See-Gebietes und ihre Umwandlung zu Sanidinit. Stuttgart 1911.

Cloos, H.: Einführung in die Geologie. Berlin 1936.

Daly, R. A.: Metamorphism and its phases. Bull. geol. Soc. Amer. Bd. 28 (1917).

Daubrée, A.: Études et expériences synthétiques sur le métamorphisme et sur la formation des roches cristallines. Mém. Acad. Sci. Paris Bd. 27 (1860).

Erdmannsdörffer, O. H.: Grundlagen der Petrographie. Stuttgart 1924.

Goldschmidt, V. M.: Die Kontaktmetamorphose im Kristianiagebiet. Vid. Selsk. Skr., Math.-naturv. Kl. 1911, Nr. 11.

Grout, F. F.: Petrography and petrology. New York u. London 1932.

Grubenmann, U.: Die kristallinen Schiefer, 1. Aufl. Berlin 1904, 2. Aufl. Berlin 1910.

— u. P. Niggli: Die Gesteinsmetamorphose. I. Allgemeiner Teil. Berlin 1924.

Harker, A.: Metamorphism, a study of the transformation of rock-masses. London 1932.

Heim, A.: Untersuchungen über den Mechanismus der Gebirgsbildung. Basel 1878.

Hise, C. R. van: A treatise on metamorphism. U. S. Geol. Survey, Monograph 47 (1904).

Lacroix, A.: Les enclaves des roches volcaniques. Macon 1893.

Lehmann, J.: Untersuchungen über die Entstehung der altkrystallinen Schiefergesteine mit besonderer Bezugnahme auf das sächsische Granulitgebirge. Bonn 1884.

Leith, C. K. u. W. J. Mead: Metamorphic geology. New York 1935.

Lindgren, W.: Mineral deposits, 3. Aufl. New York 1929.

Milch, L.: Die Umwandlung der Gesteine. W. Salomon: Grundzüge der Geologie, Bd. 1 (1924) S. 267.

Niggli, P.: Metamorphose der Gesteine. Handwörterbuch der Naturwissenschaften, 2. Aufl. Jena 1932.

— Das Magma und seine Produkte. Leipzig 1937.

Rinne, F.: Gesteinskunde, 10. u. 11. Aufl. Berlin 1928.

Rosenbusch, H. u. A. Osann: Elemente der Gesteinslehre, 4. Aufl. Stuttgart 1923.

Sander, Br.: Gefügekunde der Gesteine. Wien 1930.

Scheumann, K. H.: Metatexis und Metablastesis. Min. u. petr. Mitt. Bd. 48 (1937).

Schmidt, W.: Tektonik und Verformungslehre. Berlin 1932.

Suess, F. E.: Bausteine zu einem System der Tektogenese. 1. Periplutonische und enorogene Regionalmetamorphose in ihrer tektogenetischen Bedeutung. Fortschr. Geol. u. Paläont., Berlin Bd. 13 (1937) Heft 42.

Wegmann, C. E.: Zur Deutung der Migmatite. Geol. Rdsch. 1935.

Richtlinien der Darstellung.

Der Zweck der nachfolgenden Darstellung der Gesteinsmetamorphose ist, in gedrängter Form einen Überblick des wichtigsten Inhalts der Metamorphosenlehre zu geben. Ein Versuch, die ausgezeichneten Bücher von GRUBENMANN-NIGGLI, HARKER u. a. ersetzen zu wollen, kommt natürlich nicht in Frage, aber selbstverständlich soll auf neue, während der letzten Jahre in der Wissenschaft hinzugekommene Ergebnisse und Gesichtspunkte besonderes Gewicht gelegt werden.

Eine neue Richtung, die seit dem Erscheinen des GRUBENMANN-NIGGLIschen Werkes in der Petrologie der metamorphen Gesteine große Bedeutung gewonnen hat, ist nun die SANDER-SCHMIDTsche Gefügekunde. Wenn im folgenden der Darstellung dieses Forschungszweiges relativ viel Raum gegeben wird, so geschieht dies in der Überzeugung, daß die Gefügekunde es verdient, als ein integrierender Teil in die allgemeine Petrologie einverleibt zu werden, und daß es dienlich ist, ihre wichtigsten Ergebnisse in einer möglichst leichtverständlichen Darstellung weiteren Leserkreisen zugänglich zu machen.

Eine andere moderne Forschungsrichtung, die eben anfängt, für die Petrologie wichtig zu werden, ist die Chemie des kristallinen Zustandes. Die aus der Kristallstrukturforschung entsprungene statische Kristallchemie hat schon die Mineralogie in reichem Maße umgestaltet, und jetzt ist die Petrologie an der Reihe, durch die kinetische Kristallchemie beeinflußt zu werden. Der Verfasser gehört nicht zu denen, die heutzutage einen großen, wenn nicht den größten Teil der gesamten Petrogenese auf Reaktionen in kristallinem Zustand zurückführen wollen. Jedenfalls muß aber der Petrologe mit wachem Auge verfolgen, was der Chemiker von den Umwandlungen der kristallinen Stoffe ohne Beteiligung der anderen Formarten herausfindet. Daher muß der Besprechung und Diskussion dieser Forschungen gebührender Platz gegeben werden.

Ziemlich viel Platz wird ferner der Behandlung des Mineralfaziesprinzips gegeben. Die im Jahre 1921 erschienene Arbeit des Verfassers über diesen Gegenstand ist seit langem vergriffen, und er ist von verschiedenen Seiten ermahnt worden, sie in einer neuen Auflage erscheinen zu lassen. Dies wird nun im folgenden geschehen, soweit es in diesem Lehrbuch möglich ist.

Der Verfasser braucht sich wohl nicht deshalb zu verteidigen, daß so viele Beispiele aus Finnland herangezogen werden. Es schien ihm eher ein Vorteil zu sein, so viel wie möglich aus eigener Erfahrung zu schreiben, und zweitens schien es auch für die deutschen Leser ein Vorteil zu sein, zu dem, was sie aus eigenem Lande kennen, etwas aus Gebieten von andersartigem geologischen Bau kennenzulernen.

Definition und Arten der Metamorphose und ihrer Produkte.

Metamorphose bedeutet wörtlich „Umformung". Als Gesteinsmetamorphose sind sehr verschiedenartige Umformungen und Umwandlungen der Gesteine und ihrer Gemengteile bezeichnet worden. Im folgenden werden gemäß einem allgemeinen Übereinkommen nur diejenigen Umformungen in die Metamorphose einbezogen, die sich in gewissen Tiefen unterhalb der Erdoberfläche abspielen; die Verwitterung gehört also nicht zur Metamorphose. Die Umformung kann entweder nur eine mechanische Verformung sein, oder es können die früheren Minerale in neuen Formen, in erneutem Gefüge umkristallisieren *(isophase Metamorphose)* oder ganz neue Minerale können auf Kosten der früheren entstehen *(allophase Metamorphose)*. In beiden Fällen kann die Pauschzusammensetzung des Gesteins unverändert bleiben, oder die Metamorphose ist *isochemisch*. Aber es kann auch neues Material hinzukommen oder altes hinauswandern. Man spricht dann von Metamorphose unter Stoffzufuhr oder Stoffwegfuhr oder von *allochemischer Metamorphose*.

Nach der ursprünglichen Bedeutung des Wortes wäre die letztgenannte eigentlich nicht mehr Metamorphose, Formveränderung, sondern *Metasomatose*, Stoffveränderung. In der Petrographie hat das Wort Metasomatose jedoch eine etwas engere Bedeutung bekommen, indem eine Stoffveränderung gemeint wird, die durch Austauschreaktionen zwischen zugeführten Substanzen und den früheren Mineralgemengteilen entsteht. Solche metasomatischen Umwandlungen, wie überhaupt Stoffveränderungen jeder Art, werden jedoch zusammen mit der isochemischen normalen Metamorphose in die Gesteinsmetamorphose einbegriffen. Vorausgesetzt wird dabei nur, daß das Gestein nicht als ganzes auf einmal im flüssigen oder gasförmigen Zustande gewesen ist.

Metamorphose der Gesteine kann durch zweierlei grundverschiedene Ursachen hervorgerufen werden, entweder durch Veränderung der Temperatur und des Druckes oder durch mechanische Beanspruchungen, welche die Festigkeit des Gesteins überschreiten und irreversible Verformungen hervorrufen. Die Veränderung von Temperatur und Druck verschiebt das chemische Gleichgewicht im Gestein. Einzelne Minerale werden instabil und gehen in andere kristalline Formarten über, oder es wird auch eine Assoziation von gewissen Mineralen, gewissen Phasen, nebeneinander unbeständig, obgleich diese allein und in anderen Assoziationen stabil wären, und neue Phasen entstehen durch Reaktionen auf Kosten der früheren. Durch Verformungen allein wird nur das Gefüge verändert. Meistens gehen die beiden Vorgänge gleichzeitig vonstatten unter Überwiegen des einen oder des anderen. Die allein oder überwiegend verformende Metamorphose bezeichnen wir als *mechanische Metamorphose*. Im Gegensatz zu dieser steht die ausschließlich oder überwiegend aus tiefergreifenden Veränderungen bestehende *Umkristallisationsmetamorphose*. Wenn diese ohne Spuren von inneren Teilbewegungen oder Differentialbewegungen im Gestein verlaufen ist, spricht man von *statischer Metamorphose*; wirken auch Teilbewegungen, so handelt es sich um *kinetische Metamorphose*, wozu jede mechanische Metamorphose gehört. *Dislokationsmetamorphose* und *Dynamometamorphose* sind vielfach gebrauchte Ausdrücke, die ungefähr dasselbe bedeuten wie kinetische Metamorphose. Die metamorphe Umkristallisation oder *Kristalloblastese* (Becke) erzeugt ein charakteristisches *kristalloblastisches Gefüge*.

Geologisch sind die beiden Hauptvorgänge der Gesteinsmetamorphose eng miteinander verknüpft, indem beide normalerweise zufolge der orogenetischen Erdkrustenbewegungen vor sich gehen. Große Verlagerungen der Gesteinsmassen finden statt. Durch Faltungen und Überschiebungen geraten ursprünglich tief unterhalb der Erdoberfläche erstarrte oder metasomatisch entstandene *infrakrustale Gesteine* näher an die Oberfläche und können durch die Abtragung entblößt werden. Andererseits werden ursprünglich auf der Erdoberfläche gebildete oder *suprakrustale Gesteine*, d. h. vulkanische Laven und Tuffe und allerlei sedimentäre Gesteine, tiefer unter die Oberfläche hineingepreßt. Auch durch Sedimentation, besonders in den Geosynklinalzonen, können Gesteinskörper in beträchtlichen Tiefen begraben werden.

Durch die Veränderungen der Tiefenlage wird die Temperatur der Gesteinsmassen verändert. Tiefer geratene Massen werden erwärmt, zuerst geothermisch zufolge des Temperaturgradienten. Ganz allgemein wird noch raschere Temperatursteigerung durch den Aufstieg des Magmas erzielt. Die durch die Heizwirkung von eruptiven Magmen verursachte Metamorphose wird meistens *Kontaktmetamorphose* genannt. Vielleicht wäre der allgemeine Ausdruck *Thermometamorphose* richtiger. Bei dieser Art von Metamorphose treffen wir die reinste statische, von Teilbewegungen unbeeinflußte isochemische Gesteinsumwandlung, die *normale Kontaktmetamorphose*. Wenn chemische Umsetzungen durch die aus kristallisierenden Magmen emanierenden Gase oder Lösungen verursacht werden, kann man von *Kontaktmetasomatose* sprechen. Andererseits kommt besonders bei den Magmenintrusionen in den Geosynklinalzonen das kinetische Moment mit ins Spiel, und richtende Teilbewegungen können die Gesteine gleichzeitig mit der Temperaturerhöhung und metasomatischen Wirkung seitens der intrusiven Massen beeinflussen. Diese Art von Umwandlung kann *Plutonometamorphose* genannt werden. In manchen Gebirgszonen tritt die Plutonometamorphose mehr statisch in Wirkung und ist zeitlich von einer früheren Dynamometamorphose getrennt. Die Injektion oder das Einspritzen von granitischem Magma ist eine häufige Erscheinung. — Die auf weite Gebiete hin wirkenden Umwandlungen werden im Gegensatz zur lokalen Thermometamorphose und Dislokationsmetamorphose als *Regionalmetamorphose* zusammengefaßt. Kann man in metamorphen Gesteinen Spuren von mehreren Umwandlungsakten trennen, so paßt der Terminus *Polymetamorphose*. — Die in direktem Zusammenhang mit der Gebirgsbildung entstandenen Gesteine sind durch *Schieferung* oder Parallelanordnung der dazu geeigneten Mineralgemengteile charakterisiert und heißen die *kristallinen Schiefer*. Kinetisch metamorphosierte Gesteine überhaupt heißen *Tektonite*.

Die Injektion von schmelzflüssigem Magma führt zur Bildung von *Migmatiten* (Mischgesteinen), und dieser Vorgang wird oft *Injektionsmetamorphose* genannt. Eine flüssige Schmelzlösung von silikatischer Zusammensetzung oder ein Magma kann aber im Gestein ohne Injektion entstehen, wenn nur die Schmelztemperatur der niedrigst schmelzenden Anteile eines Gesteinbestandes bei der Metamorphose überschritten wird. Dieser Vorgang heißt die *Anatexis* und die dadurch erzeugte Wiederherstellung von Gesteinen, welche die strukturelle Eigenart der Erstarrungsgesteine zeigen, heißt *Palingenese* (SEDERHOLM). Wenn es sich um Gesteine granitischer Zusammensetzung handelt, spricht man häufig von *Granitisation*. Die *Metatexis* (SCHEUMANN) ist Gesteinsumbildung unter Mitwirkung einer flüssig-magmatischen Phase, gleichgültig, ob der Schmelzanteil als Injektion eines Magmas oder als eine anatektische Schmelze diejenigen Räume im Gestein eingenommen hat, wo er zuletzt auskristallisiert ist.

Vergleichbare, mehr oder weniger inhomogene Gesteine können nach der Ansicht vieler Petrographen und Geologen auch ohne Mitwirkung des schmelzflüssigen Magmas entstehen, entweder durch eine mit Diffusionsvorgängen verknüpfte intensive Umkristallisation der vorhandenen Bestände oder auch durch Umkristallisation unter Stoffzufuhr. Diese Art hochgradiger Metamorphose wurde von SCHEUMANN als *Metablastese* bezeichnet. Sie gehört noch begrifflich zur Metamorphose in engstem Sinne, während die Metatexis über den Bereich der eigentlichen Metamorphose hinausführt, da hier schon eine magmatische Phase ins Spiel tritt. Aber die Produkte beider können in Grenzfällen sehr ähnlich sein, auch die Metablastese kann nach einigen Forschern bis zur Granitisation oder Migmatisation in großem Maßstab führen und gerade gegenwärtig gehen die Ansichten der Forscher in der Frage der Abgrenzung der magmatischen und metamorphen Vorgänge auseinander. Einige Forscher (WEGMANN, 1935; BACKLUND, 1936 u. a.) haben die Meinung ausgesprochen, daß Vorgänge metablastischer Art sogar recht typische Granite hervorbringen könnten.

NIGGLI (1937) warnt vor der Anwendung der Benennung Migmatit in solchen Fällen, wo die Mineralneubildung durch Lösungen im festen Gestein hervorgebracht worden ist, „ohne daß in irgendeinem Zeitmoment der Umwandlung die Hauptmasse oder ein sehr großer Anteil flüssig (bzw. eine molekular disperse Phase) waren". Sie sollen nach ihm als normal metamorph bezeichnet werden. Die Frage ist aber eben, in wie großem Maßstab und in welchen Fällen granitähnliche Produkte durch solche begrifflich rein metamorphen Prozesse gebildet werden können.

Die kristallinen Schiefer und überhaupt alle metamorphen Gesteine *(Metamorphite)* lassen sich gemäß ihrer ursprünglichen Art in *Paragesteine* oder *sedimentogene Gesteine* und *Orthogesteine* oder *magmatogene Gesteine* einteilen. Die letzteren sind entweder ursprünglich vulkanisch, *vulkanogen,* oder ursprünglich plutonisch, *plutonogen.*

Temperaturerniedrigung erfolgt, wenn Gesteinsmassen durch Abtragung der Gebirge und der Kontinente näher zu der Erdoberfläche und in Regionen niedrigerer Temperaturen gebracht werden. Unter statischen Bedingungen ist die Umwandlung hierbei unbeträchtlich oder ganz minimal. Alle Gesteine, die an der Oberfläche anstehen, wurden allmählich durch Abtragung entblößt und doch enthalten sie oft Mineralassoziationen, die in großen Tiefen entstanden sein müssen. Die Einstellung der chemischen Gleichgewichte ist besonders in den kühleren oberen Krustenteilen so langsam, daß die Umwandlungsreaktionen ausbleiben oder doch äußerst langsam verlaufen. Eine beginnende Umwandlung kann tatsächlich in fast allen Tiefengesteinen beobachtet werden.

Ebenso können die Mineralassoziationen der plutonischen Erstarrungsgesteine während der Abkühlung instabil werden. Diese Art von Metamorphose, die lokal stark gesteigert sein kann, wurde oft als *Autometamorphose* bezeichnet. In dem Falle, daß Restlösungen sich ansammeln und schließlich eine Metasomatose verursachen, kann man wohl von einer *Autometasomatose* sprechen. Sonst aber dürfte es zweckmäßiger sein, die unmittelbar nach der Erstarrung stattfindende Umwandlung als einen Sonderfall der allgemeinen *Abkühlungsmetamorphose* zu betrachten.

Eine Art der Metamorphose, die mit der Abkühlungsmetamorphose insofern verwandt ist, als dabei eine bei höheren Temperaturen entstandene Mineralassoziation in eine einer niedrigeren Temperatur angehörige Assoziation umgewandelt wird, ist die *Diaphtorese* (BECKE 1909). Sie kommt zustande in höheren Zonen der Gebirgsketten in Zusammenhang mit Dislokationen. Die verformenden Teilbewegungen wirken gleichzeitig mit erniedrigter Temperatur; es entstehen stark durchbewegte und öfters auch weitgehend umkristallisierte und neue Mineralgemengteile enthaltende Metamorphite.

Wir unterscheiden mithin die folgenden Hauptarten der Gesteinsmetamorphose:

Mechanische Metamorphose (rein kinetisch).

Umkristallisationsmetamorphose (rein statisch).

Erwärmungsmetamorphose oder *Thermometamorphose* (mit *Kontaktmetamorphose* und *Pyrometamorphose*).

Abkühlungsmetamorphose (mit *Autometamorphose* in erstarrenden Eruptivgesteinen).

Umkristallisationsmetamorphose und mechanische Metamorphose kombiniert:

Regionalmetamorphose.

Lokale Dislokationsmetamorphose.

Diaphtorese.

Die geologischen Beziehungen der Metamorphose.

In der dynamischen Geologie werden *exogene* und *endogene Vorgänge* unterschieden, und unter den letzteren gewöhnlich die Bewegungen der schmelzflüssigen Magmen, oder der *Vulkanismus,* und die Bewegungen der starren Kruste, oder die *Tektonik.* Wie nun die sedimentären Gesteine Produkte der exogenen Vorgänge und die Erstarrungsgesteine Produkte des Vulkanismus sind, so kann man die metamorphen Gesteine als Produkte der tektonischen Vorgänge betrachten. Die Parallelen sind nicht vollständig; vor allem werden die metamorphen Gesteine nicht mit einem Male fertig, wie die Erstarrungsgesteine und gewissermaßen auch die Sedimente. Die Metamorphose prägt die Gesteine allmählich und gradweise um. Darum finden wir Übergänge und Relikte des früheren Zustandes in vielen unvollständig metamorphosierten Gesteinen.

Der Verband mit den tektonischen Vorgängen geht aus den folgenden Tatsachen hervor: 1. Die wichtigsten Arten der kristallinen Schiefer und der Tektonite überhaupt können in keiner anderen Weise als durch Gesteinsumformung erklärt werden, da ihre Entstehung durch irgendeinen anderen Vorgang niemals beobachtet worden ist. 2. Es finden sich diese Gesteine ausnahmslos in tektonisch beanspruchten Krustengebieten, wo die Verformungen und Dislokationen der Sedimentlager und der erstarrten Gesteinskörper im großen erkennbar sind. Im kleinen sind Spuren ähnlicher Vorgänge zweifellos tektonischen Charakters im Gefüge mancher metamorphen Gesteine zu sehen. 3. Man findet einen deutlichen Parallelismus zwischen dem Grade und der Art der Metamorphose und den gesicherten Merkmalen der Großtektonik und kann so Übergänge von unmetamorphen zu hochmetamorphen Gesteinen im Gelände verfolgen. So sind Trias- und Jurakalke in Süddeutschland noch unverändert, in den helvetischen Decken der Nordschweiz intensiv verformt, aber erst in der penninischen Zone der Südschweiz in Marmore und Kalksilikate umgewandelt (H. CLOOS, Einführung, S. 321, 1936).

In der Abwechslung der orogenen Zyklen bedeutet die Metamorphose die wiederaufbauende Phase der Gesteinsumwandlung, während die Verwitterung und im allgemeinen die exogene Differentiation auf der Erdoberfläche den Abbau der Gesteine darstellt. Beide zusammen sorgen für den größten bekannten Kreislauf der Stoffe auf der Erde. Die Metamorphose schafft wieder, was die exogenen Prozesse zerstört haben; bei der Migmatisation und Granitisation vervollständigt sich der Kreislauf und die Gesteinsmaterialien erreichen wieder einen ähnlichen Zustand wie bei der primären Kristallisation aus dem Magma.

I. Das Gefüge und die Verformung.

Schrifttum.

BACKLUND, H.: Petrogenetische Studien an Taimyrgesteinen. Geol. Fören. i Stockholm Förhdl. Bd. 40 (1918).
BECKE, F.: Der Aufbau der Krystalle aus Anwachskegeln. Lotos, N. F. Bd. 14 (1894).
— Struktur und Klüftung. Fortschr. Min. usw. Bd. 9 (1924).
BECKER, G. F.: Finite homogeneous strain, flow and rupture of rocks. Bull. geol. Soc. Amer. Bd. 4 (1893).
— Schistosity and slaty cleavage. J. of Geol. Bd. 4 (1936).
— u. A. L. DAY: The linear force of growing crystals. Washington Acad. Sci. Bd. 7 (1905).
BEREK, M.: Mikroskopische Mineralbestimmung mit Hilfe der Universaldrehtischmethoden. Berlin 1924.
ESKOLA, P.: On the petrology of the Orijärvi region in southwestern Finland. Bull. Comm. géol. Finlande 1914, Nr. 40.
— Petrographische Charakteristik der kristallinen Gesteine von Finnland. Fortschr. Min. usw. Bd. 11 (1927).
— Conditions during the earliest geological times as indicated by the Archaean rocks. Ann. Acad. Sci. Fenn., Ser. A Bd. 36 (1932).
FAIRBAIRN, H. W.: Structural petrology. Kingston 1937.
FELKEL, ELFRIEDE: Gefügestudien an Kalktektoniten. Jb. geol. Bundesanst. Wien Bd. 79 (1929).
GOLDSCHMIDT, V. M.: Undersökelser over Lersedimenter. Nordisk jordbruksforskning 1926.
GRIGGS, D. T.: Deformation of rocks under high confining pressure. J. of Geol. Bd. 44 (1936).
— u. J. F. BELL: Experiments bearing on the orientation of quartz in deformed rocks. Bull. Geol. Soc. Amer. Bd. 49 (1938).

GROUT, F. F.: Criteria of origin of inclusions in plutonic rocks. Bull. geol. Amer. Soc. Bd. 48 (1937).

HEDVALL, J. A.: Die Reaktionsfähigkeit fester Stoffe. Leipzig 1937.

HIETANEN, ANNA: On the petrology of Finnish quartzites. Bull. Comm. géol. Finlande 1938, Nr. 122.

KNOPF, E. B.: Petrotectonics. Amer. J. Sci. Bd. 25 (1933).

— u. E. INGERSON: Structural petrology. Geol. Soc. Amer. Mem. Bd. 6 (1938).

KRIGE, L. J.: Petrographische Untersuchungen im Val Piora und Umgebung. Diss. Lausanne 1918.

LAITAKARI, A.: Die Graphitvorkommen in Finnland und ihre Entstehung. Geol. Kom. Geotekn. Julk. 1925, Nr. 40.

MÜGGE, O.: Bewegungen von Porphyroblasten in Phylliten und ihre Messung. N. Jb. Min. usw. Beilage-Bd. 61, Abt. A (1930).

NIGGLI, P.: Die Chloritoidschiefer des nordöstlichen Gotthardmassivs. Beitr. geol. Karte der Schweiz, N.F., Bd. 36 (1912).

— Beziehungen zwischen Struktur und äußerer Morphologie am Quarz. Min. u. petr. Mitt. Bd. 63 (1926).

PHILLIPS, F. C.: A fabric study of some Moine schists and associated rocks. Quart. J. geol. Soc., Lond. Bd. 93 (1937).

— Mineral orientation of some olivine-rich rocks from Rum and Skye. Geol. Mag. Bd. 75 (1938).

RINNE, F. u. E. BOEKE: Über Thermometamorphose und Sammelkristallisation. T. M. P. M. Bd. 27 (1908).

RÜGER, L.: Die Untersuchungsergebnisse an Gesteinsdeformationen (Petrotektonik). Geol. Rdsch. Bd. 22 (1931).

— Schieferung und tektonisches Streichen. Beitr. Geol. Thüringen Bd. 4 (1937).

SAHAMA (SAHLSTEIN), TH. G.: Die Regelung von Quarz und Glimmer in den Gesteinen der Finnisch-Lappländischen Granulitformation. Bull. Comm. géol. Finlande 1936. Nr. 113.

SANDER, B.: Über Zusammenhänge zwischen Teilbewegung und Gefüge in Gesteinen. T. M. P. M. Bd. 30 (1911).

— Zur petrographisch-tektonischen Analyse. Jb. geol. Reichsanst. I Bd. 74 (1923); II, Bd. 75 (1925); III, Bd. 76 (1926).

— Fortschritte der Gefügekunde der Gesteine. Anwendungen, Ergebnisse, Kritik. Fortschr. Min. usw. Bd. 18 (1934a).

— Petrofabrics (Gefügekunde der Gesteine) and Orogenesis. Amer. J. Sci. Bd. 28 (1934b).

— Beiträge zur Kenntnis der Anlagerungsgefüge (Rhythmische Kalke und Dolomite aus der Trias). Min. u. petr. Mitt. Bd. 48 (1936).

SCHMIDT, W.: Bewegungsspuren in Porphyroblasten kristalliner Schiefer. Sitzgsber. ks. Akad. Wiss. Wien, Math.-naturwiss. Kl., Abt. 1, Bd. 127 (1918).

— Gesteinsumformung. Denkschr. nat.-hist. Mus. Wien Bd. 3 (1925a).

— Gefügestatistik. Min. u. petr. Mitt. Bd. 38 (1925b).

— Zur Quarzgefügeregel. Fortschr. Min. usw. Bd. 11 (1927).

SEDERHOLM, J. J.: Studien über archäische Eruptivgesteine aus dem südwestlichen Finnland. T. M. P. M. Bd. 12 (1891).

— Über eine archäische Sedimentformation im südwestlichen Finnland. Bull. Comm. géol. Finlande 1899, Nr. 6.

SENG, H.: Beiträge zur petrographisch-tektonischen Analyse des sächsischen Granulitgebietes. Min. u. petr. Mitt. Bd. 45 (1934).

— Für das RIECKEsche Prinzip. N. Jb. Min. usw. Beilage-Bd. 73, Abt. A (1937).

SONDER, R. A.: Über die Spannungsverteilung in beanspruchten Kristallverbänden und deren Bedeutung für Gefügeregelung und Gesteinsmetamorphose. Schweiz. min. u. petr. Mitt. Bd. 13 (1933).

SUNDIUS, N.: Gryttehyttefältets geologi. Sveriges geol. Unders., Ser. C 1923, Nr. 312.

TURNER, F. J.: Interpretation of Schistosity in the rocks of Otago, New Zealand. Trans. roy. Soc. New Zealand Bd. 66 (1936).

VÄYRYNEN, H.: Geologische und petrographische Untersuchungen im Kainuugebiete. Bull. Comm. géol. Finlande 1928, Nr. 78.

WEGMANN, C. E.: Note sur la Boudinage. Bull. Soc. géol. Fr., 5e série Bd. 2 (1932).

WENK, E.: Zur Genese der Bändergneise von Ornö Huvud. Bull. geol. Inst. Uppsala Bd. 26 (1936).

A. Gefügerelikte in metamorphen Gesteinen.

Die Bedeutung der Relikte als Palimpsest-Schrift. Die Vorgänge der Gesteinsmetamorphose können weder direkt in der Natur beobachtet noch im allgemeinen experimentell nachgemacht werden. Was man aber nicht im Geschehen zeitlich nacheinander verfolgen kann, das findet man als Ergebnis nebeneinander vor in verschiedenen Stadien der Umformung, die dem zeitlichen Geschehen entsprechen. Aus dem Studium solcher Übergangsserien von unmetamorphosierten bis zu vollständig umgeformten Gesteinen ist die Lehre von der Gesteinsmetamorphose entsprungen.

Neue Gefügezüge und neue Mineralkomponenten erscheinen allmählich nacheinander; was noch vom alten übrigbleibt, nennt man die *Relikte,* seien es *Gefügerelikte* oder *Mineralrelikte.* Die Relikte sind die wichtigsten Kennzeichen und Kriterien für die Bestimmung des Ursprungsmaterials. Durch den Schleier der metamorphen Neubildungen schimmern in solchen, gleichsam schonend umgewandelten Gesteinen noch die Züge des primären Gefüges so klar, daß sie gedeutet werden können. Man kann sie, um SEDERHOLMS (1899) Ausdrucksweise anzuwenden, wie ein *Palimpsest* [1] durch die neue Schrift lesen, die die Metamorphose darauf geschrieben hat.

Noch in einer anderen Beziehung sind die Relikte genetisch wertvoll. Es mögen Relikte aus dem primären prämetamorphen Gesteinen oder aus einem früheren Stadium der Metamorphose vorhanden sein, immer entschleiert das Studium des Gefüges die Richtung der Umwandlung. Es kommt nur darauf an, in einem in Umwandlung begriffenen Aggregat zu bestimmen, was früher, reliktisch, oder *proterogen* (BECKE, Mineralbestand und Struktur, 1903) und was später, oder *hysterogen* ist; dies gelingt meistens eindeutig.

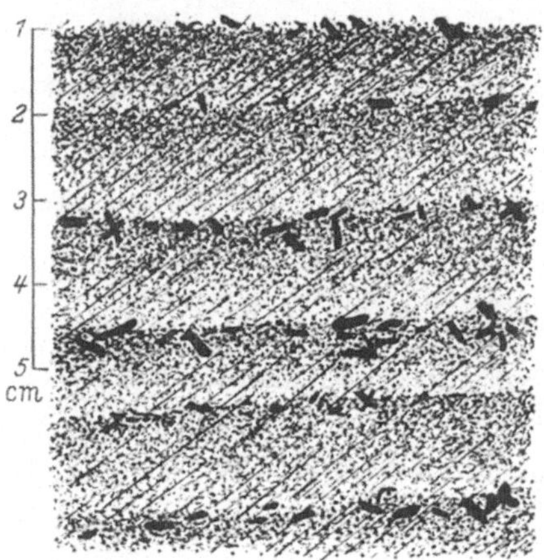

Abb. 1. Relikte Bänderung in warwigem Staurolithglimmerschiefer. Suistamo, Ostfinnland. Die Staurolithporphyroblasten sind vorzugsweise in den tonigen dunkleren Warwenteilen entwickelt. Eine deutliche Transversalschieferung hat die Bänderung nicht verwischt. Vgl. Abb. 26.

Relikte von sedimentären Gefügen. *Ton* geht während der graduellen Umwandlung der Regionalmetamorphose nacheinander in Tonschiefer, Phyllit und Glimmerschiefer über. Es können verschiedene Aluminiumsilikate entstehen. Mineralrelikte sind meistens nicht nachweisbar; auch die Gefügerelikte gehen verloren, bisweilen sind jedoch solche Züge wie Bänderung oder Warwengefüge gut erhalten geblieben.

So zeigt ein Staurolithglimmerschiefer (Abb. 1) aus Ostfinnland eine gut erhaltene relikte Bänderung. Der Staurolith ist offenbar während der Metamorphose durch Umkristallisation aus dem primären Tonmaterial in Form von *Porphyroblasten* entstanden. Diese Entstehungsweise setzt eine gewisse Beweglichkeit und Diffusionsfähigkeit der in den Staurolith eingehenden Silikate voraus, doch kommen die Porphyroblasten fast nur in den dunkleren, tonigen und aluminiumreicheren Warwenteilen vor.

In einem anderen warwigen Glimmerschiefer (Abb. 2) sehen wir im mikroskopischen Dünnschliffbilde (Abb. 3) eine feinschuppige, aus Muskovit, Biotit, Chlorit und Quarz bestehende Schicht und eine andere sandige Schicht mit mehr Quarz, in teilweise gröberen Körnern, die offenbar ein klastisches Reliktgefüge von primären Quarzkörnern zeigen. Wir nennen diese Art von Reliktgefüge *blastopsephitisch.* In einer etwas feinkörnigeren Ausbildung wäre es

---

[1] Palimpsest ist die ausradierte Schrift in alten Papyrus- oder Pergamentmanuskripten. Nach zweckmäßiger Präparierung hat man die Palimpsestschriften deuten können, wodurch manche geschichtlich wertvolle Urkunden gerettet worden sind.

blastopsammitisch. In der tonigen Schicht sieht man noch einige Klumpen, die schlecht erhaltene Kristallformenumrisse zeigen. Sie sind, wie aus erhaltenen

Abb. 2. Warwiger Glimmerschiefer. Välimäki, Ostfinnland. Eine dickere Lage in der Mitte enthält Kalk-konkretionen (jetzt Kalksilikatfels). (Aus ESKOLA 1932).

Relikten hervorgeht, Pseudomorphosen von Serizit nach Andalusit. Die aus diesem Dünnschliff ablesbare Erzählung des Gesteins lautet also: „Ich wurde

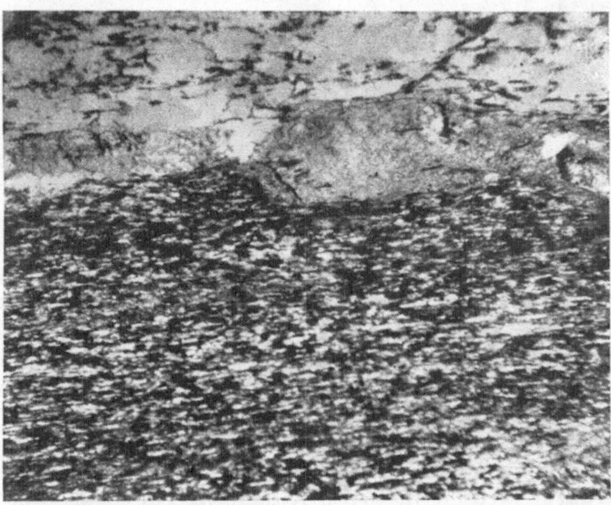

Abb. 3. Warwiger Glimmerschiefer. Välimäki, Ostfinnland. Unten der tonige Warwenteil, der oben an den blastopsephitischen Teil grenzt. An der Grenze Serizitpseudomorphose nach Andalusit. 1 Nic. Vergr. 27 ×.

einmal als warwiger Ton aus seichtem Wasser abgelagert. Während einer orogenen Periode wurden meine Schichten durchbewegt und gefaltet. Bei der

Tiefenmetamorphose wuchsen meine Glimmerblättchen und wurden geregelt, in die Schieferungsfläche orientiert, ich wurde kristallisationsschiefrig; meine Quarzkörner wurden teilweise granuliert und linsenförmig ausgezogen, aber so wie sie jetzt in dem glimmerführenden Zement eingebettet liegen, sind sie doch dieselben Körner, welche dereinst als Sandkörner auf den Seeboden fielen. Aus meinem primären chemischen Verwitterungsrückstand kristallisierten Andalusitporphyroblasten aus, aber sie wurden während einer späteren Phase der Metamorphose unter Kalizufuhr in Serizit umgewandelt."

Eine ebenso häufige wie wichtige Art von Reliktgefüge in metamorphen Gesteinen ist das *helizitische Gefüge*. Darunter versteht man eine lagenweise Parallelanordnung von Quarz-, Eisenerz- oder anderen Mineralkörnchen, die in einem wachsenden Porphyroblasten eingeschlossen wurden (s. Abb. 13). Auch in schon früher geschieferten und sogar gefalteten Gesteinen werden bisweilen eingeordnete Körnchen in neugebildeten Porphyroblasten eingeschlossen, in welchem Falle sie eine „helizitische Fältelung" zeigen können.

In Deutschland sind Übergangsserien, die die sukzessive Metamorphose der Tonsedimente beleuchten, besonders in der während des variszistischen Gebirgsbildungszyklus umgewandelten devonischen Formation vorhanden.

Faulschlamm (Sapropel) wird durch Metamorphose nacheinander in bituminösen Tonschiefer, Alaunschiefer, Graphitphyllit

Abb. 4. Blastopsephitisches Gefüge im Quarzit aus Pittionvaara, Sodankylä, Finn. Lappland. + Nic. Vergr. 27×.

und schließlich Graphitglimmerschiefer oder Graphitgneis umgewandelt; der primäre Eisensulfidgehalt findet sich in der Form von Pyrit oder Magnetkies. Diese Übergangsserie ist geologisch deswegen besonders wichtig, weil sie in der Lagerserie bis in das älteste Präkambrium verfolgt werden kann und so von der Unveränderlichkeit der physikalischen Verhältnisse auf der Erde sowie von der Existenz des Lebens seit diesen uralten Zeiten zeugt (LAITAKARI 1925). Beachtenswert ist die in vielen ziemlich hochkristallinen Formationen häufig wiederkehrende Erscheinung, daß die kiesführenden Graphitschiefer recht feinkörnig oder feinblätterig bleiben, während die graphitfreien Schiefer in der nächsten Umgebung schon längst ziemlich grobkörnige Glimmerschiefer darstellen. Nach ESKOLA (1927) und VÄYRYNEN (1928) hat der Reichtum an feinverteiltem Kohlepigment das Wachstum der Glimmerblätter verhindert.

Sandsteine werden in Quarzite metamorphosiert. Alle Grade der relikten klastischen Struktur werden in den Übergangsserien angetroffen. Schon bei der Diagenese haben manche Sandsteine eine sogar vollständige Metamorphose erlitten. Andererseits finden sich blastopsephitische Reliktgefüge sogar in den höchst metamorphen Quarziten des Archäicums. Als Zementminerale treten jeweils Silikate auf, die sich durch Reaktionen aus der primären Zwischenmasse der Sandkörner gebildet haben (Abb. 4).

Abb. 5. Konglomeratschiefer mit wohlerhaltener Wechsellagerung von arkosischen (sandigen) und konglomeratischen Schichten. Die Gerölle sind jedoch beträchtlich nach der fast vertikal stehenden tektonischen Achse ausgezogen. Veittijärvi, Tamperegebiet. Photo J. J. SEDERHOLM.

Konglomerate sind die widerstandsfähigsten von allen klastischen Gesteinen, besonders wenn die Gerölle aus ganz verschiedenartigen Gesteinen bestehen. Ihr *blastopsephitisches* Gefüge bleibt sogar dann noch schön erhalten, wenn der Zement schon gneisartig kristallinisch erscheint (Abbildung 5).

Relikte von Erstarrungsgefügen. In vulkanogenen Metamorphiten ist das *blastoporphyrische* Reliktgefüge oft erhalten trotz einer weit fortgeschrittenen Umkristallisation. Vortreffliche Beispiele bieten die Porphyrleptite aus vielen Gegenden des fennoskandischen Archaicums, wie z. B. aus dem Grythyttefelde Schwedens (SUNDIUS 1922). Äußerlich ähnelt das Gestein manchmal täuschend einem unmetamorphosierten Quarzporphyr. Mikroskopisch zeigt die Grund-

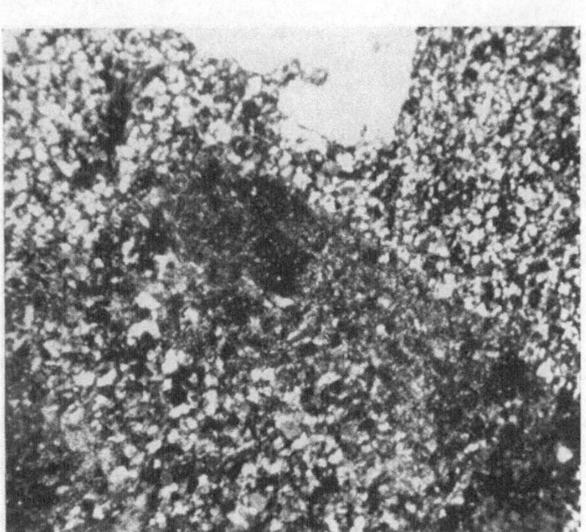

Abb. 6. Porphyrleptit, Kisko, Orijärvigebiet, Südwestfinnland. Quarzeinsprenglinge wohl erhalten, Feldspateinsprenglinge (dunkle) etwas granuliert. Granoblastische Grundmasse (Hornfelsgefüge). + Nic. Vergr. 27 ×.

masse eine schön kristalloblastische (granoblastische) Struktur mit regellos polyedrischen Umrissen der Quarz- und Feldspatkörner (Abb. 6). Die Einsprenglinge

Correns, Gesteine. 18

von Quarz zeigen korrodierte bipyramidale Formen, wie üblich bei den Lipariten. Plagioklaseinsprenglinge bieten das gewöhnliche Aussehen der vulkanischen Gesteinsfeldspäte dar, aber auffälligerweise sind sie stellenweise granuliert worden, d. h. in ein granoblastisches Aggregat zerfallen, und ihr Gefüge unterscheidet sich dann kaum mehr von dem granoblastischen Gefüge der Grundmasse.

Abb. 7. Uraliteinsprengling mit Amphibolspaltrissen und Augitumriß mit (010), (110) und (100).

Bei hochmetamorphen Gesteinen wird oft ein blastoporphyrisches Gefüge vorgetäuscht. Die Feldspäte wachsen häufig porphyroblastisch, was manchmal durch metasomatische Stoffzufuhr verursacht wird. Die Gefüge können den wirklich blastoporphyrischen Gefügen hochmetamorpher Gesteine täuschend ähnlich werden. Wie unter anderem GROUT (1937) hervorhob, sind derartige Gefüge in hochmetamorphen Gesteinen als Ursprungskriterien gefährlich.

Lehrreiche Beispiele der Entwicklung metamorpher Gesteinsgefüge bietet der *Uralitporphyrit* aus dem Kalvolagebiet im südwestlichen Finnland dar, wo SEDERHOLM (1891) zum ersten Male nachwies, daß altarchäische Gesteine ursprünglich echte Vulkanite gewesen sein können. Die Uralitporphyrite waren ursprünglich normale Augitbasalte. Die Augiteinsprenglinge sind unter Erhaltung der äußeren Form zu Uralit umgewandelt worden (Abb. 7 und 8). Im übrigen besteht das Gestein aus einer *blastophitischen* Masse von Plagioklasleisten in zwei Generationen. Außerdem finden sich noch isometrische kleine Plagioklaskörnchen einer dritten, metamorphen Generation; sie bilden zusammen mit kleinen Körnchen und Nadeln von grüner Hornblende die jetzige granoblastische Grundmasse. Nicht nur in dieser Grundmasse, sondern auch eingeschlossen in den Plagioklasleisten schwimmen dünne Hornblendennadeln (Unkrautstruktur).

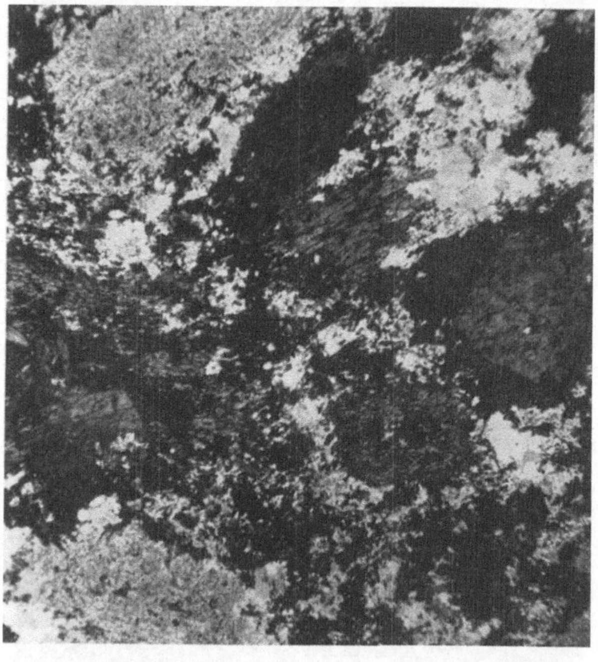

Abb. 8. Uralitporphyrit. Kalvola, Finnland. Blastoporphyrisches Gefüge mit blastophitischer Grundmasse und Einsprenglingen von Plagioklas und Uralit. Mitte rechts unten Querschnitt mit Augitumriß wie Abb. 7.

Noch häufiger als die blastoporphyrischen Gefüge sind die Gefüge von vulkanischen Brekzien, Agglomeraten und Tuffen und die Mandelstrukturen erhalten; mancherlei Reaktionen zwischen der meistens karbonatischen Ausfüllungsmasse der ursprünglichen Blasen oder Hohlräume und dem Silikatmaterial des Gesteins haben stattgefunden, ebenso wie an den Kontakten zwischen Lagern von Karbonatgesteinen und ihren silikatischen Nebengesteinen.

Kalkgranate, Diopsid und besonders Epidot wurden so als Mandelraumausfüllung angetroffen.

In den plutonogenen Metamorphiten treten vor allem reliktische hypidiomorphe Gefüge auf. Der Unterschied zwischen dem typischen hypidiomorphen und dem kristalloblastischen Gefüge oder dem Erstarrungsgefüge und dem Gefüge der metamorphen Umkristallisation ist von grundlegender Bedeutung für die Petrographie. F. BECKE (1903) hat diesen Unterschied in klassischer Weise formuliert: Bei den körnigen Massengesteinen ist die kristallinische Struktur das Resultat eines in bestimmter zeitlicher Folge verlaufenden Kristallisationsprozesses. Die Folge ist ein ungleicher Idiomorphismus der Gemengteile. Je

Abb. 9. Mörtelgefüge in Granit. Mongolei. + Nic. Vergr. 27×.

früher die Ausscheidung eines Gemengteiles beginnt, desto deutlicher wird er seine Kristallform zur Ausbildung bringen. Anders bei den kristallinen Schiefern. Der gegenwärtige Zustand ist hier die Folge einer Reihe von Kristallisationsprozessen, welche an den Gemengteilen *gleichzeitig und im starren Aggregatzustand* vor sich gingen.

Wenn nun das Erstarrungsgefüge teilweise metamorph umkristallisiert wurde, so finden wir das neue kristalloblastische Gefüge neben dem alten hypidiomorphkörnigen. Meistens tritt das sog. *Mörtelgefüge* auf: Zwischen den größeren Körnern liegt eine granoblastische Masse (Abb. 9). Diese neue Zwischenmasse verbreitet sich auf Kosten der älteren Körner, und die letzteren werden gewöhnlich als Relikte erkannt wegen der Erhaltung primärer Züge, die als solche nicht in der granoblastischen Masse vorzukommen pflegen, wie primäre Zonarstruktur im idiomorphen Plagioklas, zonenweise Pigmentierung in der Hornblende u. a. m. Wir nennen es das *blastohypidiomorphe Gefüge.*

Nun ist es meistens schwierig, zu entscheiden, ob ein solches Gefüge, das nach den obenbeschriebenen Charakteren als blastohypidiomorph zu bestimmen wäre, wirklich metamorph in festem Zustand oder *protoklastisch* (BRÖGGER)

18*

gleich bei der primären Kristallisation oder auch porphyroblastisch bei der metamorphen Umkristallisation entstanden ist. In neuerer Zeit sind immer mehr Beispiele von porphyroblastischer Entstehungsweise der Feldspäte, die man früher ohne weiteres als blastoporphyrische Einsprenglinge gedeutet hätte, angeführt worden.

Porphyrartige grobkörnige Erstarrungsgesteine behalten gewöhnlich ihr Gefüge als blastoporphyrisch. Das ist die normale Struktur der *Augengneise*. Hierbei ist jedoch wieder zu beachten, daß ähnliche Gefüge manchmal in ganz anderer Weise, entweder durch metasomatische Alkalizufuhr bei der Granitisation oder auch als Relikte nach einer Kataklase entstanden sein können.

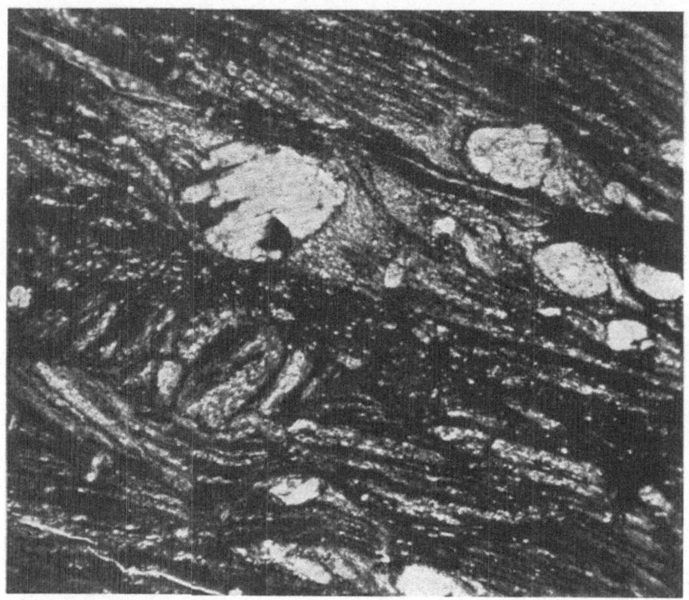

Abb. 10. Mylonit aus Granit. Helsinki, Finnland. 1 Nic. Vergr. 27 × .

Mylonite (Abb. 10) entstehen durch Zertrümmerung oder *Kataklase* des Korns aus beliebigen Gesteinen und können Produkte rein mechanischer Metamorphose sein. Die Gefüge sind meistens *brekziös*, d. h. die Gesteinsmasse besteht aus eckigen Bruchstücken, aber von sehr wechselnder Ausbildung, je nachdem gleichzeitig mit oder nach der Zertrümmerung auch noch Umkristallisation stattgefunden hat. Gesteine, welche nach der Zertrümmerung granoblastisch umkristallisiert sind, heißen *Blastomylonite*. In ihnen ist also das durch die mechanische Metamorphose entstandene Gefüge als Relikt über einen späteren Akt der Metamorphose hin erhalten geblieben.

Reliktgefüge sind häufig in den nicht zertrümmerten Inseln der Mylonite erhalten. Meistens sind es einzelne größere Körner von Feldspat, wohl auch Quarz, die dann in dem durch Kataklase entstandenen Grundgewebe nach Art der Einsprenglinge oder Augen hervortreten. BECKE bezeichnete dies als das *porphyroklastische* Gefüge.

B. Das kristalloblastische Gefüge.

Die Terminologie der metamorphen Gefüge wurde zuerst von BECKE, GRUBENMANN und BERWERTH ausgearbeitet und hat sich in der von BECKE (Mineralbestand und Struktur, 1903) dargestellten Form allgemein eingebürgert. Das Stammwort ist das griechische βλάστειν (wachsen, keimen, hervorsprießen).

Wir haben schon die Ausdrücke blastopsammitisch, blastoporphyrisch usw. angewandt. Alle solche Ausdrücke, die mit *blasto-* anfangen, beziehen sich auf Gefügerelikte nach dem vom Schlußteil des Wortes angegebenen Primärgefüge.

Das *kristalloblastische* Gefüge wird nach der Form der Kristallindividuen durch charakterisierende Vorsilben und die Endung *-blast* (Adjektivform *-blastisch*) bezeichnet. So ist *granoblastisch* ein kristalloblastisches Gefüge, in dem die Mineralbestandteile die Form von Körnern besitzen, also keine bevorzugte Richtung haben. *Lepidoblastisch, nematoblastisch* und *fibroblastisch* sind aus schuppen-, stengel- bzw. faserförmigen Einzelkristallen bestehende Metamorphite. Die größeren Körner, die also in den metamorphen Gesteinen dasselbe Größenverhältnis zu den übrigen Gemengteilen haben wie die Einsprenglinge porphyrischer Erstarrungsgesteine, heißen *Porphyroblasten*. Mit *Holoblasten* bezeichnet man ausschließlich kristalloblastisch, ohne primäre Keime entstandene Neukristalle.

Kristalle, die eigene, nicht reliktische Kristallformen besitzen, heißen *Idioblasten*, solche ohne eigene Form wieder sind *Xenoblasten*.

Die wichtigsten Merkmale des kristalloblastischen Gefüges. Die Frage nach der Entstehungsweise der kristalloblastischen Gefüge ist einer der Kernpunkte der Petrologie der metamorphen Gesteine. Wir werden zuerst einige Hauptmerkmale dieser Gefüge nach BECKE frei wiedergeben.

1. Die wesentlichsten Gemengteile des kristalloblastischen Gesteins sind gleichwertig, keines ist vor dem anderen kristallisiert. Dies geht unter anderem daraus hervor, daß jeder Gemengteil sich gelegentlich als Einschluß in allen anderen vorfindet.

Dieser Satz ist nicht absolut gültig, wie wir später noch sehen werden. Besonders bei metasomatisch entstandenen Gesteinen sind Ausnahmen häufig. Die moderne Gefügeanalyse hat es ermöglicht, die zeitliche Folge der Mineralbildung der Tektonite in vielen Fällen darzulegen, in denen es früher nicht möglich war.

2. Ausbildung von Kristallflächen ist verhältnismäßig selten. Die vorhandenen Kristallformen sind stets sehr einfach und besitzen niedrige Indizes. Die Kanten sind häufig abgerundet. Häufig treten Individuen auf, die Kristallflächen in nur einer Richtung zeigen, die zugleich eine Spaltungsrichtung ist oder nur eine Zone von solchen Kristallflächen besitzen, sonst aber ohne Kristallflächen sind.

3. Es fehlen durchweg die durch Voraneilen des Kanten- oder Eckenwachstums entstehenden Skelettbildungen.

4. Nach der Ausbildung der Kristallformen lassen sich die Gemengteile in eine Reihe mit abnehmender *Kristallisationskraft* ordnen. Jedes in der Reihe voranstehende Mineral zeigt in Berührung mit einem nachfolgenden eine idioblastische Ausbildung.

5. Parallelgefüge oder Formregelung, wie man heutzutage nach SANDER sagen würde, kommt nicht allein durch Parallelstellung fertiger Kristalle zustande, wie bei der Fluidalstruktur der Erstarrungsgesteine, auch nicht nur durch mechanische Regelung, sondern oftmals durch das bevorzugte Wachsen der Gemengteile in einer bestimmten Richtung, die im Gestein als die Schieferung zur Erscheinung kommt. Diese Bevorzugung bestimmter Wachstumsrichtungen ist besonders wirksam, wenn Minerale vorhanden sind, die ihrerseits begünstigte, dicht besetzte Gitterrichtungen haben, wie besonders die Minerale mit Schichtengittern, z. B. die Glimmer.

6. Zonarbau fehlt den Gemengteilen oder ist, wenn vorhanden, von anderer Ausbildung und folgt anderen Regeln als bei den Erstarrungsgesteinen. Ein Beispiel ist die „inverse" Zonarstruktur des Plagioklases.

7. Die Einschlüsse der Kristalle folgen zumeist nicht dem Zonenbau, sondern entsprechen entweder dem Aufbau von Anwachspyramiden oder lassen ein älteres Gesteinsgefüge erkennen, sind also relikt.

8. Charakteristisch für das kristalloblastische Gefüge ist schließlich, daß die Gesteine möglichst kompakt sind. Es kommen weder blasige noch zellige miarolitische Strukturformen vor.

Die idioblastische Reihe der Minerale. Da das kristalloblastische Gefüge in starrem Zustand entstanden ist, so kann eine etwa vorhandene Kristallform in steter Berührung mit den Nachbarn nur im Kampf um den Raum gewonnen und behauptet werden. Die Kristallisationskraft oder Formenergie als eine vektorielle Eigenschaft variiert in einem Kristall mit der Richtung; auffallenderweise zeigen die Spaltungsrichtungen in der Regel eine verhältnismäßig große Formenergie. So besitzen Glimmer, Chlorit, Sprödglimmer, Talk meist nur die Basisflächen; die Ränder der Tafeln sind unbestimmt begrenzt. Hornblenden zeigen meist nur das Spaltungsprisma (110), Disthen Quer- und Längspinakoide, Andalusit das Spaltprisma (110), die rhomboedrischen Karbonate das Grundrhomboeder (10$\bar{1}$1). Es gibt aber auch Ausnahmen: Der Sillimanit entwickelt das Prisma (110), obwohl das Pinakoid (010) die Spaltfläche ist.

BECKE gab die kristalloblastische Reihe (nach abnehmender Formenergie) für einige wichtigere Gemengteile der Metamorphite wie folgt an: Titanit, Rutil, Magnetit, Hämatit, Ilmenit, Granat, Turmalin, Staurolith, Disthen. — Epidot, Zoisit. — Pyroxen, Hornblende. — Breunerit, Dolomit, Albit. — Glimmer, Chlorit. — Kalzit. — Quarz, Plagioklas. — Orthoklas, Mikroklin.

Ausnahmen von dieser Reihenfolge kommen vor, wie schon BECKE hervorhob, und sind nach ihm durch äußere Momente veranlaßt, welche die Kristallisationskraft ändern. Es sei bemerkt, daß z. B. der Albit nur unter bestimmten Umständen die ihm von BECKE zuerteilte hohe Stellung in der Reihe besitzen dürfte; beispielsweise verhält er sich in den Albitleptiten wie die anderen Feldspäte und der Quarz. Der Muskovit steht meistens deutlich vor dem Biotit.

BECKE betonte, daß die idioblastische Reihe im großen und ganzen eine Reihe nach abnehmendem spezifischem Gewicht darstellt und meinte annehmen zu können, „daß das eigentliche *primum movens* die dichte Scharung der Molekel ist". Er sagt noch: „Was hier Kristallisationskraft genannt wird, dafür wird man wahrscheinlich bei näherem und tieferem Studium noch einen exakteren Ausdruck finden." Offenbar kann das Studium der Kristallstrukturen hierüber Erklärung schaffen. Sogleich fällt es heute auf, daß in der idioblastischen Serie die Gruppe der größten Formenergie von Silikatmineralen nur solche einschließt, deren Gitter aus selbständigen SiO_4-Tetraederen besteht (Inselstrukturen nach H. STRUNZ[1]), wie Titanit, Granat, Staurolith, Disthen; auch Epidot, Zoisit, Andalusit und Sillimanit, Topas, Vesuvian, Zirkon und Olivin stehen hoch in der kristalloblastischen Reihe. Danach folgen die Ketten- und Bandsilikate, Pyroxene und Amphibole, dann die glimmerartigen Netzsilikate und zuletzt die Gerüstsilikate, wie die Feldspate, mit dem Quarz. Wenn wir bedenken, daß die meisten Minerale die größte Formenergie auf ihren Spaltflächen haben, so ist der Zusammenhang der Formenergie mit der Besetzungsdichte der Netzebenen im Gitter recht einleuchtend.

---

[1] STRUNZ, H.: Z. Kristallogr. (A) Bd. 98 (1937) S. 60. — Ein vielleicht passender Name für diese Gruppe wäre „Edelsilikate", weil nahezu alle Silikatedelsteine hierhin gehören.

Besonders die Ergebnisse von G. F. BECKER und A. L. DAY (1905), welche imstande waren, die Arbeitsleistung eines in gesättigter Lösung wachsenden Kristalls durch die Last zu messen, die der Kristall zu heben vermochte, zeigen unbedingt, daß es sich hier um eine Energie handelt. Bemerkenswert dabei war, daß die belasteten Flächen nicht weiter wuchsen, wenn unbelastete Kristallkeime vorhanden waren. Es wachsen also diejenigen Keime, die beim Wachstum die geringste Arbeit zu leisten haben. In Glimmerschiefern sind die Glimmerblätter rings um Porphyroblasten von Staurolith oder Granat oft zu Knollen gebuckelt. Beleuchtend sind hier die Ergebnisse von CORRENS (vgl. S. 123, 256).

Bemerkenswert ist das Verhalten des Cordierits. Er steht in der kristalloblastischen Reihe recht niedrig, etwa nahe den Feldspäten, und zeigt in kristalloblastischen Gesteinen wohl nie eine von ebenen Flächen begrenzte Kristallform, während dasselbe Mineral in Pegmatiten, Andesiten und anderen Erstarrungsgesteinen eine recht vollkommene Idiomorphie zu zeigen pflegt.

In Andalusit und Chloritoid, seltener in Staurolith, Cordierit sind Einschlüsse von Graphit oder Eisenerz oftmals in der Weise angeordnet, daß der pigmentierte Teil eine Sanduhrform bildet (Abb. 11). Diese Eigentümlichkeit beruht, wie BECKE schon 1894 erklärte, auf dem verschiedenartigen Verhalten der verschiedenen Kristallflächen gegenüber Fremdkörpern. Im Andalusit vermögen die (110)-Flächen beim Wachsen in weit höherem Grade Fremdkörper zur Seite zu stoßen als die (001)-Flächen. Die ersteren bilden somit klare, die letzteren pigmentierte Anwachskegel. Selten

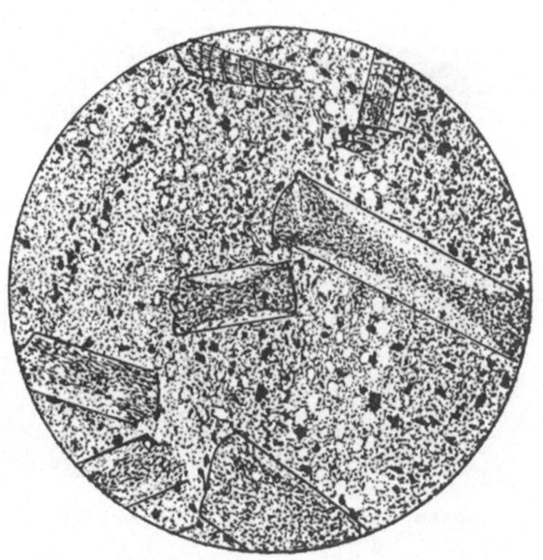

Abb. 11. Sanduhrförmig geordnete Einschlüsse von Graphit in Chloritoid. (Nach HARKER.)

wurde ähnliches auch beim Cordierit beobachtet (HARKER, Metamorphism, 1932). Chiastolith heißt der hauptsächlich mit Graphitkörnchen pigmentierte Andalusit ursprünglich bituminöser Tonschiefer. Der Querschnitt dieses Minerals zeigt oft ein pigmentreiches Kreuz, da die Kanten der Prismenflächen reichliche Fremdkörper eingeschlossen haben.

Die Korngröße von verschiedenen Gemengteilen metamorpher Gesteine ist wohl meistens der Formenergie etwa proportional und folglich sind die Idioblasten zugleich durch ihre Größe ausgezeichnete Porphyroblasten. Es gibt jedoch auch entschieden xenoblastische Porphyroblasten, z. B. von Cordierit, welcher oft in Form von ovoidalen Knollen in metamorphen Gesteinen zu treffen ist. Im Orijärvigebiet in Südwestfinnland fand ESKOLA (1914) bis 30 cm lange Cordieritknollen, die entweder aus einem Einkristall oder einem Drilling nach (110) bestehen (Abb. 12). Die Längsrichtung ist kristallographisch bedingt und im allgemeinen nicht parallel mit dem Streichen oder der helizitischen Schichtung von Ilmenit, Quarz oder Apatit. Die Apatiteinschlüsse sind besonders instruktiv in der Art ihres Auftretens (Abb. 13).

Wie aus dem vorigen Beispiel ersichtlich, sind die in den Porphyroblasten eingeschlossenen Kristalle von Eisenerz, Quarz, Apatit u. a. m. nicht vom wachsenden Kristall zur Seite gestoßen, obwohl sie korrodiert werden können. SANDER (Gefügekunde, S. 138, 139) gibt dafür schöne Belege. Er meint, die einen Holoblast umgebenden Minerale seien von der Kristalloblastese gar nicht

mechanisch beansprucht. Ganz anders aber liegt die Sache in solchen Fällen,
wie die Abb. 11 einen zeigt: Dort wurde das Mineral (Graphit), das metasomatisch nicht ersetzt werden konnte, an der Prismenfläche auch nicht eingeschlossen,
sondern es wurde gleichsam abfiltriert.

Abb. 12. Cordieritgneis. Kurksaari bei Orijärvi, Südwestfinnland. Photo T. WATANABE.

Auch der Kalzit umschließt beim Wachsen gern Körner von anderen Mineralen. Beispiele findet man besonders in Kalksandsteinen, deren Diagenese

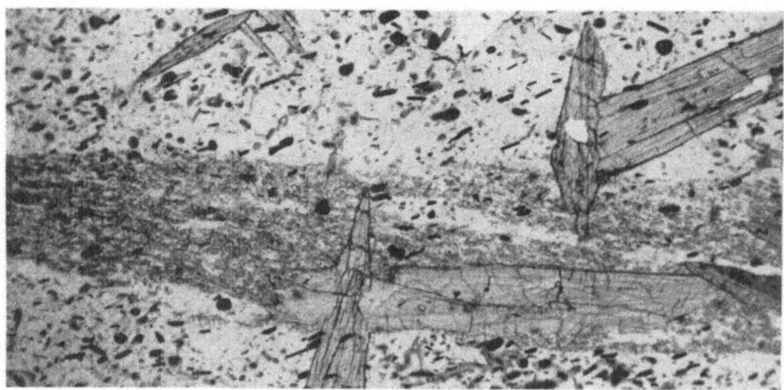

Abb. 13. Helizitische Einschlüsse von Apatit und Diablasten von Cummingtonit im Cordierit von Kurksaari.
1 Nic. Vergr. 27×.

prinzipiell eine sehr typische Kristalloblastese darstellt. Einkristalle vom Kalzit
können Tausende von Quarzkörnern einschließen.

Haben verschiedene Kristallarten ungefähr gleiche Formenergie, so kann
beim Kristallisieren unter statischen Verhältnissen keines dieser Minerale Idioblasten bilden. Der vorhandene Raum wird zwischen den wachsenden Kristallen

durch einen Kompromiß verteilt, die Formen werden entweder polygonal oder verzahnt im Umriß. Im ersten Falle entsteht eine sog. *Pflasterstruktur.*

Die Korngröße granoblastischer Gesteine wird in der Regel bei fortschreitender Metamorphose allmählich größer und kann vielleicht als ein Maß des Metamorphosengrades gelten. So sind die Leptite des fennoskandischen Grundgebirges in ihrem besterhaltenen Zustand aphanitische Hälleflintas, etwa vitrophyrischen Lipariten entsprechend, und gehen bei fortschreitender Regionalmetamorphose sukzessiv in feinkörnige Leptite, fein- bis mittelkörnige Leptitgneise und schließlich bei gesteigerter Injektionsmetamorphose in gewöhnliche mittelkörnige Gneise über. Bei Kontaktmetamorphose vermindert sich die Korngröße der Hornfelse vom Kontakt nach außen allmählich. Besonders die Marmore zeigen alle Abstufungen von dichtaphanatisch bis grobkörnigem Gefüge je nach dem Grade der metamorphen Beeinflussung.

Aus thermodynamischen Gründen sollte man erwarten, daß sich die Kornvergrößerung unbegrenzt bis zur Bildung eines riesigen Einkristalls fortsetzen könnte. Ein großer Kristall hat ja zufolge seiner im Verhältnis zur Masse geringeren Oberfläche einen kleineren Betrag von freier Energie als ein Aggregat von kleineren Kristallen, die folglich weniger stabil

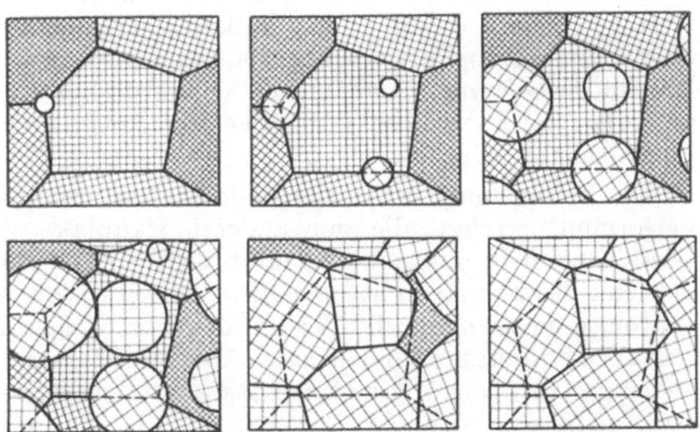

Abb. 14. Umkristallisationsvorgang. (Nach G. SACHS aus Hedvall [1937].)

sind. Die großen Kristalle zehren die kleinen auf. Eben dies war die von F. RINNE und E. BOEKE (1908) gegebene Erklärung für die Kornvergrößerung, von ihnen *Sammelkristallisation* genannt, die bei metamorpher ebenso wie bei langsamer magmatischer Kristallisation eintritt.

Es gibt jedoch offenbar Grenzen für die Kornvergrößerung. Abgesehen von solchen Fällen, wo größere Kristalle durch Kataklase zertrümmert werden, können sie auch ohne nachweisbare Durchbewegung durch statische Umkristallisation bei der Thermometamorphose granuliert werden. In der Abb. 6 sahen wir schon granulierte Einsprenglinge in einem blastoporphyrischen Leptit. Bei der wohl erhaltenen Form des Einsprenglings scheinen so starke Teilbewegungen ausgeschlossen, daß sie die neuen Individuen in ihrer jetzigen Orientierung durch Zermalmung und Umwälzung hätten hervorbringen können. Sie müssen vielmehr von neuen Zentren im großen Kristall selbst ausgehend auf Kosten desselben entstanden sein.

Eine vergleichbare Umkristallisation wird in den Metallen beobachtet, und die metallographischen Erfahrungen können die metamorphe Kristalloblastese einigermaßen beleuchten. Daß die unbegrenzte Kornvergrößerung nicht eintritt, kann teils auf die immer anwesenden und sich an den Grenzflächen ausscheidenden und ansammelnden Verunreinigungen, aber noch mehr auf die „Baufehler", die inneren Spannungen und Stresse in den Kristallen sowie auf die Grenzflächenerscheinungen zurückgeführt werden (Abb. 14. Vgl. HEDVALL 1937, S. 52).

Neben diesen Ursachen dürften noch folgende Faktoren bei der Umkristallisation eine Rolle spielen: Bei der Kristalloblastese entstehen lokale Spannungen

und Stresse in den Kristallen zufolge der vektoriellen Verschiedenheit der Formenergie oder der vektoriell ungleichen Wärmeausdehnung und der verschiedenen
Kompressibilität der Minerale (R. Sonder 1933). Diese können irreversible
Deformationen im Gitter hervorrufen, wie z. B. die undulöse Auslöschung
mancher ganz anorogen entstandenen Granitquarze zeigt.

C. Die Gefügeregelung.

Einige Grundbegriffe der Gefügekunde. Das durch Umkristallisation unter
statischen Verhältnissen, also in nicht durchbewegtem Gestein entstandene Gefüge ist richtungslos, ungeregelt, wie wir es häufig unter den Produkten der
Thermometamorphose vorfinden. Doch haben die meisten metamorphen Gesteine, die kristallinen Schiefer, auch kinetische Vorgänge mitgemacht und sind
jetzt geregelte Tektonite. Die äußerlich erkennbare Regelung nach der Form
oder *Formregelung* bezeichnet größtenteils dieselbe Erscheinung, die man seit
langem *Schieferung* nennt. Eine *Gitterregelung* ist in diesem Falle natürlich
auch da. Sie kann aber vorhanden sein, auch wenn megaskopisch erkennbare
Formregelung fehlt.

Die Einregelung der Gemengteile der metamorphen Gesteine wird durch die
Verformung erzeugt, die zum anderen Hauptakt der Metamorphose, der Umkristallisation in einem bestimmten zeitlichen Verhältnis steht. Daraus ergibt
sich eine Einteilung in *präkristallin, parakristallin* und *postkristallin* verformte
Tektonite, je nachdem die Verformung vor, gleichzeitig mit oder nach der Umkristallisation stattgefunden hat. Andererseits kann die Umkristallisation entweder *präkinematisch, parakinematisch* oder *postkinematisch* (oder prätektonisch
usw.) sein.

Das Rieckesche Prinzip. Becke machte schon einen scharfen Unterschied
zwischen allseitigem (hydrostatischem) *Druck* und einseitiger *Pressung* (Streß).
Die neue Sandersche Schule legt weit mehr Gewicht auf die kinematische Seite,
da man klar eingesehen hat, daß weder Druck allein noch Streß allein Gefügeregelung zustande bringen kann, wenn die Beanspruchung sich nicht in Teilbewegung auslöst. Zwar behandelt man die Probleme auch vom dynamischen
Gesichtspunkt — bei W. Schmidt ist dieser im Vordergrunde —, aber immer
unter der Voraussetzung, daß die erste Wirkung des Stresses, die elastische Verformung, beim Überschreiten der Festigkeitsgrenzen des Materials in irreversible
plastische Verformung übergehen kann, wobei zufolge dieser Durchbewegung
eine Regelung entsteht.

Nach dem vor einem Vierteljahrhundert allgemein anerkannten Rieckeschen
Prinzip sollte der Streß als Zustand einseitiger Beanspruchung eine parallele
Orientierung der neu entstehenden Kristalle hervorrufen. Die dynamische Seite
wurde also stark hervorgehoben, aber es wäre doch verfehlt zu sagen, daß Bewegungen gar nicht berücksichtigt wurden, denn nach dem Rieckeschen Prinzip
wandert die Substanz zufolge einer molekularen Diffusion in der Richtung der
Schieferungsfläche; hier liegt schon die Annahme vor, daß den Gesteinen bei
der Umkristallisation eine *metamorphe Plastizität* zukommt.

Unter genügendem, die Bruchfestigkeit der Gesteine überschreitendem Belastungsdruck befinden sich die Gesteine in einem Zustand latenter Plastizität
und bruchlose Umformung (A. Heim, Mechanismus der Gebirgsbildung, 1878)
kann eintreten. Nach der älteren Theorie wird diese jedoch nicht so sehr durch
eine mechanische Plastizität der Gemengteile bewirkt als durch chemische Vorgänge (Auflösung und Kristallisation). Diese hängen nach Riecke vom Druck
in der Art ab, daß der Schmelzpunkt eines jeden Minerals proportional dem

Quadrat des Druckes erniedrigt und seine Löslichkeit im selben Verhältnis vermehrt wird. Bei den kristallinen Körnern eines Gesteins, zwischen denen eine ungesättigte Lösung der Gesteinsgemengteile auf den kapillaren Klüften zirkuliert, werden nun Oberflächenelemente, die *senkrecht* zur Pressung liegen, am meisten gepreßt und deformiert sein, während Oberflächenelemente, die in Richtung der Pressung fallen, relativ frei von Pressung und Deformation sein werden.— „Es ergibt sich das Resultat, daß die am stärksten gepreßten Stellen der Körner gelöst werden, während die am schwächsten gepreßten in der zwischen den Körnern zirkulierenden Lösung weiterwachsen. Hierdurch werden die Körner offenbar in der Richtung der stärksten Pressung durch Auflösung verkürzt, in der Richtung des leichtesten Ausweichens durch Wachstum ausgedehnt" (Becke 1903).

Beim Wachsen der Kristalle findet eine Auslese statt, die in richtige Lagen gestellten Kristalle wachsen weiter in der Schieferungsebene, die quer zu dieser Richtung gelegenen Kristalle bleiben kürzer und kleiner, wie man das bei den „Querbiotiten" oder „Querhornblenden" der kristallinen Schiefer häufig findet. Falls die Minerale bevorzugte Wachstumsrichtungen haben, wie Glimmer oder Amphibol, entsteht hierbei eine Regelung, die *Kristallisationsschieferung*.

Neben der Kristallisationsschieferung erkannte Becke die Bedeutung der mechanischen Verformung und noch anderer Umstände, wie der rein mechanischen Einstellung flächenhafter oder länglich gestalteter Kristalle senkrecht zur Druckrichtung und der primären Lagerung klastischer Glimmerschüppchen parallel der Sedimentierungsebene, welche Schieferungsebene werden kann, sowie die Mitwirkung von Gleitung und Translation innerhalb der Individuen. Als die wichtigste mechanische Wirkung sah Becke die Kataklase an, wobei „größere Gemengteile unter Einwirkung der Pressung zerbrechen und die Bruchstücke durch Verschiebung und Gleitung sich in einer Fläche senkrecht zur Druckrichtung ausbreiten". Ob nun Kataklase oder Kristallisationsschieferung die Oberhand gewinnt, hängt ab von dem Verhältnis zwischen der Pressung und der Fähigkeit des Gesteins, die Pressung durch Umkristallisieren auszugleichen. Letzteres wird vor allem durch höhere Temperatur begünstigt und reinere Kristallisationsschieferung ist folglich tieferen Bildungszonen der kristallinen Schiefer eigen, während kataklastische Erscheinungen sich vorzugsweise in den oberen Teilen der Erdrinde geltend machen.

Wir wollen nun zur Besprechung der neueren Vorstellungen der Sander-Schmidtschen Schule übergehen.

Laminare Gleitung. Nach unserer heutigen tektonischen Auffassung sind Überschiebungen die vorherrschende Bewegungsart der Gebirgsbildung in den oberen Zonen der Faltengebirge. Die überschobenen Decken sind nicht als starre Schollen übereinandergeglitten, sondern es haben Teilbewegungen innerhalb der Decken stattgefunden. Als tektonische Richtung der Teilbewegung wird die relative Richtung der oberen von zwei im Verhältnis zueinander sich bewegenden Platten definiert.

Als ein anschauliches Beispiel für die Art der gleitenden Teilbewegung nehmen wir die Gleitung der Blätter eines Buches, wenn dieses von der Rückseite her gebogen wird (Abb. 15). Wir betrachten zuerst nur denjenigen Bereich, wo die Blätter nicht gebogen, sondern nur relativ zueinander in der Blattebene um den gleichen Betrag verschoben wurden (rechts). Die hier stattfindende Verformung nennen wir *laminare Gleitung*; Sander nennt sie auch *Scherbewegung*, während Becker sie als *homogeneous rotational strain* bezeichnet hat. Die einfachen Regeln dieser Bewegungsart lassen sich in unerwartet hohem Grade auf die tektonischen Bewegungen übertragen, obgleich das Beispiel einen Idealfall darstellt, der in der Gesteinswelt wohl nie verwirklicht wird.

Wir zeichnen zuerst beliebige Figuren auf das glatte Ende des Buches, darunter einen Kreis mit Durchmesser parallel und normal zu den Blättern. Dann wird der hintere Teil des Buches mehr und mehr gebogen. Nun wollen wir untersuchen, was aus unseren Zeichnungen geworden ist. In dem ungebogenen

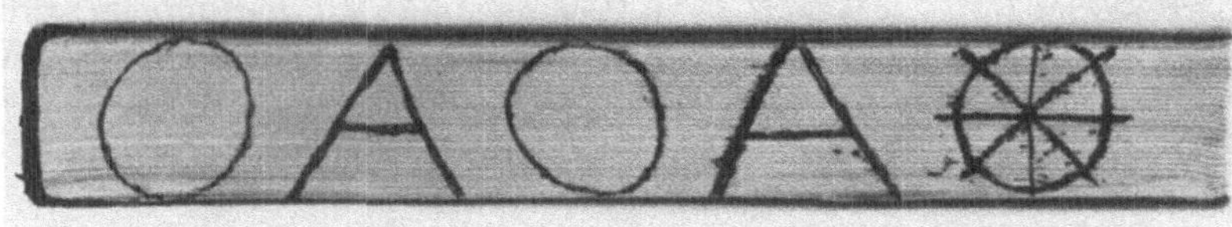

a

b

Abb. 15. Laminare Gleitung an den Blättern eines Buches. *a* unverformt; *b* verformt; rechts homogene, links inhomogene Verformung.

Bereich (rechts) sind die Blätter in der Horizontalebene tektonisch gesprochen nach rechts überschoben worden, indem jedes Blatt etwas über das darunterliegende geglitten ist. Aus dem Kreis wurde eine Ellipse. Der ursprünglich

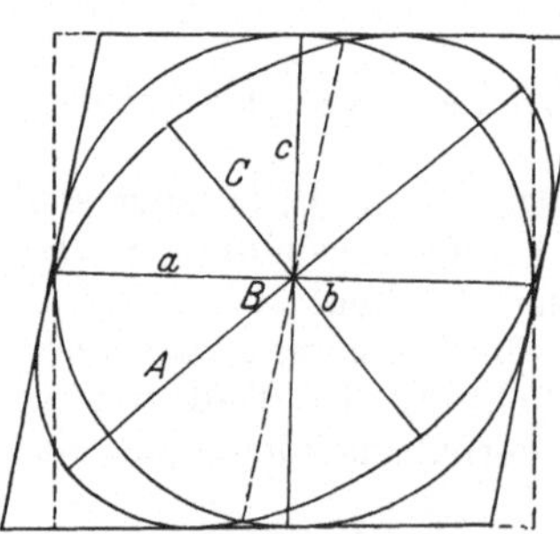

Abb. 16. Verformungsellipsoid bei homogener laminarer Gleitung.

vertikale Durchmesser des Kreises machte eine Drehung im Sinne des Uhrzeigers. Er dehnte sich und ist jetzt die längere Achse A der Ellipse (Abb. 16). Die kürzere Achse C wurde mit zunehmender Gleitung immer kürzer und entfernte sich gleichzeitig rotierend immer mehr von der Gleitebene. In Richtung und Länge unverändert blieb dagegen der horizontale Durchmesser a in der Gleitebene, den Blättern parallel.

Denken wir uns nun eine Kugel in das Innere des Buches eingezeichnet, so bleibt darin offenbar der dritte, senkrecht zu den ursprünglichen Kreisdurchmessern gezogene Kugeldurchmesser bei der Gleitung unverändert in seiner ursprünglichen Richtung. Jeder Massenpunkt bewegt sich in der *Verformungsebene AC*. Darum nennen wir diese einfache laminare Gleitung eine *ebene Verformung*. Die Kugel wird ein dreiachsiges Ellipsoid, das *Verformungsellipsoid*, dessen längste Achse A und kürzeste Achse C die rotierenden Achsen unserer Ellipse sind, während die auf dieser Ellipse senkrecht stehende, nach Länge und Richtung unveränderliche Achse B die mittlere Achse des Ellipsoids darstellt. Ferner bleibt noch der *Kreisschnitt* des Ellipsoids in der Gleitebene unverändert, während die längste Ellipsoidachse sich allmählich mehr und mehr der Gleitebene nähert. Der Grenzwinkel für die Drehung der Achse A ist offenbar 90°. Die Symmetrie dieser Verformung ist monoklin.

Im beschriebenen Beispiel war der Gleitungsbetrag eines jeden Blattes dem nächstliegenden Blatt gegenüber derselbe. Eine solche laminare Gleitung stellt einen Fall *homogener Verformung*[1] dar. Damit soll ausgedrückt werden, daß alle ursprünglichen Geraden auch nach der Verformung Geraden sind. Ellipsen bleiben Ellipsen (Grenzfall Kreis), Rechtecke werden in gleich hohe Parallelogramme verwandelt.

Die laminare Gleitung setzt voraus, daß sich die durchbewegte Masse in einzelnen, unendlich dünnen, zusammenhaltenden Lagen bewegt. In der Gesteinswelt sind geschichtete Tonschiefer besonders geeignet für eine solche Teilbewegung, aber auch andere Gesteine können beim tektonischen Strömen in den Überschiebungsdecken der Gebirgsketten annähernd laminar gleiten. In Verschiebungen zwischen harten „bewegten Backen", z. B. bei den Harnischmyloniten, kommt eine gleichartige laminare Gleitung vor.

Die Gleitebene ab (parallel zu a und senkrecht zur Zeichnungsebene in Abb. 16) ist die *Scherfläche*. Sie ist zugleich die Kreisschnittebene des Verformungsellipsoids. Normal auf a steht c. abc (nach SCHMIDT xyz) sind die Lagekoordinaten der Tektonite. Zur Angabe verschiedener Flächenlagen im Achsenkreuz abc hat SANDER die Anwendung von kristallographischen Indizes (hkl) eingeführt. So werden alle Flächen in der Zone parallel zur Achse $b//B$ als $(h0l)$-Flächen bezeichnet.

Eine tektonisch wichtige Richtung in der Scherfläche ist die Gleitrichtung oder *Gleitgerade a*. Normal auf $AC = ac$ steht $b//B$, wichtig als die *Rotationsachse* und *Streichrichtung* der Tektonite und zugleich als die *Faltenachse* (s. links in Abb. 15), ferner als die Richtung der *Schnittgeraden* manchmal einander schneidenden Scherflächen in der Lage $(h0l)$.

Bei laminarer Gleitung tritt die Scherfläche durch Gefügeregelung als Schieferungsebene hervor und wird in dieser Ausbildung als „*Scherungs-s*" bezeichnet. Es gibt noch andere Arten von s-Flächen. „s" soll nämlich nach SANDER ein neutraler, ungenetischer Ausdruck sein „für Flächenscharen mechanischer Inhomogenität — wie sie mehr oder weniger eindeutig in Teilbarkeitsversuchen der Natur, des Geologen und des Technikers zu Worte kommen".

Reine Schiebung. Von einer anderen neben der laminaren Gleitung wichtigsten Art ebener und homogener Verformung gibt uns ebenfalls ein anschauliches Modellbeispiel am leichtesten eine erste Vorstellung. Abb. 17 zeigt ein verformtes Drahtgitter. Darauf war vor der Verformung ein Kreis mit Durchmessern, so wie er schwarz gezeichnet ist, mit weißer Farbe aufgetragen worden. Durch diagonal wirkende Beanspruchung wurde dieser Kreis so verformt, wie er jetzt weiß sichtbar ist. Der Kreis hat sich in eine Ellipse verwandelt. Die zwei in der Zeichnungsebene gelegenen Hauptachsen sind der Lage nach unverändert geblieben, aber die eine hat sich verlängert und die andere verkürzt; alle anderen Diagonalen haben Drehungen gegen die längste Ellipsoidachse hin gemacht und nähern sich der Richtung dieser; nur die kurze Achse behält ihre Richtung bei und die ihr benachbarten Durchmesser drehen sich nur wenig.

Stellen wir uns statt dieses ebenen Gitters ein dreidimensionales kubisches Gitter vor und denken uns dasselbe durch eine senkrecht auf eine Diagonalebene wirkende Beanspruchung verformt, so verwandelt sich eine Würfelfläche in einen Rhombus, wie in Abb. 17 und 18, und eine in den Würfel eingezeichnete Kugel in ein dreiachsiges Ellipsoid mit unveränderlicher mittlerer Hauptachse B.

---

[1] SANDERS *affine Deformation*.

Auch hier haben wir es also mit homogener ebener Verformung zu tun. Wie leicht zu ersehen, findet in diesem Falle Gleitung in zwei Kreisschnittebenen statt. Die Durchmesser der Kreisschnitte sind gleich B. Diese Kreisschnittebenen, also die Scherflächen, werden rotiert und nähern sich mehr und mehr der nicht verlagerten Ebene der längsten Hauptachse A und der mittleren Hauptachse B des Verformungsellipsoids. Diesen Vorgang nennen wir *Plättung*.

Die zuletzt beschriebene Art von Verformung wurde von HELMHOLTZ als *reine Schiebung* bezeichnet; BECKER nannte sie *homogeneous irrotational strain*,

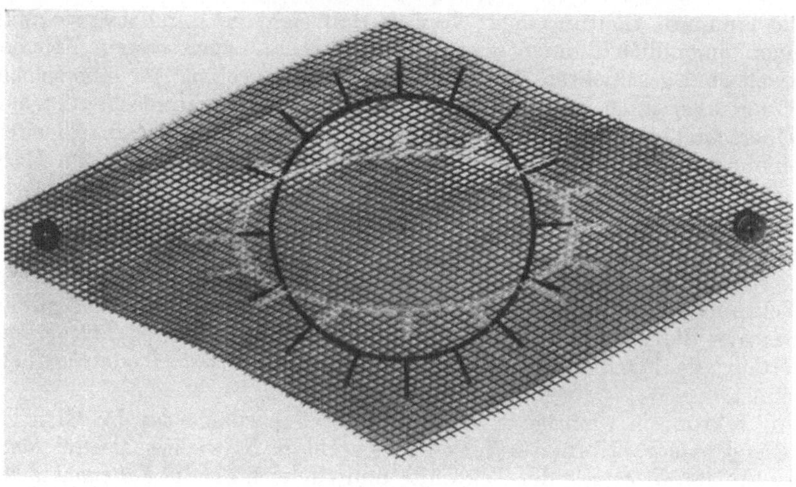

Abb. 17. Verformung eines quadratischen Drahtgitters. Idealbild der reinen Schiebung. (Aus SANDER.)

weil die Hauptachsen des Verformungsellipsoids nicht rotiert werden. Annähernd ähnliche Verformung kann durch Pressung oder Dehnung in plastischen Substanzen, wie Ton oder Plastilin, erzeugt werden (s. Abb. 22). Doch muß gleich

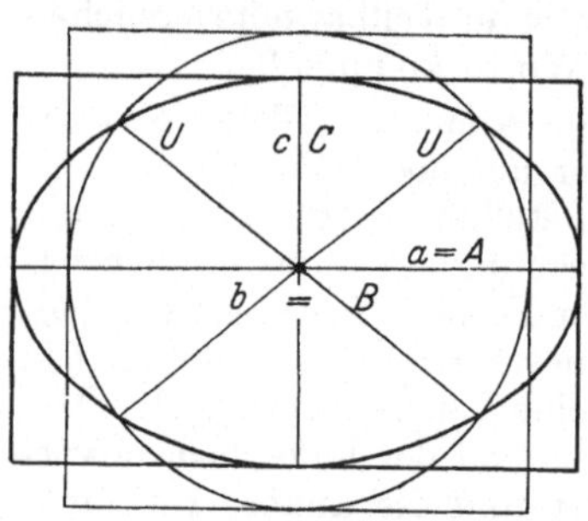

Abb. 18. Verformungsellipsoid bei reiner Schiebung.

bemerkt werden, daß *ebene* reine Schiebung nur da erfolgen kann, wo das Ausbreiten des Materials aus der Verformungsebene verhindert ist (wie in unserem kubischen Drahtgitter). Ein Experiment zur Nachahmung dieser Verformungsart wäre also in einer Rinne mit rechtwinkligem Querschnitt und mit starren parallelen Wänden auszuführen. — Die Symmetrie der Verformung ist rhombisch.

Es ist eine ganz allgemeine Erscheinung bei Verformung, daß symmetrisch zur Beanspruchungsrichtung zwei Scherflächen entstehen. Die Lage der Scherflächen ist bei starren Substanzen um 45° zur Beanspruchungsrichtung geneigt, wie aus dynamischen sowie kinematischen Betrachtungen geschlossen und empirisch bestätigt werden kann. Bei plastischer Schiebung sind die Scherflächen nur Ebenen maximaler Schiebung oder maximaler Schergeschwindigkeit. Es bilden sich keine Risse in diesen Ebenen. Wenn bei Überschreitung der Elastizitätsgrenze Risse entstehen, so liegen sie tatsächlich annähernd diagonal zur verformenden Beanspruchung. Bei weniger starren Substanzen ist der Winkel der Scherflächen zur Beanspruchung größer als 45° und erreicht den Wert 90°

bei Flüssigkeiten ohne Starrheit. Für mittelstarre Substanzen gelten Werte zwischen 45° und 90°.

Die Lage der Scherflächen ist also weitgehend vom Festigkeitsverhalten zur Zeit der Verformung abhängig und damit auch davon, ob die Pressung langsam oder rasch angesetzt wurde. Etwa vorhandene Anisotropie des Materials kann mitwirken. Ferner vergrößert sich der Winkel während der Verformung durch Rotation, wie soeben gezeigt wurde.

Zusammengesetzte Verformung. Bei laminarer Gleitung wirkt die verformende Beanspruchung oder wenigstens die wirksame Komponente derselben in der Richtung der Gleitgerade, bei reiner Schiebung wieder wirkt sie senkrecht zur Richtung der längsten Hauptachse des Verformungsellipsoids, d. h. zur Richtung der Dehnung des verformten Körpers *(gerade Pressung)*. In der Natur ist jedoch *schiefe Pressung* weitaus häufiger. Die dadurch verursachte Verformung kann in einfachere Verformungen zerlegt werden. Ihre Einzelkomponenten können entweder zwei in verschiedenen Richtungen wirkende reine Verschiebungen oder auch Schiebung kombiniert mit laminarer Gleitung sein. In beiden Fällen rotieren sowohl die Hauptachsen der Verformungsellipsoide wie ihre Kreisschnitte. In der Verformungsebene eingezeichnete Rechtecke werden in Parallelogramme mit veränderter Höhe aber unverändertem Flächeninhalt verwandelt (Abb. 19), vorausgesetzt, daß der hydrostatische Anteil des Druckes keine erhebliche Volumenverminderung erzeugt.

Nichtebene Verformung. Mit den bis jetzt erläuterten Beispielen wurde die ebene Verformung betrachtet. Bei dieser Verformung bleiben alle Massenpunkte, die sich ursprünglich in der Verformungsebene $AC = ac$

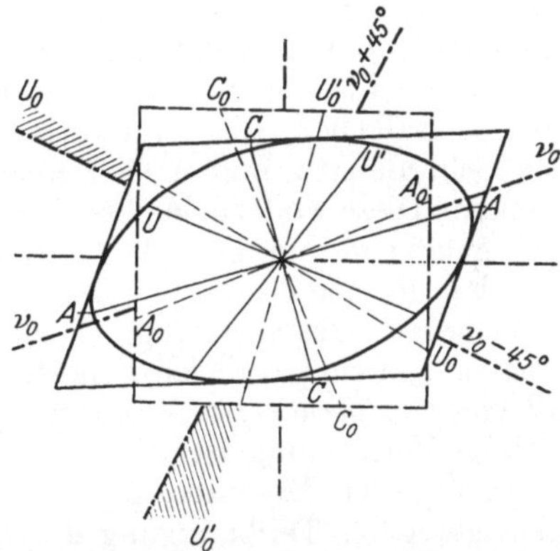

Abb. 19. Zusammengesetzte Verformung. Das Quadrat wird in das Rhomboid verwandelt. A und C sind die endgültigen Hauptachsen, U und U_1 die Kreisschnitte des Verformungsellipsoids in der Verformungsebene. A_0, C_0, U_0, U_0' zeigen dieselben Lagen bei Beginn der Verformung. ν_0 und $\nu_0 \pm 45°$ geben die endgültigen Lagen der materiellen Fasern, welche bei Beginn der Verformung mit der großen Ellipsenachse und mit den Kreisschnitten zusammenfielen. Die Schraffur bezeichnet also die keilförmigen Bereiche im Material, welche von den rotierenden Kreisschnitten im Lauf der Verformung bestrichen werden. Die beiden Kreisschnitte haben um verschiedene Winkelbeträge rotiert. (Nach SANDER.)

(Papierebene in Abb. 19) befanden, fortwährend in derselben Ebene, was einer „Strömung in einer Rinne mit starren Ufern" entspricht. Das tektonische Strömen verhält sich manchmal so. Doch zeigt die Gefügeausbildung der verbreitetsten Tektonite, daß sie sich aus der Verformungsebene beiderseits in der Richtung der mittleren Achse B des Verformungsellipsoids senkrecht zu ihrer tektonischen Transportrichtung ausgebreitet haben. Dies geht besonders aus dem gestreckten Gefüge hervor. Dehnung in der Richtung B wird ferner schön von den sog. Boudinagen demonstriert.

Wir werden im folgenden besonders die Verlängerung der Achse B im Auge behalten, weil dieser Fall bei Tektoniten am wichtigsten ist, aber die nichtebenen oder dreidimensionalen Verformungen umfassen noch eine Menge anderer Möglichkeiten. Ein Sonderfall ist die *wirtelige Schiebung*. Sie wird verursacht durch gerade Pressung auf eine Platte, die nach allen Richtungen senkrecht zur Beanspruchungsrichtung die gleiche Ausweichmöglichkeit hat. Die oben für die reine Schiebung abgeleiteten Regeln gelten auch hier. Die entstehenden Scherflächen sind theoretisch kegelförmig. Die Symmetrie der Verformung ist nun wirtelig, während die Symmetrie des nichtebenen tektonischen Strömens typisch monoklin ist. Wenn das Ausbreiten des tektonischen Stromes auf

einseitige Hindernisse stößt oder wenn der Strom aus seinem geraden Verlauf ab-
gelenkt wird, so verliert die Verformung ihren Symmetrieplan und wird triklin.

Die verschiedenen Symmetrien der Verformung spiegeln sich in den Regelungsbildern wieder. Theoretisch können wir aber eine symmetrische nichtebene Verformung mit Dehnung der Achse B in 2 Einzelverformungen zerlegen, nämlich eine ebene Verformung in AC mit Scherflächen in ab und eine
reine Schiebung mit der längsten Ellipsoidhauptachse in der Richtung B. Diese
Betrachtungsweise kann bei der Erklärung einiger Regelungstypen der Tektonite nützlich sein.

Zweischarige und einscharige Verformung. Die oben beschriebene zusammengesetzte Scherverformung ist eine Verformung recht allgemeiner Art. Wie bei
reiner Schiebung erzeugt auch bei zusammengesetzter Verformung jede Beanspruchung, die die Elastizitätsgrenzen des Materials überschreitet, 2 Systeme
von Scherflächen, die symmetrisch zu den Ellipsoidhauptachsen geneigt sind.
Die Scherflächen bilden sich nicht genau in den theoretischen Kreisschnittebenen. Diese ändern ja ihre Lage während der Verformung. Da im übrigen
ihre Lage von den Festigkeitseigenschaften des Materials abhängt, ist sie verschieden in den verschiedenen Einzelkörnern, welche die streng homogenen
Bereiche im Gesteinsgefüge ausmachen. Die Scherflächen treten folglich als
Scharen von subparallelen Scherflächen auf. Die reine Schiebung ist der Idealfall einer *zweischarigen* Verformung, während die laminare Gleitung eine *einscharige* Verformung ist.

In unserem Modellbeispiel von laminarer Gleitung (Abb. 15) war die Einscharigkeit der Teilbewegung durch das Material bedingt. In Gesteinen hängt
die Art der Teilbewegung ebenfalls sehr stark vom primären Gefüge des Materials
ab, aber auch von anderen Umständen, wie der Richtung der Beanspruchung
und dem Verhältnis der Beanspruchungsgrößen in drei zueinander senkrechten
Richtungen, oder den Achsen des *Spannungsellipsoids*. Theoretisch wäre bei
schiefer Pressung immer zweischarige Verformung zu erwarten. Das Auftreten
von mehreren Scherflächenscharen ist in sehr vielen Tektoniten gefügeanalytisch bestätigt worden. Dabei ist aber meistens die eine Schar viel kräftiger
betätigt worden als die andere, wie aus der vollständigeren Regelung in ihrer
Ebene hervorgeht. So nähert sich die Bewegungsart praktisch doch der Einscharigkeit; wie schon erwähnt, gilt dieses besonders für das tektonische Strömen
in den großen Überschiebungsdecken vom alpinen Typus. Dieser Umstand ist
Gegenstand sehr eingehender Erörterungen gewesen und schon BECKER (1893)
gab zur Erklärung dieser Erscheinung eine sinnreiche Hypothese, nach der das
Vorherrschen nur einer Scherflächenschar dadurch bedingt sei, daß bei der Rotation des Verformungsellipsoids bei zusammengesetzter Verformung durch
schiefe Pressung die eine Ebene der maximalen Schiebung viel schneller rotiert
als die andere (s. Abb. 19). In den Ebenen, welche rasch rotieren, verstärkt die
innere Reibung die Starrheit, es bleibt keine Zeit für Fließvorgänge beträchtlichen Ausmaßes, und wenn nicht Zerreißung eintritt, ist der Effekt gering. In
der langsamer rotierenden Schar von Ebenen hat der Körper dagegen Zeit,
fließend nachzugeben, und der Viskositätswiderstand ist geringer. Regelung in
dieser Scherflächenschar wird viel vollkommener.

W. SCHMIDT hat bei Erklärung von der häufigen Einscharigkeit der Verformung darauf hingewiesen, daß die eine Ebene maximaler Schiebung deswegen nicht zur Betätigung gelangen kann, weil die Verschiebung wegen der
Lage der Ebene einem zu großen Widerstand begegnet, z. B. wenn sie schräg
gerichtet ist. Verschiebung und Scherung kann nur bedeutsam werden, wenn
die Scherebene „ins Freie führt", d. h. in einer nicht zu weiten Entfernung
die Erdoberfläche schneidet, indem sie z. B. schräg aufwärts gerichtet ist, so

daß Überschiebung erfolgen kann. Diese Erklärung ist für die meisten Fälle vollkommen ausreichend. In anderen Fällen, wie bei Substanzen geringer innerer Reibung (Flüssigkeiten, Ton), oder geschichteten Materialien, deren einzelne zusammenhaltende Schichten mit Schichten von „schmieriger" Substanz geringeren Reibungswiderstandes wechsellagern, ist die Einscharigkeit durch diese mechanischen Eigenschaften des Materials bedingt.

Nichthomogene Verformungen in Biegegleitfalten. Intern- und Externrotation. Homogene Verformungen gehen in der Natur leicht in nichthomogene Verformungen über; dazu gehören u. a. allerlei Faltungen durch Biegung, die *Biegegleitfalten.* In Abb. 15 haben wir schon ein anschauliches Beispiel von ebener inhomogener laminarer Gleitfaltung, dessen Gegenstücke jedermann in den Gesteinsfalten leicht erkennt. In der Biegegleitfalte links sehen wir, wie die Geraden gebogen werden. Der Kreis wird nicht mehr eine Ellipse, sondern eine gebogene Figur; auch der in der Gleitebene gelegene Durchmesser rotiert und kann bei weiterem Rollen offenbar unbegrenzt rotieren, in Kleinbereichen auch ohne Verformung. SANDER nennt Rotation ohne innere Verformung die *Externrotation,* während die zuerst erläuterte begrenzte Rotation der Ellipsoidhauptachsen bei laminarer Gleitung sowie die Rotation der übrigen Durchschnitte einschließlich der Kreisschnitte

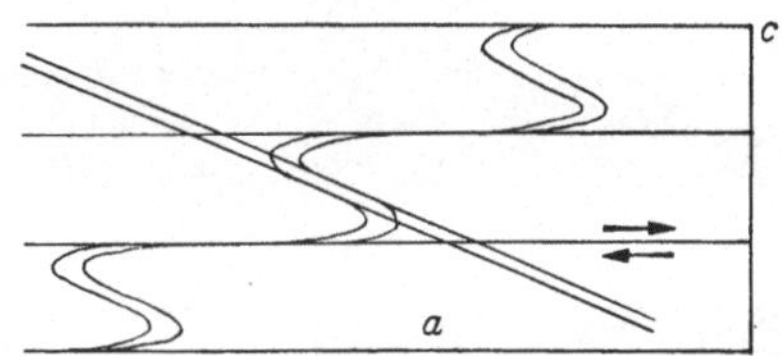

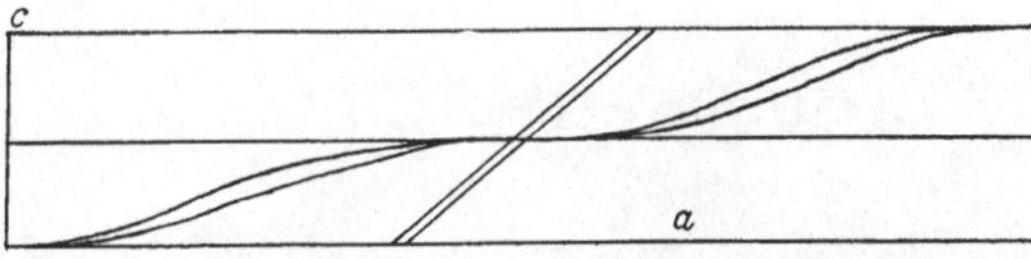

Abb. 20. Entstehung der Gleitbrettfalten nach W. SCHMIDT.

bei Schiebung *Internrotation* genannt wird. Bei den Biegegleitfalten treten also Extern- und Internrotation nebeneinander auf.

Gleitbretter und Gleitbrettfaltungen. Eine andersartige Inhomogenität der laminaren Gleitung kommt dadurch zustande, daß der Betrag der Differentialverschiebung aufeinanderfolgender Platten wechselt. Dies tritt recht häufig in gebänderten oder warwigen Sedimenten ein, und es entstehen *Gleitbretter* (W. SCHMIDT). Die Verschiebungen sind dann größtenteils an den Grenzebenen zwischen den Gleitbrettern lokalisiert, während innerhalb der Bretter nur unbeträchtliche oder keine Verschiebungen stattfinden. Das räumliche Ausmaß dieses Wechsels kann sehr verschieden sein, von Größen von Hunderten von Metern bis hinab zu Millimetern.

Findet sich im Gestein vor der Verformung eine mechanisch unwirksame Vorzeichnung schräg oder senkrecht zu der Schichtung, so wird sie bei der Gleitbretterbildung gefaltet (Abb. 20). *Gleitbrettfaltung* (SCHMIDT) ist eine für die Tektonik und Gefügekunde wichtige Erscheinung, denn sie gibt eine willkommene Gelegenheit zur exakten Bestimmung des Betrages der Gleitung.

Formregelung. Bei laminarer Gleitung wie überhaupt bei einschariger Verformung ist die Lage der Scherebene *s* meistens leicht erkennbar, denn sie ist zugleich der Plan des flächenhaften Parallelgefüges, wenn überhaupt ein solches vorhanden ist. In dieser Fläche werden die gerichteten Kristallformen sowie die geeigneten Gitterrichtungen 1. mechanisch und 2. durch Umkristallisation während der Bewegung eingeregelt. Einige mögliche Wege der mechanischen Einregelung können wir unmittelbar aus unserem einfachen Idealmodell, dem Buche ableiten.

An Abb. 15 sehen wir, wie die Linien der Zeichnungen bei fortschreitender Gleitung sich immer mehr der Richtung der Gleitfläche s nähern. Es handelt sich um *die Einregelung mechanisch unwirksamer Vorzeichnungen in s* („Scherungs-*s*"). Zuerst werden alle gegen die Bewegungsrichtung einfallenden Linien mehr senkrecht gegen s gestellt und gehen erst über die Normalstellung in eine in die Bewegungsrichtung geneigte Stellung über, wie der rechte Schenkel des Buchstabens A in Abb. 15.

Beispiele von Vorzeichnungen, deren primäre Form bekannt ist, bieten gelegentlich verzerrte Fossilien und häufiger die Gleitbrettfalten dar. Beispiele von ebenen und in kleineren Bereichen genügend homogenen laminaren Gleitungen finden sich ferner in vertikalen Verschiebungszonen, wie im Graphitkalkstein (Abb. 21). Der Kalkstein ist sonst richtungslos körnig und enthält regelmäßig zerstreute Graphitkristalle. In der Verschiebungszone sind die Graphitkristalle ausgewalzt worden, und man beobachtet den Übergang in immer mehr ausgezogene Formen. Die Längsrichtung der Graphitschuppen ist in diesem Falle praktisch parallel der Gleitrichtung a in der Scherfläche s. Aus der Länge der ausgewalzten Graphitschuppen ist zu entnehmen, daß die Durchmesser der ursprünglichen Kugel in den langen Achsen des Verformungsellipsoids 10—20mal verlängert worden sind. Da die Mächtigkeit dieser Verwerfungszone mindestens 100 m ist, so kann daraus ein Minimalwert der Verwerfung zu etwa 1000 m geschätzt werden.

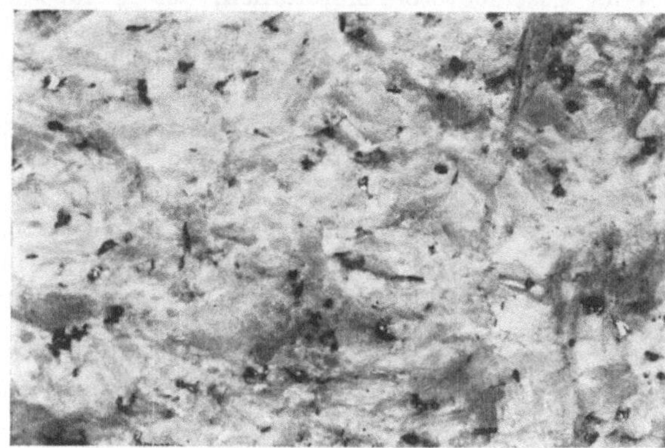

a

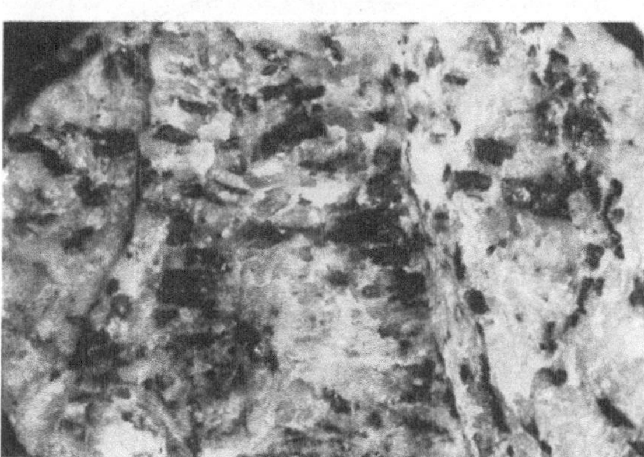

b

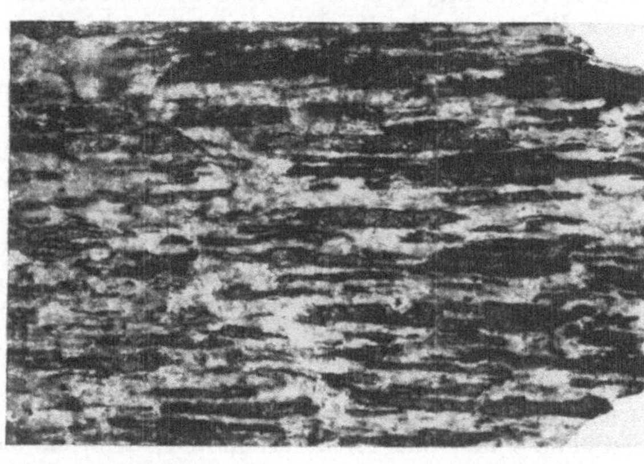

c

Abb. 21 a bis c. Graphitkalkstein aus Sviatoi Noss, Transbaikalien. Oben unverformter, in der Mitte und unten sukzessive Stadien laminarer Gleitung in einer Verwerfungzone.

Bei der reinen Schiebung erfolgt die Einregelung mechanisch unwirksamer Vorzeichnungen in die längste Achse des Verformungsellipsoids (Abb. 17). Einzelne vorexistierende Mineralkörner können hierbei geplättet oder ausgezogen werden und erhalten eine Formregelung im AB-Plan, die unabhängig von der Gitterorientierung sein kann, z. B. beim Feldspat und Quarz mancher Augengneise und geschieferter Quarzporphyre.

Die mechanisch widerstandsfähigen Kristalle werden, wenn sie nicht isometrisch sind, nach ihrer Form orientiert. Dann haben wir die *Einregelung von starren Gebilden*. Abb. 22 zeigt ein mit Plastilin ausgeführtes Experiment. Vor der Verformung wurde die Ebene der Verformung (= Bildebene) regellos mit kleinen Stäben bestreut und diese in Plastilin gepreßt. Nach der Verformung ergibt sich wahrnehmbare Einregelung der Stäbe in den größten Ellipsoidhauptschnitt (also nicht in den Kreisschnitt!). Es entsteht eine s-Fläche,

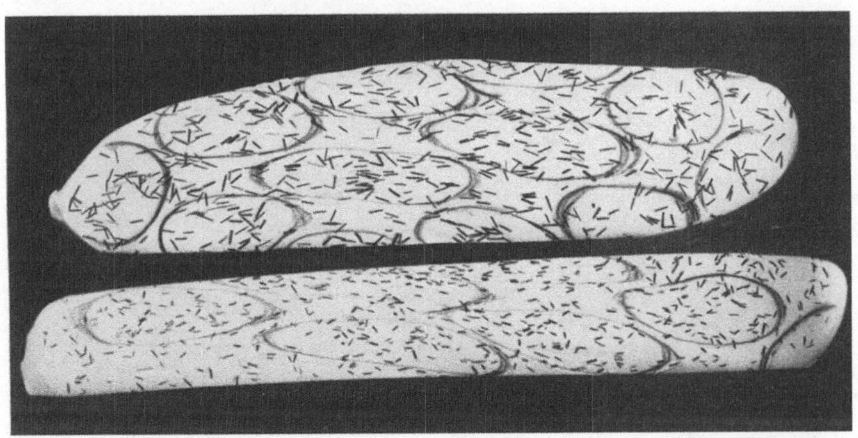

Abb. 22. Einregelung von starren Stäben in gepreßten Plastilinkuchen. (Aus SANDER.)

SANDERs „Plättungs-s", in AB. Diese kann als eine deutliche Schieferung hervortreten, ist aber vom „Scherungs-s" genetisch auseinanderzuhalten.

Nun ist die Gesteinsverformung gewöhnlich weder rein laminare Gleitung noch reine Schiebung, sondern enthält beide kombiniert und dazu noch Elemente von inhomogenen und nichtebenen Verformungen mit Externrotationen. Bei reiner Schiebung ist das Ziel der Regelung die senkrecht auf die erzeugende Beanspruchung stehende Ebene, bei laminarer Gleitung ist es die Gleitebene, die schief oder parallel zur erzeugenden Beanspruchung steht. Im allgemeinen steht die Ebene der Scherflächen nach SANDER nie genau senkrecht zur Streßrichtung, kann sich aber dieser Richtung praktisch nähern.

Zu den schon besprochenen Externrotationen ohne innere Verformung gehört das Rollen von starren isometrischen oder stabförmigen Gebilden. Da solche Gebilde in den Tektoniten meistens metamorph entstandene Porphyroblasten sind, enthalten sie oft schichtenweise angeordnete helizitische Einschlüsse, welche die Ausgangslage erschließen lassen und somit wertvolle Hilfsmittel zur exakten Ermittlung der Art und des Betrages der Durchbewegungen sind. Sie lassen nämlich Achse, Sinn und Winkel der Rotation bestimmen. Ist die Verformung parakristallin, so wächst der Kristall gleichzeitig mit der Rotation. Nacheinander werden neue ursprünglich lagenweise, parallel angeordnete Körnchen von Eisenerz, Graphit oder Quarz usw. helizitisch eingeschlossen. Sie sind um so mehr rotiert worden, je längere Zeit sie während der Rotation eingeschlossen waren. So entstanden die *s*-förmigen *Einschluß-wirbel* (Abb. 23), die wohl zuerst von NIGGLI (1912) im Chloritoid der Chloritoid-schiefer des nordöstlichen Gotthardmassivs beschrieben wurden. Bei nach-kristalliner Verformung werden die helizitischen Einschlußreihen nur gedreht, bei vorkristalliner Verformung bilden die Lagen der Einschlüsse sich so ab, wie sie waren, gefaltet oder ungefaltet, bevor die Umkristallisation einsetzte. BECKE (1924) berechnete bei einem Einschlußwirbel in Granat im Granatphyllit, Airolo, Schweiz, aus dem Rotationswinkel und dem Durchmesser des Granat-porphyroblasten den Mindestbetrag der Verschiebung in *s*. In einem Falle war der Durchmesser 0,3 cm und der Rotationswinkel 320°, woraus sich ergab, daß die das Korn an beiden Seiten berührenden Schieferlagen gegeneinander wenig-stens um 1,68 cm verschoben waren. W. SCHMIDT (1932) hat aus theoretischen

Abb. 23. Einschlußwirbel in Almandinkristallen. Murinascia, Val Piora, Tessin. (Aus KRIGE.)

Erwägungen geschlossen, daß der gesamte Gleitweg genau das Doppelte des Umfangweges ist, weil die Reibung an der Vorder- und Hinterfläche genau gleich groß wie die auf der Ober- und Unterfläche sein muß. War also das homogen verformte Schieferpaket 100 m mächtig, so wäre der Gesamtbetrag der Über-schiebung in diesem Bereiche 1120 m!

Die Einschlüsse in Kristallen sind wie die anderen Gemengteile geregelt. Das „Interngefüge" und die „Internregelung" dieser Einschlüsse wird natürlich von der Rotation beeinflußt; so wird man innerhalb des Kristalls andere durch Einschlüsse ausgezeichnete Scherflächen (*si* genannt) antreffen als außerhalb derselben (*se*).

Stäbe werden sich bei laminarer Gleitung so lange bewegen, bis sie in der Gleitebene liegen. Scheiben finden ebenfalls eine Endlage in der Gleitebene. Findet eine Krümmung der Ebene in der Bewegungsrichtung statt, so können Stäbe und Scheiben Rotationen erfahren, und wie immer bleibt die Richtung *b* die Rotationsachse. Allerlei Biegegleitfaltungen und Rotationen können folg-lich beim tektonischen Strömen die Einregelung linearer Formelemente in die Richtung der tektonischen Achse *b* erzeugen, wie wir sie tatsächlich in Tekto-niten am häufigsten vorfinden.

Dasselbe gilt auch für manche Erstarrungsgesteine, die vor ihrer Erstarrung und während des letzten Fließens suspendierte Kristalle mitschleppten. Das typische Bewegungsbild für eruptive Spaltenausfüllungen ist das in Abb. 24 schematisch dargestellte: Die linearen Elemente sind an den Rändern, wo das Geschwindigkeitsgefälle am größten war, fast parallel dem Kontakt, im Querschnitt des Ganges aber bilden sie einen in der Stromrichtung konvexen Bogen; in der Gangmitte sind sie folglich quer zur Stromrichtung geregelt. In Übereinstimmung mit dem schnelleren Fließen zeigen die Erstarrungsgesteine viel öfter in der Stromrichtung geregelte lineare Gefüge, während die festverformten Tektonite meistens quer zur Stromrichtung und parallel der tektonischen Achse b linear geregelt sind; doch kommen beiderlei Strukturen in beiden vor.

Unter metamorphen Tektoniten zeigen besonders die *Harnischmylonite* deutliche Einregelung linearer Elemente in die Bewegungsrichtung. *Harnische* sind Einzelscherflächen, längs welchen Gesteinsmassen von Verwerfungen durchsetzt sind. Die Wände der Harnische sind meistens mit Chlorit- oder Glimmerblättchen belegt und die Verschiebungsrichtung ist durch Schrammen ausgezeichnet. An den

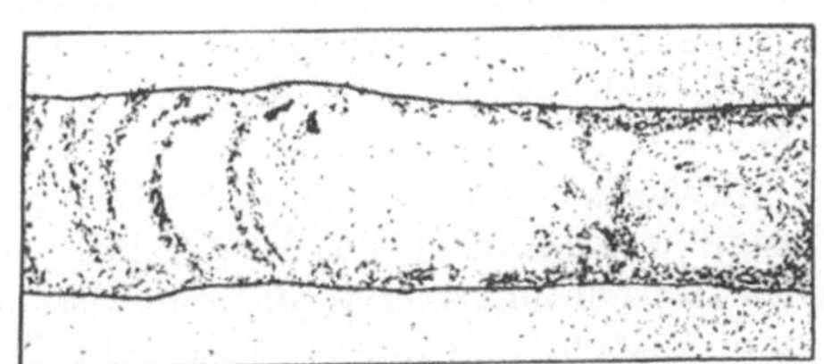

Abb. 24. Regelung linearer Elemente in einem Eruptivgang. (Nach H. CLOOS.)

polierten Rutschflächen kann man oft durch Tasten mit dem Finger den Richtungssinn der Rutschung an beiden Seiten bestimmen. An den Seiten und zwischen den Harnischen steht der aus Quarz oder Friktionsmörtel des Nebengesteins bestehende Harnischmylonit an, als bisweilen nur einige Millimeter, aber manchmal bis 100 m dicke Zone. Der oben beschriebene Graphitkalkstein ist ein nachkristalliner Harnischmylonit; andererorts trifft man an Harnischen vorkristalline Blastomylonite. SANDER hat schön geregelte Quarz-Harnischmylonite aus dem Melibokusgranit, Odenwald, der Gefügeanalyse unterworfen.

Die an harnischartigen Scherflächen vorkommende Riefung senkrecht auf Achse b und parallel der Gleitgeraden a wird nach SANDER *Rillung* genannt; die Riefung parallel der Achse b und senkrecht auf der Gleitgeraden heißt *Striemung*. Es ist häufig wahrnehmbar, daß am selben und namentlich an verschiedenen Mineralen desselben Gesteins eine Überlagerung von Rillung und Striemung vorliegt.

Die Striemung des Gesamtgefüges bedeutet also eine allgemeine Parallelanordnung linearer Elemente nach der tektonischen Achse b. Sie kann auf dreierlei Weise zustande kommen: 1. Ausbreiten des tektonischen Strömens senkrecht zur Strömungsrichtung und Formregelung in b (S. 287); nadel- und stengelförmige Kristalle wachsen in der Richtung b; 2. Rotation linearer Elemente um dieselbe Achse; auch hierbei wird Formregelung erzeugt; 3. Schneiden verschiedener Scherflächen und Scherrisse der Zone ($h0l$) in der Richtung B.

Die Verlängerung der Achse $b//B$ bedeutet eine Formänderung des Verformungsellipsoids. Schließlich kann $B > A$ werden; dann werden die Rollen der Achsen vertauscht und die Art der Verformung läuft in anderer Art weiter. Die frühere A-Achse wird nun die B-Achse und im Regelungsbild sind entsprechende Änderungen zu erwarten. FAIRBAIRN (1937) hat die in den Regelungsbildern sich nicht selten abspielende Erscheinung zweier B-Achsen, den Regelungstypus „$B \mid B$", auf diesen Umstand zurückgeführt. Tektonisch spiegelt sich das seitliche Ausbreiten des Stromes in den regelmäßigen Bogenformen der Faltengebirge wieder (W. SCHMIDT).

Wachstumsregelung. Bei der metamorphen Umkristallisation entstehen neue Kristalle gleichzeitig mit dem Anwachsen einiger der früheren Kristalle, und alle können nach ihrer Lage eingeregelt werden. Ihre Orientierung kann durch verschiedene Umstände bedingt sein. Bei parakristalliner Verformung können die neuen Kristalle schon als Keime jeder für sich gemäß der Durchbewegungsart eingeregelt werden. Bei statischer Umkristallisation wird ihre Orientierung von früher vorhandenen geregelten Mineralkörnern gemäß der Gesetze des Kristallverwachsens beeinflußt. Im letzteren Falle handelt es sich um eine Art von Abbildungsregelung (vgl. unten). Oder es können neuentstehende Kristalle eingeregelt werden, wie unten dargelegt wird.

Außer dieser passiven Wachstumsregelung gibt es mancherlei Mineralgebilde, bei denen die neu entstehenden Kristalle in bestimmten Richtungen wachsen, z. B. senkrecht auf die Wand in Drusenräumen, Mineralgängen und radialstrahligen Konkretionen, Kugeln der Kugelgranite usw. Dies ist eine aktive Wachstumsregelung.

Blastetrix nennt SANDER eine Grenzfläche oder irgendeine andere Fläche im Gestein, senkrecht zu der die Kristalle am freiesten wachsen können. Die Wand eines Drusenraumes stellt also eine Blastetrix dar, aber auch eine jede Fläche in einem Tektonit normal zu einer Scherfläche, in deren Richtung z. B. Glimmerhäutchen oder Amphibolstengel zufolge der freiesten Wegsamkeit weiterwachsen.

Das SANDERsche Prinzip der Wegsamkeit und das RIECKEsche Prinzip. Unter den durch parakinematische Umkristallisation bedingten Schieferungsvorgängen wird heutzutage an erster Stelle das Umkristallisieren gemäß dem Prinzip der Wegsamkeit anerkannt. Wenn Kristalle in durchbewegten Tektoniten weiterwachsen, so findet der Stofftransport durch Diffusion und folglich das schnellste Anwachsen der Kristalle vorzugsweise in der Richtung der maximalen Scherbewegung statt, und jedes Umkristallisieren folgt den schon vorhandenen Schieferungsflächen. Hierbei spielt die *Intergranulare* oder die Gesamtheit aller miteinander in Verbindung stehenden Grenzflächen der Kristalle als der Weg des Stofftransportes eine überaus wichtige Rolle. In einem Gefüge, das schon vorher durch Scherbewegung oder auf andere Weise eine ausgezeichnete Parallelorientierung von translationsfähigen Gitterebenen oder nur von plattenförmigen Einzelkristallen erhalten hat, gehen natürlich auch die intergranularen Stofftransportwege vorzugsweise in dieser Schieferungsebene, und die längsten Korndurchmesser stellen sich in die beste Wegsamkeit ein. Diejenigen Kristalle, die im Gefüge ihre Richtung schnellsten Wachsens in der Schieferungsebene haben, werden in dieser Richtung verlängert, wie z. B. die Amphibolstengel der Garbenschiefer. In rein flächenhaft schiefrigen Gesteinen liegen die Amphibolstengel unorientiert in der *s*-Fläche, in linear schiefrigen (gestreckten, gestriemten oder gerillten) Gesteinen liegen die *c*-Achsen der Amphibole subparallel zu der linearen Schieferungsachse, ungeachtet, ob diese die tektonische Achse $b = B$ darstellt, wie meistens in den Überschiebungsdecken, oder ob sie parallel der Gleitrichtung *a* läuft, wie meistens in den Schmelztektoniten mit Fluidalgefüge und in den Harnischmyloniten.

Neben dem Prinzip der Wegsamkeit haben wir auch wieder das RIECKEsche *Prinzip* (S. 282) zu nennen. Während der zwei letzten Jahrzehnte ist seine Bedeutung meistens in Abrede gestellt worden, aber seine thermodynamische Gültigkeit ist doch niemals widerlegt worden (H. SENG 1938). Wie NIGGLI (Gesteinsmetamorphose S. 464) betont, widersprechen „RIECKE-BECKEsches Prinzip" und „SANDER-SCHMIDTsches Prinzip" sich nicht, sie stellen nur die Extreme bei nicht (stark) durchbewegten und stark durchbewegten Gesteinen dar und gehen ineinander über. Das RIECKEsche Prinzip muß neben anderen vorher geschilderten Prinzipien der Einregelung da zur Geltung kommen, wo die Beanspruchungsrichtung praktisch senkrecht zur Schieferungsebene steht. Dieses ist besonders bei der Plättung der Fall.

Natürlich ist die nach dem RIECKEschen sowie nach dem SANDERschen Prinzip entstandene Kristallisationsschieferung zunächst eine Formregelung. Bei manchen Mineralen, wie dem Quarz und Kalzit, die keine ausgezeichneten Wachstumsrichtungen besitzen, können Formregelung und Gitterregelung voneinander scheinbar unabhängig sein, weil das Mineral mehrere translationsfähige Richtungen besitzt. Bei den meisten Mineralen mit ausgezeichneten Wachstumsrichtungen [z. B. c-Achse bei den Amphibolen, (001) bei den glimmerartigen Mineralen] führt die Formregelung auch zu einer eindeutig bestimmten Gitterregelung.

Abbildung und Entregelung bei Umkristallisation. Der *Abbildungsregelung* muß bei der Bildung kristalliner Schiefer eine sehr große Bedeutung zuerteilt werden. Schon vor der Metamorphose parallel angeordnete Kristalle oder Kristallkeime wachsen in ihren ursprünglichen Lagen weiter. Solche Gesteine waren also schon prämetamorph geregelt, sei es durch Anlagerung schuppen- oder nadelförmiger Teilchen (Anlagerungsgefüge), durch Fluidalbewegungen in flüssigem Magma (Fluidalgefüge) oder durch frühere Metamorphose und Durchbewegung (Polymetamorphose).

Tonablagerungen enthalten gewöhnlich zahllose winzige Glimmerschüppchen, die sich mit ihrer flachen Seite auf dem Boden des Sedimentationsraumes absetzten. Dies ist z. B. der Fall in den spätglazialen Tonen der quartären Vereisungsgebiete, wo der Ton größtenteils aus mechanisch zermahlenem Gesteinsmaterial herstammt und durch einen natürlichen Schlämmvorgang an Glimmer und Chlorit angereichert wurde. V. M. GOLDSCHMIDT (1926) hat in norwegischen spätglazialen Tonen eine deutliche Parallelanordnung der Schüppchen auf optischem Wege mikroskopisch bestätigen können. Ein solches Sediment kann durch eine bloße statische Umkristallisation schiefrig werden. Besonders schön ist dies bei manchen Glimmersandsteinen zu sehen. Sie können nur schwach durch Diagenese umkristallisiert und doch ebenso grobblätterig „schiefrig" sein wie anderswo hochkristalline Glimmerschiefer. Andererseits sieht man lokale Übergangsserien mit gradweisem Anwachsen und Zusammenwachsen der Glimmerschuppen, von aphanitisch feinkörnigen Varietäten anfangend.

Bei der großen Bedeutung der Abbildungsregelung sedimentogener Schiefer soll man doch nicht vergessen, daß der geschichtete Bau mechanischer Ablagerungen dieselben besonders geeignet für Regelung durch Scherung machen muß. Gleitung findet in den weitaus meisten Fällen parallel der Schichtung, der Bänderung oder dem Warwenbau statt. Also wären solche Gesteine auch ohne primäres Parallelgefüge ebenso geschiefert worden.

Schöne Belege für das Weiterwachsen des Glimmers in gefalteten Schiefern bieten die *Polygonalbögen* dar. Die Faltung war präkristallin in bezug auf Glimmer, dessen Schuppen weitergewachsen sind und sich als große ungebogene Platten tangential auf die Faltenbögen gelegt haben. In nachkristallin gefalteten Bögen sind die Gimmerschuppen gebogen.

Abbildungsregelung setzt voraus, daß die prämetamorph vorhandene Regelung nicht durch Umkristallisation zerstört oder das Gefüge *entregelt* wurde. Beim Studium der Regelung der Granulite Lapplands fand SAHAMA (1936), daß manche Granulite gar keine Regelung aufwiesen. Solche Gesteine haben wahrscheinlich ihre Regelung bei hochgradiger Umkristallisationsmetamorphose verloren. Nach den S. 281 erläuterten Umkristallisationserscheinungen wäre eine solche Entregelung durchaus zu erwarten.

Obwohl Entregelung bei hochmetamorphen Gesteinen, besonders solchen, deren Metamorphose bis zur Grenze der Granitisation gelangte, zweifellos eine sehr häufige Erscheinung ist, könnte man sich andererseits darüber wundern, daß sie nicht noch häufiger ist. Eine Erklärung dafür ist wohl in dem Umstand zu suchen, daß die einmal durch Regelung erworbene Anisotropie eines

Gesteinskörpers sehr lange und beharrlich die Richtungen der wirkenden Druckkomponenten mitbestimmt. Ein gut geregeltes Gestein, etwa ein Glimmerschiefer, wird auf Beanspruchung aus recht verschiedenen Richtungen so reagieren, wie es seinem eigenen Gefüge am besten entspricht, und es entstehen neue Scherflächen im alten *s*.

Die Gefügeanalyse. In der Gefügekunde erfolgt die Feststellung wichtiger Richtungen, wie der Gitterorientierung und der Formorientierung der Gemengteile, der Lagen von Rissen und Fugen usw. mittels der *statistischen Gefügeanalyse*. Diese soll nicht nur die Orientierung der Richtungen in Einzelkristallen im Verhältnis zu der im Handstück sichtbaren megaskopischen Schieferung oder Striemung bestimmen, sondern auch ihre Orientierung im Gelände, damit sie für das Studium der Großtektonik und der gebirgsbildenden Bewegungen von Bedeutung sein kann. Darum müssen die Handstücke schon beim Abschlagen im Felde orientiert werden. Man zeichnet zweckmäßig eine beliebige Richtung auf ein Papier auf, das auf einer glatten Fläche des Handstücks fest aufgeklebt ist und bezeichnet daneben ihr Streichen und Fallen.

Zur Ermittlung der Gitterorientierung dienten früher ausschließlich gewöhnliche kristalloptische Methoden und noch heute werden solche für die erste Übersicht etwa

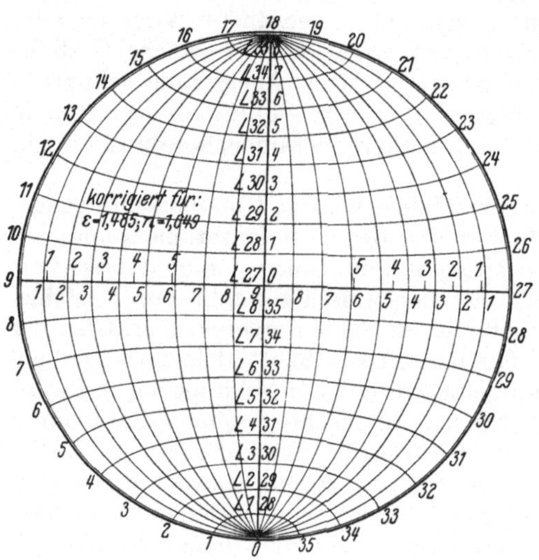

Abb. 25. SCHMIDTsches Netz. (Aus SANDER.)

vorhandener Gitterregelung angewandt. Besonders nützlich ist die Anwendung von Hilfsplatten, wie der Gipsplatte, wodurch z. B. beim Quarz die Lage der Projektion der optischen Achse in der Dünnschliffebene aus dem Auftreten der Additions- bzw. Subtraktionsfarbe ermittelt werden kann. Solche Methoden genügen doch nicht zur eindeutigen Feststellung der Raumorientierung der Kristallgitter. Diese wird nach der zuerst von W. SCHMIDT (1925) ausgearbeiteten Methode mittels des Universaldrehtisches (kurz U-Tisch) nach FEDOROW-BEREK erzielt.

Man mißt in naturorientierten Dünnschliffen die Lagen der optischen Achsen oder der Hauptschwingungsrichtungen einer genügenden Anzahl, gewöhnlich 200—300, von Körnern und trägt die Achsenpole in ein flächentreues Projektionsnetz (Abb. 25) ein. Ebenso kann man beliebige andere Richtungen, wie Faltenachsen, Pole von Flächen, Fugen, Spaltrisse usw. einmessen und projizieren, Planflächen auch direkt als Großkreise. Es ergibt sich ein *statistisches Diagramm*, das zuerst die gemessenen Richtungen der Einzelkristalle als Punkte zeigt. Ist keine Regelung vorhanden, so sind die Punkte ziemlich gleichmäßig über das Diagramm verstreut. Bei vorhandener Gitterregelung zeigen dagegen die Punkte eine mehr oder weniger deutlich hervortretende Anhäufung in gewissen Maxima oder Gürteln. Da die Regelung nur selten vollständig ist, zeigen auch die Maxima und Gürtel gewöhnlich eine Streuung um etwa 20—30° und meistens ist kein Teil des Diagramms ganz leer von Punkten. Zur Veranschaulichung der Regelung wird die Punktverteilung im Gradnetz durch Auszählung pro Flächeneinheit zu Gebieten verschieden dichter Besetzung zusammengefaßt.

Die Gebiete können noch durch verschiedene Schraffierung unterschieden werden. So ergibt sich ein statistisches Diagramm, aus dem die relative Häufigkeit aller verschiedenen Lagen für die fragliche Gitterrichtung hervorgeht. Die tektonischen Koordinaten abc werden im Diagramm eingezeichnet.

Für die Technik der Messung und Verfertigung der Diagramme muß auf das Buch von BEREK und die Arbeiten von W. SCHMIDT (1925), SANDER (besonders 1930), FAIRBAIRN (1937) oder E. B. KNOPF und E. INGERSON (1938) verwiesen werden. Neuerdings wurden auch röntgenographische Methoden ausgearbeitet (SANDER).

Gitterregelung. Jeder der Kristalle, die das Gestein zusammensetzen, ist ein wenn auch noch so kleiner Homogenbereich im Gesteine. Seine Anisotropien übernehmen die Führung der Durchbewegung innerhalb dieses Bereiches. Wohl die wichtigste vektorielle Eigenschaft, die hier aktiv eingreifen kann, ist die *Translationsfähigkeit* der Kristalle.

Wenn der Kristall eine Translationsebene und darin eine Translationsrichtung geringsten Schubwiderstandes besitzt und wenn diese Ebene mit der

Abb. 26. Transversal geschieferter warwiger Phyllit. Ignoila, Suojärvi, Ostfinnland. Etwas verkleinert.

Scherfläche s und die Richtung mit der Gleitgeraden a nahe genug zusammenfällt, so zergleitet das Korn im Sinne dieser Beanspruchung, sobald die Reibung an der Translationsfläche geringer ist als an den Korngrenzen. Ein Kristall in irgendeiner anderen Lage wird solange in der laminaren Strömung des Tektonits rotieren, bis er in die richtige Lage kommt und selbst laminar zu fließen anfängt. Minerale, die keine ausgeprägte Translationsfläche besitzen, wie der Granat, werden nie gleiten können, sie sind zu dauerndem Wälzen verurteilt (W. SCHMIDT). Für ein gleitfähiges Korn ist mit der Translationslage die Endlage erreicht. Das Korn ist bei dieser Lage in die Gefügegleitebene nach dem Gitterbau *eingeregelt*.

Dieser Erklärung der Gitterregelung durch Kornrotation und Korntranslation haften noch vielerlei Schwierigkeiten an. W. SCHMIDT (Tektonik, S. 171 ff.) hat einige solche angedeutet. Ein Korn dürfte im allgemeinen mehrerer Wälzumdrehungen bedürfen, ehe eine Korngleitfläche wirklich in die Lage kommt, daß sie „einschnappen" kann. Nun ist aber in gut geregelten Tektoniten manchmal die Differentialgleitung gar nicht groß gewesen. W. SCHMIDT denkt sich folglich, daß der tatsächliche Mechanismus noch leistungsfähiger sein muß. Er sieht die Möglichkeit zu schneller Einregelung in der *Biegegleitung*. Die gleitfähigen Körner drehen sich beim Abgleiten einfach in die Lage der Großgleitflächen hinein.

Auffallend sind immerhin die gar nicht seltenen Belege für ganz minimale Verschiebungsbeträge in gut geregelten Tektoniten, wie auch SANDER betont. Als solche Belege werden wenig verformte Fossilien, erhaltene transversale Schichtung (Abb. 26), Wellenfurchen u. dgl. angeführt.

Im folgenden werden wir bei der Besprechung einiger einzelner Minerale etwas Näheres über den Mechanismus der wenigstens beim Quarz möglichen „Frontwendung" (HIETANEN 1938) bei minimaler Gleitung erfahren. Allgemein ist noch auf einige Umstände hinzuweisen, deren mögliche Bedeutung bei der Gitterregelung von R. SONDER (1933) betont wurde.

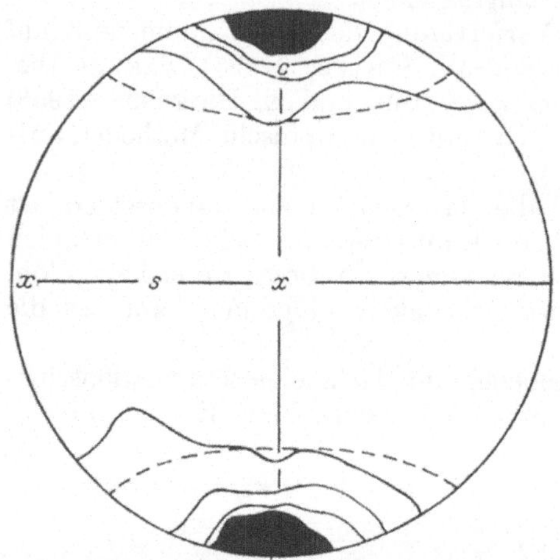

Abb. 27. Regelungsdiagramm von Glimmer im Granatglimmerschiefer aus dem Odenwald. Besetzungsdichte: Schwarz > 7%, die folgenden Konturen 5—3—1—0. a und b nicht deutlich. (Aus SANDER.)

Erstens kann ein vektoriell verschiedenes elastisches Verhalten bei einseitiger Beanspruchung eine Orientierung in dem Sinne verursachen, daß die Richtung der größten Kompressibilität oder des geringsten Elastizitätsmoduls sich parallel der maximalen Beanspruchungsrichtung einstellt. Der Elastizitätsmodul E eines Körpers gibt die Belastung in kg pro cm² an, welche eine lineare Verkürzung von 1% hervorruft. Für α-Quarz ist in der Richtung c-Achse der Wert 10304 und senkrecht zu c 7853 bestimmt worden; beim β-Quarz sind die entsprechenden Zahlen 9700 und 11600. Folglich müßte mit der c-Achse senkrecht zur maximalen Beanspruchung einzuregeln, während der β-Quarz (Hochquarz) die c-Achse parallel der Beanspruchungsrichtung einstellen sollte.

der α-Quarz (Tiefquarz) bestrebt sein, sich malen Beanspruchung einzuregeln, während

Alle glimmerartigen Minerale mit Schichtgittern haben gemäß der größeren Abstände ihrer Tetraedernetze wahrscheinlich die größte Kompressibilität senkrecht zu ihrer Basisfläche, die eine ausgezeichnete Spaltungsrichtung ist. Also muß man erwarten, daß die Blätter senkrecht zur einseitigen Beanspruchung ihre stabilste Lage finden werden.

Als eine andere mögliche Ursache der Einregelung führt SONDER die *Durchschütterung* an. Was damit gemeint wird, versteht man vielleicht am besten bei Betrachtung von Rutschflächen mit großen Beulen und Vertiefungen, die nicht durch Verwerfungen entstanden sein können, die aber doch wie die eigentlichen Harnischflächen mit Chloritschüpp-

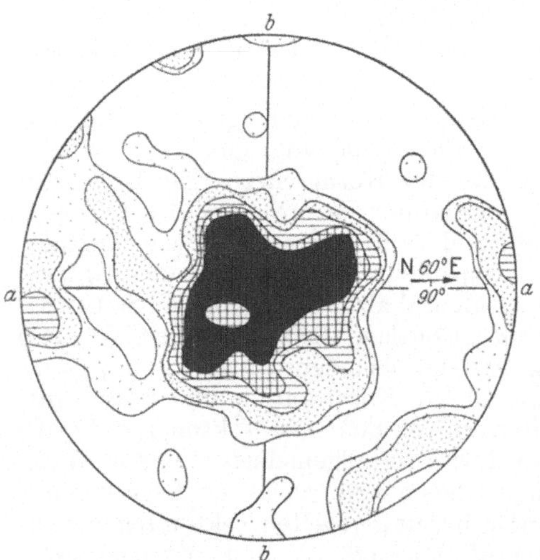

Abb. 28. Regelung von Quarz nach TRENERs α-Regel: (001) ⊥ c · Quarzit. Simsiö, Finnland. > 4—3—2—1—¹/₂—0. (Aus HIETANEN.)

chen belegt sein können. Es muß eine schütternde Relativbewegung in verschiedenen Richtungen stattgefunden haben. Daß eine solche „Rüttelung" auch als Durchbewegung im Gestein stattfindet, ist einleuchtend, wenn wir bedenken, was man von solchen Erdkrustenbewegungen weiß, die hier in Frage kommen. Es muß sich nämlich vor allem um die Erdbebenwellen handeln. — Doch können die Erdbeben allein keine geographisch orientierte Schieferung erzeugen, denn ihre Richtung ist wechselnd. Aber wohl können und müssen sie die schon durch andere Agenzien ausgelöste Einregelung oder früher vorhandene Schieferung verstärken, indem jeweils die den vor sich gehenden Teilbewegungswegen parallele Bewegungskomponente zur Wirkung gelangt.

Die Haupttypen der Regelung. Die erste Aufgabe bei der Deutung eines Gefügediagramms ist seine *Typisierung.* Hier können nur die wichtigsten und einfachsten Haupttypen der Regelung erörtert werden.

a) S-Tektonite. Ist die Mehrzahl der Mineralindividuen eines Gesteins nach einer singulären Gitterrichtung eingeregelt und sind die Pole dieser Richtung eingemessen, so ergibt sich im Diagramm ein einziges Maximum. Bei einem flächenhaft geschieferten Glimmerschiefer wird das Maximum der Lote von (001) des Glimmers dicht um die tektonische Achse *c* liegen (Abb. 27), ebenso bei einem Quarztektonit die der Quarze nach der sog. TRENERschen α-Regel (Abb. 28). Bei anderen Quarztektoniten liegt das Maximum der *c*-Achsenpole um *a* (Abb. 29): die Quarzachsen sind in die Gleitrichtung *a* eingeregelt. In allen diesen Fällen handelt es sich um die Einregelung in einer einzigen *s*-Fläche. Manchmal ist dabei noch unentschieden, ob es ein Scherungs-*s*, Plättungs-*s* oder etwa Anlagerungs-*s* ist, z. B. Glimmer. Bei zweischariger Verformung wird man in den erwähnten Fällen 2 Maxima bekommen.

Schon schwieriger typisierbare Diagramme entstehen, wenn z. B. beim Quarz die *c*-Achsenpole eingemessen sind, aber die Einregelung nach einer Rhomboederfläche vorliegt. Doch kann das Gestein auch in diesem Falle ein echter *S*-Tektonit sein. Oft spricht man von mehrscharigen Verformungen, welche mehrere Phasen der Durchbewegung voraussetzen. Mehrere Maxima im Diagramm können noch dadurch zustande kommen, daß bei der Einregelung gleichzeitig mehrere Translationsflächen betätigt worden sind.

b) Gürteltektonite. In den Gefügediagrammen dieser Tektonite sind die Achsenpole oder Flächenlote zu Gürteln angehäuft. Die Rotation kann entweder eine Internrotation oder Externrotation sein. Im ersteren Fall nennt man das

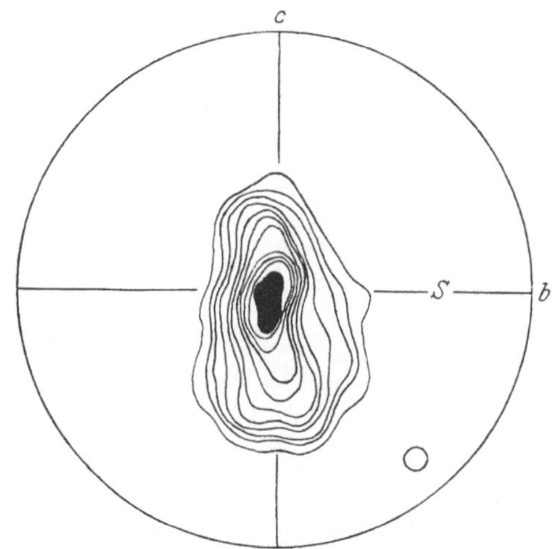

Abb. 29. Quarzregelung nach der γ-Regel: [001]//*a*. Harnischmylonit, Melibokus, Odenwald. Besetzungsdichte in Prozent: (20 — 18) — 16 — 14 — 12 — 10 — 8 — 6 — 4 — 2 — 1 — 0,5 — 0. (Aus SANDER.)

Abb. 30. Gerollter Gneis, Gürteltektonit. Floitental, Zillertal, Tirol. 1/2 natürl. Größe.

Gestein B-Tektonit, im letzteren R-Tektonit. Bei B-Tektoniten kann man oftmals die Bahn der Einregelung verfolgen: Ein Teil der Körner zeigen eine Verzögerung, während andere schon das Ziel erreicht haben. Als B-Tektonite erscheinen auch mehrscharig verformte S-Tektonite ohne eigentliche Rotation, mit b als Schnittgerade von $(h0l)$-Scherflächen.

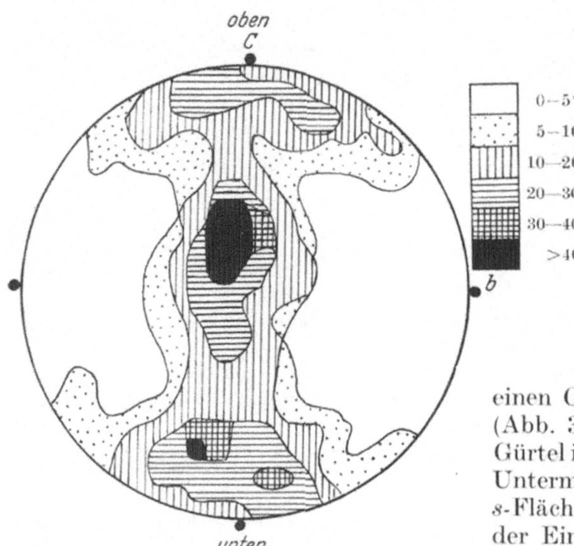

Abb. 31. Quarzregelung, ac-Gürtel. Sammeldiagramm aus Gesteinen der Muglserie, Obersteiermark. (Aus W. SCHMIDT.)

Die R-Tektonite sind gefältelte, gewälzte Gesteine, deren Komponenten gerollt sind (Abb. 30). Die tektonische Achse B $= b$ ist die Rotationsachse. Bei rotierten Quarz- und Glimmertektoniten besetzen die Achsenpole einen Gürtel in ac, also normal auf b (Abb. 31). Meistens teilen sich die Gürtel in mehrere einander berührende Untermaxima, die entweder auf eine s-Fläche auf verschiedenen Stadien der Einregelung oder auf zwei oder mehrere s-Flächen oder auf Umfältelung im Gefüge mit Achse b zurückzuführen sind.

Außer den ac-Gürteln erscheinen manchmal auch bc-Gürtel mit a als Rotationsachse. Diese kann zusammen mit dem ac-Gürtel auftreten, sogar während derselben Verformung. Es entsteht ein Zweigürtelbild, worin die Gürtel in den Ebenen ac und bc senkrecht aufeinanderstehen. Zweigürtelbilder mit fast diagonal zu den Achsen stehenden Gürteln [Scherflächen in der Lage $(hk0)$] zeigen meistens eine in bezug auf das Achsenkreuz etwas trikline Symmetrie der Verformung (Abb. 32).

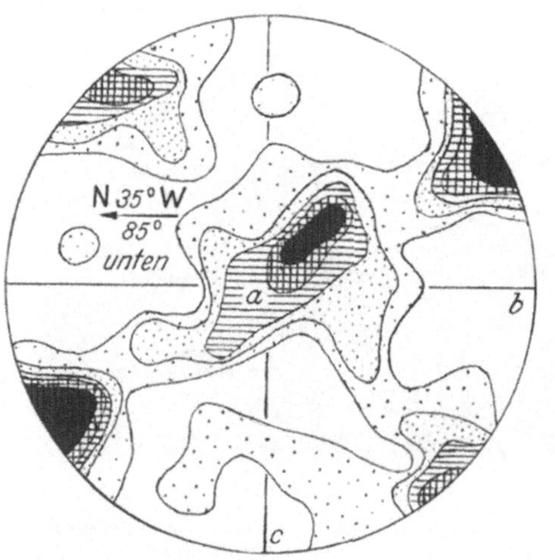

Abb. 32. Quarzdiagramm aus Granulit. Zweigürtelbild. Karikasnjarga Ailigas, Lappland. (Aus SAHAMA.)

$c)$ *Plättung.* S. 286 wurde Plättung als der Vorgang definiert, durch den bei reiner Schiebung die Scherflächen schließlich fast parallel der Ebene AB des Verformungsellipsoids werden. Eine Analogie wäre z. B. das Backen von dünnem Brot. Diese Definition ist nicht ganz übereinstimmend mit der SANDERschen Definition, die am besten aus Abb. 33 hervorgeht. Diese wird von der Gefügeanalyse gestützt: Einzelscherflächen sowie aus der Punktverteilung ableitbare Scherflächen erscheinen in den Diagrammen tatsächlich derart wie in Abb. 33, aber meistens nur in dem Regelungsbild von Quarz oder Kalzit, nicht bei Glimmer oder Amphibol, welche beide sowohl nach ihrem Gitter wie nach ihrer Form geregelt sind. Weiter ist folgendes zu bemerken: Ein Verformungsakt, wie die

Plättung, bedingt Rotation der Scherflächen und dreht dieselben, bis sie beinahe in der AB-Ebene liegen. Die tektonische Verformung ist wohl immer ein mehrphasiger Vorgang, und es ist anzunehmen, daß bei jeder intensiven Bewegungsphase, welche Plättung verursacht, der Akt bis zur Subparallelstellung der Scherflächen geführt wird. Andererseits ist die tektonische Bewegung langsam, die bewegten Massen befin-

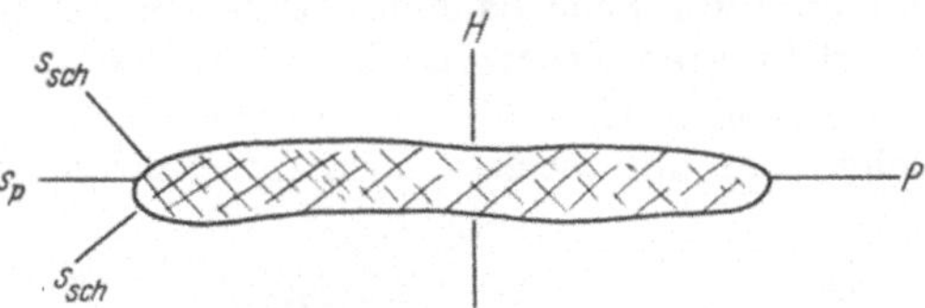

Abb. 33. Plättung nach SANDER.

den sich sogar während der schnellsten Bewegung unter Schubspannung. Hieraus folgt, daß bei allen Stadien der Verformung, auch wenn die Scherflächen sich schon der Lage subparallel der AB-Ebene genähert haben, der Spannungszustand im Gesteinskörper doch derselbe ist wie anfangs, und neue Scherflächen können jederzeit diagonal zur Beanspruchungsrichtung entstehen, wie anfangs (vgl. W. SCHMIDT, Tektonik usw.). Dies entspricht dem Bilde, das wir in geplätteten Gesteinen sehen: Der Glimmer behält die einmal erhaltene Regelung mit der Basis subparallel dem Plättungs-s, während der viel leichter regelbare Quarz nur seine geplättete Form beibehalten kann, wie der Granulitquarz (Abb. 34), aber später wieder eine neue Gitterregelung angenommen hat, wobei auch neue Scherrisse entstanden sind. So liegt im Gestein nur die letzte Quarzregelung vor, während die Regelung des Biotits oder

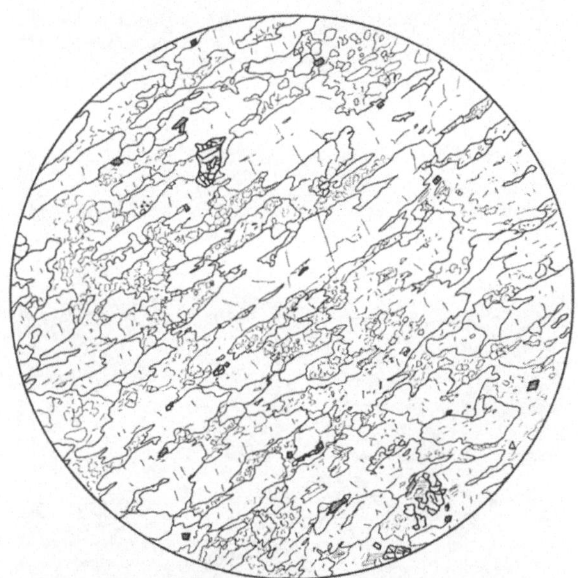

Abb. 34. Geplättete Quarzkristalle im Granulit von Laanilauttanen, Finn. Lappland. Die granulierte Grundmasse besteht aus Quarz und Feldspäten. Außerdem Almandin-Pyrop und kleine Sillimanitporphyroblasten. Vergr. etwa 15×.

der Hornblende viel älter sein kann, wie es z. B. SAHAMA (1936) bei den finnischen Granuliten vorfand. Durch die Experimente von GRIGGS (1936), die auch sonst überaus interessant für die Gefügekunde sind und deshalb weiter unten etwas näher besprochen werden, wird dies gestützt. Hier wollen wir nur das Resultat der von E. B. KNOPF ausgeführten Gefügeanalyse einer bei den GRIGGSschen Versuchen gepreßten Marmorprobe kurz diskutieren. Die zylinderförmige Probe war unter einem allseitigen Druck von 10000 at bei Zimmertemperatur in der Richtung der Achse des Zylinders so lange einseitig gepreßt worden, bis ihre Länge durch plastische Verformung um 24% abgekürzt war. Die gepreßte Probe zeigte u. d. M. keine Kataklase, aber wohl viel zahlreichere Zwillingslamellen nach (01$\bar{1}$2) als das ungepreßte Gestein, und die Lamellen waren deutlich eingeregelt, wie es schon in der Abb. 35 sichtbar ist, und wie die Gefügediagramme (Abb. 36) es recht auffällig zeigen. Die ursprünglichen Zwillingslamellen haben sich gegen die Lage der Pressungsnormalen (also die AB-Fläche) gedreht, und die Maxima bei 65—70° sind ausgeprägt. Dies ist also ein typischer Fall von wirteliger Plättung, die schon sehr nahe zum Endstadium gekommen ist, was die Kalzitregelung betrifft. Es kann sich also nur um die 2 Scherflächenscharen einer reinen Schiebung handeln. Doch waren die sichtbaren Scherrisse bei allen GRIGGSschen Experimenten, die schließlich mit einem Bruch endeten, um etwa 45° gegen die Beanspruchungsrichtung geneigt, was mit unserer oben angeführten Schlußfolgerung übereinstimmt, daß die Scherspannung bei der Verformung nicht mit der plastischen Scherverformung in der Richtung übereinzustimmen braucht.

Diese Vorstellungsweise wird ferner gestützt durch die Erfahrungen aus den tiefen Schnitten der Erdkruste, die im archäischen Grundgebirge aufgeschlossen sind. Hier stehen die Schieferungsflächen an den meisten Orten steil, und Plättung ist die vorherrschende Art von Verformung, obwohl meistens kombiniert und in den Gefügediagrammen verwischt durch Scherbewegungen in horizontalen Richtungen, wogegen Spuren von Durchbewegungen in der vertikalen Richtung, die hinsichtlich des Gebirgsbaues im ganzen zu erwarten wären, nicht häufig merkbar sind. Diese Tektonite sind zugleich ganz typische S-Tektonite und weisen häufig sehr rein flächenhafte Schieferung auf. Die Scherbewegungen waren offenbar von geringem Verschiebungsbetrag. Parallel der Schieferung läuft das Streichen lange Strecken hindurch gerade, mit steilem Einfallen oder in vertikaler

a

b

Abb. 35 a und b. Marmor vor und nach Pressung. Zwillingslamellen nach (0112) und ihre Regelung ⊥ Pressungsrichtung sichtbar in letzterem. 1 Nic. Vergr. 20×. (Aus GRIGGS.)

Lage. Sogar in solchen Schiefern sieht man jedoch ein lineares Parallelgefüge, eine Streckung in steiler Stellung. Die äußerliche Verformung besteht hauptsächlich aus einer Dehnung in der Richtung der tektonischen Achse b.

Bei der flächenhaften Kristallisationsschieferung der steilstehenden Schieferpakete mit minimaler innerer Scherbewegung hat man vollen Grund anzunehmen, daß hier die oben besprochenen scherungslosen Regelungsvorgänge, wie Rüttelung, Abbildungskristallisation und Umkristallisieren nach dem RIECKEschen Prinzip mitgewirkt haben. Hier ist es auch offenbar, daß die Beanspruchung nahezu senkrecht zur Schieferungsfläche gewirkt hat.

Die Einregelung einiger Minerale. *Quarz* war das erste Mineral, dessen Regelung statistisch untersucht wurde, und er ist noch immer Gegenstand eingehender

Untersuchungen. Wir befinden uns nämlich in der eigentümlichen Lage, daß die Quarzregelung zwar am meisten für tektonische Probleme angewandt wird, aber dennoch nur mangelhaft verständlich ist.

Gemäß Deduktionen auf Grund der Kristallstruktur (NIGGLI 1926) hat der Quarz wahrscheinlich drei verschiedene Translationsflächen, nämlich (0001), (10$\bar{1}$0) und (10$\bar{1}$1). Die Basisfläche hat 3 Translationsrichtungen [2$\bar{1}$10], die Kantenrichtungen vom Grundrhomboeder mit der Basis; die zwei anderen Flächen haben je eine Translationsrichtung, nämlich [0001] oder die Prismenzone, und [2113], die Rhomboederkante. Wenn nun irgendeine von diesen Richtungen bei der Durchbewegung in die Großgleitrichtung eingeregelt worden wäre, so

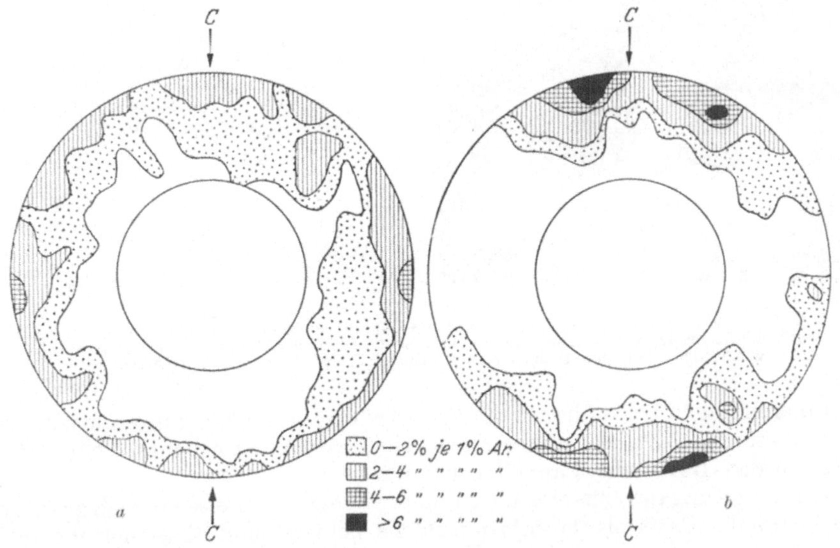

Abb. 36 a und b. Gefügediagramme des Marmors; je 200 Pole auf die Zwillingsflächen. *a* vom Naturstein; *b* vom gepreßten Stein. (Nach GRIGGS.)

sollte man erwarten, diese Richtung parallel der tektonischen Achse *a* vorzufinden. Tatsächlich findet man einmal vorzugsweise die Basisfläche, ein anderesmal wieder die *c*-Achse und in einigen Tektoniten die Rhomboederkante parallel der tektonischen Durchbewegungsrichtung. Dies verschiedenartige Verhalten des Quarzes kompliziert die Sache, denn wir verstehen nicht restlos, wodurch es bedingt wird. In den nachstehenden Absätzen folgen wir der Darstellung von HIETANEN (1938), die nach Beobachtungen an den finnischen Quarziten einige neue Gesichtspunkte zu den von SANDER und W. SCHMIDT entwickelten Deutungen hinzugefügt hat.

Mikroskopisch auffallend und überaus verbreitet beim Quarz ist die *undulierende Auslöschung*. Die „Wellen" sind Streifen mit derselben Auslöschungslage; sie laufen parallel der *c*-Achse des verformten „Überindividuums" (Abb. 37). Benachbarte Streifen zeigen verschiedene Auslöschungslagen, die teils plastisch ohne scharfe Grenzen ineinander übergehen, teils aber scharf begrenzt sind, so daß die Auslöschungslage sich auf rupturellen Grenzen sprunghaft ändert. Diese Rupturflächen laufen subparallel der *c*-Achse. Durch die plastische Verformung werden folglich die Basisflächen gefaltet oder gerunzelt.

Ferner beobachtet man häufig Streifen (Abb. 38), die aus Reihen von winzigen Hohlräumen zu bestehen scheinen. Sie sind entweder parallel der Basisfläche orientiert oder bilden mit derselben kleine Winkel. Andere ähnliche

Streifen folgen den Grundrhomboederflächen. In den undulierend auslöschenden Quarzkörnern laufen die im großen nach der Basis orientierten Streifen oft gerade längs der welligen Basis. Sie sind wahrscheinlich ursprünglich genau in der Basis entstanden und jetzt relikt, d. h. die Hohlraumreihen behielten

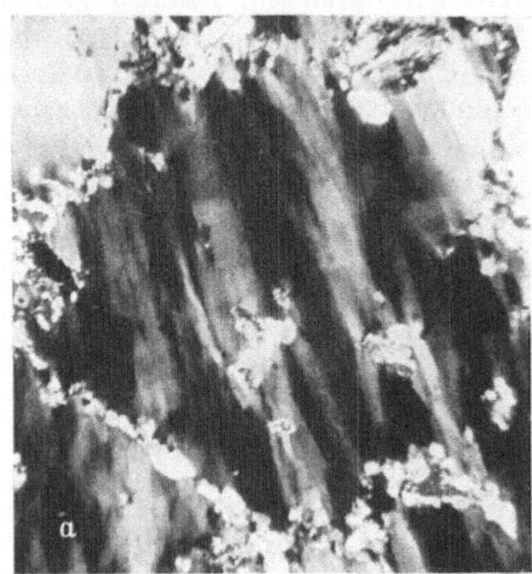

Abb. 37 a und b. Undulierende Auslöschung im Quarz des Quarzits von Simsiö, Finnland. *a* + Nic., *b* „Achsenkarte", worin die Lagen der Quarzachsen eingezeichnet sind. Die Länge der Achsenzeichen gibt die Neigung gemäß des oben links gezeichneten Maßstabs. Vergr. 27×. (Aus HIETANEN.)

ihre früheren Lagen bei, während die Basis bei der Verformung ihre Lage änderte (Frontwendung). Ähnliche aber auf verschiedene Weise gedeutete Streifen im Quarz wurden BÖHMsche Lamellen genannt.

Die Einregelung des Quarzes wäre nun etwa folgenderweise vor sich gegangen: Zuerst wird die Basis als Translationsfläche betätigt und Biegegleitung findet

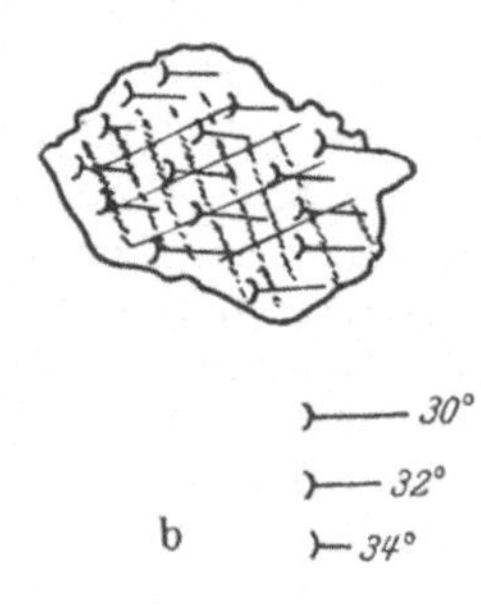

Abb. 38 a und b. Quarzit aus Petäjävaara, Rovaniemi, Nordfinnland. Die Streifen liegen senkrecht zu relikten, noch sichtbaren „Wellen" und Rupturen, welche die frühere Lage der *c*-Achse angeben. Die jetzigen Lagen der *c*-Achse sind in der „Karte" *b* sichtbar, woraus sich der Betrag der „Frontwendung" ergibt. (Nach HIETANEN.)

statt, der Kristall wird plastisch undulierend. Aber die Translationsfähigkeit längs dieser Fläche ist begrenzt, der Reibungswiderstand wird bald übermächtig und Hohlräume öffnen sich in der Gleitfläche, es entstehen die Streifen, die wohl genetisch vergleichbar mit den Reihen von Fiederklüften in Gesteinen (vgl. S. 310) sein können. Bei stärkerer Verformung wird die Grenze der Biegsamkeit erreicht, die basalen Lamellen brechen längs den rupturellen Flächen subparallel der *c*-Achse ab, und Gleitung parallel den Prismenflächen fängt an. Der Kristall zerteilt sich in Stengel nach *c*. Dank der zwei senkrecht aufeinanderstehenden Gleitrichtungen von ganz verschiedener Natur kann das Quarzgitter unter Bildung von submikroskopischen Teilkristallen auch ohne Großgleitung je nach den Forderungen der Deformationsart die Front wenden, so daß einmal Einregelung nach der Basis, ein anderes Mal nach der *c*-Achse eintritt. Dazu werden noch die Rhomboederflächen bei passender Großgleitflächenlage betätigt, meistens gleichzeitig mit einer oder beiden der übrigen Translationsflächen.

Diese Deutung schließt sich grundsätzlich an SCHMIDTs Erklärung der Quarzregelung an, worin das Hauptgewicht auf die Translationsfähigkeit der drei oben genannten Kristallflächen gelegt und nur die tektonische *ab*-Fläche als Durchbewegungsebene angenommen wird. SANDER dagegen hat nur der Translationsrichtung parallel der *c*-Achse größere Bedeutung anerkannt und die Regelungstypen, in welchen die Achsen im *ac*-Gürtel schräg zur *ab*-Fläche liegen, durch die Annahme von verschiedenen Scherflächen (*h0l*) erklären wollen[1].

Die in Abb. 28 und 29 wiedergegebenen Typen gehören der laminaren Gleitung an. Die γ-Regel SANDERs findet sich besonders in den Harnischmyloniten (s. Abb. 29) und zeigt keine Spur von Rotation. Dies stimmt gut überein mit der Bildungsweise dieser schnell und intensiv durchbewegten Tektonite. Der „Muglgneistypus" (Abb. 31) stellt dagegen die bei der alpinen Überschiebungstektonik in allen bis jetzt studierten Gebieten wichtigste Verformungsart dar. Eben dieser Typus wurde zuallererst der Gefügeanalyse unterworfen (W. SCHMIDT 1925 b) bei den Muglgneisen aus den Ostalpen. Die Überschiebungsrichtung ist von S. nach N. und senkrecht auf den Faltenachsen, in deren Richtung die Gneise eine ausgeprägte Streckung zeigen. In den Diagrammen der *c*-Achsenpole ist ein Gürtel parallel zu *ac* auffallend; ein starkes Maximum zeigt sich um *a* und ein zweites weniger dicht besetztes Maximum um *c*. Intern- und Externrotation unter schiefer Pressung erklärt das Gefügebild zur Genüge. Im allgemeinen kann man sagen, daß eine intensive Scherbewegung von relativ großen Verschiebungsbeträgen die Einregelung von [0001] in die jeweilige Durchbewegungsrichtung begünstigt. — Außerdem zeigt das Diagramm noch eine Verdichtung der Achsenpole um *c*, ein Zeichen von Translation nach der Basis, und einen unvollkommenen darübergelegten *bc*-Gürtel, also eine Rotation um die Achse *a* (vgl. S. 300).

Ein völlig anderes Bild zeigt Abb. 28. Die Art des Auftretens dieses Typus ist auch ganz anders. Hier haben wir die sog. TRENERsche α-Regel, das zuerst entdeckte Beispiel von Quarzregelung überhaupt (TRENER 1906). Die Basis hat hier als Translationsfläche fungiert. Diese Regel wurde nur selten beobachtet und ist darum bis jetzt für ziemlich unwichtig gehalten worden, obwohl sie mit anderen Regeln kombiniert auftritt. HIETANEN fand den TRENERschen Typus ziemlich charakteristisch entwickelt im Quarzit von Simsiö in Finnland, und mittels der Gipsplatte wurde sein Vorkommen auch in anderen archäischen Grundgebirgstektoniten bestätigt. In Simsiö tritt er in einem geplätteten Quarzit auf, obwohl die Plättung etwas von Horizontalscherung gestört ist. Jedenfalls deuten die bisher nur zu wenigen Beobachtungen darauf hin, daß diese

---

[1] In einer während der Drucklegung dieses Buches erschienenen Abhandlung berichten GRIGGS und BELL (1938) über neue Experimente zur Quarzverformung. Translation konnte auch bei sehr hohen allseitigen Drucken (bis 150000 at!) nicht nachgewiesen werden, wohl aber bei Anwesenheit einer $NaCO_3$-Lösung Zertrümmerung in Stengel, vorzugsweise nach gewissen Richtungen, die identisch mit den früher angenommenen Translationsrichtungen zu sein schienen. Die Verfasser meinen, die Einregelung solcher Stengel und Umkristallisation hätte die Regelung des Quarzes hervorbringen können. Doch scheint die auch bei diesen Versuchen beobachtete Entstehung der undulierenden Auslöschung die Annahme der Translation nach der Basis zu erfordern.

Regelungsart den Plättungstektoniten mit geringen Scherbewegungsbeträgen eigen ist. Eine offene Frage ist noch, ob die vektorialen Elastizitätseigenschaften des Quarzes bei der Entstehung dieser Regelungsart mitspielen, und ob auch der Unterschied der Elastizitätsmodule vom Hoch- und Tiefquarz (vgl. S. 298) hierbei zur Geltung kommt. Es wäre ja denkbar, daß z. B. der Simsiöquarzit oberhalb des Umwandlungspunktes (575°) und die meisten alpinen Tektonite unterhalb dieses Punktes verformt worden sind.

Kalzit. Die Regelung beim Kalzit erfolgt nach 2 Translationsflächen, e ($01\bar{1}2$) und r ($10\bar{1}1$). Beide Regeln wurden in den Kalktektoniten beobachtet, doch ist die e-Regel meist häufiger. In dieser Rhomboederfläche ist die kürzere Diagonale (zugleich die Polkantrichtung des Grundrhomboeders) die Translationsrichtung und wird in die Durchbewegungsrichtung a der Tektonite eingeregelt. Dieselbe Richtung ist auch die Verschiebungsrichtung bei der Druckzwillingsbildung nach ($01\bar{1}2$), und die in Kalktektoniten verbreiteten polysynthetischen Zwillingslamellen nach diesem Gesetz werden bei der Einmessung der e-Flächen allgemein verwertet. Sowohl Schertektonite wie Plättungstektonite mit 2 Maxima symmetrisch beiderseits von c, wie in Abb. 36 b, sind häufig. In den Gürteltektoniten wird der Kalzit häufig sehr schön mit den e-Flächenloten um die Rotationsachse b eingeregelt vorgefunden. Eine eingehende Untersuchung über die Kalzittektonite verdanken wir E. FELKEL (1929).

Glimmer. Die einzige wichtige Art von Glimmerregelung ist die nach der Basis (001). Sie ist häufig sehr vollkommen, gleichgültig, ob es sich um Scherverformung, Wachstumsgefüge oder irgendeine Art von Formregelung handelt. S. 295 wurde schon gezeigt, wie die Parallelorientierung der Glimmerblätter bisweilen auf die Abbildung ursprünglicher Anlagerungsregelung zurückgeht. Beim Muskovit pflegt die kristallographische Achse a parallel der tektonischen Achse a geregelt zu sein. — Eine andere weit seltenere Regel ist diejenige, nach der die Translation parallel einer steilen Pyramidenfläche vor sich geht.

W. SCHMIDT (Tektonik usw., hierzu vgl. SANDER 1934) hat die Ansicht ausgesprochen, daß „es mit der Gleitfähigkeit der Glimmer nach der Basis nicht weit her sei". Er weist darauf hin, daß wohl Translation nach steilen Pyramiden, aber keine nach der Basis bekannt ist. Der Glimmer sei eher nach seiner Gestalt als unwirksame Vorzeichnung eingeregelt. Nur unter den Bedingungen der Tiefentektonik sei der Glimmer nach der Basis gleitfähig; bei parakristalliner Verformung kann er bekanntlich durch Wachstum in der Scherfläche eingeregelt werden. Angesichts der im Vergleich mit anderen Gesteinsmineralen geringen Härte des Glimmers kann man sich fragen, ob er sich bei mechanischer Verformung überhaupt anders verhalten kann als eine bloße Vorzeichnung, gleichgültig, ob er gleitet oder nicht.

Amphibole regeln sich mit (100) in die Scherflächen ein und mit [001] meistens parallel der tektonischen Achse b, wenigstens in metamorphen Tektoniten; seltener ist die c-Achse des Amphibols parallel der Bewegungsrichtung a. Da die Amphibole fast immer nach der c-Achse prismatisch sind, weiß man noch nicht, ob ihre Parallelordnung immer zur Formregelung zu rechnen ist. Schöne Wachstumsregelung macht sich in den Garbenschiefern geltend.

Feldspat. Bis jetzt wurden nur albitreichere Plagioklase gefügeanalytisch untersucht, am eingehendsten von WENK (1936). Bei den Plagioklasen wurden die folgenden 4 Regeln festgestellt:

$$(010)//\text{Scherfläche}; \quad [001]\ //b;$$
$$,, \qquad\qquad ,, \qquad [001]\ //a;$$
$$,, \qquad\qquad ,, \qquad [100]\ //b;$$
$$(001)// \qquad\qquad ,, \qquad [100]\ //b.$$

Olivin. Nach PHILLIPS (1938) zeigt der Olivin der Olivingesteine Einregelung mit (100) in der Schieferungsfläche.

Ortsregelung. Als eine besondere Art von Regelung bezeichnete W. SCHMIDT unter diesem Namen die lagenweise Anordnung von verschiedenen Mineralen in vielen Gneisen, Glimmerschiefern und anderen hochkristallinen Tektoniten. In gewissen Lagen werden Quarz, Feldspat, Kalkspat, Granat angesammelt, in anderen Glimmer als Wirte und darin noch insbesondere Epidot, Hornblende, Erze, Graphit. SCHMIDT ist der Ansicht, daß diese hellen Lagen von Quarz u. a. darum aus dem früheren Sammelgefüge hinausgewandert sind, weil sie translationsfähigere Gitter haben. Bei Gneisen kann diese Ortsregelung so weit führen, daß sie an Migmatite (Adergneise) erinnern, und man ist im Zweifel, ob sie nicht schon zu den metatektischen Gesteinen SCHEUMANNs zu rechnen sind. Jedenfalls stellen sie eine Art der Produkte metamorpher Differentiation dar, auf die wir noch zurückkommen müssen.

Kaltreckung und Warmreckung der Metalle verglichen mit der Gesteinsumformung. Durch mechanische Bearbeitung, wie Auswalzung oder Streckung, bei niedriger Temperatur *(Kaltreckung)* werden Metalle sowohl nach der Kornform wie dem Kornbau deformiert und gemäß der Bewegungsart eingeregelt. Zwillings- und Translationsgleitung findet statt. Die Metalle werden härter und fester, ihre Elastizitätsgrenze wird heraufgesetzt, ihre Formbarkeit vermindert.

Wird ein kaltgerecktes Metall bei höherer Temperatur einer ähnlichen Bearbeitung, einer *Warmreckung* unterworfen, so gehen die genannten Erscheinungen zurück. Erreicht die Temperatur eine bestimmte Grenze, gewöhnlich einige hundert Grad unter der Schmelztemperatur, so tritt Umkristallisation ein, zuerst an den Korngrenzen und Gleitflächen, allmählich verbreitet sie sich durch die ganze Masse. Die ursprünglichen Elastizitätseigenschaften werden wieder hergestellt. Die gedehnten und gittergestörten Körner zerfallen in einzelne ungestörte kleinere Körner ohne bestimmte Gestalt. Nach dieser Verminderung der Korngröße bringt die Umkristallisation wieder ein Wachsen der Körner hervor. Bei der Warmreckung haben die kleinsten Teilchen (Ionen, Atome, Moleküle) eine gewisse Beweglichkeit, Bindungsfreiheit und Diffusionsfähigkeit im kristallinen Zustand.

Aus einer Schmelze kristallisierte Mineralaggregate, die nicht vorher kaltgereckt waren, kristallisieren bei Erwärmung, auch bei relativ hohen Temperaturen, im allgemeinen nicht oder nur ausnahmsweise um. Andererseits findet Umkristallisation nach einer Kaltreckung zwar schon durch bloße Erwärmung statt, der Vorgang verläuft aber langsamer und weniger vollständig als bei Warmreckung. Durchbewegung ist ein mächtiger Katalysator! Es wurde ferner gefunden, daß die Korngröße der neukristallisierten Metalle vom Grad der vorherigen Kaltreckung abhängt: Je vollkommener die Durchknetung, desto langsamer geschieht die „Erholung" durch Umkristallisation und desto kleiner bleibt das Korn, welches übrigens noch mit gesteigerter Temperatur der Umkristallisation wächst.

Reine mechanische Gesteinsmetamorphose bietet nun große Analogien zu der Kaltreckung. Gitterdeformation ist häufig, wie bei der undulierenden Auslöschung des Quarzes, der anomalen Doppelbrechung, der Zweiachsigkeit sonst einachsiger Kristalle usw. Mechanisch erzeugte Zwillingsbildung wie beim Kalzit, Mikroklin, Diopsid, ebenso Translationsgleitung mancher Gitter ist für beide Vorgänge charakteristisch.

Suchen wir nun unter den Arten der Gesteinsmetamorphose nach ähnlichen Analogien zur Warmreckung, so kommen vor allem die Vorgänge der

Kristallisationsschieferung in Frage, die ja besonders durch Umkristallisation charakterisiert ist. W. Schmidt (1925a) hat auch die Bezeichnung „warmgereckte Gesteine" gebraucht. Vom Gesichtspunkt der Gefügekunde aus ist ihre Kristallisation entweder postkinematisch oder parakinematisch und ihre Regelung dementsprechend entweder auf die Abbildung früherer Regelung zurückführbar oder auch auf parakristalline Durchbewegung. Warmgereckte Metalle scheinen häufig entregelt zu sein, bei Gesteinstektoniten ist Entregelung allerdings weniger häufig (vgl. S. 295). Diese Unterschiede sind wohl durch eine im Vergleich mit den Metallen geringere Beweglichkeit der Silikatgitter bedingt. Schmidt sagt: Kaltreckung besitzt ein vollkommenes tektonisches Korrelat, Warmreckung aber nicht.

Elastizität, Festigkeit und Klüftung. Nachdem wir bis jetzt die Gefügeeigenschaften der metamorphen Gesteine vorwiegend vom kinematischen Gesichtspunkt aus betrachtet haben, wollen wir jetzt kurz die dynamische Seite hervorheben. Im allgemeinen bietet uns das Gefüge der Gesteine nur ein Bild von den Bewegungen. Die Kräfte bleiben ziemlich geheimnisvoll dahinter stehen. Einige Einblicke in die Wirkungsweise der Beanspruchungen, die die internen Bewegungen in Gesteinen hervorgerufen haben, lassen jedoch die Rupturen, Risse und Klüfte zu. Darum ist vor allem die Klüftung, eine ebenso feldgeologisch wichtige wie schon in der Landschaft oft auffallende Erscheinung, die engstens mit der Gefügeregelung zusammengehört, hier zu behandeln. Solche Klüfte, Risse und Fugen, die mikroskopisch beobachtet und beim Gefügestudium verwertet werden, sind genetisch von den Großklüften nicht trennbar. Alle sind sie durch das Überschreiten der Elastizität und der Festigkeit der Gesteine bei der Beanspruchung bedingt.

In der modernen Geologie hat vor allem H. Cloos die tektonische Bedeutung der Klüftung hervorgehoben. In seinen magmatektonischen Arbeiten hat er sie zum Gegenstand eingehender Untersuchungen gemacht und ihre allgemeine Bedeutung durch Experimente beleuchtet (Cloos, Einführung, 1936).

Unter allseitigem hydrostatischen Druck wird das Volumen des Körpers vermindert. Ist der Körper anisotrop, so erfolgt dabei eine elastische homogene Verformung. Jede einseitige Beanspruchung oder ein Differentialdruck, der in einer bestimmten Richtung den allseitigen Druck übertrifft, bringt eine andere Verformung hervor. Auch diese ist zunächst elastisch rückläufig, bis zur Elastizitätsgrenze des Stoffes. Die elastische Verformung besteht aus denselben Arten von Teilbewegungen — Schiebung und Scherbewegung — wie die bis jetzt allein betrachtete nicht rückläufige plastische Verformung. Unter atmosphärischem Druck sind alle Gesteine spröde und werden nur elastisch verformt, bis ihre Festigkeitsgrenze überschritten ist. Dann bricht der Körper. Unter hohem allseitigen Druck verhalten sich aber die Gesteine anders, indem sie unter genügender Beanspruchung plastisch zu fließen anfangen. Auch dann noch können Rupturen eintreten, denn im Gegensatz zu amorph-flüssigen Stoffen sind die kristallinen Stoffe nicht unbegrenzt plastisch.

Die Rupturen sind von zweierlei Natur: *Scherrisse* und *Zerrklüfte*.

Scherrisse entstehen in Flächen maximaler Schubspannung bei der Verformung genau in denselben Lagen wie die Scherflächen bei plastischer Verformung. Darum spricht man auch von Einzelscherflächen. Der Verschiebungssinn bei den Scherrissen kann in derselben Weise ermittelt werden wie bei den Harnischflächen, von welchen sie sich eigentlich nur im Maßstab unterscheiden.

Die wichtigsten Scherrisse in den Tektoniten nehmen im tektonischen Achsenkreuz die Lage ($h0l$) ein. Diese gehören zu den regelmäßigen Folgeerscheinungen aller Verformung und können in recht verschiedenen Lagen parallel der Achse B auftreten. Ausgeschlossen sind theoretisch nur die Lagen der Achsenebenen AB und BC des Verformungsellipsoids, weil in ihnen keine Schubspannung vorliegt. Aber auch dies hat praktisch geringe Bedeutung, denn bei laminarer Gleitung ändern sich die Lagen von AB und BC durch Intern- (und Extern-) Rotation, bei reiner Schiebung können die Scherflächen der Fläche ab (001) praktisch parallel werden. In den steil stehenden geplätteten Schiefern des Grundgebirges ist Klüftung parallel der Schieferung sogar recht auffallend, was allerdings auch darauf zurückführbar ist, daß neben der Plättung als Hauptverformung Verschiebungen in horizontaler Richtung auftreten, die dann die Schieferungsfläche, das „Plättungs-s", als Scherfläche benutzen. Auch bei Magmatektoniten haben die S-Klüfte von H. CLOOS eine entsprechende Lage.

Abb. 39. Boudinagen im Andraditskarnlager. Orijärvi, Finnland.

Verschiedene ($h0l$-)Risse schneiden einander in der Achse b. Dies ist eine häufige Ursache der Stengligkeit bei den Tektoniten.

Außer den ($h0l$-)Rissen kommen auch ($0kl$-)Risse vor. Sie können als eine Folge der Dehnung in der Achse b betrachtet werden und sind folglich regelrechte Scherrisse, analog den ($h0l$-)Rissen, nur mit Austausch der Achsen a und b. Gemäß ihrer Scherrißnatur gehen sowohl die ($h0l$-) wie die ($0kl$-)Risse durch die einzelnen Kristalle sowie durch das ganze Gestein.

Die wichtigsten Vertreter der Zerrklüfte folgen der Verformungsebene ac und stehen senkrecht auf der Achse $b = B$. Sie sind oft klaffend. Mikroskopisch findet man sie häufig ausgeheilt, oft mit Glimmerblättchen parallel den Rissen ausgefüllt. Wenn solche Risse dicht aneinander auftreten, können sie Anlaß zu einer besonderen Art von Schieferung geben, wie SANDER betont hat. In den Gebirgsgraten sieht man sie oft als riesenhafte Klüfte, die das Streichen überqueren. Bei Magmatektoniten wurden sie zuerst von H. CLOOS als *Querklüfte* bezeichnet.

Eine eigenartige Ausbildungsweise der ac-Klüfte gibt Anlaß zur Entstehung der sog. *Boudinagen*. Wie wir gesehen haben, findet oft Dehnung in der Richtung der Achse b in den Tektoniten statt. Wo nun verschiedenartige Schichten miteinander wechsellagern oder wo Lagergänge, Verdrängungen usw. präkinematisch in der Streichrichtung eingedrungen sind, ist die Möglichkeit vorhanden, daß die plastische Formbarkeit und Dehnbarkeit der Lager verschieden ist. Dann kommt das weniger dehnbare Lager unter Zugbeanspruchung und kann reißen. Die angrenzenden Lager biegen sich in die entstehenden Hohlräume hinein und den zuerst offen bleibenden Teil der Kluft füllt nachträglich auskristallisierter Quarz aus (Abb. 39) (WEGMANN 1932). Das Wort Boudinage wurde zuerst von MAX LOHEST 1908 eingeführt.

Ganz wie die (0kl-)Risse zu den (h0l-)Rissen verhalten sich die weniger auffallenden bc-Klüfte zu den ac-Klüften. Sie sind nicht oft beobachtet worden, was FAIRBAIRN (1937) darauf zurückführt, daß sie nicht klaffend auftreten, weil sie wegen der Durchbewegung in der Richtung der senkrecht auf bc stehenden Achse a gleich wieder geschlossen werden.

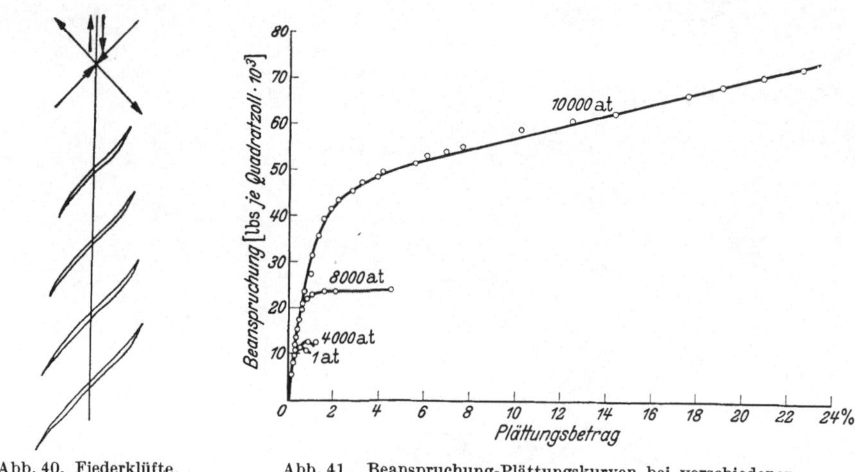

Abb. 40. Fiederklüfte.   Abb. 41. Beanspruchung-Plättungskurven bei verschiedenen
(Aus W. SCHMIDT.)   allseitigen Drucken. (Nach GRIGGS.)

Eine häufige Art von Zerrklüften sind die *Fiederklüfte* (H. CLOOS). Sie stehen diagonal zu Scherflächen und sind in Reihen parallel mit diesen angeordnet (Abb. 40). Es kann der Sinn der Scherbewegung einfach aus der Lage der Fiederklüfte zu der Scherflächenrichtung bestimmt werden.

Früher wurde gewöhnlich angenommen, daß die Rupturen jeder Art während einer späten Phase der Gebirgsbildung nach der plastischen Verformung gebildet worden seien, als die Gesteine nicht mehr dieselbe Plastizität hatten wie während der Hauptdeformation der Orogenese. Aber nach den Erfahrungen der neueren eingehenden Gefügeforschung erscheint es jetzt wahrscheinlicher, daß Risse und Klüfte jederzeit während der mechanischen Verformung entstehen können, auch im Zusammenhang mit der Kristalloblastese. Darauf deutet unter anderem der Umstand hin, daß die Minerale, die sich so häufig in Rissen und Klüften gebildet haben, nach denselben Gesetzen eingeregelt sein können wie die Gemengteile der Gesteine selbst. Experimentelle Untersuchungen haben einen etwas vertieften Einblick in diese Verhältnisse ermöglicht.

Unter den neueren experimentellen Arbeiten auf diesem Gebiet sind besonders die Experimente von D. T. GRIGGS (1936) dazu geeignet, die Verhältnisse zwischen der elastischen und plastischen Verformung und der Klüftung zu beleuchten. Der von GRIGGS angewandte Apparat war eine Stahlbombe, worin hohe allseitige (hydrostatische) Drucke mittels einer hydraulisch eingepreßten Flüssigkeit (Kerosinöl) erzeugt und gleichzeitig hohe Differentialdrucke (Beanspruchung) mittels Kolben übertragen wurden. Der Apparat war so konstruiert, daß der allseitige Druck konstant gehalten und derselbe sowie der Differentialdruck bis zu 13000 at, dem Druck in etwa 45 km Erdtiefe entsprechend, direkt gemessen werden konnte. Die Experimente wurden mit lithographischem Kalkstein aus Solenhofen, kristallinem Kalkstein und Quarzeinkristallen ausgeführt, alle bei Zimmertemperatur.

Unter allseitigen Drucken von 1 bis 4000 at zerbrachen die Probestücke ohne plastische Verformung und ihre Längenabkürzung war rein elastisch. Unter Drucken von 8000 und 10000 at wurden sie dagegen plastisch verformt. Die Festigkeit war bei 10000 at um 1400% größer als bei 1 at. Die Beanspruchungs-Plättungskurven (Abb. 41) zeigen einen Wendepunkt (Elastizitätsgrenze) und eine Zunahme der Festigkeit; die untersuchten Gesteine verhielten sich wie Metalle bei Kaltreckung unter atmosphärischem Druck. Die Kalksteine wurden im Bereich der bruchlosen Umformung nicht unendlich deformiert, sondern brachen, wenn die Verformung weit genug getrieben wurde. Entgegen den bisherigen Ansichten erwies es sich dabei, daß plötzliche Beanspruchung nicht notwendig zum Zerbrechen des Gesteins führt. GRIGGS fand im Gegenteil, daß der Kalkstein bei schnellerer Kompression höhere Beanspruchungen ohne Bruch verträgt als bei langsamerer. Wenn die plastische Verformung unter konstantem Druck kontinuierlich mit einer Geschwindigkeit fortgeführt wird, die mit der Zeit nicht Null wird, so wird der Körper zuletzt brechen,

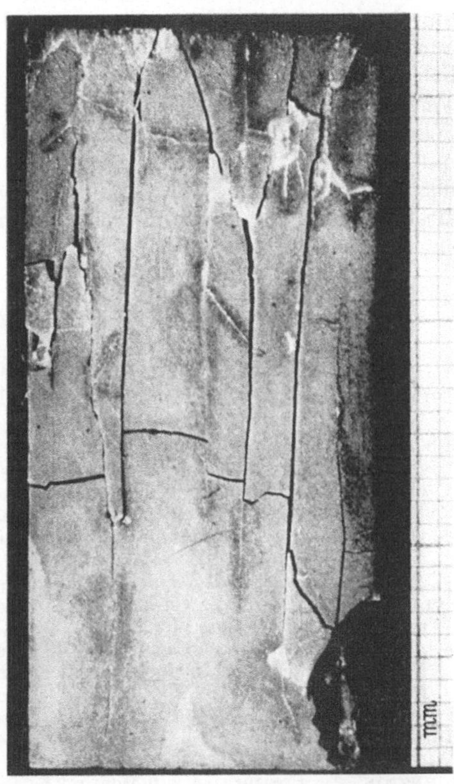

Abb. 42. Scherbrüche (diagonal) und Zugbrüche (vertikal) in einem Kalksteinzylinder, der unter allseitigem Druck von 100 at in der Längsrichtung gepreßt wurde. (Aus GRIGGS.)

gleichgültig, wie langsam die Verformung ist. Der Wert für die Festigkeit, die für endlose Zeit gilt, bestimmt also die Beanspruchung, unter welcher die Verformung sich eben nicht mehr mit der Zeit fortsetzt, sondern zum Bruch führt. GRIGGS nennt dies die *fundamentale Festigkeit*, welche also ein für die Geologie wichtiger Begriff ist.

Beim Bruch entstanden in den Probestücken zweierlei Bruchflächen, 1. Scherbrüche diagonal zur Beanspruchung, entsprechend den Scherrissen, 2. Zugbrüche in der Beanspruchungsrichtung entsprechend den *ac*-Klüften. Die ersteren waren früher und allmählich entstanden und zeigten Spuren von Gleitung, während das Zerreißen in der Längsrichtung schließlich das Probestück heftig und momentan zum Zerspringen brachte (Abb. 42).

Im Zusammenhang mit der Plättung (S. 301) haben wir schon die Gefügeeigenschaften des gepreßten Marmorstückes erörtert und eine lehrreiche Analogie mit einigen Gesteinstektoniten gefunden. Jetzt wäre noch ein Vergleich der Festigkeits- und Elastizitätseigenschaften bei diesen Versuchen mit denen der Gesteine anzustellen. Hier können wir uns kurz fassen. Wie aus dem oben angeführten hervorgeht, begegnen wir manchen Ähnlichkeiten sogar mit hochkristallinen Schiefern. Dies ist etwas unerwartet, denn die Verhältnisse bei den GRIGGSschen Versuchen wichen doch in der Hinsicht erheblich von den Verhältnissen bei der Umkristallisationsmetamorphose ab, daß die Temperatur sicher viel niedriger war. Wir haben ja die Umkristallisation bei der Metamorphose mit der Warmreckung verglichen und sollten daher erwarten, daß auch die elastischen Eigenschaften hierbei recht verschieden sein würden. Natürlich wird auch die fundamentale Festigkeit der Gesteine bei parakristalliner Verformung viel größer sein und der Bereich vom plastischen Fließen weiter. Wie schon erörtert, stimmen jedoch die Resultate der Gefügeforschung eher mit der Annahme überein, daß die Festigkeit der Kristalle unter allen Verhältnissen endliche Werte hat. Eine Ausnahme macht wohl die rein durch Umkristallisation und Ionendiffusion bedingte Plastizität.

II. Die Umkristallisation.

Schrifttum.

ERDMANNSDÖRFFER, O. H.: Über Disthen-Andalusitparagenesen. Sitzber. Heidelberg. Akad. Wiss., Math.-naturwiss. Kl. 1928.

ESKOLA, P.: Om sambandet mellan kemisk och mineralogisk sammansättning hos Orijärvitraktens metamorfa bergarter. English Summary: On the relations between the chemical and mineralogical composition in the metamorphic rocks of the Orijärvi region. Bull. Comm. géol. Finlande 1915, Nr. 44.

— On the rôle of pressure in rock crystallization. Bull. Comm. géol. Finlande 1929, Nr. 85.

— A note on diffusion and reactions in solids. Bull. Comm. géol. Finlande 1934, Nr. 104.

GOLDSCHMIDT, V. M.: Die Gesetze der Mineralassoziationen vom Standpunkt der Phasenregel. Z. anorg. Chem. Bd. 71 (1911).

— Anwendung der Phasenregel auf Silikatgesteine. Z. Elektrochem. Bd. 17 (1911).

— Die Gesetze der Gesteinsmetamorphose, mit Beispielen aus der Geologie des südlichen Norwegens. Vid.-selsk. Skr. 1, Mat.-naturv. Kl. 1912.

HEDVALL, J. A.: Die Reaktionsfähigkeit fester Stoffe. Leipzig 1937.

HOFF, J. H. VAN'T: Zur Bildung der ozeanischen Salzablagerungen. Braunschweig Bd. I. 1905; Bd. II. 1909.

JOHNSTON, J.: Pressure as a factor in the formation of rocks and minerals. J. of Geol. Bd. 23 (1915).

JOST, W.: Diffusion und Reaktion in festem Zustand. Dresden 1937.

LAITAKARI, A.: Über die Petrographie und Mineralogie der Kalksteinlagerstätten von Parainen (Pargas). Bull. Comm. géol. Finlande 1921, Nr. 54.

LEA, CAREY M.: On endothermic reactions effected by mechanical force. Amer. J. Sci., 3. ser. Bd. 146 (1893). — Z. anorg. Chem. Bd. 5 (1894).

— Transformations of energy by shearing stress. Amer. J. Sci., 3. ser. Bd. 146 (1893). — Z. anorg. Chem. Bd. 6 (1894).

MISCH, P.: Einiges zur Metamorphose des Nanga Parbat. Geol. Rdsch. Bd. 27 (1936).

NIGGLI, P.: Über Gesteinsserien von metamorphischem Ursprung. T. M. P. M. Bd. 31 (1912).

— u. J. JOHNSTON: Einige physikalisch-chemische Prinzipien der Gesteinsmetamorphose. N. Jb. Min. usw. Beilage-Bd. 37 (1914).

— Lehrbuch der Mineralogie. Berlin 1920.

PERRIN, R. u. M. ROUBAULT: Les réactions a l'état solide et la géologie. Bull. Serv. Carte géol. Algérie, 5e sér. 1937, Nr. 1.

RAGUIN, E.: Problèmes de la géologie du granite. Rév. questions sci. 1937.

SAHLSTEIN (SAHAMA), TH. G.: Zur Metamorphose in dem reziproken Salzp'aar (Na·, K·.) — (Cl′, JO$_3$). Bull. Comm. géol. Finlande 1934, Nr. 104.

SANDER, B.: Über tektonische Gesteinsfazies. Verh. geol. Reichsanstalt 1912, Nr. 10.

— Zur petrographisch-tektonischen Analyse, I. Jb. geol. Reichsanst. Bd. 74 (1923).

SEDERHOLM, J. J.: On synantetic minerals and related phenomena (reaction rims, Corona minerals, kelyphite, myrmekite etc.). Bull. Comm. géol. Finlande 1916, Nr. 48.

SENG, H.: Die Migmatitfrage und der Mechanismus parakristalliner Prägung. Geol. Rdsch. Bd. 27 (1936).

SPRING, W.: Über die chemische Einwirkung der Körper im festen Zustande. Z. physik. Chem. Bd. 2 (1888).

— Zahlreiche andere Aufsätze in Bull. Acad. Belg., Ann. Chim. et Phys., Ber. dtsch. chem. Ges., Bull. Soc. Chim. Paris usw.

TAMMANN, G.: Chemische Reaktionen in pulverförmigen Gemengen zweier Kristallarten. Z. anorg. allg. Chem. Bd. 194 (1925).

— Zur Theorie der Rekristallisation. Z. anorg. allg. Chem. Bd. 185 (1929).

TILLEY, C. E.: The rôle of kyanite in the „hornfels zone" of the Carn Chuinneag granite (Ross-shire). Miner. Mag. Bd. 24 (1935).

A. Allgemeine Grundsätze der Umkristallisation.

Chemisches Gleichgewicht. Bis jetzt haben wir vorwiegend den mechanischen Anteil der Gesteinsumwandlung betrachtet, aber dabei waren wir gezwungen, manches mit zu berücksichtigen, was eigentlich schon zur Chemie gehört. Beim Heranziehen des chemischen Geschehens werden wir bald wieder finden, daß die beiden Seiten der Gesteinsmetamorphose voneinander untrennbar sind. Bei den meisten Umkristallisationen spielen auch die Teilbewegungen mit und wirken auf die chemischen Reaktionen ein, und zwar ist ihre Wirkungsweise schwer deutbar und experimenteller Erforschung wenig zugänglich. Glücklicherweise treten jedoch die chemischen Kräfte dermaßen in den Vordergrund, nicht nur bei der reinsten Thermometamorphose in den äußeren Kontaktzonen von Magmagesteinsmassen, sondern auch bei der kinetisch betonten Regionalmetamorphose, daß die Gesetze der chemischen Gleichgewichtslehre erfolgreiche Anwendung finden und der Behandlung eine Unterlage darbieten können.

Chemisches Gleichgewicht wird als der Zustand mit dem kleinsten Betrag an freier Energie in einem System unter gegebenen Temperatur- und Druckbedingungen definiert. Bei Einstoffsystemen in kristallinem Zustand ist unter jeweils herrschenden Temperatur- und Druckbedingungen eine bestimmte Kristallart im Gleichgewicht stabil. Die Temperatur (T) und der Druck (P) können variieren, aber bei bestimmten Werten dieser Größen kann entweder eine andere kristalline Formart oder die flüssige Formart stabil werden. Wir haben da im allgemeinen einen Umwandlungspunkt; im letzteren Falle nennen wir ihn Schmelzpunkt.

Die Kenntnis der Stabilitätsverhältnisse der Minerale ist für das Verständnis der Umwandlungsvorgänge notwendig. Wenn man die Umwandlungen im Laboratorium hervorbringen kann, so werden diese Verhältnisse experimentell ermittelt. Wir sind jedoch noch weit davon entfernt, alle Minerale in dieser Hinsicht untersuchen zu können. Daher sind wir auf das Studium der Gesteinsgefüge angewiesen, um daraus Schlüsse über die Richtung der Umwandlungen ziehen zu können. Hier gilt es also wieder zu bestimmen, was relikt oder proterogen und was neugebildet oder hysterogen ist.

Oftmals erfolgen die Umwandlungen in der Richtung gegen die stabilen Formarten überhaupt nicht. Dies ist z. B. der Fall bei den Aluminiumsilikaten, von welchen nur der Sillimanit, wenigstens unter niedrigen Drucken, stabil zu sein scheint. Wäre die Umwandlung vollkommen, wenn auch langsam, so würden ja solche nichtstabile Minerale, wie Andalusit oder Disthen, uns gar nicht bekannt sein. Sie treten nämlich als Gemengteile von alten metamorphen Gesteinen auf und konnten sich sogar durch geologische Erdzeitalter ohne Spur von Umwandlung erhalten. In anderen Gesteinen dagegen können sie teilweise oder ganz in Sillimanit umgewandelt sein, wobei dann wohl immer die Einwirkung besonderer petrologischer Agenzien, wie z. B. der Verformung oder der hydrothermalen Lösungen, zu merken ist, und die Umwandlung kann nicht bloß auf höheres geologisches Alter zurückgeführt werden. Die *Haltbarkeit* der instabilen Formarten ist von Fall zu Fall sehr verschieden; einige erhalten sich nur einige Sekunden. Es wurde oft gesagt, solche Minerale wie Disthen, Andalusit und Diamant seien bei den meistens in der Natur obwaltenden Bedingungen an sich instabil, aber ihre Umwandlungsgeschwindigkeit sei praktisch gleich Null, und man bezeichnete sie als *metastabil*. Im Lichte der Kristallstrukturforschung erscheint es durchaus möglich, daß Kristalle, die nicht absolut stabil sind, sich doch ohne Arbeitsaufwand, z. B. in der Form von Wärmezufuhr oder Durchbewegung, nie umwandeln würden. Eine mechanische Analogie wäre ein Ball, der auf einer schiefen Ebene in einer Höhlung liegt, von der er zuerst aufgehoben werden muß, bevor er hinabrollt. Eine metastabile Formart kann also mit vollem Erfolg die Rolle der stabilen Phase spielen!

Die Beziehungen der Gleichgewichte zu Temperatur- und Druckänderungen werden durch die CLAUSIUS-CLAPEYRONsche Gleichung

$$\frac{dT}{dP} = \frac{T \, \Delta V}{Q}$$

dargestellt, welche aussagt, daß die differentiale Änderung des Umwandlungspunktes mit der Druckänderung (dP/dT) proportional zu der Wärmetönung Q (positiv bei endothermer Reaktion) und umgekehrt proportional zu der absoluten Temperatur des Umwandlungspunktes T und der Volumänderung ΔV (positiv bei Volumzunahme) ist.

Dieselben Beziehungen gelten für die Schmelzpunkte und auch für alle in Systemen von zwei oder mehreren Komponenten auftretenden Reaktionen, die eben bei der Gesteinsmetamorphose vor sich gehen, wenn die Gesteine unter veränderte TP-Verhältnisse gelangen. Dabei hängt also der Sinn der Reaktion von der Wärmetönung, der absoluten Temperatur und der gesamten Volumänderung ab. Bei einer Erhöhung der Temperatur unter konstantem Druck werden *endotherme*, bei Erniedrigung *exotherme* Reaktionen stattfinden.

Druckerhöhung bei konstanter Temperatur begünstigt Phasenkombinationen (Paragenesen), die ein geringeres Gesamtvolumen haben als der Ausgangsstoff. Diese Beziehung ist unter dem Namen von der *Volumenregel* (BECKE, GRUBENMANN) bekannt geworden. Das Volumen wird zweckmäßig als *Molekularvolumen* (gleich dem Molekulargewicht dividiert durch das spezifische Gewicht) gerechnet.

Für Kombinationen gilt die Summe der Molekularvolumina der einzelnen Phasen. Beispiel: In vulkanischen Auswürflingen treten Wollastonit und Anorthit als eine stabile Paragenese auf; in tiefmetamorphen Gesteinen finden sich Grossular und Quarz. Für diese rückläufige Reaktion sind die Volumverhältnisse:

$$2\,CaSiO_3 \;+\; CaAl_2Si_2O_8 \rightleftharpoons Ca_3Al_2Si_3O_{12} + SiO_2$$

	2 Wollastonit +	Anorthit ⇌	Grossular	+ Quarz.
Molekularvolumina	2 × 39,8	100,5	127,9	22,6
	180,1		150,5	

Man sprach früher der Volumregel eine sehr große Bedeutung zu, da die Ansicht herrschend war, daß die Metamorphose in erster Linie durch erhöhten Druck bedingt sei. Später hat man eingesehen, daß diese Ansicht im allgemeinen nicht stichhaltig ist. In Systemen, die nur feste und flüssige Phasen enthalten (kondensierte Systeme), ist meistens die Volumänderung im Vergleich mit der Wärmetönung relativ klein und die Systeme sind daher wenig empfindlich gegenüber Druckänderungen. Da die Silikatgesteine bei der Metamorphose im großen und ganzen aus schwerflüchtigen Komponenten bestehen, so ist bei ihrer Umwandlung die Temperatur und nicht der Druck der weitaus maßgebende, den Zustand bestimmende Faktor.

An dieser Stelle sei jedoch auf die indirekte Wirkung des Druckes hingewiesen. Bei der Kristallisation aus schmelzflüssigem Magma besteht diese Wirkung darin, daß hoher Druck das Entweichen der leichtflüchtigen Stoffe verhindert und die Löslichkeit der mineralischen Stoffe im vorhandenen Lösungsmittel vermehrt, auch wenn dieses sich in überkritischem oder fluidem Zustand befindet. Dadurch wird die Temperatur der Kristallisation herabgesetzt und die Bildung solcher Minerale ermöglicht, die erst bei niedrigeren Temperaturen stabil werden.

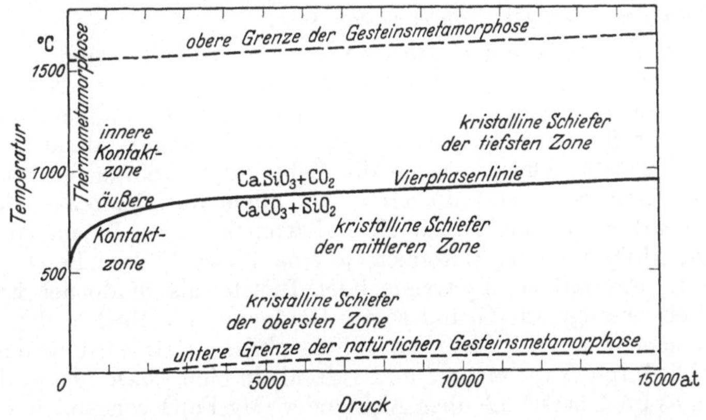

Abb. 43. Die TP-Kurve der Wollastonitreaktion. (Nach V. M. GOLDSCHMIDT.)

Zu diesen gehören unter den anhydrischen Mineralen manche spezifisch schweren, wie viele Granate. Temperaturerniedrigung wirkt in diesem Falle in derselben Richtung wie Druckerhöhung. Ganz besonders wird aber die Bildung solcher Minerale ermöglicht, die Wasser oder andere leichtflüchtige Stoffe enthalten, wie Amphibole, Glimmer usw. Die bei niedrigeren Temperaturen metamorphosierten Gesteine enthalten weitgehend dieselben Minerale, die auch „autometamorph" in den Erstarrungsgesteinen nach der magmatischen Kristallisation entstehen (z. B. Epidot, Chlorit, Serizit). Daraus läßt sich schließen, daß die indirekte Druckwirkung bei der Metamorphose von derselben Art ist wie bei der magmatischen Kristallisation.

Treten auch Gasphasen auf, so kann dagegen eine starke Abhängigkeit des Reaktionssinnes und der Reaktionsmöglichkeit vom Druck in Erscheinung treten. Ein Beispiel wird dies veranschaulichen. Zwischen Siliziumdioxyd + Kalziumkarbonat einerseits und CaSiO$_3$ (Wollastonit) + CO$_2$ andererseits ist die folgende rückläufige Reaktion möglich:

$$CaCO_3 + SiO_2 \rightleftharpoons CaSiO_3 + CO_2.$$

Das Diagramm nach V. M. GOLDSCHMIDT [1912 (Abb. 43)] zeigt die Abhängigkeit des Gleichgewichts vom Druck. Zuerst steigt die Reaktionstemperatur, also die Umwandlungstemperatur des Systems, stark mit dem Druck, weil sich das große Volumen des gasförmig befreiten Kohlendioxyds geltend macht. Allmählich wendet sich die Kurve und wird mehr und mehr parallel der Druckachse, da das Gas schon zu einem relativ kleinen Volumen komprimiert und seine weitere Kompressibilität herabgesetzt ist. Für Magnesiumkarbonat würde die Kurve etwas tiefer liegen, aber mit der Wollastonitkurve parallel laufen.

Die Phasenregel. Beim Gleichgewicht ist die Zahl der möglichen Phasen gemäß der *Phasenregel* (W. GIBBS) durch die Zahl der unabhängigen Komponenten und der Freiheitsgrade der variablen P und T bestimmt (s. S. 17, 18). Ist die Phasenzahl gleich der Komponentenzahl, so können die Gleichgewichte ohne Änderung der Zahl oder Art der Phasen über ein bestimmtes TP-Feld stabil sein. Nur unter diesen Bedingungen können die Minerale in den Gesteinen auftreten. Die Phasenregel erhält danach die Form

$$p = n.$$

Das ist die von V. M. GOLDSCHMIDT (Kontaktmetamorphose) aufgestellte *mineralogische Phasenregel: Die Zahl der Mineralgemengteile in einem Gestein kann höchstens gleich der Zahl der Komponenten sein.*

Die in den Silikatgesteinen auftretenden Hauptoxyde sind SiO_2, Al_2O_3, Fe_2O_3, FeO, MgO, CaO, Na_2O, K_2O, H_2O. Wenn alle diese als selbständige Komponenten auftreten, so wäre die maximale Zahl der Mineralgemengteile im Gleichgewicht 9. So viele gibt es jedoch wohl niemals, denn es kommen noch einige Umstände hinzu, welche die Zahl der im Sinne der Phasenregel selbständigen Komponenten reduzieren, vor allem die *Diadochie* oder gegenseitige Ersetzbarkeit in isomorphen Kristallarten gewisser Ionen, Atome oder Oxyde. SiO_2, Al_2O_3 und Fe_2O_3 können je eine Phase bilden, Fe_2O_3 geht aber meistens in die Amphibole, Pyroxene oder Biotite als diadocher Ersatz von Al_2O_3 ein. FeO erzeugt auf Grund seiner Diadochie mit MgO in den Silikaten meistens nur gemeinsam mit MgO eine Silikatphase. CaO wird in den Plagioklasen diadoch durch Na_2O ersetzt und ruft allein eine Phase nur in dem Falle hervor, wenn es im Überschuß über Al_2O_3 oder $(Mg,Fe)O$ vorhanden ist. Na_2O gibt, außer dem gemeinsam mit CaO erzeugten Plagioklase, nur unter seltenen Bedingungen allein eine besondere Phase, z. B. Paragonit, Glaukophan oder Jadeit. K_2O erzeugt entweder Kalifeldspat, Biotit oder Muskovit. Wenn zwei von diesen oder alle drei gleichzeitig auftreten, so kann der zweite und der dritte immer auf das Konto von Al_2O_3, $(Mg,Fe)O$ oder H_2O gestellt werden. H_2O schließlich muß nur in dem Falle als eine selbständige Komponente gezählt werden, wenn es in ungenügender Menge anwesend ist und wasserhaltige (hydroxylhaltige) Minerale während der Umkristallisation überhaupt bestandsfähig sind. Ist es im Überschuß vorhanden, so erzeugen die übrigen Komponenten, die dazu fähig sind, nur hydrierte Minerale.

Ein Beispiel aus einer bestimmten Gesteinsassoziation im Orijärvigebiet, Südwestfinnland, (ESKOLA 1915) sei angeführt, um zu zeigen, in welcher Weise die Zahl der Mineralgemengteile davon abhängt, ob die isomorphe Mischbarkeit vollständig oder begrenzt ist. $Mg^{..}$ und $Fe^{..}$ zeigen meistens eine unbegrenzte Diadochie. Der Cordierit ist jedoch ein (Mg,Fe)-Mineral, in dem Fe noch nie in überwiegender Menge gefunden worden ist, sondern Mg überwiegt. Andererseits ist der $(Fe,Mg)Al$-Granat in der fraglichen Gesteinsassoziation immer Almandin und enthält niemals größere Mengen von Mg. Unter den Bedingungen der Metamorphose in dem genannten Gebiet war also die Diadochie von Mg und $Fe^{..}$ im Cordierit und Granat begrenzt. Almandin und Cordierit treten nebeneinander in demselben Gestein auf, was sie nicht bei unbegrenzter Diadochie tun würden.

Durch die Diadochie von $Mg^{..}$ und $Fe^{..}$ sowie von $Ca^{..}$ und $Na^{.}$, $Fe^{...}$ und $Al^{...}$ wird also die Zahl der Phasen schon beträchtlich reduziert. Dazu trägt noch mehr die Bildung von komplexen Verbindungen und „Doppelsalzen" bei. Im allgemeinen macht sich bei der Mineralbildung mancher metamorpher Gesteine ein „Prinzip der Sparsamkeit" in der Phasenzahl geltend. Sind doch zwei der verbreitetsten metamorphen Gesteine von recht komplizierter Zusammensetzung, Amphibolit und Glimmerschiefer, praktisch nur bimineralisch! Drei oder vier Hauptgemengteile sind gewöhnlich zu finden, fünf oder sechs schon selten.

Die Tatsache, daß die Mineralparagenesen sehr vieler, wenn nicht der meisten metamorphen Gesteine mit der Phasenregel übereinstimmen, deutet schon darauf hin, aber ist allein noch kein absoluter Beweis dafür, daß in den untersuchten Kleinbereichen die Mineralaggregate bei der Metamorphose das chemische Gleichgewicht erreicht haben. Andererseits erscheinen manche Unstimmigkeiten; auch sie sind sehr lehrreich. Manche Fälle werden im Kapitel über die Mineralfazies

Abb. 44. Verwachsung von Anthophyllit (Ränder, schwarz) und Cummingtonit (Mitte) in diablastisch durch einen großen Cordieritxenoblasten gewachsenem Prisma. Kurksaari bei Orijärvi, Finnland. + Nic. Vergr. 27 ×.

erörtert. Hier mögen nur als Beispiele diejenigen Ungleichgewichte Erwähnung finden, die im Orijärvigebiet (ESKOLA 1914 und 1915) beobachtet wurden.

In den Cordierit-Anthophyllitgesteinen des Orijärvigebietes ist neben dem Anthophyllit noch der anscheinend identisch zusammengesetzte Cummingtonit vorhanden, und zwar mit diesem regelmäßig verwachsen (Abb. 44). Der Dimorphismus des (Mg,Fe)-Amphibols ist ein Fall von „Polysymmetrie", und man kann sich fragen, ob die beiden Formarten im physikalisch-chemischen Sinne eigentlich als zwei verschiedene Phasen zu betrachten sind; ihre Verwachsung erinnert jedenfalls an Zwillingsbildung.

Im Andalusit-Quarz-Glimmerfels aus dem Orijärvigebiet (ESKOLA 1915, S. 29) finden sich Muskovit, Andalusit, Cordierit, Biotit und Quarz zusammen. In diesem System kann die folgende Reaktion sich abspielen (vgl. GOLDSCHMIDT, Kontaktmetamorphose, S. 134):

$$H_2K_2Al_3Si_3O_{12} + 3\,Mg_2Al_4Si_5O_{18} = H_2KAl_3Si_3O_{12} \cdot 3\,(Mg_2SiO_4) + 6\,Al_2SiO_5 + 6\,SiO_2$$

Muskovit   +   3 Cordierit   =   Biotit   + 6 Andalusit + 6 Quarz.

Es handelt sich hier um ein System aus 4 Stoffen, nämlich Muskovit, Cordierit, Andalusit und Quarz. Also können alle 5 Minerale sich nicht zusammen im Gleichgewicht befinden.

Neben dem Andalusit kommt im Orijärvigebiet auch noch Sillimanit vor, und zwar als ein Umwandlungsprodukt des ersteren. In dieser Paragenese herrscht natürlich Ungleichgewicht, aber der Andalusit ist wohl nie wirklich stabil gewesen (vgl. oben). Ob nun ein Gleichgewicht durch stabile oder metastabile Phasen vertreten wird, ist für die phasentheoretische Betrachtung gleichgültig.

Die kinetischen Faktoren der Umkristallisation. Metamorphose ist die Antwort der Gesteine auf veränderte Temperatur- und Druckverhältnisse. Sie tendiert zur Herstellung des Gleichgewichts unter den neuen Verhältnissen, und bei den metamorphen Gesteinen hat sie das Ziel häufig erreicht. Doch ist das Gestein, wie wir es jetzt sehen, durchaus nicht im Gleichgewicht unter den an der Erdoberfläche obwaltenden Verhältnissen. Die in beträchtlichen Tiefen metamorphosierten Gesteine haben den Weg zur Erdoberfläche durch den langsamen Prozeß der Abtragung zurückgelegt. Dabei waren sie sich allmählich verändernden Verhältnissen ausgesetzt, die wesentlich von den än ihrem Umwandlungsort herrschenden Verhältnissen abwichen und wesentlich andere Mineralparagenesen erzeugt haben sollten. Wie ist es denn überhaupt möglich, daß wir sie doch ziemlich unverwandelt in dem Gleichgewicht der Tiefe vorfinden können? Dies ist nur dadurch erklärlich, daß die Einstellung des Gleichgewichts bei den Silikatgesteinen im allgemeinen ein sehr langsamer Vorgang ist. Dann entsteht die andere Frage: Wie konnten sich denn die Gesteine am Ort der Metamorphose so gründlich umwandeln?

Die reaktionsbeschleunigenden Agenzien sind die *Katalysatoren* der chemischen Reaktionen in der Erdkruste, und sie haben mit den Katalysatoren der chemischen Technik das gemeinsam, daß sie nicht auf die Art des Gleichgewichts oder der entstehenden Phasen einwirken, da durch sie keine Stoffe zugeführt werden, die sich in die Minerale einbauen.

Die Erfahrung bei allen chemischen Versuchen lehrt, daß *hohe Temperatur* die Diffusion und die Reaktionen beschleunigt. Tatsächlich haben solche metamorphe Gesteine, deren mineralogische Zusammensetzung und deren Gefüge auf die höchsten Umwandlungstemperaturen hindeuten, im allgemeinen vollständiger die entsprechenden Gleichgewichte erreicht als die bei niedrigeren Temperaturen umgewandelten.

Ein anderer günstiger Faktor ist *geringe Korngröße*. Die Umwandlungen spielen sich hauptsächlich in der Intergranularen ab und diese, als die Gesamtheit der Korngrenzflächen, ist desto größer, je feiner das Korn ist. Feinkörnige Gesteine, wie die pelitischen Sedimente, kristallisieren dementsprechend leicht und vollständig um.

Bei gleicher Korngröße reagieren Gesteine von verschiedener *Ursprungszusammensetzung* recht verschiedenartig auf die Veränderung der physikalischen Bedingungen. Erstens hängt dies vom Grade des Ungleichgewichts bei den neuen Verhältnissen ab. Es werden darum im allgemeinen die Umwandlungen desto schneller und vollständiger sich abspielen, je mehr die neuen Verhältnisse von den früheren abweichen. So sind die an der Oberfläche entstandenen Verwitterungsprodukte der Thermometamorphose leichter zugänglich als ebenso feinkörnige Intrusivgesteine. Zweitens sind die verschiedenen Minerale an sich mehr oder weniger reaktionsfähig. Nephelin oder Leuzit verwandeln sich immer leichter als die Feldspäte, unter den letzteren Anorthit leichter als Kalifeldspat. Olivin ist viel empfindlicher als die Pyroxene oder Amphibole usw. Leicht umwandelbare Minerale machen die Gesteine im ganzen weniger haltbar, indem sie allerlei Reagenzien Angriffspunkte darbieten.

Daß die *Durchbewegung* stark reaktionsfördernd wirkt, wurde schon bei der Besprechung der Warmreckung von Metallen (S. 307) dargelegt. Im folgenden werden wir die Wirkungsweise der Durchbewegung eingehender behandeln.

Die Anwesenheit einer *flüssigen* oder *gasförmigen Phase* ist ein wichtiges Hilfsmittel der Umkristallisation. Ihre Wirkungsweise besteht hauptsächlich darin,
daß die Minerale sich teilweise auflösen und daß aus dieser in den Poren des
Gesteins zirkulierenden Lösung wieder Minerale auskristallisieren. Diesen wichtigen Mechanismus der Umkristallisation wollen wir zunächst eingehender diskutieren.

B. Mechanismus der Umkristallisation.

Umkristallisation vermittelt durch eine flüssige Phase. Gemäß der bis jetzt
und wohl auch zukünftig herrschenden Ansicht ist die metamorphe Umkristallisation der Gesteine in der Regel durch die Vermittlung einer molekular-diffusen
oder gasförmigen Phase vor sich gegangen. Diese Phase wird als eine entweder
flüssige (hydrothermale) oder überkritische (pneumatolytische, fluide) Wasserlösung angenommen, die die kapillaren Poren der Gesteine ausfüllt und darin
langsam zirkuliert. Sie ist gesättigt mit allen im Gestein vorhandenen chemischen Komponenten, also den 8 Hauptelementen der Lithosphäre neben den
akzessorischen Komponenten. Doch befindet sich nur ein minimaler Bruchteil
der Masse auf einmal in der Lösung. Bei Änderung der PT-Verhältnisse kann
nun eine Umwandlung der Mineralassoziation dadurch zustande kommen, daß
die Löslichkeitsverhältnisse sich ändern und die Lösung an einer neuen, früher
noch nicht anwesenden kristallinen Phase, d. h. Mineral, übersättigt wird. Dieses
Mineral fängt an, auszukristallisieren und die alten Minerale werden entsprechend
aufgezehrt.

Hat die neue Phase dieselbe Zusammensetzung wie eine frühere, so geschieht
eine einfache Umwandlung der Formart durch Umkristallisation. Beispiel:
Andalusitporphyroblasten werden in faserigen Sillimanit umgewandelt. Man
sagt, der Sillimanit sei die stabile, der Andalusit eine instabile Form von Al_2SiO_5.
Dies würde nur bedeuten, daß der erstere weniger löslich ist.

Falls die neue Phase eine andere Zusammensetzung als irgendeine der alten
Phasen hat, so wird das Material zum Neubau aus der gemeinsamen Porenlösung
genommen, die eine einzige Phase im physikalisch-chemischen Sinn darstellt.
Die Austauschreaktion wird also durch die Lösungsphase vermittelt. Als Beispiel taugt jede bei der Metamorphose wirklich stattfindende Reaktion, so auch
die S. 314 erwähnte Bildung von Grossular und Quarz aus Wollastonit und
Anorthit. Die Lösungsphase — falls sie vorhanden ist — übt keine Wirkung
auf die Art der Produkte oder des Gleichgewichts aus. Ganz in derselben Weise
aber würde die Reaktion ohne Vermittlung der Lösungsphase vor sich gehen —
falls die Reaktionsfähigkeit im kristallinen Zustand es ermöglicht.

Für die Erforschung von Reaktionen unter Vermittlung einer gesättigten
Lösung bieten die wasserlöslichen Salze ein geeignetes Material dar. Auf diesem
Gebiet haben die bahnbrechenden Untersuchungen von J. H. VAN'T HOFF über
die Bildung von Salzlagerstätten (1905, 1909), durch welche die Stabilitätsverhältnisse der Salzparagenesen klargelegt wurden, eine feste physikalisch-chemische Grundlage geschaffen. Auf Grund der Resultate VAN'T HOFFS kann
für jedes Gemisch der von ihm untersuchten Salze der Reaktionsverlauf vor-
ausgesehen werden. So wurde zuerst die Metamorphose der Salzlagerstätten
erklärt. Die allgemeinen Grundsätze wurden auch im Gebiet der Metamorphose
der Silikatgesteine angewandt.

Die Stabilitätsverhältnisse der natürlichen Salzminerale und deren Paragenesen sind im 2. Teil dieses Buches behandelt (s. auch GRUBENMANN-NIGGLI,
Gesteinsmetamorphose). Im folgenden werden wir nur die Umsatzreaktionen
bei Temperaturveränderung in Gegenwart einer gesättigten Lösung ohne Druck-
beeinflussung mittels einiger einfacher Beispiele beleuchten.

Wir wählen zur Betrachtung die möglichen Reaktionen in sog. *reziproken Salzpaaren* vom Typus

$$KB + LA \rightleftharpoons KA + LB.$$

Im Sinne der Phasenregel stellen die reziproken Salzpaare Dreistoffsysteme dar. Bei einer gegebenen Temperatur werden in einem solchen Dreistoffsystem im allgemeinen also höchstens drei Phasen stabil entstehen können, und zwar müssen unter diesen immer zwei, entweder KA und LB oder KB und LA vertreten sein, je nach der Richtung der Reaktion. Dasselbe wird auch eintreten, wenn aus einer wässerigen Lösung von diesen zwei Kationen K und L mit zwei Anionen A und B durch Einengen der Lösung bei konstantem T und P mit bleibender Neutralität Kristallisation eintritt. Die Richtung der Reaktion und folglich die Stabilität der Paragenese wird nun durch die Löslichkeitsverhältnisse der beteiligten Salze bestimmt.

Die Konzentrationsverhältnisse von Lösungen reziproker Salzpaare können zweckmäßig mittels einer Vierecksprojektion dargestellt werden (Abb. 45). Die Ecken des Vierecks vertreten je 100% von den vier möglichen Salzen, die Seiten Mischungen von je zwei Salzen, und im Inneren vertritt jeder Punkt eine bestimmte Zusammensetzung. Im allgemeinen wird nun bei Eindunstung zuerst ein Salz auskristallisieren, z. B. KA bei der Zusammensetzung M. Die Zusammensetzung der Lösung wird dadurch verändert und der sie darstellende Punkt verschiebt sich geradlinig vom Eckpunkt dieses Salzes weg, bis bei einer bestimmten Zusammensetzung die

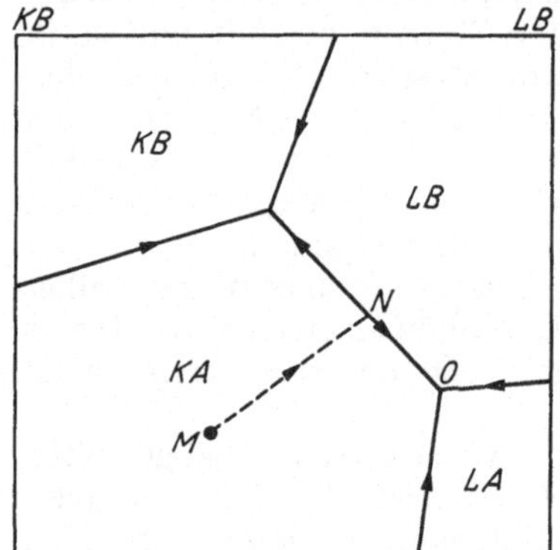

Abb. 45. Sättigungsdiagramm für ein reziprokes Salzpaar.

Lösung auch mit einem zweiten Salz gesättigt wird. Zwei Salze kristallisieren nun zusammen. Es ergeben sich bestimmte *Zweiphasenlinien*. Die Richtungen der Pfeile zeigen die *Kristallisationsbahnen*, d. h. den Veränderungssinn der Lösungszusammensetzung. In unserem Beispiel ist MNO die Kristallisationsbahn. Die Kristallisation endet mit gleichzeitiger Bildung von drei Salzen in einem von zwei *Dreiphasenpunkten (Tripelpunkten)*. Im Fall äquimolekularer Mischung enthält das Endprodukt nur zwei Phasen, alle anderen also drei, und unter diesen ist immer dasjenige Paar ohne gemeinsames Ion, dem eine gemeinsame Feldgrenze zukommt, vertreten. Im Fall von Abb. 45 sind dies KA und LB, und die Reaktion verläuft nach rechts.

Als ein konkretes Beispiel wählen wir zuerst das reziproke Salzpaar (Na˙, K˙)-(Cl′, NO′$_3$), wo KNO_3 und $NaCl$ eine gemeinsame Phasengrenze beim Kristallisieren aus einer Wasserlösung haben. Die Dreiphasenkombinationen KNO_3, $NaCl$, KCl und KNO_3, $NaCl$, $NaNO_3$ sind möglich. Die Auskristallisation fängt an mit irgendeinem der vier Salze und endet mit irgendeiner dieser zwei Dreisalzparagenesen.

Nehmen wir eine beliebige Mischung von KCl- und $NaNO_3$-Kristallen und befeuchten sie mit ein wenig Wasser, so daß eine gesättigte Lösung bei Anwesenheit der Bodenkörper entsteht, so wird diese Lösung sogleich mit KNO_3 und $NaCl$ übersättigt werden. *Eine metamorphe Umkristallisation setzt sofort ein.* Man kann den Versuch in einem kleinen, auf einem Objektglas aus aufgeklebten Glasscherben verfertigten und mit einem Deckglas zuschließbaren Gefäß (ESKOLA 1915) ausführen und die Umkristallisation unter dem Mikroskop beobachten.

Die Reaktion

$$NaNO_3 + KCl \rightarrow NaCl + KNO_3$$

geht im zugänglichen Temperaturbereich immer nach rechts. Der Reaktions-
sinn ist durch die Löslichkeitsprodukte bestimmt; nun ist also bei Sättigung

$$C_{KNO_3} \cdot C_{NaCl} < C_{KCl} \cdot C_{NaNO_3}.$$

Veränderung der Löslichkeitsverhältnisse mit der Temperatur kann aber die
Löslichkeitsprodukte und somit die Tripelpunkte und Zweiphasenlinien verschieben, und es kann der Fall (Abb. 46) eintreten, daß bei bestimmter T (t_2)
die vier Felder zusammenstoßen und die Tripelpunkte sich zu einem *Quadrupel-
punkt* vereinigen. Die Löslichkeitsprodukte sind jetzt gleich:

$$C_{KA} \cdot C_{LB} = C_{KB} \cdot C_{LA}.$$

Dies ist ein Umwandlungspunkt des reziproken Salzpaares. Sind die Löslichkeiten der einzelnen Salze und deren Abhängigkeit von der Temperatur bekannt, so kann man eine Löslichkeitsprodukts-Temperaturkurve für die beiden
Phasenkombinationen
konstruieren. Ein evtl.
vorhandener Schnitt-
punkt der Kurven ist der
Umwandlungspunkt, der
damit bestimmt wird.
Allerdings muß die Lös-
lichkeitsbeeinflussung
seitens der Lösungsge-
nossen mit berücksichtigt
werden. Solche Umwand-
lungen sind bei reziproken

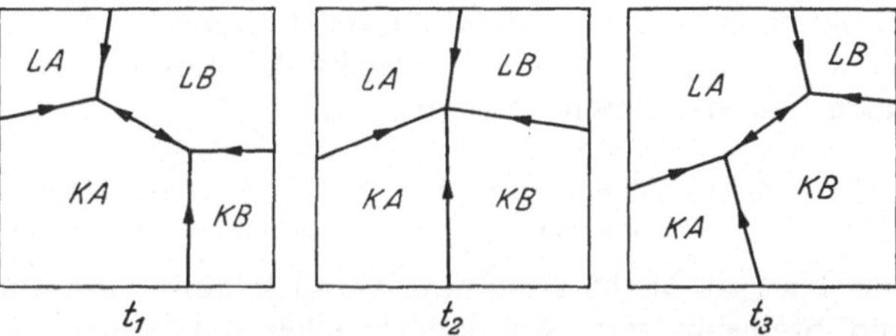

Abb. 46. Verschiebung der Kristallisationsbahnen mit der Temperatur;
Umwandlungspunkt in reziprokem Salzpaar.

Salzpaaren in vielen Fällen beobachtet worden. Meistens sind die Verhältnisse
jedoch durch das Auftreten von Doppelsalzen und Hydraten kompliziert. Als
ein möglichst einfaches Beispiel ohne Doppelsalzbildung führen wir das von
SAHAMA (SAHLSTEIN, 1934) untersuchte Salzpaar Natriumjodat-Kaliumchlorid
an. Ein Umwandlungspunkt liegt bei 38°—39°, wie aus den Temperaturkurven
der Löslichkeitsprodukte vorauszusehen war:

$$(38°—39°)$$
$$NaJO_3 \cdot H_2O + KCl \rightleftharpoons KJO_3 + NaCl + H_2O.$$

In einem feuchten Gemisch von festem Natriumjodat und Kaliumchlorid
bei Temperaturen zwischen 39,5° und 50° entstand tatsächlich Kaliumjodat
und Natriumchlorid, aber die Reaktion war nach 24 Stunden noch nicht zu
Ende durchgeführt. Bei 37° ging die Reaktion schon rückwärts.

Im System ($Na_2^{\cdot\cdot}$, $Mg^{\cdot\cdot}$)-(Cl_2'', SO_4'') liegt ein Umwandlungspunkt bei 31°
vor. Die Reaktionsgleichung lautet:

$$2\,MgSO_4 \cdot 7\,H_2O + 2\,NaCl \rightleftharpoons Na_2SO_4 \cdot MgSO_4 \cdot 4\,H_2O + MgCl_2 \cdot 6\,H_2O + 4\,H_2O$$

2 Reichardtit   + 2 Steinsalz ⇌   Astrakanit   +   Bischofit.

Unterhalb 31° sind Reichardtit und Steinsalz, oberhalb Astrakanit und
Bischofit stabil.

Im System ($K_2^{\cdot\cdot}$, $Mg^{\cdot\cdot}$)-(Cl_2'', SO_4'') treten zwischen 0° und 100° in Gegenwart von Steinsalz und Sylvin viele Umwandlungen und verschiedene Doppel-
salze auf. Sylvin (KCl) und Steinsalz sind über den ganzen Temperaturbereich
stabil und beteiligen sich an den Paragenesen, die meisten Salzminerale aber
haben nur einen begrenzten Stabilitätsbereich. Das Magnesiumsulfat kristallisiert bei niedrigen Temperaturen als Reichardtit, $MgSO_4 \cdot 7\,H_2O$, etwas höher
als Hexahydrat, $MgSO_4 \cdot 6\,H_2O$, und oberhalb 72° als Kieserit, $MgSO_4 \cdot H_2O$.

Diese Temperatur stellt einen für die Salzpetrographie wichtigen Umwandlungspunkt im System dar, ein anderer liegt bei 11°, wo die folgende Reaktion bei Temperaturerhöhung nach rechts stattfindet:

$$11°$$
$$MgSO_4 \cdot 7\,H_2O + KCl \rightleftharpoons KCl \cdot MgSO_4 \cdot 3\,H_2O + 4\,H_2O$$

Reichardtit   + Sylvin $\rightleftharpoons$ Kainit   + 4 Wasser.

In der Paragenese beiderseits des Umwandlungspunktes beteiligen sich noch Carnallit, Sylvin und Steinsalz.

Bei 72° erfolgt die Reaktion:

$$72°$$
$$2\,KCl \cdot MgSO_4 \cdot 3\,H_2O + KCl \cdot MgCl_2 \cdot 6\,H_2O \rightleftharpoons 2\,MgSO_4 \cdot H_2O + 3\,KCl$$

2 Kainit   +   Carnallit $\rightleftharpoons$ 2 Kieserit + 3 Sylvin.

Die rechte Seite stellt die oberhalb 72° stabile Paragenese dar, wozu noch bei Abwesenheit des Kainits Carnallit und Steinsalz, bei Abwesenheit des Carnallits Kainit und Steinsalz kommen. Dies ist das sog. Hartsalz des Salzbergbaues. Die Tatsache, daß diese Paragenese nur bei recht hoher Temperatur stabil ist, hat zu der Annahme einer Salzmetamorphose unter erhöhter Temperatur gezwungen. Bei 83° erreicht der Kainit seine obere Existenzgrenze, und statt dessen entsteht Langbeinit:

$$83°$$
$$2\,KCl \cdot MgSO_4 \cdot 3\,H_2O + MgSO_4 \cdot H_2O \rightleftharpoons K_2SO_4 \cdot 2\,MgSO_4 + MgCl_2$$

Kainit   +   Kieserit   Langbeinit   in Lösung.

Der Kieserit bleibt noch stabil und kommt zusammen mit Langbeinit, Sylvin und Steinsalz vor. Aus sulfatreicheren Lösungen entsteht andererseits Langbeinit mit Glaserit ($Na_2SO_4 \cdot 3\,K_2SO_4$) auch unterhalb 83° bis zu 60,5°.

Folgende allgemeine Ergebnisse ergeben sich aus der Salzpetrographie und Salzchemie für die metamorphe Umkristallisation mittels einer Lösungsphase:

I. Veränderungen in den Paragenesen beruhen entweder auf 1. dem Auftreten neuer Phasen, die andere Entstehungsbedingungen voraussetzen, oder 2. der Verschiebung der Grenzen der Phasenfelder, was eine Änderung der Löslichkeitsprodukte mit veränderten Bedingungen voraussetzt. Dadurch können Phasenkombinationen instabil werden, obgleich die einzelnen Phasen in anderen Kombinationen stabil bleiben, und es entstehen neue Phasenkombinationen.

II. Bei der Umkristallisation entstehen die neuen Phasen in einer bestimmten Reihenfolge, die umgekehrt zu der Reihenfolge bei direkter Kristallisation aus der Lösung sein kann. Bei den Silikatgesteinen sind Beispiele von einem solchen Verhalten nicht bekannt. Bezüglich der Metamorphose von primären Erstarrungsgesteinen sind die Beziehungen zwischen der Kristallisation aus Magmen und der metamorphen Umkristallisation auch nicht in allem mit den Beziehungen zwischen Salzkristallisation und Salzmetamorphose vergleichbar, wenn angenommen wird, daß die Gesteinsmetamorphose durch eine Wasserlösung vermittelt wurde; denn die primäre Kristallisation erfolgt aus einer Silikatschmelzlösung, und die Löslichkeitsverhältnisse sind dabei nicht dieselben. Meistens muß jedoch auch bei der Silikatmetamorphose die Umkristallisationsfolge eine andere sein als die primäre Kristallisationsfolge.

III. Bei der Umkristallisation ebenso wie bei der primären Kristallisation aus Lösung können Phasen entstehen, die nicht zur endgültigen stabilen Paragenese gehören und darum wieder verschwinden.

Chemische Untersuchungen über die Diffusion und Reaktionen im kristallinen Zustande. Bis zu unserem Jahrhundert galt es beinahe als ein Axiom, daß chemische Reaktionen nur in den flüssigen und gasförmigen Zuständen statt-

finden: „*Corpora non agunt nisi fluida*". Einer der ersten, die die Reaktionsfähigkeit fester Stoffe experimentell nachzuweisen versuchten, war W. Spring
(1888 u. a.). In einem Stahlzylinder, in dem mittels einer Hebelvorrichtung
Drucke bis zu 10000 at erzeugt werden konnten, wurden Feilspäne von Blei,
Zinn, Zink und Graphit bei Zimmertemperatur zu kompakten Massen zusammengeschweißt. In einigen Elementen, wie Zinn und monoklinem Schwefel, konnte
die Umwandlung der kristallinen Formart zustande gebracht werden, und ge-
fälltes Zinksulfid wurde kristallin körnig wie Zinkblende. Weiße trockene Schreibkreide war nach Kompression in einer Schraubenpresse während 17 Jahren
hart und kompakt wie lithographischer Kalkstein geworden. Dagegen wurden
weder Silikate noch freie Kieselsäure zusammengeschweißt, wohl aber Salze
von anderen Mineralsäuren, und zwar besonders leicht, wenn sie etwas feucht
waren. Sulfide und Arsenide wurden aus den Elementen einfach durch Zu-
sammenpressen dargestellt.

Einige Resultate von Spring wurden von van't Hoff und später von
G. Tammann (1925) kritisiert und als irrtümlich befunden. Wir wollen auf einen
Umstand besonders hinweisen, weil dadurch ein charakteristisches Merkmal
der Reaktionen in festem Zustand klargelegt wurde. Spring hatte geglaubt,
im reziproken Salzpaar $Na_2CO_3 + BaSO_4$ ein Gleichgewicht zwischen festem
Na_2CO_3, Na_2SO_4, $BaCO_3$ und $BaSO_4$ gefunden zu haben. Dabei stellte er sich
die Reaktion ebenso wie in homogenen Systemen im flüssigen oder gasförmigen
Zustand vor, wo der Umsatz nie vollständig wird und einem Gleichgewicht
bei endlichen Mengen aller Komponenten zustrebt. Die Reaktionen zwischen
festen Stoffen, sofern isomorphe Mischungen nicht auftreten, verlaufen dagegen
bis zum völligen Verbrauch mindestens einer der beteiligten Komponenten.
Die Reaktionen können im allgemeinen nur in der exothermen Richtung oder
unter Wärmeentwicklung ablaufen. Es war also nicht der Druck für die Richtung
der Reaktionen bestimmend; seine Wirkung bestand vielmehr nur in der Herstellung guter Kontakte. Zwar ist es theoretisch durchaus möglich, daß die
das Volumen vermindernde Wirkung gemäß der Clausius-Clapeyronschen
Gleichung (S. 314) sich bei der Entstehung neuer Phasen geltend macht. Unter
den Experimenten von Spring war dies nur bei der Zersetzung vom Doppelsalz Kupfer-Kalziumacetat $(C_2H_3O_2)_4 Ca \cdot Cu \cdot 8 H_2O$ und von Arsentrisulfid
$As_2S_3 \cdot 6 H_2O$ in Sulfid und Wasser der Fall. Diese waren, wie auch van't Hoff
bestätigte, wirklich endotherme Reaktionen, in welchen sich die mechanische
Energie tatsächlich in chemische Arbeit umgesetzt hatte. Alle anderen Springschen Reaktionen waren exotherm. Überhaupt ist die direkte Wirkung des
Druckes bei chemischen Reaktionen weniger bedeutend, als man sich vor
einigen Jahrzehnten vorstellte, wie an anderer Stelle schon diskutiert wurde.

Doch waren die Untersuchungen von Spring bedeutungsvoll, da sie eine
große Anzahl neuer Erfahrungen brachten, die das Interesse auf das Studium
chemischer Probleme der festen Materie lenkten. Seit jener Zeit hat die Kompression eine enorme Bedeutung in vielen Zweigen der Technik gewonnen.
Bald fing man auch an, bei erhöhten Temperaturen aber sogar mehrere hundert
Grad unterhalb der Schmelzpunkte oder der eutektischen Punkte der Gemische
ohne Kompression vor sich gehende Vorgänge experimentell und theoretisch
zu studieren.

Forsterit entsteht aus MgO und SiO_2 nach Ehrenberg schon bei 620°,
Wollastonit aus $CaCO_3$ und SiO_2 zwischen 660° und 750°, wobei CO_2 sich
abspaltet, so daß CaO *in statu nascendi* mit SiO_2 reagiert.

G. Tammann, J. A. Hedvall, W. Jander, W. Jost, C. Wagner und sehr
viele andere Forscher haben in den letzten Jahren eingehende und umfassende
Untersuchungen über die Diffusion und die Reaktionen in kristallinen Stoffen

angestellt. Einige wenige für die Petrologie wichtige Resultate können hier angedeutet werden; im übrigen sei auf die zusammenfassenden Arbeiten von HEDVALL (1937) und JOST (1937) hingewiesen.

Als ein Ergebnis größter Tragweite kann wohl die in den letzten Jahren immer mehr befestigte Erkenntnis bezeichnet werden, daß die Geschwindigkeit und sogar die Möglichkeit der Platzwechselvorgänge jeder Art (Diffusion, elektrolytische Leitfähigkeit, chemische Umsetzung) in kristallinen Stoffen in vollständig fehlerfrei gebauten Gittern äußerst gering ist. Diese Vorgänge setzen Baufehler oder *Fehlordnungen* des Gitters voraus. Die Kristalle, wie sie in der Natur und im Laboratorium entstehen, sind nicht *Idealkristalle*, wie sie in der Kristallographie auf Grund der Raumgittertheorie abgeleitet werden, sondern *Realkristalle* mit mancherlei Baufehlern und Abweichungen von den theoretischen Eigenschaften eines homogenen Diskontinuums.

Hierbei denkt man natürlicherweise zuerst an die Verhältnisse an der Oberfläche des Kristalls und an den Grenzen der Individuen in Kristallaggregaten. Im Inneren eines Kristalls liegen die Teilchen in Kraftfeldern „eingebettet", und nur da gelten die Gesetze der geometrischen und physikalischen Kristallographie. An den Oberflächen, Kanten oder Ecken dagegen hört die allseitige Einwirkung der Nachbarteilchen auf. Oberflächenteilchen sind mithin einem einseitigen Zug ausgesetzt und ihre eigenen Kräfte sind nur unvollständig kompensiert. Sie verhalten sich darum nach außen als ungesättigt und wirken aktiv in physikalischer sowie chemischer Hinsicht. Ähnliches gilt selbstverständlich auch für die Teilchen, die sich an inneren, durch Risse, Hohlräume oder Baufehler erzeugten Grenzflächen oder Störungsstellen befinden. Es tritt eine gewisse Kompression der Gitterschichten auf, die zur Bildung einer submikroskopischen Block- oder Mosaikstruktur der Oberfläche führen kann. Somit ist ersichtlich, daß die an Grenzflächen gelegenen Teilchen in keinem richtigen Gleichgewicht weder miteinander noch mit den übrigen Teilchen sind. Die Oberflächenschicht befindet sich in einem besonders aktiven Zustand, der in mancher Hinsicht an den flüssigen Zustand erinnert, und da alle äußeren Agenzien natürlicherweise zuerst die Oberfläche angreifen, so finden sie gerade hier die schwächste Stelle. Daraus ergibt sich die große Bedeutung der Intergranularen (vgl. S. 294) in den körnigen Gesteinen als dem vornehmlichsten Wirkungsfeld der Diffusion, der elektrolytischen Leitung im kristallinen Zustand, der Umkristallisation und der chemischen Umsetzungen (HEDVALL 1937).

Aber nicht nur an der Oberfläche treten Baufehler und Störungen des Kraftfeldes im Gitter auf. Sowohl die experimentellen Arbeiten wie rein theoretische Erwägungen über solche Vorgänge, die einen Platzwechsel im Kristallgitter voraussetzen, scheinen zu der Annahme von gitterauflockernden Fehlordnungen auch im Inneren des Kristalls zu zwingen. Wenn ein Gas, z. B. Wasserstoff, in ein Gitter, z. B. von Palladium, hineindiffundiert, so kann man es sich wohl vorstellen, daß die Wasserstoffatome zufolge ihres geringen Platzbedürfnisses zwischen die Metallatome ohne weiteres hineindringen können, obwohl sie sich zuerst unregelmäßig im Metallgitter verteilen müssen. Aber denken wir uns einen Substitutionsmischkristall, etwa Chlorsilber, in dem ein Teil der Ag-Ionen z. B. durch Cu-Ionen ersetzt wird, was auch durch Diffusion in kristallinem Zustand vor sich geht, so können wir uns dies kaum anders als durch unmittelbaren Platzwechsel jeweils zweier benachbarter Ionen vorstellen. Dies ist aber schon aus geometrischen Gründen sehr unwahrscheinlich. Ferner könnte ein derartiger Platzwechsel je zweier benachbarter Ionen gleicher Ladung niemals zu einem Transport elektrischer Ladungen führen. Von den meisten Salzen, wie auch z. B. von dem Paar AgCl-CuCl, ist aber bekannt, daß sie den Strom elektrolytisch leiten können. Da ferner gezeigt werden konnte, daß

Diffusion und Ionenleitung durch den gleichen Elementarprozeß bedingt sein müssen, so bleibt nur übrig, Vorgänge anzunehmen, die mit Störungen des idealen Kristallgitters verbunden sind (JOST 1937).

Eine allgemeine *Theorie der Fehlordnung* wurde von WAGNER und SCHOTTKY ausgearbeitet. Unter fehlgeordnet versteht man hierbei alle Leerstellen im Gitter, alle auf Zwischengitterplätzen eingebaute Teilchen sowie die auf „falschen" Plätzen eingebauten Teilchen. Da nun Diffusion und elektrolytische Leitfähigkeit vom Betrage der Fehlordnung abhängen, so ist das Vorhandensein von Fehlordnung im Gitter für den kristallinen Zustand keine Abnormität, sondern etwa ebenso wesentlich wie die elektrolytische Dissoziation für die Flüssigkeiten. Ihr Betrag ist durch die physikalischen Verhältnisse, also T und P, und die Eigenschaften des Gitters bedingt und kann schon in gewissen Fällen annähernd berechnet werden.

Bei Diffusion im Kristall wandern die überschüssigen Ionen oder Atome sowie auch die Leerstellen. Jede Ionenart wandert mit einer ihr charakteristischen Geschwindigkeit. Im allgemeinen ist die Diffusionsgeschwindigkeit der Kationen größer als die der Anionen, welche meistens größere Ionenradien haben. Wenn zwei aneinander grenzende Kristalle von verschiedenen Substanzen in Reaktion treten, so bildet sich das Reaktionsprodukt als eine Grenzschicht und weitere Reaktion ist nur möglich, wenn Molekeln, Atome oder Ionen durch diese Grenzschicht diffundieren. Der Bau und die Zusammensetzung wird bestimmt durch 1. die reagierenden Substanzen, 2. die Diffusionsgeschwindigkeit der beteiligten Teilchen und 3. durch den Betrag der Fehlordnung in den Kristallgittern.

Die Geschwindigkeit der Diffusion und der Reaktionen der festen Stoffe sowie der Betrag der Fehlordnung sind in erster Linie von der Temperatur abhängig und im allgemeinen merkbar nur oberhalb einer bestimmten Temperatur, die für verschiedene Substanzen oder Gemische verschieden ist. Bei konstanter Temperatur ändert sich die Reaktionsgeschwindigkeit mit dem Feinheitsgrad der Komponenten und hängt überdies noch von deren Struktur ab. Rauhe Oberfläche und zahlreiche Risse befördern die Reaktionsfähigkeit. Alles dieses ist auf die Vergrößerung der Grenzfläche, der Intergranularen, zurückzuführen. Umwandlungen von kristallinen Modifikationen beschleunigen die Reaktionen und können die Reaktionstemperatur herabsetzen, weil die Kristallgitter dabei mobilisiert werden und im Übergangszustand durch besonders hohe chemische Aktivität gekennzeichnet sind. Neu entstehende Verbindungen wirken auch im festen Zustand *in statu nascendi* viel kräftiger als sonst. Beimischungen von fremden Substanzen können Reaktionen befördern. Dieses kann auf der Bildung von Mischkristallen beruhen, wodurch die Kristallstruktur etwas aufgelockert wird. In anderen Fällen können dagegen fremde Beimischungen die Reaktionsgeschwindigkeit verlangsamen, besonders wenn die Menge derselben groß ist. Oft wird die Reaktionsgeschwindigkeit sehr deutlich von der Art der mechanischen, thermischen oder chemischen Vorbehandlung der reagierenden Stoffe beeinflußt. Nach den Erfahrungen läßt sich vermuten, daß mechanische Verformung und überhaupt Durchbewegung in kristallinen Stoffen auf deren Reaktionsfähigkeit einwirken müßten, und in der Tat zeigte schon TAMMANN (1925) durch direkte Experimente, daß Durchbewegung die Reaktionsfähigkeit in hohem Grade befördert und die für die chemische Einwirkung nötige Temperatur herabsetzt.

Von den bis jetzt näher untersuchten Reaktionen mögen die von HEDVALL u. a. untersuchten sog. Säureplatzwechselreaktionen angeführt werden, z. B.:

$$BaO + CaCO_3 = CaO + BaCO_3.$$

Diese Umsetzung findet beim Erhitzen eines Gemisches aus beiden Substanzen von etwa 345° an statt. Auf der Erhitzungskurve tritt bei dieser Temperatur ein Maximum (,,Verpuffung") ein; bei weiterem Erhitzen geht die Temperatur dann allmählich auf den Betrag der Ofentemperatur zurück. Die Reaktion ist also exotherm, was eine notwendige Bedingung für alle Platzwechselreaktionen zu sein scheint. Jede Reaktion hat eine, jedoch nicht scharf bestimmte ,,Reaktionstemperatur". Nun reagiert BaO mit verschiedenen Karbonaten, Sulfaten, Phosphaten und Silikaten von Sr, Ca, Mg, Zn, Cu, Mn und Al bei fast derselben Temperatur, etwa 350°, während SrO bei etwa 460° (nicht mit Ba-Salzen!) und CaO bei etwa 525° (nicht mit Ba- oder Sr-Salzen!) reagiert. In dieser Reihe ist also für BaO, SrO und CaO die Reaktionstemperatur praktisch unabhängig von der Natur des zweiten Reaktionspartners. Wenn jedoch einer der Reaktionspartner einen tiefer liegenden Umwandlungspunkt hat, ist auch die Reaktionstemperatur niedriger und praktisch gleich der Umwandlungstemperatur. So ist für die Reaktion

$$BaO + 2\,AgNO_3 = Ba(NO_3)_2 + Ag_2O$$

die optimale Temperatur 170°, während der Umwandlungspunkt von $AgNO_3$ 160° ist. HEDVALL hat die Hypothese aufgestellt, daß die Platzwechselreaktionen keine Ionenreaktionen, sondern Oxydreaktionen seien, z. B.

$$BaO + CuOSO_3 = BaSO_4 + CuO.$$

Diese Hypothese wird nach HEDVALL von den Ergebnissen der Untersuchung der Spektren im Infrarot gestützt. Wenn sich diese Schlußfolgerung bestätigte, so würde sie wichtige Konsequenzen für die Metamorphosenlehre haben. Doch scheint sie etwas schwierig mit der Ionenleitfähigkeit der in Frage stehenden Substanzen vereinbar zu sein.

Gewisse heteropolare Ionengitter können kleine Mengen vollkommen fremder kristalliner Stoffe aufnehmen. Diese diffundieren in das Gitter hinein und bilden eine ,,feste Lösung". So erhält man durch Erhitzen von Gemischen aus Quarz und Eisenoxyd ein rosenquarzähnliches Produkt, dessen Färbung von hineindiffundiertem Fe_2O_3 herrührt. Die Bildung eines Ferrisilikats wurde niemals beobachtet, ein Umstand, der damit übereinstimmt, daß das Fe_2O_3-Pigment, ursprünglich z. B. im Wüstensand entstanden, sich durch jeden Grad der Metamorphose erhalten hat. Altarchäische Quarzite zeigen demzufolge dieselbe rote Farbe wie der heutige Saharasand.

Das Studium der Reaktionen in kristallinem Zustand gehört zu den jüngsten Zweigen der anorganischen Chemie, befindet sich aber in einem großartigen Aufschwung. Die Kristallstrukturforschung hat darauf höchst befruchtend eingewirkt, und die beiden Forschungsrichtungen finden mehr und mehr Berührungspunkte miteinander. Tatsächlich handelt es sich bei beiden um die *physikalische Chemie des Kristallgitters*, indem die Strukturforschung die Statik, die Reaktionsforschung auch die Kinetik vertritt. Gegenwärtig sehen wir fast täglich, wie sich neue, manchmal überraschende, weil mit älteren Vorstellungen schwer zu vereinbarende Resultate ergeben. Die Chemie der kristallinen Materie fängt eben an, bedeutungsvolles für die Petrologie der metamorphen Gesteine zu leisten.

Das Problem des Mechanismus der Umkristallisation bei der Gesteinsmetamorphose. Nach den oben angeführten Erörterungen ist also eine Umkristallisation möglich 1. durch Vermittlung einer molekular-diffusen Lösungsphase und 2. durch Reaktionen in kristallinem Zustand. Es erhebt sich die Frage von der relativen Bedeutung beider Umkristallisationsarten bei der Gesteinsmetamorphose. Die Klassiker der Metamorphosenlehre, wie BECKE, GRUBENMANN und VAN HISE, nahmen die Anwesenheit einer Lösungsphase als Vermittler der Umkristallisation an. Während der letzten Jahre haben andererseits immer mehr Forscher angefangen, von Reaktionen im kristallinen Zustand zu sprechen.

Besonders hat WEGMANN (Zur Deutung der Migmatite, 1935) den Mechanismus der Stoffwanderung diskutiert, ohne ausdrücklich die Frage zu erörtern, ob und in welchem Betrag die eigentliche Lösungsphase mitwirkt. WEGMANN nennt seinen Erklärungsversuch der Stoffwanderung eine Hilfshypothese, die erlaubt, die Vorgänge an andere physikalisch-chemische Forschungen anzuschließen. Als der Hauptweg der Stoffwanderung wird die Intergranulare (vgl. S. 294) angenommen. Der *Intergranularfilm* bildet einen ungeordneten Zustand, der dem flüssigen oder gasförmigen ähnlich ist. Durch seine geringe Mächtigkeit bekommt er aber eigene Eigenschaften. Bei erhöhter Atombeweglichkeit können in diesem Grenzfilm Reaktionen stattfinden. In seiner Gesamtheit beansprucht er in jedem Gestein einen gewissen Teil des Raumes. Bei Erwärmung können immer mehr Stoffe in ihn eintreten, und er kann nach und nach in Schmelzlösung übergehen. An den Intergranularfilm schließen sich die Poren mit ihren Gasen und Flüssigkeiten an; zugeführte Stoffe wandern in ihm und können mit den zur Verfügung stehenden Stoffen neue Verbindungen aufbauen. Auf diese Weise kann der Grenzfilm immer mehr in die Nachbarn hineingetragen werden und der neue Kristall kann wachsen. Dabei können frühere Gemengteile verschwinden; unbrauchbare Reste werden eingeschlossen. Da mit steigender Temperatur auch die Mächtigkeit des Grenzfilms zunimmt, so werden von einer gewissen Temperatur an die Wanderungsfähigkeiten rasch zunehmen. Die Stoffwanderung wird nach WEGMANN hauptsächlich geregelt durch 1. das Konzentrationsgefälle, 2. das Temperaturgefälle, 3. elektrische Ströme.

Das Konzentrationsgefälle tritt in Erscheinung sowohl als ein Großgefälle bei der Stoffwanderung und Metasomatose und als Kleingefälle um jeden Ausscheidungskern, um jeden Kristall, der Stoffe aus seiner nächsten Umgebung in seinen Kristallbau aufnimmt. Das Temperaturgefälle hat teils mittelbaren Einfluß durch die Beschleunigung der Stoffwanderung bei Wärmezufuhr, aber es kann auch unmittelbar wirken, wenn Neubildung von Mineralen unter Wärmeentwicklung stattfindet. Elektrolytische Leitfähigkeit ist in kristallinen Gesteinen bestätigt worden. Ihre Werte sind gering und übrigens noch recht mangelhaft bekannt, ebenso wie der Wirkungsbetrag in den Gesteinen. Es wäre immerhin denkbar, daß sie in geologischen Zeiten merkbar würde.

Wir müssen mit der Möglichkeit der elektrolytischen Stoffwanderung bei der Metamorphose rechnen, obwohl für die Hypothese WEGMANNs in dieser Hinsicht noch nicht genügend empirische Gründe vorliegen. Da sich die Stoffe bei der Elektrolyse in der Form von Ionen bewegen, so gehorcht diese Art von Wanderung anderen Gesetzen als die durch Konzentrationsgefälle bedingte molekulardiffuse Wanderung. Es könnte zu Stoffwanderungen führen, die sonst gar nicht denkbar sind, und sogar Gesteinsparagenesen aus dem chemischen Gleichgewicht verrücken.

Dieser Mechanismus der Umkristallisation würde die Wirkung einer wahren Lösungsphase nicht ausschließen. Im Gegenteil, es ist ja einleuchtend, daß der Intergranularfilm gelöste Stoffe transportieren wird.

Es fragt sich nun, ob nicht das in den Gesteinen überall anwesende Wasser bei der Umkristallisation und Stoffwanderung doch ein so mächtiger Faktor ist, daß der Diffusion und den Reaktionen im kristallinen Zustand kaum etwas zu leisten übrigbleibt. Die meisten metamorphen Gesteine enthalten hydroxylhaltige Minerale, welche von der Gegenwart des Wassers bei der Metamorphose zeugen, wie Epidot, Chlorit, Serpentin, Talk, Glimmer, Amphibole. Die experimentellen Untersuchungen scheinen seinen starken Einfluß zu bestätigen; schon bei den SPRINGschen Versuchen war die Zusammenschweißung nicht nur von wasserlöslichen Salzen, sondern auch von solchen Stoffen wie Mennige, Queck-silberoxyd und Ferrihydroxyd viel vollständiger, wenn die Stoffe etwas feucht waren, als in ganz trocknem Zustand. Dagegen hinderte sogar die kleinste Spur von Feuchtigkeit ganz und gar die Diffusion der gediegenen Metalle.

Andererseits berichtet HEDVALL (1937), daß die Platzwechselreaktion zwi-schen absolut trocknen BaO und $CaCO_3$ viel schneller verlief als zwischen $Ba(OH)_2$ und $CaCO_3$; letztere reagierten erst, nachdem das Hydroxyd dehy-dratisiert war.

Es scheint heute gesichert zu sein, daß Diffusion und Reaktionen zwischen wasserfreien Silikaten durchaus möglich sind. Wir haben mit solchen Vorgängen besonders bei sehr trocknen Gesteinen wie den Granuliten zu rechnen, die dazu noch stark durchbewegt wurden.

Die *Entmischungserscheinungen* bei den Silikatmineralen geben weitere Ein-blicke in die Möglichkeit der kristallinen Diffusion. Die Perthitisierung der Feldspäte ist direkt vergleichbar mit den Entmischungserscheinungen der Metalle ebenso wie mit denen der sulfidischen und oxydischen Erzminerale. Andererseits ist die experimentell nachgewiesene Homogenisierung der perthitischen Feld-späte bei höheren Temperaturen ein direkter Beleg von Diffusion im Kristall-gitter. (Näheres über diese Erscheinungen s. Teil I, S. 25).

Man hat oft auch die Mineralneubildungen an den Grenzflächen verschie-dener Kristallarten oder Mineralaggregate, wie sog. Kelyphite, Koronabildungen, „reaction rims" usw., überhaupt die Symplektite (SEDERHOLM 1916), als Bei-spiele von Reaktionen in festem Zustand angeführt. Sie sind jedoch Erschei-nungen, die zuerst in der Intergranularen einsetzen, und eben hier ist die Be-teiligung der molekulardispersen Phase wahrscheinlich, auch wo dadurch wasser-freie Produkte entstehen.

Gegenwärtig können wir noch sehr wenig bestimmtes darüber sagen, welche Bedeutung den reinen Kristallgitterreaktionen bei der Gesteinsmetamorphose zukommt. Man fragt sich, ob es nicht vom petrologischen Gesichtspunkt aus gleichgültig ist, wie eine Reaktion sich abspielt, wenn nur die Endprodukte und das Gleichgewicht dieselben sind. Nach den physikalisch-chemischen Ge-setzen ist doch das Gleichgewicht unabhängig von der Art und dem Weg seiner Einstellung.

Die Existenz und der Charakter der metastabilen Phasen (S. 314) läßt jedoch hier Bedenken entstehen. Es können natürlich metastabile Phasen-kombinationen ebenso wie einzelne Phasen existieren. Bei der Salzkristallisation ergibt sich die Gleichgewichtsparagenese als die Phasenkombination mit gering-stem Löslichkeitsprodukt (S. 321). Aber die Löslichkeit ist vom Lösungsmittel abhängig, und man kann leicht einen Fall finden, wo die Löslichkeitsverhältnisse für, sagen wir, Alkohollösungen erheblich von denen der Wasserlösungen ab-weichen. Also würde aus einer Alkohollösung eine andere Salzparagenese ent-stehen als aus einer Wasserlösung. Nehmen wir ferner an, daß diese Paragenese keine Phasen enthielte, die an sich instabil wären, sondern nur solche, die nicht zusammen aus einer Wasserlösung entstehen konnten, so wäre die Phasen-kombination metastabil. Bei den natürlichen Salzgesteinen gibt es viele solche metastabile Paragenesen, die vermutlich bei von den jetzigen abweichenden Temperaturen entstanden sind.

Bei Gesteinen von ähnlichen Bildungsbedingungen kann es verschiedene Gleichgewichte nicht geben. Die minimale Wassermenge war immer da, und das Gleichgewicht kann nur empirisch bestätigt werden. Das Wasser wirkt bei der Metamorphose nur als ein Katalysator, so lange es nicht in die kristallinen Phasen eingeht.

Handelt es sich aber um ganz verschiedenartig entstandene Gesteinsassoziationen, so ist es nicht mehr ganz sicher, ob das, was als Gleichgewicht erscheint, überall dasselbe ist. Sind z. B. die Eklogite durch Reaktionen in kristallinem Zustand und in völlig trocknem Material entstanden, die ähnlich zusammengesetzten Amphibolite aber durch Vermittlung der Lösung, so könnte die große Verschiedenheit der zwei Mineralparagenesen vielleicht nur auf diesem Umstand beruhen. Völlige Abwesenheit des Wassers ist jedoch äußerst unwahrscheinlich.

Grenzflächenreaktionen. Eine mikroskopische Untersuchung von verschiedenen Gesteinen zeigt bald die folgende Erscheinung: Die Körner von einigen

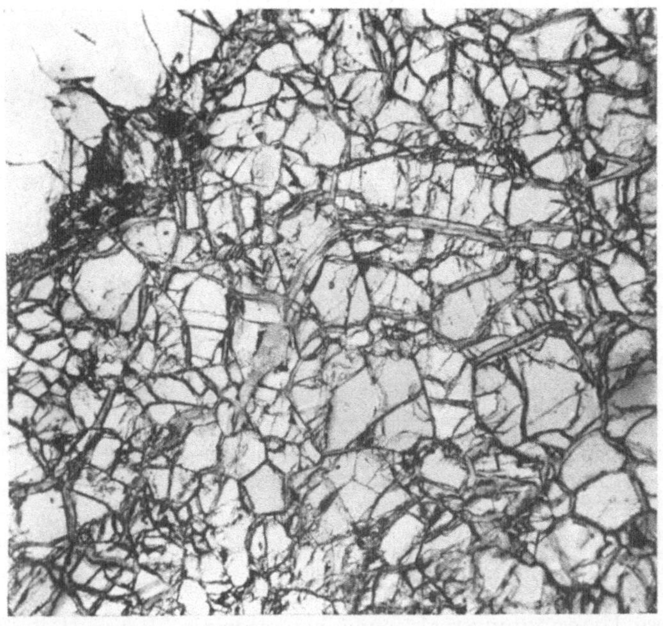

Abb. 47. Pyropolivinfels. Almklovdalen, Norwegen. Olivin ist an der Intergranularen serpentinisiert. Pyrop (links oben) hat einen Kelyphitrand aus Tremolit. 1 Nic. Vergr. 27 ×.

Mineralen, wie Olivin oder Granat, sind an ihren Rändern und Rissen umgewandelt, aber in ihrem Inneren frisch und klar, während andere Minerale, wie Feldspäte, Nephelin, Sodalith oft reichlich mit Umwandlungseinschlüssen gespickt sind. Die erwähnten Minerale vertreten extreme Fälle; andere wie Pyroxene oder Amphibole nehmen in dieser Hinsicht eine vermittelnde Stellung ein. Die Umwandlungsprodukte sind meistens hydroxylhaltig. Aus dem Olivin wird an den Korngrenzen und Rissen Serpentin (Abb. 47), der Pyrop-Almandinkristall bekommt eine kelyphitische Umrandung aus Anthophyllit oder Tremolit. In den Feldspäten entsteht Kaolin, Serizit, Zoisit, Epidot, bisweilen kleine „unkrautartige" Stengel von Hornblende (S. 274); oft ist die Menge der Umwandlungseinschlüsse erstaunlich groß, weshalb CORNELIUS den Ausdruck „gefüllte Feldspäte" einführte (Abb. 48).

Es handelt sich hier um Umwandlungen bei sinkender Temperatur, meistens „autometamorph" in Erstarrungsgesteinen während ihrer Abkühlung. Die Zusammensetzung der Umwandlungsprodukte zeugt von Stoffwanderung in Lösungen; sowohl Zufuhr wie Wegfuhr können bestätigt werden. Im Falle von

Olivin oder Granat wandern aber die Substanzen fast ausschließlich in der Intergranularen und das Mineral wird an der Grenzfläche angegriffen, während die Feldspäte und Feldspatoide auch Substanzen in das Innere des Gitters durchlassen. Hier zeigt sich eine Beziehung zum Gitterbau: Die dichtgepackten Edelsilikate (vgl. S. 278 oder Silikate mit Inselstrukturen sind undurchlässig, die porös gebauten Gerüstsilikate durchlässig. Quarz, der strukturell mit den Gerüstsilikaten gleichzustellen ist, macht eine Ausnahme, indem er sich überhaupt nicht umwandelt, aber schon die S. 326 erwähnten Experimente zeigen, daß es beim Quarz nicht an Durchlässigkeit mangelt, wohl aber an chemischer Reaktionsfähigkeit, da er sich mit den meisten Silikaten bei den meist verschiedenen Bedingungen im Gleichgewicht befindet.

Abb. 48. „Gefüllte Feldspäte". Die Einschlüsse im Plagioklas bestehen aus Serizit und Epidot, die im Kalifeldspat (rechts unten, in Dunkelstellung) aus Serizit. Protogingneis, Lax, Ärnen, Wallis, Schweiz. + Nic. Vergr. 27×.

Alle diese Umwandlungsreaktionen bei niedriger Temperatur sind dadurch charakterisiert, daß sie hauptsächlich auf der zugeführten Lösung beruhen. Eine große Gruppe von Umwandlungen spielen sich an den Grenzen verschiedener Mineralkörner in der Art ab, daß man von Reaktionsrändern (reaction rims) sprechen könnte; oft wurde sogar gesagt, daß sie „in Gestein geschriebene Reaktionsgleichungen" darstellen. Dies ist meistens unrichtig, denn die Reaktionsprodukte sind selten genau von einem solchen Pauschalchemismus, daß sie direkt aus den beiderseitigen Mineralen entstehen könnten.

Meistens hat die gemeinsame Porenlösung einen Teil der reagierenden Stoffe geliefert und die aneinander grenzenden Minerale einen anderen Teil; es ist dann schwierig, die Reaktionsgleichung auszuschreiben. So ist die äußerst häufige Epidotisierung, die oft anscheinend als eine nur innere Angelegenheit im Kern der Plagioklaskristalle vor sich geht, doch schon eine recht komplizierte Umtauschreaktion, für welche man etwa folgende Gleichungen schreiben muß, je nachdem das entsprechende Epidotmineral arm oder reich an Fe_2O_3 ist:

$$4\,CaAl_2Si_2O_8 + H_2O = 2\,Ca_2Al_3Si_3O_{12}(OH) + Al_2O_3 + 2\,SiO_2$$
4 Anorthit　　+ Wasser = 2 Zoisit oder Klinozoisit　+ Tonerde　+ Kieselsäure;

$$8\,CaAl_2Si_2O_4 + H_2O + Fe_2O_3 = Ca_8Al_{10}Fe_2Si_{12}O_{48}(OH)_4 + 3\,Al_2O_3 + 4\,SiO_2$$
8 Anorthit　　+ Wasser + Eisenoxyd =　　　Epidot　　　+ 3 Tonerde + 4 Kieselsäure.

Neben Wasser muß also Eisenoxyd zugeführt und Tonerde + Kieselsäure weggeführt werden. Die letzteren werden wohl nie tatsächlich weggeführt. Neben Epidot enthalten die umgewandelten Plagioklase meistens viel Kaliglimmer als feinste Schüppchen; also muß noch Kali zugeführt worden sein, und die ganze Gleichung müßte etwa lauten:

$$8\,CaAl_2Si_2O_8 + H_2O + Fe_2O_3 + K_2O + 2\,SiO_2 = Ca_8Al_{10}Fe_2Si_{12}O_{48}(OH)_4 + 2\,H_2KAl_3Si_3O_{12}$$

Anorthit   Epidot   Serizit.

C. Durchbewegung und Umkristallisation.

Die Wirkung der Pressung bei der Umkristallisation. SANDER hat schon 1912 den Ausdruck „tektonische Fazies" für durchbewegte Gesteine vorgeschlagen und später das Ungleichgewicht ihrer Mineralparagenesen von vielen Gesichtspunkten aus erörtert (SANDER 1923).

Zweifellos die wichtigste Wirkung der Pressung, so bald sie sich in Durchbewegung auslöst, ist die reaktionsbefördernde, katalytische (vgl. S. 318). Daß sie aber auch eine Löslichkeitsanisotropie verursacht, wurde schon bei der Besprechung des RIECKEschen Prinzips angedeutet (S. 283). Wenn Pressung auf ein aus festen Phasen und einer molekulardiffusen Phase bestehendes System wirkt, so verwandelt sie sich in der letzteren in hydrostatischen Druck, aber auf die festen Phasen bleibt noch in bestimmter Richtung ein Überschuß von Beanspruchung wirksam.

Thermodynamisch wurde die Wirkungsweise der Pressung frühzeitig durch JAMES THOMSON, WILLARD GIBBS, E. RIECKE u. a. klargelegt. NIGGLI und JOHNSTON (1914) haben zuerst die Theorie auf die Mineralbildung in den metamorphen Gesteinen angewandt. Der Beanspruchungsüberschuß auf die kristallinen Phasen setzt die Schmelztemperaturen dieser herab und vermehrt ihre Löslichkeit in der Beanspruchungsrichtung. Chemisches Gleichgewicht wird unter solchen Umständen gar nicht erreicht, sondern nur ein stationärer Zustand, und Reaktionen finden statt, die sonst nicht stattfinden würden. So wirkt die Beanspruchung als katalytisches Agens, aber charakteristischerweise kann sie nach NIGGLI und JOHNSTON nicht nur die Reaktionsgeschwindigkeit beeinflussen, sondern auch die Art der entstehenden kristallinen Phasen.

Dazu kommen noch die inhomogene Druckverteilung in beanspruchten Kristallaggregaten und die Tendenz der Gleitbewegungen, eine „Ortsregelung" zu verursachen, d. h. Bereiche von verschiedenartigem Durchbewegungszustand zu schaffen und so lokal wechselnde Mineralbildungen hervorzurufen. Auch können die Bedingungen während des Verlaufs der Umformung Abwechslungen unterworfen sein. Die physikalischen Verhältnisse in durchbewegten Massen sind also räumlich und zeitlich alles andere als statische. Andererseits kann die Umrührung bei Durchbewegung früher vorhandene „latente Ungleichgewichte" (SANDER 1923) durch neue Reaktionen beseitigen.

Schließlich sind die Kristallgitter starre Raumgebilde. Mechanische Gitterverformungen sind recht häufig in den Tektoniten und wir könnten von vornherein erwarten, daß die Deformationen besonders empfindliche Gitter zerstören und folglich chemische Spaltung der Kristallverbindungen hervorrufen könnten (SANDER 1923). Gewisse Minerale treten besonders gern oder sogar ausschließlich in stark durchbewegten Tektoniten auf, während andere selten oder nie in denselben zu finden sind. HARKER (Metamorphism) nennt die ersteren Streßminerale und die letzteren Antistreßminerale.

Streßverträglichkeit der Minerale. M. CAREY LEA (1893, 1894) hat einige einfache, heute fast vergessene Versuche ausgeführt, die diese Frage beleuchten können. Er rieb in Mörsern mit Handkraft Halogenide, Oxyde, Sulfide und viele andere Verbindungen von Silber, Quecksilber, Platin und anderen Metallen. Die Verbindungen wurden dabei teilweise zersetzt, und die Anwesenheit der gediegenen Elemente konnte unter den Produkten nachgewiesen werden. In manchen Fällen machte LEA quantitative Bestimmungen über den Grad der Zersetzung. So gab z. B. 0,5 g Natriumchloraurat nach Reibung 9,2 mg, ein anderes Mal 10,5 mg gediegenes Gold. In einem rauhen Porzellanmörser war die Zersetzung effektiver als in einem glatten Achatmörser. LEA stellte sich vor, daß der feste Stoff durch die Reibung in eine so heftige Vibration geriet, daß einige Molekel zerfielen. Er hob ausdrücklich hervor, daß diese Reaktionen endothermisch waren und daß sich also mechanische Arbeit in chemische Energie verwandelt hatte. Heutzutage könnte man sagen, daß die Elementarparallelepipede der Gitter seiner Goldsalze durch die Reibung zersplittert wurden.

Nun finden sich auch unter den wesentlichen Gemengteilen mancher Gesteine solche, die tektonische Reibung oder Scherbewegung absolut nicht zu vertragen scheinen. Leuzit ist wohl das beste Beispiel, Nephelin, Sodalith, Cancrinit, Skapolith fast ebenso gute. Auch Cordierit und Andalusit sind schwerlich in postkristallin verformten Gesteinen zu finden. Es erscheint unmöglich, zu beweisen, daß solche Minerale nicht wahre Antistreßminerale im Sinne HARKERs seien.

Der Cordierit verwandelt sich so beharrlich in Glimmer oder Chlorit, daß es wohl unbekannt ist, welche wasserfreien Umwandlungsprodukte aus ihm bei der Durchbewegung zuerst entstehen würden. Ebenfalls befinden sich hydratisierte Minerale neben Feldspat unter den Zersetzungsprodukten des Leuzits und Nephelins. Dagegen kennt man die Umwandlung des Andalusits in Disthen, was man wohl am ehesten eben als eine Folge von Durchbewegung, vielleicht diaphtoritischer Art, deuten könnte. Doch finden sich in der Literatur mehrere Angaben vom Auftreten des Disthens in kontaktmetamorphen Gesteinen (vgl. ROSENBUSCH-MÜGGE, Mikroskopische Physiographie, S. 311, 1927); diesem widerspricht das allgemeine Verhalten der drei Aluminiumsilikate (vgl. S. 313). TILLEY (1935) hat an einem Beispiel aus Schottland darauf hingewiesen, daß der Disthen auch in solchen Fällen als ein „Streßmineral" gedeutet werden kann. In den durchbewegten Quarziten des Grundgebirges sind Disthen und Sillimanit häufige Nebenbestandteile, nicht aber Andalusit. Der Sillimanit wird besonders gern in granitisierten Quarziten angetroffen, Disthen dagegen in Gegenden, wo keine intrusiven Granite auftreten.

Der Disthen erscheint also gern in stark durchbewegten Tektoniten. ESKOLA hat früher (1934) darauf hingewiesen, daß der Disthen in karelidischen Quarziten und Glimmerschiefern als eine Kluftfüllung auftritt und folglich nicht unter Streß gebildet sein könne. Nach HIETANEN (1938, s. S. 269) sind die Disthengänge jedoch Ausfüllungen von Querklüften senkrecht zur tektonischen b-Achse. Die Disthenstengel liegen also parallel der Streckung des Gesteins und ihre Regelung ist dieselbe wie die der vereinzelt liegenden Disthenstengel im Quarzit. Folglich widerspricht ihre Auftrittsweise hier nicht der Auffassung, daß der Disthen ein Streßmineral ist. Doch gibt es Fälle, wo es schwieriger erscheint, den Disthen der Klüfte als ein Streßmineral zu deuten (ERDMANNSDÖRFFER 1928). Bemerkenswert ist in diesem Zusammenhang das von MISCH (1936) beschriebene Vorkommen von Disthen zwischen den Kalifeldspataugen im augengneisähnlichen Paragneis des Nanga Parbat im Himalaya.

Ein typisches Streßmineral ist Chloritoid, den man wohl nie in rein statisch metamorphosierten Gesteinen gefunden hat. Ein weniger ausgeprägtes Streßmineral ist der Staurolith, den man sogar aus Pegmatiten kennt. Eine andere Gruppe von sog. Streßmineralen bilden solche, die wohl besonders gern in durchbewegten Gesteinen erscheinen, aber auch bei rein statischen Bedingungen entstehen können. Solche sind vor allem die Glimmer und manche glimmerartige Minerale, wie Chlorit und Talk. Auch manche Amphibole lieben offenbar Durchbewegung, so auch der Epidot und der Zoisit. Andere Minerale scheinen in dieser Hinsicht ganz indifferent zu sein, wie Quarz, die Alkalifeldspäte, der Olivin, die Granate, einige Pyroxene. Die Pyroxene, besonders die rhombischen, stehen jedoch schon den Antistreßmineralen näher.

Als eine Stütze für die Annahme der Streßmineralnatur z. B. des Stauroliths, des Disthens oder des Epidots hat man bisweilen die Tatsache angeführt, daß man sie nicht synthetisch darstellen konnte. Hierzu kann man auf die erst neulich gelungene Synthese des Serizits durch W. NOLL (1936, s. S. 370) hinweisen. Die Bildungsreaktionen dieses Minerals erwiesen sich als äußerst langsam. Darum ist in manchen Fällen, wie beim Epidot, die Ursache des Mißlingens der hydrothermalen Syntheseversuche wohl nur darin zu suchen, daß dem Experimentator nicht unbegrenzte Zeit zur Verfügung stand.

Hinsichtlich der Kristallstrukturen der mit Durchbewegung gut verträglichen Minerale ist zunächst offenbar, wie auch leicht verständlich, daß die Silikate mit Schichtgittern zu dieser Gruppe gehören. Die $\infty(Si_2O_5)$- und die Hydroxydschichten regeln sich in die Ebene der Scherung oder der Plättung ein, was dann auch der Mechanismus der Einregelung sein mag, und befinden sich wohl in der s-Fläche. Dasselbe gilt für die $\infty(Si_4O_{11})$-Bänder der Amphibole, während die einfachen $\infty(SiO_3)$-Ketten der Pyroxene sich schon als etwas schwächer erweisen. Doch finden wir unter den streßverträglichen Mineralen auch solche mit Inselstruktur, wie Disthen, Staurolith, Almandin, Epidot, sowie solche mit Gerüststruktur, wie Albit und Kalifeldspat, während andere Gerüstsilikate Antistreßminerale sind wie Leuzit und Nephelin. Wir müssen folglich schließen, daß die *Streßverträglichkeit* oder *mechanische Stabilität* des Gitters nicht allein durch den Strukturtypus bedingt ist, obwohl sie ohne Zweifel mit Struktureigenschaften zusammenhängt.

Man kann sich noch fragen, ob nicht die mechanische Stabilität mit der Dichte der Atompackung oder dem Molekularvolumen des Gitters in einer einfachen Beziehung steht. Nach dem Vorschlag von LOEVINSON-LESSING hat man lange die Gesteinsgemengteile in Plus- und Minusminerale eingeteilt. Das Molekularvolumen eines Plusminerals ist größer, das eines Minusminerals kleiner als die Summe der Molekularvolumina der das Mineral bildenden Oxyde. Da aber fast alle Oxyde polymorph als verschieden dichte Formarten auftreten, muß man dabei vom Maximum- und Minimumvolumen sprechen. Nach GRUBENMANN-NIGGLI sind nun Leuzit und Nephelin ausgeprägte Plusminerale (beobachtetes Molekularvolumen größer als das aus den Oxydvolumina berechnete Maximalvolumen). Eine neue Berechnung erwies, daß auch der Cordierit ein Plusmineral ist (s. Tab. I, S. 334). Bei Orthoklas, Albit, Anorthit, Andalusit, Sillimanit, Wollastonit und wahrscheinlich Cordierit ist das Molekularvolumen kleiner als das maximale, aber größer als das minimale berechnete Molekularvolumen. Ausgeprägte Minusminerale (beobachtetes Molekularvolumen kleiner als das berechnete Minimum-Molekularvolumen) sind Olivin, Diopsid, Enstatit, Ägirin, Tremolit, Disthen, alle Granate, Titanit, vermutlich ein Teil der Hornblenden, sowie die Großzahl der wasserhaltigen Minerale wie Staurolith, Zoisit, Klinozoisit, Epidot, Chloritoid, evtl. auch die Glimmerminerale.

Früher wurden diese Volumverhältnisse in dem Sinne herangezogen, daß hoher allseitiger Druck die Bildung der schwereren Minerale befördere (vgl. S. 314). Später werden wir noch auch diese Seite betrachten. Hier interessiert uns die Tatsache, daß die große Mehrzahl der erfahrungsgemäß streßverträglichen Minerale in die Gruppe der ausgeprägten Minusminerale fallen. Mithin setzt

Tabelle I.

	Mineral	Spez. Gewicht	Molekular-gewicht	Berechnetes Molekularvolumen		Be-obachtetes Molekular-volumen
				Max.	Min.	
Ausgeprägte Plus-minerale	Nephelin NaAlSiO$_4$ . .	2,62	142,4	53,3	46,4	54,4
	Leuzit KAlSi$_2$O$_6$ . . .	2,5	218,8	85,9	76,3	87,5
	Cordierit Mg$_2$Al$_4$Si$_5$O$_{18}$	2,6	586,5	209,6	186,2	235,6
	Andalusit Al$_2$SiO$_5$ . .	3,1	162,5	53,3	48,1	52,4
	Sillimanit Al$_2$SiO$_5$ . .	3,24	162,5	53,3	48,1	50,2
	Kalifeldspat KAlSi$_3$O$_8$	2,56	279,1	111,9	98,9	109,0
	Albit NaAlSi$_3$O$_8$ . . .	2,605	263,0	105,3	91,6	101,0
Ausgeprägte Minus-minerale	Forsterit Mg$_2$SiO$_4$ . .	3,216	140,94	51,0	44,8	43,8
	Diopsid CaMg(SiO$_3$)$_2$.	3,275	217,01	87,9	72,7	66,3
	Enstatit MgSiO$_3$ . . .	3,175	100,12	38,5	33,7	31,7
	Disthen Al$_2$SiO$_5$ . . .	3,6	162,5	53,3	48,1	45,1
	Grossular Ca$_3$Al$_2$Si$_3$O$_{12}$	3,53	451,37	175,5	142,5	127,9
	Almandin Fe$_3$Al$_2$Si$_3$O$_{12}$	4,25	498,65	148,8	136,8	117,3
	Pyrop Mg$_3$Al$_2$Si$_3$O$_{12}$ . .	3,51	403,06	142,8	126,6	114,8

die Streßverträglichkeit wahrscheinlich eine relativ dichte Atompackung voraus, ist aber nicht durch diese allein bedingt.

Die hier dargelegten Erfahrungen und Erwägungen dürften wohl schließen lassen, daß zwar einige Minerale nicht-streßverträgliche, wahre Antistreßminerale sein können. Aber für die Annahme HARKERs, daß einige mit Durchbewegung gut verträgliche, mechanisch stabile Minerale ohne Streß gar nicht stabil wären, können wir keine Belege finden. Wir haben gesehen, daß es höchstens nur sehr wenige Minerale gibt, die sich *nur* in durchbewegten Gesteinen vorfinden. Man kann sich mit gutem Grunde fragen, ob nicht *alle* vermutlichen Streß-minerale auch ohne Durchbewegung entstehen können, vorausgesetzt, daß die Bedingungen sonst ähnlich sind und daß unbegrenzte Zeit zur Verfügung steht. Eben hier kann die rein katalytische, reaktionsbeschleunigende Wirkung der Durchbewegung zur Geltung kommen. „Ausgeprägte Streßminerale" wären demnach vor allem solche, deren Stabilitätstemperatur so niedrig liegt, daß ihre Bildungsreaktion ohne diese katalytische Wirkung der Pressung praktisch nicht stattfindet.

Trotz des häufigen Auftretens von wahren Ungleichgewichten in den Tek-toniten (wie übrigens auch in statisch kristallisierten Gesteinen) kommen jedoch die Mineralparagenesen derselben den wirklich stabilen Paragenesen so nahe, daß die Gleichgewichte festgestellt werden können und die Regeln der chemi-schen Gleichgewichtslehre Anwendung finden, wie im Abschnitt über die Mineral-fazies erörtert werden soll.

III. Die Mineralfazies.

Schrifttum.

ADAMS, F. D.: The Geology of Ceylon. Canad. J. Res. 1929.
ALDERMAN, A. R.: Eclogites from the neighbourhood of Glenelg, Inverness-shire. Quart. J. geol. Soc., Lond. Bd. 92 (1936).
ANGEL, F.: Gesteine der Steiermark. Mitt. naturwiss. Ver. Steiermark Bd. 60 (1924).
— Gesteine vom südlichen Großvenediger. N. Jb. Min. usw. Beilage-Bd. 59, Abt. A (1929).
BACKLUND, H.: Studien an Taimyrgesteinen 1918 (s. S. 268).
— Zur genetischen Deutung der Eklogite. Geol. Rdsch. Bd. 27 (1936).

BARROW, G.: On an intrusion of muscovite-biotite-gneiss in the south-eastern Highlands of Scotland and its accompanying metamorphism. Quart. J. geol. Soc. Bd. 49 (1893).
— The geology of the Lower Deeside and the Southern Highland Border. Proc. geol. Assoc. Bd. 23 (1912).
BARTH, T.: Kalk- und Skarngesteine im Urgebirge bei Kristiansand. N. Jb. Min. usw. Beilage-Bd. 57, Abt. A (1928).
— Structural and petrologic studies in Dutchess County, New York. Part II: Petrology and metamorphism of the Paleozoic rocks. Bull. geol. Soc. Amer. Bd. 47 (1936).
BECKE, F.: Zur Fazies-Klassifikation der metamorphen Gesteine. T. M. P. M. Bd. 35 (1921).
BESKOW, G.: Södra Storfjället im südlichen Lappland. Eine petrographische und geologische Studie im zentralen Teil des skandinavischen Hochgebirges. Sveriges geol. Unders., Ser. C 1929, Nr. 350.
BRAMMALL, A.: Mineral Transformations and their equations. Sci. Progr. 1936, Nr. 120.
BRIDGMAN, P. W.: Shearing phenomena at high pressure of possible importance for geology. J. Geol. Bd. 44 (1936).
BRIÈRE, Y.: Les Eglogites françaises. Thesis 1920.
CARSTENS, C. W.: Petrologische Studien im Trondhjemgebiet. Kgl. Norske vid.-selsk. Skr. 1928.
CHUDOBA, K. u. K. OBENAUER: Über die metamorphen Gesteine bei Winterburg im Hunsrück. N. Jb. Min. usw., Beilage-Bd. 63, Abt. A (1931).
CISSARZ, A.: Über einige metamorphe Gesteine bei Winterburg im Hunsrück und die mit ihnen verknüpften Eisenerzlagerstätten. Z. prakt. Geol. Jg. 35 (1927).
DUNN, J. A.: Reaction minerals in a garnet-cordierite-gneiss from Mocok. Records Geol. Survey of India Bd. 65 (1932).
EBERT, H.: Hornfelsbildung und Anatexis im Lausitzer Massiv. Z. dtsch. geol. Ges. Bd. 87 (1935).
ELLES, GERTRUDE u. C. E. TILLEY: Metamorphism in relation to structure in the Scottish Highlands. Trans. royal Soc., Edinburgh Bd. 56 (1930).
ERDMANNSDÖRFFER, O. H.: Der Ekergneis im Harz. Jb. preuß. geol. Landesanst. Bd. 30 (1909).
ERNST, TH.: Olivinknollen der Basalte als Bruchstücke alter Olivinfelse. Nachr. Ges. Wiss. Göttingen, N. F. Bd. 1 (1935).
ESKOLA, P.: Om sambandet etc. (s. S. 312) 1915.
— The mineral facies of rocks. Norsk. geol. Tidskr. Bd. 6 (1921 a).
— On the eclogites of Norway. Vid.-selsk. Skr. I, Mat.-naturv. Kl. 1921 b.
— On the petrology of Eastern Fennoscandia I. The mineral development of basic rocks in the Karelian formations. Fennia Bd. 45 (1925) Nr. 19.
— Petrographische Charakteristik usw. (s. S. 268) 1927.
— Om mineralfacies. Geol. Fören. i Stockholm Förhdl. 1929.
FIEDLER, A.: Über Verflössungserscheinungen von Amphibolit mit diatektischen Lösungen im östlichen Erzgebirge. Min. u. petr. Mitt. Bd. 47 (1936).
FRANCHI, S.: Über Feldspaturalitisierung der Natron-Tonerde-Pyroxene aus den eklogitischen Glimmerschiefern der Gebirge von Biella (Graiische Alpen). N. Jb. Min. usw. 1902.
GOLDSCHMIDT, V. M.: Om mineralogiens opgaver. Naturen 1914.
— Die Kalksilikatgneise und Kalksilikatglimmerschiefer des Trondhjemgebietes. Vid.-selsk. Skr. I, Mat.-naturv. Kl. 1915.
— Die Injektionsmetamorphose im Stavangergebiete. Vid.-selsk. Skr. I. Mat.-nat. Kl. 1921.
HAMMER, W.: Eklogit und Peridotit in den mittleren Ötztaler Alpen. Jb. geol. Bundesanst. Bd. 76 (1926).
HENTSCHEL, H.: Der Eklogit von Gilsberg im sächsischen Granulitgebirge und seine Umwandlungserscheinungen. Min. u. petr. Mitt. Bd. 49 (1937).
HOLMES, A.: A contribution to the petrology of kimberlite and its inclusions. Trans. geol. Soc. S. Africa Bd. 39 (1936).
JOPLIN, GERMAINE A.: An interesting occurrence of lawsonite in glaucophane-bearing rocks from New Caledonia. Min. Mag. Bd. 29 (1937).
JUNG, J. u. M. ROQUES: Les zones d'isométamorphisme dans le terrain cristallophyllien du Massif Central Français. Lab. Géol. Univ. Clermont 1936.
KALB, G.: Beiträge zur Kenntnis der Auswürflinge des Laacher Seegebietes. Min. u. petr. Mitt. Bd. 47 (1936).
KORJINSKY, D. S.: Thermodynamik und Geologie einiger metamorphischer Reaktionen mit Gasphasenausscheidung. Mém. Soc. Min. Russe. I, Bd. 64 (1935) (russ. mit dtsch. Ref.).
— Dependence of mineral stability on the depth. Mémoires Soc. Russe de Min., 2. sér. Bd. 66 (1937) (russ. mit engl. Ref.).

MARCHET, A.: Zur Kenntnis der Amphibolite des niederösterreichischen Waldviertels. Min. u. petr. Mitt. Bd. 36 (1924).

NIGGLI, P.: Die Gesteinsassoziationen und ihre Entstehung. Verh. Schweiz. naturforsch. Ges., Neuenburg 1920.

PERRIER, C.: Sulla eclogite filoniana di Voltaggio. Boll. roy. Uff. geol. Ital. Bd. 50 (1924).

PHILIPSBORN, H. v.: Zur chemisch-analytischen Erfassung der isomorphen Variation gesteinbildender Minerale. Die Mineralkomponenten des Pyroxengranulites von Hartmannsdorf (Sa.). Chemie der Erde Bd. 5 (1930).

PIAZ, Gb. DAL: Geologia della catena Herbetet-Grivola Grand Nomenon. Memorie Inst. Geol. Univ. Padova Bd. 7 (1928).

QUITZOW, H. W.: Diabasporphyrite und Glaukophangesteine in der Trias von Nordkalabrien. Nachr. Ges. Wiss. Göttingen, N. F. Bd. 1 (1935).

READ, H. H.: Metamorphic correlation in the polymetamorphic rocks of the Valla field block, Unst, Shetland Islands. Trans. roy. Soc. Edinburgh Bd. 59 (1937).

SCHEUMANN, K. H.: Über die Bedeutung der mineralfaziellen Analyse für die Auffassung der metamorphen Gesteine. Ber. sächs. Akad. Wiss., Math.-phys. Kl. Bd. 84 (1931).

— Die Rotgneise der Glimmerschieferdecke des sächsischen Granulitgebirges. Ber. sächs. Akad. Wiss., Math.-phys. Kl. Bd. 87 (1935).

— Über eine Gruppe bisher wenig beachteter Orthogneise des Granulitgebirges und deren Einschlichtung. Min. u. petr. Mitt. Bd. 47 (1936).

SEDERHOLM, J. J.: Studien über archäische Eruptivgesteine, 1891 (s. S. 269).

SUGI, K.: On the metamorphic facies of the Misaka series in the vicinity of Nakagawa, prov. Sagami. Jap. J. Geol. a. Geogr. Bd. 9 (1931).

SUZUGI, J.: Petrological study of the crystalline Schist System of Shikoku, Japan. J. Fac. Sci. Hokkaidô Imp. Univ., Ser. IV, Bd. 1 (1930).

— Über die Staurolith-Andalusit-Paragenesis im Glimmergneis von Piodina bei Brissago (Tessin). Schweiz. Min.-petr. Mitt. Bd. 10 (1930).

— On some soda-pyroxene and -amphibole bearing quartz schists from Hokkaidô. J. Fac. Sci. Hokkaidô Jmp. Univ., Ser. IV Bd. 2 (1934).

TILLEY, C. E.: Contact-metamorphism in the Comrie Area of the Pertshire Highlands. Quart. J. geol. Soc. Bd. 80 (1924a).

— The facies classification of metamorphic rocks. Geol. Mag. Bd. 61 (1924b).

— Contact-metamorphic assemblages in the system CaO—MgO—Al_2O_3—SiO_2. Geol. Mag. Bd. 62 (1925a).

— Metamorphic zones in the southern highlands of Scotland. Quart. J. geol. Soc. Bd. 81 (1925b).

— The paragenesis of kyanite-eclogites. Min. Mag. Bd. 24 (1936).

— u. H. C. C. VINCENT: The paragenesis of kyanite-amphibolites. Min. Mag. Bd. 24 (1937).

TURNER, F. J.: Contrib. to the interpretation of mineral facies in metamorphic rocks. Amer. J. Sci. Bd. 229 (1935).

VÄYRYNEN, H.: Petrologische Untersuchungen der granito-dioritischen Gesteine Südostbothniens. Bull. Comm. géol. Finlande 1923, Nr. 57.

VOGT, TH.: Sulitelmafeltets geologi og petrografi. With an English summary: Geology and petrology of the Sulitelma district. Norges geol. Unders. N. R. 121 (1927).

WAGNER, P.: The diamond fields of South Africa. Johannesburg 1914.

WAHL, W.: Die Enstatitaugite. T.M.P.M. Bd. 26 (1907).

WALDMANN, L.: Umformung und Kristallisation in den moldanubischen Katagesteinen des nordwestlichen Waldviertels. Mitt. geol. Ges. Wien Bd. 20 (1927).

WEG, O.: Die zwischengebirgische Prasinitscholle bei Hainichen-Berbersdorf. Abh. sächs. geol. Landesanst. 1931 Heft 11.

WEGMANN, C. E.: Über das Bornitvorkommen von Saint-Véran. Z. prakt. Geol. Jg. 36 (1928).

WIESENEDER, H.: Beiträge zur Kenntnis der ostalpinen Eklogite. Min. u. petr. Mitt. Bd. 46 (1934).

WISEMAN, I. D. H.: The Central and South-West Highland epidiorites: A study in progressive metamorphism. Quart. J. geol. Soc., Lond. Bd. 90 (1934).

WOYNO, T.: Petrographische Untersuchung der Casannaschiefer des mittleren Bagnetales. (Wallis). N. Jb. Min. usw. Beilage-Bd. 33 (1912).

A. Einteilung der metamorphen Gesteine.

Die Tiefenzoneneinteilung der kristallinen Schiefer nach BECKE, GRUBENMANN und NIGGLI. Petrographische Erfahrungen lehrten schon frühzeitig, daß die mineralogische Zusammensetzung der kristallinen Schiefer auch bei ähnlicher

Pauschalzusammensetzung stark wechselt, und man nahm an, daß dies vorwiegend von der Rindentiefe abhänge, in der sich die Metamorphose jeweils abgespielt hatte. SEDERHOLM (1891) war der erste, welcher den Gedanken einer verschiedenartigen Metamorphose in den verschiedenen Tiefenstufen der Erde zum Ausdruck brachte. BECKE wurde durch eingehende Studien im niederösterreichischen Waldviertel und in den Alpen zu einem ähnlichen Gedankengang geleitet. In mehreren Schriften, besonders in der Abhandlung über Mineralbestand und Struktur (1903), entwickelte er die Idee weiter und diskutierte die maßgebenden Faktoren. Durch Druck wird die Bildung von spezifisch schweren Mineralarten begünstigt. Dieses,, Volumgesetz" kommt, wie schon BECKE ausdrücklich hervorhob, in der Mehrzahl der Fälle dadurch zur Geltung, daß an Stelle von hydroxylfreien Verbindungen hydroxylhaltige gebildet werden. Dem „Volumgesetz" wirkt die Temperatur entgegen und verhindert schließlich die raumersparenden Prozesse. Während daher in der oberen Tiefenstufe das Volumgesetz die Mineralbildung beherrscht, kommt in der unteren Stufe eine größere Verwandtschaft zu den Mineralbildungen der Erstarrungsgesteine und der Kontaktbildungen in den inneren Kontaktzonen zur Geltung. Durch Intrusionen werden die Temperaturverhältnisse und folglich die Mineralbildungen der unteren Tiefenstufe in höhere Regionen getragen.

BECKE schlug eine Einteilung der kristallinen Schiefer in zwei Tiefenstufen vor. Solche Minerale, welche in einer Zone als wesentliche Gemengteile des Gesteins aufzufassen sind und welche miteinander in chemischem Gleichgewicht stehen, bezeichnete BECKE als für diese Zone *typomorphe* Gemengteile.

GRUBENMANN (Die kristallinen Schiefer 1904, 1910) baut die Tiefenzonenlehre weiter aus und gründet die Einteilung der kristallinen Schiefer in drei Zonen, die oberste *Epizone*, die mittlere *Mesozone* und die tiefste *Katazone*.

Als typomorphe Minerale bezeichnet GRUBENMANN:

für die Epizone Chloritoid, Granat, Antigorit, Hornblende, Chlorit, Epidot, Zoisit, Albit, Glaukophan, Serizit, Biotit; nach GRUBENMANN-NIGGLI (1924) kommen dazu noch Brucit, Aktinolith, Talk, Paragonit u. a.;

für die Mesozone Disthen, Staurolith, Almandin, Anthophyllit, Grünerit, Hornblende, Almandin-Pyrop, Epidot, Zoisit, albitreicher Plagioklas, Muskovit, Biotit, Alkalihornblende; nach GRUBENMANN-NIGGLI auch noch Brucit, Aktinolith, Phlogopit, Spurrit und einige seltenere Minerale;

für die Katazone Sillimanit, Almandin, rhomb. Pyroxen, Olivin, monokl. Pyroxen, Omphazit, Pyrop, Cordierit, Spinell, Anorthit, Albit, Jadeit, Kalifeldspat, Biotit, Akmit; nach GRUBENMANN-NIGGLI auch Andalusit, Sillimanit, Periklas, Humitgruppe, Hornblende, Wollastonit, Phlogopit, Andradit, Gehlenit, Vesuvian, Skapolith, Lasurstein u. a.

Einige andere Minerale verhalten sich gegen die Temperatur- und Druckänderungen so unempfindlich, daß sie in allen Zonen beständig bleiben. Sie gelten als Kosmopoliten oder Durchläufer; zu ihnen gehören nur (OH)-freie Minerale von einfachster Zusammensetzung, insbesondere Quarz, Rutil, Titanit, Magnetit, Kalzit, Albit.

GRUBENMANN und NIGGLI (Gesteinsmetamorphose 1924) behalten den Begriff der „Zonen" formal bei, so daß die Einteilung an die normale Aufeinanderfolge dieser Zonen in der Erdrinde erinnert. Sie betonen aber, daß die Einteilung dem Wesen nach eine Gliederung nach *PT*-Feldern ist, die für verschiedenen Chemismus bei verschiedenen absoluten Werten erfolgt. „Und da es ja gerade anomale Bedingungen sind, welche innerhalb der Erdrinde zur Metamorphose führen, kann die natürliche Aufeinanderfolge in ihr Gegenteil geändert werden." Die Epizone wird wie von GRUBENMANN (1910) charakterisiert. Von der

Mesozone heißt es außerdem: „Der Mineralbestand besitzt oft ein ganz besonderes Gepräge; manchmal indessen ist er nur durch gleichzeitiges Auftreten von epi- und katametamorphen Mineralen gekennzeichnet. Die Mesozone ist somit zugleich eine Übergangszone." Die Katazone wird jetzt ausdrücklicher als früher durch relativ hohe Temperaturen der Metamorphose charakterisiert, und „der Druck kann groß oder klein sein". In Einklang mit dieser Betrachtungsweise werden die Produkte normaler Kontaktmetamorphose der inneren Kontaktzonen sowie die Produkte der perimagmatischen Kontaktmetasomatose zu den Katagesteinen gezählt.

Die Zoneneinteilung von BARROW und TILLEY. Schon lange bevor die Tiefenzoneneinteilung von BECKE und GRUBENMANN ausgearbeitet war, wurde von G. BARROW (1893) eine Einteilung von regionalmetamorphen Gesteinen der schottischen Hochländer nach sog. Indexmineralen eingeführt. Diese Einteilung hat sich bei petrologischer Untersuchung und Kartierung von abwechslungsreichen metamorphen Gebieten in geosynklinalen Zonen als sehr praktisch erwiesen, aber blieb lange den Petrographen des europäischen Kontinents unbekannt. In Schottland haben viele Forscher, u. a. E. B. BAILEY, H. H. READ und besonders C. E. TILLEY die BARROWsche Methode angewandt und entwickelt.

Als ein Beispiel von der Anwendungsweise dieser Zonengliederung wählen wir den von BARROW und später von TILLEY (1925 b) untersuchten südöstlichen Teil der schottischen Hochländer zwischen den wichtigen Dislokationsgrenzen an „Highland Border" im SE. und „Great Glen" im NW. Unter den metamorphen Tonschieferderivaten begegnet man im Süden beim „Hochlandrande" zuerst praktisch unmetamorphen Tonschiefern mit klastischem Glimmer, dann folgt eine Zone, wo vor allem Chlorit als ein metamorph neugebildetes Mineral in feinschiefrigen Tonschiefern auftritt. Dies ist die *Chloritzone* von TILLEY, die den niedrigsten Grad der Metamorphose vertritt. Albitporphyroblasten sind häufig entwickelt; lokal tritt Chloritoid auf und Serizit wird neugebildet.

Das nächsthöhere Stadium der Metamorphose ist durch das Erscheinen des Biotits gekennzeichnet: die *Biotitzone*. Chlorit, Serizit und Albit, auch Chloritoid, kommen noch vor, und bei einem etwas weiter fortgeschrittenen Stadium erscheint spärlich ein zuerst manganhaltiger Almandin.

Der Almandin wird schnell reichlicher und erscheint, jetzt manganarm, in Form von großen Porphyroblasten, die oft Einschlußwirbel enthalten. Diese *Almandinzone* ist mächtiger als die vorher erwähnten Zonen. Auch hier treten noch Albit, Glimmer und Chloritoid auf.

Die *Staurolithzone* enthält Staurolith und die *Disthenzone* Disthen als Indexmineral. Die beiden Minerale setzen eine etwas verschiedene Pauschalzusammensetzung (der erstere mehr Fe, der letztere mehr Al) voraus. Sie kommen manchmal zusammen vor.

Den höchsten Grad der Metamorphose bezeichnet das Erscheinen von *Sillimanit* statt Disthen in der *Sillimanitzone*. Das Gefüge ist jetzt schon allmählich recht grobkörnig geworden und durch Eintreten des Kalifeldspats und der anortithreicheren Plagioklase, nicht mehr nur Albit, wird das Gestein gneisig, strukturell oft wie die Orthogneise. Almandin bleibt noch erhalten, aber oft erscheint daneben oder stattdessen Cordierit. Intrusion und Injektion von Granit in Form von Adern, Gängen und größeren Massen ist häufig in dieser Zone und die ganze Nacheinanderfolge der verschiedenen Zonen wurde schon von BARROW auf die Einwirkung des heißen Granitmagmas in den inneren Teilen der Gebirgszone zurückgeführt.

Die Tonschiefer wurden bei der Zoneneinteilung in Schottland als Leitgesteine angewandt, weil sie besonders empfindlich durch ihre Indexminerale auf verschiedene Temperaturen reagieren. In anderen Gesteinen, wie in den mergeligen Sedimenten oder in den basischen „green beds", erscheinen andere Minerale in regelmäßiger Folge. Wenn die „Grade" an verschiedenen Materialien einander zugeordnet werden, was durch das Studium von benachbarten Aufschlüssen verschiedener Lager in dem Komplex möglich ist, so werden die unter ähnlichen Bedingungen entstandenen Mineralparagenesen klargelegt. Unter vielen solchen Untersuchungen an schottländischen Gesteinskomplexen sei nur eine von READ (1937) über einen polymetamorphen Komplex auf den Shetlandinseln erwähnt. READ konnte drei Metamorphosen unterscheiden, die verschiedene Umwandlungen in den verschiedenen Gesteinen des Gebietes (Tonschiefer, mergelige Schiefer, kieselsäurereiche Gneise, Injektionsgneise und Hornblendegesteine) hervorgerufen haben. READ ordnet die Mineralassoziationen des Gebietes einerseits gleichen Entstehungsbedingungen entsprechend in *isophysikalische Serien*, andererseits die Materialien von ähnlichem Chemismus in *isochemische Serien* (vgl. GRUBENMANN-NIGGLI, 1924, S. 481). Die isophysikalischen Serien entsprechen den Mineralfazien.

Das Prinzip der Mineralfazies. V. M. GOLDSCHMIDT (Kontaktmetamorphose 1911) wendete als erster beim Studium der thermometamorphen Hornfelse des Oslofeldes die chemische Gleichgewichtslehre in der Petrologie metamorpher Gesteine an. Er konnte nachweisen, daß bei diesen Gesteinen der Mineralbestand ein chemisches Gleichgewicht unter bestimmten Bedingungen erreicht hat und sich bei wechselnder Pauschzusammensetzung gemäß bestimmten Regeln ändert.

Beim Studium der metamorphen Gesteine des Orijärvifeldes in Südwestfinnland fand ESKOLA (1915) ähnliche Regelmäßigkeiten im Mineralbestand, aber mit anderen Mineralen als stabile Phasen; besonders treten hier Amphibole auf statt der Pyroxene der inneren Kontaktzonen des Oslofeldes. Die Unterschiede wurden auf verschiedene *PT*-Bedingungen während der Metamorphose zurückgeführt, und es wurde der folgende allgemeine Grundsatz aufgestellt:

In einer metamorphen Formation, deren Gesteine ein chemisches Gleichgewicht bei denselben und unveränderlichen Temperatur- und Druckbedingungen erreicht haben, wird die mineralogische Zusammensetzung eines jeden Gesteins nur durch seine chemische Pauschalzusammensetzung bestimmt.

Auf der Grundlage dieses Satzes wurde der Begriff der *metamorphen Fazies* folgenderweise definiert: *Zu einer bestimmten Fazies werden die Gesteine zusammengefügt, welche bei identischer Pauschalzusammensetzung einen identischen Mineralbestand aufweisen, aber deren Mineralbestand bei wechselnder Pauschalzusammensetzung gemäß bestimmten Regeln variiert.* Die Bedeutung des Prinzips gründet sich also auf die Erfahrungstatsache, daß die Mineralparagenesen der metamorphen Gesteine den Gesetzen der chemischen Gleichgewichtslehre in vielen Fällen gehorchen, aber die Definition der Fazies enthält keine Annahme, daß chemisches Gleichgewicht herrscht.

In der Abhandlung „The mineral facies of rocks" (ESKOLA 1921) wurde das Prinzip zur Mineralfazies verallgemeinert, da es sich gezeigt hatte, daß auch manche Erstarrungsgesteine von demselben Gesichtspunkt aus behandelt werden können wie die metamorphen Gesteine. Ein Granit hat oft genau dieselbe Mineralzusammensetzung wie ein Gneis, gleichgültig ob Ortho- oder Paragneis; ein Hornblendegabbro kann genau aus derselben Art von Hornblende und Plagioklas bestehen wie ein Amphibolit usw. Die Einteilung in Mineralfazies ist also unabhängig von der Entstehungsart des Mineralbestandes, ob durch direkte Kristallisation aus Magmalösung, durch normale metamorphe Umkristallisation oder Metasomatose aus früher kristallinen Stoffen. Maßgebend für die Zugehörigkeit zu einer Mineralfazies ist nur, daß die Mineralzusammensetzung bei demselben Chemismus dieselbe ist.

In derselben Abhandlung von 1921 wurde auch der erste Versuch zur Einteilung der Gesteine nach der Mineralfazies gemacht. Später ist die Faziessystematik von vielen Petrologen weiter entwickelt worden. Wenn im folgenden eine Übersicht der Fazies nach dem jetzigen Stande der Forschung gegeben wird, so ist damit nicht etwa gemeint, daß die Faziesklassifikation schon abgeschlossen und fertig wäre. Es ist gerade die Eigenschaft des Faziessystems, so elastisch zu sein, daß alle Gesteinstypen, die etwa noch entdeckt werden, darin ohne weiteres ihren Platz finden können.

Theoretisch baut die Lehre von der Mineralfazies auf den durch BECKE und GRUBENMANN gelegten Grund. In der Praxis führt die Anwendung des Mineralfaziesprinzips zu einer Einteilung, die sich wohl auch als eine vertiefende und ausgestaltende Untereinteilung in die Tiefenzonengliederung einbringen ließe. Die letztere wird ja ebenfalls ausschließlich durch die Mineralassoziation bestimmt und Ausdrücke wie „epizonale" oder „mesozonale" Metamorphose deuten heutzutage nur auf die Mineralgemengteile der fraglichen Produkte, nicht auf das Niveau der Umwandlung hin. Der Unterschied scheint sich also allein auf die Ausdrucksweise zu beziehen und Ausdrücke wie epizonal oder „Epimarmor" sind wörtlich sehr bequem. Aus den folgenden Gründen wäre es nach unserer Ansicht jedoch vorteilhaft für die Petrologie, wenn die mineralparagenetische Einteilung der metamorphen Gesteine sich zunächst von den Begriffen der drei Tiefenstufen frei machte:

1. Die im Wort Tiefenstufe formal beibehaltene und ursprünglich für diese Einteilung grundlegende Annahme, daß die Temperaturwirkung bei der Metamorphose von der Rindentiefe abhänge, ist eben kaum in der Regel richtig. Im kaledonidischen Hochgebirge von Skandinavien und Schottland (ELLES und TILLEY 1930) ist die Folge der metamorphen Zonen gerade umgekehrt: zuunterst liegen die bei den niedrigsten Temperaturen oder „epizonal" metamorphosierten Gesteine, zuoberst findet man Gesteine der „tieferen Zonen", metamorphosiert durch die Wärmewirkung seitwärts bewegter Magmen. So lange die Ausdrücke beibehalten werden, ist es schwer, sich von der Vorstellung loszumachen, daß die Tiefenzonen doch etwas mit der Tiefe zu tun haben. Teilweise aus diesem Grunde hat sich wohl die unrichtige Vorstellung eingebürgert, daß die Gneise u. a. metamorphe Gesteine des vermutlich bis zu großen Tiefen denudierten archäischen Grundgebirges allgemein zu der Katazone gehörten (GRUBENMANN, Die kristallinen Schiefer). Tatsächlich gehört jedoch ein weit größerer Teil der metamorphen archäischen Gesteine nach ihrem Mineralbestand zu der Mesozone und der Epizone.

2. Die Tiefenzonengliederung wurde ursprünglich nur für die regionalmetamorphen Gesteine aufgestellt. Für diese paßt sie auch am besten und man wird es wohl immer als widersinnig erkennen, wenn z. B. kontaktmetamorphe Hornfelse Katagesteine genannt werden. Der Widerspruch besteht darin, daß die höchst temperierte Thermometamorphose in ihrer reinsten Form dort auftritt, wo Intrusivmassen in die höhere Krustenzone, in das „Deckgebirge" hineingelangt sind, während bei der plutonometamorphen und injektionsmetamorphen Einwirkung der noch tieferen Intrusionen die Temperatur wegen Erhaltung der leichtflüssigen Stoffe schließlich niedriger und die Metamorphose „mesozonal" bis „epizonal" wird. Die Mineralfazieseinteilung dagegen umfaßt widerspruchslos alle kristallinen Gesteine, sogar die Erstarrungsgesteine, wenn sie nur nach ihrem Mineralbestand zu einer bestimmten Fazies passen.

3. Die Einteilung in die drei Tiefenzonen ist steif und übt einen Zwang auf die Mineralassoziationen aus. Die Mesozone ist uneinheitlich, da sie als eine Übergangszone durch gleichzeitiges Auftreten von epi- und katametamorphen Mineralen gekennzeichnet wird. Ferner müssen sowohl in die Kata- wie die

Epizone gar zu verschiedene Mineralassoziationen zusammengebracht werden. So kann man sich kaum einen größeren Unterschied zwischen zwei Mineralbeständen isochemischer Gesteine vorstellen als den Unterschied zwischen Eklogit und Diabashornfels oder Glaukophanschiefer und Albit-Chlorit-Epidotschiefer und doch werden die beiden ersteren zur Katazone, die beiden letzteren zur Epizone gezählt. Alle existierenden Gesteinstypen können nicht zwanglos in nur drei Zonen eingeordnet werden.

4. Die Petrologie braucht den Begriff der Tiefenzonen zu dem Zweck, auf den das Wort hindeutet, aber die Bestimmung der Tiefe des Entstehungsortes der Gesteine ist nicht allein durch mineralfazielles Studium möglich.

Eine Mineralfazies wird sich in der Regel als eine isophysikalische Serie (Niggli 1920) erweisen, d. h. zu ihr gehörige Mineralbestände entstanden unter denselben Bedingungen. Doch wäre es voreilig, ohne weiteres zu sagen, daß eine bestimmte Mineralfazies immer zugleich eine isophysikalische Serie sei. Hierin liegt eine Hypothese, die in der Aufstellung einer Mineralfazies nicht gemacht wird; es können zwei Kombinationen PT und P_1T_1 zum gleichen Mineralbestand führen, obwohl weder P gleich P_1 noch T gleich T_1 ist. Wir wissen noch gar zu wenig von der Gesteinsbildung und man kann ganz revolutionierende Änderungen in unseren heutigen Anschauungen erwarten. Es ist eine starke Seite des Mineralfaziesbegriffes, neutral und hypothesenfrei zu sein. Bei der Anwendung desselben wird nur festgestellt, ob Mineralassoziationen offenbare Ungleichgewichte darstellen oder ob sie den Regeln einer bestimmten Mineralfazies folgen. Im letzteren Falle können sie wahre Gleichgewichte darstellen, aber schon diese Aussage gehört zu der nach Goethe grauen Theorie, ohne die es zunächst durchaus möglich und ratsam ist, die Fazieseinteilung auszuarbeiten.

B. Die Anwendung des Mineralfaziesprinzips.

Stabile und instabile Relikte. Hysterogene Produkte. Für die Charakterisierung der Mineralfazies hat es sich nützlich erwiesen, unter den typomorphen Mineralen im Sinne Beckes (S. 337) besonders die *kritischen Mineralgemengteile* und *Mineralassoziationen* zu unterscheiden. Die kritischen Minerale und Assoziationen sind solche, die nur in der fraglichen Mineralfazies auftreten und folglich für die Zugehörigkeit zu einer bestimmte Fazies entscheidend sind. Bei den Bedingungen aller anderen Mineralfazien sind sie also instabil und würden umgewandelt werden. Die kritischen Minerale müssen jedenfalls bei der Hauptphase der Mineralbildung der Fazies entstanden sein; sie sind *syngenetisch*. Außerdem enthalten die meisten Gesteine noch sowohl *Relikte* aus früheren Phasen der Mineralbildung wie später bei anderen Bedingungen gebildete oder *hysterogene Produkte*.

Relikte treten überall auf, wo Gesteine sukzessiv veränderten Bedingungen unterworfen waren, indem jede Kombination von Bedingungen eine bestimmte Fazies hervorzubringen strebte. Ist ein bei den früheren Bedingungen stabiles Mineral stabil auch noch bei den veränderten Bedingungen, so wird es in seiner ursprünglichen Form als ein *stabiles Relikt* erhalten. Dies ist ein sehr häufiger Fall. So wird der Plagioklas eines Gabbros, Diabases oder Basalts als stabiles Relikt erhalten, wenn dieser in Amphibolit metamorphosiert wird. Der Quarz erhält sich durch die meisten Metamorphosen als Durchläufer.

Wird dagegen ein Mineral bei Änderung der Bedingungen instabil, so kann es sich doch unverändert erhalten und ist in diesem Falle ein *instabiles Relikt*.

Ist in einem Gestein, wie Gabbro, bei der Erstarrung Augit auskristallisiert, und wird das Gestein später bei etwas tieferer Temperatur, bei den Bedingungen der Amphibolitfazies, metamorphosiert, so verwandelt sich der Augit in Hornblende (Uralit). Dies ist oft eine paramorphe, aber doch chemisch recht komplizierte Umwandlung. Diopsidischer Augit ist nun beständig auch in der Amphibolitfazies und ist immer vorhanden, wenn nur das Mengenverhältnis des „femischen", d. h. nicht an Al_2O_3 gebundenen Kalziumsilikats, zum (Mg,Fe)-Silikat höher ist als das für die Hornblendebildung erforderliche Mengenverhältnis (im einfachsten Falle [Ca] : [Mg, Fe] = 2 : 5). In einem solchen Gestein ist Diopsid scheinbar im Prozeß der Umwandlung in Uralit. Der Diopsid ist jedoch ein stabiles Relikt, da der ganze für die Uralitisierung verfügbare Überschuß vom (Mg,Fe)-Silikat über das Diopsidverhältnis ([Ca] : [Mg,Fe] = 1) schon verbraucht wurde. Nur wo die Menge des letzteren Silikats hinreichend groß ist, kann aller Diopsid uralitisiert werden. Wir können aber auch in diesem Falle Diopsidreste finden; dann stellt der Diopsid ein instabiles Relikt dar. Dies ist z. B. immer der Fall, wenn auch noch Biotit und Quarz vorhanden sind, denn in diesen Mineralen ist eine potentielle Menge vom (Mg,Fe)-Silikat enthalten, das zur Uralitisierung verwendet werden könnte.

Die Uralitpseudomorphosen der magmatogenen Gesteine stellen Pseudomorphosen nach primären Kristallen dar. Oft findet man auch Pseudomorphosen nach früheren metamorph entstandenen Holoblasten, wie die Serizitpseudomorphosen nach Andalusit im Glimmerschiefer (S. 271) und die Glimmer-Chloridpseudomorphosen nach Cordierit.

Solche Minerale, die zwar für sich stabil sind, aber nebeneinander nicht existieren können, weil eine Reaktion zwischen ihnen möglich ist, kann man *nichtkongressible* nennen. Auch zwei Gesteine, die jedes für sich stabile Paragenesen darstellen, können miteinander nichtkongressibel sein. Wie zu erwarten, treten an den Kontakten nichtkongressibler Gesteine in der Regel Reaktionssäume auf, deren Mineralkombinationen mit beiden Gesteinen kongressibel sind und gleichsam eine neutrale Scheidewand zwischen zwei feindlichen Lagern bilden. Einige Beispiele von dieser sehr häufigen Erscheinung aus dem Orijärvigebiet seien angeführt.

Ein Basaltgang hat einen Liparit durchsetzt. Später wurden beide Gesteine zusammen metamorphosiert, der Basalt in Amphibolit mit Plagioklas und Hornblende, der Liparit in Leptit mit Quarz, Feldspat, Muskovit und ein wenig Biotit. Diese Assoziationen sind nichtkongressibel, denn Muskovit und Hornblende treten in unseren Gesteinen nie im Kontakt miteinander auf. Am Kontakt wurde ein etwa 2 mm dicker dunkler Saum beobachtet, der viel Biotit enthält. Dieser hatte sich durch Reaktion zwischen Muskovit und Hornblende gebildet.

In tuffogenen Metamorphiten finden sich häufig hellfarbige kalkreiche Einschlüsse, die oft größtenteils aus Diopsid bestehen. Wenn das umgebende Gestein jetzt leptitisch ist, sind die Diopsidknollen von dunkelgefärbten Reaktionszonen umgeben, wo der Diopsid allmählich durch Hornblende ersetzt wird und diese wieder gegen die Peripherie durch Biotit. Der letztere und der Diopsid sind in Gegenwart von Quarz in den Orijärvigesteinen nichtkongressibel und reagieren miteinander unter Bildung von Hornblende und Plagioklas. Solche Reaktionsränder können einige Zentimeter dick sein. Die Kontakterscheinungen zwischen Kalkstein und Silikatgesteinen (S. 382) sind in derselben Weise zu verstehen.

Von verwandten Reaktionssäumen einzelner Holoblasten gibt Abb. 49 ein Beispiel. Ein großer Kristall von Sillimanit ist im Cordierit-Anthophyllitfels eingeschlossen. Da Anthophyllit und Sillimanit miteinander nichtkongressibel sind, haben sie unter Cordieritbildung reagiert; der Cordieritsaum ist etwa 10 mm dick. Als ein Gemengteil des ganzen Gesteins ist der Sillimanit ein instabiles Mineral und die Mineralassoziation ist im Ungleichgewicht. Durch seinen Reaktionssaum ist er jedoch gut von dem gefährlichen Nachbarn isoliert und befindet sich im Gleichgewicht mit dem unmittelbar anstoßenden Cordierit. Solche instabilen Relikte wurden *gepanzerte Relikte* genannt.

Außer den kritischen und anderen typomorphen Mineralen enthalten die Gesteine jeder Fazies in der Regel Gemengteile, die entweder an sich instabil sind oder mit den direkt anstoßenden Mineralen nicht im Gleichgewicht sind. Die Anwesenheit solcher Ungleichgewichtsminerale und Assoziationen kann auf zweierlei Ursachen beruhen: sie sind entweder *proterogene* instabile Relikte oder auch *hysterogene* (vgl. S. 270), bei veränderten Bedingungen nach der Hauptmineralbildung entstandene Produkte.

Das Auftreten hysterogener Ungleichgewichtsminerale ist bei allen Gesteinen die Regel, wie man es auch erwarten kann (S. 267). Besonders häufig sind Umwandlungsprodukte niedriger Temperaturbereiche, wie die Minerale der Grünschieferfazies (Chlorit, Epidot, Serpentin) und die Kaolinminerale. Vom Gesichtspunkt der Fazieslehre ist es ein Glück, daß die Silikatminerale sich so langsam an neue Bindungen anpassen, so daß auch die Hochtemperaturparagenesen doch einigermaßen wohl erhalten an die Erdoberfläche gelangen. Auch wo hysterogene Produkte in größerer Menge vorhanden sind, ist es meistens möglich, sie von den typomorphen Gemengteilen zu unterscheiden. Es herrscht dann Ungleichgewicht im Gestein, die Assoziationen enthalten oft mehrere Gemengteile als vereinbar mit der mineralogischen Phasenregel und eine mikroskopische Untersuchung des Gefüges läßt ermitteln, was alt und was neugebildet ist.

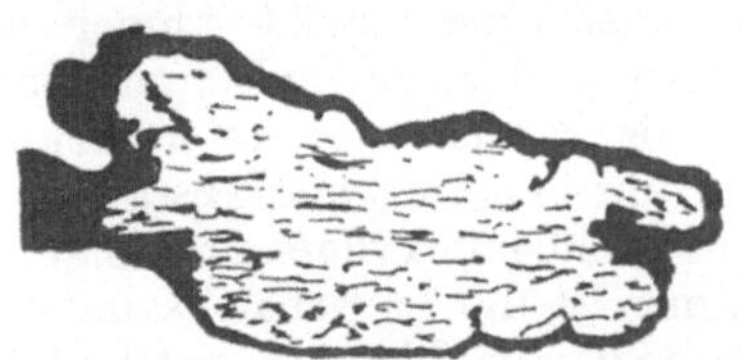

Abb. 49. Gepanzertes Relikt. Ein großer Kristall von Sillimanit von Cordieritsaum umgeben. Anthophyllit-Cordieritfels, Träskböle, Orijärvigebiet, Finnland.

Bei der Anwendung des Faziesprinzips bieten die instabilen Relikte, die hysterogenen Produkte und die Ungleichgewichte im allgemeinen die interessantesten Probleme, weil man dadurch die Geschichte der Metamorphose der Gesteine wenigstens teilweise entziffern kann. In dieser Hinsicht hat unter anderem Th. Vogt (1927) beim Studium der Sulitelmagesteine wichtige Resultate erzielt. Diese Untersuchungen beweisen zugleich, daß das Faziesprinzip erfolgreiche Anwendung finden kann für die ausgeprägt mechanisch verformten Tektonite, bei welchen Ungleichgewichte weit häufiger sind als bei den thermometamorphen Gesteinen oder den hochmetamorphen Produkten der Regionalmetamorphose.

Ebenso findet das Prinzip wichtige Anwendung zur Deutung der Mineralbildung der Erstarrungsgesteine und deren postmagmatischer Umwandlung. Die magmatische Kristallisation verläuft normal bei Temperaturfall und der jetzige Mineralbestand zeigt auffallende Ungleichgewichte, wie mehrere Stadien der Reaktionsserie, z. B. Olivin, Pyroxene, Amphibole, Biotit und Quarz in demselben Gestein. Um so bedeutungsvoller ist es jedoch, daß manche Erstarrungsgesteine wirkliche Gleichgewichtsparagenesen, identisch mit denen der Metamorphite, aufweisen, wie die Hornblendegabbros.

Bei postmagmatisch umgewandelten Gesteinen findet man bisweilen zwei Mineralfazien in demselben Gestein vertreten, wie bei den Pyroxenspiliten. Diese kristallisierten zuerst etwa in der Diabasfazies mit Plagioklas und Augit, sind aber später in die Grünschieferfazies übergegangen, die Amphibolfazies überspringend. Der primäre Pyroxen blieb als instabiles Relikt erhalten, aber der Plagioklas wurde albitisiert, und Chlorit, Serpentin, Kalzit wurden neugebildet.

Schwierigkeiten des Mineralfaziesprinzips. Der letzte Zweck der Mineralfazieseinteilung ist, die Bedingungen der Mineralbildung in den Gesteinen, besonders die Temperatur und den Druck, klarzulegen. Für die Bestimmung oder wenigstens Abschätzung der Temperatur besitzen wir schon verschiedene Mittel, sog. geologische Thermometer u. dgl. Viel schwieriger ist die Abschätzung des Druckes. Dieser wirkt bei der Metamorphose nicht nur direkt, sondern vielmehr indirekt, indem er das Entweichen der flüchtigen Bestandteile verhindert und dadurch die Kristallisationstemperatur herabsetzt. Darum setzt sich die magmatische sowie die metamorphe Kristallisation unter hohem Druck bis zu niedrigeren Temperaturen fort als unter niedrigem Druck und die Mineralassoziationen werden andere, obwohl die Druckwirkung allein keinen Unterschied hervorbringen könnte. Dies kompliziert die Verhältnisse und erschwert die Deutung der wirklichen Faktoren.

Eine andere Komplikation ist die folgende: Gemäß der Definition sollte jede Fazies Gesteine von weit wechselnden Zusammensetzungen umfassen. Doch ist erstens die Korrelation von verschiedenen Gesteinen nicht immer leicht, weil die Kristallisation und Umkristallisation vom Stoffe selbst mitabhängt und somit die Mineralbildung auch in nahe beieinander gelegenen Gesteinskörpern nicht immer unter denselben Bedingungen geschehen ist. Zweitens üben die Faktoren der Metamorphose immer einen gewissen Einfluß auf die Pauschalzusammensetzung aus. Metasomatose, Stoffzufuhr oder Stoffwegfuhr in geringem Maßstab sind überall mitspielende Vorgänge. Der Wasser- und Kohlendioxydgehalt steigt entweder oder fällt bei jeder Metamorphose. Ferner ist die Pauschalzusammensetzung der metamorphen Gesteine in hohem Grade davon abhängig, welche Mineralarten stabil sind. Bei der Kristallisationsdifferentiation magmatischer Gesteine wird die Gesteinszusammensetzung bekanntlich ausschließlich durch diesen Umstand bestimmt; bei der Metamorphose wirkt die metamorphe Differentiation in ähnlichem Sinne. Darum begegnet man bei solchen Fazien, die chemisch außergewöhnliche Minerale umfassen, zugleich Zusammensetzungen, welche bei anderen Faziesarten nie oder selten entstehen, wie z. B. die Jadeitite in der Eklogitfazies, die Chloritschiefer oder die Talkschiefer in der Grünschieferfazies. Bei den verschiedenen Fazien findet man folglich gar nicht immer dieselben Zusammensetzungen vertreten, und bei einigen, wie in der Eklogitfazies, kennt man nur einen geringen Variationsbereich.

Alles dies sind Umstände, welche die Deutung und Würdigung der Fazieseinteilung, aber nicht so sehr die Durchführung der Einteilung selbst erschweren. Jetzt müssen wir die Gesteine noch so nehmen wie sie sind, als fertige Systeme mit gegebener materieller Zusammensetzung. Darum ist es auch ratsam, bei der nachfolgenden Erläuterung der Fazien sich eher auf eine Beschreibung und Übersicht zu beschränken als nach einer weitgehenden Deutung zu streben.

Mineralfazieseinteilung. Die einzelnen Mineralfazien werden gewöhnlich nach irgendeinem für die Fazies besonders charakteristischen und womöglich kritische Minerale enthaltenden Gestein genannt. Meistens werden hierzu die Namen der Gesteine von gabbroider Pauschzusammensetzung gebraucht, weil die Mineralzusammensetzung des gabbroiden Materials besonders empfindlich gegen Änderungen der physikalischen Bedingungen reagiert. Bei der Granulitfazies ist das granitische Material, eben der Granulit, empfindlicher, und wird als Faziesname gebraucht. Die Sanidinitfazies stellt einen besonderen Fall dar, da „Sanidinit" fast der einzige für hierhergehörige Mineralbildungen geprägte Gesteinsname ist[1].

---

[1] KALB (1936) hat gegen den Ausdruck Sanidinitfazies, wohl mit Recht, bemerkt, daß die Sanidinite selbst nicht zur „Sanidinitfazies" gehören, weshalb dieser Ausdruck wegfallen sollte. Doch ist Sanidin ein kritisches Mineral der Fazies; „Gesteine" der Sanidinitfazies gibt es wohl überhaupt nicht, nur die Tendenz dazu zeigt sich bei derartiger Mineralbildung. Darum kann dieser Ausdruck keine Mißverständnisse veranlassen.

In der beigefügten Tabelle II wird versucht, eine Übersicht der Fazien zu geben. Die Tabelle soll zugleich als ein PT-Diagramm dienen, indem die Plätze der Faziesnamen die Reihenfolge der Temperatur- und der Druckbedingungen der einzelnen Fazien geben. Diese Reihenfolge ist sicher, was die Temperaturachse betrifft, aber mit dem Drucke ist alles recht unsicher; besonders ist der richtige Platz der Granulitfazies fraglich. Für die metamorphen Sanidinit-, Pyroxenhornfels- und Amphibolitfazien werden parallele und mineralogisch fast identische magmatische Fazien, nämlich Diabas-, Gabbro- und Hornblendegabbrofazies mit angeführt. Es gibt auch eine magmatische Parallelfazies der Eklogitfazies, aber sie braucht keinen besonderen Namen. Früher (ESKOLA 1921, 1929) wurde die „Helsinkitfazies" als magmatische Parallelfazies der Grünschieferfazies gleichgestellt, aber seitdem es bewiesen wurde, daß die Helsinkite hydrothermale Umwandlungsprodukte schon kristallisierter Gesteine sind, ist der Name Helsinkitfazies zu streichen. Ebenso gibt es wohl keine magmatische Parallelfazies der Epidotamphibolitfazies.

In der diagrammatischen Tabelle II wurde noch der Platz der Zeolithbildung angegeben, die man im PT-Felde relativ genau ermitteln kann. Doch kann man nicht von einer Zeolithfazies sprechen, denn die Zeolithaggregate stellen keine Gleichgewichtssysteme dar. Ihre hydrothermale Bildungsweise veranlaßt, daß sie sukzessiv nacheinander in dem Kristallisationsraum entstehen, und die Art des Zeoliths hängt offenbar in hohem Grade von der Zusammensetzung, Reaktion und Konzentration der zugeführten Lösung ab.

Tabelle II.

Fallende Temperatur ⟶

Steigender Druck	Experimentell ermittelte Gleichgewichte				
	Sanidinitfazies	(metamorph)	Zeolithbildung		
	Diabasfazies	(magmatisch)			
	Pyroxenhornfelsfazies	Amphibolitfazies	Epidotamphibolitfazies	Grünschieferfazies	(metamorph)
	Gabbrofazies	Hornblendegabbrofazies	—	—	(magmatisch)
	Granulitfazies				
	Eklogitfazies	Glaukophanschieferfazies			

Um die erste Übersicht der mineralogischen Variationen bei verschiedenen Fazien zu geben, werden Analysen von Gesteinen mit etwa gabbroider Zusammensetzung aus jeder Hauptfazies gegeben (Tabelle III). Bei der Auswahl der Analysen aus der Literatur wurde solchen Analysen Vorzug gegeben, bei denen der „Modus" oder die wirkliche Mineralzusammensetzung des Gesteins bestimmt war, und es wurde nicht danach gestrebt, ähnliche Analysen zu finden, was jedoch, von der Prozentzahl des Wassers abgesehen, möglich gewesen wäre.

Graphische Darstellung der Abhängigkeit des Mineralbestandes vom chemischen Bestand. In Gesteinen, die zu einer bestimmten Fazies gehören, ist die Art und Menge der Mineralgemengteile durch die chemische Zusammensetzung eindeutig bestimmt. Man kann somit für jede Fazies ein Diagramm konstruieren, aus dem der Mineralbestand jedes zu der Fazies gehörigen Gesteins durch Einsetzen der chemischen Analysenresultate qualitativ und quantitativ direkt

Tabelle III.

	Diabasfazies Diabas Shtsheliki, Olonetz, Ostkarelien (W. Wahl, Fennia 24, 1908)	Pyroxenhornfelsfazies Essexithornfels Aarvold, Oslo (V. M. Goldschmidt, Kontaktmetamorphose, S. 176)	Amphibolitfazies Amphibolit Kisko, Finnland (P. Eskola, 1914, S. 51)	Epidotamphibolitfazies Epidotamphibolit Charlotta Gr. Sulitelma, Norge (Th. Vogt, 1927, S. 309)	Grünschieferfazies Grünschiefer Furulund, Sulitelma, Norge (Th. Vogt, 1927, S. 317)
SiO_2	49,15	49,19	49,73	52,45	49,22
Al_2O_3	11,48	14,32	16,05	17,23	18,56
Fe_2O_3	3,97	6,00	2,44	4,36	2,22
FeO	13,22 NiO 0,07	8,28	7,96	4,96	5,35
MnO	0,44	0,09	0,20	0,08	0,12
MgO	5,39	5,70	7,84	6,71	8,15
CaO	8,63 BaO 0,04	8,55	10,22	8,55	7,17
Na_2O	2,64	3,48	2,99	4,94	4,65
K_2O	1,36	0,79	0,61	0,39	0,10
TiO_2	2,41	2,98	0,56	0,38	0,18
P_2O_5	0,32 FeS_2 0,22	n. b.	0,12	Sp. S 0,04	S 0,02
CO_2	—	—	—		0,43
H_2O	0,57	0,51	1,03	0,69	3,15
Summe	99,91	99,71	99,75	100,78	99,93
Sp.G.	3,09	3,02	2,99	N. b.	N. b.
	Plagioklas 48,4 Hypersthen-Augit 37,4 Hornblende, Glimmer, Eisenerz u. a. 14,2	Plagioklas 48 Hypersthen 17 Diopsid 18 Biotit, Eisenerz u. a. 17	Plagioklas 26,5 Hornblende 71,5 Quarz 2,0	Oligoklas-Albit (An$_9$) 42,8 Hornblende 42,2 Klinozoisit 12,3 Chlorit 2,9 Rutil u. a. 0,5	Quarz 1,1 Albit 39,9 Chlorit 29,4 Epidot 23,0 Aktinolithische Hornblende 3,5 Kalzit u. a. 2,6

Tabelle III (Fortsetzung).

	Granulitfazies Noritgranulit Härkäselkä, Lappland (Anal. E. Nordensvan. Früher nicht veröffentlicht)	Eklogitfazies Eklogit Burgstein, Tirol (L. Hezner, T. M. P. M. Bd. 22, 1903)	Glaukophanschieferfazies Glaukophanschiefer Scalea, Nordkalabrien (H. W. Quitzow 1935)
SiO_2	52,03	46,26	47,54
Al_2O_3	16,39 Cr_2O_3 0,10	14,45	19,22
Fe_2O_3	0,82	4,41	4,58
FeO	9,13	5,82	2,98
MnO	0,17	n. b.	0,06
MgO	7,04	11,99	5,36
CaO	8,78 BaO 0,03	11,66	7,90
Na_2O	2,14	2,45	3,63
K_2O	1,21	1,51	1,89
TiO_2	2,27	0,28	1,24
P_2O_5	0,06	n. b.	0,05
S	0,04	—	—
H_2O	0,35	1,10	6,00
Summe	100,51	99,93	100,45
Sp.G.	3,02	3,45	3,07
Modus	Quarz 2,5 Kalifeldspat 7,1 Plagioklas 49,5 Hypersthen 25,3 Diopsid 9,6 Eisenerz u. a. 4,9	Omphazit 48,5 Granat 50,5 Eisenerz, Rutil u. a. 1,0	Glaukophan 54,3 Lawsonit 26,8 Serizit 15,6 Titanit 2,8 Erz u. a. 0,3

zum Ausdruck kommt. Eine solche graphische Lösung ist möglich, wenn die Zahl der Komponenten, welche den Mineralbestand bestimmen, nicht größer ist, als daß man sie diagrammatisch veranschaulichen kann.

In Tetraederprojektion können vier Komponenten dargestellt werden, und diese wurde schon als Faziesdiagramm angewandt. Weil die Tetraederprojektion in der Ebene abgebildet jedoch wenig anschaulich ist, geben wir im folgenden nur Dreieckprojektionen zur Erläuterung des Mineralbestandes bei verschiedenen Fazien. Dadurch können nur drei Komponenten dargestellt werden. Durch zweckmäßige Auswahl und Einschränkung konnte jedoch eine Methode gefunden werden, welche die Darstellung der meisten Gesteine von nicht zu seltener Zusammensetzung und mit einem Überschuß von Kieselsäure ermöglicht.

Bei Überschuß von SiO_2 können immer die Minerale mit dem höchstmöglichen SiO_2-Gehalt entstehen; die Menge des SiO_2 übt folglich keinen Einfluß auf den Mineralbestand mehr aus und braucht nicht in das Diagramm einzugehen. In eine Ecke des Dreiecks legen wir denjenigen Teil der Tonerde, die nicht mit Natrium oder Kalium verbunden ist und bezeichnen ihn mit A; in eine andere Ecke kommt $CaO = C$ und in die dritte $(Mg, Fe) O = F$. Die akzessorischen Gemengteile läßt man unberücksichtigt und subtrahiert die in diesen enthaltenen Mengen von $(Al, Fe)_2O_3$, CaO und $(Mg, Fe)O$. In dieser Weise kommen die wichtigeren Silikatminerale zum Ausdruck mit Ausnahme der Kalium- und Natriumsilikate und der niedrigeren Silikate, wie Olivin.

Die Berechnungsregeln der ACF-Werte sind folgende: Zuerst werden die Korrektionen für die Akzessorien Ilmenit, Magnetit und Titanit direkt auf Grund der Prozentzahlen der Analyse gemacht. Die Mengen der Akzessorien muß man geometrisch bestimmen. Für Ilmenit subtrahiert man das [FeO], 50% von der Gesamtmenge, aus der Prozentzahl von FeO, ebenso für Magnetit 70% Fe_2O_3 und 30% FeO aus den Totalmengen von Fe_2O_3 und FeO, und für Titanit 30% CaO aus der Totalmenge von CaO.

Danach werden die Molekularzahlen aus den Prozentzahlen berechnet; sie werden benutzt ohne Umrechnung in Mol.-%. SiO_2 und H_2O werden nicht beachtet. $[Fe_2O_3]$ wird zu $[Al_2O_3]$ addiert, [MgO] und [MnO] zu [FeO]. $[CO]_2$ wird von [CaO] subtrahiert, um die Menge des vorhandenen Kalzits zu eliminieren; ebenso wird 3,3 $[P_2O_5]$ von [CaO] für den Apatit subtrahiert.

Schließlich werden $[Na_2O]$ und $[K_2O]$ von $[Al_2O_3]$ subtrahiert und weiterhin nicht beachtet. Die übrig bleibenden Molekularzahlen von $[Al_2O_3] - [K_2O + Na_2O] = A$, $[CaO] = C$ und $[(Mg, Mn, Fe)O] = F$ werde zu 100% umgerechnet.

C. Übersicht der Mineralfazien.

Sanidinitfazies. Die Mineralbildung bei den höchsten Temperaturen und unter niedrigen Drucken findet in der Natur bei den vulkanischen Gesteinen und deren fremden Einschlüssen dort statt, wo das Entweichen der flüchtigen Bestandteile möglich ist. Wahre Gleichgewichte werden dabei nur selten erreicht. Instabile Relikte aus der Hornfelsfazies u. a. erhalten sich in der Regel, pneumatolytische und hydrothermale Einwirkungen spielen eine bald größere, bald geringere Rolle, und es entstehen meistens keine eigentlich homogenen Gesteine. Solche Mineralbildung wurde vor allen an den vulkanischen Auswürflingen des niederrheinischen Vulkangebietes durch BRAUNS (1911) und KALB (1936) und an den Einschlüssen vulkanischer Laven durch LACROIX (Les enclaves, 1892) studiert.

Obwohl es unmöglich wäre, auf Grund dieser Untersuchungen allein die Gleichgewichtsregel bei dieser Art von Mineralbildung klarzulegen, zeigen ihre Ergebnisse doch, daß die entstehenden Mineralphasen weitgehend identisch sind mit den im Laboratorium unter Atmosphärendruck aus trockenen Schmelzen dargestellten Kristallarten. Für die letzteren wurden die Gleichgewichte hauptsächlich durch die Arbeiten des Geophysikalischen Laboratoriums in Washington sehr genau und sicher festgestellt. Auf der Grundlage dieser Resultate können wir das *ACF*-Diagramm für die Sanidinitfazies konstruieren (Abb. 50).

Die kritischen Minerale dieser Fazies sind der homogene Kali-Natronfeldspat Sanidin und der Klinoenstatit-Klinohypersthen einschließlich der isomorphen Mischungsreihe des letzteren mit dem Diopsid-Hedenbergit, die sog. Endstatitaugite.

Der Sanidin vertritt die isomorphen Mischungen von Kali- und Natronfeldspat. Solche können anscheinend stabil nur dann entstehen, wenn die Kristallisation unter Entweichen des Wassers bei genügend hoher Temperatur stattfindet, und sie werden erhalten, wenn schneller Temperaturfall die Entmischung in kristallinem Zustande verhindert. Dies ist der Fall bei den liparitischen und trachytischen Laven; in den Sanidiniten wurde Sanidin durch pneumatolytische Metasomatose unter Alkalizufuhr (S. 376) gebildet.

Auffallenderweise entsteht bei der Synthese von (Mg, Fe)-Metasilikaten im Laboratorium meistens die monokline Form und nur selten die rhombische, wie sie in natürlichen Gesteinen meistens und in den Tiefengesteinen immer zu finden ist. In natürlichen Gesteinen finden sich isomorphe Mischungen von $(Mg,Fe)SiO_3$ und $Ca(Mg,Fe)(SiO_3)_2$, wie zuerst WAHL darlegte, in manchen Basalten und anderen Effusivgesteinen, Diabasen und ganz besonders in Meteoriten. Nach den experimentellen Resultaten vermag Mg auch im Wollastonit beträchtliche Mengen von Ca diadoch zu ersetzen, im Gegensatz zum natürlichen Wollastonit, wo ähnliches nicht bekannt ist.

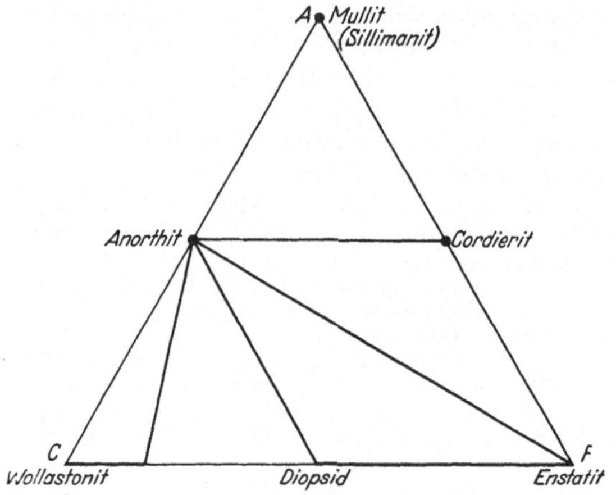

Abb. 50. *ACF*-Diagramm der Sanidinitfazies.

Die allgemeine Ursache der weiter gehenden Diadochie bei höherer Temperatur ist wohl darin zu suchen, daß die Kristallgitter elastischer sind, als bei niedrigerer Temperatur. Der Einbau von Ionen ist daher nicht im gleichen Grade durch ihre Radien bestimmt.

In der Sanidinitfazies sind keine Granate stabil. Der Wollastonit kann folglich in Kombination mit Anorthit vorkommen, wie es bei vulkanischen Einsprenglingen beobachtet wurde.

Nach den Laboratoriumsuntersuchungen sind Tridymit und Cristobalit die stabilen Formen von SiO_2 bei der Kristallisation aus trockenen Schmelzen. In der Natur ist jedoch weder Tridymit noch Cristobalit in der Art gefunden worden, daß ihre stabile Entstehung wahrscheinlich wäre.

Wir geben noch ein Diagramm der Phasenkombination im Dreistoffsysteme MgO, Al_2O_3, SiO_2 (Abb. 51), um in diesem Teilsysteme einige Mineralkombinationen bei mangelndem SiO_2-Gehalt zu veranschaulichen. Die stabil möglichen 7 Dreimineralkombinationen gehen als Eckpunkte der Teildreiecke ohne weiteres hervor. Die Kombination Sillimanit-Spinell wurde in vulkanischen Einschlüssen beobachtet. Im Gleichgewicht mit trockenen Schmelzen nimmt jedoch der Mullit ($3\,Al_2O_3 \cdot 2\,SiO_2$) den Platz des Sillimanits ein.

In kalkreichen kieselsäurearmen trockenen Systemen und selten in pyrometamorphen Gesteinen erscheinen noch Melilith (Gehlenit), Monticellit, Merwinit

($Ca_3MgSi_2O_8$), Spurrit (2 $Ca_2SiO_4 \cdot CaCO_3$) und Larnit oder Kalkolivin (Ca_2SiO_4).
Diese Minerale wurden in anderen Fazien nicht angetroffen.

Die magmatisch entstandene Parallelfazies der Sanidinitfazies nennen wir
die *Diabasfazies*. Auffallenderweise ist in vielen Diabasen die Gleichgewichts-
kombination Plagioklas-Enstatitaugit in fast idealer Weise entwickelt. Zonarstruktur im Plagioklase ist oft das einzige Merkmal der Unvollständigkeit
des Gleichgewichts, aber sogar diese kann fehlen. Eine Erklärung des so voll-
kommenen Gleichgewichts in einem oberflächennahen Erstarrungsgestein ist
wohl nur in der Annahme von Unterkühlung und schließlich isothermer Kristallisation zu finden.

Die Lavagesteine enthalten in der Regel Gemengteile aus mehreren ver-
schiedenen Fazien. Die intratellurischen Einsprenglinge können in der Gabbro-
fazies kristallisiert sein und weisen z. B. rhombischen Pyroxen neben dem
Augit auf, nur die schließliche Kristallisation der Grundmasse tendiert zur
Diabasfazies. Das vulkanische
Glas ist ein der Diabas-Sani-
dinitfazies eigenes instabiles
Relikt.

Pyroxenhornfelsfazies oder
Hornfelsfazies besitzt keine für
sich kritischen Minerale, denn
alle kommen auch in irgendeiner anderen Fazies vor. Wohl
aber besitzen die Hornfels- und
die Granulitfazies gemeinsam
eine kritische Assoziation: Hy-
persthen-Diopsid.

Die Hornfelsfazies, wie sie
von GOLDSCHMIDT aus dem
Oslogebiet dargestellt wurde,
ist charakteristisch für die inneren Kontaktzonen lakkolith-
artiger, in das Deckgebirge

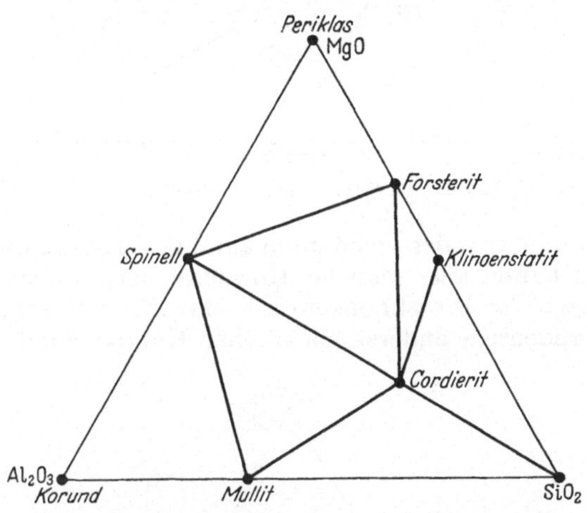

Abb. 51. MgO—Al₂O₃—SiO₂-Diagramm der Sanidinitfazies.

hineingedrungener Eruptivmassen. Die GOLDSCHMIDTsche Deutung und Klassifikation ist seitdem bei sehr zahlreichen Arbeiten angewandt worden.

Die GOLDSCHMIDTschen Klassen umfassen die metamorphosierten Ton- und
Mergelsedimente. Man kann sich einen tonerdereichsten Tonschiefer und zu
diesem allmählich mehr und mehr Kalk ($CaCO_3$) beigemischt vorstellen. Bei
der Thermometamorphose entsteht aus dem ersteren Andalusithornfels, während
sich in den Kalkmischungen beim Entweichen des CO_2 mehr und mehr Kalk
enthaltende Silikate bilden.

Die Hornfelsklassen werden nach ihren typischen Mineralen genannt. Sie
sind:

Klasse 1 Andalusit, Cordierit, Albit
    ,,   2 Plagioklas, Andalusit, Cordierit
    ,,   3 Plagioklas, Cordierit
    ,,   4 Plagioklas, Hypersthen, Cordierit
    ,,   5 Plagioklas, Hypersthen
    ,,   6 Plagioklas, Diopsid, Hypersthen
    ,,   7 Plagioklas, Diopsid
    ,,   8 Grossular, Plagioklas, Diopsid
    ,,   9 Grossular, Diopsid
    ,, 10 Grossular (Vesuvian), Diopsid, Wollastonit

In allen Klassen können Kalifeldspat und Quarz noch hinzukommen. Die Quarzmenge nimmt jedoch mit wachsender Klassennummer ab, und Quarz fehlt meistens den Klassen 8—10. An seiner Stelle kommt oft Kalzit vor, wie es nach der Phasenregel zu erwarten ist. In den Klassen 1—7 ist oft noch Glimmer vorhanden. Unter den Glimmern ist der Biotit offenbar für die Fazies typomorph, während der Muskovit ein hysterogenes Produkt aus der letzten Phase der Mineralbildung bei erniedrigter Temperatur darstellt.

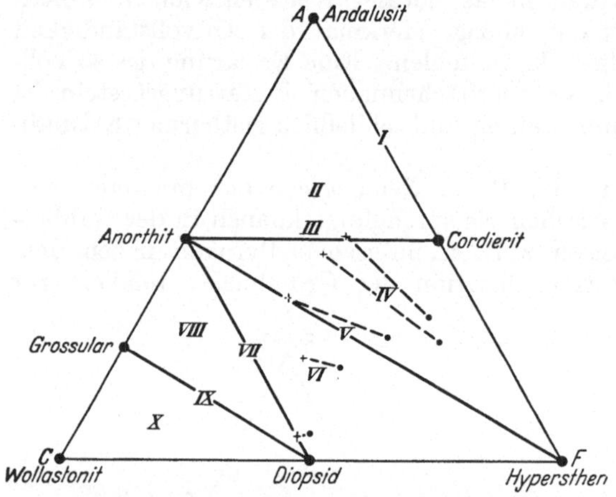

Abb. 52. *ACF*-Diagramm der Hornfelsfazies.

Abb. 52 gibt eine Übersicht der möglichen Mineralassoziationen in ihrer Abhängigkeit vom Pauschchemismus. Wären nur die typischen Klassengemengteile vorhanden, so würden die die Analysen darstellenden Punkte in den Feldern liegen, deren Eckpunkte die Zusammensetzungen der Minerale darstellen, oder sie könnten auf den Verbindungslinien dieser Punkte liegen. Nun enthalten aber manche Hornfelse noch Biotit, dessen (Mg, Fe)-Gehalt auf die Lage der Projektionspunkte einwirkt, obwohl seine Existenz auf dem Vorhandensein anderer chemischer Komponenten (K_2O, H_2O) beruht, die im Diagramm nicht dargestellt sind. Die *ACF*-Werte wurden daher auch so ausgerechnet, daß die im Biotit enthaltenen Oxyde subtrahiert wurden. Die so korrigierten Werte projizieren sich auf Punkte, deren Lage von den aus den Analysen direkt erhaltenen in der Richtung vom Biotitfelde weg abweichen. Sie sind in Abb. 52 mit Kreuzen bezeichnet und mit gebrochenen Linien mit den direkten Analysenpunkten vereinigt. Wie ersichtlich, fallen die so korrigierten Punkte, deren Lage nicht mehr durch Biotit beeinflußt wird, genau in die theoretisch erwarteten Lagen. Wir

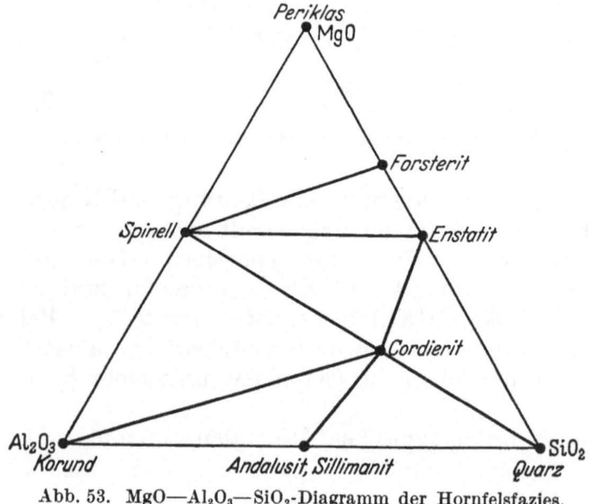

Abb. 53. MgO—Al_2O_3—SiO_2-Diagramm der Hornfelsfazies.

haben hier somit zugleich eine graphische Veranschaulichung der mineralogischen Phasenregel, nach der höchstens drei Minerale zusammen in einem Dreistoffsystem stabil vorkommen können.

Abb. 53 zeigt nach TILLEY (1923) die in der Hornfelsfazies möglichen Mineralassoziationen im Dreistoffsysteme MgO—Al_2O_3—SiO_2, worin auch die bei mangelndem SiO_2-Gehalt auftretenden Phasen veranschaulicht werden. Das Dreieck wird in sieben Teildreiecke eingeteilt. Diese vertreten ebenso viele Dreiphasenkombinationen, von denen Quarz—Cordierit—Andalusit und Quarz—Cordierit—Enstatit gewöhnliche kieselsäuregesättigte Hornfelse vertreten. Die übrigen, mit Ausnahme der Forsterit—Spinell—Periklas-Kombination, sind unter den Hornfelsen des Comriegebietes (TILLEY 1924), des Harzes (ERDMANNSDÖRFFER 1909) usw. beobachtet worden.

Ein Vergleich der Abb. 51 und 53 zeigt verschiedene Assoziationen nahe der Al_2O_3-Ecke. Im Comriegebiet wurde die Assoziation Cordierit—Spinell—Korund häufig beobachtet, seltener Cordierit—Andalusit—Korund.

Außer den Hornfelsen von toniger Zusammensetzung wurden allerlei andere Gesteine in derselben Fazies metamorphosiert, wie Sandsteine, Kalksteine und ganz verschiedene Erstarrungsgesteine. Alle erhalten ein granoblastisches „Hornfelsgefüge" und werden oft feinkörniger als das Ursprungsgestein. Weiter finden sich in denselben Kontaktzonen pneumatolytisch-metasomatische Bildungen, wie Skarne, welche ebenfalls den Regeln der Hornfelsfazies folgen.

Periklas entsteht bei Thermometamorphose aus Dolomit, indem die $MgCO_3$-Komponente zuerst CO_2 abgibt:

$$CaMg(CO_3)_2 = CaCO_3 + MgO + CO_2$$
$$\text{Dolomit} \qquad \text{Kalzit} \quad \text{Periklas.}$$

Der Periklas nimmt leicht H_2O auf und geht in Brucit, $Mg(OH)_2$ über, wobei die kubische Form des Periklases pseudomorph erhalten bleibt. Nach einem Fundort wurde der ziemlich seltene Brucitmarmor Predazzit genannt.

Die mit der Hornfelsfazies mineralogisch identische magmatische *Gabbrofazies,* die normalplutonische Fazies (TH. VOGT) ist in vielen Erstarrungsgesteinen wohl entwickelt.

Amphibolitfazies. In dieser Fazies treten immer Amphibole auf, wenn es nur die Zusammensetzung erlaubt. Dabei ist Anorthit stabil, und die Assoziation Hornblende—Plagioklas ist für die Fazies eine kritische.

Die Amphibolitfazies ist die im Archäikum sowie in jüngeren orogenen Zonen am weitesten verbreitete Mineralfazies des Grundgebirges. In den Kontakthöfen um Intrusivmassive geht die Pyroxenhornfelsfazies der inneren Zonen normalerweise in den äußeren Kontaktzonen in Amphibolitfazies über (Beispiel: Ekergneis im Harz, ERDMANNSDÖRFFER 1909); Amphibolhornfelse sind im ganzen häufigere Gesteine als Pyroxenhornfelse, und um viele große Granitmassen im variszischen Grundgebirge, wie in der Lausitz, sind sie allein vorhanden, weil mineralfazielle Anpassung an migmatische Granite stattgefunden hat (EBERT 1935).

Selbst die Erstarrungsgesteine des Grundgebirges zeigen annähernd Gleichgewichtsassoziationen der entsprechenden magmatischen Fazies, die wir die *Hornblendegabbrofazies* nennen. Im archäischen Grundgebirge Finnlands gehört der weitaus größte Teil der älteren synkinematischen Intrusivgesteine (Peridotite, Hornblendegabbros, Diorite, Granite) hierher, wenigstens an den Rändern der konkordant eingedrungenen Plutone. Unter den jüngeren spätkinematischen Erstarrungsgesteinen gehören im allgemeinen die meisten Granite hierher, während unter den mehr basischen Gesteinen die Gabbrofazies öfter erscheint. Die amphibolitfazielle Mineralbildung solcher Intrusivgesteine ist teils rein metamorphe, teils spät- oder nachmagmatische reaktive Umwandlung, aber zum Teil scheinen die Gesteine schon im magmatischen Stadium das Gleichgewicht der Amphibolitfazies erreicht zu haben.

Unter den metamorphen Gesteinen des Orijärvigebietes sind die meisten ursprünglich suprakrustale, vulkanogene oder sedimentogene Bildungen. Die vulkanogenen Leptite waren, nach der Pauschzusammensetzung und den Reliktgefügen zu schließen, primär Liparite und Dazite, die Amphibolite Feldspatbasalte und entsprechende Agglomerate, teils aber hypabyssische Lagergänge von Diabasen. Die sedimentogenen Metamorphite umfassen primär Kalk- und Mergelsedimente, die letzteren sind jetzt Diopsidamphibolite und

Kalkgneise, ferner Glimmerschiefer und Cordieritleptite, nach ihrer Zusammensetzung Tonsedimenten entsprechend. Ferner sind verschiedenartige metasomatische Bildungen vertreten, wie die Anthophyllit-Cordieritfelse, Andalusitglimmerfelse, Cummingtonitamphibolite und Skarngesteine mit Tremolit, Hornblende, Diopsid - Hedenbergit und Andradit als Hauptgemengteile.

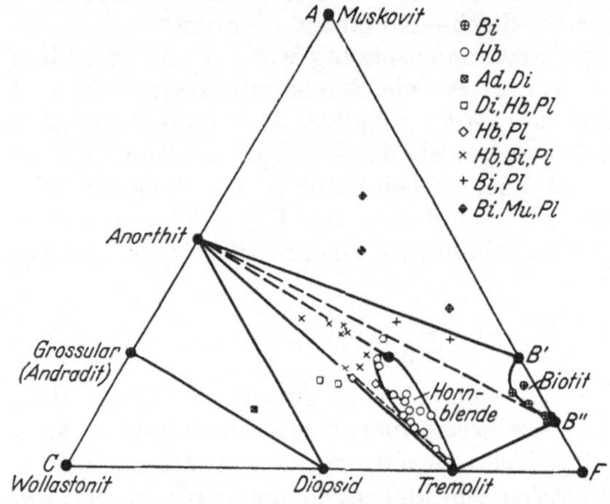

Abb. 54. *ACF*-Diagramm der Amphibolitfazies für Gesteine mit K_2O-Überschuß.

Die Mineralassoziationen der kieselsäuregesättigten Gesteine der Amphibolitfazies sind aus den Dreieckprojektionen (Abbildungen 54 und 55) ersichtlich. Die in kieselsäurearmen Gesteinen hinzukommenden Minerale sind, außer dem hier ganz unbekannten Periklas, dieselben wie in der Pyroxenhornfelsfazies (vgl. Abb. 53), also Olivin, Spinell und Korund, die alle häufig auftreten.

In den Marmoren kommen noch andere Minerale, teils pneumatolytischen Ursprungs vor, wie Chondrodit, Skapolith, Vesuvian, Phlogopit.

In ihrer typischen Ausbildung zeigen die Mineralassoziationen der Amphibolitfazies verhältnismäßig strenge Gleichgewichte, so daß die Mineralzusammensetzung sich im allgemeinen genau aus den chemischen Analysen berechnen läßt.

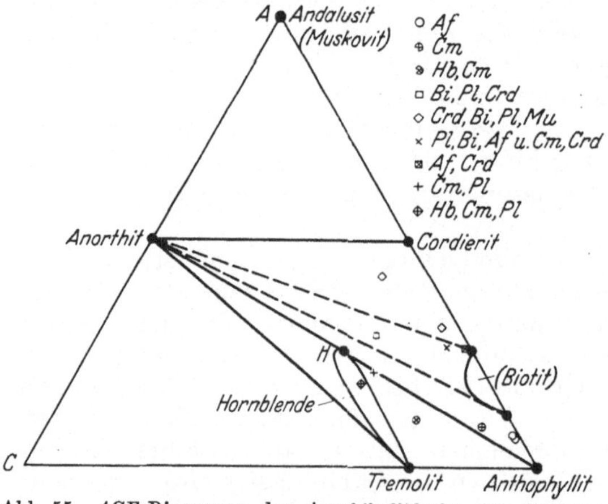

Abb. 55. *ACF*-Diagramm der Amphibolitfazies für Gesteine mit Al_2O_3-Überschuß.

Eine besondere Vereinfachung rührt von dem Umstande her, daß Wasser während der Metamorphose immer in genügend großen Mengen vorhanden war, um die Bildung der typomorphen hydroxylhaltigen Minerale zu ermöglichen, wenn nur die Basenverhältnisse es gestatteten. So ist die Bildung von Biotit nur von dem Mengenverhältnis von K_2O, $(Mg,Fe)O$ und Al_2O_3 abhängig. In den Gesteinen, welche eine genügende Menge von K_2O zur Bildung von Glimmer mit allem vorhandenen $(Mg,Fe)O$ und Al_2O_3 enthalten, ist die Menge des Glimmers nur durch das Mengenverhältnis dieser Oxyde bedingt. Der Überschuß von K_2O bildet dann Kalifeldspat. Für solche Gesteine gibt das *ACF*-Diagramm die quantitativen Verhältnisse der Hauptgemengteile, außer dem Kalifeldspat und dem Quarz, richtig wieder (Abb. 54).

In solchen Gesteinen, die zu wenig Kali zur Glimmerbildung mit dem Al_2O_3 enthalten, entstehen ein oder zwei der Minerale Andalusit, Cordierit, Anthophyllit. Die Menge dieser Minerale im Verhältnis zu den Glimmern wird von

Tabelle IV. Analysen metamorpher Gesteine des Orijärvigebietes.

	Leptit	Leptit, quarzporphyrisch	Cordierit-Leptit	Cordierit-Anthophyllitgneis	Orijärvigranit
	Liipola, Kisko	Kisko	Syväkorpi, Kisko	Tarklahti, Orijärvi	Orijärvi, Kisko
SiO_2	78,02	74,50	59,26	57,65	71,36
Al_2O_3	12,22	12,11	17,88	16,84	13,31
Fe_2O_3	0,61	0,59	0,09	0,85	0,99
FeO	0,86	2,81	7,79	10,33	3,36
MnO	0,01	0,05	0,23	n. b.	0,10
MgO	Sp.	1,35	2,54	5,30	0,87
CaO	0,41	0,76	3,50	1,28	2,85
Na_2O	4,28	2,55	2,86	2,34	3,58
K_2O	3,16	3,39	3,18	2,36	2,26
TiO_2	0,11	0,27	0,71	1,60	0,34
P_2O_5	—	0,05	0,21	—	0,21
CO_2	—	—	—	—	—
H_2O	0,48	1,33	1,35	1,08	0,70
Summe	100,16	99,76	99,63	99,63	99,93
Modus	Quarz 40,0 Mikroklin 17,8 Plagioklas 38,1 Bi(+ Mu) 2,2 Erze usw. 0,6	Quarz 45,1 Albit 21,5 Anorthit 3,1 Biotit 16,9 Mikroklin 10,0 Titanit 0,6	Biotit Plagioklas Quarz Cordierit Ilmenit usw.	Plagioklas 25,1 Biotit 24,9 Quarz 18,8 Antho- phyllit 16,9 Cordierit 12,8 Ilmenit 2,0	Quarz 36,1 Albit 30,4 Anorthit 5,3 Mikroklin 9,0 Biotit 7,4 Hornblende 4,7

Tabelle IV (Fortsetzung).

	Cummingtonit-amphibolit	Hornblendegabbro	Amphibolit	Diopsid-amphibol	Andraditskarn
	Kurksaari bei Orijärvi	Sepänlampi, Kisko	Riilahden Sorro, Kisko	Orijärvi, Kisko	Orijärvi
SiO_2	53,40	50,56	49,73	49,61	42,84
Al_2O_3	16,33	16,44	16,05	15,21	4,56
Fe_2O_3	0,78	1,78	2,44	0,89	10,60
FeO	9,72	6,67	7,96	8,77	8,94
MnO	0,23	0,16	0,20	0,05	0,63
MgO	7,46	7,70	7,84	5,02	4,03
CaO	6,16	10,06	10,22	16,32	26,24
Na_2O	3,50	2,25	2,99	1,20	0,00
K_2O	0,04	0,90	0,61	1,36	0,12
TiO_2	1,75	0,96	0,56	0,56	0,35
P_2O_5	—	0,12	0,12	0,19	0,05
S	—	0,10	—	CO_2 0,86	0,95
H_2O	0,52	2,29	1,03	0,55	0,78
Summe	99,89	99,99	99,75	100,59	100,09
Modus	Plagioklas 48,9 Cumming- tonit 47,9 Ilmenit 3,0	Hornblende 54,5 Plagioklas 37,0 Quarz 4,3 Biotit 1,8 Erz usw. 2,4	Hornblende 71,30 Albit 14,15 Anorthit 10,56 Kalif. 1,67 Quarz 1,80	Plagioklas Diopsid Hornblende Kalif. Kalzit Nebeng.	Andradit 46,70 Diopsid 46,00 Quarz 2,35 Kalzit 2,16 Erz usw. 2,13

der Kalimenge bestimmt und wird folglich nicht quantitativ durch das ACF-Diagramm wiedergegeben (Abb. 55).

Wie aus dem oben Gesagten ersichtlich, erscheint der Kalifeldspat in den Orijärvigesteinen nicht zusammen mit Cordierit, Andalusit oder Anthophyllit.

Diese Regel wurde zuerst empirisch gefunden und später durch GEIJER für die Gesteine von Falun und manche andere Gebiete in Schweden bestätigt. Doch enthalten einige kalifeldspatführende Gesteine des Orijärvigebietes Pseudomorphosen nach Cordierit, der also früher mit dem Kalifeldspat zusammen existenzfähig war. In anderen Gebieten in Finnland und Schweden finden sich sonst faziesähnliche Gesteine, welche sowohl Cordierit oder Andalusit (Sillimanit) als auch Kalifeldspat enthalten. Dies muß man so erklären, daß es sich dort um eine verwandte aber durch die Stabilität des Kalifeldspats von der Orijärvifazies abweichende Mineralfazies handelt. Die folgenden rückläufigen Reaktionen erklären den Unterschied:

$$KAlSi_3O_8 + Al_2SiO_5 + H_2O \rightleftharpoons H_2KAl_3Si_3O_{12}$$

Kalifeldspat Andalusit Wasser Muskovit;

$$2\,KAlSi_3O_8 + Mg_2Al_4Si_5O_{18} + 2\,H_2O \rightleftharpoons H_2KAl_3Si_3O_{12} \cdot Mg_2SiO_4 + H_2KAl_3Si_3O_{12} + 4\,SiO_2$$

2 Kalifeldspat　　　Cordierit　　　2 Wasser　　　Biotit　　　Muskovit　　　4 Quarz.

Bei fallender Temperatur verlaufen diese Reaktionen nach rechts.

Einige in unserem Amphibolitfaziesdiagramm nicht vertretene Minerale kommen bei ähnlicher Pauschzusammensetzung nicht selten vor, wie Almandin und Staurolith. Die Entstehungsbedingungen dieser Minerale bieten besonders interessante Probleme dar.

Der Almandin ist im Orijärvigebiet recht häufig in solchen besonders eisenreichen Gesteinen, die bei niedrigerem (FeO)-Gehalt Cordierit und Almandin enthalten würden. Seine Entstehung wurde darauf zurückgeführt, daß im Cordierit Mg¨ und Fe¨ nicht unbegrenzt diadoch sind (vgl. S. 316). Der Almandin gehört also regelrecht zur Amphibolitfazies.

Anders liegt die Sache mit dem Staurolith, der im Orijärvigebiet nicht vorkommt, wohl aber in manchen anderen Gebieten, wo die metamorphen Gesteine sonst der Amphibolitfazies angehören. Im finnischen Karelien treten in einer karelidischen Glimmerschieferzone sowohl Staurolithschiefer wie Andalusitschiefer mit etwas Almandin auf. Beide Gesteine können pauschal identisch sein, wie aus der folgenden Gleichung hervorgeht:

$$5\,Al_2SiO_5 + Fe_3Al_2(SiO_4)_3 + 3\,H_2O = 3\,[2\,Al_2SiO_5 \cdot Fe(OH)_2] + 2\,SiO_2$$

5 Andalusit　　　Almandin　　　3 Wasser　　　3 Staurolith　　　2 Quarz.

Sie vertreten folglich zwei verschiedene Subfazien und müssen durch verschiedene physikalische Verhältnisse bedingt sein. Da der Staurolith ein streßverträgliches Mineral ist, nicht aber der Andalusit, so könnte seine Entstehung mit stärkerer Streßwirkung zusammenhängen. Wahrscheinlich ist zugleich für den Staurolith eine niedrigere Temperatur anzunehmen als für die Andalusit-Almandin-Assoziation.

Von SUZUKI wurden aus dem Tessin, Schweiz, Glimmergneise beschrieben, in denen Staurolith und Andalusit zusammen, folglich im Ungleichgewicht, vorkommen. SUZUKI konnte aber nachweisen, daß sie unter verschiedenen physikalischen Bedingungen und zu verschiedener Zeit gebildet waren. Ersterer entstand während einer älteren Streßphase, letzterer während einer jüngeren, thermischen Kontaktphase. Die Assoziation Staurolith—Almandin—Disthen wurde von TH. VOGT (1927) aus Norwegen und die Assoziation Staurolith—Almandin—Sillimanit von BACKLUND (1918) aus der Taimyr-Halbinsel beschrieben. Das häufige Auftreten des Stauroliths in Ungleichgewichtsassoziationen ist an diesen und vielen anderen Beispielen auffallend.

In Abb. 56 geben wir nach TH. VOGT (1927) die Dreieckprojektion der Subfazies mit Staurolith, wie sie in den Gesteinen des Sulitelmafeldes hervortritt. (Kalksilikatreiche Gesteine sind dort nicht vertreten.) Charakteristischerweise ist hier der Andalusit durch Disthen ersetzt.

Die südwestfinnischen Marmore zeigen durch ihre Mineralparagenesen das Vorhandensein zweier Subfazien, die sich in benachbarten Silikatgesteinen nicht trennen lassen, nämlich die Assoziationen mit Wollastonit und solche ohne Wollastonit aber mit Kalzit und Quarz nebeneinander im Gleichgewicht. Erstere vertritt die höhere, letztere die niedrigere Temperatur (vgl. S. 403).

Wo der Wollastonit fehlt, enthält der Kalkstein der Amphibolitfaziesgegenden jedoch meistens Diopsid. Der Kalkstein selbst besteht aus sehr reinem Kalzit. Wir müssen folglich annehmen, daß die im Vergleich zur Wollastonitreaktion sich bei etwas niedrigerer Temperatur abspielende Diopsidreaktion eine letzte Dedolomitisation des schon vorher magnesiaarmen Kalksteins hervorgebracht hat.

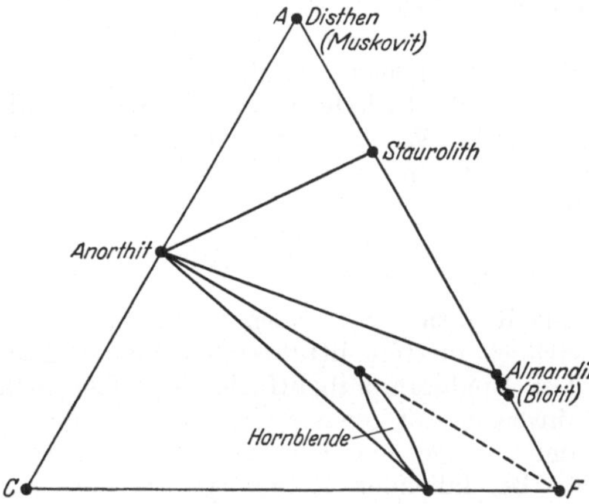

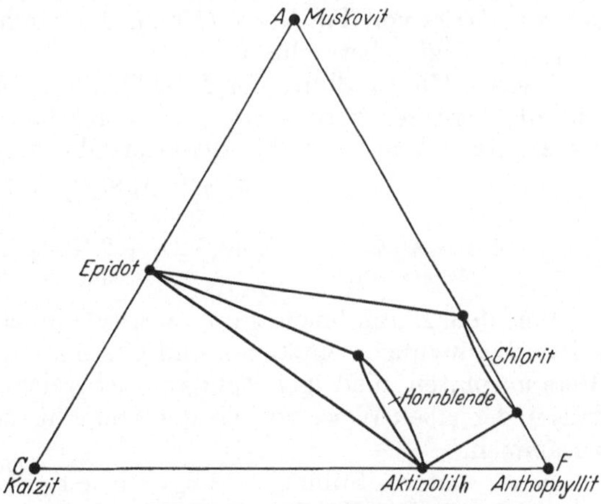

Abb. 56. *ACF*-Diagramm der Staurolith-Amphibolit-Subfazies nach TH. VOGT.

Die in den Gesteinen des Orijärvigebietes beobachteten offenbaren Ungleichgewichte wurden schon oben angeführt (S. 317). Im großen und ganzen sind sie selten und geringfügig. Wo Relikte vorkommen, sind sie meistens jetzt faziell stabile Gefügerelikte, wie blastoporphyrische Einsprenglinge, Mandelbildungen, Agglomeratstrukturen, primäre Warwigkeit usw.

Epidotamphibolitfazies. Bei fallender Temperatur wird der Anorthitanteil des Plagioklases in den Amphiboliten instabil und verwandelt sich in Epidot, wobei der Albit oft ziemlich rein unter Erhaltung der Kristallform übrig bleibt, während die Hornblende noch stabil auftritt. Die Assoziation Hornblende—Epidot—Albit ist kritisch für die Epidotamphibolitfazies, deren Assoziationsregeln für die kieselsäuregesättigten Gesteine aus Abb. 57 ersichtlich sind.

Die wahrscheinliche Existenz dieser Fazies wurde zu-

Abb. 57. *ACF*-Diagramm der Epidotamphibolitfazies.

erst von BECKE (1924) angedeutet, während ESKOLA (1921) derartige Mineralbestände als Übergangsassoziationen zwischen Amphibolit- und Grünschieferfazies gehalten hatte, in denen die Hornblende ein instabiles Relikt wäre. Viele Forscher (ANGEL 1924, TILLEY 1924, ESKOLA 1925, CARSTENS 1928, WEG 1928, BARTH 1928 und 1936, BESKOW 1929, TURNER 1935 u. a. m.) haben zu der Klärung dieser Frage Beiträge geliefert. Der eindeutige Beweis dafür, daß es sich bei den Epidotamphiboliten um ein wahres Gleichgewicht handelt, wurde von TH. VOGT (1927) an den Gesteinen des Sulitelmagebietes erbracht, indem er zeigte, daß dieselbe Assoziation sowohl bei Temperaturabfall (in

Erstarrungsgesteinen) wie bei Temperatursteigerung (in sedimentogenem Material) entsteht.

Magmatogene Epidotamphibolite zeigen manchmal blastophitische Reliktgefüge, die sedimentogenen (Derivate der Mergelschiefer) dagegen rein kristalloblastische Gefüge.

Als das Aluminiumsilikat dieser Fazies nehmen wir mit BARTH (1936) den Disthen an. An seiner Stelle erscheint bei genügendem Kaligehalt neben Biotit der Muskovit. In kalkreichen Gesteinen sind Hornblende und Epidot typische Gemengteile. Weder Diopsid noch Wollastonit kommen vor; bei hohem Kalkgehalt findet sich Kalzit. Der Dolomit aber reagiert mit dem SiO_2 unter Tremolitbildung:

$$8\ SiO_2 + 5\ CaMg(CO_3)_2 + H_2O \rightleftharpoons H_2Ca_2Mg_5Si_8O_{24} + 3\ CaCO_3 + 8\ CO_2$$
$$\text{8 Quarz} \qquad \text{5 Dolomit} \qquad \text{Wasser} \qquad \text{Tremolit} \qquad \text{3 Kalzit} \qquad \text{8 Kohlendioxyd.}$$

Die Reaktion geht nach rechts und es entsteht also auch Kalzit, welcher tatsächlich in tremolitführenden Dolomitgesteinen beobachtet wurde.

Der Epidotamphibolitfazies schließen sich mehrere Subfazien an, die sich nur in bezug auf gewisse einzelne Minerale von der Hauptfazies unterscheiden. Besonders zeigen sich Unterschiede in der Art und Zusammensetzung der Amphibole. Bei fallender Metamorphosentemperatur erscheinen statt der braunen Hornblenden höherer Temperaturbereiche der Magmagesteine und der gemeinen grünen Hornblenden, wie sie charakteristischerweise in den Gesteinen der Amphibolitfazies und noch in manchen Epidotamphiboliten auftreten, blaßgrüne Hornblenden, die in ihren Eigenschaften schon an Aktinolith erinnern, aber noch viel Al_2O_3 enthalten (ESKOLA 1925, VÄYRYNEN 1928, CARSTENS 1928). Bei noch niedrigerer Temperatur scheint die Hornblende überhaupt instabil zu werden, während der Aktinolith noch stabil auftritt. Dies ist die *Aktinolithgrünsteinfazies* von TH. VOGT (1927), die wir hier als eine Subfazies der Epidotamphibolitfazies betrachten.

Bei der Umwandlung der Hornblende in Aktinolith bilden sich Epidot und Chlorit; letzterer wird beim Temperaturfall wohl etwas später bestandsfähig als ersterer. VOGT hat die Reaktionsgleichung wie folgt geschrieben[1]:

$$5\ CaMg_2Al_2Si_3O_{12} + 7\ H_2O =$$
$$\text{5 Hornblende} \qquad \text{Wasser}$$
$$2\ HCa_2Al_3Si_3O_{13} + H_4Mg_3Si_2O_9 + 2\ H_4Mg_2Al_2SiO_9 + CaMg_3Si_4O_{12} + SiO_2$$
$$\text{2 Klinozoisit} \qquad \text{Chlorit} \qquad\qquad \text{Aktinolith} \qquad \text{Quarz.}$$

Von den Amphibolen kann wahrscheinlich noch der Anthophyllit bei denselben Bedingungen entstehen und bestehen, wie der Tremolit. In ultrabasischen Metamorphiten niedriger Temperaturbereiche kommt der Anthophyllit jedenfalls in derselben Weise vor wie der Tremolit, beide oft mit Chlorit oder Serpentin zusammen.

Eine weitere Subfazies, zugleich eine Übergangsfazies zur Glaukophanschieferfazies ist die *Prasinitfazies* (ANGEL 1929, WEG 1931), deren amphibolitische Äquivalente eine intensiv blaugrüne, natronreiche Hornblende, den Barroisit (ANGEL), enthalten. Zum Aufbau dieser Hornblende wird Material teilweise auf Kosten des Albits verwendet, aber dieser tritt hier noch stabil auf. In sedimentogenen Tektoniten wurde eine mit der Prasinitisierung nahe verwandte Mineralbildung bei recht verschiedener (toniger) Pauschalzusammensetzung aus dem Hunsrück von CISSARZ (1927) und von CHUDOBA und OBENAUER (1931) beschrieben. In den Phylliten hat durch die Kontakteinwirkung seitens

---

[1] Seit 1927 sind andere Formeln für Hornblende und Aktinolith in Anwendung gekommen, der Einfachheit halber werden jedoch hier die älteren approximativen Formeln angewandt.

der Diabase, die selbst spilitisiert wurden, bei Na-Zufuhr Adinolbildung und bei NaFe-Zufuhr Bildung von Crossit-Schiefer (CHUDOBA) stattgefunden.

Für diese und andere ähnliche Subfazien sind die Gleichgewichte festgestellt worden. Die hierher gehörigen Gesteine enthalten zwar meistens sowohl instabile Relikte wie hysterogene Produkte, die Tendenz nach den regelrechten Assoziationen ist jedoch klar. Daß solchen Subfazien nicht eine selbständige Stellung im Faziessystem zukommt, beruht vor allen auf den „gleitenden" Übergängen zwischen denselben, die dadurch bedingt werden, daß gewisse komplex zusammengesetzte Minerale, wie die Amphibole, allmähliche Übergänge zeigen. Die Amphibole scheinen sehr empfindliche Indikatoren der Temperatur zu sein, und wenn sie aus verschiedenen Faziestypen genügend eingehend untersucht worden sind, wird man sie als zuverlässige geologische Thermometer anwenden können.

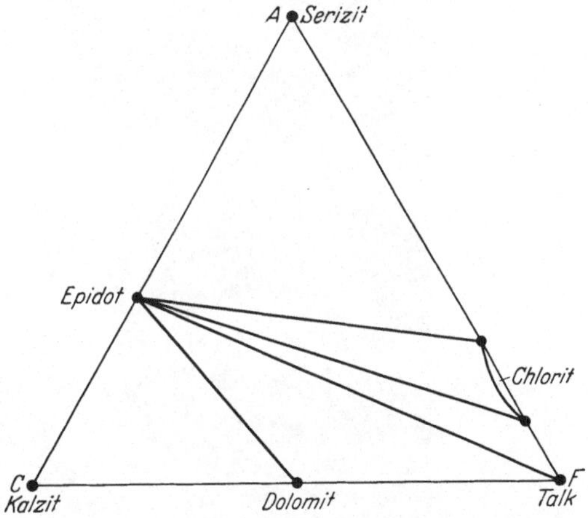

In Tonschieferderivaten der Epidotamphibolitfazies ist Almandin ein häufiger Gemengteil. TH. VOGT (1927) hat die hierhergehörigen sedimentogenen Schiefer des Sulitelmagebietes als zwei verschiedene Fazien, die Hornblende-Almandin - Klinozoisitfazies und Almandin - Klinozoisitfazies beschrieben. Verschiedene Faziesnamen für sedimentogene und magmatogene Metamorphite anzuwenden, ist eigentlich nicht glücklich; wenn sie bei denselben Bedingungen entstanden sind, sollten sie vereinigt werden. Ganz sichere Korrelation war aber in

Abb. 58. *ACF*-Diagramm der Grünschieferfazies.

diesem Falle noch nicht möglich, und eine doppelte Terminologie kann vorläufig kaum vermieden werden. Der Versuch VOGTs zur Parallelisierung (Tab. VII) ist jedenfalls einleuchtend.

Von den gleichgewichtsmäßig regelrechten Subfazien begrifflich zu trennen sind die Übergänge zwischen verschiedenen Hauptfazien, bei denen sich die Mineralassoziationen etwa mittelwegs zwischen zwei Gleichgewichtsfazien befinden. Solche wurden oftmals als besondere Fazien bezeichnet, aber dies sollte man im Interesse der Anwendbarkeit des Faziesbegriffes vermeiden. Die *Floitite* enthalten Epidot und gleichzeitig noch ziemlich viel Anorthit im Plagioklase als instabiles Relikt, aber deshalb gibt es keine Floititfazies, ebensowenig wie es eine Spilitfazies gibt (vgl. S. 343). Solchen Übergängen ist es eigentümlich, daß ihre Mineralassoziationen der Phasenregel nicht folgen.

Grünschieferfazies. Bei noch niedrigerer Temperatur wird Amphibol unbeständig und an seiner Stelle erscheint einerseits mehr Chlorit und Epidot, andererseits Dolomit und/oder Magnesit. Offenbar ist hier die Gleichgewichtstemperatur der Reaktion, durch die Aktinolith entsteht, nach unten hin überschritten, so daß jetzt CO_2 das SiO_2 aus allen Amphibolen vertreiben kann. (Mg, Fe)—Ca-Silikate sind überhaupt nicht mehr stabil, wohl aber hydratisierte CaAl-Silikate, wie Epidot, und vor allem Talk, das einzige Silikat mit nur einer Kationenart in dieser Fazies. Letzterer ist ein für die Fazies kritisches Mineral, so auch die Assoziation Talk—Magnesit oder Talk—Dolomit. Kritisch in anderer Weise ist die Assoziation Quarz—Dolomit. Unter den Glimmern tritt nur noch der Serizit auf.

Die Gesteine der Grünschieferfazies gehören zu zweierlei Bildungsräumen. Teils sind sie unter den regionalmetamorphen Gesteinen niedrigster Temperaturbereiche vertreten. Hier sind Pressung und Durchbewegung die maßgebenden Faktoren der Metamorphose, und chemische Gleichgewichte werden nur selten erreicht. Darum herrscht noch sehr große Unsicherheit über die Stabilitätsverhältnisse mancher hier auftretender Minerale, wie Chloritoid und Paragonit. Ein andersartiger Bildungsraum ist der mit hydrothermaler Metasomatose verknüpfte. Umwandlungen dieser Art sind vor allem in den Nebengesteinen der Erz- und Mineralgänge vertreten. Vom Gesichtspunkte der Metasomatose

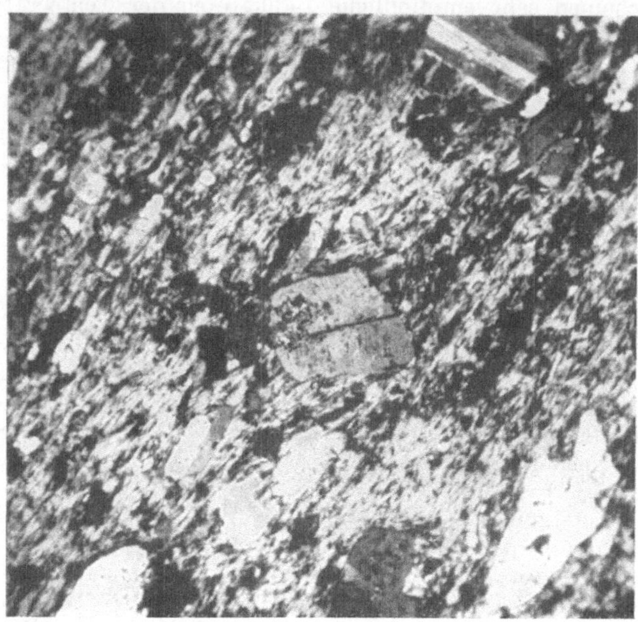

Abb. 59. Chlorit-Epidotschiefer mit Albitporphyroblasten. Aksovaara, Kuusamo, Finnland. + Nic. Vergr.27 × .

aus werden solche Vorgänge bei der Besprechung der Metasomatose im einzelnen erörtert. Chloritoid wurde hier nicht beobachtet, wohl aber der damit verwandte Stilpnomelan.

Abb. 58 gibt eine Übersicht der in kieselsäuregesättigten Gesteinen auftretenden Assoziationen, deren Stabilität gesichert erscheint. In kieselsäurearmen Gesteinen kommen dazu der Serpentin und der Brucit.

Bei den Erstarrungsgesteinen entstehen hierhergehörige Mineralassoziationen regressiv durch primäre Abkühlungsmetamorphose. Ältere Erstarrungsgesteine, wie auch metamorphe Gesteine höherer Temperaturbereiche werden diaphtoretisch zu dieser Fazies überprägt, obwohl dabei die Umkristallisation meistens sehr unvollständig bleibt. Sedimente dagegen verwandeln sich auch in diesem Falle bei Temperatursteigerung progressiv. Beide Wege, der regressive und der progressive, führen zu denselben Produkten, was wieder ein Zeugnis einer wahren Gleichgewichtstendenz ist.

Wird ein Epidotamphibolit in Grünschiefer umgewandelt, so erfolgt dabei eine Änderung der Pauschzusammensetzung, indem der im Amphibol enthaltene Kalk weggeführt wird. Dies scheint eine allgemeine Erscheinung bei niedrig temperierter Metamorphose zu sein und kann noch weiter gehen, bis auch der Epidot abgebaut bzw. durch Chlorit ersetzt wird. Abb. 59 zeigt ein für das Übergangsstadium typisches Gestein, Chlorit-Albitschiefer mit nur ein wenig

Epidot. Vogt (1927) unterscheidet zwei der Grünschieferfazies entsprechende magmatogene Fazien, nämlich *Grünsteinfazies* mit Epidot und Chlorit (und Albit) und *Albit-Chloritschieferfazies* mit nur Albit und Chlorit. Bei den von Eskola (1925) aus Ostkarelien untersuchten, im Verband mit Sulfiderzgängen auftretenden Gesteinen war dabei noch Kalzit vorhanden. Schließlich verschwindet hier auch der Chlorit, und das letzte Überbleibsel ist ein Albit-Kalzitfels. Diese Verhältnisse beleuchten die Möglichkeit stofflicher Veränderungen bei der Metamorphose: Wird eine Phase instabil, ohne daß andere Phasen ihre Baustoffe übernehmen können, so verschwinden diese Stoffe vom Schauplatze. Im oben behandelten Falle geschieht die Wegfuhr des Kalks sehr wahrscheinlich in der Form von Karbonat.

Für die Tonschiefer stellte Th. Vogt drei den letzteren parallele Niedertemperaturfazien auf, nämlich *Epidot-Biotitschieferfazies, Biotit-Muskovitschieferfazies* und *Chlorit-Muskovitschieferfazies*, jede mit den in den Namen angegebenen Typmineralen (neben Albit und Quarz). Auffällig ist, daß der Chlorit in den magmatogenen Fazien bis zu viel höheren Temperaturbereichen besteht als in den sedimentogenen. Dies beruht, wie Vogt es erklärt, auf der verschiedenen Zusammensetzung: Bei den Tonschiefern bindet die vorhandene große Kalimenge das MgAl-Silikat, und Baustoffe für den Chlorit stehen nicht zur Verfügung.

Zusammenfassende Übersicht der normalen Faziesserie der Sialkruste. Unter diesem Namen können wir die bis jetzt erörterten Fazien zusammenfassen. Offenbar ist die Mineralbildung dieser Fazien in erster Linie durch die Temperatur bestimmt, und der Druck spielt hauptsächlich nur eine indirekte Rolle, insofern er die leichtflüssigen Stoffe nicht entweichen läßt. Th. Vogt hat zuerst eine solche Faziesserie im Sulitelmagebiet vergleichend untersucht, und wir werden die folgende Übersicht nach ihm geben.

Vogt diskutiert die magmatogenen und sedimentogenen Fazien je für sich. Bei der ersteren verlaufen die Reaktionen bei Temperaturfall. Zuerst bilden sich bei der primären Kristallisation die Assoziationen der Gabbrofazies, von Vogt die *normalplutonische Fazies* genannt. Diese Fazies geht, nach Vogt metamorph, aber an die primäre Erstarrung anschließend, sukzessiv in die niedriger temperierten Fazien über. Bei der Metamorphose der sedimentogenen Gesteine hingegen verlaufen die Reaktionen bei steigender Temperatur. Die Möglichkeit der Korrelation der parallelen Serien, die in der nachfolgenden Tabelle nach Vogt dargestellt ist, ist ein vorzügliches Kriterium für die Richtigkeit des Grundsatzes der Gleichgewichtseinstellung. Zu bemerken ist, daß die Korrelation einigermaßen dadurch erschwert ist, daß die Pauschzusammensetzungen und folglich die Mineralassoziationen äquivalenter Fazien in beiden Serien nicht identisch waren.

Über die Reaktionen der magmatogenen Serie, die sich ohne Ausnahme unter Wasserzufuhr abspielen, gibt die folgende Tabelle V eine Übersicht:

Tabelle V.

Gabbrofazies.
 Olivin, Anorthit, (H_2O) → Hornblende;
 Hypersthen, Anorthit, (H_2O) → Hornblende, Quarz;
 Diopsid, Hypersthen, (H_2O) → Aktinolith:
Amphibolitfazies.
 Anorthit, (Hornblende), H_2O → Epidot:

Epidot-amphibolit-fazies
 Epidot-Hornblendegrünsteinsubfazies.
 Hornblende, H_2O → Epidot, Chlorit, Aktinolith, Quarz:
 Aktinolithgrünsteinsubfazies:

Grünschiefer-fazies
 Grünsteinsubfazies.
 Epidot, (Chlorit), H_2O → Chlorit, Quarz, (Stoffverlust):
 Albit-Chloritfelssubfazies.
 Albit, (Chlorit), H_2O → Chlorit, Quarz, (Stoffverlust):
 Chloritfelssubfazies (?).

                                   Die Mineralfazies.

Die Reaktionen des Aufbaus der sedimentogenen Fazien sind die folgenden
(Tab. VI). Rechts werden die entsprechenden Indexzonen nach der Art der eng-
lischen Zoneneinteilung angegeben. Tab. VII zeigt die Korrelation der beiden
Serien.

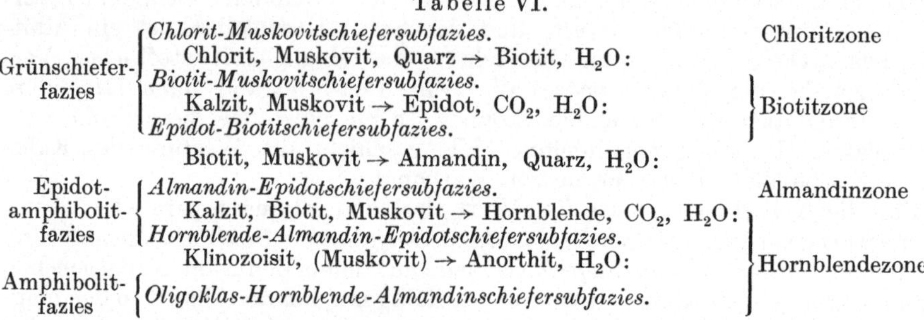

Tabelle VI.

Grünschiefer-fazies	*Chlorit-Muskovitschiefersubfazies.*	Chloritzone
	Chlorit, Muskovit, Quarz → Biotit, H_2O:	
	Biotit-Muskovitschiefersubfazies.	
	Kalzit, Muskovit → Epidot, CO_2, H_2O:	Biotitzone
	Epidot-Biotitschiefersubfazies.	
	Biotit, Muskovit → Almandin, Quarz, H_2O:	
Epidot-amphibolit-fazies	*Almandin-Epidotschiefersubfazies.*	Almandinzone
	Kalzit, Biotit, Muskovit → Hornblende, CO_2, H_2O:	
	Hornblende-Almandin-Epidotschiefersubfazies.	
	Klinozoisit, (Muskovit) → Anorthit, H_2O:	Hornblendezone
Amphibolit-fazies	*Oligoklas-Hornblende-Almandinschiefersubfazies.*	

Es liegt nahe, diese Phasenreaktionen als Grenzen zwischen einzelnen Mineralfazien anzuwenden, wie es auch VOGT bei den oben als Subfazies bezeichneten

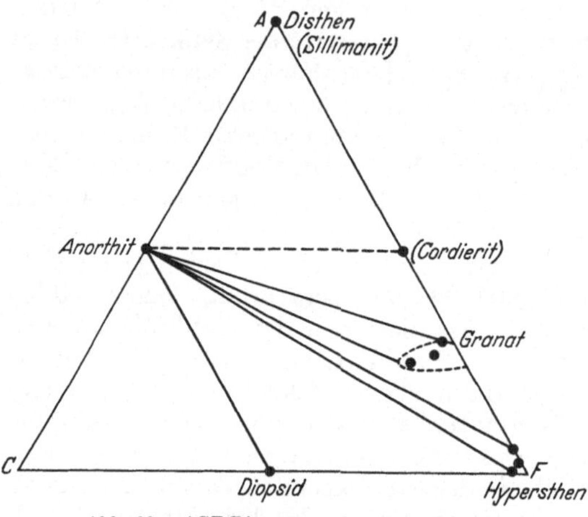

Abb. 60. *ACF*-Diagramm der Granulitfazies.

Einteilungen getan hat. Doch
haben alle Reaktionen nicht dieselbe Bedeutung als Grenzen
verschiedener Bildungsbereiche.
Wie wir gesehen haben, besteht
z. B. Chlorit in den kalifreien
Gesteinen bei einem viel höheren
Metamorphosenstadium als in
kalihaltigen. Die wichtigsten Reaktionen sind offenbar diejenigen, bei denen neue Hauptgemengteile entstehen, und dies
sind bei Temperaturerhöhung
Chlorit (und Epidot), Amphibol
(Aktinolith bis Hornblende), Anorthit (und Diopsid). Dadurch
ergeben sich die Hauptfazien,
wie sie in diesem Buche darge-
stellt sind. Diese können mittels anderer Phasenreaktionen, wie etwa der Stau-
rolith-, Disthen- und Sillimanitbildung, weiter eingeteilt werden, ohne daß die
übersichtliche Einteilung in Hauptfazien verloren geht.

Die Granulitfazies schließt sich nach den Mineralassoziationen der Pyroxen-
hornfelsfazies eng an. Das wichtigste kritische Merkmal ist das Auftreten des
(Fe, Mg)Al-Granates statt des Biotits. Das *ACF*-Diagramm erhält das in Abb. 60
dargestellte Aussehen. Nach den Untersuchungen an lappländischen Granuliten
(ESKOLA 1929) unterscheiden sich die Granulitgranate von den Granaten der
Amphibolitfaziesgesteine durch ihren höheren Pyropgehalt, zwischen 47 und
55 Mol-%, gegen höchstens 30 Mol-% in letzteren. Im Granat des sächsischen
Pyroxengranulits aus Hartmannsdorf fand v. PHILIPSBORN 41,9 Mol-% Almandin, 33,5 Pyrop und 19 Grossular, der Zusammensetzung gewöhnlicher Eklogitgranate entsprechend.

Cordierit ist den echten Granuliten fremd; bei den Granatgneisen des
sächsischen Granulitgebirges wurde seine Umwandlung in Granat und Sillimanit
beobachtet (SCHEUMANN 1925). In den lappländischen Granuliten kommt er
zwar häufig vor, aber nicht in den strukturell typischen, geplätteten Abarten.

Tabelle VII. Die Fazieseinteilung der Sulitelmagesteine nach TH. VOGT.

Fazies nach ESKOLA → Fazies nach VOGT →	Gabbrofazies Gabbrofazies		Amphibolitfazies Amphibolitfazies		Epidotamphibolitfazies Epidot-amphibolitfazies		Epidotamphibolitfazies Aktinolith-Grünsteinfazies		Grünschieferfazies Grünsteinfazies		Grünschieferfazies Chlorit-Albitfazies			
	Quarz Albit Hyperst. Diopsid Anorthit — —	Hyp., An, H$_2$O → Hornblende	Quarz Albit — Diopsid Anorthit Hornblende —	An, Hornblende, H$_2$O → Epidot	Quarz Albit — — — Hornblende Epidot	Hornblende, H$_2$O → Chlorit, Epidot, Aktinolith	Quarz Albit — — — Aktinolith Epidot Chlorit	Aktinolith, H$_2$O → Chlorit, CaO	Quarz Albit — — — Epidot Chlorit	Epidot, H$_2$O → Chlorit, CaO	Quarz Albit — — — Chlorit			Magmatogene Gesteine
Fazies nach VOGT →			Oligoklas-Hornblende-Almandin-schieferfazies		Hornblende-Almandin-Epidotschieferfazies		Almandin-Epidot-schieferfazies		Epidot-Biotit-schieferfazies		Biotit-Muskovit-schieferfazies		Chlorit-Muskovit-schieferfazies	
			Quarz Albit Anorthit Hornblende Almandin — Biotit — —	Epidot → An, H$_2$O	Quarz Albit — Hornblende Almandin Epidot Biotit —	Kalkspat, Biotit, Muskovit } Hornblende, → H$_2$O, CO$_2$	Quarz Albit — — Almandin Epidot Biotit Muskovit —	Biotit, Muskovit → Almandin, H$_2$O	Quarz Albit — — Epidot Biotit Muskovit —	Muskovit, Kalkspat → Epidot, H$_2$O, CO$_2$	Quarz Albit — — Biotit Muskovit	Muskovit, Chlorit → Biotit, H$_2$O	Quarz Albit — — — Muskovit Chlorit	Sedimentogene Gesteine

Wir dürfen es mit Scheumann für gesichert halten, daß der Cordierit nicht zur Granulitfazies gehört, aber wohl zu einer damit nahe verwandten Subfazies. Das Fehlen des Cordierits in den typischen Granuliten kann mit seiner Anti-streß-Mineralnatur zusammenhängen (vgl. S. 332).

Sillimanit und Disthen kommen beide vor, und es ist nicht möglich, zu entscheiden, welcher von diesen für die Fazies typomorph ist.

Unter den Titanmineralen ist Rutil besonders charakteristisch, indem er bei solcher Pauschzusammensetzung auftritt, bei denen er in Gesteinen der normalen Faziesserie nicht als ein syngenetischer Gemengteil zu finden ist. Außerdem ist Ilmenit häufig, aber nicht Titanit.

Die anderen mit der Hornfelsfazies gemeinsamen Hauptgemengteile zeigen in den Granuliten eigenartige Züge. Der Kalifeldspat zeigt eine äußerst feine Mikroperthitstruktur und der Plagioklas der Plagioklasgranulite ist anti-perthitisch. Der Hypersthen ist oft schön pleochroitisch mit grün, rot und gelb, der Diopsid charakteristisch hellgrün und die Hornblende der faziell verwandten Hornblendegranulite zeigt in verschiedenen Granulitgebieten recht beharrlich dieselben braungrünen Farben. Die Bedeutung dieser äußeren Merkmale der Granulitminerale ist noch nicht klargestellt, aber sie haben sicher mit den Entstehungsbedingungen zu tun und werden mit der Zeit diese beleuchten können.

Bei Kieselsäurearmut kommen Prismatin, Olivin, Spinell und Korund hinzu. Der Spinell tritt sehr oft schon zusammen mit Quarz auf und spielt dann dieselbe Rolle wie etwa Magnetit in anderen Gesteinen.

Das typische Granulitgefüge der verschiedenen Gebiete, in Sachsen, im österreichischen Waldviertel, in Ceylon, sowie in Lappland, ist vor allen durch die eigenartige Formregelung des Quarzes als dünne Platten (Lagenquarz) charakterisiert (s. Abb. 34). Auch im großen sind die Granulite gebändert mit abwechselnden hellen Bändern von granitischer Zusammensetzung (der „Weiß-stein" Sachsens) und dunklen pyroxengranulitischen Einlagerungen oder Linsen, deren Zusammensetzung in Lappland in der Regel noritisch ist (Noritgranulit), in Sachsen aber eine größere Variation zeigt und häufig auf sedimentogene (kalkige, mergelige) Herkunft hinweist. Die lappländischen Granulite sind durchaus etwas grobkörniger als die mitteleuropäischen, und sie gehen regional über in schwach geschieferte und sogar fast richtungslos struierte „granat-granitische" Abarten, die nach dem Mineralbestande der oben erwähnten cordierit-enthaltenden Subfazies angehören.

Bei der Deutung der Ursprungsweise der Granulitgesteine sind die Ansichten bis jetzt stark auseinandergegangen. Bald wurde ein magmatischer Ursprung und eine primäre „Piezokristallisation" unter Pressung, bald eine normale Metamorphose aus normalen Erstarrungsgesteinen angenommen. Vor etwa zwei Jahrzehnten unternahm Scheumann eine groß angelegte petrographisch-geologische Erforschung des klassischen sächsischen Granulitgebirges. Nachdem er bei den Zwischenstufen der Granulitbildung Reliktgefüge nach granitischen und quarzporphyrischen Strukturen gefunden hatte (Scheumann 1935, 1936), konnte er sich mit Bestimmtheit der schon von Lehmann (Entst. d. altkryst. Schieferg. 1884) ausgesprochenen Deutung anschließen, daß die Granulite Meta-morphosenprodukte aus verschiedenen älteren Gesteinen seien (Scheumann 1935). Er betont stark das kinematische Moment dieser Metamorphose und stellt diese in Verbindung mit den varisizschen Überschiebungen von kolossalen Decken aus dem Süden.

Von Eskola (1929 u. a.) wurde für die lappländischen Granulite eine magma-tische Herkunft und Überschiebungen im Zusammenhang mit der Intrusion angenommen, wobei zugleich die basischen Bänder durch Differentiation aus demselben Magma entstanden seien. Die Frage bedarf noch näherer Nach-

prüfung. Jedenfalls hat sich die schließliche Verformung in ähnlicher Weise
wie in Sachsen in kristallinem Zustande abgespielt; es wurde für möglich gehalten,
daß eben bei den Granuliten die Umkristallisation durch Reaktionen in kristallinem Zustande vor sich gegangen sein könnte (vgl. S. 328). Zu beachten
ist andererseits, daß die lappländischen Granulite mit hypersthenquarzdioritischen
oder charnockitischen Gesteinen vom Erstarrungsgesteinshabitus zusammenhängen, bzw. in diese übergehen, wie es auch in anderen Granulitvorkommen
(von Ceylon u. a.) der Fall ist. Nach ihrem Mineralbestand können alle typischen
Charnockite in der Tat zur Granulitfazies gerechnet werden. Diesen nahe
stehen die Mangerite u. a. pyroxenführende Erstarrungsgesteine.

Nun ist aber gerade für die Granulite von Ceylon eine sedimentäre Herkunft
nach Adams (1929) wahrscheinlich. Die ceylonischen Gesteine beleuchten
sowohl die genetischen Verhältnisse wie die mineralfaziellen Beziehungen der
Granulite ganz besonders. Neben den Granuliten kommen dort sog. Khondalite
(Coomaraswamy), oder Sillimanit-Granat-Quarz-Felse vor, welche auch aus
dem südlichen Vorderindien bekannt sind. Die Mineralbestände der Khondalite
folgen streng den Regeln der Granulitfazies. Das Gefüge der ceylonischen
Granulite ist echt granulitisch. Die Granulite wechsellagern mit Quarzit und
kristallinem Kalkstein und lassen es mithin als wahrscheinlich erscheinen, daß
sie ursprünglich mit diesen als Sedimente abgelagert wurden. Die Khondalite
zeigen einen ähnlichen Verband mit Quarziten und Kalksteinen. In ihrer
Zusammensetzung entsprechen sie tonerdereichen, teils sogar kaolinischen
Sedimenten.

Aus den vorhandenen Daten geht zur Genüge hervor, daß die Granulite
durch eine Metamorphose besonderer Art aus verschiedenartigen kristallinen
Ursprungsstoffen entstehen können. Dabei ist die Entstehung als primär
metamorphosierte Erstarrungsmassen keineswegs ausgeschlossen. Konvergenzen
von magmatischen und rein metamorphen Mineralbildungen sind ja auch
bei allen anderen Fazien die Regel. Über die maßgebenden Faktoren der
Granulitmetamorphose sind wir dagegen noch recht wenig unterrichtet. Auffallend ist vor allem das Fehlen des Wassers in der ganzen Fazies. Dieser Umstand
deutet zweifellos auf ziemlich hohe Bildungstemperaturen hin. Ob aber die
Wasserarmut der granulitfaziellen Gesteine nur auf den Temperaturfaktor
zurückzuführen ist, oder ob er in erster Linie durch die Trockenheit des starren
Ursprungsmaterials bedingt ist, müssen wir hier dahinstellen (vgl. Waldmann,
1927).

Zugleich führen die spezifisch schweren Mineralgemengteile, wie Pyrop-
Almandin, Disthen, Rutil, den Gedanken auf die Möglichkeit der direkten
Druckwirkung. In dieser Hinsicht nimmt die Granulitfazies eine Übergangs-
stellung zwischen der Hornfels- und Eklogitfazies ein.

Die Eklogitfazies unterscheidet sich am schärfsten von allen Mineralfazien
der normalen Faziesserie der Sialsphäre. Bei gabbroidem Stoffgehalt ist hier
im Gegensatz zu der letzteren kein Plagioklas vorhanden. Feldspat wurde
überhaupt nie in syngenetischer Assoziation mit den kritischen Eklogitmineralen,
dem Omphazit und dem Eklogitgranat beobachtet. Die letzteren wieder kommen
nicht in anderen Gesteinen vor und sind folglich für die Fazies kritisch. Typomorphe Minerale sind außerdem Diopsid, Enstatit-Hypersthen, Olivin, Disthen,
Rutil und der in der Natur überhaupt seltene aber eben vornehmlich in eklo-
gitischer Assoziation beobachtete Diamant.

Omphazit und Eklogitgranat zeigen beide einen außerordentlich großen
Variationsbereich bezüglich ihrer ACF-Verhältnisse. Äquivalente Mengen von
Al und Na, welche aus der Berechnung der Projektionswerte wegfallen, spielen
im Jadeit, $NaAlSi_2O_6$, dieselbe Rolle wie im Albit der normalen Fazien, aber

Na und Al ersetzen hier diadoch Ca und Mg des Diopsides, $CaMgSi_2O_6$. Zum Vergleich mit den anderen Fazien wird jedoch ein *ACF*-Dreieck der Eklogitgesteine (nach ESKOIA 1921) gegeben (Abb. 61). Die den beobachteten Eklogitzusammensetzungen entsprechenden Bereiche des Dreiecks enthalten nur zwei Assoziationsfelder, Granat-Klinopyroxen-Disthen und Granat-Klinopyroxen-Enstatit, aber diese Felder haben keine scharfe Grenze.

Die Granate der Silikatgesteine sind hauptsächlich Mischungen aus Pyrop, Almandin und Grossular. Die Granate der Granite, Gneise, Glimmerschiefer und Cordieritgesteine sind sehr almandinreich, sehr selten mit über 30 Mol-% Pyrop und 12% Grossular; die Granate der Gabbros und der Amphibolite sind ebenfalls almandinreich, fast immer mit weniger als 35% Pyrop, aber bisweilen mit bis 25% Grossular. Die Eklogitgranate aber enthalten 25—70% Pyrop und 12—40% Grossular. Die Granate der Dunite schließen sich den pyropreichen Eklogitgranaten an.

Die ungewöhnlich weitgehende Diadochie der Ionen Ca, Mg, Fe in den Eklogitgranaten ist besonders bemerkenswert, wenn wir die Pauschzusammensetzungen der verschiedenen Gesteine betrachten. Amphibolite, Cordieritgesteine u. a. können im [Mg : Fe] - Verhältnis den Eklogiten ähnlich sein, letztere enthalten jedoch viel magnesiareichere Granate. Ein Gabbro kann ebensoviel CaO enthalten wie ein Eklogit, aber letzterer kann einen viel grossularreicheren Granat enthalten.

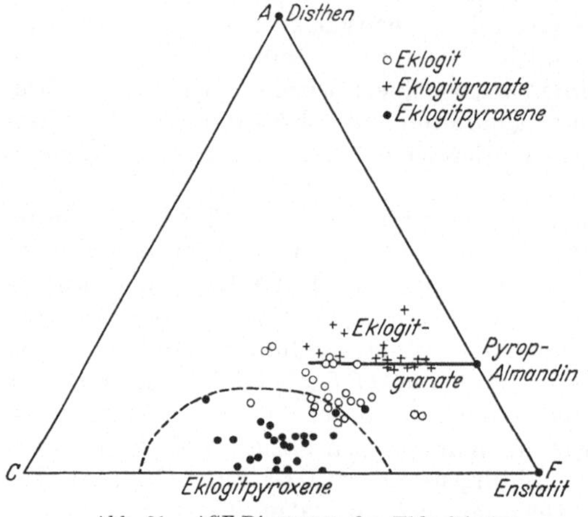

Abb. 61. *ACF*-Diagramm der Eklogitfazies.

Fast noch größere Unterschiede zeigen die Omphazite gegenüber allen anderen Klinopyroxenen, indem sie beträchtliche Mengen der Jadeitkomponente enthalten. Durch Beimischung von Prismatin, $(Mg, Fe)Al_2SiO_6$, können sie aluminiumreich sein. Auch im Verhältnis zwischen den Basen und der Kieselsäure ist die Variation groß; oft ist Überschuß von SiO_2 vorhanden und dies gab Veranlassung zur Aufstellung des „Pseudojadeits" $R^{..}R_2^{...}(SiO_3)_4$, (CLARKE) wo $R^{..}$ wohl größtenteils durch Ca vertreten wird. Von den Alkalipyroxenen der alkalischen Erstarrungsgesteine unterscheiden sich alle Eklogitpyroxene darin, daß sie nur wenig Ägirin, $NaFe^{...}Si_2O_6$, enthalten. Die ersteren wie auch die tonordereichen Pyroxene der Effusivgesteine sind in der Regel reich an Titan, wogegen die Eklogitpyroxene sowie alle anderen Silikatminerale der Eklogite beinahe titanfrei sind. Das Titan der Eklogite geht in den Rutil oder Ilmenit ein. Bei SiO_2-Armut stellt sich der Olivin ein.

Eine höchst auffallende Eigenschaft der Eklogitminerale im Vergleich mit den chemisch äquivalenten Mineralen der normalen Fazieserie ist nun ihre große Dichte. Dies zeigt sich am deutlichsten in den Dichten der Gesteine selbst. Bei den Eklogiten ist das spezifische Gewicht etwa 3,35—3,6, bei den übrigen gabbroiden Gesteinen 2,9—3,1. Statt des pyropreichen und grossularführenden Granats der Eklogite würde in der Hornfelsfazies die Assoziation Cordierit—Olivin—Spinell mit etwas Anorthit, in der Amphibolitfazies hauptsächlich tonordereiche Hornblende auftreten; jedenfalls wäre die Dichte viel geringer.

Eine trockene Omphazitschmelze kristallisiert als Diopsid, Albit und Nephelin wieder. Aus Jadeit wird Albit und Nephelin, wobei das Volumen um 22% größer wird:

$$NaAlSi_2O_6 = NaAlSiO_4 + NaAlSi_3O_8$$

Jadeit — Nephelin — Albit.

Dichte	3,33	2,60	2,61
Spez. Vol.	0,300	0,384	

Auch die Bildung von Rutil ist mit einer großen Volumverminderung verbunden. In den Gesteinen der normalen Faziesserie erscheint Rutil nur bei einem in Vergleich mit Fe und Ca sehr hohen Ti-Gehalt, während sonst Ilmenit oder Titanit auftritt. Bei Faziesänderung von Eklogit in Amphibolit findet die folgende Reaktion statt:

$$3\,MgCaSi_2O_6 + 2\,TiO_2 \rightleftharpoons 2\,CaSiTiO_3 + Mg_3CaSi_3O_{12}$$

3 Diopsid — 2 Rutil — 2 Titanit — Tremolit.

Dichte	3,263	4,24	3,5	3,0
Mol. Vol.	236,0		250,7	

Das Volumen der Diopsid—Rutil-Assoziation ist um 5,7% geringer als das der Titanit—Tremolit-Assoziation. Die im Sinne der rechten Seite vor sich gehende Umwandlung des Rutils wurde bei den amphibolisierten norwegischen Eklogiten regelmäßig beobachtet.

Disthen besitzt ein um 10,2% kleineres Volumen als Sillimanit und ein um 13,9% kleineres als Andalusit (s. S. 334).

Schließlich haben wir den Diamant als einen Gemengteil der eklogitischen Einschlüsse des Kimberlits in den südafrikanischen Vulkanschloten (Pipes) zu erwähnen. WAGNER (1914) hat auf Grund schwerwiegender Argumente geschlossen, daß die diamantführenden Eklogite symmagmatische Ausscheidungen aus dem Kimberlit darstellen. Unter anderem weist darauf die Tatsache hin, daß der Diamant sowohl im Kimberlit wie in den Einschlüssen vorkommt, in den letzteren sogar im Pyroxen eingeschlossen (wie andererseits Pyroxen im Diamant). Die Kimberlit-Pipes von N. S. Wales und Nordamerika führen ebenfalls Eklogitknollen, und auch in ihnen wurde Diamant oder Carbonado beobachtet. Schließlich wurden Diamante zusammen mit Pyrop in eklogitführendem Serpentin bei Dlaschkowitz in Böhmen gefunden. Es ist mithin offenbar, daß der Diamant syngenetisch bei denselben Bedingungen entstehen konnte wie der Eklogit. Gegenüber dem heteromorphen Graphit zeigt der Diamant einen enormen Dichteunterschied (3,5 gegen 2,2!).

Die Eklogitminerale zeigen in der Regel auffallende hysterogene Umwandlungen in die Typminerale der übrigen Fazien. Der Granat wird, vom Rande anfangend, in Pyroxene oder Amphibole umgewandelt. Ein solcher Reaktionsrand heißt *Kelyphit*, unabhängig von seiner mineralogischen Zusammensetzung. Der Omphazit erleidet beim Übergang in die Amphibolitfazies zweierlei Umwandlung. Zuerst scheidet sich albitischer Plagioklas in symplektitischer myrmekitähnlicher Verwachsung mit dem übrig bleibenden Klinopyroxen aus, der wohl Diopsid ist. Das Gestein hat jetzt die Hornfelsfazies erreicht. Ferner wird dieser Pyroxen vom Rande anfangend uralitisiert. Es resultiert eine Verwachsung von Plagioklas und grüner Hornblende. FRANCHI (1902) nannte die Erscheinung *Feldspaturalitisierung*. In anderen Fällen geht der Omphazit in Glaukophan über (Umwandlung in die Glaukophanschieferfazies).

Häufig sind die in migmatischen Gneisen eingeschlossenen Eklogitmassen gänzlich amphibolitisiert; bisweilen bleibt der Eklogitgranat relikt erhalten (Eklogitamphibolit). Die dunklen Amphibolitränder der Eklogitmassen sind höchst auffallend (Abb. 62). Y. Brière (1920) zeigte mittels chemischer Analysen, daß die Pauschzusammensetzung des Eklogits bei der Amphibolitisierung unverändert geblieben war.

Recht häufig sind auch amphibolführende Eklogite mit hellgrüner Hornblende (Smaragdit), die nicht eigentlich hysterogen ist. Es gibt offenbar Übergangstypen zur Amphibolitfazies sowie zur Glaukophanschiefer- und Epidotamphibolitfazies; diese werden durch das Erscheinen hydratisierter Minerale (Amphibole, Glimmer, Margarit, Zoisit) charakterisiert.

Die außergewöhnlich hohe Dichte der Eklogitminerale hat schon frühzeitig den Gedanken erweckt, daß diese Gesteine unter sehr hohen Drucken gebildet seien, so daß der Druckfaktor der Clausius-Clapeyronschen Gleichung (S. 314) zur Geltung kam, und diese Ansicht wird noch heute allgemein für richtig gehalten.

Die Eklogite sind im ganzen seltene Gesteine und treten nur als kleine Massen auf. Die wichtigsten Arten ihres Vorkommens sind die folgenden:

1. Einschlüsse im Kimberlit und in Basalten (Ernst 1935). Sie sind wahrscheinlich primäre Ausscheidungen aus dem Magma, waren jedenfalls im Gleichgewicht mit dem Schmelzfluß. In den Basalten begleiten sie die weit häufigeren Olivinknollen, die früher für primäre Ausscheidungen aus dem basaltischen Magma gehalten, aber von Ernst als gittergeregelte Tektonite und folglich als Bruchstücke von Olivinfelsmassen der Tiefe nachgewiesen wurden.

Abb. 62. Eklogiteinschluß in Gneis, an den Rändern und Klüften amphibolitisiert. Insel Silden, Söndmöre, Norwegen.

2. Schlieren- oder bandförmige Massen in Dunit (Olivinfels) oder in daraus entstandenem Serpentin. Der Granat des Eklogits ist in diesem Falle pyropreich wie die Granate der Olivinfelse und Serpentine, und die Pyroxene sind chromhaltig, aber meistens ohne Jadeit. Diese Eklogite sind syngenetisch mit den Olivinfelsen und wie diese wahrscheinlich magmatischen Ursprungs. Hentschel (1937) fand, daß der Granat des Eklogits im Serpentin bei Gilsberg (Sachsen) durch Entmischung aus einem ursprünglich noch tonerdereicheren Klinopyroxen entstanden ist.

3. Linsenförmige Einschlüsse in migmatischen Gneisen bzw. Graniten. Diese wurden von Eskola als Bruchstücke von größeren, in beträchtlichen Tiefen entstandenen und mit Granitintrusionen in Geosynklinalen aufwärts gebrachten Massen gedeutet. Später haben Fiedler (1936) und Backlund (1936) für ähnliche Vorkommen in den Varisziden und Kaledoniden andere Deutungen aufgestellt. Fiedler betont die allgemeine Verknüpfung der Eklogitlinsen mit migmatischen und pegmatitischen Graniten und schließt daraus, daß die Eklogitbildung durch die diatektischen Lösungen der Granite verursacht sei. Fluid-pegmatitische Zustände waren dabei herrschend; durch diese wurden, lokal und rasch vorübergehend, hohe Drucke erzeugt, welche die Mineralbildung in der Eklogitfazies ermöglichten. Unerklärt bleibt bei dieser Theorie noch die Wirkungsweise der granitisch-diatektischen Lösungen, die wohl hier wie gewöhnlich wasserreich waren; man sollte mithin unter hohem Druck hydroxylhaltige Minerale erwarten, während die Eklogitminerale charakteristischerweise anhydrisch sind. Tatsächlich findet man überall, daß die Eklogitfazies in direktem Kontakte mit Graniten in die Amphibolitfazies umgewandelt wurde.

BACKLUND hat bei seiner genetischen Deutung der Eklogite einen prinzipiell anderen Weg angetreten, indem er die Eklogitbildung mit Streß oder dynamischem Druck in Verbindung stellt. Er meint, dieser könne gelegentlich den hydrostatischen Druck an Effekt übertreffen. Nach dieser Ansicht sind die Eklogite in gewissem Sinne Tektonite. Insofern als Pressung und Durchbewegung reaktionsbefördernd wirkten und die zu den Reaktionen nötigen Temperaturen herabsetzten (vgl. S. 334 u. 329), kann die Hypothese BACKLUNDs der Wirklichkeit besser als die FIEDLERsche entsprechen. In diesem Falle würde die Eklogitbildung anhydrisches Material voraussetzen. Die norwegischen Eklogiteinschlüsse in Gneisen, wie auch die von ALDERMAN (1936) untersuchten ähnlichen Vorkommen in Schottland zeigen allenthalben, daß die jetzigen Eklogitbruchstücke Reste von größeren Massen sind, und die Frage nach den Bedingungen bei ihrer Entstehung ist noch offen. Dies beruht vor allen Dingen darauf, daß die sonst allgemein anwendbare Methode der Ursprungsbestimmung auf Grund der Relikte hier versagt, indem jede Art von Palimpsestschrift bei den Eklogiten fehlt.

4. Die Eklogite in der Form von Lagern und Bändern in Tektoniten, mit Amphiboliten und Glimmerschiefern, wie sie besonders in den Alpen und Apenninen vorkommen (FRANCHI 1902, HAMMER 1926, WIESENEDER 1934 und sehr viele andere Arbeiten). Für diese ist die Entstehung im Zusammenhang mit tektonischen Bewegungen und in nicht großen Tiefen am wahrscheinlichsten (vgl. ESKOLA 1921, S. 184 und 1929, S. 165).

FERMOR, ESKOLA und GOLDSCHMIDT haben die wahrscheinliche Existenz einer kontinuierlichen Eklogitschale unterhalb der Sialkruste angenommen. Diese Theorie wird vor allem durch das Vorkommen der eklogitischen Einschlüsse in den Kimberliten und Basalten gestützt. HOLMES (1936) kommt zu derselben Schlußfolgerung, zeigt aber, daß die Eklogiteinschlüsse durch das Kimberlitmagma chemisch beeinflußt sein müssen.

ESKOLA (1921) deutete ferner auf die mögliche Existenz anderer Hochdruckminerale hin, die bei Druckentlastung sich umwandeln bzw. aufschmelzen, und folglich nie die Erdoberfläche erreichen können. Solche uns unbekannte Formarten wurden vor allen für das Anorthitsilikat in Analogie mit dem Verhältnis des Jadeits zum Albit für möglich gehalten. Heute erscheint eine solche Annahme noch wahrscheinlicher als damals, erstens nachdem die Kristallstrukturen und die Möglichkeiten dichterer Ionenpackungen klargelegt wurden und zweitens nachdem das häufige Auftreten von Umwandlungen an verschiedenen kristallinen Stoffen bei hohen Drucken von BRIDGMAN (1936) experimentell nachgewiesen wurde.

Die Glaukophanschieferfazies verhält sich zur Eklogitfazies etwa wie die Amphibolitfazies zur Hornfelsfazies. Statt der Pyroxene bilden sich hier wieder Amphibole, vor allem der eigentümliche, für die Fazies kritische schön blaue Glaukophan, dem Jadeit entsprechend. Granat ist mit dem Eklogit gemeinsam, er besitzt dieselbe weite Mischbarkeit der Komponenten wie die Eklogitgranate. Ferner ist Rutil beiden Fazien gemeinsam. Andererseits stellen Glimmer, bisweilen sogar Paragonit, Chlorit und Epidot Anschlußpunkte mit der Epidotamphibolitfazies dar. Bei den Prasiniten lernten wir schon eine Übergangsfazies zwischen der letzteren und der Glaukophanschieferfazies kennen. Schließlich kommen in den Glaukophangesteinen noch andere für diese Fazies kritische Minerale vor, wie Lawsonit, $CaAl_2Si_2O_8 \cdot 2\,H_2O$, dem Anorthit entsprechend aber spezifisch viel schwerer (D = 3,09), und Pumpellyit, CaAl(OH)-Silikat, etwas (Mg, Fe) enthaltend (D = 3,18).

Im Gegensatz zu den Eklogiten konnte bei den Glaukophangesteinen das Ursprungsmaterial in vielen Fällen bestimmt werden, da die Metamorphose weniger durchgreifend gewesen ist. Instabile Relikte sind meistens vorhanden, und die Gleichgewichte sind schwer festzustellen. Die Glaukophangesteine sind überhaupt noch nicht mineralfaziell durchgearbeitet worden, weshalb wir für diese Fazies keine Diagramme geben können. Es ist auch noch unsicher, ob alle obengenannten Minerale zur selben Gleichgewichtsassoziation gehören, oder ob mehrere Subfazien existieren.

Jedenfalls ist eine Tendenz zum Gleichgewicht in verschiedenen Richtungen, bei steigender sowie fallender Temperatur vorhanden, und die Typminerale treten bei sehr wechselnder Pauschzusammensetzung auf. Teils sind es sedimentogene und vulkanogene normalmetamorphe Gesteine, wie die von WOYNO (1912) untersuchten Prasinite und Glaukophangesteine des Bagnetales, teils metasomatisch, wahrscheinlich durch alkalische Na-haltige Lösungen in Verbindung mit Sulfidbildung umgewandelte Gabbros (WEGMANN 1928). Sehr mannigfache, zum Teil quarzitische Zusammensetzungen besitzen nach SUZUKI (1930, 1934) die japanischen glaukophanführenden Gesteine. Die Entstehung von verschiedenen, Glaukophan, Lawsonit, Pumpellyit und Serizit enthaltenden Gesteinen aus Diabas-Porphyriten wurde von QUITZOW (1935) an nordkalabrischem Material festgestellt. Andere Vorkommen von Glaukophanschiefern sind aus Griechenland, Frankreich (Y. BRIÈRE 1920), Norditalien, Kalifornien, Oregon, Ostindien, Neu-Kaledonien usw. bekannt. Nach den Beschreibungen stehen sie recht häufig in solchem Verband mit eklogitischen Gesteinen, daß die Entstehung des Natronamphibols Glaukophan aus dem Natronpyroxen Omphazit wahrscheinlich oder sicher ist. Auffallend ist die große Seltenheit des Glaukophans sowie der Eklogite im archäischen Grundgebirge.

Ähnlich wie die Eklogitminerale sind auch manche Glaukophanschieferminerale spezifisch relativ schwer, wie der Granat, Lawsonit, Pumpellyit, Rutil (jedoch nicht der Glaukophan selbst). Man könnte folglich denken der Glaukophanschiefer wäre der Amphibolit der Hochdruckzone. Aus den Beschreibungen der kalifornischen, kalabrischen u. a. Vorkommen ist es jedoch offenbar, daß die Glaukophangesteine nicht in großen Rindentiefen gebildet sein können. Die Temperaturen müssen relativ niedrig gewesen sein. In einigen Fällen, wie bei den Bornitvorkommen von Saint Véran (WEGMANN 1928), ist eine metasomatische Entstehungsweise offenbar, und eine relativ hohe Na-Ionenkonzentration darf wohl als eine Voraussetzung der Glaukophanbildung angenommen werden, aber dies kann nicht generell für alle glaukophanführenden Gesteine gelten. Durch ihre regionale Persistenz und ihre Bildung bei sowohl progressiver wie regressiver Metamorphose bezeugen diese Gesteine, daß ihre Mineralassoziationen noch nach dem Entweichen der eventuellen metasomatisierenden Lösungen stabil waren.

Glaukophan sowie Jadeit sind Alkaliminerale. Weder Eklogite noch Glaukophanschiefer sind jedoch Alkaligesteine. Wenn sie durch metamorphe Differentiation sehr alkalireich werden, wie die Jadeitite, Chloromelanitite oder Glaukophanitite, so bewähren sie doch immer ihre eigene, durch die Zusammensetzung der jeweils beständigen Minerale gegebene Eigenart.

Es erweist sich hierbei, wie es von TH. VOGT für die Grünschieferfazies gezeigt wurde, daß die Pauschzusammensetzungen der Gesteine in verschiedenen Fazien verschieden werden können. Diesen Gedankengang hat KORJINSKY (1935, 1937) so weit geführt, daß wir noch nicht imstande sind, ihm zu folgen. Damit soll nicht gesagt sein, daß er nicht auf dem richtigen Wege sein kann, wenn er z. B. denkt, daß Kalksilikate und Eklogite in großen Tiefen gar nicht bestandsfähig seien, weil sie durch den mit der Tiefe zunehmenden Kohlensäuredruck zersetzt werden, oder wenn er überhaupt den Atomen in den Porenlösungen eine weit größere Beweglichkeit zuschreibt als wir jetzt gewohnt sind, uns vorzustellen.

IV. Die Metasomatose.

Schrifttum.

ANGEL, F. u. R. STABER: Migmatite der Hochalm-Ankogel-Gruppe (Hohe Tauern). Min. u. petr. Mitt. Bd. 49 (1937).

BAILEY, E. B. u. G. W. GRABHAM: Albitisation of basic plagioclase feldspars. Geol. Mag. 1909.

BAIN, G. W.: Mechanics of metasomatism. Econ. Geol. 1936.

BARTH, T.: Structural and petrologic studies in Dutchess County (s. S. 335) 1936.

BARTRUM, J. A.: Spilitic rocks in New Zealand. Geol. Mag. Bd. 73 (1936).

BECKE, F.: Stoffwanderung bei der Metamorphose. T. M. P. M. Bd. 36 (1923).

BOWEN, N. L.: The behavior of inclusions in magma. J. of Geol. 1922.

— The broader story of magmatic differentiation, briefly told. Ore deposits of the western States. Amer. Inst. min. metallurg. Engrs, Part II (1933).

BRÖGGER, W. C.: Das Fengebiet in Telemark, Norwegen. Vid.-selsk. Skr. I, Mat.-naturv. Kl. 1920, Nr. 9 (1921).

CARSTENS, C. W.: Der unterordovicische Vulkanhorizont in dem Trondhjemgebiet. Norsk geol. Tidskr. Bd. 7 (1922).

CORNELIUS, H. P.: Geologie der Err-Julier-Gruppe. Beitr. z. geol. Karte Schweiz, N.F., 70. Lief. Bern 1935.

DEWEY, H. u. J. S. FLETT: On some British pillow-lavas and the rocks associated with them. Geol. Mag. 1911.

DRESCHER-KADEN, F. K.: Über Assimilationsvorgänge, Migmatitbildung und ihre Bedeutung bei der Entstehung der Magmen, nebst einigen grundsätzlichen Erwägungen. (Vorl. Ber.) Chemie der Erde Bd. 10 (1936).

ECKERMANN, H. VON: The rocks and contact minerals of the Mansjö Mountain. Geol. Fören. i Stockholm Förhdl. Bd. 44 (1922).

ESKOLA, P.: Orijärvi Region (s. S. 268) 1914.

— Om metasomatiska omwandlingar i silikatbergarter. Norsk. geol. Tidskr. Bd. 6 (1920).

— On the petrology of eastern Fennoscandia. I. (s. S. 335) 1925.

— Conditions during the earliest times (s. S. 268) 1932.

— On the differential anatexis of rocks. Bull. Comm. géol. Finlande 1933, Nr. 103.

— Prehnite amygdaloid from the bottom of the Baltic. Bull. Comm. géol. Finlande 1934, Nr. 104.

— Wie ist die Anordnung der äußeren Erdsphären nach der Dichte zustandegekommen? Geol. Rdsch. Bd. 27 (1936).

— Magnesia metasomatism and the lamprophyric rocks. Abstracts of Papers Internat. Geol. Congr. Moscow 1937.

— U. VUORISTO u. K. RANKAMA: Experimental illustration of the spilite reaction. Bull. Comm. géol. Finlande 1937, Nr. 119.

FERSMANN, A.: Geochemische Migration der Elemente und deren wissenschaftliche und wirtschaftliche Bedeutung. Abh. prakt. Geol. u. Bergwirtsch.-Lehre Bd. 18 (1929).

FRIEDLAENDER, C.: Erzvorkommnisse des Bündner Oberlandes und ihre Begleitgesteine. Beitr. Geol. Schweiz, geotechn. Ser. Bd. 16 (1930).

GAVELIN, S.: Studier över berggrunden inom Björnbergsfältet. Geol. Fören. i Stockholm Förhdl. Bd. 55 (1933).

GEIJER, P.: Notes on albitization and the magnetite syenite porphyries. Geol. Fören. i Stockholm Förhdl. Bd. 38 (1916).

— Falutraktens geologi och malmfyndigheter. Sveriges geol. Unders., Ser. C. 1917, Nr. 275.

— Riddarhytte Malmfält. Kgl. Kommerskollegium, Beskrivningar över mineralfyndigheter 1923, Nr. 1.

— Norbergs berggrund och malmfyndigheter. Sveriges geol. Unders., Ser. Ca 1936, Nr. 24.

GILLULY, JAMES: Replacement origin of the albite granite near Sparta, Oregon. U.S. Geol. Survey, Prof. PAPER 175—C (1933).

— Keratophyres of Eastern Oregon and the spilite problem. Amer. J. Sci. Bd. 29 (1935).

GOLDSCHMIDT, V. M.: Die Injektionsmetamorphose im Stavanger-Gebiete (s. S. 335) 1921.

— Über die metasomatischen Prozesse in Silikatgesteinen. Naturwiss. 1922a.

— Der Stoffwechsel der Erde. Vidensk. Skr., Mat.-Naturv. Kl. Nr. 11 (1922b).

GORANSON, R. W.: Some notes on the melting of granite. Amer. J. Sci. Bd. 23 (1932).

HAAPALA, PAAVO: On the serpentine rocks in northern Karelia. Bull. Comm. géol. Finlande 1936, Nr. 114.

HESS, H. H.: The problem of serpentinization and the origin of certain chrysotile asbestos, talc and soapstone deposits. Econ. Geol. Bd. 28 (1933).

HJELMQVIST, S.: Über Prehnit als Neubildung in Biotit-Chlorit. Geol. Fören. i Stockholm Förhdl. Bd. 59 (1937).

HÖGBOM, A.: Skelleftältet. Summary: The Skellefte district. Sveriges geol. Unders., Ser. C. 1937, Nr. 389.

HOLMQUIST, P. J.: Om pegmatitpalingenes och ptygmatisk veckning. Geol. Fören. i Stockholm Förhdl. Bd. 42 (1920).

— Typen und Nomenklatur der Adergneise. Geol. Fören. Stockholm Förhdl. Bd. 43 (1921).

HUTTENLOCHER, H. F.: Die Blei-Zinklagerstätten von Goppenstein (Wallis), 1931.

KALB, G.: Auswürflinge des Laacher Seegebietes (s. S. 335) 1936.

KENNEDY, W. Q.: The igneous rocks, pyrometasomatism and ore deposition at Traversella, Piedmont, Italy. Bull. Suisse Min. et Petrogr. Bd. 11 (1931).

KOLDERUP, N. H.: Zur Kenntnis der Injektionsmetamorphose im westlichen Norwegen. Bergens Mus. Årbok 1935.

KRANCK, E. H.: Beiträge zur Kenntnis der Svecofenniden in Finnland III. Bull. Comm. géol. Finlande 1933, Nr. 101.

KURMAN, I. M. and Z. M. USACHEVA: Geology and origin of the datolite deposits of the laccoliths of the Mineral Springs region (North Caucasus). Geological Investigations of Agricultural ores USSR. Transactions of the Scientific Institute of Fertilizers and Insecto-Fungicides. Moscow 1937 Leningrad.

LAITAKARI, A.: Über die Petrographie usw. von Parainen (s. S. 312) 1921.

LODOČNIKOW, W. N.: Serpentine und Serpentinite der Iltschirlagerstätte und im allgemeinen, und damit verbundene petrologische Probleme. Trans. Central geol. a. prospect. Inst., Fasc. 38. Leningrad 1938. (russ. mit dtsch. Ref.).

MAGNUSSON, N. H.: Persbergs malmtrakt. Diss. Stockholm 1925.

— Långbans malmtrakt, Geologisk beskrivning. Sveriges geol. Unders., Ser. Ca 1930, Nr. 23.

— The evolution of the Lower Archaean rocks in Central Sweden and their iron, manganese, and sulphide ores. Quart. J. geol. Soc., Lond. Bd. 92 (1936).

MELLIS, O.: Zur Genesis des Helsinkits. Geol. Fören. i Stockholm Förhdl. Bd. 54 (1932).

MILCH, L.: Über Adinolen und Adinolschiefer des Harzes. Z. dtsch. geol. Ges. Bd. 69 (1917).

MOREY, G. W. and E. INGERSON: The pneumatolytic and hydrothermal alteration and synthesis of silicates. Econ. Geol., Suppl. to Bd. 32 (1937).

NEWHOUSE, W. N.: The composition of vein solutions as shown by liquid inclusions in Minerals. Econ. Geol. Bd. 27 (1932).

NIGGLI, P.: Versuch einer natürlichen Klassifikation der im weiteren Sinne magmatischen Erzlagerstätten. Abh. prakt. Geol. 1925.

NOKOVNIK, N.: Secondary quartzites and their ores. Abstr. of papers, 17. Internat. Geol. Congr. Moscow 1937.

NOLL, W.: Über die Bildungsbedingungen von Kaolin, Montmorillonit, Sericit, Pyrophyllit und Analcim. Min. u. petr. Mitt. Bd. 48 (1936).

PEHRMAN, G.: Über Cordierit-führende Gesteine aus dem Migmatitgebiet von Åbo (S.W. Finnland). Medd. Åbo Akad. geol.-min. Inst. 1936, Nr. 20.

QUIRKE, T. T. u. W. H. COLLINS: The disappearance of the Huronian. Canad. Dep. Mines, Geol. Survey. Memoir Bd. 160 (1930).

— Streaks in the deep zone gneisses. Trans. roy. Soc. Canada Bd. 25 (1931).

— Differential flow in silicate rocks. Trans. roy. Soc. Canada Bd. 25 (1931).

RIETZ, TORSTEN DU: Peridotites, serpentines, and soapstones of Northern Sweden. Geol. Fören. i Stockholm Förhdl. Bd. 57 (1935).

ROSS, CL. S.: Origin of the copper deposits of the Ducktown type in the Southern Appalachian Region. Geol. Survey Prof. Paper 179. Washington 1935.

SAKSELA, M.: Die Kieserzlagerstätte von Karhunsaari in Nordkarelien, Finnland. Geol. Fören. i Stockholm Förhdl. Bd. 56 (1934).

SAXÉN (SAKSELA), M.: Über die Petrologie des Otravaaragebietes im östlichen Finnland. Bull. Comm. géol. Finlande 1923, Nr. 65.

SCHOCKLITSCH, K.: Pyrometasomatose an Einschlüssen in Eruptiven am Alpen-Ostrand. Min. u. petr. Mitt. Bd. 46 (1934).

SCHOUTEN, C.: Metasomatische Probleme. Amsterdam 1937.

SEDERHOLM, J. J.: Die Entstehung der migmatitischen Gesteine. Geol. Rdsch. Bd. 4 (1913).

— On Migmatites and associated Precambrian rocks of southern Finland. I. Bull. Comm. géol. Finlande 1923, Nr. 58. — II. Bull. Comm. géol. Finlande 1926, Nr. 77. — III. Bull. Comm. géol. Finlande 1934, Nr. 107.

SENG, H.: Die Migmatitfrage und der Mechanismus parakristalliner Prägung. Geol. Rdsch. Bd. 27 (1936).

SUNDIUS, N.: Zur Frage der Albitisierung im Kirunagebiet. Geol. Fören. i Stockholm Förhdl. Bd. 38 (1916).

SUNDIUS, N.: Åtvidabergstraktens geologi och malmförekomster. Sveriges geol. Unders., Ser. C. 1921, Nr. 306.
— On the spilitic rocks. Geol. Mag. Bd. 67 (1930).
TEUSCHER, E. O.: Umwandlungserscheinungen an Gesteinen des Granitmassivs von Eibenstock-Neudek. Min. u. petr. Mitt. Bd. 47 (1936).
TRÜSTEDT, O.: Die Erzlagerstätten von Pitkäranta am Ladoga-See. Bull. Comm. géol. Finlande 1907, Nr. 19.
VÄYRYNEN, HEIKKI: Petrologie des Nickelerzfeldes Kaulatunturi-Kammikivitunturi in Petsamo. Bull. Comm. géol. Finlande 1938, Nr. 116.
WEGMANN, C. E. u. E. H. KRANCK: Beiträge zur Kenntnis der Svecofenniden in Finnland, I, II. Bull. Comm. géol. Finlande 1931, Nr. 89.
— Geological investigation in Southern Greenland. I. On the structural divisions of Southern Greenland. Medd. om Grønland Bd. 113 (1938) Nr. 2.
WELLS, A. K.: The nomenclature of the spilitic suite. Part I: The keratophyric rocks. Geol. Mag. 1922. — Part II: The problem of the spilites. Geol. Mag. 1923.
ZAVARITSKY, A.: The Rai-Iz peridotite massif in the Arctic Ural. Moscow 1932.

A. Allgemeine Grundsätze der Metasomatose.

Das Massenwirkungsgesetz und die Metasomatose. Wenn zwei Molekelarten in flüssigem oder gasförmigem Zustand, d. h. in einem *homogenen System* aufeinander einwirken, so geht die Reaktion im allgemeinen nicht vollständig vonstatten, sondern es stellt sich ein *homogenes Gleichgewicht* ein. Die Konzentrationsverhältnisse der Reaktionspartner und der Endprodukte stehen zueinander in einem bestimmten Verhältnis, das von Temperatur und Druck abhängt. Das Konzentrationsverhältnis ist gegeben durch das von C. M. GULDBERG und P. WAAGE gefundene *Massenwirkungsgesetz*, nach dem die Produkte der Konzentrationen der umsatzfähigen Molekeln im Gleichgewichte in einem konstanten Verhältnis stehen:

$$\frac{C_A^m \cdot C_B^n}{C_C^o \cdot C_D^p} = k.$$

Die Reaktionskoeffizienten treten als Exponenten in der Gleichgewichtsgleichung auf: $m\,A + n\,B \rightleftharpoons o\,C + p\,D$.

Bei der Anwendung des Massenwirkungsgesetzes zur Erläuterung metamorpher Vorgänge (V. M. GOLDSCHMIDT 1922a) ist für jedes Mineral eine bestimmte Löslichkeit in der molekular-diffusen Phase vorauszusetzen, wobei die festen Minerale die Bodenkörper darstellen. Wird nun ein neuer Stoff, der sich mit einem Mineral umsetzen kann, zugeführt, so ändert sich in dem neuen Lösungsgemisch das homogene Gleichgewicht. In der oben angeführten Gleichung sei A das primäre Mineral und B der zugeführte Stoff. Zuerst löst sich etwas von A in dem neuen Lösungsmittel, bis dieses an A gesättigt wird. Gleichzeitig oder schon vorher kann das Löslichkeitsprodukt der möglichen neuen Stoffe überschritten sein, und diese fangen an, sich auszuscheiden. Unter welchen Bedingungen die Ausscheidung eintreten kann, erhellt theoretisch aus der Gleichung, die wir auch in der folgenden Form schreiben können:

$$C_B = \sqrt[n]{\frac{C_C^o \cdot C_D^p \cdot k}{C_A^m}}.$$

Dies bedeutet, daß der Umsatz unter Bildung von neuen Mineralphasen nur möglich ist, wenn die zugeführte Lösung (oder Gas) den reagierenden Stoff in einer bestimmten Minimalkonzentration enthält. Ist diese Bedingung nicht erfüllt, so kann die zirkulierende Lösung das Mineral zwar allmählich auslaugen, dagegen nicht neue Minerale ausscheiden.

Als ein konkretes Beispiel nehmen wir zuerst die sog. Spilitreaktion, die unten eingehender erläutert wird. Anorthit kann durch Natriumkarbonat in Gegenwart von freier Kieselsäure in Albit und Kalziumkarbonat umgewandelt werden; die Reaktion ist rückläufig und verläuft bei höheren Temperaturen nach links (S. 380):

$$CaAl_2Si_2O_8 + Na_2CO_3 + 4\,SiO_2 \rightleftharpoons 2\,NaAlSi_3O_8 + CaCO_3.$$

Ist die Konzentration an Na_2CO_3 in der zugeführten Lösung sehr klein, so wird auch die Konzentration des Albits und des Kalziumkarbonats klein bleiben müssen, und keines von beiden Mineralen kristallisiert aus. Ist aber die Minimalkonzentration vorhanden, so werden sich Albit und Kalzit ausscheiden, und wird fortwährend neues Na_2CO_3 zugeführt, wenn auch jeweils in einer minimalen Menge der Porenlösung, so wird sich schließlich aller Anorthit hydrothermal umwandeln.

Ebenso kann ein in Gasform zugeführter Stoff einen pneumatolytischen Umsatz hervorrufen. Entweicht z. B. Eisenfluorid aus einem kristallisierenden Magma und dringt als Dampf in einen Kalkstein hinein, so kann die folgende Reaktion stattfinden:

$$2\,FeF_3 + 3\,CaCO_3 \rightarrow Fe_2O_3 + 3\,CaF_2 + 3\,CO_2.$$

Das entstandene CO_2 entweicht als Gas, und das Gleichgewicht wird unter fortdauernder Zufuhr von FeF_3 nach rechts verschoben, bis alles $CaCO_3$ umgewandelt ist.

Austauschreaktionen von der eben erörterten Art werden *Metasomatose* genannt. V. M. GOLDSCHMIDT (1922a) definierte diesen Begriff in der folgenden Form: „Metasomatose ist eine Umbildung eines Gesteins, bei welcher dem Gesteine Substanz zugeführt wird, wobei die Bindung oder Anreicherung der zugeführten Substanz durch bestimmte chemische Reaktionen stattfindet, an welchen sowohl ursprüngliche wie neugebildete Minerale teilnehmen".

Die meisten Fälle der metasomatischen Umwandlungen werden entweder von der Lösungsphase oder der Dampfphase vermittelt, mit anderen Worten, sie sind entweder *hydrothermal* oder *pneumatolytisch*. Heutzutage spricht man viel von Metasomatose durch Diffusion in rein kristallinem Zustand. Der Satz von der erforderlichen Minimalkonzentration ist auch hier anwendbar, indem die mobilisierten Partikelchen jedenfalls statistisch eine molekulardiffuse Phase darstellen. Sogar die elektrolytische Wanderung macht prinzipiell keine Ausnahme.

Nach der älteren Anschauung (H. ROSENBUSCH u. a.) wäre die Permanenz der chemischen Zusammensetzung bei der Metamorphose die Regel. Erst in den letzten drei Jahrzehnten hat sich die Erkenntnis durchgesetzt, daß die Metasomatose geradezu ein Haupttypus der Gesteinsbildung ist, gleichberechtigt mit der Gesteinsbildung durch magmatische Erstarrung, durch Sedimentation und durch normale Metamorphose ohne stoffliche Umwandlung.

Der Hauptschauplatz der metasomatischen Umwandlungen liegt in den Kontakthöfen erstarrender Magmamassen. Ihre große Bedeutung rührt vor allem von dem Umstand her, daß die kontaktmetamorphen und anderen im weiteren Sinne magmatischen Erzlagerstätten durch solche metasomatische Prozesse entstanden sind. W. LINDGREN (Mineral deposits u. a.) hat wiederholt betont, daß bei der Metasomatose das Gesamtvolumen der umgewandelten Gesteinsmasse ziemlich unverändert bleiben muß, und er hat diese Regel das *Volumgesetz der Metasomatose* genannt.

Pneumatolytische und hydrothermale Metasomatose. Die Träger der Metasomatose. Bowen (1933) hat die Hauptzüge der Metasomatose folgendermaßen dargestellt: Bei der Kristallisationsdifferentiation wird der flüssige Magmarest allmählich an leichtflüchtigen Bestandteilen, wie Wasser, Schwefel, Chlor, Fluor und Bor angereichert. Die magmatischen Restlösungen, die nach dem Erstarren der Hauptmenge der Silikatgemengteile als salische Gesteine noch übrig bleiben, sind gesättigte Wasserlösungen, die eine Neigung zu alkalischer Reaktion haben. Bei der langsamen Abkühlung unter hohem Belastungsdruck werden komplexe Verbindungen, die leichtflüchtige Stoffe enthalten, existenzfähig, und die Lösungen reagieren mit den Silikatmineralen. Die leichtflüchtigen Stoffe können dadurch unter hohem Druck vollständig in kristalline Minerale gebunden werden. Es handelt sich dann um hydrothermale Metasomatose. Ist aber der Druck bei der vorhandenen Konzentration nicht hinreichend hoch, so kann *Sieden* der Restlösung eintreten und pneumatolytische Metasomatose findet statt. Es ist dies das sog. zweite Sieden zufolge der Übersättigung des Lösungsrestes beim Kristallisieren während der Abkühlung, da die Dämpfe nicht in den Kristallen löslich sind. Hierbei kann die Restlösung entweder eine magmatische d. h. hauptsächlich aus schwerflüchtigen Stoffen bestehende schmelzflüssige Lösung oder rein flüssige Lösung sein, oder sie kann sich im hyperkritischen Zustand befinden. Jedenfalls bedeutet das Sieden die Spaltung der früher homogenen Phase in eine Dampfphase und eine neue flüssige, hydrothermale Restlösung.

Die Dampfphase enthält Wasser und flüchtige Säuren, wie HCl, HF, H_2S, CO_2, H_3BO_3, H_2SO_4 u. a., daneben solche basische Elemente, die flüchtige Verbindungen mit diesen und ähnlichen Säuren bilden können, wie K, Na, Fe, Si, Ti, Al, Sn, Pb, Cu, Zn, Ag und viele andere. Die Verbindungen stellen in der Dampfphase homogene Gleichgewichte dar, die sich bei Änderung von T und P verschieben. Die Reaktion der Dampfphase bleibt fortwährend sauer, wie sich an den vulkanischen Fumarolen direkt beobachten läßt.

Beim Sieden der Restlösung entsteht eine Säule von fraktionierter Destillation in den Poren und Klüften des Intrusivgesteins und seines Nebengesteins. Die leichtest flüchtigen Stoffe wandern als Dämpfe. Das Destillat ist in der Regel eine saure Wasserlösung. Während die Dampfphase mit den fortwährend kristallisierenden Mineralen im Gleichgewicht war, ist das Destillat ungesättigt und wirkt als ein effektives Lösungsmittel nicht nur auf die Karbonate, sondern auch auf die meisten Silikate. Aber gleichzeitig wird die Lösung wieder an einigen überdestillierten Stoffen übersättigt, und diese fangen an, sich abzusetzen. Die Entstehung der kontaktmetasomatischen Erzlagerstätten und einer Menge von metasomatischen Gesteinen ist nach Bowen wahrscheinlich letzten Endes durch solche saure Lösungen vermittelt worden, und die Erzgänge stammen aus denselben Quellen her, ihre Metalle sind nur weiter von der Urquelle fort gewandert. Die Lösungen selbst werden wieder neutral und schließlich alkalisch, was das Schicksal aller heißen Gewässer im Kontakte mit Gesteinsmineralen ist. Wenn sie nicht durch die Bildung von hydratisierten und anderen Mineralen völlig verbraucht werden, erreichen die regenerierten alkalischen Lösungen schließlich als Thermalquellen die Erdoberfläche. In anderen Fällen, besonders aus basischen Magmen, emanieren die alkalischen Restlösungen direkt ohne Sieden.

Eskola (1932) hat hervorgehoben, daß man bei der Metasomatose immer gewisse „Träger" annehmen muß, die den Stofftransport vermittelt haben. Wir haben eben erfahren, wie nach Bowen die säurebildenden leichtflüchtigen Stoffe als Träger fungieren. Doch ist es nicht nötig, daß die Träger einst die Dampfphase durchgemacht haben. Wenn die leichtflüchtigen Elemente in die Metasomatosenprodukte eingehen, wie das Bor in Turmalin, das Fluor in Flußspat oder Topas, so ist die Sache klar. Aber manchmal haben die Träger das Feld verlassen, nachdem ihr Auftrag erfüllt war, und dann kann der Mechanismus der

Metasomatose überhaupt schwerverständlich sein, wie wir aus einigen Beispielen weiter unten sehen werden.

Einteilung der metasomatischen Prozesse. V. M. GOLDSCHMIDT (1922) hat die folgende Haupteinteilung der Metasomatose vorgeschlagen:

I. Metasomatose der Silikatgesteine.

II. Metasomatose der Karbonatgesteine.

III. Metasomatose der Salzgesteine.

IV. Metasomatose der Sulfidgesteine.

Eine weitere Einteilung wurde von GOLDSCHMIDT für die Metasomatose der Silikatgesteine durchgeführt:

1. Metasomatose unter Zufuhr von Metallverbindungen.

A. Alkalimetasomatose. a) Alkaliaustausch. b) Alkalibindung durch Tonerdeüberschuß. c) Alkalibindung durch Mg, $Fe^{..}$, $Fe^{...}$. d) Alkali- und Tonerdebindung durch Quarz. B. Magnesiametasomatose. C. Kalkmetasomatose. D. Eisenmetasomatose. E. Nickelmetasomatose.

2. Metasomatose unter Zufuhr von Metalloiden und Metalloidverbindungen.

A. Fluor-, Chlor-, Bormetasomatose. B. Schwefelmetasomatose. C. Wasser-, Kohlensäuremetasomatose. D. Phosphormetasomatose. E. Kohlenstoffmetasomatose. F. Kieselsäuremetasomatose.

Da die bei der Metasomatose (mit Ausnahme der Verwitterungsmetasomatose) zugeführten Stoffe alle im weiteren Sinne magmatischer Herkunft sind, so kann die Metasomatose mit GRUBENMANN-NIGGLI (1924) in eine *perimagmatische* und *apomagmatische* Metasomatose eingeteilt werden. Die erstere wird von Dämpfen, fluiden und heißen Lösungen bei relativ hohen Temperaturen bewirkt, die unmittelbar aus flüssigen Magmen herstammen, während die letztere in entfernterem Zusammenhang mit den magmatischen Erscheinungen steht, so daß nur eine geologische Untersuchung die genetischen Relationen zeigen kann.

Die bei der Bildung von Minerallagerstätten wirksamen metasomatischen Prozesse werden von LINDGREN (Mineral deposits 1928) nach den TP-Verhältnissen in der folgenden Weise eingeteilt:

1. Durch aufsteigendes heißes Wasser.

Epithermale Metasomatose: T 50—200°; P mäßig.

Mesothermale Metasomatose: T 200—300°; P hoch.

Hypothermale Metasomatose: T 300—500°; P sehr hoch.

2. Durch Gase aus Intrusivmassen.

Kontaktmetasomatose, auch Pyrometasomatose genannt. T wahrsch. 500—800°, P sehr hoch.

Zur epithermalen Metasomatose gehört unter anderem die Bildung von Quecksilbererzen, Sulfaten, Fahlerzen, Au-Telluriden und -Seleniden sowie die Verkieselung.

Mesothermale Metasomatose umfaßt Serizitisierung (zum Teil), Bildung von Siderit, manchen Gold-Quarzgängen und Sulfidgängen, alpinen Quarz-Adulardrusen.

Hypothermale Vorgänge sind unter anderem die Bildung der Zinnsteingänge, vieler goldhaltigen Gänge und Sulfiderzlagerstätten.

Zu den pyrometasomatischen gehören nach LINDGREN die eigentlich pneumatolytischen Lagerstätten, wie Franklin Furnace, Ducktown in Tennessee, Falun in Schweden und Orijärvi in Finnland. Zu bemerken ist, daß der Ausdruck pyrometasomatisch (auch pyrometamorph) bei LINDGREN in Gegensatz zum europäischen Sprachgebrauch sich auf Vorgänge in großen Tiefen bezieht.

Im folgenden werden die wichtigeren metasomatischen Vorgänge in stofflicher Folge aber mit Beachtung der geologischen Zusammenhänge erläutert.

Zu betonen ist, daß gar nicht alle Arten der Metasomatose Erwähnung finden können, so groß ist die Mannigfaltigkeit der metasomatischen Vorgänge.

B. Arten der Metasomatose.

1. Alkalimetasomatose und Granitisation.

Natronbindung unter Albitbildung in Tonschiefern. V. M. GOLDSCHMIDT (1921) hat aus dem Stavangergebiete in Norwegen die Kontakt- und Injektionserscheinungen in Tonschiefern um Eruptivmassen von Opdaliten und Trondhjemiten eingehend studiert und eine Natronzufuhr aus den natronreichen Eruptivgesteinen bestätigt. Diese Untersuchung hat einen sehr großen Einfluß auf die Entwicklung der Ideen über die Metasomatose und Migmatisation gehabt.

Abb. 63 gibt graphisch die Mineralzusammensetzungen der Umwandlungsserie wieder. Das niedrigste Stadium der Metamorphose wird vertreten vom Quarz - Muskovit - Chloritschiefer (1), der nur regionalmetamorph umgewandelt ist. In einer Entfernung von 1—4 km von den Eruptivkontakten treten erstmals kleine Granate (Spessartin-Almandin) auf (2). Etwas näher dem Intrusivgestein, etwa 0,2 bis 2 km vom Kontakte, wird

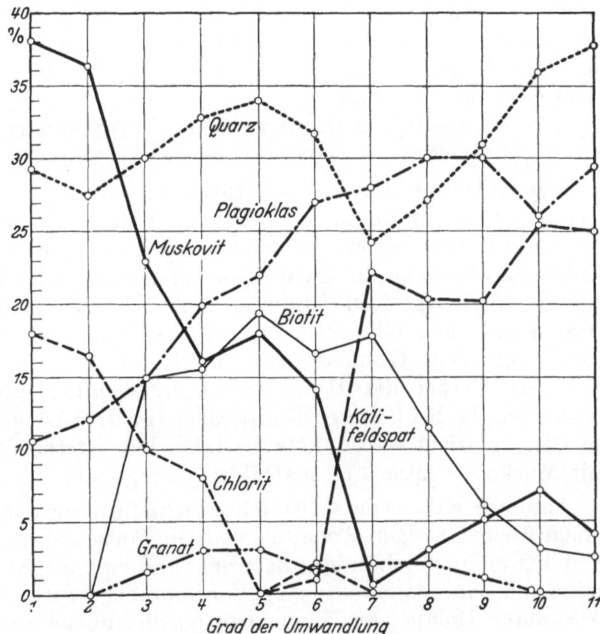

Abb. 63. Graphische Darstellung der Mineralzusammensetzungen der analysierten Stavangergesteine.

der Chlorit und ein Teil des Muskovits durch Biotit ersetzt (3). Zu bemerken ist, daß diese Ordnung, zuerst Granat, dann Biotit, nicht gewöhnlich ist, sondern daß meistens gerade umgekehrt Granat ein höheres Stadium der Metamorphose vertritt als Biotit. Schon bei diesem Stadium erscheint eine Anreicherung des Gesteins an Albit. (4), (5) und (6) zeigen Glieder, die noch mehr Albit enthalten und doch noch sicher Abkömmlinge der Tonschiefer sind. Besonders sind die Albitporphyroblastenschiefer mit 2—4 mm, ja sogar 10 mm messenden Holoblasten von Albit oder Oligoklas für das Gebiet charakteristisch. Das nächste Stadium zeigt auch Porphyroblasten von Kalifeldspat, die bald größere Dimensionen erreichen, so daß ein Übergang zu Augengneisen stattfindet.

Ein noch höheres Stadium der Injektionsmetamorphose wird erreicht, wenn nicht nur die Glimmerschiefermasse verfeldspatet, sondern auch noch Intrusivmaterial mechanisch beigemischt wird. Es entstehen Augengneise (7, 8), die viel mehr Kali enthalten als die Albitporphyroblastenschiefer. Die Analysen zeigen einen merklichen Unterschied in den K O-Gehalten, die Augengneise nähern sich den Gneisen (9) und Graniten (10 und 11) desselben Gebietes in ihrer Zusammensetzung.

Von GOLDSCHMIDT wird die Umbildung teils als Metasomatose auf Kosten des Schiefermaterials und teils als mechanische Injizierung von Quarz-Feldspatmaterial aufgefaßt. Die Injektionsgneise wurden also von GOLDSCHMIDT keineswegs als ein rein metasomatisches Produkt gedeutet; in der Zusammensetzung macht sich plötzlich in der Serie ein hoher Kaligehalt geltend, was unseres Erachtens auf die Injektion eines schmelzflüssigen granitischen Magma zurückzuführen ist.

Die erste und stärkste Beeinflussung aber ist die Natronmetasomatose und der Ersatz des Glimmers durch Albit. GOLDSCHMIDT hat dies in der folgenden Weise erklärt: Der zugeführte Natrongehalt stammt aus dem Magma her und wurde aus diesem während der letzten Kristallisationsphase abgesondert, indem eine Art von Hydrolyse der Feldspäte stattfand. Es entstand Muskovit statt der Alkalifeldspäte, und Alkalisilikate, vorwiegend Natriumsilikat, blieben übrig etwa nach der Gleichung:

$$KAlSi_3O_8 + 2\ NaAlSi_3O_8 + H_2O \rightarrow H_2KAl_3Si_3O_{12} + Na_2O + 6\ SiO_2$$

Kalifeldspat   Albit   Wasser   Muskovit   Natriumsilikat.

Das Natriumsilikat in Wasserlösung, also eine Art Wasserglas, diffundierte in das Nebengestein hinein und wirkte dort auf die tonerdeüberschüssigen Minerale, wie Chlorit und Biotit, unter Bildung von Albit wohl auch Kalifeldspat ein. Es könnte allerdings merkwürdig erscheinen, daß dieselben Lösungen oder Dämpfe, die im Intrusivgestein Glimmer statt Feldspat entstehen ließen, im Nebengestein mit dem Glimmer unter Feldspatbildung reagiert haben sollen. Dies wird aber nach GOLDSCHMIDT durch die Temperaturerniedrigung erklärlich, da eben hierbei die Hydrolyse wahrscheinlich zuerst abnimmt. Dieselben Lösungen, die bei höherer Temperatur (im Intrusivgestein) mit festem Muskovit im Gleichgewicht waren, können daher bei tieferer Temperatur (im Kontakthof) mit Muskovit unter Feldspatbildung reagieren.

Ähnliche Fälle von albitreichen Schiefern, in denen eine Natronzufuhr von einem überschüssigen Tonerdegehalt in Tonschiefern als Albit gebunden wurde, sind aus mehreren Ländern bekannt, und es existiert eine Menge von Veröffentlichungen, in denen solche Vorkommen beschrieben werden (siehe z. B. CORNELIUS 1936). Der Name Albitporphyroblastenschiefer rührt von F. BECKE (Mineralbestand und Struktur, 1903) her, der solche Gesteine in dem österreichischen Alpengebiete antraf und den Natronreichtum schon durch eine Zufuhr aus dem Zentralgneis erklärte. Andererseits wurde mancherorts festgestellt, daß nicht alle Albitporphyroblastenschiefer auf diese Ursache zurückzuführen sind. So scheint ein Chloritschiefer mit Albitporphyroblasten und etwas Epidot aus Aksovaara, Kuusamo, Nordfinnland (s. Abb. 59), am wahrscheinlichsten ein durchbewegter und postkinematisch umkristallisierter Spilit zu sein.

Sanidinitbildung in vulkanischen Auswürflingen. Als Beispiel einer Alkalimetasomatose im Zusammenhang mit vulkanischer Tätigkeit verdienen die „pyrometamorphen" Sanidinite des Laacherseegebietes Erwähnung (BRAUNS, Laacher See, 1911, KALB 1936). Es handelt sich hauptsächlich um pneumatolytische Natronzufuhr aus alkalischen Laven; die entstandenen Feldspäte sind natronreiche Sanidine und das Ursprungsmaterial bestand meistens aus tonerdereichen Schiefergesteinen mit Disthen, Staurolith, gemeinem Granat, Sillimanit, Quarz usw., deren Aluminiumsilikatminerale teils in primärer Form erhalten, teils als neue Minerale, wie Hypersthen, Cordierit, Sillimanit, Spinell, Korund usw. umkristallisiert worden sind. Auch reines Wiederaufschmelzen zu einem Glas sowie reine Injektionen wurden konstatiert. Manche Neubildungen enthalten Cl, SO_3, CO_2 u. a. leichtflüchtige Stoffe, wie Cancrinit, Nosean, Hauyn, Skapolith, Apatit und Kalzit. Reine Kohlensäure entströmt noch jetzt in ungeheuren Mengen dem Boden. — Ein ähnlicher Mineralreichtum kommt in den Auswürflingen mancher anderer Vulkane, wie in denen des Vesuvs, vor.

Kalifeldspatisierung und Granitisation. Bei der Bildung von Muskovit in kalireichen Graniten kann freies Kaliumsilikat sich in derselben Weise bilden wie Natriumsilikat in natronreichen Gesteinen (vgl. S. 376). Wird dieses Kaliumsilikat tonerdereichen Gesteinen zugeführt, so kann es durch Reaktionen mit Al- und (Mg,Fe)Al-Silikaten Kalifeldspat bilden. Die Reaktionen sind analog denen bei der Albitbildung, und beide Feldspate bilden sich oft gleichzeitig nebeneinander. Wahrscheinlich gibt es noch andere Arten von Kaliumsilikatbildung in Gesteinen, denn viele Umwandlungserscheinungen deuten darauf hin, daß freies Kaliumsilikat recht allgemein in Gesteinen zirkuliert.

Gesteine von sehr verschiedener Herkunft und Zusammensetzung zeigen hierbei die Tendenz, eine normale granitische Zusammensetzung anzunehmen. Im allgemeinen entstehen zuerst granitische Adern und Trümmer im Gesteine. Dieses wird dadurch zuerst inhomogener, es entstehen Adergneise, eruptivbrekzienähnliche Agmatite usw. Über diese eigentlichen Migmatite oder Mischgesteine (vgl. Teil I) führt aber die weitere Granitisierung schließlich zur Homogenisierung des Materials, und es entstehen reine Granite, die als letzte Reminiszenzen ihrer migmatischen Entstehungsart noch „spukhafte" oder „nebulitische" biotitreichere Zeichnungen von ehemaligen Gneisschlieren enthalten; aber sogar diese verschwinden schließlich.

Während SEDERHOLM (1913, 1923, 1926, 1934) die Adergneise und andere Migmatite durch Injektion von granitischem Restmagma (Ichor) erklärte und demgemäß die Adergneise als *Arterite* bezeichnete, stellte HOLMQUIST (1920, 1921) die Hypothese der Entstehung der Migmatite durch Ultrametamorphose auf. Damit meinte er (Referat nach BEHREND-BERG, Chemische Geologie 1927), daß von den Bestandteilen eines älteren, in große geothermische Tiefenstufe geratenen Gesteines sich zuerst diejenigen Komponenten zu einem Schmelzfluß vereinigen, die zusammen ein granitisches Eutektikum bilden, so daß also aus einem beliebig zusammengesetzten Sediment, sofern es nur überhaupt etwas Alkali neben SiO_2 und Al_2O_3 und vielleicht auch (Ca,Mg)O enthält, bei etwa 800—900° ein granitpegmatitischer Schmelzfluß ausschwitzen könnte, der dann auf Spalten und Schichtfugen die ganze Gesteinsmasse durchsetzt und so mit dem ungeschmolzenen Sedimentrest Adergneise und verwandte Gesteine bilden kann. HOLMQUIST nannte sie *Venite*.

Nach ESKOLA (1927) besteht die Migmatitbildung größtenteils aus metasomatischen Verdrängungen, doch ist eine Injektion von granitischem Magma der primär wirkende Vorgang. Später hat er zur Erklärung der Migmatitbildung eine Theorie der *partiellen Anatexis* entwickelt (1933, 1936). Diese schließt sich weitgehend an die Idee HOLMQUISTs an. Überall, wo die chemischen Bestandteile der Granite und genügende Mengen von Wasser vorhanden sind, muß sich das granitische Restmagma wiederbilden, sobald die Temperatur hoch genug ist. Nach den experimentellen Untersuchungen von GORANSON weiß man jetzt, daß die Temperatur der Endkristallisation granitischen Magmas bei etwa 550 bis 650° liegt, also viel niedriger als HOLMQUIST annahm. Granitisches Magma kann aber auch durch Kristallisationsdifferentiation zustandekommen, und ein solches *juveniles* Magma kann ebensowohl durch Injektion Migmatite bilden wie das durch teilweises Wiederaufschmelzen (Anatexis) aus dem umgebenden Gestein entstandene *palingene* granitische Magma.

WEGMANN (1935, 1938) will im Zusammenhang mit den meisten Migmatiten überhaupt nicht vom Magma sprechen. Er weist auf das Problem der Platzschaffung bei der Intrusion hin: Das Nebengestein ist meistens gar nicht verschoben worden. Alte Strukturen der migmatisierten Gesteine haben häufig im großen ihre geometrischen Orte behalten und so die „Zeichnung" des früheren Gesteins, wie Schichtung oder Faltung, erhalten. Das ganze könne mithin nicht eine strukturlose Schmelze gewesen sein, und es sei nicht richtig, solche Räume als Aufschmelzungszonen zu bezeichnen. Die Migmatisierung wird also auf metasomatischen Umsatz durch molekulare Diffusion im kristallinen Zustand zurückgeführt.

Alles dies kann man durch die Erfahrungen aus dem Grundgebirge vollkommen bestätigen. Unerklärt bleibt dabei zunächst die allgemeine Tendenz der Migmatite zu einer normalgranitischen Zusammensetzung. Konvergenzerscheinungen sind zwar häufig in der Gesteinswelt, aber in diesem Falle nicht leicht verständlich. Vielmehr sollte man wechselnde Zusammensetzungen und häufiges Auftreten von monomineralischen Gesteinen erwarten, wie wir sie z. B. unter den Skarnen kennen. Unter den feldspatreichen Gesteinen sind Kalifeldspatite äußerst selten, viel seltener als Albitite. Als ein seltenes Beispiel von Kalifeldspatiten könnten die kaliextremen Leptite Mittelschwedens gelten.

Bei der Granitisierung durch metasomatische Zufuhr müssen ganz verschiedene Zufuhrstoffe angenommen werden. Bei den Tonschiefern wären Kaliumsilikate erforderlich, bei den Quarziten Alkalialuminate. Die Wanderung der Alkalialuminate in Gesteinen mit einem Überschuß von Kieselsäure ist jedoch unwahrscheinlich, da sie sich jederorts mit dem Quarz unter Feldspat- oder Glimmerbildung fixieren könnten. Deshalb halten wir es für die wahrscheinlichste Annahme, daß bei der Granitisierung der metasomatische Umsatz durch granitisches Magma selbst vermittelt wird.

Der Begriff des Magmas als einer hauptsächlich silikatischen Schmelzlösung kann physikalisch-chemisch recht scharf definiert werden, nachdem GORANSON (1931) experimentell gezeigt hat, daß zwischen dem zuletzt kristallisierenden granitischen Restmagma und der hauptsächlich Kieselsäure enthaltenden postmagmatischen wässerigen Restlösung eine ziemlich scharfe Grenze existiert. Dieser Grenze entspricht die in der Natur hervortretende Grenze zwischen den pegmatitischen Adern der Migmatite und den Quarzadern. Hieraus ergibt sich nun auch eine natürliche Grenze zwischen Petrologie der Erstarrungsgesteine und der metamorphen Gesteine. Wir betrachten die Mignatite folglich nicht als eigentliche metamorphe Gesteine und werden dieselben hier nicht eingehender erörtern. Ungefähr auf demselben Standpunkt stehen wohl die neueren Migmatitarbeiten von BARTH (1936) sowie von ANGEL und STABER (1937).

Dessenungeachtet ist die Migmatisierung eine Art von Metasomatose, aber eine solche, wo das Magma selbst als Träger fungiert. Ein an Wasser gesättigtes Magma muß ziemlich leichtflüssig sein. Es ist fähig, in der Intergranulare der Gesteine als *Porenmagma* zu diffundieren, woraus die Erhaltung der alten Strukturen erklärlich wird. Es kann auch noch leichtflüchtige und leichtschmelzende oder *hyperfusible* Stoffe (BOWEN 1933) auflösen, wodurch seine Kristallisationstemperatur noch weiter herabgesetzt werden muß. Vor allem wird es das bei Glimmerbildung entstandene Kalium- und Natriumsilikat auflösen. Experimentelle Untersuchungen hierüber fehlen bis jetzt, und wir wissen noch nicht, ob die Grenze zwischen dem Magma und der wässerigen Lösung mit Hilfe der hyperfusiblen Stoffe vollkommen überbrückt wird; dies erscheint nicht unmöglich. Jedenfalls behält ein solches Magma seinen Charakter bei, indem seine Kristallisationsprodukte granitisch-pegmatitisch sind. Die Albitkristallisation überdauert jedoch die Kalifeldspatisierung, wie z. B. bei der Helsinkitbildung deutlich ist. Diese Erscheinung gehört schon zum hydrothermalen Stadium (MELLIS 1932).

Die metasomatische Entstehungsweise der Migmatite setzt voraus, daß jeweils an Stelle der kristallisierenden Granitminerale andere Stoffe aufgelöst und weggeführt werden. Bei der Granitisierung der Quarzite müßte es Kieselsäure sein, bei der der Tonschiefer Aluminiumsilikate, die als schwerlösliche Minerale jedoch häufig in der Form von Almandin, Cordierit, Sillimanit oder Andalusit im palingenen Granite erhalten bleiben. Die Granitisierung der Kalksteine setzt recht große Umsetzungen voraus und ist im Lichte des BOWENschen Reaktionsprinzipes überhaupt wenig wahrscheinlich, was damit übereinstimmt, daß z. B. im archäischen Grundgebirge gerade die Kalksteine sich meistens als die widerstandsfähigsten Gesteine der Granitisierung gegenüber erweisen. In stark durchbewegten Gebirgzonen ist die Sachlage manchmal anders. Saure leichtflüchtige Träger, wie CO_2, können die Wegfuhr vom Kalziumsilikat erleichtern.

Ebenso erklärt sich die relative Widerstandsfähigkeit der basischen Silikatgesteine, wie der Amphibolite und Hornblendite, im Lichte des Reaktionsprinzips.

Fenitisierung. In seiner Monographie über das Alkaligesteinsgebiet von Fen in Norwegen bezeichnete BRÖGGER (1921) die umgewandelten Grundgebirgsgesteine aus der nächsten Umgebung der alkalinen Instrusive als *Fenite*. Ähnliche Bildungen sind aus Alnö in Schweden, Vuorijärvi in Salla und Kuusamo in 'Nordfinnland, von der Kolahalbinsel, dem Laacher Seegebiet in Deutschland, aus Madagaskar u. a. bekannt.

Abb. 64. Klinopyroxenspilit mit erhaltenem ophitischen Gefüge. Solomen bei Petrosavodsk, Ostkarelien. Vergr. 36×. *s* Serpentin; *c* Kalzit; *q* Quarz.

Die Umwandlung besteht aus einer Imprägnation verschiedener Gesteine, wie Kalksteine, Granit- und Dioritgneise, mit Alkalimineralen, wie Ägirin, Riebeckit und Albit. In Graniten werden die primären Minerale sukzessiv verdrängt, zuerst der Biotit durch Alkalihornblende oder Ägirin. Der Kalifeldspat und schließlich auch der Oligoklas wird von den Kornrändern anfangend nach und nach albitisiert, wobei gleichzeitig der Quarz verschwindet, weil die Kieselsäure zur Albitbildung verbraucht wird. Das Endprodukt würde ein Albit-Ägirin-Fenit sein; gewöhnlich ist jedoch etwas Kalifeldspat und Plagioklas reliktisch erhalten geblieben. Der Fenitisierungsprozeß ist also eine vollkommene Natronmetasomatose, nach BRÖGGER zuerst durch noch flüssige Na_2O-reiche Reste des Ijolith-Melteigitmagmas eingeleitet.

Die Fenitisierung vertritt ein stärkeres Stadium der Natronmetasomatose als die Albitisierung vom Stavanger-Typus oder die Spilitisierung. Wahrscheinlich beruht dies auf der stärkeren Na-Konzentration der bei der Fenitisierung zugeführten Lösungen. Auch sind etwas andere Stoffe zugeführt worden, wie aus dem Fe_2O_3-Gehalt der Alkalipyroxene und Amphibole hervorgeht.

Die Spilitreaktion und die Spilite. S. 372 wurde schon die Spilitreaktion als Beispiel eines metasomatischen Umtausches angeführt. Die meist typischen Spilite sind diabas- oder basaltähnliche Gesteine von ophitischem Reliktgefüge (Abb. 64) und bestehen aus Albit, diopsidischem Pyroxen und Biotit, Chlorit oder Serpentin, oft mit etwas Kalzit. Daneben gibt es Hornblendespilite mit uralitischer Hornblende. Geologisch entsprechen sie suprakrustalen Basalten oder hypabyssischen Diabasen und weichen von diesen chemisch darin ab, daß sie mehr Natron enthalten. Seitdem BAILEY und GRABHAM (1909) eine Theorie über die Bildungsweise dieser basischen albitreichen extrusiven und intrusiven Gesteine gegeben und DEWEY und FLETT (1911) den alten, früher in Deutschland etwas unbestimmt angewandten Namen Spilit (H. ROSENBUSCH, Elemente, 2. Aufl. 1901) neu eingeführt hatten, sind die Spilite wiederholt eingehenden Untersuchungen unterworfen worden (bei J. GILLULY 1935 findet sich ein ziemlich vollständiges Literaturverzeichnis).

BAILEY und GRABHAM konnten im albitischen Plagioklas Restkerne von anorthitreichem Plagioklas nachweisen und schlossen daraus, daß der Plagioklas ursprünglich anorthitreich auskristallisiert sei, wie in basaltischen Gesteinen, aber später umgewandelt, albitisiert worden war. Sie schlossen, daß die Natronquelle im Gesteine selbst gewesen sei. Aus basaltischen wie auch anderen Laven emaniert immer Kohlendioxyd, und die Mineralquellen, welche späte Manifestationen von ausklingendem Vulkanismus sind, enthalten immer Natriumkarbonat juvenilen Ursprungs. „Das in die anorthitreichen Plagioklase eindringende Natron gehört also wahrscheinlich zum Gestein selbst, und insofern ist die Umwandlung für das Gestein eine Angelegenheit der inneren Politik." Es handle sich um *Autometasomatose*. Olivin wurde dabei in Serpentin umgewandelt, Anorthit in Albit. „Der Prozeß kann etwas grob dadurch charakterisiert werden, daß man sagt, die erstarrte Lava wurde in diesem Stadium in einer konzentrierten Sodalösung geschmort." DEWEY und FLETT betonten das häufige Auftreten der Spilite im Zusammenhang mit Kissenlaven, was auf submarine Extrusionen hindeutet. Sie meinten, die Sodalösung sei durch die schnell erstarrte Kruste gleichsam eingekapselt worden und konnte so lange ungestört auf das Gestein einwirken.

Über manche Punkte beim Spilitproblem herrscht noch keine Einigkeit. So sind einige Forscher der Meinung, daß die Lösung doch nicht aus dem Gestein selbst stamme, sondern entweder von regionaler Herkunft ist (SUNDIUS 1930) oder auch von Meereswasser herrührt (GILLULY 1935). An der metasomatischen Albitisierung des Plagioklases wird kaum mehr gezweifelt. Besonders beachtenswert ist aber dabei die Ansicht von A. K. WELLS (1923), daß die spilitische Mineralzusammensetzung mit dem Albit sehr wohl primär sein kann und daß die Kombination Albit + Kalzit nicht aus dem Anorthit sondern an seiner Stelle entstand. Durch den hohen Gehalt an Natriumkarbonat wäre die Kristallisationstemperatur jener Magmaportionen, in denen die Anreicherung am größten war, so weit herabgesetzt worden, daß der Stabilitätsbereich des Gleichgewichts bei niedrigeren Temperaturen (Ab + $CaCO_3$, S. 359) erreicht wurde.

ESKOLA, VUORISTO und RANKAMA (1935) konnten die Spilitreaktion (S. 372) experimentell nachmachen. Gemische von Anorthit, Natriumkarbonat und Kieselsäure wurden unter Wasserdampfdruck in einer Stahlbombe auf Temperaturen von 250—550° erhitzt. In dem äußerst feinkörnigen Reaktionsprodukt konnten mittels Bestimmung der Lichtbrechungindizes winzige Kristalle von Albit oder Oligoklas bestätigt werden, während der Anorthit verschwunden war. Die besten Resultate wurden zwischen 310 und 330°, also unterhalb des kritischen Punktes des Wassers (374°) erhalten. Die bei 264—331° entstandenen Kristalle konnten als reiner Albit bestimmt werden, während die bei 360° und höheren Temperaturen gemachten Experimente Oligoklas oder sogar Andesin zu liefern schienen.

(Wegen der Feinheit der bei höheren Temperaturen entstandenen Kristalle waren die Ergebnisse in dieser Hinsicht nicht sicher.)

Die Spilitreaktion ist ein Beispiel von der recht allgemeinen Erscheinung, daß die Kieselsäure bei höheren Temperaturen das Kohlendioxyd aus den Karbonaten austreibt, während bei niedrigeren Temperaturen die Kohlensäure Silikate unter Bildung von Karbonaten zersetzen kann. Solche Reaktionen haben wahrscheinlich große Bedeutung bei der Bildung von albitreichen Keratophyren, welche mit den Spiliten regelmäßig vergesellschaftet sind. Unter den echt metamorphen Gesteinen bieten die extrem albitreichen Leptite des fennoskandischen Grundgebirges analoge Fälle, wo entweder ein primärer Natriumkarbonatgehalt und eine „Autometasomatose" oder auch Natronzufuhr aus äußeren Quellen in Frage kommen können.

Adinolbildung. In engem Zusammenhang mit der Spilitbildung steht die Adinolumwandlung der Tonschiefer an den Kontakten der Diabase und Basalte.

Abb. 65. Brekziierter Migmatit, in Laumontitfels umgewandelt. Kuhmoinen, Finnland. Etwa ¹/₂ natürl. Größe.

Sie ist zwar nicht auf die Kontakthöfe der spilitisierten Magmagesteine beschränkt, sondern kommt viel häufiger vor, auch um Diabase, die keine endogene Verdrängung erkennen lassen.

In Deutschland wie überhaupt in Mitteleuropa sind Adinolkontakte um Diabasmassen sehr verbreitet. Eine eingehende Untersuchung über die Adinolen und die Hornfelse des Harzes rührt von L. MILCH (1917) her.

Mineralogisch sind die extremen Adinolen reine Quarz-Albitgesteine. Wie gewöhnlich bei der Metasomatose ist die Stoffverdrängung ziemlich lokalisiert, und die Produkte sind abwechslungsvoll und haben verschiedene Namen erhalten, wie *Natronhornfelse, Spilosite* (fleckig), *Desmosite* (bänderig), eigentliche *Adinolen, Adinolhornfelse* und *Adinolschiefer.*

Bemerkenswert ist, daß gerade die Tonschiefer für die Natronmetasomatose besonders empfindlich waren. In vielen Fällen sind die Tonablagerungen während der Umwandlung noch ungehärtet gewesen. Wie oben erwähnt, hängt die Spilitbildung häufig zusammen mit subaquatischen Eruptionen, und da haben die Bodenschlamme als ein Absorptionsapparat für die entweichenden Natronlösungen fungiert. Das Natriumsilikat ist durch die überschüssige Tonerde als Albit gebunden worden. Mehrmals wurden in Adinolen fossile Radiolarien gefunden, die eben von submarinen Entstehungsbedingungen zeugen.

Zeolithisierung. Oberflächennahe hydrothermale Umsetzungsvorgänge unter Kalk- oder Natronzufuhr führen häufig zur Bildung der Zeolithe. Sie spielen sich meistens in den basaltischen und anderen Laven ab, und es werden in den Hohlräumen, bei Thermalquellen usw. kristallisierte Zeolithe gebildet. Zeolithbildung kommt aber auch in kristallinen Gesteinen als reine Metasomatose vor. Ein solcher von ESKOLA [1] untersuchter Fall aus dem Grundgebirge Finnlands sei besprochen.

Das Vorkommen liegt in einem ausgeprägten Bruchtal, das sich schnurgerade etwa 70 km in nordwestlicher Richtung in Zentralfinnland erstreckt. Das Gestein ist ein Migmatit aus Biotitgneis und mikroklinreichem Pegmatit. Am Abhang des Tales wird es an einer Stelle brekziös mit wohlerhaltener Migmatitbänderung in den größeren Bruchstücken, aber das Gestein besteht jetzt hauptsächlich aus dem Kalkzeolith Laumontit (Abb. 65) und enthält außerdem nur gebleichten Biotit, aus dem das Kali größtenteils ausgelaugt ist. Die Laumontitisierung vertritt also einen Fall von sehr vollständiger Kalkmetasomatose der Silikate mit Gerüststruktur und des Quarzes.

Ebenso kann zugeführtes Natrium in Form von Natronzeolithen, wie Analzim oder Natrolith, gebunden werden. Die Zeolithisierung ist ein hydrothermaler Vorgang bei Temperaturen von etwa 100° an bis 350°, selten höher. Diese und andere Zeolithe sind wiederholt synthetisch dargestellt worden, und es hat sich gezeigt, daß dazu eine ziemlich stark alkalische Reaktion der Lösung nötig ist (W. NOLL 1936).

2. Kalkmetasomatose.

Diffusion und Metasomatose an Kalksteinkontakten. An den Kontakten von kristallinem Kalkstein mit Silikatgesteinen des Grundgebirges treten häufig Erscheinungen auf, die eine Diffusion von CaO oder $CaCO_3$ erkennen lassen, gleichgültig, ob es sich um primäre Intrusivkontakte oder um Kontakte zwischen Kalkstein und silikatischen Einlagerungen handelt, die zusammen regionalmetamorphosiert worden sind. Von diesen Erscheinungen werden wir im folgenden einige wenige Beispiele aus der großen Fülle, welche das archäische Grundgebirge darbietet, erwähnen.

An den Kontakten zwischen den kristallinen Kalksteinen und den eindringenden jüngeren nichtmetamorphosierten Basalt- oder Diabasgängen findet man in der Regel keine Spur von Stoffdiffusion oder Reaktion. Andererseits haben die archäischen Amphibolitgänge, die in ihrer primären Erscheinungsart ganz den Basaltgängen entsprechen, fast immer einen Kontaktsaum von verschiedenen Kalksilikatmineralen, wie Klinozoisit oder Epidot, Diopsid, meionitischem Skapolith, Grossular, Vesuvian. Ganz ähnliche Kontaktsäume kommen aber vor an den Kontakten zwischen Kalkstein und suprakrustalen vulkanogenen oder sedimentogenen Gesteinen, wie tuffitischen Agglomeraten, Leptiten oder Glimmerschiefern. Hieraus geht zweifellos hervor, daß der Stoffumsatz rein metamorph stattgefunden hat. Solche Kontaktbildungen wurden von MAGNUSSON (1930) als *Reaktionskarn* bezeichnet.

Die Kontakte zwischen Kalkstein und eindringendem Granit oder Pegmatit können ebenfalls ohne jegliche Kontaktmineralbildungen sein, in anderen Fällen aber treten Kontaktsäume und sogar ausgedehnte endogene Kontakthöfe auf, in denen das Gestein an Kalk angereichert worden ist. Solche Erscheinungen

---

[1] ESKOLA, P.: Kuhmoisten zeoliittiesiintymä. With a summary in English: An occurrence of zeolite in the parish of Kuhmoinen, Central Finland, and its possible relation to the fracture lines in the basin of Lake Päijänne. Terra 1935.

hat schon GOLDSCHMIDT (Kontaktmetamorphose) aus dem Oslogebiet beschrieben, und im archäischen Grundgebirge wurden sie von ESKOLA (1914), LAITAKARI (1921) und von ECKERMANN (1922) studiert.

Als Saumminerale kommen an den Granitkontakten ganz dieselben Minerale vor wie an den Kontakten mit anderen Silikatgesteinen, nur ist in dem sonst an mafischen Gemengteilen armen Granit oder Granitpegmatit noch die Anreicherung an Hornblende und Plagioklas auffällig. Der Skapolith des Kontaktsaumes ist gewöhnlich werneritisch, hat also beträchtliche Mengen von Chlor aus dem Magmagestein erhalten.

Sehr oft sind die den Kalkstein durchsetzenden Pegmatitgänge gänzlich skapolithisiert und enthalten dazu noch schön kristallisierten dunkelbraunen Titanit, grüne Hornblende oder Diopsid und Apatit. Bisweilen kann man beobachten, wie ein normaler Pegmatitgang beim Eindringen in den Kalkstein allmählich in Skapolithpegmatit übergeht. In großen Skapolithkristallen kann man noch Reste von Plagioklas finden, wodurch bewiesen wird, daß die Umsetzung in bereits kristallisiertem Feldspat stattgefunden hat.

Ein Vergleich der Formel des Epidots, $Ca_2Al_2Si_3O_{12}(OH)$, und des Anorthits, $CaAl_2Si_2O_8$, lehrt, daß auch die Epidotisierung einen Fall von Kalkmetasomatose darstellt, ebenso wie die Prehnitisierung. Vgl. S. 330.

SUNDIUS (1916) hat in seiner Untersuchung der Kirunagrünsteine die große Beweglichkeit des Kalziums betont. Dieser Stoff ist bei der Albitisierung des Plagioklases ausgelöst worden. Bei der Uralitisierung des diopsidischen Pyroxens und bei der Chloritisierung des Pyroxens oder Uralits dürfte viel Kalzium frei geworden sein. Zum größten Teil ist es aus diesen Mineralen emigriert und befindet sich nach SUNDIUS jetzt in den Epidotkonkretionen.

Der *Prehnit* kommt in Quarzadern in postkristallin verformten Tektoniten und in vielen Erstarrungsgesteinen als eine hydrothermale Neubildung vor und pseudomorphosiert dabei gern den Plagioklas. ESKOLA beschrieb Prehnitmandelsteine als Glazialgeschiebe aus Lettland und Ostpreußen. Die Geschiebe stammen wahrscheinlich vom Boden der Ostsee.

Prehnit ist kalkreicher als Anorthit, folglich muß eine Zufuhr von Kalk angenommen werden. Die Reaktionsgleichung wäre die folgende:

$$CaAl_2Si_2O_8 + CaSiO_3 + H_2O = H_2Ca_2Al_2Si_3O_{12}$$

Anorthit   Prehnit.

Das Kalziumsilikat kann vom Gestein selbst herrühren, wenn das Gestein schon früher kalkreich gewesen war oder wenn Kalk lokal durch Umsatzreaktionen frei wird. HJELMQVIST (1937) wies das häufige Vorkommen des Prehnits als Neubildung im Biotit nach.

3. (Fe,Mg)-Silikatmetasomatose.

Skarnbildung in Kalksteinen. Skarn (= Lichtschnuppe) ist ein alter schwedischer Bergmannsausdruck für dunkle Silikatmineralanhäufungen, die zusammen mit Erzen vorkommen; er ist aus der Vorstellung entstanden, daß solche Minerale verbrannte Erze seien. Als Skarnminerale sind vor allem Andradit, Hedenbergit-Diopsid und eisenreiche Hornblende verbreitet. In anderen Vorkommen treten eisenärmere kalkhaltige Silikate, wie Tremolit-Aktinolith, Diopsid und Vesuvian als Skarnbildner auf. Flußspat und Phlogopit sind häufige, bisweilen reichliche Nebengemengteile. Daneben finden sich häufig oxydische Erzminerale, wie Magnetit oder Hämatit, und sulfidische Erze, wie Bleiglanz, Zinkblende Kupferkies u. a. Erzlagerstätten dieser Art werden *Skarnerze* genannt.

Der Verband mit den Kalksteinen ist meistens offenbar: Ein Kalksteinlager wird in seiner Fortsetzung ganz und gar vom Skarn ersetzt. Der Skarn kann jedoch Einschlüsse von reinem Kalkstein enthalten, oder es gehen auch gangartige Einbuchtungen aus dem Skarn in den Kalkstein hinein. Die Grenzen sind meistens ganz scharf. Wenn man dazu noch die Tatsache in Betracht zieht, daß die Skarnvorkommen in der Nähe der Kontakte mit Granit oder anderen Gesteinen magmatischer Herkunft aufzutreten pflegen, so ergibt sich die Theorie, daß die Skarne im allgemeinen durch Metasomatose aus Kalksteinen entstanden sind, und daß die zugeführten Stoffe aus erstarrenden Magmen herrühren.

Aus den meisten Magmen strömen bei der Erstarrung Restlösungen und Dämpfe aus; auf sie wirkt der Kalkstein als ein sehr wirksamer Absorptionsapparat. Reaktionen von den folgenden Typen sind für die Skarnbildung charakteristisch:

$$3\,SiF_4 + 2\,FeF_3 + 9\,CaCO_3 \rightarrow Ca_3Fe_2Si_3O_{12} + 9\,CaF_2 + 9\,CO_2$$
Andradit   Flußspat;

$$2\,FeCl_3 + 3\,CaCO_3 \rightarrow Fe_2O_3 + 3\,CaCl_2 + 3\,CO_2$$
Hämatit.

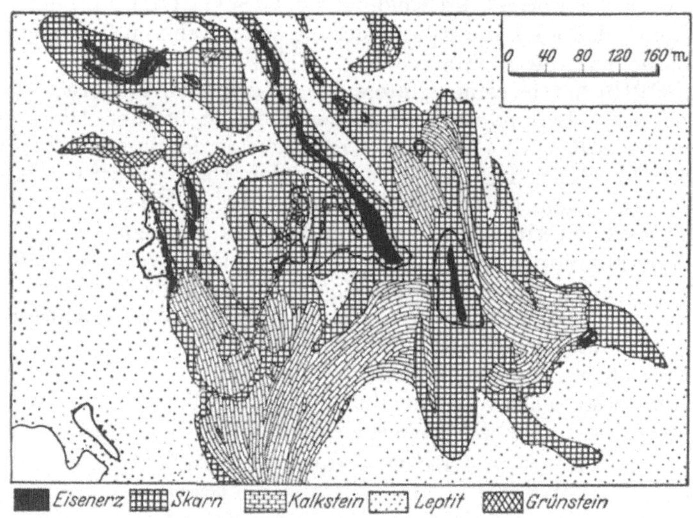

Abb. 66. Das Skarneisenerzfeld von Persberg in Schweden. Starke Konturen bezeichnen Tagebrüche. (Nach MAGNUSSON.)

Flußspat findet sich manchmal im Skarn, wie im Pitkärantagebiet in Finnland. Dagegen wird $CaCl_2$ als solches nicht erhalten, sondern wird ausgelaugt. Skapolith ist das einzige chlorhaltige Mineral unter den gewöhnlicheren Metasomatoseprodukten, und auch er ist kein häufiger Skarnbestandteil. Auf den meisten Eisenerzvorkommen vom Skarnerztypus treten die Fluoride sowie Chloride so stark zurück, daß man gezwungen war, ganz andere Arten der Zufuhr anzunehmen, z. B. entweder als Eisenkarbonate oder -hydrosilikate. Die Frage nach den Trägern ist darum noch unklar. Wahrscheinlich besteht jedoch gar keine Schwierigkeit der Erklärung, denn wir wissen heutzutage, daß sogar SiO_2 sich in überkritischem fluidem Wasser gelöst befinden kann.

Skarnvorkommen sind überaus verbreitet. Die berühmten Eisenglanzlagerstätten der Insel Elba enthalten Andradit mit dem Kalkeisensilikat Lievrit. Andere klassische Kontaktlagerstätten mit Skarnbildungen sind aus Campiglia Maritima in Toskana, Banat in Siebenbürgen, Clifton-Morenci-Distrikt in Arizona, Conception del Oro in Mexiko und Japan bekannt.

Ganz besonders sind aber manche mittelschwedische Erzgebiete wegen typischer Skarnerzvorkommen zu erwähnen. Das Eisenerzfeld von Persberg (MAGNUSSON 1925) kann als Beispiel gelten (Abb. 66). Nach MAGNUSSON u. a. ist die Skarnbildung nicht mit den in der Nähe anstehenden Graniten, sondern mit den suprakrustalen Leptiten genetisch verknüpft. Im Orijärvigebiete haben sich neben den magnesiametasomatischen Silikatgesteinen Andradit-, Diopsid-Hedenbergit, Hornblende- und Tremolitskarne in vielen Kalksteinlagern gebildet. Sie sind sowohl mit oxydischen Magneteisenerzen wie mit sulfidischen Kupfer- und Zinkerzen verbunden. Abwechslungsvolle Skarnbildungen aus

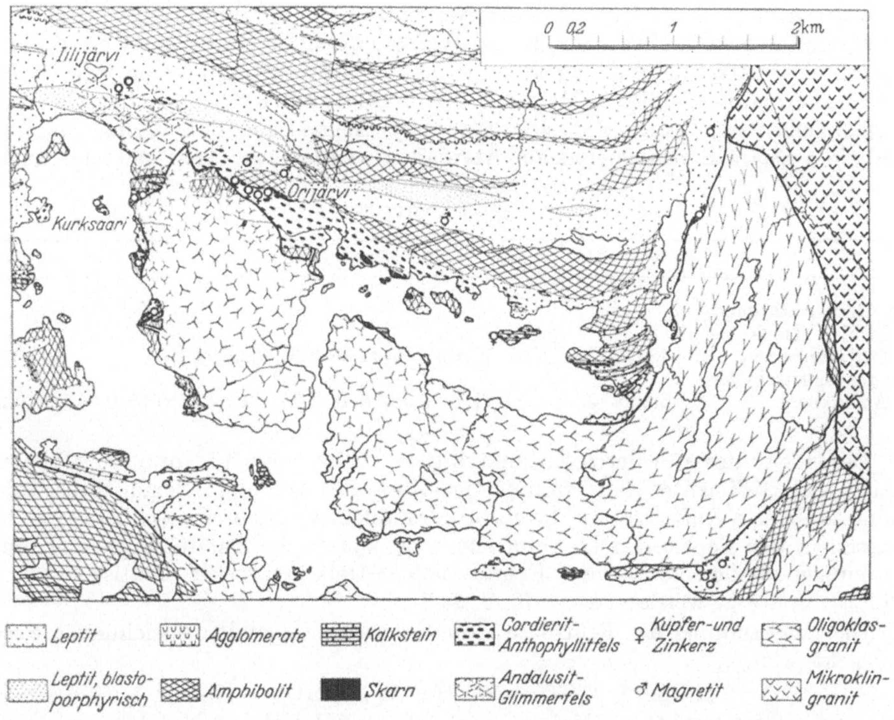

Abb. 67. Das Kupfer- und Eisenerzfeld von Orijärvi in Südwestfinnland. (Nach ESKOLA.)

Andradit, Diopsid, Vesuvian, Flußspat usw. finden sich im Pitkärantagebiete, wo nach TRÜSTEDT die Zufuhr von Kupfer-, Zink-, Zinn- und Eisenerzen aus dem nahe gelegenen Rapakivi-Pluton herstammt, während die Skarnbildung hauptsächlich auf ältere Granitintrusionen zurückzuführen ist.

Magnesium-Eisen-Metasomatose in sauren Silikatgesteinen und damit verknüpfte Kieselsäuremetasomatose. Bei der Untersuchung des Orijärvigebietes (Abb. 67) in Südwestfinnland stellte ESKOLA (1914) die Hypothese auf, daß gewisse magnesiumreiche Gesteine aus gewöhnlichen sauren Leptiten durch einen metasomatischen Ersatz der Alkalien und des Kalks durch Magnesia entstanden seien. Die meisten Typen dieser Gesteine bestehen fast ausschließlich aus Cordierit und Anthophyllit mit größeren oder kleineren Mengen von Kiesmineralen. In anderen Fällen kommt dazu Quarz, der sogar der einzige Hauptgemengteil werden kann, so daß Cordierit-Anthophyllitquarzite entstehen. Wegen ihres regelmäßigen Verbandes mit sulfidischen Erzen haben solche

Quarzgesteine in Schweden frühzeitig den Namen Erzquarzit erhalten. P. Geijer (1917) fand, daß die berühmte Kupfererzlagerstätte von Falun sowie mehrere andere Kieslagerstätten in Schweden, in denen Cordierit-Anthophyllitgesteine und Erzquarzite auftreten, ebenso durch eine Magnesiametasomatose entstanden sein müssen. In allen Fällen wurde die Metasomatose mit der Intrusion der älteren synkinematischen Granite in Verbindung gebracht. Die Zahl der magnesiametasomatischen Erzlagerstätten und ähnlicher Gesteinsvorkommen ohne beträchtlichere Erzbildung in Schweden und Finnland ist seitdem mit dem Fortschritt der geologischen Erforschung durch P. Geijer, N. Sundius, N. Magnusson u. a. vervielfältigt worden. Im Kieserzgebiete von Åtvidaberg fand Sundius in den Leptiten in der Nähe eines Gneisgranitkontaktes eine Anreicherung von FeO, SiO_2, Bor, Fluor, Wasser, wenig MgO und MnO unter Auslaugung der Alkalien und etwas Tonerde und unter Bildung von Almandin, Biotit, Turmalin, Flußspat, Magnetit, Kupferkies und Pyrit. Als Beispiele der Zusammensetzung eines Cordierit-Anthophyllitfelses aus dem Orijärvigebiete und eines Quarz-Biotitschiefers aus Åtvidaberg werden zwei Analysen angeführt:

Tabelle VIII.

	SiO_2	Al_2O_3	Fe_2O_3	FeO	MnO	MgO	CaO	Na_2O	K_2O	TiO_2	H_2O	Summe
Cordierit-Anthophyllitfels, Träskböle, Orijärvigebiet . . .	48,00	18,62	1,07	16,18	0,13	11,85	0,64	0,23	0,01	0,06	1,50	100,57[1]
Quarz-Biotitschiefer, Åtvidaberg	66,65	9,80	4,59	11,14	0,30	0,46	1,11	0,48	4,14	0,16	0,93	99,95[2]

Besonders der Cordierit-Anthophyllitfels besitzt eine für primäre Magmasteine und Sedimente völlig fremdartige Zusammensetzung. Schon diese Tatsache sowie sein Auftreten in Form unregelmäßiger Flecken oder schlierenartiger Massen in den Leptiten deutet auf eine metasomatische Entstehungsweise hin. An einigen Stellen konnte der Ersatz auch mittels helizitisch reliktischer Einschlüsse bestätigt werden (Abb. 13, S. 280).

Die Umwandlung der Feldspäte kann durch die folgenden Gleichungen ausgedrückt werden:

$$2CaAl_2Si_2O_8 + SiO_2 + 2MgO = Mg_2Al_4Si_5O_{18} + 2CaO;$$
$$4(Na/K)AlSi_3O_8 + 9MgO = Mg_2Al_4Si_5O_{18} + 7MgSiO_3 + 2(Na/K)_2O.$$

Der Kalifeldspat wurde leichter und früher angegriffen als der Plagioklas. So entstanden als intermediäre Produkte Cordierit-Anthophyllit-Plagioklasgneise, oft mit riesenhaften Cordieritholoblasten (Abb. 12 S. 280). Diese Gneise können in ihrer Zusammensetzung sedimentogenen Cordieritleptiten und -gneisen nahe kommen. Solche Paragneise kommen auch im Orijärvigebiete vor, wir haben hier wieder einen Fall von Konvergenz: Gesteine von ganz verschiedenartiger Herkunft können bei der Metamorphose mineralogisch und strukturell ähnlich werden. — Das Kupfererz von Orijärvi wie das von Falun besteht größtenteils aus einem mit Sulfiden reichlich imprägnierten Erzquarzit (sog. Harterz), in den der Cordierit-Anthophyllitfels übergeht.

An der Nordwestspitze des Orijärvigranitmassivs besteht das Gestein aus einem eigentümlich brekziösen Andalusit-Quarz-Glimmerfels, der lokal Erzimprägnationen enthält. Hier muß die Metasomatose hauptsächlich in einer Zufuhr von Kieselsäure und Wegfuhr von Kalk und Natron bestanden haben,

---

[1] Mit 0,09 P_2O_5, 0,04 V_2O_5, 0,15 FeS.
[2] Mit 0,11 P_2O_5, 0,05 BaO, 0,03 S.

und der jetzige große Überschuß an Tonerde in den höchst unregelmäßig verteilten großen Andalusitporphyroblasten muß wahrscheinlich ein Überbleibsel des früher vorhanden gewesenen Feldspates darstellen. Die brekziöse Struktur kann möglicherweise die Folge eines „Siedens" (vgl. S. 373) bei der anfänglich pneumatolytischen Metasomatose sein.

Gewöhnliche Amphibolite verwandeln sich im Orijärvigebiete und bei Falun lokal in Cummingtonitamphibolite, wobei die Magnesiazufuhr nur in der Hornblende, aber nicht im Plagioklas metasomatisch fixiert worden ist. Ähnliche Vorkommen sind aus anderen Gebieten bekannt.

Die Frage nach dem Träger der Magnesiametasomatose ist ein schwieriges Problem. Im allgemeinen gehört ja Magnesium zu den Elementen, dessen Silikate bei der magmatischen Kristallisation unter den frühesten Mineralen angereichert werden, und die metasomatischen Anthophyllit-Cordieritfelse führen keine Minerale, die leichtflüchtige Stoffe enthalten, mit Ausnahme der Kiesminerale, die bisweilen nur spärlich vorhanden sind. Doch kann die regelmäßige Vergesellschaftung mit den Kieserzen kaum eine Zufälligkeit sein. Eine gewisse Analogie mit der Magnesiametasomatose bieten vielleicht die Lamprophyre unter den Magmagesteinen dar. Auch sie sind reich an Magnesia und sind doch erst nach der Hauptkristallisation der Granite erstarrt (ESKOLA 1937).

Durch die Untersuchungen von WEGMANN und KRANCK (1931), MAGNUSSON (1936), SVEN GAVELIN (1939) u. a. wurde nachgewiesen oder wahrscheinlich gemacht, daß Magnesiumsilikate und Aluminiumsilikate im Grundgebirge während der Prozesse der Migmatisation und Durchbewegungen sehr wanderungsfähig waren, auch wo es sich nicht um eigentliche Strömung aus einem bestimmten Magmaherde handelt.

4. Metasomatose bei Zufuhr von Si, Sn, B, Li, F, Cl, S.

Greisenbildung, Zinnerz- und Borsäurepneumatolyse. Auf diese Gruppe von metasomatischen Umwandlungen passen die von BOWEN (1933, vgl. S. 373) für die pneumatolytische Metasomatose abgeleiteten Grundsätze vorzüglich, und sie gehören zu den leichtest verständlichen Arten der Metasomatose überhaupt. Aus kristallisierenden Graniten strömen Dämpfe, die reichlich Si, F, B und Li, oft Sn, bisweilen auch W enthalten. Sie verursachen eine vollkommene Umwandlung des angegriffenen Gesteins, sei es des Granits selbst oder seines Nebengesteins. Schon die Pegmatitmagmen geben bisweilen Anlaß zur Turmalinbildung im Nebengestein. Das gewöhnlichste, vollständig umgewandelte Produkt ist das Quarzglimmergestein Greisen. Der Feldspat wird zerstört, und an seiner Stelle entsteht Muskovit und/oder Topas, Lepidolith und andere Lithiumglimmer, ferner Turmalin. In Kalksteinen und Dolomiten entsteht statt Topas der Flußspat oder das Fluor-Magnesiumsilikat Humit, und statt des Turmalins tritt in veränderten Kalksteinen und Diabasen das Bormineral Axinit auf. Ein großes, aus Kalkstein entstandenes Vorkommen von Axinitfels in den Pyrenäen wurde von LACROIX unter den Namen Limurit beschrieben. Eine interessante große Borlagerstätte in der Form des Kalziumborsilikats Datolith existiert in der Gegend der Mineralquellen in Kaukasien. Der Datolithfels kommt in der Nähe einer Trachyliparitmasse in veränderten mesozoischen Tonschiefern, Mergeln und Kalksteinen vor und hat diese verdrängt unter Erhaltung der Bänderung und sogar von Fossilien. Der Datolithfels besteht hauptsächlich aus Datolith und Granat und enthält daneben Vesuvian, Wollastonit, Ägirinaugit, Fluorit u. a. Ein anderes Datolithvorkommen ist aus Listič in Böhmen bekannt.

Die Zinnerzlagerstätten sind von Gneisen und meistens auch von topasierten und turmalinisierten Gesteinen begleitet. Die Mineralisierung schreitet längs Spalten fort, und aus den so entstandenen Gängen verbreitet sich die Greisenbildung seitwärts. Der Metallgehalt wird wahrscheinlich in Form von Fluoriden durch Destillation zugeführt, und die Fluoride spalten sich hydrolytisch, z. B.: $SnF_4 + 2 H_2O \rightarrow SnO_2 + 4 HF$. Die frei gewordene Fluorwasserstoffsäure bildet Additionsverbindungen mit den Silikaten. Ein Teil des Si-Gehaltes wird als SiF_4 zugeführt, aber die Quarzmenge des Greisens ist gewöhnlich so groß, daß äquivalente Fluormengen nicht vorhanden sind, und die Kieselsäure muß zu einem großen Teil in anderer Form, wahrscheinlich in Lösung, zugewandert sein. Wahrscheinlich wandert auch das Zinn in der Form von anderen flüchtigen Verbindungen. Verfasser hat gefunden, daß metallisches Zinn mit überhitztem Wasserdampf überdestilliert und als Kassiterit kristallisiert (unveröffentlichte Beobachtung).

Skapolithisierung. Chlormetasomatose. Der Skapolith befindet sich in den exomorphen Kontaktzonen von Erstarrungsgesteinen, teils (1) im Kalkstein (vgl. S. 383), teils (2) in Silikatgesteinen. In ersterem Falle stammt der Karbonatanteil des Skapoliths im Karbonatmeionit offenbar aus dem Kalkstein und das Chlor aus dem Magma her. So entstanden die schön kristallisierten Skapolithe im Kalkstein von Pargas (LAITAKARI 1921), und ebensolche Skapolithbildung ist im Grundgebirgskalkstein recht verbreitet. Im letzteren Falle ist der Skapolith oft regional verbreitet, wie im Kirunagebiet in Nordschweden (SUNDIUS 1916) und mancherorts im finnischen Lappland. Neben der Chlorzufuhr hat dabei Natronzufuhr in großem Maßstab stattgefunden.

Bemerkenswert ist, daß die Skapolithbildung in vielen Gegenden an den Kontakten basischer Erstarrungsgesteine auftritt, wie in den Pyrenäen (LACROIX) an Kontakten von Lherzolithen und in Bamle in Norwegen an Gabbrokontakten. In diesen Fällen ist der Skapolith oft reich an der Marialithkomponente, was eine reichliche Chlorzufuhr und gleichzeitige Natronzufuhr bedeutet. In den Kontaktlagerstätten des Oslogebietes sind die Skapolithe an den Kontakten der Nordmarkite und Granite ebenfalls meistens marialithreiche Dipyre, auch wo sie in Kalksteinen vorkommen.

Die Bildung von Serizitquarziten in Zusammenhang mit pyritischen Erzen und Serizitisierung im allgemeinen. Die vorher erwähnten, an magnesiametasomatischen Bildungen verknüpften „Erzquarzite“, sowie die quarzitischen Greisen können sedimentogenen Quarziten sehr ähnlich sein. Beiden schließen sich noch solche metasomatische Serizitquarzite an, die regelmäßig mit pyritischen Erzen zusammen vorkommen. Aus Finnland wurde ein solcher Komplex zuerst von SAKSELA (SAXÉN 1923) aus dem Otravaaragebiet und später (SAKSELA 1934) ein anderer auf Karhunsaari beschrieben, wo zugleich Skapolith- und Turmalinbildung an Skarngesteinen beobachtet wurde. Die während der zwei letzten Jahrzehnte entdeckten zahlreichen Kieserzlagerstätten des Skelleftefeldes (A. HÖGBOM 1937) in Nordschweden sind an ähnliche Serizitquarzite geknüpft. Hier liegt die reiche Goldgrube von Boliden, wo Gold mit Arsenkies und Kupferkies vorkommt. Bei manchen norwegischen Kieserzvorkommen, wie Björkåsen in Ofoten, wurde ebenfalls Serizitisierung des unmittelbaren Nebengesteins beobachtet.

Serizitisierung an sulfidischen Erzvorkommen ist aus vielen anderen Ländern bekannt und wird besonders von LINDGREN (Mineral Deposits) eingehend diskutiert. Vor kurzem wurde aus der Kirgisensteppe in der Gegend des Bakasch-Sees in Rußland ein Vorkommen beschrieben, das offenbar eine sehr nahe Ähnlichkeit z. B. mit Otravaara besitzt (NOKOVNIK 1937).

Diese Art von Metasomatose und Erzbildung ist offenbar bei recht niedrigen Temperaturen während der hydrothermalen Stadien vor sich gegangen. Serizitisierung äußerst verschiedenartiger Silikatgesteine ist eine der allerverbreitetsten Arten der Metasomatose. Ganz besonders werden die Feldspäte, sowohl der Kalifeldspat wie der Plagioklas, mit Serizitschüppchen mehr oder weniger „gefüllt". Oft wird dabei gleichzeitig Kalzit, Dolomit oder Siderit gebildet. Sonst werden Ca, Mg und Fe meistens weggeführt. Durchbewegung scheint die Serizitisierung stark zu befördern, und Quetschzonen in Gesteinen sind besonders oft serizitisiert.

Als Kalimetasomatose entspricht die Serizitisierung der Kalifeldspatisierung der höheren Temperaturbereiche. Andererseits ist eben dieser Prozeß die wichtigste Kaliquelle, wenn nämlich Serizit auf Kosten des Kalifeldspates gebildet wird. Die Gleichung dieser Reaktion lautet:

$$3\ KAlSi_3O_8 + H_2O \rightarrow H_2KAl_3Si_3O_{12} + K_2O + 6\ SiO_2$$

Kalifeldspat   Wasser   Serizit   Kali in Lösung.

Das frei gewordene Kali kann weitere Serizitisierung anderer Minerale, wie des Plagioklases, hervorrufen. Bei noch niedrigeren Temperaturen geht die Serizitisierung in Kaolinisierung oder Propylitisierung über. Nach den experimentellen Untersuchungen von NOLL (1936) wird Serizit im System von Tonerde, Kieselsäure, Alkali (im Mengenverhältnis idealer Muskovitzusammensetzung) und Wasser in schwach alkalischer Lösung erhalten. Sein Bildungsbereich in der Synthese reicht von höchstens 500° bis mindestens etwa 225°, wahrscheinlich bis zu noch niedrigeren Temperaturen.

Biotitisierung. Bei etwas höheren Temperaturen als die Serizitisierung wird Biotit durch Kaliumsilikatzufuhr in (Mg,Fe)-reichen Gesteinen gebildet. Besonders die Hornblende wird schon autometasomatisch während der spätmagmatischen Stadien gemäß des BOWENschen Reaktionsprinzips regelmäßig biotitisiert, ebenso der Almandin.

An den Kontakten von metamorphen ultrabasischen Gesteinen wie Serpentinfels, Talkschiefer, Topfstein und Chloritschiefer mit intrusiven Graniten ist in der Regel ein Saum von schwarzem Biotit zu beobachten und als ein Reaktionssaum ebenso an den Kontakten von ultrabasischen Gesteinen und Paragneisen oder Schiefern, wo die aneinander grenzenden Gesteine zusammen metamorphosiert sind. Kaliumsilikat, entweder allein oder zusammen mit Tonerde, ist in allen Fällen zugeführt worden.

Propylitisierung und Alunitisierung. Schwefelmetasomatose. Graphitbildung. Propylitisierung ist eine an Erz- und andere Mineralgänge verknüpfte Umwandlung des andesitischen oder dazitischen Nebengesteins der Gänge zu einem Gemenge von Quarz, Chlorit, Epidot, Kalzit, Zeolithen und Alkalifeldspäten. Gleichzeitig kann Serizitbildung stattfinden. Pyrit findet sich oft in Form porphyroblastischer Kriställchen, die offenbar ihren Eisengehalt aus dem Gestein selbst erhalten haben, während der Schwefel als H_2S in alkalischen Lösungen zugeführt wurde. Zuerst wurde die Erscheinung aus den siebenbürgischen Erzgebieten beschrieben, und sie hat sich als eine regelmäßige Nebenerscheinung an Quarz-Goldgängen und Gold-Silbererzgängen und überhaupt manchen sulfidischen Erzgängen gezeigt, wo diese mit jungen vulkanischen Gesteinskomplexen zusammenhängen.

Alunitisierung ist der Propylitisierung nahe verwandt. Auch in diesem Falle handelt es sich hauptsächlich um eine Auslaugung des Nebengesteins der Erzgänge, aber die zugeführten Lösungen sind sauer und enthalten Schwefel überwiegend in der Form von SO_3, als Sulfate und freie Schwefelsäure. Zuerst werden die Feldspäte von solchen Lösungen angegriffen; auf Kosten dieser und anderer Al-haltigen Silikate entsteht Alunit neben Quarz oder Opal, auch Kaolin. Gips und Anhydrit werden ausgefällt, wo die ursprünglichen Gesteine kalkreich waren. Die Gesamtveränderung der Gesteinszusammensetzung ist wechselnd; meistens nehmen Mg, Ca, Na und K ab, aber eine relative Anreicherung an K ist die Regel, wie bei der Propylitisierung. H_2O, CO_2 und besonders S und SO_3 werden reichlich zugeführt.

Die Frage, ob die Bildung von Sulfiderzen in den Kontaktlagerstätten und Imprägnationszonen auf metasomatische Umsetzungen oder reine Intrusion oder Injektion von sulfidführenden Lösungen zurückzuführen ist, erscheint in verschiedenen Fällen verschieden zu beantworten sein. Die Annahme eines eigentlichen Sulfidmagmas wird für die pyritischen Kieserze heutzutage meistens abgelehnt, aber es ist eine andere Frage, ob z. B. Eisensulfid als solches im ganzen oder ob nur der Schwefel zugeführt wurde. Rein metasomatische Umsetzung zwischen H_2S-haltigen Lösungen und eisenhaltigen Silikatmineralen unter Schwefelkiesbildung in Phylliten in der Nachbarschaft von Intrusivgesteinen wurde schon von V. M. GOLDSCHMIDT (1922) angeführt. Jedenfalls ist eine Verdrängung der Minerale des Muttergesteins durch Auflösung bei der Sulfiderzbildung meistens unzweideutig (LINDGREN, Mineral Deposits). Interessante Auskunft über die Art der Träger bei hydrothermal gebildeten Sulfiden fand NEWHOUSE in den Flüssigkeitseinschlüssen. Ihre Zusammensetzung zeigte eine erstaunliche Konstanz, fast immer war es hauptsächlich NaCl-Lösung. Daraus kann man schließen, daß Reaktionen, wie etwa

$$PbCl_2 + Na_2S \rightleftharpoons 2\,NaCl + PbS,$$

besonders wichtig waren. Ausfällung ist zu erwarten, sobald die alkalische Reaktion einsetzt (vgl. S. 373).

In metasomatischen Sulfiderzlagerstätten vom Skarntypus, wie Pitkäranta (TRÜSTEDT 1907), oder vom Serizitquarzittypus, wie Otravaara (SAXÉN 1923), findet sich häufig Graphit in der Weise angereichert, daß seine Entstehung durch Kohlenstoffzufuhr während der Metasomatose wahrscheinlich wird. V. M. GOLDSCHMIDT brachte sie mit der Sulfidbildung in Zusammenhang und nahm eine Ausfällung von Kohlenstoff durch Umsetzung eisenreicher Silikate mit CS_2 oder COS unter Bildung von Graphit, Eisensulfiden und Quarz an.

Kaolinisierung und verwandte Umwandlungen. Die Chemie der Tonminerale und ihre Entstehung durch hydrothermale Metasomatose wurde durch die synthetischen Versuche von NOLL (1936) weitgehend aufgeklärt. Für die Bildungsbedingungen von Kaolin, Montmorillonit, Serizit, Analzim und Pyrophyllit ergab sich folgendes:

In neutralen, alkalifreien oder in sauren, alkalihaltigen Lösungen entsteht aus SiO_2- oder Al_2O_3-Gelen unterhalb 400° Kaolin, in alkalihaltigen alkalischen Lösungen dagegen Montmorillonit und bei höherer Kalikonzentration Serizit. Bei recht hohen Alkalikonzentrationen erscheinen Zeolithe, im besonderen Analzim. Pyrophyllit entsteht in kieselsäurereichen Systemen unter sonst gleichen Bedingungen wie Kaolin, nur im Gegensatz zu diesem bei Temperaturen von 400° aufwärts. Die geologische Erfahrung bestätigt das Ergebnis, daß der Pyrophyllit eine hochhydrothermale Bildung ist. Daneben hat sich häufig auf Kosten der Feldspäte der Serizit gebildet. Bei niedrigeren Temperaturen (unterhalb 400°) hängt es von der Alkalikonzentration der wirkenden Lösungen ab, ob Zeolithe, Serizit oder Kaolin gebildet wird. Aus dem Bereiche der hydrothermalen Metasomatose der Feldspäte leiten diese Vorgänge zu der hydrolytischen Spaltung der Silikatminerale bei der Verwitterung über.

5. Kohlensäuremetasomatose.

Karbonatisierung. Die Umwandlungen der ultrabasischen Gesteine. Schon mehrmals wurde die Spaltung der Karbonate unter Einwirkung von SiO_2 bei hohen Temperaturen unter Bildung von Silikaten und Entweichen von CO_2 erwähnt. Diese Reaktionen sind rückläufig: bei niedrigeren Temperaturen vermag CO_2 das SiO_2 aus den Silikaten unter Bildung von Karbonaten zu verdrängen. Dies geschieht in der Natur unter sehr verschiedenen Umständen und in riesenhaftem Maßstab überall, wo Kohlensäure auf Silikatgesteine bei relativ niedrigen Temperaturen einwirkt.

Ein typisches Beispiel der Kohlensäuremetasomatose haben wir schon bei der Spilitbildung kennen gelernt: Der Anorthit wird gespalten, und CaO verbindet sich mit CO_2 zum Kalzit, während Na_2O noch Alumosilikat (Albit) bilden kann. Daraus erhellt, daß verschiedene Basen bei verschieden hohen Temperaturen Karbonate auf Kosten der Silikate bilden: der Albit ist in der Gegenwart von Kohlensäure bei niedrigeren Temperaturen stabiler als der Anorthit. Kalzitbildung auf Kosten von Feldspäten, Augit usw. ist übrigens ein äußerst verbreiteter Umwandlungsvorgang in verschiedenen vulkanischen Gesteinen, in den Lamprophyren, gelegentlich sogar in Graniten. Es handelt sich offenbar meistens um eine autometasomatische Umwandlung, d. h. die Kohlensäure stammt aus dem Magma des Gesteins selbst.

Für manche Karbonatgesteine, deren magmatische Entstehungsweise vermutet wurde, dürfte die Annahme einer metasomatischen Ersetzung eine richtigere Erklärung darstellen, wie z. B. die Annahme Bowens für die Karbonatgesteine des Fengebietes in Nowegen. Brögger hatte sie als umgeschmolzene und aus einem Karbonatmagma wieder auskristallisierte Gesteine gedeutet, Bowen dagegen nahm an, daß die Karbonate durch wässerige Lösungen eingeführt worden seien, daß sie die Silikate verdrängt hätten, und daß die Gesteinsmassen, die ausschließlich aus Karbonaten bestehen, Ergebnisse dieses bis zur Vollendung durchgeführten Prozesses seien.

Besonders wichtig sind die Karbonatisierungsprozesse der ultrabasischen Gesteine. Sie sind so eng mit den anderen Umwandlungserscheinungen dieser Gesteine verknüpft, daß zum Verständnis derselben einige Hinweise darauf nötig sind. Dieser Vorgang ist in den letzten Jahren eingehend von Du Rietz (1935), Haapala (1936), Hess (1933), Lodočnikow (1936), Väyrynen (1938), Zavaritsky (1932) u. a. untersucht worden. Wir beschränken uns auf einige Beispiele aus der Karelidischen Zone Ostfinnlands nach den Erfahrungen des Verfassers und von Haapala.

Der Olivin des Dunits wird zuerst von der Intergranularen ausgehend (vgl. S. 329) serpentinisiert, was Hydratisierung neben Zufuhr von Kieselsäure und etwas Sauerstoff bedeutet. Du Rietz schreibt eine approximative Gleichung des tatsächlichen Vorganges folgendermaßen:

$$23\,Mg_{11}FeSi_6O_{24} + 176\,H_2O + 38\,SiO_2 + 4\,O = 11\,H_{32}Mg_{23}FeSi_{16}O_{72} + 4\,Fe_3O_4\,.$$

Meistens wird das Gestein vollständig serpentinisiert ohne andere Umwandlungen, wobei das körnige Gefüge des Dunits häufig reliktisch erhalten bleibt, indem die zuerst an der Intergranularen ausgeschiedenen Erzpartikelreihen die Grenzen der ehemaligen Olivinkristalle andeuten (Abb. 68).

Bereits während der Serpentinisierung setzt bisweilen auch die Karbonatisierung ein. Bei Outokumpu entsteht hierbei Dolomit, zugleich aber auch Tremolit. Dies weist auf eine Zufuhr von CO_2 und CaO, also $CaCO_3$, und SiO_2 hin. Das Endprodukt variiert zwischen Tremolit-Dolomit und reinem Dolomit, den man von sedimentogenen Dolomiten nicht unterscheiden könnte, wenn er nicht reliktische Chromitkörner enthielte, die mit den Chromitkörnern des Serpentins vollkommen identisch sind. Auch an Übergängen kann man die Dolomitisierung des Serpentins verfolgen. Interessant ist, daß dieser metasomatisch entstandene Dolomit bei Outokumpu wieder während einer späteren Phase verskarnt wurde, wobei der aus dem Dunit herrührende Chromgehalt sich durch die schön grün gefärbten Skarnminerale, wie Chromdiopsid, Chromtremolit und Uwarowit kundgibt.

In anderen Gegenden wird der Serpentin durch Zufuhr von Al_2O_3 chloritisiert, wobei charakteristischerweise sich schöne Magnetitoktaeder ausscheiden. Zu der Chloritisierung gehört wohl immer starke Scherbewegung; die Chloritschiefer vertreten eine Art von Mylonitzonen in den Serpentinlinsen. Eine besondere Steigerung der Zufuhr von CO_2 führt aber zur Bildung der Topfsteine. Es entstehen Talk und Karbonate, entweder Magnesit oder Dolomit; aus späten

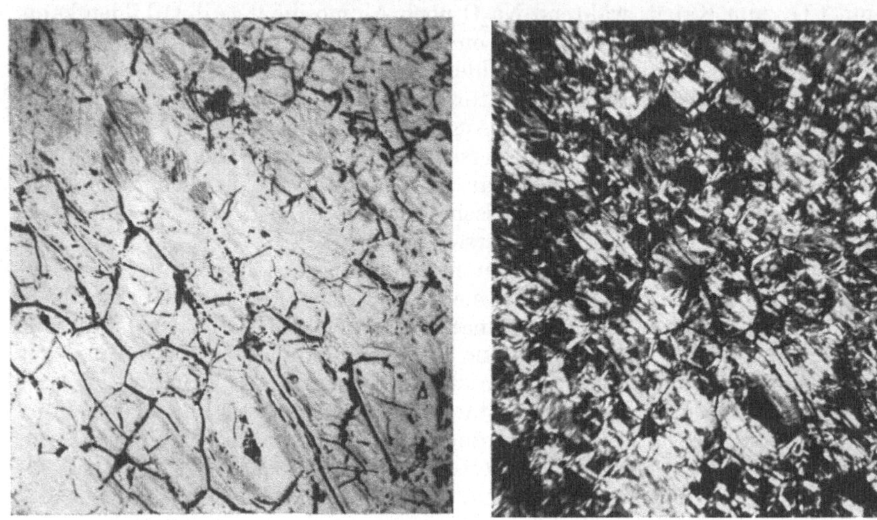

a   b

Abb. 68 a und b. Serpentin aus Zöblitz, Sachsen. Links mit 1 Nic., rechts + Nic. Vergr. 27×.

Phasen des Prozesses wurde auch Kalzit in den Topfsteinen Ostfinnlands konstatiert. Bei der Karbonatisierung des Serpentins wird SiO_2 frei; dieses verbindet sich aber wieder mit weiterem Serpentin zu Talk. Wir können beide Vorgänge in einer einzigen Gleichung schreiben:

$$2\ H_4Mg_3Si_2O_9 + 3\ CO_2 = H_2Mg_3Si_4O_{12} + 3\ MgCO_3 + 3\ H_2O$$
Serpentin   Talk   Magnesit.

Die Dolomitbildung sowie die häufige Tremolitbildung beweist, daß die karbonatischen Lösungen Kalzium, wahrscheinlich als Bikarbonat, enthalten haben. Die Serpentinsteine wirken für die Kohlensäure bei niedrig temperierter Metasomatose als ein „Absorptionsapparat" in einer Weise, die an die Absorptionswirkung der Kalksteine und Dolomite für die Kieselsäure bei hoch temperierter Metasomatose erinnert.

V. Die normale Metamorphose.

Literatur,
besonders über regionale Untersuchungen von metamorphen Gebieten.

AMBROSE, J. W.: Progressive kinetic Metamorphism in the Missi series near Flinflon, Manitoba. Amer. J. Sci. Bd. 32 (1936).

BÄCHLIN, R.: Geologie und Petrographie des M. Tamaro-Gebietes (südl. Tessin). Schweiz. min. u. petr. Mitt. Bd. 17 (1937).

BARTH, T.: Progressive metamorphism of sparagmite rocks of Southern Norway. Norsk. geol. Tidskr. Bd. 18 (1938).

BEMMELEN, R. W. VAN: Over de zoogenaamde „smeltmylonieten" (pseudotachylithen). Geol. en Mijnbouw Bd. 15 (1936).

BIANCHI, A. u. GB. DAL PIAZ: Il Settore Meridionale del Massiccio dell'Adamello. Boll. roy. Uff. Geol. Ital. Bd. 62 (1937).

BILLINGS, M. P.: Regional metamorphism of the Littleton-Moosilauke Area, New Hampshire. Bull. geol Soc. Amer. Bd. 48 (1937).

BROCH, O. A.: Ein suprakrustaler Gneiskomplex auf Nesodden bei Oslo. Norsk geol. Tidskr. Bd. 8 (1926).

CHRISTA, E.: Das Greiner-Schwarzensteingebiet der Zillertaler Alpen in geologisch-petrographischer Betrachtung. Veröff. Mus. Ferdinandeum, Innsbruck 1934, Heft 13.

CHUDOBA, K.: Die petrographischen Merkmale der Brandberggesteine. N. Jb. Min. usw. Beilage-Bd. 66, Abt. B (1931).

CLOOS, E.: The Application of recent structural methods in the interpretation of the crystalline rocks of Maryland. Maryland Geol. Survey Bd. 13 (1937).

CODARCEA, A.: Étude géologique et pétrographique de la Région Ocna de Fer-Bocşa Montană (Banat. Roumanie). An. Inst. geol. Romăniei Bd. 15 (1930).

DIMITROFF, STR.: Petrographische Studien in den Kontakthöfen der Tiefengesteine des Balkans zwischen Berkowiza und Rjana planina. Z. bulg. geol. Ges. 1930 (bulg. mit dtsch. Ref.).

ECKERMANN, H. VON: The Loos-Hamra region. Geol. Fören. Stockholm Förhdl. Bd. 58 (1936).

ESKOLA, P.: On the principles of metamorphic differentiation. Bull. Comm. géol. Finlande 1932, Nr. 97.

GAERTNER, H. R. u. FR. ANGEL: Montagne Noire und Massiv von Mouthoumet als Teile des südwesteuropäischen Variszikums. Abh. geol Wiss. Göttingen, Math.-phys. Kl., III. F. 1937.

GEVERS, T. W.: Untersuchungen des Grundgebirges im westlichen Damaraland. N. Jb. Min. usw., I. u. II. Beilage-Bd. 72; III. Beilage-Bd. 73, Abt. B (1934).

GROUT, FR. F.: Contact metamorphism of the slates of Minnesota by granite and by gabbro magmas. Bull. Geol. Soc. Amer. Bd. 44 (1933).

HIETANEN, ANNA: On the petrology of Finnish Quartzites, S. 269, (1938).

HJELMQUIST, SV.: Zur Geologie des Südschwedischen Grundgebirges. Medd. Lunds geol.-min. Inst. 1934, Nr. 58.

— Über Sedimentgesteine in der Leptitformation Mittelschwedens. Sveriges Geol. Unders., Ser. C 1938, Nr. 413.

IGNATIEV, N. A.: Amphibolites, garnet-gedritites and micaites from outskirts of S. Shueretsky. Trudy Petrin Bd. 6 (1937) (russ. mit engl. Ref.).

KOSSMAT, FR.: Der ophiolitische Magmagürtel in den Kettengebirgen des mediterranen Systems. Sitzgsber. preuß. Akad. Wiss., Phys.-math. Kl. Bd. 24 (1937).

KRANCK, E. H.: Geological investigations in the Cordillera of Tierra del Fuego. Acta geographica Bd. 4 (1932).

KULLING, O.: Bergbyggnaden inom Björkvattnet-Virisen-området. Dtsch. Ref. Der Gebirgsbau des Björkvattnet-Virisengebietes im zentralen Teil des Västerbottengebirges. Geol. Fören. i Stockholm Förhdl. Bd. 55 (1933).

LAMEGO, A. R.: Theoria do Protogneis. Uma interpretação petrogenetica do Archeano. Serv. Geol.-Min., Rio de Janeiro 1937.

LEHMANN, E.: Die magmatische Mineral- und Gesteinsprovinz im Mitteldevon des Lahn-Dillgebietes. Z. dtsch. geol. Ges. Bd. 86 (1934).

NORIN, E.: Geology of Western Quruq Tagh, Eastern Tien-Shan. Rep. Sci. Expedition Sven Hedin. Stockholm 1937.

PIAZ, GB. DAL: Studi geologici sull' Alto Adige orientale e regioni limitrofe. Mem. Ist. Geol. roy. Univ. Padova Bd. 10 (1934).

POLINARD, E.: Contribution à l'étude des roches éruptives et des schistes cristallins de la région de Bondo. Veröff. Acad. roy. Belg. 1935.

POLKANOV, A. A.: The geological and petrological outlines of the North-Western part of the Kola Peninsula (russ. mit engl. Ref.). Veröff. Ak. Wiss. U.S.S.R. 1935.

QUENSEL, P.: Zur Kenntnis der Mylonitbildung, erläutert an Material aus dem Kebnekaisegebiet. Bull. Geol. Inst. Upsala Bd. 15 (1916).

READ, H. H.: The Geology of Central Sutherland. Geol. Survey, Scotl. 1931.

ROUBAULT, M.: La Kabylie de Collo. Bull. Serv. Carte géol. Algérie, 2e ser. 1935.

ROYER, L.: Les terrains cristallophylliens des massifs d'Alger et de la Grand Kabylie. Bull. Serv. Carte géol. Algérie, 5e ser. 1937.

SCHEUMANN, K. H.: Konglomerattektonite und ihre Begleitgesteine in der epizonalen Schieferscholle südlich von Strehlen in Schlesien. Min. u. petr. Mitt. Bd. 48 (1937).

SCHEUMANN, K. H.: Zur Frage nach dem Vorkommen von Kulm in der Nimptscher Kristallinzone. Min. u. petr. Mitt. Bd. 49 (1937).
SCHÜLLER, A.: Zur petrologischen und tektonischen Analyse des Fichtelgebirges. Geol. Rdsch. Bd. 27 (1936).
SCHUMANN, H.: Über moldanubische Paraschiefer aus dem niederösterreichischen Waldviertel zwischen Gföhler Gneis und Bittescher Gneis. Min. u. petr. Mitt. Bd. 40 (1929).
SLAVIK, F.: Les „Pillow-lavas" Algonkiennes de la Bohème. Comptes-Rendus. XIVe Congrès Géologique International. 1926.
STARK, M.: Umwandlungsvorgänge in Gesteinen des Böhmerwaldes. Naturwiss. Z. Lotos, Prag Bd. 76 (1928).
STILLWELL, F. L.: The metamorphic rocks of Adélie Land. Australasian Antarctic Expedition 1911—14. Sci. Rep., Ser. A Bd. 3, Part I.
— The rocks in the immediate neighbourhood of the Broken Hill Lode and their bearing on its origin. Mem. Geol. Survey. New South Wales 1922, Nr. 8.
STRECKEISEN, A.: Geologie und Petrographie der Flüelagruppe (Graubünden). Schweiz. min. u. petr. Mitt. Bd. 8 (1928) Heft I.
SUDOVIKOV, N. G.: Deep-seated zones of Karelides of Central Karelia. Internat. XVII. Geol. Congr. The Northern Excursion. The Karelian USSR. Leningrad 1937 Moscow. — Viele andere Übersichten der Karelidischen Gebiete ebenda.
SUGI, K.: A preliminary study on the metamorphic rocks of Southern Abukuma Plateau. J. of Geol. a. Geogr. Bd. 12 (1935).
SUZUKI, J.: Metamorphosed calcareous concretions in the hornfels at the southern coast of Tokati Province, Hokkaidô. J. Sci. Hokkaidô imp. Univ., Ser. IV Bd. 2 Nr. 4. Sapporo, Japan 1934.
TURNER, F. J.: The Metamorphic and Plutonic Rocks of Lake Manapouri, New Zealand. I.—II. Trans. roy. Soc. New Zealand Bd. 67 (1937).
VENDL, A.: Das Kristallin des Sebeser- und Zibins-Gebirges. Ex Geol. Hungaria Bd. 4 (1932).
WISEMAN, J. D. H.: A contribution to the petrology of the metamorphic rocks of East Greenland. Quart. J. geol. Soc., London, Bd. 88 (1932).
WURM, A.: Über tektonische Aufschmelzungsgesteine und ihre Bedeutung. Z. Vulk. Bd. 16 (1935).

A. Kurze Übersicht der normalmetamorphen Gesteine.

Die Ausgangsstoffe und die Haupttypen der normalmetamorphen Gesteine. Als normale Metamorphose definieren wir die Umwandlungen ohne wesentliche stoffliche Veränderung der Pauschalzusammensetzung. Die Produkte normaler *Regionalmetamorphose* bilden den Gesteinsgrund in manchen ausgedehnten Gebieten in alten Geosynklinalzonen. Ebenso sind die Produkte normaler *Thermometamorphose* weit verbreitet in Kontakthöfen um lakkolithische Intrusivmassen in Formationen, die von älterer und jüngerer Regionalmetamorphose verschont geblieben sind.

Die Abgrenzung der normalen Metamorphose gegen Metamorphose unter Stoffzufuhr sowie gegen eigentliche Metasomatose ist naturgemäß unscharf. Metasomatische Veränderungen sind besonders charakteristisch für jede Metamorphose in der Nähe von Schmelzmassen. In den normal thermometamorphen Gesteinen sind solche Erscheinungen lokalisiert. Dagegen treten sie bei der Injektionsmetamorphose in granitisierten Gebieten in regionalem Maßstab auf. Die normalen regionalmetamorphen Gesteinskomplexe gehen ohne scharfe Grenzen in migmatische Formationen über. Als eine, zwar unscharfe, Migmatitfrontlinie kann man vielerorts zweckmäßig die Linie angeben, bei der zuerst granitische oder granitpegmatitische Adern statt der Quarzadern erscheinen. Doch ist die Migmatitfront nicht immer zugleich die Grenze der Kalimetasomatose, denn das Kali im Kalifeldspate der migmatischen Adern stammt manchmal ganz und gar aus dem Gestein selbst her. Die Stoffwanderung hat dann entweder durch Metablastese (SCHEUMANN), die eine Art metamorpher Differentiation darstellt, oder durch partiale Anatexis (ESKOLA) stattgefunden.

Bei normalmetamorphen Gesteinen, die keine reliktischen Gefüge mehr enthalten, ist die Pauschzusammensetzung oft das einzige Kriterium des

Ursprungs. Wo dieses Mittel wegen der Möglichkeit metasomatischer Umwandlungen versagt, da kann die Bestimmung des Ursprungs überhaupt müßig sein.

Tabelle IX gibt eine Übersicht der wichtigen Ausgangsmateriale und deren metamorpher Äquivalente.

Tabelle IX. Die Haupttypen der normalmetamorphen Gesteine.

Ausgangsmaterial	Entsprechende metamorphe Gesteine	Hauptgemengteile
Granite — Diorite und entsprechende Effusivgesteine. Arkose	Gneis Phyllonit (Z.T.) Leptit Hälleflinta Granulit	Quarz, Feldspat, dunkle Gemengteile „ „ „ „ „ „ „ „ „ „ „ „ „ ., (Fe, Mg)Al-Granat
Ton	Hornfels Al-Silikatgneis Glimmerschiefer Phyllit Phyllonit (Z.T.)	Quarz, Feldspat, dunkle Gemengteile, Andalusit, Cordierit Quarz, Feldspat, Biotit, Muskovit, Sillimanit, Cordierit, Almandin Quarz, Glimmer und oft Al-reiche Silikate, wie Cordierit, Andalusit, Sillimanit, Disthen, Staurolith, Almandin Quarz, Glimmer und oft Al-reiche Silikate, wie Chlorit, Chloritoid, Almandin
Sandstein	Quarzit	Quarz und akzessorisch Glimmer, Feldspat, Disthen, Sillimanit, Grünerit, Diopsid, Tremolit, Wollastonit, Kalzit, Dolomit
Mergel, Gabbro und entsprechende Effusivgesteine	Hornfels (Z.T.) Amphibolit Epidotamphibolit Grünschiefer Eklogit Glaukophanschiefer	Feldspäte, Pyroxene, Quarz Plagioklas, Hornblende, Diopsid Albit, Epidot, Hornblende Albit, Epidot, Chlorit (Mg, Fe, Ca)-Granat, Omphazit Glaukophan, (Mg, Fe, Ca)-Granat, Epidot, Chlorit
Peridotit	Olivinfels Pyroxenfels Amphibolschiefer Chloritschiefer Talkschiefer Topfstein Serpentin	Olivin Pyroxene Amphibole Chlorit, Magnetit Talk Talk mit Magnesit oder Dolomit Serpentin
Kalkstein und Dolomit	Marmore	Kalzit, Dolomit
Sedimentäre und magmatische Eisenerze	Magnetiterze Hämatiterze	Magnetit, Ilmenit Hämatit
Bauxit und Laterit	Schmirgel	Korund, Hämatit, Magnetit

Metamorphite aus granitischen Ausgangsstoffen. Die *Granite* werden normal in *Gneise* (Orthogneise) metamorphosiert. Die Hauptgemengteile, Quarz, Feldspäte und Glimmer, auch Hornblende oder diopsidischer Augit, erhalten sich dabei. Dies bedeutet, daß die physikalischen Bedingungen während der metamorphen Umkristallisation im wesentlichen dieselben waren wie bei der primär magmatischen Kristallisation des Granits.

In stark durchbewegten Orthogneisen sind Serizitisierung und Epidotisierung oft merklich. Die Glimmerisierung kann hierbei bis zum vollständigen Verbrauch des Kalifeldspates fortgehen, was mit einer Wegfuhr beträchtlicher Mengen von Kaliumsilikat verbunden sein muß (vgl. S. 389).

In phyllitähnlichen Gesteinen aus den Ostalpen fand BECKE (Über Diaphtorite, 1909) stellenweise Relikte von tiefmetamorphen Orthogneisen in der Form von Karlsbader Feldspatzwillingen u. a. BECKE zog den Schluß, daß es sich um Gesteine handelte, die ursprünglich in großen Tiefen metamorphosiert waren (,,bessere Tage gesehen hatten'') und nachträglich in einer höheren Zone mechanisch ummetamorphosiert waren. Für solche regressive (rückschreitende) Metamorphose schuf BECKE den Ausdruck *Diaphtorese*. SANDER (1923, s. S. 312)

Abb. 69. Granitgneis, Pitkärantagebiet, Ostfinnland. Granoblastisches Gefüge ohne Reliktstrukturen. + Nic. Vergr. 27×.

nannte später phyllitähnliche, aber postkristallin verformte Gesteine *Phyllonite* (abgekürzt von ,,Phyllitmylonit), gleichgültig, ob sie ursprünglich wahre Tonsedimente, wie die Phyllite, oder Orthotektonite waren. Die Phyllonite tendieren zur Grünschieferfazies hin, aber haben wohl nie die Gleichgewichte erreicht.

Das Gefüge der Orthogneise ist mehr oder weniger deutlich schiefrig und kann vollständig granoblastisch sein, wie in einigen Granitgneisen Ostfinnlands (Abb. 69). Meistens sind jedoch reliktisch blastohypidiomorphe Gefüge erhalten (Abb. 70), oder die Gneise sind blastoporphyrische Augengneise. Zu bemerken ist, daß ähnliche Gefüge auch metamorph entstehen können, in welchem Falle die Augen eigentlich Porphyroblasten sind.

Die granitischen und dioritischen Orthogneise sind entweder primär synkinematisch intrudierte und protoblastisch umkristallisierte *primäre Gneise* oder auch völlig nach der ersten Intrusion in kristallinem Zustand bewegte und durchbewegte, *in eigentlichem Sinne metamorphe Gneise*. Im Gefüge macht sich dieser Unterschied wenig bemerkbar, und es ist oft außerordentlich schwierig zu entscheiden, welcher Fall vorliegt. Nur aus dem geologischen Verbande, den Kontaktverhältnissen und der Großtektonik kann man in dieser Hinsicht Schlüsse ziehen.

Als *Leptite* werden in Schweden und Finnland gewisse primär feinkörnige Gneise des archäischen Grundgebirges bezeichnet. Ihr feinkörniges Gefüge ist ein primäres Merkmal, und sie zeigen oft blastoporphyrische, tuffitische oder mandelsteinartige Reliktgefüge. Andere Leptite sind metamorphe Produkte aus pelitischen Sedimenten; sie können einen Überschuß von Tonerde in der Form von Cordierit enthalten. Aphanitische Gesteine von flintartigem Bruch und ähnlichem vulkanischen Ursprung wie die meisten Leptite heißen *Hälle-flintas*. Sie sind oft gebändert, was eine primäre Fluidalstruktur andeuten kann.

Abb. 70. Augengneis mit blastohypidiomorphem Gefüge. Kökar, Finnland. Etwa ¹/₂ natürl. Größe.

Zu bemerken ist, daß mylonitische Gneise oft den Leptiten und Hälleflintas äußerlich sehr ähneln.

Bei hochgradiger Umkristallisation gehen die Leptite in Leptitgneise über und können zuletzt nicht mehr von anderen gemeinen Gneisen unterschieden werden, besonders wenn sie migmatisiert werden.

Die aus *Arkosen* und *Grauwacken* entstandenen Paragneise verraten bei schwachgradiger Metamorphose ihren Ursprung durch Reliktgefüge, erhaltene Kreuzschichtung u. dgl. Hochmetamorphe Paragneise können mineralogisch wie strukturell manchen Orthogneisen täuschend ähnlich sein.

Die *Granulite* nach der deutschen und finnischen Terminologie sind Granat-gneise fast oder ganz ohne Glimmer und von einem charakteristischen Gefüge (vgl. S. 362); nach der englischen und französischen Terminologie bedeutet Granulit überhaupt mittel- und feinkörnige Gneise. Die Moine-Granulite Schottlands sind z. B. manchen fennoskandischen Leptiten und Leptitgneisen ähnlich.

In ihrem Pauschalchemismus zeigen die Gneise, Leptite und Granulite dieselbe große Abwechslung wie ihre Ausgangsmaterialien. Beispiele von identisch zusammengesetzten metamorphen und nicht-metamorphen Gesteinen könnten folglich in beliebiger Anzahl angeführt werden. Dies macht es schwierig zu entscheiden, ob ein Gneis seine primäre Zusammensetzung erhalten hat oder nicht. Bei ultramylonitischen Gneisen aus dem schwedischen Lappland fand QUENSEL (1916) eine starke SiO_2-Zufuhr, wodurch die Gesteine sogar quarzitisch geworden waren. Innerhalb von Gneis- und Leptitmassen können sehr beträchtliche metamorphe Differentiationen sowie metasomatische Veränderungen eintreten. Besonders verbreitet im archäischen Grundgebirge sind Magnesiametasomatose sowie Anreicherung an Tonerde, wodurch die Pauschzusammensetzung manchmal der der sedimentogenen Leptite ähnlich wurde (vgl. S. 386).

Metamorphite aus tonigem Ausgangsmaterial. Der *Ton* verwandelt sich bei Thermometamorphose zu *Hornfels*, ein richtungslos oder doch nur schwach geschiefertes Gestein von granoblastischem Hornfelsgefüge. Neben Quarz und Feldspat finden sich Biotit und andere dunkle Gemengteile, unter welchen sowohl Amphibole wie Pyroxene vertreten sein können, je nachdem, ob die Hornfelse in der Pyroxenhornfels- oder Amphibolitfazies metamorphosiert wurden. Der für die meisten Tonsedimente charakteristische Tonerdeüberschuß kann in den Glimmern enthalten sein; ist er groß, so äußert er sich durch Vorhandensein von Cordierit, und, wenn er sehr groß ist, von Andalusit. Eine Beimischung von Kalziumkarbonat (Mergel) veranlaßt das Erscheinen kalkhaltiger Silikate, wie Anorthit, Hornblende, Diopsid, Grossular, Wollastonit.

Bei Regionalmetamorphose entstehen aus manchen Tonsedimenten *Aluminiumsilikatgneise*, deren hoher Tonerdegehalt sich durch das Auftreten von Mineralen wie Almandin, Cordierit und Sillimanit kundgibt. Ein Tonerdeüberschuß in den Gneisen wurde weitgehend als ein Kriterium für sedimentogenen Ursprung betrachtet, aber es ist ein etwas gefährliches Kriterium, denn eine ähnliche mineralogische und chemische Zusammensetzung ist in manchen sicher metasomatisch an Magnesia und Tonerde angereicherten Gneisen vorhanden, wie im Orijärvigebiet (vgl. S. 386). Im südlichen Finnland und in Södermanland, südlich von Stockholm in Schweden, haben Granat- und Cordieritgneise von der Art, die in Deutschland unter dem Namen Kinzigit bekannt ist, weite Verbreitung, und die nordischen Geologen haben lange über die Entstehungsweise dieser Gesteine diskutiert, ohne zu völliger Einstimmigkeit zu kommen. Sicher hat eine Stoffwanderung in großem Maßstab stattgefunden, wahrscheinlich scheint jedoch das Ursprungsmaterial viel toniges Material enthalten zu haben, so daß der Tonerdeüberschuß der ganzen Formation im großen durch eine Verwitterungsdifferentiation zustandegekommen ist. Diese Aluminiumsilikatgneise sind weitgehend migmatisiert. Eben bei der Erforschung dieser Gesteine schuf HOLMQUIST seine Theorie der Ultrametamorphose (S. 377) und schlug für die Adergneise den Namen *Venit* vor, indem er annahm, daß das pegmatitische Adermaterial, das unter anderem oft idiomorphe Kristalle von bläulichem Cordierit enthält, aus den Stoffen des Gesteins selbst gebildet sei. Es handelt sich um eine partiale Anatexis.

In anderem Zusammenhang (S. 317) haben wir schon auf das Phasenersparungsprinzip hingewiesen, das sich darin äußert, daß gewisse kompliziert zusammengesetzte regionalmetamorphe Gesteine möglichst wenige Mineralarten enthalten. So ist es recht auffällig, daß es sehr große Mengen von *Glimmerschiefern* und *Phylliten* gibt, die nur aus Biotit und Quarz bestehen. Offenbar ist dies durch die weitgehende Variationsmöglichkeit der Biotitzusammensetzung bedingt. Wenn aber nicht mehr alles in ihn eingehen kann, so entstehen weitere Phasen, wie Muskovit (Serizit), und eigentliche tonerdereiche Minerale, wie

Andalusit, Sillimanit, Cordierit, Almandin, Staurolith bei höheren Temperaturen (Glimmerschiefer), und Chlorit, Chloritoid, Almandin-Spessartin bei niedrigeren Temperaturen (Phyllit). Größere Mengen von Natrium und Kalzium veranlassen die Bildung von Plagioklas bei höheren, dagegen Albit und Epidot bei niedrigeren Temperaturen.

Bei diaphtoretischer Metamorphose können stark umkristallisierte Glimmerschiefer wieder feinschuppig phyllitähnlich oder phyllonitisch werden (vgl. oben).

Tabelle X.

	Warwiger Glimmerschiefer, hellere Schicht	Warwiger Glimmerschiefer, dunklere Schicht	Warwiger Phyllit, hellere Schicht	Warwiger Phyllit, dunklere Schicht	Warwiger Ton, spätglazial, hellere Schicht	Warwiger Ton, spätglazial, dunklere Schicht
	Välimäki Station, Ostfinnland	Välimäki Station, Ostfinnland	Ajonokka, Messukylä, Tamperegebiet	Ajonokka, Messukylä, Tamperegebiet	Leppäkoski, Südfinnland	Leppäkoski, Südfinnland
SiO_2	88,36	60,09	63,93	56,63	59,20	50,33
TiO_2	0,38	1,56	0,82	1,04	1,20	1,13
Al_2O_3	4,13	17,24	16,92	22,41	16,14	19,17
Fe_2O_3	0,65	1,47	0,79	0,58	4,36	6,50
FeO	2,13	6,75	5,04	5,05	3,24	2,52
MnO	0,03	0,09	0,04	0,06	0,09	0,13
MgO	1,43	3,88	2,15	2,35	3,14	3,77
CaO	0,45	0,95	1,36	1,28	2,52	1,43
BaO	—	—	tr.	0,05	—	—
Na_2O	1,05	2,08	1,98	2,31	3,82	1,78
K_2O	0,72	3,13	4,94	6,15	1,97	4,03
TiO_2	0,38	1,56	0,82	1,04	1,20	1,13
P_2O_5	tr.	0,02	0,16	0,12	0,17	0,14
S	—	—	0,02	0,08	—	—
H_2O	0,82	2,56	1,66	2,37	2,31	8,61
C	—	—	—	0,31	1,94[1]	0,41[1]
	100,15	99,82	99,81	100,79	100,10	99,89

1. Warwiger Glimmerschiefer, hellere Schicht. Välimäki Station, Ostfinnland.
2.   „   „   dunklere „   „   „   „
3. Warwiger Phyllit, hellere Schicht. Ajonokka, Messukylä, Tamperegebiet.
4.   „   „   dunklere „   „   „   „
5. Warwiger Ton, Spätglazial, hellere Schicht. Leppäkoski, Südfinnland.
6.   „   „   „   dunklere „   „   „

Analysen 1 und 2 aus Eskola 1932, 3 und 4 aus J. J. Sederholm: Beskrivning till Geologisk öfversiktskarta öfver Finland, Sekt. B 2, Tampere, 5 und 6 aus M. Sauramo: Studies on the Quaternary varve sediments in Southern Finland. Bull. Comm. géol. Finlande 1923, Nr. 60.

Bei allen oben erwähnten Tonderivaten kann die Pauschalzusammensetzung mit jetzigen tonigen Sedimenten identisch sein. Wegen der Möglichkeit der stofflichen Veränderung sind nur solche Beispiele beweiskräftig, wo gleichzeitig reliktische Gefüge oder geologische Verbände die Ursprungsweise andeuten. Als ein Beispiel geben wir in Tab. X einige Analysen von zwei warwigen Phylliten und Glimmerschiefern aus dem archäischen Grundgebirge Finnlands verglichen mit spätglazialen warwigen Sedimenten. Die Ähnlichkeit ist auffällig. Doch muß man mindestens im warwigen Glimmerschiefer eine gewisse Änderung annehmen, da im Gestein nicht selten Pseudomorphosen von Serizit nach Andalusit vorkommen (Kalimetasomatose) (vgl. Abb. 2 u. 3).

Metamorphite aus Quarzsand. Die *Quarzite* können nach ihrem Ursprung meistens einwandfrei auf psephitische und psammitische quarzige Sedimente

---

[1] Humus.

zurückgeführt werden. Nur mit den metasomatischen Erzquarziten oder Serizitquarziten kann gelegentlich Verwechslung möglich sein, aber dann hilft meist
die Betrachtung des geologischen Verbandes und der Form der Gesteinsmassen:
Die Quarzite treten als gefaltete Lager auf und wechsellagern mit anderen sedimentogenen Gesteinen, die metasomatischen Quarzite sind meistens an Eruptiv-
kontakte geknüpft.

Das Zementmaterial des ursprünglichen Sandsteins ist in den Quarziten
in bestimmte Silikatminerale umkristallisiert. Ihre Zusammensetzung gibt genaue
Auskunft über die ursprünglichen Bildungsbedingungen. Sogar in den archäischen
Quarziten findet man nur Typen, die sich mit heutigen Sandablagerungen parallelisieren lassen. Die Karbonate haben bei genügend hochtemperierter Metamorphose mit der Kieselsäure unter Silikatbildung reagiert, während das Eisenoxyd sich als Oxyd erhalten hat (vgl. S. 326).

Als Beispiele von der offenbar ziemlich unveränderten Zusammensetzung
der finnischen Quarzite geben wir nach HIETANEN (1938) eine Serie von
Analysen, die die physisch-geographischen Bedingungen an ihrem ursprünglichen Sedimentationsort ohne weiteres nach den Grundsätzen der sedimentären
Faziesbildung ablesen lassen. Aus tonerdereichem Zement entstand Sillimanit
oder Disthen, aus kalireichem Kalifeldspat oder Glimmer, aus kalk- und tonerdereichem Zement Plagioklas oder Epidot, aus Dolomitzement Diopsid oder Tremolit, aus Sideritzement Grünerit und aus reinem Kalzitzement Wollastonit.

Wie die Stoffe auch in diesen Gesteinen gewandert sein können, erhellt
aus den S. 332 erwähnten Disthengängen, deren Disthen offenbar aus dem
Disthengehalt des Gesteins stammt.

Tabelle XI.

	Disthenquarzit Koli, Pielisjärvi	Arkosequarzit Jyppyrä, Hetta	Epidotquarzit Rautakankara, Lahti	Grünerit-quarzit Nurmo	Amphibol-diopsidquarzit Orismala	Wollastonit-quarzit Kuparsaari, Antrea
SiO_2	89,38	93,92	65,64	88,60	84,72	77,90
Al_2O_3	6,57	2,86	13,14	0,25	0,43	5,17
Fe_2O_3	1,56	0,60	5,04	0,92	0,48	0,44
FeO	0,50	0,54	1,08	7,92	5,15	0,76
MnO	0,01	0,01	0,08	0,04	0,05	0,03
MgO	0,00	0,11	2,27	1,25	2,04	0,26
CaO	0,06	0,06	8,44	0,72	4,45	10,04
Na_2O	0,05	0,30	0,37	0,13	0,17	1,29
K_2O	0,51	1,43	0,98	0,04	0,04	2,66
TiO_2	0,16	0,25	0,85	0,01	0,01	0,18
P_2O_5	0,00	0,00		0,00	0,00	0,04
H_2O^+	1,18	0,41	2,02	0,54	1,44	1,00
H_2O^-	0,14	0,03	0,28	0,14	0,12	0,16
					0,60	
Summe	100,12	100,52	100,19	100,56	99,70	99,93
Modus	Quarz 84,2 Disthen 7,8 Serizit 5,0 Nebenbest. 3,0	Quarz 86,1 Kalifeldspat 4,1 Plagioklas 2,8 Biotit 1,0 Serizit 5,0 Magnetit 1,1	Quarz 44,2 Epidot 33,2 Serizit 11,3 Chlorit 6,4 Nebenbest. 5,1	Quarz 77,5 Grünerit 22,6	Quarz 71,5 Amphibol 14,1 Diopsid 13,5 Graphit 0,6	Quarz 48,5 Kalifeldspat 15,7 Plagioklas 11,5 Wollastonit 18,5 Diopsid 3,4 Nebenbest. 2,3

Die Temperaturen während der Metamorphose spiegeln sich im Charakter der Nebenbestandteile wieder, ganz wie bei den Kalksteinen. Unter den finnischen Quarziten sind Amphibolitfazies, Epidotamphibolitfazies und Grünschieferfazies vertreten. Eine wichtige, regional in denselben Gegenden wie bei den Kalksteinen auftretende Grenzlinie unterscheidet die dolomithaltigen Quarzite ohne Tremolit von den Tremolitquarziten.

Metamorphite aus gabbroiden Ausgangsstoffen. Das für Gabbros, Diabase und Basalte eigentümliche chemische Material kann unter verschiedenen Bedingungen zu sehr verschiedenartigen Produkten metamorphosiert werden. Der Typus des metamorphen Gesteins hängt in diesem Falle in erster Linie von der Art der Mineralbildung ab, und die in der Tabelle III (S. 346) angegebenen Typen

Abb. 71. Basaltisches Agglomerat, amphibolitisch metamorph. Loimaa, Finnland. Photo A. LAITAKARI.

sind mit den metamorphen Mineralfazien identisch; diese haben wir schon eingehend erörtert, ebenso wie die Habitusverschiedenheiten, die Relikte der primären Gefüge sind. Metagabbros können blastohypidiomorphe, Metabasalte blastoporphyrische Gefüge erhalten. Besonders sind Agglomeratgefüge, reliktisch nach basaltischen Tuffen, im archäischen Grundgebirge außerordentlich verbreitet (Abb. 71).

Die sedimentogenen Amphibolite sind meistens pauschal abwechslungsreicher als die magmatogenen; die Variation bezieht sich vor allem auf den Kalkgehalt und äußert sich in der Mineralbildung. So sind die sedimentogenen Amphibolite der Amphibolitfazies Diopsidamphibolite, die der Epidotampholitfazies epidotreiche, die der Hornfelsfazies Diopsid-Plagioklashornfelse; jedenfalls pflegt die primäre Wechsellagerung mit Kalksteinschichten und „Kalkgneisen" auffallend zu sein.

Metamorphite aus Peridotit. Die Metamorphoseprodukte der *Peridotite* nennt man nach GRUBENMANN mit Hinweis auf ihren Chemismus schlechthin *Magnesiumsilikatschiefer.* Sie sind außerordentlich bunt in ihrer Mineralogie, was aber nicht so sehr auf eigentlicher Heteromorphie des Materials, also mineralfazieller Verschiedenheit, beruht als auf primären oder (meistens!) durch Metasomatose bedingten Variationen in der chemischen Pauschzusammensetzung (S. 391).

Correns, Gesteine. 26

Die reinen *Dunite* treten als Metamorphite in 'der Form der *Olivinfelse* auf. Das Gefüge der letzteren (Abb. 47 S. 329) kann als granoblastisch bezeichnet werden, aber daß die Olivinfelse jemals metamorph umkristallisiert worden wären, erscheint unwahrscheinlich. Jedenfalls haben die nichtmetamorphosierten Dunite fast dasselbe Gefüge. Dies stimmt überein mit der BOWENschen Vorstellung daß die Dunite keine eigentliche Intrusivgesteine sind, sondern eher eine Art magmatischer Sedimente darstellen.

Die *Pyroxenfelse* stehen zu den *Pyroxeniten* im selben Verhältnis, wie die Olivinfelse zu den Duniten. Die *Amphibolschiefer* kann man in gewissen Fällen ebenso mit den *Hornblenditen* vergleichen. Wenn sie überhaupt magmatischer Herkunft sind, sind sie wahrscheinlich meistens schon primär geschiefert worden.

Die *Chloritschiefer*, *Talkschiefer* und *Topfsteine* sind rein metasomatische Bildungen. *Serpentingesteine* wieder sind hauptsächlich durch Hydratisierung der Olivinfelse oder Dunite entstanden; doch wird dabei auch die Zusammensetzung etwas verändert. Betreffend der Herkunft des hierzu nötigen Wassers sind verschiedene Meinungen ausgesprochen worden. Für die Auffassung, daß es nicht aus dem Muttermagma des Peridotits herstammt, kann man unter anderem anführen, daß solche basische Magmen überhaupt wasserarm sind, und daß die Umwandlung in der Regel von außen nach innen fortgeschritten ist. Andererseits halten viele Forscher die Serpentinbildungen für primär, was man jedoch nur in solchen Fällen annehmen kann, in denen die relikt pseudomorphe Granularstruktur des Olivins (s. Abb. 68) im Serpentin nicht erscheint. Könnte man mit HESS u. a. primär wasserreiche dunitische Magmen annehmen, so würde die Schwierigkeit der Deutung der als intrusive Gänge auftretenden serpentinisierten Peridotite beseitigt (vgl. KOSSMAT 1937).

Asbestfelse und technisch wertvolle *Asbeste* sind teils *Serpentinasbeste* (Kanada, Südafrika, Ural), teils *Anthophyllitasbeste* (Ostfinnland, s. HAAPALA 1936, Ural usw.). In Finnland kommen die letzteren im westlichen Teil der Karelidischen Zone vor, wo auch schon intrusive Granite auftreten. Sie sind aus den Serpentinen unter Zufuhr von SiO_2 (aus dem Granit?) entstanden.

Die Marmore sind metamorphosierte Karbonatsedimente, womit ihre lagerartige Auftrittsweise im vollen Einklang steht. Bei den tektonischen Bewegungen verhalten sie sich wegen ihrer geringeren Härte und Righeit wesentlich anders als die Silikatgesteine, mit denen sie wechsellagern. Faltungen und Spuren

Tabelle XII.

Ca-Silikat: Wollastonit	*Ca(Mg, Fe)-Silikate:* Diopsid Tremolit Pargasit	*(Mg, Fe)-Silikate:* Olivin Klinohumit Humit Chondrodit Norbergit
CaAl-Silikate: Grossular Vesuvian Zoisit Klinozoisit Epidot	*NaCaAl-Silikate:* Plagioklas Skapolith	*K(Mg, Fe)AlF-Silikate:* Phlogopit Biotit *KAl-Silikat:* Kalifeldspat
Oxyde: Spinell Korund Quarz Periklas	*Sulfide:* Magnetkies Pyrit	*Phosphat:* Apatit

von Fließbewegungen sind viel intensiver, und die Einlagerungen von Silikatgesteinen sind häufig zu Brocken zerbrochen, wie Schollen in den Erstarrungsgesteinen.

Reine Kalzit- und Dolomitmarmore zeigen einfache granoblastische Strukturen. Mehr petrologisches Interesse kommt den unreinen, silikatführenden Karbonatgesteinen zu. Diejenigen silikatischen Nebengemengteile, die hauptsächlich aus den primären Stoffen des Gesteins herstammen, sind teils Kalzium- und Magnesiumsilikate, teils Kalziumaluminiumsilikate. Die letzteren setzen wohl eine Beimischung von Kieselsäure und etwas Dolomit im ursprünglichen

Abb. 72. Magnetiterz mit Quarzbändern aus Südvaranger, Norwegen. Photo J. J. SEDERHOLM.

Sediment voraus. Fluorsilikate, wie die Chondroditminerale, und Chlorsilikate, wie Skapolith, sind auf eine Fluor- oder Chlorzufuhr aus benachbarten Magmen zurückzuführen. Die auf S. 402 wiedergegebene Zusammenstellung (Tab. XII) gibt eine Übersicht der allgemeinsten Minerale der normalen Marmore.

Im folgenden wird das Auftreten der Marmorminerale mit einigen Beispielen, hauptsächlich aus Finnland, beleuchtet. Die Marmore können zunächst in vier Gruppen eingeteilt werden, je nach dem bei Erhöhung der Temperatur Quarz mit Dolomit, Tremolit, Diopsid oder Wollastonit in ihnen auftritt. Die Bildungsreaktionen dieser Minerale sind folgende:

1. Quarz-Dolomitmarmor $\leftarrow$
$$5\,CaMgC_2O_6 + 8\,SiO_2 + H_2O \overset{\leftarrow}{\underset{\rightarrow}{}} H_2Ca_2Mg_5Si_8O_{24} + 3\,CaCO_3 + 8\,CO_2$$
5 Dolomit   8 Quarz   Wasser   Tremolit   3 Kalzit 8 Kohlendioxyd

2. Tremolitmarmor $\rightarrow$

3. Diopsidmarmor $\quad CaMgC_2O_6 + 2\,SiO_2 \rightarrow CaMgSi_2O_6 + 2\,CO_2$
Dolomit   2 Quarz   Diopsid

4. Wollastonitmarmor $\quad CaCO_3 + SiO_2 \rightarrow CaSiO_3 + CO_2$
Kalzit   Quarz   Wollastonit.

26*

Der Quarz-Dolomitmarmor gehört zur Grünschieferfazies und der Tremolitmarmor zur Epidotamphibolitfazies, während der Diopsidmarmor und Wollastonitmarmor zwei Subfazien der Amphibolitfazies vertreten.

Normalmetamorphe Eisenerze. Unter den kristallinen Eisenerzen sind die sedimentogenen oxydischen Erze, nicht metamorphosiert oder in mehr oder weniger durchgreifender metamorpher Prägung, wirtschaftlich weitaus bedeutungsvoller als die zwar sehr verbreiteten Skarnerze. Entsprechend den primär sedimentären Typen haben wir vorwiegend solche Hämatitlager, die aus ursprünglichen Limonitablagerungen entstanden sind. Eigentümliche, für das archäische Grundgebirge besonders charakteristische metamorphe Erze sind die feingebänderten „quarzbändrigen Magnetit- und Hämatiterze" mit Jaspisquarziten [die Eisenerze der Waranger Halbinsel (Abb. 72), Porkonen-Pahtavaara im finnischen Lappland, Kursk-Gebiet in Rußland usw.].

Schmirgel. Ein Teil der natürlichen Vorkommen von Korundgesteinen ist normalmetamorph aus Bauxit- oder Lateritbildungen entstanden, während andere metasomatischen Ursprungs sind, wie der Schmirgel von Naxos.

B. Metamorphe Differentiation.

Grundsätze der metamorphen Differentiation. Bei der Besprechung der Mineralfazien und in anderen Zusammenhängen haben wir wiederholt hervorgehoben, daß die Bildung von neuen Kristallarten Stoffwanderungen und chemische Veränderungen innerhalb der umkristallisierenden Gesteinsmassen mit sich bringt. Es wäre für ihr Verständnis natürlich wichtig, diese Differentiationen nach genetischen Grundsätzen ordnen zu können.

Die metamorphe Differentiation ist in ihren Resultaten wohl weniger bedeutsam und weniger auffällig als die exogene Differentiation durch Verwitterung, sortierenden Transport und Ablagerung, oder die endogene Differentiation aus dem Magma durch fraktionierte Kristallisation. Die Deutung so entstandener Massen wird oft dadurch erschwert, daß Injektion oder überhaupt Stoffzufuhr von äußeren Quellen ähnliche Resultate erzeugen oder die Resultate der inneren Differentiation verwischen kann. Darum ist sogar der Ausdruck metamorphe Differentiation erst vor kurzem in die Petrologie eingeführt worden, zuerst von STILLWELL (1922), später unabhängig von ESKOLA (1932), der die folgende Einteilung der stofflichen Änderungen in kristallinen Gesteinsmassen aufstellte:

1. Innere Differentiationen durch:

a) Wachsen von Kristallen oder Kristallaggregaten: *das Konkretionsprinzip*,

b) Konzentration an den am wenigsten löslichen Stoffen: *das Prinzip der Anreicherung an den stabilsten Gemengteilen.*

c) Extraktion und Wiederabsetzung der löslichsten Stoffe: *das Lösungsprinzip.*

2. Äußere Stoffwechselvorgänge:

a) Zufuhr. b) Metasomatose. c) Wegfuhr von Stoffen.

Die inneren und äußeren Stoffwechselvorgänge sind gewöhnlich miteinander intim verknüpft, indem Stofftransport von oder nach außen zugleich innere Differentiation verursacht.

Jede metamorphe Umkristallisation folgt dem Massenwirkungsgesetze (S. 371). Die dazu nötige Stoffwanderung durch Diffusion kann nach ihrer Energiequelle entweder *exogen* oder *endogen* sein. Exogen ist sie, wenn gelöste Stoffe in die Gesteinsmasse durch externe Agenzien eingepreßt werden, wie durch 1. intrusive magmatische Lösungen, 2. durch Krustenbewegungen oder 3. Grundwasserströmungen. Endogen ist die Wanderung, wenn sie nur durch das von den Reaktionen selbst erzeugte Konzentrationsgefälle bedingt ist, so, wie sich z. B.

beim Wachsen eines Einkristalls die Konzentration der kristallisierenden Stoffe
in einem Hof um den Kristall vermindert und die Stoffe gegen den Kristall
diffundieren. Ähnliches geschieht bei den Reaktionszonen und -säumen und am
Kontakte zweier nichtkongressibler Gesteine. Die Stoffe müssen durch den wachsenden Reaktionssaum wandern, dessen Dicke somit ein Maß der Diffusion ist.

Zu den exogenen Wanderungen gehören erstens die unter 2. genannten
stofflichen Veränderungsprozesse. Zweitens kann auch innere Differentiation
durch äußere Kräfte verursacht werden. In der Tat gehören die Arten 1 b und 1 c
größtenteils hierher, und nur die eigentliche konkretionäre Kristallisation ist
ihrem Wesen nach hauptsächlich energetisch endogen, obwohl auch hier äußere
Kräfte wohl meistens dadurch mitwirken, daß sie eine allgemeine Stoffströmung
im Gesteine aufrechterhalten und dadurch alle Reaktionen befördern.

Das Konkretionsprinzip. Ein ideales Beispiel von Differentiation nach dem
Konkretionsprinzip ist das Wachsen des Einkristalls. Schörlturmalin- oder
Almandinkristalle sind oft von gebleichten Höfen umgeben. Dies beleuchtet
vortrefflich, was hier geschehen ist: das Eisen ist aus der Umgebung zum Kristall
gewandert und früher vorhandene eisenhaltige Minerale, wie Biotit, sind
verschwunden.

Ähnlich sind die Kalk-, Phosphorit-, Markasit- und Flintkonkretionen in
sedimentären Gesteinen zu deuten, obwohl hier die Zirkulation von Lösungen
bedeutsamer und allgemeiner mitwirkt als bei der Stoffdifferentiation eines
Einkristalls. Wir müssen hier betonen, daß die Bildung der Konkretionen
eine ganz typisch metamorphe Differentiation darstellt, obwohl sie sich in unumgewandelten Sedimenten abspielt und deshalb nicht zur eigentlichen Metamorphose gezählt wird. Die einmal entstandenen Konkretionen erhalten sich
dann durch alle Stadien der Metamorphose und durch alle Weltalter (s. Abb. 2).

In den metamorphen Gesteinen entstehen meistens Porphyroblasten statt
konkretionärer Aggregate, aber auch letztere sind vertreten, z. B. in manchen
„Knollen“ und „Flecken“ von Quarz u. a. in kristallinen Schiefern.

Die Eigenart des Konkretionsprinzipes macht es wahrscheinlich, daß dadurch
prämetamorphe Unterschiede in den Gesteinen verschärft werden. Tatsächlich
findet man häufig in Kontakten von Gneis und Amphibolit bei höchster Metamorphose im ersteren eine gebleichte Zone, aus der die femischen Stoffe gegen
das femische Gestein ausgewandert sind. In sedimentogenen warwigen Schiefern
kann die Warwenstruktur durch dieselbe Ursache besser zum Vorschein gekommen sein. Die kieselsäurereicheren sandigen Schichten sind wahrscheinlich
noch kieselsäurereicher geworden, während die tonigen Schichten schon durch
die Kristallisation großer Porphyroblasten von Andalusit, Staurolith oder Almandin ausgeprägter „tonig“, d. h. tonerdereicher geworden sind.

Metamorphe Differentiation dieser Art wirkt nur in Kleinbereichen und ist
wahrscheinlich quantitativ nicht sehr wichtig.

Das Prinzip der Anreicherung an stabilsten Gemengteilen. Wenn unter den
Mineralen, deren Stabilitätsbereich bei der metamorphen Umkristallisation erst
erreicht wird, sich eines befindet, dessen Löslichkeit in der Porenflüssigkeit (oder
allgemein in der molekulardiffusen Phase) minimal ist, so wird dieses Mineral
auskristallisieren und die Konzentration der in dieses eingehenden Stoffe wird
vermindert. Die zirkulierenden Lösungen ersetzen allmählich den Verlust,
und die Kristalle wachsen und vermehren sich. Das Gestein kann dadurch an
solchen Stoffen angereichert werden, die ursprünglich nicht in größeren Mengen
anwesend waren. Die zugeführten Stoffe stammen in erster Linie aus den zunächst benachbarten Gesteinsmassen. Offenbar können somit sowohl Metasomatose wie innere Differentiationen hervorgebracht werden.

Beispiel: Die Serizitpseudomorphosen nach Andalusit (s. Abb. 3). In der früher tonerdereichen Schicht wurde dadurch Kali angereichert. Dieses Kali stammte wahrscheinlich aus dem Biotit der angrenzenden Schichten, in denen der Biotit chloritisiert wurde. Aber natürlich kann es auch längere Wege gewandert sein und z. B. aus kristallisierenden Graniten herstammen. In großem Maßstab hat diese Art von Differentiation nach VÄYRYNEN (1928, s. S. 269) in tonerdereichen, ursprünglich kaolinhaltigen Schiefern stattgefunden, die dadurch in Serizitschiefer umgewandelt wurden. Vom Standpunkte des Serizitschiefers gesehen war der Vorgang eine Metasomatose, aber es ist durchaus möglich, daß die Kalidiffusion aus dem angrenzenden Gestein nur durch das entstandene Konzentrationsgefälle verursacht wurde.

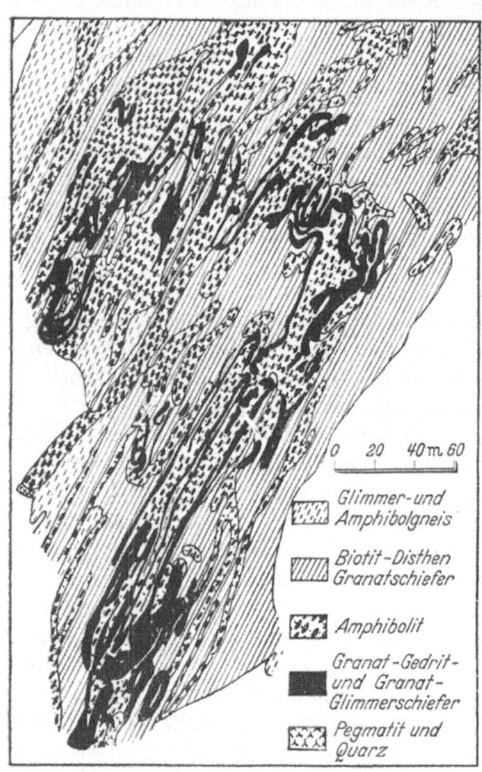

Abb. 73. Die metamorph differenzierten Gesteine von Terbiostrov bei Shueretsky, Ostkarelien. (Nach SUDOVIKOV.)

An den Kontakten nichtkongressibler Gesteine können nach diesem Prinzip wechselvolle Mineralzonen und -säume differenziert werden. Als Beispiel nehmen wir die von MAGNUSSON (1930) als *Reaktionsskarne* bezeichneten Kontaktbildungen zwischen Leptit und Kalkstein im Långbangebiet in Schweden. An den Leptit grenzt zuerst eine Zone von Cordierit und Andalusit, bisweilen mit Gedrit; danach folgt ein „Sköl" aus Glimmer, der seinerseits in den aus Ca- und (Mg, Fe)-Silikaten bestehenden Skarn übergeht. Schließlich grenzt der Skarn an unumgewandelten Kalkstein. Die Bildungsgeschichte der Säume kann in der folgenden Weise dargestellt werden: Zuerst bildete sich bei der Regionalmetamorphose der Skarn als ein Kontaktsaum zufolge der Diffusion von CaO aus dem Kalkstein und $(Fe,Mg)O \cdot SiO_2$ aus dem Leptit. Kali wanderte aus dem Leptit gegen den Skarn und wurde im Glimmer des „Sköls" fixiert, während (Mg,Fe)O aus dem Skarn in die entgegengesetzte Richtung diffundierte und sich im cordieritführenden Saum absetzte.

Nach diesem Prinzip finden wahrscheinlich sehr allgemein Stoffänderungen in der Erdkruste statt, im großen sowie im kleinen, meistens wohl in Verbindung mit der nächstfolgenden Art von Umwandlungen und diese vervollständigend.

Das Lösungsprinzip. Die Entstehung von abwechselnden hellen und dunklen Bändern in den Tektoniten wurde von W. SCHMIDT als Ortsregelung bezeichnet (S. 307). SCHMIDT führt diese Erscheinung auf die verschiedene Translationsfähigkeit der Minerale zurück: Die am leichtesten gleitenden Gitter, oder die beweglichsten Kristallarten differenzieren sich von den weniger mobilen und bilden Bänder. Nach SCHMIDT sind es in gewöhnlichen Schiefern die quarz- und feldspatreichen hellen Bänder. Wenn die Kristallinität hochgradiger wird, gehen solche gebänderte Schiefer in adergneisige Migmatite über, und die helleren

Bänder erscheinen dann als die injektierten „Adern"; Metablastese SCHEUMANNs und partiale Anatexis ESKOLAS könnten auch als Ortsregelung betrachtet werden.

Wir sehen hier das Wechselspiel des mechanischen und des chemischen Geschehens bei der Metamorphose. Ohne Zweifel findet Auflösung und Rekristallisation schon bei der reinsten mechanischen Metamorphose statt, und es wird äußerst schwierig sein, zu entscheiden, was rein mechanisch und was durch den Weg der Lösung geschehen ist. Das Resultat wird in mancher Hinsicht ähnlich sein, gleichgültig, ob die „Ortsregelung" oder „metamorphe Differentiation" in rein kristallinem Zustand auf trockenem Wege oder durch Vermittlung der Porenlösung oder des Porenmagmas stattfindet.

Aus Tonschieferderivaten bilden sich durch metamorphe Differentiation gemäß dem Lösungsprinzip also Adergneise, Venite (HOLMQUIST), mit Adern granitischer Zusammensetzung. In Grünschiefern und Spiliten dagegen bildet sich eine Lösung, aus welcher Kalzit und Albit auskristallisieren; es können ganz andersartige „Migmatite" mit Quarz-Albit-Kalzitadern entstehen. In den archäischen basischen Gesteinen wie Amphiboliten und sogar Peridotiten finden sich meistens Quarzadern ebenso wie in den sauren Gesteinen, Phylliten und Gneisen, die noch nicht hoch genug erhitzt waren, um eine erste granitisch-migmatitische Schmelze zu liefern. Kieselsäure ist das mobilste Material bei der Metamorphose, und die Quarzgänge und Quarzadern sind die ausgeprägtesten Produkte der metamorphen Differentiation. Als Gestein betrachtet ist der Gangquarz ins extreme differenziert, monomineralisch.

In hochmetamorphen Formationen sind die Produkte der metamorphen Differentiation nach dem Lösungsprinzip, kombiniert mit solchen nach dem Prinzip der stabilsten Minerale, äußerst abwechslungsreich und oft großartig. Die Mineralbildung wird durch die herrschenden Bedingungen gemäß den mineralfaziellen Regeln bestimmt. Monomineralische Gesteine sind recht häufig.

In der Eklogitfazies entstehen so „Granatitite" und „Omphazitite", auch „Chloromelanitite" und „Jadeitite", alle in gebänderter Ausbildung.

In den Gesteinen der übrigen Fazien finden sich entsprechende monomineralische Differentiate. Aus der Amphibolitfazies seien nur die sehr verbreiteten Hornblendeschiefer erwähnt, im übrigen sei ein großartiges Beispiel von Differenzierung in Almandinite, Gedritite usw. aus Ostkarelien angeführt (Abb. 73). Aus der Epidotamphibolitfazies sind die Epidotansammlungen erwähnenswert. Schließlich, betreffend die Grünschieferfazies, weisen wir auf das S. 359 angeführte hin. Hier haben wir ein ausgezeichnetes Beispiel davon, wie die ganze Pauschzusammensetzung der Gesteine davon abhängt, welche Minerale unter den herrschenden Bedingungen stabil sind. Alles übrige wird weggeführt.

Namenverzeichnis.

Verzeichnis der dargestellten Silikatschmelzsysteme.

Sach- und Ortsverzeichnis.

Gefügekunde der Gesteine. Mit besonderer Berücksichtigung der Tektonite. Von Professor Dr. **Bruno Sander,** Innsbruck. Mit 155 Abbildungen im Text und 245 Gefügediagrammen. VI, 352 Seiten. 1930. (Verlag von Julius Springer - Wien.)
RM 37.60; gebunden RM 39.60

Grundriß der Mineralparagenese. Von Professor Dr. **Franz Angel,** Graz, und Professor Dr. **Rudolf Scharizer,** Graz. XII, 293 Seiten. 1932. (Verlag von Julius Springer - Wien.)
RM 18.60; gebunden RM 19.80

Technische Gesteinkunde für Bauingenieure, Kulturtechniker, Land- und Forstwirte sowie für Steinbruchbesitzer und Steinbruchtechniker. Von Ing. Professor Dr. phil. **Josef Stiny,** Wien. Zweite, vermehrte und vollständig umgearbeitete Auflage. Mit 422 Abbildungen im Text und einer mehrfarbigen Tafel sowie einem Beiheft: „Kurze Anleitung zum Bestimmen der technisch wichtigsten Mineralien und Felsarten" (mit 11 Abbildungen im Text, 23 Seiten). VII, 550 Seiten. 1929. (Verlag von Julius Springer - Wien.)
Gebunden RM 45.—

Mineralogisches Taschenbuch der Wiener Mineralogischen Gesellschaft. Zweite, vermehrte Auflage. Unter Mitwirkung von A. Himmelbauer, R. Koechlin, A. Marchet, H. Michel und O. Rotky redigiert von **J. E. Hibsch.** Mit 1 Titelbild. X, 187 Seiten. 1928. (Verlag von Julius Springer - Wien.)
Gebunden RM 10.80

Anleitung zur Bestimmung von Mineralien. Von Professor **N. M. Fedorowski.** Übersetzung der letzten (zweiten) Auflage. Mit 15 Textabbildungen. VIII, 136 Seiten. 1926.
RM 6.75

Einführung in die deutsche Bodenkunde. Von Professor **Johannes Walther,** Halle. (Verständliche Wissenschaft, Band 26.) Mit 30 Original-Zeichnungen und -Karten. VIII, 172 Seiten. 1935.
Gebunden RM 4.80

Geologie des Niederrheinisch-Westfälischen Steinkohlengebietes. Im Auftrage der Westfälischen Berggewerkschaftskasse zu Bochum verfaßt von Professor Dr. phil. habil. **Paul Kukuk.** Mit Beiträgen zahlreicher Fachgenossen. Text- und Tafelband. Mit 743 Abbildungen, 48 Tabellen und einem Titelbild im Textband und 14 zum Teil farbigen Tafeln im Tafelband. XVII, IV, 706 Seiten. 1938.
Gebunden RM 66.—

Der geologische Aufbau Österreichs. Von Professor Dr. **Leopold Kober,** Wien. Mit 20 Textabbildungen und einer Tafel. V, 204 Seiten. 1938. (Verlag von Julius Springer - Wien.)
RM 12.—; gebunden RM 13.50